"纺织之光" 2021年度中国纺织工业联合会纺织高等教育教学成果奖评审会专家合影
2021.10.20 重庆

评审会专家合影

评审会现场照片

中国纺织工业联合会文件

中国纺联〔2021〕50号

关于授予"纺织之光"2021年度 中国纺织工业联合会纺织高等教育教学 成果奖的决定

各有关单位：

根据国务院发布实施的《教学成果奖励条例》和《中国纺织工业联合会纺织高等教育教学成果奖励办法》，经中国纺织工业联合会纺织教育教学成果奖励评审委员会审定，中国纺联批准，"纺织之光"2021年度中国纺织工业联合会纺织高等教育教学成果奖授奖项目共465项，其中：授予浙江理工大学祝成炎等申报的"'纺织非遗+'多层次纺织复合创新人才培养体系的构建与实践"等45项教学成果特等奖，奖励金额1万元/项；大连工业大学钱堃等申报的"轻纺特色高校大学生创业课程校际合作教学模式的创新与实践"等127项教学成果一等奖；浙江理工大学王艳娟等申报的"融媒体时代高校思政课'五微一体'教学模式的创新与实践"等293项教学成果二等奖。以上奖励金由纺织之光科技教育基金会资助。

希望纺织服装院校积极开展教育教学研究，深化教学改革，开拓创新，提高高等教育教学水平和教育质量，为纺织工业转型升级做出积极贡献。

附件："纺织之光"2021年度中国纺织工业联合会纺织高等教育教学成果奖获奖名单

中国纺织工业联合会
2021年11月8日

中国纺织工业联合会办公室　　　　　2021年11月8日印发

“纺织之光”

中国纺织工业联合会纺织高等教育教学成果奖汇编

（2021年）

—— 主编 ——

中国纺织工业联合会

中国纺织服装教育学会

纺织之光科技教育基金会

中国纺织出版社有限公司

内 容 提 要

本书汇集"纺织之光"2021年度中国纺织工业联合会纺织高等教育教学成果奖特等奖、一等奖、二等奖获奖项目172项。2021年共有49所本科院校和企业，申报666项教学成果，申报项目数量逐年增加，充分体现了教育教学成果奖在院校和教师中的认可度和参与积极性。本次申报成果内容涉及三全育人，课程思政，课程、专业建设，双创，实践教学，人才培养等方面。教学成果奖优先奖励教学一线教师所取得的成果，充分调动了纺织类院校相关高等教育工作者的积极性和创造性，在开展教育教学研究和实践、深化教学改革、加强教学基本建设、提高教学水平和教育质量等方面起到重要的推动作用。

图书在版编目（CIP）数据

"纺织之光"中国纺织工业联合会纺织高等教育教学成果奖汇编. 2021 年 / 中国纺织工业联合会，中国纺织服装教育学会，纺织之光科技教育基金会主编. -- 北京：中国纺织出版社有限公司，2022.6

ISBN 978-7-5180-9404-2

Ⅰ. ①纺… Ⅱ. ①中… ②中… ③纺… Ⅲ. ①纺织工业—教学研究—文集 Ⅳ. ① TS1-42

中国版本图书馆 CIP 数据核字（2022）第 039657 号

责任编辑：亢莹莹 施 琦   责任校对：江思飞
责任印制：王艳丽

中国纺织出版社有限公司出版发行
地址：北京市朝阳区百子湾东里A407号楼 邮政编码：100124
销售电话：010—67004422 传真：010—87155801
http://www.c-textilep.com
中国纺织出版社天猫旗舰店
官方微博http://weibo.com/2119887771
唐山玺诚印务有限公司印刷 各地新华书店经销
2022年6月第1版第1次印刷
开本：889×1194 1/16 印张：53.5 插页：2
字数：1407千字 定价：128.00元

目 录

第一部分 特等奖

"纺织非遗 +"多层次纺织复合创新人才培养体系的构建与实践 …………………………………3
"纺织材料学"融入课程思政的构建与实践 ………………………………………………… 11
纺织行业特色高校课程思政建设的探索与实践 …………………………………………… 17
思政引领一流课程建设，立德树人贯穿教学全过程 ……………………………………… 22
扎根中国纺织国际新优势产业，构建世界一流纺织专业人才培养新体系 ……………… 25
以"新型纺纱技术"课程为载体的校企协同育人模式研究与实践 ……………………… 30
纺织工程专业核心课程线上线下混合式教学改革与实践 ………………………………… 38
落实育人目标，纺织品设计类课程群建设的创新与实践 ………………………………… 43
基于工程应用能力培养的轻化工程专业染整类实践课程体系的构建与实施 …………… 46
基于"行业特色"视域下的国家一流服装与服饰设计专业人才培养改革与实践 ……… 50
纺织服装"一聚焦二融合三突出四平台"创新人才培养模式的探索与实践 ………… 56
面向纺织新经济的"三创"卓越纺织品设计人才培养改革与实践 …………………… 62
丝路引领、产业驱动、五位一体的多元复合型国际化纺织人才培养探索与实践 …… 66
纺织类本科国际化创新人才培养模式探索与实践 …………………………………………… 76
学生中心、产教融合：基于"汇创青春"长三角区域服装类高校命运共同体的建构实践 ……80
基于行业特色的地方高校"新工科"建设研究与实践 …………………………………… 86
"三度一体"服装设计校企融合复合型拔尖创新人才培养模式探索与实践 …………… 89
非织造材料与工程专业的课程思政体系构建与实践 ……………………………………… 94
《时尚与品牌》国家级线上线下混合式一流课程建设的创新与实践 …………………… 98
基于工程教育认证标准的纺织工程国家一流专业建设与实践 ………………………… 102
基于数字内容产业需求的艺术类人才培养模式创新与实践 …………………………… 106
基于"传承·融合·创新"思维的"12334"型人才培养模式改革与实践 ………… 110
纤维材料创新人才"一导三融"培养模式的探索与实践 ……………………………… 115
面向纺织行业的创业教育体系研究与实践 ……………………………………………… 121
顺应转型发展，培养纤维材料应用型创新人才 ………………………………………… 125
"三三三"纺织类大学生科研创新实践体系建设及能力培养新范式 ………………… 130
行业特色高校基于"一带一路"构建国际化教育办学体系的探索与实践 ………… 136
新时代背景下纺织德才兼备高层次人才培养的改革与实践 …………………………… 140
精心打造"四项融入"工程，推进习近平新时代中国特色社会主义思想铸魂育人 … 146
基于信息化技术的纺织类专业虚拟仿真实验教学体系的创新与实践 ………………… 151
区域化与国际化联动协同背景下纺织工程特色专业建设探索与实践 ………………… 154

基于"创业决策逻辑机制"的商科双创教育理论构建与教学创新 …………………… 159
"新工科""新文科"背景下轻纺行业高校工匠式创新创业人才培养模式构建与实践 …………… 162
国家级一流本科课程"服装CAD"的课程建设与改革 …………………………… 167
产业需求驱动的纺织专业工程实践与创新融通式人才培养模式的改革 …………… 170
四链融通五位一体——纺织工程专业应用型高级工程技术人才培养模式探索与实践 …………… 174
因需而建、应需发展、四链协同——东华大学研究生教育助力纺织强国的探索与实践 …………… 179
轻纺优势特色学科引领下应用型专业体系的构建与实践 …………………………… 183
"艺工融合"背景下高校艺术类专业改造提升及复合型人才培养的探索与实践 …………… 187
以工程实训—非遗传承—现代创新为特色的纺织品印花工艺学课程教学改革 …………… 195
新文科背景下"工经融合"纺织外贸人才实践创新能力培养模式的探索与实践 …………… 205
服装专业卓越人才创新实践教学平台体系构建 …………………………………… 210
面向时尚新业态的服装设计与工程专业"四化二机制二平台"人才培养模式改革与实践 …………… 214
基于"文化传承、多元协同"的国际化时尚创意人才培养模式建构与实施 …………… 222
基于产教融合工程应用型非织造专业人才培养的探索与实践 …………………… 228

第二部分　一等奖

轻纺特色高校大学生创业课程校际合作教学模式的创新与实践 …………………… 235
以"互联网＋纺织"系列竞赛提升学生三创能力实践育人模式的构建与实施 …………… 240
纺织类专业基础化学课程过程化考核教学体系的构建与实践 …………………… 244
服装设计教育"四链融合、四位一体"人才培养模式建设与实践 …………………… 248
新工科背景下聚焦创新实践能力培养的机械基础课程群教学模式重塑与实践 …………… 254
"文化引领、艺科融合"服装色彩课程群改革与实践 ………………………………… 259
成果导向、虚实结合、一体多元的化学化工类专业实践教学模式的探索与实践 …………… 264
纺织工程专业工程教育人才培养模式持续改进的研究与实践 …………………… 267
服装设计与工程专业"工程＋"复合应用型人才培养研究与实践 …………………… 270
"厚基础、强交叉、重应用"纺织工程专业染整系列课程体系创新与实践 …………… 277
面向新工科的非织造材料与工程专业核心课程群建设与实践 …………………… 282
依托"一带一路"联合实验室探索新工科教育共同体建设 …………………………… 288
文化筑基创意为本——面向新文科的服装设计基础课程群改革与实践 …………… 295
纺织艺术教学"传统＋时尚＋科技工坊"模式构建及实践 ………………………… 301
具有纺织机械特色"三维交织"的专业、课程和团队建设与实践 …………………… 311
"纺纱原理"课程"三级目标，五重境界，多维评价"的教学改革与实践 …………… 318
基于"艺工融合"的纺织品艺术设计实验教学模式的探索与实践 …………………… 321
基于多场耦合系统虚拟仿真的"纺织工艺及设备"课程教学改革 …………………… 326
机械工程专业纺织机械系列课程的教学改革与实践 ……………………………… 329
"艺科"深度融合的数字化服装设计课程教学改革与实践 ………………………… 332
面向"三创"人才培养的服装实践教学体系研究与实施 …………………………… 339

"时尚品牌与流行文化"系列课程思政建设实践……………………………………345

基于课程思政的"三全育人"大思政人才培养模式的构建与实践……………………356

基于学科交融的"纺织机械造型专题设计"课程教学体系建设……………………359

基于非织造创新人才培养的纺织材料学课程教学体系的改革与建设………………364

基于产出导向的"中外服装史"课程建设………………………………………369

"艺文交叉、理实结合、产教融合"服装设计史论课程群教学改革与实践…………375

研究型教学模式在"纺织材料学"课程教学中的实践………………………………382

基于OBE理念的电子信息专业人才培养模式改革与实践……………………………388

不忘初心 以生为本——创建个性环境与学生发展相结合的"金字塔"式在线学习平台………391

面向未来的设计师通识基础课程平台系统研究与实践………………………………395

"互联网+"智能技术推动混合式教学金课的建设——以高校艺术设计课程为例…………399

项目式专业课程教学改革——功能性服装设计课程群及实践体系建设……………403

设计类本科实践教学与社会服务结合的构建与实践…………………………………405

贯通服装专业人才培养全过程的实践教学体系创新构建与应用……………………411

服装类专业创新创业教学模式改革与创新……………………………………………415

"旭日广东服装学院"现代产业学院的建设与实践…………………………………421

新工科背景下纺织产品设计人才培养模式构建与实践………………………………425

"立德提趣固本引新"育人法在卓越纺织机械人才培养中的探索与实践………………428

新工科+工程教育专业认证背景下纺织工程专业人才培养体系探索与实践……………433

纺织工程专业知识积累与能力形成双螺旋教学模式探索……………………………440

"政—校—企—协"四方联动模式下非织造专业人才培养探索与实践…………………446

"全面联动、全程优化、全员参与"非织造专业课程教学模式的创新与实践…………453

科教融合背景下依托科研平台培养高层次纺织创新人才的实践……………………459

面向国家战略的数字化服装创新人才培养模式的探索与实践………………………463

校地联合、产教融合面向地方产业的纺织应用型人才培养体系研究………………467

基于"政—校—企"合作平台的服装设计专业学位人才培养模式的构建与实践…………472

"大服装"视野下服装人才培养改革与实践…………………………………………476

以"四合一统"推进"三全育人",探索纺织类本科高校创业人才培养新模式………480

基于国家精品在线开放课程"纺纱工程"的课程思政教学体系研究与实践…………485

基于"专德创融合"理念的纺织类专业"12345"课程思政教学体系建设与实践………488

"一中心双线五融合"纺织高校化工创新型人才培养模式的改革与实践………………494

具有纺织特色及层次化实践教学体系的机械设计系列课程改革与建设……………499

行业背景下综合类高校研究生公共英语立体化课程体系研究与实践………………503

"新工科"理念下服装设计与工程专业特色建设的创新与实践……………………507

"新工科"背景下"针织学"一流课程的改革与实践………………………………510

服装类虚拟仿真实验教学"五度三型"保障体系建设的探索与实践………………514

"新工科"背景下体验沉浸式商科创新实践体系的构建与实施……………………517

基于双融合数字化创意设计的服装设计专业课程群构建……………………………524

基于"传承与发展"理念的现代服装结构工艺类课程体系的改革与实践……………530

"四维一体"的服装设计创新人才培养体系构建与实施……………………………536

服装专业数字化课程建设与创新人才培养·······················541

"教研相长"——基于"基础—理论—创新—实践"四位一体培养体系的

智能纺织品课程模块与构建·······················544

面向工程教育认证的纺织卓越工程师培养目标落实与实践教学改革的研究·······················548

OBE理念的"服装工艺设计"课程建设与实践·······················552

基于"1234"教学思想的"服装材料学"课程教学创新改革与实践·······················557

纺织服装高校经贸类双创人才"二元并举、三导协同、四轮驱动"培养模式探索与实践·······················564

产教融合复合材料与工程专业创新人才培养体系的构建与实践·······················569

"生态聚能·融合创新"时尚类高校双创教育的改革与创新·······················572

材料科学与工程专业本科生"全优"培养模式的构建与实践·······················575

智能平台下纺织特色高校国际化微专业"双向协同"培养模式创新与实践·······················579

学生中心，育人为本，构建新时代融合贯通的教育教学新基建·······················584

"衣被天下"——纺织专业课程思政群建设的研究与实践·······················592

以创新创业教育为导向，探索创新思维及方法与工程文化融合的国家一流课程内涵建设路径·······················596

基于现代信息技术的"非织造学"教学模式创新与实践·······················600

提升思政课亲和力的"有感式"教学方法研究与实践·······················604

纺织工程专业纺织品设计类数字化课程建设与实践·······················607

基于纺织印染前处理过程的自动化专业虚拟仿真实验教学体系的构建与实践·······················611

基于人工智能与增强现实技术的服装设计类课程教学改革与实践·······················614

基于"双主体协同、三维度融合"的纺织工程专业校外实践教学模式探索与实践·······················621

高等院校工科专业产学研合作教育人才培养体系研究与实践·······················627

基于工程实践和创新能力培养的土建类专业虚拟仿真实验教学体系改革与实践·······················630

基于OBE理念艺术工学能力逻辑"一纲三层四目"服装工程人才培养新模式·······················633

产业驱动下纺织品艺术设计专业复合型人才培养模式改革与实践·······················640

"三纵三横"多维联动体育育人体系构建与实践·······················647

跨界整合、人文固本、科艺融合——高校服装设计专业课程体系的重构与实践创新·······················652

电商创业慕课建设的探索与实践·······················656

服装时尚类课程开放式教学生态构建与应用·······················659

突显"两性一度"审计金课的构建与实践·······················664

基于一流纺织学科群的可穿戴智能医疗实践创新平台·······················670

适应生物医用纺织专业的"纺织结构成型学"精准教学改革及实践·······················673

行业学院模式下服装史论类课程教学改革与实践·······················676

"双一流"视域下高校实践教育基地共创服装人才培养模式研究·······················681

专创融合、产学协同——服装专业"三创"实践教学新模式的探索与实施·······················685

基于"三融合"模式的纺织类高校管理类研究生创新能力培养改革与实践·······················692

现代产业学院模式下材料类专业的构建与实践·······················696

"方法论引导、课内外联动、全覆盖实践"——纺织专业学生创新能力培养实践·······················700

新时代中华优秀传统文化创造性转化服装设计人才培养体系构建·······················704

面向中小企业创新升级的跨域融合纺织自动化类人才培养探索与实践·······················708

重能力导向，强全链培养——机械电子工程专业学生创新能力培养模式的探索与实践·······················713

以学生为中心提升材料类专业教育教学质量的探索与实践……………………………718

对标学生"自驱型综合设计能力"的数字时装设计教学模式创新与实践…………………722

基于"课程思政"的纺织工程专业教育教学改革探索与实践………………………………726

对标新工科培养要求的"花式纱线"双语课程教学改革与实践………………………………732

基于线上线下混合式教学的"液压与气压传动"课程建设…………………………………735

纺织材料复合创新人才政产教协同培养体系的探索与实践………………………………738

"政产学研"协同构建纺织类应用型人才培养新机制——"红绿蓝杯"竞赛12年探索实践 ………744

基于工程教育认证理念的纺织特色材料类专业人才培养模式的探索与实践…………………748

新工科背景下地方纺织院校自动化专业人才培养模式的研究与实践………………………752

拔尖创新人才五位一体培养模式下多模态培养体系的构建与实践…………………………756

彩虹引领工程：面向纺织产业的经管类多元协同精细化人才培养模式探索与实践……………764

国家战略下东华大学文创生态系统的构建与实践…………………………………………768

"双一流"纺织高校基础化学创新实验教学平台的建设与实践……………………………772

互联网时代下基于MOOC建设的"纤维化学与物理"教学改革…………………………777

打造工程教育深度融合新生态，深化服装"卓越工程师"专业实践教学改革………………782

构建立体开放的纺织材料实验教学体系、培养新时代创新型纺织人才………………………786

基于"创造性转化、创新性发展"高校纺织非物质文化遗产教育传承的实践…………………791

四阶段递进式测控专业全员人才能力培养模式改革与实践…………………………………794

"新工科"背景下纺织特色高校机械工程创新人才培养模式构建与实践……………………799

基于专业思政理念的服装类专业人才培养体系构建与实践…………………………………803

以学生为中心的材料类专业应用型创新人才培养体系改革与实践…………………………808

染织非遗项目与纺织类课程融合创新实践…………………………………………………812

纺织高校基于新一代信息技术的信计专业人才培养模式的创新与实践……………………814

文化传承与创新视域下服装表演专业"多环联动"应用型人才培养模式……………………818

学科竞赛驱动、虚仿技术支撑，规模化大学生创业素质培养模式的创新与实践……………823

基于人工智能的服装卓越工程人才培养体系创新与实践……………………………………826

服装设计与工程专业"三协同、五平台、全过程"创新人才培养实践教学体系构建与实践………830

附录

"纺织之光"2021年度中国纺织工业联合会纺织高等教育教学成果奖预评审会议专家名单 ………839

"纺织之光"2021年度中国纺织工业联合会纺织高等教育教学成果奖评审会议专家名单 ………839

"纺织之光"2021年度中国纺织工业联合会纺织高等教育教学成果奖网络评审专家名单 …………840

第一部分

特等奖

"纺织非遗+"多层次纺织复合创新人才培养体系的构建与实践

浙江理工大学

完成人及简况

姓名	性别	所在单位	党政职务	专业技术职称
祝成炎	男	浙江理工大学	无	教授
于斌	男	浙江理工大学	院长、党委副书记	教授
田伟	女	浙江理工大学	系主任	副教授
鲁佳亮	女	浙江理工大学	党支部书记	讲师
张红霞	女	浙江理工大学	无	教授
李启正	男	浙江理工大学	杂志社社长	副编审
苏淼	女	浙江理工大学	副院长	副教授
金肖克	男	浙江理工大学	无	讲师
陈俊俊	女	浙江理工大学	无	讲师
马雷雷	男	浙江理工大学	无	工程师

1　成果简介及主要解决的教学问题

1.1　成果简介

本成果依托文旅部、教育部、人社部"织锦技艺传承与创意设计培训班"及科技部"丝绸国际培训班"等项目，确立了"纺织丝绸传统文化＋技艺"贯穿教育全过程、接轨国际化人才培养目标，构建了"纺织非遗＋"多层次纺织复合创新人才培养体系，结合实施了"纺织非遗＋现代织造""一进一出，二引二出"的教学模式，引入多类实践活动，将纺织技艺与课堂教学、论文、社会实践、科技竞赛深度融合。本成果通过实践应用证明，多层次人才培养成效明显，行业和社会影响显著。

1.2　要解决的教学问题

1.2.1　解决面向新时代需求的多层次纺织复合创新人才培养体系缺失的问题

现有人才培养体系已逐渐不能支撑培养"既有宽厚学术基础理论，兼具全方位创新设计、富有国际视野以及优秀中国文化思想内核"的"复合创新"型人才培养需求。

1.2.2　解决高校工科专业学生文化认同培养、思想政治教育同专业教育脱节的问题

当前在高校工科专业学生的思政教育中存在教学形式单一、教学内容单薄等问题，未能最大限度地帮助学生建立中国传统文化正确认知、民族自豪感及专业荣誉感。

1.2.3　解决纺织丝绸非遗从业人员继续教育中"艺工结合""产教融合"不足的问题

当前纺织丝绸非遗从业人员群体知识结构不合理、知识更新慢，继续教育中"艺工结合""产教融合"不足，使产品创新设计研发、产业链联动能力较弱，限制了非遗的保护、传承和发展。

1.2.4 解决纺织丝绸专业国际教育中"文化输入多、文化输出少"的问题

现有国际教育中教学模式和课程体系过于侧重学生的国际化培养和技能培训，而忽视了对国际学生进行中国历史文化领域的教学和培养，不利于促进中国文化的输出和国家软实力的提升，也不利于提高我国纺织丝绸教育在国际上的竞争力和影响力。

2 成果解决教学问题的方法

2.1 明确"纺织非遗 +"多层次纺织复合创新人才培养理念和改革整体思路

坚持"需求导向""应用导向"和"可持续导向"，确立"本科教学、非遗研修、国际培训"融合的多层次教学理念，明晰覆盖教学体系建设、模式建设和课程建设，包含"课程思政""艺工融合""复合创新""文化输出"等在内的整体改革思路，通过教育教学全链路的构建和路径的优化，形成兼具可实践性、可推广性以及经济价值、文化价值的现代纺织人才培养体系（图 1）。

2.2 构建以"本科教学、非遗研修、国际培训"融合为支撑，"科研、实践、思政、创新"多层次纺织复合创新人才培养体系

在研究生和本科生中设置纺织非遗相关、面向企业需求等的研究课题，鼓励引导学生发表科研成果，实现纺织复合创新人才科研能力培养；以学生"全程参与""全面提升"为核心，积极引导学生融入非遗传承保护、研修培训教学、校外实践中，以组织学员携作品赴越南参加"国际丝绸与织锦文化节"、赴柬埔寨纺织制衣协会对接织锦培训项目等形式，实现纺织复合创新人才实践能力培养；通过引入国家级、省级织锦等非遗代表性传承人进学校直接参与各环节的教学，将传统纺织技艺的传承与创新同课程思政相结合，实现纺织复合创新人才思想政治素养培养；建立"本科生导师制"，在学生刚进校开始便全程指导、全面协助学生参加大学生课外学术科技作品竞赛和"互联网 +"创新创业竞赛等创新类项目，实现纺织复合创新人才创新能力的培养（图 2）。

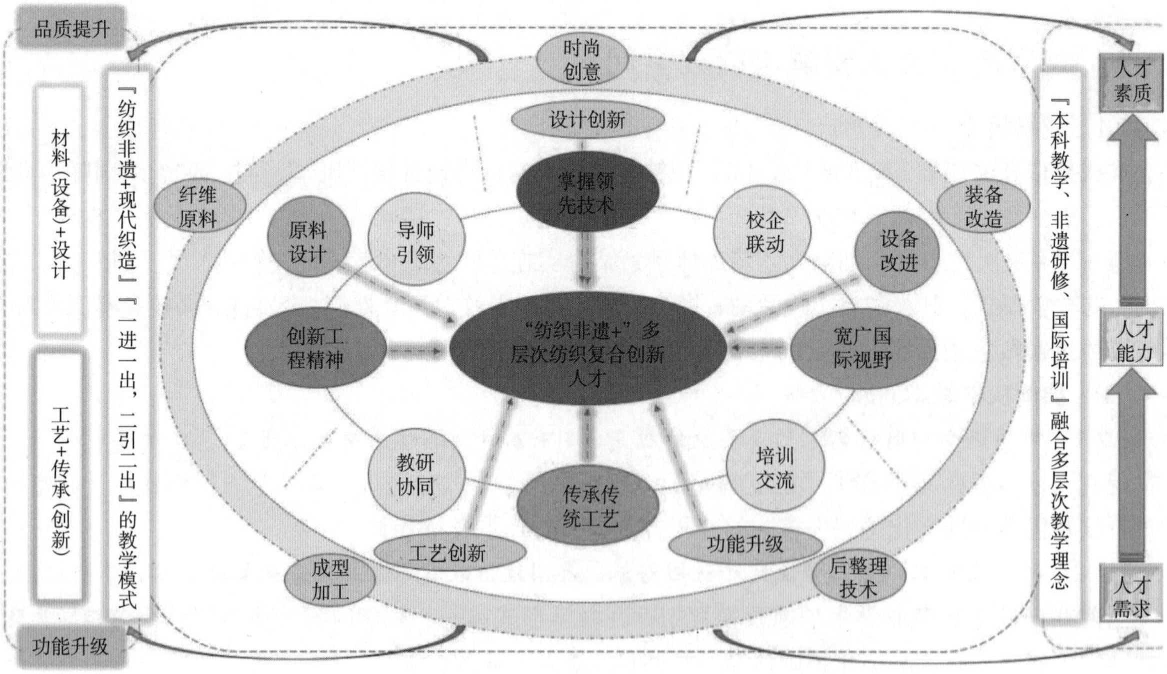

图 1 "纺织非遗 +"多层次纺织复合创新人才培养思路

2.3 以"织锦非遗"为载体的"艺工、产教融合"教学模式，将现代教学融入传统纺织

以"织锦技艺传承与创意设计培训班"为依托，以校地联办"交流研讨会""非遗推广与创意设

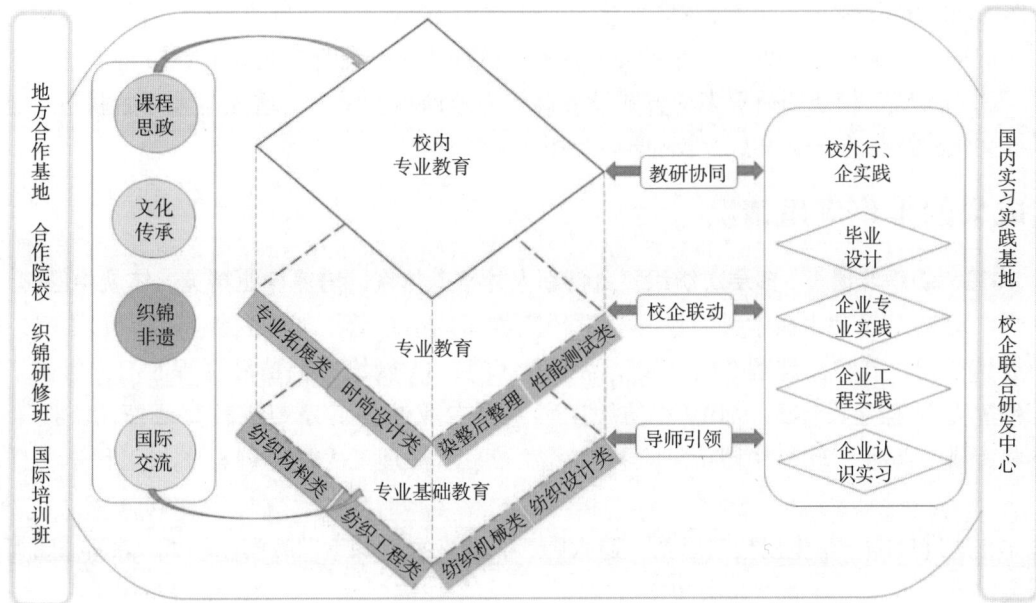

图 2　"纺织非遗 +"多层次纺织复合创新人才培养知识体系

计中心""非遗文化展"等形式，形成自然科学和艺术美学深度融合、优秀传统和现代化紧密结合、纺织产业和教育相互促进的教学模式。同全国各地织锦发源传承地、产业落后贫困地区开展深度合作，多方位提升传承人和从业者的现代化知识和综合能力，引导其积极面对当今的传承困境，积极适应当今的发展形式。

2.4　以"文化输出"为导向的"国际学员"培训模式，发挥好国际学员辐射效应

以"丝绸国际培训班"为依托，根据国际学员的国别、教育背景、工作领域等情况，设计制订兼顾国际化发展趋势和中国文化内核的课程体系；注重授课与参观相结合，在授课和参观实践环节中深层植入中国传统价值观和当代价值观，以"丝绸文化"为切入点，潜移默化实现中国文化的软输出。以丝绸产业联盟、高校联盟等形式构筑"一带一路"国家间的交流平台，弘扬和传承丝绸之路友好合作精神，开展多层次多维度的技术交流、文化交流、人才交流，提升"一带一路"国际影响。

3　成果的创新点

3.1　构建"本科教学、非遗研修、国际培训"相结合的"纺织非遗 +"多层次纺织复合创新人才培养体系

以本科教学为主，非遗研修、国际培训为辅，构建以纺织非遗文化与技艺贯穿教育全过程、与国际接轨的多层次培养目标和教育模式，重构多层次纺织复合创新人才培养、"非遗传承从业群体"再教育的新路径，形成面向全社会的完整教育闭环，构筑多端协调发力、相互促进的新形式。

3.2　建立"非遗进校园，学生出校门；非遗大师、企业专家进课堂；文化软实力、技术硬实力出国门"的新教学模式

结合文旅部、教育部、人社部"织锦非遗研修班"和科技部"丝绸国际培训班"，向高校教学中引入非遗传承人、从业者及企业人才，使学生通过技艺进课堂、进论文、进社会实践、进科技竞赛等环节，从中国优秀的传统文化和技艺中获得创新的素材与灵感，以培养适应纺织丝绸产业传承发展、具有国际视野的有文化、有思想的创新型复合人才。

3.3　建立"悠久丝绸文化"和"课程思政"教学深度融合的课程思政教学体系

聚焦以构建全员、全程、全课程育人格局的形式将各类课程与思想政治理论课同向同行，树立"立

德树人"作为教育的根本任务的综合教育理念，针对国家综合实力提升与"文化认知"和"价值认同"提升不同步的问题，通过"跨界""跨层次"教师团队配置及交流促进机制建设，将"丝绸文化"以交流分享、课堂实践、校外调研等多种方式植入高校专业课程教学中，增强与实际的联系，提高对纺织丝绸传统文化和技艺的热爱程度，牢固学以致用、服务社会的理念。

4 成果的推广应用情况

4.1 构建"纺织非遗+"多层次纺织复合创新人才培养体系，培养行业精英，铸就中国魂

近年来，纺织工程专业在学科建设和教学研究方面成绩卓著，如国家级精品课程1门，国家精品视频公开课1门，省精品课程2门，校精品课程3门，4A网络平台精品课程5门，形成了国家、省、校三级精品课程建设体系。2019年纺织工程本科专业通过工程专业教育认证，获批第一批国家一流本科专业。同年，软科中国最好学科排名发布，浙江理工大学纺织科学与工程学科排名全国第二。

通过"非遗进校园、学生出校门以及非遗大师、企业专家进课堂"教学新模式，除研修班开班时期组织交流会之外，也积极开展"非遗文化进校园"主题沙龙等活动，使学生获得与国家级、省级非遗传承人面对面交流的机会，直观地欣赏各位大师的作品和风貌，帮助学生建立了对中国优秀传统文化正确的认识，树立了正确、稳定的价值观，对我们国家在非遗文化保护和传承中的努力和奉献有了清晰的了解，更加认可纺织、丝绸专业和政府相关工作的意义，学生的思想政治素养、理论知识基础、实践能力、创新能力均得到了明显的提升（图3）。

图3 纺织学子同非遗传承人交流学习

通过构建"本科教学、非遗研修、国际培训"相结合的"纺织非遗+"多层次纺织复合创新人才培养体系和新教学模式，学生的各类能力、素养得到了全面地提升，并在各项学科竞赛、社会实践活动中取得了优异的成果。"建行杯"第六届浙江省国际"互联网+"大学生创新创业大赛，纺织科学与工程学院（国际丝绸学院）参赛团队荣获3金2银。2020年浙江省暑期社会实践风采大赛中，学校申报的6个团队共有2支队伍获得"十佳团队"称号、1支队伍获得"十佳团队提名"称号、另有3支队伍获得"百强团队"称号，十佳及提名奖获奖数量位居全省高校第一位，学校荣获"最佳组织奖"。其中，获得"十佳团队"称号的队伍为纺织科学与工程学院（国际丝绸学院）的"我为丝绸代言"——青年大学生走进丝博馆实践团和"织锦扶贫 浙理助力"脱贫攻坚实践团。2021年，"少数民族非遗织锦推广现状及对策研究——以壮锦、黎锦、傣锦为例"项目入围浙江省第十七届"挑战杯"大学生课外学术科技作品竞赛决赛（图4、图5）。

4.2 依托"织锦非遗研修班"，培养非遗人才，助力文化、产业扶贫

非遗研修班涉及的非遗项目有杭罗、杭州织锦、云锦、宋锦、蜀锦、壮锦、黎锦、傣锦、鲁锦、缂丝、

图4　纺织学子在"互联网+"大学生创新创业大赛、浙江省暑期社会实践风采大赛上获得佳绩

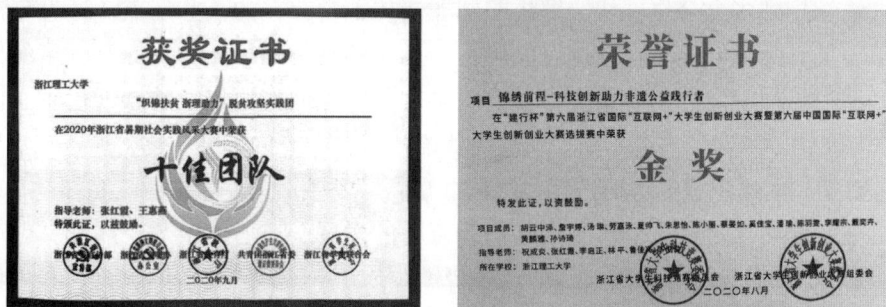

图5　获奖证书

马尾绣、土布蓝染等；学员中既有70多岁的国家级非遗传承人，也有在高校接受过博士、硕士教育的年轻传承人；既有技术娴熟的织锦技艺大师，也有现代织锦企业的老总和技术负责人，涉及7个省9个民族。

学校与贵州省黔南州文广新局签署了共建"浙江理工大学——黔南州非遗推广与文化创意设计中心"的合作协议，共同举办"文化创意设计大赛"、共同推动成立了"黔南州文化创意行业协会"等。产出了一大批具有黔南文化元素的文创产品，也为宣传和推广黔南文化做出了积极贡献（图6、图7）。

2017年以来，为传承人提供技术和产业对接100余次，促成数十位西部贫困地区学员与东部现代企业开展产业转化合作案例。如"织锦娃娃""锦汇丝路""布傣美锦""灿然黎锦""盐田织彩"和"浮云堂"等项目，直接或间接提供就业岗位数千个（图8）。

图6　项目成员参加交流研讨会和基地授牌仪式

图7 非遗保护与文化产业助推脱贫攻坚交流研讨会

图8 "非遗、文旅、产业"对接活动

4.3 融合创新、科技创新、跨界创新，为非遗发展注入新思路

"织锦研修班"在保护和发展传统织锦非遗技艺，培养手艺传承人的基础之上，也为研修班学员搭建了沟通、融合、创新的平台，从最初的侧重设计到侧重品牌、营销，从侧重研培到关注产品落地、助力脱贫攻坚，从学校到多方合作，切实解决织锦非遗传承中存在的一些痛点。通过完善的课程培养体系和培养环节，能有效弥补学员在传统民间师徒传承中不足的知识结构，提升学员的传承能力和传承水平，能更好地以织锦视觉元素、精神特质、历史文化等为创作原点，结合现代主义设计文化、地域文化、特色旅游文化等丰富的内容，用全新的时代语言诠释古老的传统文化，加速织锦项目个性化、潮流化、创意化转型，促进织锦项目走进现代生活，重新焕发生命力。

研修班学员在研修结束之后，了解了现代纺织工业的发展、对纺织服装产品和文创产品的需求以及流行发展趋势，通过纺织丝绸非遗技艺与现代纺织科技的进一步结合，传统技艺和现代时尚的进一步融合，提升了产品创新能力，所设计开发的产品取得了更高的市场认可度和经济价值，并多次入选相关高端展会和展馆（图9、图10）。

图9 研修班学员作品入选中国第十二届文化艺术展的民族娃娃和第二批浙江省优秀非遗旅游商品

图10 织锦研修班成果亮相中国丝绸博物馆

"织锦研修班"模式获得学员和国家的高度认可,学员通过多种方式表达了对研修班以及高校的感谢,获得央视七套、浙江电视台国际频道、黔南州电视台、杭州市电视台、《光明日报》《中国教育报》《中国青年报》非遗传承人群研培计划、手艺中国等媒体和平台的关注和报道。第三届中国纺织非物质文化遗产大会在云南昆明学院召开,本项目负责人祝成炎教授荣获"中国纺织非遗推广大使"荣誉称号(图11、图12)。

图 11 祝成炎教授荣获"中国纺织非遗推广大使"荣誉称号

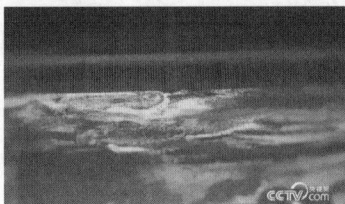

图 12 媒体报道及学员感谢信

4.4 培养国际化纺织工程人才,促进"一带一路"国家的融合与发展

"丝绸国际培训班"连续举办4年,共接待来自波兰、越南、泰国等14个国家的75名学员。学员均来自各国的政府机构、高校、研究院及企业。培训班向"一带一路"沿线国家宣传推广中国丝绸文化,培养丝绸产业人才;积极为"一带一路"沿线国家和国内纺织企业搭建合作平台,推进浙江省纺织行业出口创汇、创利;实施开放办学,提升国际交流与合作的层次和水平。目前,学校已经和20多个国家和地区的100余所院校和机构广泛开展包括中外合作办学、联合培养、师生互派、合作研究在内的多种形式的交流与合作(图13)。

图 13 国际培训班开班合照

举办国际培训班项目是我国科技援外工作的重要组成部分,也是一个很好的对外交流平台,为国内丝绸行业与亚非各国同行之间搭建起信息交流和科技合作的桥梁,使中国先进丝绸技术在亚非发展中国家得到推广和应用,也为国内丝绸企业和科研机构带来了国际化发展的新生(图14)。

　　纪录片《锦程东方》在国内外多个平台上发布，讲述了以浙江为代表的世界丝绸产业的变化和发展，向观众展现了中国丝绸特别是浙江丝绸产业的蓬勃发展，《杭州日报》刊发祝成炎教授题为《浙江丝绸产业的地位与发展》的理论文章，以"丝绸贸易"为媒介的"一带一路"倡议正在践行中不断前进，以"丝绸文化"为枢纽的中国国际影响力正不断提升（图15）。

图 14　国际丝绸专业人员深入了解中国现代纺织工业和传统丝绸文化

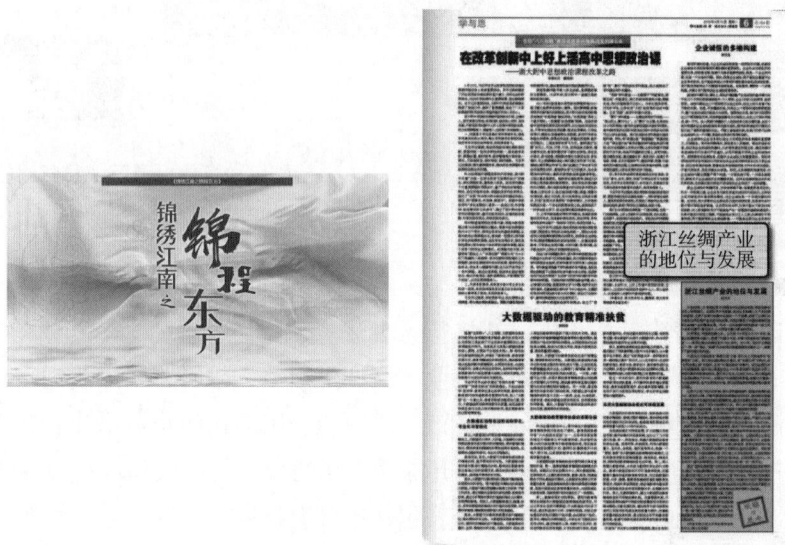

图 15　纪录片《锦程东方》及《浙江丝绸产业的地位与发展》文章

"纺织材料学"融入课程思政的构建与实践

武汉纺织大学

完成人及简况

姓名	性别	所在单位	党政职务	专业技术职称
李建强	男	武汉纺织大学	无	教授（二级）
蔡光明	男	武汉纺织大学	副院长	教授
徐卫林	男	武汉纺织大学	校长	教授（二级）
柯贵珍	女	武汉纺织大学	无	副教授
李文斌	男	武汉纺织大学	无	教授
唐晓宁	男	武汉纺织大学	无	讲师
罗磊	男	武汉纺织大学	无	副教授
黎征帆	男	武汉纺织大学	无	讲师

1　成果简介及主要解决的教学问题

1.1　成果简介

武汉纺织大学是纺织特色鲜明的高水平大学，为建设纺织强国培养高层次应用型创新人才。"纺织材料学"课程经过多年的建设，已经形成了一支以湖北名师为核心，中青年博士为骨干的教师队伍，在教学内容、教学模式和评价方式上形成了一套结构完整且创新务实的课程体系。2009年"纺织材料学"获批国家级精品课程，2010年"纺织材料与加工教学团队"获国家级教学团队（教高函〔2010〕12号），2016年，获批为国家精品资源共享课程，2018年获批纺织科学与工程学科省级名师工作室（鄂教师函〔2019〕3号），2020年获批国家首批线下一流课程（教高〔2019〕8号）（图1）。

"纺织材料学"在持续性课程建设中，提出了课程思政目标，即：①对课程思政进行顶层设计，基于双万建设，将课程思政固化到教学体系中，形成融入思政目标的课程教学大纲和教案；②确定课程思政教学目标，培养学生社会主义核心价值观，培养学生工匠精神，培养学生具有求真探索精神，培养学生科技报国的信念，培养学生具有科技自信和文化自信，激发学生对纺织的热爱；③依据课程思政目标建立课程思政资源库，以行业发展、科研成果、纺织智能制造、杰出人物事迹等典型案例展示纺织是具有国际竞争优势的行业，激发学生对纺织专业的热爱；④采取启发互动式、案例式、文献阅读研讨式和实物及实验现场式等教学方法把课程思政融入教学内容；⑤建立一套完整的可借鉴的课程思政教学目标评价达成体系。

1.2　主要解决的教学问题

本成果在教学上通过对课程思政的构建，解决课程教学内容与思政融合的问题，解决课程思政的教学方法与手段的问题，解决课程思政的教学监督与评价的问题，提升学生对专业的认知。

纺织类专业是学校的优势及特色专业，但社会存在把纺织行业误解为传统夕阳行业，造成低年级的学生误解为纺织是劳动密集型产业、科技含量不高，导致学生对专业的兴趣不高，也影响后续专业

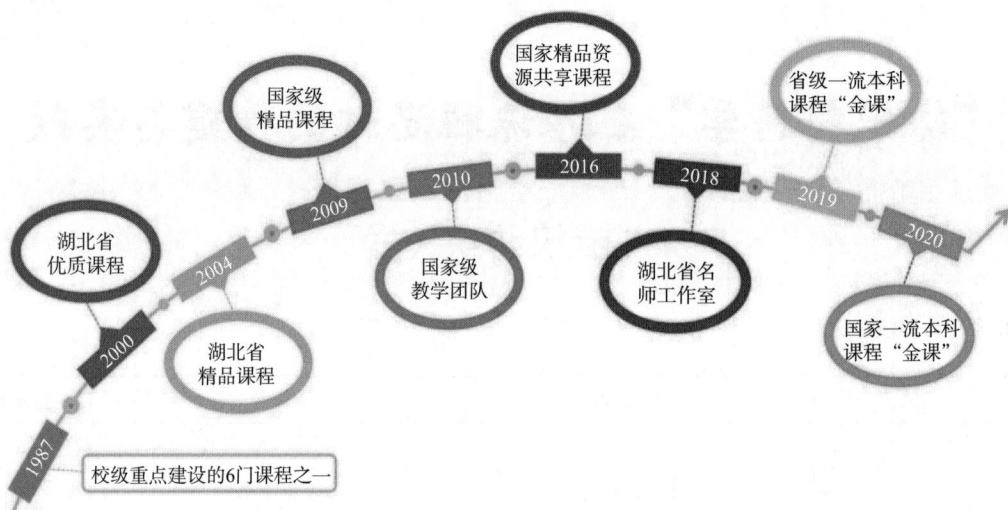

图 1　纺织材料学课程建设

课的学习。作为最先接触专业知识的"纺织材料学"课程承担着提高学生对现代纺织行业的认知和对纺织专业的热情的责任。

在新工科背景下应体现专业知识的交叉，课程教学必须适当增加新材料、新工艺、新技术内容，保证教学内容的持续更新和完善，并将工程伦理等相关知识融入教学内容，实现课程思政与教学内容的有机融合，体现"两性一度"（高阶性、创新性、挑战度）和"二融合"（科教融合、课程思政与教学内容融合）的教学内容。

通过精心构筑课程思政进行资源库的建立，构建融入课程思政的案例式、先进性和互动性的教学方式；建立"审批 - 评价 - 检查 - 反馈 - 改进（EECAI）"循环评价体系，注重体现教学过程中课程思政的评价。

2　成果解决教学问题的方法

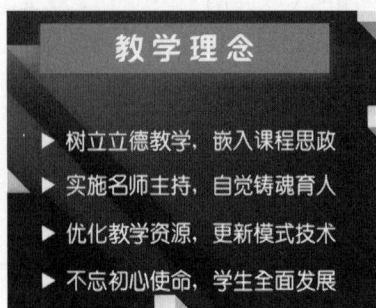

图 2　课程思政教学理念

"纺织材料学"课程思政，能提高学生对现代纺织行业的认识，激发学生对纺织专业的热爱。建立课程思政的目标，对应着建设课程思政资源库，包括以下几个方面：①纺织行业最新科技成果；②纺织行业杰出人物事迹；③身边榜样人物事迹；④纺织灿烂悠久的纺织文化；⑤探索融入课程思政目标的教学方法。课程思政教学理念，如图 2 所示。

2.1　通过问题式、启发式教学，培养学生专业认知与热情

在教学中实施"千问计划"，设计生问师答、生问生答、师问生答等多种形式，让学生敢于理性质疑，使学生养成独立思考、善于思考的习惯，培养学生发现—分析—解决问题的能力。以疫情防控所需的医用防护服为案例，可以确定织物舒适性及安全防护性能的主题，并引导学生思考相应的概念、评价方法及影响因素。激发学生对专业的热爱之情，培养学生爱岗敬业的职业素养，实现社会主义核心价值观。

2.2　通过案例式教学，培养学生职业素养与工匠精神

将严灏景等典型人物事迹以案例形式引入课堂教学；从工程人员身上学习严谨踏实的工程素养与社会责任，激发学生对专业的热爱之情；以新冠肺炎疫情中，纺织、非织、卫材等企业勇于担当的典

型事迹，使学生感受到危难时刻的价值选择和人生奉献；通过现场教学案例，使学生知悉吃苦耐劳、踏实勤奋、精益求精、实践创新等工匠精神。

2.3　通过文献阅读教学，塑造科技报国的信念

在教学过程中采用文献阅读法，关注纺织材料学研究中的最新知识和热点问题。要求学生查阅与授课主题相关的国内外最新文献资料，在阅读文献的过程中汲取知识，消化课程内容。在课堂上，要求学生以分组汇报 PPT 的形式，集中讨论各组阅读的文献，相互观摩学习。文献阅读研讨法为学生提供了锻炼交流的机会，可以有效调动学生的积极性，同时培养学生的团队协作精神。

2.4　通过科研成果，塑造学生的科技自信和文化自信

讲好身边的人和事，通过学校近年来的科技成果，如获国家科技进步一等奖成果嵌入式纺纱技术、3 个学科的 ESI 排名进入前 1% 等，塑造学生的科技自信和文化自信，使学生能把个人职业发展和国家科技发展相结合。

3　成果的创新点

3.1　特色、亮点和创新点

3.1.1　形成课程思政教学体系

将课程思政固化到教学体系中，形成融入课程思政目标的课程教学大纲和教案；将身边典型人物事迹和科研成果融入教学内容，形成具有特色的课程思政资源库。

3.1.2　建立课程评价和保障机制

以工程认证为标准，建立校内外双循环的课程评价体系，建立课程思政教学目标达成评价方法与反馈机制；建立"三查五评"的课程质量监控体系，保障课程思政教学质量。

3.2　典型教学案例

3.2.1　案例 1

在绪论和纱线结构章节学习中，详细介绍严灏景先生事迹。1949 年，严灏景先生毅然从英国回国，成为新中国纺织学科的奠基人。他在英国留学期间，发明"示踪纤维法"，来表证纱线结构，被誉为"纱线结构之父"，享有崇高的国际声誉。从严灏景先生身上，学生们学到了一代科学家的爱国情怀和勇于探索纺织基础理论的精神（图 3）。

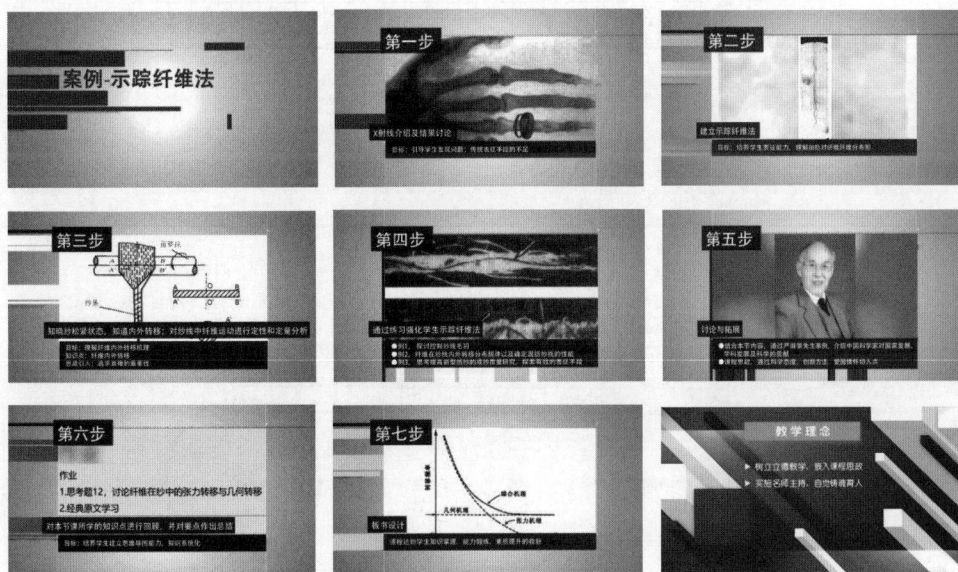

图 3　介绍严灏景先生事迹的教学案例

3.2.2 案例 2

在绪论和高性能纤维章节学习中，介绍了徐卫林教授历时八年，自主创新研制的嫦娥五号"织物版"五星红旗。2020 年 12 月 3 日，五星红旗旗开月表、五星闪耀，中国航天历史上第一面在没有温控的严酷环境条件下的织物国旗成功在月球上展示。此课程案例展现了年轻教育工作者的科研攀登精神。

4 成果的推广应用情况

4.1 建立了融入课程思政目标的课程考核机制

"纺织材料学"教学大纲中确定了课程目标和思政目标及考核方式，制订考核内容，通过考核结果，分步评价课程目标达成情况，反馈课程目标达成评价结果给团队教师，通过持续改进课程教学内容和方式，保障课程目标和思政目标的双达成。

4.2 校内外同行和学生评价情况

（1）本课程获批国家一流线下金课，受到校内外同行的一致好评（图 4）。

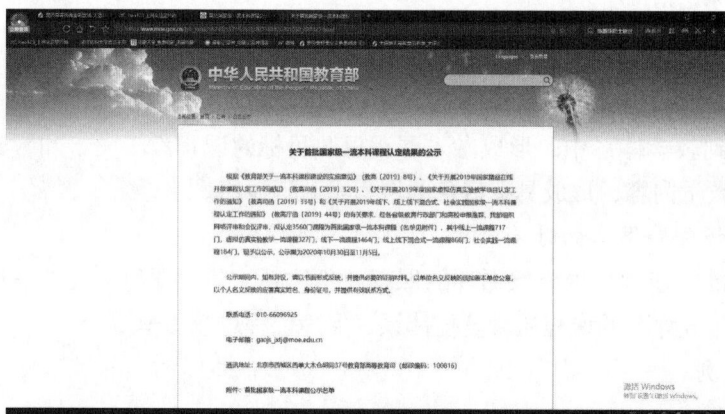

图 4 课程获批国家一流线下金课并深受好评

（2）本课程学生评价结果一直保持在 98 分以上（图 5）。

图 5 课程学生评价结果

4.3 课程思政改革成效

（1）形成了一套完整的"纺织材料学"课程思政资源库，对应形成了融入课程思政的课程教学大纲、课程教案。

（2）构建"开课检查、期中检查、期末检查"三查及"领导评教、督导评教、学工评教、学生评教、教师评学"五评的校内自我审核的课程思政质量保障体系；和"纺织材料学"课程思政目标达成评价方法。

（3）巩固了学生的专业思想，学生考研录取率达到27%。

（4）课程组发表了系列"纺织材料学"融入课程思政的教研论文。如李建强教授在《服饰导刊》等期刊上发表系列文章，彰显中国纺织文化，突显基于武汉纺织大学研究特色的课程思政内容（图6）。

①国家一流课程"纺织材料学"融入课程思政的教学改革及实践，服饰导刊，2021年4月第2期：01-04（通信作者）。

②"纺织材料学"课程案例教学法探索——以"织物的舒适性"章节为例，纺织服装教育，2021年4月第2期：71-74.（通信作者）。

③中国邮票中牛郎织女的纺织服饰信息分析，服饰导刊，2021年2月第1期：08-13（通信作者）。

④基于邮票"鎏金铜蚕"的金蚕考，服饰导刊，2020年8月第4期：01-04（通信作者）。

⑤苎麻织物"升"的解读，服饰导刊，2020年8月第4期：11-14（通信作者）。

⑥中国邮票中的化学纤维信息趣谈，服饰导刊，2020年10月第5期：16-20（通信作者）。

⑦新冠肺炎对非织造产业的影响，服饰导刊，2020年10月第5期：54-61（通信作者）。

4.4 课程思政改革示范辐射情况

（1）在全国《纺织材料学》课程教学研讨会上做了专题交流（上海、天津、青岛会议）（图6）。

图6 在"纺织材料学"课程研讨会上做专题交流

（2）在全校范围内作为示范课程进行推广。2021年4月6日，课程被学校推荐申报国家级"课程思政示范课程、教学名师和团队"（图7）。

十二、申报学校承诺意见

学校进行择优申报推荐，并对课程有关信息及课程负责人填报的内容进行了认真核实，保证真实性。

该课程如果被认定为"国家级课程思政示范课程"，学校承诺为课程建设提供政策、经费等方面的支持，确保该课程继续建设五年，学校将主动提供并同意课程建设和改革成果在指定的网站上公开展示和分享，学校将监控课程负责人经审核程序后更新资源和数据。

主管校领导签字：

（学校公章）

2021年6月6日

图7　课程被学校推荐申报"国家级课程思政示范课程"

（3）湖北卫视将课程思政作为亮点进行了专题报道（图8）。

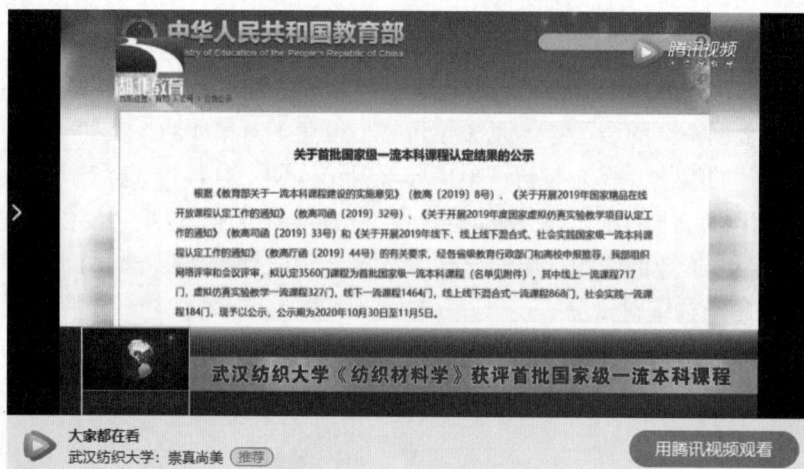

图8　湖北卫视专题报道

纺织行业特色高校课程思政建设的探索与实践

东华大学

完成人及简况

姓名	性别	所在单位	党政职务	专业技术职称
郁崇文	男	东华大学	无	教授
杨旭东	男	东华大学	教务处副处长（主持工作）	教授
张璐	女	东华大学	教务处科长	助理研究员
牛莉莉	女	东华大学	教务处科长	副研究员
王治东	男	东华大学	马克思主义学院院长	教授
林文伟	女	东华大学	管理学院党委书记	研究员
许福军	男	东华大学	副院长	副教授
王朝晖	女	东华大学	副院长	教授
陆嵘	女	东华大学	教师教学发展中心副主任兼教务处副处长	副研究员
施美华	男	东华大学	无	副研究员
方宝红	女	东华大学	无	副研究员

1 成果简介及主要解决的教学问题

1.1 成果简介

本成果以聚焦立德树人为根本，立足纺织行业特色，紧紧抓住教师队伍"主力军"、课程建设"主战场"、课堂教学"主渠道"，深入推进习近平新时代中国特色社会主义思想"进教材、进课堂、进头脑"，在教育教学中以价值引领为先，引导学生树立正确的世界观、人生观、价值观，以构建全员、全程、全方位育人的思政工作新格局为目标，持续打造思政课程、专业课程、综合素养课程三位一体的思政教育课程体系和思政课教师、专业课教师、校内外专家协同联动的育人体系。注重课堂教学、网络运用和社会实践有机融合，把思政之"盐"溶入教育之"汤"。建设东华大学一流学科课程思政研究中心，研究编写《纺织学科课程思政教学指南》，辐射全国纺织学科课程思政建设。从育人目标、教学内容、教学方法、学生考核、师资培训等多途径推进"课程思政"建设工作，提升教师的育人意识和育人能力，完成课程立项建设工作，完成教学大纲的修订，完善与课程相适应的实践环节，进行教学手段、授课方法、考核方式等改革，将课程思政建设与办学优势和纺织特色有机结合，努力培养担当民族复兴大任的时代新人，培养德智体美劳全面发展的社会主义建设者和接班人。

1.2 主要解决的教学问题

（1）解决了学校课程思政改革体制机制不健全的问题。

（2）解决了课程思政建设缺乏标杆示范的问题。

（3）解决了各类课程和思政课相互配合的问题。

（4）解决了广大教师开展课程思政建设的意识和能力不足的问题。

2 成果解决教学问题的方法

2.1 强化顶层设计，落实条件保障

学校从政策制度、组织落实、经费支持等方面强化顶层设计，将课程思政融入现代大学教育体系；以世界一流大学对应课程为标杆，从课程目标、课程内容、教学模式、教材建设、师资队伍、达成评价等各环节推动课程改革，将课程思政融入教育教学全过程。

学校加强党对思政课建设的思想政治领导，坚持正确的政治方向，成立了党委书记、校长任主任的东华大学思想政治工作委员会、东华大学课程思政教育教学改革工作领导小组、东华大学课程思政教育教学改革指导委员会，并在教务处设立课程思政教育教学改革办公室，成立东华大学一流学科课程思政研究中心，形成了"领导垂范、以上促下，教师示范、自下而上"的工作机制。

为深入学习贯彻全国高校思想政治工作会议精神和中共上海市教育卫生工作委员会的工作要求，学校制定发布了《东华大学课程思政教育教学改革试点工作实施方案》《东华大学思想政治工作质量提升工程实施方案》等4个文件；同时，为进一步加强学校师德建设，构建师德建设长效机制，学校出台了《东华大学关于建立健全师德建设长效机制的实施办法（修订）》等三个文件，为顺利推进课程思政改革提供坚强的制度和机制保障。

学校设立课程思政专项资金，近年来分3批共计投入一千万元，立项600余门课程思政重点建设课程，实现所有专业全覆盖，有效激励了教师开展课程思政教学改革工作的积极性，促进课程思政长效发展。

以上工作解决了学校课程思政改革中体制机制不健全的问题。

2.2 大力选树典型，发挥引路作用

2.2.1 建设"特色示范课堂"

2017年起，学校开展哲学社会科学优秀教师"特色示范课堂"建设，深入推进"课程思政"，已遴选推出10位教师创建的"特色示范课堂"。"特色示范课堂"发挥了良好的辐射效应，经宣传推广，又陆续推出一大批课程思政示范课程，打造183门"精品改革领航课程"。

2.2.2 树立教学标杆

学校遴选优秀课程思政典型教学案例32项，编制《课程思政案例集》，在全校范围内推广，形成示范效应，促进了各学院课程之间的交流。建设10个"重点改革领航学院"、22个"特色改革领航团队"。材料科学与工程学院朱美芳院士的团队入选首批"全国高校黄大年式教师团队"，我校多位老师获评"全国优秀教师"、上海市育才奖等奖项。在"教学改革探索奖""优秀教学育人奖"和"青年教师讲课竞赛"评选中设立课程思政评价指标，促进教师积极投身教育教学改革与实践中，充分发挥在教育教学改革中取得显著成效的优秀教师和优秀课程的示范引领作用，促进教学水平和教学质量的提高。

2.2.3 举办课程思政示范课观摩会

我校牵头成立松江大学园区课程思政教育教学改革协作组，引领松江大学园区课程思政建设发展，并举办松江大学园区课程思政示范课观摩会，松江园区各高校共110余位教师和教学管理人员参会，大力推动了松江大学园区课程思政建设工作，将课程教学与传播实践互通，充分发挥示范课观摩会的头雁效应，引导教师潜心育人。

以上工作解决了课程思政建设缺乏标杆示范的问题。

2.3 抓好课程载体，回归育人本分

学校着力构建以思政必修课为核心、以综合素养课为支撑、以专业课为辐射的课程思政建设体系，努力打造一批高水平课程思政金课，加强易班建设，围绕教学育人，整合信息资源，构建网络学风建

设体系。充分发挥思想政治理论课与专业课、综合素养课的同向同行式协同效应。

2.3.1　融合德育元素，发挥课程思政隐性育人作用

课程教学是传授知识的主渠道，也是开展价值引领和理想信念教育的最佳载体。学校大力推进课程教学改革，着力融合德育元素，已立项600余门课程思政重点建设课程，实现所有专业全覆盖。将思想政治教育贯穿"三全育人"全过程，将正确政治方向、价值导向贯穿教育教学、育人育才全过程，在思想政治教育和价值引领中推进课程思政建设与改革。按照"办好中国特色社会主义大学，坚持立德树人，把培育和践行社会主义核心价值观融入教书育人全过程"的根本要求，围绕"知识传授与价值引领相结合"的课程目标，在制订本科专业培养方案时加强德育元素的融入，全面修订课程教学大纲，融合工程与环境可持续发展，工程与社会及职业规范等元素，细化隐性思政，构建全课程育人格局。丰富课程思政教育载体，积极开展以疫情防控和"四史"学习教育为主题的"课程思政"教学案例征集，建设课程思政案例库；充分总结和凝练好的经验、做法和成果，编辑出版课程思政教学案例集和教学设计集；打造纺织课程思政多媒体题材库。

2.3.2　突出"价值引领"，完善教学质量监控体系

学校在课程建设、课程教学组织实施、课程质量评价体系建立中，注重增强和发挥"价值引领"因素，并作为教学过程管理和质量评价中的重要监测指标。从源头、目标和过程上强化所有课程融入德育教育理念，并在教学建设、运行管理中落到实处。在课程教学大纲、教学设计等重要教学文件的审定中考量"知识传授、能力提升和价值引领"的实现度；在精品课程、示范课程的遴选立项、评比和验收中应设置"价值引领"或"德育功能"指标；在课程评价标准（含学生评教、督导评课、同行听课等）的制订中设置"价值引领"观测点。

2.3.3　紧跟时事热点，疫情防控融入课程思政

新冠肺炎疫情发生以来，各学院广泛开展健康教育、生命教育，引领学生积极向上、健康成长。充分利用防疫抗疫中涌现出的感人事迹、优秀典型以及战疫中纺织人与事等思政育人元素，培养学生家国情怀。纺织学院依托线上思政教育特色品牌"鼎新讲坛思政微课"，积极探索疫情防控期间大学生思想政治教育新形式，策划组织了"开学第一课：战'疫'纺织人"等五期线上思政微课，围绕"教学名师思政微课""辅导员微型思政课"和"榜样学生微型思政课"三个方面，邀请专业教师、辅导员和疫情防控学生志愿者为全院学生带来线上"云思政"。"疫情防控中的纺织力量""逆行英雄""青春起航，携手战'疫情'"等课程进一步增强了纺织学子的专业自信和担当精神。管理学院推出以多媒体音频课为主要形式的一分钟"师说"系列线上知识分享，将疫情防控有机融入专业知识，通过线上"课程思政"，以最快速、更亲切的方式，将执教治学的坚持、教育报国、共克时艰的信念传达给学生。目前推送31期浏览量近2万人次，"师说"系列先后被《青年报》、上观新闻报道。

以上工作解决了各类课程和思政课相互配合的问题。

2.4　加强师资培训，提高德育能力

学校坚持教育者先受教育，提高教师队伍的思想政治水平，提升对课程思政的认识度和参与度，着力打造课程思政"金师"队伍，实施教师育德意识和能力提升计划，在《东华大学关于教师教学能力培训实施办法》里明确将"课程思政""专业思政"作为新教师岗前培训必学内容。创新师德教育载体和方式，打造以内涵教育、典型弘扬、文化浸润、实践研学于一体的"崇德讲堂"师德建设品牌，面向新教职工开设师德教育专题，组织覆盖全校范围的师德师风专题网络轮训，来自各学院部门的教师代表从讲台走上舞台，与青年学生同台演绎，以师生集体"公开课"的方式将师德教育与大学生思政教育同频共振，以德育德推动"三全育人"落细落实。

学校聘请专家开展课程思政主题培训讲座达30余次，广泛开展课程思政示范教学竞赛和课程思政微课评教活动，多次举办课程思政教师工作坊、沙龙等，切实武装教师的"育德"和"金课"理念。

以上工作解决了广大教师开展课程思政建设的意识和能力不足的问题。

3　成果的创新点

3.1　突出专业特色，将专业教育与思政教育有机融合

充分发挥学校以纺织为"一体"，材料和设计为"两翼"的学科特色，把学科发展、服务国家与理想信念融汇，在专业课程中大力推进课程思政建设，给予专项经费支持，分批建设专业核心课程。在这些课程中，充分挖掘纺织与中华优秀传统文化，纺织与人民美好生活，纺织与绿色环保、生态文明，纺织产业转型升级及智能制造等思政育人元素，引导学生正确认识世界与中国的发展，坚定四个自信，做德智体美劳全面发展的中国特色社会主义建设者和接班人。

3.2　深入融合易班平台，建设基于"互联网+"的课程思政体系

"互联网+"课程思政体系建设是个系统工程，东华大学建立了以党委书记、校长为组长的易班建设领导小组以及多部门合作的工作机制，通过顶层设计，将思政教育与平台建设深度融合，为推进"互联网+"课程思政体系建设提供坚实的保障。一是建设"易班+"教学资源，打造资源分享平台，完善"课程思政"的知识和价值体系；二是建设"易班+"课堂教学，为"课程思政"的价值传播提供多种方式，增强思政实效；三是"易班+"课堂管理，提升课堂教学"智能化"水平；四是建设"易班+"课外学习，师生互动"零距离"，增强学生自主学习的主动性，拓展"课程思政"外延。

3.3　持续建设系列课《锦绣中国》

《锦绣中国》凝聚全校优势师资资源，将东华大学纺织、材料、设计、服装等优势学科特色融进课程教学。课程内容围绕"锦绣"关键词，从服饰文化、文化传承、纺织材料，到走向世界进行设计。以纺织行业发展为着眼点，聚焦纺织工业发展历程、中华纺织文明成果、纺织技术创新体系、纺织国粹与纺织服饰文化、丝路文化与"一带一路"倡议、互联网金融发展与中国自信，以及一代代东华人为纺织工业发展奋斗的精神风貌等内容，通过课程的知识传授与价值导向融合，为思政课程与专业课程的结合作积极尝试，探索具有东华大学特色的课程思政教学改革道路。2018年春季学期，面向留学生升级打造《锦绣中国》2.0全英文版；2018年秋季学期，在线课程在爱课程网站正式开课。

3.4　发挥第二课堂作用，厚植爱国情怀、坚定理想信念

将专业教育与社会实践、校园文化活动紧密联系，形成具有东华特色的课内外、校内外联动的多方位、立体化课程思政教育体系，架设起连接知识传授与价值引领的桥梁，从而达到内化于心，外化于行的良好效果。学校每年组织20多支大学生暑期社会实践团，赴新疆、云南、贵州等地开展纺织科技援疆、智力扶贫、非遗文化传承等主题实践活动，既发挥了专业特长，又进一步增强了学生的爱国情怀和奋斗精神、坚定了理想信念。由专兼职辅导员带领学生党员、班干部、学生会与社团等，充分发挥各学院科研优势，积极引导学生参加科创活动，在导师带领下，广大学子在科创实践中体会与传承学院优良传统，强化服务国家、报效国家的信念。

4　成果的推广应用情况

（1）媒体广泛报道。《光明日报》《中国教育报》、全国高校思想政治工作网等多家媒体对我校课程思政建设方面的工作动态进行了40余次报道。

（2）我校课程思政立项建设以来，示范效应良好，明确每门课程都具有育人功能，充分发挥教师主体作用，在知识传授中强调主流价值引领，提高教师育人能力。《锦绣中国》等综合素养课程滚动开设，学生自主选课，全校学生均可在课程学习中受益。

（3）牵头成立松江大学园区课程思政教育教学改革协作组，引领松江大学园区课程思政建设发展。

成立"援疆团"易班名师工作室、经纬课程思政 R&D 工作室，带动塔里木大学等新疆高校的课程思政建设。苏州大学、武汉纺织大学等多所高校前来我校交流学习课程思政建设经验。

（4）制作"纺织行业抗疫先锋""暑期援疆社会实践十年""读懂中国"等一批专题思政微课；应上海市教委的委托，"纺纱学"课程录制课程思政说课视频，通过网络向全国推广；结合新冠肺炎疫情防控，创新性地推出以多媒体音频课为主要形式的一分钟"师说"系列课程思政线上微课堂，被澎湃新闻等多家媒体报道。

思政引领一流课程建设，立德树人贯穿教学全过程

天津工业大学

完成人及简况

姓名	性别	所在单位	党政职务	专业技术职称
王建坤	女	天津工业大学	无	教授
张淑洁	女	天津工业大学	无	副教授
李凤艳	女	天津工业大学	无	副教授
张毅	男	天津工业大学	纺织系党支部书记	副教授
周宝明	男	天津工业大学	无	讲师
胡艳丽	女	天津工业大学	纺织学院党委书记、国家级实验教学示范中心常务副主任	教授级高级工程师
张美玲	女	天津工业大学	宣传委员	副教授

1 成果简介及主要解决的教学问题

习近平总书记在 2016 年 12 月召开的"全国高校思政工作会议"发表了重要讲话，要求高等学校的各门课程都要"守好一段渠，种好责任田"，与思想政治课程同向同行，形成协同效应。教学团队自 2016 年起，依托教育部、天津市教委和学校教学改革项目，以思政建设为引领，践行立德树人根本任务，在课程建设与教学实践中全面贯彻党的教育方针，推进习近平新时代中国特色社会主义思想进教材、进课堂、进学生头脑。

1.1 成果简介

以思政建设引领课程建设，建成国家级线上线下混合式一流课程"纺纱原理"、国家级精品在线开放课程"纺织与现代生活"，市级"纺纱工艺设计与纱线质量评定虚拟仿真实验"和校级"纺纱认识实习""织物图案设计"等一流课程群，为课程思政提供了坚实的基础。

将思政内涵融入教材与授课视频，出版了课程思政优秀教材《纺纱原理》及系列规划教材《纺纱工程》《新型纺纱技术》，最新录制上传微视频 90 个，更新了教学内容，为课程思政提供了丰富的线上线下教育资源。

将思政元素与课程章节结合，设计了课程思政矩阵与案例，通过"线上线下相结合、课内课外相促进、理论实践相统一"创新教学方法，建立思政评价机制，为思政育人贯穿教学全过程提供了范例。

成果提出了思政引领课程教学的新做法，已推广应用，成效显著，为一流学科和一流本科专业建设提供了有力支撑。

1.2 主要解决的教学问题

解决了课程建设与教学实践中知识传授、能力培养和价值引领之间不相统一，甚至是割裂的问题，为课程思政落实立德树人职责提供了思路和方法。

2 成果解决教学问题的方法

2.1 确立思政目标，建设一流课程

贯彻教育部关于一流本科课程建设"把立德树人成效作为检验高校一切工作的根本标准，深入挖

掘各类课程和教学方式中蕴含的思想政治教育元素，建设适应新时代要求的一流本科课程"精神，将我国在本领域的发展、地位和最新应用融入，确立了"强化国家意识、传承民族情怀、树立理想信念、培养社会责任"的课程思政目标。

2.2 挖掘思政内容，丰富教学资源

挖掘课程中蕴含的思政教育资源，并将其融入教材与线上微视频。如《纺纱原理》教材设置"智能纺纱""纺纱原料的回用与环境保护"等前瞻性专题，引导学生关注行业热点、社会需求；再如"纺织与现代生活"线上微视频"生态纺织助力美丽中国建设""传统图案感悟中国文化 DNA""功能服装点亮美好生活"等，引导学生关注国家发展、民族文化。

2.3 设计矩阵案例，形成思政大纲

依据课程知识、能力、素质、思政教学目标，收集积累思政案例，恰当把握专业知识与思政育人的切入点，设计了以 9 章内容为纵坐标、8 个思政点为横坐标的课程思政矩阵，明确了各章节引入的思政内容，并结合具体案例生动呈现，如前纺织工业部部长发明"细纱工作法"提高生产效率，从纺织女工成长为新中国部长的励志故事，使学生感受到课堂温度，润物细无声。

2.4 创新教学方法，落实培养任务

线上线下相结合，在"纺纱原理"回用原料选配中，教师在线下课堂讲授原料回用的原则方法，要求学生线上学习"生态纺织助力美丽中国建设"微视频；课内课外相互促进，结合学习内容，布置专题讨论"纺纱原料的回用与环境保护"，要求学生课外查阅相关资料，认真学习"两山理论"，结合循环经济、绿色发展、美丽中国建设等新发展理念完成作业，课内分组汇报，讨论点评；理论实践相统一，在创新实验中设置环保纱线开发专项，多名学生基于废纺和回用原料开发的纱线连续获得国际大学生创新创业与国内专业赛事大奖。

2.5 完善评价机制，检验育人效果

建立思政融入"在线学习 + 专题汇报 + 课堂讨论 + 期末考试 + 实践专项"的多模块评价机制。线上学习考核学习主动性和自觉性，学习时长要求学生先自己总结，教师再与后台数据对应，督促学生诚信做人；期末考试要求学生签署"诚信考试承诺书"；专题汇报、课堂讨论考查学生团队合作、交流沟通和表达能力；实践专项考查学生的创新思维、动手能力和责任心。

3 成果的创新点

（1）提出了"确立课程思政目标、挖掘思政教学内容、设计思政矩阵与案例、形成思政教学大纲、实施思政贯穿教学全过程教学方法"的思政引领课程教学的思路与做法，建成 2 门国家级一流课程和多门市级校级一流课程，为课程思政落实立德树人根本任务提供了坚实的基础。

（2）构建了"将课程专业知识与行业热点、社会责任、国家发展、民族文化紧密结合"的教材、视频、讨论专题、实践专项等多维度课程思政教学内容体系，出版了课程思政优秀教材和系列规划教材，最新录制了微视频，更新了教学内容，为课程思政提供了丰富的资源。

（3）设计了能够将思政内容恰当切入课程章节的课程思政矩阵，收集整理了相应的教学案例，实施了"线上线下相结合、课内课外相促进、理论实践相统一、考核评价多模块"的思政全覆盖教学方法，使课程思政内化于心、外化于行，为思政育人贯穿教学全过程，为实现课程教学与思政教育同频共振提供了范例。

4 成果的推广应用情况

4.1 一流课程广受好评

一流课程群在线运行以来，选课学校与上线学习学生人数逐年增加，受到多所学校的认可与学习者

的好评，在传播纺织前沿知识、先进技术与传统文化，增强学生的国家认同、民族自信等方面成效显著。

"纺织与现代生活"课程授课微视频30个，已在线运行13个学期。此课程作为我校纺织类专业大一新生专业导论必修课，每学年秋季学期开设，6学期共约2050人在线学习，全校任选课每学年春季学期开设，7学期近1400人在线学习，学生来自所有专业和年级。另有兰州大学、武汉纺织大学、新疆石河子大学等全国117所学校选课，12000名学生在线学习了本课程，优秀率85%，总体满意度达97.7%。2018年8月在"智慧树"平台向社会免费开放，2021年1月入驻"学习强国"平台。

"纺纱原理"课程，自2013年9月在"爱课程"平台开放学习以来，选课学习人员遍及全国，在线学习人数达33213人，参与论坛发帖互动达45970人次。2019年8月，"纺纱原理"与"纺纱认识实习"课程开通了泛雅网络教学及"学习通"移动平台，每学年有纺织工程专业约240名学生在线学习。利用线上"讨论、留言、提问"及线下课堂"投屏签到、选人、抢答、加分"等互动环节开展混合式教学，极大地提高了学生线上自主学习及课堂参与互动的积极性。以2019~2020年第一学期为例，"学习通"在线10个班，学习访问量达25550人次，任务完成量100%，视频观看时长平均1050分钟，学生每人平均访问量101次。2021年1月，结合课程思政目标最新录制授课视频60个。"纺纱工艺设计与纱线质量评定虚拟仿真实验系统"自2019年秋季学期开始，我校纺织工程专业两届共16个班约400人开展了在线学习。

《纺纱原理》新版教材，被我校纺织工程专业每年约10个班200名学生选用，融入思政的教材知识体系在教学中发挥了重要作用，2020~2021年第一学期学生成绩大幅提高，平均分超过85分。其他纺织类高校如中原工学院、内蒙古工业大学、太原理工大学等的纺织工程专业也选用了本教材，每年累计约22个班、680名学生。教育部纺织服装专业教学指导委员会主任、东华大学纺织学院郁崇文教授，以及其他使用高校对教材有着高度评价，一致认为教材的知识体系符合学生认知规律，拓展专题在内容上的前瞻与开放，为思政教育提供了丰富的教学资源，2021年被评为天津市高校课程思政优秀教材。

4.2 思政育人效果突显

近五年，我校纺织工程专业学生，参加全国大学生纱线设计大赛300余人，提交作品近290份，获奖作品110份，获特等奖2项、一等奖17项，参赛人数与获奖学生人次均名列各参赛高校前茅，其中作品"基于废纺的抑菌除臭可降解菱形花式纱"与"具有抗菌阻燃功能的低熔点纤维增强废纺纱"分别获第十届与第十一届全国大学生纱线设计大赛特等奖。参加2020年第六届中国国际"互联网+"大学生创新创业大赛，作品"香蕉纤维绿色脱胶和纺纱"获得国家级银奖。

依托"纺织品图案设计"一流课程，指导学生在"红绿蓝杯"第十届中国高校纺织品设计大赛，获得一等奖6项，二等奖8项，三等奖19项；在中国国际面料创意大赛中，获得省部级优秀奖3项，获得大赛优秀组织院校奖；在"海宁家纺杯"中国国际家用纺织品创意设计大赛中，获得省部级入围奖6项；在全国毛纺年会暨"唯尔佳"优秀新产品设计大赛获得二等奖3项，三等奖3项；在首届"明远杯"国际家居纺织品创意设计大赛获得佳作奖1项；在"James Fabric"杯图案类设计大赛中获得铜奖1项；在大学生"纺织类非物质文化遗产"创意创新作品大赛二等奖1项，优秀奖4项。

4.3 示范引领作用显著

教学团队实施的思政引领课程建设、育人贯穿教学全过程的做法，在2019年12月我校召开的全国纺织类专业人才培养工作交流会上做了发言，受到与会学校一致认可。受邀到内蒙古工业大学、湖南工程学院讲座讲学，主动走访新疆石河子大学、新疆应用职业技术学院、阿克苏职业技术学院等选课学校，与学校师生直接交流互动，提供服务，以课程援疆。

扎根中国纺织国际新优势产业，构建世界一流纺织专业人才培养新体系

东华大学

完成人及简况

姓名	性别	所在单位	党政职务	专业技术职称
俞建勇	男	东华大学纺织学院	校长、党委副书记	教授、院士
顾伯洪	男	东华大学纺织学院	院长	教授
许福军	男	东华大学纺织学院	副院长	教授
王新厚	男	东华大学纺织学院	2013～2020年任党委书记	教授
李成龙	男	东华大学纺织学院	党委书记	副教授
邱夷平	男	东华大学纺织学院	无	教授
王璐	女	东华大学纺织学院	纺织面料技术教育部重点实验室主任	教授
郁崇文	男	东华大学纺织学院	无	教授
郭建生	男	东华大学纺织学院	无	教授
郭珊珊	女	东华大学纺织学院	学院办公室党支部宣传委员	助理研究员

1 成果简介及主要解决的教学问题

1.1 成果简介

纺织是人类永恒的需求。纺织产业是我国国民经济支柱产业、重要的民生产业、国际竞争新优势产业、战略新兴产业的重要组成部分和文化创意产业的重要载体。2019 年中国工程院《面向 2035 推进制造强国建设战略研究》报告指出，我国纺织产业整体已达到世界先进水平，已进入新发展阶段。培养面向世界新优势的高水平纺织专业人才是新阶段纺织产业可持续发展的首要任务。东华大学按照新时代人才培养"五育并举"的总要求，以世界一流纺织学科为载体，全面对接学科建设"四个面向"，加强专业升级改造、创新实践能力提升、国际竞争力培养。经过十余年的探索和实践，构建了"价值引领、交叉融合、能力导向"的世界一流纺织专业人才培养新体系（图 1）。

强化价值引领，深入挖掘专业课程蕴含的思政元素，通过专业知识和思政元素的"四个融合"——历史融合、人物融合、原理融合、时政融合，构建纺织类专业课程思政群，入选首批"全国党建工作标杆院系"、上海高校"三全育人"综合改革市级示范学院和上海市"课程思政重点改革领航学院"。贯彻工程教育专业认证及新工科理念，立足纺织产业

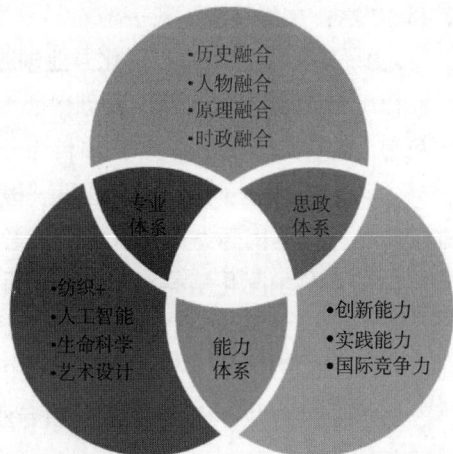

图 1 世界一流纺织专业人才培养体系

转型升级，交叉融合人工智能、生命科学、艺术设计等进行"纺织＋"专业升级改造，构建创新能力、实践能力和国际竞争力"三位一体"能力培养体系，形成世界一流纺织课程及教材系列。注重能力导向，培养学生专业知识掌握能力、创新实践能力和国际竞争力，多措并举加强纺织专业教育，培养了一大批纺织学术精英和行业领袖。

毕业生积极投身全球纺织工业建设和纺织科技创新，直接进入纺织产业一线及相关领域就业的学生 1800 余名，70% 以上进入规模以上企业，用人单位对毕业生评价优秀率超过 96%；毕业生深造率从 2012 年的 25% 逐年递增到 50% 以上（2021 年预计为 53%），其中 95% 以上进入双一流高校（或学科）深造；近 15% 学生在学期间出国交流或深造，高天琪、房晓萌、付堃等同学毕业后任职国际知名企业高管或科研机构教授。

1.2 主要解决的教学问题

（1）面向人才培养百年大计，开展高质量课程思政教育。

（2）面向建设世界纺织强国，深化交叉融合培养体系改革。

（3）面向未来纺织科技创新，强化创新能力和国际竞争力。

2 成果解决教学问题的方法

2.1 坚持价值引领：有机融合思政元素于专业课程

坚持目标导向、问题导向和价值导向相统一的纺织课程思政设计理念，有机衔接思想政治教育目标与专业课程知识点，实现"培根、铸魂、启智、润心"。成立"三全育人"人才培养工作小组和经纬课程思政工作室，制订实施《关于推进"三全育人"综合改革实施意见》，深化教育教学改革，围绕纺织学科内涵，全面推进"课程思政"改革。打造"国家级教学名师"和"全国党建工作样板支部"领衔的课程思政领航团队，开设 18 门上海市课程思政"纺织＋"课程群，建立"锦绣中国"中英文系列课程、"鼎新讲坛"思政微课堂等特色育人品牌。

2.2 坚持交叉融合：深化专业升级改造，强化教材建设，重构课程体系

紧密对接新一轮科技革命、产业变革和纺织产业转型升级迫切需要，升级改造纺织专业，开展纺织卓越工程师计划和"新工科"建设，建立多学科交叉融合的"功能材料专业""纺织机电一体化""智能纺织""纺织品设计"以及"纺织＋设计"艺工融合双学位等专业（方向）。结合专业需要，建设一批"五大金课"和一流教材，新增学科交叉融合课程"纺织生产监控与数据传输""纺织大数据采集与分析应用""纺织智能控制原理""可穿戴技术与智能纺织品"等 80 余门；主编《纺纱学》《针织学》《纺织品服装商品学》《产业用纤维制品学》等"十二五""十三五"国家级（部委级）规划教材 17 本；主编纺织学科一流本科系列教材 20 本（已出版 13 本）。

2.3 坚持能力导向：强化专业创新能力、实践能力和国际竞争力培养

以"智汇经纬"大学生科创中心为依托，通过"卓越工程师培养计划""科学实验班""复材大飞机班"鼓励学生以科技实践项目为载体进行创新实践训练；整合校内外优质教育资源，拓展 80 余个校外实习实践基地；连续十年建设"援疆"实践基地，开展实践育人；构建"111 引智基地""国际暑期学校""世界国际纺织教育联盟"等国际学生交流平台，推动国际交换生项目和"国际名校夏令营"等载体的本科国际化培养，实现具有国际视野，通晓国际规则，具备国际竞争力的一流创新人才培养。

3 成果的创新点

3.1 建立"四个融合"的纺织专业课程思政群

提出"四个融合"——历史融合、人物融合、原理融合、时政融合的纺织课程思政大纲设计新理念，依托全国党建工作标杆院系、全国党建工作样板支部和上海市"课程思政重点改革领航学院"，构建

涵盖专业核心课、学科基础课、职业生涯导航课和社会实践课等纺织专业课程群。解决了纺织专业课程思政覆盖面小，思政内容与专业知识结合简单生硬的问题（图2）。

3.2　进行"纺织+"学科交叉融合专业升级改造

根据纺织产业转型升级的人才需求，进行人工智能、生命科学、艺术设计等多学科交叉融合的"纺织+"专业升级改造。构建新内涵、新结构、新载体、新形式和新评价等"五维协同"的课程和教材体系，提升纺织工程人才的核心竞争力，促进多学科融合复合型人才的培养（图3）。

图2　建立"四个融合"的纺织专业课程思政群

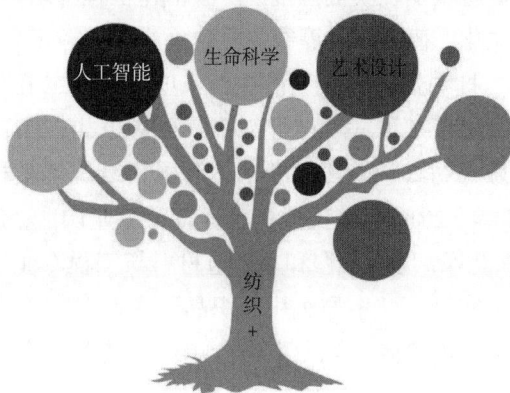

图3　"纺织+"学科交叉融合专业升级改造

3.3　构建"三位一体"综合能力培养体系

依托一流学科优势，秉承"学生中心、能力导向、持续改进"的工程教育理念，将创新能力、工程实践能力和国际竞争力培养贯穿大学学习的全过程，构建创新能力、实践能力和国际竞争力"三位一体"能力培养体系。重塑方法论引导、专业课增效、创新能力强化的创新课程体系；拓展校内外优质资源，建立了课内、课外、校外"三课堂"协同实践能力培养体系；建立国际暑期学校、国际交换生项目和国际名校夏令营的国际化人才培养机制（图4）。

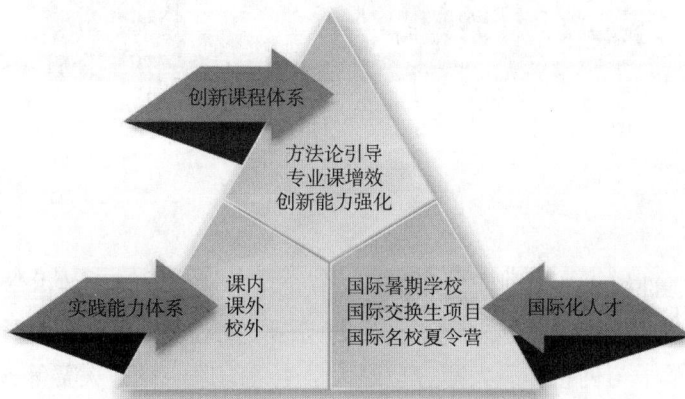

图4　"三位一体"综合能力培养体系

4　成果的推广应用情况

4.1　课程思政

东华大学纺织学院入选首批全国党建工作标杆院系、全国党建工作样板支部，上海高校"三全育人"综合改革市级示范学院和上海市"课程思政重点改革领航学院"；涵盖纺织专业核心课、学科基础课、职业生涯导航课和社会实践课的16门课程入选上海市"课程思政领航计划"；建成以"国家级教学名师"和"全国党建工作样板支部"书记负责的课程思政团队。经过多年实践，建成4门课程思政示范课程和包含21门课程的纺织专业思政课程群，实现了课程思政教育的全覆盖；领航学院负责人王新厚教授负责的"纺纱学"课程入选上海高校课程思政教学设计案例并录制说课推广视频；领航教学团队带头人郁崇文教授的"纺纱学"通过爱课程（中国大学MOOC）平台推广。目前学院正在牵头编写《纺织学科课程思政教学指南》，以进一步推动全国纺织类院校纺织专业课程思政的建设。

4.2 专业、课程和教材建设成果

东华大学纺织学院获批首批"国家卓越工程师培养计划"试点单位，设立艺工结合的纺织品设计、纺织机电一体化、智能纺织等专业方向；首批获准建立国家战略新兴产业相关专业——功能材料专业；获首批和第二批"新工科"建设项目4项。"十二五""十三五"期间，获批"纺织材料学"等国家精品课程、国家级双语教学课程、国家级资源共享课、国家级精品视频公开课，上海市重点课程等12门。组织出版《纺纱学》《针织学》等国家级规划教材5本，《高性能纤维制品成形技术》等部委级规划教材17本。2016年首批通过工程教育专业认证；2018获批上海高等学校一流本科建设引领计划；2019年和2020年，纺织工程和非织造材料与工程专业先后入选"国家一流专业建设点"。2020年，"纺纱学""社会实践""生物医用纺织品"入选首批国家级一流本科课程。2021年，纺织学院入选首届全国教材建设先进集体（全国仅46个单位入选），郁崇文教授入选首批全国教材建设先进个人（图5）。

图5 "十二五""十三五"期间学院出版代表性教材

4.3 能力建设

4.3.1 创新能力

累计获得国家级、省部级大学生创新创业项目250余项，项目参与人数占学生总数的30%以上。荣获"挑战杯""互联网+""创青春"三大杯赛的奖励50余项，发起举办了全国大学生纱线设计大赛、"东华杯"全国高校纺织类学术与创意作品大赛、全国大学生针织服装设计大赛等，近五年获得全国纺织类大学生学科竞赛奖励80余项，130余人次，近三年，本科生参与发表论文20余篇；"轻质柔性防弹衣""高弹性电热材料"等成果被央视、光明网、中国纺织导报、纺织经济信息网等数十家媒体报道。2020年高技术纺织品青年创新创业团队荣获上海市五四青年奖章集体。近五年学生创新人才教学改革项目获得省部级教学成果奖10余项。

4.3.2 实践能力

拓展行业优质资源，与鲁泰纺织股份有限公司、劲霸男装（上海）有限公司、SGS通标标准技术服务有限公司等行业领军企业建立实习实践基地80多个。坚持十年开展"援疆"实践基地建设，发展到由16所纺织类高校的超过630名学生、110多名指导教师参加，相关成果辐射到"一带一路"地区

的 350 家纺织服装企业。"'一带一路'全国大学生纺织援疆团"荣获上海市五四青年奖章(集体),并获得全国大学生"一带一路"暑期实践专项行动优秀团队。各类实践教学活动获得全国大学生暑期专项社会实践活动优秀实践和上海市教学成果一等奖等十余项省部级荣誉。

4.3.3 国际竞争力

与美国康奈尔大学、费城大学、北卡罗来纳州立大学和加州大学戴维斯分校,德国洛特林根大学,新加坡国立大学,法国鲁贝高等纺织学院和阿尔萨斯大学等 20 多个国家和地区的高校、机构开展国际化人才培养合作。建立"国际名校夏令营""111 引智基地""国际暑期学校""世界国际纺织教育联盟"等科教融合国际交流平台。近十年,近 15% 的学生赴国(境)外高校交流交换学习或攻读学位,有德国、法国、日本、肯尼亚和乌兹别克斯坦等 10 多个国家和地区的学生慕名来交换学习,为纺织行业培养了一批具有国际视野、通晓国际规则、具有国际竞争力的学生。

4.4 育人成效

近十年直接进入纺织产业一线及相关领域就业学生 1800 余名,逐渐成为纺织领域技术骨干和行业领袖。毕业生的社会美誉度保持较高水平,用人单位评价优秀率超过 96%。毕业生深造率逐年递增到 50% 以上,其中 95% 以上进入双一流高校(或学科)深造,成为纺织及相关领域学术精英。每年有 10% 左右毕业生到康奈尔大学、卡耐基梅隆大学、悉尼大学、曼彻斯特大学等出国深造,学成后任职国际知名企业和科研机构,成长为国际人才。2019 年底教育部领导视察纺织学院时,充分肯定了东华大学纺织学院的人才培养成果(图 6)。

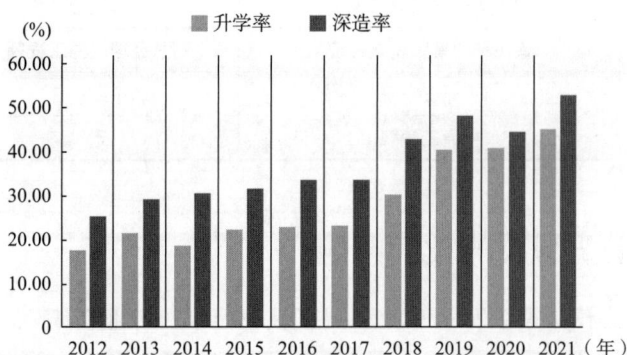

图 6 2012 ~ 2021 年纺织学院学生升学及深造情况

4.5 社会影响与国际辐射

东华大学牵头制定并由教育部颁布实施纺织类专业本科教学质量国家标准,成为纺织类专业首个国家标准,在全国纺织类专业教育工作中起到了引领作用。"纺纱学""纺织的科技奥秘——纺织专业导论"等国家级精品课程资源共享课和在线课程被 20 余所纺织院校使用,辐射数万名学生。《纺纱学》《纺织材料学》等重点教材成为全国 40 余所纺织服装院校的使用教材。对口支援新疆大学、塔里木大学等多所高校,联合培养纺织专业学生,提升新疆纺织类高等教育水平。

东华大学成功举办首届世界纺织服装教育大会,牵头成立由 19 国 33 所纺织特色大学的世界纺织大学联盟,举办将世界一流纺织专业建设的"中国经验"推广辐射到全世界纺织类高校。《纺织品数码印花技术》《世界古代纺织品研究》等教材在乌兹别克斯坦塔什干纺织轻工大学、伊朗阿米尔卡比尔理工大学等纺织专业使用。成立纺织辐射"一带一路"沿线国家。作为"中非高校 20+20 合作计划"唯一纺织高校,牵头成立纺织"一带一路"教育培训基地(非洲),连续举办六届"中非论坛",连续承办澜湄纺织服装产业发展高级研修班,成为"一带一路"沿线国家和地区纺织教育培训中心。

以"新型纺纱技术"课程为载体的校企协同育人模式研究与实践

中原工学院

完成人及简况

姓名	性别	所在单位	党政职务	专业技术职称
叶静	女	中原工学院	无	教授
冯清国	男	中原工学院	无	讲师
任家智	男	中原工学院	精梳工程技术中心主任	教授
陆俊杰	男	中原工学院	中原工学院报编辑部主任	副教授
宗亚宁	男	中原工学院	纺织材料与贸易系主任	副教授
邵伟力	男	中原工学院	无	副教授
李雪月	女	河南第一纺织有限公司	总经理	教授级高工
邱万福	男	南阳纺织集团副总经理	副总经理、总工程师	教授级高工
喻红芹	女	中原工学院	纺织系主任	副教授
袁守华	男	中原工学院	无	教授

1 成果简介及主要解决的教学问题

"新型纺纱技术"是我校国家级特色专业和国家级一流本科专业纺织工程专业的专业核心课程之一，在学生的专业培养中发挥着重要的作用。最能体现学校教育的特色与质量。为了适应新工科教育背景下对应用型人才培养的需求，根据新工科建设要求，结合纺织工程专业应用型人才培养目标，"新型纺纱技术"课程教学团队切实围绕增强学生工程实践能力和创新能力，对新型纺纱技术课程的课程定位、课程体系、教学团队、教学内容、教学模式、教学手段和评价方式等进行了一系列改革探索与实践。通过多方位校企协同、从微观层面探索校企协同育人模式，全程深度融合，共同实施教学过程，协同进行教学管理与评价，形成校企协同育人课程，取得了以下显著成效。

（1）基于利益视角确立校企双方共赢的协同目标，构建了以"新型纺纱技术"课程为载体的微观校企协同育人教学模式，促进微观校企合作长效化发展。

（2）确立了纺织应用型人才培养目标下的"新型纺纱技术"以"技术与产品开发"为导向的课程定位。

（3）创立了基础理论、技术应用、产品开发三位一体的具有地方院校特色的新型纺纱技术的课程教学体系。

（4）"双师型"师资队伍建设，由高校专业教师和企业工程师共同执教，讲课内容、培养目标与企业协商制定，校企共同开发和建设课程资源。

（5）打造纺织应用型人才培养的"金课"课程，丰富教学内容、创新丰富教学方法，体现课程的"高阶性""创新性"。

（6）构建了以技术能力和创新实践为重点的基础性实验—综合实验—创新性实验的逐级递进的课

程实践教学模式。

（7）校企协同构建虚拟仿真纺纱实验教学，创建多渠道、多元化立体学习空间，实现了优质教学资源的集成和立体化教学环境（教学资源、实验平台、教师队伍）的建立。

（8）课程校企协同管理与评价，多元主体参与评价，提升课程的社会适应性；建立过程考核和目标考核并重的考核方式，课程考核内容覆盖毕业要求能力指标点，体现课程的"挑战度"。

2　成果解决教学问题的方法

2.1　基于利益视角建立校企双方共赢的共同目标，促进校企合作长效化发展

根据系统论的目的性原理和利益相关者理论可知，系统的形成必须有明确的目标。根据校企合作协同育人各利益相关者的利益诉求，确立了校企双方共赢的目标。课题组通过为纺织企业提供技术培训、参与企业产业升级、设备改造和技术革新、为企业解决技术难题、提高产品技术的附加值，加大企业市场竞争力。为企业总结知识产权、帮助企业申请专利等，为校企协同的微观合作搭建了平台，换来的是企业为学生开放实践场所和实践环境，并派技术工人帮助维护和调试纺纱设备等。为"新型纺纱技术"省精品资源共享课和省一流本科课程教学实践提供了保障，从而实现双方互惠共赢、长效发展。

2.2　构建了"新型纺纱技术"课程校企协同育人教学模式

以"新型纺纱技术"课程为载体，从微观层面与纺织企业深度合作，就新型纺纱技术的理论教学和实践教学两方面进行探索与实践。构建了多形式、多层次全方位的协同育人教学模式（图1）。通过校企协同，在理论教学方面，共建"教学课堂"；共建"双师型"师资队伍，共建教学资源并实现双方优质资源共享。在实践教学方面，依托学校周边的工厂及实践教学基地，带学生到厂里进行参观学习并参与生产实践。通过课程教师与企业工程师共同开发实验实训指导书和实验实训教材，开创了"实践课堂"，鼓励学生参加各种创新团队，以老带新申请各种创新类项目，参加学科竞赛，拓展"创新课堂"（图2）。

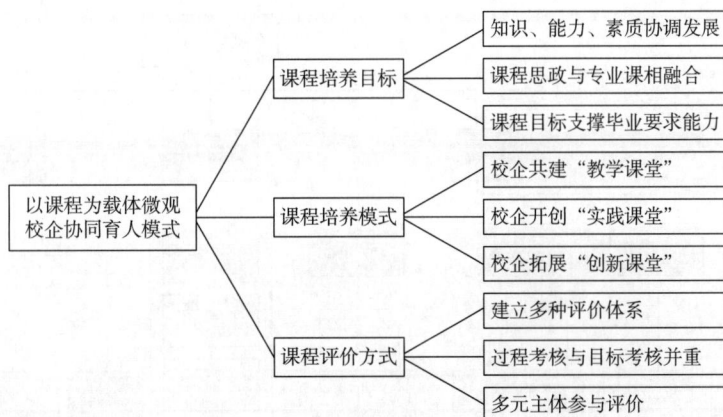

图1　以课程为载体的微观校企协同育人模式

2.3　"新型纺纱技术"课程体系的深化改革

以产业需求为导向，以学生为主体、遵循学生的认知规律，对"新型纺纱技术"课程的知识模块进行梳理，校企双方共同构建集基础理论、技术应用、创新实践三位一体的"新型纺纱技术"课程体系（图3）。强调了以掌握理论、强化应用、培养技能作为教学的重点。力求达到以知识应用为目的，技术应用和产品开发为主线。课程体系除了强调教学与实践教学并重外，还增加了创新实践和产品开发模块。目的是把学科竞赛、大学生创新实验计划项目与课程内容有机结合，在实践训练中提高创新能力。

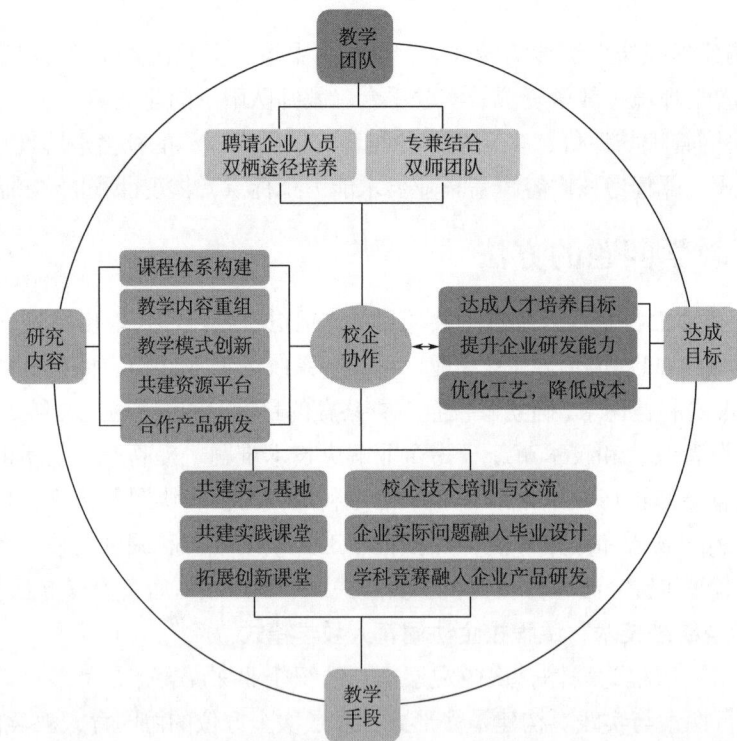

图 2 校企融合"新型纺纱技术"课程教学模式示意图

课程体系采用纵向螺旋形架构，将课程内容延伸到多个学期，让学生逐步深入学习该门课程，学习目标是既要掌握新型纺纱基本理论和主要设备工作原理，又要学会纱线设计和上机试纺，还能对纱线进行二次开发。

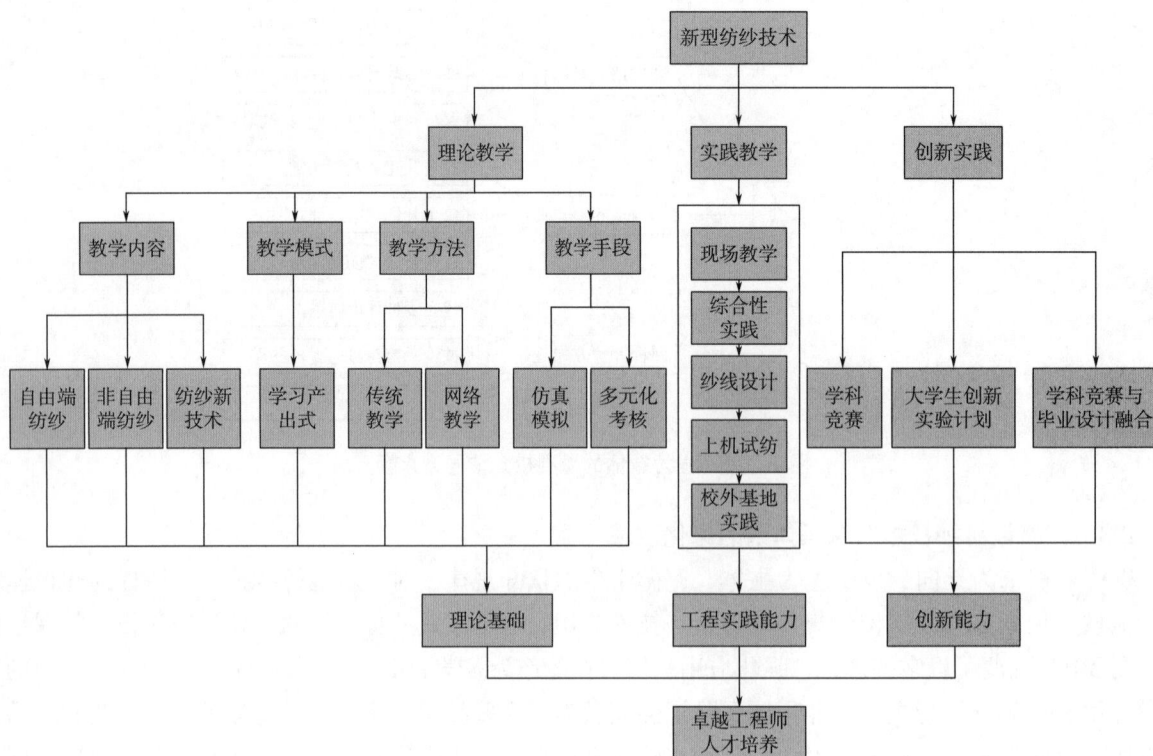

图 3 "新型纺纱技术"课程体系与卓越工程师培养

2.4　共建"双师型"课程教学团队

与企业合作建立"双师型"师资队伍，由学校专业教师、思政理论课教师、企业管理或技术骨干等共同组成。优化了队伍的知识与学院结构，形成了以学术带头人、省级教学名师领衔，优秀中青年教师组成的高素质"双师型"教学团队。通过全方位的团队协作，不仅关注对学生专业的教育，更加关注其精神层面的传达，培育学生工匠精神和职业素养，提高了思政教育效果。

2.5　拓展和优化教学内容，体现课程的"高阶性、创新性"

将"思政课程"教育内容充实到"新型纺纱技术"课程教学内容中，将产业背景及专业发展状况在讲课过程中穿插整个课程体系，让学生了解纺织产业在国民经济发展中的重要性，无数纺织人通过"纺织"实现自己的人生价值，提高学生从事纺织工作的热情。对"新型纺纱技术"课程内容删繁就简，吐故纳新，体现教学内容对学科与专业发展的跟踪（图4）。课程内容还应注重与自动化技术、智能控制技术的交叉，力求教学内容的先进性和前沿性，能反映本学科、本领域的最新科技成果，具有技术信息量大，新知识点多的特点。对每年国际纺织机械展览会展出的最新纺纱设备等举办专题讲座，例如，邀请企业专家作"智能清梳联技术的发展与应用""智能精梳系统新技术应用"等学术报告，进一步拓宽了学生的知识面，又增强了学生对专业的自信心。在实践教学内容方面，增加设备机构现场教学、纺纱综合实验、纱线设计与上机、纱线生产质量控制等（图5）。

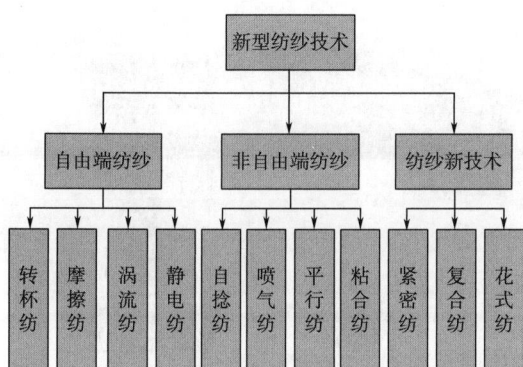

图4　"新型纺纱技术"教学内容

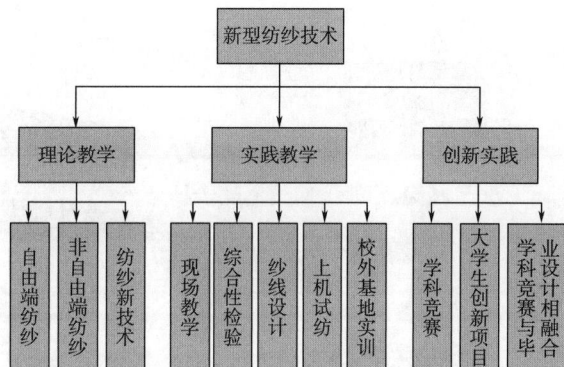

图5　"新型纺纱技术"理论与实践教学

2.6　教学手段与方法

2.6.1　建立高校教师与企业工程师共同执教、共建课程资源

通过校内教师与企业教师的深度沟通与合作，建立了"共定课程内容、共同实施教学、共建课程资源"的方式，优化了"新型纺纱技术"课程教学大纲和教学内容；将纺织企业产品研发项目改造为适合本科教学的案例，并由企业教师主讲，缩短了学校教学内容与企业实际需求之间的差距，由教学经验丰富的高级职称教师和工程经验丰富的企业教师组成教师团队，进行了全程的课程教学视频录制，并通过我校网络教学平台进行发布，实现优质教学资源进行共享。

2.6.2　校企协同构建虚拟仿真纺纱实验教学

将虚拟环境技术引入纺织教学，构建了基于solidworks三维仿真软件实验教学平台、基于视频技术的现实场景展示教学平台。帮助学生直观、深入了解纺纱工艺流程、设备操作及企业生产设备。

通过虚拟现实技术，利用SolidWorks三维仿真软件，对新型纺纱设备工作原理进行模拟仿真，并模拟其运动状态，还可将仿真结果导出为动画或视频格式应用到仿真教学平台；课题组与企业联合开发的"细纱工艺设计及虚拟纺纱实验"教学软件，将仿真技术与虚拟现实技术相结合，利用虚拟现实技术进行仿真模型的建立和实验的模拟，使仿真的过程和结果可以实现图像化、可视化，该项目已被列为2020年度河南省虚拟仿真实验教学项目。实践运用效果证明，该平台对于激发学生的兴趣以及提高实验教学质量起到了很好的作用。

2.6.3 深度融合信息技术，创立多渠道、多元化立体学习空间

建立多媒体教学、远程教学、视频教学与网络资源教学的多元化信息化教学模式，探求该课程与多种信息技术手段的契合点，寻求最佳结合方式。将线上授课与线下辅导融合，课内理论教学与企业案例研讨融合，课堂授课与移动端辅助教学融合。开设课程微信平台推送课后辅助学习资料及习题，增进课堂内外无缝衔接，增强教与学之间的互动。积极利用社会在线教育平台，如梭子讲堂、纺织器材在线、中国纱线网纺织大学堂等，这种移动端在线讲堂更注重生产一线经验分享和技术问题深度探讨，更关注实践环节问题的解决；通过鼓励学生参与这种讲堂，开阔了学生的视野，由学校理论向生产实践渗透，补充了学校教育的宽度和深度，使学校教育与社会教育高效互动。

2.6.4 渐进式和项目式相融合，实践教学全程贯通

采用渐进式教学模式将实践教学内容循序渐进地贯穿于企业现场教学、实验教学、工艺设计与上机试纺、生产实训、毕业设计多个培养环节中（图6），依托学校综合实验实训平台和校外教学实践基地，开展学科竞赛、大学生创新训练计划，在相关环节中结合企业真实项目，通过参与并体验真实的工作项目训练，把纺纱理论知识转化为解决工程实际问题的能力，提高动手能力和创新能力。实现了专业理论知识传授与学生工程实践能力培养的有机结合，提高学生工程适应性。

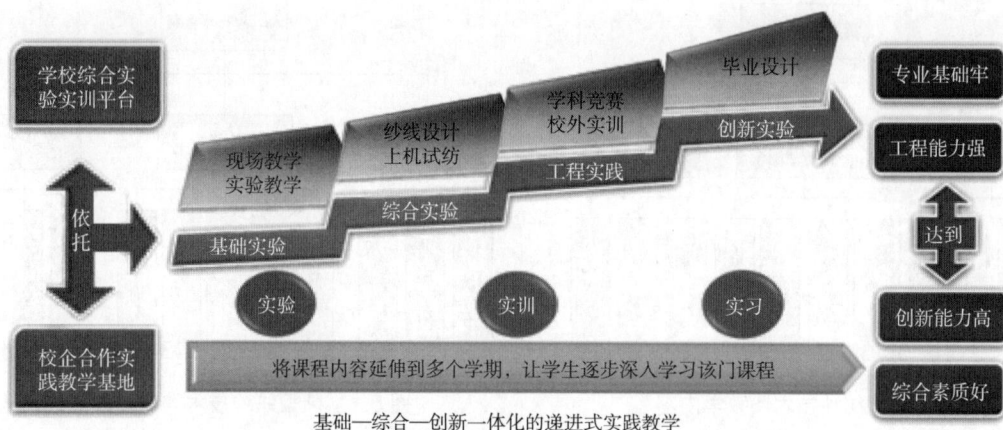

图6 "新型纺纱技术"渐进式实践教学模式

2.6.5 学科竞赛与毕业设计相融合

将学科竞赛与毕业设计融合，使学生深度思考学科竞赛成果并将其相应拓展，探寻新思路、新观点和新内容，将学科竞赛成果再提升一个层次。通过学科竞赛来融合毕业设计，可以有效地解决学生投入毕业设计的时间不足、毕业设计选题落后的问题，加强对毕业设计的过程管理。

2.7 建立多种考评体系，对学生实行多元化评价，体现课程的"挑战度"

本课程采用过程考核和目标考核并重的考核方式，学生根据能力差异在考评体系中选择适当的考评方式，课程考核内容覆盖工程质量认证毕业要求的能力指标点。注重学生学习的多元化评价，包括作业、实验、讨论、专题小论文等。购置纺织新原料，按照企业提供的产品要求，要求学生完成纱线设计与上机以及质量控制等任务，将考核学生对知识掌握情况的传统考试变为既考核学生知识掌握情况，又考核学生的创新意识和创新能力。

2.8 校企协同构建实验平台、实训基地

利用学科专业投资购置最新纺纱设备，与原有设备结合组成新型纺纱工程实训平台，强化课程内的实验实践教学环节，以河南省纺织服装协同创新中心、精梳技术与装备研发中心等科研平台为依托，

推进"实验、实习、实训"项目建设；建立了从纤维原料到纤维集合体的纺纱全流程加工及质量检测中心，并开展学生仪器设备使用培训工作，加强设备对外共享开放。使设备具备正常生产加工、纺纱及试验的条件，满足纺纱的研究与开发试验及纺织工程人才培养实习实验的需要。另与河南三闸纺织有限公司、河南第一纺织有限公司等20余家校企共建实践实训基地，组织学生到企业参观实习、暑期社会实践等。

2.9　网络教学平台建设

"新型纺纱技术"精品资源共享课网络平台将教学内容与模式的表现形式及功能做了调整，根据新型纺纱技术"高阶性""创新性"特点，重点强化实践教学。在教学模块中加入企业案例讨论、自主实验、虚拟实验等，通过网络平台，将微课、MOOC、移动公开课等优质的教学资源及创新型教学方法，进行共享开放，为学生提供优质的课外辅导。实现了网上答疑、在线测试、学习讨论、互动共享等立体化服务，达到教学资源有机整合与有效应用。

2.10　以课程为载体的微观校企协同培养模式的质量保障

2.10.1　协同课程管理

课程组协同企业专家共同参与制订课程管理，全面收集学生学习效果的反馈，紧扣纺织工程专业课程改革发展及纺织企业对人才的现实需求，及时调整课程内容，提升课程的社会适应性。

2.10.2　多元主体参与评价

课程团队定期协同企业专家和纺织院校同行，对课程设置的必要性、课程结构的科学性、课程体系是否有利于课程培养目标的有效达成，课程目标是否达成毕业要求进行评价。引导学生从课程内容的先进性及综合性、课程实施的合理性、教学方式的多样性、课程学习对学生实践能力及毕业要求的支撑度等方面进行综合评价。

3　成果的创新点

3.1　构建了以产业需求为导向的三位一体的课程体系

对"新型纺纱技术"课程的知识模块进行梳理，构建了基础理论、技术应用、创新实践三位一体的新型纺纱的课程体系，该课程体系除了强调理论教学与实践教学并重外，还增加了产品开发。目的是把学科竞赛、大学生创新实验计划项目与课程内容有机结合，在实践训练中提高创新能力。课程体系采用纵向螺旋型架构，将课程内容延伸到多个学期和教学环节，通过深度和广度不同的内容专题，让学生逐步深入学习该门课程，逐渐把预期教育成果转化为学生发展成果。

3.2　构建了多方位的"新型纺纱技术"课程微观校企协同育人教学模式

以"新型纺纱技术"课程为载体，从微观层面与纺织企业深度合作，就新型纺纱技术的理论教学和实践教学两方面进行探索与实践。构建了多方位、多层次的协同育人教学模式。以课程为抓手，通过对河南省一流本科课程和河南省精品资源共享课"新型纺纱技术"课程建设，促进校企合作深入持久。通过校企协同，在理论教学方面，共建"教学课堂"；共建教学资源并实现双方优质资源共享。在实践教学方面，带领学生走进企业，共同开发实验实训指导书和教材，开创"实践课堂"，指导学生参加各种创新项目和学科竞赛，拓展"创新课堂"。

3.3　基于利益视角建立校企双方共赢的共同目标，实现校企合作长效化发展

基于系统论的目的性原理和利益相关者理论，在建立微观层面的校企协同育人模式时，针对校企合作协同育人各利益相关者的利益诉求，确立校企双方共赢的目标，课题组通过为纺织企业提供技术培训、参与企业产业升级、设备改造和技术革新、为企业解决技术难题、提高产品技术的附加值，加大企业市场竞争力。为企业总结知识产权、帮助企业申请专利等，换来的是企业为学生开放实践场所和实践环境，并派技术工人帮助维护和调试纺纱设备等。为"新型纺纱技术"课程教学实践提供了保障，双方互惠共赢、长效发展，从而真正形成一个协同育人系统。

3.4 突出基于"现代纺织"理念下的"五关联"教学实践

现代纺织依托于传统纺织科学技术，立足于新材料、新技术、新设备在纺织领域的综合应用，采用"五关联"教学法将新型纺织材料、新型纺纱、新型织造、染整、纺织色彩与新型纱线开发相关联，要求学生完成对新型纤维的可纺性分析、纺纱工艺设计与上机实施、纱线质量控制、织物结构设计与织造、后处理以及测色配色等一系列教学实践，注重对学生团队协作意识、安全意识、环保意识、勇于创新能力的培养。培养了学生综合实践能力、纺织品设计开发能力和创新能力。

3.5 学科竞赛与毕业设计相融合的实践教学模式

针对学生学科竞赛作品，整合学科竞赛成果并将其相应拓展，拟定毕业设计题目，使学生深度思考学科竞赛成果，探寻新思路、新观点和新内容，将学科竞赛成果再提升一个层次。通过学科竞赛来融合毕业设计，可以有效地解决学生投入毕业设计的时间不足、毕业设计选题落后等问题，加强了对毕业设计的过程管理，还可以缓解毕业设计时指导教师因短时间内指导多名学生精力不足而出现无法有效指导等问题。

4 成果的推广应用情况

4.1 研究成果的推广应用成效

研究成果通过论文、会议形式进行了广泛交流，发表含 CSSCI 教研论文 8 篇，出版专著 1 部、国家级或部委级规划教材 6 部，2020 年和 2015 年"新型纺纱技术"分别荣获河南省线下一流本科课程和河南省精品资源共享课。通过项目分解实施，项目组成员 2017 年和 2015 年分别获中国纺织工业联合会纺织高等教育教学成果一等奖 1 项、三等奖 2 项。校级特等奖 2 项，有效支撑了纺织工程国家级一流本科专业与国家级特色专业的建设和国家工程质量认证的顺利通过，也受到了纺织院校同行和企业的高度认可与好评。课程教学团队产学研深度合作，教研和科研成果丰硕，提升了服务教学、服务社会的功效。

4.2 课程建设成果与校外辐射推广

课程建设和资源建设成果受到广泛关注，并在武汉纺织大学、青岛大学、西安工程大学、河北科技大学、河南工程学院等全国多所学校应用。"新型纺纱技术"的网络教学平台具有资源丰富、功能性强、互动共享及有效利用等特点，受到了省内外兄弟院校的关注，很多专业教师引入了其教学实施方案，许多学生共享教学资源，获得了师生的广泛好评。

4.3 学生受益情况

以"新型纺纱技术"课程为载体的微观校企协同育人模式在我校纺织工程专业已连续实施 6 届，学生人数约为 2000 人，不仅使学生对专业的认知度和学习兴趣得到极大提升，学生的满意度也大幅提高，近三年本课程评教优秀率平均达到 94% 以上。本课程加强了学生对新型纺纱系统知识的掌握与应用，推动了课程发展与专业建设，为地方高校的应用型人才培养提供了新的经验和案例。该课程校企协同的育人模式也被相关纺织院校借鉴，受益学生达 4000 人。

4.4 学生在各种创意大赛、竞赛中屡获佳绩

2014 ~ 2020 年课题组老师指导学生分别获得全国大学生纱线设计大赛和河南省大学生"挑战杯"获奖 40 余项、优秀毕业设计 4 项。获全国"红绿蓝"面料大赛、校级纺织品设计大赛一、二、三等奖多项、获全国大学生科技创新计划项目 10 项，参与申请相关发明专利多项。经过六年多的实践，学生的工程实践能力和创新能力，专业素质普遍得到提高，毕业学生普遍受到用人单位的欢迎。

4.5 促进校企合作，企业获得良好效益

基于实践教学进一步促进校企合作，课题组教师和河南第一纺织有限公司合作研发的多纤维混合差别化精梳纱线、校企协同指导学生研发的多组分缬彩包芯纱系列产品，不仅为学生在全国大学生的

纱线设计大赛赢得一等奖 1 项、三等奖 3 项，也为企业带来了良好的经济效益。

4.6　媒体报道，受到社会广泛关注

2020 年 8 月，"新型纺纱技术"课程团队核心成员参加河南省人社厅主办的河南省专家服务基层纺织材料精细化和产能提升专项服务活动，深入夏邑县纺织企业，帮助企业攻克断头率、留头率、产品开发及印染等迫切需要解决的问题，助力打赢脱贫攻坚战，被媒体报道。2019 年 5 月，中国纱线网报道了由中原工学院与江苏凯工机械股份有限公司共同主办的"多纤维精梳技术研讨会"在中原工学院成功召开，参加此次研讨会的有山东鲁泰纺织集团公司、河南第一纺织有限公司等 20 余家企业。2016 年 6 月，首期精梳技术研修班在中原工学院顺利开班，《中国纺织报》记者就目前精梳技术面临的挑战，精梳机发展趋势，精梳设备如何满足高速、智能、节能要求等话题采访了课题组成员——精梳工程技术研究中心主任任家智教授。2017 年 11 月，我校纺织 2015 级方周倩同学作为获奖选手代表中原工学院参加了第八届全国大学生纱线设计大赛颁奖典礼并做汇报，接受了新疆奎屯电视台的记者采访。

纺织工程专业核心课程线上线下混合式教学改革与实践

苏州大学

完成人及简况

姓名	性别	所在单位	党政职务	专业技术职称
张岩	男	苏州大学	纺织工程系副主任	副教授
陈廷	男	苏州大学	纺织工程系主任	教授
眭建华	男	苏州大学	纺织工程系副主任	教授
潘志娟	女	苏州大学	学科建设办公室主任、纺织与服装工程学院院长	教授
王国和	男	苏州大学	无	教授
魏真真	女	苏州大学	无	副教授
王萍	女	苏州大学	院长助理	副教授
杨旭红	女	苏州大学	无	教授
林红	女	苏州大学	无	副教授

1 成果简介及主要解决的教学问题

1.1 成果简介

随着现代科技的不断创新，信息与通信技术越来越深入人们的生活、工作和学习。"互联网＋"教育正在深刻影响现代教学模式。本成果依托纺织工程国家一流专业，以立德树人为根本宗旨、坚持以学生的全面发展和成才为中心，以工程教育专业认证的要求为基础，自2014年3月开始，针对纺织工程专业核心课程纺织导论、纺织材料学、纺纱学、机织学、针织学和织物组织学进行一体化设计，先后建设了微课程和在线开放课程等线上教学资源，从碎片化到系统化，把知识内容多层次、多维度地展现给学生。创新教学内容，引入学术研究、科技前沿和课程思政内容；改革教学模式，通过项目式和翻转式教学，使课堂活跃起来，提升学生学习效率和质量，培养学生创新性思维；不断提高人才培养质量（图1）。

1.2 主要解决的教学问题

（1）有效解决了以学生为中心的学习资源不足，线上教学资源没有全面覆盖专业核心课程的问题。

（2）解决了教学模式单一；教学方法创新少，无法吸引学生兴趣；课程难度不断降低，人才培养质量难以保障的问题。

通过建设和实践，教学资源进一步丰富。获批省级在线开放课程1门，建设线上微课程3门，校级在线开放课程4门，企业现场生产工艺视频200分钟，涵盖了专业核心课程。出版省级重点教材1本，部委级规划教材2本。教师教学水平有效提升，获江苏省高校微课教学竞赛三等奖1项，苏州大学课堂教学竞赛一等奖2项、二等奖2项、三等奖1项。教学团队获得苏州大学一流本科教学团队，苏州大学课程思政教学团队。学生的专业基础知识更加扎实，解决复杂工程问题的能力显著提升，近两年在全国各类纺织专业竞赛中获一等奖9项、二等奖28项、三等奖38项。

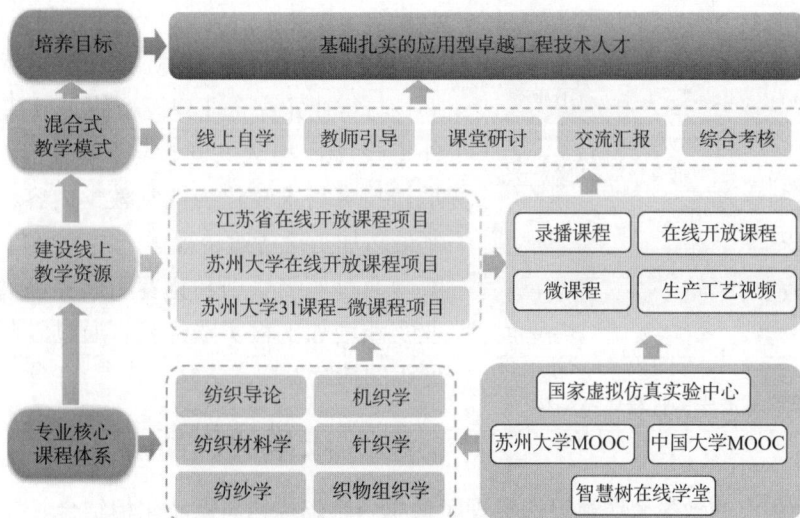

图1 纺织工程专业核心课程线上线下混合式教学改革路径

2 成果解决教学问题的方法

2.1 建设以学生为中心的多层次、多维度的学习资源

课程是人才培养的基本单元,是人才培养的核心要素,更是体现以学生为中心理念的最后一公里。依据苏州大学纺织工程专业人才培养的目标定位,纺织工程专业核心课程积极建设线上教学资源。先后建立了录播课程、微课程和在线开放课程,并录制了生产工艺视频(图2)。录播课程是线下教学的线上重现,微课程是碎片化知识点的合集,在线开放课程是系统化的知识点。线上资源的建设使学生的学习实现了碎片化和系统化多层次的统一,实现了时间和空间的多维度的协调(图3)。

图2 多层次、多维度的学习资源

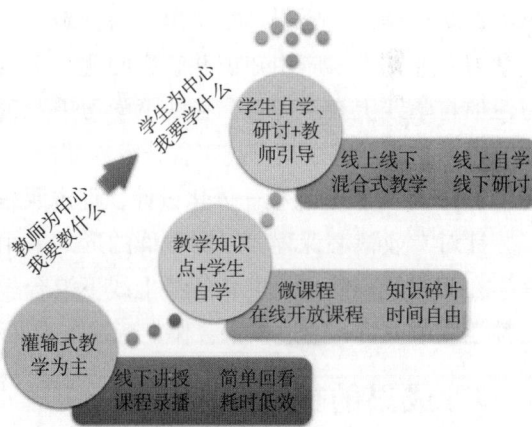

图3 教学资源建设和教学模式改革路径

2.2 改革教学模式,重置课程评定方法,实现线上线下教学模式的贯通提升

以学生的个性化发展为中心,使学生在线上自学和线下研讨中掌握专业知识。引入项目式和翻转式教学,以项目为导向,引导学生思考、查找资料、小组讨论、总结写作、汇报展示,使学生从被动的知识接收者转变为积极的知识探索者,教师的角色从讲授者转变为引导者。

革新课程成绩的评定方法,将线上自学、单元测评、课堂讨论、演讲汇报与课程考试相结合。改变传统的平时轻松、期末突击式的学习方式,着重对学生过程性和多元性的评价,切实提高学生的综

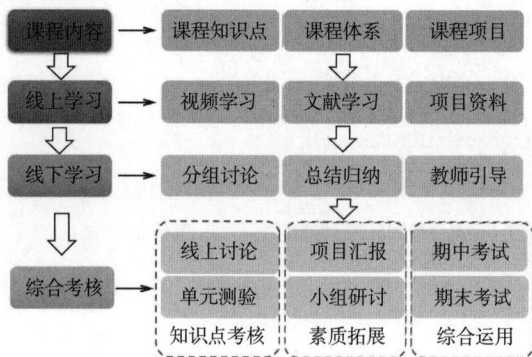

图4 线上线下混合式教学的课程体系结构

合素质（图4）。

2.3 构建全面保障机制，促进课程建设的持续发展

与行业龙头企业建设校外实习基地14个，聘请校外指导教师20人共同参与课程建设。将行业和企业的最新技术需求转化为课堂教学内容，深入一线车间录制最新加工设备运转视频，保障教学内容的持续创新。教师通过各级培训和竞赛不断提高教学水平；深入企业实践增加工程实践经验。通过教师能力的提高促进课程的持续发展。

3 成果的创新点

3.1 以学生为中心的教学资源建设，实现了教学内容碎片化与系统化相结合

教学资源的建设始终以学生为中心，特别是学生经常使用的电子产品逐渐由台式电脑向手机、平板电脑转变，由固定网线向移动网络的转变，满足学生随时随地的学习需求成为教学资源建设新的要求。本成果所建设的微课程单个视频是3～8分钟，主要涉及单独知识点，适合学生碎片化学习。在线开放课程视频5～10分钟，从知识体系角度，满足系统化学习的要求。通过微课程和在线开放课程资源建设，为学生提供了多层次、多维度、碎片化和系统化相结合的学习资源。

3.2 创新教与学路径，提升教学质量显示度

依托纺织工程专业核心课程，构建新型的教学体系。在教学内容上紧跟时代特征和科技前沿；在教学模式上应用信息技术，使线上线下融为一体。依托省级和校级的微课程和在线开放课程建设项目，高标准建设线上教学资源。打破"主动教"与"被动学"的传统模式，以项目式、研讨式和探究式教学为特色，引导学生主动学习和积极探究思考，创新教师的"教"与学生的"学"的路径。

教师改变传统的知识传授者的角色，在教学内容设计上要结合线上线下不同的特点，既要打造优秀的教学视频，还要引导学生思考与创新。每门课程都要设置5～8个工程应用问题，以项目引导学生学习专业知识、应用知识并解决问题。学生在学习中不再是被动的学习者，而是要充分结合自身学习习惯自学线上教学内容；在线下学习中要善于思考、研讨、总结和提升，切实提高解决复杂工程问题的能力，达到应用型卓越工程技术人才的培养目标。

3.3 专业核心课程一体化设计，促进课程可持续发展

针对专业核心课程，以课程群的形式采用统一的线上线下混合式教学模式，一体化的教学设计使学生在相对统一的、标准化的线上线下混合教学模式下提升综合能力。依托"新工科"建设项目及各级教学改革项目，通过校企合作，持续推进课程的可持续发展。

4 成果的推广应用情况

自2014年"纺织材料学"课程建设微课程以来，项目团队完成了纺织工程专业核心课程的微课程、在线开放课程等线上教学资源建设，进行了线上线下混合式教学模式改革与实践，成效显著，影响深远。

4.1 建设一批以学生为中心的多层次多维度的学习资源

教学资源进一步丰富，获批省级在线开放课程1门，建设线上微课程3门，校级在线开放课程4门，企业生产视频200分钟。出版省级重点教材1本，部委级规划教材2本。初步实现了线上线下混合式教学的基本单元、主要剧本和关键技术突破。

在满足本校教学要求的同时，线上教学资源还辐射推广应用到全国其他高校，教学范围不断扩大，社会影响不断提高。江苏省精品在线开放课程"纺织导论"自2017年9月在中国大学MOOC平台上线

以来，开课 8 次，累计选课人数超过 7600 人，学生范围覆盖到东华大学、北京服装学院、南通大学等 30 余所高校（图 5）。

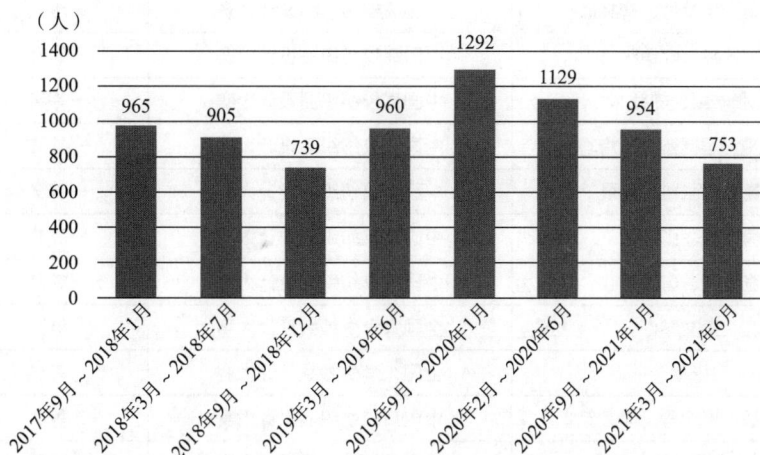

图 5 在线开放课程"纺织导论"选课人数

4.2 成果完成人的教学水平显著提高，教学改革和研究成效显著

项目团队成员由纺织工程专业骨干教师构成，教学团队获得苏州大学一流本科教学团队，苏州大学课程思政教学团队。特别是在成果实施期间，青年教师的教学能力得到显著提高，在各类教学竞赛中获江苏省微课教学竞赛三等奖 1 项，苏州大学课堂教学竞赛一等奖 2 项、二等奖 2 项、三等奖 1 项。"纺纱学"获批苏州大学课程思政示范课。承担教育部新工科研究和实践项目 1 项，中国纺织工业联合会教改项目 3 项，获批中国纺织工业联合会教学成果奖 1 项（表 1）。

表 1 青年教师教学竞赛获奖情况

姓名	奖项	等级	年份
王萍	江苏省高校微课教学比赛	三等奖	2020
王萍	苏州大学青年教师课堂教学竞赛	一等奖	2018
魏真真	苏州大学青年教师课堂教学竞赛	一等奖	2020
林红	苏州大学青年教师课堂教学竞赛	二等奖	2015
张岩	苏州大学课程思政教学竞赛	二等奖	2019
张岩	苏州大学青年教师课堂教学竞赛	三等奖	2019

4.3 进一步夯实学生的专业基础知识，显著提升解决复杂工程问题的能力，在学科竞赛屡获佳绩

通过线上线下混合式教学的多次实践，学生的专业基础知识在应用中不断夯实，批判性思维的引导和培养，使学生的创新能力不断提升，在全国纺织专业学科竞赛中的成绩逐渐提升。以全国大学生纱线设计大赛为例，苏州大学纺织学科教学以丝绸为特色，"纺纱学"课程办学较晚，基础薄弱，通过课程教学改革与实践，学生近两年竞赛成绩显著提升。2019 年在全国大学生纱线设计大赛中提交作品 5 件获得三等奖 1 项。2020 年在全国大学生纱线设计大赛中提交作品 16 件，获得一等奖 2 项、二等奖 3 项、三等奖 3 项。近两年在全国各类纺织专业竞赛中获一等奖 9 项、二等奖 28 项、三等奖 38 项，学生的创新和实践能力持续提升（表 2）。

表2　纺织专业学生部分获奖情况

序号	作者姓名	竞赛名称	获奖等级	年份
1	王晓菊、李梦竹、陶林敏	中国高校纺织品设计大赛	一等奖	2020
2	宋开梅、陈健亮	中国高校纺织品设计大赛	一等奖	2020
3	张志颖、陈钱	中国高校纺织品设计大赛	一等奖	2020
4	施佳赟、居琴燕、徐旖晗	中国高校纺织品设计大赛	一等奖	2020
5	顾嘉怡、张凯、潘晨	中国高校纺织品设计大赛	一等奖	2020
6	唐梦瑶、张又文	中国高校纺织品设计大赛	一等奖	2020
7	张又文、唐梦瑶	中国高校纺织品设计大赛	一等奖	2020
8	章文琴	全国大学生纱线设计大赛	一等奖	2020
9	张雷	全国大学生纱线设计大赛	一等奖	2020
10	谢茜敏、谢银丹、李宜笑	中国高校纺织品设计大赛	二等奖	2019
11	王亚兰、张怡	中国高校纺织品设计大赛	二等奖	2019
12	张怡	中国高校纺织品设计大赛	二等奖	2019
13	王晓菊、唐一凡、鞠鑫	中国高校纺织品设计大赛	二等奖	2019
14	徐小航	中国高校纺织品设计大赛	二等奖	2019
15	李建邺、宋开梅	中国高校纺织品设计大赛	二等奖	2019
16	朱慧娟、嵇宇、徐传奇	中国高校纺织品设计大赛	二等奖	2019
17	陈健亮、张怡、宋开梅	中国高校纺织品设计大赛	二等奖	2019
18	曾庆怡、杨富玲	中国高校纺织品设计大赛	二等奖	2019
19	陈钱、张志颖	中国高校纺织品设计大赛	二等奖	2019
20	周昕妍、刘羿辰、范宁	中国高校纺织品设计大赛	二等奖	2019
21	刘雪平、陈淑桦	中国高校纺织品设计大赛	二等奖	2019
22	何洪喆、胡嘉赟	中国高校纺织品设计大赛	二等奖	2020
23	潘璐、黎倩雨、薛莹	中国高校纺织品设计大赛	二等奖	2020
24	郭雪松、周亦歌、张凯	中国高校纺织品设计大赛	二等奖	2020
25	刘嘉权	中国高校纺织品设计大赛	二等奖	2020
26	徐若杰、王天娇	中国高校纺织品设计大赛	二等奖	2020
27	赵重后、谭郭鸿芳、朱东	中国高校纺织品设计大赛	二等奖	2020
28	谭郭泓芳、朱东、赵重后	中国高校纺织品设计大赛	二等奖	2020
29	李家仪、唐梦瑶	中国高校纺织品设计大赛	二等奖	2020
30	李鹏飞、代利花、向华菊	中国高校纺织品设计大赛	二等奖	2020
31	罗柳、杨丹、唐誉	中国高校纺织品设计大赛	二等奖	2020
32	唐誉、罗柳、杨丹	中国高校纺织品设计大赛	二等奖	2020
33	卫雨佳、李卉馨、田丽莎	中国高校纺织品设计大赛	二等奖	2020
34	林祥	中国高校纺织品设计大赛	二等奖	2020
35	闵小豹、张翰昱、汤健	全国大学生纱线设计大赛	二等奖	2020
36	郑翻翩、刘冰、张艳	全国大学生纱线设计大赛	二等奖	2020
37	徐晓婷	全国大学生纱线设计大赛	二等奖	2020

落实育人目标，纺织品设计类课程群建设的创新与实践

天津工业大学

完成人及简况

姓名	性别	所在单位	党政职务	专业技术职称
荆妙蕾	女	天津工业大学	副院长	副教授
裴晓园	女	天津工业大学	研究生党支部书记	讲师
张毅	男	天津工业大学	纺织系党支部书记	副教授
王晓云	女	天津工业大学	服装设计与工程系主任	教授
王庆涛	男	天津工业大学	无	讲师
赵健	男	天津工业大学	无	讲师
马崇启	男	天津工业大学	纺织工程系主任	教授

1　成果简介及主要解决的教学问题

1.1　成果简介

高等教育的核心是人才培养的高质量，课程是落实人才培养的核心要素。本成果依托教育部新工科建设项目和天津市一流课程，秉承 OBE 教育理念，进行纺织品设计类课程群建设的创新实践，支撑国家级双一流学科和国家级纺织工程一流专业建设。

（1）构建以"织物结构与设计"为核心的纺织品设计类理论和实践课程群。重塑课程目标，凝炼知识结构，强化课程系统设计。围绕育人总目标，使课程的知识、能力、素质目标对毕业要求指标点形成有效支撑的作用。

（2）聚焦新工科建设，融入思政教学，对接人才需求，紧扣专业特点，形成了"设计理论—时尚创意—虚拟仿真—工艺实践—学科竞赛—成品实现"行业产品链教学内容新体系，实现价值塑造、知识传授和能力培养同向同行。

（3）综合运用超星学习通、CAD 辅助设计系统、数字化实践平台、实习基地、线上线下教学，创建了"概念自学、难点领学、讨论互学、过程评学、实践创新"的混合式教学新模式。

建成国家精品在线开放课程 1 门，天津市一流课程 1 门，市级课程思政示范课 1 门，市级课程思政教学团队 1 个，团队教师获评课程思政教学名师，市级全英文授课品牌课程 1 门，校级课程建设项目 5 项，出版规划教材 6 部，实施教改项目 9 项，建成实习基地 10 余家。

1.2　主要解决的教学问题

（1）解决了专业课程部分知识点重复或缺失，与现代纺织行业发展对人才需求不相适应的问题。

（2）解决了专业课程中课程思政建设引领作用不显著的问题。

2　成果解决教学问题的方法

2.1　明确育人理念，做好课程群规划

落实立德树人目标，聚焦课程建设"两性一度"，构建"织物结构与设计、纺织与现代生活、纺织品设计、图案设计、服装结构设计、纺织品艺术设计与实践、产品设计与工艺"专业课程群。把"设计基础、艺术时尚、成品制作"纳入知识体系，专业与艺术相融入，创意实践和产品设计相融合，织物设计向服装设计延伸，使课程衔接紧密，知识体系完整，创新能力提升。

2.2　挖掘思政元素，提升育人成效

从专业理论中升华价值观，链接专业与思政结合点；体现纺织学科科技前沿要求，设计高阶性的教学内容；从产品实物中解读中国文化和中国故事；从专题讨论中领悟专业价值维度；从实践课程中培养团队协作及创新思维；从专业竞赛中培养工匠精神和职业素养。

2.3　打破系室围囿，重组课程团队

组建涵盖"纺织专业、艺术设计、服装设计、数字化技术、实践教学"知识结构的教学团队。充分发挥协作效能，聚焦新工科，开展教学研究、完善课程目标、探讨教学方法、开发教学资源，分析课程群在专业建设和人才培养中对毕业要求指标点的支撑情况，将价值塑造、知识传授和能力培养融为一体。

2.4　整合教学资源，创新教学模式

实现教材、网络平台、实验实践、实习基地一体化建设。主编国家级规划教材、国家精品教材，聚焦纺织领域科技发展前沿技术更新教材内容；创建"天纺在线"课程资源平台，实现线上线下教学融合与拓展；采用数字化实践平台，实现产品设计制作全过程训练；应用计算机辅助设计和 Vidya 服装三维虚拟仿真系统，实现面料、服装创新设计；建立实习基地，实施产教融合，实现人才培养和社会需求有效对接。

3　成果的创新点

（1）以新工科教育和工程教育认证为理念，以提高人才培养质量为核心，以纺织领域科技发展为指导，以适应行业企业需求为目标，构建纺织品设计类专业课程群，形成了"设计理论—时尚创意—虚拟仿真—工艺实践—学科竞赛—成品实现"系统化教学体系，支撑课程群知识、能力、素质和育人目标的达成。

（2）聚焦课堂教学主阵地，创建了"天纺在线"线上课程资源平台；采取线上线下、翻转课堂、综合讨论等多种教学手段，鼓励学生"质疑、思辨、创新"，增加课程的高阶性、创新性与学习的挑战度。创建了"概念自学、难点领学、讨论互学、过程评学、实践创新"的混合式教学新模式。

（3）将价值引领、知识学习和能力训练有机融合，构建了"精品教材 + 思政案例 + 网络资源 + 产品资源库 + 实践平台 + 实习基地"多元化教学资源，实现课程教学与思政教育的同频共振。

4　成果的推广应用情况

4.1　人才培养成效显著

对毕业要求达成情况调研表明，学生具有良好的工程知识基础，问题分析、独立设计开发、服务社会、终身学习意识等，并对职业规范、团队合作、沟通能力等评价较高，能快速适应企业对应聘岗位的人才需要。近三年，纺织工程专业的学生就业率在 95% 以上，60% 以上为纺织品服装设计相关企业，毕业生得到用人单位的一致好评；学生专业知识和创新能力显著提升，组织学生参加全国专业大赛，近三年获奖百余项，部分作品被企业采纳或借鉴。

4.2 课程建设成果突出

课程群建设质量得到师生、专家的广泛好评。认为教学应把培养学生综合素质放在首位，有效考核知识点中的思政元素，将传播现代纺织前沿知识、弘扬传统文化、传承民族情怀紧密结合，注重学生思想品德、专业技术能力和科学素养的综合培养。建成国家精品在线开放课程 1 门，天津市一流课程 1 门，市级课程思政示范课 1 门，市级课程思政教学团队 1 个，团队教师获评天津市高校课程思政教学名师；市级全英文授课品牌课程 1 门；校级课程建设项目 5 项；获各级教学成果奖 5 项；出版规划教材 6 部；实施教改项目 9 项；发表教改论文近 20 篇；获天津市青年教师讲课大赛三等奖 1 项；建成实习基地 10 余家。成果对纺织工程国家一流专业建设起到良好的支撑作用。

4.3 示范推广作用突显

课程群教学资源全部上网，超星和"天纺在线"网络平台为相关院校及社会学习者提供学习资源；根据 OBE 标准修订培养方案和教学大纲，教改经验和做法被多所纺织类高等院校借鉴；主编国家级教材、国家级精品教材《织物结构与设计》印刷 37 版次，共印 24.22 万册，成为纺织类高校使用的专业核心课程教材，应用广泛。

成果负责人在学院进行课程思政教学培训，制订学院课程思政实施方案；课程群建设为专业类课程建设提供示范和借鉴；2019 年组织召开天工大纺织类专业人才培养工作交流会进行经验分享；承担教育部首批和第二批新工科教学改革项目，第一批项目在结题时获评优秀项目，并作为优秀案例在全国新工科建设相关会议、纺织类专业教学指导委员会纺织工程专业分委员会上进行经验分享与推广；深入多家企业探讨校企合作并在大会上介绍专业建设情况；团队成员赴多所中学进行专业招生宣传。

基于工程应用能力培养的轻化工程专业染整类实践课程体系的构建与实施

中原工学院

完成人及简况

姓名	性别	所在单位	党政职务	专业技术职称
汪青	女	中原工学院	无	教授
周伟涛	男	中原工学院	无	副教授
章伟	女	中原工学院	无	教授
王东伟	女	中原工学院	无	讲师
杜海娟	女	中原工学院	无	讲师
张晓莉	女	中原工学院	无	副教授
武宗文	男	中原工学院	无	教授
张明	女	中原工学院	无	高级实验师
颜稔	女	中原工学院	无	助理实验师

1 成果简介及主要解决的教学问题

1.1 成果简介

我国拥有最完整的纺织服装产业链和最大的生产规模，对纺织、印染、服装等专业人才需求巨大。本成果面向行业，立足学生工程应用能力培养，更新教学理念、践行以学生中心，从"课程体系、实践内容、师资队伍、教学实施和课程考核评价"等关键环节入手，进行了积极探索：①重构实践课程体系，注重产学研融合，使"课内实验、课程设计、综合实验、学科竞赛、创新创业实践、毕业实习及毕业设计"环环相扣、循序渐进，提升了学生的工程应用能力；②贯彻绿色染整，突出学生的主体地位，激发学生的兴趣，树立社会责任感，提升职业素养，强化创新意识；③建立师资队伍建设长效机制，全面提高师资队伍的工程化能力和水平；④聚焦学生学习成效的考核，构建以能力考核为目标、过程检测为抓手的多元化考核评价体系，并取得显著成效。

1.2 主要解决的教学问题

（1）实践课程体系不合理，内容陈旧，与行业发展脱节。

（2）节能减排、绿色染整理念不深入，学生主体地位不突出，工程应用能力弱。

（3）教师队伍实践性培训少，工程化背景弱。

（4）考核评价内容和方式单一，评价指标欠科学性，权重模糊。

2 成果解决教学问题的方法

2.1 重构轻化工程专业染整类实践课程体系

秉承"基于成果导向"教育理念,调研行业需求,聘请企业专家指导,构建"专业基础实验、综合实验、创新创业、工程训练"多层次、多元化的课程体系,各环节融合"产学研"的成果,教学目标明确、循序渐进,形成完整的能力培养体系,整体提升学生的工程应用能力(图1)。

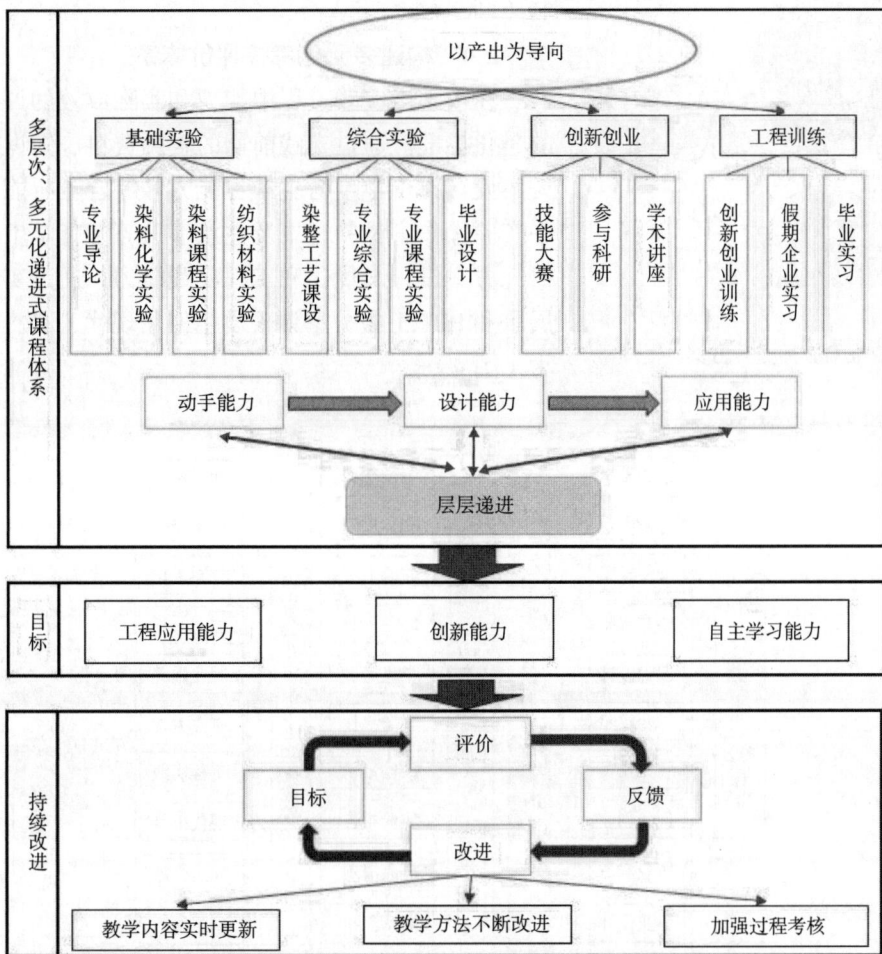

图1　实践教学课程体系的构建与实施方案

2.2　改革实践课程内容

实践课程内容始终贯彻绿色染整的理念,让学生充分认识印染加工过程对环境的影响,内容强调选用节能环保的新技术、新工艺,培养学生环境保护意识,树立社会责任感。专业实践摒弃以往的验证性实验,引入"项目导向"实验项目;"课程设计"和"综合实验"任务基于"印染生产实际,产品生产任务驱动",根据印染行业的技术发展及时更新,使实验内容具有挑战性;各类大赛融入行业最新成果和教师的科研成果,保证内容的创新性(图2)。

2.3　建立师资队伍建设的长效机制

通过"传帮带"、企业锻炼、各种学术交流,加强科研和校企合作,将科研融入实践教学,提高教师的工程技术水平。注重教

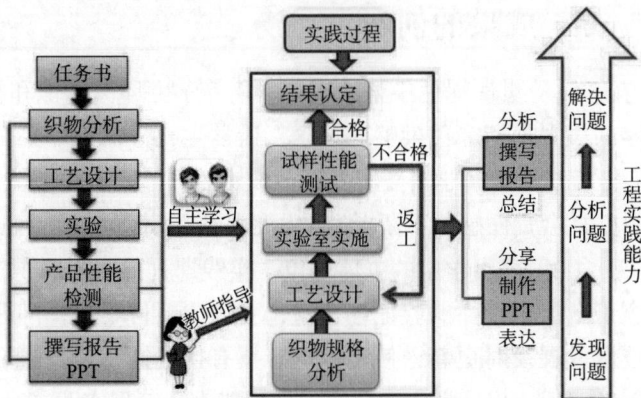

图2　染整工艺课程设计内容及实施流程

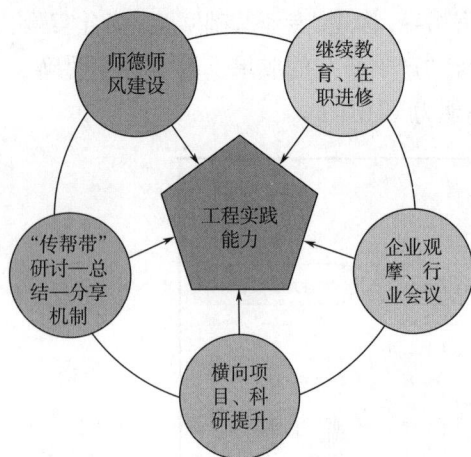

图3 多维度教师提升方案

学研究，加强教学课堂观摩交流，定期开展教研活动，建立"研讨—总结—分享"机制，提升团队整体教学水平；这些措施有机结合，形成了多维度师资队伍建设的长效机制（图3）。

2.4 构建多元化考核评价体系

注重学生实践过程中能力和实际成效的评价，建立合理的量化标准。通过实践前期的查阅资料、知识学习和应用及方案设计评价学生自主学习能力和综合分析能力；实践过程中实验操作、试验记录及注意事项等考查学生的职业素养、研究方案设计与优化和工程实践能力；通过实验报告、样品展示和PPT汇报分享评价学生使用现代工具、表达和交流能力（图4）。

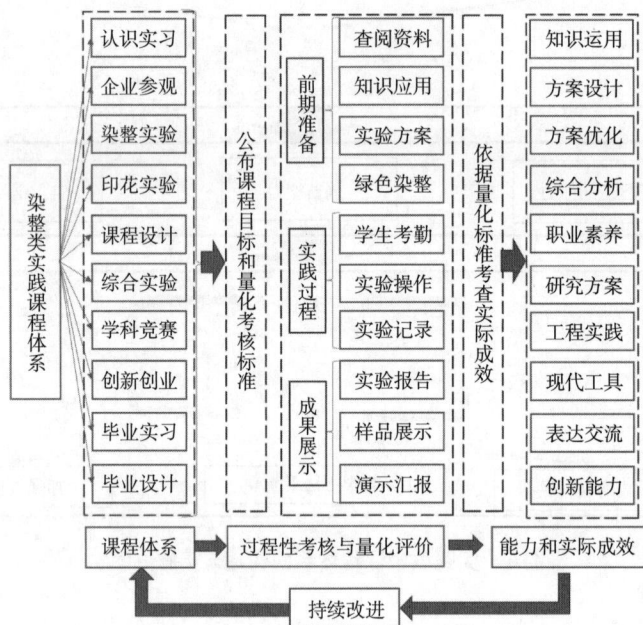

图4 轻化工程专业染整类实践课程考核评价体系

3 成果的创新点

（1）贯彻绿色染整的理念，培养学生环保意识和社会责任感，提升学生的职业素养。实践课程内容的设置贯彻绿色染整的理念，让学生充分认识印染加工过程中废水对环境的影响，要求课程设计、专业综合实验、学科竞赛及毕业设计等环节，选用节能环保的新技术新工艺；培养学生环境保护意识，树立社会责任感，不断提升学生的职业素养。

（2）突出学生的主体地位，实践课程内容与时俱进，激发学生的兴趣和参与度，培养学生的创新意识。摒弃以往的验证性实验，引入"项目导向、问题导向"的实验项目，实验内容根据印染行业的技术发展及时更新，使实验内容具有挑战性，让学生在"做中学、疑中学、学中再做"，强化学生的创新意识，提高学生专业知识运用能力和工程实践能力。

（3）构建以能力考核为目标，过程检测为抓手，聚焦学生学习成效的多元化考核评价体系。建立以能力考核为目标，以过程考核为主，注重实际效果的课程考核评价体系。学生综合考核评价包括自主学习、实践过程、完成度及实验作品展示四部分，以此考查学生的学习成效。

4　成果的推广应用情况

4.1　项目成果应用成效

项目成果首先将中原工学院轻化工程专业作为试点，自项目实施以来，先后有近300名学生受益于本项目研究成果。实践教学体系培养的学生，动手能力强，分析问题解决问题的能力强，考研率逐年上升，学生就业率在95%以上。学生毕业后多在国内大型印染企业从事技术工作，如中纺院海西分院有限公司、杭州中纺印染有限公司、宁波冠中印染有限公司、浙江同辉纺织股份有限公司、江阴福汇纺织有限公司、福州华冠纺织有限公司等，毕业生受到企业用人单位的好评。

4.2　学生受益情况

学校通过用人单位对毕业生的连续跟踪调查，我校轻化专业毕业生得到社会广泛赞誉，在分析、解决问题能力、创新意识等指标的满意率达到95%以上。每年都有很多家企事业单位主动上门招聘毕业生，提供的岗位数与毕业生人数之比达8∶1。众多年轻校友已成为国内外学术精英和行业中坚。超过90%的学生参加过行业协会和企业举办的各类纺织技能竞赛。通过"启蒙—参与—训练—实战"层递式训练，先后有百余名学生积极参与"全国绿色染整技术大赛""红绿蓝杯纺织面料大赛""溢达杯纺织面料创意赛"，学生的主动实践意识显著增强。获得国家大学生创业项目2项，河南省大创项目10多项，1个项目获得河南省特等奖，多人在河南省大学生"挑战杯"竞赛获奖。学生在校期间踊跃参加教师的科研项目，发表核心期刊论文超过15篇，申请发明专利10项以上。

4.3　项目成果推广应用情况

项目成果和理念于2018年先后在河南工程学院、河北工业大学等兄弟高校轻化工程专业进行推广应用，借助"传帮带、企业锻炼、科研提高、教学研究、培训观摩"多维师资提升方案和"研讨—总结—分享"机制，教师团队整体工程实践能力大幅提高。借助构建的"基础、掌握、应用"三阶段染整类实践课程体系、"高阶性、创新性和挑战度"的实践内容，以学生为主体，构建多元化考核评价体系，学生工程实践能力提高明显。

基于"行业特色"视域下的国家一流服装与服饰设计专业人才培养改革与实践

江西服装学院

完成人及简况

姓名	性别	所在单位	党政职务	专业技术职称
黄伟	男	江西服装学院	教学副院长	副教授
黄春岚	女	江西服装学院	无	教授
闵悦	女	江西服装学院	服装设计学院院长	教授、高级技师
胡艳丽	女	江西服装学院	无	副教授、工艺美术师
钟兴	女	江西服装学院	无	讲师

1 成果简介及主要解决的教学问题

1.1 成果简介

本成果基于"行业特色"视域下的国家一流服装与服饰设计专业人才培养改革与实践；经过十几年的努力，依托学校的服装行业特色与优势，以办学目标为导向，江西服装学院服装与服饰设计专业在江西省专业综合评价中名列第一，同时也获评省级一流特色专业。仅2016年本专业学生获得授权专利有29件，40多件设计作品被杭州多家企业直接采用，作为主要设计人员开发横向项目，经费达28万元。2015年以来，本专业学生参加省内外各类大赛获奖达180余项，尤其是2015～2020年连续六年荣获中国国际大学生时装周新人奖大赛第一名或第二名。学校就业合作单位达1500余家，学校连续九年被教育厅授予"就业先进单位"，本专业2017届毕业生一次性就业率达99%，对学生的好评率达到98%。

学校本着以能力培养为重，以素质提高为本，以知识传授为基，以职业技能为用，以教学创新为体，以学生兴趣为源，以培养制度为保，开发学生潜能，增强竞争优势，培养善于创新的服装设计人才。

明确人才培养模式改革思路，从课程教学、实践教学体系、创新能力训练等方面改革服装与服饰设计专业人才培养模式，从"一个目标、双轨同步、三层贯通、四维一体、五环联动"来创新和推进人才培养模式的教学改革。

1.2 成果主要解决的教学问题

1.2.1 解决了人才培养结构性质量与社会需求矛盾问题

高校培养的服装人才数量较多，但满足企业经营需要且符合企业转型发展需要的复合型服装人才匮乏，学生能力与企业要求不符，本成果坚持校企协同，把行业标准及社会资源参与教育融入学历教育中，提升学生综合素质和职业能力，有助于提升毕业生的就业质量。

1.2.2 解决了服装专业教学改革中存在的联动性差的问题

教学改革中存在重培养方案修订、轻组织落实重教学方法创新、轻师资团队建设等问题。本项目从培养目标、培养特色、课程体系改革、实践平台优化、完善保障体系等各个教学环节进行创新和改革，立体化系统地优化了服装人才培养。通过本成果的模式，可以显著提高服装专业毕业生的能力和水平，从而培养出更符合社会和企业需要的服装专业人才。

1.2.3　解决了服装专业学生实习"老大难"问题

本成果基于校企协同的办学思路，不断提高实践课程水平与教学手段，根据学生专业知识掌握程度，大学四年阶梯递进式设计与实施校内校外实习、课内课外等实训环节，深度开展校企合作，尤其是与海澜之家、利郎、华峰实业等一流企业共建实习基地，解决了服装专业学生实习的问题，切实培养了服装人才的职业能力。

2　成果解决教学问题的方法

2.1　该成果解决服装本科专业人才校企协同培养过程中教学问题的方法

深化校企联合，充分调研行业需求和技术发展，邀请企业及行家专家全程参与修订培养方案，提出了基于校企协同理论的互补递进式人才培养体系（图1）。

2.2　该成果解决了培养创造型一流特色服装人才的教学目标问题

制订服装与服饰设计专业人才培养目标：本专业坚持以立德树人为根本任务，面向时尚产业，着力培养品行端正、身心健康、基础扎实、能力过硬、德智体美劳全面发展的人才；掌握服装色彩设计、图案设计、材料应用等基本理论，具备关于设计、结构、工艺、时尚资讯收集与应用的基本知识，掌握用结构图、效果图及计算机软件技术准确地表达设计意图及实践制作的基本技能；能在服装与服饰相关领域从事设计研发、品牌企划、产品陈列、时尚买手等工作，并能解决服装与服饰相关领域的复杂技术问题，并且达到就业能称职、创业有能力、深造有基础、发展有后劲的高素质应用技术型人才（图2、图3）。

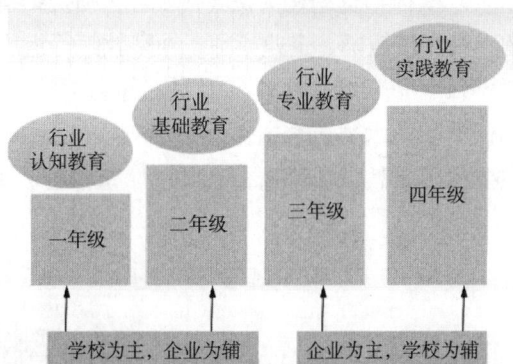

图1　基于校企协同理论的互补递进式人才培养体系

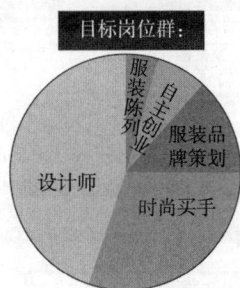

图2　目标岗位群

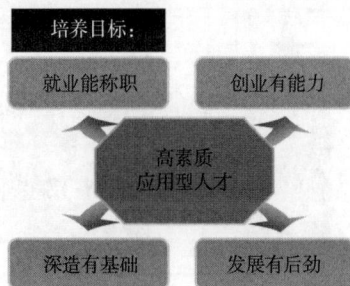

图3　人才培养目标

2.3　系统构建覆盖全过程的实践教学体系

构建了课堂模块实训、实验室模拟操作、校外基地实战训练、校企联合等大学四年全程渗透和分层推进的实践体系。其中有27家是由中国纺织服装教育学会和纺织服装行业协会授予的校企合作基地（图4）。

2.4　夯实专业建设的各个"支点"，构建创新型一流特色服装人才培养体系

人才培养体系不是写出来的，而是在实践中干出来的。尤其在过去的五年中，服装设计学院在专业建设方面投入了大量人力、财力和物力，从教材建设、精品建设、实验室建设、教师队伍建设、教

| 校内实验室 | 校外实习基地 | 校企合作 |

图4 系统构建覆盖全过程的实践教学体系

学团队建设，再到实习实践基地平台建设等，通过专业各个"支点"的夯实，在此基础上，构建了"一个目标、双轨同步、三层贯通、四维一体、五环联动"的创新型一流服装专业人才培养体系。

以重构师资结构为例（图5），师资结构由中国纺织工业联合会"纺织之光"育人奖获得者闵悦领衔，由专任教师、企业导师、外聘教师等组成团队，实施教师队伍"名师工程"，聘请了一大批像李欣、武学伟、张文斌等在业界有很高知名度的资深专家，作为学校的特聘教授或名师工作室带头人。武学伟任学院学术委员会主任，张文斌任学院技术委员会主任。重构了服装设计学院教学质量监控体系建设，主要内容是教学过程监控，师资队伍监控、课程开发监控、专业实施监控、专业效果监控等（图6）。

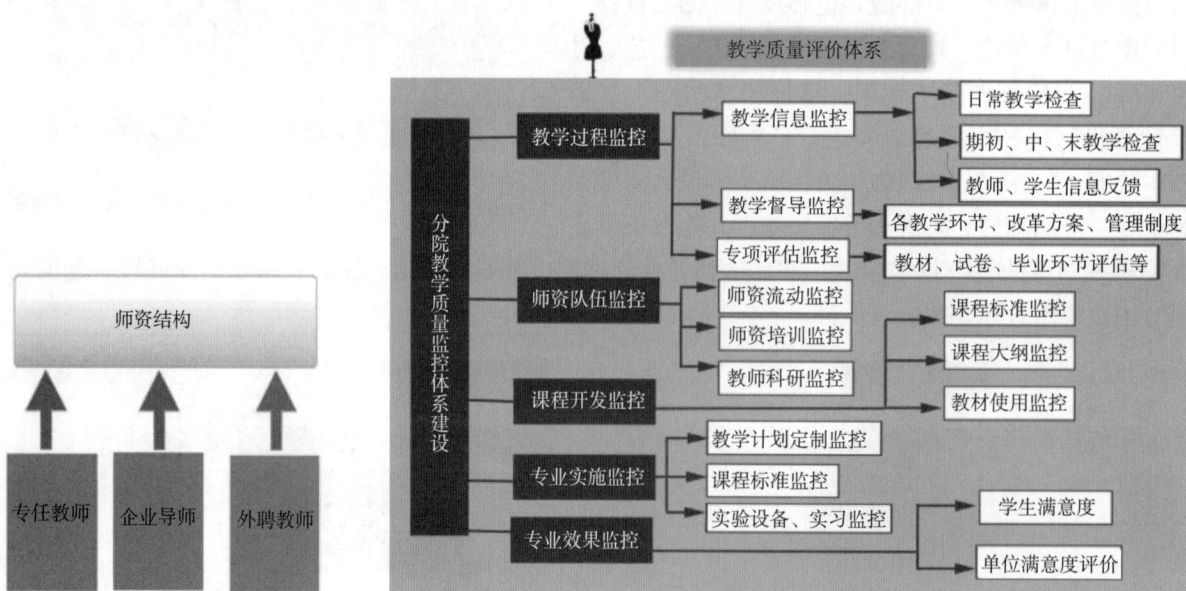

图5 重构师资结构

图6 重构教学质量监控体系

3 成果的创新点

3.1 构建一流服装与服饰设计专业人才培养方案的创新

从课程教学、实践教学体系、创新能力训练等方面改革服装与服饰设计专业人才培养模式，从"一个目标、双轨同步、三层贯通、四维一体、五环联动"来创新和推进人才培养模式的教学改革，即设计了一个高素质应用型人才培养目标；构建了校内校外的实践双轨同步，把通识、专业、行业教育三层贯通；引入了职业资格标准、行业标准、企业核心技术、社会资源参与的四位一体的培养过程，加强师资团队、MOOC教学、名师工程、课程教材、质量监控的五环联动创新型人才培养模式

（图 7 ~ 图 9）。

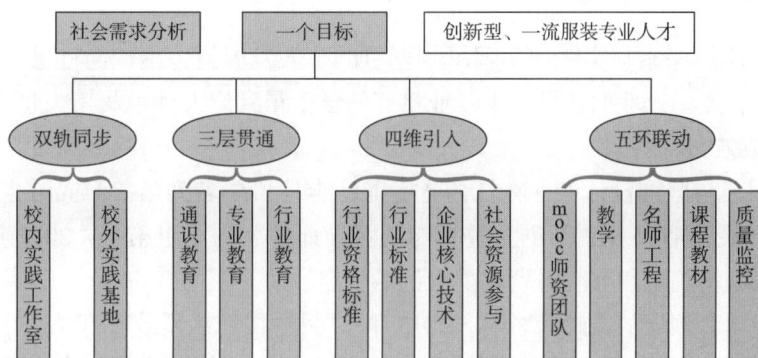

图 7　一流特色服装专业人才培养体系图

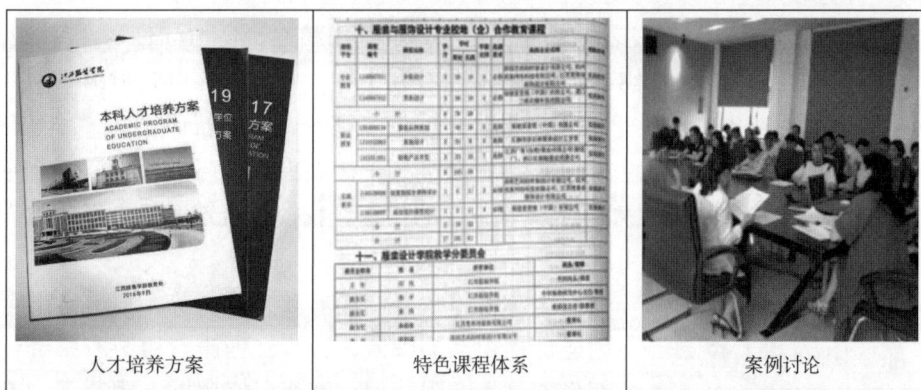

人才培养方案　　　　　　特色课程体系　　　　　　案例讨论

图 8　人才培养改革相关材料

利郎实习基地　　　　　华峰实业实习基地　　　　　海澜之家校企合作

图 9　与一流企业共建实习基地

3.2　依托学校的行业优势，聘请优秀毕业生进行课程内容改革的创新

将行业优势资源融入课程体系中。聘请企业设计师、设计总监、总经理等优秀毕业生进入课堂教学、参与人才培养方案的制订。我校依托石狮、华峰实业、利郎、海澜之家、共青等校外实践基地，聘请了一批企业设计师、设计总监、总经理等 20 多位企业导师。这些企业导师直接给学生上课，带入企业文化、企业项目，有些学生课余时间直接跟着企业导师长期完成课外其他项目。各类服装企业导师的课程教学参与使学生能够多元化发展，也促进了艺术 + 技术创新人才培养。

3.3　依托学校清华在线优慕课、超星泛雅网络教学平台实现核心课程线上线下的混合模式授课创新

网络化教学方式，完整系统的视频课程、课件共享，使学生可以根据自己的接受能力重复地在线学习，从而达到教学质量的提高。

4 成果的推广应用情况

本成果经过十几年的探索与实践，实现了教育目的个人发展能力本位与社会需求能力本位的两者结合，得到了政府、行业、企业的认可。本专业培养的学生得到广大师生及相关企业的好评。

4.1 成果应用成效

江西服装学院服装与服饰设计专业在江西省专业综合评价中名列第一，同时也评为省级一流特色专业。2016年我校接受全省高校创新创业教育专项督导评估名列小组第一。2017年2月23日我校在共青城成立的江西服装学院众创空间得到省委书记的肯定。

由于我校在服装教育领域的贡献和影响，2015年11月中国纺织服装教育学会六届二次常务理事会暨高等教育分会年会在我校召开。由中国纺织工业联合会、中国就业培训技术指导中心和中国财贸轻纺烟草工会共同主办，中国服装协会承办的全国纺织行业"富怡杯"服装制板师职业技能竞赛全国决赛2016年、2017年连续两年在我校举办。

自2016年以来本专业教师公开发表学术论文289篇，其中核心论文50篇，主持省级课题28项，获得授权专利152件，其中发明专利1件，公示发明专利1件。开发省部级教材多本。教师参与省内外各类大赛获奖139项。获省社会科学优秀成果奖3项，多篇论文被《新华文摘》《复印报刊资料》全文转载。学校成功组织、参展了由省教育厅等七个委厅部门在南昌国际展览中心联合举办的江西省首届高校科技成果对接会，获得了教育厅厅长等领导的肯定。我校科研转型发展经验被省教育电视台连续报道两次。

学校发挥本专业优势和人才优势，与南昌市青山湖区联手创建针棉织品品牌园区，为江西康意服装有限责任公司、南昌新华瑞制衣有限公司、江西云宽服饰有限公司、上海主流设计有限公司、汕头市佰伦世家实业有限公司、广东省普宁市金狮服装有限公司等企业提供产品研发和技术服务，直接经济效益达150多万元。

2021年2月22日，《教育部办公厅关于公布2020年度国家级和省级一流本科专业建设点名单的通知》（教高厅函〔2021〕7号）下发。江西服装设计学院服装与服饰设计专业获批国家一流专业建设单位（图10）。

2020年"服装材料""人因工程学"两门课程荣获全国一流课程荣誉称号（图11）。省级在线精品课程有9门已经认证通过，并在学银在线、清华在线等网络平台共享资源（图12）。

4.2 成果推广价值

服装与服饰设计专业以"坚持特色不动摇"的办学理念为指导，立足服务服装行业，重视学生实践动手能力的培养，并在实践教学条件上不断完善，在外围资源上不断拓展，使学生能力得到充分锻炼，培养的学生得到企业和行业认可，办学模式得到兄弟高校和各级领导肯定。学院通过服务兄弟高校，提供资源共享平台，服务行业企业，提供优秀人才使学校的办学美誉度得到了进一步提升。南昌晚报和江南都市报纷纷报道我院服装与服饰设计专业校企合作、协同育人模式取得的丰硕成果（图13）。

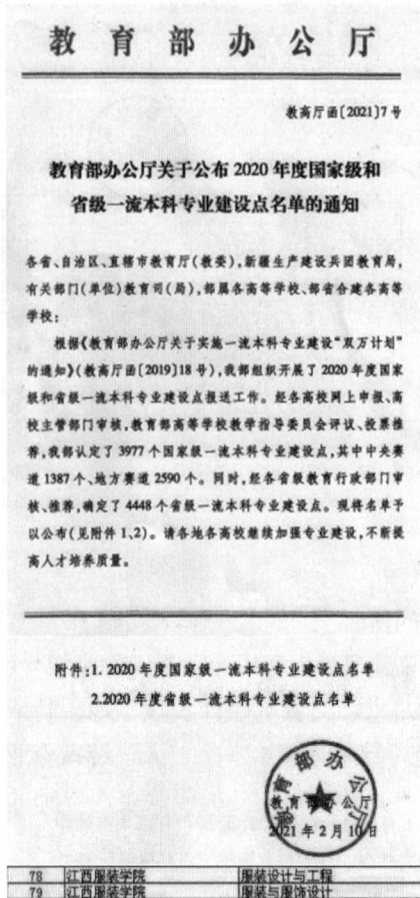

图10 江西服装学院服装与服饰设计专业获批国家一流专业建设单位

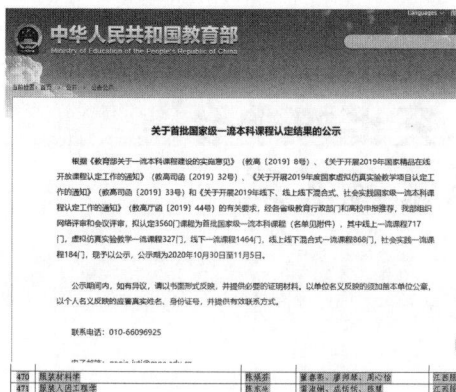

图 11 "服装材料""人因工程学"两门课程荣获全国一流课程荣誉称号

图 12 省级在线精品课程服装效果图已经有 4 期开放

新华社、瞭望杂志、江西电视台、江西日报、江西教育电视台等媒体纷纷报道了我校服装专业的办学特色。在腾讯网、现代教育报、中国民办教育杂志联合主办的"改革开放 30 年中国民办教育大典"颁奖盛典上，我校获"中国十大就业质量示范院校"称号，2015 年江西日报报道江西服装学院用心办好特色教育的专栏，学院毕业生年年供不应求。2016 年来连续三年被评为江西省教育系统"规范管理年""创新发展年""提升质量年"先进单位。近年来，我院学生在"浩沙杯"中国泳装设计大赛、"中华杯"全国男装设计总决赛、"名瑞杯"中国婚纱设计大赛、"乔丹杯"中国运动装备设计大赛、中国职业模特大赛、中国模特之星大赛、"虎门杯"国际青年服装设计大赛、世界最佳模特大赛等赛事中屡获金、银、铜奖。同时，学院已连续举办了二十四届"润华奖"服装设计和模特大赛，流光溢彩的 T 台成为学有所成的江服骄子展示才华、成就梦想的重要舞台。众多品牌企业为了在我院聘到更多的优秀人才，纷纷来院设置奖学金、开设订单班（图 14）。

图 13 南昌晚报和江南都市报报道我院校企合作、协同育人模式

图 14 我校特色办学受到各界媒体关注

纺织服装"一聚焦二融合三突出四平台"
创新人才培养模式的探索与实践

西安工程大学

完成人及简况

姓名	性别	所在单位	党政职务	专业技术职称
戴鸿	男	西安工程大学	副校长	二级教授
赵小惠	女	西安工程大学	工程训练中心主任	教授
万明	男	西安工程大学	教务处处长	三级教授
刘静	女	西安工程大学	教务处教研科科长	工程师
刘呈坤	男	西安工程大学	纺织学院副院长	教授
袁燕	女	西安工程大学	服装与艺术设计学院副院长	副教授
刘冰冰	女	西安工程大学	学生党支部书记	讲师
梁建芳	女	西安工程大学	服装设计与工程系主任	教授
丛红艳	女	西安工程大学	副院长	教授
周丹	女	西安工程大学	党支部副书记	工程师
封彦	女	西安工程大学	教务处实践科科长	工程师

1 成果简介及主要解决的教学问题

1.1 成果简介

纺织工业是我国国民经济支柱产业和重要民生产业，体现科技与时尚的融合。20 世纪初，纺织产业人工成本持续增长，资源与环境约束逐渐加大，传统低成本加工制造竞争优势明显衰减，而走向价值链高端的新竞争优势尚未形成，为此，国家提出"纺织强国"战略，实现科技、绿色、智能、品质、特色和管理六大转型升级目标，以"科学技术进步、创新人才培养、自主品牌创建、可持续发展"为核心，以"创新驱动科技产业、文化引领时尚产业、责任导向绿色产业"为重点，产业要发展，人才需先行，因此创新人才培养成为关键。

聚焦国家纺织强国建设急需，培养具有创新意识、工程实践与创新能力的现代纺织服装类专业人才，成为纺织服装院校迫在眉睫的历史使命和时代责任。西安工程大学按照"做强纺织，做靓服装，做优相关学科"学科专业调整思路，瞄准纺织强国建设对专业人才需求，依托"两拉一推，四轮驱动"的纺织服装类专业改造升级路径探索与实践"基于服装创意设计与工程实践能力相融合的人才培养体系构建与实施"等国家级、省级、中纺联课题 8 项，构建了纺织服装类人才"一聚焦二融合三突出四平台"培养模式。实践表明，该模式明显提升了纺织服装类专业人才培养质量。

1.2 主要解决的教学问题

1.2.1 对标国家行业战略需求，纺织服装类人才培养定位不准确

纺织强国要求追踪现代纺织服装产业科技发展趋势，提升纺织产品附加值，剖析纺织强国需求与

人才培养内在联系，纺织产业链两端延伸使专业内涵不断拓展，专业没有及时根据行业和社会需求进行调整，人才培养定位与现代产业发展不匹配，毕业生到企业后往往需要 2 ~ 3 年时间进行再培养。

1.2.2　纺织产业链两端延伸，多学科交叉融合的课程体系尚未形成

现代纺织产业链向两端延伸、涉及诸多交叉学科，传统纺织服装人才培养仅涉及产业链部分环节，产业链两端知识欠缺，知识结构体系不完整，教学内容更新速度慢，明显滞后于现代纺织产业发展步伐，致使培养的专业人才缺乏前瞻性、缺乏创新的原动力与潜能，难以满足行业和社会需求。

1.2.3　行业企业参与深度不够，传统教学模式不能满足能力培养要求

纺织服装类专业既培养工程师，又培养设计师，传统工科和艺术类教学相互割裂，工科培养工程能力和科学思维，艺术类培养艺术思维和审美修养。纺织强国战略和行业转型升级要求行业企业参与人才培养全过程，传统教学模式企业参与深度和广度不够。教师教学活动与科研脱节，相对滞后于现代纺织科技的发展，教学模式改革势在必行。

1.2.4　整合校企地资源，多维深度协同实践育人平台尚未搭建

企业技术和设备更新速度快，高校实践教学资源更新无法跟上行业企业，仅凭校内有限的实践教学资源很难满足纺织强国战略对人才实践能力培养的要求，因此，有必要充分挖掘行业和社会各方优势资源协同育人。但是企业面临的市场压力大，校企合作多是"校热企冷"，学校与社会合作育人的深度和广度不足，教学资源建设不能与产业发展同频共振。

2　成果解决教学问题的方法

坚持问题导向，剖析纺织强国战略核心要素带来的专业内涵扩展和对人才能力素养新要求，以"知识获取—能力培养—素质养成"为主线，修订培养方案、重构课程体系、整合实践平台、完善协同机制，提升人才培养质量。

2.1　聚焦国家行业需求构建纺织服装人才培养模式

按照"聚焦国家行业需求，紧跟产业发展前沿"的人才培养理念，纺织服装人才培养以纺织全产业链为基础，剖析建设纺织强国战略人才知识、能力、素养需求，修订培养方案，明确人才培养目标和定位；对标纺织强国人才所需知识结构，构建纺织服装类专业课程体系；适应纺织强国人才能力要求特点，改革教学模式；聚焦纺织强国人才实践能力要求；校企地多方协同搭建实践平台；以国家行业需求为出发点评价人才培养质量，如图 1 所示。解决专业人才培养在知识结构、工程实践能力与创新能力等方面不适应纺织强国建设需求的问题，实现了学生的知识结构、工程能力与现代纺织工程技术的良好对接。

2.2　构建通专融合、学科交叉融合的模块化课程体系

对标纺织强国战略和行业转型升级梳理人才需求知识逻辑体系，行业企业深度参与单课程和课程体系合理性评价，保证专业知识结构和课程设置始终与纺织产业发展趋势同步，通过课程群和模块化重构纺织服装类专业课程体系，补充产业链向两端延伸的知识欠缺，加入科技创新需要的智能和多学科交叉融合课程，如图 2 所示。按照能力要求变化—培养目标—毕业要求—课程群—课程模块构建课程体系，课程与毕业要求构成关系矩阵，课程达成度递推毕业要求达成。

纺织服装类课程体系兼顾通专融合、学科交叉融合（两融合），基础教育包括通识基础课程群和学科专业基础课程群，通识基础课程群增设创新创业课程模块；学科专业基础课程群增设培养学生纺织全产业链、系统思维、现代工程意识方面的课程，如纺织服装概论、工程伦理和职业道德等。专业教育由专业核心课程群和专业拓展课程群组成。专业拓展课程群中专业训练系列模块主要包括以实践和设计为主的专业综合训练、以项目研发为主的工程训练、以多学科交叉问题进行科研训练等。专业方向课程设置若干模块，如服装设计与工程根据市场需求设置成衣设计与工程、服装商学、内衣设计与工程三个专业方向，满足不同学生个性化发展需求，学科专业发展前沿模块立足于学科交叉融合，

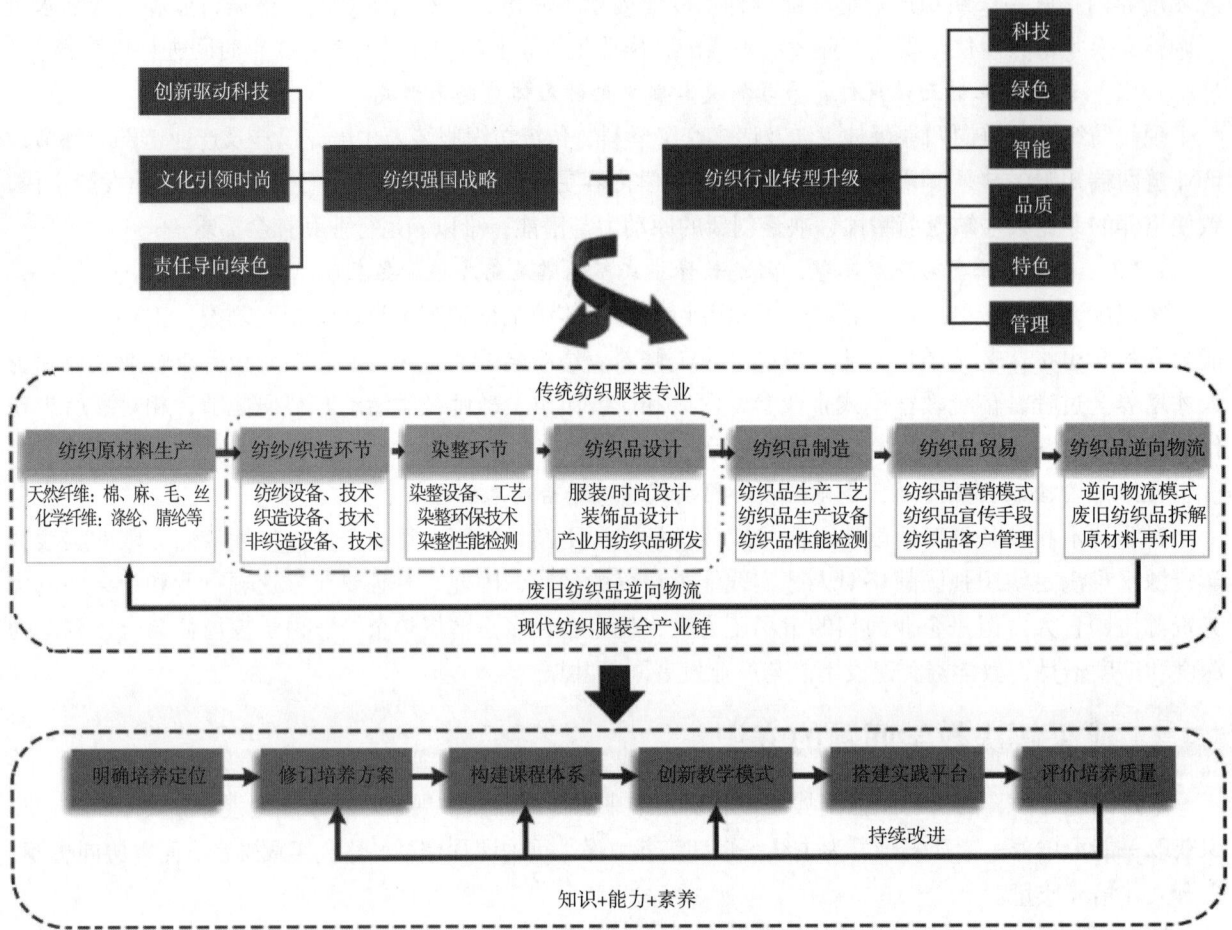

图 1　聚焦国家行业需求的纺织服装人才培养模式

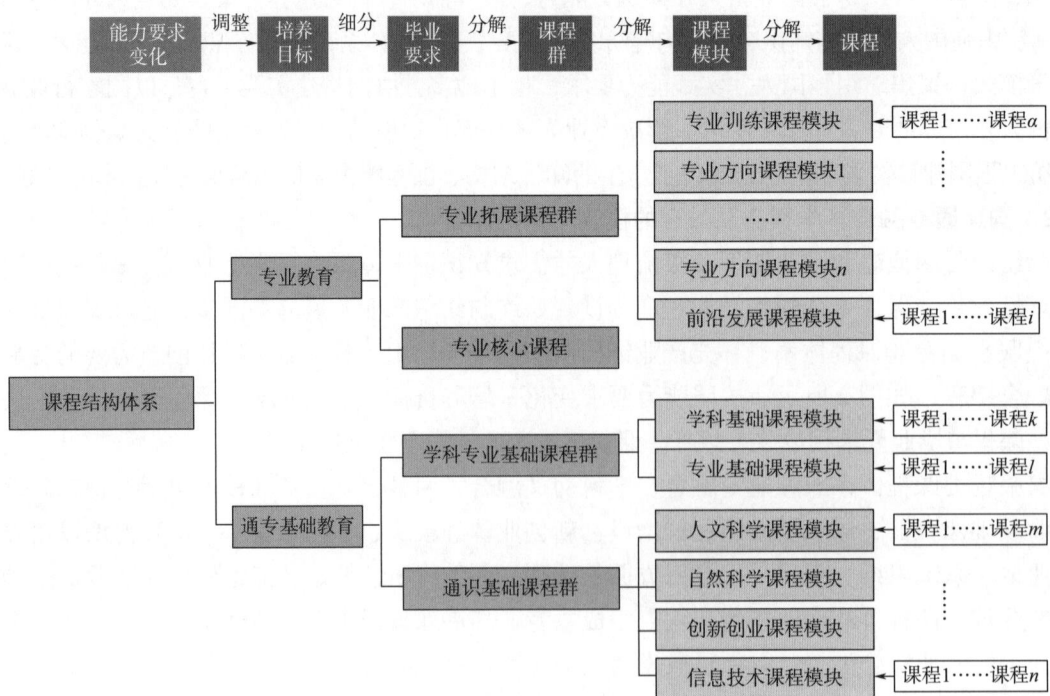

图 2　纺织服装类专业课程结构体系

将智能纺织设备与技术、纺织品功能与时尚设计、智能面料与可穿戴、纺织服装新材料等融入课程体系，拓展学生未来视野，服务于行业未来需求。在课程体系改革基础上，依据课程群建立教学团队，联合企业专家编写出版纺织服装类特色学科群系列化教材。

2.3　突出艺工结合、科教融合、产教融合的教学模式

聚焦纺织强国战略和行业转型升级，纺织服装类专业教学模式改革突出艺工结合、科教融合、产教融合（三突出），如图3所示。

教学模式突出艺工结合，工程教育中增加艺术元素，使工程技术人才兼顾人文与科学素养，使艺术设计人才兼顾工程能力。教师队伍工程和艺术结合，工科类教师培养艺术类学生严谨作风和科学态度；艺术类教师培养工程类专业学生艺术思维和审美修养。教学模式突出科教融合，科

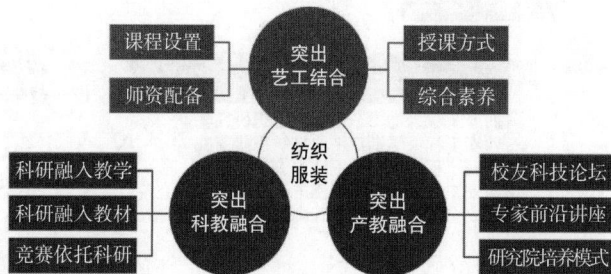

图3　聚焦行业企业需求的"三突出"教学模式

研成果融入课堂教学和教材，科研项目作为学科竞赛选题，引导学生参与科研的问题寻找、方案设计、实施、讨论、问题解决等过程。教学模式突出产教融合，行业企业专家深度参与人才培养过程，开设前沿讲座、担任企业导师、共同编写教材。

2.4　搭建递进式培养、多维立体化协同育人实践平台

针对传统纺织服装人才实践教学不能满足行业企业需求，建立了由实验–实习模块、设计–训练模块、实践–竞赛模块、创新–创业模块组成的实践教学体系，按照专业认知、技能训练、实践应用、创新创业四个层次进行实践综合能力的培养，如图4所示。

为满足四层次四模块纺织服装学生实践能力的培养，积极整合多方资源，依托学校已形成的纺织科学与工程、服装设计与工程等学科优势，结合纺织行业区域布局集中、纺织产业集群专业化、规模化发展明显的优势，搭建了校企地多维立体化协同育人实践平台，如图5所示。

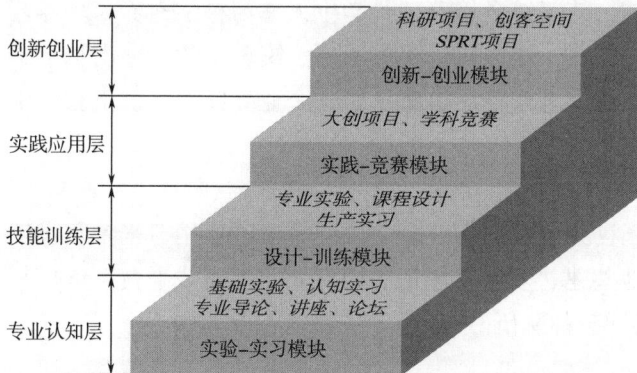

图4　四层次四模块递进式实践教学体系

校内平台培养学生基本实验技能和专业技能，完成专业认知层和技能训练层的能力培养；校企平台培养学生工程意识和能力，完成技能训练和实践应用层的能力培养；校地平台和公共平台培养学生创新意识和能力，完成创新创业层的能力培养。通过校企实质性的合作，实现企业技术研发需求与学校科技创新能力的整体对接，打造了两支一流实践教学教师队伍。

3　成果的创新点

3.1　培养理念创新

提出"聚焦国家行业需求，紧跟领域发展前沿"的人才培养理念，行业企业专家深度参与培养方案修订和人才培养全过程，解决了人才培养如何契合国家和产业需求问题。

3.2　课程体系创新

对标纺织强国战略和企业需求，梳理人才知识结构，构建通专融合、学科交叉融合的由课程群和

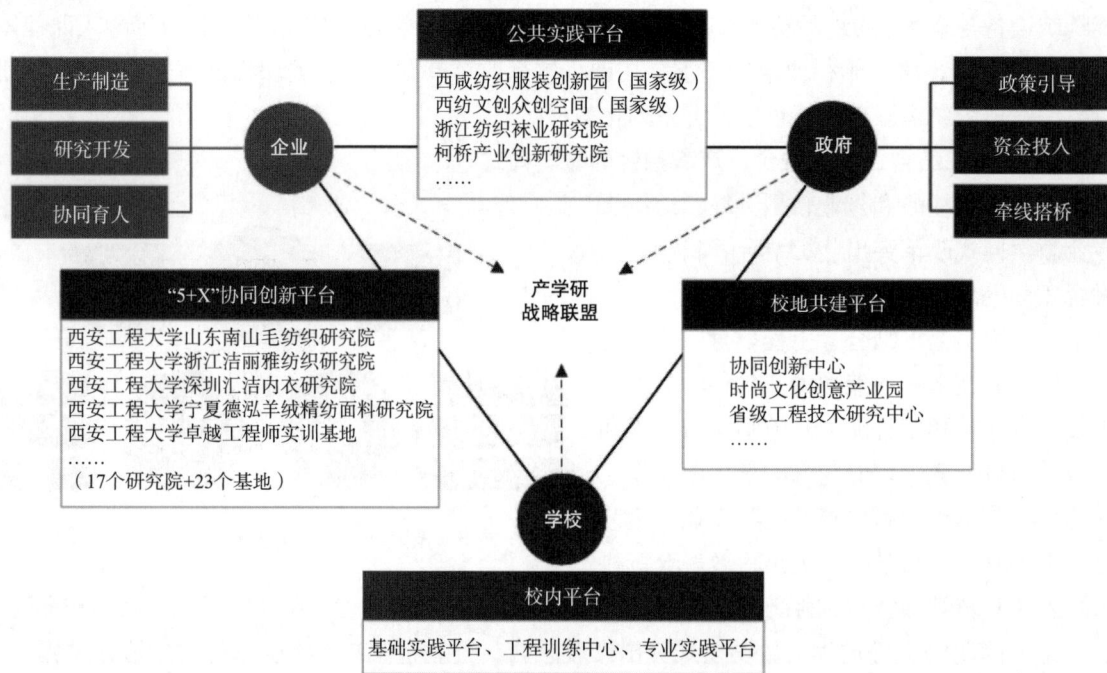

图 5　纺织服装类专业多层次协同育人实践平台

模块组成的课程体系，专业方向模块体现个性化培养、前沿发展模块追踪行业科技前沿、专业训练模块强化创新实践能力。

3.3　教学模式创新

结合纺织服装类专业特色提出三突出教学模式，艺工结合培养工科学生人文与科学素养，培养艺术设计类人才科学思维；教师最新科学研究成果进课堂、进教材，寓教于研、寓教于学；突出教学中的科教融合；行业企业专家深度参与人才培养全过程，开设前沿讲座、担任企业导师等，突出教学中的产教融合。

3.4　协同育人创新

构建了"四层次四模块"递进式实践教学体系，充分发挥行业企业协同育人的作用，平台建设依托纺织服装优势学科对接产业集群，搭建了校企地共建、多维立体化协同育人四类实践平台，依托平台不仅实现了协同实践育人，还打造了校企两支实践教师队伍。

4　成果的推广应用情况

2010 年以来，项目组先后承担国家级和省部级专业建设项目和研究项目 10 余项，持续开展了聚焦行业转型升级和纺织强国战略，纺织服装类专业人才培养的一系列改革、探索与实践，取得了丰硕的成果。

4.1　纺织服装类专业及课程建设成效卓著

4.1.1　聚焦国家行业需求，专业建设成效显著

按照学校"做强纺织，做靓服装"的学科专业建设思路，近年来，纺织服装类专业建设成效卓著，纺织工程、服装设计与工程、服装与服饰设计被评为国家级特色专业、国家级专业综合改革试点专业、省级名牌专业、省级特色专业；纺织工程、服装设计与工程、服装与服饰设计获批国家级一流专业建设点，服装表演、轻化工程专业获批省级一流专业建设点；纺织工程、轻化工程、服装设计与工程都是卓越工程师培养计划专业。纺织工程、服装设计与工程、服装与服饰设计为省级教学团队、省级创新人才培养试验区。纺织学院和服装学院获批省级创新创业试点学院。

4.1.2 课程和教材建设引领人才培养质量提升

积极打造精品课程和"一流课程","毛织物染整"获首批国家"一流课程","纺织材料学"等12门课程为省级精品课程,"纺织商检学"等5门课程被认定为省级"一流课程","艺术印染产品创新设计与创业实践"等3门课程立项为省级创新创业教育建设课程。"十三五"期间出版高等院校纺织服装类部委级规划教材28部,《纺织材料学(第4版)》(姚穆院士主编)等6部教材获省部级优秀教材。

4.2 学生实践能力和综合素养得以全面提升

4.2.1 学生综合实践创新能力显著提高

基于四类实践平台,按照学校"一院一品、一院一特色"学科竞赛思路,纺织服装类专业学生参与学科竞赛覆盖面逐年增加,从2017年34.9%到2020年84.9%。近五年,获"中国高校纺织品设计大赛""中国国际大学生时装周""中国针织师设计大赛""互联网+"创新创业、"中国职业模特大赛"等国家级和省部级奖项267项。服装与服饰设计、纺织工程等学生毕业设计采用静态和动态作品向企业和社会公开展示,每年都有学生作品被企业直接选中,进行商业化生产。

4.2.2 纺织服装类学生就业质量不断提升

近五年,学生综合素质得到提升,委托权威机构麦可思调研表明用人单位对学校纺织服装类毕业生具备专业知识结构及专业基础知识满意度达81%,实践能力满意度达76%;毕业生具有踏实肯干、实践能力强、有创新意识等特点,说明我校纺织服装类人才培养效果得到了行业企业普遍认可。

4.2.3 培养了一批行业企业和领域精英

培养了以董李、沈定一、黎万强等为代表的行业企业领军人物;以梁子、刘薇("金顶"奖获得者)等为代表的国内外著名设计师;以潘宁、徐步高等为代表的国际纺织领域知名教授;以徐卫林、王训该等为代表的国家千人计划学者等,起到了很好的辐射、示范、引领作用。

4.3 多方协同育人,实践创新平台建设成效显著

4.3.1 发挥纺织服装学科优势对接产业集群,四类平台建设显成效

建成了5个实验教学示范中心、时尚文化创意产业园等校内平台。与山东如意集团等纺织服装行业龙头企业建立了17个产学研协同研究院、5个培养基地、23个实践基地等校企平台,建成产业用纺织品协同创新中心等10个校地平台、国家级西咸纺织服装创新园等8个公共平台,领衔建立了5个国家级纺织产业战略联盟。

4.3.2 整合校企地各方资源,协同育人成效显著

聘任企业兼职教师103人,选派纺织服装类专业青年教师赴企业实践锻炼57人。培训行业企业技术骨干400余人,联合攻克技术难题40余项。学校被评为"省大学生创新能力培养综合试点学校""陕西服装行业校企合作产学研先进单位"。

4.4 产生了良好的社会反响和示范效应

4.4.1 在纺织服装行业企业得到充分认可

与浙江、福建等产业集群地政府建立协同创新平台,得到了中纺联、企业和当地政府的肯定,2012年中国纺织工业联合会会长带领产业集群地浙江海宁市政府及60余位企业家来校进行政产学研对接。

4.4.2 在国家和行业主流媒体引发广泛关注

中央电视台、《中国纺织报》《人民日报(海外版)》、全球纺织网等媒体对成果进行了跟踪报道。2015年6月22日中央电视台专题报道了学校校企协同育人经验。

4.4.3 在行业高校产生了示范效应

纺织服装类专业人才培养综合改革得到了行业高校的广泛认可,东华大学、武汉纺织大学等行业院校先后有50余人来纺织科学与工程学院和服装与艺术设计学院学习交流。

面向纺织新经济的"三创"卓越纺织品设计人才培养改革与实践

浙江理工大学

完成人及简况

姓名	性别	所在单位	党政职务	专业技术职称
周赳	男	浙江理工大学	纺织品设计研究所所长	教授
陈建勇	男	浙江理工大学	无	教授
王雪琴	女	浙江理工大学	无	副教授
金子敏	男	浙江理工大学	系主任	教授
张爱丹	女	浙江理工大学	无	副教授
张红霞	男	浙江理工大学	无	教授、高级工程师
苏淼	男	浙江理工大学	副院长	副教授
鲁佳亮	女	浙江理工大学	无	副教授
汪阳子	女	浙江理工大学	无	讲师
洪兴华	男	浙江理工大学	党支部副书记	讲师

1 成果简介及主要解决的教学问题

1.1 成果简介

本成果是教育部卓越工程师培养计划项目（卓越计划1.0）和首批新工科研究和实践项目（卓越计划2.0）的改革实践成果。在纺织新经济增长动力向第三产业延伸的背景下，接轨时尚纺织，以创意、创新、创业"三创"人才培养为目标，培养卓越纺织品设计人才。创建"纺织＋时尚"理念下的人才培养模式和培养路径，重构"目标导向、任务驱动"的课程体系，创新"积极课堂"教学模式，组建"双跨界"教学团队，实现校内外教学资源联动及促进机制。

经过11年探索和实践，纺织工程（纺织品设计）专业卓越工程师培养计划项目学校结题验收优秀，首批新工科项目教育部结题验收优秀，促进了纺织工程国家综合改革试点专业建设，专业通过工程教育认证并入选国家一流本科专业建设点。培养的学生创意创新设计能力强，在国内外纺织品设计创意创新创业大赛中获奖215项，专利122项，在浙江省重点时尚企业形成毕业生设计师团队，行业和社会影响显著。

1.2 主要解决的教学问题

（1）解决了纺织品设计人才培养与产业需求脱节的问题。传统纺织工程专业人才培养以纺织工程技术创新为主，无法满足接轨时尚产业对"三创"纺织品设计人才的需求。

（2）解决了接轨时尚产业的纺织品设计人才培养路径缺乏的问题。纺织工程专业缺乏面向时尚产业的纺织品设计人才培养模式，尚未构建相应的培养方案及课程体系。

（3）解决了接轨时尚产业整合校内外教学资源的方法欠缺的问题。无法有效发挥校内外优质教学资源的优势，聚焦到"纺织＋时尚"理念下的纺织品设计人才培养。

2 成果解决教学问题的方法

2.1 确立"纺织+时尚"的人才培养理念和改革整体思路

从人才需求出发，确立"纺织+时尚"的卓越纺织品设计人才培养理念，接轨"产品创新链"，明确人才培养目标为：培养德智体美劳全面发展，基础宽厚、专业扎实、设计能力突出，具有爱国情怀、社会责任、国际视野的高素质创意、创新、创业"三创"卓越纺织品设计人才（图1）。

2.2 构建起"纺织+时尚"的"二段进阶型"人才培养路径

针对人才培养目标制订培养方案，构建起专业工程基础教育和专业教育"二段进阶型"培养路径。专业基础教育阶段，满足专业工程认证的基本要求，培养学生扎实的工程基础知识；专业教育阶段，艺术创意、技术创新和时尚创业教育三结合，培养学生"纺织+时尚"的"三创"知识与能力（图2）。

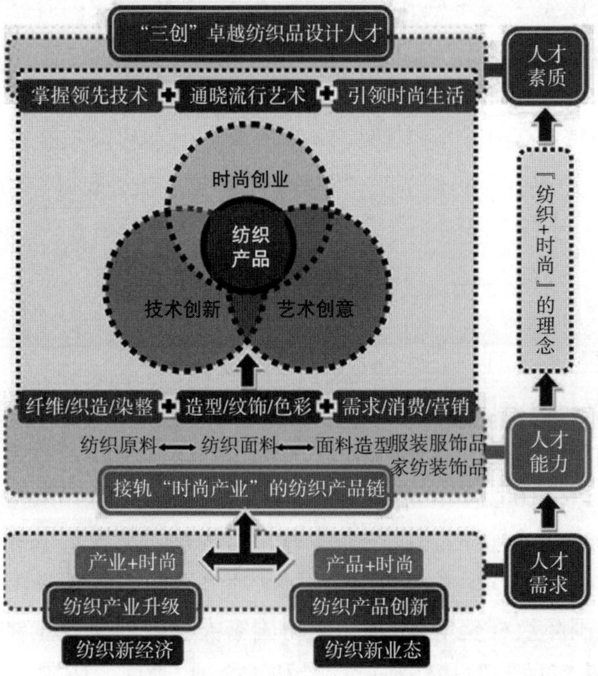

图1 "三创"卓越纺织品设计人才培养模式

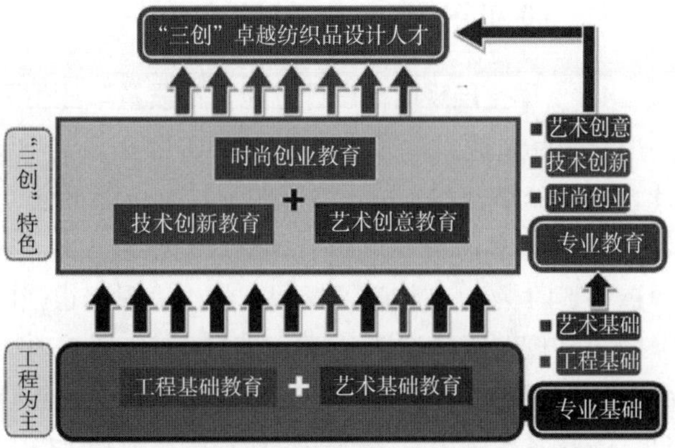

图2 "三创"卓越纺织品设计人才培养方法

2.3 构建"目标导向、任务驱动"的课程体系，实现校内外教学资源联动

以"三创"人才培养为目标，以产品创新的"任务"为驱动，构建起校内专业教育和校外企业教育相互关联的培养方案及课程体系。校内专业基础教育课程、专业教育课程与校外企业教育课程（卓越计划企业环节累计1年）逐级联动，贯穿人才培养始末。并将纺织特色文化的思政元素融入专业课程教学（图3）。

2.4 创新"积极课堂"教学模式，创建"双跨界"教学团队及促进机制

创新"积极课堂"教学模式，强化网络化教

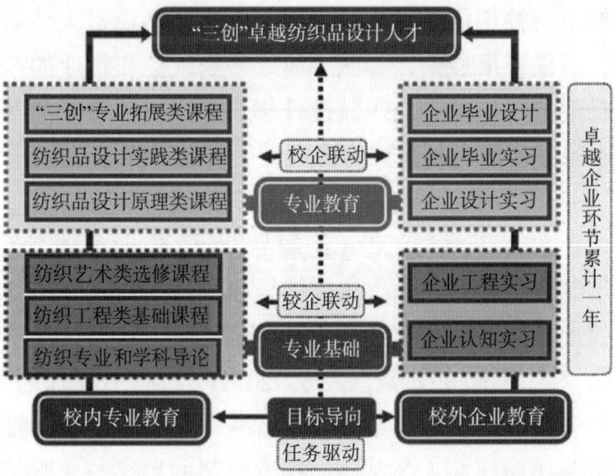

图3 "三创"卓越纺织品设计人才课程体系

学资源建设，将校内外优质教学资源有效整合，为学生创造"超越课堂"的学习环境，来提升教学质量。建立校企跨界和学科跨界的"双跨界"教学团队及促进机制，有效培养学生艺术创意、技术创新、时尚创业的"三创"纺织品设计能力。

3 成果的创新点

3.1 接轨时尚产业需求，确立"三创"卓越纺织品设计人才培养目标

满足"纺织 + 时尚"的纺织新经济发展趋势及对人才的客观需求，确立纺织工程（纺织品设计）专业卓越工程师培养的创意、创新、创业"三创"目标。致力于培养具备艺术创意、技术创新、时尚创业"三创"知识与能力的卓越纺织品设计人才。

3.2 创新人才培养模式，构建"两段进阶型"的"三创"人才培养路径

适应"纺织 + 时尚"的人才培养要求，通过"培养目标导向、创新任务驱动"来重构满足"三创"人才培养需要的课程体系，以学生为本，创新"积极课堂"教学模式，将纺织特色文化的思政内容融入专业课程教学，有效培养了学生的"三创"纺织品设计能力。

3.3 整合优势教学资源，组建"双跨界"教学队伍

提升"纺织 + 时尚"的人才培养质量，以国家级精品课程、国家级实验教学示范中心和国家级校外实习基地为核心，整合校内外教学资源，组建起校企跨界和学科跨界的"双跨界"师资队伍，取得"时尚引领、校企联合、创意创新"的改革实效。

4 成果的推广应用情况

4.1 学生展现时尚设计才能，高质量毕业生深受社会欢迎

纺织品卓越设计人才改革从 2010 年正式立项试点，探索以"纺织 + 时尚"为理念的纺织品卓越设计人才培养路径和方法，培养的工科类纺织工程（纺织品设计）专业毕业生 11 届已达 500 多人，毕业生平均就业率达 98%，其中卓越计划学生 120 人（11 ~ 16 级），就业率达 100%，继续深造 65 人，深造率 54.16%。在校学习期间，学生表现出很强的纺织品创意创新意识和能力。团队教师指导学生参加中国高校纺织品设计大赛，累计斩获包括 2 项特等奖、33 项一等奖在内的 157 项等级奖，共获全国大学生"挑战杯"国家金奖、银奖以及中国红星奖、国际纹样奖等 41 项，获得国家大学生创新创业项目、浙江省大学生科技创新活动新苗计划等 17 项，获实用新型和外观设计专利 122 项，11 ~ 16 级连续 6 年举办毕业展和出版毕业设计作品集。

目前在浙江省重点建设的纺织时尚企业中，如巴贝领带、凯喜雅国际、万事利集团、达利丝绸等，都由我校历届纺设毕业生担当设计团队负责人，新毕业学生迅速融入各个团队，独立担当起纺织品设计重任，形成人才梯队。成果得到社会和行业的高度认可。浙江巴贝领带有限公司、浙江凯喜雅国际有限公司等给予纺织品设计毕业生"贵校培养的学生综合素质强，专业能力优，在众多高校的毕业生中脱颖而出，迅速成为公司骨干"的评价。

4.2 推动专业建设，促进教学资源建设

2012 年纺织工程（纺织品设计）专业卓越工程师培养计划实施方案获得教育部高教司批准，2013 年纺织工程列入地方高校综合改革试点专业，2018 年获首批新工科改革与实践项目"面向纺织新经济的地方高校纺织类专业改造升级路径探索与实践"，2019 年纺织工程专业通过工程教育认证并入选国家一流本科专业建设点，2019 年卓越工程师培养计划项目校内结题验收优秀，2020 年新工科改革与实践项目教育部结题验收优秀。已经建设了一批优质教学资源，其中有：国家精品视频公开课 2 门（现代纺织与人类文明、探索时装的奥秘——服装专业导论）；国家精品资源共享课程 1 门（纺织品 CAD）；省级精品课程 1 门（纺织品设计学）；校级精品课程 3 门（素织物设计、花织物设计、家用纺

织品设计学）；出版省部级以上规划教材 4 部，列入"十四五"部委级规划教材 10 部，浙江省"十二五"优秀教材一本。团队教师发表教改论文 29 篇，作为重要支撑获国家教学成果二等奖 1 项、浙江省教学成果一等奖、二等奖各 1 项，"纺织品设计系列课程建设"改革成果获中国纺织工业联合会教学成果一等奖；"家用纺织品设计学课程建设""多维创新"的纺织品设计学生毕业设计（论文）教学改革与实践、面向纺织品设计专业学生三维设计创新能力培养的系列课程建设研究与实践三项改革成果获中国纺织工业联合会教学成果二等奖。"纺织工程"国家级实验教学示范中心、国家级校外教育实践基地（巴贝领带服饰）、3 个纺织服装实践基地（嘉欣纺织服装、宏华数码印花、万事利丝绸）批准建设；建成校内丝绸博物馆、建成 3 个中央与地方共建实验室（纺织工程实验室、专业创新实践基地、丝绸设计与工程实验室）；入选省优秀教师 2 名（周赳、金子敏），青年教师在团队中快熟成长。在中国科教评价网 2020 ~ 2021 年中国大学本科专业类竞争力排行榜上，纺织类专业为"5 ★"专业，排名 3/81，纺织工程专业名列第 4/45，为"5 ★ –"专业。

4.3　改革实践引人关注，教学成果得到推广

多次在纺织类高校卓越工程师培养计划、纺织新工科改革与实践交流会上进行经验交流，成果得到行业和纺织类高校的一致认可和好评。中国纺织服装教育学会对"纺织＋时尚"培养纺织品卓越设计人才的成效和纺织类专业新工科研究和实践项目成果给予充分肯定，认为"改革成果对国内其他高校纺织高等院校纺织类专业设计人才培养改革具有很好的示范作用和推广意义"。东华大学、苏州大学、绍兴文理学院、嘉兴学院等 10 余所高校来校交流与学习取经。成果除了对纺织院校的纺织品设计人才培养产生影响外，对其他相关专业也起到示范作用，如我校服装设计与工程，服装与服饰设计、轻化工程、产品设计、工业设计等专业通过学习借鉴，已经开始接轨时尚产业的专业人才培养探索。

成果得到媒体广泛关注。《中国教育报》2013 年 6 月 17 日以《贡献科技人才，扮靓"杭派女装"》为题，头版头条报道了我校纺织类人才培养改革"专业链对接产业链，实现双链零距离"的特色；中文核心期刊《丝绸》2015/2016 第一期"时尚•浙江"专刊，在时尚人才专栏，重点介绍纺织品设计专业和 2015 届毕业生作品；全国四新建设网站 2021 年 1 月 25 日对新工科结题优秀的本成果进行了专题介绍和推广；《中国教育报》2021 年 4 月 19 日以《浙江理工大学扎实推进"三创"人才培养焦悟》为小标题报道我校构建了"艺术教育与工程教育结合，知识与能力、创意与产品、理论与实践复合"的艺工结合、多元复合人才培养模式。浙江在线、《浙江教育报》《浙江日报》等媒体也对"三创"纺织品设计人才培养做了相关的报道（图4）。

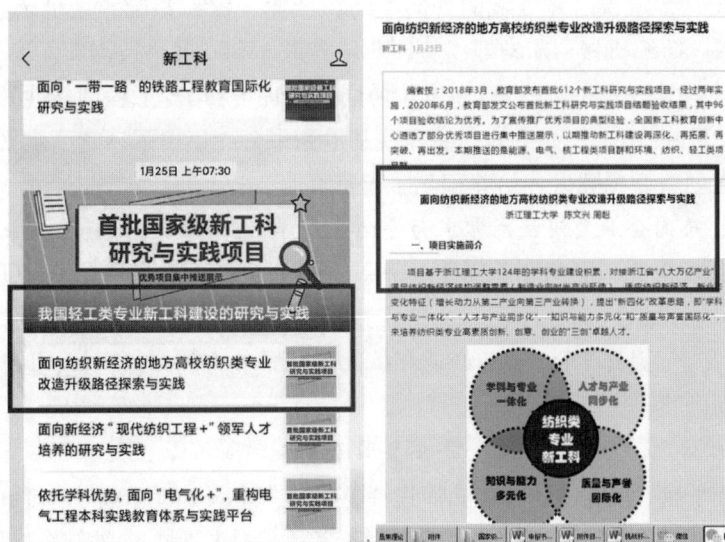

图 4　相关媒体报道

丝路引领、产业驱动、五位一体的多元复合型国际化纺织人才培养探索与实践

浙江理工大学

完成人及简况

姓名	性别	所在单位	党政职务	专业技术职称
于斌	男	浙江理工大学	院长、党委副书记	教授
祝成炎	男	浙江理工大学	无	教授
郭玉海	男	浙江理工大学	系主任	研究员
朱斐超	男	浙江理工大学	无	讲师
陈俊俊	女	浙江理工大学	分院国际交流处秘书	讲师
于张颖	女	浙江理工大学	分院教科办副主任	助教

1 成果简介及主要解决的教学问题

1.1 成果简介

本项目人才培养模式面向国际科技发展前沿和国家发展战略需求，紧密结合浙江省现代纺织产业发展，特别是外向型企业、产业对高层次国际化纺织人才（国内＋国际学生）的需求，倾力推进人才培养层次和质量的进一步国际化提升；按照各类别、各层次学生培养目标的国际化要求，优化专业结构布局和师资结构队伍，构建国际化人才培养模式，培养的国际化人才质量居国内同类高校先进之列。主要成果如下。

1.1.1 立足浙江雄厚外向型纺织产业基础，培养多元复合型国际人才

依托浙江省全方位、多层次、宽领域的外向型纺织产业、贸易基础，立足区位优势和产业前景，面向纺织品、纺织材料、纺织机械、印染等优势产业培养人才和开展科技创新。聚焦浙江省内外向型、跨国纺织企业，构建"政—校—企—协—外"多方位协同育人环境，培养工程创新性外向型企业专门人才。经 10 年建设，搭建了以外向型企业为主的实习实践基地和平台，集聚了一支高水平的外向型企业导师、跨国企业导师队伍，在创新型国际人才培养积累了丰富经验。

1.1.2 以外向型、跨国企业前沿技术需求为导向，产学研深度融合，提升产业升级活力

研究生、留学生深入企业，面向企业需求，开展课题研究；校企联合、校地联动，打造全方位配套的锻炼平台，形成校内外结合、理论学习和生产实践相统一的国际化研究生培养模式，即国际化的"新昌模式"，实现了培养人才、提升学科、服务产业和扩大国际影响力的多赢目标，为企业发展、研究生（留学生）培养模式提供新经验。

1.1.3 国际化平台拓广，培养"丝路"复合型国际新人才

立足广泛国际合作平台，拓宽国际合作交流途径，夯实 "University–Project–Visitor–Student–Training"（U–P–V–S–T）五位一体的全方面、多层次、多渠道交流、合作机制，内外结合、协调联动。建立"一带一路"纺织工程国际教育基地，发挥国际丝绸联盟、海外孔子学院、国际培训班引领作用，密切联系"丝

路"沿线企业、高校，着力培养具有"浓厚本土情怀"和"广阔国际视野"的复合型国际化纺织新人才，进一步提高我国丝绸国际话语权和影响力。

1.2 主要解决的教学问题

本项目主要解决的教学问题包括：

（1）传统模式培养的国际化纺织人才与外向型纺织产业契合度不高，就业竞争力不佳的问题。

（2）国际化纺织人才培养中，"产—学—研"结合程度低，导向不明确，创新活力不足的问题。

（3）国际化纺织人才培养平台缺乏、方式单一、模式陈旧，国际影响力弱的问题。

在当下国内国际双循环相互促进的纺织产业新发展格局下，需要更高质量地进行国际化人才培养。依托浙江省乃至中国雄厚的外向型纺织经济基础，有效深入地推动纺织相关国际化育人模式综合改革，更有利于解决目前国际化实践教学资源缺乏（国际化实践教学队伍薄弱、平台缺乏）、国际化实践教学理念先进性不足（滞后于国际产业现状、课程体系和方法）、人才国际竞争力弱等一系列的问题。

2 成果解决教学问题的方法

2.1 以多元复合型人才培养为核心理念，"内外循环、五位一体"，进行纺织国际化人才培养整体设计

以国内外联合培养研究生、国际留学生和国际培训班学院学生为培养对象，通过纺织材料、纺织装备、工艺设计、功能整理等全流程培养方案设计，以产业需求为引领导向，依托国际合作交流项目，教研协同、校企联动，采用"校际合作（University）""科研项目（Project）""学生交流（Student）""教师访学（Visitor）"和"国际培训（Training）"的"五位一体"途径，开展创新复合型"丝路"国际化人才的系统培养。进一步结合专业领先和国际化优势，以新工科的交叉融合、跨界培养、继承创新、协调共享的人才培养目标为基础，以纺织产业为抓手，促进产品的优化，推动产业升级，培养具有宽广国际视野和深厚本土胸怀、掌握前沿纺织技术、富有创新设计精神和工程实践能力的多元复合型国际化纺织人才（图1）。

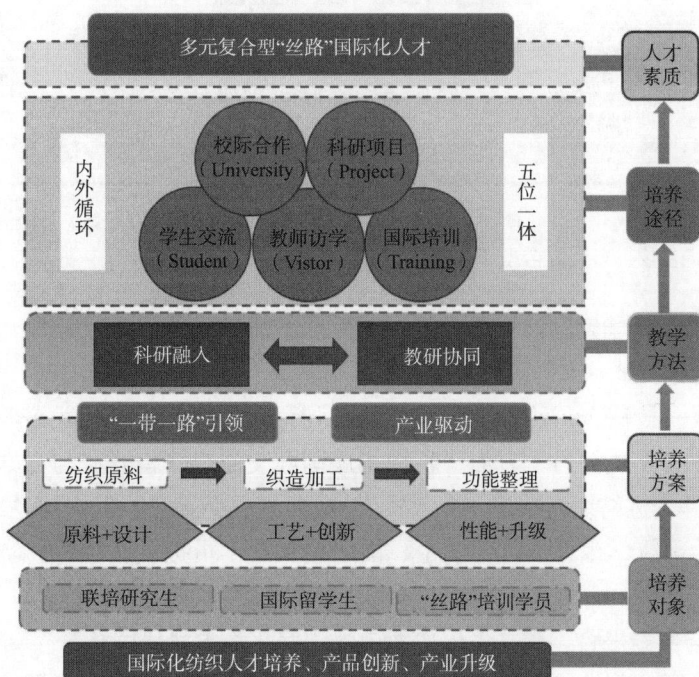

图 1 多元复合型"丝路"国际化人才培养整体设计思路

2.2 国内外多层次融合，"校、企、外"联动创新，架起"开放浙理之桥"，打造国际化一流专业培养新体系

拓展和丰富纺织专业理论国际化课程教育体系，加入思政课程教育，融合未来网络、物联网、云计算、智能技术等新技术，"艺""工""管理"等多学科交叉，以产业市场需求为导向，构建校内专业教育、校外交流实践双循环的培养模式。在"厚基础、宽口径"为基础的"大纺织"框架内，采取"强工程、重创新"的专业与创新兼顾的国际化课程体系建构模式。建设10余门面向国内外学生开设的全英文品牌课程，打造国家级双语教学示范课程，"Draping for Fashion Design"等课程在清华大学"学堂在线"国际平台上开设，把在线教学的经验、成果和资源分享给全球学习者，在线教育国际平台展现了新时代纺织的"重要窗口"形象。

与此同时，以校内专业导师、校外国际企业导师合作的"双师"引领，开展学生的认知、实操和研究能力培养，充分利用国外高校、企业资源，营造国际化氛围，"U–P–V–S–T"逐级联动、多领域协同，将复合型"丝路"国际化人才培养模式贯穿始末。最终，以成果导向教育（OBE）理念为基础，形成了多元化、过程化、多样化的行之有效的国际化课程评价体系，持续完善培养成效评价，形成良性闭环（图2）。

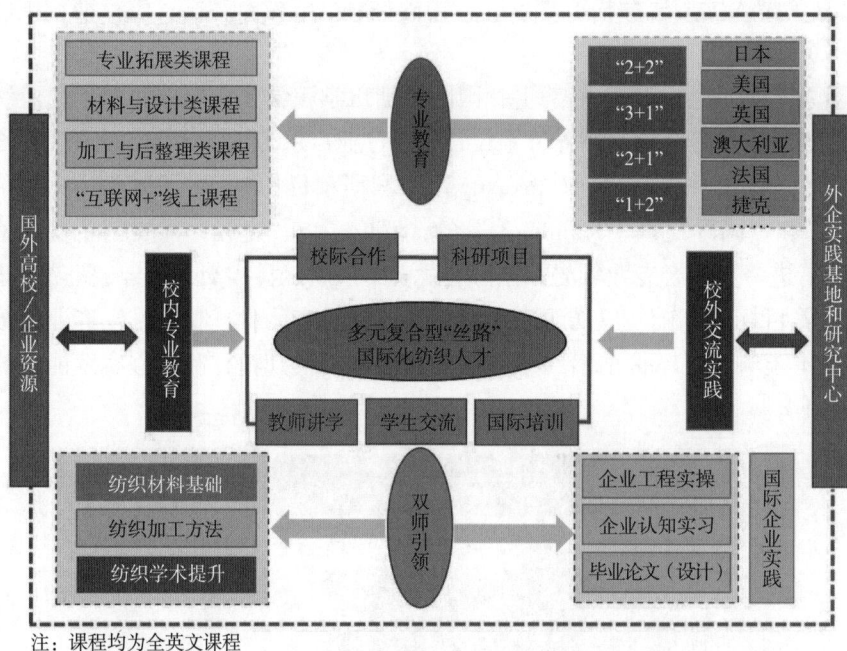

注：课程均为全英文课程

图2 多元复合型"丝路"国际化人才培养知识体系和培养方法

2.3 探索国际导师制，丰富国际交流模式，全面推进国际化人才实习实训

一方面，学生深入浙江省内外向型（或跨国型）企业，面向企业技术需求，试点企业导师制，开展实习实训，构建"政—校—企—协—外"多方位协同育人环境，建立人才培养平台，产学研协同、校地联动构建人才培养新模式。另一方面，积极拓展国际交流合作模式，与日本、美国、英国、澳大利亚、法国和捷克等国外先进纺织高校建立多方式、长短期灵活交流培养模式，如"2+2""3+1""2+1""1+2"等方式，按需开展，为高校学生、国际留学生、国际培训班学员提供从理论到实践的全方位培训，拓宽人才培养渠道。

2.4 理论、科研与实践融合，建立多层次海内外国际化教学科研团队

依托本学科教师丰富的前沿领域研究和海外研究、访学经历，依托高水平的国际交流科研成果，进一步结合国际化企业前沿生产实际、海外科研团队优秀研究，建立多层次海内外教学科研团队，将国际化科研项目模块化、全方位贯穿于学生学业教育的始终，实现教研完全协同。邀请跨国企业知名工程师、海外学者开展多形式现场实地教学，建立"跨国""跨界"教学科研团队及促进机制，为实践教学提供充分保障。

2.5 构建"U-P-V-S-T"五位一体的"一带一路"国际化教育模式

依托已有的国家国际科技合作（2个）和浙江省国际科技合作基地（1个），积极开拓与国（境）外高校、科研机构和企业的合作，构建"U-P-V-S-T"五位一体的多层次国际交流合作平台的基础上，建立"一带一路"国际化教育基地。充分发挥依托学科优势和国际丝绸培训班、海外孔子学院、海外共建研究中心和"一带一路"沿线国家本国相关高校和研究院所、企业，开展定向和定期的本领域相关交流培训。建构"立足国情、丝路全球"的国际协同创新模式，进一步提升我国的国际丝绸影响力和话语权。

3 成果的创新点

3.1 立足浙江雄厚外向型纺织产业基础，发挥区位优势，培养高契合应用型国际化纺织人才

依托浙江省全方位、多层次、宽领域的外向型纺织产业、贸易基础，立足区位优势和产业前景，面向纺织品、纺织材料、纺织机械、印染等优势产业培养人才和开展科技创新。聚焦浙江省内外向型、跨国纺织企业，以"促进地方产业发展、服务地方区域经济"为目标，构建"政—校—企—协—外"多方位协同育人环境，培养工程创新性外向型企业专门人才。经10年建设，搭建了以外向型企业为主的实习实践基地和平台，集聚了一支高水平的外向型企业导师、跨国企业导师队伍，在创新应用型国际人才培养积累了丰富经验。

3.2 以外向型、跨国企业前沿技术需求为导向，"产—学—研"深度融合，激发国际化纺织人才创新活力

研究生、留学生深入企业，面向企业需求，开展课题研究；校企联合、校地联动，打造研究生研究、交流、实习、实践、工作和生活全方位配套的锻炼平台，形成校内外结合、理论学习和生产实践相统一的国际化研究生培养模式，即国际化的"新昌模式"，实现了培养人才、提升学科、服务产业和扩大国际影响力的多赢目标，为企业发展、研究生（留学生）培养模式提供新经验。

3.3 拓广国际化平台，铮亮丝绸特色，培养"丝路"复合型国际新人才

立足广泛国际合作平台，拓宽国际合作交流途径，夯实"University-Project-Visitor-Student-Training"（U-P-V-S-T）五位一体的全方面、多层次、多渠道交流、合作机制，内外结合、协调联动。建立"一带一路"纺织工程国际教育基地，不断加强输出、引进和融合等措施。发挥国际丝绸联盟、海外孔子学院、国际培训班引领作用，密切联系"丝路"沿线企业、高校，着力培养具有"浓厚本土情怀"和"广阔国际视野的"多元复合型国际化纺织新人才，进一步提高我国丝绸国际话语权和影响力。

4 成果的推广应用情况

在上述改革工作的努力下，已积累了一些工作经验并已获得了一些可喜的改革成果，具体如下。

4.1 发挥学科优势、拓展科技服务，有效助推省内外向型企业转型升级和抗疫攻坚

发挥学科优势，有效服务浙江省纺织科技、新材料、纺织机械、印染外向型纺织产业集群，提升企业的自主创新能力，实现高校国际化人才培养和地方经济发展的双赢局面。学科依托已有国家国际合作基地（2个）和浙江省国际合作基地（1个），先后与地方、国内外跨国龙头外向型企业共建了不同层面的技术交流和研发平台（如美国宝洁公司、德沃尔公司、金三发集团等），为学科国际化导师队伍（海外背景教师、外籍教师、留学生）与省内对应产业集群和企业构架技术交流、对接、转移和联合攻关研发的平台；以开放、合作、共赢的理念与企业共享学科的国际合作基地、中外联合重点实验室和研究中心，培养国际化学生的同时满足企业创新应用等需求。

在浙江省区块化经济转型省级服务中，学科组织15位拥有海外经历教授、研究员为核心的科研团队，为杭州女装、萧山化纤、宁波男装、嵊州领带、湖州丝绸、诸暨袜业、海宁皮革、新昌纺机等产业进行科技服务，为企业的科技进步和产品研发提供优质服务，取得了一系列科技成果和显著的社会经济效益。与此同时，在新冠肺炎疫情防控关键时期，在解决浙江企业复工复产、个人防护口罩用品缺口大难题中，本学科"纤维材料加工和技术"和"产业用纺织材料制备技术"浙江省重点实验室研究专家团队第一时间研发"微纳纤维膜"新型防护材料、开展科研咨询和服务工作，破解了口罩短缺、转产等技术难题，所研发口罩材料出口超3000万只，助力国内外新冠肺炎疫情防控攻坚（图3、图4）。

图3　外向型企业、行业精准帮扶服务

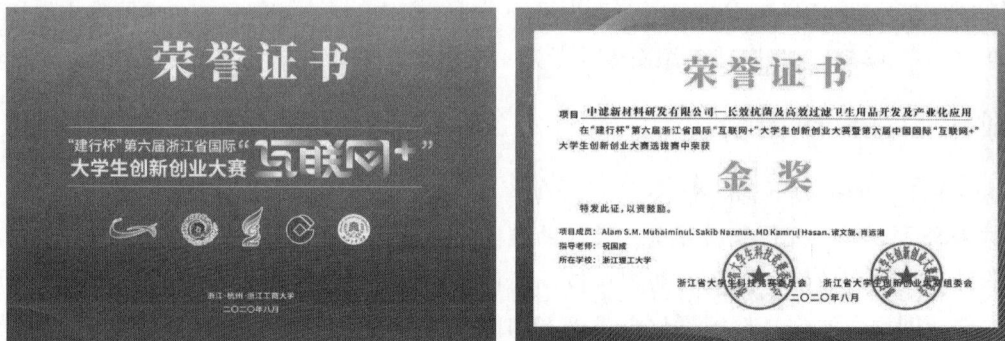

图4　国际化学生研究团队联合企业科研服务成果

4.2　坚持开放办学、协作互动，推动深层次国际化人才培养

坚持开放办学，重视对外学术交流。加强与世界知名时尚院校合作办学，2000年学校就与素有"时尚界哈佛"之称的美国纽约州立大学时装技术学院（FIT）开展服装设计与工程、服装与服饰设计两个

专业的中外合作办学项目，共同设计培养方案、课程体系、质量标准和保障体系，探索"国内外融合、产教融合、科艺融合"的"三融合"人才培养模式，培养高素质服装设计类专业人才，服务杭州女装、宁波男装等主体产业经济。2014 年，服装设计与工程获批浙江省国际化专业。定期举办纺织学生海外留学及出国（境）交流项目宣传日活动，进一步营造校园国际化氛围。

截至目前已与 6 个国家和地区的 8 所教育、科研机构建立了对外交流与合作关系：英国利兹大学合作交流项目、英国曼彻斯特大学合作交流项目、美国堪萨斯州立大学合作交流项目、美国北卡罗来纳州立大学合作交流项目、法国鲁贝纺织科技大学合作交流项目、日本京都工艺纤维大学合作交流项目、捷克利贝雷茨技术大学合作交流项目等。近 5 年，学院共派出长短期交流学生 318 位，其中联合培养（3 个月以上）学生 51 位，本学科在新时代抢抓新机遇，拓宽国际交流渠道，深化合作项目建设，推动国际化纺织人才能力发展（图 5）。

图 5　本学科中国学生赴国外交流、联合培养

4.3　聚焦前沿技术交流，科研驱动，营造浓厚国际化氛围

瞄准海内外顶尖纺织高校、研发机构（中心）作为载体，以国际知名高层次人才为核心，以国际合作科研项目为载体，通过举办、承办国际性会议，聚焦前沿技术交流，科研驱动，营造浓厚国际化氛围。与毛里求斯大学、澳大利亚迪肯大学、香港溢达集团、美国宝洁公司分别共建了研发中心；与意大利未来纺织技术研究院、捷克利贝雷茨技术大学、克罗地亚萨格勒布大学等分别合作开展了国家国际合作专项、国家自然科学基金国际（地区）合作与交流项目、国家科技部合作交流项目等，本学科研究生深度参与并开展交流，掌握了国际前沿性纺织科技研究方法，提升了科研能力；同时，学院先后举办（承办）了"亚洲纺织会议""先进纺织科学及技术""国际丝绸与丝绸之路学术研讨会"和"亚非先进纤维科学及技术学术论坛"等国际性会议，为学科学术营造了浓厚的国际化氛围；与此同时，本学院师生积极参与国内外学术交流，学术成果受到了本领域海内外同行的认可。以上举措丰富了国际化培养的手段，拓展了研究生国际化视野（图 6 ~ 图 10）。

图 6　浙江理工大学与毛里求斯大学首个联合研究中心揭牌

图 7　第五届先进纺织科学及技术国际学术会议

图 8　第一届国际丝绸与丝绸之路学术研讨会

图 9　第十五届亚洲纺织年会

图 10　第九届亚非先进纤维科学及技术学术论坛

4.4 多元化"丝路"文化交融，趋同存异，共育知华、友华复合型国际留学生人才

学院国际留学生招生规模逐渐扩大，每年招收"一带一路"留学研究生40余人，同时，来我院访学交换生近50人，交换生主要来自美国、法国等。本学院积极响应"一带一路"倡议，形成了以专业课程为核心，以国情文化课程和学术拓展课程为两翼的全英文研究生课程体系；第一课程和第二课堂协同，形成"一体两翼"全英文留学研究生课程体系，培养丝路人才，传播中国文化。重塑留学生思政课程体系，构建以"汉语""中国概况"和"丝路文化"等必修课程为核心的国情文化课程，协同育人，以抗击疫情中纺织防护材料展现的"中国力量"，引导留学生知华、友华、爱华。首先搭好文化育人平台，多元化"丝路"文化交融，趋同存异，帮助留学生认识开放且包容的、传承并发展着的中国，形成客观真实的认知。其次，以工程型人才培养为目标，开展针对性科研训练和实习实训。重视留学生的教学管理，在研究生培养教育中实行导师负责制，采取导师个别指导和指导小组集体指导相结合的培养方式，同时重视并发挥整个学科的集体指导作用，提升培养水平。

共建"浙江理工大学来华留学生丝绸文化体验与实习基地"，优化奖学金结构，吸收高层次学历留学生，成功申报了中国政府奖学金"高校研究生项目"和"丝绸之路"项目，获得中国政府奖学金的人数和资助金额再创新高。来华学生可申请中国政府奖学金、丝绸之路奖学金、高校研究生奖学金、浙江省政府奖学金、浙江理工大学校长奖学金以及校级奖学金等多类别、多层次奖学金。近年来，学科高度重视留学生社会实践和创新创业能力的培养，与杭州市下城区跨贸小镇签订战略合作协议，并在下沙校区设立"浙江理工大学—跨贸小镇国际学生创新创业实践中心"。留学生创新创业成绩斐然，在浙江省"互联网+"创新创业大赛等比赛中斩获金奖1项、银奖和铜奖多项。同时，学校还致力于为留学生提供形式多样、内容丰富的文化活动，承办国家留学基金委员会主办的"感知中国"品牌活动；荣获"留动中国——在华留学生阳光运动文化之旅"浙江赛区选拔赛二等奖；服装秀《古今丝路情》在浙江省"梦行浙江"晚会以及杭州市第一届"国际日"活动中展演，获得广泛赞誉。学科坚持开放办学，吸引更多海外优秀学子来校就读，培养"知华、爱华、友华"的国际青年，实现国际化教育的新发展、新突破（图11~图14）。

图11 承办国家留学基金委员会主办的"感知中国"品牌活动

图12 丝绸文化节

4.5 致力载体、平台和组织建设，进一步提升中国丝绸话语权和国际影响力

学院是国际丝绸联盟的秘书长单位，学科负责人担任联盟教育科研专委会主任。国际丝绸联盟是国际协会联盟（UIA）中唯一秘书处设在中国的纺织国际组织，目前拥有法国、意大利、日本、巴西、印度、越南等20个成员国家，致力于国际丝绸产业、技术和文化的交流合作。2020年，共同组织发起长久性年度国际人文交流活动——丝绸之路周，全球200余家文化机构共同参与，得到联合国教科文

图13 "梦行浙江"留学浙理工系列活动

图14 国际留学生实习实践活动

组织世界遗产中心等6大国际组织的肯定与支持。

学院主办的《丝绸》期刊致力于丝绸领域的科技和文化传播，2020年在全国纺织领域期刊排名2/41。2017年创建丝绸博物馆，已接待国内外参观者10万余人。成立国际丝绸学院，连续5年承办科技部"现代丝绸产品加工与创新设计技术国际培训班"，已有10余国学员参加学习。建设了文化和旅游部重点实验室"丝绸文化传承与产品设计数字化技术"，建设了国际上最为活跃的中英双语国际丝绸资讯平台——世界丝绸网，利用本学科国家技术发明二等奖的成果，多次为国外国家领导制作丝绸国礼（图15～图19）。

图15 时任浙江省省委书记车俊于2018年视察我校毛里求斯孔子学院，并为学生颁发硕士入学通知书

图16 2019年现代丝绸产品加工与创新设计技术国际培训班开班典礼

图 17　与达利丝绸联合开发的 G20 峰会国礼

图 18　2020 年丝绸之路周

图 19　2019 年国际丝绸联盟成员大会

纺织类本科国际化创新人才培养
模式探索与实践

苏州大学

完成人及简况

姓名	性别	所在单位	党政职务	专业技术职称
关晋平	女	苏州大学	副院长、党委委员	教授
吴菲非	女	苏州大学	无	助理研究员
季彦斐	女	苏州大学	无	讲师
周毅	男	苏州大学	正科职	助理研究员
资虹	女	苏州大学	副处长	助理研究员
陈廷	男	苏州大学	纺织工程系主任	教授
赵荟菁	女	苏州大学	无	副教授
刘宇清	男	苏州大学	无	副教授
戴晓群	女	苏州大学	无	副教授
张岩	男	苏州大学	纺织工程系副主任	副教授
曹元娣	女	苏州大学	无	副研究员
卢业虎	男	苏州大学	服装设计与工程系副主任	教授
许建梅	女	苏州大学	无	副教授
邢铁玲	女	苏州大学	轻化工程系副主任	教授
张克勤	男	苏州大学	副院长	教授

1 成果简介及主要解决的教学问题

1.1 成果简介

经济全球化的深入发展和国际竞争的日趋激烈，越来越需要更多具有国际竞争力的创新人才。作为全球第一的纺织出口大国，我国的纺织服装行业在纺织强国目标基本实现的基础上，还要正视与发达国家在自主创新、品牌及时尚软实力、国际供应链掌控能力等方面的差距。因此，培养在全球化竞争中具有国际视野、知晓国际规则，善于把握机遇和争取主动的纺织类创新型复合人才成为纺织类高校人才培养的重要任务。

自2012年以来，苏州大学依托纺织与服装设计国家级实验教学示范中心、纺织科学与工程江苏高校优势特色学科等平台，通过"一三一"方式，即明确一个国际化人才培养目标，深化三项举措（打造国际化课程体系并创新多样化国际化教学模式、多举措强化国际化师资队伍建设、搭建适应学生个性需求的多元化国际化人才培养平台），凭借一套制度和工作机制保障，在学生国际化培养成效、教师国际化能力及层次、国际化工作管理方面取得了突出的成效。自2013年起学生获得国家留学基金委资助出国交流共计64名，参加一个月以上出国交流的学生123名，短期交流学生158名，自2015年以来，学生出国深造 237 人,其中升入全球排名前 10 高校的 45 人,升入全球排名前 50 高校的 132 人,升入全球排名前 100 高校的 196 人。本科学生学术创新能力增强,发表高水平学术论文 19 篇,其中 SCI 一区论文 9 篇,二区 1 篇;在国际学术竞赛上获国家级奖项 5 项,省部级奖 7 项,其中分别于第五届、第六届中国"互联网+"大学生创新创业大赛全国总决赛国际赛道上获金奖 1 项,铜奖 2 项。教师国际化层次和水平得到提升,完成相关省部级教改项目 5 项,获得省部级教学成果奖 3 项;建设省级课程 1 门,双语课程 20 门,全英文课程 2 门,出版专著译著 16 本;教师在国际组织任职 4 人。

1.2 主要解决的教学问题

(1)国际化创新人才培养目标不够明确,对相应人才培养的知识、技能与素养要求缺乏清晰准确的定位。

(2)国际化教学资源不足,缺乏完善的国际化课程体系,教学模式单一,相关师资队伍匮乏。

(3)缺乏多元化的学生国际交流平台。

(4)缺乏顺畅的国际化人才培养保障机制,存在学生派不出或派出学生学分转换不通过等问题。

2 成果解决教学问题的方法

基于上述问题,首先需要明确到底要培养什么样的人,其次从课程体系、国际化教学模式创新、国际化师资队伍建设、国际交流平台搭建、国际化工作制度保障和工作机制建立几个方面达成培养目标(图 1)。

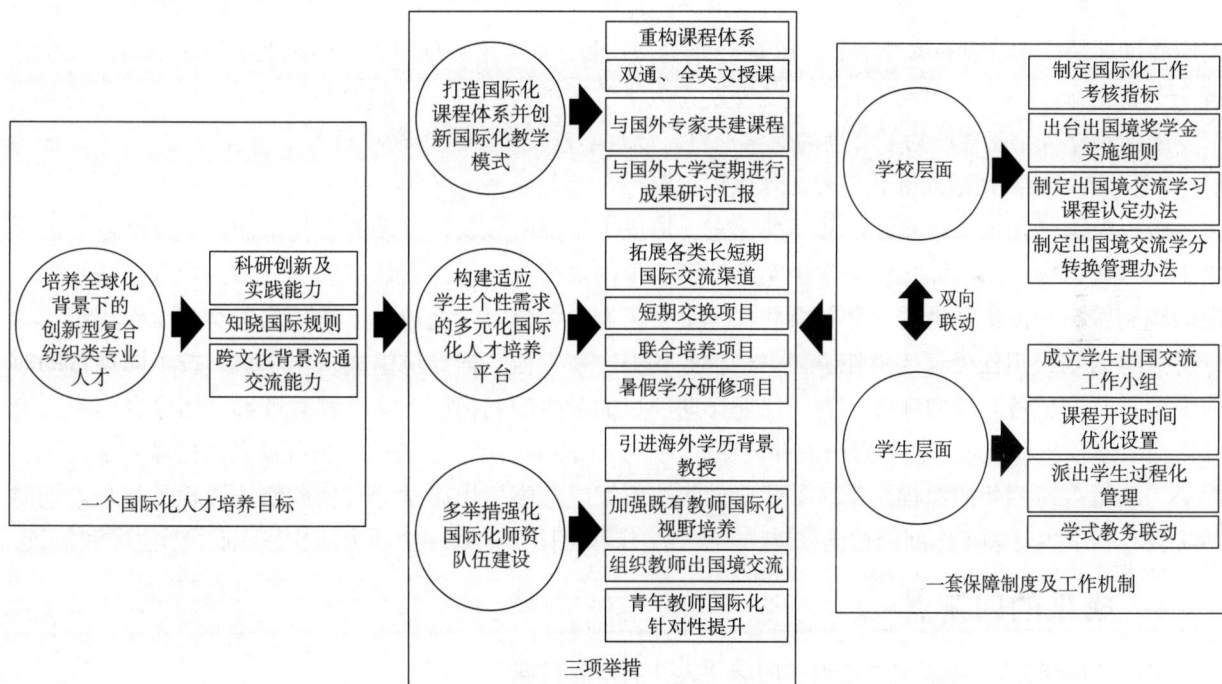

图 1 成果解决教学问题的方法

2.1 重构本科人才培养方案,明确国际化创新人才培养目标

2016 年,学院组织进行了各专业培养方案的全面修订,通过广泛调研,厘清新形势下纺织行业人才需求。并邀请行业知名企业代表、毕业生代表、同行高校专家、专业教师、在校生代表等对培养方案进行研讨,之后进一步邀请英国曼彻斯特大学、北卡罗来纳州立大学、迪肯大学教授对人才培养方案进行审定。明确提出培养全球化背景下的创新型复合纺织类专业人才的目标定位,并确立了科研创新与实践能力、知晓国际规则、跨文化背景下沟通和交流能力等人才培养要求。

2.2 打造国际化课程体系，创新多样化教学模式

通过跟踪研究国外纺织名校的纺织类课程体系，对原有课程体系进行重构，形成了对标国际纺织类名校的课程体系。2011 年，4 个专业共开设 6 门双语课，截至 2018 年，共开设 20 门双语课程，2 门全英文课程。在教学上，遴选部分核心课程实现双语或全英文化教学，同时通过国际知名专家学者学术讲座，与国外教师共建课程（目前与澳大利亚国际羊毛局共建"纺织材料学""纤维化学与物理"课程）、与利兹大学教师共建"针织学"课程等，与国外大学定期进行学生成果研讨汇报，通过多种形式提升学生在国际化背景下的知识运用能力及沟通能力，如与日本东京共立女子大学建立长期教研机制，定期举行学生课程学习成果汇报。

2.3 多举措强化国际化师资队伍建设

学院重视引培并举，一方面积极引进具有海外学历背景的教师，另一方面加强既有教师国际化视野和能力的培养。近年引进海外博士学位的教师 13 名，2015 ~ 2018 年，教师出国（境）交流 3 个月以上 8 名，短期交流 68 人次，参加国际会议 49 人次，主办国际会议 26 场。通过交流访问，较大程度提升了教师的国际交流水平。此外，学院高度重视青年教师教学能力提升，为帮助青年教师了解国外授课模式，每年组织教师赴曼彻斯特大学进行教学观摩（4 人左右）或到知名海外高校访学。同时邀请国外专家进行教学培训，与青年教师共上一堂课。这些举措的实施有效提升了青年教师的授课水平。

2.4 适应学生个性化需求，搭建多元化国际交流平台

学院针对学生的不同需求，积极拓展各类长短期国际交流渠道，为学生搭建多元化的国际交流平台。长期项目包括国家留学基金委优秀本科生出国交流项目（每年定向资助 14 名，2013 ~ 2018 年）；与英国曼彻斯特大学和利兹大学签署 2+2 联合培养协项目、4+1 培养项目；与美国北卡罗来纳州立大学签署 3+X 加速硕士项目；短期项目有与曼彻斯特大学签署的为期一个月的暑期学分研修项目，与美国北卡罗来纳州立大学签署的为期 2 周的研学项目，以及学校发布的长短期项目若干。

2.5 构建校院两级国际化培养工作保障机制

纺织类国际化人才培养经过几年的探索，形成了校院两级良性互动的工作机制。学校制订了国际化工作考核指标、出国境交流奖学金实施细则、出国境交流学习课程认定和学分转换管理办法，为学生的顺利派出和派出学生的学分转换和管理提供了有效保障。学院成立了学生出国交流工作小组，由分管教学的院长担任组长，由外事秘书、教务秘书、系主任、辅导员组成工作小组，按不同项目的时间表分步骤完成各阶段的任务。为了保证长期项目的学生顺利出国，学院和教务部、国际合作与交流处沟通后学校出台政策，将思想政治课放在大一、大二两个学年全部修完，另外涉及的健康标准测试、形势与政策等跨四年的课程也都有了相应的解决方案，使学生出国学分转换和修读课程无死角。同时学院教务和学生管理工作部门协同联动，在派出工作和出国学生管理中通力协作，保证了学生顺利修读。

3 成果的创新点

3.1 目标创新：清晰定位纺织类国际化人才的培养目标

通过广泛调研和相关代表参与，修订人才培养方案，将"培养经济全球化背景下纺织类创新复合人才"的目标清晰写在培养目标中，并明确能在跨文化背景下进行沟通和交流能力、通晓国际规则等能力特征，作为人才培养的指导性文件。

3.2 路径创新：通过重构课程体系、创新教学模式、搭建多元化交流平台，全面构建人才培养路径

构建涵盖大类基础、前沿科技、交叉学科知识领域的双语和全英文课程体系，创新教学模式，与国外教师共上一堂课，定期与国外合作院校进行学生成果展示汇报、邀请国外专家进行学术讲座等途径提升学生的国际视野和国际交流能力；搭建适应学生个性化需求的长短期国际交流项目，为学生国

际交流提供多种渠道和平台。

3.3 机制创新：校院联动，保障国际化工作高效运转

良好的工作机制是国际化人才培养的催化剂，通过校院联动，促进了学校政策的有效落实，使工作绩效大幅提升。学校建立了国际化工作考核制度，细化了各个考核指标，有力地促进了二级学院的工作动能。配套的学分转换制度、奖学金激励政策等为学生的顺利派出提供了保障。学院在工作中形成了派出工作和学生管理工作的特色化流程，教务和学工通力协作，为学生的国际交流提供了有力保障。

4 成果的推广应用情况

4.1 学生培养成效显著

本成果实施后，出国交流学生、境外升学人数和层次逐年增加，位居学校前列，2013～2018年，获得国家留学基金委资助出国交流学生共计64名。学生参与出国学习人数较成果实施前大幅增加，以往出国学生仅以个位数计，自2013年起，参加2+2项目出国交流的学生116人，参加3+X加速硕士交流项目7人。参加一个月以下交流项目的人数为158人。

经过本科阶段的学习，学生出国深造的水平和层次显著提升，尤其是参加过学院出国交流项目的学生升学质量更为突出。自2015年以来，出国深造的学生237人，其中升入全球排名前10高校的45人，升入全球排名前50高校的132人，升入全球排名前100高校的196人。本科学生学术创新能力增强，发表高水平论文19篇，其中SCI收录论文一区9篇，二区1篇，在国际学术竞赛上获国家级奖项5项，省部级奖7项，其中获第五届中国"互联网＋"大学生创新创业大赛全国总决赛国际赛道金奖1项；获第六届中国"互联网＋"大学生创新创业大赛全国总决赛国际赛道铜奖2项；中美青年创客大赛总决赛优秀奖1项、入围奖1项（图2）。

图2 比赛获奖证书

4.2 教师国际化水平和层次得到显著提升

通过引培并举，教师开设双语课和全英文课程数量增加，出版英文专著、译著16本，拟出版译著3本。教师国际化水平和层次均较以往有了大幅度提升，表现在教师在国际组织任职4人，多名教师担任国外学术期刊客座编辑及审稿人。教师对国际化人才的理解日益加深，积极进行相关教学改革，完成国际化人才培养相关教改项目5项，并验收合格。

4.3 成果推广应用情况

多年来，本成果相关经验总结成文，在国内期刊上发表教学论文11篇，拥有较大的下载阅读量，在同行中得到较好的推广。在各类全国性的教学管理会议、校内年度教学考评会议上，相关负责人均会做汇报，让更多的同行了解本成果。

另外，积极借助自媒体手段，对本成果在苏州大学公众号、苏大纺服公众号作相关推送，增加公众知晓程度。吴江鼎盛丝绸有限公司董事长吴建华曾请本院学生王凯辰陪同去国外考察，对学生的专业知识、英语能力以及解决问题的能力赞不绝口，亲口承诺毕业后希望高薪聘请其加盟公司工作！吴建华的宣传也为我院国际化人才培养成果进行了宣传，进而提升了行业影响力。

学生中心、产教融合：基于"汇创青春"长三角区域服装类高校命运共同体的建构实践

东华大学，浙江省桐乡市明秀有限公司，苏州大学

完成人及简况

姓名	性别	所在单位	党政职务	专业技术职称
王朝晖	女	东华大学	副院长	教授
袁孟红	女	东华大学	东华大学原党委常委、服装与艺术设计学院原党委书记、副院长	副教授
姬广凯	男	东华大学	教务处实践科主持工作	副研究员
吴晶	男	东华大学服装与艺术设计学院	服装与艺术设计学院党委书记	副教授
陈彬	男	东华大学服装与艺术设计学院	文化和旅游部传统工艺工作站站长	教授
朱俊武	男	浙江省桐乡市明秀有限公司	董事长	无
宋婧	女	东华大学	党支部纪检委员	副教授
张金鲜	女	东华大学服装与艺术设计学院	无	讲师
黄燕敏	女	苏州大学艺术学院	服装设计系主任	教授
万芳	男	东华大学	无	讲师

1 成果简介及主要解决的教学问题

基于东华大学承办的上海市文教结合"汇创青春"文化作品展示季活动（以下简称"汇创青春"），构建了长三角区域服装类高校"横向联动、纵向衔接、定期会商、运转高效、协作共享、互利共赢"的协同合作"命运共同体"运行管理机制，促进优秀教育教学资源共享、共享实践教学产业基地、孵化创新创业成果、促进产教融合、校企合作，服务育人实践，提升创新创意服装人才培养质量。

1.1 传统"象牙塔"教学的"坐而论道"式的育人模式限制了产教融合和创意设计人才的培养

创新创意设计人才的培养必须从社会和历史中汲取经验，互相借鉴，启发灵感，挖掘智慧，决不能闭门造车。

1.2 传统的人才培养"单军""单部门"，各高校"自扫门前雪"模式，不适应复合型服装大类人才培养

服装设计与服装工程人才培养的传统"碎片化"教学模式，限制了高创新性艺工结合的复合型应用型拔尖创意人才培养。传统的单军、单学科、单专业作战已不能满足创新创意人才培养需求，必须呼唤跨区域、跨校、跨专业的协作。

1.3 上海科创时尚之都的城市定位，和长三角一体化国家战略，以及十九届五中全会赋予上海国际科技创新中心、国际消费中心城市的城市定位，对拔尖创新创意人才培养的需求迫切

高校作为科技创新、时尚创意的重要源头，必须勇担重任，通力合作，共享优质资源，为早日实现 2035 年远景目标而贡献力量。

2 成果解决教学问题的方法

2.1 成立了上海市"汇创青春"服装类项目组织机构，构建并完善了长三角"汇创青春"服装类作品"线上＋线下"的双轨运行机制

鉴于项目参与高校的跨越长三角区域实体会议往返不便，故采用"线上＋线下"的管理方式，除年度启动会、评审联席会议、决赛展演等重大事项采用实体会议外，其他日常运维基本采用视频会议、微信群、邮件等方式进行校际沟通。成立了由东华大学教务处、服装学院和参与高校代表组成的"汇创青春"服装类组织机构，主要担负项目运行、协调及宣传等功能（图1）。

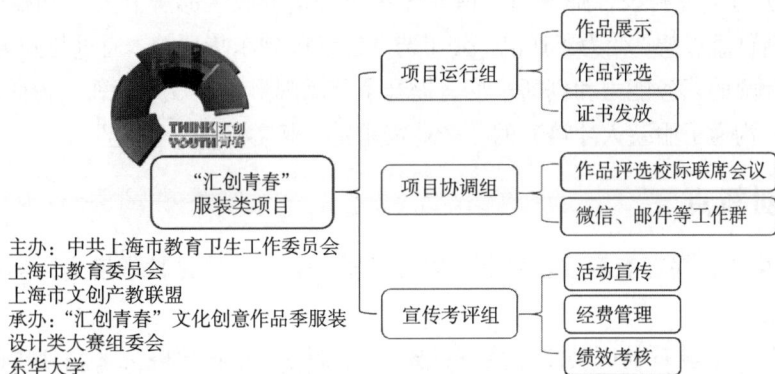

图1 "汇创青春"服装类组织运行机制图

2.2 依托东华大学学科和专业优势，共享优质教育教学资源，搭建产科研用学协同育人实践平台，夯实服装类高校人才交流培养基石

依托东华大学纺织科学与工程"双一流"建设学科优势，发挥服装工程、服装设计国家级一流专业示范作用，陈彬教授主持的国家精品在线开放课程"时装文化与流行鉴赏"、国家级精品视频公开课"奢侈服装品牌分析"分别在智慧树、爱课程平台上线，向汇创青春参与高校开放，向全国开放，共享优质教学资源，开拓学生服装设计视野，学生选课踊跃，课程反响非常好。根据服装产品的全产业流程和产业链规律，将时尚创意设计实践需求同纺织服装产业优质资源有效对接，建成了多方协同育人实践体系：建设了48个校外教学实践基地分别对应9个服装产业环节；跨界融合、协同共建了28个校企合作研究中心；连续举办了23年的"国际时尚论坛"、连续16年的"东华时尚周"向服装类类高校开放，共享产学协同育人实践平台（图2）。

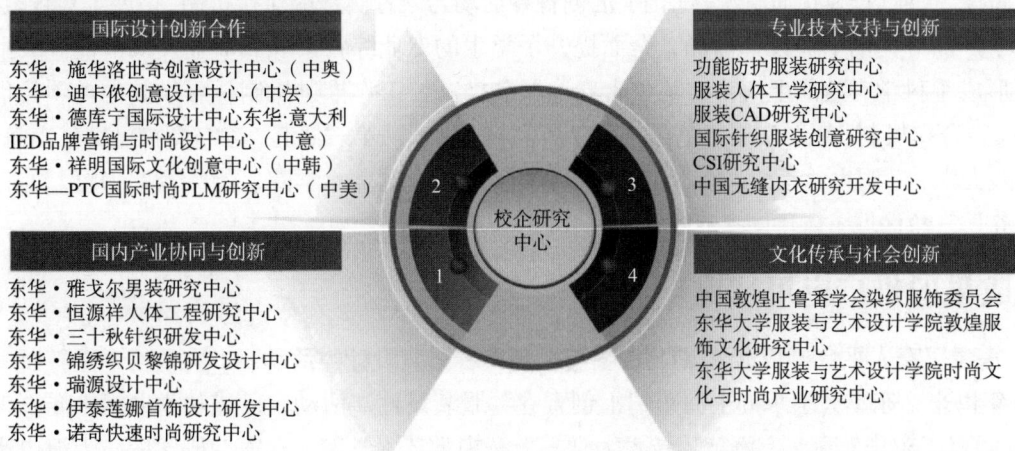

图2 东华大学开放共享服装类人才校企研究合作中心

2.3 构建了基于市场导向、艺工结合的大服装育人模式，产教融合，打通了"作品—产品—商品"的转化链条

推进高校文创教育教学成果与市场创新创意产业的"无缝"对接。依托汇创青春展示活动，调动政府、企业、产业、行业、高校等多方优质资源，服务学生成才与发展的育人实践，打造成了政府支持、校际合作、校企互动、产学对接的跨省市的交流展示平台。分别与上海市长宁区、松江区签署环东华创意创业中心，G60科创长廊战略合作协议，与上海科学院、上海产业技术研究院，东方国际集团等签署战略合作协议，协同多方资源，互惠共赢，协同育人，服务上海科创时尚之都建设。

2.4 构建服装类高校互利共享共赢机制、打造产教融合、校际合作之典范

东华大学依托优秀师资和设计师资源，指导和服务公司的服装品牌开发，涵盖本科、硕士、博士的学生团队将其创新创意设想，变为了产品。公司选派设计师到东华研修，通过与知名设计师切磋磨砺，大大提升了公司设计师的业务能力和创新水准、提升了其品牌形象。校地合作、校研协同、产教融合、促成多方战略协作，沟通了服装人才培养的"产业需求链—培养链—产业链"。

3 成果的创新点

3.1 以学生为中心，搭建竞赛展示平台，以赛促学，突破碎片化教学模式，实施服装大类应用型拔尖创意人才培养模式

提升艺术教育与工学教育的完美结合度，探索"大服装"专业学科交叉融合机制，突破了服装设计与服装工程人才培养的传统"碎片化"教学模式，形成了高创新性艺工结合的复合型服装大类应用型拔尖创意人才的培养模式。人才培养成效受到社会、业界广泛认可，新华网、学习强国、移动传媒、《中国日报》、上海教育电视台等众多媒体进行了追踪报道。

3.2 产教融合，形成了跨区域、跨校、跨专业的服装大类"命运共同体"人才培养机制，形成了"课程—设想—作品—展示—产品—商品"创意产品开发的完整链条，实现了设计美学和市场需求的完美对接

科研产教协同育人，突破了传统的单所高等院校"关起门来办学"的育人观，形成了较完善的跨省市（直辖市）、跨校、跨专业的服装大类人才培养体系，对接产业和行业需求，政产学研用协同，形成了高校服装大类人才绿色育人模式，完善了"横向联动、纵向衔接、定期会商、运转高效、协作共享、互利共赢"的协同运行管理机制。

3.3 教产研协同，发挥大学科学研究、社会服务之功能，沟通了服装人才的"产业需求链—培养链—产业链"，助力长三角区域高质量一体化、国际科技创新中心国家战略，服务国际消费中心城市、上海科技时尚之都建设

协同高校、行业、产业优质资源，优化了汇创青春活动与教育实践的对接机制，拓展了实践教学形式，丰富了基于产品导向的毕业设计内涵，全面提升了学生的专业综合素养和职业发展潜能。线上与线下相结合，形成了科学有效的上海市"汇创青春"服装类高校工作推进机制，可供其他类项目借鉴的产教融合、校企合作机制。辐射和服务范围广，17所高校参加。从第三届起，参与高校已突破上海市范围，有台湾实践大学、新疆大学参加；第四届增加了苏州大学、中国美术学院、嘉兴学院，辐射长三角区域，更好地服务长三角区域一体化国家战略。

4 成果的推广应用情况

4.1 搭建了育人平台，17所中国高校参与汇创青春服装设计类活动

2016年以来，东华大学承办上海市"汇创青春"服装设计类活动，已成功举办了6届，参与高校达17所，涵盖了东华大学、上海工程技术大学、上海视觉艺术学院、上海戏剧学院、上海电影艺术职业学院、上海商学院、上海杉达学院、上海东海职业技术学院、上海邦德职业技术学院、上海建桥学院、台湾实践大学、新疆大学、华东师范大学、中国美术学院、苏州大学、嘉兴学院、浙江金华职业技术学院等高校，通过高校、行业、企业专家对服装类作品动静态集中展示进行评价和评审的形式，构建了上海市服装类高校"横向联动、纵向衔接、定期会商、运转高效、协作共享、互利共赢"的协同合作"命运共同体"运行管理机制（表1）。

表1 17所"汇创青春"参与高校开设相关专业情况分布表

专业	开设高校
服装工程	东华大学、中国美术学院、上海工程技术大学
艺术设计	东华大学、中国美术学院、苏州大学
服装与服饰设计	上海视觉艺术学院、上海商学院、上海杉达学院、嘉兴学院、浙江金华职业技术学院
舞台美术（艺术）	上海戏剧学院、上海东海职业技术学院
人物形象设计	上海电影艺术职业学院、上海东海职业技术学院、上海邦德职业技术学院
视觉传达设计	新疆大学
国际设计	上海建桥学院
服装时尚	台湾实践大学、华东师范大学
舞台艺术设计与制作	上海电影艺术职业学院

4.2 学生作品量质持续提升

涵盖服装类9大专业，共477个系列1523套服装参与评选展示，成效显著。推荐作品出自服装工程、艺术设计、服装与服饰设计、舞台美术、视觉传达设计、人物形象设计、舞台艺术设计与制作、国际设计、服装时尚等9个专业的学生之手。大学生创新创意成果，经企业或自主创业，转化为产品和商品，进入消费市场，受到消费者青睐。

六年来，学校为高校大学生提供了高端展演平台，孵化了未来设计师，繁荣和发展了服装市场，服务中国服装品牌建设。分别以"环保""刹那""无界""嗨""日常行为"为创作主题，共计617个系列，1943套服装参赛，评选出一等奖60项、二等奖78项、三等奖91项，呈现量质齐升的趋势，历届汇创青春具体情况见表2。

表2 2016年来历届"汇创青春"服装设计类情况一览表

届数	主题	系列/套数	一等奖	二等奖	三等奖
第一届	环保	59/159	13	15	20
第二届	刹那	67/200	11	11	14
第三届	无界	83/249	12	13	11
第四届	嗨	122/366	8	13	15
第五届	日常行为	146/549	7	14	15
第六届	循环	140/420	9	12	16
合计		617/1943	60	78	91

4.3 受各级媒体的报道和好评

作为服装设计类牵头高校，东华大学承办了第三届、第四届汇创青春总展开幕式，教学成果展示成效显著，受到新华网、学习强国、《中国日报》、移动传媒、上海教育电视台等众多媒体的追踪报道和广泛好评（图3～图10）。

图3　新华网对第四届汇创青春服装设计类活动进行追踪报道

【青春物语】为上海文化品牌注入青年力量 12所高校百余套服装设计作品在东华展演

图4　学习强国报道第六届汇创青春服装设计类展示活动

图5　上海市高教处处长桑标教授为第二届汇创青春获奖选手颁奖

图6　东华大学承办2018年第三届汇创青春活动总展开幕式师生领导合影

第三届"汇创青春"——上海大学生文化创意作品展示活动启幕

图7　中国日报网对上海市第三届大学生汇创青春服装设计类进行追踪报道

图8　2019年第四届汇创青春活动总展开幕式师生领导合影（9大类牵头单位以及40多所主要参与高校领导嘉宾出席）

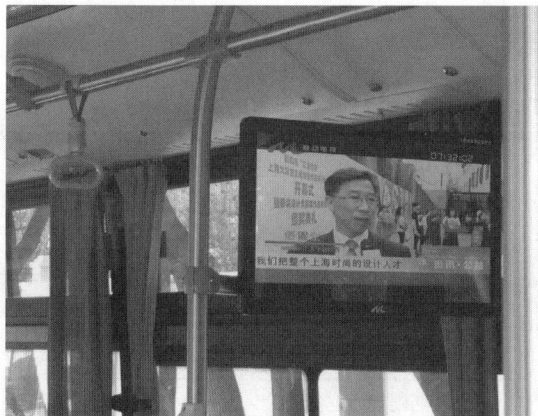

图 9　2019 年舒慧生副校长接受移动传媒的
专访在地铁传媒循环播放

图 10　2019 年汇创青春学生优秀作品在中国
国际长三角文博会展示

4.4　孵化了青年设计师，涌现了一批依托获奖成果进行创业的行业先锋

如东华张卉婷同学的"Whisht Fencing"作品获第二届一等奖，在校期间获保研资格且在尚创汇创立了自己的时尚创意公司。《解放日报》进行了如下报道：东华大学张楚晗同学的服装设计类作品"Control to no Control"《控制与失控》，运用光影的不断变换，打造出了独一无二的奇特梦境，用服装的语言将其表达出来，设计理念获得浙江明秀服饰公司首肯，双方达成合作意向。

4.5　汇创青春服装类活动受到主管领导和专家高度评价

上海市教委郭为禄（原）副主任，在出席第三届汇创青春总展开幕式暨服装类决赛活动时作了如下评价："汇创青春服装设计类活动与上海时尚之都城市定位契合，有助于实现高等教育与行业、产业，以及社会的良性互动，凝塑了上海国际大都市时尚品牌，在促进校企合作、产教融合方面，发挥了很好的示范作用。"

上海市教委毛丽娟副主任，在出席第四届汇创青春总展开幕式时表示："汇创青春服装类展示活动，从第三届起，已走出上海，今年（2019 年）又新增苏州大学、中国美术学院、嘉兴学院 3 所长三角参与高校。这正是长三角一体化国家战略在高教领域得力贯彻的具体表现，是立足上海、辐射和服务长三角乃至全国的上海城市定位的实践解读。汇创青春项目的实施，是上海高校深化教育教学改革的重大实践，有利于助推双一流大学建设。"

基于行业特色的地方高校"新工科"建设研究与实践

天津工业大学

完成人及简况

姓名	性别	所在单位	党政职务	专业技术职称
王晓红	女	天津工业大学	图书馆馆长	教授
李津	女	天津工业大学	无	教授
荆妙蕾	女	天津工业大学	纺织科学与工程学院教学副院长	副教授
杜玉红	女	天津工业大学	机械工程学院教学副院长	教授
马涛	男	天津工业大学	教务处副处长	副教授
郭翠娟	女	天津工业大学	电气与电子工程学院党委书记	副教授
张桂芳	女	天津工业大学	科技合作与成果管理处副处长	副教授
陈洪霞	女	天津工业大学	教务处副处长	助理研究员

1 成果简介及主要解决的教学问题

1.1 成果简介

"新工科"是新时代中国高等教育服务国家发展、助力经济转型的战略性举措，对工程人才的培养和教育质量提出了新要求和新目标。本成果依托两项结题验收优秀的项目，即教育部首批"新工科"研究与实践项目和天津市教委"新工科"重点教改项目，积极开展研究与实践，探索了行业特色地方高校"新工科"建设与发展路径，在新工科专业建设、传统专业改造升级和人才培养模式创新等方面成果丰硕。

（1）构建顶层设计。主动谋划未来战略领域人才培养，制定《天津工业大学"新工科"建设行动计划实施方案》。

（2）重定培养目标。秉承 OBE 教育理念，体现新工科内涵，瞄准现代产业需求，制订人才培养目标。

（3）重建课程体系。围绕人才培养目标，构建涵盖多专业知识于一体，体现"平台化、模块化、专业化、项目化"的课程体系。

（4）重组教学团队。打破学院和专业界限，组建新工科教学需要的跨学院、跨学科、跨专业教学团队。

（5）重整教学资源。建立纺织智能制造实践教学平台，构建多元化课外实践平台，组建全国虚拟仿真产教联盟，搭建产学研协同育人平台和校企协同育人基地。

（6）重构培养模式。调整学院设置，优化专业结构，成立新学院，增设新专业，设置实验班；实施跨专业"双导师制"及校企"双导师制"，构建教学运行管理新机制。

以"新工科"改革与实践推动学校"双万计划"，获批国家级一流本科建设专业 15 个，国家级一流本科建设课程 10 门，有效支撑了"双一流"学科建设。

1.2 主要解决的教学问题

（1）解决地方特色高校专业布局、人才培养与相关领域产业需求对接的问题。

（2）解决"新工科"背景下工科专业内涵建设和课程改革创新方向的问题。

（3）解决"新工科"背景下人才培养模式和教学运行管理机制瓶颈问题。

2　成果解决教学问题的方法

2.1　教学研究先导，理念规划先行

以《天津工业大学"新工科"建设行动计划实施方案》为统领，通过开展教育教学思想大讨论更新理念、凝聚共识；通过设立专项研究课题探索"新工科"建设理论与实践规律；通过开展新工科培训，更新教师知识结构，强化师资队伍建设；通过调整学院布局，优化学科专业结构，完善机制和组织保障，为新工科改革与建设铺路搭桥。

2.2　构建"五重"工科专业新结构

依据"新工科"建设理念，以工程教育专业认证为抓手，以实验班为试点，通过"重新定位、重建体系、重组队伍、重整资源、重构模式"，开展教学改革与实践。

2.3　构建多主体协同育人机制

通过与华为等一批企业签署战略合作协议，以及组织教师申报教育部产学研合作项目等，深入开展产教融合、科教结合、校企合作联合培养，积极服务产业升级和技术创新。

2.4　构建多学科交叉融合人才培养模式

组建跨学科跨专业教学团队，搭建跨学科跨专业项目平台，开设跨学科跨专业课程，推进跨学科、跨专业合作学习。通过构建平台化、模块化、专业化、项目化课程体系和构建多层次、多阶段、多维度实践教学平台，将产业与技术的新发展、行业对人培养的新需求融入教学内容，形成了"知识体系融合化、课程体系多元化、实践教学实战化"的培养特色，以及"实践与创新并重、专业与行业对接、课内外结合、教学与科研互动"的实践教学特色。

2.5　构建教学运行管理新机制

采取跨专业的"双导师制"及校企"双导师制"，实施学分制管理；面向国内行业领域经济社会需求，强化校企协同育人机制；制订多学科交叉融合能力达成的评价标准和考核办法，构建新工科人才培养的评价体系和质量监控体系。

3　成果的创新点

3.1　推动专业变革

聚焦行业特色地方高校"新工科"建设，以教学研究先导，理念规划先行，以增设新专业和改造传统专业为途径，以跨学科教学团队为支撑，以实验班为试点，以制度机制为保障，探索了从"适应需要"到"引领发展"的专业建设新模式，形成了传统工科专业为支撑、新兴工科专业为引领，各专业交叉协同的行业特色地方高校工科专业建设新格局。

3.2　推动模式变革

聚焦继承与创新、交叉与融合、协同与共享，明确了人才培养新定位；构建了"五重"工科专业新结构；创建了多学科交叉融合的"四化"课程新体系；构建了多学科教师协同培养、校企协同育人、课内外协同创新的人才培养新模式，形成了传统工科专业转型升级新范式。

3.3　推动机制变革

聚焦"新工科"背景下人才培养的要求，采取跨专业的"双导师制"及校企"双导师制"，实施学分制管理，强化校企协同育人机制；制定多学科交叉融合能力达成的评价标准和考核办法，构建新工科人才培养的评价体系和质量监控体系。构建了多学科交叉，多资源融合、多主体协同下的教学管理新机制。

4 成果的推广应用情况

（1）作为教育部新工科研究与实践地方高校工作组成员，承担教育部首批新工科建设项目《面向新经济"现代纺织工程＋"领军人才培养的研究与实践》，结题验收获评优秀；承担天津市高校教学改革研究计划重点项目《地方高校基于新工科理念的优势特色专业群建设》结题验收获评优秀。

项目研究成果和实施经验多次在教育部地方高校"新工科"研究与实践项目交流研讨会、天津市高校教学研讨会以及纺织服装院校教学管理研究会年会等相关经验交流会上作典型发言，得到业界的好评以及社会的关注。研究成果为其他地方高校"新工科"教育改革积累了经验，提供了范例，并被推荐参评中国高等教育学会工程教育委员会"新工科研究与实践项目"优秀案例。

2020年，学校又有3个项目获批教育部第二批新工科研究与实践项目，持续推动学校新工科建设再深化、再拓展、再突破、再出发。

（2）聚焦国家战略和未来产业需求，完成了全校新兴工科专业布局，带动了传统专业的升级改造，形成了体现产业和技术新发展、满足行业工程人才培养新要求的优势特色专业群。增设新兴工科专业5个，组建各类新工科实验班16个。

以"新工科"改革与实践推动学校"双万计划"，获批国家级一流本科建设专业15个，天津市一流本科专业建设点4个；获批国家级一流本科建设课程10门，天津市一流本科建设课程22门。5个专业通过工程教育专业认证。2018年获批天津市市级教学成果一等奖2项、二等奖4项；2019年获批中国纺织工业联合会纺织高等教育教学成果一等奖3项、二等奖2项、三等奖10项。

（3）本科生源质量显著提升，招生工作取得历史性突破，实现录取批次、录取分数、录取位次全方位提高。2020年在录取批次上，学校本科文理类专业在全国各省市均实现一批次录取。在录取位次上，多数省市均比去年有大幅提高，其中理工类最高提升45.6%，文史类最高提升26.4%。在录取分数上，有10余省市录取最低分与重点线的分差比2019年提高20分以上。

（4）作为中国科协提升信息技术素养和能力全国试点高校之一，学校制定了《天津工业大学"新一代信息技术"人才培养试点工作方案》并组织实施，通过组织培训，更新了教师的知识结构；面向全校开设了"云计算导论""大数据导论""人工智能导论"等"新工科"通识课程，有效提升了全校学生的信息收集素养和综合能力，得到中国科协和市科协的好评，并作为典型经验进行推广。

（5）牵头组建全国纺织虚拟仿真实验教学产教融合联盟，联盟包括13所高等院校和4家企业，我校荣任联盟理事长单位；与华为技术有限公司签署全面深化合作协议；牵头成立了天津市第一个创新创业联盟——天津市无人机和新材料人才创新创业联盟；分别与天津西青医院、北辰医院签署全面合作协议培养医工结合人才；近三年，获批教育部产学研合作项目90项；校企合作，协同育人成效显著。

（6）实施新工科培养方案，毕业生升学率、高质量就业率、工程实践能力、创新能力显著提高，学科竞赛获奖率不断提升。学校在"2016～2020年全国普通高校大学生竞赛排行榜（本科）"中位列第70名，在2016～2020年全国"双一流建设"高校大学生竞赛排行榜中位列第55名。毕业生获用人单位一致好评，人才培养质量显著提高。

"三度一体"服装设计校企融合复合型
拔尖创新人才培养模式探索与实践

苏州大学

完成人及简况

姓名	性别	所在单位	党政职务	专业技术职称
李正（李海明）	男	苏州大学艺术学院	无	教授、博士生导师
李超德	男	苏州大学艺术学院	无	教授、博士生导师
许星	女	苏州大学艺术学院	无	教授、博士生导师
张蓓蓓	女	苏州大学艺术学院	无	教授、博士生导师
黄燕敏	女	苏州大学艺术学院	服装设计系系主任	教授
李琼舟	女	苏州大学艺术学院	服装设计系系副主任	副教授、硕士生导师
余巧玲	女	苏州大学艺术学院	无	无
袁丽	女	苏州大学艺术学院	无	无

1 成果简介及主要解决的教学问题

1.1 成果简介

苏州大学艺术学院服装与服饰设计专业是国内最早开设本科服装专业的两所院校之一，有深厚的文化底蕴和专业特色。学院始终坚持党的教育方针，立德树人，为国家培养高端设计艺术人才。历届毕业生中多人成为业内骨干和领军人才，14人次荣获"全国十佳优秀服装设计师"称号，以马可、王新元为代表的10多位毕业生走向世界专业舞台并获得国际赞誉。

"三度一体"服装设计校企融合人才培养模式，"三度"是指"专业理论的维度＋专业实践的维度＋学科交叉的维度"进行融合式教学，"一体"是指以服装艺术为载体（图1）。主要成果如下：

（1）苏州大学艺术学院（原苏州丝绸工学院）服装与服饰设计专业创办于1983年，属国内首家。

（2）近40年来砥砺前行，获批国家一流本科专业建设点、省一流本科专业建设点、省高校品牌建设工程二期项目、省教学名师、省十佳优秀导师团队提名奖等荣誉。

（3）在人才培养过程中学院一直秉承"三度一体"的科学教学理念，成功构建了以"三度一体"为核心的人才培养模式，创建了可持续发展的教学实践平台。

（4）本成果培养出了大批优秀的服装设计尖端人才，包括马可、王新元、吴简婴、姚峰、李伦、冯雪等。

（5）学生参加国内外重要专业设计赛事获奖300余项，其中特等奖13项，一等奖28项，二等奖34项，三等奖34项，优秀奖及其他奖项近200项，学生设计作品入选"十三届"全国美展，获评江苏省优秀硕士学位论文，授权专利10余项。

（6）教学团队出版教材30部，10部获部委级规划教材。

（7）成果获中国纺织工业联合会教学成果奖10项、省教学成果奖1项、省哲学社科优秀成果奖1项，团队成员多次应邀到北京服装学院、法国国立塞尔奇艺术学院、韩国中央大学等国内外知名院校举办推广教学成果的讲座及论坛，共 48 场。

（8）通过多年教学实践与探索，客观地证明了"三度一体"服装设计人才培养模式的正确性与科学性。

1.2 主要解决的教学问题

（1）创新思维能力相对不足，不能满足社会对复合型创新人才的需求。

（2）实践教学模式单一，无法适应智能化时代服装设计人才的培养要求。

（3）学生在服装设计中对中华传统文化传承与弘扬的意识急需加强。

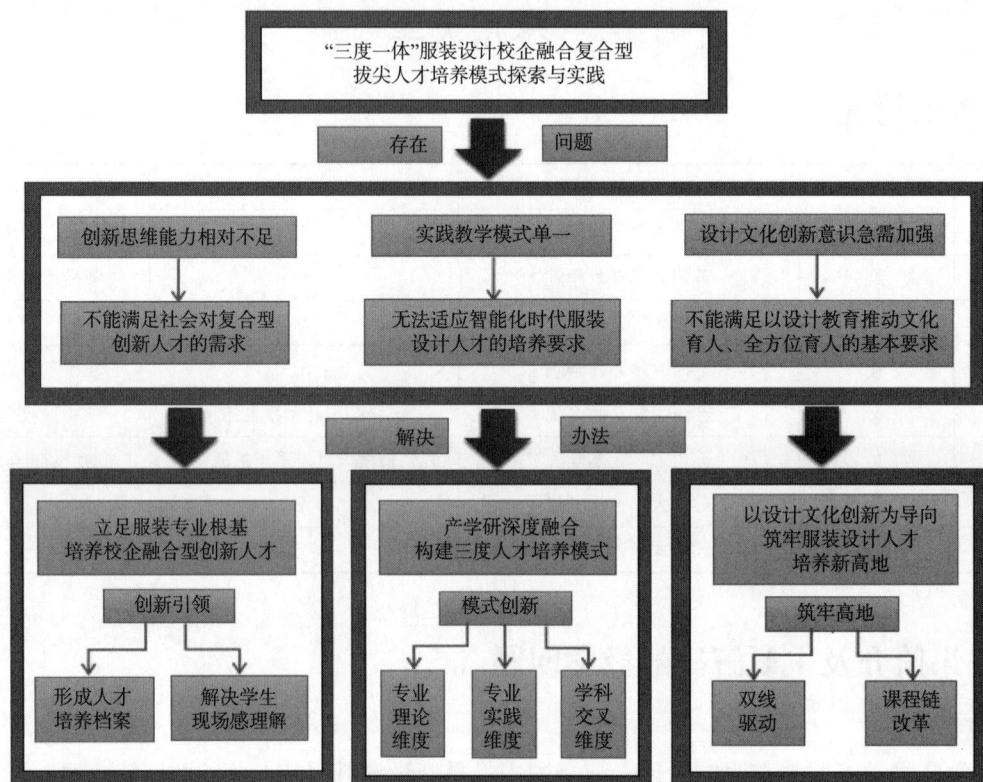

图 1 "三度一体"服装设计校企整合人才培养模式

2 成果解决教学问题的方法

2.1 立足服装专业根基，培养校企融合型创新人才

（1）立足服装专业发展史的深厚根基，挖掘本专业优秀教学资源，从服装专业的角度形成苏州大学服装与服饰设计人才培养档案。以服装设计专业为载体，将理论与实践紧密结合，为培养复合型拔尖创新人才提供一些可行性的专业理论研究和专业实践经验总结，利用校企合作模式、项目导向模式、实践导向模式全面培养学生的服装制板能力、综合分析能力，以及学生的实践和创新能力，以专业实践推进复合型拔尖创新人才培养。

（2）解决学生对服装设计方面的现场感理解。随着教学研究不断取得突破性成果，认知逐步成为认知科学的一个核心问题，对现场感的理解在具体服装艺术方面的认知中起着至关重要的作用。例如，为学生提供与海澜之家、江苏 AB 股份有限公司、苏州威尔德工贸设备有限公司等优秀企业机构的现场教学与实际操作体验感。建立优秀的校企合作平台，使学生在企业现场中学习进步。

2.2 产学研深度融合，构建"专业理论维度 + 专业实践维度 + 学科交叉维度"的三度人才培养模式

（1）专业理论维度：设计思维决定设计行为。本成果从培养拔尖设计人才着手，深化学生理论知识体系构建，融合美学、设计学、历史学、心理学、民族学等领域的历史知识，将专业发展史、学科

建设史、知识变迁史、设计流行史等融入教学活动，变革教师教学理念，拓宽教学思维维度，夯实专业教学根基。

（2）专业实践维度：依托国家级实验教学示范中心、省非物质遗产研究基地、服装实验中心、创新创业基地、艺术教育实践基地、时尚产业协调创新中心、名师工作室等，为学生实践能力培养提供"国—省—市—校"四级平台支持；组织学生赴知名企业参观交流、顶岗实习，深入设计与生产一线，解决传统课堂理论与实践分离问题，拓展第二课堂培养空间；开展高质量产学研合作项目，提升学生"全流程化、全过程化"设计实践能力。

（3）学科交叉维度：本专业融合民族学、心理学、美学、营销学等多学科知识，对学生设计思维培养、设计能力提升、设计作品展陈起到促进作用。此外，学生通过跨学院跨专业选修课、跨学科讲座、跨学科课程学分置换，广闻博识而后在设计中"增其需、删其余"，提升服装设计人才培养格局。

2.3　以设计文化创新为导向，筑牢服装设计人才培养新高地

（1）文化元素成为专业教学的兴奋点、创新点。以设计文化创新为导向，用服装设计培养家国情怀，以服饰自信助力文化自信，将理论阐释、情感体验、价值引导融为一体，从设计教育方面提升中国服饰品牌文化软实力。

（2）通过知识线、文化线双线驱动，实施情怀化、实物化、系统化教学方法。将文化传承内容融入"课程链"改革，推动"点"的突破、"线"的联动、"面"的覆盖，同时开展线上线下混合式教学改革，采用"对分课堂"教学模式，把中国优秀传统服饰文化融入"课程链"。

3　成果的创新点

3.1　在课程内容上与专业理论研究上

综合美学、设计学、历史学、心理学、民族学等多元理论，创立并提出了"三度一体综合教学法"，以服装专业为载体、培养校企融合的复合型拔尖人才培养基本模式。

（1）教学方法定位：提出"三度一体综合教学法"，以专业理论维度为主的教学法 + 以专业实践维度为主的教学法 + 以多学科融合维度为主的教学法与服装艺术这一载体相结合的专业教学。

（2）人才培养基本模式定位：在以上理论支撑下，提出了校企融合的复合型拔尖人才培养的模式"企业平台 + 专业特色模式"，企业平台包括海澜之家、江苏 AB 股份有限公司、苏州威尔德工贸设备有限公司等优秀企业机构，再将基础素质教育融入其中。

（3）教学模式定位：利用现代化的教学手段，多媒体式的、讨论式的、模拟式的教学模式，体现超时代的教学手段。随着计算机技术的发展，展现服装与材料、服装结构与工艺管理理论体系。充分利用现代教育技术手段，将授课知识点、实践内容等制作成教学课件，以直观的形式、丰富的表达充分展现教学内容。

3.2　在教学实践上

始终围绕一个核心——育人理念，根据服装专业人才培养特点及社会需求，采取灵活多样的专业特色培养模式。在基本模式基础上，构建了以校企合作为主导的 3 种不同的专业特色人才培养模式：校企合作模式、项目导向式模式、实践导向模式。

（1）校企合作：实施校企人才培养全程合作、产学研结合、教学合作建立长效机制。企业混合式实践教学，带领学生参与企业工业流水线实践，用服装企业的真实场景教育学生，以场景教学获得和提升学生专业认知度。以校企合作新模式强化学生专业实践教学，让学生与市场进行有效对接，使学生了解市场需求，参与市场实际操作。

（2）课程体系：基础课以学术为导向、专业基础课以技术为导向、专业课以职业为导向，将素质教育融入其中，构建课程体系，体现技术应用性特色。

（3）实践教学：建立了相对独立的实践教学体系，实践教学比例由原来的 25% 提高到 30%，保证了实践教学效果。

（4）培养规格：创新性地提出了以服装史学为基础、实践为背景、专业技术为核心的人才品德、知识、能力、素质的具体培养规定。

（5）质量保障：构建了科学完整的教学质量标准、保障、监控与评价三大体系，并有效实施，确保人才培养质量。

4 成果的推广应用情况

4.1 学生科创及设计实践能力明显提升，参加国内外重要专业设计竞赛屡获佳绩，人才培养质量得到高度认可

通过"三度一体"人才培养体系创新与实践，本成果激发了学生学习的内在动力，科创及设计创新实践能力显著增强，成果在社会上得到客观验证（图2）。

（1）连续 7 年摘得中国国际大学生时装周最高荣誉"服装设计育人奖"。

（2）学生获得国家、省、市、校级重要专业设计大赛奖项 300 余项，其中特等奖 13 项，一等奖 28 项，二等奖 34 项，三等奖 34 项，优秀奖及其他奖项近 100 项。

（3）学生作品入选"第十三届全国美术作品展览"，获江苏省优秀硕士学位论文。

（4）获全国大学生广告艺术大赛二、三等奖，优秀奖 4 项。

（5）获中国纺织工业联合会学生奖 4 项。

（6）学生获得由省委宣传部、省教育厅、省科学技术厅、省财政厅、省文化和旅游厅等 17 个单位共同举办的"紫金奖"文化创意设计大赛银奖、铜奖、优秀奖 5 项。

（7）在校学生授权外观及实用新型专利 10 余项，主持省级和校级大学生创新项目 10 余项，学生在省级以上学术刊物发表研究论文 20 余篇。

（8）近六年内开展高质量产学研项目 15 项，涉及上海、浙江、安徽、江苏、西藏等地区，其中有江苏 AB 股份有限公司、上海美缀时装饰设计有限公司、苏州圣戈迪尔服装有限公司、西藏日报社、淮北中帛纺织品有限公司等，其项目合作经费共计 230 余万元，学生实践能力得到显著提升。

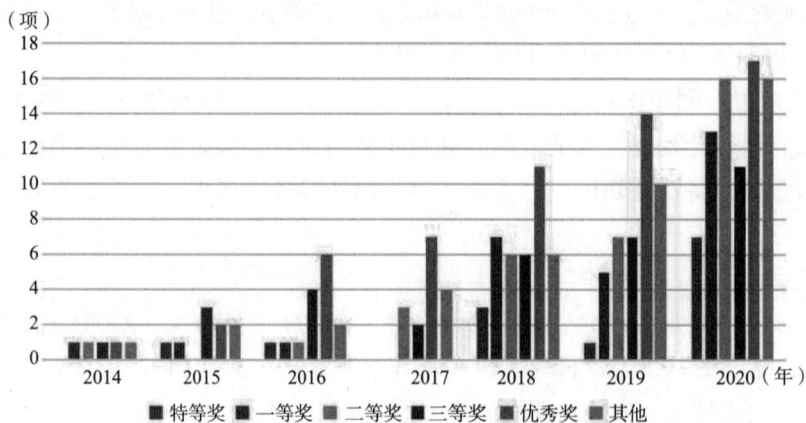

图2 2014～2020年服装设计专业学生获奖情况

4.2 学生创新创业能力突出，呈现可持续发展态势

（1）本学院培养的服装设计创新型人才受到专业高校和企业的认可，分布在全国各地区的知名集团企业、设计公司，担任品牌创始人、品牌设计总监、品牌创意总监等职务。

（2）往届优秀毕业生吴简婴、王新元、赵卫国、唐炜等数 10 人获得"中国设计十佳设计师"称号。

还有在国外工作的优秀毕业生何平，为英国十大杰出华人青年候选人，任英国奢华品牌 Aftershock 伦敦首席设计师，获英国时装协会颁发的"年度时尚品牌闪亮新星奖"。

（3）培养了一批著名企业家及服装管理人才，例如"无用"品牌创始人马可，"波司登"创始人高德康，"令仪 LYNZEN"创始人冯雪。冯雪在校期间在中国国际时装周发布作品，得到了服装设计师协会副主席、我国著名服装设计大师张肇达先生的高度评价，这也是国内最高专业协会领导与专家给予了苏州大学艺术学院服装设计人才培养的专业肯定。

4.3 科研与设计研究平台的软硬件领先国内同类高校，教学团队备受肯定，实践成果应用推广服务辐射全国

（1）本成果实施是建立在国家一流本科专业建设点、国家级纺织与服装设计实验教学示范中心、全国艺术教育类人才培养模式创新实践区、江苏省一流本科专业建设点、江苏省非物质文化遗产研究基地、省级实验教学示范中心等基础上，在近四十年服装设计专业教学中，逐步形成了"国—省—市—校"四级服装设计教学软硬件，有着雄厚的经费、人才及政策支持，领先国内同类高校。

（2）出版服装设计专业教材 30 部，其中部委级规划教材 10 部。

（3）获中国纺织工业联合会教学成果奖 10 项，其中一等奖 2 项，二等奖 3 项，三等奖 5 项，省级高校教学成果奖 1 项，哲学社会科学优秀成果奖 1 项。

（4）教师团队获批国家社科基金艺术学项目共 3 项；获批江苏高校哲学社会科学研究重大项目 1 项；3 篇研究报告获得部省级以上领导批示。

（5）获纺织之光教师奖 2 项，省社科优青、技术能手各 1 位。

（6）承办全国服装设计赛事 3 项，承办国内外学术论坛 4 场。

（7）依托国际交流会议、国际设计论坛、国际时装周、全国美展、院校讲座等多种形式推广本专业人才培养理念、培养模式及培养成果，在国内服装设计教育界引起强烈反响。2014 年至今，教师团队成员受北京服装学院、法国国立塞尔奇艺术学院、韩国中央大学艺术学院、东华大学、江南大学、浙江理工大学、上海工程技术大学、湖南师范大学、大连工业大学、长沙理工大学、浙江林业大学、湖南女子学院等国内外知名高校邀请开设专业建设、人才培养及成果推广讲座、论坛 48 场，形成优质教学共享的发展模式，受益教师、学生、企业技术人员逐年增加，年均千人次以上。

非织造材料与工程专业的课程
思政体系构建与实践

南通大学

完成人及简况

姓名	性别	所在单位	党政职务	专业技术职称
张瑜	男	南通大学	院长、党委副书记	教授（二级）
张伟	男	南通大学	副院长	教授
李素英	女	南通大学	无	教授
任煜	女	南通大学	系主任	教授
臧传锋	男	南通大学	实验中心主任	副教授

1　成果简介及主要解决的教学问题

本成果基于江苏省教改研究课题、中国纺织工业联合会教育教学研究项目，弘扬张謇"忠实不欺，力求精进""学必期于用，用必适于地"的理念，在非织造材料与工程专业人才培养实践中，突显办学特色，彰显正能量"思政"教育典范，获"江苏省高等学校教育工作先进集体"、江苏省"青蓝工程"优秀教学团队、国家一流本科专业建设点。

（1）把思想政治工作贯穿教育教学全过程。坚持立德树人，针对国家特设、行业急需、学科交叉型新兴专业特点，秉持学生中心、产出导向的"新工科"理念，加强通专融合的课程体系建设，思政课程和课程思政教学相结合，有效开展"三全育人"工作，利用课堂教学渠道，有效增强了思想政治教育和专业学习的融合效应（图1）。

（2）在专业课程教学中挖掘蕴含的思政元素。以核心课程建设带动课程模块建设，依托专业课程知识体系的构造，分析挖掘专业课程"思政"要素，构建课程思政"点、线、面"，将"知识、能力、人格"的培养目标落实到潜移默化的课程教学细节中，开发课程思政案例库模板，实现教学内容的思政与专业融合，让教书育人"润物无声"。

（3）在情景化互动性教学中体验感悟。在现有教学实践基地中，加强内外协同，建立具有示范性的思政实践基地，构建专业整体的课程思政体系，在情景化教学中培养学生对专业能力的亲身体验，学生在掌握专业实践的同时，创新意识、素质能力得到加强，职业定位清晰，使学生在引领中塑造，在感悟里成才，实现"协同育人"。

2　成果解决教学问题的方法

南通大学是中国近代实业家、教育家、清末状元张謇先生1912年创办的中国第一所纺织高等学校，被誉为"中国纺织工程师的摇篮"。南通大学非织造材料与工程专业在人才培养过程中，以立德树人为根本目标，始终把"文化传承""专业教育"的融合贯穿于人才培养全过程，坚持自主特色、错位发展、校企融合，弘扬社会主义核心价值观，积极构建了现代非织造"工程师"的协同创新育人体系，

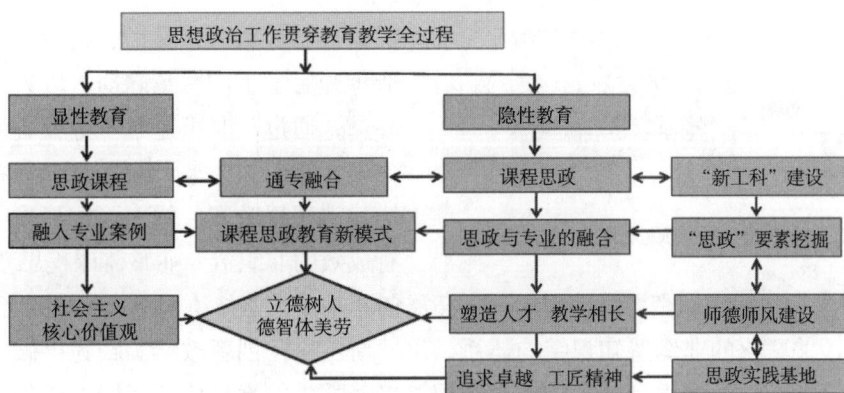

图 1　思想政治工作贯穿教育教学全过程

引领与塑造具有"顶天"素质又有"立地"能力的创新性应用型人才，成为新时代的非织造"工程师的摇篮"。实践证明，这是地方性高校人才培养的正确选择和前行之路，2019 年获得国家一流专业建设点，2020 年获教育部第二批教学与实践新工科项目（图 2）。

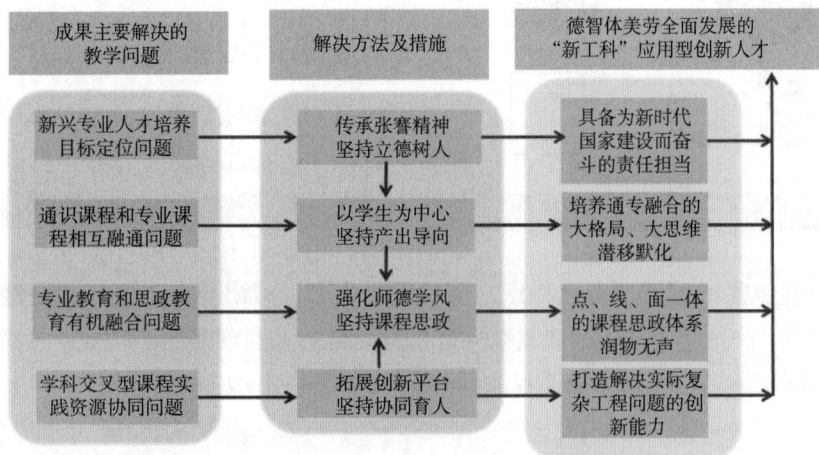

图 2　成果解决教学问题的方法

2.1　新兴专业人才培养目标定位问题——围绕行业急需，坚持立德树人

秉承先校长张謇办学理念，培养具有"追求卓越"的创新者、"时不我待"的担当者、"强国之梦"的践行者。让学生在四年的系统学习中体会思考作为一个"非织造人"的责任与使命，将社会主义核心价值观中的爱国、敬业、诚信、友善贯穿整个教学实践，引导学生从实现"纺织强国"的目标中定位自己的人生价值，不仅具有适应新兴非织造行业需求的专业知识和能力，更具备为新时代国家建设而奋斗的责任和担当。

2.2　通识课程和专业课程相互融通问题——以学生为中心，坚持产出导向

开展"翻转课堂"等形式多样的互动性教学方法，将教改创新成果融入课程教学，注重上下游课程内容的衔接互通，让学生在整个专业课程知识的构架体系下，通过专业的时代特征、课程的生动活跃、教学的目标达成、教师的言传身教，将"知识、能力、人格"的培养目标落实到具体课程教学细节中，应用科学的立场、观点和方法把握非织造学科交叉性和创新性，激发学习动力和创新能力，培养通专融合的大格局、大思维（图 3）。

2.3　专业教育和思政教育有机融合问题——强化师德学风，坚持课程思政

作为"江苏省高等学校教育工作先进集体"、江苏省"青蓝工程"优秀教学团队，发挥教指委委员、教学名师、党员模范作用，强化师德为先、言传身教，充分发掘新兴学科的思政资源，把爱国情、强国志、

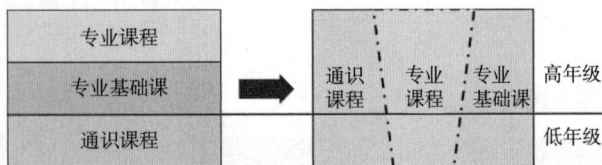

图3 通专整合—思政贯通

报国行自觉融入"传道、授业、解惑"，以学术造诣开启学生的智慧之门，以人格魅力引导学生心灵，通过"非织造学"等核心课程的课程思政建设，促进"金课"建设，带动课程群规划建设，构建课程思政点、线、面，建设了特色鲜明、卓有成效的非织造专业整体课程思政体系。

2.4 学科交叉型课程实践资源协同问题——拓展创新平台，坚持协同育人

构建节点化、关联化的非织造知识结构体系，以"新工科"创新教学实践为突破口，依托校内外产学研协同育人平台，让学生学到扎实的专业知识，培养学生的高素质工程能力和创新意识，打造解决实际复杂工程问题的能力。"协同育人"的教学模式，将学生人生目标与专业知识技能培养相结合，激发大学生蕴藏的创新创业热情，在自我创造里增强专业自信，完善创新创业所需的知识和能力结构，保障了专业课程与"思政"同向同行（图4）。

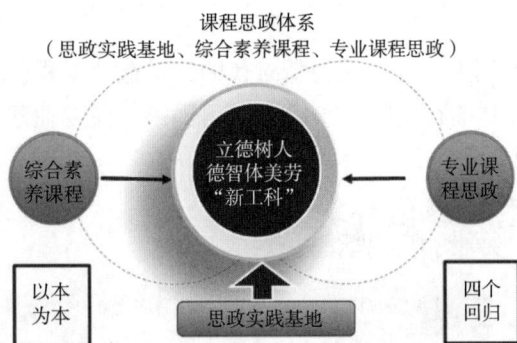

图4 非织造材料与工程专业整体的课程思政体系

3 成果的创新点

以国家一流本科专业建设点"非织造材料与工程专业"为载体，依托江苏省"青蓝工程"优秀教学团队，始终秉承先校长张謇先生"忠实不欺，力求精进""学必期于用、用必适于地"的办学理念，坚持立德树人，针对国家特设、行业急需的非织造专业特点，秉持学生中心、产出导向，开展"两性一度"的研究型教学，融入思政教育，注重培养学生解决复杂问题的综合能力与科学思维，构建价值塑造、知识传授、能力培养为一体的课程体系，激励学生德智体美劳全面发展（图5）。

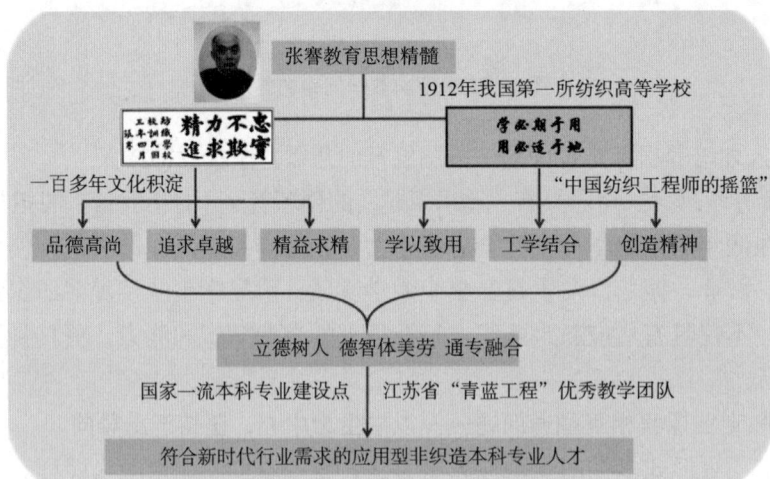

图5 符合新时代行业需求的应用型非织造本科人才培养方法

3.1 学科交叉，特色鲜明

以新兴材料行业高速发展为契机，积极开展学科交叉的专业建设，培养造就符合新工科特色、具有工匠精神的应用型工程技术人才，为我国的非织造产业及相关领域提供了人才支持和智力保障，并为"抗疫"做出了突出贡献，走出了一条充满正能量的"新工科"协同育人之路。2019年被遴选为国家双万计划一流本科专业建设点。

3.2　通专融合，课程思政

高标团队为人师表，坚持显性教育和隐性教育相统一，针对国家特设、行业急需、学科交叉型新兴专业特点，加强通专融合的课程体系建设，利用课堂教学渠道，完成课程思政"点、线、面"建设，将"知识、能力、人格"的培养目标落实到潜移默化的课程教学细节中，构建专业整体的课程思政体系，使学生在引领中塑造，在感悟里成才。

3.3　教书育人，示范引领

十多年教学改革实践，构建非织造材料与工程专业的课程思政体系，有效实现了思政课程与课程思政有机结合，在"培养什么样的人、如何培养人以及为谁培养人"的根本问题上交出来一个完美的答卷，彰显南通大学办学特色，成为我国非织造高质量人才培养及正能量"思政"教育的典范。

4　成果的推广应用情况

南通大学非织造材料与工程专业在人才培养过程中，始终坚持正确的政治方向和价值导向，深入贯彻党的教育方针，全面落实立德树人根本任务。始终把"文化传承""专业教育"的融合贯穿于人才培养全过程，强化师德学风，充分体现"三全育人"核心理念，以学生为中心，弘扬社会主义核心价值观，积极构建专业教育和思政教育有机融合的育人体系，引领与塑造具有"顶天"素质又有"立地"能力的德智体美劳全面发展的创新性应用型人才。

（1）南通大学非织造材料与工程专业获国家首批一流本科专业建设点，工程专业认证首批申请获中国教育工程认证协会受理。

（2）专业负责人张瑜教授是教育部纺织类教指委委员、南通市高校教学名师、南通大学教学名师；骨干教师张伟教授是教育部纺织类教指委非织造分委会副主任、南通市高校青年教学名师、南通大学教学名师；专业教学团队获江苏省"青蓝工程"优秀教学团队、江苏省高等学校教育工作先进集体。

（3）专业负责人通过教育部纺织类教指委支持，牵头全国非织造材料与工程主要高校获教育部第二批新工科研究与实践项目；骨干教师获教育部产学合作协同育人项目3项、中国纺织服装教育学会虚拟仿真实验建设项目5项。

（4）建立江苏省非织造材料与工程实践教育中心、学院创客中心，构建产学研协同创新育人的思政教育基地。

（5）"非织造学"等4门专业核心课程获南通大学"课程思政"优秀教学案例，5门专业核心课程获南通大学一流课程项目支持。

（6）发表课程思政研究论文6篇，相关论文获中国纺织职工思想政治工作研究会（院校学组）一等奖。

（7）优秀校友设置多项学生励志奖学金，定期邀请校外行业专家开展专业辅导和励志讲座。

（8）课程思政经验多次在全国纺织类高校教学教育会议交流报告，立德树人的人才培养模式得到行业、企业、毕业生的一致好评，教书育人事迹在中央电视台、学习强国、中国纺织报、新华网等相关媒体宣传报道（图6）。

图6　媒体宣传报道

《时尚与品牌》国家级线上线下混合式一流课程建设的创新与实践

浙江理工大学

完成人及简况

姓名	性别	所在单位	党政职务	专业技术职称
任力	男	教授	国际教育学院	教授
季晓芬	女	教授	学院党委书记	教授
蔡建梅	女	副教授	无	副教授
吴颖	女	副教授	无	副教授

1 成果简介及主要解决的教学问题

1.1 成果简介

本成果为国家级线上线下混合式一流课程"时尚与品牌"及其教学改革过程中的创新与实践。成果贯彻了我国高等教育需培养"高素质专门人才和一大批拔尖创新人才"的指导思想，体现了成果所在学校坚持以"特色化、区域化、国际化"三化融合、服务所在地区的服装产业升级的发展战略。

本成果以艺术设计学科为中心，整合文化传播、营销管理等交叉学科知识，构建涵盖百余个知识点的立体教学构架。成果实践教学指导性强，引领高校课程理论教学与实操实践接轨的改革方向，满足当前社会对复合型高素质国际化人才的需求。

本成果是我国最早以"时尚设计"和"品牌策划"为核心开设的专业课程。始建于2013年，经过8年来反复的教学实践与改革，课程陆续上线了教育部下属的国家爱课程网、浙江省教育平台，以及国内最大的商业网络课程平台"网易公开课"。覆盖生源广，授课人数累计逾30万人。

本成果效果显著，先后被评为国家级线上线下混合式一流课程、国家级精品视频公开课、国家精品在线开放课程、浙江省精品在线开放课程。成果屡次获奖，如基于MOOC的混合式教学获得省高校在线开放课程共享联盟优秀案例三等奖、省本科高校教学比赛一等奖；"探秘时尚"获国家多媒体课件比赛一等奖、浙江省本科高校教学比赛二等奖。成果还包括多部相关教材、讲义与教学音像资料，其中专著5本、译著3本，发表相关教学改革论文十余篇；指导学生参与创新创业竞赛屡次获奖。

本成果团队围绕课程教学积极开展横向社会服务，先后为雅莹集团、森马集团、银泰集团、百大集团、安正集团、凯信集团、网易考拉等众多国内知名时尚企业服务，培养的优秀学生也纷纷进入上述企业任职。

本成果获得良好的社会评价，助推我国本土服装品牌和本土设计师走出国门、与国际接轨，助力我国由服装生产大国向时尚产业大国转型；在推动传播时尚理念，提升国人时尚素质、文化自信等方面做出了一定的贡献，并多次被《浙江省教育报》等媒体宣传报道。

1.2　主要解决的教学问题

（1）解决了时尚设计专业知识更新快、应用性强，而书本知识更新慢、信息滞后的矛盾。成果与现代化的信息科技紧密融合，采用视频公开课、资源共享课等线上线下混合式教学手段，为学生提供在线案例群、素材库、拓展网站链接、微信推送，打造课外"动态时尚资源库"。

（2）解决了高校设计专业教学中偏重画图与制作，缺乏品牌与营销知识教学的问题。成果以"时尚设计"和"品牌策划"为平行主线，搭建起一套完整立体的交叉知识构架。

（3）解决了当前高校在线教学偏向理论授课，现场实战教学在线课程匮乏的问题。成果将翻转课堂手段进一步升级，如将线下教师实战指导过程拍成视频上传到线上，满足了学生更为多元的学习需求。

2　成果解决教学问题的方法

2.1　顺应时代发展，采用线上线下混合式授课方法，探索新的教学模式

实践线上线下混合式教学方法——线上资源采取进阶式、课题式，线下采用案例研讨式、模拟实践式、企业项目式等教学组织形式。

基于"五星教学法"将学习过程分为"课前、课中、课后"三部分：课堂内侧重知识原理的分享、探讨和问题解决，课堂外侧重实战检验所学，发现问题、引起思考；案例式教学和课题式教学贯穿始终。

运用现代化多媒体信息技术，将"理论＋实践"搬上在线课堂：线下带领学生进入企业商场现场研讨，并录制成实战视频上传，改变了传统网课长于讲理论的传统；完成从理论到实操的全过程教学，引导学生的创新思维。

建设混合式的课内外实践平台，辅导学生线下实战：与国内知名服装品牌及时尚公司合作，搭建实践平台；使学生既能巩固知识、磨炼设计技能，又解决了就业问题。

2.2　立足本专业、跨界相关学科，构建以时尚和品牌为核心的新知识架构

成果注重培养具有设计能力、时尚素养和品牌运营能力的综合型人才。区别于以往服装类课程偏重设计和制作技能的培养；课程更侧重对具有品牌意识的营销型人才的培养，为国内服装品牌意识觉醒，本土设计师成长，民族自信提升发挥了一定的作用。

成果立足全球时尚产业前沿，整合艺术设计、社会传播、营销管理等交叉学科知识构架，构建完整立体的课程内容；以"时尚"和"品牌"为主线，覆盖从时尚基本原理与规律、时尚体系运转到品牌转化应用的知识重点、难点与热点。

2.3　深度融合信息技术，建立全链路线上教学渠道

由过去单纯多媒体教学方式转变为多媒体教学、远程教学、视频教学与网络教育资源教学的多元化信息化教学模式。

分析课程与多种信息技术手段的契合点，串联学习过程，加强课堂内外的衔接：使用软件制作课件和教学视频，借助线上学习平台完成发布课程内容、作业、在线考试、讨论区互动答疑等教学活动，建立学习群布置任务、交流互动，利用直播平台实时教学。

借助新媒体，如微博、微信公众号等平台辅助教学，建设线上学习资源库，实时更新案例内容，提供课外学习资源，包括域内资源，如主讲教师视频课程、各章节课后题库、影音视频等；全球时尚资讯网站、时尚类书籍等域外拓展资源；专设自营微信公众号"时尚与品牌"，累计发送课外知识推文 297 篇。

运用微课、慕课、翻转课堂、视频公开课和资源共享课等形式，借助中国大学生慕课、网易公开课、浙江省高等学校在线开放课程、超星尔雅等权威平台进行传播，向其他专业或外校学生推广课程，增加专业课程的开放性与共享性。

3　成果的创新点

3.1　首创以时尚和品牌为核心的设计课程内容

成果契合当前消费升级的产业背景，打破传统的服装教学桎梏，研究当代社会时尚传播规律，以品牌思维进行设计成果模式转化，成为全国"时尚与品牌"课题首发。

成果兼顾校内学生与大众，普及时尚原理，精简生涩概念，补充成功案例，拉开知识的跨度，推广课程受众面。创新后的知识内容，更贴近当今时尚产业的发展现状与未来时尚消费趋势。

将艺术设计与时尚产业相结合，以现代艺术与设计的视角，加入国际前沿的学术观点与最新的产业信息，在课件设计、视频制作中突显时尚特色。

3.2　创新线上学习和线下实践的"无缝衔接"

成果充分利用线上与线下两种教学渠道的纵深，进一步推进"翻转课堂"：线上学习理论知识和拓展材料，侧重深入探讨、分享、解决问题；线下主攻知识的运用和用实战检验所学，注重查缺补漏、答疑辅导、课外实践与考察。

成果追求更为多元化的线下教学体验。团队利用产业背景与科研成果，为学生搭建校外实践平台，与国内知名服装品牌、零售企业以及时尚科技公司合作，并借此为优质的实习和就业创造条件。将企业观摩、工作室授课、市场调研与课堂授课穿插，将课外实战内容拍摄成视频，弥补在线学习缺乏实践的不足。

3.3　创新融合信息技术，构建课外"动态资源库"

成果顺应时尚瞬息万变和应用性强的特点，以跨学科视野，集艺术设计、市场营销、文化传播等多领域知识于一体，结合理论与实践指导，使学生掌握流行趋势预测、品牌价值提升等关键技能。

成果以激发学生兴趣为导向，运用现代信息技术拓展课外教学资源，凝炼开放性强、多层次、多体验、多功能的云端教学新平台，包括460分钟慕课视频、在线案例群、素材库、拓展网站链接、微信推送、微博留言讨论等辅助教学，围绕视频课程构建"动态时尚资源网"，形成多元、立体的知识传播体系(图1)。

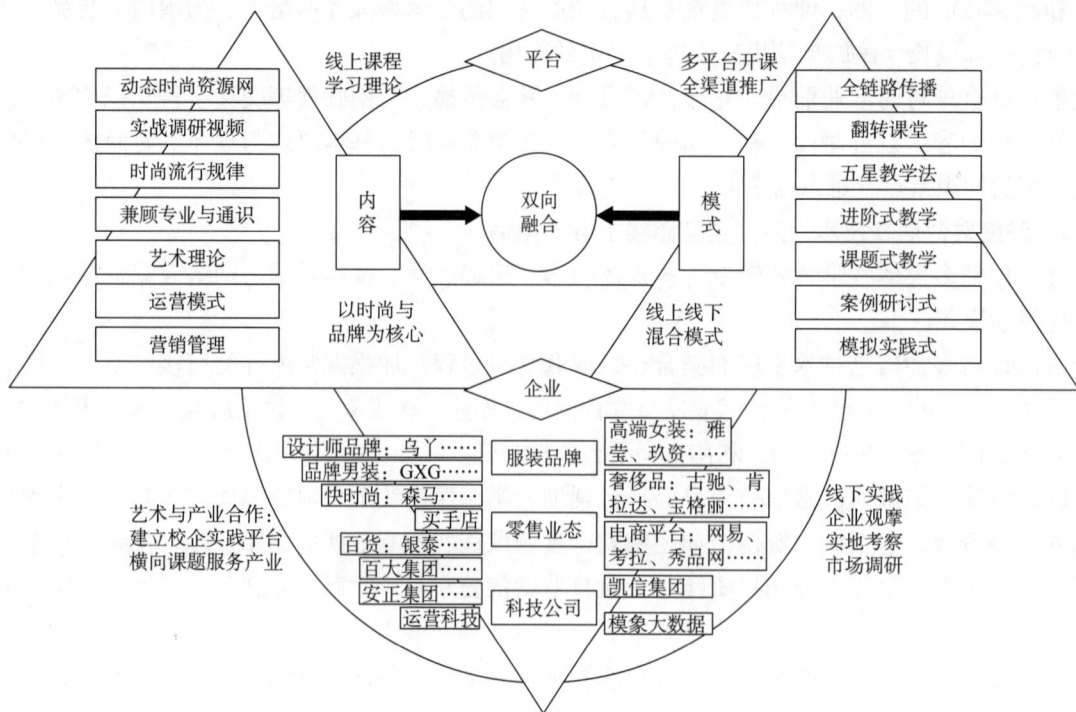

图1　多元、立体的知识传播体系

4　成果的推广应用情况

4.1　成果上升为国家级课程

成果自建课以来逐步发展，成长为国家级课程：2015 年被评为教育部精品视频公开课程，2019 年被评为教育部精品在线开放课程，2020 年评为教育部线上线下混合式一流课程。

4.2　成果受益学生数量多、范围广、质量高

成果自 2013 年开始至今累计播放达 70.693 万次。2016 年上线浙江省高等学校精品在线开放课程共享平台累计开课 8 次；2018 年上线中国大学 MOOC 平台累计开课 5 次，选课人数达 48699 人，学生分别来自国内 100 多所高校，全网累计听课人数逾十万，累计播放近百万次。

成果在所在学校累计受益学生近三千人。作为服装设计专业学科基础必修课。成果同时作为公共选修课面向全校各专业开放，已授课 8 次；非专业选修的学生主要来自本校艺术设计、染织等相关专业，也有政法、外语、机电等非艺术类专业，还有不少在校留学生修读。

成果促进学生学习积极性提高，教学质量持续上升：爱课程平台课程好评率98%；本校专业学习者考试优秀率从 2014 年的平均 12% 增加到 2020 年的 45% 以上。成果促进专业学生参加服装大赛、大学生科技创新计划项目或创业大赛，获奖数量不断攀升，2019 年主讲教师指导服装专业学生获浙江省"互联网＋"创新创业大赛银奖，2020 年获得该大赛铜奖。

4.3　成果具有示范性以及推广引领作用

成果在高校引起示范效用，如浙江科技学院，杭州职业技术学院和浙江纺织服装职业技术学院等校将本成果纳入该校的设计专业培养计划。成果也引起一定的社会宣传推广效应，2019 年 9 月，《浙江省教育报》采访成果团队，并刊发题为"打造引领时尚的'时尚课'"的专题报道。

此外，成果延伸性强，拓展空间大；为今后进一步融合设计与实践专业教学奠定了基础，也为其他专业进行线上线下混合式教学改革提供了示范。

4.4　成果产业服务效果显著

多年来，本成果培养了大批优质时尚毕业生，涵盖从服装设计到品牌营销在内的所有领域，包括时尚品牌、时尚买手店、时尚媒体、时尚杂志、时尚商业地产等。许多设计类学生在深入学习后自主创业；许多拓展学习者通过学习后，转行从事时尚行业工作；课程的国际化特色也使其成为国内众多准备出国留学的时尚专业学生的辅导课程。

成果转化为社会服务，逐渐引起浙江省时尚产业的关注，先后被安正时尚集团、雅莹时尚集团、宁波凯信贸易进出口公司等知名时尚企业定为培训课程。由于成果实践指导性强，促进了校企合作，合作企业包括雅莹集团、森马集团、银泰集团、百大集团、网易等。

基于工程教育认证标准的纺织工程
国家一流专业建设与实践

武汉纺织大学

完成人及简况

姓名	性别	所在单位	党政职务	专业技术职称
张尚勇	男	武汉纺织大学	国际学院支部书记	教授
武继松	男	武汉纺织大学	无	教授
蔡光明	男	武汉纺织大学	纺织学院副院长	教授
陈军	男	武汉纺织大学	纺织实验室主任	副教授
柯薇	女	武汉纺织大学	纺织工程系主任	讲师
肖军	女	武汉纺织大学	无	副教授
张如全	男	武汉纺织大学	纺织科学与工程学院院长	教授
陈志军	男	武汉纺织大学	纺织实验室副主任	实验师

1 成果简介及主要解决的教学问题

1.1 成果简介

"基于工程教育认证标准的纺织工程国家一流专业建设与实践"成果是以"纺织工程专业综合改革试点计划"（教高函〔2013〕56号）、"教育部卓越工程师教育培养计划"（教高函〔2012〕7号）、"基于战略性新兴产业发展的纺织特色专业人才培养研究与实践"（鄂教高函〔2016〕1号）、"纺织工程专业应用型创新人才培养方案的研究与实践"（中纺联函〔2014〕121号）、"纺织工程专业拔尖人才培育试点班"（武纺大ZD20100201）、"纺织工程卓越工程师试点班"（武纺大ZD2011004）、"基于'四到'理念的传统纺织工程专业新工科人才培养模式的探索"（武纺大2018JGZL001）和"以适应工程教育认证要求的专业课程体系的改革研究"（武纺大2018JGZL003）等项目形成的教学研究成果。其直接成果为：纺织工程专业通过国家工程教育专业认证；纺织工程专业通过英国纺织学会工学学士学位课程认证；纺织工程专业获批国家一流专业建设点；"纺织材料与加工团队"获批国家级教学团队；"纺织材料学"获批国家精品课程、国家精品资源共享课程和国家一流线下课程；"针织学"获批省级精品课程、省级精品资源共享课程；"纺纱学"获批省级精品课程；与企业共建实践基地，已获批7个国家级工程实践教育中心建设单位；获批国家级和省级实习基地；获批中国纺织工业联合会授予的中国纺织服装人才培养基地称号。

1.2 主要解决的教学问题

1.2.1 课程体系设置问题

传统课程体系设置是以传授专业知识为主，不能满足纺织行业对卓越工程师的要求，纺织工程专业一定要主动适应新一轮科技革命与纺织产业变化新趋势，围绕建设纺织强国的国家战略及中南地区发展需要，通过主动参加国际工程教育认证和学位课程认证确定培养目标和毕业要求，再造纺织工程专业课程体系，建设一批能够体现产业和技术最新发展要求的新课程。

1.2.2 师资队伍配备和教学能力提升问题

纺织专业课程教学内容陈旧，师资结构和水平不能满足新型应用型人才培养的需要。教师要主动适应纺织产业转型升级和纺织新工科条件下的知识变化，加快知识更新步伐，提升科研能力、理论教学能力和实践教学能力。

1.2.3 OBE 理念下的学生能力素质提高问题

纺织工程专业作为传统工科专业，需要对专业进行升级改造，以适应国家建设纺织强国的战略需要。在纺织人才培养体系建设与实践中，做好顶层设计，坚持 OBE 理念，重新定位新工科背景下的人才培养目标：适应纺织行业发展需要，工程实践能力好、创新意识强、国际视野较广，能将专业技术和经济、社会、管理进行融合，解决纺织工程领域复杂工程问题，并成为新时代中国特色社会主义的合格建设者和接班人。

2 成果解决教学问题的方法

"基于国际双认证标准的纺织工程国家一流专业建设与实践"成果是依据 2 个国家级教学质量工程项目、1 个省级教学研究项目、1 个部委级教育教学改革项目和 4 个校级教学质量工程项目取得的建设成果，成果解决教学问题的方法如下：

（1）全面落实工程教育的先进理念，以培养解决纺织工程中的复杂问题能力为目标构建适应新工科和工程教育认证的课程体系，打造线上、线下、混合式金课。把学生工程能力作为课程体系设置的主线统筹所有课程教学大纲，注重材料、工程与设计等多学科的交叉，同时加强课程思政教育，注重学生工程伦理意识和职业道德培养。

（2）加强新型师资队伍建设。第一，突出教师实践能力培养，实施产学合作，采取"师、企、问、题"方法让青年教师"融入产业链"开展社会服务；第二，拓宽教师来源渠道，提高实践背景教师比例；第三，创新工程教育教学组织模式，以能力模块为基本单元建设纺织概论、纺织材料学、纺纱学、机织学、针织学、纺织品开发、智能纺织、工程概论等课程组，以老带新，提升青年教师的教学水平。

（3）构建教学质量保障校外校内双循环机制。通过改进培养目标的校外循环和毕业要求的校内循环，构建教学过程质量保障双循环机制。对人才培养进行总体设计，分步实施，总结反馈，持续改进，逐步完善。确定能够覆盖国际工程教育通用标准的纺织工程专业毕业要求，并定期进行达成性评价。

（4）实施专业内的持续改进机制。专业制订文件健全持续改进机制，使质量监控结果、毕业生跟踪反馈结果及时用于教学改革，促进教学质量不断提高；定期开展专业评估，定期举行毕业生和用人单位意见征求活动，吸纳行业、企业专家参与教学指导工作，形成定期修订、完善毕业要求和培养方案修订的有效机制。

（5）完善产教融合、校企合作的多主体协同育人机制，引入社会办学力量特别是人才受益方合作育人、合作就业、合作创新发展。在武汉裕大华纺织服装集团有限公司、湖北枫树线业有限公司、际华集团 3542 有限公司和际华集团 3509 有限公司等纺织先进企业建设一批纺织工程实践教育基地，以产业和技术发展的最新需求来推动人才培养改革。

（6）实施学业导师制，落实"三全"育人，强化教师对学生的学习指导与人生引导。第一，引导学生明确学习目的和成才目标，端正专业思想和学习态度，指导学生做好大学生涯和就业生涯规划；第二，引导学生了解本学科专业的基本情况、发展动态、社会需求等，增强学生对所学专业的认识；第三，指导学生安排学习进程、选课，包括按照培养方案指导学生个性化选择学习方向等；第四，指导学生参加科学研究训练，健全创新创业教育体系。纺织工程专业建有"三创"中心，引入创意、创新和创业导师，组织创新大赛，实现学生全覆盖，在提升学生创新实践能力的同时提升就业能力。

3 成果的创新点

3.1 创新点一

按照工程教育专业认证标准的要求，实施学业导师制，学生入校即分配学业导师，学业指导四年不断线；学生参与导师项目，培养学生的创新意识和科研技能，提升就业能力；引入企业导师，多家知名纺织企业老总每学期为学生做企业案例实践报告，培养学生实践能力。学院按计划引入专业教师带着项目、课题、团队到创意、创新和创业——"三创"中心，对大学一、二年级学生进行创意思维训练，对大学三年级学生进行创新训练，对大学四年级学生结合毕业课题进行创业能力培训，循序渐进培养学生的纺织技术研究能力与工程应用能力，提高纺织工程专业毕业生质量。

3.2 创新点二

按照应用性、创新型、复合化三原则再造课程体系，课程体系体现"纤维科技与产品设计""纺织材料与绿色加工"和"纺织管理与贸易"三个方向模块的新课程。

纺织工程专业主动适应新一轮科技革命与纺织产业变化新趋势，围绕建设纺织强国的国家战略需要，再造纺织工程专业课程体系，建设一批能够体现产业和技术最新发展要求的新课程。通过压缩传统专业必修课如纺织材料学、织物组织结构、纺纱学、机织学、针织学、非织造学的学时，删减过时的选修课程，增设新课程。新增课程分三个方向模块：

（1）纤维科技与产品设计：纺织色彩与应用、纺织图案设计、机织产品设计、针织产品设计、纺织CAD、纺织品服用结构设计、智能纺织品、化学纤维成型加工原理、纺织最优化设计等。

（2）纺织材料与绿色加工：高分子材料学、纺织机电一体化、生物医用纺织品、纺织品染整、生态及功能纺织品检验等。

（3）纺织管理与贸易：现代纺织企业管理、项目管理、创业经济学、管理会计、纺织报关实务、纺织品贸易等。

3.3 创新点三

采取"师、企、问、题"方法让青年教师"融入纺织产业链"，开展社会服务，突出教师实践能力培养。青年教师深入企业，参与企业的产品设计、生产运行和管理，从企业实际生产过程中发现问题，将企业发现的问题升华成科研课题，在校企合作过程中提升青年教师工程实践能力和科学研究水平，最终实现青年教师教学水平的提高。

4 成果的推广应用情况

4.1 纺织工程专业建设成效

2020年纺织工程专业按认证要求提交持续改进情况报告，中国工程教育认证协会决定"继续保持有效期"；2019年纺织工程专业获批国家一流专业；2017年纺织工程专业通过工程教育专业认证（通过认证，有效期3年）；2017年获得英国纺织学会工学学士学位课程认证。

4.2 教学基本建设成效

（1）课程：建成国家一流线下课程1门、国家精品资源共享课程1门、省级精品课程2门、校级金课4门和校级精品课程6门。

（2）师资队伍："纺织材料与加工教学团队"获国家教学团队，另外获批纺织科学与工程学科省级名师工作室1个，具有海外留学经历的教师达到45%，66%具有博士学位，副教授、教授职称占比64%。

（3）实践教学改革：获批国家级教学实验平台3个。

（4）教材：主编或参编国家级规划教材5部、部委级规划教材7部。

4.3 学生培养质量成效

（1）学生的创新能力：近几年纺织专业学生获全国"挑战杯"大学生课外科技作品竞赛一等奖、三等奖各1项，分获湖北省"挑战杯"大学生课外科技作品竞赛一等奖2项、二等奖3项、三等奖20项，获全国"红绿蓝杯"中国高校纺织品设计大赛和全国大学生"立达杯"纱线暨面料设计大赛一等奖、二等奖、三等奖及优秀奖100多项，获批国家级大学生创新创业大赛项目20项和省级大学生创新创业大赛项目52项。

（2）毕业生就业：近五年来毕业生的供需比一直保持在1：4以上，毕业生一次就业率达到98%左右。

（3）毕业生升学：近几年的纺织类毕业生考研录取率达30%以上。

4.4 研究成果的推广应用成效

（1）成果通过论文、全国会议形式进行了广泛的交流，发表教研论文8篇。

（2）"纺织材料学"国家级精品课程、"纺织材料学"国家级精品资源共享课程、"纺纱学"和"针织学"省级精品课程、"针织学"省级精品资源共享课程以及校级金课4门和6门校级精品课程均建有课程网站，网络信息传播便捷，学生受益面广。

（3）本课题成果多次在纺织服装教育学会、专业认证培训会、十多所高校宣讲，另外，学院还接待了西安工程大学、嘉兴学院、湖南工程大学等多所兄弟院校纺织专家来校进行相关成果交流，推动了全国纺织类高校的专业建设，相关专家给予充分肯定。

基于数字内容产业需求的艺术类人才
培养模式创新与实践

西安工程大学

完成人及简况

姓名	性别	所在单位	党政职务	专业技术职称
马冬	男	西安工程大学	新媒体艺术学院院长、党委副书记	教授
丛红艳	男	西安工程大学	新媒体艺术学院副院长、党委委员	教授
李德兵	男	西安工程大学	动画专业系副主任	副教授
姒晓霞	女	西安工程大学	新媒体艺术学院院长助理、党委委员、编导系主任	副教授
王坚	男	西安工程大学	新媒体艺术学院副院长、党委委员	副教授
雷桐	男	西安工程大学	影像动画艺术系主任	副教授
马一婷	女	西安工程大学	戏剧影视美术设计系主任	讲师
燕耀	女	西安工程大学	实验中心主任、教工第一党支部书记	副教授

1 成果简介及主要解决的教学问题

1.1 成果简介

本成果针对近年来我国数字经济快速发展，行业亟须数字内容生产专业人才的现状，结合所在学院的动画、编导、播音、戏美设计等四个专业多年来的办学基础，以戏剧与影视学科二级学科链群的思维进行专业改革和资源整合，进一步深化专业内涵，从知识模块、能力、素养三个维度创新，构建了新的艺术类人才培养模式，实现专业人才培养与数字产业发展的对接，对促进"新文科"建设，探索国家新兴学科即交叉学科门类体系构建具有积极的现实意义和示范作用。

1.2 主要解决的教学问题

1.2.1 专业人才培养定位不适应数字产业发展人才需求的根本问题

在数字化经济发展的大环境下，本成果积极改革专业定位，结合数字产业发展需求树立人才培养目标，在保证相关专业基本特点的同时解决了以往人才培养目标定位已不能适应人才市场需求的问题。

1.2.2 专业课程体系较传统、缺乏特色的问题

在各专业课程体系中将以往专业传统课程作为基础，融入数字内容生产知识和技能，突显了专业时代特征和办学特色。

1.2.3 专业教育教学方法守旧、人才培养质量不高的问题

本成果以数字内容产业需求为导向，摒弃传统教学模式和方法，在课程建设、平台建设、实践教学等各方面贯穿以数字内容生产需求为导向，提升人才培养质量。

2 成果解决教学问题的方法

2.1 系统修订人才培养方案，确定为数字内容产业服务的人才培养目标定位

在各专业培养方案中明确为数字内容产业培养专业人才，增加有关新媒体、数字媒体技术的教学内容，细分出相关的专业方向或专业选修模块，如动画专业分出游戏、交互方向，编导专业划分新媒体编导模块，播音专业增设配音表演方向，戏剧影视美术设计专业突出"数字概念设计"定位等，均紧密围绕数字内容产业领域核心需求进行人才培养目标定位（图1）。

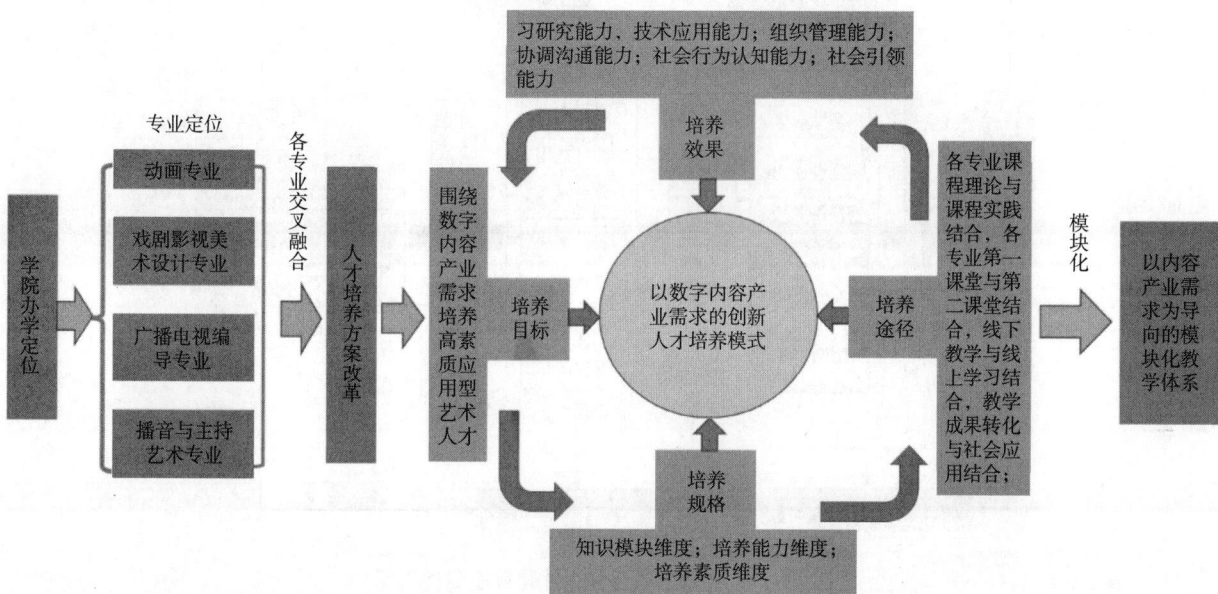

图1 以数字内容产业需求的艺术类人才培养创新模式

2.2 围绕数字内容生产改革课程体系，加大课程建设力度，积极促进教学成果转化

各专业统一开设摄影、摄像、数字剪辑、后期制作等培养学生数字化音视频内容创意生产技能的基础课程，并建设了慕课、虚拟实验课、系列微课程等一批相关线上课程以及省级一流课程，在此基础上将课程建设成果积极转化，出版了有关游戏制作、互动设计、音频制作等特色鲜明的专业教材（图2）。

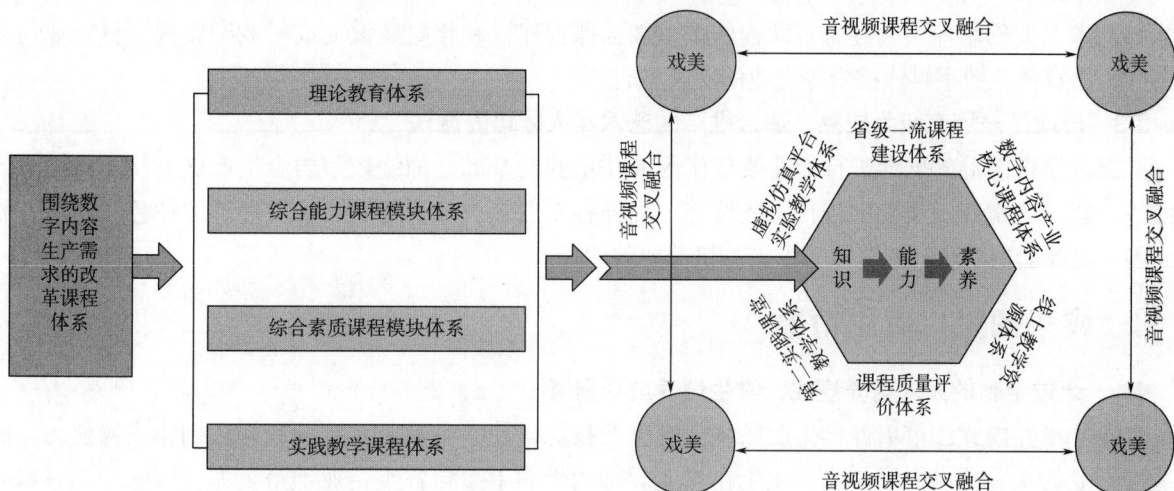

图2 围绕数字内容生产改革课程体系图

2.3 深化教育教学改革，提升专业教学质量和人才培养质量

通过教学改革、示范教学、赛教、教学法研讨等多种方式推动教师教学方法创新与能力提升；在日常教学中引入抖音、喜马拉雅、微信等各种新媒体平台丰富教学手段和形式；建设省级实验教学中心、虚拟实验中心，结合教师工作室以及"新文创与文化价值观研究中心"等30余个校企合作实践基地为学生提供了优质的专业实践平台；并通过专业交叉分组分配本科导师，专业赛事与教学产出紧密融合，完善二类教学评价体系等制度有力地保证了艺术类人才培养质量提升（图3）。

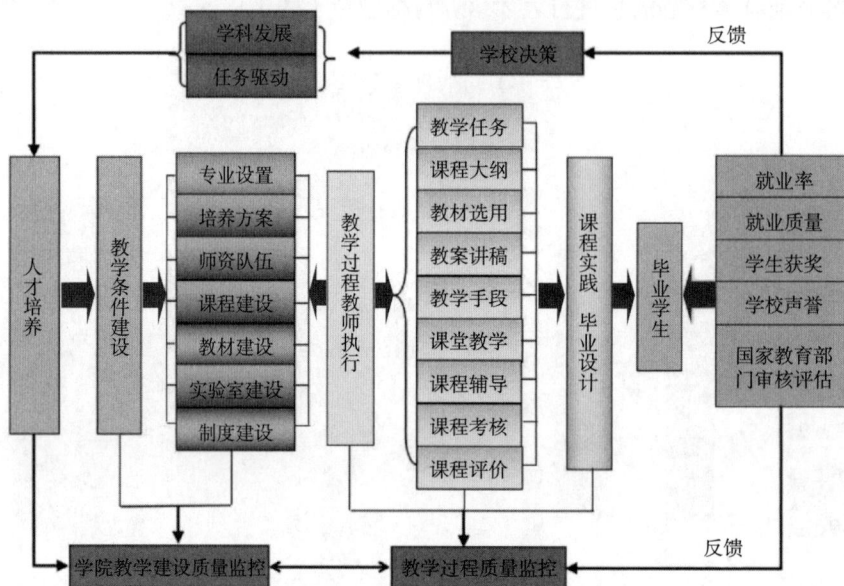

图3 提升专业教学质量和人才培养质量体系图

3 成果的创新点

3.1 紧密结合行业发展需要提出全新的艺术类人才培养理念

以国家数字内容产业发展需求为导向，积极深化和提升专业内涵，对标游戏、交互体验、短视频、音频、概念设计等主流数字文化创意产业需求进行对口专业人才培养，提出了全新的人才培养理念。

3.2 以数字内容生产需求为核心，探索了专业交叉融合发展的可行路径

在各专业教学中围绕数字内容生产打通专业基础，强调对学生音、视频数字化内容创作基本知识、技能和艺术素养的培养，通过完善课程体系、加强课程建设和教材建设完成了戏剧影视学科专业与艺术设计、新媒体、数字媒体技术等专业的交叉融合。

3.3 形成了一整套较为成熟、适合推广的艺术类人才培养方法

以二级学科链群的思维进行专业改革作为人才培养的基础，围绕数字内容生产这一核心目标从知识模块、能力、素养三个维度进行人才培养，加强各专业在教学、竞赛、实践环节的特色化发展，积极完善与之配套的管理和制度体系，人才培养成效明显。

4 成果的推广应用情况

4.1 通过全新的人才培养模式，学生培养成效显著

本人才培养模式注重培养学生的数字内容生产技能，使学生具有熟练的音视频创作实操能力，能够适应行业的实际需求。近年来，学生在专业教师的带领下参与各类企业项目，如《长安十二时辰》等影视剧后期制作、《嵋峨山下》等广播剧录制、喜马拉雅音频节目制作等，作品在国内主流媒体及

平台播出。各专业学生在"互联网+""大学生广告大赛""蓝桥杯""北京大学生电影节""夏青杯"等各类专业竞赛中荣获各级奖项200余项,立项大学生创新创业训练计划项目84项,其中国家级20项,省级25项,校级39项。毕业学生在湖南卫视等国内多家卫视及融媒体平台、字节跳动等新媒体头部企业、西部网等多家陕西本地数媒平台就业,得到企业和社会的良好评价。

4.2 各专业发展建设均取得了积极效果

近年来,各专业获批教育教学改革项目11项,其中省级2项,校级9项;发表教学研究论文20篇;出版教材12部;获批精品资源共享课、慕课等10项;获得省级教学成果二等奖1项,三等奖2项;教师在陕西省课堂教学创新大赛中获得一等奖和三等奖;获批纵向省部级以上课题5项,横向科研100余项;发表高水平科研论文20余篇;动画专业2019年获批陕西省一流专业建设点,广播电视编导专业、播音与主持艺术专业2020年获批校级一流专业建设点。

4.3 本成果在兄弟院校产生了良好的辐射作用,多次开展经验交流

本成果在人才培养理念、专业教育教学改革、学生音视频作品艺术创作力、师生服务社会等方面的积极成效得到了兄弟院校的关注,在多次院校交流中我校对本成果经验进行了积极推广。各专业教师在赴日本高等教育考察交流、赴美国明尼苏达圣玛利亚大学、达特茅斯学院、俄克拉荷马等国外院校访学过程中,以及与中国传媒大学、北京电影学院、天津师范大学、南京艺术学院、陕西师范大学、西北大学、西安美术学院、陕西科技大学等国内院校开展交流过程中得到各院校对本成果的高度认可。教育部高等学校动画、数字媒体专业教学指导委员黄向东教授指出,国家建立的"交叉学科"即第十三大学科门类目前仍处于建设初期,学科内涵和分类亟待充实和完善,本成果在人才培养教学实践层面已经做出了很好的探索和示范,具有很强的借鉴性。

4.4 本成果通过校企合作及多次文化活动得以展示并有多家媒体宣传报道

近年来,我校与巴基斯坦、日本、荷兰等国家的文化部门及高校,与国内的腾讯、爱奇艺、喜马拉雅等头部平台,以及陕西本地曲文旅、陕西电视台、西影集团等多家媒体和公司合作开展各项人才培养合作项目,多次举办了国际青年导演交流会、中巴经济走廊文化大篷车、西安PGC&UGC短视频暨新媒体产业与教育发展高峰论坛等各种主题文化交流活动,各专业师生在数字影像艺术创作领域所具备的高水平素养和能力得到了充分展示。包括巴基斯坦国家艺术委员会、丝绸之路国际电影节组委会、腾讯、微博等在内的多家机构和单位对我校相关专业的人才培养模式和效果给予了高度认可,光明日报、央广网、中国广播网、省教育厅官网、西部网、陕西卫视、西安电视台、陕西日报以及巴基斯坦国家电视台等多家国内外媒体均做过相关报道。

基于"传承·融合·创新"思维的"12334"型 人才培养模式改革与实践

西安工程大学

完成人及简况

姓名	性别	所在单位	党政职务	专业技术职称
梁建芳	女	西安工程大学	系主任	教授
万明	男	西安工程大学	教务处处长	教授
吕钊	男	西安工程大学	服装与艺术设计学院院长、时尚文化创意产业园主任	教授
李筱胜	男	西安工程大学	院党委书记	副教授
刘洁	女	西安工程大学	无	讲师
刘静	女	西安工程大学	科长	工程师
段南华	女	西安工程大学	无	讲师
沈钊	女	西安工程大学	无	讲师

1 成果简介及主要解决的教学问题

1.1 成果简介

针对服装专业教育中现存的人才培养创新能力不足的问题，提出在服装专业的本科教育中要树立"传承·融合·创新"的新思维，即"传承"服装专才教育中数学等基础类自然科学的通识教育，"融合"工程、艺术及经济管理类课程，最终实现服装专业学生创新意识、创新思维、创新能力和创新成果的提升。为此，基于理论研究和实证分析，从培养目标重塑、模块构建、平台搭建、培养方案制订、教学内容和方法改革、实践基地建设以及国际化拓展等方面构建了"一个中心、二元驱动、三维一体、三段协同和四步进阶"的"12334"型人才培养模式。

具体内涵为以"立德树人"为中心、通过"能力培养＋素质内化"的二元驱动，形成基于社交媒体的"专业学生、高校教师和企业专家"三维一体、"课前、课中、课后"三段协同，遵循创新能力进阶规律的"基础、综合、应用和创新实践"的"四步进阶"式创新人才培养模式（简称"12334"型人才培养模式），最终实现服装专业学生创新能力的全面提升。

该成果基于6个省部级、校级重点教改课题而形成。主要包括服装专业人才培养模式创新实验区建设（省级教改项目）、"传承·融合·创新"思维的服装专业人才培养体系的构建与实施（省级重点教改项目）、中德本科专业教育比较及探索实践（中国纺织工业联合会高等教育教学改革项目）、"传承·融合·创新"思维的服装专业人才培养体系的建设与实践（中国纺织工业联合会高等教育教学改革项目）、中德本科专业教育比较及探索实践（西安工程大学教改研究项目）等。自2010年9月开始，2016年12月完成，经过五年实践，取得了良好的应用效果。

1.2 主要解决教学问题

（1）解决服装专业学生知识结构单一和过于狭窄、创新思维受限的问题。

（2）解决服装专业教育人才培养与企业对人才需求相脱节的问题。

（3）解决服装专业学生解决实际问题的能力和创新能力偏弱的问题。

2　成果解决教学问题的方法

该成果主要思路为：针对现存问题，通过理论研究和实证分析，从培养理念、培养模式和实现路径等三方面提出了相应的解决办法，形成了三个创新点，并提出了相对应的实施举措。如图1所示为该成果解决教学问题的技术路线图及逻辑关系图。

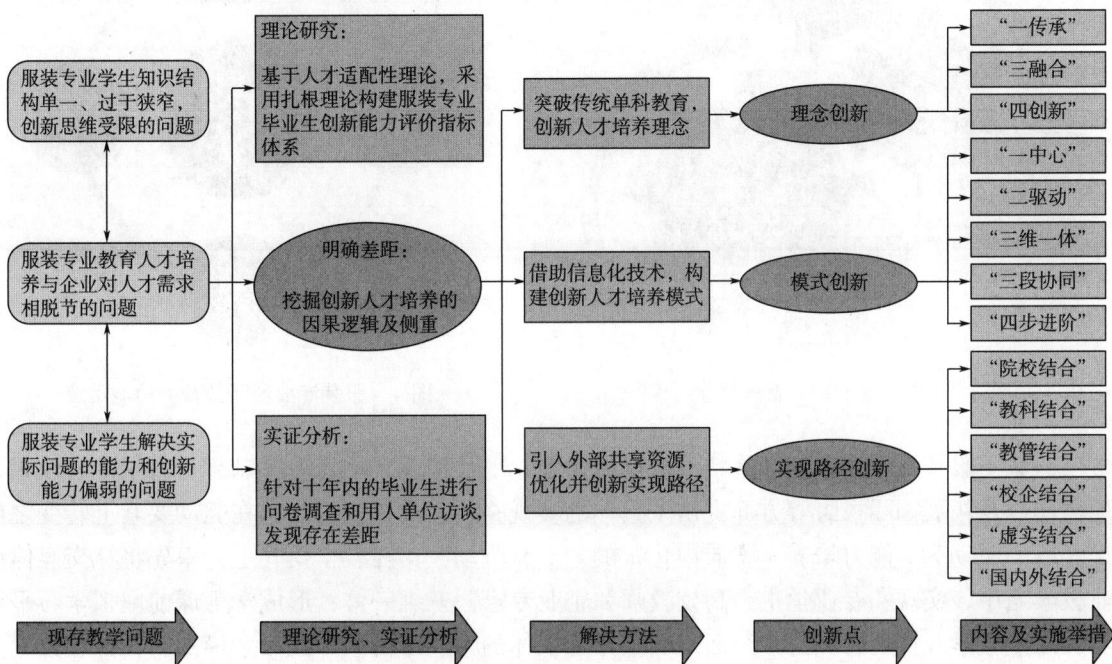

图1　成果解决教学问题的技术路线及其逻辑关系

具体方法如下：

第一，基于人才培养的适配性理论，通过理论研究和实证研究，利用扎根理论和数据挖掘方法，经文本内容分析构建了服装专业毕业生创新能力的指标体系（图2），以及服装专业教育创新能力培养方面的薄弱环节及其因果逻辑。

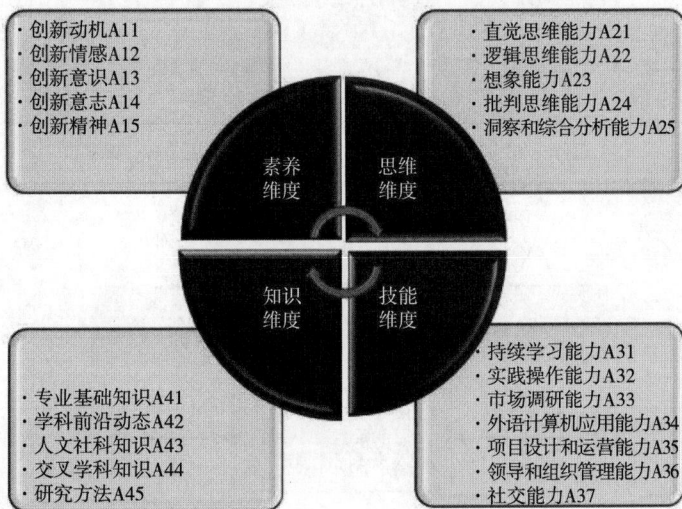

图2　服装专业毕业生创新能力指标体系

第二，基于学生创新能力受制于学科视野的问题，提出了服装专业高等教育的创新理念（图3）以及功能定位（图4），形成了以立德树人为中心的、学生在知识获取—能力培养—素质内化—创新创业能力提升等各阶段内创新意识、创新思维、创新能力和创新成果的全链条无缝链接，以解决服装专业教育中创新能力和"立德树人"效果不足的问题。

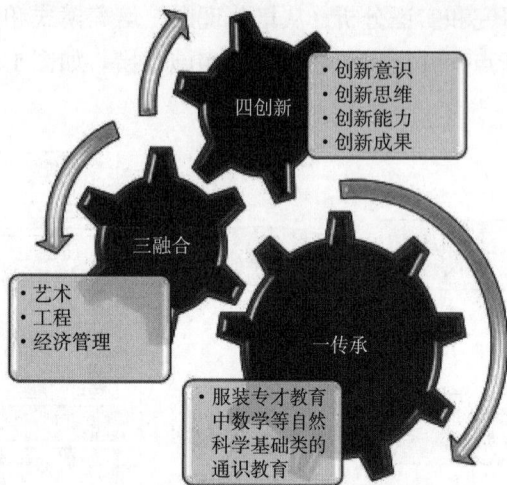

图3 服装专业创新教育的理念构建　　　　图4 服装专业创新教育的功能定位

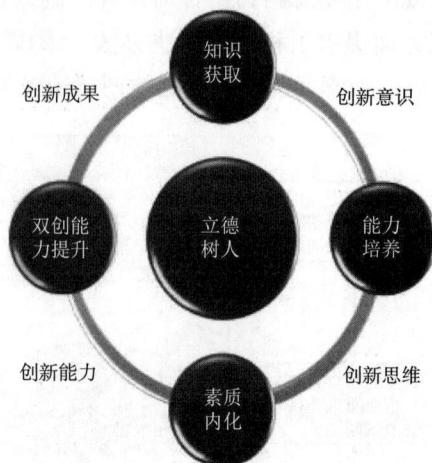

第三，基于服装专业培养目标重塑，从模块构建、平台建设、培养方案制订、教学内容改革、实践基地构建以及拓展国际视野等方面提出了具体的实现路径。具体表现为：在驱动要素上转变之前单一知识获取的驱动为"能力培养＋素质内化"的"二元驱动"；在教学模式上，率先将社交媒体应用于专业教学当中，实现"专业学生、高校教师和企业专家"三维一体，形成学生课前虚拟学习平台协作学习，课堂教学及课后"一对一"面对面辅导为一体的"三段协同"式教学模式；在课程设置上，形成"基础、综合、应用和创新"的"四步进阶"式的理论和实践教学体系，即"一个中心、二元驱动、三维一体、三段协同和四步进阶"的"12334型"创新人才培养体系（图5）。

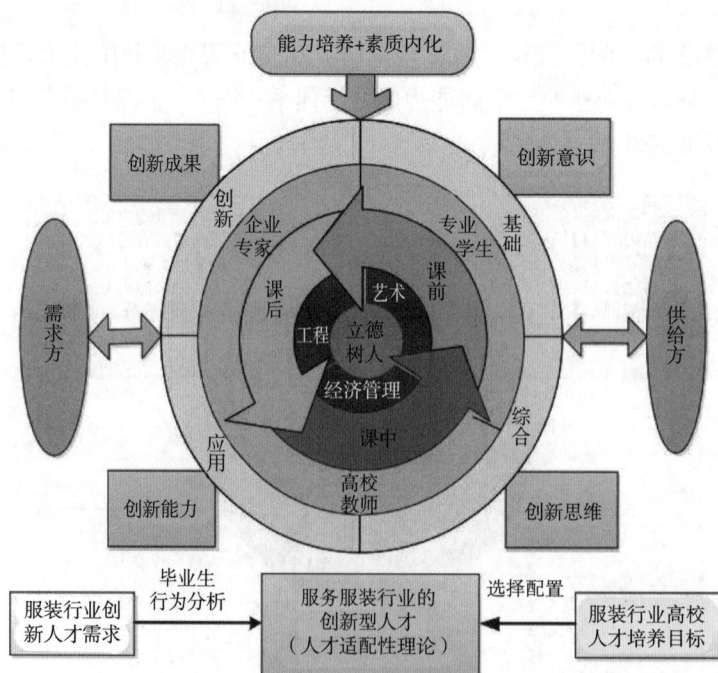

图5 服装专业"12334"型创新人才培养体系逻辑关系图

第四，根据服装专业学生创新能力的素质维度，提出"基于项目、任务导向"的教学内容重构方案，修订培养方案，改变学生实习和实践环节的教学方法和评估机制，形成"学院和学校结合、教学与科研结合、专业教师与学生管理人员相结合、学校与企业结合、虚拟仿真与线下实践结合、国内外院校相结合"的多层次实践教学体系。主要解决方案包括：

（1）校院结合：依托校内时尚文化创意园，以工作室模式加强学生的创新创业训练。

（2）教科结合：以导师制为引领，基于科研项目驱动学生创新意识和思维的培养。

（3）教科结合：以 SDGs 专项基金项目为来源，培养学生探究式的学习方法和思路。

（4）教管结合：加强专业教育与学生管理之间的协作，共同内化学生创新素质的培养。

（5）校企结合：基于行业需求和岗位要求，结合企业项目进行课程内容改革。

（6）校企结合：采取"请进来"和"走出去"两种方式，加强学生与企业家之间的对话。

（7）虚实结合：借助信息化手段，实现服装专业供应链各环节的虚拟仿真与线下实践互相补充，共同促进学生实践能力提高。

（8）国内外结合：利用外专引智和暑期国外交流项目，拓展本科生的国际视野。

3　成果的创新点

3.1　理念创新

该成果立足服装行业，突破了不同学科、不同领域、不同技术方法之间的壁垒，着眼于创新人才的全方位培养，率先提出了"一传承、三融合、四创新"的创新理念，对于服装专业人才培养的创新模式具有重要意义。

3.2　模式创新

基于学生创新能力受制于学科视野的问题，率先提出在服装专业教育中要树立"传承·融合·创新"的思维，并通过重塑人才培养目标，构建了"一个中心、二元驱动、三维一体、三段协同和四步进阶"的"12334"型人才培养模式。

3.3　实现路径创新

基于项目（任务）导向，通过"学院和学校结合、教学与科研结合、专业教师与学生管理人员相结合、学校与企业结合、虚拟仿真与线下实践结合、国内外院校相结合"的"六结合"实施举措，形成了多层次实践教学和考评体系。

4　成果的推广应用情况

4.1　学生素质改善初见成效，创新能力得到有效提高

4.1.1　立德树人效果增强

自2016年以来，服装专业923名学生毕业。根据多家用人单位反馈和评价，毕业生总体上"踏实勤奋、创新能力强、爱岗敬业、基础知识扎实、工作认真""实践动手能力强、肯吃苦"等优点受到用人单位的一致好评，并涌现出一批优秀学生代表。

4.1.2　大创项目、"互联网+"等大赛成绩斐然

2017～2020年，服装专业学生荣获大学生创新创业训练计划项目31项，其中国家级项目11项，省级项目9项；在"互联网+""大广赛"等国家级大赛中获得国家级奖项1项、省级奖项18项；先后在中国纺织类高校大学生创新创业大赛等行业高水平学科竞赛中荣获奖项15项，教师荣获"优秀指导老师"12项，取得了有史以来的最好成绩。

4.1.3　学生作品展在社会产生良好反响

自2016年，服装专业一年一度的学生创新作品展已连续举办五届，曾多次被搜狐网、亮宝楼（微信）平台、共青团西安工程大学委员会官方平台等多家媒体报道，学生作品受到了社会和行业人士的高度

关注和认可，并由此提升了专业的知名度，扩大了学生的就业区域。

4.1.4 学生就业范围、就业率、就业层次略有提升

自 2016 年至今，服装专业学生从事信息化、智能化及管理类岗位数量有所提升，学生就业率稳步提升，依次为 85%、81%、91%、92%、95%。

4.2 教学成果、教学奖励及教育科学研究项目成果累累

4.2.1 教学成果和教学奖励

自 2017 年以来，荣获教学成果奖励 10 项，其中省部级以上的教学成果奖励 6 项；吕钊教授荣获陕西省教学名师、梁建芳教授荣获西安工程大学校级教学名师。

4.2.2 一流专业、一流课程和优秀教材

服装专业获批省级一流课程 2 项、省级创新创业课程建设项目 1 项、校级课程思政示范课程 1 项；省级优秀教材 1 项、校级优秀教材 1 项；2020 年，我校服装专业荣获国家级一流专业建设单位。

4.2.3 教育科学研究项目、教改项目

教师获批省部级以上教育科学研究项目 3 项、教改项目 8 项；国家级科研项目 4 项、省级科研项目 5 项；省部级科技成果奖 2 项。服装专业建设和学科建设取得突破性进展。

4.3 校内成果推广，加速了服装相关专业的交叉和融合

该教学成果经过探索，后推广到服装成衣、内衣方向、服装艺术设计、针织艺术设计、服装与服饰设计卓越计划等多个专业和方向，实现了不同专业资源的共享及有效利用，加速了服装相关专业间的交叉和融合，提升了服装专业毕业生的竞争能力。

4.4 研究成果发表及国内外推广，引起广泛关注和采用

4.4.1 研究成果受到高等教育研究专家们的一致肯定

梁建芳教授主持完成的省级重点教改项目《基于"传承·融合·创新"思维的服装专业人才培养体系的构建与实施》在结题答辩中受到评审专家的一致肯定，成为当年陕西省 377 个结题项目中唯一一个服装类的教改项目，名列 49 项"优秀"项目之列。

4.4.2 在纺织服装行业高水平专业教育期刊上发表研究成果论文 9 篇

其中《服装专业人才创新能力评价体系的构建及其实证研究》《基于"传承·融合·创新"思维的服装专业创新人才培养模式探索》《基于社交媒体的服装专业"三段式"协同教学模式的构建》等论文下载量达 250 余次，引起业界关注和认可。

4.4.3 教学思想和教学模式被广泛采用

梁建芳教授与山东舒朗服饰有限公司合作编写的《服装市场营销》教材中实施了该成果中的教学思想和模式设计，受到教育部高等学校物流管理与工程专业教学指导委员会委员龚英教授、教育部高等学校纺织类专业教学指导委员会委员王永进教授等的一致肯定，先后被青岛大学、西南大学、武汉纺织大学、闽南理工学院、安徽城市管理职业学院、中原工学院等多所高校采用或在服装行业培训中使用，应用效果良好，其发行量已突破 10000 册。

4.4.4 国内院校间交流提升了我校服装专业的吸引力

该成果第一负责人曾在西南大学、西安美术学院、陕西服装工程学院、南京金陵科技学院等展开成果交流活动，吸引相关专业教师来校交流学习 8 次，吸引外校学生考取我校研究生 12 人。尤其是在2018 世界纺织服装教育大会上通过论文重点推广了该成果，受到业界的广泛认可和采纳。

4.4.5 与国外知名院校合作，实现深耕细作

自 2016 年起，先后与美国北卡罗来纳州立大学、美国加州大学北岭分校、德国洛特林根大学等建立交流和合作渠道，提高我校在国际范围内的行业影响力，为专业教师和学生拓展视野和提升创新能力提供了更大的施展空间。

纤维材料创新人才"一导三融"培养模式的探索与实践

浙江理工大学

完成人及简况

姓名	性别	所在单位	党政职务	专业技术职称
姚玉元	男	浙江理工大学	本科教学委员会成员	教授
朱曜峰	男	浙江理工大学	人事处副处长	副教授
金达莱	女	浙江理工大学	材料工程系系主任	副教授
王文涛	男	浙江理工大学	无	讲师
吕维扬	男	浙江理工大学	无	讲师

1 成果简介及主要解决的教学问题

1.1 成果简介

纤维材料是国民经济中重要的基础关键原材料，对我国经济社会全局和长远发展具有重大影响。面向国家战略性新兴产业"新材料"和浙江省纺织行业对纤维材料创新人才的巨大需求，结合学校纺织服装特色办学优势，针对纤维材料专业中存在学生创新和实践能力不足的问题，在多个国家省部级教改项目和教学质量工程项目的支持下，历经近 10 年的探索实践，提出彰显纤维材料特色、适应国家战略性新兴产业和浙江省区域经济需求的纤维材料创新人才培养新理念，以纤维材料创新人才培养为目标，以全部本科生导师制培养（一本科生一导师）为主要载体，通过构建以研究性学习为载体的教学科研深度融合机制、基础与特色并重的理论实践有机融合课程体系、校企协同育人的产业教育高度融合培养体系和促进创新人才培养的教学保障体系，形成了立足导师制为载体、"科研与教学—理论与实践—产业与教育"融合的纤维材料创新人才"一导三融"培养模式，探索出一条适合地方特色高校纤维材料专业创新人才培养的有效路径，为解决纺织及材料类专业人才培养中共性问题提供了宝贵经验。

本成果经过实践检验，纤维材料本科专业人才培养成效显著：本科生创新能力显著增强，连续三届获国家挑战杯（课外学术）二等奖 4 项，获浙江省挑战杯（课外学术）特等奖 2 项，本科生以第一作者发表 SCI 论文 74 篇，其中中科院 SCI 一区 16 篇、SCI 二区 28 篇，影响因子均大于 10.0 的 14 篇，最高影响因子为 16.683；研究生继续深造率稳步升高，2018 届毕业生升学率达到 45.45%，名列全校第一，远高于全省和全校平均水平（分别为 12.71% 和 20.97%）；毕业生得到社会好评，经过满意度调查，用人单位对毕业生满意度均超过 90%，用人单位普遍认为本专业毕业生基础知识扎实、分析和解决实际问题的能力强；专业建设内涵不断深入，"材料科学与工程"是国家一流专业、浙江省"十二五"和"十三五"优势特色专业，2018 年通过国家工程教育认证；教师教学研究不断深化，承担国家级教改项目 2 项、省级教改项目 5 项，发表教改论文 21 篇，出版省部及国家级教材 6 本，教师教学水平大幅度提高。

1.2 主要解决的教学问题

1.2.1 科研与教学：科研资源与人才培养脱节问题

由于高校"重科研、轻教学"现象的普遍存在和科学研究训练未充分融入人才培养过程，从而导致教学和科研分离，不利于纤维材料人才的创新思维培养。

1.2.2 理论与实践：理论基础与实践能力协调问题

如何在夯实材料共性基础，彰显纤维材料特色的同时，加强实践能力训练，实现三者协调发展，是区域性特色高校亟待破解的难题。

1.2.3 产业与教育：社会需求与培养效果契合问题

地方高校应主动适应区域经济和社会发展需要，然而目前毕业生的综合素质和适应能力却难以满足企业用人需求，制约了高校和企业的协同创新发展。

1.2.4 保障与质量：保障体系与培养质量匹配问题

本科生规模大，但培养质量要求高，建立何种教学保障体系来推进创新人才培养的稳步实施，使人才培养质量稳步提升，是高校亟待破解的难题。

2 成果解决教学问题的方法

针对纤维材料创新人才培养面临的问题，本成果提出纤维材料创新人才培养新理念，以"人人（本科生）都有导师，人人（专业教师）都是导师"的导师制培养为主要载体，形成纤维材料创新人才"一导三融"培养模式，从课程建设、科研创新、产业需求三个维度系统开展纤维材料创新人才"一导三融"培养模式改革与实践（图1）。

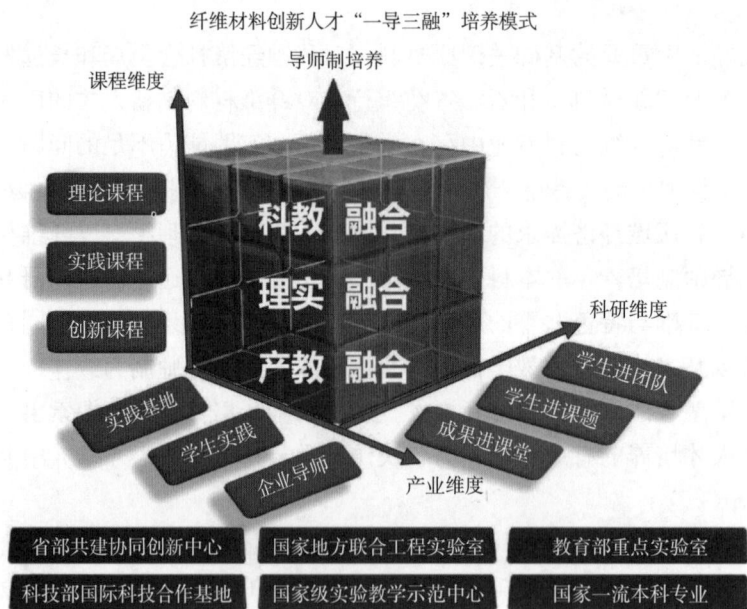

图1 "一导三融"培养模式

2.1 针对科研资源与人才培养脱节的问题，提出本科生导师制培养新途径，推行研究型教学模式，实现深度科教融合

针对本科生普遍存在的学习兴趣低、创新能力弱、动手能力差等问题，结合专业师资力量的实际情况和学生的个性特点，2012年在材料专业率先提出并实施"本科生导师制培养"模式（即一个本科生配备一个导师），专业教师担任本科生导师，导师对本科生的学业、科研创新、毕业设计（论文）、精准就业、求学深造、成才等进行全过程、全方位指导，为本科生参与科研创造条件，让本科生早进

实验室、早进课题、早进团队，培养本科生具有文献查阅、实验设计、实验操作、团队合作等方面的科研素养，将科技前沿和创新训练融入教学，目的是因材施教，专任教师全员参与研究型教学，寓教于研，激发学生学习兴趣，促进学生个性化发展和创新能力提升，实现科研和教学的深度融合。

2.2 针对人才培养中理论基础与实践能力不协调的问题，构筑基础与实践并重的三层次课程体系，实现学生理论基础与实践能力的协同发展

浙江省纤维材料产量约占全国 50%，占全球 30%，是浙江省支柱产业和战略新兴产业。目前，浙江省纺织纤维材料正处于转型升级的关键时期，亟须大量具有纤维材料学习背景的专业人才，而我校材料科学与工程专业是浙江省省属高校中唯一以"纤维材料"为特色的本科专业，服务地方经济，培养纤维材料的专业人才义不容辞。"特色"和市场需求是高校专业建设、发展的生命线。面向国家战略性新兴产业新材料和浙江省纺织行业对纤维材料专业人才的巨大需求，在我校"立足纺织化纤行业、服务地方经济"的办学定位指导下，学院结合培养创新人才的需要，修订了教学大纲，建设"学科基础—专业核心—特色选修"三层次理论课程体系，开设了"纺织材料学""产业用纺织品""现代聚酯""高技术纤维"等特色选修课；同时打造"课程实验—学科竞赛—科研创新"三层次实践课程体系，彰显了"纤维材料"特色，依据"分流培养、知识模块、导师指导"的人才培养模式，培养能从事纤维材料特别是高分子纤维材料、无机纤维材料及其制品的学术研究、工程技术、创业等方面的创新人才（图 2）。

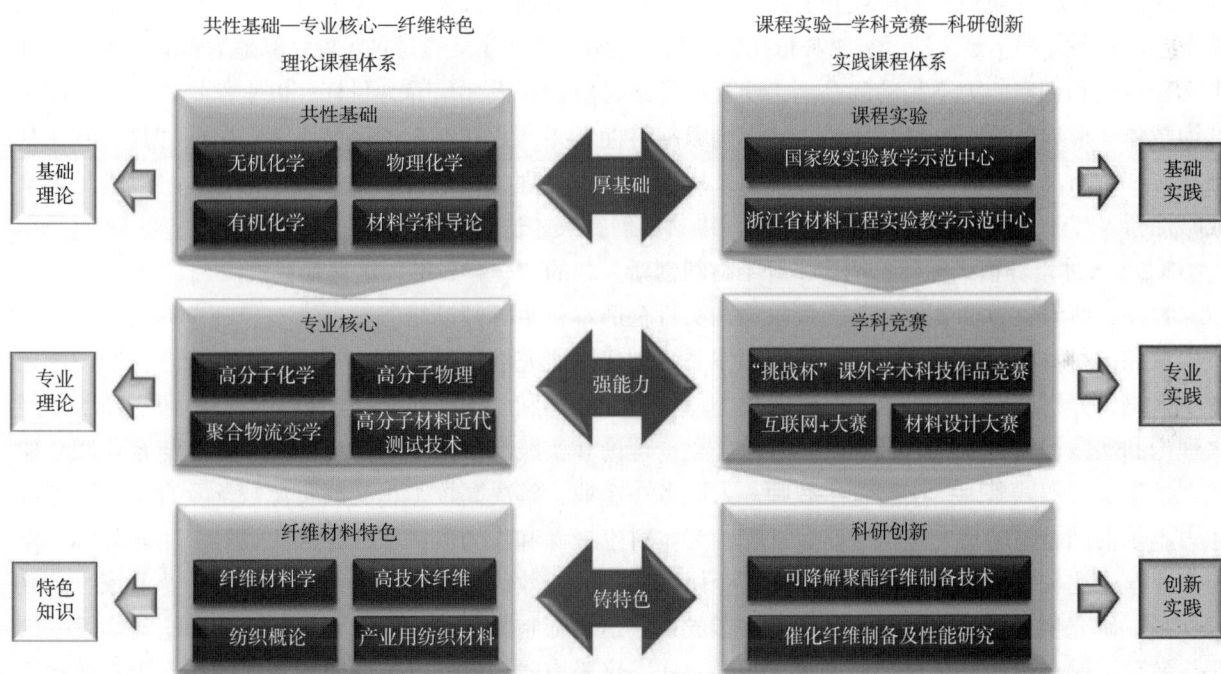

图 2　三层次理论课程体系和实践课程体系

2.3 针对人才培养效果与社会需求契合度低的问题，构建校企协同育人的产教融合培养体系，培养适应浙江纤维经济发展需求的创新人才

探索校企协同育人实践体系，提升学生纤维工程实践能力。精心筛选彰显特色的实践基地，优先选择关键领域、行业领先企业，与全球涤纶长丝产量第一的桐昆集团、全球最大的涤纶工业丝生产商古纤道、全球最大玻璃纤维制造商巨石集团等 14 家企业共建"实践教学基地"，聘请企业导师 18 人直接参与教学，学生可深入车间、研发中心等一线进行实际操作实践，同时促进了专业、企业和行业的有机融合，使教育链、人才链与产业链、创新链能有机衔接和相互支撑，形成长效互惠的校企协同育人机制。成果实施以来，专业学生纤维工程实践能力强，继续升学率高，超 75% 毕业生服务于地方

相关产业领域，而且用人单位对毕业生多方面满意度均超过90%。

2.4 针对人才培养质量与教学保障不匹配的问题，建立促进创新人才培养的全方位教学保障体系

师资队伍和教学制度是提高人才培养质量的重要保障。本专业出台了"教学老帮青""科研一人一规划""一人服务一企业"的政策措施，帮助青年教师全面提升教学、科研和工程实践能力。通过近十年的努力建设，专业拥有包括中国工程院院士1人、日本工程院院士1人、国家千人1人、教育部"长江学者和创新团队发展计划"1个在内的高水平师资队伍，专任教师总人数80人，平均年龄40岁，博士学位教师占比达90%，70%以上专任教师有工程实践经历，而且有企业兼职教师18人，为提高学生培养质量提供了重要师资保障。此外，材料科学与工程学院成立了教授学术委员会和本科教学指导委员会，制订了导师制培养、学生学科竞赛等一系列深化改革的激励机制，并且将本科生"导师制培养"的创新训练以2个学分纳入了专业培养方案，这为材料科学与工程专业培养创新人才提供了坚实的制度保障。

3 成果的创新点

3.1 人才培养理念创新：形成了纤维材料创新人才培养新理念

基于地方高校服务国家地方经济社会需求的人才培养定位，结合浙江理工大学的纺织特色优势，根据国家新材料战略性新兴产业和浙江省纤维材料产业对创新人才的巨大需求，分析研判纤维材料创新人才培养条件和不足（即纤维材料依托的"材料学科"进入ESI全球前5‰，但是培养的学生存在纤维工程特色和创新能力不足的问题），确立以纤维材料创新人才培养为目标，以全部本科生导师制培养为载体，形成彰显纤维材料特色、适应国家战略性新兴产业和浙江省区域经济需求的"具有专业基础扎实和创新思维能力"的纤维材料工程技术人才培养新理念，解决了专业特色不足、难以满足国家战略性新兴产业领域和浙江省区域经济对纤维材料创新人才迫切需求的问题。

3.2 人才培养模式创新：构建了纤维材料创新人才的"一导三融"培养新模式

教授、博士生导师全员参与一线教学，实行全部本科生导师制培养（一人一导师），结合各类科研项目和学科竞赛，建立多层次创新训练体系，创建以研究性学习为载体的科教深度融合机制；优化教学大纲，分别建设"学科基础—专业核心—特色选修"和"课程实验—学科竞赛—科研创新"三层次理论和实践课程体系，形成基础与特色并重、理论和实践有机融合的课程体系；通过与企业联合建立大学生实习实践基地，实行青年教师一人服务一企业，解决高校工程实践资源缺乏及青年教师工程能力不足的问题，聘请企业家、高级工程师为本科生授课和作为本科毕业论文（设计）指导教师，实现产业、企业与教育的高度融合，形成校企协同育人的长效机制。通过全体专业教师、企业家、高级工程师、研究生、优秀本科生全员参与，形成了立足导师制为载体、"科研与教学—理论与实践—产业与教育"融合的纤维材料创新人才"一导三融"培养模式，探索出了适应国家战略性新兴产业和浙江省区域经济对纤维材料创新人才持续有效供给的新途径，解决了人才培养过程普遍存在的科研教学分离、学生工程实践能力弱的问题。

3.3 人才培养制度创新：建立了以创新人才培养为核心的全方位支持新制度

为接轨国际通行的学术标准和国家一流本科专业人才培养机制，成立了材料专业教授学术委员会和本科教学指导委员会，制定了《材料科学与工程专业导师制实施细则》《材料与纺织学院青年教师服务企业实施办法》《材料与纺织学院关于专业类学科竞赛等奖励的暂行规定》等一系列深化改革的激励机制，实行本科生"三早"制（早进团队、早进实验室、早进课题）、本科生创新学分认定等制度，并且将本科生"导师制"培养的创新训练以2个学分纳入了专业培养方案，这为材料科学与工程专业培养创新人才提供了坚实的制度保障，解决了学生从事创新训练自觉性不强、教师培养学生积极性不高的问题。

4 成果的推广应用情况

4.1 本科生创新能力显著增强

（1）本科生连续三届（2015 年、2017 年、2019 年）获"挑战杯"全国大学生课外学术科技作品竞赛二等奖 4 项、累进创新银奖 1 项、累进创新铜奖 1 项；获省部级奖 39 项，其中浙江省"挑战杯"大学生课外学术作品竞赛特等奖 2 项，获全国首届协鑫杯大学生绿色能源科技创新大赛一等奖 1 项。

（2）本科生为第一作者在 *Applied Catalysis B: Environmental*、*Small*、*ACS Applied Materials & Interfaces*、*Chemical Engineering Journal* 等期刊上发表了 SCI 论文 74 篇（其中，中科院 SCI 一区 16 篇，SCI 二区 28 篇，影响因子大于 10.0 的 14 篇，最高影响因子 16.683），平均影响因子为 5.0 以上，被正面引用 600 余次，单篇最高引用高达 100 次；本科生作为第一发明人授权专利 15 件，其中国家发明专利 8 件，国家实用新型专利 7 件。

（3）本科生主持国家级大学生创新创业训练计划项目 33 项、浙江省大学生科技创新活动计划 48 项，校级科研项目 100 余项，参与本科生 800 余人，直接受益学生累计达 1200 余人，间接受益 2000 余人，学生受益率 85% 以上。

（4）本科生继续深造率高，浙江省教育评估院最近一次调查结果显示：2018 届毕业生升学率达到 45.45%，远高于全省和全校平均水平（分别为 12.71% 和 20.97%），继续深造的本科生受到浙江大学、复旦大学、华中科技大学、上海科技大学、厦门大学、苏州大学等国内一流高校的青睐。

（5）经过对毕业生的满意度调查，用人单位对毕业生多方面满意度均超过 90%，用人单位普遍认为本专业毕业生基础知识扎实、动手和创新能力强，具有良好的职业道德、自学能力强，思想活跃、有良好的团队合作精神。

4.2 专业建设卓有成效

（1）材料专业通过工程教育认证，成为我校第三个通过工程教育认证的专业，建成国家一流专业、浙江省一流专业、浙江省"十二五"和"十三五"省优势专业；材料学科是浙江省一流学科（A 类）建设项目，"材料学科"进入 ESI 全球前 5‰。

（2）建有"纺织工程实验教学中心"国家级实验教学示范中心、浙江省材料工程实验教学示范中心，获批浙江省"十三五"高校虚拟仿真实验教学项目"高黏聚酯合成及纺丝虚拟仿真实验"和"3D 玻璃纤维工厂虚拟现实"2 个，丰富和拓展了学生动手操作的内容和途径。

（3）承担国家级教改项目 2 项、省级教改项目 5 项、校级教改项目 15 项，发表教改论文 21 篇；出版教材和专著 9 本，《纺织材料学》和《生物质化工与材料》两本教材分别为国家部委级规划教材和国家卓越工程师教育培养计划系列教材，《蚕丝加工工程》获 2017 年浙江省优秀教材奖；建成浙江省精品在线课程"丝纤维加工与技术"。

4.3 教师队伍建设效果明显

（1）形成一支学术引领、工程能力与教学能力并举的一流教师队伍，专任教师总人数 80 人，13 人有国外学历背景，半数有海外留学 1 年以上经历，平均年龄 40 岁，博士学位教师占比达 90%，70% 以上专任教师有工程实践经历，还有企业兼职教师 18 人，为培养学生工程实践能力提供了保障。

（2）引进和自主培养中国工程院院士 1 人、日本工程院院士 1 人、国家千人 1 人、国务院纺织学科组评议成员 1 人、教育部新世纪人才 2 人、教育部"长江学者和创新团队发展计划"1 个、浙江省特级专家 1 人、浙江省"万人计划"科技创新领军人才 2 人、浙江省"万人计划"青年拔尖人才 1 人、省"千人（海鸥）计划"1 人、钱江特聘教授 2 人、浙江省 151 第一层次人才 3 人、浙江省 151 第二层次人才 6 人、省中青年学科带头 9 人、省级教学团队 1 个。

（3）获"纺织之光"教师奖 4 人次（傅雅琴、姚菊明、胡国梁、姚玉元）、桑麻奖教金 6 人次（傅雅琴、姚菊明、江国华、张明、王秀华、姚玉元）、获浙江省师德先进个人1人、获浙江省三育人先进个人1人（刘向东）。

4.4 示范辐射效应广泛

（1）2018年工程认证现场考察中，"导师制培养"模式得到了认证专家组的高度评价："导师制培养模式是个创新，有利于本科人才培养，值得推广。"目前，导师制培养已推广到整个浙江理工大学各个专业，而且学校还出台了《浙江理工大学导师制管理办法》（浙理工教〔2017〕69号），为导师制推广提供了制度保障。

（2）2019年本成果主持人应邀在"中国纺织工业联合会教育交流会上"作了"以学生科研兴趣为导向培养纺织材料本科创新人才的探索与实践"的专题报告，得到纺织高校与会专家广泛关注和好评。

（3）本成果在国内也引起了广泛影响，多家媒体对其进行了报道。《浙江教育报》、浙江在线对浙江省"十佳大学生"候选人王列进行了报道；《浙江日报》对2015届材料专业学生孙利杰的创新事迹进行了报道；《浙江教育报》、浙江理工大学主页报道了本科生在国际著名期刊 *Applied Catalysis B: Environmental* 发表的研究成果；浙江理工大学主页对材料专业毕业生李英杰于2014年获国际大奖 Marcus Wallenberg 奖（被誉为"林业界诺贝尔奖"）进行了专题报道。

面向纺织行业的创业教育体系研究与实践

西安工程大学

完成人及简况

姓名	性别	所在单位	党政职务	专业技术职称
王进富	男	西安工程大学	副校长	教授
李艳	女	西安工程大学管理学院	院长	教授
王保忠	男	西安工程大学管理学院	副院长	教授
刘瑞霞	女	西安工程大学	校教学督导团团长	教授
王渊	男	西安工程大学管理学院	副院长	教授
许益锋	男	西安工程大学管理学院	无	副教授
郭晶	女	西安工程大学管理学院	无	高级工程师
邵鹏	男	西安工程大学管理学院	无	副教授
和征	男	西安工程大学管理学院	无	副教授

1 成果简介及主要解决的教学问题

1.1 成果简介

学院依托"纺织学科群对接产业集群协同培养创业型人才的实践体系研究"等16项省部级课题，持续开展研究、改革与实践，构建了面向纺织行业的创业教育体系。该体系从理念、模式、平台和保障四个方面入手，提出了"培养精神、强化意识、提升能力、场景化师资引导"为基础的创业教育理念（Spirit & Consciousness & Ability & Scene-based Entrepreneurship，以下简称SCASE）；坚持特色引领，将纺织强国战略与纺织行业高质量发展使命以思政课程与课程思政的方式融入专业课程，构建了强化创业精神、创业意识、创业能力，推进专创融合、产创融合、科创融合（以下简称"三创融合"）的创业教育模式；搭建了"创业训练、创业实践、创业孵化"一体化创业实践平台；建立了场景化师资创业交流平台，完善了创业竞赛平台，扩展了社会化创业教育资金来源，健全了创业教育考核机制。实践表明，该体系明显提升了纺织行业创业人才培养质量，在校内外相关学院起到了示范引领作用。

1.2 成果主要解决的教学问题

（1）解决了创业教育理念"窄化"的问题。

（2）解决了创业教育模式与纺织行业高质量发展不匹配的问题。

（3）解决了高校创业教育平台不能满足创业教育要求的问题。

（4）解决了创业教育保障体系不健全的问题。

2 成果解决教学问题的方法

坚持以问题为导向，成果主要采取理念凝炼—模式设计—平台搭建—保障体系构建的思路和方法开展探索和实践。

2.1 凝炼"SCASE"创业教育理念

解构创业精神、创业意识和创业能力，细化创业人才培养的15个落脚点，突出特色，优化资源配置，实施场景化教育，提升师生综合素质，实现人的全面发展，凝炼以"规模、质量、结构、效益协调发展"为目标，以提升"创业精神、创业意识和创业能力"为根本的发展理念（图1）。

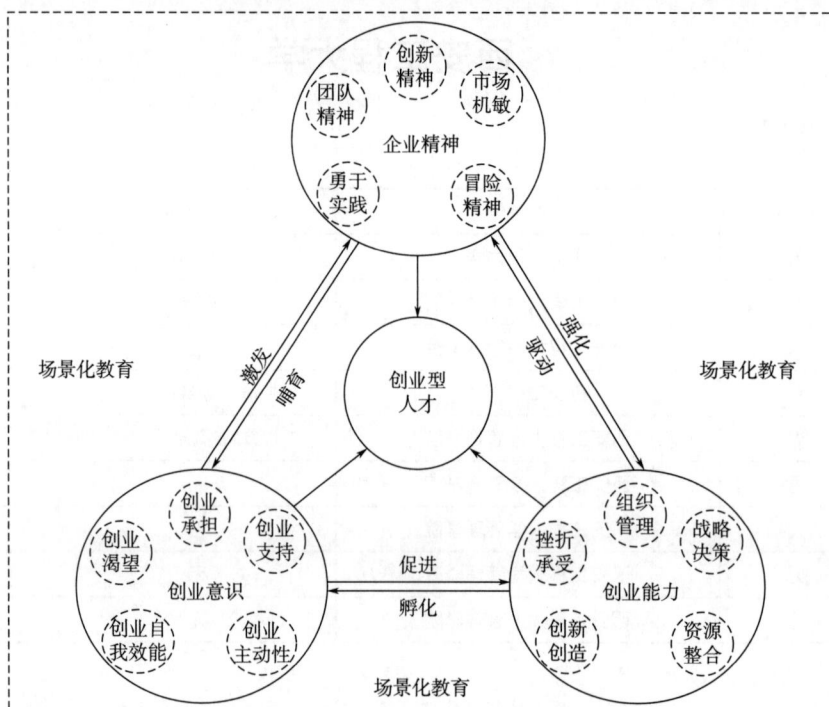

图1 "SCASE"创业教育理念

2.2 构建"三创融合"创业教育模式

按照"培养创业精神、强化创业意识、提升创业能力"的思路，构建了"三创融合"的创业教育模式，如图2所示。

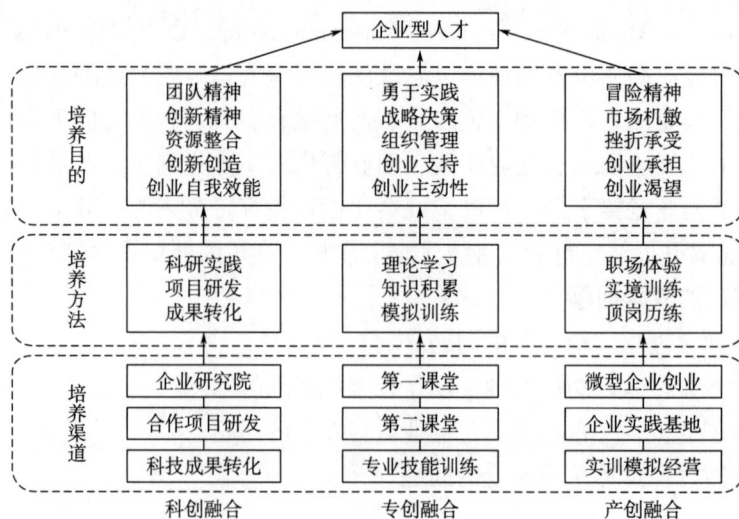

图2 "三创融合"创业教育模式

2.3 搭建多维一体化创业实践平台

整合多方资源，积极与政府、行业、企业、社会协同合作开展创业实践，在专业、师资、场地、项目申报等方面充分实现资源融合与共享。面向全体学生，激发创业兴趣，实施覆盖式、全过程、差异化岗位创业教育，形成了以"兴趣驱动"为基础，以"自主实践"为路径，以"协同共育"为特色的多维一体化创业实践平台（图3）。

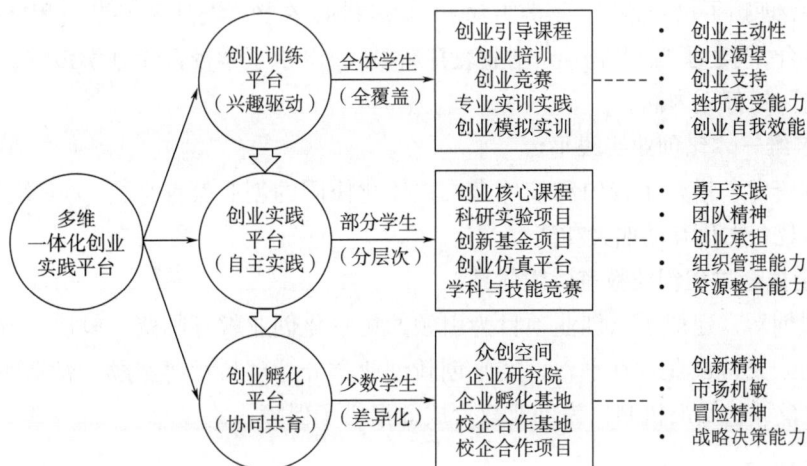

图 3　多维一体化创业实践平台

2.4　建立全员全过程创业教育保障体系

加强顶层设计，成立学院创新创业教育与实践工作领导小组，创办创新创业教育中心，为学生创业提供一站式服务；健全创新创业学分认定与管理，激发学生创业热情；打造"杰出校友、企业高管、技术专家、政府官员、风投经理"汇聚的高水平创业导师队伍；制订保障制度，为学生创业提供政策与资源保障（图4）。

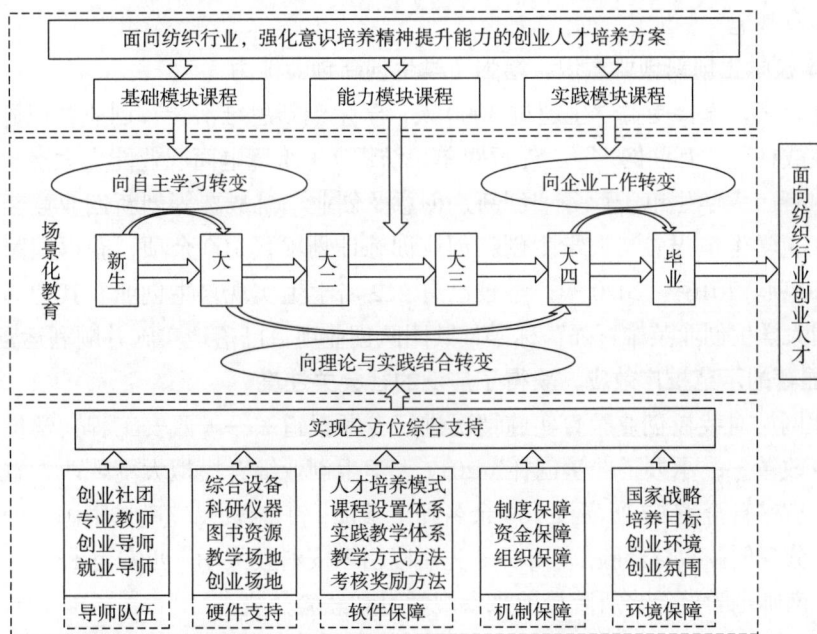

图 4　全员全过程创业教育保障体系

3　成果的创新点

3.1　凝炼了面向纺织行业的"SCASE"创业教育理念

梳理纺织行业高质量发展对行业创业模式要求的变化以及人才创业意识、精神和能力的要求，凝炼了面向纺织行业的"SCASE"创业教育理念，并将"SCASE"的理念全员、全过程、全方位地贯穿于创业人才培养。

3.2 构建了"三创融合"创业教育模式

修订培养方案，理顺了培养路径、培养方法和培养目标，在教学与实践环节过程坚持突出专创融合、科创融合和产创融合，构建了"三创融合"创业教育新模式，继承了学校百年办学传统，进一步丰富了"实业报国、负重奋进"的育人内涵。

3.3 搭建了多维一体化创业实践平台

积极整合多方资源，搭建了校内和校外多维立体化协同的创业教育平台，实现了人才培养、科技创新、成果转化和观念文化互动四大功能。

3.4 建立了全员全过程创业教育保障体系

深化体制机制创新，建成了以创业项目为引领的场景化创业教育师资，解决了导师队伍场景化实践能力欠缺的问题。完善创业竞赛平台，实施创新创业学分管理与竞赛奖励，营造了良好的创新创业氛围。优化创业教育评估反馈机制，为创业教育成效提供了保障。

4 成果的推广应用情况

4.1 形成了一批丰硕的教学成果与资源，有力支撑了创业人才培养

围绕创业教育研究与实践，获批《陕西省大学生创新创业教育体系构建研究》《创业型本科人才培养体系研究》等省部级教学科研项目30余项，发表论文20余篇，出版创业教育教材2部。自编创业案例《无中生有：海川测服的创业之路》收录于清华大学工商管理案例库，获首届"卓越开发者"案例大赛三等奖。省级创新创业教育慕课"创业管理"在智慧树平台上线并推广使用。以本成果为支撑，学院经济管理实验教学中心获评"省级实验教学示范中心"，新增"省级一流专业"2个，学校获评"西安市大学生创业示范基地"。

4.2 提升了本校学生创新创业意识，增强了学生创新创业能力

项目开展实施以来，直接受益学生超过3000人，学生创新思维活跃，创业意识显著增强，创业能力明显提升。"挑战杯""互联网+"、外贸跟单（纺织）+跨境电商职业能力大赛、"学创杯"大学生创业综合模拟大赛、大学生电子商务"创新、创意及创业"挑战赛等创新创业竞赛屡获佳绩。据不完全统计，近三年，学生申报参与大学生创新创业训练计划项目100余项，获得国家级、省部级创新创业竞赛奖项近50项。2016~2020年，学校已有212名学生实现自主创业。其中，陈磊、王宇骁两名学生获得"全国大学生创业英雄百强"称号，其团队创业项目已落地实施并顺利运营两年。

4.3 产生了显著的示范推广效应，获得了广泛的社会关注度

陕西省教育厅网站对我校创业教育实施情况进行专题报道——《西安工程大学推进"双创"教育深化创新创业教育改革》；承办了"学创杯"2017大学生创业综合模拟大赛陕西省省赛暨高校创新创业导师培训会，共有来自全省17所高校200余名师生参加；王渊教授应邀在中国工商管理案例教学及开发研讨会上交流分享创业教育经验。五年来，先后吸引西安科技大学、西安美术学院、西安外事学院、西安培华学院、渭南师范学院等多所院校前来参观学习和经验交流。

4.4 解决了行业企业的技术难题，实现了重大技术创新与突破

创业教育教师积极对接企业需求，与咸阳纺织集团、西安纺织集团、华茂纺织集团等国内龙头纺织企业建立了产学研合作关系，指导学生研发了"数据驱动的棉纺质量控制技术及其系统"等发明专利3项，解决了制约棉纺织企业多源异构纺织数据集成、棉纺过程质量异常波动以及难以精准控制的"卡脖子"问题，实现了重大技术创新与突破，主要技术指标达到或超过国际同类产品先进水平。成果在咸阳纺织集团等10余家纺织企业进行了应用，取得了突出的经济效益。

顺应转型发展，培养纤维材料应用型创新人才

大连工业大学

完成人及简况

姓名	性别	所在单位	党政职务	专业技术职称
郭静	女	大连工业大学	无	教授
管福成	男	大连工业大学	无	工程师
拖晓航	男	大连工业大学	无	讲师
赵秒	男	大连工业大学	无	讲师
于跃	女	大连工业大学	无	讲师
宫玉梅	女	大连工业大学	无	教授
张鸿	女	大连工业大学	无	教授
张森	男	大连工业大学	无	副教授
刘元法	男	大连工业大学	无	副教授
王艳	女	大连工业大学	无	副教授

1 成果简介及主要解决的教学问题

1.1 成果简介

为解决纤维材料领域人才培养供需结构性矛盾，提升人才供给质量，项目组在总结前期人才培养工作的基础上，深入调查了新时代地方经济和产业发展对纤维材料人才的需求，提出了纤维材料应用型创新人才的培养素质要求模型，根据人才素质要求明确了"知识、智能、品格"为一体的工程人才培养目标，构建了"一种理念、两个主体、三个贯通、四个对接、五维思政"的"1+2+3+4+5"人才培养体系。即以"学生中心、成果导向"理念为指导，以"学校和企业"两个主体深度融合建设为抓手，以"专业课堂教学—实践教学—企业实践与创新课堂"三个课堂贯通为载体，以"专业发展对接行业需求、教学内容对接企业岗位要求、教学过程对接企业工作过程、技术创新对接企业实际需求"为保障，以"课程思政、思政课程、学生思政、教师思政、环境思政"为手段，对新时代纤维材料人才培养模式进行了多维度的创新探索与实践。创新了校企协同、教育教学融合、共性培养与个性指导相结合的全方位育人新机制。通过项目实施，推进了人才培养供给侧结构性改革，全面提升了人才培养供给质量，实现了人才培养与社会、行业需求的无缝对接，研究成果被多个学校借鉴，并获得辽宁省教学成果一等奖。

1.2 主要解决的教学问题

（1）人才培养方案与地方经济社会发展需要的应用型创新人才目标不相适应，毕业生能力与企业发展不匹配。

（2）人才培养侧重于知识和技能，忽视了对品格和价值观的培养，也忽视了工程人才智慧后天的提升。表现在工程认同感不足、创新创业能力欠缺。

（3）教育教学过程中引导大学生践行社会主义核心价值观、培养社会责任感的途径和载体单一。

（4）校企合作深度不够，运行机制不健全，缺少文化融合，导致工程教育性存在"形式化"和学生工程能力"空心化"问题。

2 成果解决教学问题的方法

2.1 以成果导向理念为引领，创建满足行业需求的应用型创新人才培养体系

作为教育部"卓越计划"试点专业和省转型示范专业，就如何将应用型人才培养的优势转变为供给侧改革形势下的强势，学院进行了深刻思考，发现自身在教学中强化了实践，却忽视了工程特色与工业发展需求。为此调研了新形势下辽宁地区和纤维材料行业对应用创新工程人才的需求，构建了人才培养素质要求模型（图1），并根据模型提出以"知识、智能、品格"为一体的工程人才培养目标，构建了以学生为主体、教师为主导、企业深度参与的"一种理念、两个主体、三个贯通、四个对接、五维思政"的应用型创新工程人才培养体系（图2）。

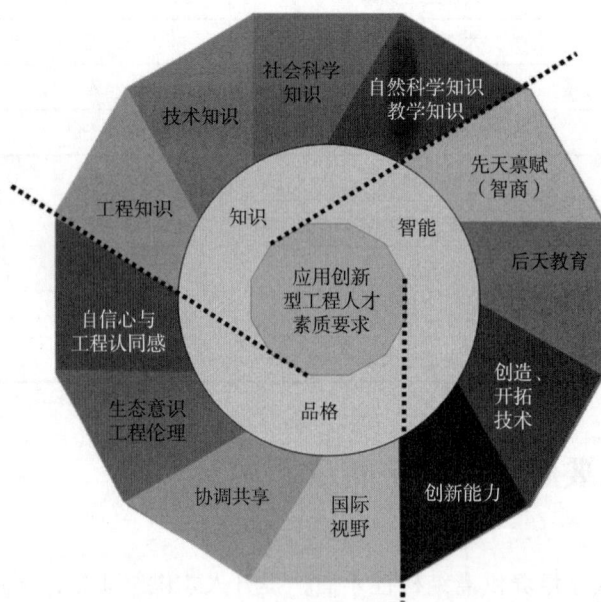

图 1　工程人才培养素质要求模型

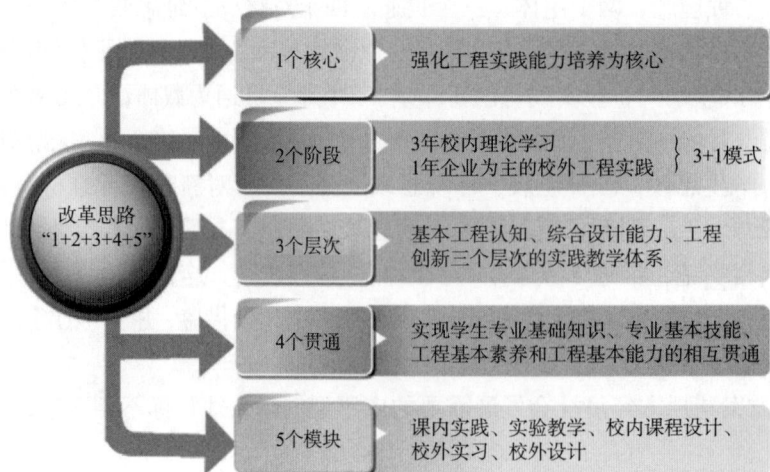

图 2　应用型创新工程人才培训体系

2.2 立足校企两个主体，构建校企协同课程体系

根据培养目标明确毕业要求，并根据毕业要求优化课程结构，建设了有企业全程参与的"知识—智能—品格"为一体的课程体系（图3）。课程分为七个类别，共有校内课堂教学课程、校内与校外实践教学课程和创新课程三大类。一、二年级以校内课堂教学为主，三年级增加实践课程比重，四年级以企业实训为主，创新能力培养贯穿整个本科教育的各阶段。通过国家级工程实践教育基地和省内外实习基地建设和互动营造真实工作情景，使学生与企业零距离对接，提升学生工程能力和工程认同感。

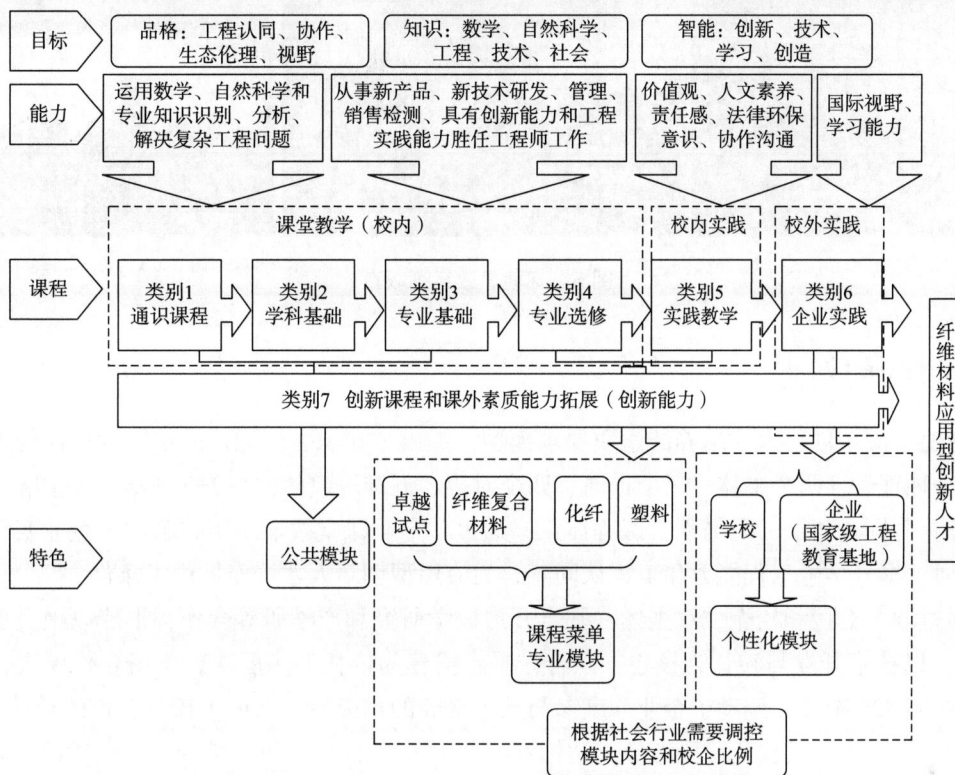

图3 "七类别"课程体系与目标、能力和特色关系

2.3 "四个对接"保障校企合作共赢，为应用型创新人才培养创造条件

在纤维材料应用型创新人才专业人才培养定位上，始终紧密围绕辽宁省支柱产业与新兴产业发展，通过"专业发展对接行业需求、教学内容对接企业岗位要求、教学过程对接企业工作过程、技术创新对接企业实际需求"保障校企合作长期稳定。校企联合开展教学研究的实践是双方形成了以项目攻关与科技服务为基础，以技术开发与转让为核心，以合作平台搭建为依托的多层次产学研合作模式，为应用型创新人才培养创造条件。

2.4 改变考核与评价方式，学生教师双轮考核驱动课程目标达成

开展学生、教师双轮考核保障课程目标达成。对学生采用模块化阶段考核与达标考核，即按工程应用实际将课程内容分解成若干模块，按模块考核，课程结束前安排综合考核，学生最终成绩由模块考核和综合考核加权获得。对教师的考核是以教师的课程载体的"四个"是否为考核要点（图4）。

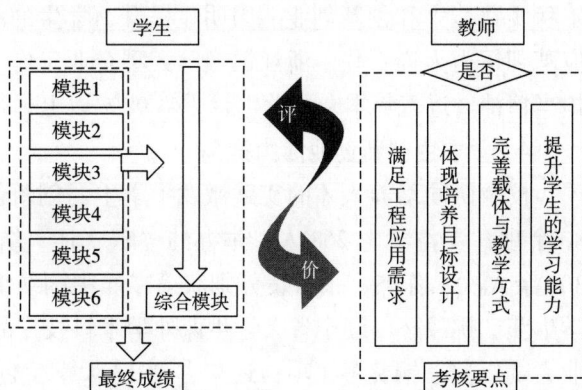

图4 双轮考核—学生评价体系

2.5 五维度思政保驾应用创新型人才高素质

积极开展思政教育，坚持把立德树人作为中心环节，把思想政治工作贯穿教育教学全过程。通过"思政课程、课程思政、学生思政、教师思政和环境思政"五个维度的思政教育，给学生以正确的理想信念引领、爱国情怀培育、品德修养提升、高远志向熏陶、奋斗精神培养和个人修养锤炼，使学生成为立志担当民族复兴大任的时代新人。担当起教育为党育人、为国育才的责任和使命（图5）。

图5 环境思政系列教育

3 成果的创新点

（1）创建了应用创新人才培养的素质要求模型，提出"知识、智能、品格"为一体的人才培养目标，构建了一种理念、两个主体、三个贯通、四个对接、五维思政的"1+2+3+4+5"人才培养体系。

（2）校企协同构建了"七类别"课程体系，通过"专业课堂教学—实践教学—企业实践与创新课堂"相互贯通，提升学生工程能力和工程认同感，为应用型创新人才培养提供了条件。

（3）通过四个对接和校企"双主体"联合开展教学研究和产学研等合作，形成以项目攻关与科技服务为基础，以技术开发与转让为核心，以合作平台搭建为依托的多层次产学研合作模式，保证了人才培养与行业需求相衔接，调动了企业深度参与人才培养的积极性，保证了校企合作的长效、稳定。

（4）创建了学生（模块化阶段考核与达标考核，N+1）和教师（四个是否）双轮考核驱动教学目标达成的考核机制。

（5）提出"课程思政、思政课程、学生思政、教师思政和环境思政"五维思政，实现为党育人、为国育才的三全育人目标。

4 成果的推广应用情况

4.1 学生工程和创新能力明显提升，学生就业形势喜人，发展空间大

项目实施以来，已经应用于8个年级约800人。通过校企协同培养应用型创新人才实践，学生的工程实践能力和创新创业能力明显提升，学生的职业竞争力和胜任力明显提升，先后100余名毕业生应聘到恒力大连石化、浙江恒逸等大型企业工作，企业评价毕业生能力强、上手快，有创新能力，有担当精神。近五年本专业学生就业率98%以上，行业就业率超过70% ~ 75%。

4.2 学生创新创业能力提高

校企协同培养人才的实践激发了学生的创新创业热情和能力，今年本专业学生开展创新创业项目80余项，受益学生268人，举办的"东立杯"纺织品大赛和"东软信息杯"创意染大赛受益学生达300余人次。陈杰、张慧媛分别获第二届中国纺织类高校大学生创意创新创业大赛特别奖和一等奖，学生获"挑战杯"辽宁省大学生课外学术科技作品竞赛二等奖6项、三等奖17项；辽创青春辽宁省创业大赛银奖、铜奖各1项；辽宁省TRIZ大学生创业大赛一等奖1项。陈杰以第一作者在 *International Journal of Biological Macromolecule*（中科院二区）发表论文1篇，申请发明专利3项。

4.3　学生理想信念坚定，有责任担当

通过五维思政，实现了全程、全方位、全员育人，学生有理想信念、有爱国情怀，品德修养提升、志向高远、有责任担当。学生党支部获全国先进党支部，4名学生赴艰苦地区支教，4名学生获得省优秀大学生和3名市优秀毕业生。媒体报道了我校大学生志愿服务先进事迹。

4.4　教师水平明显提升

校企协同培养人才的实践推进了教师水平提升。团队中1名教师获评兴辽教学名师，2名教师获得辽宁省教学名师奖，2人获得中国纺织工业联合会"纺织之光"教学名师奖（其中1项为特别贡献奖），1人获得辽宁省高校先锋岗，2人获得校教学名师奖，4名教师分别获得大连工业大学青年教师教学大奖赛一、二、三等奖；6人获得校教学质量优秀奖；3名企业专家晋升教授级高级工程师。企业家是在合作中也有提升，先后有8名企业教师在学校完成继续教育，获评教授级高级工程师。

4.5　教学成果显著，专业影响力不断提升

校企协同培养人才的实践，丰富和完善了本专业实践教学体系建设，专业影响力不断增强。完成国家级教改项目2项，省级教改项目20项，校级教改项目30项；完成辽宁省优质资源共享课1门；获得辽宁省教学成果一等奖1项，获得中国纺织工业联合会教学成果一、二等奖各1项，三等奖4项，大连工业大学教学成果一等奖1项；二等奖1项。获得全国微课比赛二等奖2项，省软件大赛三等奖1项，校微课比赛一等奖1项；2部教材入选"十三五"部委级规划教材，2部教材入选"十四五"部委级规划教材；主编教材获省部级优秀教材二等奖、校精品教材一等奖、二等奖。教学成果得到宁波大学、辽东学院、华东交通大学和安徽工程学院等借鉴。2021年专家对课题进行了鉴定，认为课题成果对应用型创新人才培养有很好的引领和示范作用，课题成果具有理论创新性和推广价值。郭静作为代表在国家级教学研讨会上做报告4次，受到与会专家认可。

4.6　教学推进科研，科研反哺教学

校企共同开展科学研究，推进了先进技术的落地开花，如与大连华阳联合开发的热风黏合非织造布和皮芯型涤纶胎基布技术已经转为生产力，受益企业为学校提供了奖学金，也有企业为学校无偿捐赠本科用实验设备（100余万元）。科研成果通过各种方式和渠道融入本科生的课堂教学、实验实践、教材编写、毕业环节中，形成了"教研相长"的良性局面。教学改革项目组取得国家自然科学基金项目5项、省部级项目26项、其他项目35项；发表学术论文200篇，取得发明专利授权80项；获省部级科技奖励3项，市级奖励3项，教学与科研实力整体提升。郭静分别获评国务院特殊津贴专家、中国纺织学术带头人、辽宁省优秀专家、辽宁省先进科技工作者等称号。

"三三三" 纺织类大学生科研创新实践体系建设及能力培养新范式

苏州大学

完成人及简况

姓名	性别	所在单位	党政职务	专业技术职称
潘志娟	女	苏州大学	学科办主任	教授
严明	男	苏州大学	院党委副书记、副院长	助理研究员
赵伟	男	苏州大学	院学工办副主任	讲师
刘海	男	苏州大学	校学生创新创业教育中心干事（正科职）	讲师
卢业虎	男	苏州大学	无	教授
卢神州	男	苏州大学	无	教授
张岩	男	苏州大学	无	副教授
蒋孝锋	男	苏州大学	无	副教授
冯岑	女	苏州大学	女	副教授
祁宁	男	苏州大学	无	副研究员
关晋平	女	苏州大学	副院长	教授
陈廷	男	苏州大学	无	教授
赵荟菁	女	苏州大学	无	副教授
李媛媛	女	苏州大学	无	副教授
李刚	男	苏州大学	无	教授
眭建华	男	苏州大学	无	教授

1　成果简介及主要解决的教学问题

随着我国创新驱动发展、"中国制造 2025""一带一路"等重大战略的全面实施，以新技术、新业态、新产业、新模式为特点的新经济蓬勃发展。纺织工业是传统支柱产业、重要民生产业、创造国际化新优势的产业、"一带一路"的重要纽带产业。加快纺织产业的转型升级，实现我国由纺织大国迈向纺织强国的梦想，对纺织类专业人才的培养提出了新挑战。

苏州大学纺织工程专业为国家一流专业建设点、教育部卓越工程师培养计划专业、国家特色专业建设点、江苏省品牌专业。在新兴纺织产业背景下，纺织类专业以培养"知识结构满足快速发展的新技术需求、实践能力满足转型升级的新装备需求、创新能力满足推陈出新的新产品需求"，具备国际竞争力的"德、智、体、美、劳"全面发展的高素质拔尖创新人才为目标；以"产业导向、三全育人、多方协同"为理念；探索与实践课程建设、工程实践、科研创新"三维协同"，项目制、导师制、书院制"三制并举"，师生进车间、高工进课堂、成果进市场"三进并行"的"三三三"纺织类大学生科研创新实践体系建设及能力培养新范式，着力解决纺织类人才培养的以下三个问题：

（1）纺织类专业课程的理论知识体系与新科技革命驱动下纺织产业技术的高速发展相脱节。

（2）纺织类学生的工程实践能力和以智能制造、智能管理等为代表的纺织装备及工艺提升的需求不匹配。

（3）纺织类学生的创新开发能力与革命性创新纤维开发、多技术集成的高端纺织品研制等纺织新产品、新业态的要求有差距。

本成果通过重构课程体系、建设"金专金课"、实施双向导师、重建实践系统、推动全员创新、鼓励成果应用等举措，践行"校企合作、产教协同，科教融合"之路径，立足纺织前沿，探索出面向国家重大战略需求和适应新经济发展需求的纺织类人才培养模式，在学生的科研创新与工程实践能力培养方面取得了显著成效。出版双创能力培养成果《专创融合并进，师生协力创新——苏州大学纺织与服装工程学院创新创业案例集》；近5年，本科生在中国国际"互联网+"大学生创新创业大赛、"挑战杯"全国大学生课外学术科技作品竞赛、"挑战杯"中国大学生创业计划竞赛等国家级大赛中获奖12项，省部级竞赛获奖228项，承担国家级大学生创新创业计划11项；纺织工程、服装设计与工程专业通过了国家工程教育专业认证并获批国家一流本科专业建设点，完成教育部新工科建设与实践项目1项、省部级教改项目8项，获得省部级教学成果奖4项；建设国家级课程1门、省级课程2门，出版教材8本。教育部网站对本成果进行了专题报道。

2　成果解决教学问题的方法

2.1　立足产业前沿，打通专业界限，重构课程体系，实施多维度拓展的纺织类新工科人才培养方案

为了满足新经济发展对纺织类专业人才知识体系的要求，从知识广度、知识深度和创新能力三个维度重构了纺织类新工科课程体系。以通识课程、专业课程、高端纺织和创新实践四大模块构建与行业技术相结合的知识体系；实施问技术发展改内容，打通最后"一学里"的动态化课程结构与教学内容的改革措施，解决学生知识结构和能力与产业对人才的需求相脱节的问题。专业通识模块植入大工程观的纺织大类课程，既打通了纺织类各专业之间的界限，又结合了产业发展趋势；高端纺织模块则将"智能、科技、绿色、时尚"等产业技术前沿及时准确地融合到课堂教学中，使学生的知识体系和综合能力更好地满足纺织产业链转型升级的需求；创新实践模块以提升学生的工程创造力为目标，重点设置了创新创业理论课程，引领双创教育（图1）。

2.2　校企教协同，科教融合，构建"双师制+全过程"的工程实践能力培养体系，打造"四创"创新创业实践教学载体

构建了校内外互通融合的"全过程"实践教学体系，将认识实习、社会实践、专业实验、创新设计、创新实践、工艺实习、毕业设计（论文）等实践教学贯穿四年本科学程。通过打造创新实验室、创意工作室、创业实训室、创新创业实践基地"四创"实践教学载体，实现认识入门、一线实践、实践提升、成果展示四层次逐渐深化的实践能力培养目标。创新践行"双师制"，高校教师、企业导师双向互动，共同承担实践教学。通过"师生进车间"使学生和教师共同在实践中发现问题，在解决问题中实现创新，在创新实施中达到应用；通过"高工进课堂"使学生直面最新装备与工艺、技术难题及解决方案，最终解决工程实践能力和纺织新装备及新工艺更新迭代对人才的需求不匹配的问题（图2）。

2.3　双轮驱动、三方协同、四位一体，提升学生的科研创新及工程应用能力

依托于苏州大学紫卿书院，纺织类学生全员以书院制模式培养，实施全员导师制，探索"三全育人"模式，从而使本成果工程实践创新能力的培养有了可靠的机制保障。实施以科研创新项目、学科专业竞赛双轮驱动；学生、校内导师、校外导师三方协同；以课程教学为学生奠定扎实理论基础，以项目

立足纺织前沿，打通专业界限

纺织类新工科课程体系

通识模块

基础通识课程

专业通识课程

新生研讨课 / 专业导论课 / 产业趋势讲座 / 专业会展参观

专业模块

纺织工程 / 轻化工程 / 服装设计与工程 / 非织造材料与工程

高端纺织模块

智能纺织品技术 / 管理智能化技术 / 智能纺织造技术 / 革命性纤维制作技术 / 纺织新技术前沿讲座

创新实践模块

创新创业教育课程 / 专业基础实验 / 企业定岗工程实践 / 综合产品设计开发 / 毕业论文、设计

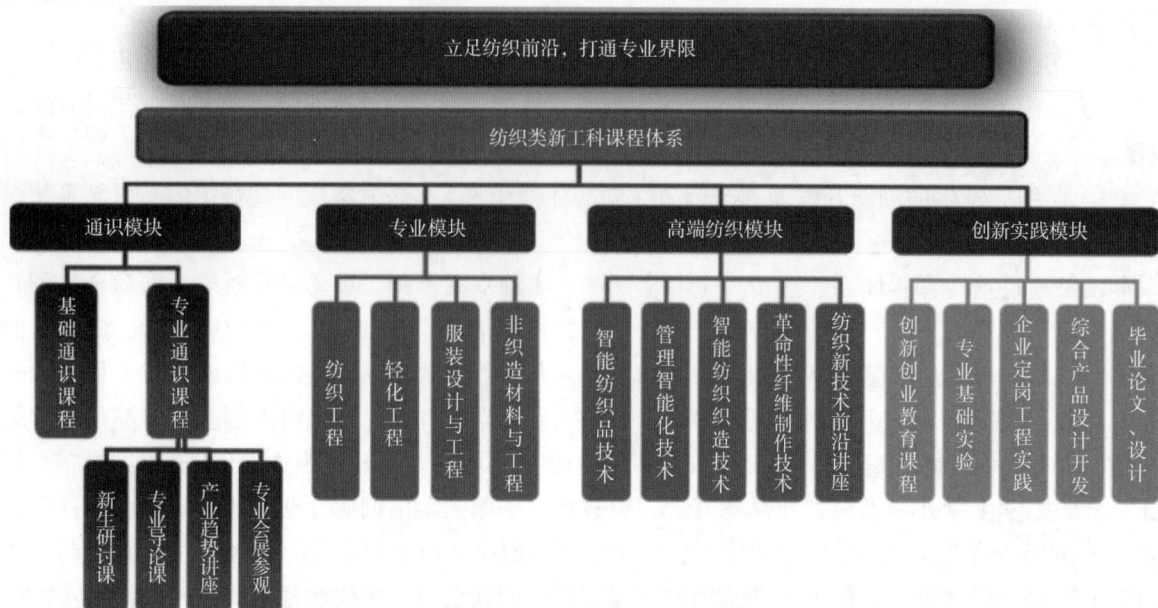

图 1　立足纺织前沿，打通专业界限

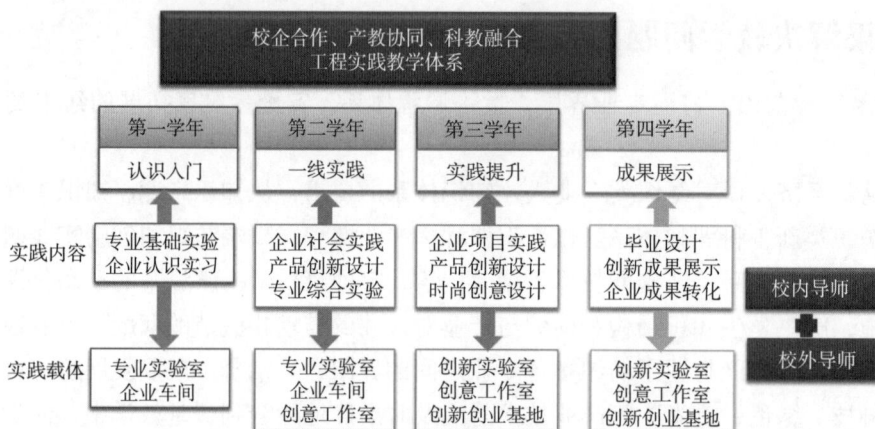

校企合作、产教协同、科教融合
工程实践教学体系

第一学年	第二学年	第三学年	第四学年
认识入门	一线实践	实践提升	成果展示

实践内容

专业基础实验 企业认识实习	企业社会实践 产品创新设计 专业综合实验	企业项目实践 产品创新设计 时尚创意设计	毕业设计 创新成果展示 企业成果转化

校内导师

校外导师

实践载体

专业实验室 企业车间	专业实验室 企业车间 创意工作室	创新实验室 创意工作室 创新创业基地	创新实验室 创意工作室 创新创业基地

图 2　工程实践教学体系

研究、专业竞赛培养学生创新实践能力，并将优秀成果应用于生产实际中，以成果进市场实现创新实践与工程应用的有效衔接。以上举措将项目制的科研创新覆盖了 80% 以上的学生，有效提升了学生创新实践能力图 3。

两轮驱动　项目　竞赛

创新实践工程应用

四位一体　课程教学　专业竞赛　项目研究　产业应用

三方协同　学生　校内导师　校外导师

图 3　"三全育人"模式

3　成果的创新点

3.1　理念创新：形成了"产业导向、三全育人、多方协同"纺织类专业创新拔尖人才的培养理念

在新兴纺织产业背景下，传统纺织类人才的培养已不满足新经济发展对新工科人才的需求。本成果依托已完成的教育部新工科建设项目，剖析了新工科人才的能力要素，提出"产业导向、三全育人、多方协同"的教育理念，着力培养知识结构、创新能力、实践能力满足纺织产业新技术革命需求的高素质拔尖创新人才。

3.2　模式创新：构建了纺织类学生科研创新与工程实践能力"三三三"培养模式

立足纺织前沿和行业发展动态，探索出一条面向国家重大战略需求和适应新经济发展需求的纺织类人才培养新路径。通过三记重拳：打破专业界限、强化学科交叉、重构课程体系；打通校企瓶颈，强化产教融合，重建实践系统；瞄准学习产出，融合教学科研，推动三全育人，最终构建了课程建设、工程实践、科研创新"三维协同"，项目制、导师制、书院制"三制并举"，师生进车间、高工进课堂、成果进市场"三进并行"的人才培养模式，并取得显著成效。近5年，学生在创新创业及学科专业竞赛中获得中国国际"互联网+"大学生创新创业大赛全国总决赛金奖等国家及省部级奖240项，承担省部级以上大学生创新创业计划项目37项。

3.3　制度创新：建立以创新实践能力培养为目标的"五育并举"书院制育人路径

依托于苏州大学紫卿书院，纺织类学生全员以书院制模式培养，实施全员"N+X"（N是指德政、学业、生活导师，X是指创业、就业、心理导师等）导师制，探索"三全育人"模式。通过实施项目制、导师制、书院制三制并举的制度，使第一课堂与第二课堂无缝对接；通过实施书院制下学生成长陪伴管理模式，开展大院儿运动会、大院儿音乐节、大院儿劳动节等活动，实现"德、智、体、美、劳"五育并举。

4　成果的推广应用情况

本成果在近10年的研究实践及应用中取得了一系列的成果，形成了良好的推广应用效果，在国内30多所纺织类高校推广本成果相关的人才培养模式，主要参与人员在全国纺织类教学工作会议上做专题报告多次。成果受到国家领导人、媒体及社会的高度关注。

4.1　科研创新成果丰富，学生累获竞赛大奖

近5年，学生获得国家及省部级奖240项，承担省部级以上大学生创新创业计划项目37项。在"三大赛"中硕果累累：在中国国际"互联网+"大学生创新创业大赛全国总决赛获金奖1项、铜奖3项；"挑战杯"全国大学生课外学术科技作品竞赛获铜奖1项；"挑战杯"中国大学生创业计划竞赛获银奖1项、铜奖2项；在省级三大赛中获一等奖3项，二等奖10项。在省部级学科专业竞赛中获得特等和一等奖40项（图4）。

4.2　课程建设成果突显，特色金课辐射全球

构建14门新工科课程，建设国家级课程1门、省级课程2门、在线开放课程6门、校级课程23门，省重点教材2本，出版教材8本。国家精品在线开放课程"丝绸文化与产品"吸引了中国、美国、英国、日本、法国等国家的60多所高校的学生和社会大众，并登上了"学习强国"推荐栏目（图5）。

4.3　工程实践成果突出，案例推广应用出彩

以工程应用和成果进市场为主要手段，20件/年以上学生成果在企业实现产业化生产，出版了学生创新创业案例集，学生创新成果孵化成立了5家科技型公司。百廿苏大光影，时尚华章礼颂——"鑫缘杯"苏大纺织服装师生创新成果联展，以60套服装集中展示了立体化工程实践课堂的成果，得到了来自全国70多家企业和35所高校的领导和专家的一致好评（图6）。

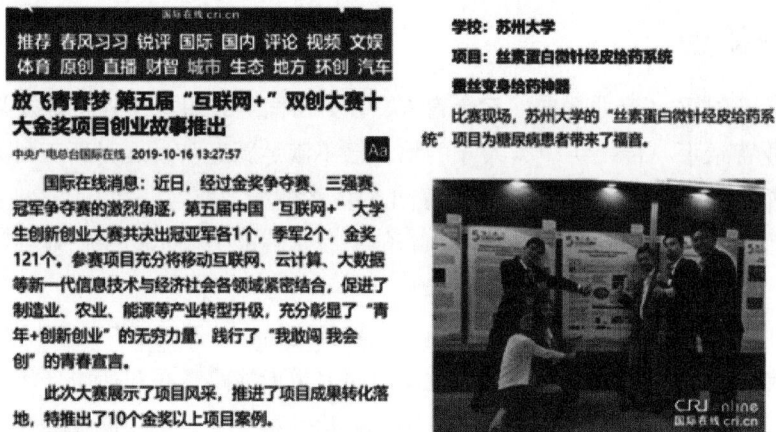

图 4　国际在线报道第五届"互联网＋"双创大赛十大金奖项目

图 5　国家精品在线开放课程"丝绸文化与产品"登上"学习强国"推荐栏目

图 6　百廿苏大光影时尚华章礼颂"鑫缘杯"，苏大纺织服装师生创新成果联展

4.4 技术成果助力援疆，"新丝路"上脱贫攻坚

以技术援疆为主线，以工程实践为抓手，"新丝路"苏纺援疆团服务新疆5个国家级贫困县，以"扶贫必扶智"的方略推进精准扶贫，受益数万余人，人民网、央广网、新华网、光明网等媒体报道169次，获2020年"挑战杯"中国大学生创业计划竞赛银奖（图7）。

图7 新华网、央广网、公交中国等国家级媒体专题报道"新丝路"援疆实践

4.5 中央领导高度评价，各级媒体密切专注

2019年5月23日国务院副总理在苏州大学视察期间，对本项目的纺织类专业的新工科人才培养体系和"高工进课堂、师生进车间、成果进市场"的三进式人才培养模式及取得的成效给予了高度评价。2019年5月教育部副部长视察苏大期间充分肯定了纺织类学生的创新实践成果以及这些成果的产业化应用。

2019年7月教育部网站以"苏州大学探索推进卓越工程人才培养"专门介绍了本成果的协同育人新模式。CCTV-13新闻频道介绍了以"新工科"为核心的书院制人才培养（图8）。

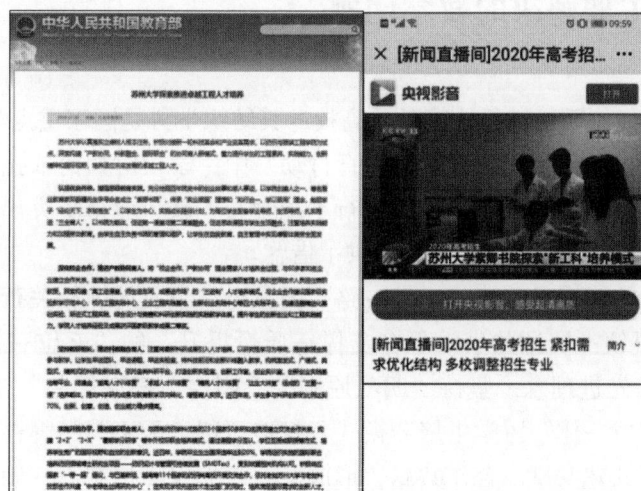

图8 各级媒体报道

行业特色高校基于"一带一路"构建国际化教育办学体系的探索与实践

天津工业大学

完成人及简况

姓名	性别	所在单位	党政职务	专业技术职称
陈莉	女	天津工业大学	常务副校长	教授
王春红	女	天津工业大学	教务处处长	教授
张兴国	男	天津工业大学	人文学院党委副书记、常务副院长	副教授
买巍	男	天津工业大学	国际教育学院副院长	助理研究员
刘玉靖	男	天津工业大学	战略发展研究中心主任	副教授
赵世怀	男	天津工业大学	国际交流与合作处副处长	副教授
荆妙蕾	女	天津工业大学	纺织科学与工程学院副院长	副教授
姜亚明	男	天津工业大学	国际教育学院院长、国际交流与合作处处长、国际教育学院直属党支部书记	教授
薛梅	女	天津工业大学	国际教育学院综合管理办公室副主任	研究实习员
羊隽芳	女	天津工业大学	无	讲师

1　成果简介及主要解决的教学问题

1.1　成果简介

天津工业大学作为具有鲜明纺织行业特色的高校，其纺织学科是国家重点学科、A+ 学科、"世界一流"建设学科。在"推进共建'一带一路'教育行动"中，学校对如何依托自身纺织行业特色优势构建基于"一带一路"的国际化教育办学体系进行了探索与实践，取得了突出成果，为行业特色高校加强基于"一带一路"的国际化教育办学体系提供了借鉴。

在探索与实践中，学校以满足共建"一带一路"国家对纺织及纺织相关行业人才需求为导向，创建了"理念先行—品牌引领—资源共享—平台支撑—质量提升"的"五位一体"国际化教育办学体系，即树立"五为服务"先进理念，坚持"四项原则"，围绕"三大任务"，构建了"3+3+3"的顶层设计框架，创建了"四位一体"留学生培养模式，打造"留学天工"品牌；搭建多层次国际交流与合作平台，实现优质资源共建共享、合作共赢；形成了"六大保障机制"，确保该教育体系高质高效运行。

1.2　主要解决的教学问题

（1）解决行业特色高校国际教育体系不完整，教育水平提高不显著的问题。

（2）解决国际教育人才培养与各国需求不能有效对接的问题。

（3）解决留学生对中华优秀文化尤其是纺织优秀文化理解不够不深的问题。

2 成果解决教学问题的方法

2.1 树立先进理念，做好顶层设计

树立"五为服务"先进理念，坚持"稳定规模、优化结构、规范管理、提高质量"的"四项原则"，围绕加快培养高层次国际化人才、加强与共建"一带一路"国家教育合作、深化与共建"一带一路"国家人文交流"三大任务"，构建了"3+3+3"的顶层设计框架。

2.2 彰显特色优势，打造留学品牌

实施"国际教育品牌专业和课程建设计划"，科学构建专业课程体系，建成全英文授课专业18个，获批教育部及天津市来华留学全英文品牌课程16门次，建成教育部来华留学质量认证高校。获批来华留学生丝绸之路等6项中国政府奖学金；全面提升了国际化教育办学质量。

2.3 整合优质资源，推动共建共享

实施"天工国际合作办学起航计划"，创建教育对外开放平台；实施"天工国际智汇领航计划"，创建智力汇聚平台；实施"中华优秀传统文化国际传播计划"，创建中华优秀传统文化国际传播平台。

2.4 创新培养模式，提升培养质量

以开拓国际智力网络为支撑，形成了来华深造、出国留学相协调的双向良性互动的人才培养路径；以创新人才培养模式为动力，构建了"课堂教学＋网络学习＋基地培养＋交流拓展"的"四位一体"留学生培养模式；以提升人才培养质量为核心，拓展外国留学生招生渠道。

2.5 完善保障机制，推进持续发展

实践探索过程中形成了"队伍＋资金＋平台＋管理＋考核＋制度"的"六大保障机制"，为国际化教育办学实现高质量内涵式可持续发展提供了坚强保障。

3 成果的创新点

3.1 实现了国际化教育理念的创新

提出了"五为服务"先进理念，解决了具有行业特色高校基于"一带一路"建设国际化教育办学体系时"只盯自己"的局限性，为其提升国际化办学质量和水平提供了更为宽阔、明确的目标指向和成功借鉴。

3.2 实现了国际化教育体系的创新

在"五为服务"先进理念的指导下，创建的"五位一体"国际化教育办学体系，解决了行业特色高校国际教育办学面临的三个问题。

3.3 实现了留学生培养模式的创新

构建的"四位一体"留学生培养模式，形成的"招收优质生源—打造品牌专业—建设品牌课程—构建教学科研平台—形成显著成果—提升人才质量"螺旋式上升的正向驱动培养体系，提升了留学生培养的针对性和质量。

3.4 实现了行业文化国际传播方式的创新

以课堂、学研馆、文化体验馆（基地）、实践基地等为载体，形成的"文化理论＋文化体验＋文化实践"的纺织文化国际传播方式，为行业高校推进行业文化国际传播提供了成功经验。

4 成果的推广应用情况

4.1 学校国际知名度和影响力持续提升

4.1.1 "请进来"——举办国际会议和论坛

学校积极搭建"国际学术对话平台"，打造品牌化论坛项目，2016年以来累计邀请273名外国专

家来学校做报告。

2018年召开"一带一路"国际人才培养校企合作联盟研讨会，国家发展和改革委员会国际合作中心、中国国际贸易促进委员会纺织行业分会、捷中教育交流协会领导应邀参会；同期举办"'一带一路'人才培养国际合作发展"论坛，成立了"一带一路"国际人才培养校政企合作联盟。邀请突尼斯莫纳斯提尔市市长、巴基斯坦旁遮普省高等教育委员会主席、斯里兰卡国会议员、蒙古国立教育大学副校长、日本科学技术振兴机构负责人、德国学术交流中心负责人等国外政府、企业和学术界领导代表出席；2018年以"世界一流工科大学建设和治理"为主题，举办"中外大学校长论坛"成功签署7项合作协议；2018年参与发起成立"世界纺织高等教育联盟"，与18个国家33所纺织特色高校成为联盟，是国家覆盖率最高的世界纺织类高校联合组织。

4.1.2 "走出去"——国际认可度日益突显

2019年加入"欧洲纺织大学联盟"（AUTEX）并参加第十九届学术年会，成为中国大陆地区唯一一家会员单位；入围2020泰晤士高等教育亚洲大奖2个奖项；在泰晤士高等教育（THE）发布的2021年度世界大学影响力排名中，学校参与的两个单项均排名在101~200；学校与瑞典布鲁斯大学和波兰圣十字科哈诺夫斯基大学联合申报的交换生项目获得欧盟Erasmus计划支持，是欧盟认可的王牌交换生项目。

4.2 国际化教育对外开放空间持续拓展

2017年参与共建巴基斯坦旁遮普天津技术大学，负责纺织服装学院建设；2018年首所海外共建孔子学院——布基纳法索博博迪乌拉索工业大学孔子学院获得授牌，成为学校与"一带一路"沿线国家高校联系的纽带；2018年签署共建柬华理工大学战略合作框架协议，满足柬埔寨对理工科人才需求；2020年六所突尼斯高等院校合作申报境外办学机构，为布局南亚、非洲国家奠定良好基础；2020年与马来西亚国立大学合作共同申报教育部的中外合作办学机构——中马国际工学院。

4.3 国际化教育办学示范效应持续扩大

2018年学校通过了教育部"来华留学质量认证"，是天津市市属高校唯一一所自主申请并通过试点认证的高校；2018年，入选国家"高等学校学科创新引智计划"（"111计划"），成为当年天津市唯一地方院校获批该基地；被评为"2018年度天津市来华留学工作年度学校"；2020年我校获批3项国家留学基金委"创新型人才国际合作培养项目"；获批教育部来华留学生丝绸之路等6项中国政府奖学金项目；入选"天津市引进国外智力成果示范单位"；获批建设科技部国家级"国际科技联合研究中心"；获批国家高端引智项目5项，天津市引智项目32项；全球INS大会研究院等机构对外发布了"2019年中国大陆最具创新力大学排行榜"，本校位列第87位；累计建成全英文品牌课程61门次，其中教育部2门，天津市14门；建成校级全英文授课专业18个。2018年"一带一路"纺织人才国际教育实习实践基地被评为天津市留学生实习实践基地。

以全国高校首个纺织非遗学研馆为核心，建设近百项传统"织、绣、染、服"文化体验项目，组建"高校教师＋非遗大师"教学团队，开设了28门中华纺织非遗文化类特色课程；2020年开设"天工国际"课程云平台，近20个国家的1000余名外国学生受益。

4.4 国际化人才培养质量水平显著提高

近年来，留学生总规模稳定在每年2000余人次，其中学历生来自100多个国家。2018年以来，留学生参加"互联网＋"大学生创新创业大赛，获得国家级银奖1项、铜奖1项，天津赛区等级奖4项；参加SAMPE超轻复合材料桥梁竞赛，累计获得一等奖2项，二等奖1项，三等奖2项；2019年4月我校蒙古国留学生普晓敏参加录制京津冀三地高校联合"一带一路"留学生故事，荣登CCTV4中文国际频道；2019年纺织学院博士留学生蒂丽尼受邀参加中国高等教育学会外国留学生教育管理分会主办的"学在中国"来华留学生博士论坛并进行学术报告；2019年参加由中国驻蒙古国大使馆、乌兰巴托中国文化中心主办的"欢乐春节"系列活动；学校创立"'一带一路'京津冀国际文化节"，每届均由40多个国家的一万余名中外学生参加。被《人民日报》《人民日报（海外版）》《中国教育报》《天津日报》、人民网、北方网等国内媒体，以及蒙古国电视台、巴基斯坦电视台、哈萨克斯坦电视台、斯里兰卡电视台、布基纳法索电视台、柬埔寨电视台、印度尼西亚电视台等国外媒体广泛报道，国内国际影响力显著提升。

新时代背景下纺织德才兼备高层次人才培养的改革与实践

东华大学

完成人及简况

姓名	性别	所在单位	党政职务	专业技术职称
覃小红	男	东华大学纺织学院	副院长	教授
顾伯洪	男	东华大学纺织学院	院长	教授
崔启璐	女	东华大学纺织学院	无	中级
张弘楠	男	东华大学纺织学院	无	副教授
王黎明	男	东华大学纺织学院	无	研究员
王富军	男	东华大学纺织学院	副院长	研究员
权震震	男	东华大学纺织学院	无	讲师
黄莉茜	女	东华大学纺织学院	无	教授

1 成果简介及主要解决的教学问题

1.1 成果简介

东华大学纺织学院积极贯彻习近平主席就研究生教育工作做出的重要指示精神：研究生教育在培养创新人才、提高创新能力、服务经济社会发展、推进国家治理体系和治理能力现代化方面具有重要作用，党和国家事业发展迫切需要培养造就大批德才兼备的高层次人才。纺织科学与工程作为"双一流"建设学科，学院在研究生教学培养中全面落实立德树人根本任务，新时代下继续深化研究生教育综合改革，提高研究生"德才兼备"培养质量，更好地响应国家战略、上海"五个中心"建设和"四大品牌"高质量发展要求，进一步突出研究生教育在国家"双一流"建设中的高端引领和战略支撑作用等方面不断探索，取得了一系列卓越成效。

本成果在此背景下，围绕"德才兼备高层次人才"的培养目标，以"服务需求、提高质量"为主线，以存在问题为导向，采用"三横三纵"强纺织一流人才培养理念和"12345"德才兼备高层次人才培养模式（图1、图2），即确立"德才兼备高层次人才"培养的一个中心任务，"两个重点"提升师生政治修养，"三大举措"完善一流纺织培养体系，"四个结合"构建立体化培养模式，"五个强化"落实学生综合能力提升。构建出完善的一流学科"多类型、分层次"人才培养模式、"教材+课程+教改"教材建设、课程改革体系和"校内校外反馈闭环"系统；培养了一批具有国际视野、专业知识及实践能力过硬，有较强创新创业能力的德才兼备高层次人才，教学成果显著，示范与辐射作用明显。

图1 "三横三纵"强纺织一流人才培养理念

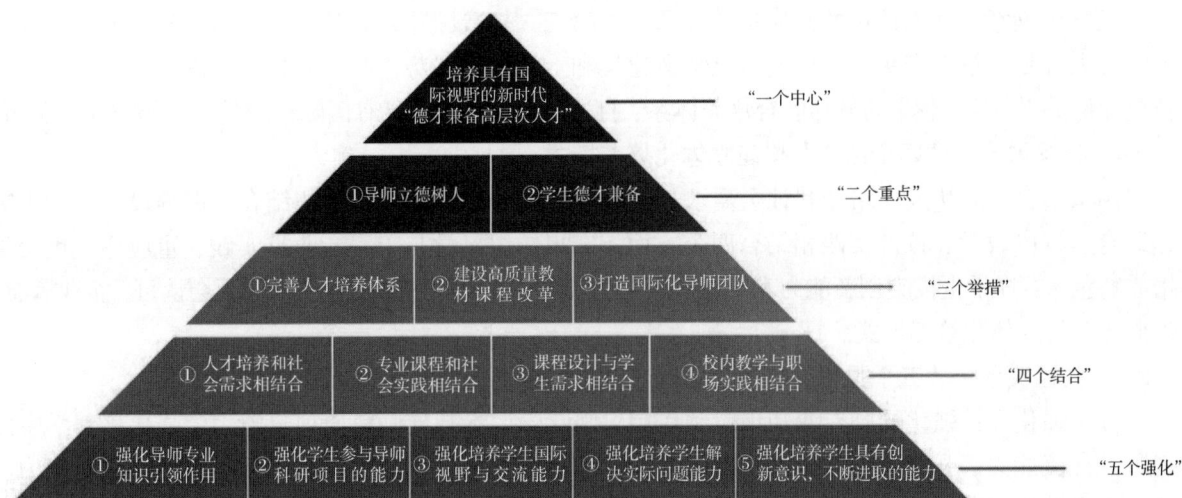

图2 "12345"培养模式

1.2 主要解决的教学问题

（1）解决研究生培养体系、教材、课程建设较为陈旧，不能满足新时代跨学科人才培养需求的问题。

（2）解决研究生导师队伍结构、立德树人、人文关怀理念有待进一步加强的国际化、复合型教师团队构建途径的问题。

（3）解决学生创新研究意识、动力、能力不足，国际化视野需进一步提升的问题。

（4）解决学生在校内所学知识与企业、行业实际需求结合不紧密，存在脱节的问题。

2 成果解决教学问题的方法

经过10年探索、运行和总结，采用"12345"德才兼备高层次人才培养模式，即"一个中心、两个重点、三大举措、四个结合、五个强化"的高层次人才培养路径解决上述问题。

2.1 高端引领，确立"德才兼备高层次人才"培养中心任务

"一个中心"：以培养具有国际视野的新时代下"德才兼备高层次人才"为育人中心，引进国际知名专家教授、开设全英文课程、采用先进教学理念、与国际、企业、行业接轨，将国际前沿知识、企业行业实际需求与新时代德才兼备人才培养目标相结合，培养出符合国际要求、国家战略、行业、企业需求的复合型人才。

2.2 思政先行，"两个重点"提升师生政治修养

"两个重点"：第一，全面落实研究生导师立德树人职责要求，加强导师师德师风建设，坚持"立德树人有道，春风化雨无声"，努力造就一支有理想信念、道德情操、扎实学识、仁爱之心的研究生导师队伍。第二，加强研究生思想政治、专业知识教育，坚持"四为"方针，为人民服务，为中国共产党治国理政服务，为巩固和发展中国特色社会主义制度服务，为改革开放和社会主义现代化建设服务，思想政治教育和专业知识并肩推进，培养出大批德才兼备的高层次人才。

2.3 保驾护航，"三大举措"完善一流纺织培养体系

"三大举措"：第一，完善人才培养体系。确立"按一级学科培养，二级学科确定研究方向"的研究生培养体系，满足不同层次学生跨学科、跨层次、跨平台选课需求，充分保障交叉学科人才培养对知识结构的不同要求。第二，建设高质量教材、课程改革。专项资助、专家论证教材的出版和修订，突出科教结合和产学结合，建设一批可供全国纺织高校使用的高质量教材。"打造金课、淘汰水课"，采用学生评教、专家督教、教改结合方式，不断提升研究生课程内涵，提升课程的前沿性和实用性，

建设一批学生满意、社会认可的高质量"金课"。第三，打造国际化导师团队。组建核心团队，包括院士、万人计划等学术带头人，依托一流学科建设和上海地域优势，与国内外知名高校、科研院所、科技企业形成"三位一体"的导师联合培养体系，打造可持续发展，具有国际视野的"一流导师"队伍。

2.4 交叉融合，"四个结合"构建立体化培养模式

"四个结合"：从人才培养和社会需求相结合、专业课程和社会实践相结合、课程设计与学生需求相结合、校内教学和校外实践相结合四个方面，突出纺织科学与工程专业重实践、重应用、重交叉的培养特色，支撑学生拔尖创新能力和企业实践能力相结合的培养模式，构建出"社会认可、企业满意、学生成才"的立体化培养模式。

2.5 注重实效，"五个强化"促进学生综合能力提升

"五个强化"：强化导师专业知识引领作用、强化学生参与导师科研项目能力、强化培养学生国际视野及交流能力、强化培养学生解决实际问题能力、强化培养学生具有创新意识、不断进取能力。注重学生专业知识和实践动手能力的结合，培养符合国家战略需求，服务经济社会发展，助力推进国家治理体系和治理能力现代化的德才兼备高层次人才。

3 成果的创新点

3.1 开创了"三横三纵"强纺织一流人才培养理念

打通博士、硕士、留学生三个培养层次（称为"三纵"），分类培养拔尖创新、行业领军、文化传承的强纺织一流研究生（称为"三横"），实现了研究生类型全覆盖、一体化，培养目标明确化，为培养一流研究生人才提供了理念支撑。

3.2 构建了"12345"德才兼备高层次人才培养模式

通过"一个中心、两个重点、三大举措、四个结合、五个强化"的高层次人才培养路径，突破传统教育模式思政与专业脱节、教学与需求脱节、理论与实践脱节、团队建设与学生需求脱节的核心问题，打造全方位立体化强纺织一流人才培养新模式，培养具有国际视野、专业知识及实践能力的高层次纺织人才。

3.3 创新了"教材+课程+教改"培养体系

通过对课程体系实施现状和动态调整，结合企业与社会对学生能力的要求，构建了"教材+课程+教改"培养体系，以教材建设为目标，通过课程实践、学生反馈，教改项目相结合的举措，从三个方面全方位提升研究生培养体系。

3.4 创建了"校内校外反馈闭环"管理系统

建立了教师、学生、督学、社会四级管理制，强化"政产学研"全联动式监督管理理念，构建了"培养、监督、反馈"于一体的教学质量保障组织架构，充分调动教师教学、学生学习、督导监督、社会参与的积极性，实现了以社会需求为导向的"产学研"培养机制。

4 成果的推广应用情况

4.1 构建出完善的一流学科"多类型、分层次"人才培养、教材建设、课程改革体系，应用推广价值高

4.1.1 修订完善培养方案

试点完成教育部和上海市项目"纺织科学与工程课程试点"。将原有的17个培养方案整合成为博士、学术型硕士、长学制硕博一体化、专业型硕士、留学生5个培养方案，培养方案已在5届研究生中推行，惠及研究生1500余人次，取得了良好的培养效果，培养方案的改革成果已被全国多所纺织高校借鉴采用。以培养方案的实施效果为基础，及时调整研究生招生专业，采取第一志愿录取政策，暂停原有5个自

主设置二级学科招生，更进一步提高了生源质量，促进学科融合和交叉学科学生的培养。

4.1.2　建设高质量教材、课程

依托"上海一流研究生教育引领计划"，资助 20 门研究生教材建设，22 门研究生课程进行课程改革。教材内容涵盖了专业基础课如"纺织物理""纺织试验设计与最优化"，专业前沿课如"人工智能技术原理与应用""现代纺织企业精英实践案例解析"等，极大改善了纺织类研究生教材数量偏少的现状。目前已有《纤维集合体力学》《纺织品数码印花技术教程》《纺织试验设计与最优化》《纺织复合材料设计》《纳尺度纤维科学工程》《世界古代纺织品研究》《人工智能技术原理与应用》等教材出版发行，目前已在全国 20 余所纺织院校使用，如天津工业大学、浙江理工大学、江南大学、青岛大学、大连工业大学、西安工程大学、内蒙古工业大学、新疆大学、南通大学等，其中双一流建设高校使用率 100%，纺织科学与工程学科博士授予高校使用率 100%。

打造一批研究生专属的"金课"，建设课程包括专业基础课如"高等纺织材料学""高分子物理与化学"；专业前沿课如"纺织先进制造技术""纺织高端技术与装备"。采用"两年不开课即停课"制度，淘汰一批在学生中认可度不高，不能适应新时代人才培养要求的"水课"。现已在《实验室研究与探索》《东华大学学报（社会科学版）》等期刊发表、录用教改论文 13 篇。

4.1.3　加强思想政治教育

开设"科学素养概论""工程伦理"等课程，为研究生必修课，累计上课人数 1024 名，先后邀请中国纺织工程学会理事长伏广伟、中国棉纺织行业协会会长朱北娜等专家开展科学讲座 34 场，从企业和行业的角度出发，帮助研究生更好理解"德才兼备"的含义，规划自身的学习和职业发展生涯。

4.1.4　打造高水平国际化课程

新增开设全英文课程 4 门 "Smart Textiles" "Textile Products Design" "Textile professional experiments" "The History of China Textile"，编写全英文教材 *Cotton Science and Processing Technology*、*Electrospun Nanofibers for Energy and Environmental Aplications*。依托"上海纺织研究生国际暑期学校"，邀请 44 位国际纺织专家长期为学生开展英文讲座及授课，建设一批高水平有影响力的国际化课程。

4.2　培养了一批具有国际视野、专业知识与实践能力过硬，有较强创新创业能力的德才兼备高层次人才

4.2.1　注重培养学生国际视野

以国家留学基金委创新人才国际合作项目三项《纺织生物材料交叉学科前沿人才培养计划》《纺织新材料国际化研究创新人才培养项目》《先进纺织品制造人才培养计划》为新增点；以 CSC 项目、优博访学、博士国际会议资助为依托；以连续举办 8 届的"上海纺织研究生国际暑期学校"、中非纺织服装论坛、YKD 研究生学术交流会、纺织科学与工程研究生拔尖人才培养研讨会博士生沙龙等为交流平台，从联合培养、参加国际会议等方面全面提升研究生国际视野水平。近五年，博士生出国联合培养比例达到 30% 以上，学生参与国际会议达 266 人次。

同时注重发展国际游学、国际组织实习等项目，提高学生国际事务参与能力和处理能力。2017 级硕士生黄凯聪赴瑞士日内瓦联合国欧洲总部开展国际交流和实地考察，取得良好反响。2018 年，13 名学生前往澳大利亚进行国际游学，提高了学生从事 STEM 学科专业学习所必要的语言能力，从而能够在未来获得更多在工程与科技领域的就业机会。

4.2.2　积极响应国家"一带一路"倡议

培养来自非洲、东南亚等国家研究生 65 名，加强中国学生与留学生间互动交流，鼓励中国学生积极参与"一带一路"倡议。其中，2015 级硕士生武琼琳，参加国家汉办的孔子学院选拔考试后，于 2017 年前往"一带一路"沿线国家肯尼亚的莫伊大学孔子学院开展为期一年的志愿服务，受到新民晚报、中国新闻网、光明网、搜狐网、新浪网、上海教育等众多媒体宣传报道。

4.2.3 坚持"四个结合"，培养学生实际动手能力和创新意识

培养学生成为适应现代社会发展需求、适应新时代国家战略要求的人才，以实际需求为出发点，培养学生全面成才能力。学生每年获得创新基金资助 50 余项，资助率达到 50%。发表学术论文成果质量和数量不断提升，毕业生的专业知识、创新意识、国际化能力得到社会广泛赞誉。2017 级硕士生黄姝婷在毕业后返回家乡工作，入职内蒙古航天红岗机械有限公司，在祖国北疆做一名航天人，将所学复合材料的知识、毕业课题内容与国家大战略、企业未来发展定位相结合，专业匹配度较高，她的事迹受到中国新闻网、东方网、搜狐网等知名网站的宣传报道（图 3）。

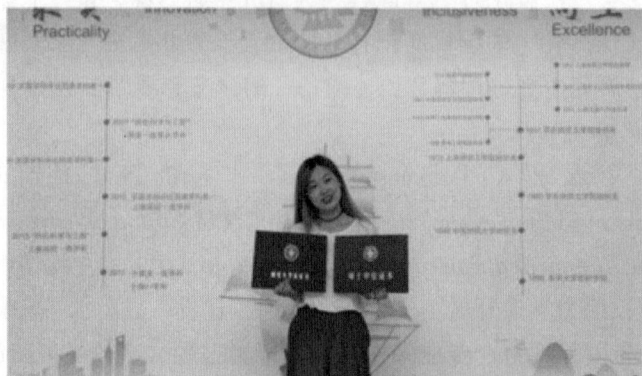

图 3　中国新闻网报道黄姝婷事迹

4.3 教学成果显著，示范与辐射作用明显

经过多年实践，研究生培养水平已获得国内外同行和社会高度认可，形成了良好的示范作用。先后荣获国家级教学成果奖 1 项、省部级教学成果奖 4 项，教育部试点项目 1 项，国家留学基金委创新型人才国际合作培养项目 2 项，上海市教改项目 2 项，东华大学教学成果奖 3 项，发表教改论文 14 篇，下载次数 1565 次，他引次数 7 次，取得丰硕的教研教改成果。

（1）2016 年由纺织学院牵头召开"纺织科学与工程研究生课程建设研讨会"，全国 20 多所高校参会，本成果在会议中进行了交流发言，受到参会单位的一致好评。

（2）在 2018 年华东师范大学召开的"创新型人才国际合作培养项目座谈会"中，本成果得以在复旦大学、上海交通大学、同济大学等上海市高校中推广介绍，受到国家留学基金委秘书长、美大事务部主任以及参会院校高度好评。

（3）在 2019 年由全国工程专业学位研究生教育指导委员会召开的"工程类专业学位研究生联合培养经验交流与工作总结会"中，全国近百所高校参加，本成果在会上进行了交流发言，受到一致好评。

（4）2019 年由纺织学院牵头召开"东华大学纺织科学与工程研究生拔尖人才培养研讨会"，全国30 余所高校研究生分管院长参会，会上就本成果进行了主题交流发言，受到与会专家的肯定和好评。

（5）2020 年在"全国 2021 年国家公派留学选派工作培训会——国家留学基金委员会"中，全国百所高校参会，本成果作为代表性成果进行交流发言。

（6）在每年一次的"江浙沪五校学术文化交流会"中，本成果也得以宣传推广，为其他高校的人才培养提供了可借鉴、可复制的经验。

发表的相关文章如下：

（1）崔启璐、覃小红，基于问卷调研的纺织类高校暑期夏令营组织现状及提升建议研究——以东华大学纺织学院夏令营活动为例，化工高等教育，2020，37（6）：144-149。

（2）徐影、崔启璐，新形势下留学生教务管理工作的探索与实践——以东华大学化学化工与生物工程学院为例，纺织服装教育，2020，35（4）：299-301。

（3）王华、蒋利糠，研究生"纺织科技史导论"课程教学与实践，东华大学学报（社会科学版），2020，20（2）：163-167。

（4）蒋秋冉、章倩、刘万双、孙宝忠、邱夷平，疫情下全英文《纺织材料学》的云教学探索，锦绣，2020。

（5）崔启璐、覃小红，关于留学生教务工作的几点探索，教育教学论坛，2020，3：140-141。

（6）管晓宁，"一带一路"背景下留学生纺织实验课程探索与实践，实验室研究与探索，2021，40（8）：5。

（7）崔启璐、覃小红，基于"双一流"背景下纺织类高校推免研究生培养研究，纺织服装教育 2021，36（3）：4。

（8）崔启璐、覃小红，利用微信公众号开展"纺织 +"研究生招生宣传工作的探索和思考——以东华大学纺织学院为例，新媒体研究，2019，12：13-15。

（9）郭珊珊、崔启璐等，纺织科学与工程学科研究生课程建设探索，纺织服装教育，2019，4：314-317，328。

（10）郭珊珊、黄晶，基于暑期学校的纺织科学与工程学科研究生创新教育平台建设，纺织服装教育，2019，5：400-403。

（11）孙增耀、张翔等，产学研协同培养工程专业学位研究生的实践探索，中国高校科技，2019，11：81-84。

（12）骆轶姝、单丹等，"双一流"建设背景下硕博贯通长学制研究生培养模式改革，纺织服装教育，2017，32（5）：364-381。

（13）骆轶姝、单丹等，"双一流"建设背景研究生公派留学质量管理策略研究，纺织服装教育，2017，32（4）：282-286。

（14）陈南梁、杜卫平等，依托实践基地培养纺织过程领域高水平应用型人才，上海研究生教育，2016（4）：1-5。

精心打造"四项融入"工程，推进习近平新时代中国特色社会主义思想铸魂育人

东华大学

完成人及简况

姓名	性别	所在单位	党政职务	专业技术职称
王治东	女	东华大学	马克思主义学院院长	教授
刘淑慧	女	东华大学	校党委副书记	副教授
丁可	男	东华大学	教务处副处长	副教授
陈向义	男	东华大学	马克思主义学院副院长	教授
曾瑞明	男	东华大学	马克思主义学院副院长	教授
曹小玲	女	东华大学	马克思主义学院院长助理、院办主任	副教授
黄明元	男	东华大学	马克思主义学院教务员	实习研究员
资雪琴	女	东华大学	人文学院党委副书记	副教授
杨晶静	女	东华大学	马克思主义学院院办副主任	助理研究员

1 成果简介及主要解决的教学问题

1.1 成果简介

推进习近平新时代中国特色社会主义思想"进教材、进课堂、进头脑"是当前和今后一段时期高校思想政治教育的重点。东华大学马克思主义学院充分发挥学科和平台优势，以学习宣传习近平新时代中国特色社会主义思想为主线，重点围绕第一课堂建设、教师理论宣讲、学生朋辈示范、社会实践育人四个方面，深入实施"四项融入"工程，全方位推进习近平新时代中国特色社会主义思想铸魂育人。"四项融入"工程，即推动习近平新时代中国特色社会主义思想全面融入课堂教学、重点融入宣讲工作、主动融入社团学习、持续融入专项实践，着力构建开放动态、有机协同、激发活力的习近平新时代中国特色社会主义思想全方位、立体化融入思政教学模式（图1）。

1.2 主要解决的教学问题

1.2.1 解决党的最新理论创新成果"三进"工作实效问题

习近平新时代中国特色社会主义思想内涵丰富、博大精深，同时处于动态发展中，需要及时、全面融入思政课的课程体系。全面推进习近平新时代中国特色社会主义思想铸魂育人，需要立足思政课课堂主渠道，加强思政课课程建设，推进教、学、研相结合，紧跟时代发展变革，与时俱进地学习习近平总书记最新讲话精神，切实转化为教学资源，促进教学内容创新，多维度、多面向、多层次帮助学生及时、充分了解到习近平新时代中国特色社会主义思想的最新发展。

1.2.2 解决思想政治教育供给与需求的适配问题

当代大学生的成长环境与时代背景已经发生了很大变化，思维更加活跃开放，思想政治教育需求更加趋于多元。推进习近平新时代中国特色社会主义思想"三进"工作，不能单纯依靠课堂教学供给

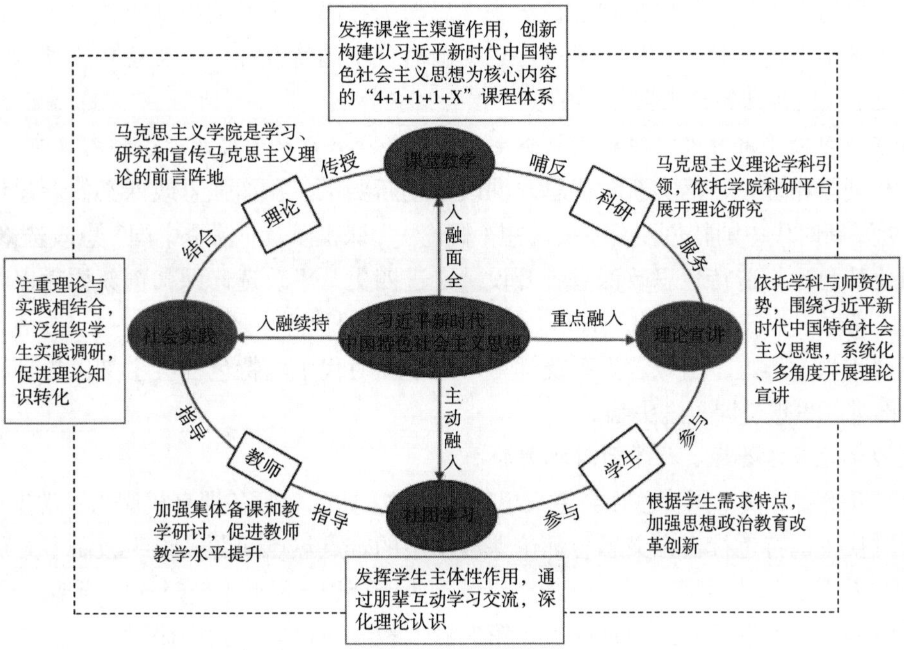

图 1　推进"四项融入"工程框架模型

模式，只注重课堂的单一讲授方式，仅限于课堂教学的时间维度。因此，为全面加强习近平新时代中国特色社会主义思想铸魂育人，需要在发挥课程主渠道作用基础上，根据学生的需求特点，通过理论宣讲、社团学习、社会实践等多元化供给方式，有机融入学生成长成才的全过程，帮助学生深化对于党的创新理论的理解认识。

1.2.3　解决思想政治教育效果整体性提升的路径问题

加强青年大学生思想政治理论教育，推进习近平新时代中国特色社会主义思想进教材、进课堂、进头脑，应着眼于马克思主义的整体性，改变单向线性推进的思想政治教育模式。实现高校思想政治教育全要素推进，充分考虑马克思主义理论的实践维度与理论维度，深化教学与科研的相互促进，发挥教师与学生两者的主体性作用，坚持思政课程与课程思政同向同行。本项目注重通过学生社会实践方式，促进理论知识的转化，切实发挥科学支撑作用，促进科研反哺教学，不仅仅强调教师对于学生的影响，积极发挥学生的主体性和能动性，改变专业课程价值引领的不足，积极构建全方位育人格局。

1.2.4　解决高校思想政治教育社会服务溢出效应最大化的需求问题

马克思主义学院作为学习、研究和宣传马克思主义理论的前沿阵地，思想政治教育的服务面向不仅局限于校内学生，还积极面向学校各专业教师，加强教师的理论宣讲，增强专业教师的育人作用，增强思想政治教育的时效性和覆盖面。充分发挥学院的理论宣讲优势，积极深入政府机关、企事业单位、基层社区等单位开展主题宣讲活动，点面结合将习近平新时代中国特色社会主义进行广泛而深入的宣传，从而促进高校思想政治教育社会服务溢出效应的最大化。

2　成果解决教学问题的方法

项目重点围绕第一课堂建设、师生理论宣讲、学生朋辈示范、社会实践育人四个方面，深入推进"四项融入"工程，融合课堂教学体系、理论宣讲体系、社团学习体系、社会实践体系四个体系，全方位推进习近平新时代中国特色社会主义思想铸魂育人。

2.1　全面融入课堂教学：构建一体化、品牌化的课堂教学体系

思政课是落实立德树人根本任务的关键课程，项目将着眼发挥课堂主渠道作用，构建"4+1+1+1+X"

课程教学体系，以习近平新时代中国特色社会主义思想为核心，将习近平新时代中国特色社会主义思想全面融入思想政治理论课教学，积极推进习近平新时代中国特色社会主义思想进课堂，将最新理论成果通过课堂教学及时传递给广大青年学子。

2.1.1 加强以习近平新时代中国特色社会主义思想为核心内容的思政课课程群建设

坚持守正和创新相统一，落实新时代思政课改革创新要求，在加强思政课必修课建设的基础上，扎实推进"习近平新时代中国特色社会主义思想（概论）"课程以及"锦绣中国"思政选修课课程建设，立足实际，强化特色，打造特色思政课堂。开设"走进四史"思政选修课，创新构建以习近平新时代中国特色社会主义思想为核心内容的"4+1+1+1+X"思政课课程群。采用课堂讲授、专题研讨、实践教学等多样化的课程教学形式，引导学生系统学习习近平新时代中国特色社会主义思想理论体系及其内涵特征，着力推进新思想进课堂进头脑。

2.1.2 大力构建集体备课、教学研讨机制和平台

全面推动习近平新时代中国特色社会主义思想进课堂，做到教师备课有机嵌入，学生学习全覆盖。围绕习近平新时代中国特色社会主义思想理论课教学中的难点热点问题，组织教研室开展有针对性的集体备课，提高授课质量。加大组织实施力度，继续深入开展以"习近平新时代中国特色社会主义思想"为主题的说课活动、《习近平谈治国理政》（第三卷）教学研讨等，共同研讨、集思广益，深入把握习近平新时代中国特色社会主义思想的精髓，力求教师讲准讲深讲透。依托同城交流平台，开展教学交流活动，与上海外国语大学、华东政法大学、上海政法学院处于松江的其他三所学校开展平台建设联动，相互介绍教学经验，促进教学水平提升。以项目一体化方式推进课程改革与建设，以推进习近平新时代中国特色社会主义思想融入课堂教学为重点，加强理论总结和教学方法研究，设立课程教学研究项目，组织课程建设申报立项、经费支持、过程指导和督查、考核评估等方式给予课程建设以支持，促进习近平新时代中国特色社会主义思想理论课教学质量提升。加强组织开展思政课与网络技术融合探索，在线下课堂教育与线上网络教育的融合上进行深入探索，指导教师充分利用新媒体技术创新教学模式，优化教学内容，提升教学效果，拓展教学阵地，推动形成网上网下教学互动，协同育人的良好格局。一方面，依托网络平台，探索混合式教学模式；另一方面大力推进在线课程建设，推动教育教学的即时性、网络化，让网络平台助益学生成长。

2.1.3 强化"培育工程"，加强思政课教师队伍建设

办好思政课关键在教师，关键在发挥教师的积极性、主动性、创造性。作为项目实施的主体，提升教师队伍素质，可以更好发挥培才育人作用。强化培育工程，积极邀请全国高校教学能手来校开展教学展示，进行思政课集体培训；邀请学科领域大咖来院开展学术交流，帮助教师开阔眼界、拓展学术思路；启动实施思政课教学内涵提升计划，积极组织教学听课活动，邀请校外思政课资深专家深入学院思政课课堂，全覆盖听取思政课教师教学，为全体思政课教师教学把脉，努力提升思政课教学实效性。积极组织参加各类教学竞赛，精心打磨课件，以赛促教，提升教学水平。

2.2 重点融入理论宣讲：探索多元化、区域化的理论宣讲体系

依托马克思主义理论学科优势和师资资源，组建"学用新思想，奋斗新时代"宣讲团、习近平新时代中国特色社会主义思想讲师团、"四史"宣讲团等各类师生宣讲团，围绕学习宣传党的十九大精神、习近平新时代中国特色社会主义思想、"四史"教育等主题，宣讲团成员先后为校内外人员开展宣讲60余场次。习近平新时代中国特色社会主义思想讲师团，重点围绕习近平新时代中国特色社会主义思想，提供系统化、多角度的理论阐释和思想指导，将党的十八大以来党和国家事业所取得的历史性成就和变革，习近平新时代中国特色社会主义思想的时代背景、历史地位、科学体系、实践要求，新时代坚持和发展中国特色社会主义一系列重要的理论和实践问题深入浅出地传递给学校师生。积极组织教师参与市委宣传部推动构建"1+16+X"的"四史"宣讲工作，学院1人参与市级层面专家宣讲团，

10人参与区级宣讲团，并建立学院"四史"宣讲团，更好地服务于市级、区级、校级"四史"学习教育。积极组织师生参与区域宣讲服务，面向市、区、校提供"四史"理论宣讲服务，彰显新时代马克思主义者的责任与担当。与长宁区组织部联合设计、共同推出10讲区级层面"四史"党课，积极推动学院全员参与"四史"宣讲，形成服务校级层面"四史"课程清单。与广富林街道合作打造松江大学城高校第一个社区党建示范点——"七色桥"党群服务站，共建"红色长廊"红色文化阵地，协作定期举办"四史"主题展。学生党支部走进松江区小学实体课堂，送去以"红色精神"为主线，围绕"五四精神""井冈山精神""长征精神""延安精神""北大荒精神""两弹一星精神"六大精神的系列课程。

2.3 主动融入社团学习：打造情境化、互动化的社团学习体系

充分发挥学生的主体作用，引导学生自觉肩负起学习、宣传、研究习近平新时代中国特色社会主义思想的使命。深化指导学生自发成立的"学生青年马克思主义学习研究社"，吸引一批不同学院的学生加入其中。社团通过主题论坛，将习近平新时代中国特色社会主义思想和国家发展中的重大历史现实问题予以探讨和交流，并邀请资深教授进行参与和指导，做好理论阐释和答疑解惑工作，形象生动地学习好、理解透习近平新时代中国特色社会主义思想；借助新媒体技术，围绕"四史"学习教育，利用微信公众号，推出"学者新论""学习进行时"和"初心如磐、使命在肩"微党课等栏目，供区师生学习、转载，切实发挥马克思主义理论学科的政治引领主体作用和社会辐射作用，协作推动师生知史爱党、知史爱国。依托"习近平新时代中国特色社会主义思想学生宣讲团"，以马克思主义学院专业师资为培训和指导支撑，将习近平新时代中国特色社会主义思想用学生自己的语言、学生熟悉的方式传递给身边同学，推动在党组织生活会、党员教育活动以及社区服务中积极发挥作用。

2.4 持续融入社会实践：深化沉浸式、田野式的社会实践体系

实践是认识的基础，人的认识是在实践中不断发展和深化的。正所谓"读万卷书，不如行万里路"。习近平总书记也多次在不同的会议中强调，要从知行合一上下功夫。课程教学设置专门学时组织学生开展社会实践，教师实践教学纳入学院绩效考核重要部分，设置专项经费鼓励和支持教师参加暑期调研，以实践调研促进课堂教学内容转化。协同校团委持续开展社会主义核心价值观、锦绣中国、锦绣丝路专项实践活动，积极引导大学生走出课堂、走出校园，深入爱国主义教育基地，走进社会主义新农村，深入重要行业企业第一线，走进边远山区，围绕社会突出的现实问题、大学生感兴趣的社会热点如晋商文化、新农村建设、三农问题等开展实践调查研究活动，在实践中倾听民意、体察民情，加深对我国所取得的历史性成就和变革的认识，加深对习近平新时代中国特色主义思想历史背景、主要内容的理解和认同。

3 成果的创新点

推进"四项融入"工程，旨在全方位推进习近平新时代中国特色社会主义思想铸魂育人，切实提升思想政治教育育人能级，促进学生"内化于心、外化于行"，真正实现"塑心立行"的作用。

3.1 构建"4+1+1+1+X"思政课课程体系

着眼于发挥课堂主渠道作用，把《习近平新时代中国特色社会主义思想学习纲要》等作为重要教学遵循，坚持思政课建设与学习贯彻党的创新理论武装同步推进，用新思想领航思政课。在本科"4+1"思政必修课基础上做加法，创新构建起以习近平新时代中国特色社会主义思想为核心内容的"4+1+1+1+X"思政课课程群，引导学生系统学习习近平新时代中国特色社会主义思想理论体系及其内涵特征。

3.2 实现教学研相结合，促进推进效果

实现科研反哺教学，加强马克思主义中国化最新理论成果的学习和研究，切实为课程教学奠定扎实的学理基础，加强完善集体备课、教学研讨的机制和平台建设，促进教学内容创新，及时将习近平新时代中国特色社会主义思想最新发展传播给学生；充分发挥学生的主体性作用，在社会实践、社团活动中学习研究，促进学生自主性学习，加深对习近平新时代中国特色社会主义思想的理解和认识，

提升习近平新时代中国特色社会主义思想铸魂育人效果。

3.3 构建协同育人机制，创新教学体系

实施"四项融入"工程改变传统思政课育人孤立单一局面，突破思政课程有限资源，融合课堂教学体系、理论宣讲体系、社团学习体系、社会实践体系，促进大学生课堂载体、生活载体、活动载体等的连续贯通，有效促进习近平新时代中国特色社会主义思想"三进"工作，构建了课堂教育与课外教育相结合、思政小课堂与社会大课堂相结合、线上教育与线下教学相结合的多维度、多面向、多层次的协同育人机制，贯穿于学生成长的全过程。

3.4 强化理论与实践相结合，提升育人成效

"四项融入"工程拓展思想政治教育育人渠道，以学生学习社会为载体，发挥学生主观能动性，让学生互助学习，共同成长；以社会实践育人为关键，创新发展实践育人功能和体系，在实践中加深学生对习近平新时代中国特色社会主义思想的体会与感悟与认同。

4 成果的推广应用情况

4.1 有效拓展教研平台，为思政课教学改革创新提供有力支撑

积极拓展学科教研平台，从2016年1个省部级研究基地和1个校内研究基地（"马克思主义理论与当代实践"研究基地、"现代化与文明发展"研究基地）拓展到目前拥有5个教学科研和培训平台。增加了1个省部级研究基地——上海市习近平新时代中国特色社会主义思想研究基地、2个市级教研和培训平台——上海市高校思想政治理论课名师工作室、上海高校思想政治理论课教师研修基地。依托教学科研平台，汇聚学科建设队伍，加强习近平新时代中国特色社会主义思想理论研究，为推进思政课教学改革创新提供学理支撑。

4.2 推进以习近平新时代中国特色社会主义思想为核心内容的思政课课程群建设取得积极成效

坚持守正创新，落实新时代思政课改革创新要求，在加强思政课必修课建设的基础上，扎实推进"锦绣中国""习近平新时代中国特色社会主义思想（概论）""走进四史"等思政选修课课程建设，推进以习近平新时代中国特色社会主义思想为核心内容的"4+1+1+1+X"思政课课程群建设取得积极成效。"锦绣中国"整合学校特色资源，集中学科师资"双优势"，搭建互联网＋"双平台"，开启中英文"双声道"，叠加校内外"双效应"，课程建设成效显著。获评国家一流本科课程、上海市课程思政建设重点课程立项以及培育项目立项。《解放日报》等50余家各类媒体予以关注，产生良好的社会影响力，成为上海高校"中国系列"课程中的一张特色名片。打造高配师资团队，东华大学成为上海首批开设"习近平新时代中国特色社会主义思想（概论）"课程高校，课程建设经验得到中国教育新闻网、文汇网、上观新闻、上海教育新闻网等媒体的关注和报道。率先开设"走进四史"课程，为学校学生提供四史学习的新平台。

4.3 积极拓展"三进"工作路径，切实提升育人实效

推进习近平新时代中国特色社会主义思想"三进"是高校思想政治工作重要任务，项目除发挥课堂主渠道作用外，还适应学生特点充分发挥组织育人、实践育人的协同作用以及"三全育人"的潜移默化作用，不断创新和丰富工作载体和手段，切实增强大学生对习近平新时代中国特色社会主义思想的理论认同、情感认同和行为认同，切实增强育人实效。依托马克思主义学院各级各类理论宣讲团，围绕学习宣传十九大精神、习近平新时代中国特色社会主义思想、"四史"教育等主题，宣讲团成员先后为校内外人员开展宣讲60余场次。"红色长廊"学生讲团已为全校近40个支部提供展览讲解服务，青马工程、理论学习研究社等社团系列活动展开，打造校园文化阵地，实现文化思政育人功能。协同校团委，在社会主义核心价值观专项实践的基础上，从2018年开始，增设了"锦绣丝路"和"锦绣中国"两个专项，每年支持十余支学生团队走出校园，深入社会课堂，支持青年学子在实践中增长才干、获得成长。

基于信息化技术的纺织类专业虚拟仿真实验教学体系的创新与实践

天津工业大学

完成人及简况

姓名	性别	所在单位	党政职务	专业技术职称
胡艳丽	女	天津工业大学	纺织学院党委书记、国家级实验教学示范中心常务副主任	教授级高级工程师
荆妙蕾	女	天津工业大学	副院长	副教授
王庆涛	男	天津工业大学	无	讲师
李雅芳	女	天津工业大学	无	实验师
彭浩凯	男	天津工业大学	无	实验师
周宝明	男	天津工业大学	无	实验师
鞠敬鸽	女	天津工业大学	无	实验师
马崇启	男	天津工业大学	无	教授
赵义侠	男	天津工业大学	无	讲师
刘维	男	天津工业大学	无	讲师
赵晋	女	天津工业大学	无	讲师
王晓云	女	天津工业大学	服装设计与工程系系主任	教授

1　成果简介及主要解决的教学问题

1.1　成果简介

教育信息化是当代世界教育发展的趋势，随着信息技术与实验教学的深度融合，虚拟仿真技术以其技术赋能教学、虚仿慕课化的优势为高等教育"新基建"提供有力保障。成果以天津市虚拟仿真实验教学项目为依托，以国家级实验教学示范中心、国家级虚拟仿真实验教学中心为建设平台，在虚拟仿真实验教学改革中取得显著成效。

构建了涵盖纺织染"四层次七模块四路径"全过程虚拟仿真实验教学体系。整合"原理三维模拟、设备拆装训练、综合设计仿真、应用效果模拟"四层次实验内容；划分"纺材、纺纱、织造、针织、印染、非织造、服装"七模块知识体系；形成与"理论课程、实体实验、生产实际、科研项目"相结合的四路径虚拟实践训练，促进学生实践技能和创新能力双重提升。

搭建了"人机交互、跨越时空、开放共享"的虚拟仿真实验教学平台。依托平台，建设了7个专业方向的虚拟—现实实验学习模块，实现虚实结合，以虚辅实教学效果。

创建了"沉浸性、交互性、构想性"虚拟仿真实验教学模式。建成虚拟仿真实验项目35项，其中教育部产学合作协同育人项目2项、天津市级虚拟仿真实验教学项目2项；组建全国纺织虚拟仿真实验教学产教融合联盟，我校荣任联盟理事长单位。

1.2 主要解决的教学问题

（1）解决高校大型仪器设备实验条件不具备，与企业生产脱节，学生实践创新能力难以符合企业需求的问题。

（2）解决真实实验时间固定、内容呆板，难以适应人才培养新需求、大学生成长新特点、信息化时代教育教学新规律的问题。

2 成果解决教学问题的方法

2.1 成立校企虚拟仿真教学团队，建设虚拟实验教学资源

与信息产业协同作战，学校负责实验项目脚本设计及专业支持，企业负责应用软件实现及平台维护，开发有自主知识产权的虚拟仿真实验项目；自主研发和外购虚拟仿真软件相结合，将纺织梳理等高危型、纺纱等高成本型、熔喷等高消耗型、面料应用等不可逆操作型及大型综合训练类实验难实现等项目作为主体内容，利用数字化信息化技术建设虚拟实验教学资源；成立"全国纺织虚拟仿真实验教学产教融合联盟"，吸纳纺织高校和专业公司，密切开展虚拟实验教学合作，实现虚拟仿真实验教学项目的科学性、推演性、交互性训练实践。

2.2 搭建虚拟仿真实验教学平台，创新虚拟现实教学模式

通过实验门户网站人机交互界面与系统，开放共享实验空间，实现单人或多人远程交互联合实验设计，突破时间空间限制；以虚拟仿真实验项目为单元组织教学，线上线下团队协同分角色进行方案设计、参数控制、结果推演等大型综合实践训练，穿插实验室现实设备操作和产品创新综合训练，实现线上线下师生互动、生生互动、团队互动、虚实结合的实验教学模式。

2.3 改进实验考核和评价功能，完善教学质量评价体系

通过多人在线，模型化、角色化、任务化的模拟训练，系统自动进行各环节学生表现、设计操作完成质量等评价统计，强化实验预习、操作过程、实验考评、实验报告、创新设计等的多元化、全过程评价，激发学生参与实验的浓厚兴趣。提升虚拟仿真训练教学效果。

3 成果的创新点

3.1 教学体系创新

构建了"四层次七模块四路径"全过程虚拟仿真实验教学体系。使学生接受纺织染全过程的模拟实际生产全过程的训练，提高学生综合设计、工程应用和产品创新能力，实现了学生综合实践能力与企业生产实际需求有效对接。

3.2 教学平台创新

虚拟仿真实验教学平台强化学生学习过程的交互性和思想的设计性，实现了在线单人多次、多人多次、实时实地、校内校外"视、听、感"的纺织"流程模拟、场景再现、原理仿真、交互协同、设计推演"学习，打破时空限制，丰富教学手段。

3.3 教学模式创新

采用"沉浸性、交互性、构想性"虚拟仿真实验教学模式，利用线上线下"团队协同"教学方法，在工程实现层面中增加虚拟仿真层，经原理释义、工艺设计、应用效果的虚拟仿真优化，再进行工程上机实现，工程训练效果显著提高。

4 成果的推广应用情况

4.1 学生综合能力显著提升

近五年学生参加学科竞赛、大创项目，学生获批省部级以上大创项目 26 项；参加市级及以上学科

竞赛和科技活动共计获奖 862 人次，其中特等奖、一等奖共计 87 人次；发表论文 87 篇，其中 SCI 收录论文 23 篇；申请发明专利 41 项；25% 的学生获得"纺织面料设计师"职业资格证书，创新能力明显提高。

4.2 教学效果显著

近五年，实验教师持续投入虚拟仿真实验项目的建设，项目数量逐年稳步增加，目前在用虚拟仿真实验教学项目 33 项，其中自主研发 22 项，部分软件已更新数次。2020 年，面对疫情冲击，虚拟仿真实验项目突破时间、空间的限制，在国内及留学生中广泛应用，发挥了重要作用，获得学生的认可，得到教学督导组专家的好评。

4.3 示范效应显著

2018 年 12 月，我校纺织科学与工程学院作为发起单位组织召开了纺织虚拟仿真实验教学产教融合联盟大会，来自苏州大学、江南大学、武汉纺织大学等 11 所纺织高校和 4 所虚拟仿真相关企业约 30 名代表参加了会议。我校目前为中国纺织服装教育学会纺织服装虚拟仿真专家委员会理事长单位，在全国纺织类高校中多次组织开展虚拟仿真实验教学研讨会议，讨论并确定了纺织类虚拟仿真实验教学项目的建设指南，并投票选举我校胡艳丽教授级高工为联盟理事长。2019 年 7 月，组织召开第二次会议，来自全国 25 所高校、11 家企业代表、100 余人参加了会议，讨论并确定实施"国家虚拟仿真实验教学项目培育计划"，入选项目 111 项。2020 年 11 月，第三次会议在惠州召开，来自全国 50 多所高校和企业的 110 名专家代表参加会议。

2019 年，在全国纺织服装教育大会上，胡艳丽教授级高级工程师代表我校分享纺织服装虚拟仿真实验教学工作经验；2019 年在教学专业指导委员会上刘雍教授分享纺织服装虚拟仿真实验教学工作经验，均一致获得与会专家好评。

区域化与国际化联动协同背景下纺织工程
特色专业建设探索与实践

上海工程技术大学

完成人及简况

姓名	性别	所在单位	党政职务	专业技术职称
辛斌杰	男	上海工程技术大学	纺织服装学院副院长	教授
郑元生	女	上海工程技术大学	纺织工程系副主任	副教授
朱婕	女	上海工程技术大学	无	讲师
高伟洪	男	上海工程技术大学	无	副教授
陈卓明	女	上海工程技术大学	无	讲师
杨雪	女	上海工程技术大学	无	讲师
李庭晓	女	上海工程技术大学	无	讲师
许颖琦	女	上海工程技术大学	党支部书记	副教授
刘玮	女	上海工程技术大学	无	副教授
陆赞	男	上海工程技术大学	无	讲师

1 成果简介及主要解决的教学问题

上海工程技术大学纺织服装学院作为上海市市属高校中唯一拥有纺织工程专业的学院，肩负为上海、长三角乃至国家纺织产业输送高素质纺织工程应用型专业人才的重担。自2014年以来，本专业在"区域化"和"全球化"两大特征引领下，以"一带一路"战略实施为契机，围绕"人才培养定位""人才培养的路径与方法"和"衡量人才培养体系的实施效果机制"三大问题，对全新背景下纺织工程特色专业建设进行了探索与实践（图1），逐步确立纺织教育的本土国际化特色，实现了中国留学生海外输出向国际留学生输入联动培养的模式转换。

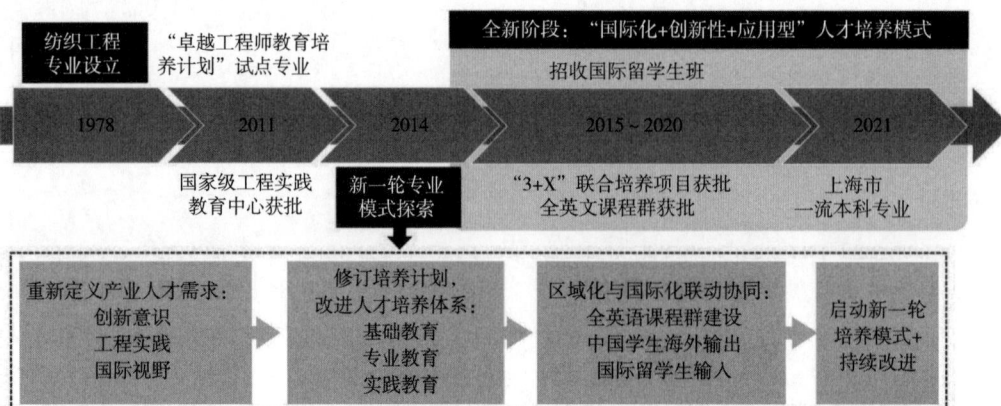

图1 区域化与国际化联动协同背景下纺织工程专业人才培养模式改革历程

本成果将人才培养目标精准定位于"创新意识、工程实践、国际视野"的高素质纺织工程应用型复合人才，着重在专业课程体系、课程建设、教学内容、教学方法与手段、实践教学平台和实践教学体系等方面进行了全方位改革和创新。此外，该成果注重将科研融入教学，形成了完整的"国际化 + 创新性 + 应用型"本科教学育人模式；建成了 1 门省部级示范性全英文课程、1 门省部级重点课程、34 门全英语专业课程群，编写并出版了 1 本全英文教材和 4 本中文相关教材，形成了鲜明的国际化纺织教学专业特色（图 2），在培育能够满足当前纺织产业国际化要求的高层次复合型人才培养方面取得了显著的成绩。

| 国际留学生班招生宣传手册 | 出版全英文教材 | "一带一路"沿线国家人才培养 | 聘请国际教授开设科技讲座 |

图 2　"国际化"教学特色理念下主要成果

2　成果解决教学问题的方法

2.1　"国际化 + 创新性 + 应用型"纺织专业复合型人才的精准定位

以"创新意识、工程实践和国际视野"为培养理念，采用通识教育和专业教育双轮驱动模式，培养具有理论基础、创新意识、管理能力、工程实践能力并通晓国际规则的工程应用型人才。

2.2　采用多元化教学模式，构建系列化纺织全英语课程群

专业结合"新工科"思维理念，以上海市示范性全英语课程和上海市重点课程为引领和示范，采用小班化教学，并利用"线上 + 线下""校内 + 校外""学校 + 企业"等多途径，优化课程目标、重组教学内容，拓展学生国际视野；加强双语教学建设，已建立了纤维材料、纺纱、织造、后整理、功能测试的系列全英语课程群（图 3）。

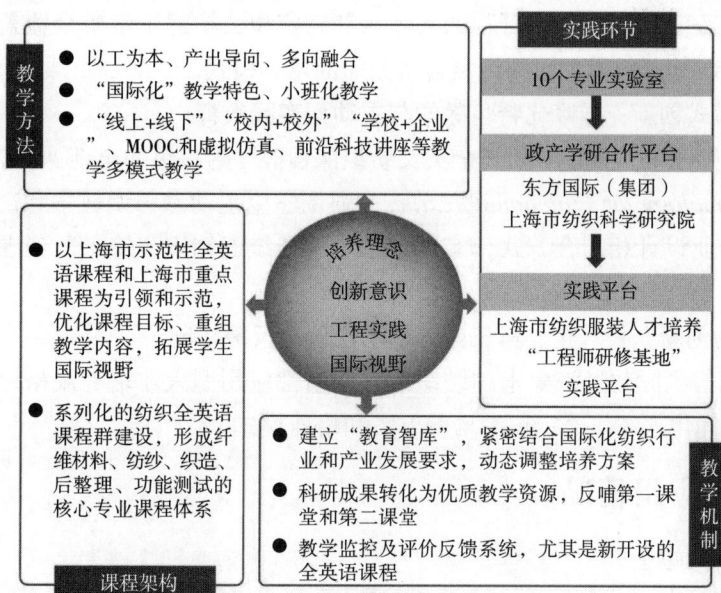

图 3　面向区域化和国际化的纺织专业人才培养的路径与方法

2.3 打造政产学研实践平台，开展融合式实践教学

专业坚持"以工为本、产出导向、多向融合"的育人观念，构建"三学期，五学段，工学交融"的教育模式，持续推进"四协同"育人模式，实施了多学科交叉、政产学研四协同、区域与国际联动相结合的实践教学；强调学生主动型实践教育，开展了大学生创新项目、毕业课题相结合的科研反哺教学训练。

2.4 循环优化式教学监控及评价反馈系统

专业成立"评价小组委员会"作为评价机构（图4）以实现对人才培养体系实行全方位质量监控，建立"教育智库"，紧密结合国际化纺织行业和产业发展要求，动态调整培养方案。

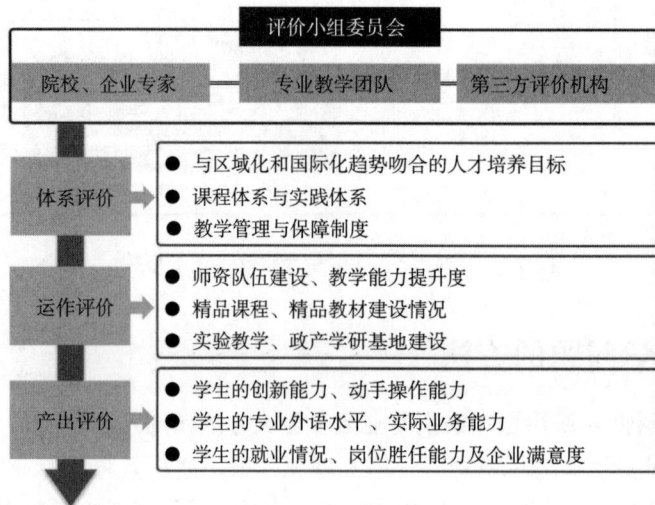

图4 人才培养体系实施效果的评价机制

3 成果的创新点

3.1 人才培养定位创新：满足区域化与国际化人才培养需求

面对区域化与国际化纺织业发展趋势对专业人才的更高需求，在原有知识点教学的基础上，强调聚焦于"创新意识、工程实践、国际视野"的人才培养新定位，构建了学生全覆盖式（本土学生和留学生）的"国际化＋创新性＋应用型"纺织复合型人才的培养模式。

3.2 教学与实践模式创新：国际化特色教学与主动型实践教育

成立全英语授课教师团队，打造了以"全英文纺织课程群"为特色的全新课程体系（图5）；编写并出版全英语教材 *Technology for Functional Textiles*；强调学生主动参与型教学和产业需求的引领，通过大学生创新项目和毕业设计相结合方式，实现了学生从传统的知识"输入"到围绕产业真命题的应用"输出"的转变。

3.3 培养反馈体制创新：校、企、第三方的联动评价与反馈机制

制订了适应区域化与国际化经济要求的纺织工程创新性应用型人才培养规格评价机制，形成多方联动反馈机制，以不断优化人才培养定位、培养方案和培养模式。

4 成果的推广应用情况

4.1 专业建设水平大幅上升

自2014年以来，在"创新意识、工程实践和国际视野"的培养理念下，本专业逐步确立了"国际化＋创新性＋应用型"复合型纺织工程专业人才培养模式，新的培养方案在纺织工程专业全面推广并

学年		
第一学年	● 纺织导论/Introduction to Textiles ● 纺织材料学/Textile Materials ● 纺纱工艺学/Spinning Technology ● 非织造学/Nonwovcns ● 织物结构与设计/Fabric Structure and Design ● 针织学/Knitting Technology ● 织造学/Wowen Technology ● 纺织物理/Textile Physics	● 纤维集合体力学/Mechanics of Fiber Assemblies ● 纺织材料学实验/Experiment for Textile Materials ● 织物结构与设计实验/Fabric Structure and Design Experiment ● 织造学实验/Weaving Experiment ● 针织学实验Knitting Experiment ● 计算机应用基础/Basics of Computer Application ● 计算机制图基础/Fundamentals of Computer Drawing ● 电工与电子技术/Electrical and Electronic Technology
第二学年	● 纺织测试技术/Textile Testing Technology ● 机织产品设计学/Wowen Product Design ● 针织产品设计学/Knitted Product Design ● 纺织品服装进出口实务/Imports and Exports of Textiles&Apparel ● 丝绸文化与产品/Silk Culture and Product ● 生产管理/Product Management	● 现代纺纱新技术/Advanced Spinning Technology ● 现代织造新技术/Advanced Wowen Technology ● 颜色技术原理/Principles of Color Technology ● 面料识别与应用/Fabric Recognition and Application ● 纺织品功能整理/Functional Finish of Textiles ● 纺织品新型染整技术/Novel Dyeing and Finishing Technology for Textiles ● 外贸函电/International Business Correspondence
第三学年	● 产业用纺织品/Technical Textiles ● 纺织复合材料/Textile Composites ● 纤维加工及功能纺织/Fiber Processing and Functional Textile Materials	● 纺织品服装外贸洽谈/International Negotiation on Textiles and Apparel ● 现代纺织品标准与检验/Modern Textile Standards and Inspection

图 5　"全英文纺织课程群"一览表（共 34 门）

在实施中不断完善，建设成果得到肯定，多家兄弟院校的相关学院来我院进行参观和学习。2019 年获得中国纺织工业联合会高校教学成果三等奖 2 项；2021 年 3 月，本专业获批上海市一流本科专业建设资格。

4.2　人才培养质量显著提高

通过授课老师对学生的英文综合能力评估，学生的英语听、说、读、写能力均有明显提升。其中阅读英文文献的信心指数从原先的 54% 上升到 89%；口语表达的信心指数从 25% 上升到了 59%；写作方面的信心指数从 51% 上升到了 61%；在 2019 年进行的毕业生毕业要求达成度评价良好，说明本届学生较好地达到"国际化 + 创新性 + 应用型"复合型纺织工程专业人才培养的要求，达到预期人才培养要求。

4.3　国际化育人水准处于国内相关专业中领先地位

2016 年，"产业用纺织品"获批上海市示范性全英文课程；本专业编写的 *Technology for Functional Textiles* 全英文教材于 2017 年正式出版，受到高校和行业一致认可，并被作为"纺织服装高等教育十三五部委级规划教材"而推荐使用；2019 年，纺织工程专业首批入选上海工程技术大学全英文专业建设项目，组建 16 位教师在内的全英文授课团队，开设 34 门全英文课程；2019 年本专业与美国北卡罗来纳州立大学合作制定了"3+X"模式的本科生培养计划；2020 年，规模化招收国际留学生班，共录取 19 人（受疫情影响，实际报道 14 人），分别来自 6 个不同国家，其中孟加拉国 7 人，加纳 3 人，巴基斯坦、刚果、科摩罗和摩洛哥各 1 人。此外，近年来，邀请英国曼彻斯特大学陈晓钢博士、香港理工大学简志伟博士等多名国内外知名学者开展全英文讲座；与英国染色家协会和瑞典哈姆斯塔德大学进行国际化交流合作，开拓学生的国际视野和学术能力，深入了解国内外产业用纺织品的发展现状。

4.4　创新性和应用型人才培养规模扩大

近 3 年，学生在大学生创新项目、纱线设计大赛等获奖 20 余项，并有高水平论文发表和专利申请

（图6）。

部分国家级大学生创新项目如下：

（1）蛋白石光子晶体薄膜的制备及其颜色调控，2020。

（2）利用废旧 PET 塑料瓶制备超细纤维网及其过滤性能研究，2020。

（3）细菌纤维素负载 TiO2 纳米复合膜的制备及其光催化性研究，2020。

（4）可穿戴拉伸传感织物的结构设计与开发，2019。

（5）铜钴镍铁氧体复合物的制备及电磁性能研究，2018。

（6）新型电激发变形智能弹性材料的制备研究，2018。

课程建设	教材出版
● 2013：校级精品课程"产业用纺织品概论"	● 全英文教材 *Technology for Functional Textiles*
● 2014：校级课程建设"纺纱工艺学"	● 中文教材：《功能纺织品开发与应用》
● 2016：上海市示范性全英语课程"产业用纺织品概论"	《智能纺织品开发与应用》
● 2017：校级精品课程"纺织测试新技术"	《功能性纺织品开发及加工技术》
● 2019：校级课程建设"非织造学"	
实践课程建设"针织学实验"	
● 2020：全英文课程群建设(34门)	
上海市重点课程"纺织测试新技术"	
校级课程思政建设"面料识别与应用"	
● 2021：校级课程建设"针织学"	
校级课程思政建设"纺织结构复合材料"	

教学成果	实践成果
● 2018：上海高校青年教师培养资助计划	● 2016：中国国际工业博览会高校展区一等奖
● 2019：中国纺织工业联合会教育教学成果奖三等奖	● 2017：中国国际工业博览会高校展区一等奖
中国纺织工业联合会教育教学成果奖三等奖	上海市技术发明三等奖
● 2020：上海高校青年教师培养资助计划	● 2018：关键技术研究和产业化示范实验室项目
● 2021：上海一流本科专业	● 2019：中国纺织工业联合会科技进步奖二等奖

教师项目（近三年）	学生项目
● 2018：国家自然科学基金青年科学基金项目2项	● 2017：全国大学生纱线设计大赛优秀奖2项
● 2019：国家自然科学基金面上项目1项	金三发杯全国非织造产品设计及应用大赛优秀奖
国家自然科学基金青年科学基金项目3项	● 2018：省部级大学生创新项目3项
上海市地方能力建设项目1项	金三发杯全国非织造产品设计及应用大赛优秀奖
上海市"扬帆计划"项目2项	● 2019：国家级大学生创新项目1项
● 2020：国家自然科学基金青年科学基金项目1项	● 2020：国家级大学生创新项目3项
● 2021：上海市"扬帆计划"项目1项	

图6　成果主要内容介绍

基于"创业决策逻辑机制"的商科双创教育理论构建与教学创新

北京服装学院

完成人及简况

姓名	性别	所在单位	党政职务	专业技术职称
赵洪珊	女	北京服装学院	教务处处长	教授
刘荣	女	北京服装学院	党支部书记	副教授
王润娜	女	北京服装学院	无	讲师
常静	女	北京服装学院	无	讲师
李飞跃	男	北京服装学院	商学院党委副书记	助理研究员
马琳	女	北京服装学院	工商管理系主任	副教授

1 成果简介及主要解决的教学问题

1.1 成果简介

成果以商科双创人才培育为目标，构建基于"创业决策逻辑机制"的双创教育理论，在教学实践中不断创新，以理论为基础，教学为抓手，实践为支撑，做到产教融合，行业引领，从而提升商科专业学生的创新思维意识与创业实践能力。北服创新创业学院依托商学院致力于探索适合商科人才的创新创业培养路径，并结合北京服装学院"以艺为主，服装引领、艺工融合"的办学定位，从理论和实的不同角度在商科双创教育领域不断探索和创新。

1.2 主要解决的教学问题

1.2.1 解决商科双创教育理论支撑不足的问题

国内高校的创新创业人才培养的研究与实践时间较短，缺乏理论指导。尤其是纺织服装类高校的商科人才培养具有较强的专业性和行业属性，更需规范先进的理论来引领实践。

1.2.2 解决商科双创人才培养课程体系不完善的问题

在国家提出"大众创新，万众创业"的战略之前，国内大部分高校并没有建立针对性的创新创业课程体系。

1.2.3 解决商科双创人才培养实践教学体系不完善的问题

创新创业人才培养应该是以实践为导向、理论为辅助的培养方式，但传统的高校教学体系和制度中实践环节往往比较薄弱。

1.2.4 解决双创人才教育过程中产教融合不足的问题

学生创新创业能力培养需要在行业和企业中才能得以应用，但学校和企业分属不同体系，缺乏融合。

2 成果解决教学问题的方法

2.1 构建"创业决策逻辑机制"模型作为商科双创人才培育的理论基础

基于已有相关研究，综合运用质性和量化方法，提出认知—动机双元视角下"创业决策逻辑机制"模型，为双创教育实践提供指导。在研究创业决策逻辑对创业绩效的积极和消极两方面影响的基础上，与教学实践相结合提出相应解决对策。

2.2 科学构建知行合一全能力双创课程体系

以认知—动机双元视角下创业决策逻辑机制模型为理论指导，对"2+2+2+X"教学体系进行深化和升级，构建面向商科人才知行合一的全能力双创课程体系，通过四大知识模块完成专业、行业、职能三个知识领域和行为领域的全能力培养，做到知行合一。

2.3 产教融合"五位一体"全覆盖双创实践体系

以认知—动机双元视角下创业决策逻辑机制模型为理论指导，建立"五位一体"的实践教学体系，整合校内和校外资源，全面提升商科双创人才培养教学实践体系的效率与质量。包括开设创新创业实训课程；规划和建立创新创业大赛体系；开展"创新创业主题月"、建立产教融合实践基地、实施大学生创新创业训练计划等，建设以纺织服装类企业为主的校外实训基地和企业大学等企业实训平台。

2.4 高校联动、中外合作，实现优势教学资源融合

通过北京市双培项目开创与中央财经大学、对外经济与贸易大学的校际合作，共建虚拟教研室，互派教师授课，共同完成双培生培养；与首都师范大学、中国传媒大学等高校走访交流，开展学术研讨；开设境外专家学者课程和讲座教学。

3 成果的创新点

本成果达到了纺织服装教育领域的国内领先水平，对提高教学质量、实现培养目标有突出贡献，得到学校和专业同行高度认可。

（1）双创教育理论创新：提出认知—动机双视角下创业决策逻辑的机制模型，对其诱发机制和作用机制进行研究，形成基于创业决策逻辑机制的双创教育理论。

（2）以理论为指导的双创教育教学实践创新：基于创业决策逻辑机制模型中的知识（经验）结构，建立涵盖专业知识、行业经验、职能经验等的四大课程模块和"五位一体"的实践教学体系。

（3）以理论为指导、实践为导向的产教融合机制创新：基于创业决策逻辑机制模型中创业经验的作用机制，通过校企合作、校地合作、中外合作、高校联动，实现产教融合机制创新。具体包括：校企合作建立创新创业实践基地和企业大学；校地合作建立雄源商学院和举办朝阳论坛等；中外合作引进境外师资参与教学和人才国际化培养；高校联动与兄弟院校协同合作举办院长论坛等。

4 成果的推广应用情况

成果已在北服商学院的商科双创人才培养工作中陆续运用，人才培养模式与课程优化充分考虑专业特点和行业发展需求，建立了完整的创新创业教学体系，提高了教学质量。

4.1 成果理论形成博士论文，青年教师获博士学位

团队成员王润娜老师撰写中国人民大学博士论文《创业决策因果逻辑和奏效逻辑的双路径影响机理研究》，为特色商科双创教育理论构建提供支撑。

4.2 基于"创业决策逻辑机制"模型的双创课程体系创新

建立商科四大创新创业课程模块：创新创业基础素质课程模块、品牌与商业企划课程模块、财务管理课程模块、数据分析课程模块，从学生的专业知识、行业知识（经验）、职能知识（经验）入手

进行全能力培养。

4.3 产教融合实践教学机制创新

包括校企合作建立创新创业实践基地和企业大学；校地合作建立雄源商学院和举办朝阳论坛等；中外合作引进境外师资参与教学和人才国际化培养；高校联动与兄弟院校协同合作举办院长论坛。

4.4 教师与学生互动成果显著

新型培养模式下，学生更加注重自身实践能力和创新能力的提升，在教师的指导下积极参与国内国外专业赛事，实现以赛代练，以赛促学。参加"互联网＋"全国大学生创业大赛、"挑战杯"创业大赛、"学创杯"大学生创业模拟大赛沙盘模拟经营大赛等国内外赛事，并获得过多项国赛和市赛奖项，检验了学生的创新与实践能力。学生积极主动跟随教师参加大学生创新创业训练计划（URTP），培养了自身的研究与自主学习能力，升华实践经验，学生发表科研论文数十篇，获得众多奖项。

4.5 成果服务国家战略和北京市地方经济建设

项目的实施进一步促进跨专业、跨学科的复合型管理人才的培养，促进教学、科研的良性发展；雄安·雄源商学院以产业创新发展和人才开发为核心，将建设成为雄安人才培养基地和战略实现的助推器，服务于国家战略；项目与北京市朝阳区建立合作，共同推动北京市纺织服装时尚产业的发展，为北京建设国际消费中心城市做出贡献。

"新工科""新文科"背景下轻纺行业高校工匠式创新创业人才培养模式构建与实践

大连工业大学

完成人及简况

姓名	性别	所在单位	党政职务	专业技术职称
任文东	男	大连工业大学	副校长	二级教授
赵琛	女	大连工业大学	处长	教授
于晓强	男	大连工业大学	副主任	教授
李姝	女	大连工业大学	副主任	讲师
董学祯	男	大连工业大学	科长	讲师
刘晓东	男	大连工业大学	科员	实验师
张馨丹	女	大连工业大学	科员	助理实验师
李小辰	女	大连工业大学	科员	助理实验师

1 成果简介及主要解决的教学问题

1.1 成果简介

作为最早建立的4所轻工业院校之一，通过构建"思创融合""专创融合""赛创融合""研创融合""产创融合"五维一体的工匠式创新创业人才培养模式，秉承"立体式、链条式、递升式、全程化"特色，培养"道德素质高""专业水平高""科研能力高""实践能力高""产业契合度高"的工匠式创新创业人才，服务于轻纺产业、现代服务业及消费产业等三大集群。

1.2 主要解决的教学问题

1.2.1 明确人才培养目标

针对"轻纺行业高校制订培养目标和毕业要求不清晰、学生创新创业能力欠缺、地方企业需求的应用型人才不足"等问题进行改革，解决地方轻纺行业高校在应用型转型、新工科、新文科发展进程中"培养什么人"的问题。

1.2.2 明确人才培养路径

整合校内外资源，五维一体，重点解决"新四科"背景下轻纺院校创新创业体系内容单一，构建专业培养体系不够合理，师生创新创业实践能力不足等问题，解决"如何培养人"的问题。

1.2.3 重构应用型人才培养体系

针对"应用型人才培养质量与社会需求吻合度不足、成果转化低"等问题进行改革，围绕东北老工业基地振兴及辽宁四大支柱产业发展需要，顺应人才培养供给侧结构性改革需要，解决在轻纺产业不断转型升级的大潮中高校发展与社会需求如何实现双赢、"人往何处用"的问题。

2 成果解决教学问题的方法

2.1 确立轻纺行业特色的"工匠式创新创业人才"培养目标

立足轻纺行业高校,以新工科、新文科建设为基础,将"工匠精神"与"创新创业"相融合,培养"道德素质高""专业水平高""科研能力高""实践能力高""产业契合度高"的工匠式创新创业人才。

2.2 构建"五维一体"的创新创业人才培养模式

2.2.1 思创融合,夯实立德树人根基

思政教育与创新创业教育协同育人,全员、全程、全方位育人,打造"红色双创"第二课堂,专业技能与创新创业思维服务乡村轻纺产业,开展"乡村振兴"与"精准扶贫"相关活动。

2.2.2 专创融合,优化人才培养方案

将创新创业核心素养融入新工科、新文科专业人才培养目标,创建"通识教育、能力提升、实践应用、以创验学"分层递进、"理论建设、双创实践"双线并行的"创意启蒙 + 创新普及 + 创业培养"三层次创新创业教育体系。

2.2.3 赛创融合,深化双创育人改革

以"创新创业竞赛""大创计划"等活动为依托,"以赛促教、以赛促学、以赛促创",项目从起步到最终落地转化为科技成果的无缝式教育连接,做到专业全覆盖。

2.2.4 研创融合,搭建双创实践平台

依托轻纺类优势专业,以项目成果为主要指导,采用培育创新创业实验室与师生团队、强化孵化器建设及引入教师科研项目等方式,强化师生科研与创新创业的联动性。

2.2.5 产创融合,打造产教共育新模式

聚焦"五大区域发展战略"和"一带五基地"建设,全面支撑轻化产业集群建设,充分发挥食品科学与工程、无机非金属材料工程、化学工程与工艺等学科专业优势,开展订单式科技创新和成果转化。

3 成果的创新点(图1)

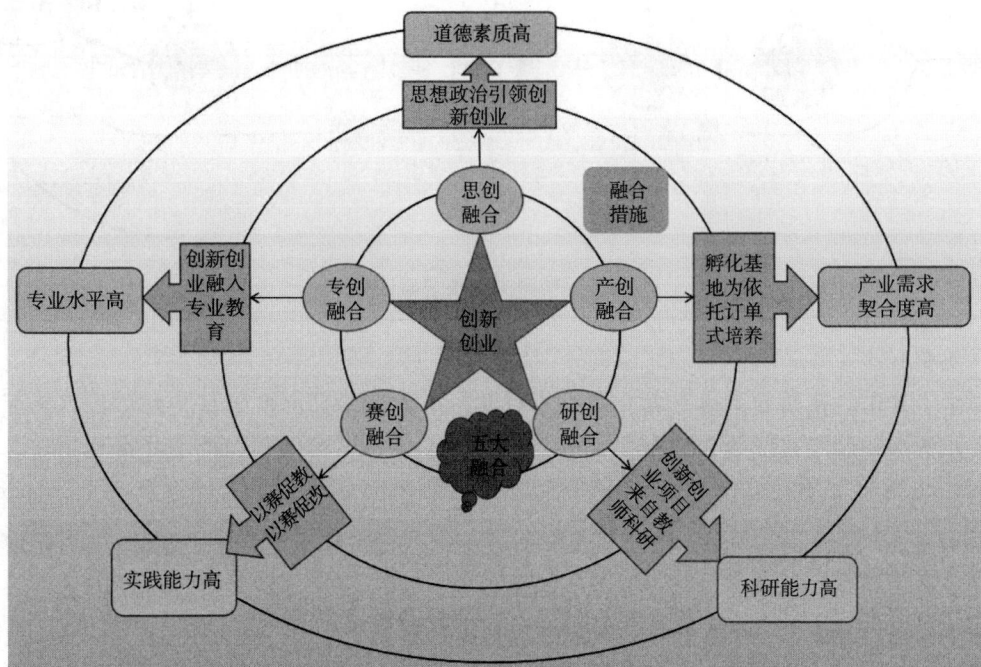

图 1 项目成果导图

3.1 项目立足点创新

以"五大区域发展战略"和"一带五基地"建设为契机，以在辽轻纺行业企业人才及项目需求为主要立项依据，力争将学校建设成辽宁轻纺产业人才和核心技术的汇聚地、高水平成果转化的共同体、科技型企业的孵化中心，推动工匠式创新创业人才培养。

3.2 培养目标上的创新

本成果创新性地将"工匠精神"与"创新创业"两个要素相融合，培养轻纺行业"道德素质高""专业水平高""科研能力高""实践能力高""产业契合度高"的工匠式创新创业人才。

3.3 培养模式上的创新

构建"思创融合""专创融合""赛创融合""研创融合""产创融合"五维一体的工匠式创新创业人才培养模式并付诸实施，为地方轻纺行业院校转型发展提供参考。

3.4 培养路径上的创新

构建出较为完整的递进式人才培养链条，形成轻纺行业高校为主体、政府主导、轻纺行业指导、企业参与的"共建共享"协同育人模式，实现轻纺行业高校人才培养目标与产业发展人才需求在此模式下达到高度吻合。

4 成果的推广应用情况

4.1 成果应用情况（图2）

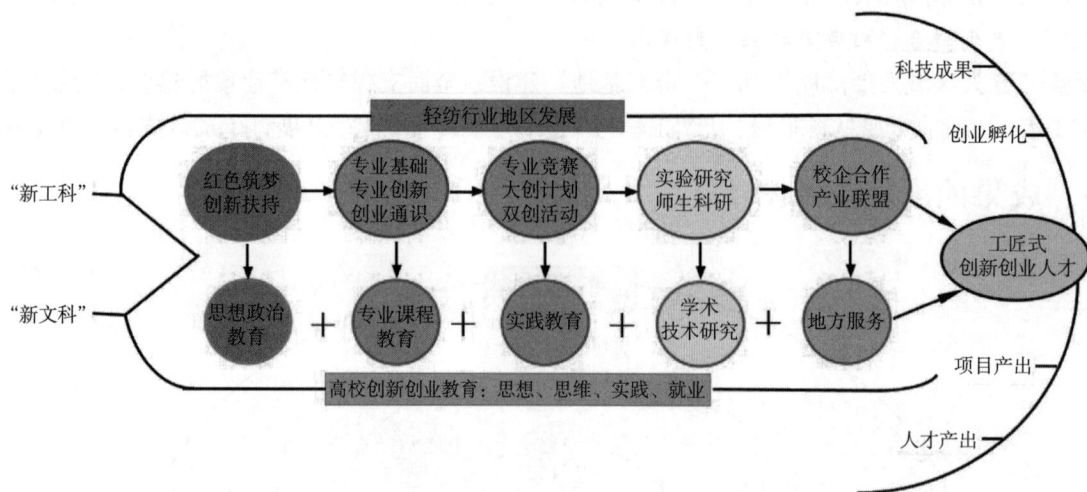

图2 成果应用情况导图

4.1.1 思创融合

学校组建"青年红色筑梦之旅"农业硕士小分队，深入辽宁地区贫困县及经济发展薄弱乡镇，了解当地的农业发展现状，深入农户家中，开展实地调研，接受思想洗礼，传承红色基因，并利用"互联网+"开展大学生红色基因传承教育活动，将所学专业知识和"大水沟村'乐游'农业产业乐园""阜蒙县大固本村农业产业化脱贫项目"以及"张窝铺产业化生态农业基地"等"互联网+"大赛红色筑梦之旅扶贫项目带入乡村，推动乡村建设，助力精准扶贫，服务乡村振兴，将红色基因教育与专业教育的有效地融合，着力于培养具有创造力、意志力、社会责任感的工匠式创新创业人才。

4.1.2 专创融合

建立基于工作过程和创新过程的课程内容设计机制，在轻工相关专业多层次、多角度、多维度广泛设立创新创业课程，融入思想、思维、实践、就业教育，建立"创新创业基础课程＋专业创新课程＋创业通识课程"的创新创业课程体系，突出课程"专业传授＋实践技能＋创新培养"的培养价值，运用翻转课堂教学模式，依托"超星""尔雅"等云平台，构建线上线下混合式教学，创造性地开设"创新创业竞训与实践"课程，确定"学科交叉＋理论实践＋素质培养"的三阶递进式教学模式。"基于工程教育改革基础上四维一体'工匠式创新创业人才'培养模式构建与实践"双创体系建设项目获省级教学成果奖一等奖。

4.1.3 赛创融合

积极组织参与"化工设计创业大赛""纺织产品设计竞赛"等轻纺行业特色创新创业竞赛，坚持以赛促学、以赛促创，将大学生"互联网＋"创新创业、科技创新等大赛项目转化为具有专业特点的实践课程，"大创、竞赛、孵化"等创新创业活动完全融入课堂教学中，学生学习兴趣浓厚，工程素质有较大提升，解决实际问题能力大幅提高。面向全体学生连续多年举办技能竞赛月、双创竞赛月活动。学生科创竞赛成绩优秀，年均获省级及以上奖励 680 余组次，其中获国家级奖项占比达 50%，年均 3600 余人次获奖，占学生总数的 35%。连续两年在全国机器人大赛中夺冠，在美国数学建模大赛中荣获国家级一等奖，在"奥镁绿意杯"科技创新大赛及"化工设计"大赛中荣获省级一等奖以上奖项 30 项，连续两年荣获辽宁省"互联网＋"大赛"优秀组织奖"，荣获"大创"国家级年会"最佳创意项目"奖、在省级"大创"年会上获奖达 4 次。学校承办了"辽宁省大数据应用与分析大赛"等 12 项国省级赛事。各项赛事的获奖充分实现教学成果的有效落地，成果的应用极大丰富了校园文化，带动学生综合素质及就业能力提升明显，毕业生"创新创业能力与综合素质拓展"学分达成度达 100%，学生就业率达 92.11%。

4.1.4 研创融合

学生通过创新创业教育受益匪浅。在研究生推免过程中，70% 的学生通过科创活动获得推免加分；本科生发表创新创业成果相关论文年均 130 余篇，几乎占我校本科生年均发表论文数量的一半，轻工行业相关内容论文占 50% ~ 60%，其中包含 SCI、EI 等高水平论文。

项目实践过程中，参与创新创业教育活动的专业教师达 100%，教师通过创新创业工作获得教研工作量占比高达 70%，年均 500 余教师获得创新创业奖励，占全部教师比例高达 42%。近年来，教师团队获工程教育与创新创业相关教学成果奖省级三等以上 24 项，其中国家级 8 项占比达 33%，获奖质量及数量在全省高校名列前茅。2018 年及 2019 年获批教育部产教融合项目达 50 项，其中创新创业类相关项目占比达 80%。年均发表相关论文 380 余篇，申请国家发明专利 70 余项，兼职创业教师 50 余人，教师队伍创新创业教育显著提升。

教师双创教育融入专业教育、持续孵化的轻纺化工创新创业体系，通过专利申报、成果转化，将实验室创新产品项目、制作工艺及专利研究带入地方行业，破解行业发展技术难题，打破企业运行瓶颈，打开地方轻纺日化产业广阔市场。寻求创新，创造效益，创新研究及转化成果辐射区域发展，服务国家战略。

4.1.5 产创融合

优势特色学科带动成果辐射，成果辐射效应显著，服务地方和轻工行业经济发展的能力显著提升。与企业合作共建 20 多个校外创新创业实践教育及项目孵化基地。积极加入中国高校创新创业学院联盟，发起成立大连市创新创业教育联盟，牵头组建了"辽宁省轻工纺织产业校企联盟"，加入辽宁省石油化工产业校企联盟等 15 个由其他高校牵头组建的校企联盟，与企业共建 3 个国家级工程实践教育中心、10 个省级工程实践教育中心和 22 个校级重点实践教育基地，深度合作企业达 20 余家。年均孵化注册单位 10 余家，扶持自主创业学生年均 20 人（含毕业 2 年内自主创业），涌现出韩鹏飞、黄骆俊杰、刁语心、宋海舰等一批优秀创业典型，创业工作得到大连市电视台等主流新闻媒体多次报道，标志着我校创新创业基地建设进入快速发展期；32个校级优秀项目入驻大学生创新创业孵化基地，内容涉及软件开发、化工轻纺、生物制造、食品研发、艺术服装设计及市场推广等众多领域，覆盖学校所有轻纺类专业，有效与校外资源相融合，形成多层次、广维度、一体化的孵化新业态，为提高项目成果转化率提供丰富动能。

4.2 成果形成过程中相关奖项支撑

2011年，获批成为教育部"卓越工程师教育培养计划"第二批试点实施学校。

2013年，获批3个国家级工程实践教育中心。

2014年，获批辽宁省大学生创新创业教育基地。

2015年，食品科学与工程等4个专业被评为辽宁省优势特色专业。

2016年，获批国家"十三五"产教融合发展工程规划项目，并获1亿元资金支持。

2016年，获批辽宁省创业项目选育基地及转型发展试点高校。

2017年，学校成立正处级单位"工程实践与创新创业教育中心"。

2017年，荣获第十届全国大学生创新创业年会"最佳创意项目"奖。

2017年，高分子材料与工程等5个专业被评为辽宁省转型示范专业。

2017年，累计获批辽宁省大学生实践教育基地17个。

2018年，荣获第十一届全国大学生创新创业年会"最佳创意项目"奖。

2018年，获批"大连市创新创业实践教育基地"并获50万元资金支持。

2018年，纺织工程等4个专业获批辽宁省创新创业改革试点专业。

2018年，荣获"全国深化创新创业教育改革特色典型经验高校"称号。

2019年，学校建设32个校级创新创业示范基地。

2019年，入围"中国大学创业竞争力"百强高校，位列第72名，辽宁省仅大连理工大学、东北大学及我校三所高校入围。

2020年，获第六届辽宁省"互联网+"创新创业大赛优秀组织奖。

2020年，获辽宁省第七届创新创业年会优秀学术论文一等奖。

2020年，获辽宁省第七届创新创业年会优秀学术论文二等奖。

2020年，获辽宁省第七届创新创业年会优秀创业项目二等奖。

2020年，入选全国第十三届创新创业年会国创。

2020年，"基于工程教育改革基础上四维一体'工匠式创新创业人才'培养模式构建与实践"荣获辽宁省教学成果奖一等奖。

2021年，获7项辽宁省大学生竞赛承办资格，居全省各高校第一。

国家级一流本科课程"服装 CAD"的课程建设与改革

江南大学

完成人及简况

姓名	性别	所在单位	党政职务	专业技术职称
王宏付	男	江南大学	无	教授
柯莹	女	江南大学	院长工作助理	副教授
吴志明	男	江南大学	无	教授
苏军强	男	江南大学	系主任	副教授
姚怡	女	江南大学	无	副教授
唐颖	女	江南大学	系副主任	副教授
吴艳	女	江南大学	无	副教授

1 成果简介及主要解决的教学问题

"服装 CAD"是服装与服饰设计专业的核心课程。通过本课程的学习，使学生较系统地掌握 Photoshop、CorelDRAW 软件辅助服装设计的使用方法、技巧和表现技法。并能熟练地使用电脑进行服饰图案设计、服装面料设计、服装款式设计等。同时掌握计算机辅助服装样板制作、样板推板、排料、试衣。注重学生的动手能力和实际解决问题的能力培养，提高学生综合设计能力。江南大学"服装 CAD"课程首次开设于 2007 年，为服装设计专业的专业核心课程。学校每 4 年对课程教学计划和课程大纲进行修订。

"服装 CAD"课程普遍存在授课方式单一、理论与实践结合不紧密、与其他课程间衔接不连贯等情况，导致授课效果不理想，学生学习积极性不高，课程实际应用能力不强等问题。针对这些不足，"服装 CAD"的课程教学改革以提高学生自主学习能力，促进学生知识、能力、素质全面协调发展为指导思想，从教学内容、教学组织形式、教学资源建设以及考核方式等方面进行改革。重点改革思路为：课程教学内容的改革应以企业实际需求为导向，结合服装生产线的组织过程调整教学内容。

2016 年，江南大学纺织服装学院服装 CAD 课程组对"服装 CAD"课程进行了教学改革，具体的改革思路如图 1 所示。重点从课程安排与组织形式、课程资源建设等方面，对课程进行综合改革。2019 年，"服装 CAD"在慕课平台上线，开启线上线下混合教学模式。2020 年，"服装 CAD"课程获批首批国家级本科一流课程建设项目。

2 成果解决教学问题的方法

2.1 课程教学内容与组织实施方式改革

"服装 CAD"课程总共有线下 176 学时，7 学分，线上 48 学时。其中理论课 48 学时、实践课 128 学时。该课程的教学内容分为三部分：① Photoshop 服装款式设计、面料设计、图案设计、服饰配件设

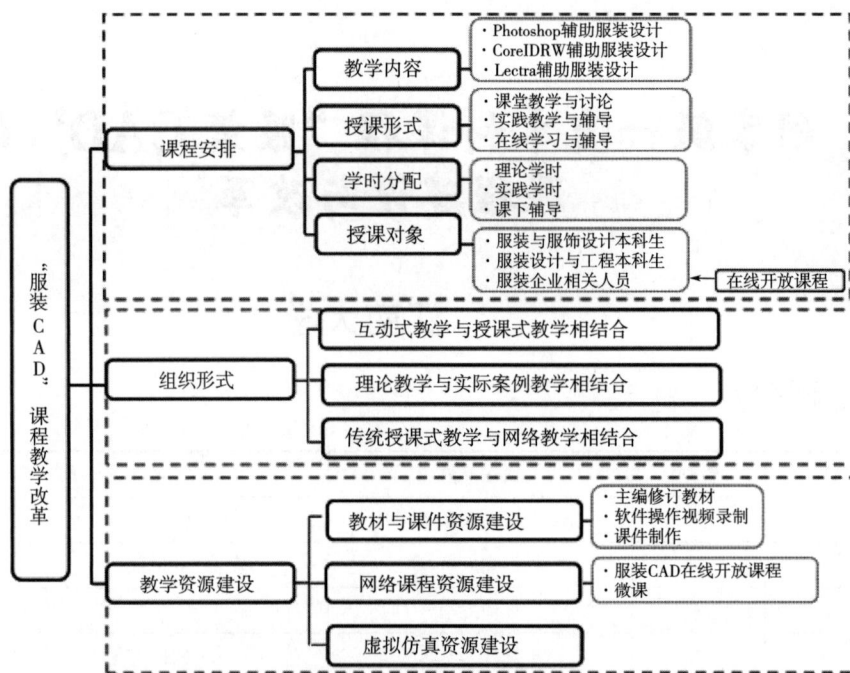

图 1　服装 CAD 课程教学改革思路

计指定款实例以及实际工程项目；② CorelDRAW 服装款式设计、面料设计、图案设计、服饰配件设计指定款实例以及实际工程项目；③女装原型、女西裤、女西装结构设计实例以及工程实际项目，并选定特定款式服装进行推板及排料操作。

在线下教学阶段，增加专题讲座、企业实践操作等；在线上学习阶段，借助"服装 CAD"慕课学习平台，让学生在充分掌握软件使用方法的基础上，开展线上专题讨论，增强师生的互动性。同时，增加小组协作形式，鼓励学生利用线上平台进行交流讨论和完成相关作业。

2.2　课程成绩评定方式改革

"服装 CAD"课程的主要考核内容为：考核学生利用服装 CAD 专业软件进行服装面料设计、款式设计、结构设计、推板、排料等工业化生产的能力，重点考核学生对服装 CAD 专业软件的掌握和运用。考核成绩为百分制，成绩评定包括两部分：平时成绩（30%）和考试成绩（70%）。平时成绩主要体现在线下和线上的课堂表现，线上的表现主要为小组讨论、课堂互动等，线下课程的表现主要为出勤、课堂讨论、提问等。考试成绩也应由两部分组成：一部分是既定作业，即老师规定相关款式，学生完成相关作业；另一部分为自主性作业，即学生根据自己设计特长，选择相关服装款式完成作业。

3　成果的创新点

"服装 CAD"课程以双一流建设为背景、以卓越课程建设为指导思想，在课程组织方式、教学内容、资源建设等方面进行了教学改革，形成了线上线下混合式教学特色。创新点主要体现在以下三个方面：

3.1　创新课程教学组织方式

通过线上和线下相结合的方式，进行"服装 CAD"课程的学习。教师通过线下的方式完成课程基本理论方面的讲述，通过线上方式完成软件操作的讲解。帮助学生在短时间提升基本理论水平和软件操作水平。

3.2　丰富课程教学手段

基于江南大学卓越课程建设理念和在线课程建设思路，借助互联网技术和虚拟展示技术，进行教学资源的优化和教学平台的建设，推进立体化、多样化教育技术在服装专业教学中的应用，提升专业教学水平。

3.3　改进课程教学方法

创新教学组织形式，将项目实践教学、互动式教学、线上教学、线下教学等多种教学方法应用于课程中。形成教师和学生间的良性互动，提高教学效果。

4　成果的推广应用情况

4.1　在课程教材建设与应用方面

基于课程建设，已出版"十三五"省部级规划教材三部：《CorelDRAW 辅助服装设计》《Photoshop 辅助服装设计》《Illustrator 辅助服装设计》。2021 年 3 月，围绕课程改革思路，获批"十四五"部委级规划教材五部，分别为新编两部：《计算机辅助服装 3D 虚拟仿真设计》《Photoshop、CorelDRAW、Illustrator 综合辅助服装设计》；修订三部：《Photoshop 辅助服装设计（第 2 版）》《CorelDRAW 辅助服装设计（第 2 版）》和《Illustrator 辅助服装设计（第 2 版）》。

4.2　在课程线上资源应用方面

利用我校虚拟仿真实验平台，结合"服装 CAD"课程教学目的和要求，有针对性地对服装虚拟仿真实验平台进行资源更新。平台主要是结合学科发展需求进行的课外内容拓展学习和补充。学习内容主要包括：① VitusSmart 三维人体扫描系统（德国 Humansolutions 公司）；② Vidya17.0 服装虚拟试衣软件（德国 Humansolutions 公司）。虚拟仿真实验平台的建立，为学生巩固和拓展课程所学知识、加深对行业发展的理解起到了积极作用。

2019 年，"服装 CAD"慕课平台正式上线（江苏省在线开放课程平台、中国大学生慕课平台），课程适用对象为服装与服饰设计、服装设计与工程等专业或服装设计爱好者。

截至 2021 年 4 月 30 日，已有 1142 名校内外师生参与课程学习。

产业需求驱动的纺织专业工程实践与创新融通式
人才培养模式的改革

江南大学

完成人及简况

姓名	性别	所在单位	党政职务	专业技术职称
黄锋林	男	江南大学	副院长	教授
魏取福	男	江南大学	重点实验室主任	教授
付少海	男	江南大学	院长	教授
傅佳佳	女	江南大学	系主任	教授
潘如如	男	江南大学	副院长	教授
王鸿博	男	江南大学	人事处处长	教授
高卫东	男	江南大学	纺织研究所所长	教授
蒋高明	男	江南大学	实验室主任	教授

1 成果简介及主要解决的教学问题

1.1 成果简介

占国民经济7%的纺织行业正处于从制造大国迈入纺织强国关键时期，对本科人才的需求已经从工程技术人才向创新型精英人才转变，高校作为纺织类人才培养的主战场，人才培养往往存在"创新能力培养理科化"的倾向，人才培养的供给侧和产业需求侧在结构、质量、水平上已经不能完全适应。本成果在国家级新工科教改项目的基础上，围绕工程创新能力和工程实践能力的融通培养，通过多个国家级教改项目的持续实践，分别从专业升级改造和培养模式改革等方面对纺织专业工程创新型精英人才的培养进行全方位探索。

本成果提出了以工程创新与工程实践的融通为特征，以产业需求导向的纺织专业工程创新型精英人才"1-2-3-4"的培养理念，即1个目标，2项途径，3种育人模式，4个协同创新。成果以工程创新能力和实践能力的融通为目标，联合行业龙头企业建立企业研究院，以科研项目为抓手，通过产教融合和科教结合2项途径，打造教学、科研与实践的3种育人体系，深入推进企业研究院载体、课程创新能力教学改革、创新创业项目训练、学科竞赛4个校企协同培养路径。全面探索纺织专业人才培养中实践与创新融通的系列难题，并解决了创新人才培养与行业需求不相匹配的问题。

经多年实践，形成了系列成果：2018年本专业在国内纺织领域首批通过工程教育专业认证；2018年、2020年获批新工科实践项目；2019年获批国家一流专业、2020年建成国家级一流课程群，核心课程全部为国家级精品课程；创新了校企联合新工科纺织研究院的人才培养模式，建立了4家纺织研究院和12家卓工计划与新工科创新人才实习基地，实现了大学生创新项目和本科生参与企业科研项目全覆盖，学生累计获全国大学生挑战杯以及全国性学科竞赛奖励67项，发表与产业研究相关的学术论文32篇。从多方面反馈可知，近年来江南大学纺织专业学生工程实践与创新能力俱佳，毕业生社会美誉度逐年提升；

成果相关内容 2013 ~ 2019 年连续 4 届获江南大学教学成果最高奖，精英人才培养模式获同类专业和行业认可，专业工程实践与创新的融通培养理念在国内外同类专业以及纺织行业中产生较大影响。

1.2 主要解决的教学问题

工程实践和创新能力的培养是工科专业人才培养的核心，但目前本行业背景的工科专业的学生普遍存在工程创新能力华而不实，偏离产业发展现状等问题，并且工程实践能力缺乏，偏离行业需求。本成果旨在以产业需求为抓手，通过校企深度合作解决纺织专业人才教育培养中的"实践训练无创新，创新培养不落地"的问题，具体如下：

（1）教学内容落后纺织产业现状，创新能力和实践能力培养脱节，且与行业未来发展要求不适应。

（2）校企协同人才培养缺乏有效抓手，工程创新与实践融通式培养需要的教学条件与实训载体缺乏。

（3）校企联合培养动力不足，学校人才培养与企业研究项目脱节，产学研三者难以协调发展，导致学生培养缺乏行业应用和创新实践的广阔空间。

2 成果解决教学问题的方法

依托教育部新工科改革项目、卓工计划和江苏省教改项目，从以下方面探索并解决工程实践和创新能力融通培养过程中的系列问题。

2.1 立足行业特色，坚持立德树人，强化课程思政引领纺织专业实践与创新人才融通培养

立德树人是纺织专业创新人才培养的源动力，工程创新与实践人才培养的最根本的融通之处在于落脚点相同，即推动行业发展，实现纺织强国，助力民族复兴。本成果首先立足我国纺织行业发展的特点，通过修改培养方案，明确立德树人在所有毕业能力要求中的首要位置；修订教学大纲，将爱国敬业的家国情怀、工匠精神和创新精神融进课程体系与课堂教学中去，联合企业建立了适合创新人才培养的课程思政案例库，打造了 2 门课程思政示范课、8 门思政课程公开课，并将课程思政覆盖全部专业课程，每年在实习基地—企业研究院中建立临时党支部，提高学生爱国爱行业以及创新实践的热情（图 1）。

图 1 立德树人推动纺织专业创新与实践人才融通培养

2.2 围绕产业需求，改革融通式人才培养方案，解决高校教学内容与现代纺织创新能力需求脱节的教学问题

围绕纺织强国建设的人才需求，校企协同重构了新工科创新人才培养方案，探索基于校企协同理论的横向融通，纵向进阶的课程体系（图 2）。设立了 16 学分的新工科课程模块，课程覆盖纺织智能制造技术全流程。基于"回归工程"的理念，构建科研项目驱动的"3+1"构建递进式工程创新人才课程体系：学生在校 3 年，构建认知创新、实验创新、工程创新的进阶式工程创新能力培养通道，并用项目驱动的模式将实践与创新环节贯穿校内教学全程；设置了创新能力提升学年：依托新工科纺织研究院和创新实践基地，结合企业横向科研项目，实施现场智能制造新工科创新能力培养，重点培养学生解决复杂工程问题的能力。2016 ~ 2020 年，纺织工程专业学生全部参与创新项目和企业研发项目，实现工程创新与实践能力培养全覆盖。

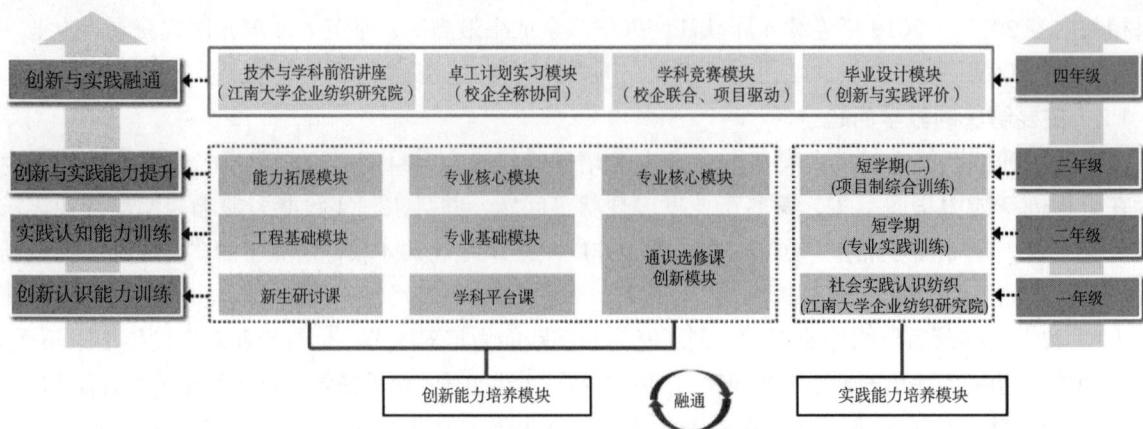

图 2　横向融通、纵向进阶的课程体系模块

2.3　加强校企协同，打造一流课程群，强化以科研项目驱动现代纺织工程创新与实践融通式的课堂教学革命

联合企业改革核心课"纺织材料学""纺纱工程""机织工程""针织工程"的课程大纲，融入现代纺织（以纺织智能制造为主）最新前沿，编写系列教材（新编或改变卓工计划和新工科教材8部），建成了四门国家级一流（精品）课程。强调以学生为中心、项目为主导的研讨式教学，理论讲课融入产业科研项目，实践训练导入企业工程项目。全部核心课程实行"理论讲课、动手实验、项目研讨"各1/3学时的课程教学方法，实现了理论、实践和创新教学在课堂中的有机统一。重构了"大一新生研讨课、大二学科前沿课、大三专业卓越课、大四创新实践课"等创新课程体系，实现从"知识输入"向"能力提升"为导向的转变，有效融合了学生的工程实践能力训练和工程创新能力培养（图3）。

2.4　推进科教结合，融通工程创新，打造校企联合纺织研究院为基础的工程实践与创新实训基地群

围绕产业需求，联合行业龙头企业，加大横向科研项目在创新人才培养中的作用，联合建立了4家江南大学企业纺织研究院和12卓越工程师与新工科创新工作坊。研究院每年培养8~10名本科生，实行双导师制，以纺织智能织造车间为创新实训主体，校企双导师带着研发项目进行本科精英人才培养，将项目制教学覆盖校内和校外两个能力培养场景，实现了校企双方全程协同构建培养方案、改革课程体系、强化企业实践、指导毕业设计、修订考核标准，成功解决了本科创新型人才培养"接地气"的问题。以企业纺织研究院与卓工计划实习基地为载体，将创新训练项目与横向科研有机结合，开展创新实践项目培训，提升纺织专业创新人才实践动手能力，为纺织学科竞赛孵化人才，提高行业（组织学科竞赛）和企业（指导学科竞赛）在工程创新人才培养体系中的作用（图4）。

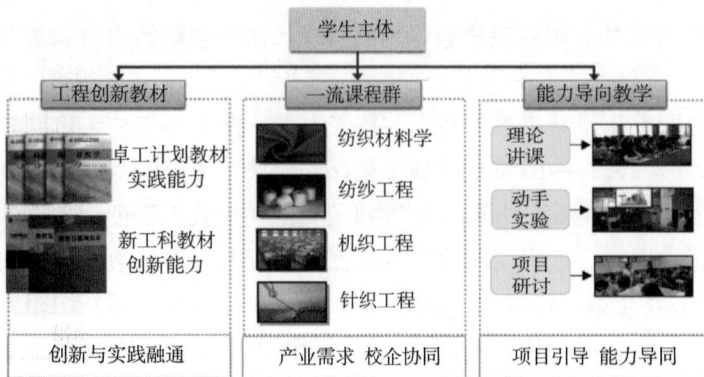

图 3　产业需求推动校内教学改革，提升创新和实践能力融通

图 4　企业研究院载体推动实践和创新培养融通

3 成果的创新点

3.1 理论教学创新

建成了主线明确、内容集中、完整协调的专业一流课程群，融通了工程创新和工程实践的理论教学体系。形成了校内实践与创新融通的课堂教学方法，广泛开展研讨式教学，贯彻以教师为主导，科研项目为驱动，学生为主体的理论课教学模式。通过产业与教学相结合、教学与生产相结合、能力培养与岗位标准相结合、高校教师与企业工程师相结合的方式改革了传统工科专业的校内理论教学模式。

3.2 体制机制创新

建立了一个既不同于产业学院又异于传统实习基地的校企联合研究院的创新能力培养新机制。该机制是以产业需求为驱动，横向科研项目为抓手，融合人才培养与科学研究，贯通实践能力和创新能力训练，覆盖校内教学和校外实训，并且将研究院模式上的项目制培养拓展到学科竞赛领域，进而探索了学科工程创新人才的培养与选拔的新模式，实现了企业导师、学校老师和学生三方关切度的统一。

3.3 培养模式创新

通过 3 项国家和省级教改项目的连续实践，形成了产业需求驱动的纺织专业工程实践与创新融通式人才培养模式。2012 年开始实施的卓工计划项目解决了纺织工程专业学生实践动手能力差的人才培养痛点，2017 年承担的江苏省教改项目解决了纺织专业创新能力和工程实践能力培养的载体问题，2017 年国家级新工科项目解决了纺织工程专业培养方案与产业创新需求不相匹配的问题。通过 8 年的改革实践，本专业形成的产业需求驱动的创新人才培养模式，实现了纺织类专业人才培养中"实践教学有创新，创新培养接地气"的纺织精英人才培养新局面。

4 成果的推广应用情况

本项目通过了江南大学组织的教学成果鉴定，鉴定委员会一致认为：该成果以工程实践与创新能力的融通式培养为核心，建立了一套基于校企联合研究院的人才培养模式，在理论上有突破，在实践上有创新，对其他高校具有示范作用和推广价值，达到了国内领先水平。

4.1 工程创新能力提升显著

成果实施以来，获全国"互联网+"一等奖 1 项、全国挑战杯获金奖 1 项、一等奖 1 项、银奖 2 项，全国性学科竞赛获奖 76 项，省优秀毕业论文（团队）9 篇。学生在实践期间，全部参与企业科研项目，在实践实习教学中推动了企业创新研究，累计开发纺织新产品 534 个，产生了较好的经济效益；师生与企业人员共同开展科技攻关，解决技术难题，联合申请专利 102 件、发表论文 46 篇，联合申报并获得省部级以上科技奖励 12 项。

4.2 培养质量显著提升

我校纺织工程专业人才培养质量指标在《中国大学本科教育专业排行榜（2017-2020）》中一直位列全国同专业高校前列。2013 ~ 2020 年，学校通过用人单位对毕业生进行连续跟踪调查，纺织工程专业毕业生得到社会广泛赞誉，在分析解决问题能力、创新意识等指标的满意率达到 95.2% 以上。近年来每年有近 300 家企事业单位主动来校招聘毕业生，提供的岗位数与毕业生人数之比达 5.7∶1。众多校友已成为国内外纺织龙头企业技术创新骨干和高级管理人员。

4.3 媒体深度报道

《纺织服装教育》登载的多篇期刊文章介绍了由江南大学完成的卓工计划创新人才以及新工科人才培养效果。《科技日报》《中国纺织报》等对本成果的人才培养成效进行了连续报道。

四链融通五位一体——纺织工程专业应用型高级工程技术人才培养模式探索与实践

湖南工程学院

完成人及简况

姓名	性别	所在单位	党政职务	专业技术职称
何斌	男	湖南工程学院	纺织服装学院副院长	副教授
周衡书	男	湖南工程学院	纺织服装学院院长	三级教授
汪泽幸	男	湖南工程学院	无	副教授
谭冬宜	女	湖南工程学院	纺织工程教研室主任	讲师
刘超	女	湖南工程学院	教工党支部青年委员	讲师
刘常威	女	湖南工程学院	无	副教授
冯浩	男	湖南工程学院	无	讲师
武世锋	男	湖南工程学院	无	实验师

1 成果简介及主要解决的教学问题

1.1 成果简介

本成果依托纺织工程国家级特色专业、教育部卓越工程师教育培养计划（简称"卓越计划"）试点专业、国家级工程实践教育中心建设，依据湖南省普通高校教学改革项目和纺织工业联合会高等教育教学改革项目，探索人才培养新模式。

纺织工程专业按照"立足湖南，面向全国，服务地方"的办学定位，确立了应用型高级工程技术人才的培养目标。成果实施以来，已培养纺织工程专业学生近千人。本专业坚持立德树人，对接产业需求，深化产教融合，构建了"四链融通、五位一体"产教融合机制下的人才培养新模式，形成了"实践育人""依托行业"的办学特色。坚持产业为要，精心设计培养过程，优化课程体系，建立了科学的"平台"+"模块"课程体系，加强课程思政，实行分类培养，促进学生全面成长。校企深度融合、协同培养提升学生工程实践和创新能力，建立了"一体四翼"实践教育基地群，形成了以学生为中心的"一主线、两主体、三层次"的校—企协同育人机制。

1.2 主要解决的教学问题

（1）对接产业需求的纺织工程专业人才培养模式问题。

（2）坚持产业为要的纺织工程专业人才培养课程体系问题。

（3）提升学生工程实践和创新能力的校企协同育人机制问题。

2 成果解决教学问题的方法

2.1 对接产业需求，构建人才培养新模式

坚持立德树人，遵循工程教育发展规律，以社会发展和市场需求为导向，对接产业行业，融合新

工科发展内涵,深化产教融合,促进教育链、人才链与产业链、创新链"四链融通"、坚持政—产—学—研—用"五位一体",构建"四链融通、五位一体"产教融合机制下的人才培养新模式,形成了"实践育人""依托行业"的办学特色（图1）。

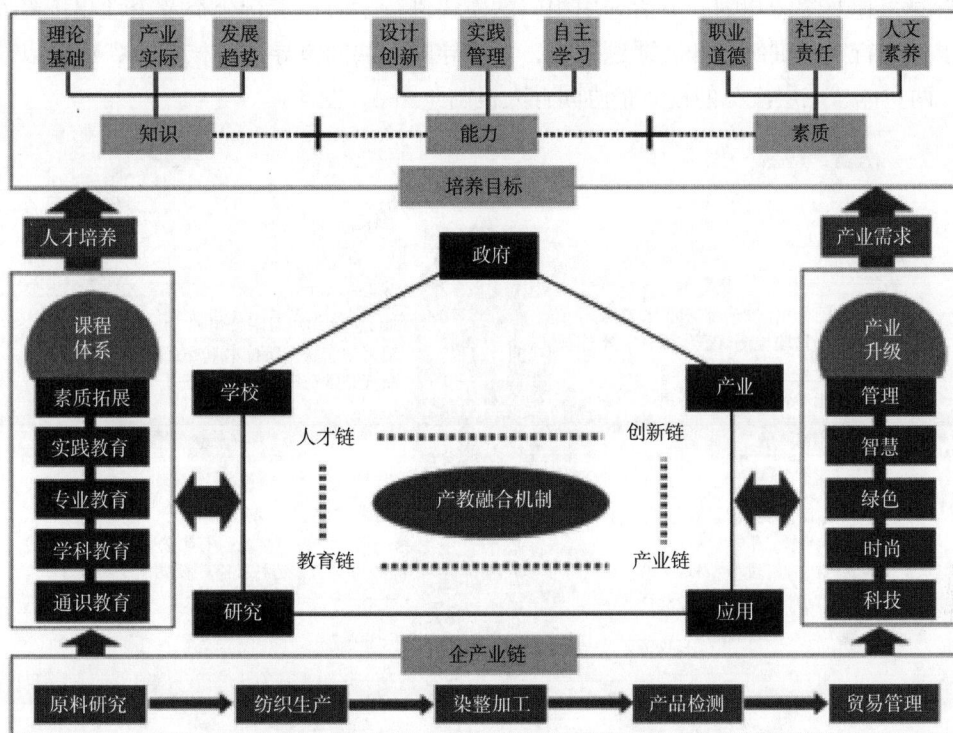

图1　"四链融通、五位一体"产教融合机制下的人才培养新模式

2.2　坚持产业为要,建立科学课程体系

主动适应经济社会发展需求,精心设计培养过程,优化课程体系,整合课程内容,建立科学的通识教育、学科教育、专业教育、集中实践、素质拓展"平台＋模块"课程体系,加强课程思政,注意共性与个性发展结合,实行分类培养,促进学生全面成长（图2）。

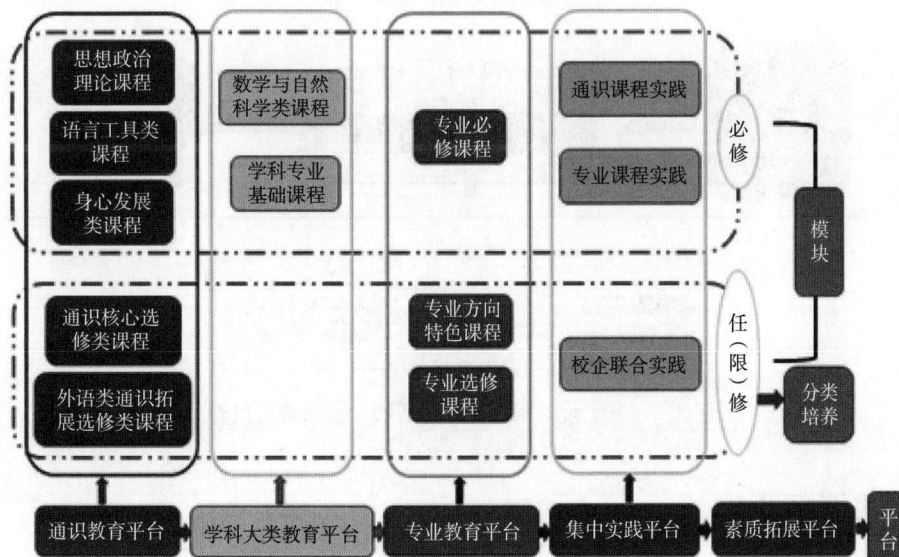

图2　"平台＋模块"课程体系

2.3 校企深度融合，形成协同育人机制

建立了"一体四翼"实践教育基地群，校—企协同培养提升学生工程实践和创新能力。2011～2015级学生采用"3+1"培养模式；2016级以后学生采用柔性"3+1"培养模式，"柔性"指学生可根据自身兴趣及学业规划，灵活选用相应的模块进行学习，实行分类及个性化培养发展。学生围绕企业需求，进行实践训练，开展课题研究，"双导师"共同指导、考核评价，形成以学生为中心的"一主线、两主体、三层次"的校—企协同育人机制（图3、图4）。

图 3 "一体四翼"实践教育基地群

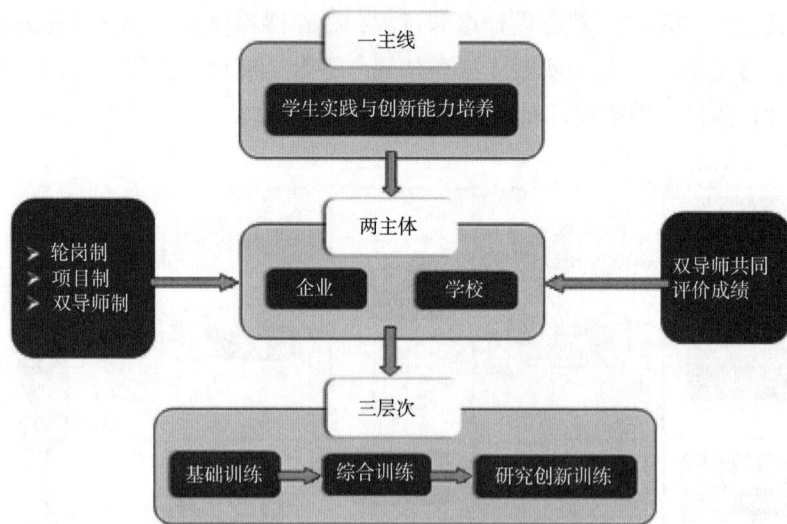

图 4 "一主线、两主体、三层次"协同育人机制

3 成果的创新点

3.1 模式创新：构建了"四链融通、五位一体"产教融合机制下的人才培养新模式

在"卓越计划"、工程教育专业认证、新工科建设推动下，对接市场需求，深化产教融合，构建了"四

链融通、五位一体"产教融合机制下的应用型高级工程技术人才培养新模式，改变人才供给侧与产业需求侧不平衡问题。

3.2　特色创新：形成了"实践育人""依托行业"的办学特色

围绕学校产教系统性融合核心机制，校企共同制订培养计划，建立科学的课程体系，坚持按产业行业需求设课，合理增设实践环节比例，增强学生竞争力，形成了"实践育人""依托行业"的办学特色。

3.3　机制创新：形成了"一主线、两主体、三层次"的校—企协同育人机制

建立了"一体四翼"实践教育基地群，校—企协同培养提升学生工程实践和创新能力。通过系列文件明确学习计划、规范过程管理、严格考核制度，充分发挥校企协同的"两主体"作用，形成机制，保障学生工程实践和创新能力的提高。

4　成果的推广应用情况

4.1　人才培养质量显著提高

成果实施以来，已培养纺织工程专业学生近千人，深受用人单位的欢迎和好评。学生通过参与专业教师的科研项目、各类科技创新活动及学科竞赛等，提升了学生专业知识水平，明显提高了学生的工程实践能力和创新能力，表达能力、沟通能力、团队协作能力等综合素质显著提高。学生申报立项国家级和湖南省大学生创新创业训练项目9项，获省部级以上各类竞赛奖16项，发表论文9篇（图5）。

图5　学生获奖

4.2　企业参与人才培养积极性明显提高

学院与省内外30多家单位签订了联合培养协议，形成了实践教学基地群，聘用了160多位企业导师。参与企业实行动态调整制，严格把关，按照学校要求筛选学生满意的优质企业。每年都有不少企业主动要求加入基地群。实习期间，企业给予每生2800~4000元/月的津贴。毕业后实行双向选择就业，企业通过对学生实习期间的各方面表现评价，优先录用优秀实习生。学生毕业留在实习企业的比例一直维持在50%以上，真正实现"下得去、稳得住、留得下"。

4.3　服务行业与地方需求成效显著

学校与湖南欧林雅服饰有限责任公司共建长沙生态纺织工程技术中心，攻关解决产品质量问题，扭转了因质量问题产生的"退货门"难题，成效在CCTV-1新闻联播、湖南卫视、湘潭电视台新闻频道播出。与湖南莎丽袜业股份有限公司联合组建了"湖南省新型纤维面料及加工工程技术研究中心"，现已联合开发新产品28项，获新产品奖6项，联合申报专利24项。在新型冠状病毒性肺炎全面暴发、防疫物资严重匮乏的关键时刻，学院专业教师助力湖南永霏特种防护用品有限公司生产医用防护服，为打赢疫情防控阻击战，保障防疫物资供给做出了重要贡献，湖南教育新闻网、三湘都市报对此进行了报道。团队"牛仔纱线短流程循环生态染色新技术"成果了通过省级权威鉴定（图6、图7）。

图6　服务行业与地方需求媒体报道

图7　成果登记证书

4.4　示范与辐射作用明显

经过多年实践，本专业建设水平获得了同行和社会高度认可。目前，学校纺织工程专业是国家级特色专业、省级一流专业建设点、"卓越计划1.0、2.0"实施专业，工程教育认证申请受理，共立项建设省部级以上人才培养平台9个，申报立项省部级教研教改项目4项，发表教研教改论文27篇，编著教材（讲义）5本，承办了第六届全国"纺纱学"教学研讨会。

成果受到了媒体的广泛关注和报道。如中国教育报的《"新工科"：探索产教融合机制路径》和《湖南工程学院："卓越计划"如何才能持续？——湖南工程学院"卓越计划"的实施与探索》、三湘都市报的《校企合作育人助力湖南纺织绿色发展》、湖南日报的《重塑课程体系　校企深度融合发展》和《将毕业答辩"搬"至企业一线》等（图8）。

图8　新闻报道

因需而建、应需发展、四链协同——东华大学研究生教育助力纺织强国的探索与实践

东华大学

完成人及简况

姓名	性别	所在单位	党政职务	专业技术职称
俞昊	男	东华大学	研究生院常务副院长	研究员
丁明利	男	东华大学	研究生院副院长	副研究员
徐效丽	女	东华大学	研究生院副院长	助理研究员
刘晓艳	女	东华大学	研究生院副院长	教授
覃小红	女	东华大学	副院长	教授
廖耀祖	男	东华大学	副院长	研究员
赵涛	男	东华大学	学院党委委员、副院长	教授
张翔	男	东华大学	研究生院学位办公室主任	讲师
查琳	女	东华大学	研究生院招生办公室副主任	编辑
张慧芬	女	东华大学	东华大学研究生院培养办主任	讲师

1　成果简介及主要解决的教学问题

　　面对中国加入 WTO、纺织产业转型升级和建设纺织强国目标带来的挑战，东华大学研究生教育秉承学校"因国家需求而建立、应国家需求而发展"的光荣传统，针对人才培养规律、学科成长规律、国家社会需求和一流学科建设情况，持续优化学科专业布局，博士一级学科点由 2 个增至 10 个、博士专业学位授权点由 0 个增至 2 个。聚焦纺织行业发展与科技进步，鼓励导师把科研成果及时转化为生产力，指导纺织行业与企业生产实践，19 年来荣获 31 项国家三大科技奖，助力纺织产业转型升级。聚焦国家战略和行业发展对不同类型的人才需求，针对学术学位和专业学位研究生的培养目标明确定位，分类培养。聚焦研究生原始科研创新力培养，通过开展创新基金项目训练和奖助体系完善、激励研究生科教融合与创新，荣获 8 篇全国优博论文，学生获得学术成果丰硕；聚焦研究生实践能力塑造，通过建设产教融合基地和完善实习实践考核制度、夯实专业学位实践环节，7 人为全国工程实习实践获得者，是纺织领域和上海高校唯一连续五届获得此类奖项的高校。总之，通过深化研究生教育改革，把产业升级链、学科生长链、科研创新链与人才培养链融会贯通，取得优异成绩，充分体现人才第一生产力和第一资源的观念，助力我国初步建成纺织强国。

　　本成果主要解决纺织行业工程创新人才培养路径，科教与产教融合落实途径，学科生长与产业发展同频共振等问题，为纺织产业升级、初步建成纺织强国提供强有力的人才支持。

2　成果解决教学问题的方法

　　面对纺织产业升级和强国建设所需的人才规格，学校研究生教育紧紧把牢"立德树人、服务需求、

提高质量、追求卓越"的主线，主动求变，因势利导，从三个方面解决教学问题。

2.1 服务行业发展需求，持续优化完善学科专业布局

学位点建设是学科专业发展的重要抓手。学校围绕纺织产业全链条与升级需求，持续完善学位点布局。在 2000 年拥有纺织科学与工程和材料科学与工程 2 个博士一级学科授权点基础上，结合行业管理、污水处理、时尚潮流等发展需求，先后成功增列管理科学与工程、环境科学与工程、设计学等博士一级学科授权点，形成以"一体两翼＋引擎"的纺织行业特色学科布局，并面向纺织行业发展需求，围绕纺织产业的智能制造，成功获批纺织行业高校的首个工程博士专业学位授权点。

2.2 瞄准科研创新与人才培养，大力提升导师队伍规模与水平

研究生导师是研究生培养的第一责任人，也是科研创新的主力军，服务社会与产业转型升级的推动者，是开展科教、产教融合的实践者。师生协力攻关碳纤维、高强高模聚乙烯、芳纶、聚酰亚胺等高性能纤维，实现从无到有、由小到大，助力纺织科技持续进步。在此基础上，学校围绕提升导师水平和指导能力，持续修订遴选和上岗管理办法，明确导师责权利，开展分类管理、服务和业务能力培训，为导师倾心指导研究生保驾护航。博士生导师由 2000 年的 61 人增加至 2021 年的 355 人；硕士生导师由 260 人增加至 1163 人。

2.3 服务纺织行业人才需求变迁，不断创新人才培养体系

人才培养体系是确保立德树人的关键，位列高校五大职能之首。秉承学校"因需而建、应需发展"和产学研深度合作的优秀传统，研究生教育积极服务国家需要，针对学术学位研究生通过双因素激励，创新长学制博士生培养模式，持续优化课程体系，通过创新项目的实操训练来融通科教、培育英才；创新"122""三全程"人才培养模式，加强产教融合，加强实践考核环节，充分发挥研究生作为科研和服务社会生力军的作用，涌现出一批以中国工程院院士俞建勇教授，中科院院士朱美芳教授，中纺联副会长李陵申、端小平，如意集团总裁邱亚夫等为代表的优秀毕业生，奋战在纺织行业发展的最前沿。20 年来，累计招收博士生 4313 人、硕士生 38546 人，授予博士学位 2647 人、硕士学位 28794 人。

3 成果的创新点

3.1 依托产业升级链、服务需求的纺织行业学科成长路径

围绕纺织产业转型升级，按照加入 WTO、提升管理理能级要求，在已有纺织和材料两个博士一级学科学位授权点的基础上，于 2002 年获批增列管理科学与工程博士一级学科学位授权点；按照纺织产业环保要求和升级需要，于 2011 年获批增列环境科学与工程、机械工程、控制科学与工程和化学博士一级学科学位授权点；按照服务人民群众美好生活和纺织强国建设需要，于 2018 年获批增列设计学博士一级学科学位授权点和先进制造博士专业学位点，工商管理和土木工程升级为博士一级学科学位授权点。

3.2 聚焦科技创新链，面向实际的工程创新人才培养方式

纺织产业升级和强国建设的关键是人才。其中既有从事应用基础研究的科学人才，更有开展高层次应用研究的工程人才。学校研究生教育紧紧抓住国民教育顶端和科研生力军的教育规律，持续创新人才培养方式，针对不同导师类型、学生培养类别精准开展培养方式创新，鼓励导师把科研成果一方面转化为教学内容、让学生第一时间掌握学科前沿和产业前哨知识，为走向社会打下坚实基础；另一方面及时转化为生产力，直接用于纺织产业，从而为产业升级、效能提升做出积极贡献。2000 年国家科技奖改制以来，累计荣获国家三大奖 31 项，培育了大批优秀人才。

4 成果的推广应用情况

学校一直秉承一流研究生教育的培养目标，坚持"立德树人、服务需求、提高质量、追求卓越"的主线，

致力于高质量研究生教育，为纺织产业转型升级和纺织强国所需要的高水平人才的培养而持续探索与实践，得到广泛的应用，取得卓越的成效。

4.1 成效突出具有典型性

自 2001 年至今，学校持续完善与优化学科专业，加强学位授权点建设，由 2001 年的 2 个博士一级学科点和 3 个硕士一级学科点、2 个硕士专业学位类别，发展到现在的 10 个博士一级学科点和 29 个硕士一级学科点、2 个博士专业学位类别、17 个硕士专业学位类别。其中纺织科学与工程为 A+ 学科，国家一流建设学科，在上海高峰学科鉴定中获评优秀。以纤维材料为特色的材料科学与工程已成为该领域国际著名学术高地，是 B+ 学科、上海市一流建设学科，在突破碳纤维、芳纶、高强高模聚乙烯纤维等卡脖子问题的领域作出突出贡献。设计学学科国内认可度提高、国际影响力提升，已成为国际知名科技时尚设计中心，是 B+ 学科、上海市一流建设学科。材料科学、化学、工程学等 7 个学科入围 ESI 世界前 1%。

打造了一支专兼融汇、合作紧密、结构优化、年龄合理、协力育人的导师队伍，现有博士生导师 355 人，其中专职 322 人、兼职 33 人；硕士生导师 1163 人，其中专职 1085 人、兼职 78 人。导师们作为立德树人和培养研究生的第一责任人，依据研究生教育规律和纺织强国建设需要，持续优化课程体系，不断提高科研创新和服务纺织行业转型升级的能力，在科研活动中历练研究生、在服务产业发展中锻炼研究生，师生共同努力，2003 ~ 2021 年，荣获国家科技三大奖 31 项（含 2021 年公示的 2 项国家技术发明奖），获奖人中 92 位为东华大学培养的研究生，2012 ~ 2020 年，获中国纺织工业联合会科技进步奖 106 项。研究生导师郁铭芳、周翔、俞建勇、朱美芳、王善元、宋心远、闻力生、陈南梁、王华平 9 人荣获改革开放 40 年纺织行业突出贡献人物，朱美芳和王华平 2 人荣获全国创新争先奖。朱美芳团队荣获黄大年式教师团队。

人才培养体系逐步完善，人才培养成效显著，大批德才兼备、五育并举的研究生活跃在社会主义现代化建设一线，为纺织强国的初步建成作出应有的贡献。

学校积极采取各种措施，扩大招生宣传力度。从 2012 年起，经国家批准，与中国纺织科学研究院联合培养博士研究生；从 2016 级起，学校开展博士研究生招生"申请—考核"制。以优势学科专业为引领，以高水平的导师队伍和产出为引导，以高质量的博士硕士研究生为核心，以国家重点实验室等高水平育人平台以及国家重点研发计划等实打实的科研项目为抓手，近年来，研究生报名人数持续大幅增长，生源质量稳步提升，研究生报名人数由 2000 年的不到一千人增长至 2021 年的 12869 人。

"十三五"期间，学校研究生在"挑战杯"全国大学生课外学术科技作品竞赛、"挑战杯"全国大学生创业计划大赛（原"创青春"）、全国研究生数学建模竞赛等各类国际赛事或国家与省部级竞赛中获奖 1209 项。优秀毕业生代表如上海鸿苗实业有限公司总经理洪贵山，2011 年 9 月考入东华大学材料科学与工程学院攻读材料学专业博士，2015 年 6 月获得工学博士学位。在毕业之际，创办了上海鸿苗实业有限公司。他结合本人多年的工作经验及攻读博士学位时所学知识，带领团队开发出用于户外运动服饰面料具有优异防水透气功能的涂层产品、用于防火阻燃领域的涂层产品等多种性能优异、环境友好的产品，并申请多项国家发明专利。他带领团队参加创青春全国大学生创业大赛，荣获金奖。

20 年来，累计招收培养研究生 42859 人，其中博士 4313 人、硕士 38546 人；授予学位 31441 人，其中博士 2647 人、硕士 28794 人，他们毕业后分赴全国各省市就业创业，其中 70% 集中在长三角地区，各自在工作岗位兢兢业业，努力拼搏，为我国初步建成纺织强国不懈奋斗。在科教融合方面，涌现出中国科学院院士朱美芳、国家级青年人才计划入选者沈波、王刚、斯阳、唐漾等；2003 ~ 2013 年，累计荣获 8 篇全国优博博士学位论文、6 篇提名论文，上海研究生优秀成果（学位论文）114 篇。如国家青年人才计划入选者王刚系学校博士长学制培养的好苗子，主要从事高性能高分子、智能纤维及柔性电子的研究，承担国家、上海市及华为公司等多项重要科研项目，同时面向工业界开发高附加值的功能高分子及智能纤维，以第一、通讯作者身份在 PNAS、JACS、Angew Chem、Nature Communications 等期刊发表学术论文 17 篇，获授权中国发明专利 6 项，主编《柔性电子与智能服装》，受邀在"香山科学会议"作特邀报告，同企业合作开发的"矩阵式半导体点胶设备"打破了国外核心技术垄断，在半导体纤维与集成织物电子领域的研究处于国际前列。

在产教融合方面，与上海纺织控股（集团）公司、中国化学纤维工业协会、山东魏桥创业集团有限公司等单位签订联合培养研究生合作协议。建设国家级、上海市级、校级和院级四级产学研联合培养实习实践基地 345 个，其中包括 2 个"全国示范性工程专业学位研究生联合培养基地"、4 个上海市级示范级实习实践基地、9 个上海市级实习实践基地。一大批导师主动服务纺织产业升级与纺织强国建设，涌现出中国工程院院士俞建勇、全国创新争先奖获得者王华平、国家级人才计划入选者张清华、顾伯洪、覃小红、侯成义、中国纺织工业联合会副会长李陵申、端小平等，国家科学技术进步一等奖获得者、如意集团总裁邱亚夫和丁彩玲等优秀毕业生。2014 ~ 2019 年，全国工程教指委连续五届评选优秀实习实践获得者，学校有 7 人入选，是纺织领域和上海唯一一所连续五届获此殊荣的高校；在全国工程教指委连续三届工程学位获得者评选中，学校有 4 人入选。如侯成义，本硕博均就读于东华大学，入选国家高层次青年人才计划、欧盟"玛丽居里学者"、中国科协青年人才托举工程等，主要从事面向智能服装的新纤维材料与器件研究，拓展了服装的传感、变色、变形、发电等功能。在 Science Advances、Nature Communications、Advanced Materials 等国际学术期刊发表 60 余篇高水平论文，获得了 10 余项中国发明专利授权。研究成果被 Nature、Science 等专题报道。

4.2 各方赞誉具有代表性

2012 年 3 月，教育部以《瞄准需求 协同创新 着力培养应用型拔尖创新人才》为题，报道了学校高层次应用型创新人才培养经验。国家教育体制改革试点项目《应用型人才培养综合改革》于 2013 年通过国家教育咨询委员会和教育部专家组检查，获得一致好评。2017 年 1 月，《构建"三全程"育人模式 培养高层次应用型创新人才》入选上海市教育综合改革领导小组办公室公布的上海教育综合改革典型案例（2016 年）。

学校积极开展研究生教育研究，先后主持上海市哲学社会科学一般项目（教育学项目）、上海研究生教育学会等研究项目 20 余项，关于研究生教育的经验还在全国教指委官网头条、东方教育时报、中国纺织在线等众多媒体深度报道，在总结提炼后，在《学位与研究生教育》等杂志刊出，累计近 30 篇文章。还被《上海研究生教育新进展——纪念恢复研究生教育 30 周年》《终日乾乾 与时偕行——上海恢复研究生教育 40 周年》《上海专业学位研究生教育发展改革与实践探索（1991–2011）》等收录。

4.3 同行认同具有共通性

学校 2012 年被评为"全国工程硕士研究生教育创新院校"，纺织工程领域和材料工程领域被评为"全国工程硕士研究生教育特色工程领域"；2014 年荣获"中国学位与研究生教育学会研究生教育成果奖"二等奖 2 项、历届"中国纺织工业联合会教学成果奖"等奖项。现在是全国工程教指委、艺术教指委、应用统计教指委委员单位，纺织科学与工程和材料科学与工程学科评议组成员单位、其中纺织为召集人单位，工程专业学位原纺织领域协作组组长单位，上海艺术专业学位研究生教育指导委员会主任委员和秘书处单位。

所有纺织类研究生培养高校均先后来我校开展过研究生教育工作交流；受邀赴上海大学、上海科技大学等沪上兄弟院校交流经验。在中国学位与研究生教育学会评估委员会、全国工程专业学位研究生教育指导委员会、国家留学基金委交流培训会、上海市研究生教育领域举办的会议和导师培训中进行大会经验分享与交流。

轻纺优势特色学科引领下应用型专业体系的构建与实践

大连工业大学

完成人及简况

姓名	性别	所在单位	党政职务	专业技术职称
张健东	男	大连工业大学	教务处处长	教授
牟光庆	男	大连工业大学	人事处处长	二级教授（博士生导师）
张凤海	男	大连工业大学	辽宁省工商管理类专业教指委委员、校专业教学指导委员会主任	教授
杨菲	女	大连工业大学	教学处副处长	研究实习员
杨婉	女	大连工业大学	教务处副处长	助理研究员（社会科学）
平清伟	男	大连工业大学	教育部轻工类专业教指委委员、辽宁省轻工类专业教指委主任、校专业教学指导委员会副主任	教授
张伟钦	女	大连工业大学	教务处教务科科长	讲师
游春	女	大连工业大学	教务处质量管理科科长	研究实习员（社会科学）
王军	性别	大连工业大学	副院长	副教授
王致略	男	大连工业大学	教务处科员	无
王明伟	男	大连工业大学	副院长	教授
丁玮	女	大连工业大学	院长	教授
王晓	女	大连工业大学	副院长	副教授
陈明	男	大连工业大学	副院长	教授

1　成果简介及主要解决的教学问题

1.1　成果简介

大连工业大学是以培养轻纺等专业人才为办学特色的地方本科院校，轻纺学科更是学校传统优势学科，本成果经过 8 年的探索和实践，有效发挥学校轻纺学科优势，引领专业建设发展，同时对接轻纺全产业链（包括轻纺材料、轻纺技术、轻纺设备、轻纺设计、轻纺商贸等）需求，制定出台学校专业建设及调整指导性意见和专业建设质量标准等政策文件，做好专业建设的顶层设计，并通过三个层级的专业优化调整，做专业的"加减乘除"法，构建出以轻纺学科为特色，以全产业链需求为导向，以应用型为定位的专业体系，使专业链、人才链与产业链、创新链的对接紧密，并通过五个平台建设，保障了专业建设成效，有效提升了轻纺类专业人才的培养质量。

1.2　主要解决的教学问题

（1）专业布局方面：整体结构散乱、不成体系，个别专业发展定位不明确，不能支撑学校优势特色学科发展的问题。

（2）专业建设质量方面：专业建设质量不平衡，专业集群效应不显著的问题。

2 成果解决教学问题的方法

立足学校轻纺学科优势，结合轻纺全产业链需求，出台专业体系建设政策制度，并将专业体系定位及建设方案作为学校党委常委会、校长办公会、本科教学工作会议等讨论内容，最终确定构建以轻纺学科为特色，全产业链需求为导向，应用型为定位的专业体系。

2.1 做专业加减乘除法，逐级推进专业结构优化调整（图1）

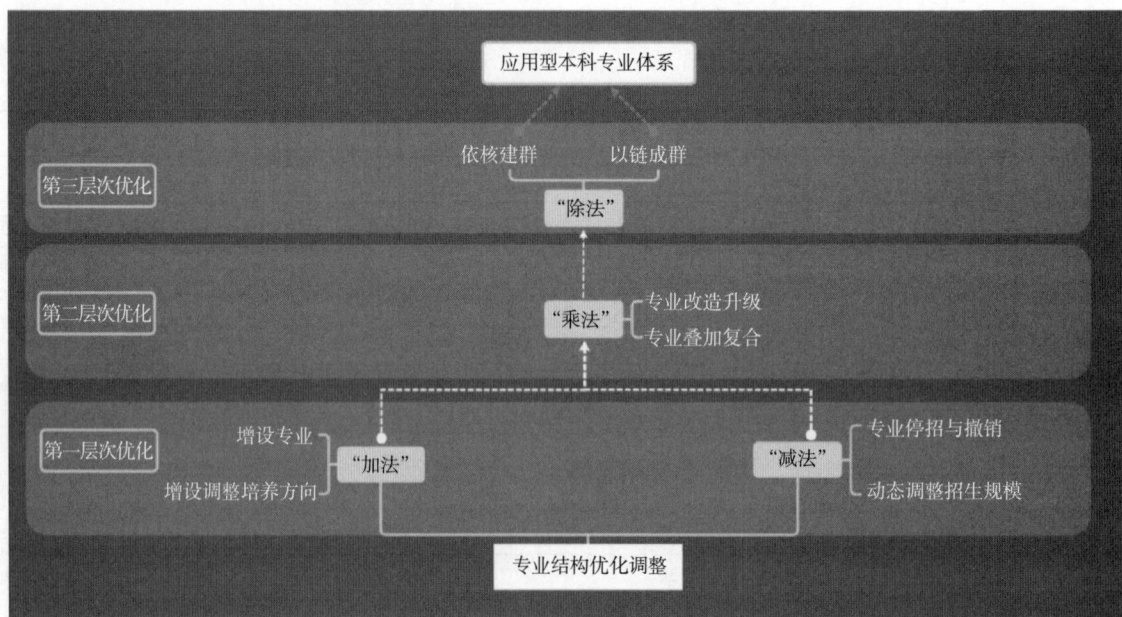

图 1 专业结构优化调整

2.1.1 第一层次优化

（1）专业"加法"，增设专业及专业培养方向。

①增设专业：面向"艺工"融合、产业新技术革命、商贸领域等方向，增设专业，促进专业间的相互支撑。

②增设培养方向：通过精细化的人才培养方向划分，将专业链、人才链准确对接产业链和创新链。

（2）专业"减法"，调减弱势专业。

①专业停招和撤销：自 2013 年起，对 12 种专业实施调整停招和撤销，减去弱势专业，将师资、实验室等资源向轻纺优势特色专业倾斜。

②动态调整招生规模：近五年，根据全产业链需求对 19 种专业进行了大幅度的招生规模调整。

2.1.2 第二层次优化

做专业"乘法"，实现专业的叠加复合及改造升级。

①专业叠加复合：通过双学位和辅修教育、培养方案嵌入模块化课程等方式，面向轻纺商贸培养人才。

②专业改造升级：调整专业学位授予门类，满足纺织服装行业对工程技术人才的需求。

2.1.3 第三层次优化

做专业"除法"，打破专业壁垒，依托学科优势和行业特色建设若干专业集群

①以链成群：结合轻纺全产业链（包括轻纺材料、轻纺技术、轻纺设计、轻纺设备、轻纺商贸等）

特点，整合学校轻纺、设计、机械、管理、外语等专业，建设若干专业集群。

方法一：实体项目式，由一个实体项目、多个专业联合协作。

方法二：产业学院式，多个学院和多个企业联合成立理事会共建学院，共享校外实践基地。

②依核建群：围绕学校优势特色学科组成若干专业集群。

方法一：围绕一级博士点学科建设轻纺类专业集群，高水平教师资源群内共享，跨学科、跨院系共享企业资源，联合省内高校共同与企业对接。

方法二：围绕设计学类学科，正在申请博士点，与地方企业建立联盟和设计师孵化基地，解决行业企业设计难题。

2.2 打造五个平台，保障专业体系的良好运行环境及建设效果（图2）

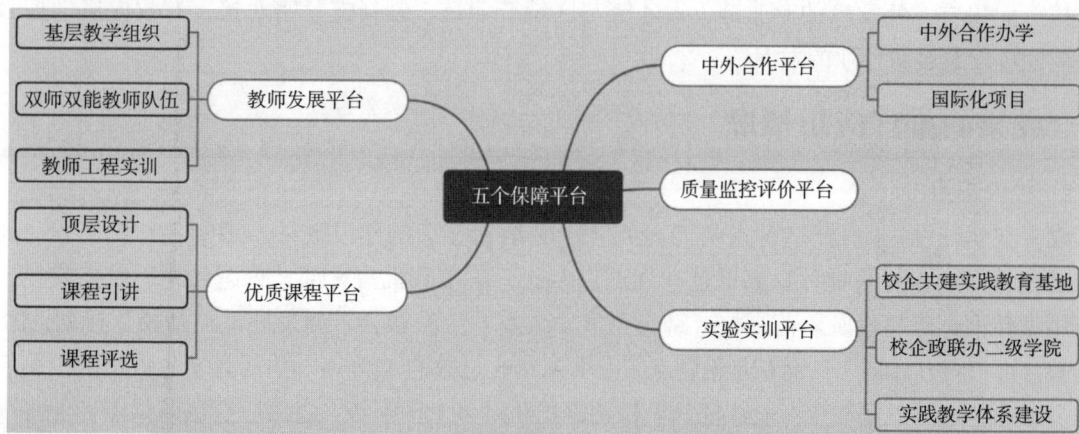

图2 五个保障平台

2.2.1 优质课程平台

（1）顶层设计：引导和鼓励广大教师建设优质课程，做到金专、金师配金课。

（2）课程引进：开展线上线下混合模式教学改革，疫情期间，线上教学运行稳定。

（3）课程评选：遴选出校级以上一流课程181门次，并设立"课堂教学改革专项"等项目。

2.2.2 实验实训平台

（1）校企共建实践教育基地：建设优质轻纺类专业校外实践教育基地，建设3个国家级工程实践教育中心。

（2）校企政联办二级学院：政府、企业、高校合作办学。

（3）实践教学体系建设：构建"基础性实践环节＋特色项目"的多元化实践教学体系。

2.2.3 教师发展平台

（1）基层教学组织：教学及教学经验交流活动、年度绩效考核导向等。

（2）双师双能教师队伍：通过企业实践、考取资质证书、工作量减免、职称评定挂钩等方式，提高教师工程实践能力。

2.2.4 中外合作平台

（1）中外合作办学：学校与英国南安普顿大学、格林多大学开展"4+0"合作办学项目。

（2）国际化项目：与美国爱荷华州立大学等多所国际知名大学开展校际交流"2+2""3+1"等项目合作，积极开展赴香港500强企业短期实习等。

2.2.5 质量监控评价平台

建立了具有"一目标、一标准、四系统"的教学质量监控与保障体系，实现了教学质量监控的常态化和多样化。

3　成果的创新点

3.1　瞄准轻纺全产业链需求，通过三层级的专业优化调整，建立应用型专业体系

通过专业建设及调整指导性意见的制定及专业梳理等工作，确定以轻纺优势学科为核心，以轻纺全产业链需求为导向，从三个层级做专业的"加减乘除法"，做实调停转增，优化了专业结构，最终形成了以轻纺优势特色学科为引领的，特色鲜明、优势突出的应用型专业体系。

3.2　借助轻纺学科优势特色，打破专业壁垒，体现专业集群效应，服务轻纺行业发展

学校依托轻纺优势特色学科，在培养方案、实践基地、教师队伍等方面打破专业壁垒，实现资源共享，优势互补，以专业体系促进专业形成合力，呈现集群效应，突显专业群整体办学优势，更实现了专业集群对接产业集群，使学校的专业链、人才链与区域产业链、创新链紧密对接，有效促进学校服务地方和区域经济以及轻纺行业的发展。

4　成果的推广应用情况

4.1　校内应用

本成果在学校设置的全部专业中被广泛应用，并取得显著的建设效果，2013年纺织工程、高分子材料与工程等专业先行获批教育部卓越计划试点专业，学校获批教育部"卓越计划"试点院校，辽宁省向应用型转型试点高校及示范高校，跻身国家发改委"产教融合转型发展试点高校"行列，21个专业入选教育部"双万计划"一流专业建设点，占学校专业总数的42.86%，位居辽宁省省属院校第五位，另外2个专业通过了工程教育专业认证，学校还累积获批多个国家级、省级综合改革试点专业等项目。

4.2　行业应用

学校与行业企业共建多个联办二级学院，其中葡萄酒学院曾被辽宁卫视《辽宁新闻》以1分20秒的时长进行了报道。第三方对我校2018届毕业生培养质量进行评价，报告显示，学校育人工作总体成效较好，特别在基本工作能力满足度、核心知识满足度均达87%，高于全国非"211"本科学校平均值。学校葡萄与葡萄酒工程专业，为依托葡萄酒学院的新增专业，在报告中显示，该专业毕业生基本工作能力培养达成度高于全校平均值，专业平均收入远高于其他专业平均收入。

学校还牵头成立了"辽宁轻工纺织产业校企联盟""辽宁省海洋食品校企合作联盟""辽宁省高等学校轻工纺织技术研究院""辽宁时尚文化创意产业联盟暨东北亚服装文化研究与交流中心""大连服装设计师孵化基地"等，将专业体系建设成果在轻纺行业企业中应用，以专业体系促进专业集群形成合力，服务了区域经济和轻纺行业发展。

4.3　同行应用

学校受辽宁省教育厅委托，主持的"依托辽宁产业集群和办学特色，校际、校企共建合作育人平台的研究与实践"，该成果是省内同批3项校际校企协同育人项目之一，学校牵头组建的"辽宁轻工纺织产业校企联盟"等校企联盟，更将省内行业院校均纳入联盟之中，成功将学校专业体系建设经验辐射到省内同类高校。还有天津科技大学、北京工商大学、陕西科技大学、齐鲁工业大学、郑州轻工业学院、景德镇陶瓷学院、辽宁工业大学等多所国内行业高校来校调研，对我校轻纺学科优势引领下的应用型专业体系建设表达了充分肯定。

"艺工融合"背景下高校艺术类专业改造提升及复合型人才培养的探索与实践

天津工业大学

完成人及简况

姓名	性别	所在单位	党政职务	专业技术职称
徐丕文	男	天津工业大学	动画系副主任	副教授
张海力	女	天津工业大学	无	讲师
李铁	男	天津工业大学	动画系主任	教授
黄临川	女	天津工业大学	无	讲师
刘元军	女	天津工业大学	染整服工研究生党支部书记	副教授
王乃华	男	天津工业大学	动画系副主任	副教授
李飒	女	天津工业大学	无	副教授
靳彦	女	天津工业大学	无	讲师

1. 成果简介及主要解决的教学问题

1.1 成果简介

本成果属 2017 年度"纺织之光"中国纺织工业联合会高等教育教学改革项目（2017BKJGLX228、2017BKJGLX268）联合实践研究成果。

1.1.1 理念与路径

在文化创意类复合型人才培养模式改革中，依托我校现有国家级一流专业（动画、软件工程等）建设优势与多学科统筹发展的良好生态布局，紧扣"智能媒介融合"产业变革趋势，提出"艺工融合 + 跨界协同"的人才培养目标与专业改造升级理念。探索实践"三维融合"人才培养模式和"五向联动"式协同育人机制，建立以"全媒体、大动画"复合型人才培养为核心的具有现代纺织特色的区域文化创意教育共同体。

1.1.2 建设成效

依托天津市自主智能技术与系统国际联合研究中心、天津市自主智能技术与系统重点实验室、天津市实验教学示范中心的一体化平台，经过多年实践与持续优化，已建构具有京津冀区域产业特点、差异化特色的文化创意复合型人才培养模式和教学体系创新范式。双创实践教育、先进文化输出、社会服务成效显著。本成果曾获得文化部文化产业创业创意计划扶持、国家广电总局全国少儿精品及国产动画发展专项奖、教育部全国大学生网络文化节优秀组织奖、中国创新创业大赛优秀团队奖、天津市科普微视频大赛最佳组织奖等。

1.2 成果解决的教学问题

（1）我国文化创意行业正面临着制作技术飞速革新、产业边界融合拓展等现实语境。以动画专业为例，国内大部分院校的课程体系尚固守在美术电影、动态影像语境的传统理念，势必与新时代发展脱节。国内部分院校在文化创意类人才培养的教育理念、教学体系等方面存在互相照搬模仿的问题，导致了一定程度的教育资源浪费和创新发展乏力。

（2）国内大部分高校艺术类专业的实践教学组织、协同育人模式与教学效果评价机制，未能切实与产业导向、实际生产任务及质量标准相匹配。尚未真正形成多样性、互动性、包容性和开放性的校园创新创业生态系统及文化精神。

（3）动画领域已逐步从影视艺术延伸至媒体娱乐应用、智能设计应用及科学应用维度，成为服务艺术、信息、科学等多领域的一种有效表征形态。学界、教育界急需对全新视听语言系统及动画美学规律进行探索构建；另外国内高校"艺工融合"背景下的复合型人才培养目标和培养标准尚不明晰。

2 成果解决教学问题的方法

2.1 深入挖掘"艺工融合＋跨界协同"内涵，重塑"融合为体工科为题、科技为用、艺术为法"的教学新理念、新范式（图1）

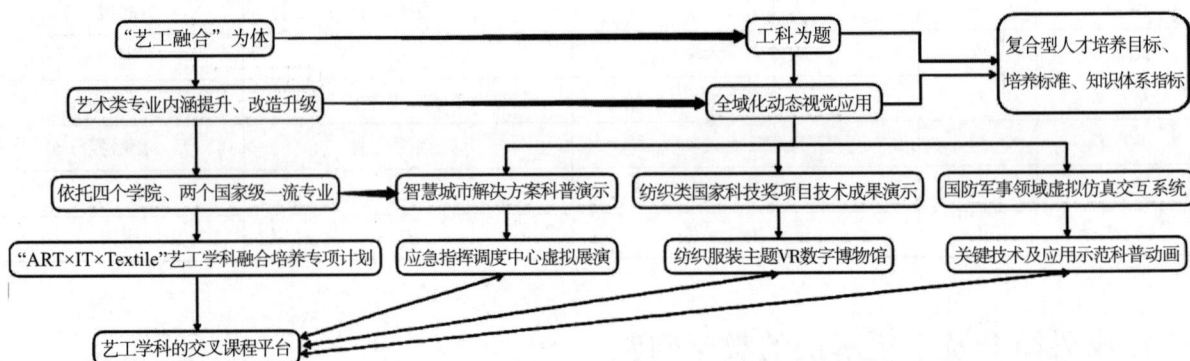

图1 构建艺工融合培养体系

2.1.1 紧扣科技革命和产业变革新趋势，探索动画等艺术类专业内涵提升、改造升级的实施路径

动画领域进一步延展及深化专业内涵，将动画教育研究领域从传统影视动画延展到互联网、智能媒体端的全域化动态视觉应用。调研分析游戏应用、虚拟仿真、交互设计、数据可视化等产业新需求新变化，以厚植人文基础、融合前沿新技术、探索后工业时代艺术形态的线路，科学确定"新文科、全媒体、大动画"一流专业人才培养目标和培养标准，拓展"坚定文化自信""艺术科技融合方法""互联网思维模式"等知识体系指标。

2.1.2 促进新文科与新工科的渗融交叉，推动文化创意知识体系和能力要求的更新

以"全媒体、大动画"为学科维度导向，将定位模糊的教学环节、难以契合新产业形态的教学内容进行替换迭代。通过打造艺工学科的交叉课程平台，凝炼出数据动态可视化、智能交互设计、虚拟社交角色主体创建等专业融合点，完成"智能融媒体动画""游戏设计""虚拟现实交互"等创新课程建设，组织施行"ART×IT×Textile"艺工融合培养的专项计划。

2.2 探索"艺工融合"的实施路径，构建"全媒体、大动画"创新创业教育生态环境（图2）

（1）搭建"产业引领＋科技驱动＋多向融合"的全新课程体系，将全部课程内容全面优化为"六模块"：专业基础、思维发展、技能发展、创新训练、创业知识、创业实践。对动画实践创作教学环节进行分类更新，形成"课内外"实践体系和"校内外"双创体系的互补格局，针对教师主持的动画前沿项目（《天生我刺》电影故事板、《长安妖歌》腾讯平台漫画、《纺织服装VR博物馆》虚拟仿真动画等）进行提炼拆解并分层级植入课程案例库。

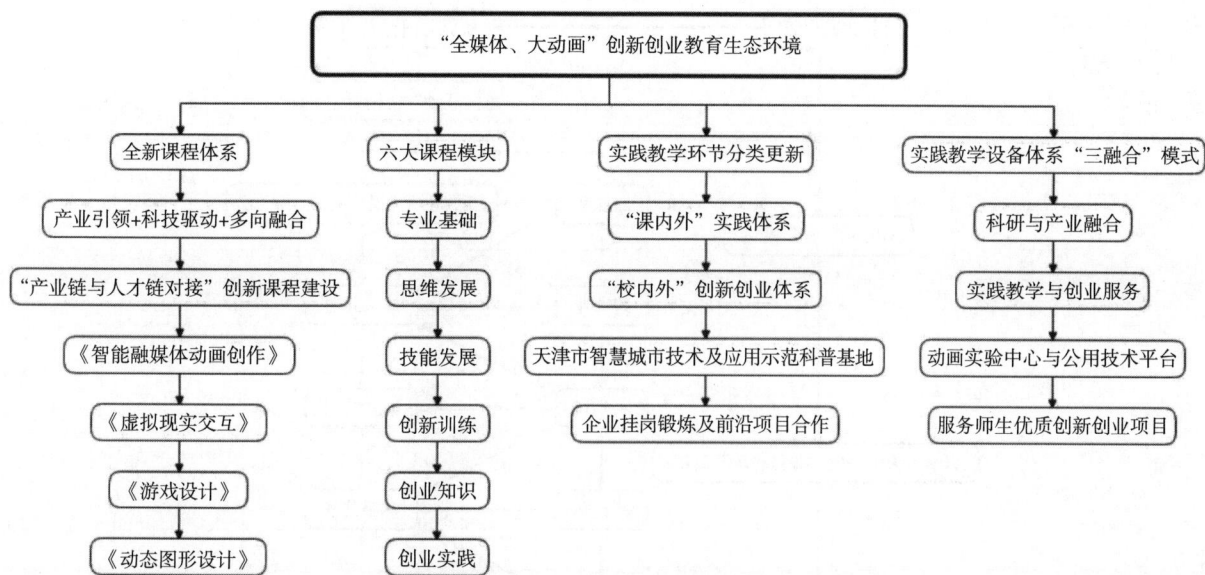

图 2　构建"全媒体、大动画"创新创业教育生态环境

（2）以国际化视野、产业前沿技术标准建设实践教学设备体系，深入探索"三融合"模式：科研与产业、实践教学与创业服务、动画实验中心与公用技术平台融合。将天津市实验教学示范中心（动画实验中心教学空间 $2870m^2$，仪器设备总值 3180 万元）的功能拓展为"数字创意公用技术平台"，更好地服务于本科生创新创业活动。

（3）重点完成天津市智慧城市技术及应用示范科普基地的联合建设任务，瞄准"VR 虚拟现实与交互媒体"等艺工交叉产业中的短板领域，运用全媒体平台及三维交互艺术形式演示前沿智慧城市解决方案、纺织类国家科技奖项目技术成果等的示范应用。

2.3　提升"跨界协同"的持续效能，研究建立"思政引领 + 产教融合 + 协同育人"的复合型人才培养新模式、新基地

（1）在国家级一流实践课程"工作室创作"的 OBE 示范教学模式上不断改革创新，深入开展以学生为中心的"课程思政"教学方式和学业评价方式改革，形成了能力提升、思想启迪和价值引领之间的协同融合。

（2）积极探索跨课程、跨专业、跨学科、跨校际、跨校企"五向联动"式协同育人机制。通过开放共享课程资源、教研人员、创作环境及技术平台，结为体系共通、模式共用、资源共享、成果共建的动画教育共同体（如京津冀动漫高端人才联合培养实验班）（图 3）。

（3）研究优化"产教融合"的深度及黏度，完善服务区域产业经济发展的复合型动画人才培养基地建设。与优质企业积极开展协同战略合作，建立"创新型实践教学平台—校内产学研母体工作室—校内单方向创业团队—跨方向优质创业团队—学生创业互链集群—孵化成熟商业工作室"之间精准联动的培育体系。持续促进学生公司 IP 项目在校内实践教学平台的研发与优质转化（图 4）。

（4）与国家动漫园、腾讯大燕网、天津北方电影集团等共建京津冀文化产业创新创业教育联盟和数字创意师资培养基地，引导教师积极参与高端技术培训及"大动画"领域产品开发。建立动画专业产教融合战略的教师评价考核机制，从注重论文课题的学术导向转变为应用实践导向。

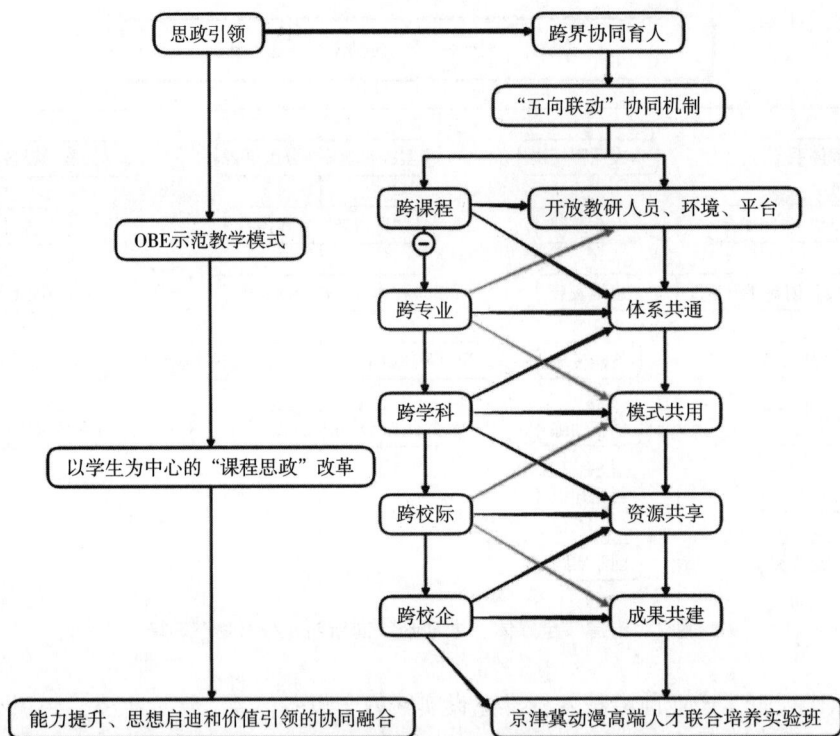

图 3 构建"五向联动"协同育人机制

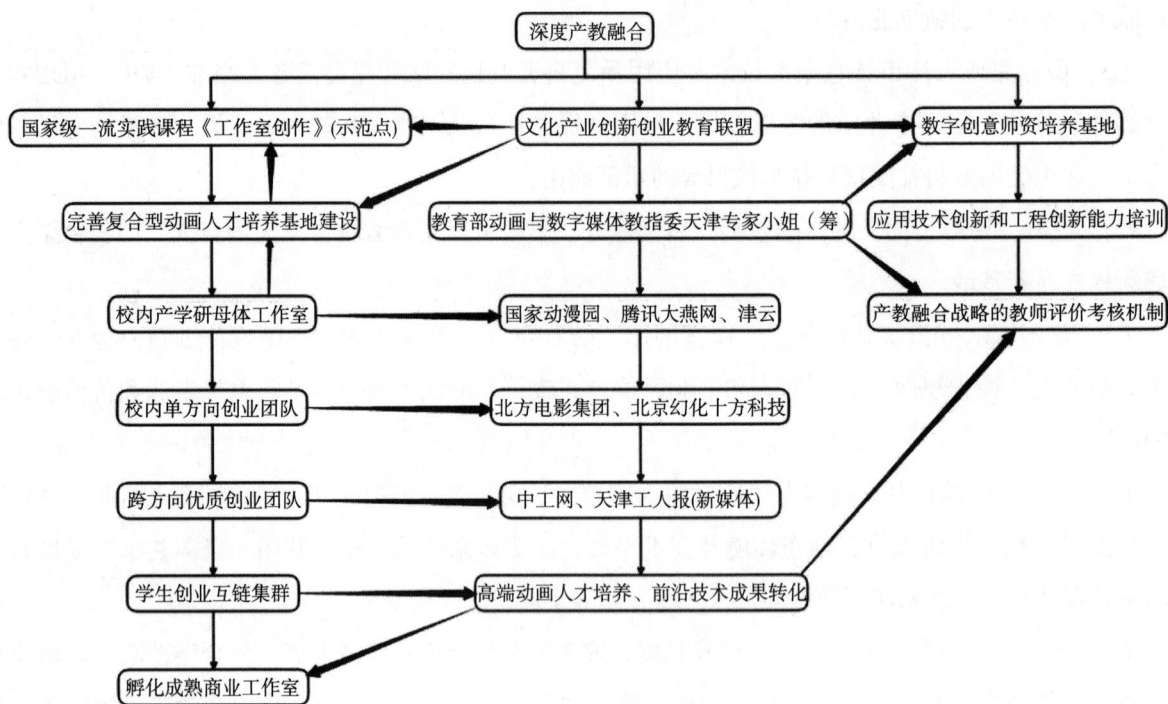

图 4 进行深度产教融合

3 成果的创新点

3.1 把握前沿新形势

本成果面向国家战略需要和经济社会发展新形势，聚焦于移动互联网、人工智能、大数据等技术创新带来的传媒艺术新业态，建立完善新时期文化创意产业人才需求预测机制和动画专业动态调整机制，推动面向未来社会形态（后工业化时代、非物质社会）的动画创作模式重启和专业生态重构。

3.2 重塑专业教育新理念

本成果运用科技驱动力重塑动画艺术生态，助力多维跨界的协同创新，以服务创新型、复合型、应用型一流人才发展格局的意识，探索可持续、内涵式、特色化发展的专业育人道路。探讨新时代"艺工融合"人才必须具备的知识能力素质，明确复合型创新创业人才的核心能力架构（图5）。

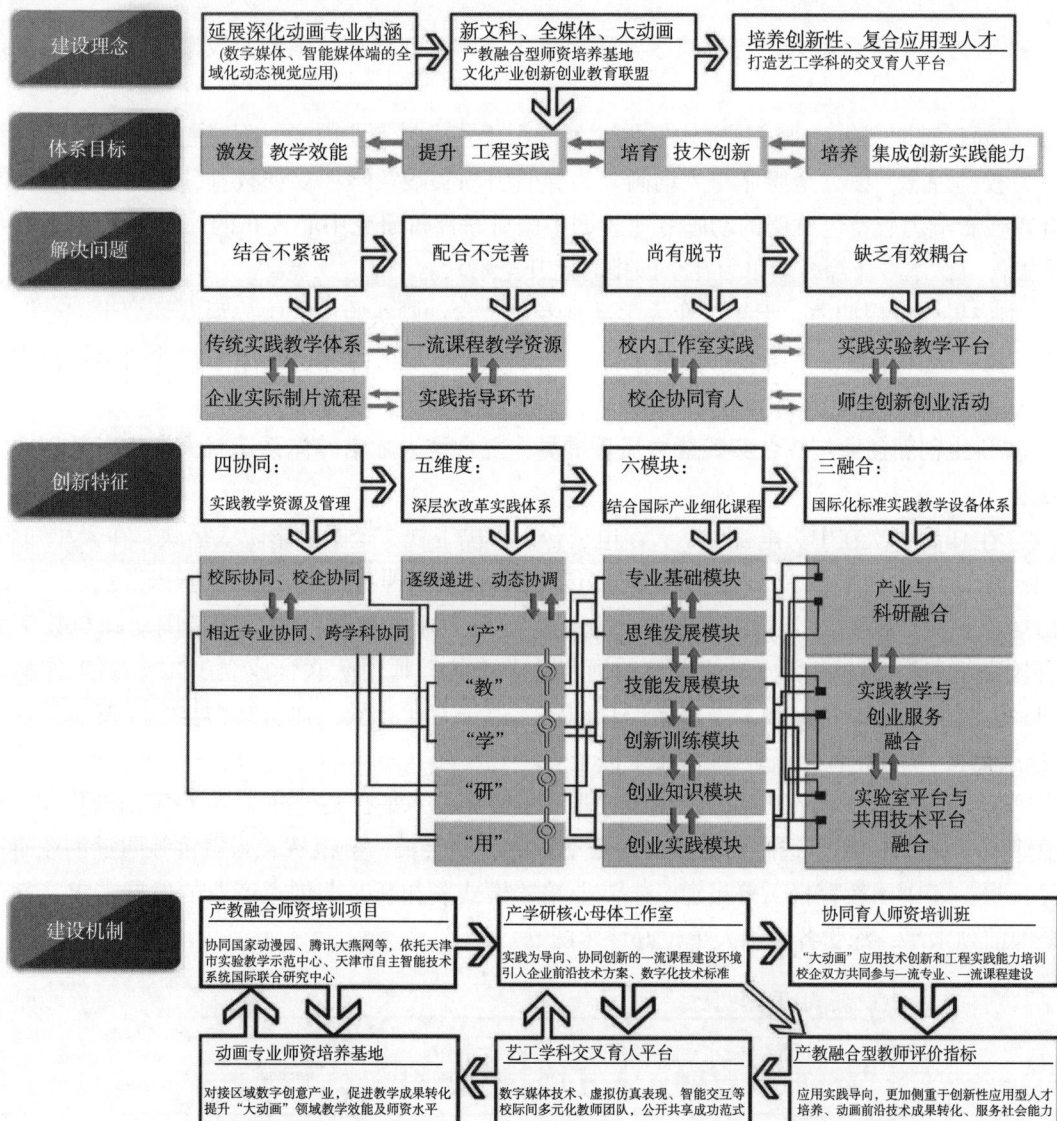

图 5 国家级一流专业（动画）创新实践教学体系及师资队伍建设体系模型图

3.3 升级人才培养新范式

本成果提出"艺工融合＋跨界协同"培养体系如何聚力赋能的具体研究观点——"三维融合"人才培养模式和"五向联动"式协同育人机制，建立可对接京津冀区域产业链、非线性动态调整的工作室化创新创业课程群。创新提出艺工融合背景下"产教融合型"师资队伍的培养机制，致力于建立区域文化创意教育共同体。

3.4 营造交叉融合新环境

本着"紧跟产业技术前沿，精细对接企业科技成果"的理念，以国际化视野规划并创新大型仪器共享、企业生产与高校实践教学协同运行机制。已将天津市实验教学示范中心——动画实验中心建设成为支撑大学生创业生态集群的公用技术平台，提供技术、设备、管理的综合支持。联合共建天津市智慧城市技术及应用示范科普基地，瞄准"VR虚拟现实与交互媒体设计"等艺工交叉产业的短板领域，运用三维交互艺术形式演示前沿智慧城市解决方案、纺织类国家科技奖项目技术成果等，在学科交叉创新平台建设方面取得了引领性突破。

4 成果的推广应用情况

4.1 推动艺术类复合型人才培养与教学研究范式的改革创新，动画专业改造升级的建设成果形成典范

（1）依据新时期文化产业发展需求，以"延展深化艺术类专业内涵，促进艺工交叉融合与跨界协同育人"为教学理念，以"全媒体与大动画"为导向引领实践教学和双创教育，目前已建成在国内动画领域有较强影响力、特色鲜明的动画专业。据中国科学评价研究中心发布的《2020中国大学及学科专业评价报告》，本专业综合竞争力在全国排名已升至第六。

（2）本成果建设周期内，天津工业大学动画专业（含动画实验中心）先后获评"十三五"天津市优势特色专业、天津市教育系统劳动示范集体、天津市级教学名师奖、天津市实验教学示范中心等；近一年已获批国家级一流本科课程、国家级一流专业建设点。

4.2 本科生创新创业与综合实践能力显著提高，复合型人才培养体系造就大学生有效创业、优质就业的典范

（1）学生作品多次在中央电视台、天津电视台、卡酷卫视、全国电影院线播映。在天津知名企业，如腾讯大燕网、北方电影集团、天匠动画科技、好传动画，在全国著名的中影集团、腾讯游戏、国家动漫园、金山西山居、上海久游网等公司，本专业毕业生均已成为业务骨干，在全国范围动画与数字媒体行业中具有较强辐射影响力。部分毕业生与动画实验中心的教师团队联合成立TGU动画工作室，参与《大圣归来》《大护法》《魁拔》等知名影片创作。由于专业背景、知识结构与实践技能符合数字文化产业发展趋势，毕业生优质就业率达96%以上。

（2）学生有效创业方面，历届毕业生依托本专业公用技术平台共创办了20余家动画科技类企业，其中周卫炜同学在2017年当选广西壮族自治区动漫协会副会长，金银辉、张雷雷等同学创业事迹多次被《人民日报》《中国教育报》等报道。本专业培养模式紧扣新时期创意产业的发展需求，就业率一直处于全国前列水平，深受各地用人单位好评（图6）。

图6 获《中国教育报》报道

4.3 培养体系达成了高水平创新创业项目和竞赛获奖的突破

（1）动画专业学生已获得9项国家级大学生创新创业计划项目资助，近五年多名毕业生已将其交

叉学科大创项目孵化成功，分别创办了 7 家数字创意科技公司（幕未文化传播有限公司、聚合印象文化传播有限公司、北京幻化十方传媒科技有限责任公司、天津锦银科技有限公司、工创客科技发展有限公司等），逐渐成为推动文创技术创新、促进吸纳就业的重要力量。

（2）指导学生文创作品在中国"互联网 +"大学生创新创业大赛、全国大学生广告艺术大赛、全国少儿精品及国产动画发展专项基金、北京大学生电影节、全国大学生原创动画大赛、教育部全国大学生网络文化节等重要赛事中获得 450 余项大奖（图 7）。部分获奖作品已被《天津日报》、人民网、津云、《城市快报》、天津市教委官网、北方网、《每日新报》、中国动漫产业网等媒体报道，优秀创作团队已经引起业界强烈反响，深受业内专家、观众、网友们的好评。

图 7　荣获多项大奖

4.4　产教深度融合、跨界协同育人的创新实践模式成效显著

（1）动画实验中心先后与十余家企业合作创办了校外实践基地，与国家动漫园、腾讯大燕网、天津北方电影集团等积极开展协同战略合作，共建京津冀地区文化产业创新创业教育联盟和数字创意师资培养基地。结合大学生创业工作室群链机制，以企业实际项目需求为驱动，强化培养学生的创新创业能力。参与制作了 26 集三维动画片《精灵乐园》（中央电视台）、130 集二维动画片《逗你玩——马氏相声专辑》（中央电视台）、26 集三维动画片《龙生九子》（天津电视台）等。

（2）师生联合创作的央视春晚片头动画、新媒体漫画、卡通公益广告、科普演示动画、科教纪录片、电影特效动画，先后在 CCTV-1、CCTV-7、学习强国、新华社国际新闻、天津电视台科教频道、腾讯大燕网、卡酷卫视、天津工人报、全国电影院线、智慧树在线教育等平台播映，实现了全媒体化覆盖，获得业界好评；顺利完成纺织领域系列国家科技进步奖、国家技术发明奖项目演示动画制作任务，先后获得文化部文化产业创业创意计划扶持、国家广电总局全国少儿精品及国产动画发展专项奖、教育部全国大学生网络文化节优秀组织奖、中国创新创业大赛优秀团队奖等（图 8）。

图 8　师生联合创作的作品在各大媒体平台播出

4.5　实践教学资源与教材建设成效显著

（1）团队成员近五年主编实验实践类教材 39 部，已被全国 120 余所高校选用作为本科教材，部分已发行至第 3 版。其中教育部国家级规划教材 1 部，省部级"十三五"规划教材 9 部，中国纺织服

装教育学会部委级优秀教材4部。教材编制工作始终贯彻教学理论联系产业发展、创作实践的原则，故具有较强的实效性和系统性。

（2）本团队已完成多项优质"艺工结合"数字化教学资源建设课题，进行了相关实验实践课程的教学资源优化建设、教学改革路径设计研究，收效良好。多项数字化教学资源及实践案例库已被京津冀区域多所高校及培训机构推荐引用。

4.6 复合型人才培养模式受到国内外专家肯定，成果广泛推广，示范辐射效果突显

（1）韩国文化产业振兴院、新加坡南洋理工大学、韩国东明大学、加拿大谢尔丹学院、英国诺森堡大学；美国好莱坞著名导演詹姆斯·卡梅隆（James Cameron）、奥斯卡评委迈克尔·培瑟（Michael Peyser）；美国工业光魔、法国暴雪、美国艺电等国际知名公司的制作总监；央视辉煌动画公司、上海奇迹影业公司、北方电影集团、北方动漫集团、国家动漫产业示范园的领导到动画专业参观访问，对本成果实践教学改革及人才培养效果给予肯定（图9）。

图9 人才培养模式受到国内外专家的肯定

（2）近年来，团队核心成员受邀担任中国好创意暨全国数字艺术设计大赛组委会、天津市大学生动漫与数字创意设计大赛组委会、全国大广赛天津赛区组委会、双一流动画与数字媒体专业建设研讨会、全国高等院校计算机基础教育研究会数字创意专业委员会、全国高校数字创意教学技能大赛组委会等主办活动的专家评委。

（3）本成果已引起学界广泛关注，获得国内多所院系领导认同，并被借鉴采用。江南大学、北京服装学院、陕西科技大学、吉林艺术学院、南京传媒学院、天津美术学院、天津理工大学、天津财经大学、天津职业大学、天津天狮学院、天津仁爱学院、大连东软学院、黄淮学院、唐山学院等多所高校教师代表到我校动画专业访学考察。2020年天津电视台科教频道《潮天津》栏目对本教学成果团队负责人进行专访报道，推广我校"艺工融合"先进教学模式（图10）。

图10 本成果获电视台专访报道

以工程实训—非遗传承—现代创新为特色的纺织品印花工艺学课程教学改革

南通大学

完成人及简况

姓名	性别	所在单位	党政职务	专业技术职称
张瑞萍	女	南通大学	江苏省纺织工程学会印染专委会主任	教授
贾维妮	女	南通大学	无	副教授
吴灵姝	女	南通大学	无	副教授
张小丽	女	南通大学	无	讲师
张陈成	男	南通大学	实验中心副主任	实验师
毛庆辉	男	南通大学	系主任	副教授
瞿建刚	男	南通大学	无	副教授

1　成果简介及主要解决的教学问题

1.1　成果简介

成果来源于中国纺织工业联合会教改项目"加强多元化实践教学，培养高素质工程人才""以服务地方经济为特色的轻化工程人才创新能力培养体系的构建与实践"和南通大学精品课程培育建设项目"纺织品印花工艺学"等。

构建了具有工程实践、非遗传承、现代创新特色的"纺织品印花工艺学"教学体系。采用现场教学、案例教学、仿真动画（微课）教学、课堂派等线上线下相结合的教学方法改革，提高了专业核心课程"纺织品印花工艺学"教育效果；印花技能实训、专业实习等工程实践环节的加强，提高了学生的就业竞争力；通过科研创新实践，将印花产学研与国家大学生创新项目及竞赛相结合，更新拓展课堂教学内容；将本地国家级非物质文化遗产蓝印花布引入印花课堂，进行非遗传承与创新的社会实践，弘扬工匠精神，并进行富有特色的爱国主义思政教育；主编了国家级和部委级规划教材《纺织品染整工艺学》和《CAD印花》，建设了电子教学资源及实习实训教学材料；培养了教学、科研、实践并重，传承与创新兼顾的师资队伍，课程负责人获江苏省优秀教育工作者、江苏省教育工作先进个人、南通大学教学名师等荣誉。该成果经10年多年的实践，为企业培养高质量的新工科人才，为地方高端家纺印花面料的创新发展服务效果显著。本科生多次获江苏省高等学校本科毕业论文一等奖、二等奖和三等奖，获全国大学生绿色染整大赛和全国大学生非织造产品设计大赛及中国纺织类高校大学生创意创新创业大赛的一、二、三等奖；学生参与了多个蓝印创新的授权专利发明，有多名学生毕业后担任企业的印花部主任并创业成立数码印花公司，在诸多企业呈现南通大学轻化工程专业优秀毕业生团队（群体）现象，受到社会的广泛关注和赞誉。人才培养效果十分显著。

成果鉴定专家一致认为：该成果在轻化工程类专业课程教学改革方面取得重大突破，具有较大创新性，在国内地方高校相同专业中居领先水平，具有重要的实践意义和推广价值，对地方工科高校专业课程的教学改革起到示范作用。

1.2 主要解决的教学问题

（1）教学方法的改革解决了目前工科专业教学方法单一，课堂照本宣科，学生上课积极性低，达不到教学效果的问题。

（2）工程实践（实训）解决了工科教育普遍存在的专业教学与工厂实际脱节、学生工作后上手慢的问题。

（3）科研创新实践解决了工科教学中存在的知识老化、新产品开发后劲不足、不能适应印染行业可持续发展的问题。

（4）将非遗蓝印技艺引入课堂，蓝印与思政同步进行，解决了工科学生文化历史底蕴缺乏，思政教育内容空洞的问题。

（5）主编国家级和部委级规划教材及实训资料，解决了印花专业教学资源不足，落后于当今信息化智能制造发展、影响教学效果的问题。

（6）通过企业印花导师、非遗传承大师及专业教师进企业锻炼，解决工程教学和现场教学及案例教学不能真正实施的难题。

2 成果解决教学问题的方法

2.1 更新课程教学内容，提高专业教学的时效性

教学中按照印花产品的实际加工过程，对教学内容进行了梳理、剖析，按照"了解""熟悉""掌握"等不同教学要求，分成不同的层次要求进行教学，删除已落后陈旧的内容，增加了花样审理、电脑制版和数码印花的知识，根据印花产品发展趋势不断补充新型特种印花的知识（图1～图3）。

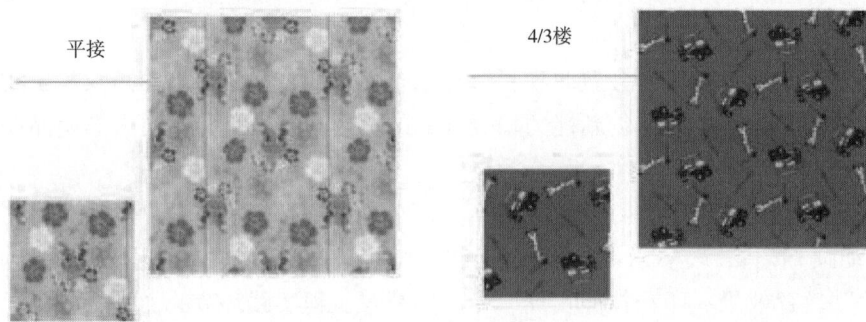

图1　花样接头审理

图2　花样分色审理　　　　　图3　数码印花

2.2 现场教学、案例教学、动画仿真(微课)、课堂派等线上线下相结合的教学方法改革,提高了工程专业课程教育效果

2.2.1 以案例分析作为教学过程的出发点和归宿的综合教学方式

在教学中以印花产品加工作为教学过程的出发点和落脚点;每一章节后都安排印花疵病及解决的办法和案例分析,课堂教学围绕提出问题和解决问题,以问题带动知识的学习和掌握,激发学生的求知欲。讲授实例实样,提高学生兴趣,加深对理论知识的理解,培养学生解决实际问题能力和创新精神。

2.2.2 通过走出去请进来的方式,整合多方资源,开放课堂教学,实施现场教学

开放课堂教学,打通企业与学校、车间与课堂的通道。与印染企业印花车间和市公共实训平台合作,组织学生走出去,到印染企业参加生产实践和课外科技活动等,聘请企业导师印花主管仇玉琴高工、张翠华主任讲授有关印产品设计和质量控制部分内容,将实践知识纳入课堂,大大丰富教学内容和实际意义(图4、图5)。

图4 企业导师防印印花和成衣印花产品案例教学 图5 印花疵布(对花不准)案例

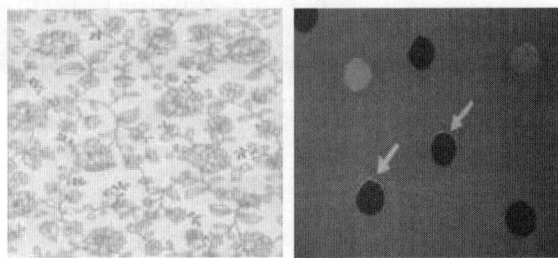

2.2.3 引入现代化教学手段,提高学习兴趣和教学效果

通过多媒体、电子视频再现生产场景或工艺过程,部分不容易理解的理论教学内容也通过动画模拟,更加直观易懂,取得很好的教学效果;课件互动是"课堂派"的优势。通过技术手段随时插入答疑环节,有效提升教学效果。"课堂派"实现课前、课中、课后,教师、学生服务全覆盖。GPS等考勤形式,精准有效、避免代签,签到数据自动生成(图6)。

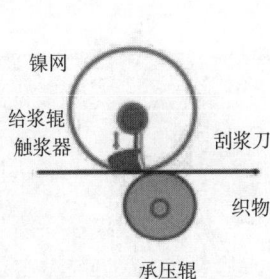

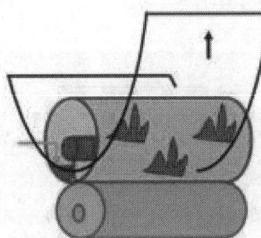

图6 引入现代化教学手段

2.3 工程实践（实训），锻炼学生实际动手能力，缩短与工厂实际的距离，促进学生就业

利用南通市公共实训平台，在课程学时中增加8学时的印花CAD软件学习、花版制作与印花实践，从花网的选择、绷网到感光法制作花版，最后调制印花色浆，进行多套色的涂料印花（图7）。

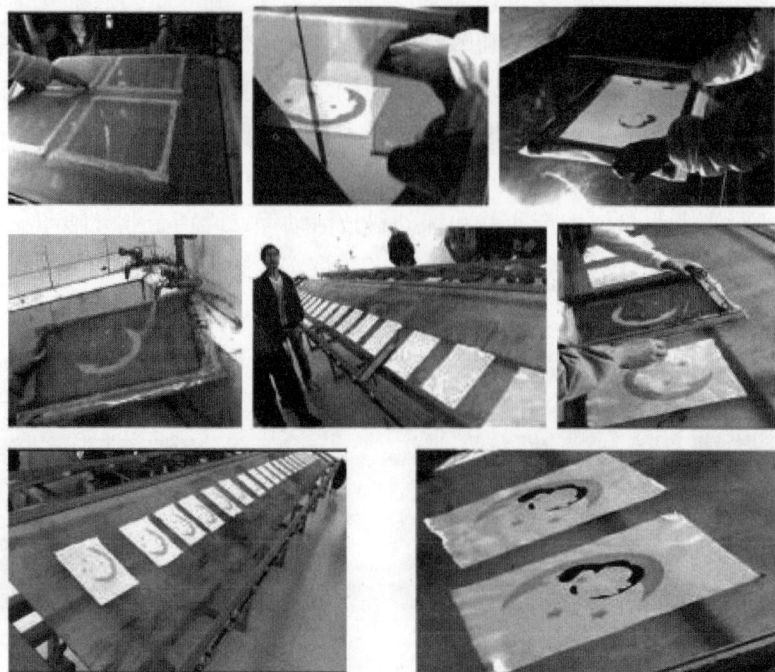

图7 实践教学制作印花花版和印花

在全国本科院校中首次设立印花仿色打样实训和印花产品检测实训，提高学生的专业技能（图8）。

图8 纺织品仿色实训

利用校外产学研基地、实践教学基地和校企联盟等，在企业和学校导师的带领下，按"3+1"卓越工程师培养模式，强化学生的色纺色织提花认识实习、印花实习和毕业学生的轮顶岗实习，锻炼学生的动手和实践能力，促进学生就业（图9）。

图9 学生在检测公司测试印花织物的性能实习

2.4 科研实践，提升学生的科研素质和创新能力

积极指导学生参加各级大学生创新训练项目和竞赛并与产学研项目结合，通过开放式教学、差额选题、加强指导、量化评分等强化毕业论文（设计）过程管理，鼓励选题与企业迫切需要解决的实际问题或新品研发攻关项目，学生参与企业公开发表文章 80 多篇，本科生多次获江苏省高等学校本科毕业论文一等奖、二等和三等奖，获全国大学生绿色染整大赛和全国大学生非织造产品设计大赛一、二、三等奖；有多名学生毕业后担任企业的印花部主任并创业成立数码印花公司。

2.5 社会实践，传承非遗技艺，弘扬工匠精神和激发爱国情怀

为弘扬"工匠精神"，更好地传承国家非物质文化遗产，成立南通大学蓝印花布研究所，开展"走进非遗蓝印花布 弘扬中华传统国粹"社会实践活动，弘扬与传承传统手工艺，蓝印与爱国思政教育同步进行（图 10）。

图 10 国家非物质文化遗产南通蓝印花布实践

2.6 主编国家级和部委级规划教材及数字化实践教学资源和实训指导材料，提高学生在互联网信息时代的互动性与自主学习能力

主编的国家级规划教材《纺织品染整工艺学》（中国纺织出版社），已经修订至第 3 版印刷 18 次，获中国纺织工业联合会（教材）科技进步三等奖。主编出版了部委级规划教材《印染 CAD》（中国纺织出版社），用于纺织品印花工艺学的课内实践教学，为企业和叠石桥家纺市场培养大量的印花分色技术人才。制作了纺织品染整加工和染整实验的数字化电子视频教学资源，编写了纺织品检测、仿色打样、印花分色 CAD 及印花实训指导书。

2.7 通过企业导师、非遗传承大师及专业教师进企业锻炼，培养了教学、科研、实践并重，传承与创新兼顾师资队伍，解决工程教学和现场教学及案例教学不能真正实施的难题

2.7.1 制定了青年教师进企业锻炼制度

青年教师的企业实践内容带入专业课课堂，完成鲜活的案例教学，取得较好的教学效果，分别在学校和学院的青年教师讲课比赛中获奖。利用企业实践参加了多项产学研项目，联合企业申请了多项发明专利，5 位教师入选江苏省双创计划（科技副总）和南通市 226 人才。

2.7.2 聘任实践基地企业导师（兼职教师）

聘请企业导师，在课内实践和课外实习中实施案例和现场教学。建立南通大学校外实践基地，南通金仕达超微阻燃材料有限公司被中国纺织工业联合会授予纺织人才培养基地。来自企业的案例教学，受到同学的欢迎，取得了较好的教学效果。

2.7.3 专业教师队伍

纺织品印花工艺学的课程负责人是江苏省优秀教育工作者、江苏省教育工作先进个人、南通大学教学名师，且具有印染企业印花车间实践经历和在行业任职背景，担任江苏省纺织工程学会染整专委

会主任。中文核心期刊《针织工业》《印染助剂》《纺织科学与工程》编委，江苏省首席科技传播专家。

专业教师在教学科研实践方面互相促进，成绩突出。1位为国家非物质文化遗产蓝印布的传承人，6位专业老师担任江苏纺织工程学会印染专委会的委员，3位专业教师分别在两岸纺织科技研讨会、长三角科技论坛纺织分论坛、全国纺织抗菌新材料论坛、草木染大会和三届江苏印染年会作专题交流报告。

3 成果的创新点

（1）纺织品印花工艺学课程中增设课内实践课时，打通企业与学校、车间与课堂的通道，由企业印花导师参与现场教学和产品案例教学，提高纺织品印花的工程教育效果。

（2）实施印花CAD和网印专业技能实训，学生获相关国家职业资格证书，提高了工作岗位技能，增加了就业竞争力，有多位毕业生担任企业印花主管并创办数码印花公司。

（3）强化色纺色织提花大纺织认识实习、印花岗位实习和毕业实习三段式实习，为学生创造真实的印花从业环境，减少毕业后工作的磨合期。

（4）主编国家级和部委级规划教材《纺织品染整工艺学》（印花部分）《印花CAD》和实训指导材料，建设了印染加工和实验数字化实践教学资源，采用了电脑测配色和印花分色CAD网络版教学，进行印花设备的仿真教学，应用互联网信息化技术提高了教学效果。

（5）开展"走进非遗蓝印花布 弘扬中华传统国粹"社会实践活动，将本地的国家级非物质文化遗产蓝印花布技艺引进课堂，弘扬工匠精神，蓝印与爱国思政教育同步进行，教育效果显著。

4 成果的推广应用情况

4.1 教学效果显著，学生获多项奖项

学生分析解决实际问题能力和实践能力明显提高，参与产学研印花课题和企业的印花新品开发，完成多项国家级、省级大学生创新项目，多次获全国大学生绿色染整大赛和全国大学生非织造产品设计（印花）大赛一、二、三等奖。多次获江苏省高等学校本科毕业论文一等奖、二等和三等奖（图11）。

（1）学生参与的江苏省产学研项目"基于激光无水改性的差别化印花技术"、南通大东有限公司的"毛巾织物的高品质印花技术开发"等省市级和企业委托课题30多项。

图11 部分国家级及省级大学生创新项目的结题证书

（2）学生参与的国家级和省级各级大学生创新项目20多项。

（3）江苏省高等学校本科毕业论文一等奖；全国大学生绿色染整大赛和全国大学生非织造产品设计（印花）及中国纺织类高校大学生创意创新创业大赛（印花）大赛一、二、三等奖（图12～图14）。

图12 学生获江苏省本科优秀毕业论文一等奖和全国大学生绿色染整大赛一等奖

图13 学生获全国大学生绿色染整大赛二等奖和三等奖

图14 学生获全国大学生非织造产品设计大赛二、三等奖和中国纺织类高校大学生创新大赛三等奖（功能蓝印花布）

（4）学生发表论文80多篇，学生参与申请的"采用数码喷印的多套色印花织物剂制备方法""生态环保的多套色印花织物""工艺简单、轮廓特征明显的无版多套色印花织物及制备方法""天然染料的多桃色印花方法"等10多项专利获国家发明专利授权（图15、图16）。

4.2 主编各级规划教材及教学资源和指导材料，提高学生的互动性与自主学习能力

主编出版了国家级规划教材《纺织品染整工艺学》，在江南大学、苏州大学、盐城工学院等高校使用，获中国纺织工业协会（教材）科技进步三等奖。主编出版了部委级规划教材《印染CAD》（中国纺织出版社），在南通大学、绍兴文理学院等院校用于纺织品印花工艺学的课内实践教学，为家纺印染企业培养急需的分色技术人才（图17）。

图15　部分江苏省纺织工程学会颁发证书

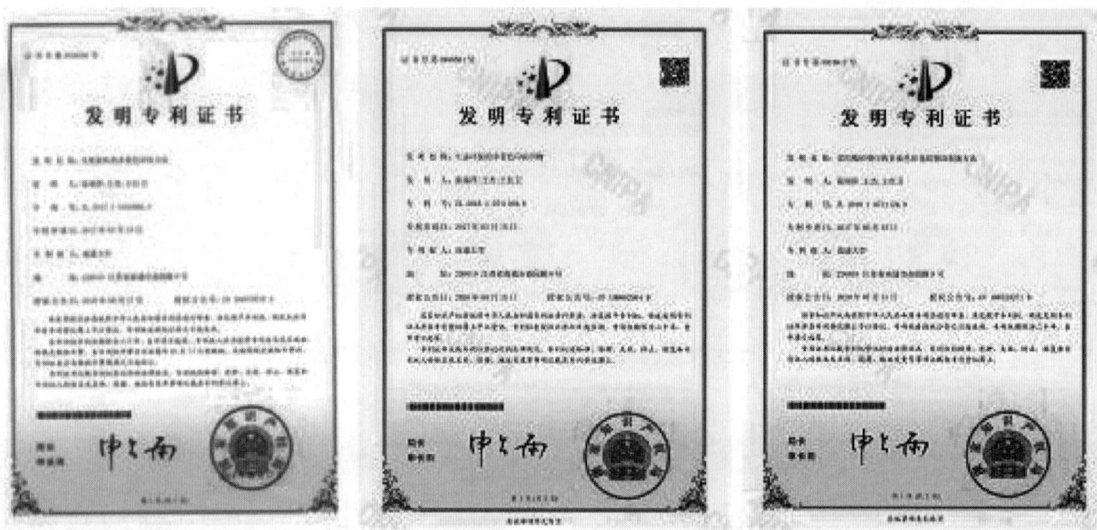

图16　学生的部分参与的有关印花新技术的发明专利

图17　主编国家级、部委级规划教材

4.3　组建教学、科研、实践并重的师资队伍

课程负责人获江苏省优秀教育工作者、江苏省教育工作先进个人、南通大学教学名师等，担任江苏省纺织工程学会染整专委会主任、南通纺织工程学会印染专业委员会主任、中国纺织工程学会染整专业委员会委员。核心期刊《印染》的指导专家，核心期刊《针织工业》《印染助剂》和《纺织科学与工程》编委会会委员，江苏省首席科技传播专家。

专业教师中 1 位是蓝印花布国家级非物质文化遗产传承人，5 位教师入选江苏省双创计划（科技副总）和南通市 226 人才；6 位专业老师担任江苏纺织工程学会印染专委会的委员，3 位专业教师分别在两岸纺织科技研讨会、长三角科技论坛纺织分论坛、全国纺织抗菌新材料论坛、草木染大会和 3 届江苏印染年会作专题交流报告。

4.4　社会评价

4.4.1　用人单位评价

毕业生受到用人单位青睐，有多名学生毕业后担任企业的印花部主任并创业成立数码印花公司，特别是在诸多企业呈现南通大学轻化工程专业优秀毕业生团队现象，受到社会的广泛关注和赞誉，多家媒体报道了南通大学优秀毕业生的创新创业事迹。

南通大学轻化工程专业优秀毕业生团队在社会上特别引人注目，形成了如江苏联发股份有限公司的南通大学毕业生印花技术管理团队、东丽酒伊织染（南通）有限公司的南通大学毕业生印花技术管理团队、上海雅运精细化工有限公司南通大学毕业生印花染料助剂研发销售团队、南通曙光染织有限公司、南通朝日实业有限公司等南通大学毕业生印染技术团队等。他们扎根企业，深入生产第一线，积极肯干，积累经验，掌握技术，刻苦钻研，勇于革新，开发新品，为企业带来了巨大的经济和社会效益。

4.4.2　学生评价

学生上印花课兴趣特别高，以下是学校督导在调查纺织品印花工艺学上课效果时学生的反馈："印花课很有意思！用心观察、听讲，就能发现老师精心设计了每一个教学环节。"纺织服装学院轻化工程 152 班李梦瑶说，"防染印花分为色防和防白，拔染又分为色拔和拔白。一开始我们总是会混淆概念，为了帮助我们理解，老师经常去工厂里把印花布样成品案例带回课堂，配合所讲内容，让知识不再抽象。""以前学习只顾着抄笔记，没有真正理解，老师的印花产品设计'树状图'配上详细生动、条理清晰的解读，大部分难度系数较高、容易混淆的知识点立刻变得通俗易懂。"纺织服装学院轻化工程学生韦苏娟由衷地感慨。纺织品印花工艺学课程的主讲教师在全校以学生投票第一被评为教学名师。

4.4.3　同行评价

教学改革和毕业生得到东华大学、苏州大学和江南大学等兄弟院校专家的高度评价。

4.4.4　专家评价

中国纺织服装教育学会、教育部高等学校纺织工程教指委及中国纺织工程学会行业的鉴定专家一致认为该成果在轻化工程类专业课程教学改革方面取得重大突破，具有较大创新性，在国内地方高校相同专业中居领先水平，具有重要的实践意义和推广价值，对地方工科高校专业课程的教学改革起到示范作用。

4.4.5　社会媒体评价

南通大学杰出校友南通海汇科技发展有限公司董事长曹平、江苏伊思达纺织有限公司董事长恽中方的创新创业事迹得到各级媒体报道。具有地方特色、专业背景、非遗传承的社会实践也得到多家媒体的关注（图 18）。

× 用实力成就衬衫衬行业单打 ···

就如建造房屋需用钢筋水泥做骨架一样，制作服装则需用衬布做骨架。通过衬布的造型、补强、保形作用，服装才能形成形形色色的优美款式。

身为南通海汇科技发展有限公司的掌门人，曹平用15年的努力，将服装产业链上微小的一环——衬衫衬布做到了极致，成功跻身中国衬布十强企业，世界顶级品牌阿玛尼、HUGO BOSS、H&M以及国内著名品牌雅戈尔、杉杉等都使用汇的衬布，然而，曹平并不满足于此，他的新野

南通发布
江海观新 传说天下
立即打开

× 看民生实事 听百姓感受⑥: ···

【新闻故事】

23日，南通海汇科技发展有限公司收到所委托第三方机构的检测报告，显示企业升级废气处理装置后，挥发性有机物（VOCs）排放量得到显著下降。

海汇科技是一家专业从事高档衬衫衬布生产的服装辅料企业，在定型工段中会产生部分VOCs。为了减轻对大气污染，在各级环保部门的指导下，企业于今年2月份投入100多万元，购置了一台定型机尾气净化装置，截至6月底，项目建设全部结束并投入使用。

南通发布
江海观新 传说天下
立即打开

江苏伊思达纺织有限公司董事长恽中方表示："下一步，我们要全面提高我们公司的数据化管理，把我们的MASS系统放在同一个平台上运行，把真正的智能化作为我们传统产业的支撑、发展的引擎。我们必须用传统产业拥抱现代产业，必须把数据化、智能化及新技术用到我们的产业当中去。"

一直以来，纺织业都是武进的重要产业之一，但随着市场萎缩，成本增加，武进纺织业正承受着变革的洗礼。如何在坚守实业、专注制造的同时，开辟一条高质量发展新路？武进的伊思达纺织就以智能制造加码，点亮了纺织业"新光"。

图 18　媒体评价

新文科背景下"工经融合"纺织外贸人才实践创新能力培养模式的探索与实践

武汉纺织大学

完成人及简况

姓名	性别	所在单位	党政职务	专业技术职称
吴英	女	武汉纺织大学	院工会主席	副教授
段丁强	男	武汉纺织大学	院长	教授
倪武帆	男	武汉纺织大学	副院长	教授
张平	男	武汉纺织大学	系主任	副教授
孙杰	男	武汉纺织大学	校团委副书记	副教授
王滨	男	武汉纺织大学	无	教授

1 成果简介及主要解决的教学问题

1.1 成果简介

以"'互联网+'跨境电商创新创业复合型人才'三学三实'产学协同育人模式探索与实践"（教育部产学合作协同育人项目，教高司函〔2020〕6号）、"湖北省校企协作跨境电商专业人才培训实践探索"（教育部产学合作协同育人项目，教高司函〔2019〕12号）两项国家级教学研究项目，"国际经济与贸易专业的特色实践教学体系研究"（项目编号2016JY073）等多个校级项目为依托，开展教学研究，形成了本研究成果。在纺织外贸人才培养中，普遍存在实践创新能力不足、创新精神和社会责任感整体不强等问题，本成果基于OBE理念，在实践创新能力培养模式、实践教学体系和实践教学质量保障体系等方面开展了改革与创新；构建了以实践创新能力为主线的人才培养模式，突显纺织特色，强化了实践创新能力的培养，完善了实践教学体系及质量保障体系，人才培养质量显著提高。

1.2 本成果主要解决的教学问题

（1）人才培养不适应新经济发展的需求。基于新文科建设理念，构建"工经融合+竞赛驱动+多元协同"以实践创新能力为主线的人才培养模式，有助于新经济发展的纺织外贸人才培养目标的实现。

（2）学生实践创新能力不足与社会责任感不强的问题。基于成果导向，构建"1136"（一主线、一贯穿、三能力、六模块）渐进式实践教学体系，培养学生的实践问题分析能力及解决问题的能力，提高学生实践创新能力。将思政教育融于人才培养全过程，立德树人，塑造健康人格，培养学生爱岗敬业精神。

（3）实践能力评价不完善的问题。构建"536"（五评价、三阶段、六模块）实践教学的质量保障体系，以学生、教师、督导、企业、社会为主体实施评价、反馈并改进，优化了"评价—反馈—改进"闭环机制，保障可持续性提高教学质量。

2 成果解决教学问题的方法

2.1 构建"工经融合 + 竞赛驱动 + 多元协同"以实践创新能力为主线的人才培养模式

基于新文科建设理念，在人才培养方案中，贸易课程贯通纺织工程类内容，实现"工经"融合；以"纺织 + 贸易"学科竞赛为驱动，深化纺织学科与经济学科深度融合，突显具有纺织特色的外贸人才培养；构建校企政融合的多元协同育人机制，强化实践创新能力培养，如图1所示。培养的人才具有"工经"背景，创新实践能力强，在纺织贸易领域竞争优势强。

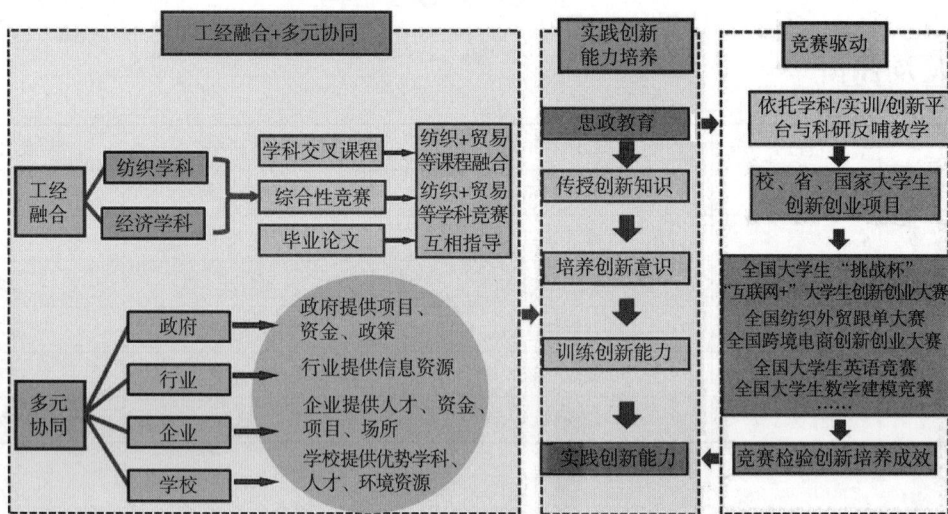

图1 以实践创新能力为主线的人才培养模式

2.2 基于OBE理念，构建"一主线、一贯穿、三能力、六模块"（"1136"）渐进式实践教学体系

以培养实践创新能力为主线；将思政教育贯穿人才培养全过程，立德树人，培养学生树立正确的人生观、价值观；以基础实践能力、综合实践能力、创新实践能力"三能力"为阶段性培养目标；以社会实践、课内实践、毕业论文、企业实践、学科竞赛、创新项目"六模块"为主要实践内容，深化产教融合，开展校内、校外的创新实践，实现了学生的实践能力渐进式培养，提升了学生实践创新能力，如图2所示。

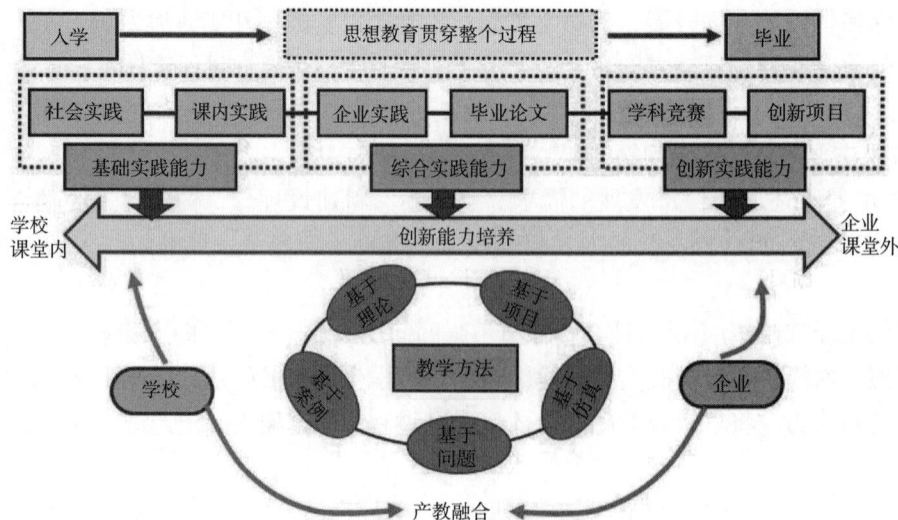

图2 渐进式实践教学体系

2.3 以成果为导向,构建"两转化、五基于"的教学模式,培养学生解决问题的能力

实践教学实现两转化,一是由封闭式转化为开放多元式。实践教学紧密结合社会及企业的需求,发挥社会及行业、企业在实践教学中的作用,通过学校与政府、行业、企业多元协同,形成了"产教融合、互惠共赢"的实践教学模式,实现开放多元化式教学。二是由静态化转变为动态化。快速变化的信息时代要求教学内容能及时反映社会新变化、新需求,聘请行业专家、企业导师开展前言讲座和指导,及时传递纺织行业的新动态、技术变革的新趋势,解决教材、实训软件的陈旧导致实践教学内容滞后的问题,使实践教学变为动态化。在"基于问题—基于理论—基于项目—基于案例—基于仿真"的"五基"基础上,开展"线上+线下"混合式实践教学改革,引入翻转课堂、项目导入式等灵活多样的教学方法,拓宽学生学习空间,支持学生自主学习,激发学生创新潜能,提高实践教学效果。

2.4 基于 CIPP 评价模式,构建"536"实践教学的质量保障体系

由学生评价、教师评价、校督导评价、企业评价、社会评价"5 评价"作为评价主体,按照前期准备、中期实施、后期总结"三个阶段",对社会实践、课内实践、企业实践、毕业论文、学科竞赛、创新项目"六模块"内容进行评价,每次评价结果及时反馈,并且各方及时改进和调整、跟踪,保证反馈的问题得到解决,形成"评价—反馈—改进"闭环评价机制,如图 3 所示。全员参与、全过程监督、自我评估的持续改进长效管理机制,体现了实践教学评价的科学性和合理性,保障了可持续性教学质量。

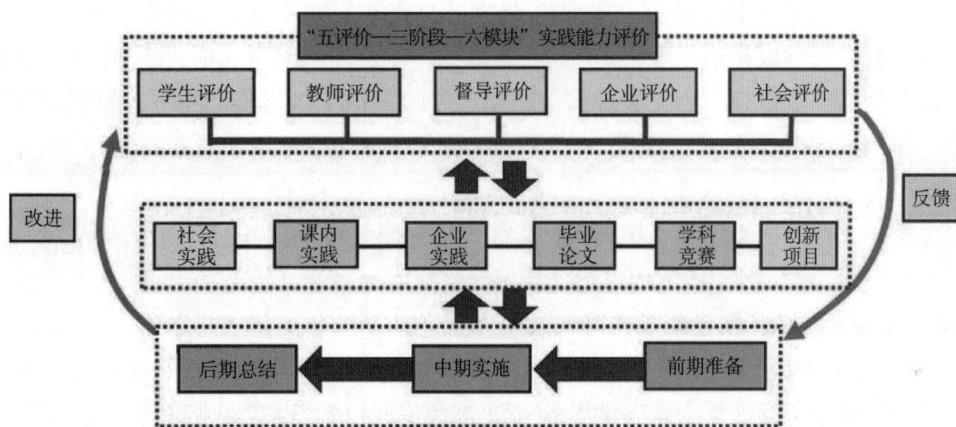

图 3 实践教学的质量保障体系

3 成果的创新点

3.1 构建"工经融合+竞赛驱动+多元协同"以实践创新能力为主线的人才培养模式,培养适应纺织行业发展的国际经济与贸易人才

基于新文科理念,将纺织相关知识融入国际贸易课程,实现"工经"融合;以纺织产品为主开展进出口业务技能训练,以赛促学、以赛促教、以赛促训、以赛促改,突出纺织行业特色;在实践教学中整合校企政的优势资源,多元协同育人,培养学生实践创新能力,使人才培养适应新经济发展的需要,满足纺织行业需要的国际经济与贸易人才。

3.2 构建"1136"实践教学体系,提高学生实践创新能力

基于 OBE 理念,构建"一主线、一贯彻、三能力、六模块"实践教学体系。以创新能力培养为主线;将思想政治教育贯穿大学生从入学到毕业整个培养的全过程,实现思想引领和知识传授的有机融合;以基础实践能力、综合实践能力、创新实践能力为阶段性培养目标,以社会实践、课内实践、企业实践、毕业论文、学科竞赛、创新项目"六模块"形式开展实践教学内容,实现渐进式能力培养,提高学生的实践创新能力。

3.3 构建"两转化、五基于"的教学模式，培养学生解决问题的能力

以需求为导向，改革教学方式，实施多样化教学。实践教学实现两转变，一是由封闭化转为开放化，由单一的学校教学转为校企政结合开放式教学，形成 "产教融合、互惠共赢"的实践教学模式。二是由静态化转为动态化，快速变化的时代让社会出现许多新变化、新需求，将纺织产业前沿领域知识与国际形势发展动态及时融入教学活动，及时传递行业的新动态、技术变革的新趋势，使实践教学更具有针对性和目的性。教学上在"五基于"基础上，开展"线上＋线下"混合式实践教学，引入灵活多样的教学方法，拓宽学生学习空间，激发学生自主学习积极性，在潜移默化中培养学生解决问题的能力。

3.4 构建"536"实践教学的质量保障体系，形成重视质量的校园文化

基于CIPP评价模式，建立由学生、教师、校督导、企业、社会为评价主体的"536"实践教学的质量保障体系。注重过程性和阶段性评价，对社会实践、课内实践、课程设计、企业实践、学科竞赛、创新项目六模块内容分期分块进行评价，每次评价结果及时反馈并改进，形成"评价—反馈—改进"闭环评价机制，强化了内涵建设，保障了教学质量，形成人人重视质量的校园文化。

4 成果的推广应用情况

4.1 教学研究成果丰富，在国内同类行业高校中产生较大影响

本成果完成人积极开展教学研究并总结实践成果，获湖北省高等学校教学成果奖一等奖1项；获中国纺织工业联合会教学成果奖三等奖3项；获教育部产学合作协同育人项目3项；省级教研项目3个，校级教研项目多个立项。获批"国家级优秀创新创业导师"1名，"国际贸易"获校级精品资源共享课程，开设了"国际贸易实务"双语课程。本项目实践成果得到了专家学者的高度评价，扩大了学校办学的影响力。

重新制定教学大纲，积极编写了相关教材，如《纺织服装跟单实务》《纺织商品学》《国际贸易》《国际贸易实务》等，发表有关教学研究论文数篇。

4.2 学生综合素质和实践创新能力得到全面提高

近年来，学生获国家级、省级挑战杯"互联网+"大赛和学科竞赛等奖励200多项，其中2011～2020年，连续十年参加了全国大学生外贸跟单（纺织）+跨境电商职业能力大赛（纺织工业联合会）并取得了骄人的成绩，学生获个人一等奖、二等奖、三等奖，团体一等奖、二等奖、三等奖等和优秀指导教师奖；参加全国大学生跨境电商创新创业大赛获特等奖、一等奖和优秀指导教师奖，所获12万元奖金全部用于学生的培养，扶持其创新创业；参加全国"挑战杯"创业设计竞赛，荣获全国银奖等，同时获得政府与相关企业的30万元赞助费，用于学生创业和发展；参加全国志愿服务项目大赛获金奖。有关竞赛，被央视新闻、东莞电视台等媒体进行了相关报道，扩大了学校的社会影响力，学生实践创新能力培养成效显著。

在创新创业训练方面，获批国家级、省级、校级创新创业项目多项。近三年学生获创新创业训练计划立项32项，其中国家10项、省级15项；以学生为第一作者发表论文50篇。参加学科竞赛活动，培养了学生人际交往能力、团体协作能力和组织能力，提升了学生的实践创新能力，在教学改革方面起到了良好的示范效果。

4.3 培养的人才得到了社会的广泛好评

通过用人单位对毕业生进行连续跟踪调查，国际经济与贸易专业毕业生得到了社会和企业高度认可和良好评价，在分析和解决问题的能力、创新意识等指标的满意率达到95%以上。培养的学生以基础知识扎实、实践创新能力强，在解决进出口业务、跨境电商运营、通关报关办理等问题上受到用人单位和社会的肯定；众多校友已成为行业中坚力量。

教学改革的实践与成果受到了国内同行专家的好评，大批高素质复合型人才为国家的经济与贸易

发展以及对人才的培养做出了巨大贡献。

　　人才培养效果得到了行业认同。国际经济与贸易专业学生就业率长期稳定在95%左右，学生进入社会给企业带来巨大的资源与财富，受到企业的欢迎。企业对已经毕业的和在企业实习过的国贸专业学生的工作及综合应用能力反映良好，给予了很高的评价。先后与烟台明远家用纺织品有限公司、湖北万里防护用品有限公司、长江证券股份有限公司、绍兴市弗特柯桥区纺织有限公司、浙江锦事达化纤有限公司、际华三五零九纺织有限公司等十多家行业知名企业开展深入产学研合作，签订了校企合作协议，共建大学生实习基地及创新创业基地。

　　学生在全国性的学科竞赛中取得优异成绩，许多官方媒体进行了跟踪报道，人才培养的质量得到社会的肯定。

服装专业卓越人才创新实践教学平台体系构建

大连工业大学

完成人及简况

姓名	性别	所在单位	党政职务	专业技术职称
孙林	男	大连工业大学	专业方向负责人	副教授
王军	女	大连工业大学	教学副院长	副教授
杨绍桦	女	大连工业大学	无	讲师
周笑男	女	大连工业大学	无	讲师
潘力	女	大连工业大学	无	教授
王伟珍	男	大连工业大学	专业方向负责人	副教授
穆芸	女	大连工业大学	系主任	副教授
陈晓玫	女	大连工业大学	系主任	教授
候玲玲	女	大连工业大学	专业方向负责人	副教授
王翮	男	大连工业大学	无	副教授
李文静	女	大连工业大学	无	研究实习员
周百雪	女	大连工业大学	无	讲师

1 成果简介及主要解决的教学问题

1.1 成果简介

为贯彻落实《国家中长期教育改革和发展规划纲要》精神，2010年教育部提出"卓越工程师教育培养计划"（简称"卓越计划"）。根据卓越人才教育办学理念制订培养方案和教学计划，大连工业大学服装学院在服装与服饰设计专业卓越人才培养模式方面进行多年探索，通过卓越人才实践教学平台构建围绕新时代高级创新型卓越人才培养目标，培养具备服装与服饰专业基础理论和专业技术，具有综合实践能力和创新潜质，能够从事服装与服饰设计相关工作的高级创新型人才。在"以人为本，因材施教；交叉开放，协同创新；整合资源，多方共赢"的特色教学理念的指导下，围绕"一条主线、两段三模式、交叉互动"的特色多元化人才培养模式，以大连工业大学服装专业国家级实验教学示范中心建设和高等学校专业综合改革试点单位建设为契机，拓展实验教学内容的广度与深度，延伸实验教学时间和空间，提升实验教学质量和水平，通过搭建"两点一线"卓越人才实践教学平台，即"校内、校外"两点，一线即"贯穿服装专业基础教学实践平台、专业方向实践平台、综合创新实践平台、校企协同创新实践平台"，通过"两点一线"实践教学平台体系构建重点研究服装与服饰设计专业卓越人才教学平台内容与资源建设，全方位满足多元化卓越人才培养的需求。

校内基础实验平台重点服务于专业基础实验教学模块，夯实学生的服装专业基础；专业方向实践平台着重以打造专业特色的多元化综合性实验实践教学模块，通过项目教学、课题式研究、毕业设计等形式，利用校内名师工作室、工创中心、学科竞赛等平台培养学生的产品创新设计综合能力；校外综合创新实践平台着重构建国际院校间交流合作，国内外设计师孵化，国际时装周展示发布，国内外专业大赛等；校企协同创新实践基地平台包括西柳北派服饰设计研发实践基地，兴城泳装人才实践基地等在内的及近百个校外企业实践基地，通过实践基地协同培养学生与企业协同设计生产和市场需求的综合创新与实践能力。

1.2 成果主要解决的教学问题

成果解决了创新驱动发展背景下，服装与服饰设计专业卓越人才培养与实践教学一体化生态系统建设问题，其中包括实验实践教学平台建设、校内外优质资源整合、校企协同创新、开放平台建设维护等问题。成果通过校内校外"两点一线"模式整合优势资源，重点培养学生创新精神、实践能力，构建由校内到校外、由基础到特色、相互协同交叉的服装专业实践教学平台体系。成果围绕创新型卓越人才培养目标，建设基础型、综合型、创新型、开放型等多元实践教学平台创新模式，建设形成了国家级实验教学示范中心、省重点实验室、省大学生实践教育基地、创新创业实践基地、设计师孵化基地、东北亚联合发布中心等优质实践教学资源，在人才培养、科学研究及社会服务方面效果显著。

2 成果解决教学问题的方法

2.1 统一认识，建立新模式，纳入补充培养方案

结合新一轮服装与服饰设计专业人才培养方案的修订工作，团队组织了三次学习和讨论，提高认识、统一思想，将卓越人才创新实践平台教学纳入培养方案中，坚持注重对学生社会责任感、创新精神、实践能力的综合培养，调动学生参与实验实践教学的积极性和主动性，激发学生学习兴趣的潜能，增强学生创新创造能力。

2.2 校内打造基础实践与专业方向综合创新实践教学平台

通过加强校内专业基础实验教学模块与实践教学卓越人才平台建设，培养学生基本的实践能力与创新意识。建设服装与服饰设计专业基础实验教学模块与平台资源，通过大一、大二基础课程融入服装CAD结构设计与工艺实验、服装立体设计实验、数字化针织服装结构与工艺实验、服装数码印花实验室等内容涵盖10多门课程的系统实验环节，将专业基础教学实践模块化；通过打造专业方向实践平台培养学生的综合创新实践能力。在服装专业基础实践教学资源建设基础上，三四年级通过专业方向课题式研究、学科竞赛、项目教学、毕业设计、大学生创新创业等路径将校内教学、竞赛、大创等专业方向综合实践课程贯通，有利于培养学生的创新设计能力、综合开发实践能力。

2.3 校内校外相互融合，优化实践设置，实现平台资源开放共享

在专业方向实践平台建设基础上，校外通过建设校企协同创新平台和综合实践创新平台，整合学校的教学资源，优化设置，结合产业需求，输出优质实践课程，以设计实践为核心的产教融合，将校内平台融入校外，实现教学资源共享。通过国际校际间合作、服装设计师人才孵化、服装人才培训、专业展会、时装周发布会等平台项目，将课程融入校外实践体系模块。通过近些年的培育和建设形成了中、日、韩高校作品发布联盟、东北亚流行趋势研究中心、大连服装设计师人才孵化平台、大连国际服装节、大学生时装周作品展和优秀毕业作品发布等一系列综合创新实践平台，培养学生社会服务协同发展的多元综合创新能力，促进教学、科研、创新创业、就业与社会服务协同发展，加速实践成果产业化。

依托服装与服饰设计专业优势整合区域产业资源，建立校外实习实践基地。经过近些年的建设发展，与区域内著名服装企业、产业集群建立了以"西柳北派服饰研发基地""兴城泳装人才实践基地""学生装研发创新中心"等标志性的研发平台与校企实践基地百余家。

2.4 创新教学方法，实现教学资源和教学手段多元化

以学生为中心，在理论知识学习后进入校内实验室进行实践操作，通过平台课题导入，走出校门

参与课题实践，探索实践平台教学规律和如何提升实验教学效果的方式方法。实验教学寓教于乐，注重实践平台过程体验，充分调动了学生主动学习热情，激发了学生的创造热情，校内与校外相辅相成。

2.5 校企协同，优化创新实践教学平台管理模式，实现人才培养目标

在实践教学基础上，与现代化企业进行深度合作，学习并构建校内基础性实验室管理模式，提高基础实验教学资源利用质量，探索校外实验实践教学及平台管理新模式，促进校企协同创新、共赢发展。

3 成果的创新点

3.1 构建了全新的校内校外"两点一线"综合实践教学平台体系

成果构建了由基础到特色、传统到现代、校内到校外，全方位、多层次、开放式的"两点一线"综合实践卓越人才教学平台培养体系，实现了实践教学体系的有机生态性、动态平衡性和交互共享性。强调实践与理论教学有机结合，通过整合、共融将校内和校外有机互动，推动专业内部各方向之间、相关专业之间、与校外相关产业之间、与国际之间的相互开放渗透、优势资源互补共享，使卓越人才的实践创新能力得到全方位的锻炼（图 1）。

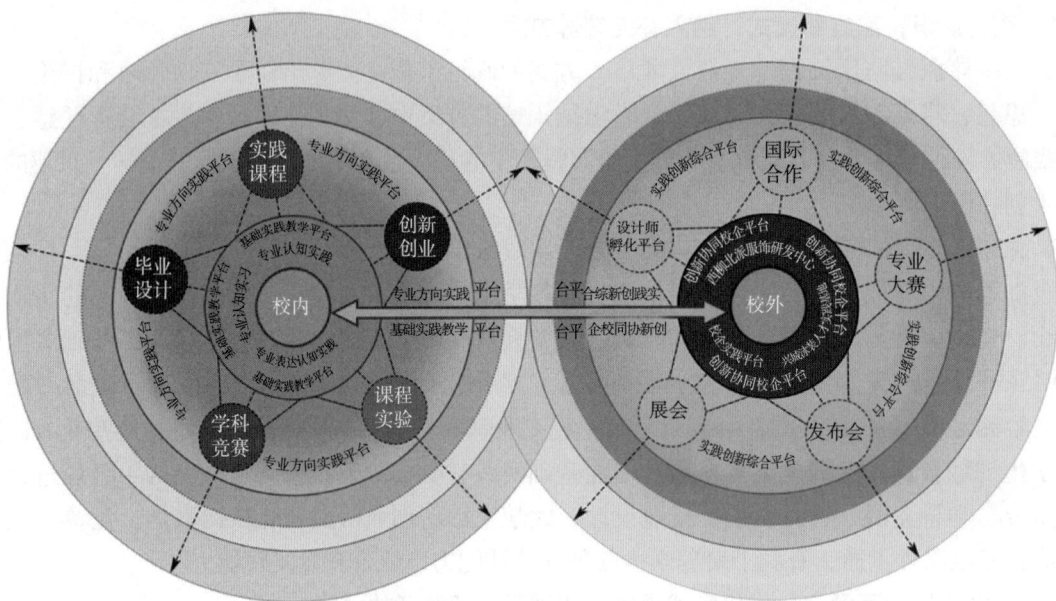

图 1 "两点一线"服装与服饰设计专业卓越人才创新实践教学平台构建

3.2 在教学内容与方法上、考核形式与评价体系上实现了创新

项目以学生为中心，在教学内容与方法上对学生学习习惯进行针对性设计，如校内实验室实时开放，学生在实验模块中根据自身设计进度自主把控实验过程，学生以不同课题或项目形式进入校内校外实验室进行实习实践等，是对传统实践教学内容的优化与延伸；开放式的考核机制设计，考核内容不再局限于固定的考核题库和考核形式，充分发挥实践平台教学的能动性和校外平台导师的实践灵活性，可根据学习情况和实验模块反馈，针对性地进行实践题库设计。实践平台建立完善的评价标准与反馈机制，对参加实践学生和教师的各方提供建议、评价与反馈信息。

4 成果的推广应用情况

成果从 2018 年开始应用，服装与服饰设计专业多元创新的实验实践平台教学模式，激发了学生自主学习热情，学生的创新精神与实践能力得到全面培养，尤其是进入开放实验室自主学习的学生明显

增多。经过近几年的完善已经形成了培养高质量卓越人才的优质实验实践教学资源，得到兄弟院校、相关专业、行业企业的广泛认同。实践平台教学建设项目获得了国家级实验教学示范中心、省重点实验室、省大学生实践教育基地、省级创新创业示范专业、省级转型示范专业等多项荣誉，成果显著，受益学生达数千人次。成果已经在以服装与服饰设计专业为主体的相关学科专业人才培养中发挥了重要作用。

成果构建了实践教学新模式，应用对专业建设、人才培养、科学研究、社会服务等均产生了深远的影响。成果全方位服务于服装与服饰设计等相关专业方向的实验实践教学，包括基础课程实验、开放平台、特色项目、实践基地等单元有机互补，从基础课程实践到专业综合创新实践模块，贯穿人才培养的整个过程。

成果实施促进了实验实践教师队伍的建设，全面提高了人才培养质量。成果实施期间，1位教师获得中国十佳服装设计师，1位教师获得大连市金剪奖设计师，3位教师获得市十佳服装设计师，1位教师获得省服装优秀制板师等荣誉。学生创新精神与实践能力得到全面培养，多元创新的实验实践平台教学模式，激发学生自主学习热情。成果实施以来，有近50位学生获得国内外重量级大赛包括"汉帛奖""新人奖""大连杯""大浪杯""乔丹杯""常熟杯"等国内外知名大赛的金、银、铜奖，服装与服饰设计专业连续8年代表学校获得中国国际大学生时装周"育人奖"，连续6年获得中国国际大学生时装周人才培养成果奖，并4次代表中日韩院校参加东北亚国际服装优秀设计师动态发布和静态作品联展等，得到了国内外服装专业教育同行专家的高度评价。

服装与服饰设计专业卓越人才创新实践教学平台体系构建教学项目，在大连大学、大连外国语大学、大连艺术学院等本地区的服装专业兄弟院校进行推广应用，并实际应用于"西柳北派服饰研发基地""兴城泳装人才实践基地""大杨学生装研发创新中心""凤城瑞沃尔大学生校外实践教育基地""大连服装设计师孵化平台""大连服装协会人才培训""大连国际服装节百名独立设计师展""中国国际大学生时装周""中国·丹东时装周"等项目中，受到产业实践基地、专业教师、学生、服装设计师及企业的广泛好评。成果的推广与深入实施将进一步优化服装与服饰设计卓越人才培养体系构建，提升服装与服饰设计专业的人才培养质量与内涵建设，必将为服装行业的转型升级培养更加优秀的创新型专业人才，进一步实现高等教育对区域经济社会发展的服务、支撑与引领作用。

面向时尚新业态的服装设计与工程专业"四化二机制二平台"人才培养模式改革与实践

浙江理工大学

完成人及简况

姓名	性别	所在单位	党政职务	专业技术职称
邹奉元	男	浙江理工大学	实验室主任	教授
刘正	男	浙江理工大学	副院长（主持工作）	副教授
顾冰菲	女	浙江理工大学	党支部书记、系主任	副教授
杜磊	男	浙江理工大学	无	副教授
孙玥	女	浙江理工大学	无	讲师
刘成霞	女	浙江理工大学	无	教授
沈婷婷	女	浙江理工大学	无	副教授
张颖	女	浙江理工大学	无	讲师

1 成果简介及主要解决的教学问题

1.1 成果简介

服务国家"一带一路"建设，对接浙江省大力发展"八大万亿产业"和做精做强"时尚"产业的规划，依托服装设计与工程国家级一流专业建设点、浙江省时尚产业产教融合联盟、教育部第二批新工科研究与实践项目和中国纺织工业联合会高等教育教学改革项目等，围绕时尚新业态数字化、智能化、自动化发展趋势对行业人才培养带来新要求，以"四化二机制二平台"为举措（图1），实现了共同制订培养目标、共建课程体系、共推培养过程、共评培养质量、共设人才发展，建立了市场化为主体的产教融合管理和长效运营机制，致力于培养兼具深厚理论知识和解决复杂问题能力的应用型人才（图1）。

成果经推广应用，促进了政府、院校、行业、企业的多层次深度合作，构建"四位一体"的时尚产教融合发展大格局，为浙江省大湾区大花园大通道大都市建设和"万亿时尚产业"发展提供有力支撑，与浙江省龙头企业共建特色化产业学院，打造了立足浙江、影响力广、贡献度大的示范样板，在时尚人才培养和科技创新方面起支撑和引领作用，培养了符合以新技术、新业态、新产业、新模式为特点的新一代人才，并在联合共建实验室、校外教师聘任、学生就业实习等方面开展了深度合作，共建了"新工科"人才培养生态和校企合作新模式。本创新成果获得了政府、服装院校、合作企事业的认可和海内外广泛赞誉，行业和社会影响显著。

1.2 主要解决的教学问题

（1）服装设计与工程专业人才培养课程体系不能满足时尚新业态的需求。

（2）服装设计与工程专业人才缺乏解决服装领域复杂工程问题能力的问题。

（3）服装设计与工程专业人才培养产教融合缺乏可持续长效保障平台。

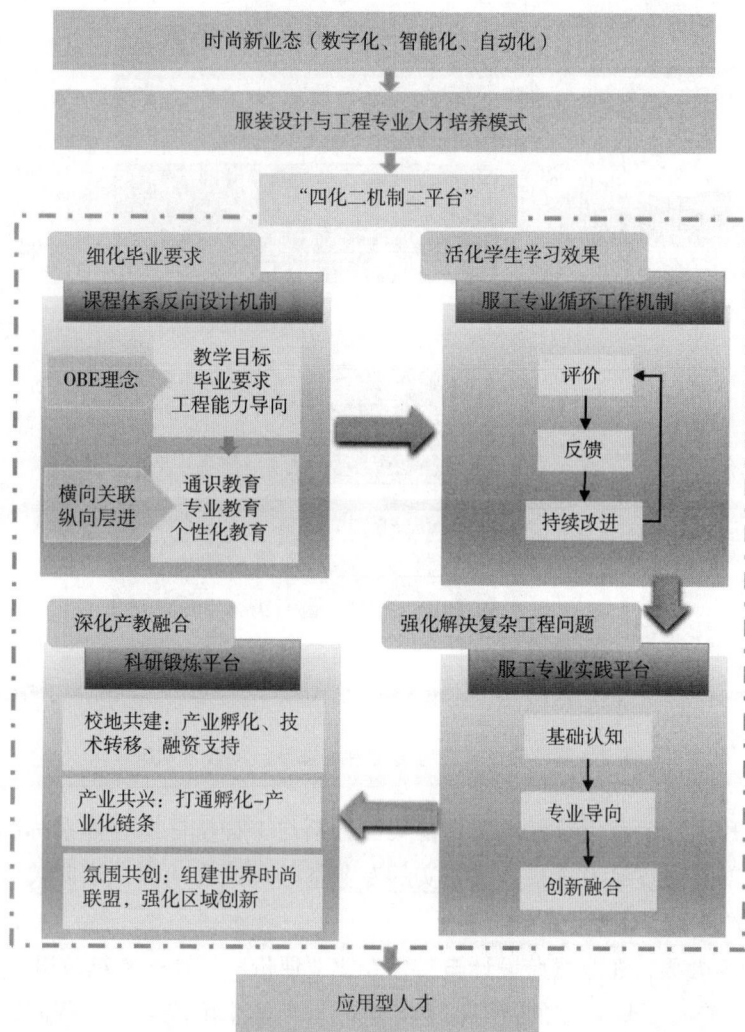

图1 "四化二机制二平台" 服装设计与工程专业人才培养思路

2 成果解决教学问题的方法

2.1 细化毕业要求，建立服装设计与工程专业"时尚新业态"课程体系反向设计机制

本专业布局紧紧围绕"时尚新业态"背景和"服装工程"专业特色，遵循OBE（基于成果导向教育）理念，依据专业毕业要求，在宏观上构建了以能力为架构、既适应行业需求又适度前瞻的课程体系（图2），明确各门课程的教学目标，支撑毕业要求的达成。其能力构建一定反映"材料、结构、工艺、生产管理"特征，先修的公共基础课程（数学、自然科学、工程基础、人文科学等课程）支撑了学生学习专业基础和专业类课程，设计构建了以下列能力为基础的系列课程：

（1）设置材料系列课程，具有服装材料选择与应用基本能力。

（2）设置结构系列课程，具有服装结构设计与应用基本能力。

（3）设置工艺系列课程，具有服装工艺编排与应用基本能力。

（4）设置生产管理系列课程，具有服装生产管理与应用基本能力。

同时，本专业根据工程能力导向，以及符合认知规律的课程内容先后顺序的逻辑关系，在培养方案中强调知识与能力并重、理论与实践紧密结合的原则，以"多学科交叉型"通识教育、"多维递进式"

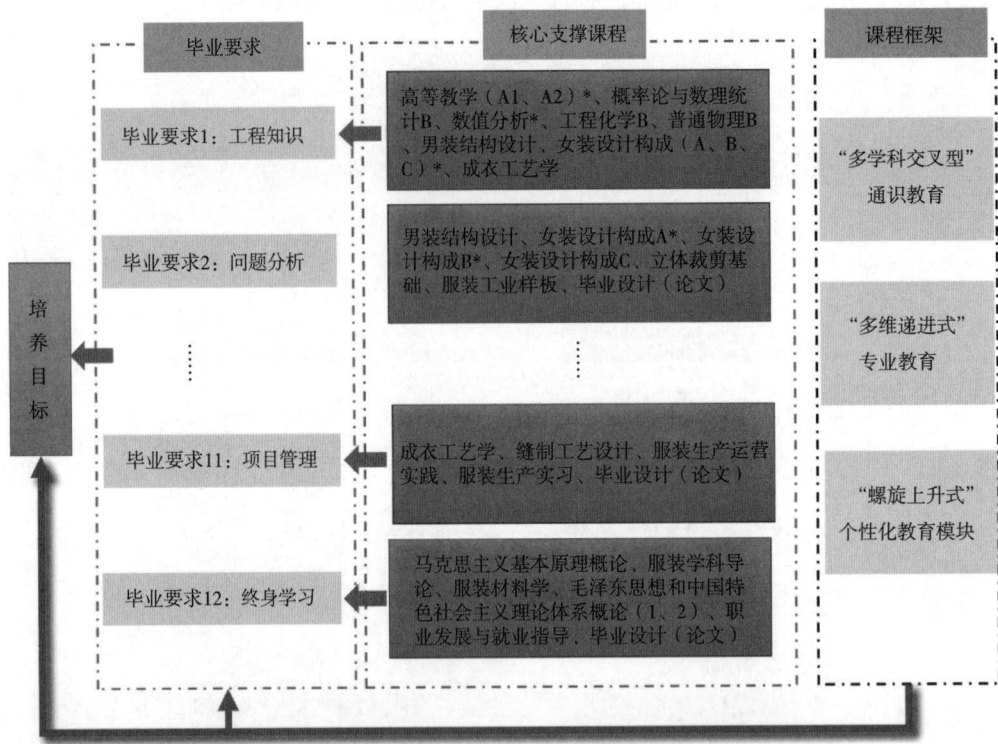

图2　服装设计与工程专业课程体系反向设计机制

专业教育和"螺旋上升式"个性化教育模块为框架，分别与工程认证课程体系标准相对应，进行课程体系的设计。构建了以工程技术为背景，以扎实的专业基础理论为前提，横向关联、纵向层进、数字化技术渗透全过程的先进课程体系。

2.2　活化学生学习效果，建立服装设计与工程专业"评价—反馈—持续改进"循环工作机制

基于应用性强、与产业关联紧密的特点，本专业以培养学生解决复杂工程问题的能力为中心，课内与课外相结合、教学与研究相结合的理念为指导，在校、院、系三级教学质量保障下，开展相应的教学管理、质量监控、评价和改进等工作，根据专业培养目标，结合认证标准的毕业要求，根据关联性和准确性的基本原则，确定本专业具体的、科学的、可衡量的毕业要求指标点，对核心支撑课程进行综合评价，分析毕业生毕业要求达成情况，建立服装设计与工程专业"评价—反馈—持续改进"循环工作机制（图3）。通过改革传统的结果评价考核方法，借助权重法，建立多环节、全过程、立体化的考核体系，实现开放式和全程化的课程考核，以产出为导向，有效地保障了本专业毕业要求的达成和持续改进。

本专业教学过程质量监控体系的构建，遵循以人为本原则、整体性系统性原则和持续改进原则。教学过程质量监控机制构建强化教师和学生在教学质量监控保障体系中的重要地位，充分发挥教与学两个方面的积极性、能动性和主动性；此外，体系的构建由校内外相互联系、相互作用的系统结合形成稳定的结构形式，各个系统之间通过制度、教学过程等相互联系、各司其职，是一个多维闭合系统；最后，系统构建贯彻了持续改进的理念，在监控—评价—反馈—改进的循环提升的机制下，对影响教学质量的因素进行控制、纠错和预警，对课程目标、课程体系进行优化，评估毕业要求的达成情况。

2.3　强化解决复杂工程问题能力，建设能力递增式服装设计与工程专业实践平台

本专业坚持理论研究与实践应用并重，紧贴学科发展前沿，关注行业发展趋势，积极推进高水平

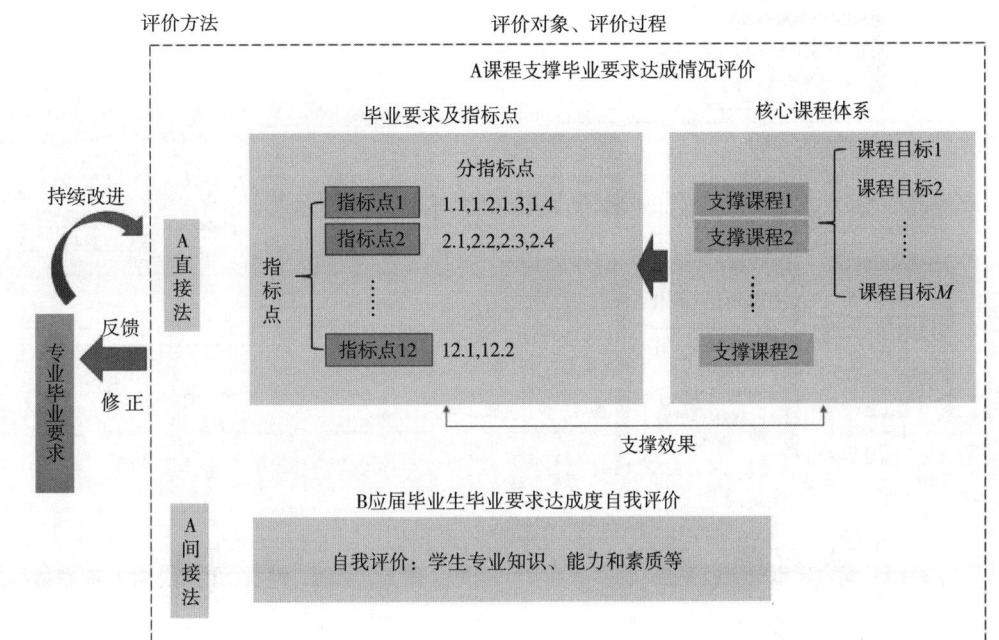

图3 专业持续改进机制

科研平台和创新团队建设。现已建成国家级服装设计虚拟仿真实验中心、国家级服装实验教学示范中心、丝绸文化传承与产品设计数字化技术文化部重点实验室、服装数字化技术浙江省工程实验室、浙江省服装工程技术研究中心、浙江省服装产业科技创新服务平台、浙江省服装个性化定制2011协同创新中心、杭州市丝绸及其制品科技创新服务平台等。本专业全方位覆盖服装智能制造、数字化技术、时尚文化传播等领域，结合浙江省服装产业发展需求，建设了多家校外企业实习基地。

基于服装领域工程实践，搭建由基础认知实践平台、专业导向实践平台和创新融合实践平台三部分构成的能力递增式实践平台（图4），旨在培养学生在实际中发现问题、分析问题和解决问题的能力，实现创新能力和工程思维递增式的培养。

2.4 深化产教融合，以产学研联盟和企业研究院为抓手建设科研锻炼平台

旨在培养创新型人才，以服装行业前沿科技为抓手，在多学科背景下用于解决服装产品开发、生产加工问题的能力，培养科研业务能力，同时培养学生独立分析、勇于创新的精神。本专业积极组建导师团队，对学生实施系统的科研指导，制订各种奖励政策，鼓励学生参加各类学科竞赛，培养学生的科研能力。

同时，打造校地共建、产业共兴、氛围共创的时尚、科技、创新人才的科研锻炼平台，如图5所示。一是推进校地共建，创建各类产业孵化、技术转移、融资支持的新型平台，推动高端人才创业、师生创业、协同创新，合力打造"众创空间＋科技园＋企业"多位一体的创新创业模式。二是促进产业共兴，打通孵化—产业化链条，加快建立"科技成果在高校产生、在大学科创园孵化、孵化企业在加速器成长、产业在余杭区规模发展"的科技成果转化模式。三是实现氛围共创，举办具有重要国际影响力的时装周、高峰论坛和高端赛事，参与承办首届世界时尚大会，组建世界时尚联盟，强化区域创新及合作。开展时尚人才创业孵化项目，共同承办全国性大学生"创新、创业、创意"大赛，从资金和产业链配套等一系列环节，帮助学生实现创业创新创意能力的培养，同时企业通过金融手段，导入时尚产业资源，对接人才的培养。聚焦时尚企业当前和未来的工程技术难题解决需求，学生自主组建团队面向企业申报，在校、企双师的指导下提出问题解决方案，培养学生的科研主动性。

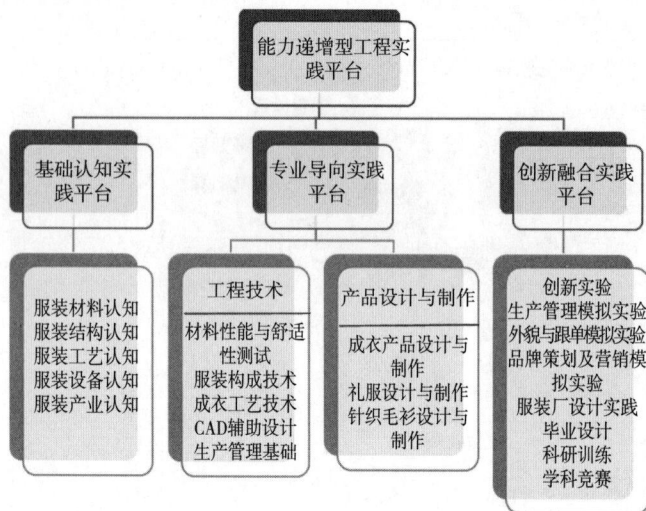

图4 能力递增式实践平台

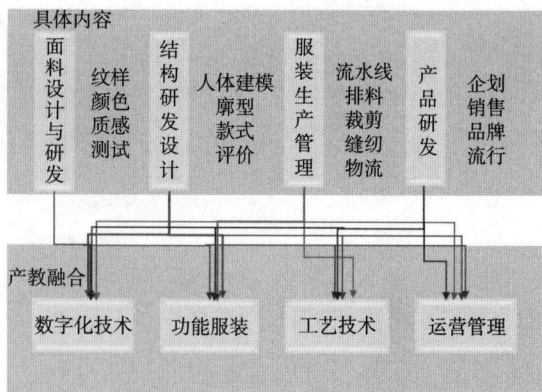

图5 时尚、科技、创新人才科研锻炼平台

3 成果的创新点

3.1 以"二机制"为抓手建立了面向时尚新业态的课程体系

从时尚行业新业态出发，紧密围绕国家和行业发展需求，通过新工科建设践行时尚行业人才培养供给侧改革，增强以服装技术为核心的艺工结合的专业特色，建立适应行业需求又适度前瞻的课程体系。

3.2 推出了解决复杂工程问题能力的服装设计与工程专业实践平台

联合企业建设时尚教育产业研发机构、培训基地和教育合作平台，打造服装个性化定制、智慧设计、智能制造示范平台。与国内龙头企业共建时尚共享智慧工厂实验实习实训基地，共同实施数字化、信息化和大数据时尚产学研协同项目，完善本科阶段的企业参观—实习—项目介入系统实训平台。

3.3 形成了"以科研促进产业创新"的产教融合长效保障平台

建设共订培养目标、共建课程体系、共推培养过程、共评培养质量、共设人才发展，对接就业创新的长效保障平台，形成多元化、多层次、多渠道的合作，打通需求与资源的有效对接，凝聚核心、统筹协调，形成合力，有效地解决产业链中各环节问题，提高服装企业自主创新的能力，在不断改进创新中，提高产业的优势和核心竞争力，从而加快传统服装行业转型升级的步伐，增加产业带来的经济效益，共同推进浙江省时尚产业高质量发展。

4 成果的推广应用情况

在上述列改革工作的努力下，学院已积累了一些工作经验并已获得了一些可喜的改革成果，具体如下。

4.1 学生能力多维递进、人才培养硕果累累

基于建立的本科生导师制，专业教师积极指导学生开展大学生创新创业活动。结合专业知识、行业和社会需求，对学生创业活动提供指导，邀请行业专业、创业导师为学生提供专业讲座，介绍创业经验。在导师指导下发掘服装专业领域的工程技术需求，学生组建创新团队，申报校级、省级和国家级创新项目，分析问题、设计方案，开展实验、制作样品，最终解决实际的工程和科研问题。在项目开展中锻炼了学生文献检索、阅读分析、论文写作、团队协作等能力。鼓励、指导学生积极参与学科竞赛，锻炼学生动手能力、综合分析能力、汇报展示能力。本专业是浙江省服装服饰创意设计大赛（学

科竞赛）的主任委员和秘书处单位。近三年，本专业学生主持及参与37项国家级、省级和校级大学生创新创业训练项目和新苗人才计划，在各类学科竞赛中获奖14次，其中获得挑战杯国赛和省赛奖2项。同时，以服装行业前沿科技为抓手，组建导师团队对学生实施系统的科研指导，培养学生的科学研究能力，仅2020年本科生发表论文5篇，其中SCI一区（TOP期刊）、SCI四区论文各1篇、EI期刊论文2篇，SCD论文2篇。

同时，毕业生在行业内获得一贯好评，并取得较好的发展，企业对学生总体满意度达84.17%。近三年本专业毕业生就业率92.14%，就业专业对口相关度在61.82%以上，毕业生起薪水平为税前6053元，就业满意度在65%以上，创业率4.9%以上。境内外升学率从2017年的3.51%，增长到2019年的24.24%，保持高幅度水平增长。企业对专业的认可度逐年提升，企业奖学金逐年增加，且奖学金期满者续期企业数量不断上升。

省教育厅委托第三方——浙江省教育评估院对我校毕业生就业情况进行了质量跟踪调查。根据就业竞争力数据显示，服装设计与工程毕业生毕业一年后的专业相关度和校友满意度较高。

4.2　专业建设稳中有进、校企融通不断加深

围绕国家"一带一路"战略、浙江省万亿级时尚产业发展需求，着力推动新技术与实体经济深度融合，培养具备良好人文素养、国际视野、创新意识和可持续发展潜力，能够胜任服装产业及其相关领域的企划、设计、研发、运营与管理等工作，能解决服装复杂工程问题的工程技术人才。

服装设计与工程专业建设稳中有进，是"双万计划"国家级一流本科专业建设点、国家特色专业、浙江省高等院校"十三五"优势专业和省重点建设专业，所属学科为纺织科学与工程一级学科（浙江省一流学科A类），具有博士、硕士、学士三级学位授予权，拥有服装国家级实验教学示范中心、服装设计国家级虚拟仿真实验教学中心和国家工程实践教育中心、浙江省高等学校省级产教融合示范基地。在武书连中国大学专业排名连续6年位列全国第二、等级A++，在中国大学及学科专业评价报告（邱均平版）中连续5年位列全国前三、5星级专业。

积极探索校企互融互通，紧密对接培养链、产业链、创新链，由华鼎集团控股有限公司和浙江理工大学牵头发起，30家常务理事单位、119家理事单位参与组建了"浙江理工大学时尚产业产教融合联盟"，并于2019年6月21日，得到浙江省发展改革委、省经信厅、省教育厅、省人力社保厅的正式授牌（图6）。加强了与浙江省经信厅和浙江省时尚产业联合会、杭州市余杭区人民政府、协会以及企业的互动，顺应时尚产业发展趋势，与余杭钱江经济技术开发区合力打造时尚产教融合共同体。推进校地共建，以"浙江理工大学—时尚学院"建设为契机，创建了各类产业孵化、技术转移、融资支持的新型平台，在此基础上成功申报浙江省高等学校时尚人才培养产教融合示范基地（第一批）建设项目（图7）。

图6　浙江省时尚产业产教融合联盟成立大会　　　　图7　时任浙江省委书记车俊调研余杭艺尚小镇

现已与卓尚服饰（杭州）有限公司共建开放型时尚创新创业培育孵化基地——卓尚产业学院，其建设内容涵盖了"尚加"众创空间、创新创意校企合作项目，以及"卓尚班"创新创意人才培养计划，致力于扶持新生代设计师人才培养与创业实践。卓尚产业学院的成立促进了产业共兴，打通了孵化—产业化链条，建立了"科技成果在高校产生、在大学科创园孵化、孵化企业在加速器成长、产业在余杭区规模发展"的科技成果转化模式。目前"尚加"众创空间——浙江省级众创空间已孵化了多个创业项目，培育的杭州林曦文化创意公司产值已经超千万。学校立足学科、面向产业、科创和产创深度融合的人才培养探索，得到了广泛的认可，获得教育部"全国创新创业典型高校50强"称号（图8）。

学生学员双向互动的协同办学体系和长效合作机制，发挥双师建设与国际师资共享的优势，构建"选引育用留"的人才发展完整生态链，目前已经建立联盟内专家、师资互聘的机制，遴选并引进产教融合型导师15位（图9）。

图8　教育部"全国创新创业典型高校50强"授牌仪式　　　图9　产教融合型导师聘任仪式

以产业与人才融合发展为核心，着力构建与企业、行业教师教学双向互通、邀请了企业、行业专家共同参与学科专业设置评议、人才培养方案共商、课程体系和教学资源建设、教学质量和人才培养评价，另外在实践教学上与企业接轨，让课程开设到企业去。目前浙江理工大学在实践教学上与四季青集团和华鼎集团达成了全面的合作，从大一认知课程的参观到生产管理实践、再到高年级的专业能力实践，在人才培养上实现了产业融合实践全覆盖。此外，通过课程和后期的深入合作，四季青集团和华鼎集团均与浙江理工大学各学院研发团队，就多个项目进行了合作研发，后期的产出持续体现了产教融合的成果，综合利用了校企双方优势，推动了企业科研开发能力的进步。

4.3　成果共享示范带动、推广应用初见成效

在建设过程中，以深化产教融合为目的，以推动浙江省时尚产业高水平发展为核心，以高素质人才培养为纽带，通过联盟运作和成果共享，凝聚了周边纺织服装相关院校和专业，拓宽了时尚行业教育发展空间，起到了示范带动作用。浙江科技学院、嘉兴学院深入学习了"三创引领　产教融合　多维递进"的人才培养模式，并作为参与单位协同申报了"基于产教融合的新工科时尚产业人才培养模式探索与实践"新工科研究与实践项目（图10）。同时，江南大学、扬州大学等兄弟院校也前来学习取经，共同探讨人才培养模式（图11）。

此外，开展多领域时尚人才产教融合交流活动，加强提高国际合作的交流和层次，联合全球时尚院校、国际时尚专家、权威媒体组织国际范围内的高层次时尚会议与活动，逐步提升联盟的全球影响力，从而更好地探索和推广人才培养新模式（图12）。连续6年举办了"时尚·科技·人才"论坛，论坛的举办不仅促进了在时尚科技和时尚教育领域的研究和改革，也使我校在国际、国内时尚教育界、产业界获得了突出的地位和声誉，进而提升了成果推广的辐射度（图13）。

图 10 新工科研究与实践项目研讨

图 11 兄弟院校来访交流学习

图 12 多领域时尚人才产教融合交流

图 13 "时尚·科技·人才"论坛

基于"文化传承、多元协同"的国际化时尚创意人才培养模式建构与实施

武汉纺织大学

完成人及简况

姓名	性别	所在单位	党政职务	专业技术职称
李万军	男	武汉纺织大学	院长	教授
闫俊	男	武汉纺织大学	系主任	副教授
向荣	女	武汉纺织大学	副院长	副教授
魏欣	男	武汉纺织大学	无	副教授
贺贝若	女	武汉纺织大学	无	助教

1 成果简介及主要解决的教学问题

1.1 成果简介

本成果展现了湖北省第一家本科层次中外合作办学机构——武汉纺织大学伯明翰时尚创意学院对国际化设计创意人才培养的创新实践。该项目落实"立德树人"根本任务，在"新文科"建设背景下通过引进英国优质设计教育资源，融合中英双方设计教育理念，通过建构模块化课程体系、实施情境式教学模式以及采用过程化评价机制，着重提升学生的自主学习能力、设计创新意识和反思批判精神，构建了一套"融汇中英、传承文化、师生相长、多元协同"的国际化时尚创意设计人才培养模式（图1）。

该项目历时五年，在教学研究上取得了以下阶段性进展：

（1）湖北高等设计教育国际化实践研究，湖北省教育科学规划重点课题，2020年。

（2）湖北中英设计教育创新实践调研报告，湖北省社会科学基金一般项目（后期资助项目），2019年。

（3）"数字影视创作与技术"，湖北省一流本科课程，2020年。

（4）中外合作办学设计类专业环节质量标准研究与实践，湖北省教育厅教学研究项目，2018年。

（5）基于"创意、创作、创业"为核心的视觉传达设计专业人才培养模式研究，湖北省教育厅教学研究项目，2015年。

（6）引入、融合、共享——伯明翰时尚创意学院设计教学平台构建与探索，武汉纺织大学教学研究项目，2018年。

（7）培养具有国际视野的我国设计创意人才路径研究，武汉纺织大学教学研究项目，2019年。

成果基于我校工科背景和纺织、艺术优势特色，创新性探索设计教育的"新理念"，人才培养的"新模式"，教学过程的"新方法"，质量保障的"新机制"和国际合作的"新平台"，突显艺术、科技、管理、商业等多领域的跨界互融。

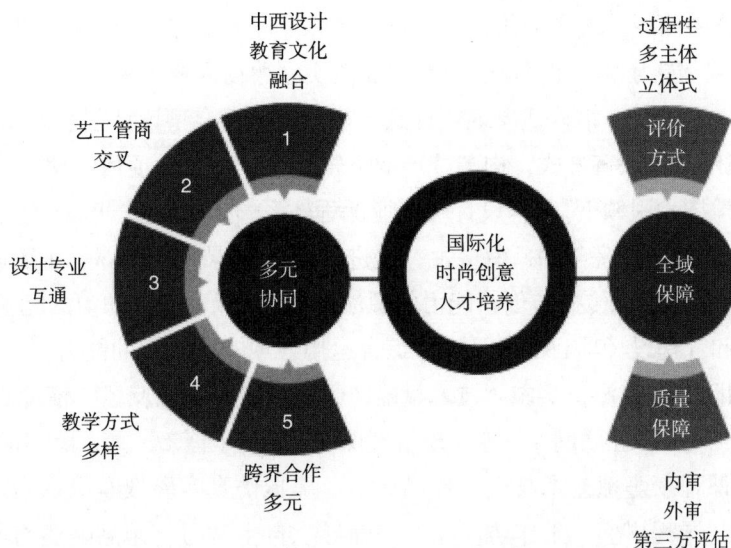

图1 "文化传承、多元协同"国际化时尚创意人才培养模式结构图

1.2 本项目拟解决的问题。

1.2.1 设计教育理念陈旧

我国高等设计教育虽然经历了多次改革和创新，但未能跟上新一轮技术革命的步伐和创意产业发展的需求，忽略了现代设计教育的跨学科属性，亟待创立"学科交叉、产学相接、复合创新"的设计教育理念。

1.2.2 人才培养模式封闭

目前国内设计教育仍然没有完全走出传统工艺美术的人才培养模式，在课程设置上缺乏"技艺融合、专业交叉、创意生成"的探索，课程各环节间缺乏系统性和综合性，尤其是未能设置不同领域跨界合作的实践课程。

1.2.3 专业教学形式单一

在教学过程中普遍存在着"灌输教育、机械模仿、课堂沉闷"的现象，学生往往只是处于被动接受的状态，重复性地模仿和训练设计技能，缺乏创造性思维的培养，导致对于设计专业学习兴趣的缺乏。

1.2.4 质量保障体系片面

传统设计专业教学的质量保障体系往往呈现出"过程缺乏，教学随性、评价主观"，课堂教学往往被教师的自我意识所左右，在评价机制上普遍存在着轻过程重结果的倾向，忽略学生作品生成过程，评价主体单一，评价过程主观性强。

1.2.5 国际交流合作虚浅

目前我国高等设计教育国际化通常存在着"单向引进、简单模仿、模式僵化"的问题，往往采取走马观花式的讲座、沙龙和工作坊等短期教学形式，无法真正推动我国设计教育的高质量发展。

2 成果解决教学问题的方法

本成果主要依托于湖北省第一家本科层次中外合作办学机构——武汉纺织大学伯明翰时尚创意学院，创新构建起一套符合我国国情的国际化时尚创意人才培养模式。

针对以上出现的五个方面的问题，成果按照以下方法和思路逐一解决。

2.1 融合中西现代设计教育理念，构建"学科交叉、产学相接、复合创新"国际化时尚创意人才培养理念

在引进西方优质设计教育资源基础上，解析现代创意产业、全民创新背景下设计创意人才培养体

系的生成与发展，融合中西设计教育文化，创新我国高等设计教育理念。重塑学生个人的社会价值观，从价值引领、知识探究、能力建设和习惯养成等方面落实立德树人根本任务，树立科技、艺术、产业、文化与设计相融合的发展理念，培养适应现代创意产业需求的复合型设计创意人才。

2.2 基于西方现代设计教育方式，构建"产业引领、设计创新、项目管理"模块化课程体系

在创意产业和科学技术引领下，重构设计类专业课程体系，促进学生"知识·能力·品格"的协同发展。通过点面结合的方式设置具有综合性、衔接性、递进性的模块课程，培养学生团队协作、沟通表达以及可持续学习的能力，实现知识传授与创新能力的源流相生。在保证专业知识的完整性和可行性的同时，提升学生的系统认知和管理设计项目的水平以及综合运用各项专业技能的能力。

2.3 共享国内国际教学资源，实施"技术赋能、师生相长、创意反思"情境互动式教学方式

引入"教育技术+"和"互联网+"等实现智慧课堂，共享国家级一流课程和西方设计教育的优质资源，进行在线模块课程、虚拟艺术与设计作品展示、虚拟仿真实验教学等探索。在线下模块课程教学实施过程中，采用"课程讲座、工作坊、一对一辅导、自主学习、作品陈述与展示和个人反思"等情境互动式教学方式，使学生全程参与教学中，培养学生人格素养、独立思考、思辨创新、团队协作和自我表达等设计专业综合素养。以虚实结合、增强体验、跨时空资源共享等方式，实施"教学、研究、实践"三位一体的措施，打破原有的教育教学模式。

2.4 引入英国高等教育质量保障体系，建立"过程监督、三方评价、高效客观"全域性质量保障机制

通过引入英国高等教育质量保障体系（QAA），采用"内审—外审—第三方评价"保障人才培养体系的科学性、规范性和可行性，构建学生自评、导师互评、一对一评价、小组评价、中期测评和期末总评等单元，强化学生作品的过程管理，规范设计教学过程的形成性，解决了目前设计专业教学中以结果为依据、以效果为标准的主观性、片面性的评价方式，确保教学结果评价的有效性与客观性（图2）。

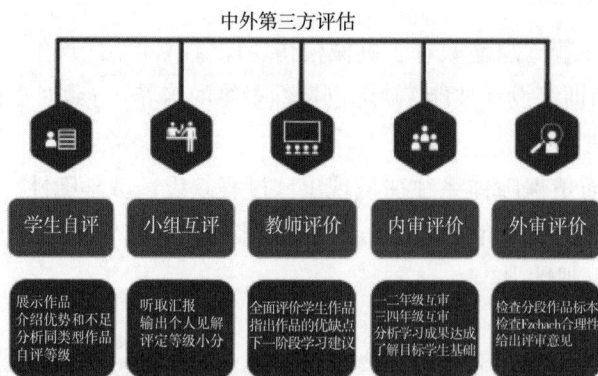

图 2 全域性质量保障机构示意图

2.5 深化中外合作办学，构建"交流示范、中西融合、协同创新"国际交流合作新平台

整合优质的海外教育实践资源，依托伯明翰时尚创意学院、纺织行业中外人文交流研究院、服装与服饰设计中日合作办学项目的成功经验，结合我校纺织、服装特色和优势，搭建多方位、多层次、宽领域的"引进"和"输出"双向互动的国际化交流合作平台。营造多元化的设计文化生态，实现国内国际师生双向交流互动、学术交流创新共享、中外企业协同共建的目标，形成国内国际教学与科研跨界发展的共同体，进一步提高设计教育开放的层次和水平，为新文科语境下卓越设计人才培养和学校国际化教育战略提供重要支撑。

3 成果的创新点

本项目的创新性主要体现在教育理念的融合性、模块课程的递进性、教学过程的体验性、质量保障的全域性、跨界合作的深度性（图3）。

创 新 点

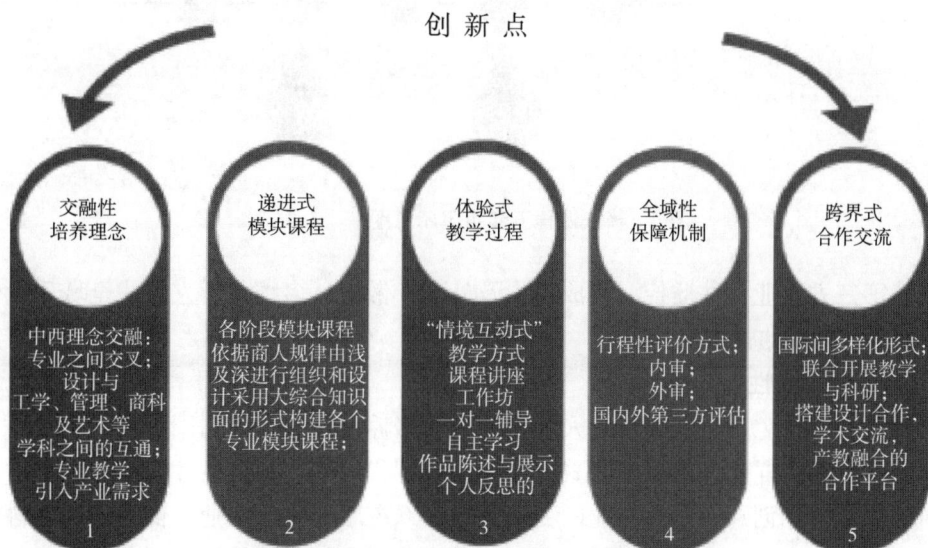

交融性 培养理念	递进式 模块课程	体验式 教学过程	全域性 保障机制	跨界式 合作交流
中西理念交融； 专业之间交叉； 设计与 工学、管理、商科 及艺术等 学科之间的互通； 专业教学 引入产业需求	各阶段模块课程 依据商人规律由浅 及深进行组织和设 计采用大综合知识 面的形式构建各个 专业模块课程；	"情境互动式" 教学方式 课程讲座 工作坊 一对一辅导 自主学习 作品陈述与展示 个人反思的	行程性评价方式； 内审； 外审； 国内外第三方评估	国际间多样化形式； 联合开展教学 与科研； 搭建设计合作、 学术交流， 产教融合的 合作平台
1	2	3	4	5

图3 成果创新点

3.1 教育理念的融合性

将西方现代设计教育文化与我国现有的设计专业人才培养体系有机融合，构建"学科交叉、产学相接、复合创新"的国际化时尚创意人才培养模式，全面培育学生的科学素养、人文素养和艺术素养。从以知识与技艺传授为目标的传统设计教育模式，转变为设计类专业互通，设计与工学、管理、商科和艺术等学科交叉，专业教学引入创意产业需求的多元融通机制，大力培养具有国际视野和国际竞争力的复合型设计创意人才。创建一套既具有国际化设计教育理念，又适合本土学生成才成长的"新教学内容、新模块课程、新教学方式、新质量保障、新跨界平台"的设计创意人才培养新范式。

3.2 模块课程的递进性

建构从"设计领域认知—创意思维训练—研究方向探索—专业合作体验—个人发展界定—未来职业成长"的递进式模块化课程体系，打破我国传统设计教育各门专业课程壁垒。每个模块课程通过将多个专业知识点与交叉技能进行综合解读和运用，在激发学生创意思维的同时，提升学生专业综合素养。在每个模块课程中采用"一个主题，多项任务"的形式，激发学生设计创新意识的养成，保障设计创意人才培养专业知识体系的完整性和系统性。

3.3 教学过程的体验性

精心组织"制订学习目标—确定设计任务—合理分配学时—安排设计项目—明确考核内容"五步模块课程组织规划（图4），采用多样化的课堂教学形式，面向"个性与共性同频发展"，创建教师引导分析问题、学生交叉研究问题、师生互助解决问题的设计类专业课堂的教学新方式。革新我国传统的设计教育运行机制，从"被动填鸭式"的同质化培养转向为"反思批判式"的个性化培养，实现"教与学互促、师与生相长"的育人环境。

3.4 质量保障的全域性

首次在湖北省高等设计专业教学过程中引入英国高等教育质量保障体系（QAA），结合内审、外审与过程性评价的多种形式确保教学效果。采用师生自评及交互评价、跨年级教师内部审查、英国外

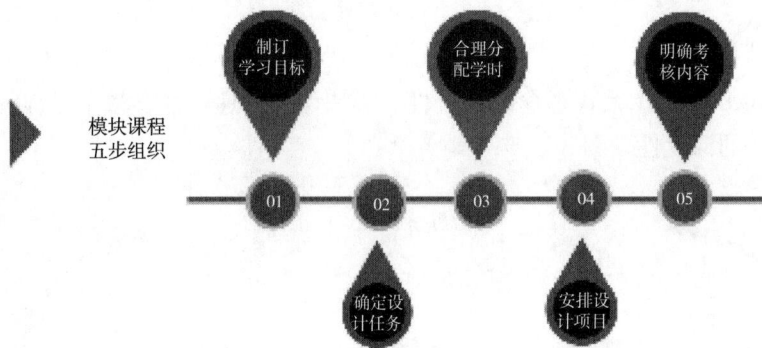

图4 模块课程五步组织示意图

审评价和国内外第三方专业评估监控，形成由内及外、扩散式、多维式、立体式全域质量保障体系，多渠道保障教学运行动态的整体质量。

3.5 跨界合作的深度性

融合中西设计教育特色，将"以美育人"贯穿人才培养全过程，采用国际设计工作坊、国际化模块课程、国际交换生等多样化人才培养方式，开展联合课程设计、联合人才培养和联合学术研究的深度交流。面向国内、国际创意产业和行业的变革需求，系统融合创意产业、商业创新、科技创造的最新成果，搭建设计合作、学术交流、产教融合的跨界合作平台，对接国内外科技、商业、工业、艺术与设计的机构与企业，完成产业化设计研发项目。

4 成果的推广应用情况

通过四年多来不断地探索与反思实践，项目所积累的研究成果在省内外获得了一致好评。具体产生的社会效应如下。

4.1 教学改革推动专业及学科发展

相关专业教师围绕中外设计教育机制比较研究和本土高等设计教育国际化发展实践等领域进行长足探索，并在中外设计教育比较研究、学术英语教学改革等方面获得武汉纺织大学省级和校级以上教育教学研究项目16项，标志性研究成果如下：

（1）著作：《"融合·创新——国际化设计教育研究与实践"》，武汉大学出版社，2019。

（2）"纺织院校设计类专业模块化教学研究与实践"，中国纺织工业联合会教学成果二等奖，2019年。

（3）"数字影视创作与技术"，湖北省一流本科课程，2019年。

（4）"湖北中英设计教育创新实践调研报告"，湖北省社会科学基金一般项目（后期资助项目），2019年。

（5）"湖北高等设计教育国际化实践研究"，湖北省教育科学规划重点课题，2020年。

4.2 科学研究主动服务社会大众

截至2021年3月，成果凝炼出纵横科研项目共计10项，发表研究论文40余篇，教师在南大核心期刊发表作品8幅，"情境体验式的模块化教评体系"培养出的学生在国内外专业赛事中获得各级大奖共计104项。

同时，学院积极服务社会并为相关企事业单位和公司提供智力支持：

（1）"英国武汉设计月——'桥'"伯明翰时尚创意学院教育教学成果展，武汉K11购物中心，2018年。

（2）"探见光谷"——《合作协作与表达》模块课程教学成果展，武汉 K11 艺术村，2019 年。

（3）武汉市江岸区政府形象品牌系统服务设计，2019 年。

（4）维佰境景观设计有限公司品牌形象设计，2018 年。

（5）武汉东特服饰商贸有限公司等政府部门，2018 年。

4.3 推广交流辐射国内外兄弟院校

成果中的模块化教育教学体系深受相关高校的认可，成果完成人多次就本成果的相关内容向兄弟院校进行积极推广，部分成果如下：

（1）与武汉设计工程学院签订国际化设计人才培养咨询服务协议，并对环境设计专业进行了全面的教学组织和实施工作。

（2）中英互融式的高等设计教育教学形式和评价方式在"2018 国际人才培养生态设计论坛"上进行了全面报告并获得与会国内外高校和行业机构的一致好评。

（3）成果完成人应英国大使馆文化教育处邀请在"2019 年度中英创意产业教育研讨会"上进行主题发言。

（4）重庆邮电大学传媒艺术学院在开展教学创新改革中对本成果的质量保障机制进行了借鉴和实践，并给予了高度的评价。

同时，本成果引起国内外相关高校的高度重视，海南大学艺术学院、厦门大学国际学院、大连工业大学南安普顿国际学院、英国诺森比亚大学、普利茅斯大学、曼彻斯特城市大学等高校陆续来学院参观考察，就规划、启动和推进高等教育国际化办学等相关工作进行深入交流。

基于产教融合工程应用型非织造专业人才培养的探索与实践

武汉纺织大学

完成人及简况

姓名	性别	所在单位	党政职务	专业技术职称
张如全	男	武汉纺织大学	院长	教授
张明	女	武汉纺织大学	非织造系主任	讲师
李建强	男	武汉纺织大学	无	教授
邹汉涛	女	武汉纺织大学	无	教授
刘延波	女	武汉纺织大学	无	教授
胡敏	女	武汉纺织大学	系副主任	副教授
黄菁菁	女	武汉纺织大学	无	副教授
尤仁传	男	武汉纺织大学	无	副教授
韦炜	女	武汉纺织大学	无	副教授
黄娟	女	武汉纺织大学	无	讲师

1 成果简介及主要解决的教学问题

1.1 成果简介

以"基于战略性新兴产业发展的纺织特设专业人才培养研究与实践"（鄂教高函〔2016〕1 号）省级教研项目、湖北省普通高等学校"荆楚卓越人才"协同育人计划（鄂教高函〔2017〕29 号）省级质量工程项目、"非织造材料与工程专业综合改革" 校级教学研究项目等多个教研项目为依托，开展教学研究，形成了本研究成果。针对地方院校在人才培养中，普遍存在学生解决复杂工程问题弱、创新精神和社会责任感整体不强等问题，本成果重构优化了"三融合三贯通"人才培养方案，坚持学生中心、产出导向、持续改进的基本理念，探索并解决非织造材料与工程专业不断提高人才培养质量的问题。

1.2 主要解决的教学问题

（1）解决了专业人才培养方案与区域经济发展不适应的问题。构建"三融合三贯通"的人才培养方案，驱动适应区域经济发展人才培养目标的实现。

（2）解决了工程实践不足与解决复杂工程问题能力差的问题。基于 OBE 理念，以产业需求为导向，深化产教融合，整合校内外资源，充分发挥地方企业优势，实现了社会资源共享；重构实践教学模块，强化实践教学，注重学生工程综合素质的培养，建立了创新型实验教学体系。

（3）解决了学生需要加强塑造健康人格的问题。"思政教育"贯穿于人才培养全过程，突出"立德树人""思政教育"融入课程，同向同行，形成协同效应，培养学生爱岗敬业、协作创新的综合素质和担当精神。

项目的研究成果在国家一流本科专业点建设、国家一流本科课程建设及湖北省名师工作室及多项教学成果奖中得到应用，取得良好成效，形成了系列标志性成果。

2 成果解决教学问题的方法

2.1 构建"三融合三贯通"人才培养方案及多元协同"六共"育人模式，突显专业特色

面向区域经济发展，围绕产业链，产教融合，构建现代纺织领域新工科工程教育课程体系，突出"三融合三贯通"（通识课程融合纺织文化、学科基础课程融合学科交叉、专业课程融合产业前沿知识；校内贯通企业、课内贯通课外、基础贯通创新）人才培养方案；构建以学校、企业为主，政府、行业协会参与的多元协同"六共"（专业共建、课程共创、人才共育、师资共培、资源共享、就业共担）育人模式，将产业链、教育链、创新链有机衔接，培养的人才具有"创新创业能力强、工程实践能力强、国际交流能力强、非织造领域竞争优势强、社会责任感强"的优势，如图1所示。

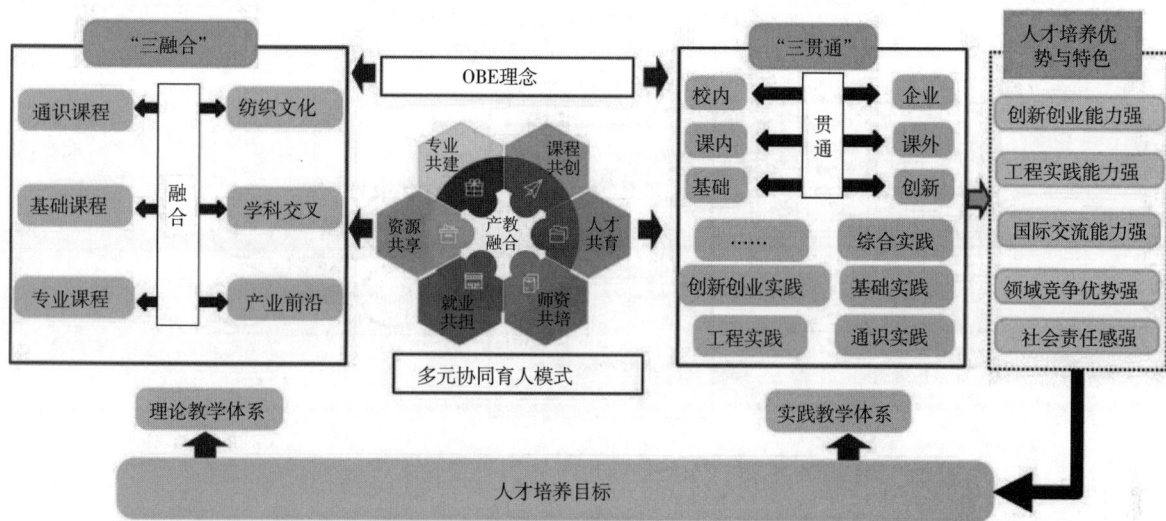

图1 非织造材料与工程专业人才培养方案

2.2 产教融合，构建"四创"层递式实践课程体系，强化工程实践能力的培养

基于OBE理念，以产业需求为导向，深化产教融合，整合校内外资源，充分发挥地方企业优势，实现了社会资源共享；根据学生认知规律，构建了"创新意识→创新实践→创新能力→创新思维""四创"层递式创新实践课程体系，开展校内实习、实习实训、企业训练相结合的模式，实现了学生的工程实践能力渐进式培养，提升了学生的工程实践能力，如图2所示。

2.3 构建"三基三学"的教学模式，培养解决复杂工程问题的能力

构建教学与科研融合、学校与企业融合的"双融合"机制，科研成果转化为教学，以科研促教，科教融合，促进教学内容的更新。积极倡导启发式、探究式、讨论式、参与式等教学方式改革，利用中国大学MOOC、超星等资源，开展SPOC教学，开发课程资源，打造"金课"；教学过程中以教师导学、学生自学、互动促学的"三学"，提升学习主动性；进行"基于工程实际""基于问题""基于项目"的"三基"教学方法改革，以能力为主线，以能力点替代知识点，培养学生发现问题、分析问题、解决复杂工程问题的能力，如图3所示。

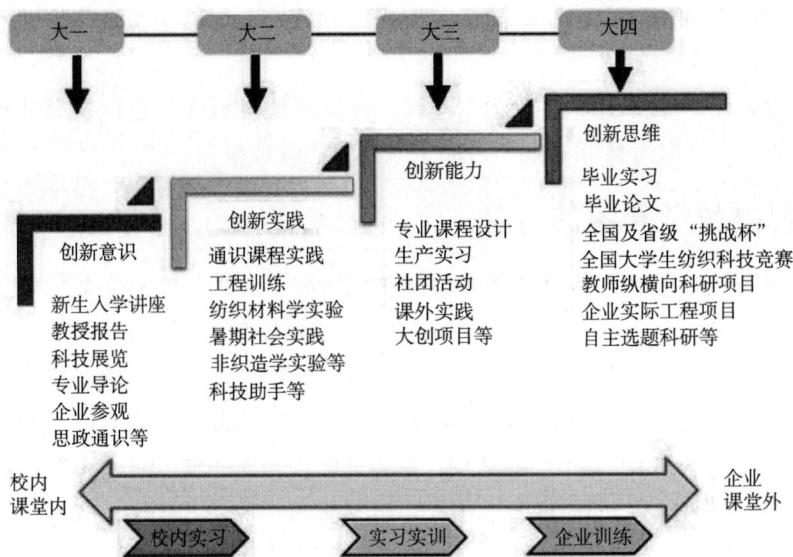

图2 "四创"层递式创新实践课程体系

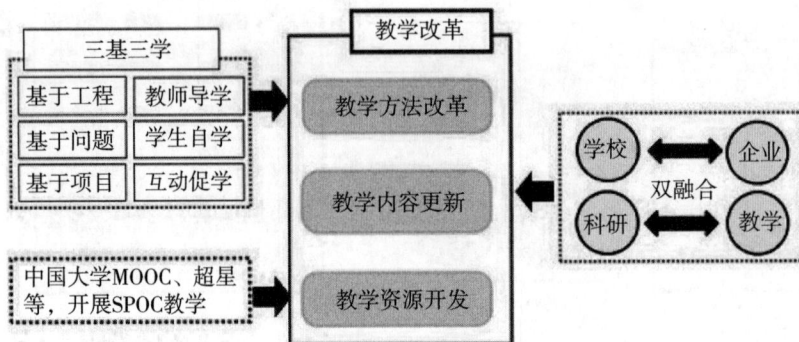

图3 教学方法及"三基三学"的教学模式

2.4 "思政教育"融入课程，同频共振，塑造健康人格

加强顶层设计，落实主体责任。从课程标准设定、职称晋升激励等方面为课程思政的实践提供强有力的政策支持，真正使课程思政理念深入人心。树立问题导向，实施项目牵引。明确教学目标，创新授课方式，积极主动地挖掘学科文化中的育人资源，做到科学性与价值性、知识性与思想性的辩证统一。树立民族意识，讲好中国故事。展现中国智慧，使专业课教学呈现出中国风格和中国气派，如图4所示。"思政教育"融入课程，同向同行，形成协同效应，培养学生爱岗敬业、协作创新的综合素质和担当精神。

2.5 构建"五有五评六主体"多层次的质量保障体系，强化教学内涵建设

建立了有质量人员、有质量标准、有质量保证目标、有督导评价、有反馈及持续的改进机制的"五有"质量保障机制，定期开展校内、校外用人单位评估信息交流活动。构建以学生学风督导、教师督导、责任教师、教学团队和学业导师及学工队伍等为主体的"六主体"质量监控管理队伍，结合毕业校友、用人单位、生产实习企业、校外实践基地、校企联合培养校外导师等构建校外教学效果反馈点，建立校内外结合的"过程跟踪效果反馈"教学质量监控体系。通过评教、评学、评课程、评专业、评管理的"五评"评估，优化"评估—反馈—改进"机制，强化"双循环"，形成了以培养目标和毕业要求达成度评价为核心的教学过程质量持续改进体系，不断提升人才培养质量，提升毕业生在非织造领域的竞争力和可持续发展能力。

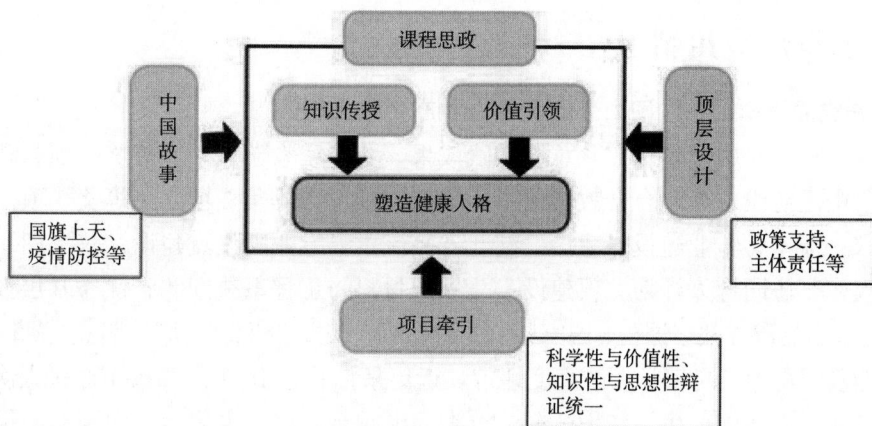

图4 "思政教育"融入专业课程的教学实施模式

3 成果的创新点

3.1 构建"三融合三贯通"人才培养方案、"专业共建、课程共创、人才共育、师资共培、资源共享、就业共担"产教融合的多元协同育人模式,促进了产业链、教育链与创新链有机衔接

基于 OBE 教育理念,构建了通识课程融合纺织文化、基础课程融合学科交叉、专业课程融合产业前沿;校内贯通企业、课内贯通课外、基础贯通创新的"三融合三贯通"人才培养方案,突出纺织行业特色;深化产教融合,构建以学校、企业为主,政府、行业协会参与的多元协同育人模式,实施非织造专业共同参与建设、非织造学等核心专业课程共创、人才共育、师资共同培养、教学资源共享、就业共同承担,促进教育链、产业链与创新链有机衔接。

3.2 构建"四创"层递式实践课程体系,提升了工程实践能力

深化产教融合,通过"创新意识→创新实践→创新能力→创新思维"层递式创新实践教学模块,实现了学生的工程实践能力渐进式培养,提升学生的工程实践能力。

3.3 以能力为主线,以能力点替代知识点,构建"三基三学"的教学模式,提高解决复杂工程问题的能力

构建教学与科研融合、学校与企业融合的"双融合"机制,科研成果转化为教学,以科研促教,科教融合,促进教学内容的更新。教学过程中,对照企业生产实际工艺流程及设备,以教师导学、学生自学、互动促学的"三学",提升学习主动性;结合非织造企业的实际问题案例,进行"基于工程实际""基于问题""基于项目"的"三基"教学方法改革,以能力为主线,以能力点替代知识点,培养学生发现问题、分析问题、解决复杂工程问题的能力,促进课程教学内容的掌握和课程目标的达成。

3.4 构建以学生发展为中心,产出导向和持续改进的"五有五评六主体"质量保障体系,形成了人人重视质量的校园文化

建立了有质量人员、有质量标准、有质量保证目标、有督导评价、有反馈及持续的改进机制的"五有"教学质量保障机制,构建以学生学风督导、教师督导、责任教师、教学团队和学业导师及学工队伍等为主体的"六主体"质量监控管理队伍;建立校内外结合的"过程跟踪效果反馈"教学质量监控体系。通过评教、评学、评课程、评专业、评管理的"五评"评估,优化"评估—反馈—改进"机制,强化"双循环",形成了以培养目标和毕业要求达成度评价为核心的教学过程质量持续改进体系,形成了人人重视质量的校园文化。

4 成果的推广应用情况

4.1 教学研究成果丰富，在国内外同类专业中产生较大影响

本成果完成人积极开展教学研究并总结实践成果，获国家教学成果二等奖 1 项、湖北省教学成果一等奖 2 项，获中国纺织工业联合会教学成果一等奖 2 项、二等奖 2 项、三等奖 3 项；非织造材料与工程专业获国家一流本科专业建设点建设、湖北省一流本科专业建设点建设，获批湖北省普通本科高校"荆楚卓越人才"协同育人计划立项建设；非织造材料与工程系获湖北省优秀基层教学组织；"纺织材料学"获国家精品资源共享课程、国家一流本科课程；获批"湖北名师" 1 名、"湖北名师工作室" 1 项。该人才培养模式得到了专家学者的高度评价。近年来，共有 10 多所高校 100 多人次来校交流。受邀作专题介绍 7 次，在业内产生了较大的影响。湖北电视台、武汉电视台、中国纺织报、湖北日报等媒体也先后报道和宣传本专业人才培养的成效，已形成良好的品牌效应。

4.2 学生综合素质和实践能力得到全面提高

近年来，学生在获国家、省级挑战杯和各级学科竞赛等奖励 110 项，其中国家级 12 项；25 个项目被列为国家级创新实验计划项目；以学生为第一作者发表科技论文 30 篇，获授权专利 14 项。

4.3 培养的人才得到了社会的广泛好评

通过用人单位对毕业生进行连续跟踪调查，毕业生得到社会广泛赞誉，在分析、解决问题能力、创新意识等指标的满意率达到 95% 以上。培养的学生以基础知识扎实、实践能力强，因解决非织造领域复杂工程问题能力强而受到用人单位和社会的肯定；众多年轻校友已成为国内外学术精英和行业中坚。

本专业建设和教学改革成果受到了国内同行专家的好评，为湖北省经济建设输送了一大批高素质的优秀人才。

第二部分

一等奖

轻纺特色高校大学生创业课程校际合作教学模式的创新与实践

大连工业大学

完成人及简况

姓名	性别	所在单位	党政职务	专业技术职称
钱堃	女	大连工业大学	无	教授
鲍晓娜	女	大连工业大学	无	副教授
马亮亮	女	大连工业大学	无	讲师
于姝	女	大连工业大学	无	副教授
岳琴	女	大连工业大学	副院长	教授
黄兴原	女	大连工业大学	无	副教授
武咸云	女	大连工业大学	系副主任	副教授
李佳	女	大连工业大学	无	讲师

1　成果简介及主要解决的教学问题

1.1　成果简介

本成果依托省精品资源共享课程、跨校修读学分课程、校际合作联合培养本科生的多年校际合作教学实践，以资源依赖及生态理论为指导，以网络为空间载体，采用高校联盟的形式推动创业教育的优势资源整合。以"第一课堂＋第二课堂""互联网＋翻转课堂""个体研究＋团队共创"相结合的方式营造学习生态圈；以校际间教师的集体备课、人力互助、情境探究和协作交流的方式建设教师成长圈；以共享激励、特色激励、社群激励等方式构建多维度的机制赋能圈（图1）。这种"学生＋教师＋机制"融合而成的三层次生态教学模式开拓了应用型高校创业教育的新思路，有利于创业教育更加优质化、多元化、便捷化、高效化，加速了信息技术与课程教学的深度融合，推动创业教育的高品质均衡发展。

1.2　主要解决的教学问题

（1）高校普遍存在的创业教师匮乏、教学水平良莠不齐，缺乏高质量创业教育师资的问题。

（2）线上教学课程针对性不足，学习氛围弱，师生互动性差，无法满足学生的个性化需求，教学缺乏针对性问题。

（3）传统的课堂教学，受到单一固定的场所、地域、空间、时间等方面的限制，学生无法灵活掌握学习时间。

（4）创业课程教学方法、教学手段单一，教学模式固化的问题。

2 成果解决教学问题的方法

2.1 学习生态圈搭建

（1）1个中心：构建以学生为中心的教育理念。搭建个性化学习平台，多模块课程设计，依据注意学生特质可自由组合课程内容，放入"购课车"，学生自主开展弹性学习，泛在学习，提高学生学习的灵活性。

（2）2个融合：虚拟教学与真实课堂相融合；仿真训练与轻纺特色创业实践相结合。

①第一阶段：校际共建第一课堂，"虚""实"融合，促进学生知识获取，应用能力提升。

"虚"——虚拟网络：线上建课方高校教师利用优秀教师资源，录制精讲视频、设计教案、建设案例题库、设计互动测试等，重构课程体系（图2），注重课程教学质量提升。

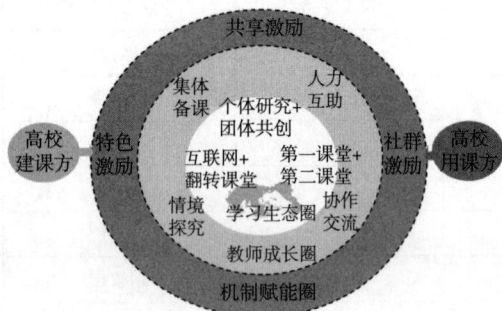

图1 校际合作创业课程教学生态体系图　　　　图2 校际合作创业课程教学体系图

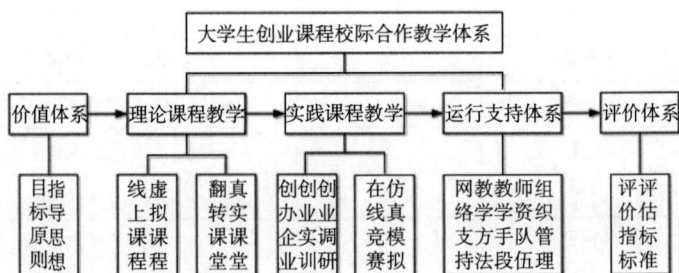

"实"——真实课堂：线下课程实施高校教师采用"翻转课堂"教学模式，以课程平台及实训中心等为支撑，从课前—课中—课后三阶段设计教学活动，促进学生知识及能力提升（图3）。

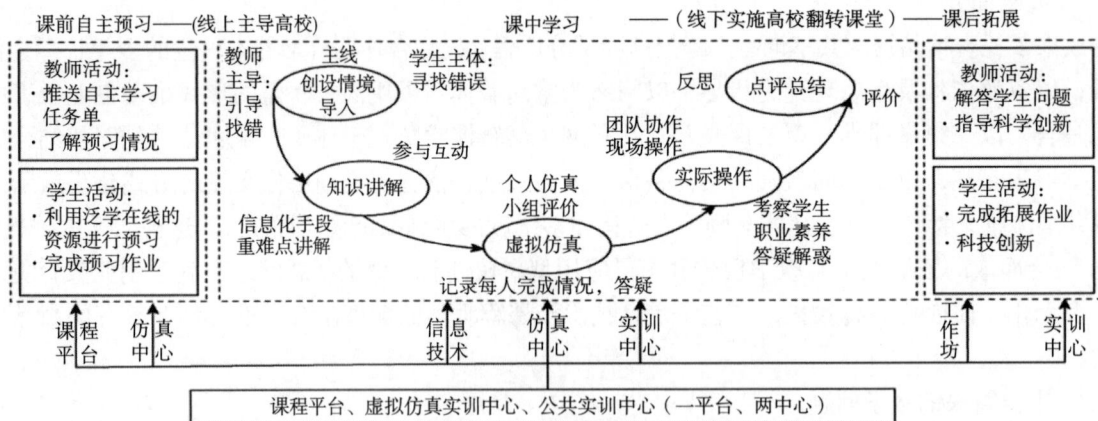

图3 以学生为中心的校际合作教学模式架构图

②第二阶段：校际共建第二课堂，以轻纺特色为依托，设计"仿真+实战"模式，提高学生对创业及专业的感性认知，提升学生创业技能，培育企业家精神。

仿真训练通过"创业之星""营销之道""人力资源模拟竞赛"等软件进行训练，提升学生应用理论解决实际问题的能力。实战演练即学生参加各类创业大赛，与特色专业融合（表1），运行真实创业项目提升、固化所学知识与能力。

表1 轻纺特色创业"精准教学"系列主题示例

主题	主题内容
食品篇	我为家乡菜点赞推介活动；趣味食品知识竞赛；食品安全大讨论；食品行业分析；营养餐、减肥餐设计大比拼
纺织篇	纺织科技前沿材料介绍；在无纺布购物袋上进行自由艺术创作；纺织扎染技术与艺术；为自己选择一个合格的纺织布料
服装篇	寻找"校园潮人"，制作 Logo 小牌；服装搭配技巧 PK；民族风情饰品大海淘；服装趣味知识游戏

2.2 教师成长圈搭建

校际教师集体备课，打破边界，"虚实融合"，实现线上线下教学的无缝衔接。合作中的名师、骨干教师对联盟合作的学校学生授课，帮带青年教师和分享成功教学经验，实现"人力互助"的成长模式。多校合作的教师利用网络平台进行情境探究，观课、议课，及时发布看课意见，与其他教师交流感受，学习最新教育教学方法。对于一些教学困惑进行协作互动交流，利用论坛发帖、发博客的方式，实现异步交流，及时发现问题、解决问题。

2.3 机制赋能圈搭建

3个提升：本教学成果的最终目标是实现提升轻纺行业及创业的相关知识、提升创业能力、提升企业家精神与创新创业思维，这就需要进行整体机制的规划与设计。为此提出了4个保障，即师资团队、教材支撑、信息平台、评价反馈，注重共享激励、特色激励及社群激励建设。双方高校共同组建教学团队，促进校际合作教学模式改革；丰富完善线上电子教材与编写线下教材；运用省本科教学网、超星、学习强国等多种媒介传递理论知识，运用 QQ、微信、公众号、网站进行沟通、反馈信息。

3 成果的创新点

3.1 理论创新

本成果以加拿大合作项目、国际劳工组织创业教育项目为基础，借鉴美国斯坦福大学、麻省理工学院等高校的经验，成功进行本土化创新，结合资源依赖及生态理论，经过多年校际合作实践，构建了轻纺类高校校际合作授课的"学习圈、教师圈及机制圈"三层次教学模式模型，通过"线上教学—翻转课堂—实践演练"的课程模式紧密衔接，一体化流程支撑学生知识掌握与能力训练相辅相成，具有一定的理论创新性。

3.2 教学方式创新

通过建设"双师""双岗"型的师资队伍，进行模块化合作授课；以学生为主体以项目为主导的 workshop 式教学方法，引入企业教练式培训方式，极大地调动了学生学习兴趣。"案例教学—情景模拟—问题导向"的教学方法灵活，可以激发学生的学习兴趣，充分发挥学生的主体作用，建立教与学的互动关系。

3.3 实践创新

课程所提供的大学生创业教育模式具有可拷贝性，成果使得人才培养不仅局限于理论层面，更是与实践有机结合。秉承"学习需求"和"体悟教育"的教学理念，以大学生创业实务及真实体验为主导进行课程建设，"网络课堂—微信公众号—电子通信工具"等信息技术的运用，促进资源共享、加强师生之间的交流，具有实践上的创新性。

4 成果的推广应用情况

（1）课程教学效果突出，已建设为辽宁省精品资源共享课，在"辽宁省本科教学网""学习强国平台"面向全国师生开放，受益学生近万人。建立微信公众平台、网站进行信息传递，及时交流。课程获辽宁省"第十八届教育教学信息化大奖赛"精品开放课程省级二等奖（图4、图5）。

图4　辽宁省本科网 – 辽宁省精品资源共享课　　　图5　精品开放课程获省级教育教学信息化大奖赛二等奖

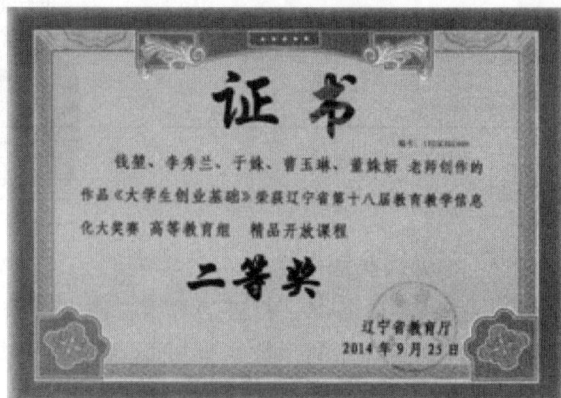

（2）课程得到相关院校的认可，精品资源共享课程"大学生创业基础"被12所高校选用为跨校修读学分课程。使用课程方为东北财经大学、辽宁何氏医学院、中国医科大学、大连医科大学、大连工业大学艺术与信息学院、沈阳农业大学、大连外国语大学、沈阳药科大学、沈阳体育学院、沈阳城市建设学院等（图6、图7）。

图6　辽宁省教育厅对跨校修读学分课程的认定　　　图7　网络平台对跨校修读学分课程的证明

（3）良好的教学效果获得认可。被聘为国际劳工组织"KAB创业教育项目"高级培训师，联合国教科文组织创业教育联盟理事。在全国各地开展创业师资培训，担任复旦大学、中央财经大学、中国青年报、共青团云南省委等组织的创业师资班的培训主讲教师，进行了20余场次的创业师资培训，为浙江、云南、福建、辽宁、吉林、山东、河南、甘肃、北京、上海等省、自治区、直辖市培训创业教师一千余人。获得各高校教师同行及相关领导专家的高度认可（图8～图10）。

图 8 国际劳工组织 KAB 创业教育项目高级培训师　　图 9 联合国教科文组织中国创业教育联盟董事

图 10 各地高校培训创业师资的部分合影（候选人位于前排中间位置）

（4）2017 年、2018 年连续 2 年为"全国大学生创业实训营"的学生进行培训，并受邀作为全国大学生优秀项目路演评委。

以"互联网＋纺织"系列竞赛提升学生三创能力
实践育人模式的构建与实施

西安工程大学

完成人及简况

姓名	性别	所在单位	党政职务	专业技术职称
郭西平	女	西安工程大学	纺织科学与工程学院党委副书记	助理研究员
万明	男	西安工程大学	教务处处长	教授（三级）
沈兰萍	女	西安工程大学	原纺织工程学科带头人	教授（二级）
王进美	男	西安工程大学	纺织科学与工程学院副院长、省级协同创新中心副主任、原工程训练中心主任	教授（二级）
封彦	女	西安工程大学	教务处实践教学科科长	工程师
付成程	女	西安工程大学	无	讲师
张振方	男	西安工程大学	无	工程师
邓恩征	男	西安工程大学	无	讲师

1 成果简介及主要解决的教学问题

1.1 成果简介

10年来我国持续推进纺织强国战略，要求培养的人才必须能满足行业能力，即具有创新意识、创造精神和创业能力（以下简称"三创能力"）的需求。按照学校"做强纺织、做靓服装、做优相关学科"的思路，本成果依托于教育部、陕西省10项教学研究课题，并在多年组织"互联网＋纺织"大学生创新创业等系列竞赛的基础上，树立了1个实践育人理念，建立了2个以赛育人机制，优化了3个学科竞赛基地平台，创立了4个"1+1"双创教育融入人才培养全过程的方式，形成了5个内容的学科竞赛组织体系，构建了以赛促学、以赛促创、以赛促建的培养大学生三创能力的"12345"实践育人新模式。并经4年多教学实践，取得了良好的成果。

1.2 成果解决的主要教学问题

（1）纺织类学生学习兴趣不高，动力不足。由于传统纺织行业逐渐不被新一代青年学生和社会大众所推崇，学生专业认可度不高，学习动力不足。

（2）纺织类人才与产业需求脱节，能力不足。我国是纺织制造大国，近年来航空航天等高科技领域又迅速发展，且消费市场越来越注重品质、环保和时尚，没有创新就没有市场，缺乏创造精神就无法担当大国工匠重任，缺乏创业能力就无法承担企业国际化重任。

（3）纺织类学生实践机会少，条件不足。地处西部的纺织高校远离长三角等纺织相对发达的地区，导致实践条件不足，学生得到锻炼的机会较少。

2 成果解决教学问题的方法

2.1 技术路线

成果梳理了纺织强国战略对人才三创能力培养的新要求,通过第一课堂培养学生的创新意识,通过第二课堂学科竞赛等进行实践教学改革,强化学生创造精神和创业能力的培养,如图1所示。

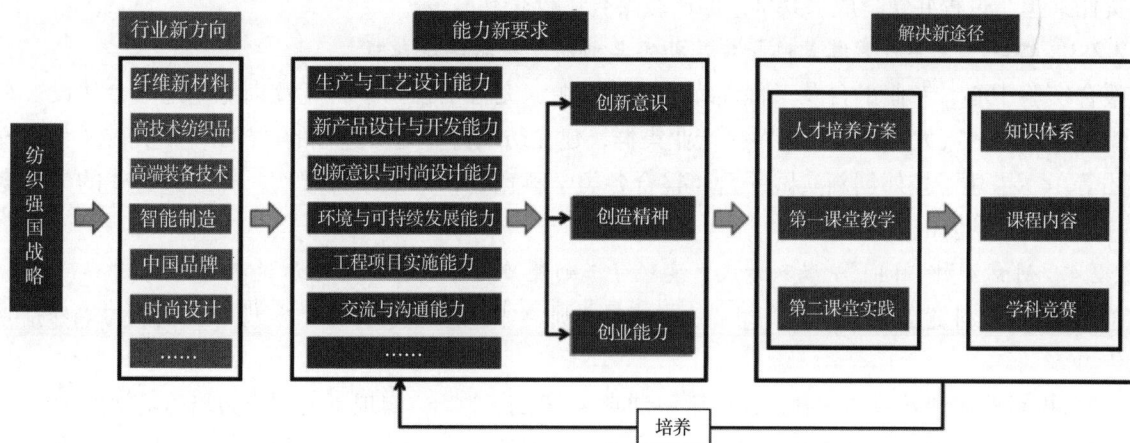

图1 纺织类三创能力培养技术方案

2.2 "12345"实践育人模式

成果构建的纺织类三创能力人才培养"12345"实践育人新模式总路线,如图2所示。

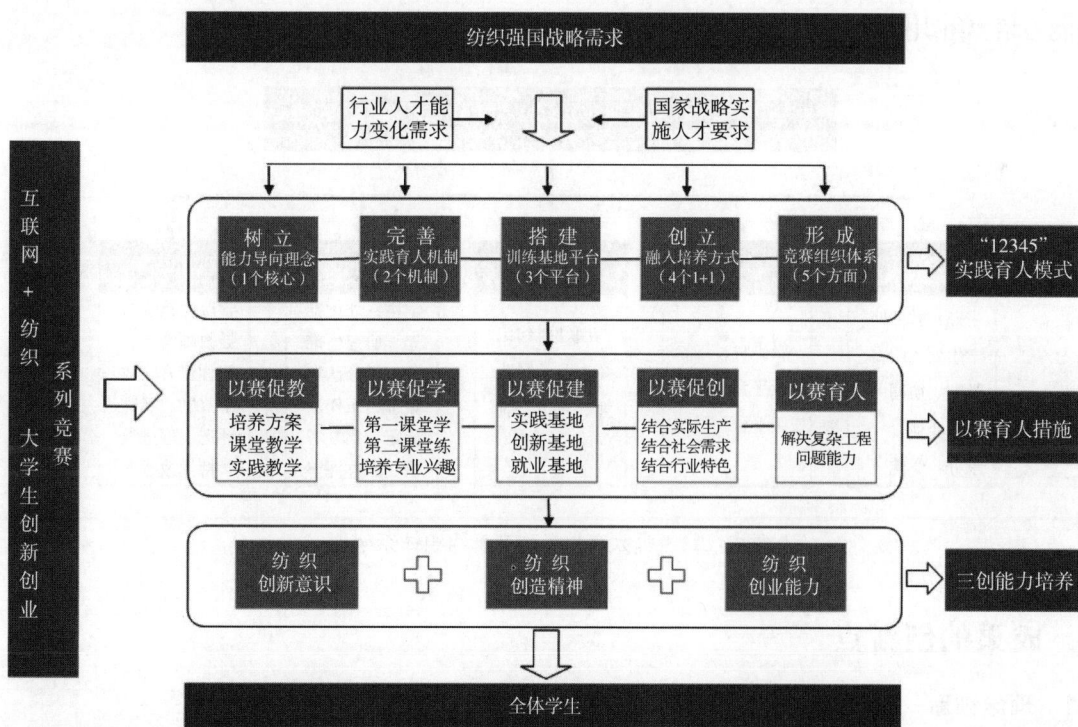

图2 纺织类三创能力人才培养"12345"实践育人新模式总路线图

2.2.1 树立1个"三创能力导向"理念

根据该理念全面重构了课程体系,增加了双创课程、实践教学环节和第二课堂学分,修订形成了

2017和2020版人才培养方案。

2.2.2　形成2个以赛育人机制

（1）建立了学科竞赛的合力机制。通过学科竞赛奖励等办法，在评优推先等方面给予参赛学生倾斜，在年度考核等方面给予指导教师认定。

（2）建立了校企协同育人长效机制。通过与企业共建研究院（如南山研究院）等，达到了"人才共用、责任共担、过程共管、成果共享"的产教融合、校企共赢。

2.2.3　搭建3大学科竞赛基地平台，补齐三创能力培养实践短板

整合实验中心、专业平台及工程训练中心等资源，完善了校内学科竞赛训练基地平台建设；利用以纺织工程为主的五大特色学科群对接产业集群，建在纺织行业龙头企业的"5+X"研究院（如西安五环集团等），搭建了校外创新实践平台；整合各类学科竞赛，形成了分层次、梯度递进式的学科竞赛系列，完善了竞赛实战平台。

2.2.4　创立4种"1+1"融入方式，实现了三创能力培养贯穿人才培养过程始终

（1）推行学科竞赛双导师制，即"校内指导教师 + 校外创业导师"，实现了三创能力培养指导的多元化。

（2）推行课内课外一体化制，即"第一课堂 + 第二课堂"，实现了三创能力培养的深度融合。

（3）推行双创课程全覆盖制，即"专业教育 + 双创教育"，实现了三创能力培养的全程化。

（4）推行实践教学全方位制，即"校内实验 + 校外实践"，实现了三创能力实践的立体化。

2.2.5　形成了5个内容的学科竞赛组织架构

以学科竞赛为引领，形成了包括学科竞赛的组织机构、三级学科竞赛平台、学科竞赛项目培育、竞赛激励机制、竞赛结果在教学评价和学生发展中的运用这5个方面完整的学科竞赛组织架构，完善了三创能力培养组织体系，如图3所示。

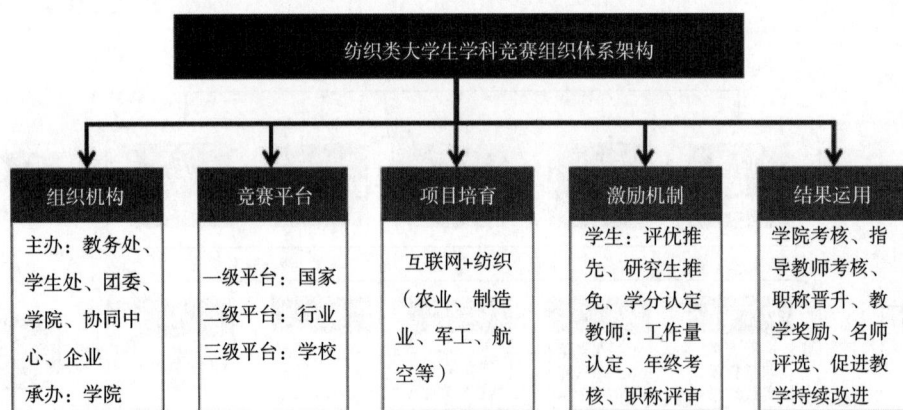

图3　纺织类大学生学科竞赛组织体系架构

3　成果的创新点

3.1　理念创新：树立了"三创能力导向"的育人理念

通过该理念，进行人才培养方案反向设计，以培养目标决定毕业要求，以毕业要求重构课程体系，完善实践平台，设计第二课堂，彻底扭转了因人设课、因条件设课等"条件导向"倾向。

3.2　模式创新：构建基于三创能力人才培养的"12345"实践育人新模式

该成果从机制、平台、内容、组织架构等方面完善了学科竞赛体系，将双创教育融入人才培养的全过程。

3.3 平台创新：完善了项目孵化与学科竞赛训练平台、实践教学平台和实战平台

基于多维协同育人平台开展学科竞赛，发挥其在创新实践人才培养上的产业实景实训优势，解决与企业需求脱节的问题。

3.4 机制创新：形成了创新创业教育与实践育人的长效协同机制

完善了校企合力育人机制和协同育人的长效机制，使企业乐于与高校合建并共同经营实践平台，使学生乐于扎根企业进行卓越工程师教育工程训练，使教师愿意在企业第一线指导学生实践，真正解决学校与企业，教师与学生"两张皮"的现象。

4 成果的推广应用情况

4.1 增强了学生的专业兴趣，提高了学习动力，学生受益面广

依托本项目，学校重点打造了"一院一品牌、一院一特色"的系列纺织行业学科竞赛。近4年来，学校共有3000余项"互联网＋纺织"大学生创新创业大赛参赛项目，累计参与人数达9000余人次；举办各类创新创业教育专题培训200余场次，培训学生共计1.5万余人次；学生积极参与学科竞赛，覆盖面从2016年的21%提升到2020年的49.2%。学生第一课堂"到课率、抬头率、参与率"发生了可喜的变化，课堂参与度大幅提高；第二课堂形成科技活动小组，进行学术报告、举办社团活动和丰富多彩的学科竞赛，活跃度十分明显；教师将竞赛项目嵌入专业教学中，激活了课堂教学，形成了良好的教学效果。

4.2 提高了学生实践能力和综合素质，培养质量增强

近4年来，学校获得"互联网＋"大学生创新创业大赛、全国大学生纱线设计大赛等省部级及以上大赛奖项300余项；纺织类毕业生一次性就业率均在95%以上，毕业生3年之后就开始在企业担任技术骨干；学生考研率达到33.6%；涌现出了创业先进，如2017年纺织学院杨楠同学获得团中央、全国学联大学生创业英雄100强称号。

4.3 培养了师资队伍和教学资源平台，教学水平提升

首先，培养了12支学科竞赛指导教师团队，由于指导教师的增加与水平的提升，学生可选择的毕业设计、学科竞赛选题大幅度增加，项目获奖相应增多，反过来促进了学科竞赛蓬勃开展；其次，培养了50多人的评审专家团队，在评审过程中现身说法指导，使学生参赛水平逐年提高；最后，完善了平台建设和组织体系，促进了校企对接与融合。

4.4 学科竞赛促进内涵建设，专业水平提高

成果建设同时丰富了专业内涵建设。《面向纺织行业转型升级，"一强化三突出五融合"实践育人体系的构建与实施》等项目获5项国家级、省部级教育教学成果奖；《以"互联网＋纺织"竞赛提升学生三创能力培养的实践育人模式研究》等项目获5项教育部、省级高等教育教学改革研究项目；先后发表论文20篇，出版教材2部；完善了人才培养方案等一系列教学文件；纺织工程专业2019年通过教育部专业认证，获批国家一流专业，《毛织物染整》获得国家级一流课程项目。

4.5 获得行业和社会认可，推广应用良好

成果先后得到《人民日报（海外版）》《中国纺织网》等众多新闻媒体的广泛报道，曾经在天津工业大学举行的全国纺织院校等会议作经验分享，先后有内蒙古工业大学等5所高校进行了推广应用。

纺织类专业基础化学课程过程化考核
教学体系的构建与实践

苏州大学

完成人及简况

姓名	性别	所在单位	党政职务	专业技术职称
邢铁玲	女	苏州大学	系副主任	教授
王祥荣	男	苏州大学	纺织行业天然染料重点实验室主任	教授
卢神州	男	苏州大学	无	教授
许凯	男	苏州大学	科长	助理研究员

1 成果简介及主要解决的教学问题

1.1 成果简介

我国新时期纺织工业的发展需要大量具有纺织与化学交叉学科知识结构的复合型工程人才，纺织化学基础课程对培养此类人才具有重要作用。但这类课程的内容主要为抽象基础性知识，且传统教学课程采用总结性评价，忽略了对学生分析问题能力的考察，导致学生学习积极性不高。而影响教学质量的最大问题是学生是否具有积极的学习主动性。学生作为教学过程中的主要因素，常常被动接受知识，使教学质量难以提高，而过程化考核是解决该问题的有效手段。

针对以上问题，项目团队于2011年开始，率先开展了纺织类基础课程过程化考核改革试点工作。对"染料化学""生物化学""纺织化学"三门纺织类基础化学课程的教学方式、教学内容和考核模式进行改革与探索，并对过程化考核实施前后学生的课程平均成绩进行跟踪分析。建立"以学生为本，促进学生知识、能力、素质全面协调发展"的过程化考核理念，搭建过程化考核成绩管理系统，构建"学中评，评中学"动态过程化考核形成性评价体系，打造"学—做—用—创"（LPAI）人才培养模式，形成纺织类专业基础化学课程过程化考核教学体系。全面客观地检测和评价学生的学习过程、学习行为和学习成果，增强学生自主创新能力，提升学生综合素质。成果形成的过程化考核评价体系在学校24个学院380余门课程中推广，改革试点成效显著，教学质量得到明显提高，纺织类学生在近年的科研创新比赛中获得了多项奖励（图1）。

1.2 成果主要解决的实际教学问题

（1）如何丰富教学形式和内容，激发学生学习兴趣，提高教学质量的问题。

（2）学生综合实践能力和批判创新思维训练有待加强的问题。

（3）考核方式单一、评价体系不完善，教学过程缺乏反馈和跟踪机制，不利于学生学习和教师改进教学的问题。

2 成果解决教学问题的方法

项目团队从教学实践中建立"以学生为本，促进学生知识、能力、素质全面协调发展"的过程化

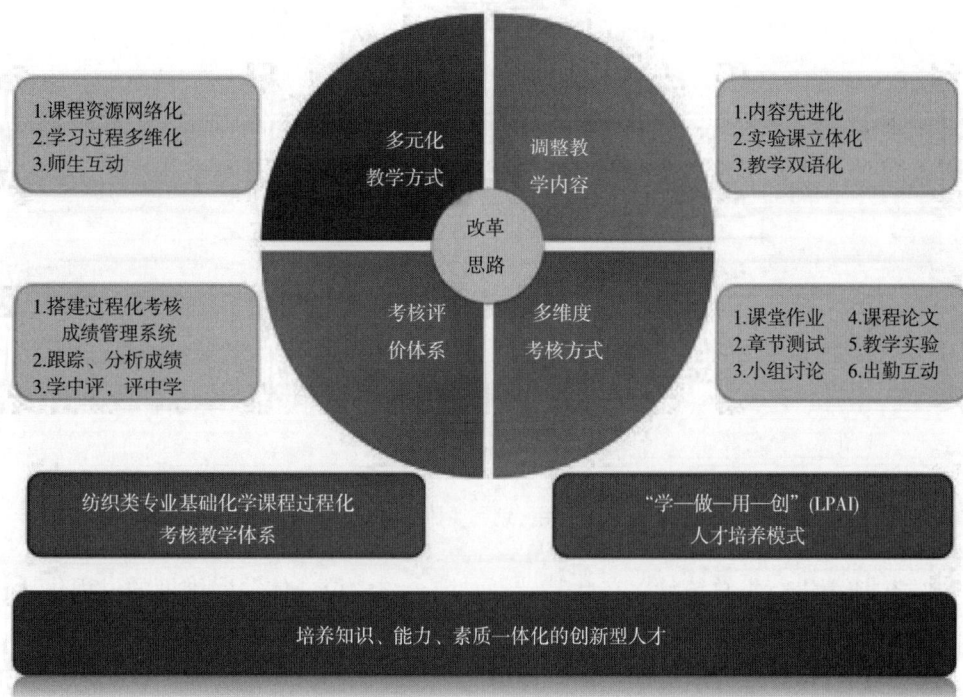

图 1 改革思路

考核理念，搭建过程化考核成绩管理系统，构建过程化考核形成性评价体系，打造"学—做—用—创"（LPAI）人才培养模式，形成纺织类专业基础化学课程过程化考核教学体系。全面提升学生的综合能力与创新能力，教学质量得到明显提高。本成果从以下三个方面解决了上述实际教学问题。

2.1 建设基于互联网的课程资源平台，精心设计多元化教学模式，打造"学—做—用—创"（LPAI）人才培养模式，培养知识、能力、素质一体化的创新型人才

本成果在三门纺织基础化学课程的教学过程中，实施面向能力培养的多元化教学模式，建设基于互联网的课程资源平台，结合线上线下混合式教学，采用案例教学、参与式教学、翻转课堂等教学方式；调整教学内容，融入前沿科研成果、增加综合性实验、开展双语教学等。多元化的教学方式和教学内容的改革使学生由"被动地接受"过渡为"主动的学习"，夯实了学生纺织化学基础理论知识，开发学生审辩式思维和创造性思维，打造"学—做—用—创"人才培养模式，培养知识、能力、素质一体化的创新型人才（图2）。

2.2 建立"以学生为本，促进学生知识、能力、素质全面协调发展"的过程化考核理念，实施多维度的过程化考核方式，有效提高教学质量

在多元化教学模式的基础上，建立"以学生为本，促进学生知识、能力、素质全面协调发展"的过程化考核理念，探索形成课堂作业、章节测试、小组讨论、课程论文、教学实验、出勤互动"六位一体"多维度的过程化考核方式，合理确定各个环节成绩比例，综合多个环节得出课程的最终成绩。对过程化考核实施前后学生的课程平均成绩进行对比，分析结果表明过程化考核教学中学生的平均成绩上升，学习积极性明显提高，参与式学习得到强化，教学效果和教学质量明显提高。

2.3 搭建课程过程化考核成绩管理系统，对教学过程及时跟踪和反馈，促进教学相长

以形成性评价思想为理论指导，注重对学生运用基础理论知识发现问题、分析问题和解决问题的能力的评价。搭建课程过程化考核成绩管理系统，可以根据教师设置的每次考核的成绩比率、缺考处

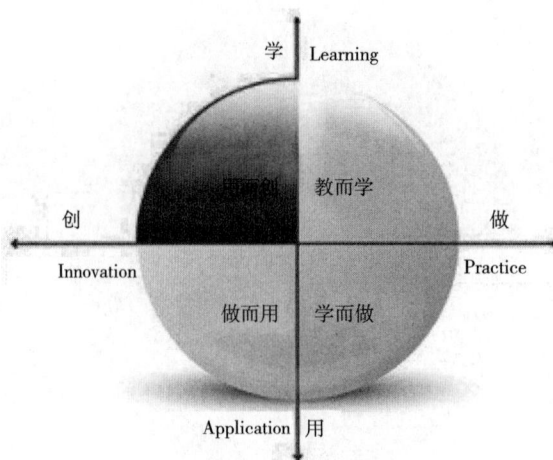

图2 "学—做—用—创"（LPAI）人才培养模式

理策略等，对学生成绩进行汇总统计。在此基础上，结合"六位一体"多维度的过程化考核方式，构建"学中评，评中学"动态过程化考核形成性评价体系（图3），有效地发挥考核的"导向、检验、评价、反馈"功能，教师可以及时掌握学生的学习情况，从而调整教学进度与内容；引导和带动教师改革教学方法和教学手段，促进教学相长。

3 成果的创新点

（1）创建了面向能力培养和过程化考核的多元化理论教学和实验课立体化教学模式，打造"学—做—用—创"人才培养模式，提升学生的创新能力和综合素质。

（2）建立"以学生为本，促进学生知识、能力、素质全面协调发展"的过程化考核理念，探索形成了课堂作业、章节测试、小组讨论、课程论文、教学实验、出勤互动"六位一体"多维度的过程化考核方式，有效提高教学效果和教学质量。

（3）搭建课程过程化考核成绩管理系统，构建了纺织类基础化学课程"学中评，评中学"动态过程化考核形成性评价体系，实现对教学过程的及时跟踪和反馈，促进教学相长。

4 成果的推广应用情况

4.1 学生创新开发工程实践能力明显提高，参加学科竞赛屡获佳绩，提升了在全国同类高校及行业内影响力

在国字头大赛屡获大奖：获2019年全国"互联网+"大学生创新创业大赛金奖1项，2013年和2019年在"挑战杯"全国大学生课外学术作品竞赛分获一等奖和三等奖各1项，2017年和2019年在江苏省创新创业大赛中获二等奖3项，三等奖2项；第二届"协鑫杯"全国大学生绿色能源科技创新创业大赛获特等奖；全国大学生绿色染整创新大赛获奖等级逐年提高：2018年获一等奖1项，三等奖4项，2019年获特等奖1项，二等奖1项，三等奖3项。

4.2 成果形成的过程化考核评价体系在学校广泛推广，促进教学相长，教学质量得到明显提高

成果形成的过程化考核评价体系跟踪结果显示，课程实施过程化考核后学生的平均成绩上升，学习积极性明显提高，参与式学习得到强化，教学效果和教学质量明显提高，改革试点成效显著。过程化考核评价体系先后在学校24个学院380余门课程中推广，过程化考核课程教学体系在工科院系中推行。

4.3 课程教学团队建设卓有成效，成果完成人的教学改革与研究成效显著

纺织类基础化学教学团队完成教育部新工科建设与实践项目1项，江苏省教改项目1项，中国纺

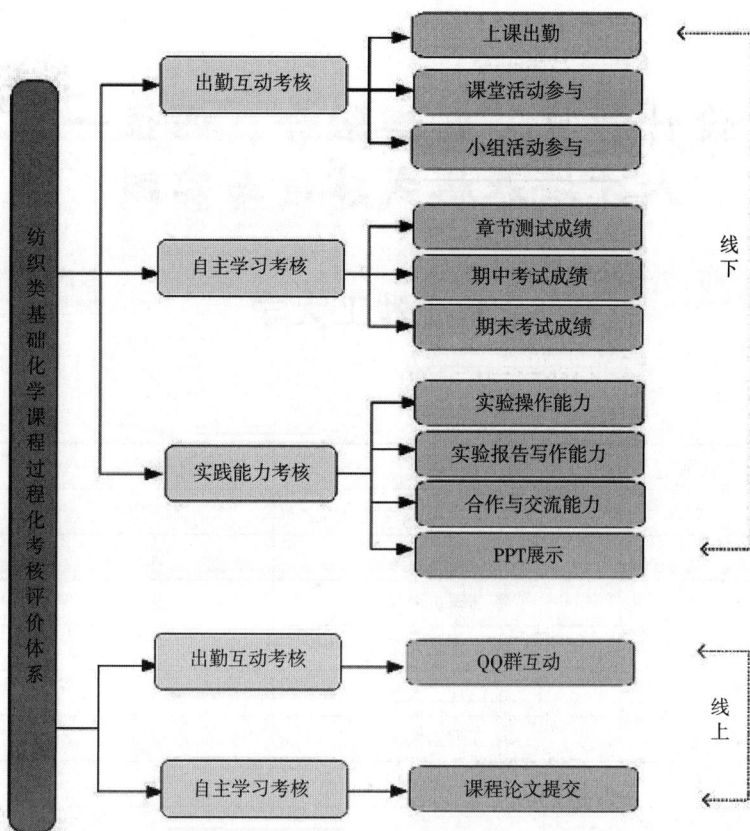

图3 过程化考核课程形成性评价体系

织工业联合会教改项目2项，获省部级教学成果奖4项，指导国家级大学生创新计划项目结题4项，1人获中国纺织工业联合会"纺织之光"教师奖，1人获江苏省青蓝工程学术带头人，2人获校交行教学奖。

服装设计教育"四链融合、四位一体"人才培养模式建设与实践

浙江理工大学

完成人及简况

姓名	性别	所在单位	党政职务	专业技术职称
冯荟	女	浙江理工大学	副院长	副教授
贺华洲	男	浙江理工大学	无	讲师
严昉	女	浙江理工大学	无	讲师
周伟	女	浙江理工大学	无	副教授
胡迅	女	浙江理工大学	无	教授
邹奉元	男	浙江理工大学	无	教授
陈翔	女	浙江理工大学	无	讲师

1 成果简介及主要解决的教学问题

1.1 成果简介

该成果依托浙江理工大学服装与服饰设计国家一流本科专业建设点，坚持"创意、创新、创业"三创人才培养理念，经过6年探索和实践，构建"产业链、教育链、人才链和创新链"融合，艺术、文化、科技与商业"四位一体"的人才培养模式，重构了对标"四位一体"的课程体系，建设"政产学研"多方协同育人实践平台，搭建了校企联动、协同创新的实践路径。

该成果作为浙江理工大学时尚产业产教融合工程建设中的核心内容，发挥了服装设计教育的领先作用，紧密对接时尚行业、地方企业、文创产业创新发展的实际需求，为浙江省乃至全国培养了一大批服装行业的设计领军人才，部分毕业生已在国内龙头企业中成为设计骨干和中坚力量，行业和社会影响显著。

1.2 主要解决的教学问题

（1）面向产业转型，重构了服装设计人才培养模式及课程体系，解决了人才培养模式与产业发展匹配度不高，针对性不强，转化能力弱等问题。

（2）搭建了政企学研多方协同育人平台。解决了创新创业人才培养环节产业供应链、资金、市场推广等环节支持问题，推进了人才培养在系统级别深度融合中的"最后一公里"。

（3）打通了校企联动、协同创新创业的实践路径。解决了学校项目孵化商业氛围不足、实训实践条件不完备等问题；解决了师资共建，促进了学生设计能力向商业转化能力过渡的问题。

2 成果解决教学问题的方法

2.1 对标国际一流顶层设计，构建了"四链融合""四位一体"的服装设计人才培养模式

围绕国家和长三角时尚产业对服装设计人才的需求，以产业链—教育链—人才链—创新链"四链

融合"为核心，调整服装设计人才培养目标和方案，将艺术、文化、科技、商业知识能力素养"四位一体"融合培养，构建"四链融合、四位一体"的高素质服装设计三创人才培养新模式（图1）。

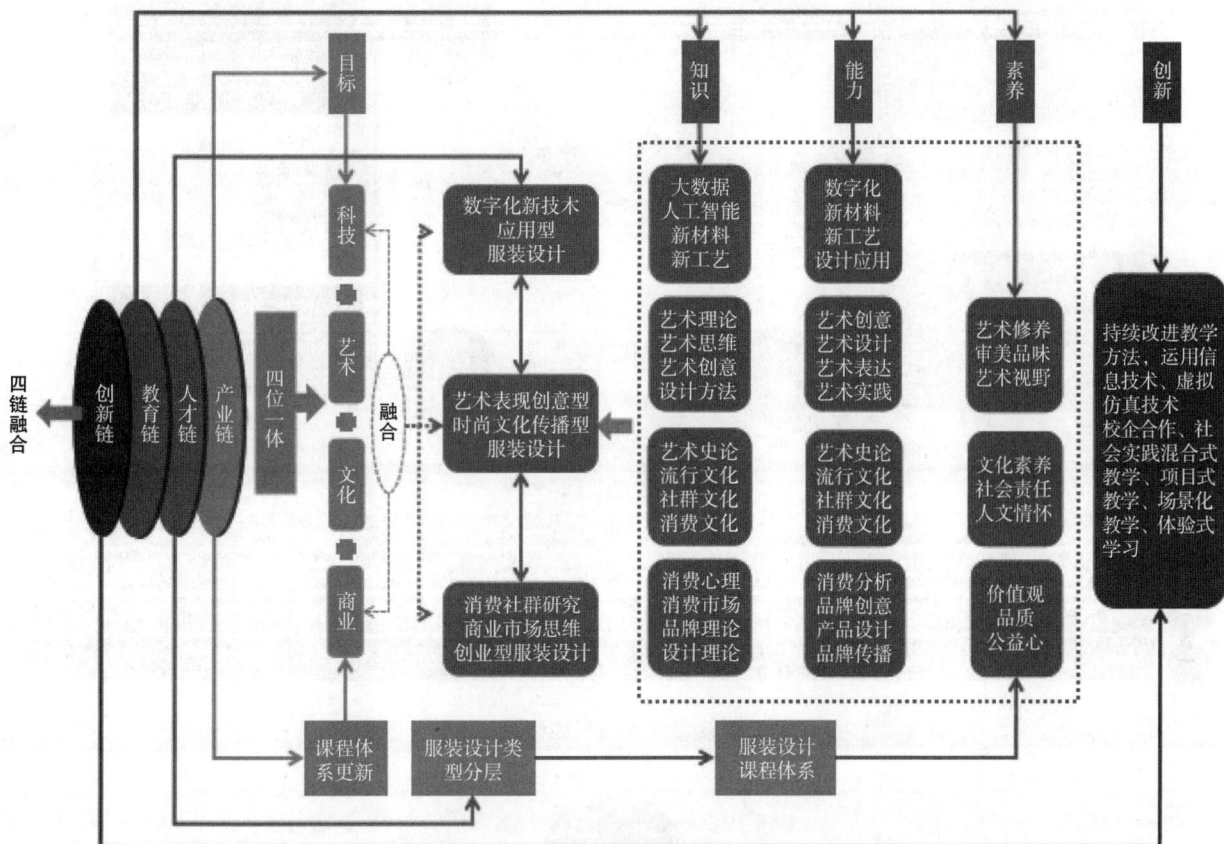

图1 "四链融合、四位一体"的服装设计人才培养模式

2.2 以产业新变革为导向，创建艺术、文化、科技、商业"四位一体"的服装设计课程体系

调整服装设计人才培养目标和课程体系，引产入教、引企入教、引协会入教，共同参与服装人才培养方案、教学内容、实习实训、师资队伍及教材建设。更新教学内容，体现"文化＋科技＋艺术＋商业"四位一体的学科交叉融合，持续改进教学手段和方法，运用信息技术、虚拟仿真技术以及校企合作等手段，混合式教学、项目式教学、体验式学习等方法，打造金课，从而实现传授知识、培养能力、提升素养（图2）。

2.3 打造合作共赢的育人及创新共同体，健全了服装设计人才"政产学研"平台建设

坚持产教深度融合、校地紧密合作，推进学科、专业与企业联盟、政府机构的联结，规划服装产业产教融合育人创新共同体。整合企业资源与国内著名企业建立了国家级工程实践教育中心、省级实验教学示范中心、拥有浙江省级重点创新团队。联合卓尚集团、中国四季青集团、华鼎集团等服装产业龙头企业成立产业发展基金。目前运行良好的平台有湖州研究院、三门研究院、国家级众创空间——"尚加"众创空间等。同时加强校企协同培养，建立10余家校企联合研发中心，4个联合培养基地以及34个校外实践教学基地（图3）。

2.4 校企联动、协同创新创业的实践路径搭建

一是加强校内、校外（企业）实践教学基地建设，依托浙江省完备的纺织服装产业链及龙头企业、校友成立的产业发展基金，打通"创意设计—项目孵化—商业转化"等人才培养关键环节，建立"成果在高校产生、在大学科创园孵化、在孵化企业加速器成长"的成果转化模式，打通作品到商品的实

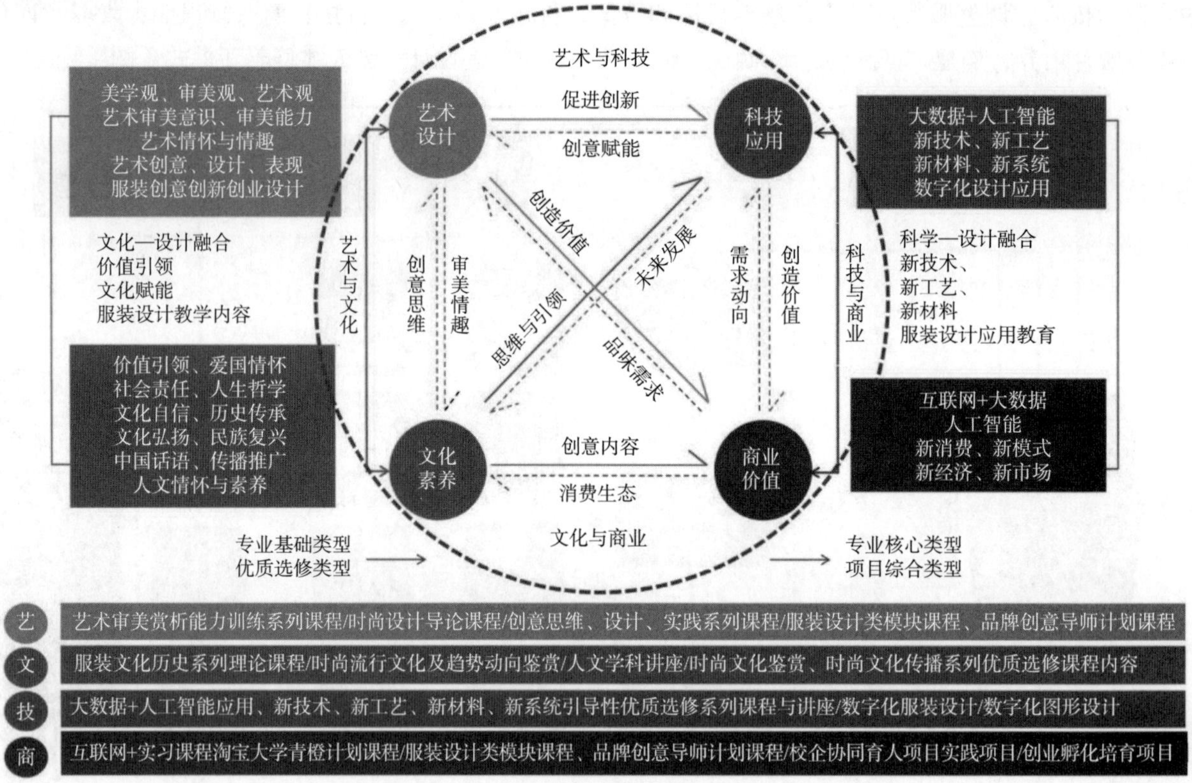

图2 "艺术＋文化＋科技＋商业"四位一体服装设计课程体系

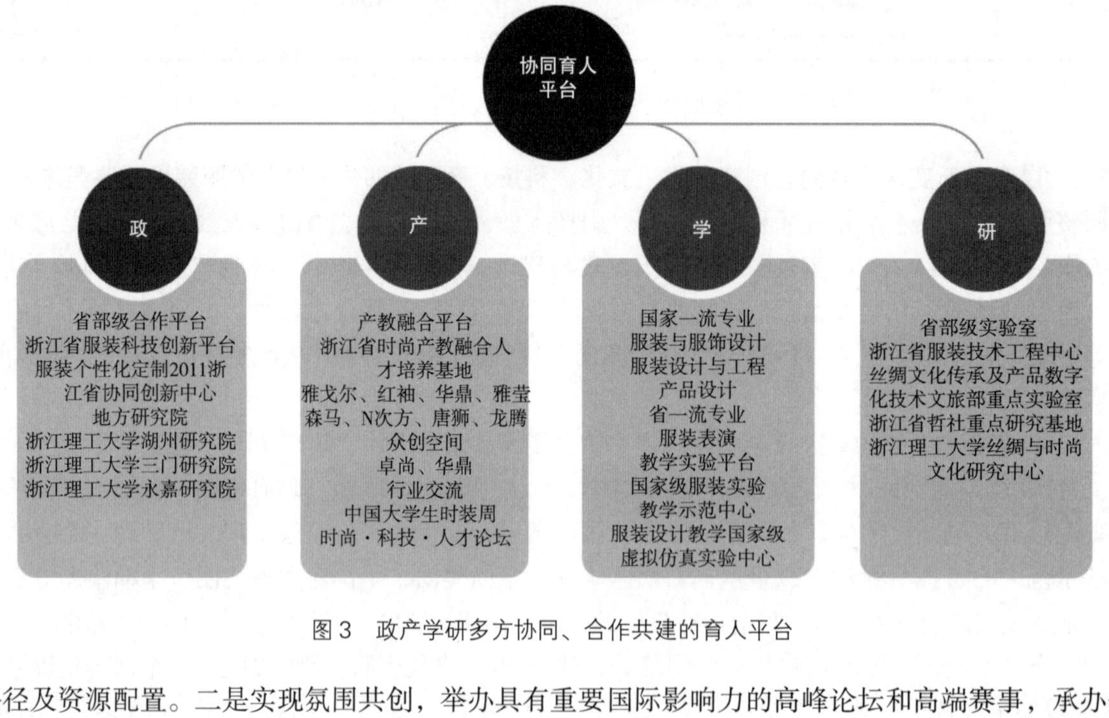

图3 政产学研多方协同、合作共建的育人平台

现路径及资源配置。二是实现氛围共创，举办具有重要国际影响力的高峰论坛和高端赛事，承办全国性大学生"创新、创业、创意"大赛，强化区域创新及合作。

3 成果的创新点

3.1 构建服装设计人才培养新模式

以新文科高质量建设标准为依据，结合学校特色优势，构建产业链—教育链—人才链—创新链"四链融合"及艺术、文化、科技、商业 "四位一体"的服装设计人才培养新模式，培养了产业发展所需的复合型人才，满足产业对高素质人才的需求。

3.2 "四位一体"的服装设计课程体系创新

遵循"守正创新、价值引领、分类推进"三个基本原则，重构了培养服装设计人才的艺术、文化、科技、商业"四位一体"新课程体系，设立了时尚文化优质选修课程模块、数字化设计应用课程模块及"互联网+淘宝大学"等综合项目课程，更新了服装设计核心模块课程内容。创新运用现代信息技术、虚拟仿真技术等，改革教学手段和方法，深入开展产教融合，建设面向新时代、新科技、新变革的服装设计教育。

3.3 完善了协同育人平台建设

主动对接区域经济和行业产业发展需求，建立校地共建、产业共兴、氛围共创服装产教协同育人平台，以人才培养项目为抓手，深化政、产、协、校合作办学、合作育人、合作就业、成果共享。结合我校服装教育办学特色，打造服装设计教育建设示范样板，形成可推广的改革成果（表1）。

表1 部分政产学研多方协同育人平台

序号	级别	名称	批准部门	批准时间
1	国家级	国家级服装设计虚拟仿真实验教学中心	教育部	2014年11月
2	国家级	国家级工程实验教学中心	教育部	2012年07月
3	国家级	国家级服装实验教学中心	教育部	2009年11月
4	国家级	纺织纤维材料与加工技术国家地方联合工程实验室	教育部	2010年10月
5	部委级	先进纺织材料与制备技术教育部重点实验室	教育部	2003年11月
6	部委级	现代纺织装备技术教育部工程研究中心	教育部	2007年11月
7	部委级	丝绸文化传承与产品设计数字化技术文化和旅游部重点实验室	文化和旅游部	2016年11月
8	省级	服装数字化技术浙江省工程实验室	浙江省发改委	2016年12月
9	省级	浙江省服装工程技术中心（省重点实验室）	浙江省科技厅	2011年11月
10	省级	浙江省服装个性化定制201协同创新中心	浙江省教育厅	2016年06月
11	省级	浙江省丝绸与时尚文化研究中心	浙江省哲学社会科学规划领导小组	2017年11月
12	省级	浙江省服装产业科技创新服务平台（核心成员单位）	浙江省科技厅	2006年11月
13	市级	杭州市丝绸及其制品科技创新服务平台（牵头单位）	杭州市科技局	2005年11月

与行业、企业共建了30多家企业合作实践基地，其中，与卓尚服饰集团共建了国家级众创空间——"尚加"众创空间、"卓尚班"创新创意人才培养计划。由于协同孵化三创人才成效卓越，学校获得教育部"全国创新创业典型高校50强"称号。

4 成果的推广应用情况

4.1 教学成果颇丰

4.1.1 学生就业创业能力突显

学生创立服装品牌上百个，杭州女装产业超过60%的品牌创始人和设计总监出自我校。涌现出2012年中国大学生年度人物和2014浙江教育年度新闻人物的2009级学生尹军；创立了全国第一个以"极限运动"为主题的服装品牌——隐蔽者服饰，年销售达500万的11级学生李逸超；大二开始创业，第一个在校生在学院设立奖学金，并在挑战杯和"互联网+"国赛中均获铜奖、2016年度"中国大学生自强之星提名奖"的 2015 级研究生牟朦曦等。近五年服装专业的学生升学率 10%，一次签约率及就业、就专率均达到 90% 以上。人民网、中国新闻网、《中国青年报》《中国教育报》《浙江日报》、浙江在线、浙江电视台、《浙江教育报》《钱江晚报》《青年时报》等多家国家级、省部级主流媒体对我校服装专业学生创新创业事迹进行了报道。

4.1.2 学生创新创业获奖丰硕

近五年获得国家级创新创业训练项目立项 12 项，挑战杯项目获得国赛银奖、铜奖各一项；省赛金奖 1 项，银奖 8 项、铜奖 3 项；校赛特等奖 2 项，一等奖 4 项，二等奖 5 项，三等奖 3 项。获"互联网+"大学生创新创业大赛省赛铜奖、国赛铜奖各一项。新苗人才计划立项 44 个，校科研创新课题立项 53 项。毕业生获得中国服装设计最高奖"金顶奖" 1 人，中国十佳设计师 8 人，连续 13 年获得中国服装设计师协会新人奖，占新人奖总人数 20%。

4.1.3 培养高素质人才受到企业的认可和欢迎

每年用人单位到我校招聘毕业生与毕业学生人数之比为 3：1，近年来纺织服装专业毕业生一次就业率一直高于 90%。浙江省教育厅委托第三方机构对学生毕业半年后在就业竞争力、就业质量、专业培养特色定位、基本能力和核心知识测评、校友评价等方面进行测评，测评结果证明本专业毕业生位于学校专业前列。三彩（卓尚）、红袖、伟星、伊美源、中大集团新佳公司等企业在学校设立奖学金、奖教金，提供就业、实习岗位，提前吸引优秀学生进入培养阶段。校企合作氛围良好，企业反哺学校。2017 年三彩（卓尚）董事长丁武杰为学校捐赠人民币 120 万元，用于浙江理工大学"百年蚕学馆"主雕塑项目建议，2020 年捐助 2500 万用于科研及实践，为学生创意、创新、创业提供配套支持。

4.1.4 专业建设及教学实力不断增强

2014～2016 年武书连中国大学排行榜学科专业排行中，"服装设计与工程"专业连续三年全国排名第 2，A++；在武汉大学《中国大学及学科专业评价报告（2017—2018）》中，"服装设计与工程"专业为 5★专业，"艺术设计"（服装与服饰设计、纺织品艺术设计）专业为 5★专业。2013 年依托纺织科学与工程一级学科点开设了"纺织产业经济与管理"博士、硕士招生方向。本成果在相关课程建设和服装实验中心建设中起到了十分重要的作用。其中"成衣工艺学""时装工业导论"于 2013 年被评为国家精品资源共享课，"服装实验教学示范中心"于 2012 年被评为国家级实验教学示范中心，丝绸文化传承与产品设计数字化技术实验室于 2016 年被立项为文化和旅游部重点实验室。"创作设计"入选 2020 年国家一流本科课程。

4.2 服务时尚产业发展，社会影响力广泛

我校服装设计教育"四链融合、四位一体"人才培养模式得到国家发展改革委、教育部、浙江省发展改革委、省经信委、省教育厅和省人力社保厅的大力支持与肯定。国家发改委社会发展司在 2018 年将我校政产学研协同育人典型案例写入报告，获得国务院副总理的肯定。时任浙江省委书记车俊听取了浙江理工大学校友及兼职教授张义超关于"产教融合"平台的介绍及师生对平台的认识和体会，对平台服装设计人才培养及助推时尚产业发展的贡献进行了肯定。

4.2.1 服务时尚产业创新发展

2019 年成立的三门研究院，依托服装学院的雄厚师资及创新力量，成功举办了首届三门冲锋衣创新设计大赛和冲锋衣产业可持续发展高峰论坛；推动三门冲锋衣创业孵化项目纳入 2019 年浙江省体育产业发展资金项目库；助力三门冲锋衣被列入浙江省特色时尚产业基地；支撑创建三门冲锋衣省级产业创新服务综合体。2020 年成立的湖州研究院，依托服装学院的丝绸文化研究、设计创意师资力量，以丝绸文化为抓手，推动湖州丝绸产业的转型与创新，2020 年成功举办丝绸文化艺术展以迎接长三角地区主要领导高峰论坛；目前筹办的高峰论坛及人才交流平台将积极促进湖州丝绸产业与科技技术的融合与发展。

同时学院与行业龙头联手共建的华鼎研究院、四季青研究院，积极开展人才孵化、设计服务、专业培训、科技咨询等合作项目，合作经费 1000 余万，真正服务产业发展及人才孵化，积极促进教育链、人才链与产业链、创新链有机衔接，以支撑浙江省时尚产业的转型升级。

4.2.2　培训时尚高级人才

服装学院积极为全国纺织服装教育、纺织服装产业和地区经济服务，是浙江省和长三角地区的重要实验教学、培训、人才培养基地。截至 2020 年，已成功举办了 70 期服装高层次人才特训班，为全国 50 多个高等院校服装专业或服装企业培养了大批服装设计和技术人才，产生了良好的社会效应。承办了"浙江省省级专业技术人员高级研修班"，来自杭州 60 余家丝绸与服装企业的 100 余位总经理、总设计师等入读该班。

新工科背景下聚焦创新实践能力培养的机械基础课程群教学模式重塑与实践

浙江理工大学

完成人及简况

姓名	性别	所在单位	党政职务	专业技术职称
胡明	女	浙江理工大学	副处长	教授
杨金林	男	浙江理工大学	国家级机械基础实验教学示范中心副主任、机械工程实验中心主任	高级实验师
王丙旭	男	浙江理工大学	无	特聘副教授
赵德明	男	浙江理工大学	无	讲师
马善红	女	浙江理工大学	无	实验师
杨景	男	浙江理工大学	无	讲师
高兴文	男	浙江理工大学	无	讲师
周健	男	浙江理工大学	无	讲师

1 成果简介及主要解决的教学问题

1.1 成果简介

世界面临百年未有之大变局，为在新一轮科技革命和产业变革中牢牢占据优势地位，我国实施"创新驱动发展""中国制造2025"和"21世纪中叶中国成为制造强国"等重大战略，努力实现从制造大国向制造强国跃升。培养信念执着、品德优良、知识丰富、本领过硬、具有国际视野、引领未来发展的创新型高端工程技术人才，是"机械设计基础课程群"在新时代必须完成的历史使命。

研究新工科背景下机械设计基础课程体系和教学模式改革，建设新工科示范课，是地方纺织特色高校在"新工科"建设中当之无愧的光荣任务，本成果的相关教学改革举措与新工科建设、一流课程建设相一致，其中的"机械基础课程群"由以下五门课程构成："机械原理""机械设计""机械基础实验""机械原理课程设计""机械设计课程设计"。

成果面向浙江理工大学的"三创"（创新、创意、创业）人才培养目标，依托核心价值塑造、综合能力养成和多维知识探究"三位一体"的人才培养模式，对标国内外知名高校在机械工程人才培养方面的改革实践，践行"金课"标准：高阶性、创新性、挑战度，开展了如下教学改革。

（1）明确"机械基础课程群"教学目标对专业人才培养目标的支撑，采取"工程牵引+问题驱动+能力导向"，借助国家级精品MOOC，应用"云班课""团队活动""讨论课"等方式开展线上线下混合式教学，构建基于"知识螺旋扩张循环"教学理念的研究型教学模式。

（2）以提升学生创新实践能力为主线，以实物产品为载体，以智能设计与制造为手段，师生联合，时空融合，形成注重能力培养的"教"与"学"新关系，以理论教学与实践教学的"无缝"对接为核心，构建教、学、做、创"四位一体"的"创意工坊"，使学生在活学活用中不断提升竞争力，形成了知识、能力、素质深度融合的互动式教学方法。

（3）结合机械基础课程群教学评价的导向性和有效性、客观性和科学性及课程体系和能力模型间的支撑关系，设计"课堂＋作业＋考试＋设计＋实验"评价模型，构建融合数据技术、有效反映学习过程和学习成果的基于客观数据的过程性教学评价体系，保证基于课程评价结果的持续改进有利于教师教学改进、有利于学生明确进步方向，将教学质量、教改措施和能力达成形成正相关性和长效性，以此满足新工科背景下的机械工程人才需求。

1.2　主要解决的教学问题

（1）教学模式方面，存在机械基础课程长期形成的"重知识、轻工程、轻产品设计"的教学模式忽视机械类专业人才培养服务于行业经济、地方经济的问题。

（2）教学方法方面，存在机械基础课程长期面临课时被压缩与新工科背景下课程内容更新和前沿技术反映不足的矛盾问题。

（3）教学评价方面，存在课程教学环节、教学过程和学习成果的评估无法形成闭环以推进持续改进的问题。

2　成果解决教学问题的方法

2.1　形成"知识螺旋扩张循环"教学模式，培养学生可持续竞争能力

深入研究教育教学规律，总结教学实践经验，构建了"知识螺旋扩张循环"教学模式，如图1所示。

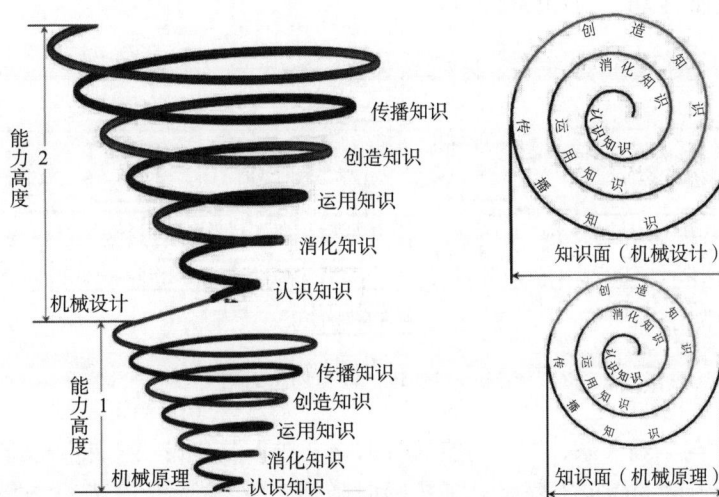

图1　"知识螺旋扩张循环"教学模式示意图

该模式在一个循环内设置五个环节，沿螺旋轴线自下而上体现学生的能力高度，在垂直于螺旋轴线的投影面上体现学生知识面、学术视野的宽度，培养学生以实践动手、创新意识和创新能力为代表的可持续竞争能力。

以学生能力达成和终身发展为目标，创新嵌入了"工匠精神"为核心的课程思政元素，以工程实际为载体，实施"工程牵引＋问题驱动＋能力导向"项目式教学，推进智能设计制造与教学深度融合。首次课就布置学生进行自主调研，自拟题目。题目中要求囊括传统的五个大作业，完成设计计算、三维设计、修改完善、智能加工、装配调试等，使创新能力培养与知识传授深度融合，创新能力在智能设计、智能制造过程中得到有效提升，实现知识、能力和素质的深度融合，如图2所示。

2.2　建立教、学、做、创"四位一体"教学方法，成果导向达成课程目标

落实以"工匠精神"为核心的课程思政理念、"知识螺旋扩张循环"教学模式，创建教、学、做、

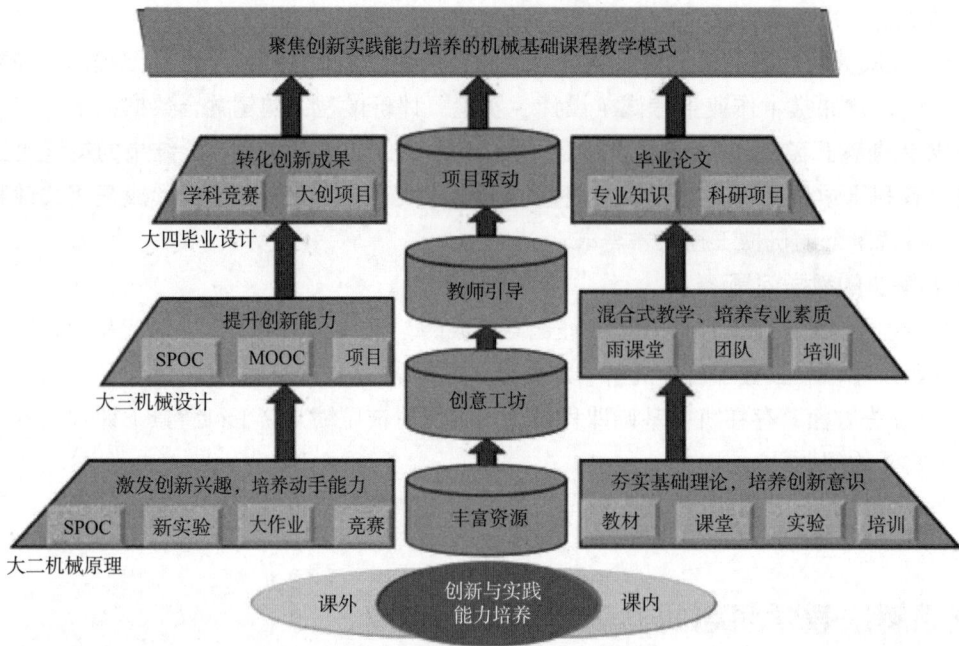

图 2　机械基础课程个性化、分类培养实施路径

创"四位一体"的"创意工坊"，如图 3 所示。

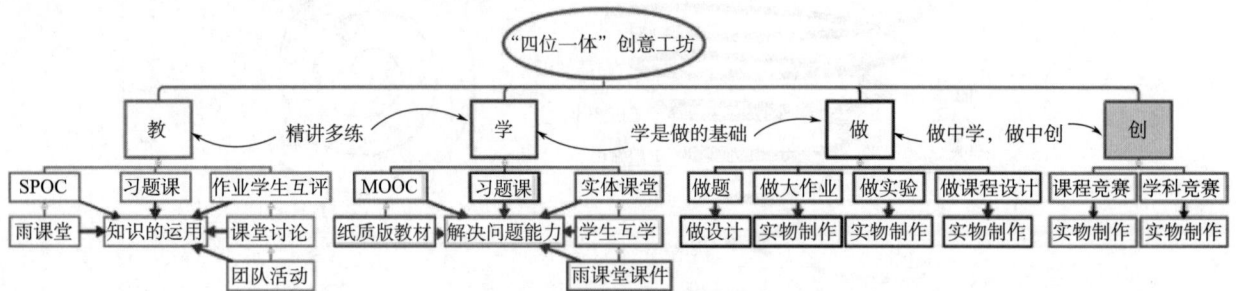

图 3　"四位一体"创意工坊

构建能力导向的教与学新关系，践行时空融合的线上线下混合式"金课"标准教学：

（1）利用团队线上的 MOOC（异时异地 + 随时随地），在校内开设了 SPOC（同时异地 + 随时随地），进行知识的扩展和答疑解惑。学生完成线上学习后，线下进行翻转教学。

（2）利用"云班课"进行智慧教学，实时掌握学生的学习情况；利用小测，抓住学生的注意力；利用大数据分析，及时关注学习困难的学生和其不懂的知识点。

（3）把学生分成若干小组，学生自我管理，团队讨论，培养学生资料检索、提炼、写作、演讲的能力和学生团队合作意识。通过接受学生质疑，生生讨论，加深了对问题的理解，培养了探究精神。

（4）每组学生与教师、助教一起负责一个大作业的批改，由这组学生在课堂上进行总结，这种批改形式，学生反馈效果很好。

（5）教师额外增加的习题课环节，使学生更进一步地理解知识点。同时由助教组织的"学霸小课堂"也深受学生欢迎。

（6）机械原理的成绩构成除传统的大作业、期末考试以外，增加了课程项目训练和大作业改革加分项。机械设计包括了传统大作业、新型大作业、三维设计及制作三个层次；机械设计课程设计则包括了传统题目、创新题目、三维设计及制作三个层次。对应不同的层次设定不同的分数，强调过程管理，重视能力培养。

2.3　构建学习效果与能力达成的形成性评价，以闭环体系保障持续改进

围绕机械基础课程体系，建立基于学习效果和能力达成的综合考核方法，构建形成性闭环评价体系，教学各环节与能力培养映射模型如图4所示，实施基于形成性评价的持续改进机制，保证机械类专业人才培养的高水平和可持续性。

探索在设置内容方面分类驱动，在结果统计环节按类统计效果，为课程学习效果评价提供客观科学的方法和手段，关键环节具体如下：

通过机械设计基础课程的内涵评价重塑，实施全过程综合评价。课程成绩 = 平时作业 + 期末考试 + 实验 + 项目制作质量 + 课程答辩与报告，其中的项目制作质量 = 实物功能演示 + 作品互评 + 作品展示评选；强化反映过程各阶段以及能力的子项比重；弱化期末突击和机械性学习相应的比重。

平行班教学质量一致性管理包括：

（1）集体备课：统一教学理念、明确共性要求（教学模式、教学过程、教学考核）、发挥个性优势。

（2）节点把控：立题调研、概念设计、详细设计、原型制作、展示。

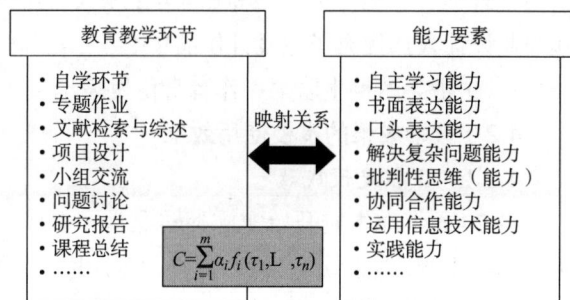

图4　教学全过程与能力培养映射规律

（3）清单管理：知识点清单、能力点清单、成绩结构。

（4）资源共享：教学资料、教学经验，营造奉献与互助氛围。

3　成果的创新点

3.1　重塑课程边界，提出知识螺旋扩张循环教学新模式

结合国家战略需求和专业背景，创新嵌入以"工匠精神"为核心的课程思政元素，重塑课程边界，构建了知识螺旋扩张循环教学模式，确立了以实践动手、创新意识和创新能力为核心的可持续竞争能力培养的课程教学目标，为实现机械类专业人才培养目标提供有力支撑。

3.2　重构知识体系，创建教、学、做、创"四位一体"教学新方法

落实以"工匠精神"为核心的课程思政理念、知识螺旋扩张循环教学模式，创建了教、学、做、创"四位一体"的数字工坊，实现了理论与实践、教与学、专业与个性的协同递进，促进了学生学习能力、实践动手能力和综合创新能力的充分发展，真正实现"新工科"模式下的机械类创新人才培养。

3.3　强化过程管理，构建能力导向的形成性教学评价新体系

兼顾共性个性、重构授课技法、重塑内涵评价，多环节联动，构建了与达成机械设计基础课程教学目标相匹配的考核方法、以学习目标达成评价为基础的课程教学改革和持续改进方法，推动了学生主动提高自身的实践动手能力、创新意识和创新能力，保证了人才培养的高质量和可持续性。

4　成果的推广应用情况

自2015年以来，本成果逐步实践、完善至全面使用，收效显著，受到同行专家及师生的认可。

4.1　学生培养效果与受益面

（1）2017年春开始筹建"创意工坊（数字工坊、数字工匠坊）"，2017年秋开始使用。"创意工坊"是一个面向学生开放的加工、装配、调试的综合创新平台。"创意工坊"的建立把演示验证性实验向自主设计、自主学习、独立完成的新型实验转化。

某位同学说"通过项目制教学活动，学习并掌握了 Mastercam X 软件、PPCNC 机床、Solidworks 的

使用方法，提升了在零件加工过程中以及机构设计过程中发现和解决问题的能力。同时对于机械原理课程中所提到的连杆、凸轮、棘轮、轮系等机构有了更加深刻的理解，对于以后在机械产品设计中将会有很大的帮助。"

也有同学说："这次大作业改革，是对传统教学方法的一个突破，每个人都经历了查找资料、获得灵感、环境调研、结构设计、建模制图、3D 打印等一系列过程，各方面能力都得到了锻炼。"

（2）近五年来，指导学生参加机械创新设计大赛获国赛一等奖 4 项、二等奖 4 项；省赛一等奖 2 项，二等奖 10 项；三维数字化设计大赛获国赛一等奖 3 项，二等奖 6 项；省赛特等奖 14 项，一等奖 8 项，二等奖 5 项；中国高校智能机器人创意大赛获国赛二等奖 5 项，三等奖 4 项；工程训练综合能力竞赛获省赛一等奖 1 项，二等奖 4 项；9 人获中国机械行业卓越工程师教育联盟毕业设计大赛佳作奖，其毕业设计入选优秀毕业设计作品集。

（3）指导本科生以第一作者身份发表论文 5 篇，授权发明专利 5 项，授权实用新型专利 60 余项。

4.2 教学成果的本校使用效果

4.2.1 课程建设成效

自 2016 年在本校开始实施翻转课堂，引导学生自主学习、探究式学习，紧密结合课堂内容设置团队活动的主题，线上线下、课内课外，使学生有学习的目标。2017 年的"加工中心机械装调虚拟仿真实验"获国家"双万计划"一流课程（虚拟仿真实验项目）；2020 年"机械设计"获首批国家"双万计划"一流课程（线上线下混合）。

4.2.2 教学团队建设

负责人胡明为省中青年学科带头人，获全国大学生机械创新设计（慧鱼）赛优秀指导教师、中国机械行业卓越工程师教育联盟毕业设计优秀指导教师、校教坛新秀、校"五一劳动奖章"、校"教学科研骨干"等荣誉；团队成员获省实验室工作先进个人、校突出贡献奖、校先进工作者、全国 3D 大赛十周年"十年贡献奖"和优秀指导教师等荣誉。

4.2.3 教材建设方面

负责人胡明组织编写《机械设计》云教材，获得教育部产学协同育人项目资助；团队成员杨金林主编浙江省重点教材《机械设计基础实验教程》、马善红主编《机械认知实习教程》等。

4.2.4 教学研究方面

团队成员承担教改项目 20 余项，发表教学研究论文 6 篇，参加教师教学创新大赛获奖 3 项。

综上所述，本成果的实践使得学生设计和综合运用知识进行创新的整体能力水平得到大幅提升并获得充分认可，使得教师的教学和研究水平有效提高。

4.3 教学成果资源的推广使用

"创意工坊（数字工坊、数字工匠坊）"参观单位包括东南大学、大连理工大学、哈尔滨工业大学、深圳大学、河海大学、中国计量大学、浙江工业大学、杭州电子科技大学、丽水学院、杭州职业技术学院等，项目制教学改革辐射到了各单位。

4.4 各类大会报告及媒体报道

成果完成人在国内多所院校及会议中作有关成果的大会报告 10 余次。多次在机械类最高级别的教学会议"全国机械原理课程教学经验交流会""机械论坛"和"机械设计年会"上作关于机械基础课程的建设、混合式教学、"创意工坊"的建设、机械基础实验的整合、机械基础课程金课建设、大学生创新中心建设等相关报告。

机械设计课程设计的教学改革被推广应用，如"从画减速器到造减速器""机械设计课探索'智能制造'"等学生的设计作品被媒体关注和报道。

"文化引领、艺科融合"服装色彩课程群改革与实践

浙江理工大学

完成人及简况

姓名	性别	所在单位	党政职务	专业技术职称
须秋洁	女	浙江理工大学	服装学院副院长	副教授
贺华洲	男	浙江理工大学	无	讲师
李思扬	女	浙江理工大学	无	讲师
严昉	女	浙江理工大学	无	讲师
张康夫	男	浙江理工大学	无	教授
徐平华	男	浙江理工大学	无	副教授
刘国金	男	浙江理工大学	非织造系副主任	讲师

1 成果简介及主要解决的教学问题

1.1 成果简介

服装已成为聚集文化、科技快速发展的前沿产业。面对文化自信和大数据、"互联网+"形成的混合现实，对弘扬中国文化的复合型原创服装人才需求日益增加。

项目组主动对应社会经济和产业需求，依托国家一流本科专业和特色专业、国家实验教学示范中心和虚拟仿真示范中心等，在浙江省教育教学改革项目（省级）基础上，对"色彩设计基础""服装色彩""色彩艺术语言研究"组成的核心课程群进行系统性建设，以文化引领课程、用艺科融合方法，建色彩文化实践平台，弘扬中国文化，培养具有复合型实践能力的人才，经过13年探索，建设成果如下：

（1）把"文化引领、艺科融合"引入服装色彩课程群，讲百个色彩故事，树中国色彩形象。

（2）构建"3层次"（基础—提高—综合）递进式课程结构和"5模块"（导论认知、属性分析、文化植入、行业研究、流行应用）课程内容（图1）。

（3）在艺科融合下开展"多元感知""双向融合""文化置入""思行并重"教学方法。

（4）建设线上线下互通的多维度教学资源。出版《色彩文化学》等9本教材著作，获得浙江省优秀教材奖、浙江省新形态教材项目（省级）、建设色彩文化数据库。

（5）建成艺科融合、内外联动师资团队，开展色彩教研8项、色彩科研30余项，发表论文20篇，积极服务社会，开设色彩讲座30余场。

1.2 主要解决的教学问题

（1）在教育中有效融入中国色彩文化，解决以往服装色彩课程的单纯应用属性，不利于对学生复合型能力培养。

（2）加强学生的文化自信和复合能力，形成与之相配的服装色彩教学内容，解决以往内容单向性问题。

（3）进行艺科融合下教学方法改革，解决以往方法陈旧，不利于"00"后学生个性化、多样化需

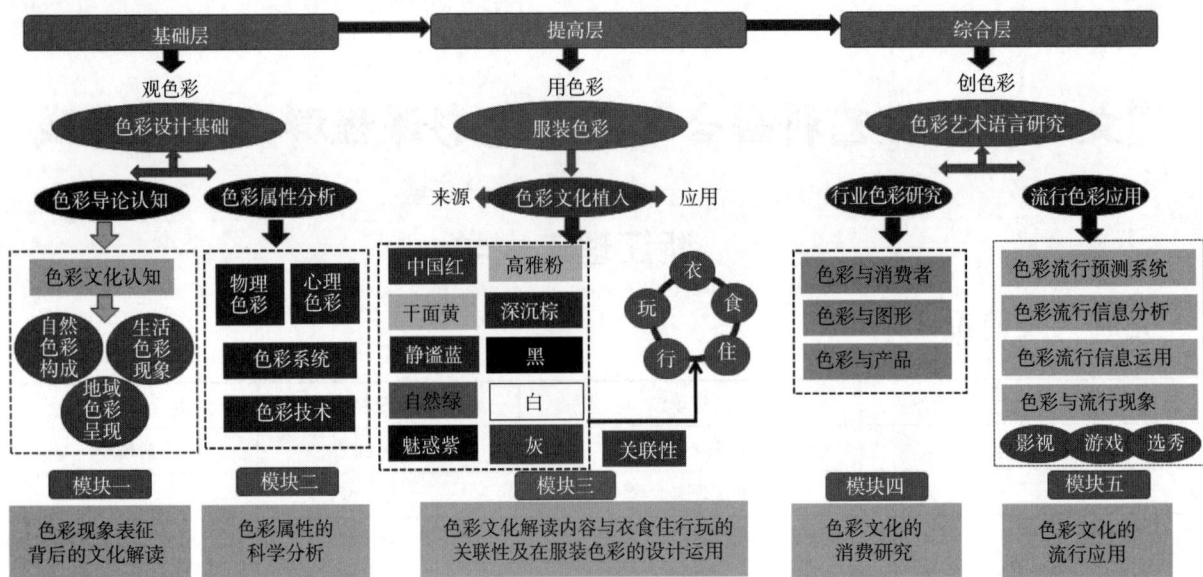

图 1   课程群框架图

求的问题。

2   成果解决教学问题的方法

2.1   以文化引领指导教学理念

挖掘中国色彩文化、形成色彩审美、改变以往单纯应用型课程属性，使之成为集文化审美、思维培养与实践应用三位一体的综合型课程群。培养学生从文化角度观察色彩、用科学方法分析色彩，最终形成具有自我认知与文化自信的色彩审美，并输出和指导商业流行。

2.2   构建"3层次5模块"的教学结构和内容，体现结构的连贯性和内容的递进式

构建基础层、提高层、综合层的3层次课程结构分别对应"色彩设计基础""服装色彩""色彩设计研究"课程。形成5模块课程内容，其中导论认知、属性分析、文化植入、行业研究、流行应用各模块环环相扣，体现连贯性。色彩文化在"3层次5模块"以不同角度和难度呈现，体现递进性。

2.3   艺科融合下的四种教学方法探索

（1）多元感知：从自然、生活、地域多层次多角度感受色彩，建设色彩文化数据库。用直观案例式方法引导学生对身边的色彩案例用"心"感知，用问题引导式方法鼓励学生带着问题探索周边色彩世界。

（2）双向融合：向外引入行业色彩专家、艺术家、科学家、数据分析师组建包括色彩文化、艺术色彩、色彩感知客观化、成色技术在内的多领域校内外复合导师团队，进行讲座式教学。向内场景式教学将色彩内容带入科学场景。

（3）文化植入：运用体验式教学方法组织学生深入地缘探索色彩文化成因、走进消费者研究色彩文化植入方式。

（4）思行并重：将色彩文化融入项目式教学，以色彩创新实践成果参加学科竞赛和行业大赛，结合色彩类科创项目、企业命题进行项目式教学（图2）。

2.4   分层评价体系

服装色彩课程群在目标要求下，结合3层次5模块构建分层评价体系，评价学生的色彩认知、多

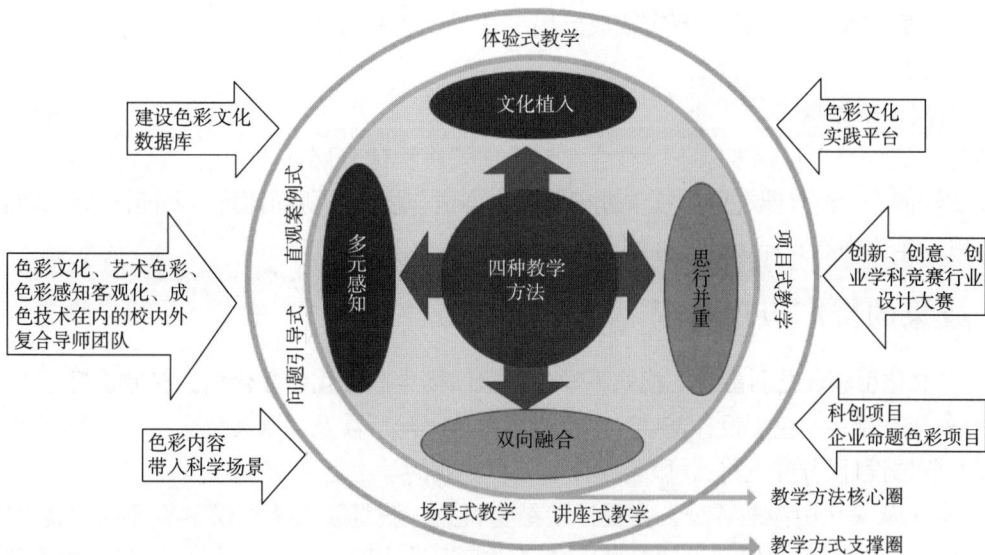

图2 艺科融合下的四种教学方法探索

维分析和实践能力,结合课程内容权重分配,再结合校内外协同评价(共同深入课程规划、讨论、评分)、以学生为中心式评价(学生互评与自评)和教师综合评价(过程评价、最终评价以及符合"00后"学生学习习惯和特点的针对性评价)进行(图3)。

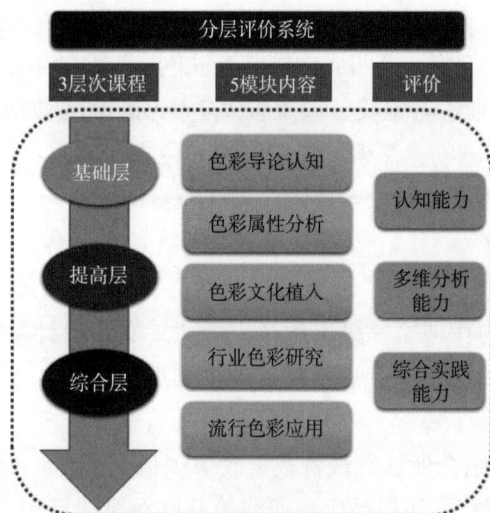

图3 分层评价系统

3 成果的创新点

3.1 文化引领下的教学理念创新,并形成与之对应的3层次课程结构和5模块课程内容

以往服装色彩课程具有纯应用型属性。在文化引领下,通过挖掘中国色彩文化、形成色彩审美,使之成为集文化审美、思维培养与实践应用于一体的综合型课程群。并构建基础层、提高层、综合层的3层次课程结构和5模块课程内容。

3.2 艺科融合下形成四种教学方法

课程强化艺术、科学、技术相辅相成、相互促进、相得益彰。运用多元感知、双向融合、文化植入、思行并重的教学方法,具体采用直观案例式、问题引导式、讲座式、场景式、体验式、项目式教学方法。

建设色彩文化数据库，将色彩创新实践成果用于学科竞赛和行业大赛，结合色彩类科创项目、企业命题进行项目式教学。

3.3 分层评价体系

服装色彩课程群在目标要求下，结合3层次5模块构建分层评价体系，评价学生的色彩认知、多维分析和实践能力，结合课程内容权重进行分配，再结合校内外协同评价（共同深入课程规划、讨论、评分）、以学生为中心式评价和教师综合评价进行。

4 成果的推广应用情况

4.1 "文化引领、艺科融合"模式下学生积极弘扬中国文化，复合能力有效提升

从2006年开始在"色彩设计基础"课程进行改革，随后涉及"服装色彩""色彩设计研究"课程，辐射服装与服饰设计、产品设计、服装设计与工程专业的学生近2000人。

（1）学生从文化中汲取养分，在设计中结合科技，获得新人奖、汉帛奖等创意类大奖近40项。如学生获得2015年汉帛奖银奖（针对城市色彩进行设计实践），获2021年汉帛奖优秀奖（结合校友企业选用生态铂金革科技材料与艺术结合进行设计），获得浙江省大学生服装服饰创意设计大赛二、三等奖（运用中国贵州民间绿染，挖掘色名文化进行设计）等多个创意类大奖。

（2）学生创新能力增强，将色彩融入创新实践，成果获得专利51项。

（3）学生服装色彩设计实践在挑战杯、"互联网+"等创新性竞赛中获奖。学生获得第十一届"挑战杯"大学生创业计划铜奖、"创青春"浙江省第十一届"挑战杯·萧山"大学生创业大赛金奖（探索内衣设计中的传统色彩体现，运用十二节气元素设计产品产生上百万跨境销售数据）、第二届中国纺织类高校创意创新创业大赛特等奖、第四届中国"互联网+"大学生创新创业大赛暨建行杯第四届浙江省"互联网+"大学生创新创业大赛银奖，国家级大学生创新创业训练项目（《基于数码喷印技术制备的遇水显像型隐形光子晶体印刷物》探索艺科融合的显色方式）。

4.2 教学水平与教研能力提高，建设丰富的优质课程资源

4.2.1 教材建设

教师公开出版在编"十二五""十三五"部委级规划教材、浙江省新形态教材共9本。其中《色彩设计》《色彩文化学》《服装色彩》均在国家一级出版社出版，《女装设计》获得"十二五"浙江省高校优秀教材奖，出版的教材在多个省市的10余所纺织院校得到推广应用。

4.2.2 色彩项目研究

围绕文化引领、艺科融合，结合浙江省教育教学改革项目（省级）、色彩课程改革、色彩文化研究、传统色彩美学、色彩意象智能解析、纺织品生色研究等开展教改项目和色彩专项研究30余项。

4.2.3 色彩文化数据库

整理100个色彩文化故事，形成色彩文化数据库。色彩设计在线课程"解密色彩情感语言"获得浙江省高校微课教学比赛三等奖。

4.2.4 教师团队

（1）校内：学科交叉专业融合教学梯队。教授1名，副教授2名，讲师4名，有海外背景和博士学位占70%，拥有艺术学、纺织工程、材料等交叉学科背景。

（2）校外：协同教师团队。校外根据艺科融合特点引入不同类型的行业专家共6位形成校外导师团队。校内外导师团队共同备课授课。

4.2.5 色彩文化实践平台

（1）色彩文化实践基地保障。有国家级实验示范中心，文旅部重点实验中心，丝绸文化传承与产品设计数字化技术等教学基地。

（2）项目组负责人是学校民族服饰文化研究创新中心执行主任。中心于2020年在丽江成立丽江研习中心基地，进行民族服饰文化色彩研究与交流。

（3）色彩课程教学质量保障机制。课程通过课前团队构建，协同备课，明确授课目标和要求，各班级教学效果的沟通互评机制，共建教学成果的评价标准等，对课程教学进行质量保障。

4.3　行业协会影响力增强

充分借助各种行业协会平台，与专业机构协作，使更多的学生走向更大、更高的专业平台。

（1）2009年学生色彩实践成果参加北京时装周，获得业内良好反响，CCTV、浙江卫视等作专题报道。2009年之后中国服装设计师协会热情邀约学校学生参加北京大学生时装周展示学生实践成果，色彩是重要的支撑。

（2）服装色彩教学成果参加北京时装周首届DHUB设计展、浙江ADM展等，浙江卫视报道后，获得良好的业内反响，多家服装类院校来电来人咨询教学经验。

（3）服装色彩教学完成的品牌改良、消费者色彩调研报告被企业采纳，行业内其他相关企业也对此产生浓厚兴趣和采纳意向。

（4）团队教师受邀参加中国国际大学生时装周—不拘讲堂作"时尚—科创视域下色彩设计教学的改革与创新"专题演讲，推广色彩设计语言教学改革成果，参加第四届国际纺织服装研究出版论坛作"时尚科创与色彩设计教学"专题演讲，推广色彩设计语言教学改革成果。

4.4　服务地方经济成果显著

团队教师从色彩感性认知向客观表达转变，融合机器视觉和人工智能技术，在教学实践中实现从感性认知到量化理解的转变，加强学生对色彩空间关系的理解；建立意象—语义—色彩输出的理论模型，让学生具象化掌握传统文化和色彩的语境融合；夯实基于意象场景的色彩自动配色的理论和方法基础，实现色彩搭配理论推导与配色机制构建，提升色彩教学和设计的重构效率，服务企业，提高效益，成果显著。

基于浙江理工大学湖州研究院的研究成果《中国传统色彩美学逻辑与意象色彩体系建构》《色彩意象智能解析与自动配色系统研发》，与延长石油、雅莹等企业建立长期的合作关系，承接企业横向项目30余项，研究色彩30余项，总金额达500余万元。

成果导向、虚实结合、一体多元的化学化工类专业实践教学模式的探索与实践

武汉纺织大学

完成人及简况

姓名	性别	所在单位	党政职务	专业技术职称
李明	男	武汉纺织大学	纺织印染国家级实验教学示范中心副主任、化学与化工学院副院长	副教授
彭俊军	男	武汉纺织大学	化学系主任	副教授
冉建华	女	武汉纺织大学	无	高级实验师
刘仰硕	男	武汉纺织大学	应用化学系主任	讲师
李伟	男	武汉纺织大学	化学与化工学院院长	教授
杨锋	男	武汉纺织大学	无	教授
闵雪	女	武汉纺织大学	无	讲师
梅娟	女	武汉纺织大学	无	无

1 成果简介及主要解决的教学问题

1.1 成果简介

在落实学校"专业嵌入产业链、产业哺育专业群"办学思路（2014年国家教学成果二等奖）过程中，以纺织印染国家级实验教学示范中心建设为契机，构建并实施了"成果导向、虚拟结合"的化学化工类专业实践教学体系，取得了如下成果：

（1）形成并践行了"成果导向、虚实结合"的实践教学理念。以学生能力培养为核心，将能力提升与创新思维融入实践教学全过程，形成基于成果导向、虚实结合的实践教学理念。

（2）创建一体多元实践教学体系。构建"理虚实一体化（理论知识—虚拟仿真练习—实验实训操作）、三阶段（实验—实训—实习）、三层次（基本技能—综合训练—工程实践与创新设计）、六模块（实验室安全—基础化学实验—大型仪器—化工设备—工厂实习—工厂设计）（简称'1336'）"的实践教学新体系，统筹安排各教学环节，开放共享。

（3）构建了校企协同、虚实融合的实训实习平台。以提升实验技能、强化单元操作为目标，建成大型仪器分析、化工原理单元操作等虚实结合实训模块；以提升工程能力为目标，构建仿真—沙盘—工厂实习认知与生产实习模块；以创新能力培养目标，自主开发"印染厂虚拟设计"仿真工厂。

1.2 成果解决的主要教学问题

（1）化学化工实践教学危险性大，脱离工程现场，工程教育与生产实际脱节。

（2）行业高校实践资源短缺，不能满足高素质应用型人才培养的需求。

2 成果解决教学问题的方法

2.1 创建成果导向、虚实结合"1336"实践教学体系，破解工程教育与生产实际脱节问题

立足培养目标与毕业要求，优化课程体系，统筹安排理论课、虚拟仿真、实体实验资源，创建理—虚—实一体化多元实验实践教学体系。实践教学体系理论—虚拟—实体一体化统筹安排，涵盖实验—实训—实习三个阶段，分为基本技能—综合训练—工程创新三个层次，建成了实验室安全—基础化学实验—大型仪器—化工设备—工厂实习—工厂设计六个虚实结合实验模块。通过一体化合理安排，打破理论实践结合难题，强化学生实际动手和工程实践能力；结合创新训练项目和学科竞赛，提升学生创新能力。

2.2 创建校企协同、虚实融合的实训实习平台，解决行业高校实践资源短缺问题

依托中央财政支持行业高校发展专项资金，加强校企合作，开发虚拟仿真实验项目，虚实互补充实教学内容。将学院、学校和行业企业的实训实习平台进行整合，形成校内实训和校企协同实习平台。

（1）实验：融合仪器分析实验室，建成与真实仪器分析虚拟互补的大型仪器分析虚拟训练平台。在此基础上，配合课题研究，实施创新能力训练。

（2）实训：融合化工原理实验室，搭建虚实一致的化工原理单元操作模块，同时建成化学工艺、化工设备实训等虚拟综合实训平台。

（3）实习：构建合成氨仿真实习—沙盘实习—工厂认知实习与生产实习平台，自主开发"印染厂设计"虚拟仿真工厂。

虚实融合的实训实践平台已成为我校化学化工专业工程实践能力和创新能力培养的支柱平台。

3 成果的创新点

3.1 理念创新：形成理虚实一体多元实践教学理念

围绕实验实践教学方式、资源配置、效率等问题，深入调研化工行业人才培养需求和高校化学化工专业人才培养现状，融合蓬勃发展的虚拟现实技术，遵循成果导向理念，提出"构建理虚实一体多元实践教学体系"，以学生能力培养为核心，统筹推进实验教学与现代信息技术深度融合，创建"一体化、三阶段、三层次、六模块"实验实践教学体系，打破理论实践结合难题，强化学生实践动手和创新能力。

3.2 实践创新：创建校企协同、虚实融合实训实习平台

立足纺织印染国家级实验教学示范中心、湖北省虚拟仿真实验教学中心，在中央财政支持地方高校发展专项资金支持下，整合学院、学校和企业的实训实践平台，建成虚拟仿真—单元操作—综合训练校内实训平台、仿真实习—沙盘实习—工厂实习校企协同认知与生产实习平台，平台面向化学化工类专业全体本科生开放，辐射研究生和染整工程专业国际留学生，每年惠及1000余学生。

4 成果的推广应用情况

4.1 本科人才培养质量稳步提高

近5年，实践教学平台累计接收学生5000余人，学习次数60万余人次。化学化工类专业毕业生深得用人单位好评，研究生录取率达33%，平均每三个毕业生就有一个成为武汉大学、华中科技大学、华东理工大学、东华大学等知名高校研究生；就业率长期稳定在95%以上，供需比1：4；化工学子获国家及省部级学科竞赛奖励65项，在第七届湖北省普通高等学校大学生化学实验技能竞赛获一等奖3个、总成绩位列第一。

4.2 本科教学整体水平持续提升

项目实施期间，承担国家及省部级等教学研究课题4项，发表教研论文8篇，出版《大学化学实验》

《无机及分析化学实践与练习》《有机化学实验》《物理化学实验》教材 4 部，"染整工艺学"获湖北省一流本科课程。建立 25 个校外实践教学基地，设立 18 项企业奖学金，累计 50 余万元。

应用化学专业 2020 年获国家级一流本科专业立项建设，轻化工程专业 2019 年获湖北省一流本科专业立项建设，资源循环科学与工程专业 2019 年首批申请工程教育认证获受理。轻化工程专业 2012 年获国家卓越工程师教育培养计划，轻化工程教研室获湖北省普通本科高校优秀基层教学组织。

4.3 成果示范与辐射作用显著

（1）服务外校：虚实结合实训实践平台，坚持开放共享，成果已在安徽理工大学、福建三明学院等高校推广使用。

（2）承办会议：2021 年承办第三届全国大学生绿色染整科技创新竞赛，2020 年主办环境污染控制与能源催化材料学术论坛，2018 年主办第七届全国资源循环科学与工程专业人才培养与学科建设研讨会，承办湖北省化学化工学会物理化学专业委员会会议；2016 年承办湖北省第九届大学生化学（化工）学术创新成果报告会。

（3）来访接待：有武汉理工大学、湖北大学、长春工业大学等 16 所高校和湖北达雅生物科技有限公司、芜湖富春染织股份有限公司行业专家，考察虚实结合实验实训中心。

（4）会议交流：2013、2016、2019 年李明受邀分别在第二、六、八届全国资源循环科学与工程专业人才培养与学科建设研讨会作大会报告。彭俊军、朱志超应邀在 2015 年第十三届全国大学化学教学研讨会上发言交流。

纺织工程专业工程教育人才培养模式
持续改进的研究与实践

中原工学院

完成人及简况

姓名	性别	所在单位	党政职务	专业技术职称
杨红英	女	中原工学院	纺织学院院长	教授
卢士艳	女	中原工学院	纺织工程与纺织品设计系主任	教授
李虹	女	中原工学院	纺织学院教学督导组长	教授
周金利	女	中原工学院	无	讲师
张靖晶	女	中原工学院	无	助理实验师
杜姗	女	中原工学院	纺织工程与纺织品设计系副主任	讲师
杨志晖	男	中原工学院	无	工程师

1 成果简介及主要解决的教学问题

1.1 成果简介

本成果主要研究纺织工程专业人才培养模式与国际接轨，按照《华盛顿协议》要求结合工程教育理念研究人才培养过程中所面临的问题，通过实践解决问题，并建立起满足中国工程教育认证标准的人才培养模式。在研究过程中，确定研究问题的重点与难点，并提出解决方法，建立起以"以学生为中心，以成果为导向，以持续改进为保障"的人才培养教育理念、质量评价和保障体系。参加了中国工程教育专业认证，申请、自评和进校环节全部一次性通过，并入选首批国家级一流本科专业建设点。

1.2 主要解决的问题

1.2.1 改变教育理念、改革教学模式

建立起"学生中心、成果导向、持续改进"的人才培养理念，对人才培养体系进行系统的反向设计、正向实施。在育人上，强调立德树人，突出能力与素养，面向国家、行业、单位以及个人需求，形成持续改进的人才培养方案和闭环运行体系。在教学上，注重改变教学方式和教学效果评价方法，变评"教"为评"学"，依据人才培养各环节的评价结果，进行反馈并持续改进，确保人才培养质量不断提升。

1.2.2 建构"评学"和持续改进机制

建构了"评学""成果导向"的教学评价机制，以及"内外结合"的持续改进机制，编制了相应的机制文件并有效运行实施。同时，对机制文件也根据实施情况进行持续改进。

1.2.3 持续改进教学方法、内容、手段、课程考核方式等

为践行新的人才培养教育理念，确保人才培养成效，对教学方法、内容、手段、课程考核方式等均进行了改革，对每门课程进行指导和督查，打通"最后一公里"。

1.2.4 学生形成性评价的方式与方法

在培养过程中了解学生的学习情况，根据形成性评价结果，及时开展相应的、必要的帮扶，通过形成性评价提升培养效果。将人才培养环节的评价结果用于持续改进，保障人才培养质量。

1.2.5 创新管理机制、保证教改落实

工程教育人才培养涉及每位教职员工，不是几个人努力就可以完成的。为保障改革成效，基于教师团队实情，采用现代管理理念和方法，创新管理机制，改革奖惩办法，激励、调动每位教师的积极性、主动性和能动性，实现全员参与，激发创造活力。

2 成果解决教学问题的方法

2.1 改变教育理念

组织教师进行工程教育认证培训，采取专家讲座、研讨交流、外出学习等方式，使教师接受新的人才培养教育理念，掌握新的教学方法，并充分利用现代信息技术提升个人能力素养与教学成效。

2.2 建立持续改进机制

2.2.1 人才培养方案制订机制

采用方向设计。针对培养目标：通过走访用人单位和发放问卷调研，了解利益各方的需求以及学生培养的成长点；组织专家论证，确定满足国家、行业与区域经济发展，符合学校定位，具有专业办学特色的培养目标。针对毕业要求，设计毕业要求支撑培养目标的达成，体现能力素养培养，并便于达成情况考核；请校内外专家对毕业要求进行审核，保证毕业要求能够支撑培养目标，指标点和能力点分解合理、全覆盖、可衡量。针对课程体系：满足用人单位对人才能力需求，支撑毕业要求能力点的达成；组织专家论证，明确指标点与课程体系的支撑关系，从而确定课程体系。针对课程大纲：建立了全体任课教师参与、分层次多循环商讨制定审批的课程大纲制定与修改机制。

2.2.2 人才培养质量保障及持续改进机制

采取"走出去、请进来，合理分析，便于改进"的原则。消化整合先进经验，结合专业实际情况，体现专业特色，组织专家针对教学环节、考核环节进行分析，制定科学有效、可操作性强的改进机制。

2.3 改革教学方法、内容、手段、课程考核方式等

组织教师以课程组为单位对课程的教学方法、内容、手段、考核方式等进行研讨；组织专家对课程的教学方法、内容、手段、考核方式等进行论证，注重教学方法与教学手段多样化，所有课程均采用过程性考核，并全部融入思政育人理念。

2.4 建立学生形成性评价机制

借鉴国内外其他高校的经验，结合本校的实际情况，建立形成性评价机制，制定机制文件；聘请专家商讨，进行修订与改进，加强过程性考核，对培养效果快速反应，及时帮扶学困学生；由学院教指委进行论证，确定具体方法。

2.5 创新管理机制、保证教改落实

为确保本项目教改内容的落实与成效，采用现代管理理念和方法，从学校和学院两个层面创新相关政策和奖惩机制，针对教职员工的不同层次与个性化需求，从事业、情怀、感情、职责和待遇等多方面、多层次、多元化地调动所有相关人员的能动性和创造性，提升解决复杂问题的能力、执行力和创造力。

3 成果的创新点

3.1 构建了新的人才培养模式并经实践检验

形成了"以学生为中心，以成果为导向，以持续改进为保障"的人才培养理念，构建了完整的体

系。落实到教学上，将原来以"教"为中心转变为以"学"为中心；形成了以督"学"替代督"教"；教学效果的评价，以成果为导向。

3.2　形成了完整的学生培养形成性评价体系

从培养目标、毕业要求、课程体系、课程大纲（课程授课方式、方法、内容、考核手段）等形成了完整的人才培养评价体系，确保培养目标满足国家、社会、行业、家长、学生的需求，毕业要求支撑培养目标达成，课程体系支撑毕业要求达成，课程教学保障课程目标达成，从而确保培养目标的实现。

3.3　建立了适宜的持续改进机制并有效运行

对于培养目标、毕业要求、课程体系、教学效果等均有相关机制文件进行评价与改进；并在实施过程中依据实际效果，进一步修订和完善产出评价机制文件，形成"评价—反馈—改进"闭环管理模式，使各环节得以改进与提升。

4　成果的推广应用情况

4.1　工程教育人才培养成效显著

本成果从 2012 年纺织工程专业被遴选为河南省工程教育人才培养模式改革试点专业（豫教高 2012〔964〕）开始，2016 年与国际接轨，基于《华盛顿协议》和中国工程教育认证的标准和理念展开深入研究，研究成果从 2017 年开始，在 2014～2020 级纺织工程专业的教学实践中全面推广应用，并通过持续地深入研究、积累经验、持续改进和修订完善，高素质人才培养成效斐然。毕业生获得用人单位的充分认可，广受欢迎。

4.2　专业建设与教学基本建设成果丰硕

本成果历经五年实践，显著促进了专业建设，进一步夯实了专业基础，提升了专业水平，2019 年入选首批国家级一流本科专业建设点，通过了中国工程教育认证。近几年新增教学成果主要有：省级一流课程 2 门、省级精品在线开放课程 1 门，省部级教改研究项目 8 项，省部级教学成果特等奖 1 项、"纺织之光"教学成果一等奖 1 项，教改论文 22 篇，大学生校外实践教育基地 1 个，中原教学名师 1 人，河南省教学名师 3 人，河南省示范性劳模和工匠人才创新工作室 1 个，纺织工程与纺织品设计系被评为河南省优秀基层教学组织，等等。

4.3　教学成果推广并发挥示范带动作用

本成果已在我院轻化工程和非织造材料与工程专业，以及我校服装学院、材料学院、能环学院、机电学院的多个专业进行推广应用，运行结果得到充分认可；同时也被河北科技大学、河南工程学院等其他高校的纺织类专业借鉴与应用，运行效果得到了兄弟院校的赞誉。本成果为地方性院校工程教育人才培养、专业建设和工程认证提供参考，通过推广应用发挥示范带动作用。

服装设计与工程专业"工程+"复合应用型人才培养研究与实践

上海工程技术大学

完成人及简况

姓名	性别	所在单位	党政职务	专业技术职称
谢红	女	上海工程技术大学	院长	教授
李艳梅	女	上海工程技术大学	副院长	教授
曲洪建	男	上海工程技术大学	系主任	教授
田丙强	男	上海工程技术大学	实验室主任	高级实验师
夏蕾	女	上海工程技术大学	系副主任	讲师
阮艳雯	女	上海工程技术大学	系主任助理	讲师
陈李红	女	上海工程技术大学	无	副教授
李沛	女	上海工程技术大学	科研秘书	副教授
胡红艳	女	上海工程技术大学	教学秘书	讲师

1 成果简介及主要解决的教学问题

1.1 成果简介

中国是世界服装生产和消费大国，服装行业是我国支柱产业之一，在国民经济中处于重要地位。2019年我国服装零售总额达1.38万亿元，占我国商品消费总额的5%。进入21世纪，高新技术的飞速发展，促进中国服装产业发生了急剧的变革，生产模式向数字化、网络化及智能化发展，设计方式呈现绿色、持续可环保特点。新的业态不断出现，产业链也由原先的单一模式向多元化发展，随之带来的是对服装专业人才的多样性、复合性、交叉性及国际化的需求越来越明显，而原有的服装设计与工程专业体系和培养模式难以适应这一产业需求。

40多年来，上海工程技术大学坚持依托现代产业办学，以学科群、专业群对接产业链和技术链，形成了鲜明的办学特色和"三协同"工程应用型人才培养模式，成为应用型高校的示范单位。服装设计与工程专业在多年的专业改革和建设中，牢固树立了"以工为本、产出导向"的教育理念，通过学科与学科交叉、工程与技术交互、专业与职业交融的多向融合方式，实现人才培养过程中知识、能力、素质的螺旋发展，形成了适应产业发展需求的"工程+"复合应用型人才培养模式。

本专业始终紧贴产业发展，研判人才需求动向，以调整专业培养方向、优化培养模式。2003年启动复合型人才培养改革，在国内率先增设了数字化服装方向和服装营销方向，为建立"工程+"复合应用型人才培养体系奠定了良好的基础。2011年在国内第一批开展服装设计与工程卓越工程师教育培养计划，与企业共建国家级工程教育实践中心，推行"3+1"整件制企业工程实践教学。在此基础上，2014年引入工程教育认证体系，提出并全面实施："以工为本，产出为导向，多向融合"的复合应用型人才培养模式改革，建立健全内外保障机制，并于 2018 年顺利通过教育部工程教育专业认证，2019年获批国家一流专业建设。具体实施过程如下（图 1）。

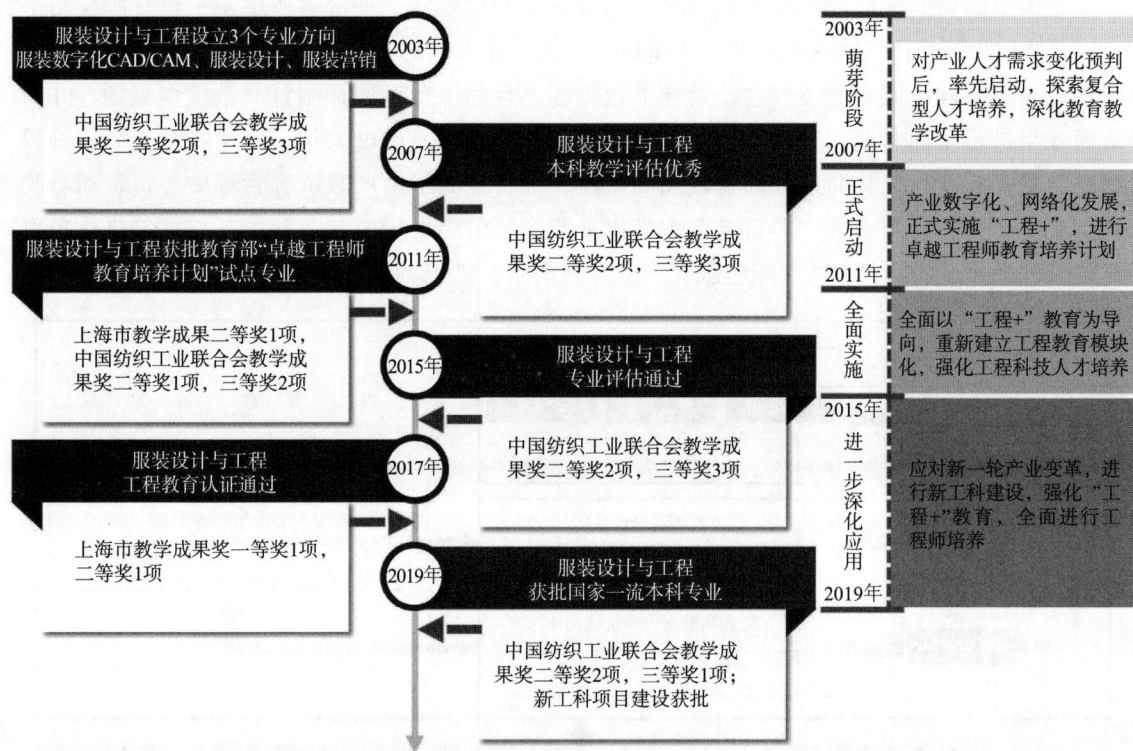

图 1　服装设计与工程专业"工程 +"复合应用型人才培养改革历程

1.2　主要解决的问题

服装设计与工程专业在实施"工程 +"复合应用型人才培养改革过程中遇到的挑战有：如何制定符合服装产业特点和发展需求的"工程 +"复合应用型人才培养体系？如何在"工程 +"复合应用型人才培养体系框架下，确立实施过程中的能力培养类型、路径与方法，实现知识、能力、素质的融合培养？如何对标国际标准，衡量服装"工程 +"复合应用型人才培养体系的实施效果，以持续提高服装设计与工程人才培养质量？

2　成果解决教学问题的方法

2.1　成果的主要思路

2.1.1　树立"以工为本，产出导向，多向融合"的"工程 +"复合应用型人才培养理念

紧贴服装产业的特点和业态发展，对标国际教育标准，提出"以工为本、产出导向、多向融合"的教育理念，通过学科交叉、工程技术交互、专业职业融合的方式，重构课程体系、改革第一课堂教学，强化二课堂实践，构筑"工程 +"复合应用型人才培养体系。

（1）"以工为本"：回归工程实践的根本，完善服装设计与工程专业的工程系统，树立工程实践教育理念。

（2）"产出导向"（OBE）：从外部需求（社会、产业需求）出发，设计和制订培养过程，实现"工程 +"复合应用型人才培养资源的合理配置。

（3）"多向融合"：强调培养紧贴行业需求，通过学科与学科交叉、工程与技术交互、专业与职业交融的多向融合方式，实现人才培养过程中知识、能力、素质的螺旋发展，培养具备较强工程理论能力、

工程实践能力、工程创新能力，胜任工程事业发展需求的复合应用型人才。

2.1.2 构建协同平台，形成"工程+"复合应用型人才培养产教快速响应机制

本专业构筑的协同平台由四层平台组成，分别是平台指导层、平台运作层、平台资源层与平台产出层，四层架构相互作用，实现以三联动为基础，对接产业需求的快速响应机制。平台指导层由产业、企业与院校专家共同组成专业委员会，指导平台资源整合和平台运作，制订产教工作规划，并对产教联动培养效果进行全面监控。平台运作层是执行三联动的主体，通过教师、企业联合开展各种教学实践活动进行贯穿和实行，并通过过程考核加以监控。平台资源层由产教资源管理中心负责对各类产教资源进行扩充、维护、调整等，不断丰富和优化资源。平台产出层由专业和第三方评价机构负责对人才培养效果进行评价和反馈，及时响应服装产业发展需求，动态调整产教联动计划（图2）。

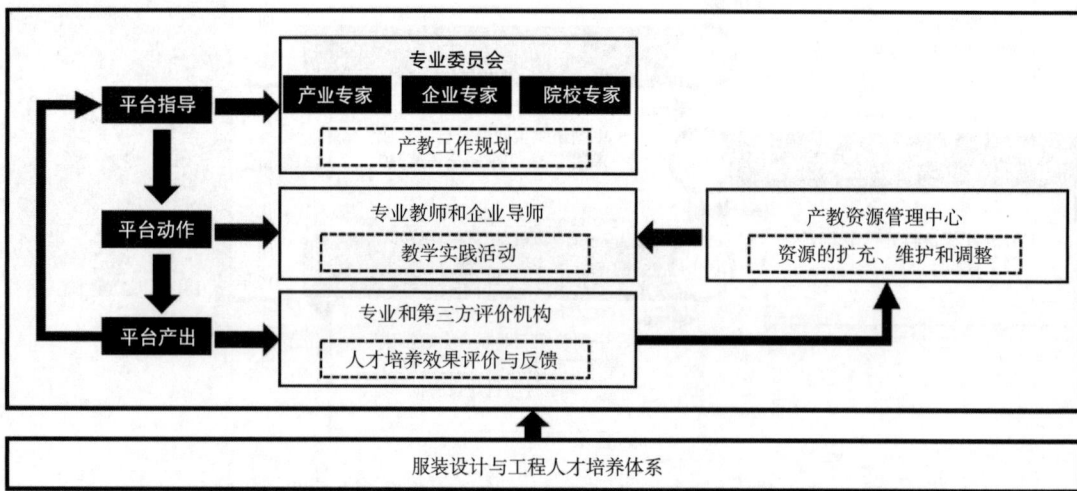

图2 多方协同的"工程+"复合应用型人才培养产教快速响应机制

2.1.3 改革人才培养模式，实现学生知识、能力、素质螺旋式发展

从学科、技术、职业三个维度扩展服装工程的知识模块，强化实践能力和提升职业素养。从一年级至四年级，构建了从兴趣班、强化班、工程实践、职业培训、项目制到企业实习、毕业设计、创新创业等梯度式实践教学体系。在教学过程中，首先根据学生的个性化特点建立兴趣班，通过启发引导明确未来的特色方向；其次有针对性地开展强化班的训练，帮助学生获得专业特长；再次将专业特色与职业岗位进行匹配，加入相关职业训练内容，树立职业精神；最后通过多样化的综合实践环节，包括项目制、毕业设计、企业实习、创新创业等促使学生综合运用所学知识，实现能力特长融合提升。在每个实践环节都将学科、技术和职业很好地融入教学内容和教学方式，融合进阶，实现学生知识、能力、素质螺旋式发展（图3）。

2.1.4 对标国际工程教育标准，建立"工程+"复合应用型人才培养质量体系

以工程专业认证标准构建本专业质量保障体系，强调以产出为导向，明确复合型人才培养目标和毕业要求，细化各教学课程和环节的质量标准，健全教学质量监控与评价机制，建立人才培养持续改进的闭环。

首先，以知识点为单位构建网络化课程体系，实现不同课程的整合和重构，建立符合复合型人才培养要求的课程质量标准；其次，针对兴趣班、强化班、工程实践、职业培训、项目制等培养环节的目标要求，制定监控细则，强化过程管理，确保教学环节的目标达成；再次，强化毕业设计（论文）综合训练，提升"多向融合"的培养机制，保障毕业要求达成效果；最后，健全毕业生跟踪反馈和社会评价机制，以持续改进"工程+"复合应用型人才培养模式，保障人才培养适应产业变化和市场需求（图4）。

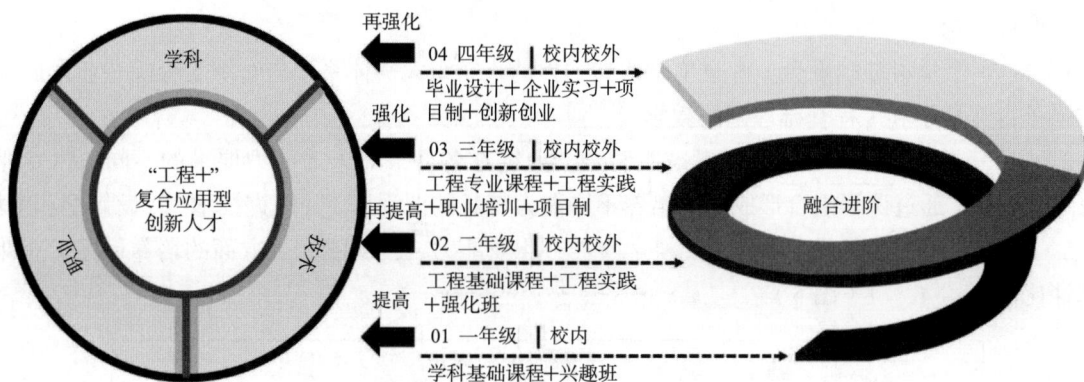

图 3 三维融合进阶式人才培养模式

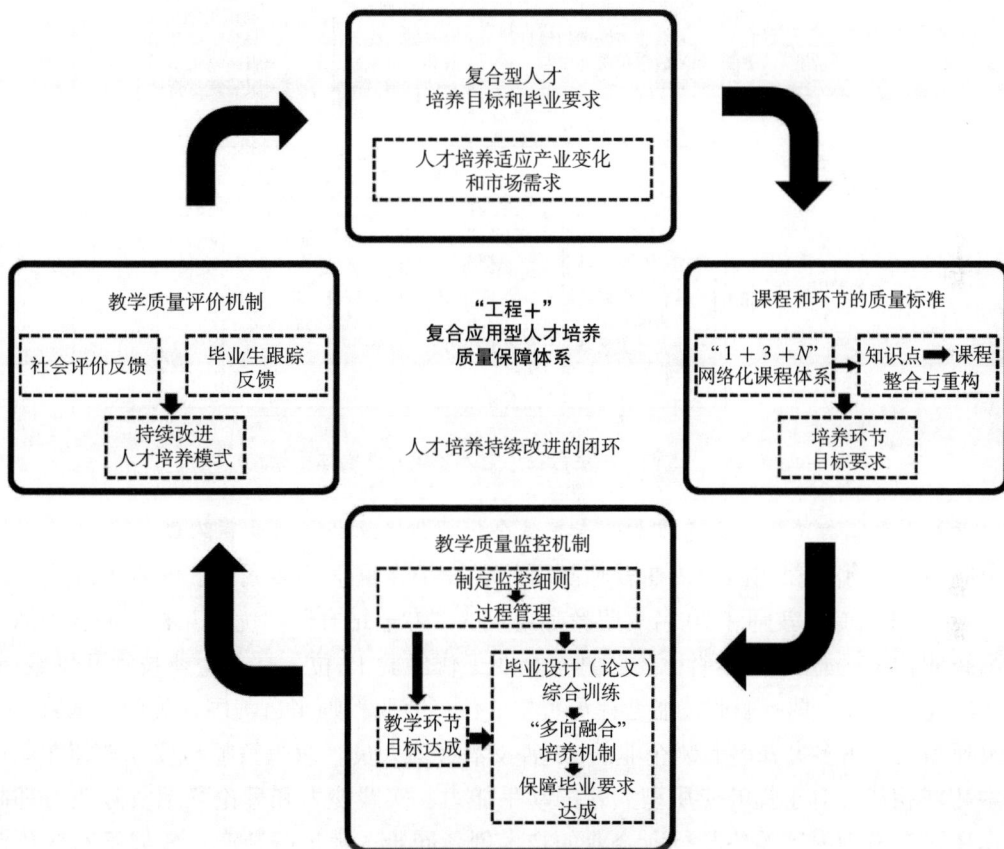

图 4 "工程 +"复合应用型人才培养保障与持续改进体系

2.2 成果主要内容

2.2.1 充分利用协同平台，聚焦服装产业发展新要求，重构了课程体系

一方面"以动态持续调研为依托"，连续 10 多年持续跟踪服装全产业链最新发展动态和行业协会公布的产业发展数据，每年 1 次对不同类型服装企业需求进行问卷调研。另一方面"以专家指委员会为支撑"，邀请服装行业专家 5 名、服装企业专家 5 名、国内外院校的专家 8 名成立服装设计与工程专业培养指导委员会，每年定期召开 2 次专家委员会议，研讨服装设计与工程专业培养过程中存在的问题，从服装设计与工程专业培养目标、课程体系、培养过程、培养效果检验等方面，提出有针对性的指导意见 50 多项。

优化后的课程体系，进一步夯实了工程基础，强化了工程实践，融合了职业要求，形成了"1+3+N"

的网络化课程结构。

（1）1：一个学科基础平台。将服装设计与工程纳入纺织大类体系，与纺织工程等专业形成学科平台，加强了自然科学和工程基础理论的教学。

（2）3：三类特色课程群。充分考虑服装全产业链在各环节对人才能力要求的不同，将专业课程进行菜单式设置，通过课程组合形成三类培养不同能力特长的课程群，分别为技术型、设计型和市场型。

（3）N：若干拓展性课程。围绕人文科学素养、职业能力、创新能力等方面的培养目标扩充课程资源，选课比例可达4：1（图5）。

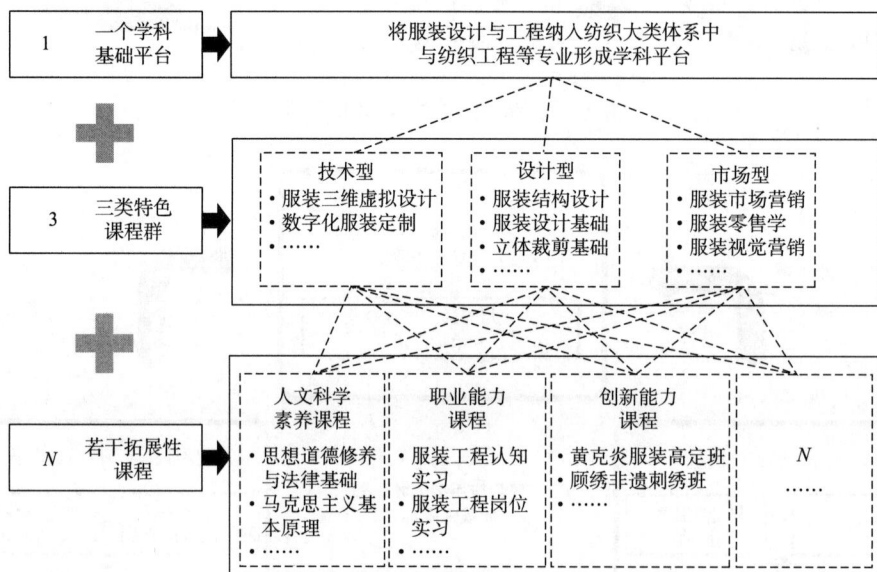

图5 "工程+"复合应用型人才培养课程体系架构

2.2.2 开放引智，打造了一支高质量"专兼结合""优势互补"的教师队伍

与复合应用型人才培养相匹配，在教师队伍的建设中注重学科多元化、学术国际化、教学多能化。打造了一支23名专任教师和20名兼职教师组成的"专兼结合""优势互补"的教师队伍。校内教师具有高级职称13位、东方学者1位、具有企业工作经验17位、具有企业技术开发经历18位、具有职业资格证书4位，具有职业技能考评员资格3位；兼职教师来自美国、英国等国家5个知名院校的8名教师和长三角多家知名服装企业的12名技术管理人员。兼职教师与校内教师在应用型人才培养过程中相辅相成，对于提升应用型人才的动手能力、实践能力和理论联系实际能力都起到了正向的推动作用，是教学内容始终与行业企业的技术创新同步，满足服装产业发展不断变化对人才的需求。

2.2.3 完善工程实践能力的提升机制，构筑立体式工程实践基地和职业发展平台

满足学生融合渐进的能力培养需要，建成"黄光炎高级定制技术""大师时装设计""博克数字化服装技术"3个教学工作室支撑强化班教学；建成"时尚学习工厂"，分设5个项目制工作室，支撑项目制教学；建成上海市职业技能大赛培训基地，支撑职业训练教学；建成国家级工程实践教育中心支撑工程实践教学，建成50多家稳定的校企合作单位，支撑企业实习。同时还建有3个省部级学科基地和1个国际联合实验室，与上海工程技术大学科技园联合建立大学生创新创业孵化基地，全面支撑创新创业教学。

2.2.4 促进第一课堂和第二课堂教学改革，全面提升专业教学水平

积极探索开展跨学科专业协同实践课程和课程体系的改革，对第一课堂和第二课堂进行教学模式

创新，倡导五级项目制、智慧课堂教学等新的教学方法的引入，推动五类金课建设，并通过线上线下资源实现教学资源互动、跨学科教学资源的交叉整合、国际教学资源吸收、企业教学资源引进，推动优势教学资源的协同，全面提升教学水平。

近几年共出版国家级规划教材8本，完善服装工程素质为本、多学科知识体系；建设国家级金课1门、省部级金课1门、校级精品课程和金课4门。并通过政府、企业和学校资源的整合，将创新创业大赛、职业资格证书培训等20多个创新创业项目纳入学生"第二课堂"，以职业素养提高推动学生就业，缩短职业与就业之间的差距。

3 成果的创新点

3.1 培养体系创新：制定了符合国家战略、产业发展、企业需求的"工程+"复合应用型服装人才培养体系

紧贴服装产业的特点和业态发展，对标国际教育标准，提出"以工为本、产出导向、多向融合"的教育理念，通过学科交叉、工程技术交互、专业职业融合的方式，重构课程体系、改革第一课堂教学、强化二课堂实践，构筑"工程+"复合应用型人才培养体系。

3.2 培养机制创新：完善了多方协同的"工程+"复合应用型服装人才培养运行机制

构筑的协同平台由四层平台组成，分别是平台指导层、平台运作层、平台资源层与平台产出层，四层架构相互作用，实现以三联动为基础，对接产业需求的多方协同的"工程+"复合应用型服装人才培养快速响应机制，为构建服装设计与工程复合应用型创新人才培养体系提供了合理的运作路径和模式。

3.3 培养模式创新：创建了三维融合进阶式"工程+"复合应用型服装人才培养模式

从学科、技术、职业三个维度扩展服装工程的知识模块，强化实践能力、提升职业素养。从一年级至四年级，构建了从兴趣班、强化班、工程实践、职业培训、项目制到企业实习、毕业设计、创新创业的梯度式实践教学体系。在每个实践环节都将学科、技术和职业很好地融入教学内容和教学方式，融合进阶，实现学生知识、能力、素质螺旋式发展。

4 成果的推广应用情况

4.1 全面提高了学生工程应用能力，学生自我评价及专业满意度高

实施"工程+"复合应用型服装人才培养模式实现全员覆盖，提高了学生工程实践能力、工程创新能力与工程综合能力，近5年学生获得第45、第46届世界技能大赛上海赛区、"互联网+"创新创业大赛、全国大学生电子商务挑战赛、全国数学建模大赛、上海市大学生计算机应用能力大赛、汇创青春服装设计大赛等国家级、省部级奖项60余项，并在第10届全国大学生创新创业年会上作为典型进行交流。

近3年毕业生一次就业率保持在98%以上，概括第三方评价机构麦可思对学生的调查反馈结果可知，学生就业领域与本专业培养目标吻合度比较高，89.33%的毕业生认为专业符合市场需要，80%以上毕业生对目前就业现状的主观感受较好，近79%的毕业生认为目前工作与职业期待吻合，85%以上的毕业生就业起薪在5000元以上。尤其是学生反馈在校期间的工程教育学习经历对创造性思维影响较大，符合本专业工程设计、数字化生产制造、营销管理相结合的办学特色。

4.2 依托行业联动育人，产教融合深入，人才培养获企业高度评价

以"卓越计划""工程认证"和"国家一流本科"为依托，通过共建校企联合基地、联合实验室、校企联合项目等方式，签订产学研合作协议50余项，实现了校企双方共赢。

第三方评价机构麦可思对用人单位调查反馈显示，用人单位对本专业毕业生的总体满意度高，总

体评价为"很好"的比例达 82.22%，尤其在"解决实际工程问题的能力""利用所学知识对企业实际问题的分析能力""创新能力"等指标上评价为"好"和"很好"的比例达 85% 以上，同时在 2015 年、2016 年和 2018 年被中国纺织工业联合会评为全国纺织服装行业人才建设先进单位。

4.3 同类专业推广应用，示范作用得到同类高校公认

服装设计与工程专业 2018 年顺利通过工程教育认证，2019 年获批国家一流本科专业，专家对服装人才培养的过程及质量给予了高度肯定。

近年来，在《纺织服装教育》《高教研究》等期刊发表关于卓越计划培养模式、课程改革等方面论文 30 篇，得到同行广泛关注。多部国家级规划教材被同类高校采用。东华大学、温州大学、河南工程学院、安徽工程学院等高校来校交流学习纺织卓越计划人才培养经验。实施对新疆喀什大学、塔里木大学的援助计划，帮助其开展服装专业的建设。招收和培养留学生 8 名，每年接受安徽工程大学、盐城工学院等国内高校交流学生 5 ~ 10 名。专业教学成果获得中国纺织工业联合会二等奖 4 项，三等奖 6 项，上海市教学成果二等奖 2 项。

本专业将秉承"以工为本，产出导向，多向融合"的理念，继续开展新工科建设，为中国服装产业输送更多更高质量的人才，并继续推广"工程 +"复合应用型人才的成果经验。

"厚基础、强交叉、重应用"纺织工程专业
染整系列课程体系创新与实践

上海工程技术大学

完成人及简况

姓名	性别	所在单位	党政职务	专业技术职称
徐丽慧	女	上海工程技术大学	党支部委员	副教授（专业技术五级）
潘虹	女	上海工程技术大学	无	讲师
丁颖	男	上海工程技术大学	无	副教授
沈勇	男	上海工程技术大学	无	二级教授
王黎明	男	上海工程技术大学	纺织服装学院党委委员	教授
王际平	男	上海工程技术大学	无	二级教授
杨群	女	上海工程技术大学	无	副教授
裴刘军	男	上海工程技术大学	无	副教授
刘茜	女	上海工程技术大学	无	副教授
姚程健	男	上海工程技术大学	无	助理实验师

1　成果简介及主要解决的教学问题

1.1　成果简介

基于新材料和新工艺的节能环保、高效高质，"新纺织"蓬勃发展，纺织业呈现出纺、织、染、整各学科交叉融合的趋势。多学科交叉复合型人才是中国纺织工业转型升级、高质量发展的核心。染整是纺织工程体系中的一个重要组成部分，是纺织类教学环节的必然延伸，熟悉纺织品染整加工是纺织工程专业本科生的基本要求。在工程教育认证背景下，纺织工程专业一般要求学生能够将基础知识用于解决纺织领域复杂的工程问题。然而，纺织工程专业本科生普遍存在染整基础薄弱、染整基础理论与实践应用脱节的问题。

1.2　主要解决的教学问题

鉴于此，我们进行了"厚基础、强交叉、重应用"纺织工程专业染整系列课程体系创新与实践，主要解决的教学问题有：

（1）通过全方位教学建设，使纺织工程专业本科生获得必需的扎实的染整基础知识。

（2）构建染整基础与纺织工程实践应用相结合的课程体系，以提高学生的动手能力和创新能力。

（3）实现纺织、染整交叉融合的课程特色，以应对现代纺织产业对交叉复合型人才的需求。

为此，本成果以满足现代纺织服装产业交叉复合型人才需求为目标，基于工程教育认证背景，抓住理论实践有机结合、线上线下混合教学两个关键点，以夯实染整基础、强化交叉融合、重视纺织应用为特色，通过师资队伍建设、课程教学建设、实践教学实施、教学科研互动四个举措，从课程体系创新、理论实践一体模式构建、以研促教等多维度统筹协同实现了"厚基础、强交叉、重应用"纺织

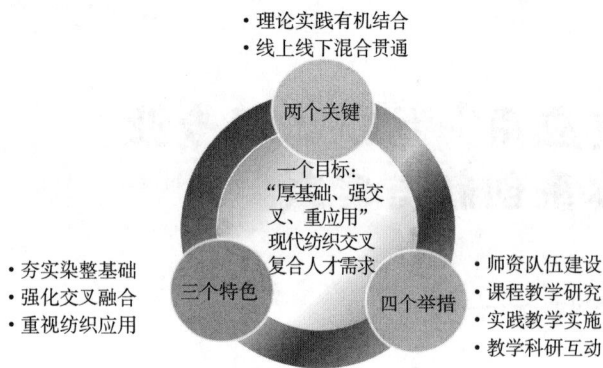

图 1　本成果主要内容

工程专业染整系列课程体系构建与创新（图 1）。

本成果完成教学建设项目 4 项，开设实验课程 2 门，发表教研论文 18 篇，获批上海市教委本科重点课程建设，建成上海工程技术大学精品课程。实施成效显著，教学团队指导的本科生在纺织染整领域承担大学生创新项目 11 项，学生以第一作者发表核心期刊、EI 学术论文 10 篇，申请国家发明专利 2 项，获授权 1 项，获上海大学生创新创业训练计划论坛优秀展板奖 1 项，获上海工程技术大学本科优秀毕业论文 2 篇。

2　成果解决教学问题的方法（图 2）

2.1　实施了与现代纺织接轨的纺织品染整系列课程教学建设

通过"染整原理""纺织品功能整理""纺织品加工与测试实验""纺织化学"课程建设，在工程教育认证背景下，制订完善教学大纲，优化更新纺织行业前沿技术教学内容，改革教学方法，构建了"大纺织"课程网络教学平台，实施了线上线下混合式教学，打造纺织、染整、材料交叉学科领域"传—帮—带"青蓝对接课程师资队伍，着力使纺织工程专业本科生获得扎实的染整基础。

2.2　构建了染整基础理论与纺织实践应用有机结合的教学模式

通过"纺织品加工与测试实验""纺织化学基础实验"实验课程开设、毕业论文、大学生创新项目、企业实践实习等方式，构建了基础性实验—综合性实验—研究性实验"三层次"实验教学体系，通过"学中做""做中学"，使学生融会贯通将染整基本原理与纺织生产实际紧密关联，应用染整理论分析纺织领域实际问题的能力得到提升，实现了染整基础理论与纺织工业实践应用的有机结合。

2.3　实现了面向现代纺织产业的染整基础与纺织前沿技术的交叉融合

课程教师团队将最新科研成果注入课程教学，将抽象的染整理论知识与纺织行业前沿技术有机结合，组织学生参与具体科研项目、参加国际纺织面料展、纺织化学品展览会等，依托学科团队获批的上海市科委上海纺织化学清洁生产工程技术研究中心，实现科研反哺教学。通过研讨教学、现场教学等方式，以研促教，实现了染整基础与现代纺织前沿技术的交叉融合。

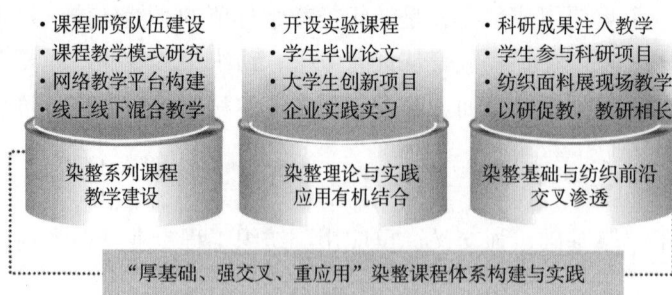

图 2　本成果解决教学问题的方法

3　成果的创新点

3.1　创建了"理论实践贯通"染整基础理论与纺织实践应用有机结合的教学体系

与染整系列理论课程相协同，建立了实验教学、大创项目、毕业论文、企业实践实习等基于染整基础的纺织实践应用教学体系（图 3），优化了课程结构体系，有力完善了工程教育认证背景下"厚基础、强交叉、重应用"染整基础与纺织实践应用有机结合的纺织工程专业人才培养体系。

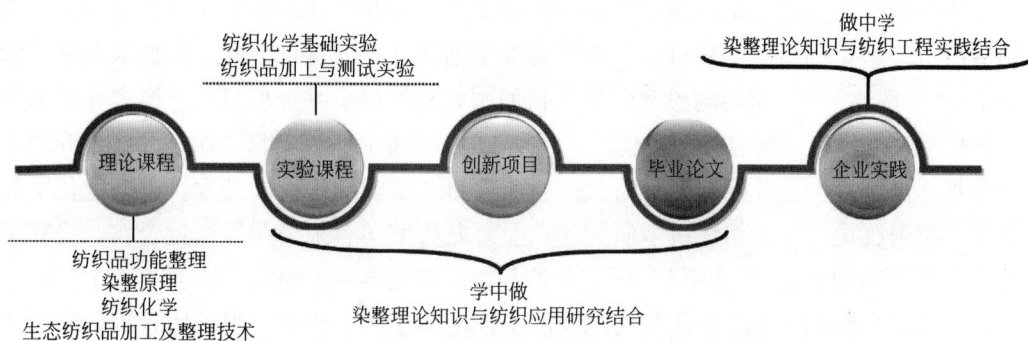

图3 染整系列课程理论与实践应用有机结合

3.2 形成了"夯实染整基础、强化交叉融合、重视纺织应用"系列课程教学特色

将科研反哺教学、国际纺织面料展、纺织化学品展参观等贯穿到染整系列课程教学环节中,以研促教,教研相长,夯实染整基础,加强纺织技术应用,通过研讨教学、现场教学等方式,多维协同实现了染整基础与纺织前沿技术的交叉融合,持续改进,满足现代纺织服装产业对交叉复合型人才的需求。

3.3 实现了与现代纺织服装接轨的染整系列课程线上线下混合式教学

实施染整系列课程教学建设,建成"大纺织"课程网络教学平台,适时补充更新纺织领域新成果、新技术,构建与现代纺织服装技术接轨的染整基础知识体系,教师主导教学,学生自主学习,实现了线上线下混合式教学(图4),促进具有扎实染整基础的纺织类高素质创新人才的培养。

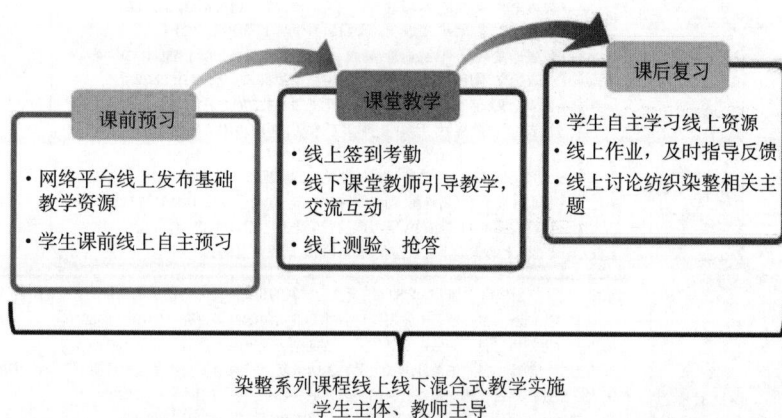

图4 线上线下混合式教学实施

4 成果的推广应用情况

4.1 学生应用染整基础理论解决纺织实际问题的能力明显提升,得到用人单位高度认可

将"染整原理""纺织品功能整理""生态纺织品加工及整理技术""纺织化学"染整系列理论课程教学内容和实验课程、大学生创新项目、教师科研项目、合作教育企业实践活动、毕业论文等环节有机结合,学生应用染整基本原理分析纺织领域实际问题的能力得到明显提高,实现了染整理论基础与纺织工业应用的紧密结合,学生的动手能力和创新能力也得到提升。

开设的"纺织品加工与测试实验"实验课程已在2015级、2016级、2017级纺织工程专业组织了实施,开设的"纺织化学基础实验"实验课程已在2018级、2019级、2020级纺织工程专业组织了实施,学生普遍反映通过实际动手操作加深了对纺织染整理论知识的理解和掌握。邀请了上海汽车地毯总厂有限公司等企业界知名技术人员到学校进行讲座、授课，指导并参与部分实践教学环节，学生反映实践教学内容更加贴近纺织服装市场。在应用染整基础理论解决纺织领域实际问题方面，教学团队指导的学生承担国家级大学生创新训练项目、上海市大学生创新训练项目、上海工程技术大学大学生创新训练项目等11项（图5）；学生参与教师科研项目如国家自然科学基金项目"三维多孔纳米复合微结构调控及光催化型自修复超双疏表面的构建"、兵团2019年重大科技项目"纺织品非水介质染色及污水零排放关键技术研究和产业化示范"、重大产学研项目"功能纺织品的开发及其产业化"等；与上海纺织（集团）有限公司、上海纺织科学研究院、上海龙头家纺有限公司等企业合作，建立了产学研人才培养基地，涉及纺织材料、染整加工、服装洗护等纺织与化学相关领域，部分同学到合作企业实习、实训或就业，实现了染整相关理论知识与纺织实际工作应用结合。毕业生得到用人单位高度认可，代表性用人单位评价毕业生："毕业生在实际工作中实现了化学基础与纺织技术的有效结合"。部分毕业生攻读硕士研究生，在纺织染整交叉学科领域进一步开展研究。2018～2021届纺织工程专业本科毕业论文中涉及纺织、材料、染整、化学交叉领域题目占比分别为66.67%、77.78%、71.11%、84.78%，学生毕业论文课题进展顺利，充分体现了学生扎实的染整相关基础知识体系，并在纺织新材料功能改性、颜色科学与纺织材料着色、生态纺织化学品、智能感知功能性纺织材料等领域顺利完成课题研究。

　　教学团队指导的本科生在纺织染整学科交叉领域以第一作者发表核心期刊、EI学术论文10篇，申请国家发明专利2项，其中授权1项，获上海大学生创新创业训练计划论坛优秀展板奖，获上海工程技术大学优秀毕业论文2篇。

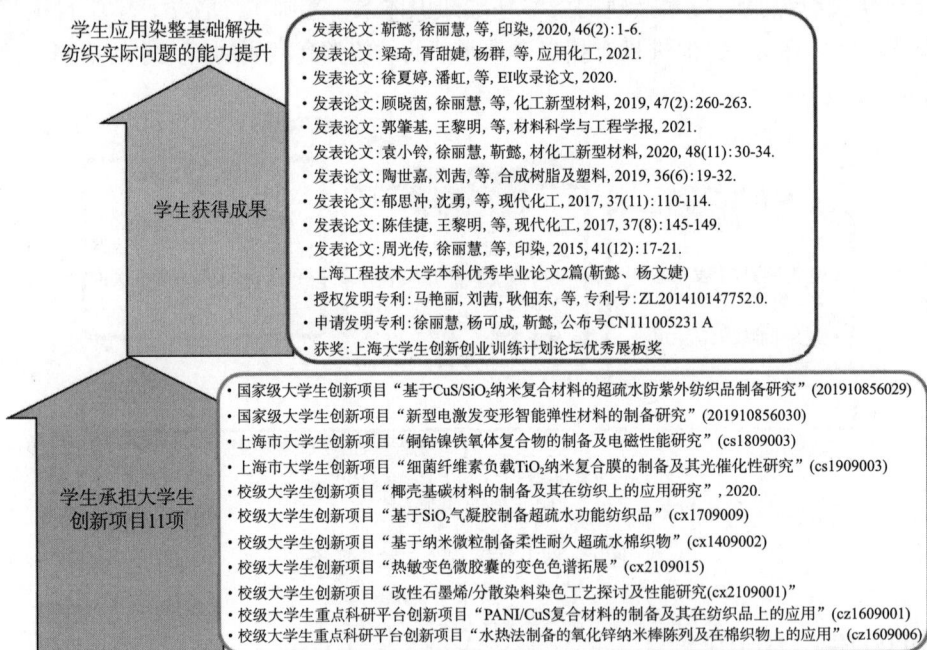

图5　学生获得成果及承担大学生创新训练项目

4.2　染整基础与纺织前沿技术交叉融合课程教学效果显著

　　课程教师团队将最新科研成果注入了染整系列课堂教学。近年课程教师团队沈勇教授、王黎明教授、丁颖副教授、徐丽慧副教授等获得多项科研成果，如上海市科技进步二等奖"高性能纳米光触媒功能性纺织品的加工关键技术及产业化"、上海市技术发明三等奖"高分散纳米二氧化钛的低温制备方法及纺织功能化整理关键技术"，科研项目主要获奖人员沈勇、王黎明、丁颖、徐丽慧担任染整系列课程授课教师，为学生讲授最鲜活的纺织前沿科研知识，将其有效转化为教学资源，将现代纺织技术中涉及的高性能纤维及复合材料、高性能功能性纺织品、高效生态纺织品加工技术等诸多内容引入课堂，将抽象的染整理论知识与纺织行业前沿技术联系起来，丰富了课程教学内容，学生反映直观接触到纺织前沿知识，课堂上了解"真刀真枪"的纺织科研项目，加深对其所学染整基础内容的理解和认识，学习效果明显提升。依托国家特聘专家王际平教授领衔获批的上海市科委上海纺织化学清洁生产工程技术研究中心，实现科研反哺教学，通过研讨教学、现场教学等方式，以研促教。组织学生参加在上海举行的中国国际纺织面料及辅料博览会、中国（上海）国际纺织染料及印染助剂展览会等社会实践，实施现场教学，学生反映通过"零距离"接触纺织服装产业发展相关的新技术，获得了许多课堂里学不到的最新知识，实现了染整基础与现代纺织前沿技术的交叉融合。

本成果获得了东华大学、上海纺织（集团）有限公司、上海市纺织科学研究院等单位的同行专家的认可与好评。同行专家作了较好的评价："课程组重视教学研究与教学改革，坚持教学与研究相结合，将最新的研究成果和纺织科学的前沿知识不断地充实到教学中去。在教学体系上突出课程内知识点之间相互联系，并与实践教学相匹配。"《纺织服装教育》《教育发展研究》等杂志多次刊登文章介绍由本教师团队完成的课程教学经验，具有较好的示范意义。

4.3　与现代纺织服装技术接轨的染整系列课程线上线下混合式教学成效显著

"染整原理""纺织品功能整理"课程网络教学平台已在2013～2017级纺织工程专业实施应用，"纺织化学"课程网络教学平台超星泛雅平台＋超星学习通APP已在2016～2020级纺织工程专业、服装设计与工程专业实施应用，并建设了"纺织品加工与测试实验""生态纺织品加工及整理技术"课程网络教学平台，并已在2015～2017级纺织工程专业实施应用，构建了适用于工程教育认证背景下的"大纺织"课程教学平台，学习访问量超10万次。疫情期间2020年2～5月通过"生态纺织品加工及整理技术"课程网络教学超星泛雅平台完成在线课程教学，通过"纺织化学"课程网络平台完成补考，有力推动了课程教学进程。

课程网络教学平台包含多媒体课件、习题集、视频、动画、教师授课录像等资源，实现了优质线上教学资源共享，有效实施了线上线下混合式教学，以学生为中心，教师引导教学、学生主动学习，使学生课内课外、线上线下都能深入了解所学知识，弥补了线下教学时间的不足，突破了教学内容量大的矛盾。教师与学生充分利用网络教学平台进行课程讨论、网上答疑、布置作业、发布课外学习资料及课程通知等，培养了学生自主学习能力。受到了学生充分肯定，学生在网络教学平台讨论区部分评价如下："纺织化学是建立在普通化学的基础上，主要是学习有关服装纺织等方面的延伸和拓展，同时很多知识点也属于生活中的常识性问题，这一门课在生活中的应用价值非常大"。教师、学生在线互动讨论及分享资料，及时了解学生对知识的理解掌握程度，适时补充更新纺织领域新知识、新成果、新技术，与现代纺织服装技术有效接轨。本成果获得东华大学等专家的好评："课程已将教学建设成果上网实现了共享，建设完成了网络课程，上网资源丰富，为学生的学习与复习提供了完备的内容"（图6）。

图6　"生态纺织品加工及整理技术"课程超星泛雅网络教学平台及"纺织化学"网络教学平台2020～2021（1）学期学生讨论统计

面向新工科的非织造材料与工程专业核心课程群建设与实践

武汉纺织大学

完成人及简况

姓名	性别	所在单位	党政职务	专业技术职称
韦炜	女	武汉纺织大学	无	副教授
张如全	男	武汉纺织大学	院长	教授
邹汉涛	女	武汉纺织大学	无	教授
黄娟	女	武汉纺织大学	无	讲师
陈志军	男	武汉纺织大学	无	讲师

1 成果简介及主要解决的教学问题

1.1 成果简介

非织造产业作为新兴产业，近年保持较快增长，非织造企业的高速发展对高素质非织造工程人才的需求更为迫切。非织造材料与工程专业（简称非织造专业）是教育部于2005年以"行业急需人才"为由正式设立的新专业，我校从2009年开始招收非织造专业本科生。2017年"新工科"的提出为工程教育的改革创新提供了一个全新视角，因而对原有的非织造专业课程内容体系建设提出了新的要求。

本成果依托"湖北省普通高等学校战略性新兴（支柱）产业人才培养计划"（鄂教高函〔2014〕28号）、2012年和2016年武汉纺织大学教学研究项目（构建非织造学课程的"研究性学习"教学模式，武纺大2012JY002，2012～2014；学分制下非织造材料与工程专业的课程教学改革与实践，武纺大201605JY033，2016～2018）及2017年中国纺织工业联合会教学改革项目（"新工科"背景下非织造材料与工程专业人才培养的新模式探索与实践研究，2017BKJGLX111，2017～2020）等项目，以"学生中心、成果导向、持续改进"为理念，坚持"产教融合"，优化原有教学内容，以"非织造学基础理论—非织造学加工技术—非织造产品知识—非织造产业发展"贯穿非织造专业核心课程，同时专业课程内容融入课程思政内容，通过上下游课程的互动式学习，使学生有效把握所学课程的知识构架，培养学生工程思维，提升对非织造产业情感认知；"课—研—赛"三方有机结合的实践环节，培养学生工程创新实践能力；多元课程评价机制的建立有效提高教学质量，从而培养面向非织造产业发展需求的非织造工程创新人才。

1.2 主要解决的教学问题

（1）解决了原有非织造专业课程设置中的工程内容薄弱或不足，以及学生对非织造行业认可度不高的问题。

（2）解决学生综合工程实践能力较差问题。

（3）解决原有课程评价手段单一问题，建立多元课程评价机制。

2 成果解决教学问题的方法

2.1 优化教学内容，构建面向新工科非织造专业核心课程群

本成果建立了"非织造学""非织造后整理""非织造产品设计与开发""非织造材料性能与测试""非织造学实验""课程设计"和"毕业设计"等专业核心课程群（图1），构建"非织造基础理论—非织造加工技术—非织造产品知识—非织造产业发展"全方位结合的"理论＋实践"四位一体课程教学内容体系。围绕"四新"，将新热点、新技术、新产品、新发展等方面的工程内容引入教学过程，增加工程教学内容和工程设计内容，强化现场教学，建立顺应非织造行业发展的新型教学资源内容。通过上下游课程的互动式学习，使学生能有效把握所学课程的知识构架、目的作用以及与其他教学环节知识点的链接，承上启下，学习巩固，理解深刻。解决原有非织造专业课程设置中的工程内容薄弱或不足，无法满足新工科背景下非织造产业对人才的需求问题。此外，在非织造专业课程的教学内容素材的选取中，有机融入课程思政内容，挖掘思政元素，建立非织造思政教学案例库，形成"专业知识＋思政教育"的新型课程内容（图2），培养学生正确认识我国非织造技术的发展简史、现状和发展趋势，增强学生对非织造产业的认知和热爱，从而达到全面育人目的。

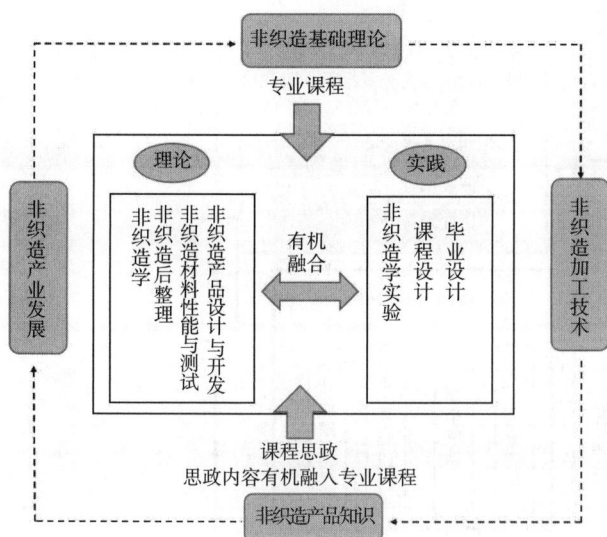

图1 非织造专业核心课程群

图2 课程思政融入专业课程教学

2.2 "课—研—赛"三方有机结合构建面向新工科的非织造专业工程实践教学

项目竞赛一般有指定题目或范围，大多是在理论知识基础上涉及的实际应用问题，可促进深入了解非织造专业知识和扩大知识面，以及提升解决非织造实际工程应用问题的能力。教师在指导学生参赛过程中，可加速对实验实践教学的理解，从而反馈指导自身的教学，同时可将非织造企业问题作为科研问题开展后续科研工作。学生在竞赛活动中，通过解决实际问题，拓宽非织造专业知识，提升实践能力以及自身的科研能力，增强创新意识和团队合作意识，转变学习观念。此外参加项目竞赛是不可多得的互动教学案例，将企业工程问题引入实践课程（如"课程设计""非织造实验"和"毕业设计"等课程）并进行设计创作，用课程作品参加各类全国大学生的课外科技大赛，实现"实践课程＋科研活动＋项目竞赛"三方有机结合的从理论到应用的"课—研—赛"新型实践教学环节（图3）。按照学生工程实践能力形成的认知规律，从基本实践到综合实践再到创新实践，层层递进，进一步夯实理论基础、提升综合实践能力，完成递进式实践教学体系，解决学生综合工程实践能力较差的问题。

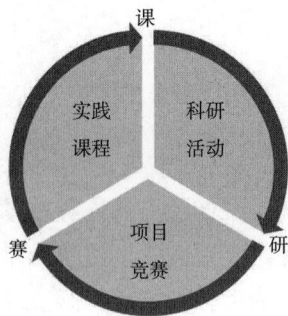

图3 "课—研—赛"实践教学环节

2.3 建立面向新工科的多元课程评价机制

以"学生为中心"，教师要充分认识到学生才是学习主体，在教学过程中充分发挥学生主观能动性和积极性，培养学生自主学习能力和创新意识。以"成果为导向"要求教师分析学生的知识、能力、素质和价值观的转变。因此，在教学过程中，教师要注重评价体系的持续改进。本成果建立了由教学管理人员、专业教师和在校生等多方参与的课程质量及目标达成情况定期评价机制，建立了由毕业生、同行专家、用人单位、教学管理人员和专业教师等多方参与的培养目标合理性评价和毕业要求达成情况定期评价机制。通过开展课程体系和毕业要求达成情况评价并基于对评价结果的综合分析，发现教学过程的薄弱环节，有针对性地提出改进措施，形成培养目标、毕业要求、课程体系和教学活动的持续改进闭环体系，如图4所示。

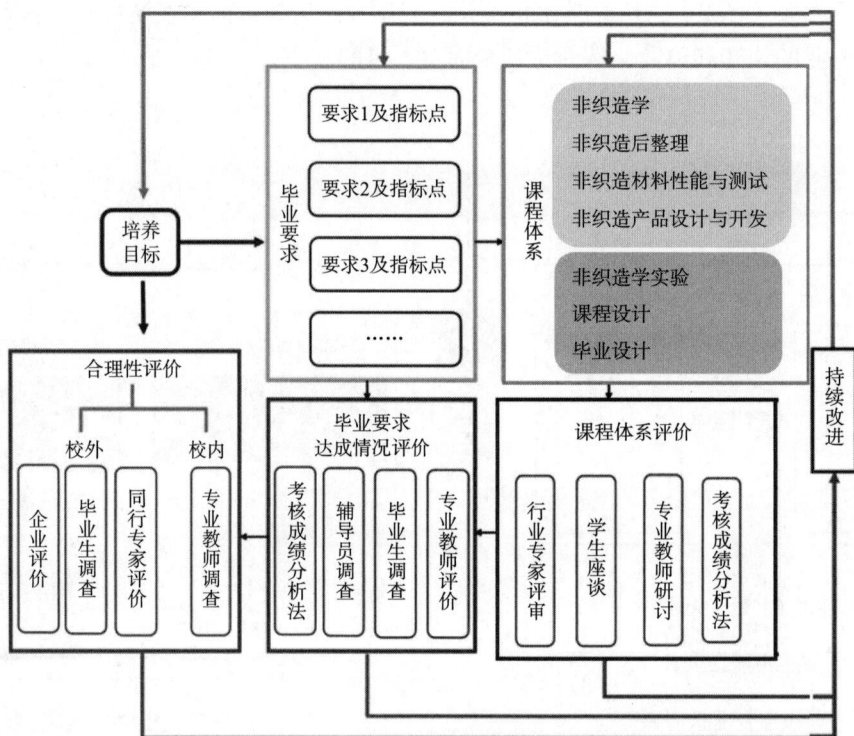

图4 多元的课程评价机制

3 成果的创新点

基于"新工科"的建设背景，培养适应纺织新兴产业发展对新型非织造工程人才的需求，不仅是简单地改变传统的教学形式，更是教学内容和目标的变革。其目的在于改变学生以单纯接受教师传授知识为主的维持性学习方式，提供多渠道获取知识并将学到的知识综合运用于实践的机会，重在培养学生的创新精神和工程实践能力。从而实现对传统教学的教师中心、课堂中心、书本中心的超越，以培养适应非织造产业发展需要的高素质技术人才。本成果的创新点主要为：

（1）优化课程教学内容，实现人才培养与非织造产业发展需求的紧密结合。课程思政有机融入非织造专业课程教学，达到全面育人目的。

（2）构建"课—研—赛"三方面有机结合的非织造实践环节，协同培养学生工程实践能力。

（3）建立多元课程评价机制，有效保障教学质量。

4 成果的推广应用情况

本成果的实施范围重点在武汉纺织大学非织造材料与工程专业的14～20级全日制本科生中组织实施，培养非织造专业创新工程人才。近几年通过改革实践，取得了一系列的成效。

4.1 课程质量影响提升，教改项目成果丰硕

非织造专业的必修课"非织造学""非织造后整理"课程获武汉纺织大学线下一流课程立项建设。相应的教学成果，获得省、校级质量工程和教学研究项目6项；发表与成果相关教改论文4篇（发表的部分教研论文如图5所示）。成果中所做的教学实践获得了专家和老师的一致认可，2017年获批"纺织之光"中国纺织工业联合会高等教育教学改革项目《"新工科"背景下非织造材料与工程专业人才培养的新模式探索与实践研究》并于2020年顺利结题（图6）。"基于校企结合的非织造材料与工程专业创新性实践教学体系的构建"获得2017年中纺联教学成果奖二等奖（图7）。2021年3月，非织造材料与工程专业获国家一流本科专业建设立项（图8）。非织造专业是一门多学科交叉专业，与纺织、材料、造纸、化工等领域相关，因此本成果对其他的专业课程教学具有辐射带动作用，对理工科专业课程培养学生工程能力的做法具有良好的借鉴作用和推广价值。

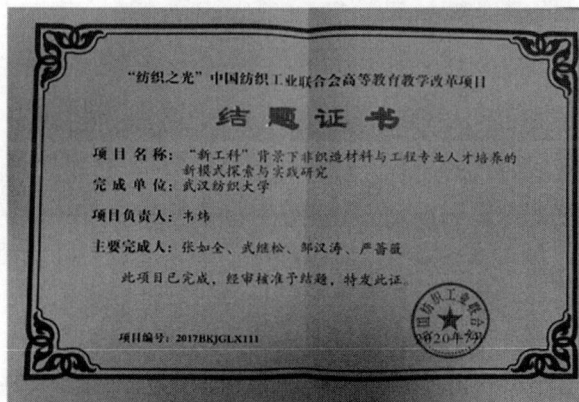

图5 教研论文

图6 中国纺织工业联合会教改项目结题证书

图7 2017年中国纺织工业联合会教学成果奖证书

4.2 建设多元化高水平教学团队

实施教师博士化、国际化、工程化"三化工程"；加强师德师风建设，实行师德师风问题一票否决制；名师工作室＋企业挂职锻炼模式，提高青年教师的教学能力（图9）。由于教学改革效果显著，非织造

材料与工程系获2019年湖北省优秀基层教学组织称号（图10）。

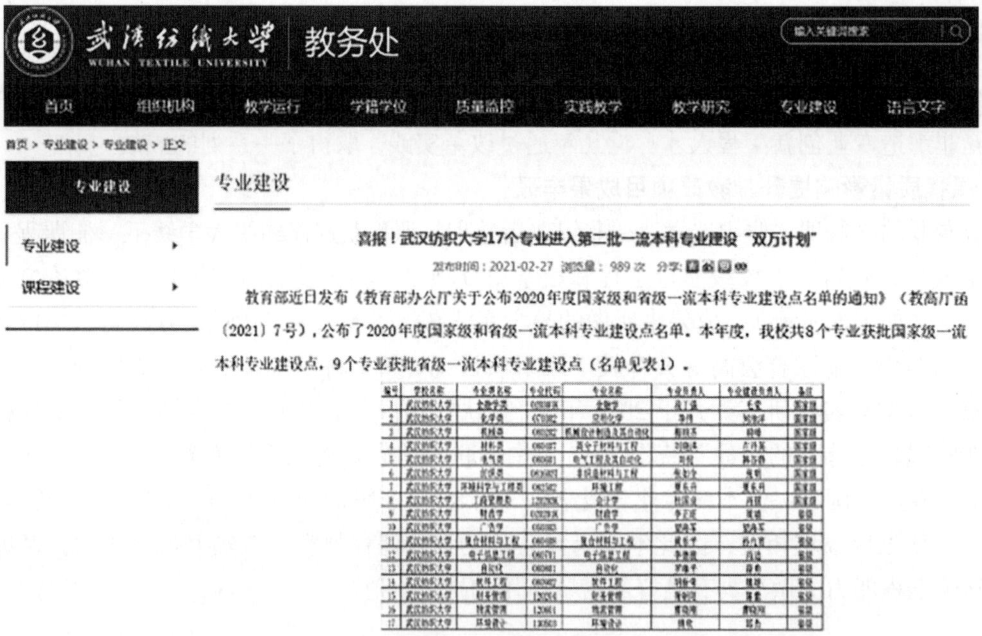

图8　非织造专业获批国家级一流本科专业建设点

图9　定期开展专业教学团队研讨会及企业导师为学生现场教学

4.3　学生工程实践能力增强，人才培养质量逐年提升

本成果通过课程内容改革加强工程教学内容和工程设计内容，在"课—研—赛"有机结合过程中开展工程项目实践，提升人才工程实践能力和创新能力。近三年，毕业生就业率达98%以上，考研录取率超过33%。本专业毕业生就业领域广泛，在新冠肺炎疫情防控中（如防疫物资生产、供应及检测等方面）发挥重要作用，受到用人单位好评。

学生参加课程竞赛，多次获得"金三发"杯全国大学生非织造产品设计及应用大赛、"挑战杯"大学生课外学术科技作品竞赛、溢达全国创意大赛等多项大奖（部分获奖如图11所示），获得国家级奖项10项、省级奖3项、校级2项，发表各类科技论文14篇，专利授权14项，获得省级及以上创新创业训练项目共5项，其中国家级2项，省级3项。

4.4　媒体报道激励学生工程实践热情

各类媒体平台对获奖学生的广泛报道（图12），对学生群体的示范作用显著，大幅激励了学生们的工程实践热情。

图 10 多元化高水平教学团队

图 11 获奖荣誉证书

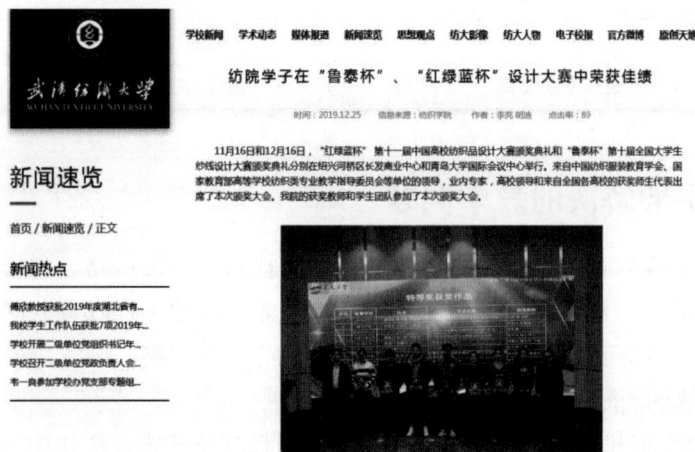

图 12 媒体报道

依托"一带一路"联合实验室探索新工科教育共同体建设

天津工业大学

完成人及简况

姓名	性别	所在单位	党政职务	专业技术职称
赵义平	男	天津工业大学	党委书记、国家实验教学示范中心主任	教授
刘晓辉	男	天津工业大学	副院长	教授
宋云飞	男	天津工业大学	办公室主任	工程师
王慧	女	天津工业大学	辅导员、党支部书记	助教
许婧伟	女	天津工业大学	专职组织员	助理政工师
刘芳	女	天津工业大学	党委副书记、纪委书记（兼）	讲师
张亚彬	男	天津工业大学	副院长	副教授
王文一	男	天津工业大学	副院长	教授

1 成果简介及主要解决的教学问题

在"新工科"国际化工程教育视野下，以分离膜科学与技术"一带一路"联合实验室为依托，围绕分离膜领域专业人才培养，组建"一带一路"高校战略联盟、构建工程教育共同体、搭建工程教育国际合作网络、提升联合人才培养对国家战略支撑能力，为"一带一路"国家培养特色专业人才，推动材料专业工程教育的开放和国际化。

（1）以联合实验室为纽带和载体，组建"一带一路"高校战略联盟，搭建中外联合人才培养新平台，解决高水平科研平台国际化人才培养思维构建与高质量人才培养平台作用发挥等问题。

（2）发挥联合实验室学科特色，"联合实验室—高校—企业行业—政府"协同培养专业人才，创新中外联合人才培养新模式，解决国际化培养模式中存在的培养需求和培养对象单一、培养支持和培养保障缺少精准协调等问题。

（3）构建"三纵四横"国际化联合人才培养架构以及"54321"人才培养体系，创新联合人才培养新方案，解决高水平科研与高质量人才培养交叉融合、人才培养国际化与本土化交叉融合等问题。

（4）围绕中外高校联盟，构建"联合实验室—高校—企业行业—政府"不同层次国际合作网络，创新中外联合人才培养新机制，解决人才联合培养在共建共享、合作形式与政策、机制与模式等方面存在的问题。

2 成果解决教学问题的方法

（1）"一带一路"联合实验室科研平台转化人才培养平台，以分离膜科学与技术"一带一路"联合实验室为纽带和载体，在与"一带一路"沿线国家高校联合开展科学研究的同时，与这些国家相关高校签订科技和人才培养合作备忘录,进一步深化合作,组建了分离膜领域专业人才联合培养战略联盟,联合实验室科研平台转化为联合人才培养平台,联合开展膜科学与技术领域专业人才培养。

(2)以我校材料学科本硕博不同层次人才培养模式为参考,与"一带一路"国家合作高校人才培养互学互鉴、互联互通,针对对象层和需求层特点,在中外联合培养目标、培养形式、培养架构、培养体系以及合作政策、相关法律和制度等方面开展探索。创新"多维需求、逐渐辐射"中外联合人才培养模式(图1),实现人才联合培养与"一带一路"国家人才需求相衔接,与新工科教育国际化需求相衔接。

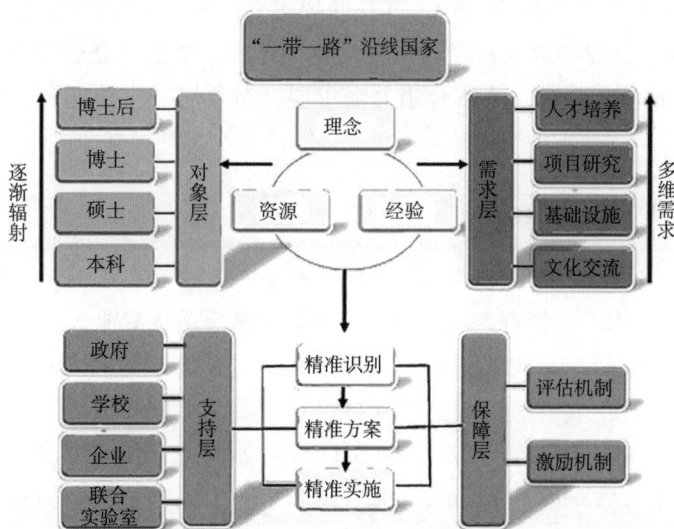

图 1 国际化工程教育共同体联合人才培养架构

(3)构建"三纵四横"国际化联合人才培养架构以及此架构下的"54321"人才培养体系(图2、图3),改革实施"以工程教育国际化为背景、'一带一路'战略需求为导向、中英文授课为手段、分离膜为特色、科研素质培养和实践能力提升为驱动"的多位一体联合人才培养方案。

(4)整合人才联合培养战略联盟各方理念、资源和经验,构建"联合实验室—高校—企业行业—政府"不同层次国际人才培养合作网络,从支持层和保障层两个方面完善联合人才培养中外合作政策、合作机制、合作模式等,对联合培养人才理念、资源和经验进行精准识别融合、精准方案分类设计、精准规划实施,探索互学互鉴、互联互通、合作共赢的联合人才培养新机制。

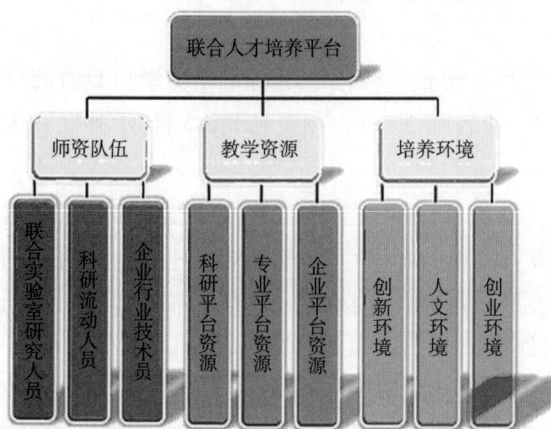

图 2 联合人才培养平台架构

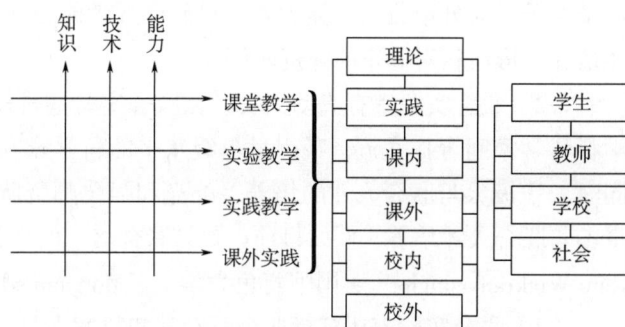

图 3 联合人才培养架构及体系

3　成果的创新点

（1）以分离膜科学与技术"一带一路"联合实验室为依托，组建分离膜领域专业人才联合培养战略联盟，搭建分离膜领域"高水平科研促教学"中外联合人才培养新平台，探索一条互学互鉴、互联互通、合作共赢的中外联合人才培养新机制。

（2）围绕"新工科"工程教育国际化，科研平台转化为联合人才培养平台，在特色专业领域开展专业人才联合培养，创新联合人才培养"多维需求、逐渐辐射"培养新模式和"多位一体"培养新方案，构建"三纵四横"国际化联合人才培养架构，并在此架构下构建"54321"联合人才培养体系。

（3）充分发挥企业、行业和政府对联合人才培养的作用，搭建"联合实验室—高校—企业行业—政府"不同层次人才培养合作网络，从联合培养需求层、对象层、支持层和保障层四个方面构建联合培养机制架构。

4　成果的推广应用情况

本成果在材料专业"新工科"国际化工程教育视野下，依托分离膜科学与技术"一带一路"联合实验室探索"新工科"国际化工程教育共同体建设，围绕分离膜领域专业人才联合培养平台、培养模式、培养方案及培养机制等开展研究和实践，为"一带一路"国家培养特色专业人才，推动材料专业工程教育的开放和国际化。同时，成果为纺织类院校材料专业留学生培养做出了示范，也为地方院校一流大学工程教育国际化建设拓展了思路。本成果自2012年开始研究，2016年开始逐步实施，取得了显著的成效，材料专业留学生人才培养规模不断扩大，留学生的个体素质、知识和技能结构进一步优化，培养质量不断提升，培养管理日趋规范，运行机制不断完善。

4.1　组建了分离膜领域专业人才联合培养战略联盟，搭建了中外专业人才联合培养平台

以天津工业大学分离膜科学与技术国家级国际联合研究中心与"一带一路"国家共建的分离膜与技术"一带一路"联合实验室为依托，在前期国际科技合作基础上，围绕膜科学与技术领域从本科、硕士、博士到博士后不同对象专业人才的联合培养，与巴基斯坦、越南、南非等近10个国家相关高校签订了科技和人才培养合作备忘录，进一步深化合作，围绕为这些国家培养分离膜领域专业人才，牵头组建了"一带一路"分离膜领域专业人才联合培养战略联盟，目前成员数已接近20家，并在继续不断扩大成员数量。

以高水平科研和教学相融合为抓手，不断拓展联盟中外高校合作渠道，探索"联合实验室—高校—企业行业—政府"不同层次国际合作网络，从打造一流师资队伍、一流教学资源和一流培养环境等方面，搭建了中外联合膜科学与技术领域"高水平科研促教学"专业人才培养平台。

4.1.1　打造了一流的中外联合人才培养师资队伍

（1）联合实验室有固定师资队伍。遴选"一带一路"联合实验室和校内材料及相关学科具有海外留学背景、对外语言交流能力强、科研和教学能力扎实的专业教师30余人积极参与本项目中外联合人才培养，形成相对固定的师资队伍。

（2）联合实验室有流动人员。在联合实验室科技合作与流动交流机制下，支持和鼓励多层次、多学科科学家间合作交流，吸引世界级水平的科学家和有潜力的中青年科学家来实验室开展合作研究的同时，积极参与联合人才的培养，补充和强化师资队伍水平。同时，邀请联合培养战略联盟的师资力量参与联合人才培养，例如目前正参与联合培养的部分国外专家Winston Ho（美国俄亥俄州立大学）、Rani Wickramasinghe（美国阿肯色大学）、Mohammad Younas（巴基斯坦工程与技术大学）等。

（3）联合实验室还有行业企业专家和技术人员。利用联合实验室与企业和行业的科技合作，积极吸纳分离膜技术领域行业企业（如目前正在开展联合留学生培养的天津膜天膜科技有限公司）高水平

科技人才参与中外联合人才培养，协助提高人才的工程实践能力。

4.1.2 搭建了一流的中外联合人才培养实验和实践教学平台

（1）联合实验室科研平台。利用"一带一路"联合实验室的一流科研平台资源为联合培养的硕士、博士及博士后等高层次人才的高水平科研能力培养作支撑以及为联合培养的本科人才服务。

（2）校内学科专业平台。利用天津工业大学材料科学与工程国家级实验教学示范中心、全国示范性工程专业学位研究生联合培养基地等人才培养平台资源为人才联合培养实验和实践教学作支撑。同时，充分利用联合培养战略联盟国外成员高校的科研和人才培养平台为联合人才培养服务。

（3）行业企业生产实践平台。利用天津膜天膜科技有限公司等天津及周边地区有影响力的分离膜企业平台为各类联合培养人才的实践能力提升提供支撑。

4.1.3 营造了一流的中外联合人才培养环境

（1）充分发挥"一带一路"联合实验室紧张、紧迫、求真、务实的科研氛围，营造具有良好开拓创新氛围的创新环境。

（2）大力弘扬人类命运共同体理念，充分秉承新工科"兴学强国"的责任和使命，以及天津工业大学"严谨、严格、求实、求是"的校训，营造具有良好以人为本情怀的人文环境。

（3）利用联盟成员国家行业企业先进的生产和管理经验，为联合人才培养营造具有良好全面发展的创业环境。

4.2 创新了中外联合人才培养模式

对"一带一路"国家分离膜领域人才需求、留学生认知需求、岗位职责与职业能力要求等进行了深度剖析，科学定位了人才培养目标，实施了"多维需求（人才培养需求、项目研究需求、基础设施需求、文化交流雪球）、逐渐辐射（从本科培养到硕士、博士和博士后培养的辐射递进）"的人才培养模式，构建了"三纵四横"人才培养架构，并在此架构下构建了"54321"人才培养体系。

4.2.1 "三纵四横"联合培养架构

"三纵"要求联合培养的学生有基础知识、专业技术和综合能力，能满足多样化需求；"四横"要求培养模式中将课堂教学、实验和实践教学和课外实践相结合。此架构强调"六结合"，即理论教学与实践教学相结合、课内教学与课外实践相结合、校内实验与校外实践相结合、学生自主学习与教师传授相结合、学生自我成才与学校培养相结合、学校培养与社会协同相结合。这"六结合"将理论、实践、课内、课外、校内、校外与学生、教师、学校和社会互联成一个"学生—学校—社会"联动的人才培养网络。

4.2.2 "54321"联合培养体系

在"三纵四横"培养架构下，针对联合培养人才来源、层次、基础等特点以及相关国家对人才需求的具体要求等，从培养理念、培养要求、培养平台、培养形式和培养目标等方面，构建"54321"联合人才培养体系。

（1）培养理念方面，注重五大理念。立德树人的育人理念、"应对变化，塑造未来"的新工科理念、科教融合与产教融合并进的教学理念、本土化与国际化融合的实践理念、共建共享的合作理念。例如，对留学生同样重视学生品德和品格培养；基础性文化素养和专业综合素质并重，强调学生综合素养的提升；厚基础、宽口径，注重学生基础的牢固；工程实践要强化实际工程应用能力培养；具备创新思维和创新能力，鼓励本科生开展各种形式的创新活动，鼓励研究生深入开展课题研究。

（2）培养要求方面，强调四大能力。要求学生具有认知能力（观察力、记忆力、想像力和注意力等）、动手能力、创新能力以及工程实践能力。

（3）培养平台方面，借助三大平台。充分利用联合实验室科研创新平台、校内相关专业的专业平台、校外行业和企业的创业平台。

（4）培养形式方面，采取两种模式并用。被动培养和自我成才相结合，被动培养强调学校的作用，自我成才强调学习目的性和主动性。

培养目标方面，针对一个培养目标。培养满足"一带一路"相关国家需求的高质量膜科学与技术领域专业人才。

4.3 构建了多位一体的人才培养方案

在联合人才培养架构及培养体系下，构建了基于"国际化视野为背景、'一带一路'需求为导向、中英文授课为手段、分离膜与技术为特色、科研素质培养和实践能力提升为驱动"的多位一体联合人才培养新方案。

4.3.1 完善了课程体系

针对本科留学生培养，在前期课程基础上，重点构建以高分子材料结构与性能为核心的课程体系。完善了"Polymer Chemistry" "Polymer Physics"等英文专业基础课程，补充开设了"Introduction to Environmental Engineering" "Polymer Membrane" "Advanced water and Wastewater Treatment Technology"和"Materials Characteriztion Techniques"等全英文专业课程。

4.3.2 加大了实验和实践教学内容

利用"联合实验室—高校—企业"共同体，增加了实验和实践教学内容。本科留学生随招生规模扩大单独开设实验和实践课程，研究生留学生并入国内统招的研究生实验实践培养序列中一起培养。另外，积极推进"本科留学生一对一导师制"，鼓励本科留学生像研究生一样积极参加导师课题研究，提高了其基本科研素养和实践能力。

4.3.3 改革了培养方式方法

从课程的教学大纲、教学方案、教学进程等入手，保证授课内容系统化、衔接化；授课过程中，教师和学生充分互动，激发学生学习主观积极性；教学方式上，鼓励每位学生以PPT汇报形式充分展示对课程知识点的理解；学生间加强互动，设置课后讨论议题，课上分组讨论等。

4.3.4 完善了留学生考核体制

参照国内本科、硕士和博士考核评价机制，结合"一带一路"国家生源多元化和差异化等特点，改革了留学生考试和考核方式方法，不局限于单纯的笔试，研究探索了分层次、多样化考核机制。

4.4 探索了合作共赢的中外联合人才培养运行机制

构建了"联合实验室—高校—行业"共同体，完善了联合人才培养的中外合作政策、合作机制、合作模式、合作保障等，探索互学互鉴、互联互通、合作共赢的中外联合人才培养运行机制。

4.4.1 开展了合作政策研究

充分利用联合实验室与"一带一路"沿线国家顶尖膜及环境研究机构及企业在学术交流、人才培养、技术转移、成果转化等方面的深度合作，拓展实验室合作机构。针对联合人才培养不同的合作对象和合作目标，结合国家和天津市相关政策，研究制定相应的联合人才培养合作政策。

4.4.2 开展了合作机制研究

把所有参与联合人才培养的"一带一路"联盟视为一个整体，将联合人才培养理念、培养资源和培养经验相结合，互学互鉴、互联互通，形成优质教育资源和经验等互补共享。联合政府、学校、企业和联合实验室不同层次机构的力量，从联合培养需求层、对象层、支持层和保障层四个方面构建联合培养机制架构，满足多维需求，辐射不同层次人才培养。

4.4.3 开展了合作模式研究

以"一带一路"联合实验室为依托，探索"项目研究—人才培养—联合实验室建设"相结合的合作模式。

4.4.4　开展了合作保障研究

从中外联合人才培养合作政策、相关法律和制度、评估机制和激励机制等角度探索新的合作保障举措。

4.5　取得的显著成效

4.5.1　以科研合作为抓手，促进了中外合作涵盖人才联合培养

针对分离膜科学与技术，天津工业大学积极开展国际科技合作和人才联合培养。例如，从2006年开始与南非高校建立了密切合作关系，联合实验室教授与南非斯坦陵布什大学Ron D. Sanderson教授等合作，联合承担了中国和南非科技合作项目"合作开发高性能多孔中空纤维膜及自动化装置"，双方合作研发了一种用于水处理的多孔中空纤维分离膜及其自动化装备，并研制了高通量高强度的多通道中空纤维膜，提升了两国的分离膜制备技术与装备自动化水平。截至2020年，双方联合培养了膜科学与技术领域专业教师5名和学生3名，在提高相关人员专业技术水平的同时促进了双方的人文交流与合作。目前，在读"一带一路"国家留学生近20人，其中博士后4人，博士和硕士近20人，已有1人获得我校博士学位。依托"一带一路"联合实验室培养了天津工业大学第一位外国博士留学生。2020年5月7日，《人民日报》客户端以《万里连线，天工大首位外国博士生通过毕业"云"答辩》对我校本成果相关工作进行了报道（图4）。

图4　《人民日报》客户端报道

另外，天津工业大学2018年与巴基斯坦旁遮普省共建"旁遮普天津技术大学"，开展纺织、材料等专业人才联合培养。

4.5.2　以学术交流为推动，提升了中外高校战略联盟在人才培养中的作用

天津工业大学发起的"一带一路"高校战略联盟助力国家"一带一路"建设，天津工业大学与南非大学从2014年起在双边学术交流、科技合作和人才联合培养等方面建立了非常紧密的合作关系。举办双边交叉学科论坛、先进膜和水持续技术论坛等5次国际研讨会；承担水处理高性能膜材料及先进装备制造国际科技合作项目2项；在膜科学与技术领域联合指导培养研究生5名，培养专业骨干教师10名，并实现了从双方校长、院长、团队带头人、骨干成员到研究生的百余人次互访。2017年2月双方正式签订了合作备忘录（MOU），为双方的合作交流与互信奠定了制度保障，并在膜材料智能制造高端装备领域达成合作意向，南非大学投入45万美元，与天津工业大学联合研发全自动中空纤维膜纺丝设备（溶液法和热法纺丝系统2套）。

为助力"一带一路"战略的实施和促进联合人才培养与人文交流，联合实验室与"一带一路"沿线国家如巴基斯坦、越南、泰国、印度、南非等近10个国家签订了科技和人才培养合作备忘录。2018年4月在天津举办了首届"一带一路"国际先进膜和可持续技术论坛，来自印度、南非、以色列等12个国家和地区的20余位专家学者进行了深入的交流。2019年7月在天津成功举办了第二届"一带一路"国际先进膜和可持续技术论坛，来自南非、印度、巴基斯坦、埃及、以色列等7个国家和地区的专家学者参会。这些交流与合作，在国内外分离膜科学与技术行业领域产生了积极的影响。例如，2020年

4月26日，我校承办了国际学术会议 ICCAI 2020 和 IMIP 2020，受疫情影响，本次会议首次采用了在线会议方式，来自17个国家和地区的专家学者参加（图5）。

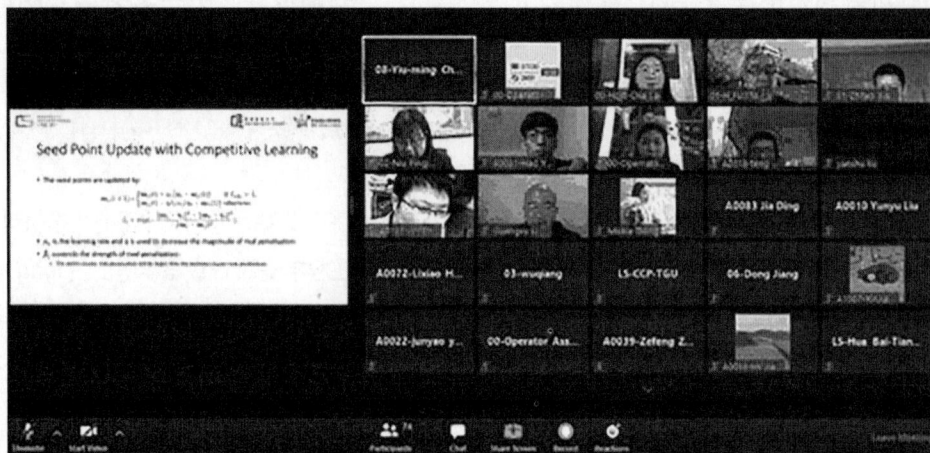

图5 举办线上国际学术会议

4.5.3 以联合人才培养为反哺，推动了中科研合作再上新水平

"一带一路"联合实验室以《推进"一带一路"建设科技创新合作专项规划》和《"一带一路"科技创新行动计划》为引领，充分利用合作双方的优势资源，强强联合，瞄准各国在资源和环境领域中的战略需求，为创新合作搭建科研平台、技术服务平台和人才合作培养平台，为水处理领域提供创新科技与人才培养。目前，联合实验室聚焦膜科技前沿，已搭建起双边政府、科研机构和企业合作交流平台，促进了联合创新和成果转化，建立了国际联合实验室长效运行机制，探索国际科技合作的创新模式。2018年学院教师李建新教授科研团队联合南非大学 Bhekie Mamba 教授科研团队（联合实验室外方负责人，南非大学科学工程与技术学院院长）共同承担了天津市"一带一路"科技创新合作项目"先进膜技术与可持续水资源中非联合实验室"建设。双方在水质净化高性能膜材料领域合作开发了具有抗菌和抗污染功能的聚醚砜、磺化聚砜、氧化碳纳米管混合基质超滤膜、高性能复合纳滤膜等，并获得了具有国际影响力的科研成果。

4.5.4 以教学改革研究为支撑，凝炼了优秀教学改革成果

本成果在教育部新工科项目、天津市教改项目等省部级项目支持下，已发表相关教改论文21篇，为本教学成果奖申报奠定了良好的基础。

文化筑基创意为本——面向新文科的服装设计基础课程群改革与实践

浙江理工大学

完成人及简况

姓名	性别	所在单位	党政职务	专业技术职称
陈敬玉	女	浙江理工大学	无	副教授
李琴	女	浙江理工大学	无	讲师
张咏絮	女	浙江理工大学	系副主任	讲师
张晓夏	女	浙江理工大学	实验室主任	讲师
孙虹	女	浙江理工大学	无	教授
陶宁	女	浙江理工大学	无	讲师

1　成果简介及主要解决的教学问题

1.1　成果简介

"新文科"概念的提出明确了文科教育改革的方向，学科交叉和科际整合已成为推动学科建设的重要手段。本成果依托的浙江理工大学服装与服饰设计专业是国家特色专业，入选首批国家一流本科专业建设点。成果面向新文科创新性复合人才培养需求，以培养"具有文化底蕴和创意、创新能力的复合型服装设计人才"为目标，对服装设计基础课程群进行改革与实践。"文化筑基"指通过弘扬传统文化和本土文化，为学生构筑设计的人文厚度，夯实人才培养基础。"创意为本"指以创意能力的培养为根本，以创意驱动创新，创新带动创业。引导学生形成"知识+能力"的梯度化小循环，为专业模块课程的选修方向乃至职业规划拓展知识结构、奠定专业基础。

成果以"创意思维设计"等3门创意课程为核心，联动"女装设计基础工艺"等6门前置课程和"服饰手工艺设计""女装设计A、B"等9门后置课程，立足地域文化特色，融合时代发展、产业优势与新技术应用，通过更新知识结构提升教学内核、借助智能技术革新教学手段、围绕以生为本释放学习潜力，构建了文化为基、创意为本、设计为核、技术为用的"一体两翼三核心"、课程思政全覆盖的服装设计基础课程群。在教学中推进四大核心能力训练，实现教学输入到人才输出的过程优化（图1），促使学生在"能力达成"和"知识获取"之间形成螺旋上升的自循环系统。

本成果经浙江理工大学服装学院多年探索与实践，依托专业优势特色和时尚人才培养产教融合示范基地、文化部重点实验室等资源和平台，以"双一流建设"为内驱力，成效显著，成果丰硕：建设期间学生的专业素养和学习能力获得大幅提升，近1400名学生受益；学生在各类设计竞赛中获奖28人次，其中金奖4项；团队成员获省级领导批示2项、省部级以上教学改革和奖励共计31项；指导学生在国家级大学生创新创业训练项目、挑战杯等学科竞赛中获奖立项10项；教师发表教学科研论文9篇，人文科技论文32篇，教材与著作6部。

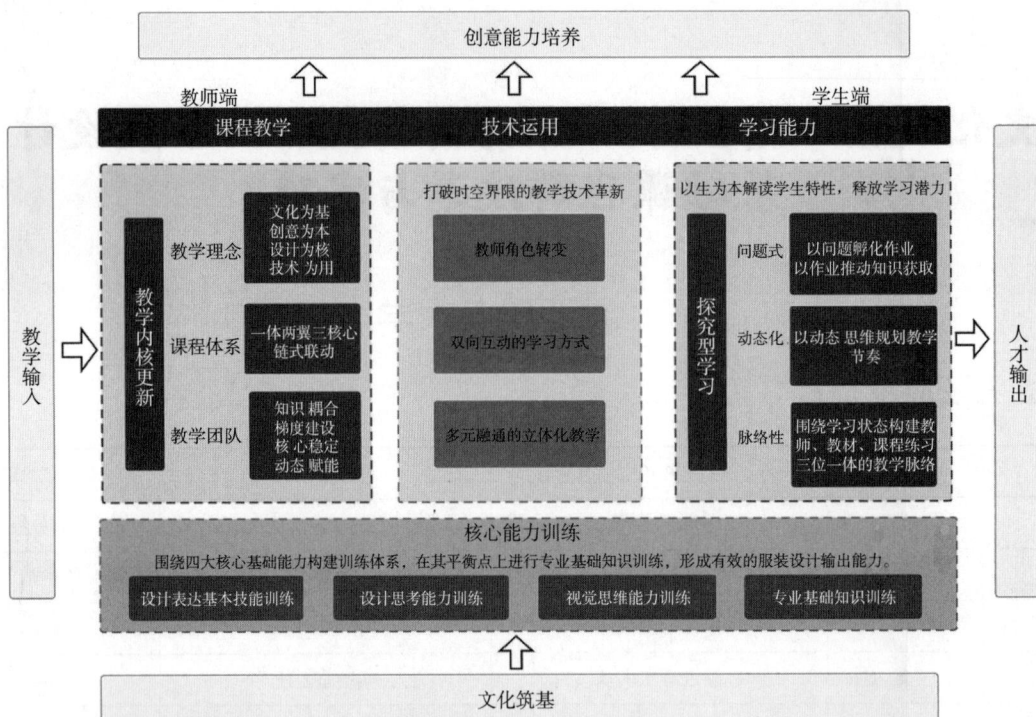

图 1　教学输入到人才输出的构架图

1.2　主要解决的教学问题

（1）课程设置滞后于新的时代需求，未能纳入大文科视野构建课程群，知识的动态更新不足。

（2）原有服装设计基础课程群内各课程之间的连贯性、体系性不强，未能形成有效的衔接。

（3）教学中仍以教师单向传输为主，未能形成"师本位"向"生本位"的教学理念转变，未充分调动和发挥学生的自主性和能动性。

（4）教学资源来源单一，未能形成"互联网＋教学"的资源传播和教学方法更新。

2　成果解决教学问题的方法

2.1　回应时代变革需求，更新课程知识结构

面向新文科建设，以知识结构更新推动专业能力培养，强化问题导向，培养学生发现问题、分析问题、解决问题的能力。在教学体系和知识结构中以人文素养和科技发展认知激发设计思考；通过思考"人—物—用"的关系建立设计逻辑，借助专业技能训练进行设计输出，使学生形成专业能力的逻辑自洽，奠定高年级专业核心课所需的"能力＋知识"系统（图2）。形成以服饰文化为根基，创意创新能力培养为本源，实验性设计探索为内核，智能技术和信息技术为辅助的知识更新。团队教师结合自己的研究领域不断进行知识动态更新，教研结合，互促共进。

2.2　形成梯度化小循环，重构基础课程群体系

课程由浅入深，形成由泛到专、由眼到手的梯度化模块，增强课程之间的衔接性、逻辑性和体系性。通过梯度化小循环推动学生的设计能力逐步提升，为高年级课程奠定设计基础、拓宽设计视野，最终形成服装设计类专业课程之间的全系列联动。以好奇心激发学生内在设计驱动力，在技能训练和设计敏感度训练的平衡点触发设计输出训练作业，最终通过系列设计课程完成输出（图3）。

2.3　深化以生为本的探究型学习、动态化教学和过程式评价

完成了"师本位"向"生本位"的教学理念转变，重视学生主动学习能力的挖掘和培养，以动态思维规划教学节奏、以问题孵化作业、以作业推动学生对知识的主动获取，围绕学生的学习状态构建

教师、教材、课程练习三位一体的教学脉络，促成学生从被动接受型学习向主动探究型学习的转变。建立基于过程的考核评价机制，注重学生专业能力的成长性培养，依据学生的专业反馈动态调整课程作业，分阶段实现能力达成评价，采取团队互评与教师考核结合的多元评价体系。

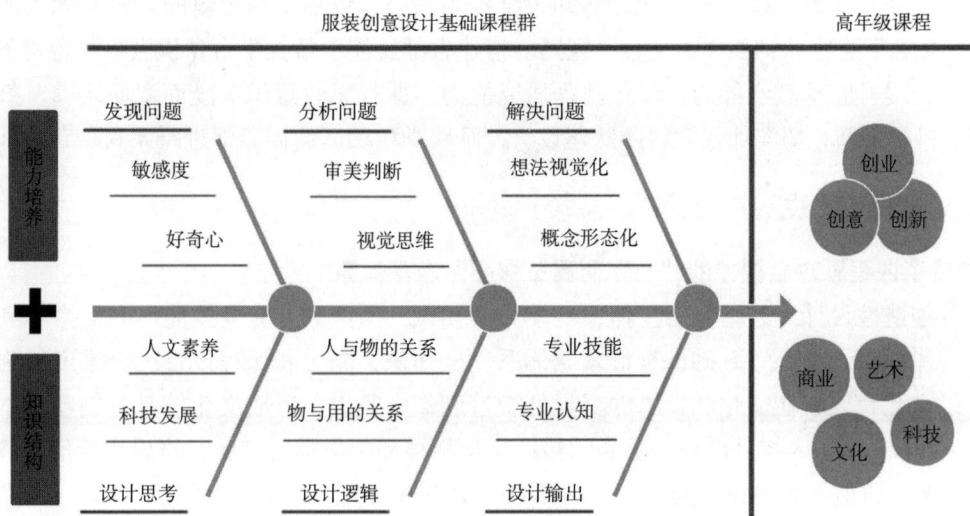

图 2　课程群"能力 + 知识"系统

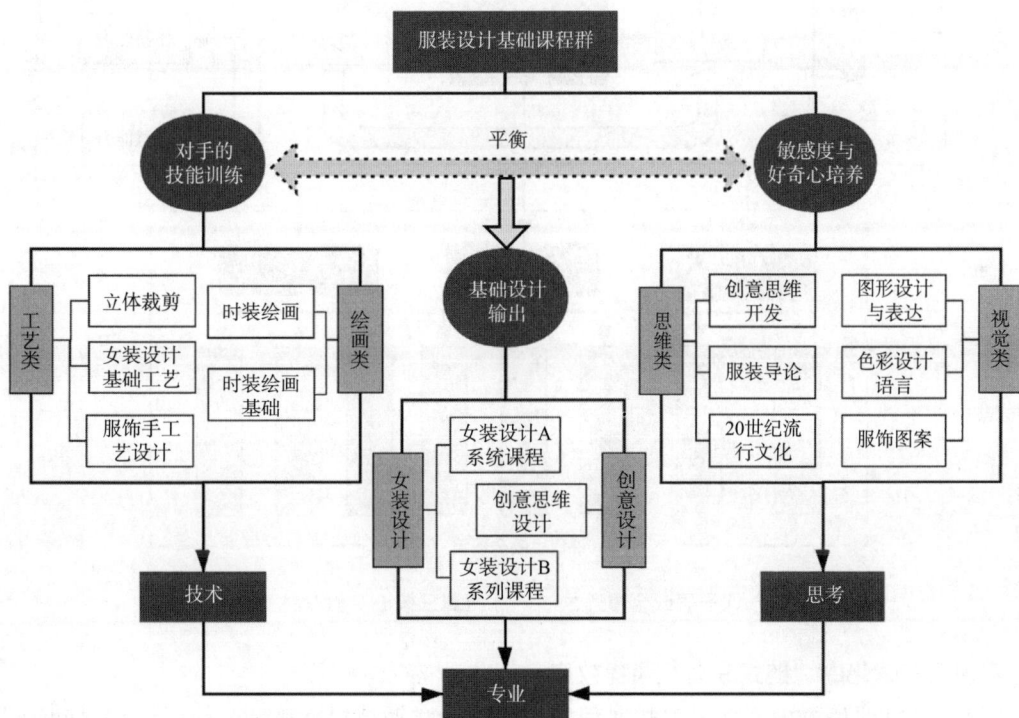

图 3　基础课程群体系构架

2.4　推动信息技术与教学融合，打破学习的时空边界

促成教学目标由知识传授为主向知识创新为主转变，教学方法从单向传授转变为双向互动，教学场所从封闭向开放转变。基于"互联网 +"思维和信息技术手段，完成了省部级教改项目《服装与服饰设计数字化教学资源建设》，完善了数字化教学资源库，实行线上线下融通的立体化教学模式。以多元立体的教学空间规划带动教学创新，不断推进翻转课堂、微课等教学方法革新，带动教师角色的转

变和学习方式的变革，提升学生自主学习能力。

2.5 构建基于知识耦合的教学团队，打通系科专业壁垒

注重教师团队内部知识结构的互补与嵌套，构建知识耦合型教学团队，形成文化、设计、产业和技术不同领域的知识体系。以文化和设计学知识结构为核心，依靠快速更新的学科知识为团队动态赋能，突破"小文科"思维，构建"大文科"视野。搭建教师交流、帮扶平台，积极参与各类教师培训、教学改革研究，提升教师教学能力。强化教师研究能力、课程思政意识等全面素质培养，鼓励教师从事基础研究、科学创新，切实加强学科团队建设，鼓励跨学科团队协同，促进跨系科、跨专业的交流。

3 成果的创新点

3.1 构建了课程思政全覆盖的"一体两翼三核心"教学体系

构建了以创造性设计人才培养为主体，"能力＋知识"为两翼，专业技能、人文素养和设计思维为核心的"一体两翼三核心"基础课程群教学体系，从知识、能力和课程设置三个维度增强课程思政建设实效。以文化育人，在文化和技术的交界处激发创作内驱力，形成文化筑基、创新为本的特色化课程群系统（图4）。深入挖掘课程中蕴涵的传统文化精神和中华学术文脉，将思想价值引领贯穿教育教学全过程，实现价值性和知识性的统一，达到专业知识与思政元素深度融合。

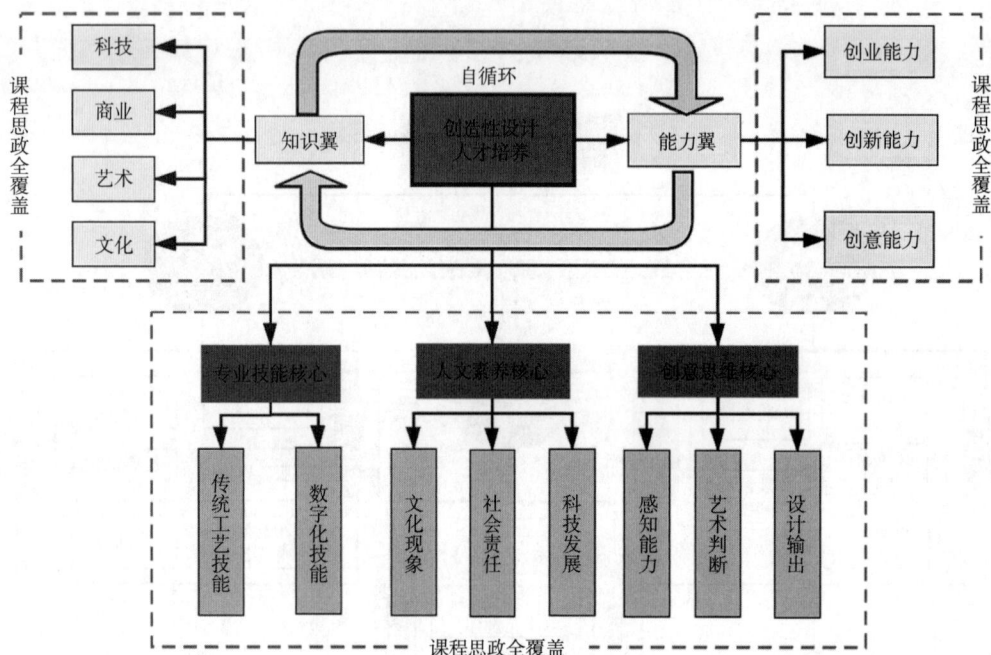

图4　课程思政全覆盖的"一体两翼三核心"教学体系图

3.2 实现了一体化的"链式联动"课程效应

在服装设计基础课程群内实现了关联课程之间的设计联动与梯度循环，前后课程之间形成链式一体化效应，为高年级专业核心课奠定良好的专业基础和文化认知，形成专业课程全系列联动。

3.3 建立了生本位的"过程推动"教学模式

实施研究性教学，改变教学观念，革新传统教学模式，改变知识的单向灌输模式，在课程教学过程中以敏感度训练培育好奇心，以好奇心催生兴趣，基于"互联网＋教学"以兴趣为动力推动自主探究型学习。

3.4 生成了自循环的"能力＋知识"学习系统

厚基础、宽口径的教学理念在学生能力培养和知识系统构建之间形成联动，促使"能力达成"和"知

识获取"之间形成螺旋式上升的自循环系统，为高年课程所需创意设计实践及专项设计能力的培养和提升夯实基础，有利于学生在高年段模块选修方向乃至未来的职业方向规划时形成清晰的自我认知和判断，最终达成创意、创新、创业的联动。

4 成果的推广应用情况

4.1 课程共振激发学习动力，人才培养成绩斐然

课程之间的碰撞与联动激发了学生的想象力与创作力，课程思政的全覆盖坚定了学生的文化自信。建设期间，学生在各类赛事中表现优异，在各大国际设计竞赛和学科竞赛中获 26 项大奖，申请外观设计专利 52 项。在国内外各大设计竞赛中屡获殊荣（图 5）：在"挑战杯""互联网+"等大学生创业大赛中获得一等奖 2 项，其他奖项 6 项；完成国家级大学生创新创业训练计划项目和浙江省大学生科技创新活动计划暨新苗人才计划项目。多次获得日本服装设计大赛、新澳设计师大赛金奖、创新突破奖和优秀奖，在中国国际青年设计师时装作品大赛等高水平赛事中获奖 10 余项。学科竞赛参与人数和获奖人数逐年上升，创新人才培养成效显著，整体成绩名列高校前茅。

图 5 部分学生获奖与专利

根据浙江省教育评估院 2018 年、2019 年最新统计数据，近三年本专业本科就业率 97.5%、创业率 4.17%（招就处统计）、专业相关度 73.9%、总体满意度 91.6%、专业课程课堂教学效果 91.9%、实践教学效果 91.9%；良好的课程教学和实践教学成效对毕业生就业以及职业发展起到了积极的促进作用。根据企业满意度调查，毕业生专业能力强，有较强的实践能力、沟通能力和创新能力，综合素质强。

4.2 群内课程资源共享共建，优质课程和教材涌现

课程群以课程资源的系统、完整为基本要求，以资源丰富、充分开放共享为基本目标，拥有国家级一流课程 1 门、浙江省一流课程 2 门、省精品在线开放课程 3 门、校级课程建设 4 门、育人示范课程和校优质课程 1 门。1 门课程获"十二五"国家精品视频公开课，获浙江省本科院校"互联网+教学"优秀案例二等奖、2021 年浙江省高校教师教育技术成果评比一等奖。"时尚产业与品牌创新"2019 年 9 月在浙江省高等学校在线开放课程共享平台、智慧树平台上线，2020 年 3 月在中国大学 MOOC 运营，使用课程学校达 46 所（爱课程平台），选课总人数 1.1194 万人次，累计互动 7.1 万次。以精品教材为依托，推动精品课程建设，项目成员出版"十二五"国家级规划教材《时装工业导论》等相关教材、专著 6 本。其中《女装设计》为纺织服装高等教育"十三五"部委级规划教材和东华大学服装设计专业核心系列教材；《时装工业导论》为"十二五"普通高等教育本科国家级规划教材和国家精品课程配套精品教材（图 6）。

4.3 成果建设驱动团队成长，教师屡获佳绩

成果建设期间形成了"教研双促"的教师团队成长模式，培育了学术型、应用型双强的高水平师资

图6 教师出版的教材、专著

队伍，实现了艺术理论、设计学、文化学、纺织工程等多学科交叉，团队教师不断进修提升自身业务水平，2人参加了全英文授课教师培训，3人具有6个月以上海外访学经历。团队成员教学能力和教研能力大幅提升，参与国家级教改项目1项、主持省部级教改项目7项、厅局级教改和课程建设项目11项。2人先后获得校格斯美人文社科优秀青年科技奖，主持完成国家社科基金、国家艺术基金等省部级以上科研项目13项；2项决策咨询成果获得浙江省省长的肯定性批示。在学术刊物上发表9篇教改论文、32篇为教学提供学术支撑的科研论文。团队成员作为主要参与者获得中国纺织工业联合会纺织高等教育教学成果一等奖2项、二等奖3项、三等奖1项；校级教学成果奖3项。在省级教学比赛中获一等奖2项、省级"课程思政"微课三等奖，在各类服装、时尚赛事中获得优秀指导教师称号9人次（图7）。

图7 部分教师获奖及项目结题证书

4.4 课程设置联动社会实践，影响力显著

课程群依据具体教学内容体系，在保持课程独立性的基础上，以综合实践能力培养为线索系统优化整合课程资源，突显课程之间的关联，支撑社会实践与毕业展。2014年至今，学生毕业作品连续参加中国国际大学生时装周进行专场发布，学院连续多年获得中国服装设计师协会颁发的"育人奖"，相继得到中央电视台中文国际频道、浙江卫视、人民网、中国服装网、视频直播、时尚博客等媒体的报道。丰富的社会实践活动被学习强国、《人民日报》《钱江晚报》、搜狐、网易等媒体报道，获得"浙理学子走近'剪艺人生'，助力非遗传承""服院学子带着课程设计的成果参加2020年ADM亚洲设计管理论坛暨生活创新展"等多项正面报道，培养的学生先后有10人获得了中国服装设计师协会颁发的"中国十佳时装设计师"称号，自创服装品牌百余个，促进了杭州女装产业的发展，社会美誉度高（图8）。

图8 部分社会活动、报道和课程展图片

纺织艺术教学"传统＋时尚＋科技工坊"模式构建及实践

浙江理工大学

完成人及简况

姓名	性别	所在单位	党政职务	专业技术职称
娄琳	女	浙江理工大学	无	副教授
姚琛	女	浙江理工大学	浙江理工大学湖州研究院副院长	教授
林竟路	女	浙江理工大学	系主任	教授
孙虹	女	浙江理工大学	无	教授
张奕	女	浙江理工大学	实验室主任	实验师
王建芳	女	浙江理工大学	无	副教授
伍海环	女	浙江理工大学	无	副教授
岑科军	男	浙江理工大学	浙江省高校联盟余杭东部中心副主任	讲师
吴莹	女	浙江理工大学	无	讲师

1 成果简介及主要解决的教学问题

1.1 成果简介

在坚定文化自信，推动中华优秀传统文化创造性转化、创新性发展的背景下，作为传承和创新的主体，高校纺织艺术类学生培养亟需深度融合传统纺织技艺和现代科技，以产业之需而传承创新，成为具有艺术底蕴、时尚创新力、传统技艺与现代技术的纺织服装业急需人才。

针对传统教学体系、教学模式、教学产出的问题，依托全国教育信息技术研究课题"基于移动终端品牌营销理念的非遗织造技艺课程数字化教学研究"等10余个项目，构建了4个层级的课程体系，1个"传统＋时尚＋科技工坊"教学模式。历经14年探索与实践，获1门国家级一流课程、1门国家级精品课程、1门省级精品课程、3门省级一流课程、1部国家级教材、1个国家级实验室，10个校外实践基地，学生获奖155项、发表147篇论文、91项专利、百余项作品被企业录用，仅线上课程就已有8万以上学生受益。成果推动传统纺织时尚化转型升级，获政府（省委书记肯定性批示）、院校、行业的认可，社会影响显著（图1）。

1.2 主要解决的教学问题

1.2.1 传统技艺面临传承危机，教学体系跟不上新时代发展需求

传统纺织技艺传承人老龄化严重，后继乏人；但传统纺织技艺是华夏文明的根，在丝绸之路中发挥了重要作用，承载着辉煌的中华优秀传统文化，壮大传承与振兴的年轻队伍是我们的历史使命。

1.2.2 传统教法脱离产业实际，教学模式难以融会贯通学以致用

织、染、印、绣等传统技艺教学以口传心授为主；涉及大量材料、技法、设备和图案品种，教学难度大，对基础薄弱的艺术类学生尤其困难；传统校内艺术理论教学形式对设计生产实操不足，学生能力水平

与产业需求严重脱节。

1.2.3 传统作品远离时尚科技，教学产出难获产业和社会认同

传统纺织技艺的作品难以契合前沿市场的需求，较难满足高速发展的时尚产业认同，难以引发大量人群特别是年轻群体的共鸣。

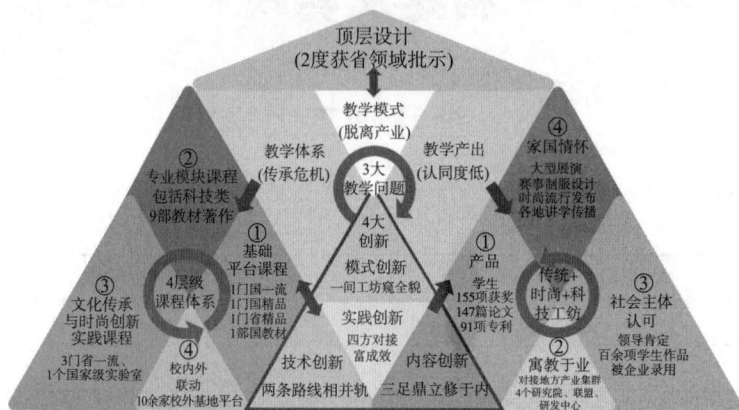

图1 成果简介

2 成果解决教学问题的方法

2.1 明确时尚化科技化转型需求，实施人才培养顶层设计

通过对我国传统纺织技艺（包括197个国家级非遗项目等）、国内外时尚产业（以巴黎、米兰、伦敦、纽约、东京为代表）、消费群体的大范围调研，明确了国家层面（提升国家形象、中华传统文化传承发展）、产业层面（产业转型升级、建设全球时尚之都和智能制造基地）以及消费者层面（物质需求、心理需求）对于传统纺织时尚化科技化转型升级的强烈需求。团队成员对策建议《对标全球五大"时装之都"加快纺织服装业转型升级》《加快打造"全球纺织服装智能制造基地"的若干对策》均获浙江省主要领导批示。

2.2 建设"传统＋时尚＋科技"课程体系，推动传承与创新

高校学生作为年轻群体的中坚力量和时尚消费主流，是传承与创新的主要接班人。将传统纺织技艺课程合理列入高校人才培养体系至关重要。建成4个层级课程体系进行教学实践，第1层：传统与时尚契入基础平台课；第2层：传统文化、时尚设计、现代科技融入专业模块课；第3层：文化传承、时尚科技融合的实践课程群；第4层：产业需求为导向的校内外联动（图2）。

2.3 改革教学模式，推行全流程实操的"传统＋时尚＋科技工坊"

模拟企业真实设计生产任务，在教学中以一门课程或模块课程为单位，构建全流程实操"工坊"，融入时尚创新设计理念、现代数码工具设备、新材料新技术、云秀场等，使织、染、印、绣、绘等传统纺织技艺焕发生命力。遵循认知规律与生产实际，以项目式教学方法为主线，将教学目标拆解为各个小型项目，串珠成链，达成高难度整体项目的实现，学生在工坊的锻炼中，经历了调研员、设计师、工艺员、时尚买手、技师、裁缝等角色，使人才培养及传统文化特色产品创作适应新时代年轻群体和产业前沿的需求，极大程度地提高学生综合实践能力和市场适应性（图3）。

2.4 对接业界实践，提高潜在人群、市场、产业、社会认同度

在人才培养过程中，嵌入业界实践，教师带领学生扩大校内外联动，与社会组织齐心协力（成立校地合作研究院、高校联盟、时尚产业产教融合联盟）、将友校教育知识融入（高校、中小幼教学体系与第二课堂）、注入现代企业活力（湖州、余杭、海宁等丝绸、家纺产业集群）、全面拓展时尚市场（举办设计大赛、大型展演、线上线下营销推广），在夯实学生学习成效的同时，提供科技服务，

并弘扬文化自信与家国情怀，获得更广泛的社会认同（图4）。

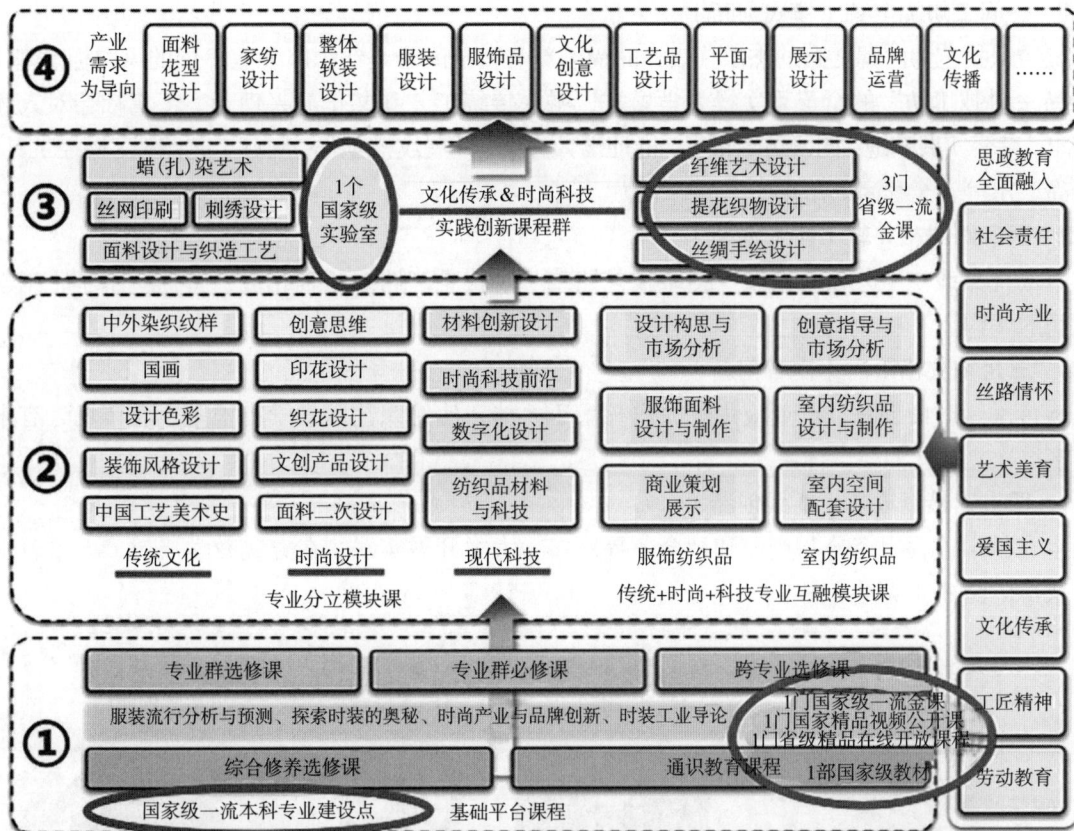

图2 纺织艺术教学"传统＋时尚＋科技"4层级课程体系

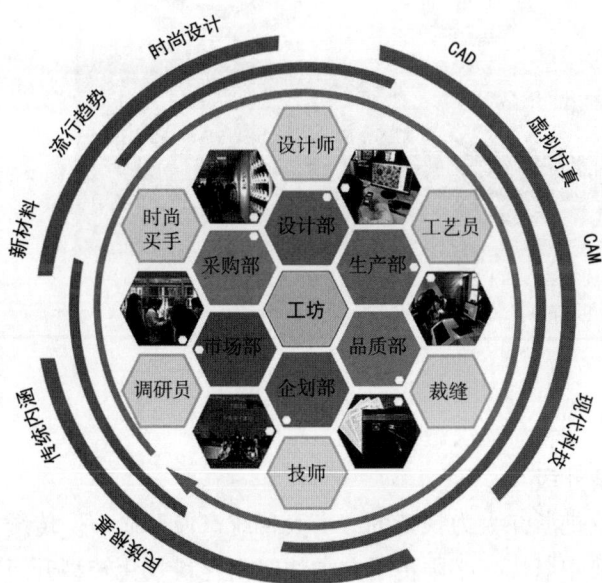

图3 全流程实操"传统＋时尚＋科技工坊"教学模式

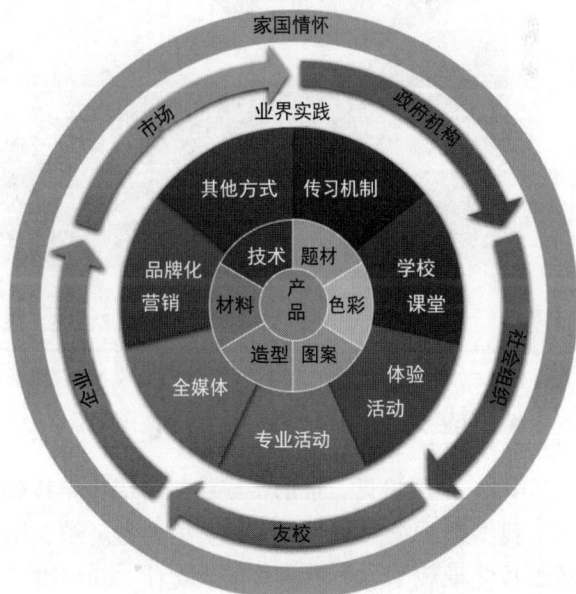

图4 "传统＋时尚＋科技工坊"教学与业界对接实践

3 成果的创新点

3.1 一间工坊窥全貌（模式创新）

传统纺织技艺为丝绸之路的杰出代表，时尚创新与科技融合是纺织服装业发展的风向标。基于"传统＋时尚＋科技工坊"的全流程实操教学模式，融入传统工艺和文化振兴理念，汇集社会对人才的全方位需求，考察实践基地，调研纺织市场，论证设计方案，开展纹样创作，制订工艺路线，操控工具设备，创意作品产出等，全程高效培养学生综合能力。

3.2 两条路线相并轨（技术创新）

艺术设计路线＋工艺设计路线、传统技艺路线＋现代生产路线相辅相成，打通艺术学、工学、历史学之间的鸿沟。

3.3 三足鼎立修于内（内容创新）

民族传承、时尚创意、产业应用三大内核融于一体，使纺织艺术教学有根基、有市场、有未来，形成了多层次立体化的教学体系。

3.4 四方对接富成效（实践创新）

师生在教学过程中充分与产业和社会各界对接，大力开展实践，在夯实教学成效、丰富教学产出的同时获得广泛社会认同（图5）。

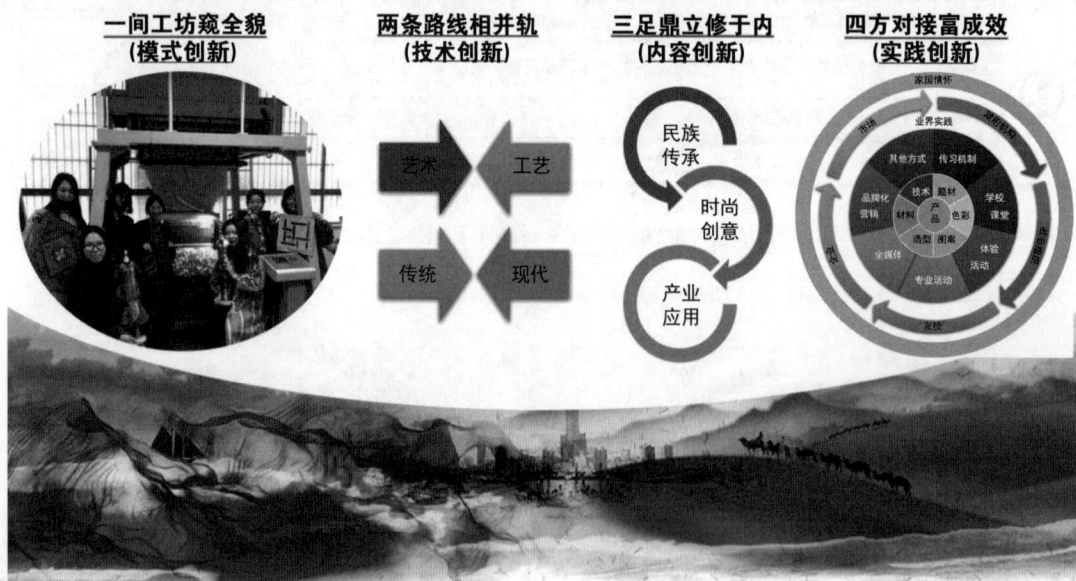

图5 纺织艺术教学"传统＋时尚＋科技工坊"创新点

4 成果的推广应用情况

4.1 顶层设计，推动传统纺织时尚化科技化转型升级

我国是纺织大国，浙江是纺织大省。纺织服装业是浙江大力扶持的"十大传统产业"之一。传统纺织技艺承载了悠久历史与灿烂文化，却后继乏人前景堪忧，必须传承并加快时尚化科技化转型升级的出路。时尚产业属于无烟产业、朝阳产业和创新创意产业，是纺织服装产业转型升级的战略方向，是浙江正在大力发展的八大万亿产业之一。面对瞬息万变的科技时代，纺织服装智能制造新技术新模式新业态亦尤为重要。由本项目成员主持完成的《对标全球五大"时装之都"加快纺织服装业转型升级》（《决策咨询》2018年第36期）《加快打造"全球纺织服装智能制造基地"的若干对策》（《浙江科

技要报》2020年第127期），获得了时任浙江省省长袁家军的肯定性批示："加快我省时尚产业转型升级，打造时尚之都是重要发展方向，请兴夫同志并经信委阅研"（图6）。

图6 团队成员成果两度获时任省长袁家军的肯定性批示

4.2 人才培养，实现传统纺织技艺传承及创新

在纺织艺术教学"传统＋时尚＋科技工坊"模式下，师生在学科竞赛、技术创新、课程建设、教材建设、大赛举办、制度建设、教学条件建设等方面成绩斐然。

4.2.1 学科竞赛

教师团队指导学生获中国高校纺织品设计大赛一等奖、浙江省"挑战杯"大学生课外学术科技作品竞赛一等奖、浙江省大学生服装服饰创意设计大赛一等奖、"国青杯"全国高校艺术设计作品大赛一等奖、中国国际面料创意大赛最佳文化传承大奖、最佳时尚创意大奖、国家级大学生创新创业训练计划项目等各级各类学科竞赛和设计大赛奖项逾155项，其中包括"弄潮儿——湿态舒适功能服装""一种可变形多功能阻燃窗帘及窗帘支撑杆结构"等科技类作品。省级及以上一等奖32项，团队成员多次获优秀指导教师奖（图7）。

图7 学科竞赛获奖

4.2.2 技术创新

团队教师指导学生发表相关论文147篇以上，授权发明专利2项、正在受理4项，授权实用新型专利8项以上。指导学生进行纺织服装图案及纺织服装类产品的创新设计，授权外观专利77项以上，使学生培养走在时代前列。

4.2.3 课程建设

围绕传统纺织技艺，团队成员主讲"提花织物设计""纤维艺术设计""丝绸手绘设计"3门课程均已成为浙江省一流金课，还有"蜡（扎）染艺术""刺绣设计""数码绣花""文创产品设计与制作""传统工艺与创新设计"等一系列传统纺织技艺课程群的内容涉及大量国家级非遗代表性项目，包括云锦、宋锦、蜀锦、壮锦、黎锦、蚕丝、地毯等21项（含38个子项目）织造技艺，苏绣、顾绣、羌族刺绣、侗族刺绣、瑶族刺绣、民间绣活等20余种刺绣技艺，扎染、蜡染等印染技艺，以及杭州丝绸传统炼染印整技艺（图8）。

图8　团队纺织技艺课程获3门浙江省级一流金课

（1）围绕时尚创新，团队成员建设的"服装流行分析与预测""探索时装的奥秘""时尚产业与品牌创新"分别获得1门国家精品在线开放课程及一流金课、1门国家精品视频公开课、1门省精品在线开放课程。浙江省高校"互联网＋教学"优秀案例特等奖、二等奖各一项。浙江省高校首批"翻转课堂"优秀案例1个。

（2）围绕科技创新，在教学实施过程中，充分结合时尚创新设计理念，数码提花、数码印花、数码绣花等现代工具设备以及新材料新技术、云秀场等。团队已建成并在三大平台运行的校级精品在线课程"艺术经纬：面料设计与织造工艺"，除了讲述纺织发展历史、织造技艺非物质文化遗产、时尚创意外，还涉及材料创新、智能纺织品等内容，形成"传统＋时尚＋科技"完整的体系（图9～图11）。

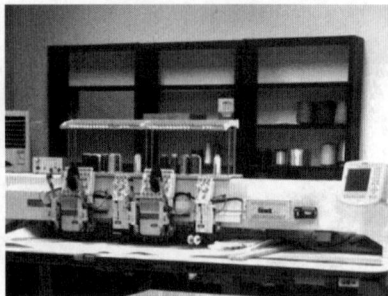

图9　数码提花　　　　　图10　数码绣花　　　　　图11　服装数字化云秀场

4.2.4　教材建设

团队成员出版了9部教材和著作，其中国家级教材《时装工业导论》1部，浙江省新形态教材《服装流行分析与预测》1部（图12）。

4.2.5　大赛举办

团队成员为主力，承办政府委托项目"首届中国（杭州）国际丝绸旅游用品设计大奖赛"，作为西湖博览会的主要大型活动之一，14个国家和地区319个单位1135位选手携1607幅作品参赛，取得广泛影响力。发起并承办"浙江省大学生服装服饰创意设计大赛"（一类学科竞赛），包括服装服饰造型创意设计、构成创意设计、科技创意设计三大参赛类别，已成功举办4届，得到数十家单位支持和响应。同时，团队目前正在积极筹办"杭州大运河文创产品设计大赛"（图13）。

图12 团队成员出版的部分国家级教材、浙江省新形态教材和著作

图13 团队成员主持或主要参与的纺织服装创新创意类设计大赛

4.2.6 全员导师及工作室制度

实行全员导师制，本科生在低年级即可根据兴趣方向选择导师，在课余时间参加导师工作室的真实任务锻炼，例如团队成员的"姚琛设计工作室（杭州迦然文化创意有限公司）""启航工作室"等多个工作室，先后吸纳了上百名学生进入工作室锻炼。学生获得导师手把手的指导引领，全方位养成了实干创新能力。

4.2.7 教学条件建设

经长期努力建设，已拓展了与杭州都锦生实业有限公司（国家级非遗保护单位）、浙江凯喜雅集团（现代丝绸企业）、海宁金永和家纺织造有限公司（现代家纺企业）等10家企业的校外教学实践基地。已建成完备的校内实验室，包括服装国家级实验教学示范中心——染织设计实验室、服装设计国家级虚拟仿真实验教学中心、文化和旅游部丝绸文化传承与产品设计构成创意设计数字化技术重点实验室、浙江省时尚人才培养产教融合示范基地等2个国家级、1个部级、5个省级平台。并有传统技艺传承人以及经验丰富的企业导师助阵。同时，教学团队已形成老、中、青三代优势互补的梯队。具备完善的软硬件基础和校内外条件。

4.3 寓教于业，服务浙江省产业区块链

（1）湖州：组建了浙江理工大学湖州丝绸·时尚研究院，团队成员担任研究院副院长，依托丝绸小镇和高校两大平台资源，陆续建立"浙江省时尚产业产教融合联盟湖州基地""新时代国家形象·丝绸文化与数字时尚产业产创融合联盟""新时代国家形象·丝绸国服国礼研发中心"等。利用"一所百年大学+一个特色小镇"相融合的创新模式，打造产业生态闭环，协同学生培养助推纺织服装、丝绸时尚产业在长三角一体化中蓬勃发展，并为传统纺织技艺与文化贡献力量（图14）。

（2）余杭：为更好地服务浙江省八大万亿产业，助推杭州建设时尚之都、世界名城，助力余杭艺尚小镇建设、时尚产业转型升级，深入对接高教强省战略，培养大批高素质时尚产业人才，致力打造高层次时尚产业国际化创新创业人才培养基地等，我校与余杭区政府已开展余杭校区（时尚学院）共建工作。努力将时尚学院建设成为"融入余杭、立足杭州、服务浙江、辐射长三角、面向世界"的国内外知名时尚学府。此外，团队成员担任浙江省高校联盟余杭东部中心副主任，对接余杭家纺产业集

群与学校技术资源和人才资源，师生已完成并持续进行多个服务项目，切实做好高校服务产业高质量发展的工作（图15、图16）。

图14　学生在湖州提花企业上机实践　　图15　教学过程中带领生调研余杭　　图16　组织余杭家纺专场招聘会家纺综合体

（3）海宁：团队于2007年即开启与海宁企业的一系列持续合作和社会服务，建立了校企研发中心，助推高新企业和著名品牌，师生已完成并持续推进多个服务项目，通过技术和创新输出，使企业发展更上一个台阶。同时，在产教融合过程中，学生的"创新、创意、创业"能力得到了进一步培养（图17）。

（4）团队研究所：团队成立时尚纹样与纺织品艺术研究所以及流行与时尚传播研究所，学生在研究所中有四大实践方向：时尚纹样与产品设计；纺织文化技艺传承与创新设计；纺织服装流行与时尚传播；纺织艺术科技融创设计。旨在围绕"传统文化与技艺传承、时尚产品与文化创意、未来设计与科技融合"，进行纺织品艺术设计创新与研究工作，为人类创造更加美好的生活。

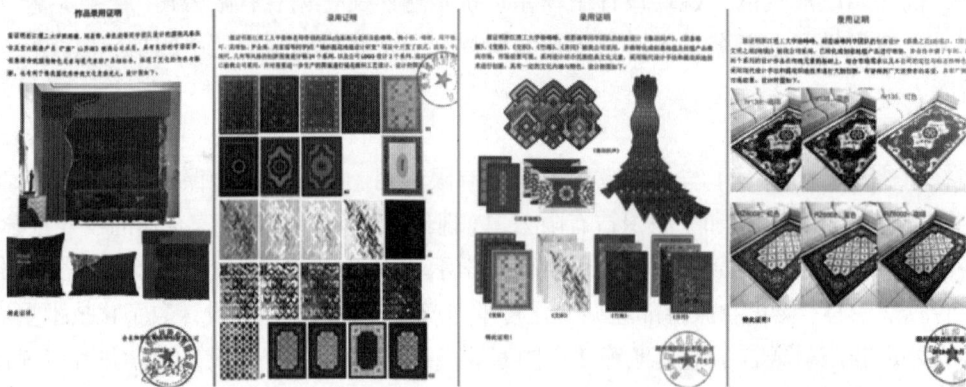

图17　团队成员依托教学体系指导学生设计并数字化生产的作品被海宁、湖州等地企业录用并产业化

4.4　社会影响，提升全民家国情怀

团队依托鲜明的传统纺织文化与时尚创新特色，开展全球旗袍日、亚运会亚残会、纺织类博览会、流行趋势发布会、各地讲学传播等，对接各类业界大型活动，通过导师工作室参与其中的学生们综合能力得到普遍提高，同时大幅度提升了传统纺织技艺及其创新发展的社会认同度和社会影响力。

4.4.1　大型展演

团队成员携25套杭州文化主题旗袍参加"杭州全球旗袍日"大型活动，通过非遗旗袍的杭州旗袍秀时尚形象，承载"西湖山水古良渚"等文化内涵，将丝绸旗袍文化在西湖长桥及中国丝绸博物馆进行活态展示和创意传承，向世界诠释时尚创新和传统文化振兴。在政府部门主导下，团队成为"杭州全球旗袍日"官方合作伙伴。此外，团队还进行了中华人民共和国成立70周年天安门"潮涌之江"浙江彩车演员服装设计、亚运会亚残会吉祥物征集启动仪式服饰设计及开场秀，均流露着旗袍元素、钱江潮等传统韵味，又散发着时尚流行的气息（图18）。

图 18 团队成员携 25 套作品参加 2018 年 "杭州全球旗袍日" 旗袍 3D 灯光秀和非遗旗袍秀活动报道以及官方合作伙伴证书

4.4.2 赛事制服设计

团队成员及学生连续两届参加世界互联网大赛志愿者服饰及礼仪服饰的设计制作、全国学生运动会志愿者服装设计制作、"挑战杯"省赛旗袍礼仪服设计制作等大规模赛事制服的设计和加工制作等活动，设计制作的服装富有江南水乡、青花瓷、蓝印花布的传统柔美神韵和现代青春活泼的气质，获得广泛赞誉（图 19）。

图 19 第一、第二届世界互联网大赛志愿者及礼仪服饰设计制作

4.4.3 时尚流行发布

团队成员连续 7 年主持 "中国丝绸流行趋势发布" 活动，向全社会发布时尚流行的风向标。每年跟随团队老师参与丝绸产品设计制作和发布会筹备的学生们综合能力得到了全方位锻炼（图 20）。

图 20 团队成员 2011 ~ 2017 连续 7 年主持杭州市政府大型项目 "中国丝绸流行趋势发布" 活动

4.4.4 各地讲学传播

围绕纺织艺术 "传统 + 时尚 + 科技"，团队师生建设了微博、抖音、淘宝、微信公众号、创新创业对接小程序、线上公益课堂、团队自主版权 Logo 等立体化的线上平台，服务于学生培养、就业、创新创业、课外拓展实践，以及服务于中华优秀传统文化时尚创新传播，受益已超 10 万人（图 21）。

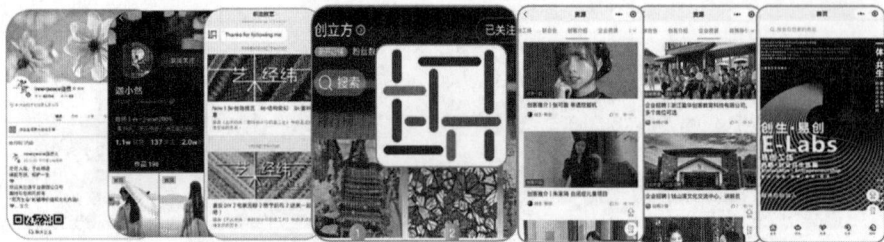

图 21　多渠道、立体化的学生培养线上实践方式和传统文化时尚创新传播方式

团队携学生一同前往各地各单位举办讲学和传播活动，如杭州武林银泰商业中心、安徽芜湖弋江区小天使幼儿园、杭州市儿童医院、乔司职业高级中学、台湾辅仁大学、美国纽约州立大学等，在实践中巩固知识，弘扬优秀传统纺织文化及时尚创新精神，培养深厚的家国情怀（图 22）。

图 22　在商业中心、幼儿园、儿童医院、高中、高校等地进行传统纺织时尚创新创业讲学推广

学生通过参与导师带队指导的一系列传承、创新、推广活动，其综合能力和素质积淀得到大幅提高，从 2007 年探索"传统＋时尚＋科技工坊"教学模式之前的学生 0 成果 0 获奖，到开始该教学模式之后的逐年攀升，再到近 5 年的加速上升，团队所带本科生具有每年超过 50 人次的成果产出，并为学生就业、创业、升学、出国提供了大量机会，为学生的人生发展铺就坚实道路。学生顺利保研 12 人，境内升造率可达 16%，出国深造率 5% 以上，平均每年自主创业成功 2 人，就业率连续多年 98% 以上，从事与本专业直接相关的工作比率 73% 以上，且绝大多数热爱本行业，多年来一直从事专业直接相关的工作类型。纺织艺术教学"传统＋时尚＋科技工坊"模式至少使本校 4 个专业 4200 余人受益，线上学生 10 万余人受益。

根据 2020 年 4 月对 162 个单位和校友的调查，86.42% 对本专业培养的毕业生非常满意，40.74% 今后每年拟吸纳 1 ~ 2 名我们的学生，11.73% 拟吸纳 3 ~ 5 人，5.56% 甚至每年拟吸纳 5 人以上。学生的专业素质（78.4%）、审美能力（62.96%）、绘画功底（60.49%）、创新设计（50.62%）、动手实践能力（49.38%）为最受认可的前五项优点（括号内为认同者百分比）；加强学生对时尚流行趋势的认识、增加学生毕业前的实习经验、提高学生对材料和生产流程的认识这三方面是半数以上受访者认为人才培养中的重要方向。大部分校友认为增加校企合作交流（61.74%）、培养跨界设计人才（59.73%）、增加国内外高校间合作交流（54.36%）、加强新材料应用（51.68%）对学生今后成长至关重要；上述这些也是我们在"传统＋时尚＋科技工坊"教学模式中着重培养的。该教学模式获得国家级教学名师、纺织类专业教学指导委员会主任委员郁崇文教授、东华大学副校长陈南梁教授以及兄弟院校和成果鉴定委员会专家们的一致肯定。

具有纺织机械特色"三维交织"的专业、课程和团队建设与实践

天津工业大学，天津大学

完成人及简况

姓名	性别	所在单位	党政职务	专业技术职称
杜玉红	女	天津工业大学	学院教学副院长	教授
周超	男	天津工业大学	教学管理办公室主任	实验师
姜杉	女	天津大学	副系主任（教学）	教授
赵地	男	天津工业大学	无	讲师
赵镇宏	男	天津工业大学	机设系主任	副教授
杨素君	女	天津工业大学	无	教授
杨建成	男	天津工业大学	系主任、天津市虚拟实验教学中心主任	教授
金肖克	男	天津工业大学	机电测控学生党支部书记	助教

1　成果简介及主要解决的教学问题

1.1　成果简介

为推进天津工业大学机械类一流本科专业建设，结合新工科要求，在首批国家级卓越培养计划改革试点专业"纺织机械"前提下，提出了"巩固机械基础、突出纺机特色、融合新兴工科、服务装备行业"的教育教学改革，构建"大机械学科"概念下"三维交织"的人才培养体系。以培养交叉复合型人才为目的，将机械、纺机、新工科学科融合，推进专业建设；以机械技术组成为路线，打造设计—制造—控制—测试课程群；以虚实结合为手段，建设机械理论—纺机实验实践课程；推动校企多方联合，开展创新人才的培养；推行基础课和专业课教师交叉授课，提升教师水平，构建一流的师资团队。

获批国家级一流本科专业，获批国家级一流本科课程 2 门，获批国家级虚拟仿真项目 1 个，市级教学团队 1 支。

1.2　主要解决的教学问题

（1）以机械、纺织和新工科学科融合进行专业和课程的改革，解决了高校人才培养目标和用人单位复合型人才需求的矛盾，提出了具有高校特色（如我校纺织特色）传统专业改造和新工科专业建设的途径。

（2）以机械技术构成为导向进行的课程设置，打造的融入纺织机械实例课程模块解决了专业基础知识点缺失、课程间缺少关联性的问题，以及机械和纺织知识两张皮的问题。

（3）虚实结合的实践教学改革，解决了纺织机械设备结构复杂、体积庞大不利于学生实验实践的问题。

（4）基础和专业教师交叉授课，整合了教学资源，避免了资源浪费，促进资源合理利用。

2　成果解决教学问题的方法

针对教学问题提出以"交叉学科—机械专业—课程体系—实践平台—师资队伍"构成的立体框架推进教育教学改革，落实立德树人的根本任务（图1）。

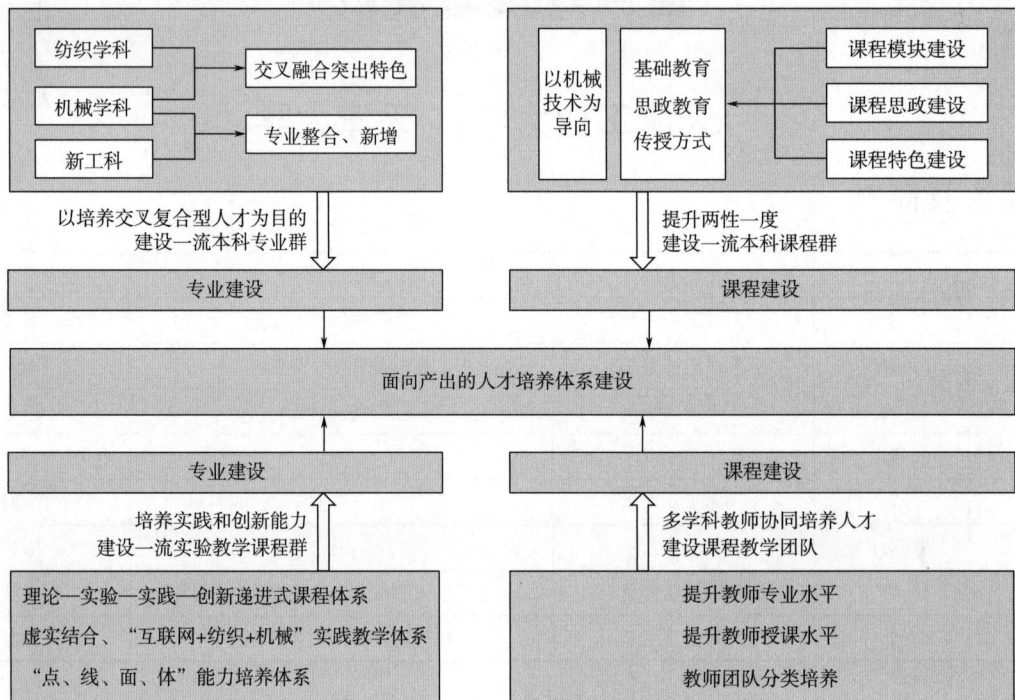

图 1　面向产出的人才培养体系建设

2.1　为强化专业内涵，构建以机械学科为基础，融合纺织学科和新工科的"三维交织"的专业体系，打造一流本科专业建设

（1）以双一流学科群机械学科为依托，调整学院专业设置。将分属 3 个学科的 6 个专业调整为机械学科下的 3 个专业，并为个性化培养，在专业下设置了不同专业选修课模块，调整后的专业培养目标明确，师资雄厚。

（2）打造新型纺织机械特色，改造升级传统专业。提高纺织领域高端人才的培养质量，机械工程专业下设置了纺织机械卓越工程师班；为推进纺织"一带一路"建设，开设了纯英文国际留学生班。

（3）借鉴"天大方案"，推进新工科专业建设。改造传统机械工程专业，设置"智能制造"专业方向；增设新工科专业，申请获批了智能制造工程专业。

（4）开设新兴工科微专业，培养复合型人才。推进科教融合，结合我院工业机器人的科研优势，在传统机械电子工程专业开设机器人系统设计与控制微专业。

2.2　为提升课程的两性一度，推进课程设置、思政教育、教学方法的"三维交织"的课程改革，开展一流本科课程建设

（1）以机械技术构成为导向进行课程设置，形成完整的机械领域知识体系，打造设计、制造、控制、测试课程模块。

（2）以课程思政重点建设为"点"，以课程大纲修订工作为"面"，将思政元素融入每门课、每一章，开展机械类课程思政工程建设。

（3）以机械理论为主，嵌入纺织机械实例，修订完善课程内容，提升课程特色。

（4）依托天津大学、天津工业大学教师，智慧树、泛雅平台技术人员组成的课程模块教师团队，深入开展项目式、翻转课堂、研讨式教学的具体实施，提升一流本科课程的两性一度建设。

（5）借助天津大学力量，提升基础课程授课质量。选学天津大学国家级金课，打造混合式课程，共同出版《工程制图》《工程制图习题集》《机械原理习题集》等教材，开展联合培养。

2.3 为培养实践和创新能力，搭建课程实践、企业实践、课外活动联动，构建"宏观、中观、微观""三维交织"的实践体系，开展一流的实践教学课程建设

（1）构建符合学生认知规律的理论课—实验课—实践课—创新课递进式课程体系，搭建实验与实践、虚拟与现实、创新与创业贯通的实践教学，打造一个贯穿（工程实践能力提升）、两个阶段（基础和提高）、四个层次（基础、综合、设计、创新）、十个模块的实验教学平台。

（2）以纺织机械实践教学和专业基础实践教学为重点，推进虚拟仿真实验，构建"互联网+纺织+机械"的实践教学体系。

（3）开展校校、校研、校企多方合作，推进课程设计、毕业设计、课外实践等实践教学。

（4）以全"体"学生、全"面"推进、多"线"开展、以"点"突破提高学生综合素质和创新创业能力。

2.4 为开展协同育人，打通基础和专业课、理论和实践课、高校和企业导师的"三维交织"师资队伍，进行一流的教学团队建设

（1）以提高基础课程的专业显现度为目的，将学科基础课、专业基础课、专业课授课教师队伍打通，要求传授两类或两类以上课程，提升师资队伍专业水平。

（2）依据课程组打造师资团队，将理论和实践课程教师组队，建设理论、实践、创新三类相互融合的教师团队。

（3）组建高校教师、企业导师、外籍教师联合培养队伍，开展专业技术教育、创新创业教育和国际教育。

（4）聘请天津大学教授型教学名师，加入天津工业大学师资建设，通过开展研讨、讲座等，提升教师授课水平。

3 成果的创新点

3.1 结合纺织特色和新工科改造升级的机械工程专业，具有我校机械行业人才培养鲜明特色

"纺织机械"卓越班大一开始选拔，夯实纺织机械基础教学；"智能制造"实验班，大三开始选拔，结合新技术开设专业课程，进一步择优培养，毕业学生既符合纺织领域人才的需求，又具有新兴科技能力。

3.2 以机械工程技术为导向进行课程的设置，建立"设计、制造、控制、测试"课程群

将机械和纺织技术互相融合渗透，进行课程的教学内容改革，在结合纺织机械特色和重构新工科知识结构的基础上，建立了适应多方向的模块化课程体系，纵向上课程结构层层递进，横向上多个不同专业方向可选择应用，打造出在国内具有较大影响和特色的学科交叉的优质课程群。

3.3 构建"理论—实验—实践—竞赛—项目—科研—创新—创业"渐进式实践教学体系，提升学生个性化培养

特别是将创新实验室、科技社团、开放实验室计划、科技竞赛等课外活动组合，打造教师—研究生—高年级本科生—低年级本科生的团队，将本科生创新实践进行延伸，以产学研项目为升华，完善阶梯式培养，促进学生的个性发展。

4 成果的推广应用情况

4.1 专业建设

2019年初对学院分属3个学科的6个专业进行调整合并，机械工程、机械设计制造及其自动化和

建筑环境与能源应用工程合并，调整为机械工程专业，机械电子工程和测控技术与仪器专业合并为机械电子工程专业，工业设计专业不变，调整后的专业都属于机械学科，专业培养目标清晰明了（图2）。

序号	专业		本科专业类
1	建筑环境与热能应用工程	2001年招生	土木类
2	机械工程	1958年招生 (国家优势特色专业)	机械类
3	机械设计制造及自动化	2014年招生	
4	机械电子工程	2013年招生	
5	测控技术与仪器	2006年招生	仪器类
6	工业设计	2001年招生	机械类
7	智能制造工程	2021年招生	

机械类：
- 机械工程（2019年国家一流本科建设点）
- 机械电子工程（2020年国家一流本科建设点）
- 工业设计（2019年获批校一流本科建设点、2021年预申报国家级）
- 智能制造工程（2020年申请新工科专业、2021年招生）

图2　机械类专业设置

2010年开设的"纺织机械"卓越班是国家级首批卓越工程师培养计划实验班，2018年"智能制造"实验班是第一时间响应教育部提出的新工科实验班，2020年申请了智能制造工程新专业；结合我院科研优势，2020年开设机器人系统设计与控制微专业；2017年开设机械电子工程专业国际班。

突出纺织机械和新工科特色的三维立体交织的机械类专业建设，成果显著，机械工程专业于2019年获批国家级一流本科专业建设点，2020年获批专业工程认证申请，2020年机械电子工程获批国家级一流本科专业建设点，2019年工业设计获批校级一流本科专业建设点，2021年预申报国家级一流本科专业建设点。

4.2　课程建设

按照课程设置和课程模块，建设以新型纺织机械和新工科为特色，围绕"设计制造测试控制"布局的"三维立体交织"课程体系。开展了不同的课程建设，效果显著。

获批国家级线上线下混合式一流本科建设课程1门"液压与气压传动"，并被泛雅平台设置为示范教学包，国家级线上一流本科建设课程1门"创新思维及方法"，国家级精品在线开放课程1门"工程图学"，国家级线上一流本科建设课程1门"机械制图"，获批天津市线下、线上线下混合式一流本科建设课程3门"机械设计""工程制图"等，获批校级一流本科课程建设项目12项。

获批市级课程思政示范课程1项，市级课程思政优秀教材1部。获批校级课程思政示范课3门，申请获批校级课程思政项目13项（图3）。

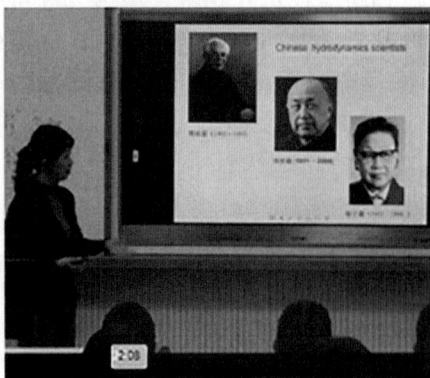

图3　液压与气压传动课程思政泛雅平台作业布置和授课现场

在智慧树平台录制并建设"工程制图"慕课，运行2学期。录制建设"机械设计基础"慕课，运行1学期。智慧树平台录制并建设"数控技术""工程力学"全英文慕课，我校国际交流课程平台完成了7门课程的全英文课程建设。天津工业大学机械类专业学生选学天津大学国家级"机械制图"金课，开展天津工业大学"机械制图"课程建设。推进不同教学方法方式教学改革，7门线上线下混合式课程获批市级建设经费支持。

4.3 实践教学课程建设

以课程实践、企业实践、课外活动联动，构建"宏观、中观、微观"新工科多维实践教学体系，形成了具有纺织机械特色的一流实验实践平台，教学效果显著（表1）。

表1 具有纺织机械特色的实验实践平台

序号	平台名称	平台级别		批准年份
		国家级	省部级	
1	工程训练国家级教学示范中心	●		2016
2	天津工业大学－经纬纺织机械集团—国家级实践教育中心	●		2012
3	高速织机设计原理及动态性能分析虚拟仿真实验项目	●		2018
4	天津市现代机电装备技术重点实验室		●	2007
5	天津市工业设计中心		●	2017
6	天津市高校研究生创新实践基地		●	2015
7	天津市机械基础实验教学示范中心		●	2012
8	天津市机械基础及纺织装备设计虚拟仿真实验中心		●	2015
9	天津市高速非织造梳理气流成网装备虚拟仿真实验项目		●	2019

《高速织机设计原理及动态性能分析虚拟仿真实验》《面向机械机构创意设计的工程图学虚拟仿真实验》获批国家级虚拟仿真实验项目，《机械高速非织造梳理气流成网装备》虚拟仿真实验获批天津市虚拟仿真实验建设项目。

4.4 教学改革

学院要求系室将纺织机械最新技术及科研成果融入教学，开展课程思政建设，以线上课程建设为主，以学生实验实践和创新实践能力培养为目标，开展教学方式方法的改革。近三年完成中国纺织工业联合会高等教育教学改革项目7项，天津市普通高等学校本科教学质量与教学改革研究计划重点项目子课题1项；获批天津市市级教学成果培育项目1项；近两年获批教育部产学合作协同育人项目15项。获市教委、市财政局支持线上教育教学专项资金建设课程7门。获批校级"课程思政"教育教学改革专项立项项目13项，思想教育工作精品项目3项（表2）。

表2 部分获奖项目

序号	项目名称	奖励名称	年份	级别
1	机器人教育在纺织机械行业创新创业人才培养体系中的研究与实践	中国纺织工业联合会纺织教育教学成果奖	2019	省部级二等奖
2	新形势下机械工程专业综合实验平台的创新与实践			
3	构建具有纺织特色的机械设计基础课程的教学改革和实践			
4	基于"课堂＋网络＋应用"协同育人的工程制图课程教学改革与实践			
5	"一流"纺织学科高校的测控专业特色创新创业教育课程群及平台建设			
6	基于"课堂—项目—竞赛"三维联动的机械类工程创新人才培养的探索与实践			

续表

序号	项目名称	奖励名称	年份	级别
7	以纺织工业发展需求为导向的机械工程专业人才培养的改革与实践	天津市级教学成果奖	2018	省部级三等奖
8	新型工程教育信息化技术的探索与实践——工程图学在线课程建设			
9	基于行业特色的地方高校工程训练教育体系的构建和实践			
10	机电类课程在纺织机械卓越计划下的教学改革和实践	中国纺织工业联合会纺织教育教学成果奖	2017	省部级一等奖
11	以科技创新活动为载体，促进应用型创新人才培养模式的改革和创新			
12	突出纺织装备特色的设计教学体系构建与实施			省部级二等奖
13	基于大工程实践教育理念和纺织特色的工程实践教学体系的研究与实践			
14	依托数字化信息管理平台，推进卓越工程师培养的实验教学改革与实践			
15	新工科人才培养模式的改革与实践	中国纺织工业联合会纺织教育教学改革项目	2017	省部级教育教学改革项目
16	大学生多维交织创新创业人才培养体系研究			
17	基于学科交融的纺织机械造型专题设计课程			
18	纺机方向人才培养改革研究			
19	高等工程教育多学科交叉融合教学改革与实践			
20	促进应用型创新人才培养模式的改革与创新			
21	融合 TRIZ 创新方法研究			

4.5　师资队伍

学院注重教学团队建设，加强现有教学团队的建设和考核，培育和组建各专业教学团队的建设，构建的基础课程和专业课程交叉团队，建设效果明显。

多次聘请天津大学、山东大学、上海交通大学以及学习通、智慧树和网络教学平台负责人培训学院教师，提升师资水平。获批 4 支校级教学团队，1 支市级教学团队。具有天津市级名师 4 人，校级名师 8 人，天津市创新创业导师 2 人。

4.6　专业人才培养质量

为满足纺织行业高科技人才需求，我院机械工程、机械电子工程、工业设计均以纺织机械为特色，进行专业建设，目前纺织机械卓越班为国内唯一纺机特色班，学院配有纺织机械系、纺织机械教研室，专业培养目标明确，学生培养质量高，国内大型纺织机械集团企业三分之一技术和管理人员为本专业校友，获得中国纺织服装教育学会全国纺织服装教育先进集体称号，中国机械纺织卓越教育联盟理事单位（图 4）。

机械工程专业有纺织机械卓越班 1 个（2010 年第一批入选国家级卓越计划），4 个机制班、2 个成型班、1 个建筑设备班、1 个智能制造班。卓越工程师"3+1"模式让学生第四年到校外企业生产第一线集中进行实习和毕业设计。为学生配备双导师，与企业共同制订培养计划，校企双方联合指导，学生在企业完成毕业设计（图 4）。

机械电子工程专业借力新工科建设，将自动化、信息技术引入本专业，构建毕业生复合型知识架构，培养学生创新意识和能力，提升工程实践能力。专业特色为纺织机电控制和机器人系统集成与应用。机械电子工程 4 个本科、1 个航空航天实验、1 个微专业、1 个国际（图 5）。

工业设计专业培养掌握现代工业设计专业基础理论知识具备产品设计创新和实践能力的创新型、应用型高级专业人才。专业主要培养方向为智能制造装备、康复医疗装备、家具家电设备，专业培养特色方向为纺织装备工业设计（图 6）。

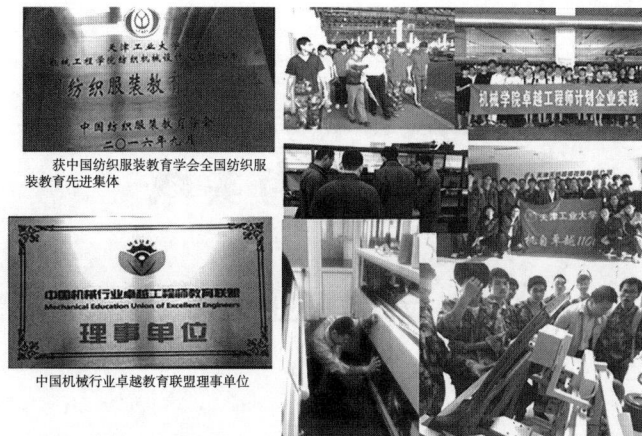

图 4　机械工程专业建设成效

图 5　机械电子工程专业建设成效

图 6　工业设计专业建设成效

学生就业率、升造率、四级通过率逐年提升，2020 年就业率全校第一，升造率达到 20%，四级通过率达到 85%，无论就业还是读研，学生均受到企业和高校的欢迎。学科竞赛参与率高，学院平均每年参加各类比赛项目达 80 项以上，参与学生占在校生比例 30% 以上，获奖率达 80% 以上（表 3）。

表 3　学生就业率、升造率和四级通过率汇总表

时间	就业率（%）	升造率（%）	四级通过率（%）
2015 年	94.16	9.3	54.9
2016 年	96.83	12.1	55.63
2017 年	95.29	15.8	65.39
2018 年	95.50	20.0	65.43
2019 年	95.77	19.71	68.18
2020 年	90.28	21.76	78.16

"纺纱原理"课程"三级目标，五重境界，多维评价"的教学改革与实践

天津工业大学

完成人及简况

姓名	性别	所在单位	党政职务	专业技术职称
张美玲	女	天津工业大学	党支部宣传委员	副教授
王建坤	女	天津工业大学	无	教授
张淑洁	女	天津工业大学	无	副教授
李翠玉	女	天津工业大学	无	副教授
李凤艳	女	天津工业大学	无	副教授
赵立环	女	天津工业大学	党支部组织委员	讲师

1 成果简介及主要解决的教学问题

1.1 成果简介

成果依托国家级线上线下混合式一流课程"纺纱原理"的建设及项目"新工科理念下纺纱原理课程教学模式的研究与创新"的研究，经过教学改革和实践，凝炼形成了既具有特色又能推广应用的教学成果。

1.1.1 凝炼课程三级目标

围绕立德树人，形成课程知识、能力、素质三级目标。课程教学使学生掌握纺纱基本原理知识；具有运用纺纱理论分析判断关键环节和开发纱线的能力；融入纺织新技术、新发展，强化国家意识，传承民族情怀，实现有温度的素质教育。

1.1.2 构建具有五重学习境界的课堂教学模式

通过线上线下、课内课外相结合改革传统教学手段。线下课堂教学打破传统课堂安静（Silence）的气氛，使用回答（Answer）和交流（Dialogue）的境界解决具有标准答案的知识和能力问题；开拓思维，培育批判（Critical）和争辩（Debate）的课堂境界，解决无标准答案的能力拓展问题；课外查阅资料，以课内学生汇报（Presentation）的方式强化素质培养。

1.1.3 形成多维的综合评价方法

由"线上教学（20%）+线下课堂教学（30%）+期末评价（50%）"组合，客观评价与主观评价结合，主观评价要素与教学活动匹配，综合评定学生课程目标达成情况，提高学习挑战度。

1.2 主要解决的教学问题

（1）打造了具有五重学习境界的课堂教学，解决了课堂安静的问题。

（2）通过多维综合评价，及时反馈学生的学习效果，解决了教学过程中评价方式单一的问题。

2 成果解决教学问题的方法

紧密围绕课程三级目标，抓紧落实有效措施，解决教学中存在的不足。

2.1 教学内容与时俱进，满足社会需求

主编了《纺纱原理》教材，明确专业综合育人的教学目标，高度凝炼和深入分析了纺纱加工中的基本原理及其应用；及时录制微视频60个，1200学时，基本原理线上呈现，新技术和新发展线下跟踪；更新了集图片、动画和视频为一体的多媒体课件，为教学内容提供了最新的素材。

2.2 教学方法多样化，引导学生深层次融入课堂

聚焦课程三目标，实施线上线下混合、课内课外结合，师生、生生互动的教学方式，引导学生逐层深入地学习。一般内容线上自学，线下课堂讲授重难点内容以及社会新进展和新经验。师生互问，如"锡林与盖板分梳作用区的特点是什么？"通过回答和交流获得标准答案。学生分组讨论、查阅资料思考、分析和判断能力拓展问题，如"梳理的核心是增强分梳作用，在生产实际中容易实现吗，为什么？"由于无标准答案可遵循，形成了批判、争辩的探索真知的学习境界。

对素质方面的问题，学生课外学习、课内汇报，将纺织的前沿发展同步于课堂，激发学生为中国梦努力奋斗的决心和信心。

通过多级问题的解答形成了五重学习境界，打破课堂安静气氛，提高了学生的学习效果。

2.3 评价方法多维度，提高学生学习的挑战度

教师通过平台布置线上自学视频和作业，学生获得线上积分（20%）。在线下课堂教学中，对有标准答案的问题，客观评价获得积分；对无标准答案可寻的问题，基于学生讨论，制定了由学生课堂讨论展现评价向学习质量提升的评价要素；对素质问题，建立基于学生汇报的评价要素，采用主观评价打分。累计作为线下课堂教学积分（30%）与期末评价（50%）相结合，解决考核方式单一的问题。

3 成果的创新点

（1）以课程三级目标为导航，设置问题引领教学、配合提问、讨论互动、学生专题汇报等教学活动，打破课堂安静的气氛，实现了五重境界的学习状态。专业知识师生互问，实现了回答和交流的学习境界；能力延展拓宽思路，实现了课堂批判和争辩的学习境界；课程思政激发学生专业自信和行业认可度，构建学生汇报的学习境界，提升素质教育。有效地实现了课程的培养目标，培养具有知识深度、能力强度、素质温度的专业人才。

（2）强化课程过程评价，遵循学生认知规律，建立由学生课堂讨论展现评价向学习质量提升的评价要素逐级提高的主观评价方法。锻炼学生思考无止境、方法无止境的创新思维。建立与教学活动相适应的评价要素，采取多维综合评价学习的方法，使得课程教学督促及时，全面提高学生学习的挑战度。

4 成果的推广应用情况

该成果在纺织工程专业进行了推广应用，取得了显著成果。

4.1 学生学习成果

（1）2020年，第一完成人指导学生参加第六届中国国际"互联网+"大学生创新创业大赛，获国家级银奖。

（2）第一完成人指导学生参加了市级和校级创新创业项目，指导学生在全国高校纺织类学术与创意作品大赛中获奖。

（3）2019年，课程负责人指导的学生关于涡流纺中纤维的运动获得了校级优秀毕业论文。

（4）近五年，我校纺织工程专业学生，近300人参加全国大学生纱线设计大赛，提交作品近220

份，获奖作品 101 份，获特等奖 1 项、一等奖 17 项。以 2019 年为例，在全国大学生纱线设计大赛中，我校纺织工程专业参赛学生近 50 人，提交作品近 20 份，获奖作品 14 份，其中获特等奖 1 项，一等奖 5 项，参赛人数与获奖学生人次均名列各参赛高校前茅。每年申请大学生创新创业大赛多项。

4.2 教学效果

（1）根据课程达成度报告，近三年课程的四个目标达成度平均都在 80% 以上。

（2）学生评教，团队教师平均 99 分以上。

（3）基于学生的问卷调查进行分析与总结。48 人参加了问卷调查，经汇总整理，大部分学生喜欢采用问题引导式的学习，利用教学平台进行主题讨论、随堂练习、提问、答题的方式。学生认为查找各知识点的新技术和新发展对课程学习有很大帮助。

（4）课程的教学设计与改革实践多次在全国纺织类专业教学研讨会和纺织相关院校作交流发言，发挥了示范引领作用。

4.3 教学成果

"纺纱原理"是国家级精品课和精品资源共享课。2020 年被认定为国家级线上线下混合式一流课程。依托课程建设，近三年团队主持和参与教育部和市级教研项目共 10 项，主持国家级精品课程 2 门，主编国家级规划教材 1 部、部委级 4 部，发表教改论文 13 篇，获得国家级、省部级、校级教学成果奖共 13 项。团队成员获得省部级教学名师和师德先进个人等多项称号。

基于"艺工融合"的纺织品艺术设计实验教学模式的探索与实践

苏州大学

完成人及简况

姓名	性别	所在单位	党政职务	专业技术职称
苗海青	男	苏州大学	总实验室主任	高级实验师
张晓霞	女	苏州大学	系主任	教授
周慧	女	苏州大学	无	副教授
雍自鸿	男	苏州大学	无	副教授
李颖	女	苏州大学	无	副教授
李琼舟	女	苏州大学	服装与服饰设计系副主任	副教授
方敏	男	苏州大学	视觉传达系主任	教授、博导
丁志平	男	苏州大学	无	正高级工艺美术师、高级工程师
岳益杰	男	苏州大学	无	讲师

1 成果简介及主要解决的教学问题

1.1 成果简介

苏州大学艺术学院纺织品艺术设计专业实验教学秉持"艺工融合"的实验教学理念，围绕培养纺织产业创意艺术设计人才能力——"脑、手、眼"全面协调发展，根据国家"人才强国战略"中"培养卓越人才"精神，以及国内纺织产业普遍向创新型和国际化发展方向转型升级，以"基本技能、创新思维、综合素养、面向国际创意产业竞争"为实验教学指导思想，构建"艺术＋技术"合理的实验教学体系；组建多元化的纺织品艺术设计实验教学团队；持续更新实验课程内容，鼓励学科交叉，建构多方协同的实验教学模式；结合项目学习、以赛促教等形式，提升学生们科研创新能力，提高学生专业学习的兴趣。通过这些举措，纺织品艺术设计专业已探索出一条实验教学模式转型发展、多元协同的卓越人才培养新路径，培养了大批优秀人才，为国家和地方经济发展做出了卓越贡献。

本专业所属学科为江苏省首批和第二、第三批优势学科建设项目、全国艺术教育类人才培养模式创新实践区、江苏省"十二五"高等学校重点专业建设点，拥有设计学一级学科博士授予权、艺术学博士后科研流动站。特别是在全国第四轮学科评估结果中，设计学科为 A–，纺织品设计专业为此做出了重要的贡献。

1.2 主要解决的教学问题

在创新复合型纺织品艺术设计人才培养过程中，主要面临三个方面的问题。

（1）学生创新理念薄弱、设计实践能力不足，专业学习热情低。纺织品艺术设计专业学生创新理念薄弱，设计实践能力不足，无法引领社会消费需求。

（2）实验课程体系结构需要合理调整，课程之间的关联度不够。原有实验课程体系结构老化，无法满足当下社会和行业的发展要求，急需进行调整。

（3）原有的以校内实验室为主的实验教学模式不利于教学和科研成果的转化。通过与政府、科研院所、文化机构、企业等多方共建多维一体的实验教学平台以促进师生教学和科研成果的落地转化。

2 成果解决教学问题的方法

2.1 构建"艺术＋技术"的纺织品艺术设计实验教学体系

秉持"艺工融合"的实验教学理念，学院从两个方面建构纺织品艺术设计实验教学体系（图1）。①从纺织品艺术设计人才的知识能力结构上考虑，围绕"艺术＋技术"建构实验教学的内容；②从纺织品艺术设计人才的应用性、实践性特性上考虑，建构"课内＋课外"的实验教学平台，将实验教学贯穿于从基础课、专业课到社会实践的本科教学全过程，同时将课堂教学与课外创新研究相结合、专业基本技能与社会实践相结合，依托实验教学平台，充分发挥综合性大学办艺术设计教育的多学科、多领域的交叉优势，从单一性专业培养拓展为综合能力培养，营造创新创业氛围和环境，提升纺织品艺术设计专业学生创新创业能力。

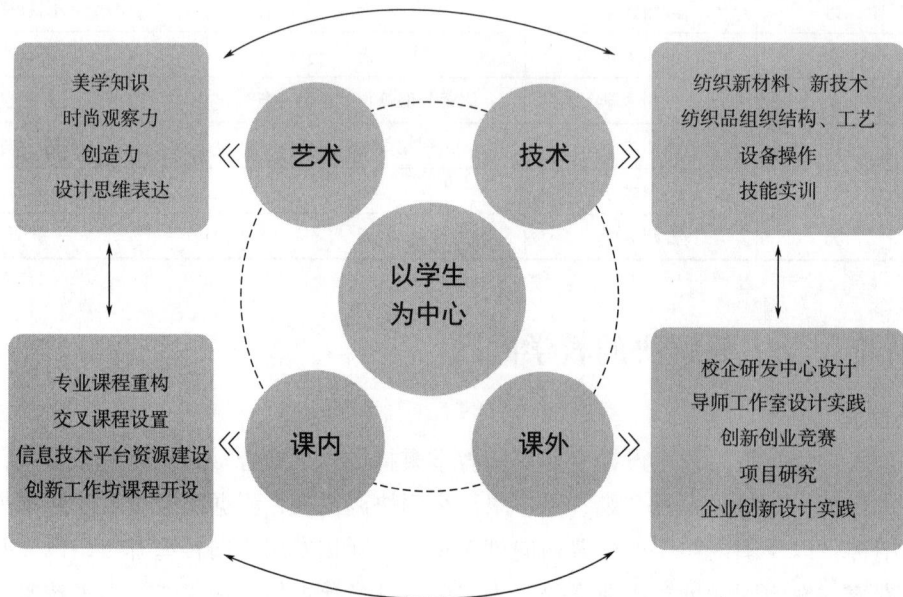

图1 "艺术＋技术"的纺织品艺术设计实验教学体系

2.2 组建多元化的纺织品艺术设计实验教学团队，建构多方协同的实验教学管理模式

学院的纺织品艺术设计实验教学团队由专任教师、兼职教师、行业设计名师、工艺美术大师、工艺技师等组成（图2）。教师团队包括且不限于纺织品艺术设计专业背景，负责创新性实验教学、学科竞赛、大创项目等的教学和指导。实验教学将基础理论教学、基本技能实践、科学技术和科研创新等有机结合。

学院通过引入政府、科研院所、文化机构、企业等多方资源，建构多方协同联动的人才培养平台，与科研院所联动，提升了学生的科研创新能力，与刺绣研究所、丝绸博物馆等文化机构联动，有效地将非遗项目与传统工艺美术资源融入教学，以本土文化传承与创新激发出学生对传统文化的保护意识和创意源泉，与江苏金太阳、水星家纺、太湖雪、锦达丝绸等企业联动，积极引入产品开发需求，提升学生的创新能力和实践能力，与法国图卢兹大学、英国德蒙特福德大学互设工作坊课程，拓展学生的国际化视野，聘请国内著名服装设计师王新元、工艺美术大师吴元新、万事利集团总裁李建华等行业大师担任兼职导师，参与指导学生的创新实验。此外，采用多元主体的评价体系，形成学生、企业、社会、教学督导四个方面共同参与的质量评价和管理体系。

　　组建多元化的实验教师团队和构建多方协同的实验教学管理模式的举措得到了学生们的认同，提升了学生们的综合能力。

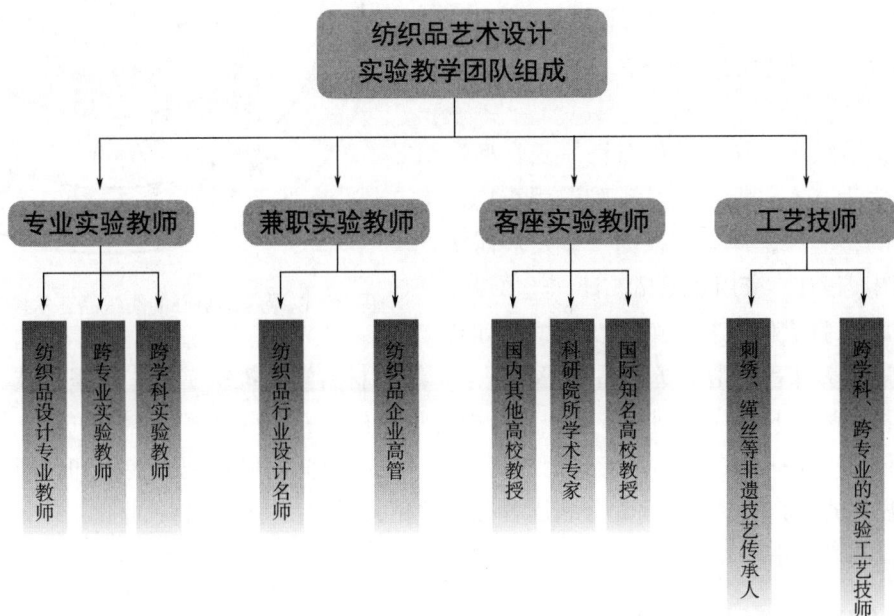

图2　纺织品艺术设计实验教学团队组成

2.3　通过以赛促教、项目学习、课题研究等形式，提升学生的科研能力和创新能力

　　借助国内外学科竞赛、大创项目、创新创业项目、企业课题等，教师们全面激发学生的专业学习兴趣，提升学生的创新能力和实践能力以及解决复杂问题的综合能力，培养出既具有扎实基本功，又具有创新设计能力的学生。通过项目研究，学生们将研究方向转向关注社会、关注儿童、关注扶贫等社会问题。此外，我们还营造创新创业氛围和环境，组织学生参加创新创业培训和竞赛，提升本专业学生创新创业的满意度。这些举措得到了政府、企业、学生、家长们的一致好评，也让参与项目研究的学生在项目研究、创新创业实践中增长了知识，收获设计思维，同时还增强了他们的社会责任意识。

3　成果的创新点

3.1　形成了以课题为中心开展纺织品艺术设计实验教学的新模式

　　我院纺织品艺术设计实验教学重视实验课程之间的衔接和沟通性以提高设计训练的有效性，强调创新设计能力和实践上手能力并重，以课题为中心呈现发散式延伸并展开相关训练（图3）。每项课题训练的最后目的是以实现设计为拓展方向，设计作品既应具有创新性，又应注重染色、印花、织造等工艺技能的嵌入实践和新材料的创新应用，注重跨学科交叉。该教学方法运用于各个不同年级，即大一与大三的学生作业汇报内容基本相同，但完成度不同，年级越高要求越高。在每一个课题的学习与完成过程中，学生需要按步骤掌握技能并提交符合要求的作业，如装订成册的设计图手稿与效果图集、面料小样、设计成品等。不同年级的学生每学期都有一个较大的作业展览汇报，教师组观摩后给出评语并结合到期末打分中。通过实践，学生们的创意思维和动手能力均得到了有效的训练和提升。

3.2　打造了"基础实验室＋专业实验室＋名师工作室＋校企研发中心"于一体的实验教学平台

　　通过与政府、科研院所、文化机构、文创企业等多方联动，整合各方教育资源，打造了国家级艺术设计人才培养创新实验区、"纺织与服装设计"国家级示范实验教学中心、省级"艺术设计实验教学中心"、省级优势学科建设、省级文化遗产与开发创新实践基地、大师工作室、校企研发中心等多层次和多样态的创新人才培养实验教学平台。这不仅拓展了纺织品设计专业人才培养的资源，而且通过多方协同合作，资源共享，促进了纺织品创意设计人才的培养。

3.3 构建了多维融合的纺织品艺术设计实验课程体系

以培养引领纺织产业转型的创造性、复合型纺织品艺术设计人才为基本目标，通过实验课程重构，构建形成了完善的实验课程体系。根据产业发展需求，调整更新衣料图案设计、家用纺织品设计、丝巾设计、丝网印花等核心实验课程内容；拓宽设计思维训练、

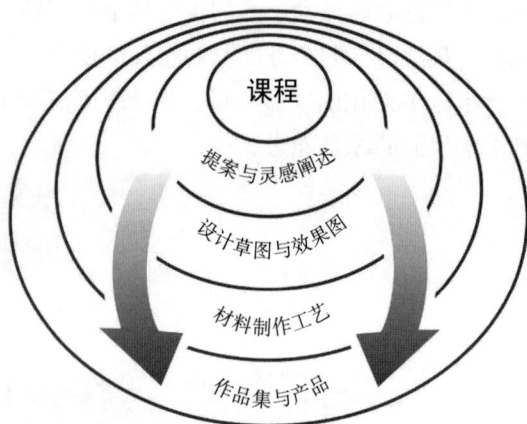

图3 以课题为中心的纺织品艺术设计实验教学模式

时尚等基础美学素养课程；增加纺织品消费心理学、纺织材料学、染织工艺、纺织科技、品牌策划与管理等交叉学科课程；开设注重创新、实战综合能力训练的创新工作坊实验课程；建立课内课外、线下线上、校内校外、学研结合的学习模式，逐步提升学生对时尚的敏锐把握能力和创新产品的设计能力，通过多方联动的培养平台支持，充分利用各种教学相关资源，将真实的职业化工作情境引入教学，形成了卓有成效的教学手段。

4 成果的推广应用情况

4.1 显著提升了人才培养质量，学生创新设计成果丰富

本成果自应用以来，直接激发了学生们的学习兴趣、设计创新的内生动力，学生们实践能力和创新能力显著提高，创新创意成果在社会上得到了验证和认可，纺织品艺术设计专业成为培养纺织品艺术设计师的摇篮。毕业生活跃于国内各大院校、科研院所、家纺和服装公司等。近五年，在校生积极参加学科竞赛和项目研究，取得了令人瞩目的成绩：

（1）获得国家级学科设计竞赛奖项金银铜、单项奖35项，省部级学科设计竞赛奖项110余项。

（2）为企业申请产品外观设计专利40项。

（3）获国家级、省级大学生创新项目11项。

（4）获中国纺织工业联合会学生奖7项。

（5）获全国大学生广告艺术大赛二、三等奖及优秀奖4项。

（6）获江苏省宣传部"紫金奖"文化创意设计大赛铜奖、优秀奖各1项。这些成绩扩大了苏州大学艺术学院纺织品艺术设计专业的社会影响力，对学生毕业就业也起到了很好的促进作用。

4.2 实验教学团队教学科研水平明显提高，成果丰硕

近五年，团队教师在人才培养、教学与科学研究、服务社会和文化传承等方面取得了一系列丰富的教学科研成果（图4）：

（1）在实验教材建设方面，团队成员共计出版国家级和省级规划实验教材和专著21部，其中《中国古代染织纹样史》获得江苏省教育教学与研究成果奖一等奖，获江苏省第十五届哲学社会科学优秀成果三等奖。

（2）获中国纺织工业联合会教学成果奖2项。

（3）获中国纺织工业联合会颁发的"纺织之光"教师奖3项。

（4）承担了省部级以上教学改革研究课题2项。

（5）《中国经典织物纹样谱系研究》获批国家社科艺术学重点项目。

（6）获批发明专利 5 项，实用新型专利 3 项。

（7）教师先后 30 余次获国内外学生设计竞赛优秀指导教师奖。

（8）学院先后 6 次获大赛组织奖。

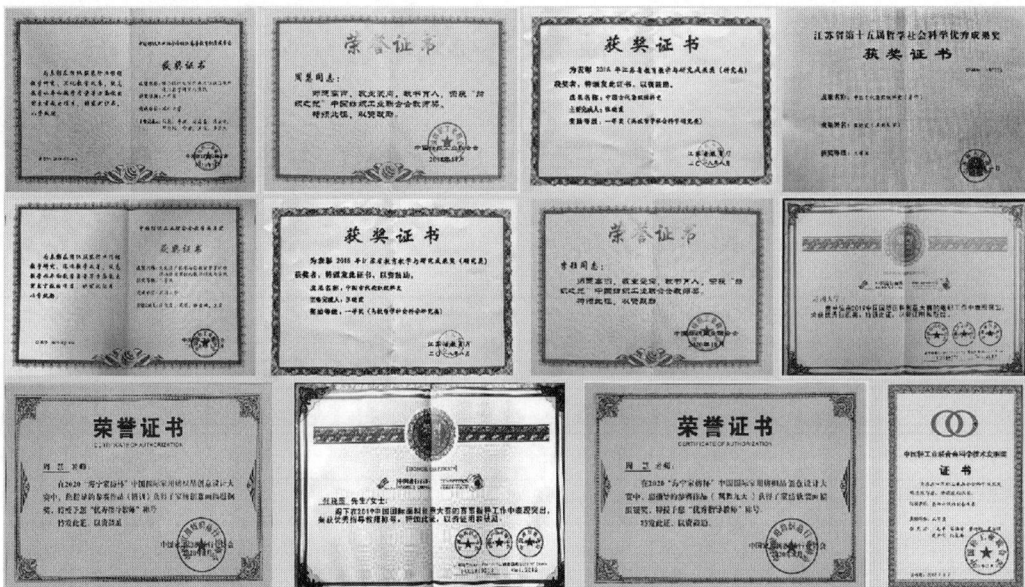

图 4 部分获奖证书

4.3 成果辐射示范效应显著

依托国际国内论坛、举办设计竞赛、讲座等形式，本院的实验教学理念、培养模式和成果得到了充分的推广，并被国内外兄弟院校同行所肯定。团队多位教师赴海外交流访问，开设工作坊课程，在国际舞台上展示、推广建设成果，获得了充分好评并建立了进一步的合作。此外，实验教学成果也得到了国内新闻媒体的报道。"镌绘之美——桃花坞木版年画的传承与活化"工作坊成果获江苏省第六届大艺展艺术实践工作坊特等奖，被中国网东海资讯、《新民晚报》等媒体报道。师生以"非遗文化的再生、活化"为主题的设计帮扶项目围绕巫山文化特色，在短时间内完成跨学科、跨领域的融合与创新设计，用国际化的设计语言，打破了传统非遗经济发展困境，实现精准扶贫，获得多个国际奖项，并被中央电视台新闻联播、人民网、中国江苏网等多家媒体多次报道（图 5），成果辐射示范效应显著。

图 5 部分媒体报道

基于多场耦合系统虚拟仿真的"纺织工艺及设备"课程教学改革

天津工业大学、澳汰尔工程软件（上海）有限公司

完成人及简况

姓名	性别	所在单位	党政职务	专业技术职称
李新荣	男	天津工业大学	系副主任	副教授
李征	男	天津工业大学	教育行业负责人	工程师
李丹丹	女	天津工业大学	无	实验师
蒋蕾	女	天津工业大学	无	讲师
袁汝旺	男	天津工业大学	纺织系支部书记	讲师
邢静忠	男	天津工业大学	无	教授
李征	男	澳汰尔工程软件（上海）有限公司	无	无

1 成果简介及主要解决的教学问题

1.1 成果简介

工程类课程工程性、实践性、应用性强，而传统工程教育中大多因实际生产流程长、设备多、体形大、不可视，实验室无法配齐等，致使实践教学资源不足，影响了教学组织实施和学生理解掌握。纺机专业方向核心课程"纺织工艺及设备"是典型的工程课程，自 2018 年 3 月，教学团队秉承"以学生为中心"理念，依托教育部产学合作协同育人项目，针对教学中的痛点问题，实施基于虚拟仿真的课程教学改革，取得良好成效。

将仿真软件二次开发，建成了因设备多、形体大和设备昂贵、结构复杂实验室无法配套的开清棉和精梳虚拟车间，对并条、细纱等实验设备进行智能化改造，完善与更新资源，构建了以虚辅实的可视可操作课程教学平台。

运用多场耦合技术，建立了梳理、牵伸、加捻等纱线成形过程中纤维集合体受力的动力学模型，将纺织过程中抽象、不易理解的基本原理模拟化动态化，形成了具有高阶性、创新性的教材、平台、模型多维度课程知识体系。

教学过程以学生为中心，创建了"开发与应用结合——干中学，线上与线下结合——重点学，课内与课外结合——灵活学，考核评价多模块全过程"的教学新模式。

成果提出了产学协作、以虚辅实、教研相长，满足工程类课程教学要求的新做法，已推广应用，成效显著。

1.2 主要解决的教学问题

可视可操作教学平台满足了课程工程性实践性的教学要求，多维度课程知识体系促进了学生理解掌握，教学模式增加了学习挑战度，提高了学生学习的积极性和主动性。

2 成果解决教学问题的方法

2.1 研究先导，产学合作

通过深入研究与广泛调研，确立了将虚拟仿真技术与课程教学深度融合的教改思路，与澳汰尔工程软件（上海）有限公司合作，引进其 HyperWorks、Inspire 等软件系统，并依据课程特点与教学目标进行二次开发，主持完成了教育部产学合作协同育人项目。

2.2 以虚辅实，构建平台

通过二次开发，虚拟呈现抓棉机、混棉机、开棉机、清棉机等设备及工艺过程，对精梳机的钳板、锡林、分离罗拉等做局部化仿真，建立开清棉与精梳虚拟车间，与经过电子牵伸、电子升降等智能化改造的并条、纺织等实验设备组成以虚辅实、虚实结合的课程平台，完善与更新了教学资源，促进了学生对工艺流程与复杂设备结构的理解。

2.3 建立模型，完善体系

与企业技术人员合作，邀请具有数学力学背景的教授及硕博研究生加入开发团队，深挖引进软件功能，采用多场耦合技术，将纤维集合体在开松、梳理、牵伸、加捻等纺纱过程中的受力、运动、变形等进行动态化可视化处理，建立纤维动力学模型，与教材、平台共同构成了多维度教学内容，完善了课程知识体系。

2.4 学生中心、创新模式

（1）开发与应用相结合，组建了由学生组成团队，任课教师和企业工程师任导师的多个开发小组，实施导师制与项目驱动。学生小组针对具体任务收集资料、汇报讨论，在导师指导下完善方案、改进技术、完成开发任务。经过这一过程的训练，学生不仅掌握了虚拟仿真软件的应用，还补充完善了部分课程内容，实现了"干中学"，提高了学习的积极性与主动性。

（2）线上与线下相结合，教师课前通过线上推送虚拟仿真预习模块布置任务，线下课堂讲解重点难点内容，还依据学情，以学定教，针对学生预习中遇到的问题进行重点说明，实现了"重点学"，提高了教学的效率与效果。

（3）课内与课外相结合，课外要求学生在虚拟仿真平台进行纺织设备的模拟操作，并在课内组织讨论，分享虚拟操作经验和对工艺设备和原理的理解，加强互动，实现了灵活多样的教与学。

（4）多模块全过程评价，依据课程内容和教学模式，将考核评价分为软件开发（20%）+ 课前线上预习（10%）+ 课外虚拟操作（10%）+ 期末考试（60%）等多个模块，全方位考查学生主动学习、迁移学习、动手实践、创新运用等综合能力和对课程的理解掌握，将过程考核与结果考核结合，实现了课程教学的全过程评价。还可根据不同学年学生的情况适时调整各模块比例，更客观地反映学生学习效果，使评价科学合理。

3 成果的创新点

（1）将产学研用紧密结合，提出以学生为主体、教师和工程师为主导、产学协作的二次开发模式，通过开发纺织工序及设备虚拟仿真模块和纤维动力学模型，构建了虚实结合的课程教学平台和多维度课程知识体系，解决了工程类课程教学中普遍存在的实践教学资源不足、设备结构复杂、工艺过程难以理解的问题，满足了课程教学要求，促进了学生理解掌握。

（2）将虚拟仿真与课程教学深度融合，采取"开发与应用相结合——干中学，线上与线下相结合——重点学，课内与课外相结合——灵活学"的全新教学模式，既促进了学生应用虚拟仿真软件的能力，又补充完善了课程教学内容，取之于生、用之于生，提高了学生学习的积极性和主动性，提升了教与学的效率效果。

（3）将过程考核与结果考核结合，实施"软件开发＋课前线上预习＋课外虚拟操作＋期末考试"的多模块全过程考核评价方式，全方位考查学生主动学习、迁移学习、动手实践、创新运用等综合能力，提高了学生学习的挑战度。

4　成果的推广应用情况

"纺织工艺及设备"课程是国家级"卓越工程师教育培养计划"机械工程（纺织机械方向）的专业必修课，课程教学改革在传播纺织前沿知识、先进技术与传统文化，提高学生的科学综合素养、彰显学校学科优势与办学特色等方面效果显著，并可以推广到相关专业教学。具体成果如下：

（1）自 2018 年 3 月始，经过对 2016 ~ 2018 级三届 90 名同学的试点教学，借助此教学平台，先后有 10 余位同学获得国家级相关赛事奖励、40 余位同学获得省部级相关赛事奖励。

（2）此教改项目获得 2019 年教育部产学合作协同育人项目"基于多场耦合系统虚拟仿真的'纺织工艺及设备'课程改革"（项目编号：201901006003）的资助，并参与撰写"十三五"规划教材《纺纱原理》。

（3）借助此教学改革平台开展的科研项目"多纤维用精梳装备关键技术及其产业化"2020 年获中国纺织工业联合会科技成果二等奖（获奖证书编号：KJ-J-202002005R01）。

（4）论文"基于仿真软件的纺织工程类课程虚拟资源的建设及教学实践"被《教育理论及实践》录用。

（5）此教改成果已在新疆理工大学、新疆应用职业技术学院和阿克苏职业技术学院等新疆学校的相关专业进行逐步推广，师生可直接交流互动，实现课程援疆。

机械工程专业纺织机械系列课程的教学改革与实践

天津工业大学

完成人及简况

姓名	性别	所在单位	党政职务	专业技术职称
杨建成	男	天津工业大学	系主任、天津市虚拟实验教学中心主任	教授
李丹丹	女	天津工业大学	党支部组织委员	实验师
李新荣	男	天津工业大学	系副主任	高级工程师
袁汝旺	男	天津工业大学	纺机系党支部书记	讲师
董九志	男	天津工业大学	无	副教授
梁栋	男	天津工业大学	无	讲师
赵世海	男	天津工业大学	无	讲师
赵永立	男	天津工业大学	纺机系副主任	讲师

1 成果简介及主要解决的教学问题

1.1 成果简介

依据《加快推进教育现代化实施方案（2018—2022年）》《加快推进天津教育现代化实施方案》等，为积极响应建设创新型国家和人才强国战略，学院着手研究并实施机械工程专业教学改革。坚持"依托传统（纺织机械）强特色，突破传统上水平"教学理念，以教学研究为先导，以培养创新能力为着力点，以与时俱进重构知识体系、课程体系、创建实践教学平台为重点，进行系列改革与实践，取得了很好的应用成效，培养的学生效果显著，成果如下。

（1）对培养方案中的课程体系进行梳理，以学生为主体、成果为导向的OBE教育理念，将纺织机械相关知识、理论、前沿技术作为案例，融入基础课、专业基础课、专业课中，形成以纺织机械为特色的课程体系。

（2）建立国家级"高速织机设计原理及动态性能分析虚拟仿真实验"、市级及校级"金课"群；依托首批教育部一流本科建设课程，构建专业课程群教学与实践平台。

（3）与企业建立"现代纺织机械研发中心"，作为校企联合培养卓越工程师的主要载体。实施了"递进培养""项目教学"和"双导师"等教学方法，培养学生的创新能力和工程训练。

1.2 主要解决的教学问题

（1）教学体系改革滞后。

（2）课程的高阶性、创新性、挑战度不足。

（3）学生工程实践能力与创新能力等差。

（4）高校人才培养目标和用人单位能力需求的矛盾。

2 成果解决教学问题的方法

2.1 完善顶层设计，制定适应建设创新型国家和人才强国战略需求的教学改革方案

成立了由校内外专家组成的专业教学指导委员会，分析建设创新性强国的核心要素及对人才的要求，剖析我国机械工程专业人才培养普遍存在的弊端，制订与创新性强国战略相适应、突出工程实践与创新能力培养的教学改革实施方案。

2.2 围绕纺织行业特色，遵循 OBE 教学理念，建立纺织机械系列课程群

根据新工科建设理念和工程认证，将先进的设计理念、现代纺织机械科技的最新发展成果及时融入教学与教材，形成了系列课程群。通过 OBE 理念的引导，构建具有纺织特色的机械工程"金课"总体建设方案，建立课程目标定位指引、课程内容设计、教学方法匹配、评价体系构建的四个步骤，形成一个闭环，循环往复、迭代优化，以最终实现"金课"的建设。

2.3 出版了集新工艺、新技术的特色教材

以纺织机械相关内容为载体，将纺织机械案例、先进的纺织机械技术理念融入基础课、专业基础课中；将纺织机械先进的设计方法、设计理念融入专业课以及工程实践课程体系中，突出了纺织特色。通过特殊案例教学，使学生更好地掌握所学知识。

2.4 加强队伍建设，建成教学名师领衔、企业高工融入的教学团队

依托现有的机械工程国家级一流本科专业、天津市特色优势专业等优势，充分利用其良好的学科优势和专业积累，打破专业界限，注重专业交叉与融合，发挥特色优势，打造具有示范效应的高水平教学团队。

2.5 建立"现代纺织机械研发中心"（以下简称"中心"），发挥"中心"的纽带作用，实现企业与高校资源和技术共享

自从2019年以来，与天津宏大纺织科技有限公司等几家企业建立"中心"。充分借助合作单位在科研、设备、人员等方面的资源，加强学生工程能力培养。企业可以借助高校的科研优势，弥补企业基础研发能力的欠缺，提高人员素质，增强企业竞争能力，实现企业与高校资源共享。

3 成果的创新点

（1）为适应建设创新型国家和人才强国战略，构建了以新型纺织机械技术为特征，突出工程实践与创新能力培养，分层次、多模块、相互衔接的教学体系；创建侧重理论，"基础、综合、创新"并举，"线上线下"相结合的教学平台。

（2）建立了以纺织机械相关内容为载体，将纺织机械案例、先进的纺织机械技术融入基础课（专业概论、三维数字化设计）、专业基础（纺织工艺及设备、机构分析等）、专业课（纺织机械设计原理、现代设计方法等）以及工程实践（拆装实践、生产实习）课程体系中，形成以纺织机械为主线，以国家级"高速织机设计原理及动态性能分析虚拟仿真实验""金课"为中心的特色系列课程。

（3）建立了"中心"，确保了校企合作可持续发展的双赢机制。本着优势互补、共同发展、实现双赢的原则，建立了"中心"，并设立了"工作指导委员会"组织机构。学校充分利用企业先进的制造设备、仪器、管理和优秀的工程技术人员培养学生实践能力，用最新的科研成果充实教学，优先推荐优秀本科生和研究生给企业，供双向选择；企业依托学校的师资优势、人才培养能力、基础理论研究特长，共同申报国家级科研项目和科技攻关，确保了校企合作可持续发展的双赢机制。

4 成果的推广应用情况

本成果的教学体系、教学模式、部分教材与教学平台已在我校机械工程专业及校内其他专业连续

应用五届，对提高教学水平和培养质量产生了明显效果。

4.1 毕业生获得企业、行业高度认可

近五年，机械工程专业卓越方向毕业生共计148人，其就业率超过97%，用人单位对毕业学生评价是：能力强、素质高，特别是在机械产品创新设计与实践应用方面表现突出。如卓越Z1301班魏海雷同学在青岛宏大纺织机械有限公司做的毕业设计，现留在企业，工作上可独当一面；卓越Z1201班邓盛同学留在江苏金龙科技股份有限公司，已承担新产品开发项目；卓越Z1401班杨凯同学留在立信染整机械深圳有限公司，为技术开发部骨干。

4.2 学生工程实践及创新能力显著提高

近五年来，该专业294人次学生获149项奖；获批国家级"大学生创新计划"项目9项，发表论文13篇；申报及获批国家发明专利、实用新型专利13项；获天津市级"先进集体标兵"2项。

卓越Z1701班陈付磊等同学获第九届全国大学生机械创新设计大赛全国一等奖；机械卓越Z1401班王莉等同学完成国家级天津市大学生创新创业项目；卓越Z1701班陈付磊等同学获美国大学生数学建模大赛特等奖、卓越Z1401班麻云、卓越Z1601班刘诚同学获一等奖；连续多年获得"西门子杯"中国智能制造挑战赛全国一等奖；卓越Z1501班强元宝同学在第十三届"广数杯"毕业设计大赛中获得一等奖，刘乐乐同学获得二等奖；卓越班的学生每年都参加华北五省（市、自治区）大学生机器人大赛，连续多年进入总决赛，获二等奖6项、三等奖2项；参加天津市大学生工程训练综合能力竞赛，近三年获得二等奖6项，全国二等奖1项。卓越班的学生积极参与学校的各类竞赛，并获得众多奖项，目前，100%卓越班Z1501、Z1601、Z1701的学生参与各类竞赛。

4.3 专业建设成效显著

近五年，获省部级教学成果奖5项，获国家级、省部级本科质量工程项目8项；发表教改论文16篇；出版特色教材5部，被东华大学等六所高校应用。2021年再版《纺织机械概论》；"纺织机械设计原理"为校级精品课程，"高速织机设计原理及动态性能分析虚拟仿真实验"成功获批国家首批一流本科建设课程。2019年6月出版"十三五"国家重点图书出版物规划项目《三维织机装备与织造技术》。

4.4 同类院校示范效应显著

2019年7月，在杭州举办的"教育部高等学校纺织类专业教学指导委员会纺织装备分委员会第二次会议"上，来自东华大学等17所纺织类院校领导、教师，对各校在卓越工程师培养模式、教材建设、教学改革等方面进行经验交流。与会人员一致认为，天津工业大学教学改革、教材建设、金课建设，成绩显著，值得各校学习推广。培养方案与实践教学模式被武汉纺织大学等院校借鉴。近年来，在天津大学、天津科技大学、天津城建大学分别作了关于虚拟仿真实验教学的经验交流汇报。

4.5 教学与科研结合，注重科研成果转化和实验资源共享与推广

从2014年开始，教师在教学过程中，将自己的科研成果和科研工作的新进展、国际上研究领域的最新内容及时补充到课堂上、教材中、实验室。在课堂上，他们不仅能够开阔学生的视野，让学生更多地了解和掌握学科前沿知识，更好地启发学生对学科研究的创新思维。例如杨建成教授研究的"口罩熔喷智能机研制"，李新荣老师的国家科技支撑项目"缝合自动生产线"，引起了学生的极大学习兴趣，使学生接触到本学科研究前沿，为激发学生的创新思维和在其他方面的能力方面培养产生了深刻的影响。

4.6 媒体、网站广泛报道

2018年06月23日，《天津日报》第5版以《天津工大获批国家示范性虚拟仿真实验教学项目——学生"无缝对接"工程实践操作》为题对我校进行报道。2020年10月，学校网站报道了天津工业大学《高速织机设计原理及动态性能分析虚拟仿真实验》项目获批国家一流本科建设课程。

"艺科"深度融合的数字化服装设计课程
教学改革与实践

浙江理工大学

完成人及简况

姓名	性别	所在单位	党政职务	专业技术职称
沈海娜	女	浙江理工大学	无	实验师
罗戎蕾	男	浙江理工大学	无	教授
支阿玲	女	浙江理工大学	国际教育学院党委委员	高级实验师
刘丽娴	女	浙江理工大学	国际教育学院党委委员	副教授
吴巧英	女	浙江理工大学	无	教授
杜华伟	男	浙江理工大学	无	实验师
方丽英	女	浙江理工大学	无	副教授
屠晔	女	浙江理工大学	无	讲师

1 成果简介及主要解决的教学问题

1.1 成果简介

数字化服装设计课程包括服装款式设计、服装面料纹样设计、服装结构设计、服装工艺设计、放码设计、排料设计以及虚拟试衣展示等内容，是实现服装产品从创意设计理念到批量生产的基本技术手段。在新零售背景下，时尚产业聚焦数字化转型，特别在产品研发端，以提升数字化设计能力来变革商品企划模式，缩短产品开发周期。

立于产业数字化革命的浪潮之下，依托国家特色专业和省重点建设专业、中外合作办学项目、国家实验示范中心等平台及一系列教学改革项目，提出以"创"为核心的"艺科融合"教学理念，坚持培养具有持续创新能力的"新艺科"应用复合型人才为目标，通过紧密衔接艺术设计课程群和强化生产理论与实践课程群，构建了以线上线下混合、项目式、案例式为教学手段，多维度、过程性为考核方式的服装专业数字化设计系列课程体系，如图 1 所示。

1.2 本成果主要解决的教学问题

（1）数字化服装设计的课程内容重技巧训练，轻设计思维表达，与设计艺术系列课程的教学内容割裂。

（2）数字化服装设计系列课程之间内容联系不紧密，软件技术的教学缺乏与产业实际应用场景的深度衔接。

（3）课程考核方式和评价主体单一，课程评价缺乏多维度的过程体现。

2 成果解决教学问题的方法

本成果主要从课程内容、课程体系、授课模式、考核方式四个方面，有效解决存在的主要教学问题。

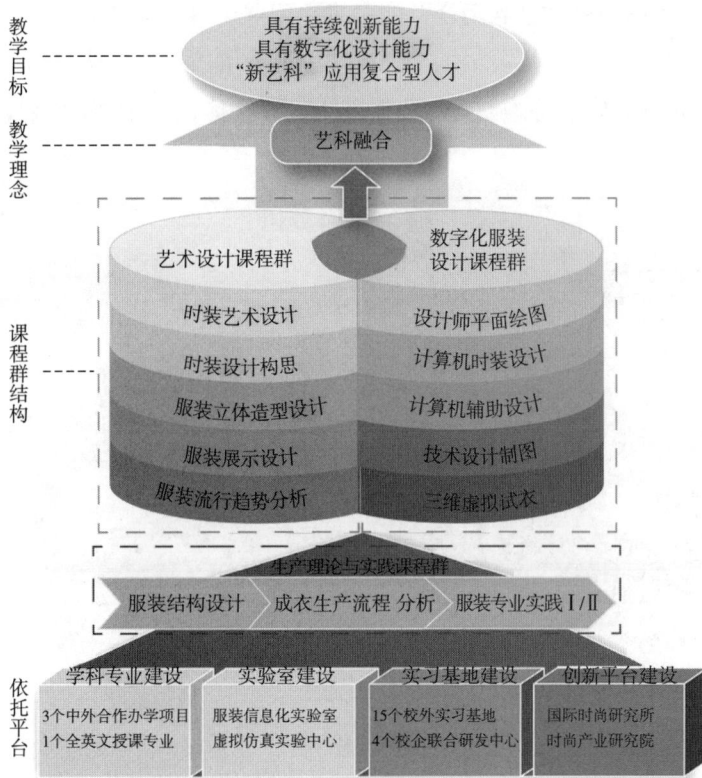

图1 基于"艺科"深度融合的数字化服装设计系列课程体系

2.1 课程内容立体化

创建"三维虚拟试衣"课程，借助 3D 服装虚拟设计技术，串联传统数字化服装设计课程之间的教学内容，形成从款式设计到展示设计，立体化的服装数字化设计与展示的教学内容，如图2所示。

图2 数字化服装设计课程群内容设置

2.2 构建以"创"为核心的"艺科融合"的多维协同服装设计类专业课程体系（图3）

通过梳理服装设计类专业课程体系结构，以"设计思维的培养—设计技能的训练—设计能力的运用"逐层递进的教学目标为原则，确立持续创新能力培养为最终目标，重新设定课程逻辑结构，如图4所示。

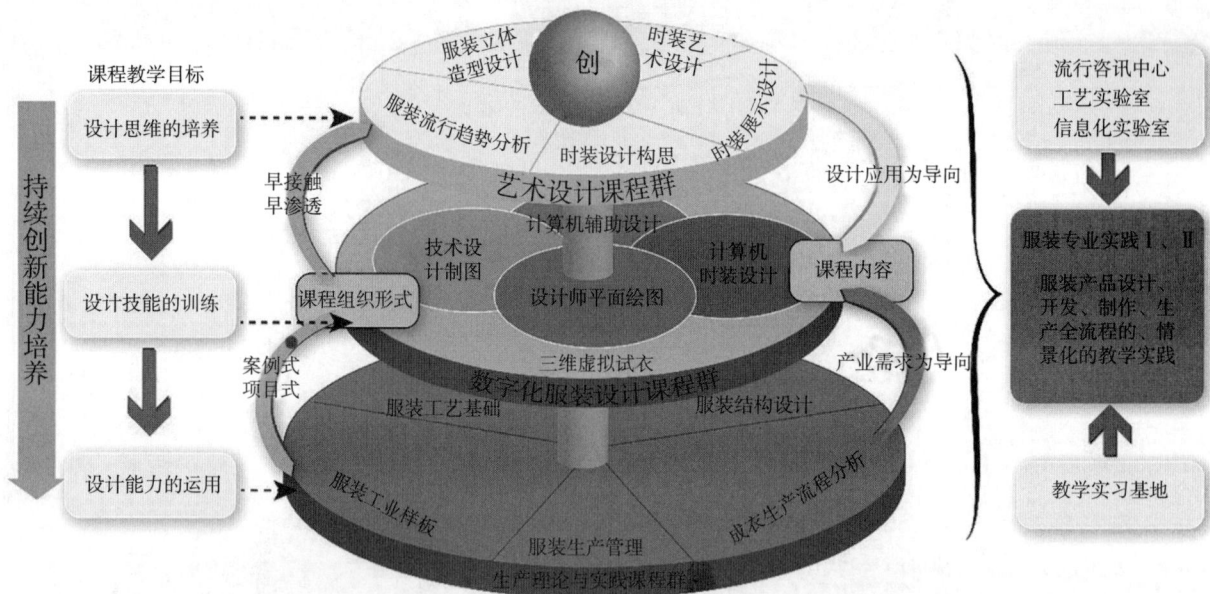

图3 "创"为核心的"艺科融合"多维协同服装设计类专业课程体系

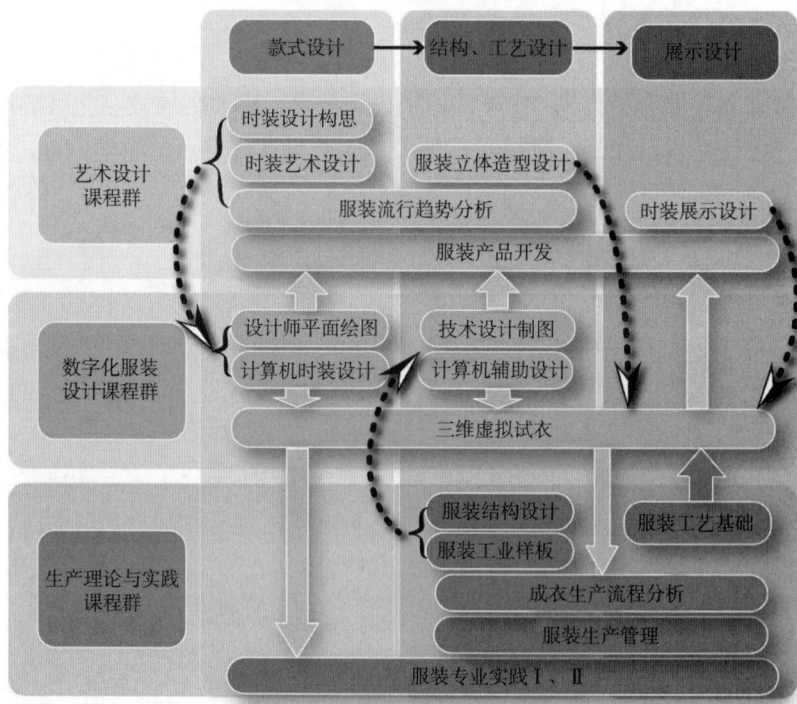

图4 数字化服装设计课程群与艺术设计、生产理论与实践系列课程群教学融合逻辑结构

2.2.1 强化设计思维的数字化表达

一方面，放弃以软件为线索的传统教学思路，以设计应用为主导，组织数字化服装设计课程的教学内容，强调设计场景的综合应用，体现数字化设计的内核。另一方面，以早接触、多渗透为原则，

在艺术设计类课程教学组织过程中强化数字化设计软件的运用。

2.2.2 *深耕数字化设计能力的产业实践*

面对服装产业的数字化转型和智能化重塑，以产业需求为导向，数字化服装设计系课程，将传统服装工艺、技术、生产实践等不同知识结构，以案例式、项目式等设计任务驱动，通过数字化技术手段，模拟产业实际应用场景。并借助校内实验教学平台和校外教学实践基地，真正从服装产品设计、开发、制作、生产全流程上实现情景化的实践教学环节。

2.3 线上线下融合，形成多层次的授课模式

充分利用互联网与现代通信技术，全面开展线上线下混合式教学，一方面可以充分调动学生的主观能动性；另一方面避免了传统计算机技术课程死板的软件命令式教学。线上教学内容以课件、视频等形式，展开理论知识、软件工具操作等基础知识和启发性拓展资料的学习，引导学生利用碎片化时间自主思考和探究，并将过程中的难点、问题反馈给教师，提升线下课堂教学效果。线下以案例研讨式、模拟实践式、企业项目式等教学方式构建数字化设计应用情景，提升学生的综合实践能力，如图5所示。

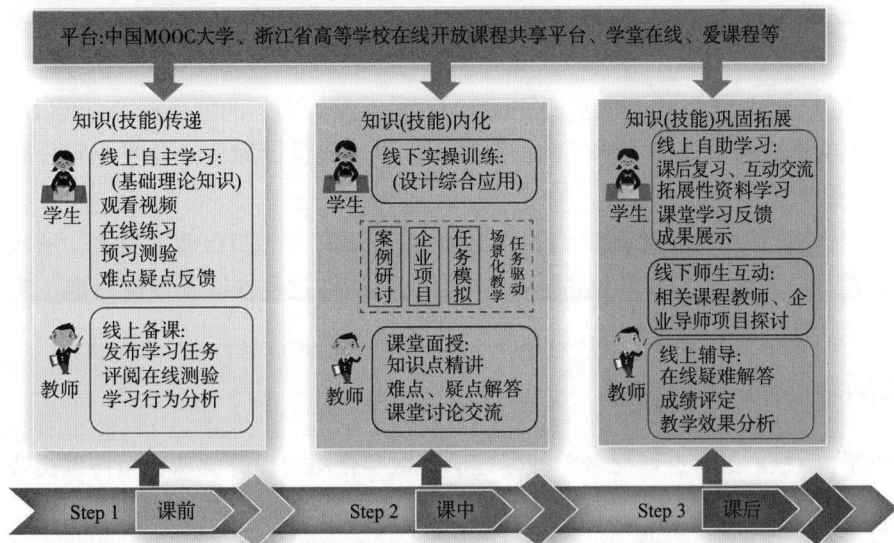

图5　线上线下融合、多层次的授课模式

2.4 以持续创新能力培养为目标，形成全方位、多维度的课程考核方式

根据教学目标设定和渐进式设计项目实施，合理分配考核占比，对于基础标准型作业，强调理论知识的掌握程度和作业的完整度；而综合性项目作业，强调设计思维的表达和数字化设计的灵活应用，以课程教师和其他相关课程教师共同评价；产业实践类项目，邀请企业导师参与考核，如图6所示。为规避传统计算机技术类课程评价单一、学习粗放的问题，注重过程性评价，激发学生主动性和培养持续创新能力。

3　成果的创新点

践行"艺科融合"，依托混合式、多层次教学模式，形成多维协同的数字化服装设计课程体系，培养具有数字化设计能力、持续创新能力的时尚专业人才。

（1）借助服装3D虚拟设计技术，重构数字化服装设计类课程内容，形成一体化、立体化的服装数字化设计与展示的教学体系结构。

（2）通过"艺科融合"新协同，将艺术设计类课程与计算机服装设计类课程内容互相渗透，强化数字化设计技能在设计场景中的综合应用，提供学生设计思维的数字化表达能力。

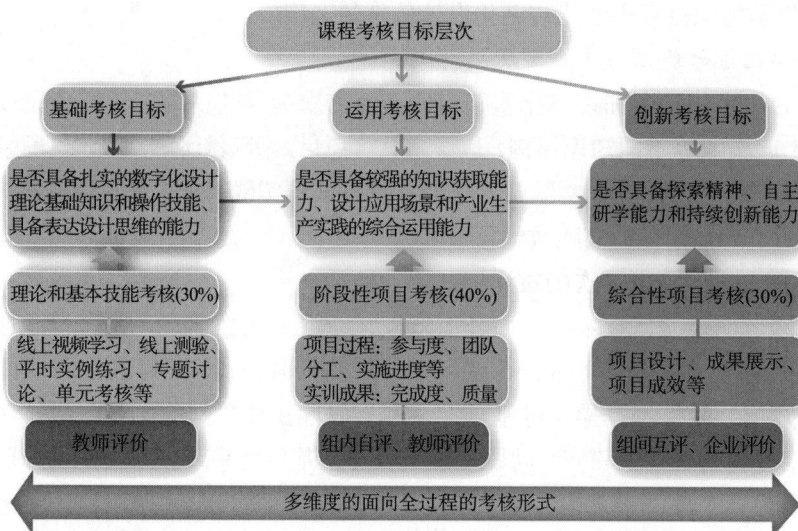

图6　基于考核目标的多维度、全过程考核体系

（3）通过"产教融合"新实践，构建以虚拟服装产品开发为中心的项目环境，模拟产业生产实践场景，促进团队意识的形成和合作能力的提升，保障学生数字化设计能力符合产业实际需求，有利于培养高质量、应用复合型服装专业人才。

（4）构建线上线下混合、案例研讨、模拟实践、企业项目等多层次教学模式，形成全方位、多维度的课程考核方式。形成递推式的学生主导的自主学习机制和过程性课程评价标准，充分发挥学生主观能动性，显著提升教学效果。

4　成果的推广应用情况

4.1　以"创"为核心的"艺科融合"教学理念在数字化服装设计类课程中持续实践，教学质量显著提高

学生持续创新能力的培养效果显著，在校生在国内外各类比赛中屡获佳绩。近年来学生参加大学生科技创新计划项目、大学生"挑战杯"竞赛、"互联网+"创新创业计划等项目或赛事的人数不断增加，学生对科研也显示出浓厚的兴趣，近五年的学生创新成果（部分）如表1所示。

表1　近五年的学生创新成果（部分）

类别	项目名称	等级	时间
大学生科技创新活动计划暨新苗人才计划	基于三维虚拟技术的马面裙结构特征研究及创新设计		2020年
	基于机器学习的个性化服装智能搭配推荐系统研发		2020年
	基于长期轮椅使用者人体工程学功能性外套的创新设计研究		2019年
	基于肢残者服装的设计与研究		2018年
	基于Eye-tracking的丝绸品牌产品开发与视觉终端升级		2017年
	新丝绸之路战略背景下的浙江省丝绸品牌演化路径		2017年
	鱼尾裙膝围放量与下肢运动和面料延伸性的配伍关系研究		2016年
	基本教学方法的自然风格类印花图案生成研究		2016年
	基于服装门店品类空间管理区位化操作研究		2013年
	低库存运作下服装买手式组货补货研究及推广		2013年

类别	项目名称	等级	时间
国家级大学生创新创业训练计划项目	基于面料及造型因子的抽褶波浪裙结构要素量化研究		2015 年
	视觉跟踪分析与品牌设计创新		2016 年
	时尚丝绸产业调研与品牌文化创意产品开发		2017 年
	东方文化与敦煌纹样活化设计		2018 年
大学生科技创新项目（挑战杯）	"朔华"汉服云定制	校赛二等奖	2020 年
	敦煌纹样的文化挖掘与设计研发	校赛三等奖	2018 年
"互联网＋"大学生创新创业大赛	Fashion Infusion——为你增光添彩的中孟文化交融创意服饰	省赛铜奖	2019 年
	歆玥王朝——3D 打印原创设计传统头饰的个性化定制	校赛优秀奖	2019 年

本成果建设的科学性、创新型和务实性对服装专业复合型应用人才的培养产生辐射作用，学生的人文素养、设计思维、持续创造力等提升到了新的境界。

4.2 毕业生整体素质、数字化设计能力、产业适应能力得以显著提高

近五年我校服装设计类专业一次就业率均为 98% 以上，学生的平均产业适应期为 1 ～ 3 个月，大部分毕业生经过两、三年很快成长为企业骨干，如 2019 届毕业生汤梦娜在不到两年的时间里，已经成为卓尚服饰 3D 项目组的主管，能够独立承担服装开发设计流程数字化改造的项目实施。服装企业迫切引进我校数字化设计专业人才，对我院毕业生评价满意度高，普遍反映设计类专业学生符合企业实际需求，岗位适应性强、知识结构全面、写作能力好，具有较强的数字化技术学习和应用能力。

4.3 教学改革推动专业课程建设，形成了一批线上线下混合式课程群，形成高层次教材，教学水平显著提高，学生教学评价满意度高

学生对本系列课程教学评价满意度高，教学内容新颖、教学互动性强，因此学生学习热情高昂，学习兴趣浓厚。伴随课程建设的深入，形成了一批特色鲜明、影响力显著的线上线下混合式课程群，包括"计算机辅助设计""服装 3D 设计""服装 CAD 基础""服装立体裁剪"，并获得来华留学英语授课品牌课程、国家级在线开放课程、资源共享课程、双语示范课程，省级精品课程等荣誉。同时出版了《服装 CAD 基础》《服装 CAD 应用教程》《服装立体造型设计基础》《成衣工艺学》《服装立体裁剪》《女装结构设计与产品开发》《服装流行分析与预测》《现代服装生产管理》等一批"十二五"规划、"十三五"规划、浙江省重点等高水平教材。通过这一系列的线上线下课程和教材建设，形成了一体化的服装专业课程体系，教学水平得到明显地提升。

4.4 师资队伍在系列课程群建设中，开展了多项高水平的教学改革项目，总结经验发表了一系列相关的教改论文，并获得大量的荣誉

自 2010 年系列课程建设展开以来，课程群教师从课程内容、课程组织形式、教学模式、人才培养等多角度展开了教学改革研究，见表 2。

表 2 教学改革研究项目（部分）

时间	项目名称	项目来源
2015 年	基于产业全过程 KPI、KPA 项目驱动性服装计算机辅助设计课程教学改革研究	浙江省教育厅
2016 年	基于去过饱和策略的"服装消费行为"课堂教学改革	浙江省教育厅
2017 年	基于三维虚拟试衣技术的计算机辅助设计课程教学改革	浙江理工大学
2019 年	融合哲匠思维的服装流行分析与预测教学模式探索与实践	教育部

续表

时间	项目名称	项目来源
2020 年	引进国外优质教育资源构建"四结合"时尚类课程体系	浙江省教育厅
	"互联网+"时代下"服装工艺"在线课程建设与实践	教育部

通过持续的教学研究，展开一系列的教学改革措施，通过教学实践，课程群教师团队在教学方面卓有成就，发表了高水准的教学论文（表3），并获得了"万人计划"教学名师、教学突出贡献奖、"三育人"先进个人、教坛新秀、蒋抑厄奖教金、桑麻奖教金等荣誉和奖励。

表 3　课程群教师发表的教学论文（部分）

时间	论文名称	期刊
2012 年	服装 CAD 新技术在服装专业教学中的应用研究	中国科教创新导刊
2014 年	"服装立体裁剪"立体化教材建设的探索与实践	艺术科技
2015 年	基于情境认知的《服装立体造型设计》课堂教学改革实践与探索	艺术与设计
2018 年	基于三维技术的服装艺术设计专业"计算机辅助设计"课程教学改革实践	美术大观
2019 年	艺工结合多学科交叉的研究生培养体系探讨——以服装设计与工程专业为例	教育现代化
2020 年	在线开放课程建设——以服装流行分析与预测为例	美术教育研究
	基于五星教学法的混合式课程建设——以服装流行分析与预测为例	大众文艺
	国际化视角下时尚类专业人才"四结合"培养模式探究	教育现代化

面向"三创"人才培养的服装实践教学体系研究与实施

浙江理工大学

完成人及简况

姓名	性别	所在单位	党政职务	专业技术职称
王利君	女	浙江理工大学	原服装学院副院长	副教授
夏馨	女	浙江理工大学	无	实验师
朱海峰	男	浙江理工大学	服装工程党支部宣传委员	讲师
丁笑君	女	浙江理工大学	服装工程实验室主任	实验师
章永红	女	浙江理工大学	无	副教授
邹奉元	男	浙江理工大学	原服装学院院长	教授

1 成果简介及主要解决的教学问题

1.1 成果简介

面向服装产品同质化、研发周期长、即时反应弱、利润率低等行业问题，亟须培养具有爱国情怀的"创意、创新、创业"能力的卓越"三创"人才。不仅与我校"三创"人才培养目标定位一致，还契合国家创新驱动发展的时代需求。

为实现培养学生具有创意能力、创新能力、创业能力，本成果依托 2017 年"纺织之光"中国纺织工业联合会教育教学改革项目（基于消防服热防护性能的仿真平台创建与实验教学）、"十三五"省优势专业（服装与服饰设计、服装设计与工程）、服装国家级实验教学示范中心、服装设计国家级虚拟仿真实验教学中心、雅戈尔国家级工程实践教育中心等优势资源，秉持"艺术设计与工程技术相结合""创意设计和产品设计相结合""校内教学和校外教学实践相结合"三个结合的服装育人理念，在多层次、模块化、立体化实验教学体系基础上，构建"科研项目＋学科竞赛＋思政育人"驱动的实践教学体系，形成科教、赛教、产教三融合的实践教学模式，以及"三创"能力人才培养的师资保障机制。同时，获得了网络化现代信息技术实践教学平台以及模拟企业运营与企业实战相结合、虚拟仿真工学结合、面向"三创"能力培养的开放共享、团队制教学、思政情怀育人等浙理特色的实践教学方法与手段（图1）。

通过成果的实施，服装专业学生的"三创"能力得到提高，近五年，学生获国家级大学生创新创业训练计划等省部级及以上项目共48项、"挑战杯"大学生课外学术科技作品、创业计划等省部级及以上学科竞赛获一、二等奖共53项，创办了杭州林曦文化创意有限公司、杭州龙正教育咨询有限公司、隐蔽者等公司及品牌。

1.2 主要解决的教学问题

（1）服装专业培养方案中只有"职业发展与就业指导""服装创业基础"两门与创新创业能力培养有关的课程，存在创新创业教育课程体系结构不完善、课程数量及层次不够多的问题，而实践教育在培养学生中华情怀、开创精神、综合素质、实践能力与创业能力中起着十分重要的作用。

（2）大多数服装专业教师博士毕业后从教，一直读书、进行科研工作，存在创新创业教育指导能力不足，导致创新创业教育辐射面和受益面不够宽的现象。善之本在教、教之本在师，急需构建具备创意创新创业素养及能力的师资队伍。

（3）应对服装专业学生学业任务重、课余时间零碎以及实践教学方法较单一的问题，需要搭建"学生中心、产出导向"的网络化现代信息技术实践教学平台及教学方法。

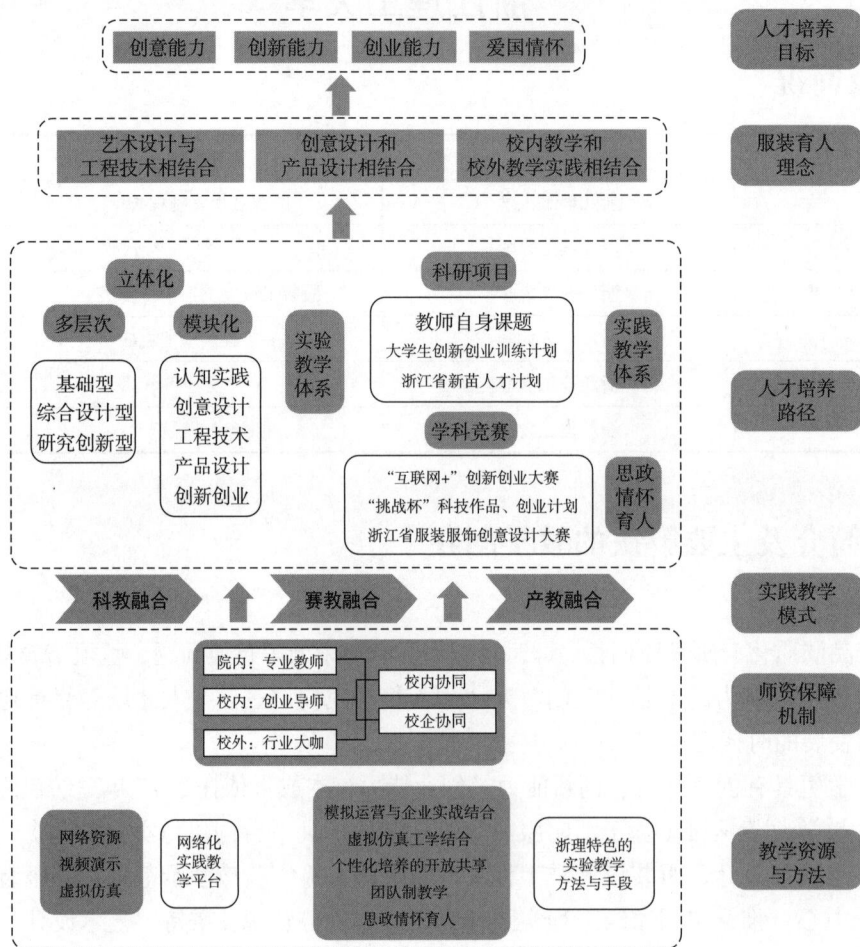

图1　成果总框架

2　成果解决教学问题的方法

（1）构建"科研项目 + 学科竞赛 + 思政育人"驱动的服装"三创"人才培养实践教学体系，提升实践创新创业能力培养与服装专业能力培养、立德树人的融合度。

实践是培养学生"三创"能力的土壤，它能使学生在实际操作中对自己的专业及行业需求有更深刻的认识。利用本科生导师制，带领学生参与科研项目，包括教师自身课题、国家级大学生创新创业训练计划项目、浙江省大学生科技创新暨新苗人才计划项目等项目，通过解答企业真题、解决关键技术，使学生将课堂内培养的创意设计思维转化为创意能力、创新意识，提升为创新技能；通过参加"互联网 +"大学生创新创业大赛、"创青春"浙江省"挑战杯"大学生创业大赛、浙江省大学生服装服饰创意设计大赛等学科竞赛，激活学生创意思维、锻炼实践创新能力；遴选项目、指导学生将项目升级为商业计划书，参加企业种子孵化、路演等活动，培养学生创业能力，实现创业项目落地。

解决企业设计需求和技术难题、开展创新创业研究项目、参加学科竞赛等实践活动，每一个过程都能帮助学生正确认识自然规律及科学发展规律，掌握科学的世界观、方法论，弘扬社会主义核心价值观，培养高尚的道德情操及中华情怀。可以说，实践教学本质上就是思政育人（图2）。

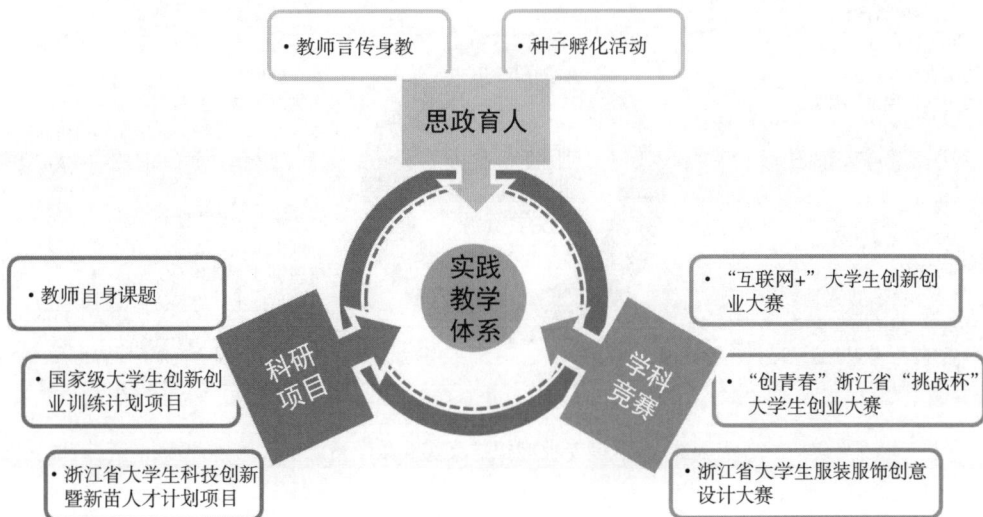

图2 服装"三创"人才培养实践教学体系

（2）形成"专业教师＋创业导师＋行业大咖"领衔的服装"三创"人才培养实践教学师资，构建校内校企多维协同育人运行模式与机制。

与企业合作丰富的服装专业教师带领学生"做"企业真题，擅长理论研究的专业教师引导学生"钻"关键技术；邀请创业学院相关导师"教"学生如何将创意、创新思维转化成创业项目（图3）；定期请服装品牌创始人、企业设计总监、技术总监、运营总监、创客空间负责人等行业大咖给学生们上课、做讲座、分享创业故事、点评学生们的创意创新作品（图4、图5），引导学生与产业保持同步、行业大咖将学生作品"导"入企业。

图3 创业导师路演讲座　　　　图4 企业导师点评作品　　　　图5 企业总监与师生探讨创意

（3）建立"网站资源＋视频演示＋虚拟仿真"组成的网络化现代信息技术实践教学平台，以及模拟企业运营、虚实结合、开放共享、团队制等浙理特色的实验教学方法与手段。

以"学生中心、产出导向、持续改进"为原则，借助服装国家级实验教学示范中心网站、服装设计国家级虚拟仿真实验教学中心网站，将实验项目与仪器设备使用方法拍摄成视频、各类实践教学资源上传到中心网站，链接各虚拟仿真实验教学项目网站，供学生随时随地学习。同时，根据现代服装产业对专业人才的需求，以"服装面料开发—服装产品设计—服装加工制造—服装贸易营销"等核心环节，持续建设虚拟仿真实验教学项目（图6）。通过模拟企业运营与企业实战、虚拟实验与实际操作相结合，以及团队制等教学方法，提升学生的创意创新创业和实践能力。构建了学生开展创意创新创业实践的知识储备库。

图 6 服装专业虚拟仿真实验教学资源

3 成果的创新点

（1）构建了"科研项目＋学科竞赛＋思政育人"驱动的实践教学体系，解决了学生创意创新创业能力的培养路径。

以打造新业态时尚产业为目标，以科研项目、学科竞赛、思政育人为抓手，将课堂内培养的创意思维、创新精神、创业意识通过实践上升为创意能力、创新能力、创业能力，构建了"三创"人才培养实践教学体系，明确了创意创新创业实践能力的培养路径。

（2）形成了科教、赛教、产教三融合的实践教学模式，获得了"三创"能力培养的"校内校企多维度协同"师资保障机制。

教师的创意创新创业素养是服装专业人才"三创"能力培养的重要保障。以培养学生创意创新创业能力为核心，采用"专业教师、创业导师、行业大咖"全方位协同的方式带领学生开展科学研究、参加学科竞赛、参与企业路演等实践活动，树立他们的创意创新创业精神，培养创意创新创业能力。结合本科生导师制，还能保障大多数学生"三创"能力的获得。

（3）建成了"学生中心、产出导向、持续改进"的网络化现代信息技术实践教学平台，以及浙理特色的实践教学方法与手段。

以提高教学效果、效率与丰富教学方法为方向，根据"互联网＋"时代学生的学习特征，续建、更新服装国家级实验教学示范中心、服装设计国家级虚拟仿真实验教学中心网站资源，持续建设服装虚拟仿真实验教学项目，形成网络化现代信息技术实践教学新平台。实施模拟企业产品开发运营与企业实战相结合、虚拟实验与实际操作相结合、个性化培养的开放共享、团队制实践教学、具有全球视野和中华情怀的人文教育等实践教学方法。

4 成果的推广应用情况

4.1 形成了服装"三创"人才实践教学培养体系与模式，专业建设成果丰硕

经过教学改革研究与实践，形成了一套面向"三创"能力培养的服装专业实践教学体系，在学科实力、教学资源建设等方面也取得了丰硕的成果。

4.1.1 学科实力不断增强

2016 ～ 2020 年，据中国科学评价研究中心（RCCSE）、武汉大学中国教育质量评价中心《中国大

学及学科专业评价报告》，服装设计与工程专业排名分别为 2/66、2/61、3/58、3/52、3/68，等级均为 5★，服装与服饰设计专业排名分别为 3/199、5/214、5/209、12/207、4/256，等级均为 5★。在武书连中国大学学科专业排行榜中，服装设计与工程专业连续 5 年位列全国第二，A+ 专业，2020 年服装与服饰设计专业排名全国第四，A+ 专业。2019 年服装与服饰设计、服装设计与工程专业均入选"双万计划"一流专业国家级建设点，2020 年服装设计与工程专业通过国家工程教育认证，所属的"设计学、纺织科学与工程"学科 2018 年均入选浙江省一流学科 A 类。

4.1.2 教学资源成果丰硕

本成果在相关课程建设中起到了重要作用。"成衣工艺学"于 2016 年被评为浙江省精品在线开放课程，2019 年被评为国家级一流本科线上一流课程；"创作设计"于 2019 年被评为国家级一流本科线下一流课程；"服装品牌零售终端陈列设计虚拟仿真实验"被评为 2019 年浙江省"十三五"高校虚拟仿真实验教学项目，已辐射浙江理工大学科技与艺术学院、嘉兴学院、浙江科技学院、常州纺织服装职业技术学院、嘉兴职业技术学院等高校的服装实践教学中，受益学生 2000 余名；"成衣模块化生产工艺虚拟仿真实验""特殊体型男西装高级定制虚拟仿真实验"被评为 2020 年浙江省"十三五"高校虚拟仿真实验教学项目。

4.1.3 产教融合效果突出

通过与浙江红袖实业股份有限公司、华鼎集团控股有限公司、杭州万事利丝绸科技有限公司、卓尚服饰（杭州）有限公司等服装类龙头企业紧密合作，实现校内服装专业课程、科学研究、学科竞赛与校外企业实践、创业项目落地的立体化联动，聘请校外导师 62 名，利用校企协同教育培养了学生"创新、创意、创业"的实践能力，提升了人才培养质量。2019 年 1 月，"浙江理工大学时尚人才培养产教融合示范基地"获批浙江省高等学校省级产教融合示范基地（第一批人才培养类示范基地），成立了浙江省时尚产业产教融合联盟。

4.2 毕业生具有较强的创意创新创业能力，受到企业的认可和欢迎

4.2.1 毕业生受到业内认可好评

近 5 年来，用人单位到我院招聘毕业生与学生毕业人数之比一直约为 3：1，一次就业率一直高于 90%，包括受疫情影响的 2020 年。浙江省教育厅委托第三方机构对学生毕业半年后在就业竞争力、就业质量、专业培养特色定位、基本能力和核心知识测评、校友评价等方面位于学校专业前列。因此，诸如卓尚、红袖、伟星等企业纷纷在学院设立奖学金、奖教金，提供就业、实习岗位，提前介入培养阶段，吸引优秀学生。培养的人才担任服装企业中层以上人数多，如中国休闲品牌领导者唐狮、森马、美特斯邦威，中国女装知名品牌雅莹、江南布衣，中国童装领导者 BALABALA 品牌等企业中，设计总监、技术主管、产品开发经理等重要职位都由我们的毕业生担任。校企合作良性互动，企业感恩学校。如 2020 年 12 月，卓尚服饰（杭州）有限公司董事长丁武杰向学校捐赠人民币 2500 万元，用于浙江理工大学"尚 +"建设，并表示一如既往地支持理工学子创业，提供配套支持。

4.2.2 学生创意创新创业成绩斐然

本成果在大学生科研创新项目、大学生创新训练计划项目、学科竞赛中得到了深入应用，对学生创意、创新、创业能力的培养起到了重要作用。近 5 年，服装专业学生获得国家级大学生创新创业训练计划项目 13 项、浙江省大学生科技创新活动计划（新苗人才计划）34 项；获得"挑战杯"大学生课外学术科技作品竞赛省赛一、二等奖共 3 项，"挑战杯"大学生创业计划竞赛国赛铜奖、省赛金银铜奖共 6 项；"创青春"大学生创业大赛省赛一、二等奖共 3 项；"互联网 +"大学生创新创业大赛国赛银奖、省赛金银铜奖共 6 项；职规赛省赛三等奖共 2 项；获浙江省大学生服装服饰创意设计大赛一、二、三等奖共 35 项；服装专业本科生在国内外核心期刊发表论文 29 篇；授权外观等专利 143 项。项目训练过程中，推动了学生的创业能力，培养了一些典型。如 2015 届毕业生牟朦曦创办"杭州林曦文化创

意有限公司"，2016年入驻"尚＋众创空间"并获卓尚服饰集团100万元天使轮投资，年销售总额达750余万元，2018年成立浙江唯之一觅服饰有限公司，2019年旗下YISAM品牌携手黄龄，推出明星同款，单款销售数万套；2020年疫情时期，唯之一觅服饰有限公司快速转型，整合私域流量，取得2020年第一季度业绩不减反增的好成绩。2015届毕业生李逸超及团队创办国内首家"死飞"运动服饰品牌"隐蔽者"，年销售额超过500万元，毕业后反哺母校，设立奖学金。2017届毕业生耿德印、李博和在校生阮哲团队创办杭州龙正教育咨询有限公司，营业第一年销售额高达120万元，并吸引加盟店3家。人民网、中国新闻网、《中国青年报》《中国教育报》《浙江日报》、浙江在线、浙江电视台、《浙江教育报》《钱江晚报》《青年时报》等多家国家级、省部级主流媒体对我院服装学生创新创业事迹进行了报道。

4.3 服务产业发展，社会影响力广泛

4.3.1 服务产业发展

建立浙江省服装工程技术研究中心、服装产业科技创新服务平台以及杭州丝绸及其制品科技创新服务平台，为全省服装企业提供新产品研发、品牌建设、设备共享、技能培训等服务。邹奉元教授领衔获杭州市"科技创新十佳院（所）"和"杭州市科技创新十大项目"；成果完成人团队制定三门冲锋衣产业、湖州织里童装产业转型升级规划等，为浙江省时尚产业实现"万亿元"梦想献计献策。

4.3.2 服务企业创新

与服装类龙头企业保持长期合作关系，如雅戈尔、伟星等著名服装服饰公司，建立了15个研发中心。与"尚＋"创业园、智慧谷创业园、经纬创业园等合作，鼓励和推荐学生创业项目入驻，如2021年2月，崔天依团队将学科竞赛作品转化为创业项目（图7），入驻卓尚"尚＋众创空间"，在小红书上分享穿搭（图8），并依靠卓尚内部供应链进行创业，目标在6个月内完成线上品牌创立及进行产品设计。团队教师还承担了大量企业资助的横向课题，服务企业开发新产品、改造流程、引进新技术、提高管理水平，效益明显，备受好评。

图7 崔天依团队参加卓尚种子项目分享　　图8 崔天依团队在小红书上分享穿搭

4.3.3 培训服装高级人才

学院积极为服装产业和地区经济服务，是浙江省和长三角地区的重要实践教学、培训、人才培养基地。截至2020年底，已成功举办64期服装培训班，为全国服装企业培养了大批服装专业人才，产生了良好的社会效益。承办了浙江省人力资源和社会保障厅"服装个性化定制关键技术""5G时代时尚品牌化"等高研班5期，来自杭州的120余家服装企业的500余位设计、技术骨干入读高级研修班。

"时尚品牌与流行文化"系列课程思政建设实践

浙江理工大学

完成人及简况

姓名	性别	所在单位	党政职务	专业技术职称
支阿玲	女	浙江理工大学	国际教育学院党委委员、党支部书记	高级实验师
刘丽娴	女	浙江理工大学	国际教育学院党委委员	副教授
穆琛	男	浙江理工大学	无	讲师
章孜卿	女	浙江理工大学	无	讲师
来思渊	男	浙江理工大学	院长助理	副教授
任力	男	浙江理工大学	无	教授
罗戎蕾	女	浙江理工大学	无	教授

1 成果简介及主要解决的教学问题

1.1 成果简介

本成果前后经历 5 年的建设周期，在国家和教育部的指导方针指示下积极贯彻及深化相关指导意见精神，将课程思政建设工作与课程设计体系紧密结合，逐渐形成了较为成熟的以课程思政贯穿的课程体系与相关教学研究成果。

在本成果课程体系构建过程中，课程组成员牢固确立思政教学工作在高等学校人才培养中的中心地位，强化优秀基层教学组织在思政工作实施中的直接功能，更好地发挥基层教学组织在传递和确立社会主义核心价值观等人才培养质量提高过程中的思想指导作用。以上为本成果在实践过程当中所秉承的核心指导思想。

围绕核心指导思想，基层教学组织自 2008 年起，围绕"时尚品牌与流行文化"系列课程建设，跨学科、跨学院整合教学资源，开展了由课程体系到授课方式、育人目标的多维系列课程改革实践。在新课程开发、新团队构建的过程中，思政教学逐渐内化并融入教学工作当中，经过课程的迭代，逐渐探索出一条具有"时尚学科特色"的课程思政植入方法，以"润物细无声"的手段，构建中国特色环境下的时尚艺术学科体系，塑造具有强烈民族自信心与自豪感的优秀时尚专业人才。并进一步对外国留学生进行文化输出，如图 1 所示。

浙江理工大学优秀基层教学组织孵化的"时尚品牌与流行文化"系列课程围绕思政建设实践开展了组织、团队、课程、教材的多方面建设，主要成果可以概括为一组特色课程、一个系列教材、一支教学团队、一批学生成果。四个方面的成果互为倚重，从理论建构到艺术设计实践，再从与产业结合到反哺理论研究，形成一个产、学、研、教的完整课程生态闭环。思政课程建设在过程中以一种潜移默化的方式贯穿始终，教师授课角度的设置，学生创作作品的立足点，创业企业的产品定位等，无不从中国文化自信力当中汲取营养和灵感。从一定程度上实现了思政工作建设的常态化与生活化，如图 2 ~ 图 4 所示。

图 1　系列课程建设发展历程

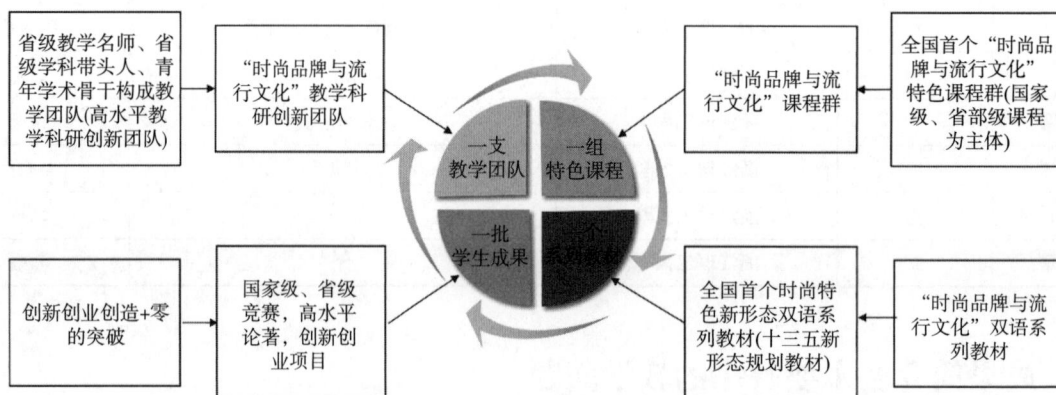

图 2　主要成果（四个一：一支、一组、一个、一批）

图 3　"时尚品牌与流行文化"系列课程对应的授课对象、技术手段与建设历程

创新点二：对接区域时尚文化特色的"时
时尚品牌与流行文化"混合式课程群建设

本科　　　　　　　　　研究生
"时装工业导论"　"fashion forecasting and predietion"
"服装商品企划"　"fashion consumer behavior"
"时装与品牌"　　　"服装消费行为"
"服装流行分析与预测"　"流行文化与时尚传播"
"时尚消费行为"　　"fashion buyer"
"设计管理史"　　　"时尚销售管理"
"全球品牌战略"　　"产品开发与品牌买手"

创新点一：提出凝炼、弘扬区域
时尚文化对接时尚产业发展诉求

浙江时尚文化
中国时尚文化

| 植入区域时尚文化特色 | ⇒ | "时尚品牌与流行文化"基层教学组织 | ⇒ | 面向时尚产业发展诉求 |

创新点三：对接课程群的"时尚品
牌与流行文化"新形态系列教材

《时装工业导论》
《时尚品牌与流行传播》
《时尚消费行为》
《服装流行分析与预测》
《时尚文化、流行趋势与时尚传播》
《设计管理史》
《时尚买手》
《时尚销售管理》
《时尚品牌战略与品牌买手》

创新点四：结合基层教学组织
建设的教学研究创新团队建设

本科生(着重培养专业与实践能力)
研究生(着重培养学术与研究能力)

创新点五：综合创、工、商，
对象多层次的课程群体系架构

时尚文化
时尚设计
时尚品牌
时尚推广
时尚产业链

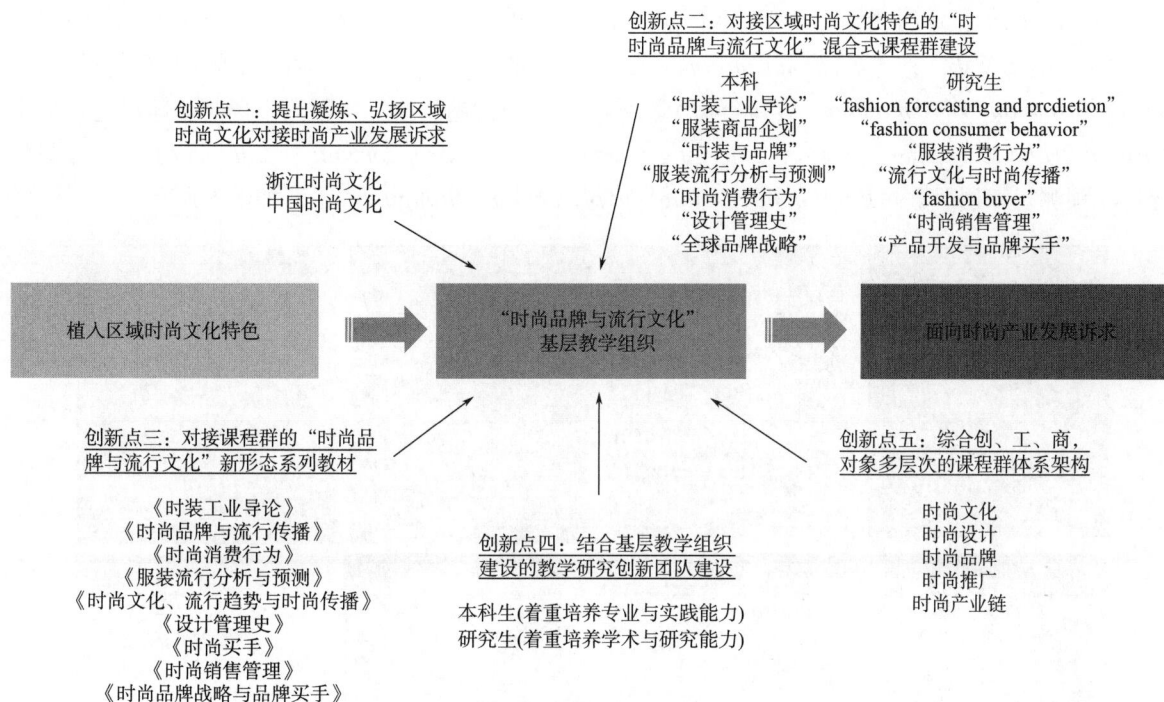

图 4　涵括本科、硕士课程特色鲜明的"时尚品牌与流行文化"系列课程

1.1.1　一批特色课程：国家级、省级时尚特色课程构成的课程群（全国首个"时尚品牌与流行文化"特色时尚课程群）

2008 年至今，伴随专业建设，立足传统服装教学模式，深度融合多元教学方式，建设"时尚品牌与流行文化"教学基层组织与时尚特色课程群，课程影响力显著。包括六门国家级课程，推出首个"时尚品牌与流行文化"特色课程群，多门课程获国家级和省部级奖项。课程组在十年的工作历程中陆续完成了系列课程的公开课、在线开放、混合式教学、新形态建设，包括："时尚与品牌"（2014 年国家级精品视频公开课）、"时装工业导论"（2016 年国家级精品资源共享课）、"Fashion Forecasting and Prediction"（2016 年教育部来华留学英语授课品牌课程）、"时尚与品牌"（2017 年省级精品在线开放课程）、"服装消费行为"（2018 年省级精品在线开放课程）、"服装流行分析与预测"（2019 年国家级精品在线开放课程）、《时尚与品牌》（2019 年国家级精品在线开放课程）、"服装流行分析与预测"（2019 年省级线上一流课程）、《时装工业导论》（2019 年省级线上一流课程）、"服装流行分析与预测"（2019 年省级线上线下混合式课程）、"服装流行分析与预测"（2020 年浙江省线上线下混合式一流课程）、"服装流行分析与预测"（2020 年国家级线上线下混合式一流课程）、"服装流行分析与预测"（2020 年国家级线上一流课程）、"时尚与品牌"（2020 年国家级线上线下混合式一流课程）、"时尚与品牌"（2020 年国家级线上一流课程）、"服装消费行为"（2021 年浙江省线上线下混合式一流课程）、"服装流行分析与预测"（2021 年浙江省优秀研究生课程）、"服装流行分析与预测"（2021 年省教育厅推荐为国家级课程思政示范项目）。

1.1.2　一个系列教材：十三五新形态系列教材（全国首个新形态双语时尚系列教材）

基于教学形式的转变与学生学习方式的变化，"时尚品牌与流行文化"优秀基层教学组织推出浙江省"十三五"新形态系列教材——"时尚品牌与流行文化"双语系列教材，包括：《创意时装设计（双语）》［Creative Fashion Design（Bilingual）］、《时尚职业服设计（双语）》［Fashion Uniform

Design（Bilingual）〕、《时尚商品企划（双语）》〔Fashion Merchandising Plan and Control（Bilingual）〕、《时尚消费行为（双语）》〔Fashion Consumer Behavior（Bilingual）〕、《时尚品牌与流行传播（双语）》〔Fashion Brand and Dissemination（Bilingual）》、《时尚品牌营销战略——新兴市场与全球机遇（双语）》〔Fashion Brand Marketing Strategy，Emerging Market and Global Opportunity（Bilingual）〕、《服装流行分析与预测（双语）》〔Fashion forecasting and prediction（Bilingual）〕，如图5所示。

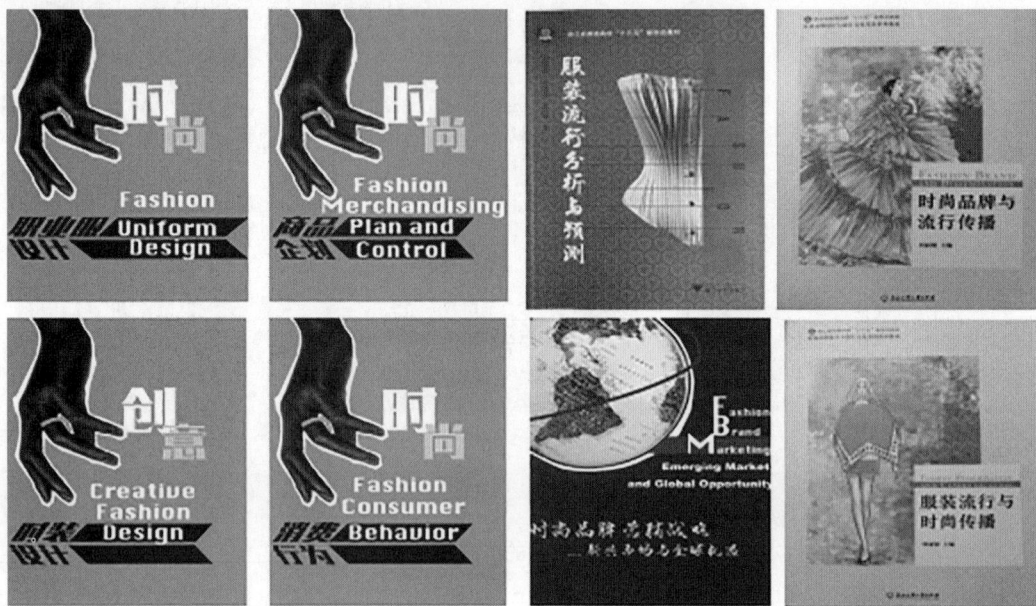

图5　省部级系列教材的陆续出版，对接混合式系列课程，并以课程思政贯穿系列课程核心知识点

1.1.3　一支教学团队："时尚品牌与流行文化"教学科研创新团队（省级人才、学术骨干为主体的高水平教学团队）

"时尚品牌与流行文化"课程组跨学科组建了以教授、博士为主体的高水平教学、研究创新团队，并形成了中青两代传承发展梯队。团队成员均拥有高级职称、博士学历、海外留学或访学经历、时尚产业经验与高水平研究能力。"时尚品牌与流行文化"优秀基层教学组织共9人，其中博士7位、教授4位、副教授3位、省级以上人才3位。同时，基于"时尚品牌与流行文化"基层教学组织建设，分别以培养本科生（着重培养专业与实践能力）、研究生（着重培养学术与研究能力）为目标的课程群建设，近三年孵化高水平学生项目30余项。以课程群建设与课程改革为抓手，进一步建设"时尚品牌与流行文化"基层教学组织，培育一支高水平教学科研创新团队，服务于学校的双一流课程与专业建设，贡献于中国时尚产业发展。

1.1.4　一批学生成果：围绕"时尚品牌与流行文化"的高水平、多样化学生成果（各类国家级、省级竞赛、项目，论著、创新创业项目）

同时，围绕"时尚品牌与流行文化"，立足思政建设的中国本位出发点，以构建民族认同感为一贯目标，孵化了各类高水平、多样化学生成果。例如，2011届毕业生牟朦曦创立卓尚服饰有限公司，其作品中与中国传统服饰结合的设计系列颇受市场好评。并结合"尚+"众创空间，推动时尚产业合伙人制，是本专业关于"高校＋产业＋孵化"的人才培养模式的典型案例。此外，本科生、研究生通过课程群的学习，参加各类国家级、省级学生创新创业比赛项目30余项，如《MLTP——中国时尚品牌拥抱一带一路多民族手工艺》（2020年浙江省互联网＋省赛银奖）、《数字化客制化背景下定制服装品牌模式研究》（2016年浙江省高校案例分析大赛一等奖）；出版高级别论文、专著50余部（篇），其中 T'ou-se-we_Arts and Crafts phenomenon and "Chinese Pagoda" 发表于 Journal of modern craft（全球每年 24 篇），为浙江理工大学艺术学专业研究生 A&HCI 收录论文发表零的突破。另外，值得一提的是，学习了本课程的外国留学研究生被授予本国产业奖，一直工作并贡献于中外时尚教育产业交流（图6）。前述成果均是在弘扬中国传统手工艺文化的思想指导下所进行的高水平创新与研究。外国留学生在经过导师及课程组培养后，被授予产业贡献荣誉，正是本课程在思政建设方面对外输出的典型案例。课程团队成果不断探索中国传统审美文化融入当代生活的可能性，践行思政建设生活化的方针政策。

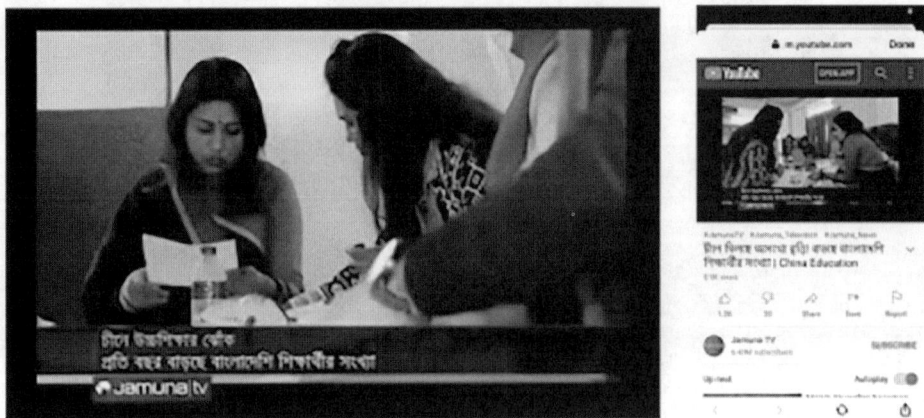

图 6　学习本课程的留学研究生被授予本国产业奖

1.2　主要解决的教学问题

本成果主要解决的教学问题是课程思政建设工作与时尚艺术类课程的结合方法、结合点以及授课方式、梯队建设等问题。

课程思政建设一直是高校教学当中的指挥棒，时尚艺术类课程也在课程思政建设的范围之内。但是"时尚"作为一个舶来概念，从其诞生之初即拥有深刻的西方影响的背景。尤其目前各高校在讲授时尚艺术类课程时，以服装为主要讲授对象，这就更容易在有意无意之间，引入西方话语权力体系所构建的"时尚"参照系，并且以欧洲近现代服装变化作为史论资料，这从客观上使学生在受教育的过程中，以"西方"审美体系构建自己的认知，以"西方"设计师的作品作为自身的参照，以"西方"T台以及时尚发布机构的讯息作为理论权威等。这些现象都在客观上造成了中国"时尚"话语权力的缺位，中国"时尚"审美范式的失声。这种现象并非是教师在课程中有意为之，一方面是因为我国"时尚"学科建立相对较晚，在初期自然以借鉴西方为主；另一方面则是部分教师团队对于我国传统时尚资料与审美范式理解不足。

要解决上述问题，从思想层面，教师团队要确立深刻的民族自信心与自豪感，有主人翁心态，把努力构建中国时尚话语体系作为教学目标；从学术层面，则要从历史中深入挖掘中国曾在世界舞台所发出的时尚声音，从古代丝绸之路到近代"中国风"的盛行，从 20 世纪 20 年代的"摩登上海"到中国时装在国际舞台的亮相等，都是鲜活的案例。对这些资料的再发现，是从学理层面构筑中国时尚话语的基础。进而，课程思政建设的内容则以"细无声"的方式融入课程教学当中，达到"润物"之目的。

2　成果解决教学问题的方法

"时尚品牌与流行文化"系列课程改革直面当下时尚艺术类理论教学多以西方视角为主的现状，对中国历史时尚现象与世界影响情况的挖掘，弥补时尚话语权中国时尚文化相对缺位的遗憾，以全课程各环节的典型案例植入为切入点，以与国家级在线开放平台结合为手段，在落实课程三维目标的过程中，以"知识与技能目标"为主线，渗透"情感、态度、价值观"，并充分表征于"过程与方法"之中，弘扬家国情怀、国家与民族态度以及中国特色社会主义价值观。旗帜鲜明地将"情感、态度、价值观"作为首要目标，转变时尚话语主体，强调中国文化的主人翁地位。课程组教师把提高学生的思想道德素质和科学文化素质紧密结合，在教学中树立清晰的学科育人目标与价值导向，实现知识传授与立德树人双赢，其核心方法路径如图 7 所示。

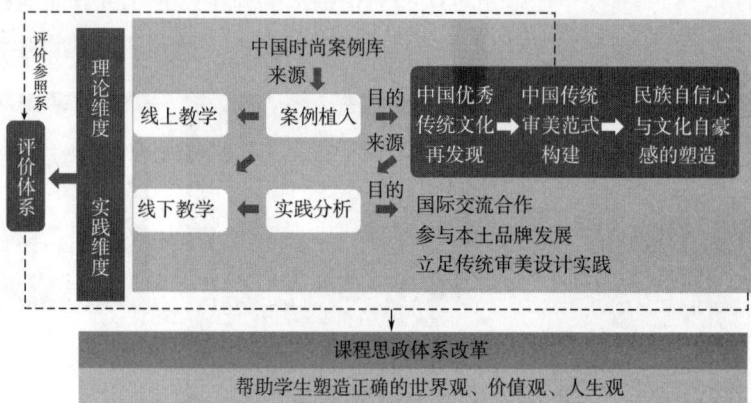

图 7　成果改革教学问题的核心方法路径

通过以上核心方法路径，贯穿以下三个方面的具体改革措施，从整体课程结构层面深化艺术学研究生教学当中的思政内容植入，从而形成独具中国文化自信的时尚艺术类课程建设。

2.1　古为今用——探索以"中国"为话语主体的时尚艺术理论构建

将核心方法路径贯彻于授课方法当中，在中国历史当中深入挖掘优秀的时尚案例作为课程的核心内容，并进行针对国内和国外研究生学习者的双向价值观输出。

（1）在授课过程中结合关键性知识点，融入一批历史上曾经引领世界时尚的中国时尚优秀案例，进一步积极传播优秀中国文化，构建中国时尚文化自信。

（2）在对本国研究生进行思政教育输出的同时，进一步打造具有理工特色的来华留学研究生时尚文化类优质课程，强化联系专业知识背后的价值思想，潜移默化地影响来华留学研究生的价值追求与理想信念，向国外留学生输出中国文化、中国自信。

具体的教学内容设计方面，强调以潜移默化的方式将专业知识技能与思政教育自然结合，主要包括以下几个方面的改革：①对传统与时尚文化自信的解读；②结合新形态授课方式介绍中国时尚代表案例；③加强合作，产学研同步育人；④强调实践转化，做到"术有专攻，做有专精"；⑤借力"五星教学法"，构建特色课程体系；在长期的教学实践过程中，课程组以"五星教学法"为理论支撑，将其植入课程设计，采用线上线下混合式教学方法。以系列课程当中"服装流行分析与预测"课程设计为例，如图 8 ～图 10 所示；⑥强调受众差异采取不同的方法、目标与手段。

2.2　以点带面——探索以构建区域时尚特征为切入点的时尚艺术类思政课程建设

本课程组立足浙江省时尚文化资源，借力浙江省着力打造的八大万亿级产业之一——时尚产业政策，凝炼与区域时尚产业配伍的时尚文化特色，高水平推进杭州世界历史文化名城建设与浙江省时尚产业发展。

借鉴欧美优秀时尚样本，从中提取时尚发展路径的共性与异质特征，作为我国时尚发展路径的参考与借鉴。同时，结合浙江经济特色与时尚产业现状，将"丝绸文化与数字时尚"与区域时尚产业特色融合，凝炼区域时尚文化特色对接时尚产业发展诉求，传递中国优秀传统文化正能量，以区域时尚文化特色以点带面来构建文化自信与民族自信，并贯穿于教学实践中，如图 11 所示。

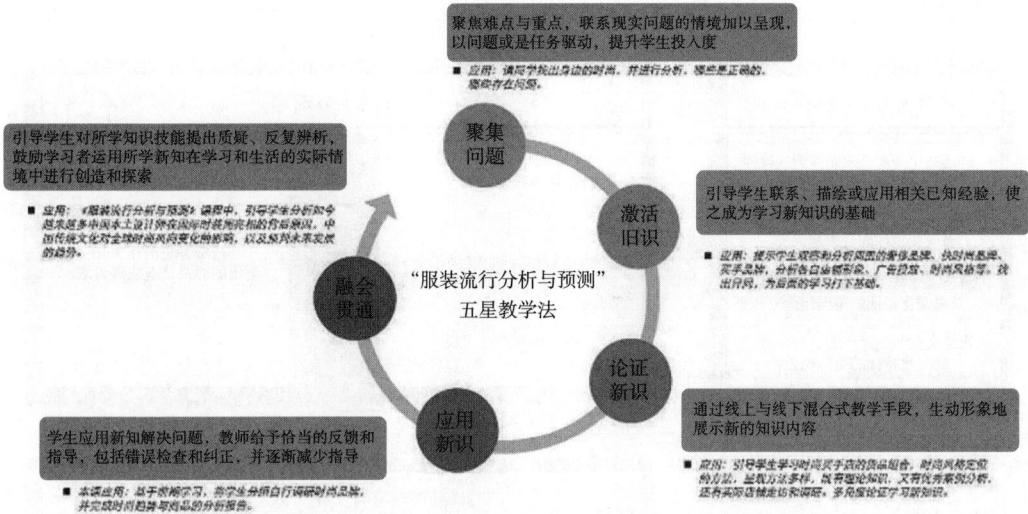

图 8 "服装流行分析与预测"五星教学法的研究与课程实践应用

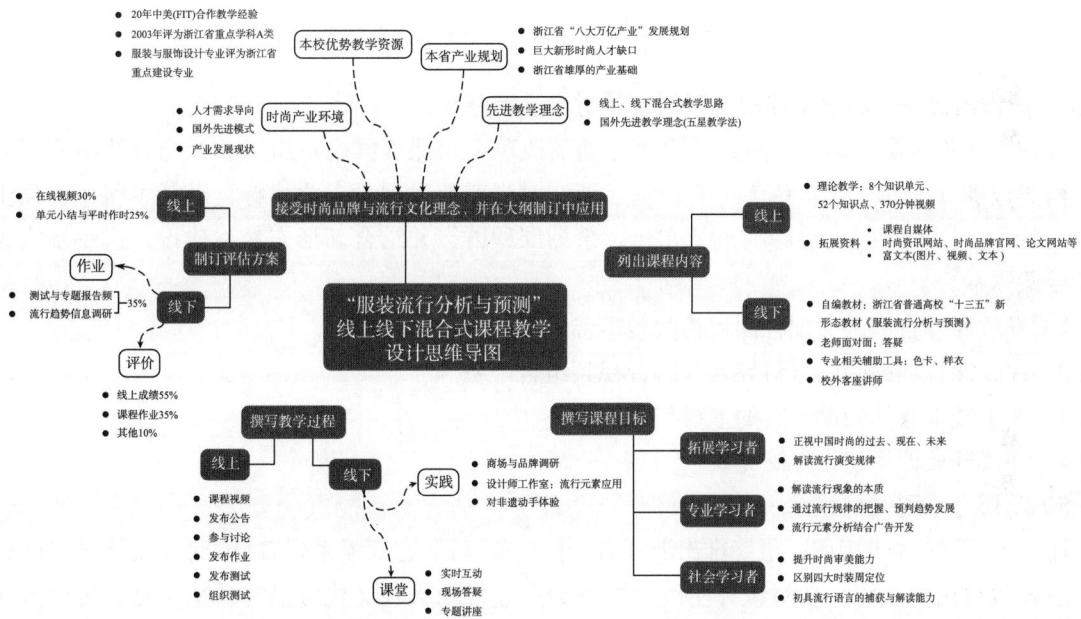

图 9 线上线下混合式课程环节设计

图 10 "服装流行分析与预测"线上线下混合式课程教学环节设计

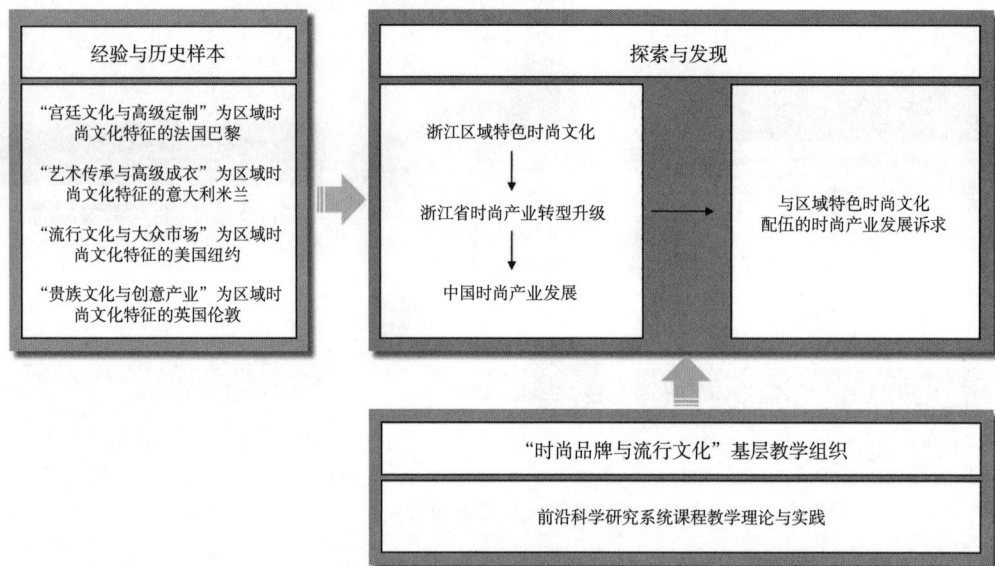

图 11　批判与借鉴方法中的浙江省区域时尚文化特色课程建设

2.3　述作结合——高水平课程与新形态教材建设相呼应

结合核心课程授课内容、方式、层次等方面的改革，对课程群内在组织关系与具体内容前后衔接梳理，构成以浙江时尚文化特色为中心，满足浙江时尚产业发展诉求为目标，涵括本科生、硕士生课程的时尚特色鲜明的"时尚品牌与流行文化"系列课程群，并结合新形态教材建设，进一步完善混合式教学授课体系。

（1）发放课程自编讲义配合课程相关教学音像资料。

（2）在线课程辅助阅读材料导入与影音视频组合配备。

（3）线上线下教学辅助材料的上线与完善。

（4）在线开放课程建设发展完善。

（5）新形态系列教材建设。

上述五个阶段的发展历程，最终推出浙江省"十三五"新形态双语系列教材"时尚品牌与流行文化"。

一系列教材由浅入深，从对设计实践的讲解到产业规划再到文化传播与营销策略，梯度式递进，形成品牌与流行文化研究的全方位解读。新形态教材的编写顺应并结合信息化时代阅读方法与媒介，在原有单纯纸质教材的基础上，增加拓展了更多的在线资源链接，更多地拓展阅读资料与影音资料，对于教材文本内容的解释更加具体且生动。使研究生学习者在保证教材学术严肃性的同时，也能够获得足够的阅读乐趣，进一步增强本课程课堂内容的吸引力，使课程内容与思政教育目标得以更顺利地完成。同时，双语教材的编写为国外留学研究生学习者提供了阅读便利，使他们可以更加容易理解中国文化，产生兴趣，并最终成为中国文化的传播者。

2.4　考学相长——线上、线下相结合的考核方式

课程采用线上、线下相结合的考核方式对学生学习过程与效果进行考核。其中线上视频学习占20%，线上单元测试占 15%，线上线下讨论占 10%，最终测试占 20%，调研分析报告占 20%，实验报告占 15%，见表 1。

课程将考核和评价贯穿全过程，采用理论与实践相结合的考核（试）办法与成绩评定方式。打造一个有利于提升学习兴趣、丰富学习体验、促进学生成长的教学环境，让学生产生内生性的学习动力。

表 1 课程考核与成绩评定方式

考核方式	考核内容	成绩占比（%）	评价方式
线上＋线下综合考核方式	视频学习（线上）	20	学生需完整观看所有课程线上视频 视频观看时长／视频总时长＊单项满分
	单元测验（线上）	15	考核学生对每一章节基础知识点的理论掌握， 学生测验得分／测验总分数＊单项满分
	讨论（线上、线下）	10	参与讨论发帖或发布笔记， 线上以活跃度计分（发帖和回帖数量≥20个为满分）；线下参与专题研讨与课堂讨论3次以上记满分
	最终测试（线上）	20	均为客观题，有2次答题机会，提交后以最高值为最后得分
	调研分析报告（线下）	20	考核学习者对所学知识的综合理解与实践能力 要求学生从作业要求中选择一项作为调研目标展开调研并完成分析报告
	实验报告（线上）	15	结合虚拟仿真实验项目计划，围绕相关核心知识点，开展虚拟仿真实践项目，并完成实践报告

2.5 思政引领——结合教学基层组织与教学科研创新团队建设的多层次教学实践

以思政课程建设为核心，围绕时尚艺术专业教学，借助信息技术推动专业品牌课程走出课堂、走出校园、走向社会，逐步构成了面向本科生、研究生、留学生、社会公众的层层拓展的授课层面。强调技能与思维双重强化的教学实践训练，并积极对接学生创新创业项目。在强调动手能力与创新能力并重的教学理念下，通过理论、实践、企业对接、创新创业项目转化实现渐进式的教学内容改革，孵化省部级以上学生创新创业与竞赛项目30余项。

3 成果的创新点

"时尚品牌与流行文化"课程组基于构建中国文化自信力的思政课程导向，发掘区域时尚文化特色，面向时尚产业发展诉求开展教学研究与实践，成果创新点包括：课程创新、模式创新和教材创新。

3.1 "时尚品牌与流行文化"多层次时尚艺术类思政系列课程建设

第一，教学方式多样性：通过微课、资源共享课、在线开放课程、多媒体课程、混合式课程建设，借助多种技术手段，积极开展了教学方式多样性探索。第二，教学内容多层次。课程群紧紧围绕"时尚品牌与流行文化"，坚持以中国本土为立足点，以构建中国特色时尚审美范式为愿景，对中国时尚文化、时尚设计、时尚品牌、时尚推广、时尚产业链等创、工、商跨学科领域的知识梳理、整合，实现教学内容多学科交叉与多层次链接。第三，教学对象多层次："时尚品牌与流行文化"课程团队是一支高水平教学、科研创新团队，所有授课教师均为博士、硕士或博导，围绕"时尚品牌与流行文化"构建了面向本科生、研究生、留学生、社会公众的多层受众的课程群；第四，教学目标多层次：面向本科生着重于培养其专业与实践能力，面向研究生着重于培育其学术与科研能力；面向留学生着重于培育其国际化视野与中国文化情结；面向社会公众着重于国民素质与积极正确时尚观、价值观的培养。

3.2 "时尚品牌与流行文化"系列课程混合式教学模式建设

基层教学组织积极探索混合式教学模式，建设期间，经历从微课、微博、4A教学平台、省级精品公开课、省级精品在线开放课程、国家级精品在线开放课程、省一流本科课程、国家级一流本科课程的建设历程（图12）。

迎合学生需求，从校内4A课程，到精品视频公开课，到在线开放课程逐步向公众开放的课程建设路径。由过去单纯多媒体教学方式转化为多媒体教学、远程教学、视频教学、网络教学资源结合的多元化、多层次教学模式。因不同课程特质而异的差异化授课方式、差异化课程受众设计。通过运用微课、开放课程、资源共享课、品牌课程等形式，增强授课体验，进一步发挥服装类专业核心系列课程特色，

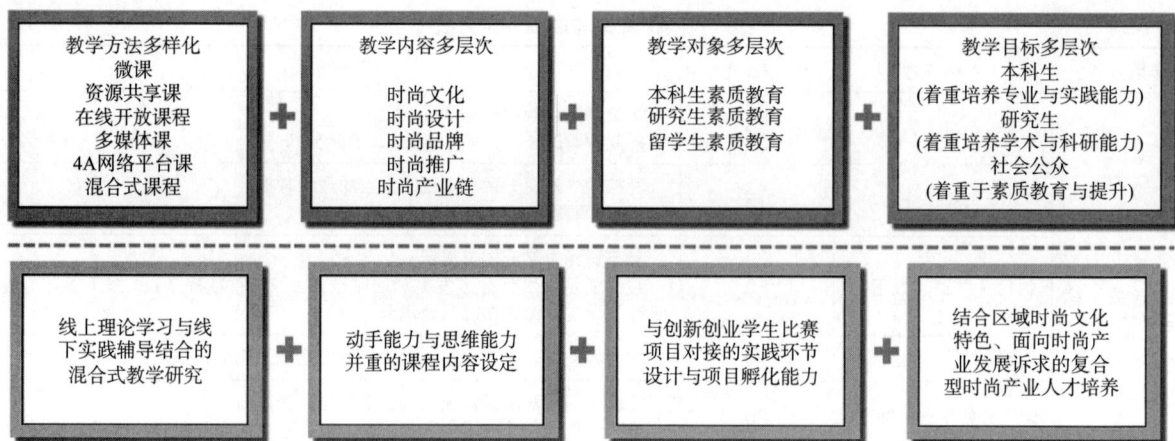

图12　多层次教学方式、内容、对象、目标的课程群与基层教学组织建设

将流行与文化、历史与时尚紧密结合。

借助信息技术推动专业教学走出课堂、走出校园、走向社会，培养具有互联网思维的服装类专业人才。通过视频开放课程、资源共享课、精品在线开放课等形式响应高校学分制改革，吸引本校跨专业学生选课。优选实用性强、受众面广的服装类专业核心课程，通过教育部爱课网、优课网等权威平台进行传播，普及服装专业知识，提升专业知名度与优势学科美誉度。通过系列核心课程的双语与全英文课程建设、来华留学全英文授课品牌课程建设，吸引更多的来华留学生，提升优质系列核心课程的国际化程度。

转变传统教学理念，结合多元授课形式、手段丰富学生课堂体验与学习感受，突出服装类专业古今结合、兼顾文化传承与时尚、理论教学与实践交织的特点，利用各类平台与时尚手段增添教学趣味与时代感悟。

3.3　相关系列教材完全自主版权与一以贯之的编写思路

围绕"时尚品牌与流行文化"课程群，课题组共出版相关教材十余部，全部采用新形态编写方式，在传统纸质媒介的基础上增添网络拓展资源库，方便阅读，增加趣味性。同时，这些教材全部为课程组成员共同编写，课程组拥有完全自主的知识版权。而多年来思政课程建设的经验积累，也贯彻在教材的编写当中，品牌设计实践当中的中国经典案例（明代物勒工名的制度设计等），品牌设计理论当中的中国传统经典理论（传统哲学中的管理思想等）以及在中国近现代得以实践的品牌策略（从近代百雀羚到现代李宁等品牌战略分析），无不彰显了中国传统文化在当代社会的有效性和前瞻性。

4　成果的推广应用情况

系列课程及经过思政改革后的课程建设，具有可推广性、可普及性，学院与社会反应强烈，应用状况良好。以"服装流行分析与预测"为例，其所运用的混合式课程教学内容至少在3所同类高校中得到应用。本课程从2013年开设在线课程，展开教学实施，2014年荣获国家级精品视频公开课。2018上线中国大学MOOC网平台，至今已开课5次，累计近5万人学习。课程组曾在《浙江教育报》打造浙派"金专金课"系列报道中接受采访，如图13、图14所示。

综合来看，经过课程组成员的共同努力，"时尚品牌与流行文化"系列课程在经历了多年的沉淀与摸索之后，逐渐探索出了一条具有理工特色、浙江特色和中国特色的思政课程建设培养路径。其应用前景广阔，受众反馈良好，课程成果具有相当的前瞻性与可推广性。

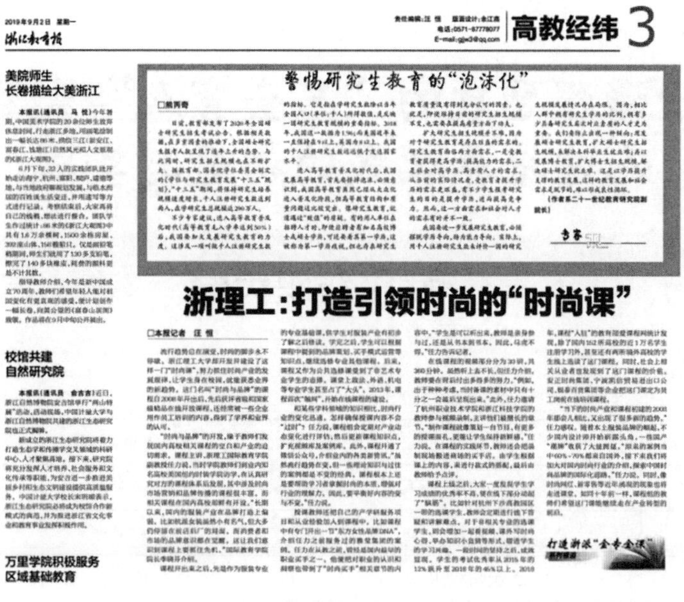

高教经纬 3

美院师生长卷描绘大美浙江

警惕研究生教育的"泡沫化"

浙理工：打造引领时尚的"时尚课"

校馆共建自然研究院

万里学院积极服务区域基础教育

图 13　《浙江教育报》报道本课程的教学成果

Hangzhoufeel

PEOPLE

American guy makes craft beer to international standards in HZ

Five words Hungarian violinist used to summarize HZ

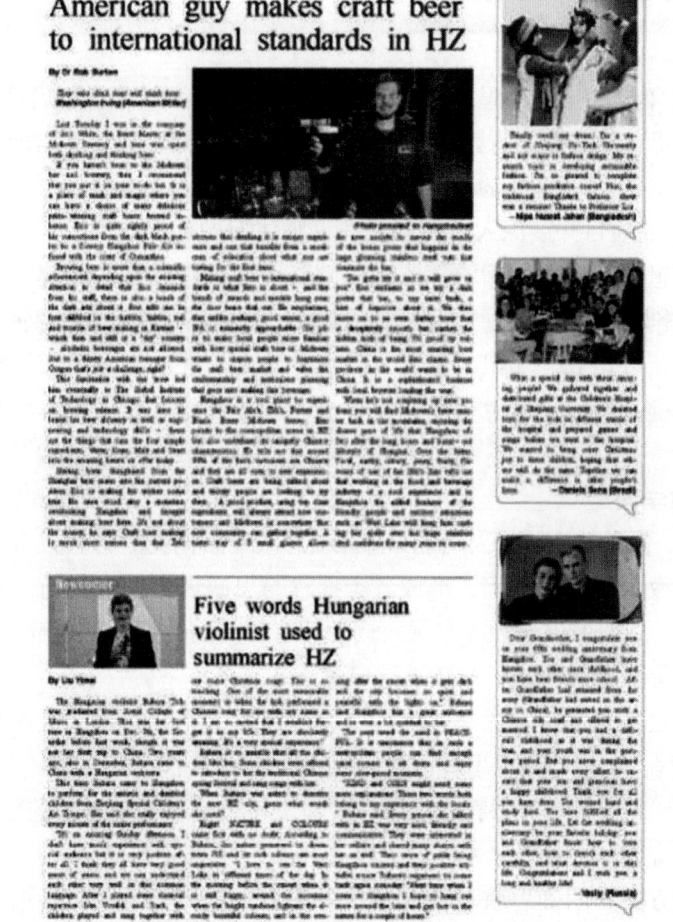

图 14　课程在《杭州日报》英文版被报道

基于课程思政的"三全育人"大思政人才培养模式的构建与实践

武汉纺织大学

完成人及简况

姓名	性别	所在单位	党政职务	专业技术职称
何畏	男	武汉纺织大学	教务处处长	教授
秦梦	女	武汉纺织大学	副处长	讲师
段钢	男	武汉纺织大学	副处长	讲师
张成俊	男	武汉纺织大学	副处长	教授
郑天才	男	武汉纺织大学	管理员七级	研究实习员

1 成果简介及主要解决的教学问题

1.1 成果简介

本成果发端于2010年学校推行的思政课实践教学改革，脱胎于2016年启动"专业课程思政化"，即"课程思政"；2018年，随着湖北省教育厅教学研究项目"课程建设中立德树人内涵的实现与评价"（项目编号：2018342）、"基于课程思政的高校思政课'三合一'实践教学模式研究"（项目编号：2018348）等为代表的一批项目开展深入研究和实践，整体架构基本成型，形成以"回归常识、回归本分、回归初心、回归梦想"为基本遵循的"课程思政"课程教学体系。构建"一体、两翼、三结合"的三全育人"大思政"格局，积极践行"全员、全过程、全方位"育人理念，激励学生刻苦读书学习，引导教师潜心教书育人，以培养"知识、能力、品格"协调发展的高素质应用型创新人才为目标，以提高人才培养能力为关键，以促进学生德智体美劳全面发展为核心，深化本科教育教学综合改革，实现人才培养质量提升。

1.2 主要解决的教学问题

深入挖掘专业课程、各教学环节育人功能，将课程思政要素内化到课程设计、课程内容、课程讲授、课程考核、课程评价等教育教学全过程，形成各类课程与思政课程同向同行、专业教育和思政教育有机融合的协同育人格局，打通思想政治工作融入教学环节的关键一环，重点解决了下面两个问题。

1.2.1 解决专业教育和思政教育"两张皮"问题

选择一批充满"思政"元素、发挥"思政"功能的课程，充分发挥示范课程的带动作用。通过建设"课程思政"示范课程，重视"课程思政"建设成果的固化和推广，积极推动"课程思政"入教材，资助一批融入"课程思政"成果专业课教材出版，积极支持教材在其他高校的使用。

1.2.2 解决思政教育在人才培养各环节中发展不平衡、不充分问题

修订本科人才培养方案，明确思政教育在教学各环节中具体要求，做好思政教育在人才培养全流域设计，将思政教育完全融入人才培养体系中；以建设"金课"为切入点，修订课程标准，将"课程思政"要求纳入课程建设内容，形成规范性指导文件，使得"思政课程"课程建设有据可寻，也为其

他高校开展"课程思政"课程建设提供参考，也为上级部门制订政策提供纺大方案。

2　成果解决教学问题的方法

2.1　构建协同育人机制，突显课程思政融合性

建立以思政课程为主体，专业课程和通识课程为两翼，思政实践与专业实践、社会实践相结合"一体、两翼、三结合"的三全育人"大思政"格局，重构课堂教学与实践教学，将社会主义核心价值观融入课程体系当中，渗透教育教学的全过程。

2.1.1　发挥思想政治理论课的主体课程作用

以湖北省重点马院为依托，不断提升思政课程理论性研究和创新教学方式，形成思政课"三合一"实践教学模式，加强思想政治教育主渠道，守好主阵地。

2.1.2　增强专业课程和通识课程的德育功能

依学科在专业课中融入家国情怀、工匠精神、职业伦理和核心价值，与思政课程形成育人合力；整合全校优秀教学资源，形成一批富有特色的"纺大系列"课程和以"崇真""尚美"为理念的人文通识课程，帮助学生树立起文化自觉和文化自信。

2.1.3　注重专业课实践教学的协同育人功能

推进思政实践与专业实践、社会实践的同向同行，强化思政实践对思政课理论教学的辅助与补充，构建思政实践与专业实践、社会实践的协同机制，推进教学研究，全程再造思政课实践教学大纲设计，强化评价反馈，全面提升实践教学实效性。

2.2　加强示范引领，突显课程思政整体性

2.2.1　完善课程思政顶层设计

制定《武汉纺织大学"五个思政"实施方案》和《武汉纺织大学"课程思政"实施细则》，明确指导思想、目标任务和实施路径；聘请课程思政专家指导顶层设计和各二级院部"课程思政"工作的开展；与新华网共建"新华网—武汉纺织大学课程思政教学研究中心"，不断扩大课程思政成果影响力。

2.2.2　加强课程思政示范引领

以湖北省课程思政改革示范高校为依托，实施开展"三个一"活动，立项支持一批课程思政示范课程、示范课堂和示范案例建设，不断扩大课程思政示范辐射作用。

2.2.3　三是实现课程思政落地生根

全面修订课程大纲，实现课程思政在课程大纲全覆盖，专业课程全覆盖，专业教师全覆盖，形成"教书""育人"于一体的课程理念，构建全覆盖课程思政体系。

2.3　学科专业思政融合，突显课程思政创新性

2.3.1　挖掘疫情素材，做好特殊时期的课程思政

新冠肺炎疫情期间，学校创作了应援曲《加油纺大》，以歌咏志；发布《纺大战疫故事》有声书、《纺大·战"疫"记忆》广播剧，展现师生、校友抗击疫情感人事迹。

2.3.2　推行第二课堂成绩单

在校园文化活动中围绕为党育人、为国育才的目标，有机融入理想信念、社会主义核心价值观、文化教育等内容，突出思想政治引领，切实担负起培根铸魂的职责使命。

2.3.3　开展特色活动，融入课程思政元素

探索艺术教育与思政教育的融合，举办四届"艺术思政"教学作品展；传媒师生拍摄《青春信仰——百名大学生讲党史》向建党一百周年敬礼；油画创作《火种——毛泽东创办武昌中央农民运动讲习所》入选湖北省博物馆；会计学院采用线上模式在"云"端顺利完成了537名毕业生的德育答辩；数理科学学院将课程思政的成果固化到教材中，出版具有学校思政特色的《大学物理》等教材。

3 成果的创新点

3.1 建立"课程思政"课程教学体系

以"课程思政"建设为主战场，将课程思政融入人才培养全过程，提升"三全育人"质量。推动思想政治工作体系贯通教学体系、教材体系和管理体系。在课程建设、课程教学组织实施、课程质量评价体系的建立中，积极挖掘课程思政元素，注重增强"思政教育""价值引领"功能，在课程教学大纲、教学设计等重要教学文件中突出"知识传授、能力提升和思政教育、价值引领"同步提升的实现度。

3.2 建立"课堂—实践—实习""课程思政"人才培养模式

第一课堂建成校内在线课程教学平台，引进优质在线课程资源；推进课堂教学改革，普及课堂与现代信息技术融合，引导教师更新教学范式，注重学生"能力"培养，追求卓越教学；建成武汉纺织大学本科专业学生能力达成度评价平台，进一步促进专业课程体系的优化和课程质量的持续改进。第二课堂有机融入理想信念、社会主义核心价值观、文化教育等内容，突出思想政治引领，切实担负起培根铸魂的职责使命。融合课堂、实践、实习三个教学环节，形成课内、课外结合，校内、校外结合，理论、实践结合，德智体美劳全面发展的本科人才培养格局。

4 成果的推广应用情况

学校制定和实施《关于深化本科教育教学改革，提高人才培养质量的实施意见》和《人才培养能力提升行动计划（2019—2021）》，深入推进成果应用和推广。

4.1 制订"课程思政"特点人才培养方案

全新修订人才培养方案，在 2018 版人才培养方案中，把立德树人融入教育教学全过程，践行课程思政，以思想政治理论课作为主渠道，强化思想引领与价值观引导；专业课借助科学方法挖掘和提炼专业知识具有的德育内涵，注重传授蕴含的德育内容，促进德育和专业教育的有机融合，引导学生培养高尚的道德情操和良好的精神素养；其他教学环节注重培养学生服务国家和人民的社会责任感、勇于探索和追求卓越的创业精神以及善于解决问题的实践能力。全校共计 63 个专业，新版培养方案从2018 级学生开始使用，已经有三届学生，使用学生人数近 1.5 万人。

4.2 建成一批"课程思政"课程投入教学

学校制定《武汉纺织大学"课程思政"实施细则》，从 2018 年开始，"尚美中国""认识武汉"等课程思政课投入教学，面向全体学生，直接受益学生 2 万余人；"认识武汉"等课程开展翻转课堂教学，借助智慧树、超星学习通网络教学平台，进行校外推广使用，反响强烈。

4.3 改革成效引起社会广泛关注与肯定

在 2020 年"新时代高校思政实践课教学研讨会"上，我校"思政课程"培养改革成果在会上进行推介，获得湖北省高校思想政治理论课教学指导委员会副主任委员、秘书长，中南民族大学李资源教授、华中科技大学黄岭峻教授等专家高度评价，认为课程建设经验有重要借鉴意义，可推广。

《光明日报》《中国日报》等多家媒体报道我校"美美与共，天下大同：武汉纺织大学打造《尚美中国》'思政金课'"，《楚天都市报》以"武汉纺织大学塑造育人强磁场"、《中国教育报》以"实践育人激发思政课无限活力"对我校的"课程思政"特色人才培养方案给予充分地肯定。

基于学科交融的"纺织机械造型专题设计"课程教学体系建设

天津工业大学

完成人及简况

姓名	性别	所在单位	党政职务	专业技术职称
段金娟	女	天津工业大学	无	副教授
马彧	男	天津工业大学	天津工业大学工业设计系主任	教授
杨爱慧	女	天津工业大学	天津工业大学工业设计系副主任	副教授
董九志	男	天津工业大学	无	副教授
赵方方	女	天津工业大学	无	副教授
张帆	男	天津工业大学	无	讲师
陈永超	男	天津工业大学	无	实验师
周宝明	男	天津工业大学	无	讲师

1 成果简介及主要解决的教学问题

1.1 成果简介

国家经济转型、重大装备生产企业转型、纺织行业转型等背景都对教育行业提出要培养纺织装备造型设计专门人才的紧迫需求。成果针对当前背景下行业对于纺织机械工业设计专业人才培养的需求，基于我校纺织一流学科高校的办学目标和办学优势，在充分调研市场人才需求导向的基础上，将纺织装备作为课程的专题研究对象，突出课程的学科交融和实践创新特点，融合纺织工程、机械工程、工业设计工程多学科的教学资源，构建基于多学科交叉融合的"纺织机械造型专题设计"课程教学体系，包括建设线上线下相结合的教学资源、共享和融合虚实结合的实验教学平台、建设和优化项目设计驱动的实践教学模式，实现了课程教学资源建设、教学内容设置、教学实践环节、教学评估环节等的学科交融，强化了人才创新能力和实践能力的培养，凝炼了课程和专业培养特色，成果显著。

1.2 主要解决的教学问题

（1）课程教学资源匮乏，缺乏较为系统化、针对性的教材、教学案例库等理论教学资源。

（2）教学师资队伍专业背景单一，与纺织装备紧密性不强，技术与艺术结合性不强，与课程教学需求和教学科研团队建设的需求不匹配。

（3）课程理论与实际脱节，实践教学平台缺乏，课堂教学与市场需求对接不足，产学研的开发不充分，无法适应课程创新能力和实践能力培养的要求。

（4）课程和专业教学特色凝炼不足，对接纺织强国、设计驱动中国智造的工业设计人才培养储备不足。

2 成果解决教学问题的方法

根据我系突出纺织装备特色的人才培养要求，强调对学生复杂工程问题的综合架构和创新实践设计能力的培养，融合多学科师资、教学资源、教学平台，构建基于学科融合的课程教学体系。整体遵循从需求分析→知识梳理→资源建设→教学实施→教学评估→教学体系优化的建设思路，如图1所示。

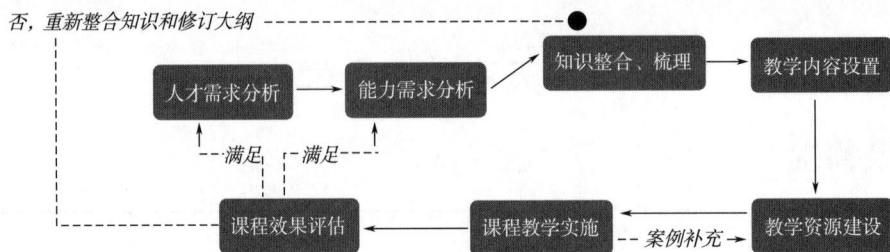

图 1　课程教学体系建设思路

2.1 基于学科交融，建设面向纺织行业设计人才需求、线上线下相结合的教学资源

针对教学资源匮乏的问题，强调基于学科交融的教学资源建设，建设框架和路线，如图2所示。

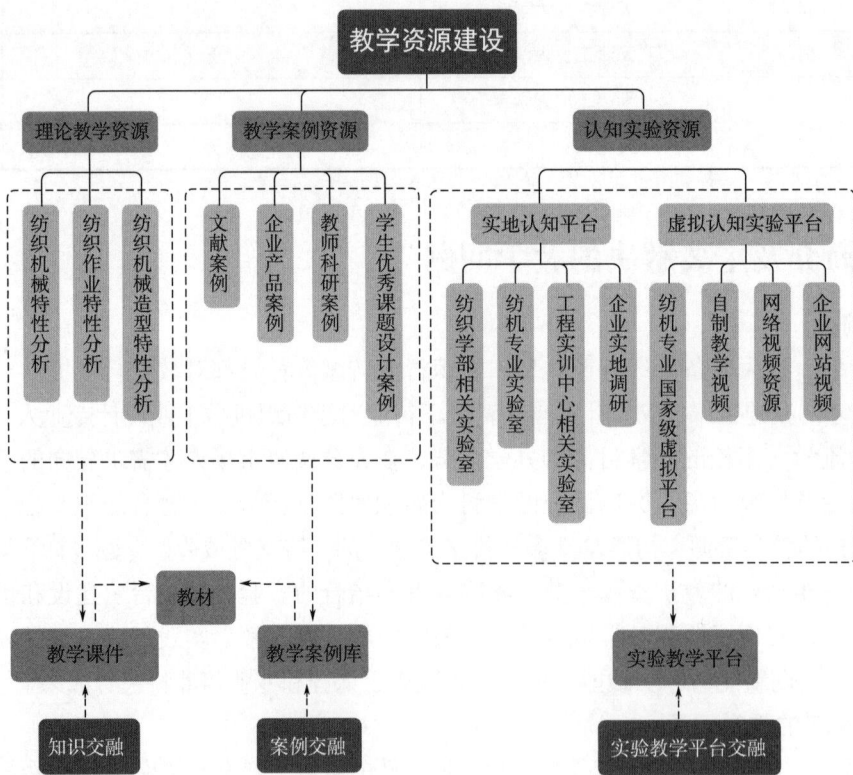

图 2　课程教学资源建设框架和路线

（1）通过充分的调研，获取纺织装备产业的设计需求和工业设计专业人才需求，分析纺织机械特性及其造型特点、纺织作业环境特性，融合多学科知识体系，进行教学内容设置，建立课程理论知识体系，制作教学大纲、讲义、课件等。

（2）梳理纺机造型设计理论和实践案例，构建教学案例资源；吸纳教师科研成果和学生优秀作品，不断丰富和优化案例库。

（3）结合教学讲义、课件和案例库等资料，撰写课程教材，建设线上线下相结合的课程理论教学资源，促进学生的自主学习。

（4）采用共享、共建等方法，融合多学科实验室资源和实验师资，建设虚实结合、线上线下结合的课程认知实验教学资源，服务学生课下的实验实践学习。

2.2 基于学科交融，建设突出工程实践创新特色、持续优化的课程教学模式

（1）以课程教学设计为经线，学科交融为纬线，构建课程教学模式，如图3所示。

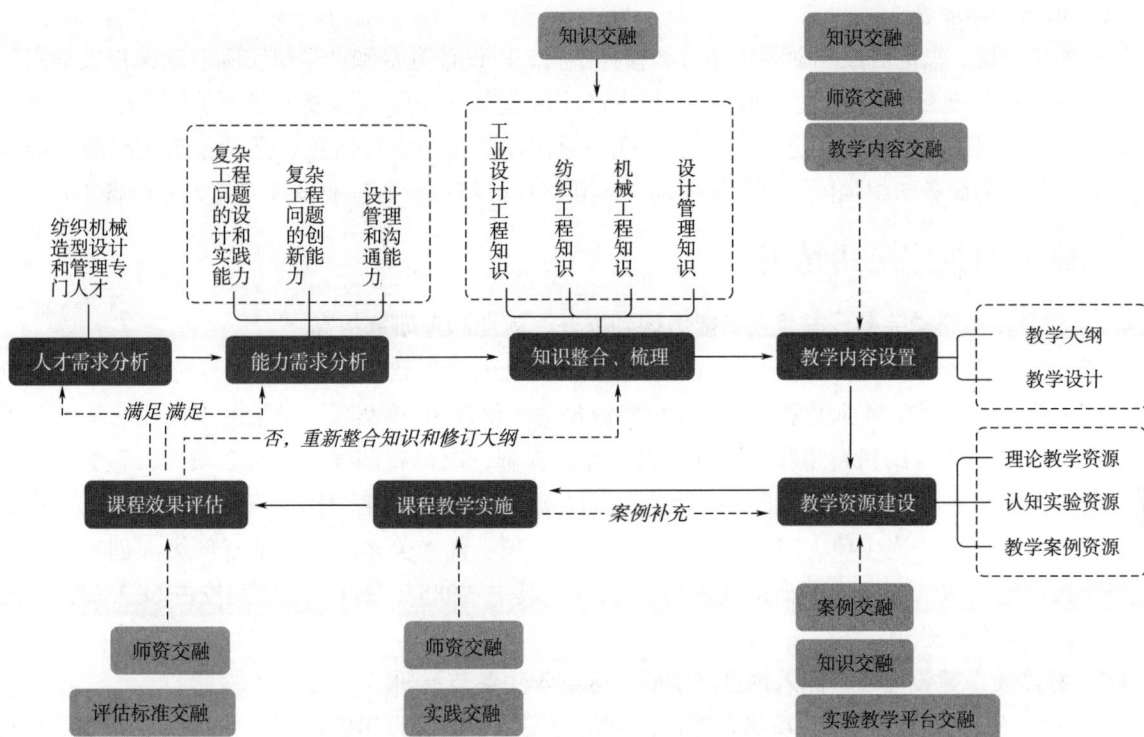

图3　基于学科交融特色的课程教学模式

（2）教学实施后，以教学资源、教学设置、教学模式、实践创新模式的优化为经线，以问题反思和经验总结为纬线，形成基于教学过程的迭代闭路环，不断优化和完善课程教学模式。

2.3 基于学科交融，产学研相结合，建设比赛和设计项目驱动的课程实践教学模式

（1）以专题设计实践为经线，创新能力提升为纬线，多渠道建立产、学、研基地，强调理论和工程设计实践相结合，课上课下教学相结合，建设课程实践教学平台，建构课程实践和创新能力培养模式。

（2）以实践成果评估为经线，产学研相结合为纬线，建构课程实践成果评估转化模式。吸纳多学科师资参与实践课题评估；以基于课程的教学成果，引导学生参加团队教师的横向科研课题、相关学科竞赛、创新创业项目、申请专利等，形成成果评估和成果转化机制。

2.4 基于学科交融，凝炼课程和专业人才培养特色

以课程教学和实践创新为经线，工程与艺术结合为纬线，凝炼课程重视工程实践、强调设计创新的教学特色，深化我系产学研相结合、理论教学与实践指导相结合、创新能力与实践能力培养相结合，突出纺织特色的智能装备工业设计人才培养特色。

3　成果的创新点

3.1 创新教学资源

"纺织机械造型专题设计"是国内首次开设的纺织装备类工业设计课程，本成果建设了课程教材、理论教学资源库、实践教学资源和教学案例资源，解决了当前该类课程教学资源缺乏的问题，实现了

教学资源建设的从无到优，为其他院校开设相似课程提供了教参资源。

3.2 优化教学模式

基于学科交融，采用理论与实践相结合、线上与线下相结合、课内与课外相结合、比赛与课题设计相结合等手段，建设了理论、实验实践、产学研实践递进式的课程教学体系，构建了过程完整、不断迭代优化的课程教学模式和实践创新模式。

3.3 凝炼教学特色

基于学科交融，以优势成熟学科带动后势新兴学科，以设计竞赛和产学研实际驱动课程教学实践，解决当前设计教学缺乏实践平台、理论教学与生产实际脱节的问题，形成了基于学科交融、强调实践创新能力培养的课程教学特色，进一步夯实了我系突出纺织装备设计特色、强调创新实践能力培养的人才培养特色，为服务纺织强国、以设计驱动中国智造做好纺织装备工业设计专业人才储备工作。

4 成果的推广应用情况

4.1 教学体系科学完善，学生创新能力得到提升，就业和考研率提高

该课程已在我系开设 6 届，结果显示，基于学科交融的课程教学体系比较科学完善。学生的专业能力获得了较大提升，在多项国家、省部级学科竞赛中获得近 80 项奖项，学生的考研成功率也有了显著提高。2019 年学生与纺机造型相关的创新设计作品参赛，取得省部级一等奖 2 项、二等奖 2 项、三等奖 3 项、优秀奖 4 项，创新实践能力得到提高。以工设 2012 级学生为例，该年级课程专题实践成果获得了省部级竞赛一等奖 1 项、二等奖 2 项、三等奖 3 项、优秀奖多项，获批省部级大创项目 3 项，毕业当年就业率达 90% 以上，考研成功率为 42.85%，其中 "985" "211" 工程院校占 58.33%，较前几届学生有较大幅度的提升。

4.2 教学资源建设完备，深入推进产学研，吸纳学生参与科研

（1）教材建设：教材《纺织机械造型设计理论与实践》已签订出版协议，并制作了较为完备的配套课件。教材内容已应用于本科生 "纺织机械造型专题设计" "机械装备造型与文化专题实践"，研究生 "纺织装备造型研究（实践）" "机械装备造型设计研究" 课程的教学中，较好地支撑了学生的纺机工业设计理论学习，并助力成功申报 1 门校级优秀课。

（2）实践教学资源：融合多学科资源，我系学生充分利用机械工程、纺织工程、工业设计、工程实训中心等学科 20 余个实验室（每年 200 人次以上）和虚拟实验平台，结合与企业的产学研合作，较好地支撑了学生的纺机认知学习和创新设计实践。

（3）产学研合作：实践平台建设促进教师团队间、团队与企业间的交流，深化项目合作和技术合作，并同时与多家企业建立了产学研合作协议。课程团队成员主持了中国纺织机械集团棉纺机械成套设备造型与标准设计研究、棉纺机械成套设备重大项目、棉纺机械成套设备配套项目工业设计造型研究、中国恒天重工项目、天津嘉诚科技企业 VI 系统和系列数字化纺织实验设备等 30 余项相关企业委托课题，经费数百万元，获得了重大的经济效益，设计成果获得多项国家级、省部级设计奖项，多家媒体进行了相关报道。

（4）学生参与科研：基于实践教学资源，本科生参与教师主持的 20 余项纺机外观造型横向课题，专业 60% 以上研究生有过纺机造型实际课题实践经验，创新实践能力得到提高。学生共发表与纺机相关的学术期刊论文近 50 篇，硕士学位论文 30 余篇，理论研究能力得到加强，并助力课程理论教学资源的优化和丰富。

4.3 教研相长，课程教学特色突显，专业特色得到夯实

（1）教研相长：课程教学的开展促进教师团队从教学中、实践课题中总结理论经验和研究方法，整合研究方向，开展针对纺织装备的理论研究、实践研究，教学团队近年来发表纺织机械外观设计相

关学术论文 30 余篇（核心期刊 10 余篇），申请专利 30 余项。

（2）教学团队建设：教学团队不断优化，培育校级教学名师 1 名，获"纺织之光"教师奖 1 项，国家级设计竞赛获奖 3 人次以上，校级教学技能竞赛获奖 5 人次以上，获得资助开展国内外长期访学 5 人次以上，国外短期交流多次。

（3）教改项目和教学成果：以课程为基础，成功完成《〈纺织机械造型专题设计〉开新课研究》《基于学科交融的〈纺织机械造型专题设计〉课程教学模式构建研究》等省级、校级教改课题；获得纺织工业联合会教学成果奖 2 项；发表相关教研文章 2 篇；突显学科融合、强调实践创新的课程特色得到凝炼，突出纺织特色的智能装备工业设计专业方向得到夯实。

基于非织造创新人才培养的纺织材料学课程
教学体系的改革与建设

南通大学

完成人及简况

姓名	性别	所在单位	党政职务	专业技术职称
臧传锋	男	南通大学	无	副教授
陈雯	女	南通大学	无	助理研究员
张瑜	男	南通大学	院长	教授
张伟	男	南通大学	副院长	教授
任煜	女	南通大学	无	教授
付译鋆	女	南通大学	无	副教授
王海楼	男	南通大学	无	副教授
张广宇	男	南通大学	无	副教授
邹亚玲	女	南通大学	无	高级实验师

1 成果简介及主要解决的教学问题

1.1 成果简介

非织造材料与工程专业"纺织材料学"课程一直沿用纺织工程专业的"纺织材料学"教学体系，跟非织造专业相关度不大的知识占比较大，而密切相关的知识反而偏少，不利于非织造专业的基础教学。

本成果完善了非织造材料与工程专业"纺织材料学"课程教学体系；探讨了多种教学方法，引入了"翻转课堂"，充分利用了信息技术手段，提高了学生的学习兴趣，促进了学生对知识点的掌握；建设了纺织材料学试题库，形成了教考分离的课程教学模式；优化实验，加强实践，实验录像扫码学习，构建了合理的实验课程教学体系；针对考核情况较差的同学进行一对一帮扶，确保学生将"纺织材料学"的教学内容学好，实现了教学的闭环管理。

通过两年多应用实践，纺织材料学教学适合非织造材料与工程专业特点，并在教学体系、教学内容、教学方法等方面开展了开创性工作，取得了显著成效，得到专业老师和学生的好评。研究成果通过了由全国知名纺织类高校专家及业内知名企业专家组成的专家组的成果鉴定（图1）。

1.2 主要解决的教学问题

该成果有效解决了非织造专业"纺织材料学"课程体系的构建等相关问题：

（1）课程内容与教学资源建设问题。

（2）课程成绩评定方式问题。

（3）学习效果跟踪及帮扶问题等。

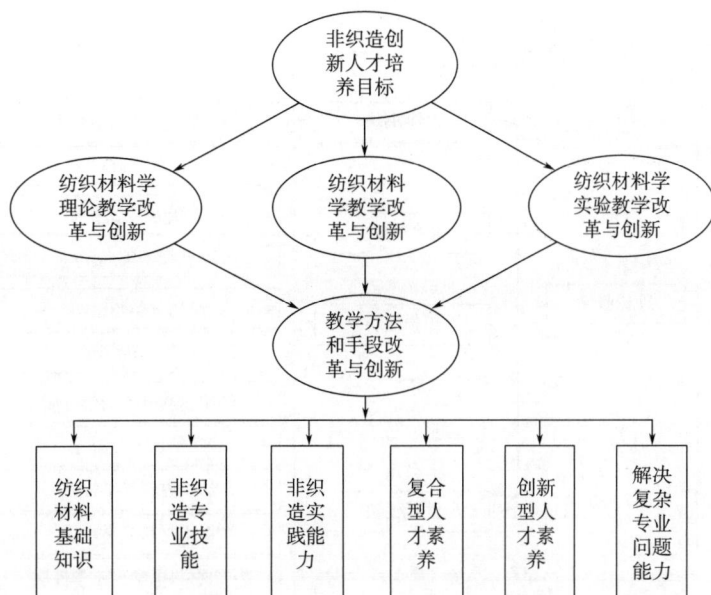

图 1 纺织材料学教学改革思路

2 成果解决教学问题的方法

2.1 课程内容与教学资源建设问题

课程教学组针对非织造材料与工程专业的特点进行课程资源建设，使用高质量的纺织材料学系列教材，并将最新的科研成果应用于教学，注重对课程内容的精心规划和归纳总结。充分利用信息技术服务教学，教学资源上网，实验项目制作成录像资料，学生扫描实验设备上的二维码就可以学习操作。通过对理论教学内容及实验项目优化筛选，理论与实验教学内容紧密联系，有利于学生理论联系实践，又可通过实践巩固理论知识（图 2 ）。

2.2 课程成绩评定方式问题

深化考核方式改革，课程考核不再是"期末一考定终身"，而是"平时成绩+期末考试"的一个综合成绩评定体系。期末考试中适当减少了名词解释等客观题的比重，增加了部分主观题的比重。通过试题库自动随机出题的方式，增大了考核的覆盖面，更好地考核了学生对课程内容的掌握程度，以及学生运用纺织材料学知识解决实际问题的能力。平时成绩占 30%（包括课堂提问、平时作业、单元测试等），期末成绩占 70%。

2.3 课程学习效果跟踪及帮扶

学生学习考试结束后，及时对学生的考核情况进行分析总结，找出学生学习上存在的薄弱环节及其原因，并及时制定相应的教学方案去完善解决问题。同时，针对考核情况较差的同学进行帮扶，与学生进行一对一交流，进行分析总结，及时找出学生学习的问题所在，与学生一起制订帮扶计划并实施，确保学生后续将纺织材料学的教学内容掌握，并顺利通过下次考核（图 3 ）。

3 成果的创新点

3.1 更新的教学理念和方法，激发创新意识

创建了"现象—问题—理论—方法—创新意识"五环相扣的创新教学法，通过剖析纤维材料结构与性能的关系，使学生理解现有知识，并引发独立思考，启发创新热情；同时，采用启发式与讨论式相结合的互动式教学模式，使学生在学习的同时，向"问题发掘"与"自主创新"两个方向延伸。

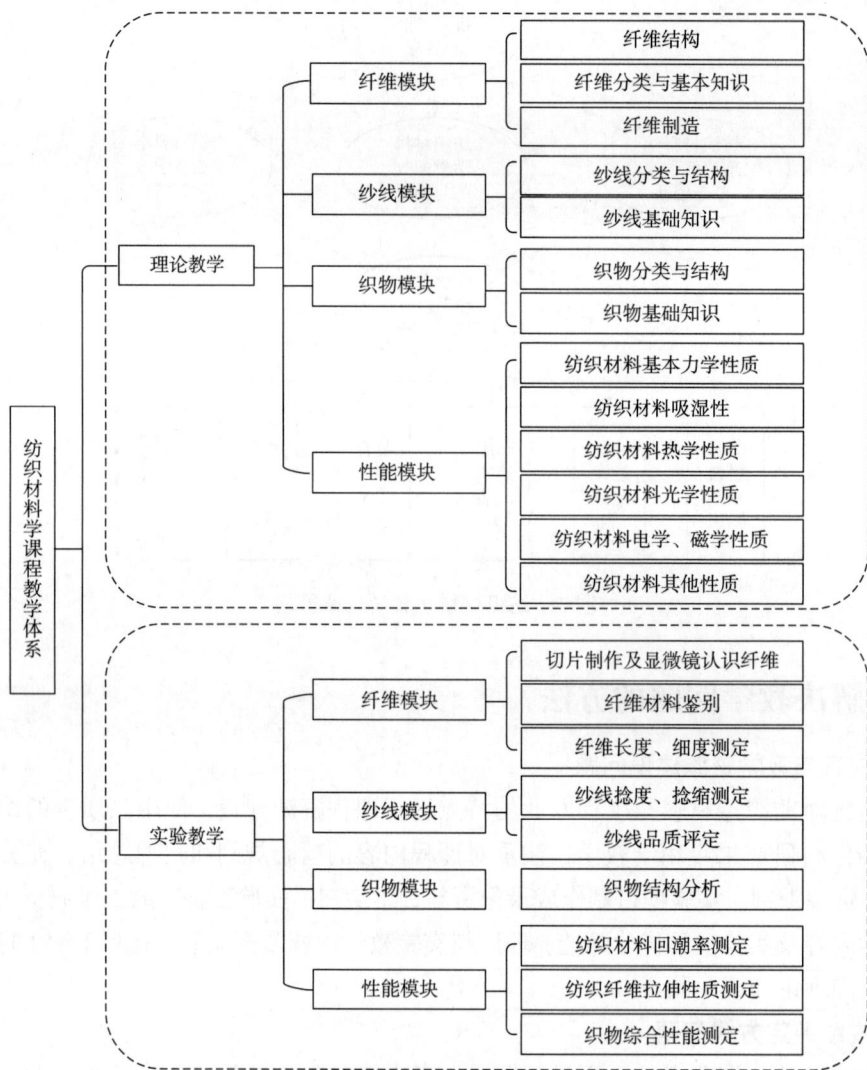

图 2 "纺织材料学"课程教学体系架构图

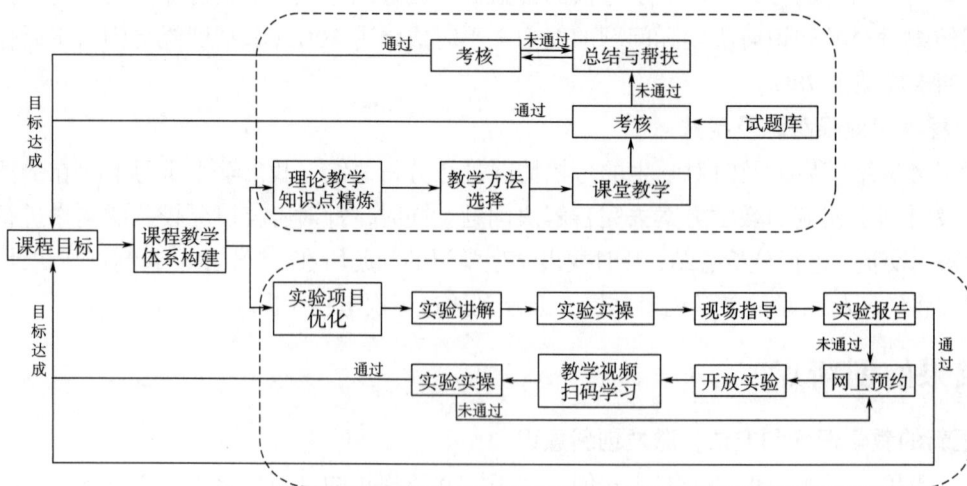

图 3 "纺织材料学"课程教学组织实施图

3.2 信息技术手段在教学中的充分应用

现代信息技术手段在课程教学过程中发挥重要作用。自制了纺织材料学微课、课堂录像，应用多媒体技术，将课堂教学中的一些抽象理论、难以叙述的理论知识都可通过多媒体形象、生动地表现出来，既抓住了学生的注意力，又加深了对教学内容的理解。

3.3 开放式的实验教学

实验室对学生开放，从制定实验方案、实施实验方案、实验结果分析都由学生独立完成。开放式实验给学生创造了独立思考、拓展能力的空间，鼓励学生尝试新方法、新思路，融会贯通，把专业知识和理论知识灵活运用于实验实践环节中。

4 成果的推广应用情况

4.1 课程建设情况

本课题的研究成果，已经过三轮的教学实践检验。学生的参与度和互动性大幅增强，学生的学习积极性明显提高，并建立起了浓厚的学习兴趣，教学效果显著提高。修订了《纺织材料学》教学大纲，整合理论教学内容，以产业需求为导向，构建与非织造专业核心课程体系"无缝对接"的理论教学模块；整合实践环节，结合非织造专业特色重点重构专业基础性实验模块、综合性实验模块以及研究创新性实验模块；构建了"过程＋目标"相融合的考核模式，对每位学生进行全面、客观、公正、科学的评价（图4）。

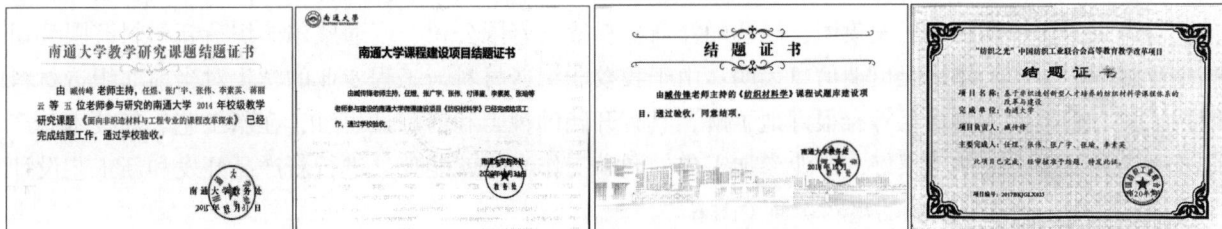

图4 课程建设情况

4.2 人才培养情况

教学团队主要成员指导学生获 2017 年、2014 年江苏省优秀毕业设计（论文）三等奖各 1 项；2017～2020 年全国大学生非织造产品设计及应用大奖赛一等奖 3 项，二等奖 4 项，三等奖 5 项；指导学生获国家级大学生创新训练项目 5 项，校级项目 10 余项。学生参与教学团队主持的国家重点研发计划 1 项（含子课题 2 项）、国家自然科学基金 2 项、江苏省自然科学基金 2 项，获发明专利 5 项，公开发表论文 20 多篇（图5）。学生考研率达 30% 左右，其中多人进入国内外知名院校，如 2015 届学生张朋生推免进入天津大学材料学院；2014 届学生邵志恒、2016 届学生徐丹考入厦门大学材料学院；2014 届学生李跃文进入韩国汉阳大学，2018 届学生别新宇、王倩雨和张艺进入日本信州大学深造（表1）。

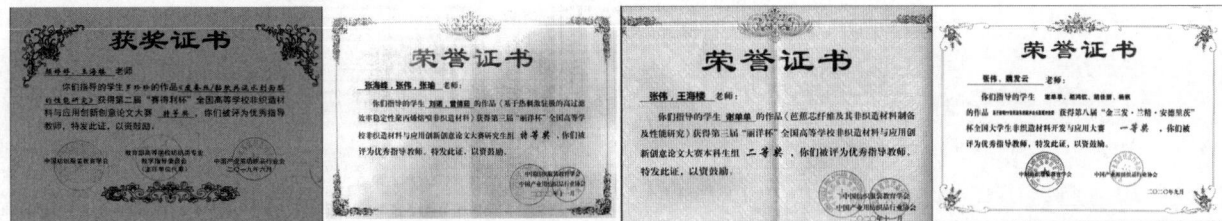

图5 获奖情况

表1　人才培养情况

专业名称	时间（年）	考研录取率（%）
非织造材料与工程	2020	29.8
非织造材料与工程	2019	25
非织造材料与工程	2018	38.24
非织造材料与工程	2017	25.45
非织造材料与工程	2016	44.83
非织造材料与工程	2015	23.4

4.3　师资队伍建设

我校构建了以非织造专业为核心，纺织工程、高分子材料、纤维材料等多学科交叉融合的专业教师队伍。相关老师当选教育部纺织类专业教学指导委员会委员、教育部高等学校纺织类教学指导委员会纺织工程分会、非织造材料与工程分会副主任、中国产业用纺织品行业协会理事、长三角非织造材料工业协会理事、副主任、中国纺织服装教育学会常务理事、省产业用纺织品专业委员会的主任、省产业用纺织品协会常务副理事长、南通市纺织工程学会产业用纺织品委员会主任、南通市非织造材料技术工程中心主任。

4.4　社会认可情况

我校非织造材料与工程专业的才培养质量受到相关高校及用人单位的肯定和好评。来自宏祥新材料股份有限公司、浙江金三发集团、江苏丽洋新材料股份有限公司、南通威尔非织造新材料有限公司等企业对毕业生的工作情况反馈信息表明：由于我校非织造材料与工程专业的学生对当前非织造材料的新工艺、新技术、新材料等有很好地了解，具有开阔的视野和前瞻性思维，在新工艺、新技术、产品开发等方面的适应能力很好，毕业参加工作的同学工作半年就能独立进行新产品开发和新工艺设计等方面的工作，受到各企业的热烈欢迎（图6）。

图6　社会认可情况

基于产出导向的"中外服装史"课程建设

温州大学

完成人及简况

姓名	性别	所在单位	党政职务	专业技术职称
王业宏	女	温州大学	无	副教授
姜岩	男	温州大学	所长	教授
潘赛瑶	男	温州大学	无	讲师
顾任飞	男	温州大学	副院长	副教授
黄容海	男	温州大学	无	讲师
徐慧娟	女	温州大学	支部书记	副教授

1 成果简介及主要解决的教学问题

1.1 成果简介

基于对以往教学改革实践观察与总结，以教学产出分析、认知、展现并落实不同阶段"中外服装史"课程发展的目标与要求，用做了什么来证明学生获得了什么，用留下了什么来验证课程达成了什么，用学生的收获与课程的发展来设定教师应该做什么、怎么做是"中外服装史"课程避免频繁地调整转向及由之引起可能的冲击甚至是倒退，从而形成有效积累的持续发展模式。课程小组以"产出导向"来形容这种课程设计的思维方式。

在成果建设工作的启动阶段，结合温州大学应用型高校的总体定位，在快速建立并不断完善"中外服装史"课程知识系统的同时，也针对性地展开课程实践环节的设计与技术研发。2012 年前后，专业启动并被列入"卓越工程师计划"试点专业，强调学生工程背景与研发能力的构建，课程创建并导入了"纸模法"复现古代服饰的实验技术，此三项重要横向课题立项，对课程建设形成有效支撑与引导，项目制教学开始萌芽，这一部分的发展过程即为"中外服装史"课程建设的实践教学改革阶段。

2014 年开始，专业启动重点专业建设工程，并获批省重点专业，2017 年温州大学获授教育部首批创新创业教育示范校，结合强调特色、创新的定位，课程全面启动项目制教学，以创意、开发、制作引导课程实践教学并反向渗透服装复原方向的师生科研工作，为下一阶段的课程建设工作打下深厚基础，这一部分就是"中外服装史"课程建设的体验式教学改革阶段。

近年，学校与专业全面启动以质量工程为先导的双万工程，2017 年专业启动工程认证工作，2019 年专业获批省一流专业，2020 年专业工程认证工作获得受理，进入自评报告阶段，工程认证工作要求的产出导向（OBE）理念直接契合"中外服装史"课程教学设计导向，相互之间形成了迅速甚至是直接的支撑关系；双万工程对专业建设提出的特色与水平的双高要求，促使《中外服装史》课程在总结长期建设成果的基础上，启动一流课程建设工作，获得校级线上线下结合一流课程建设立项一项，省级一流课程立项一项，进入以链式课程关联为基础的，多类型、高水平产出为目标的研究型教学改革阶段。"中外服装史"课程建设的基本过程，如图 1 所示。

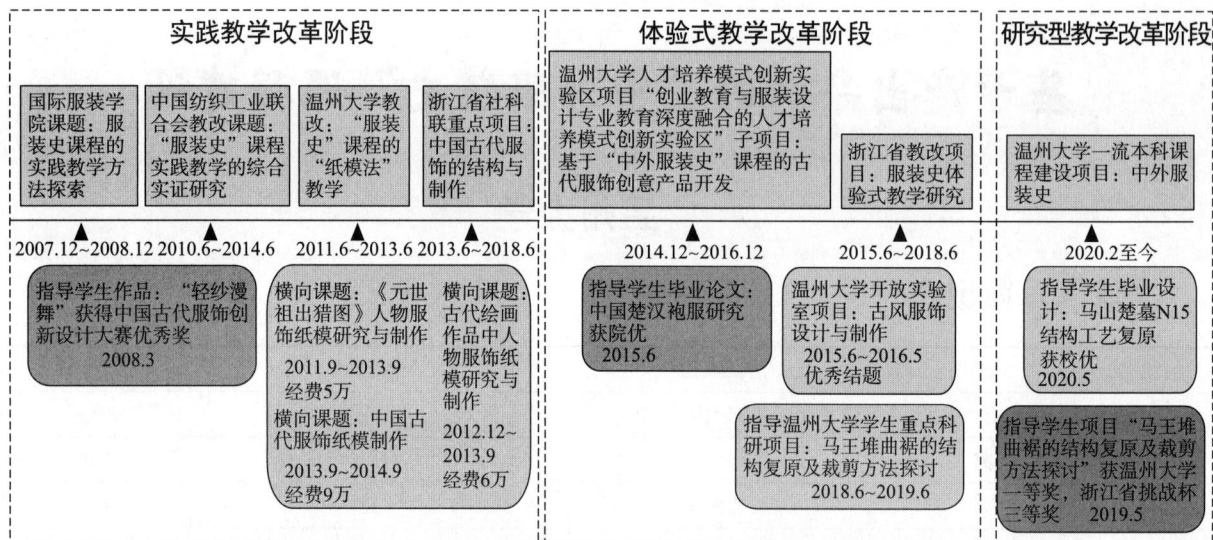

图1 "中外服装史" 课程建设的三个阶段及相关成果

1.2 主要解决的教学问题

在成果培育的过程当中，"中外服装史" 课程教学主要解决了以下几大难点问题：

（1）提高学生学习兴趣，因教学资源和教学目标的限制，所以"中外服装史"课程教学内容、教学方法的设计较容易出现类型单一、僵硬死板的问题，这导致学生的学习过程也是被动、简单和枯燥的。

（2）切实提升学生理论知识学习效果，"中外服装史"课程知识结构复杂且相互之间逻辑联系不完整，学生需要记忆的知识点数量多，理解相关内容的难度大，这一问题直观表现为学生期末考试成绩水平普遍偏低。

（3）建设与教学目标相匹配的课程资源平台，"中外服装史"教学资源薄弱，难以支撑高水平的教学设计，因而教学产出类型单一，难以全面提升和体现学生的专业素质。

（4）去伪存真，强化民族历史文化和传统文化的传播效果，学生普遍对中国古代服饰文化缺乏感性认知，早年部分历史题材影视作品或某些商业秀展缺乏考据粗制滥造的做法，可能会引起部分学生对历史服饰及其相关要素的错误理解与认知。

2 成果解决教学问题的方法

2.1 以发展的眼光看待问题，用发展的方式解决问题

温州大学"中外服装史"课程建设是一项基于战略性思考与定位而形成深厚积淀的长期持续性的教学改革工作，"产出导向"思维确保了课程在不断充实完善知识与实践系统的每一阶段发展都能够适应学校与社会对专业教育提出的要求与期望。尤其是"一带一路"战略定义的"丝绸之路经济带"和"21世纪海上丝绸之路"战略构想，以及"中华民族伟大复兴"的宏伟目标，都对打造传统文化承载与时代引领融合的"大国民"形象提出了现实的要求，"中外服装史"课程在温州大学专业建设工作中，首批以讲好中国故事，讲好温州故事，做好服装人的定位启动了课程思政融合工程；在教育部有关高水平本科教育和高质量人才培养的一系列政策的导引下，温州大学服装设计与工程专业先后启动"卓越工程""工程认证""一流专业"等重大发展计划，在此背景下，基于信息技术手段促进并落实学校深化教育教学改革，提升人才培养质量的要求，逐渐成为课程团队的共识。基于上述想法再进一步结合提升传统服饰文化传播效果的功能诉求，"中外服装史"课程组确立了大力开发线上教学资源与技术，实现线上线下教学融合的阶段性建设目标。在这样的发展过程中，课程内容结构不断充实，

课程资源持续积累，教学手段日益丰富，一些常见的教学执行与发展问题自然而然地得以解决或改善。

2.2 确立中国传统服饰文化的核心地位，讲中国故事，讲温州故事

"中外服装史"课程内容主要包括中国古代服饰和西方服饰两个部分，常规的课时配比形式是各占 50% 左右，自 2013 年开始，本成果涉及的课程，中国古代服饰部分的比重逐渐增加，目前课堂学时占比约为 60% 左右，其在实践与体验类课时中占比达 70%，而在课后作业与学生自主学习中的任务占比达 65%，由于学生对西方历史的感知性较弱的原因，西方服饰史的教学改革重点在历史线上和故事线上。在全部有关中国古代服饰的课程环节中，课程组改变一般就时段和服装形制论史的简单思维，广泛收集、潜心研究、深度提炼可以承载和串联课程知识点的文化脉络，用中国故事凝结中国传统服饰的文化线索，以其为核心，广泛聚合年代民俗、制度法规、社会功能、经济背景、文化思想、相关技术与艺术发展、对外交流、沿革发展等多维度信息，从而构建信息量丰富、逻辑关联明显的课程知识体系。这种做法，直接改变了课程知识性内容类型单一、素材杂乱的状况，便捷了学生理解与记忆课程内容，从而达成更优的学习效果。

在此基础上，进一步落实课程思政融合的思路，从设计类非遗文化项目和地方传统文化中着力挖掘浙江要素、温州要素，充实课程案例、实践和作业等环节，让学生爱中国、爱温州、爱学校、爱专业的种子有可能着床于肥沃的文化认知与文化认同园地。

2.3 实践型教学，用技术自由体验创造的成就

在成果建设的初期，实践教学技术的开发主要是为了尽快解决课程单一的理论性内容结构带来的教学方法单调，学生学习兴趣度不高，学习效果有限的问题，经过三年左右的摸索，"纸模法"实践教学技术在实验教学条件非常有限的背景下初步地解决了这一问题。学生开始接触到中国古代服饰板型和工艺类的技术性信息，并进行了一定程度的实践。2011 年前后，一批教师教研、科研项目立项运行，为"纸模法"的教学推广提供了良好的支撑，课程运行环境明显改善，项目制实践教学运行条件基本完备，进入实质的技术开发阶段。2017 年，结合强调特色、创新的定位，课程全面启动项目制教学，要求学生以自由选题与教师指导选题结合的方式，在以传统服饰技术学习、研究为基础的创新应用方面，完成课程大作业，在创意、开发、制作、使用和推广的过程中体验中国传统服饰文化。这一做法，最大范围地激发了学生的学习兴趣，极大程度地挖掘了学生的学习潜能，学生对课程的关注度与全程的参与度显著提升，学生课余的社会活动、创新创业的成果开始出现并保持持续产出。

2.4 研究型教学，给学生去伪存真的慧眼，做合格的服饰文化传承人。

在实践教学技术发展成熟的基础上，课程组成员有意识地围绕《中外服装史》课程，针对实事和未来发展进行选题，积极推进个人和团队教研工作和科研工作的一体化工程，并以此带动课程进入研究型教学发展阶段。课程在课上讨论环节引入历史服装的实际应用性问题，鼓励学生通过自主学习的方式，针对某一具体问题进行文献检索、分析论证、实验验证的活动，并开设反转课堂集中发布、讨论和鉴定学生的研究成果。这一设计广泛提高了学生对中国传统服饰及中式时尚产品的鉴赏能力，使部分学生的求知欲和探索能力被极大程度地激发，陆续产出优秀毕业论文及高水平学生科研项目和科研竞赛获奖作品。

2.5 课程链接，产学研联动，为课程建设提供更丰富的资源

随着课程建设工作的逐步推进，课程各要素日益丰富完善，课程必然需要更好的资源支撑其未来的持续发展。

课时层面是受限最大的因素，面对课程内容不断丰富，教学要求持续提高，但课时明显受限甚至被压缩的问题，第二课堂和自主学习虽能一定程度上满足额外的课时需求，但仍然需要不断提高课时效率。因此，课程组打破专业界限将内容与"中外服装史"有明显关联的几门课程连接起来，如先开课的"服装材料学"会有意识地将部分服饰品发展的过程，融入课程背景与相关案例中去；后开课的

"手工印染"会接续"中外服装史"课程有关传统图案、传统扎蜡染产品、江浙蓝印花布、温州蓝夹缬、瓯绣等内容，针对性地设计讲授与实验内容，一面利用"中外服装史"课程节省理论授课时间，同时用实验与实践唤忆、再现、拓展、延伸"中外服装史"课内学时难以支持和保证的教学内容。基于两门课程内容综合设计的开放实验项目，为部分愿意深入实践的学生提供了更进一步的课时保障；在后开课且跨专业的"鞋靴工艺学"课程中，设置传统服饰纹样应用设计的专题作业，并提供数字化的资源，任有兴趣的同学单一环节选学（有指导、无学分）。

经过服装史课程的学习，发现了有些学生的学习兴趣和能力，课程组制订了一系列适应这部分学生进一步学习的方案，如开设开放"中国历史服饰设计应用"实验室项目、组建创新创业团队开设学生工作室、引导和指导学生课题、指导学生参加各类型的相关内容比赛等，目前已取得了一定的成绩。除此以外，指导老师在学生毕业设计环节设置了中国传统服饰创新设计和产品设计的选题方向，提供了丰富的校外实践资源，为企业资本和社会资源导入提供必要条件，部分温州企业以设立奖学金、捐赠面辅料，提供技术支持，参与学生活动等多种形式参与了课程建设工作。

3　成果的创新点

3.1　满足持续改进要求的课程建设导向

课程组秉持着教学质量核心观，探索以教学产出来引导课程设计的做法，这与传统"中外服装史"课程教学以现有资源与素材，单纯偏重知识性内容讲授的模式有明显的区别。实践证明，强调教学产出的课程设计原则，能够适应"艺工结合""应用型人才""特色专业""卓工计划""重点专业""工程认证""一流专业"等项目或工程不同人才培养定位的要求，在各大专业建设的结点处最大限度地保证过渡的平衡与连贯，避免不必要的大面积的否定与冲突；而且，这一原则直接提供了设计、监督、评价、调整课程设置与运行效果的具体的标准、工具和方法，更易于推进课程客观评价和有效监控的问题，是实现课程持续改进的技术关键。

3.2　持续扩展和升级的课程资源

课程组主要以拓展和更新知识系统，完善和开发实验技术的方式组织和实施课程资源的建设工作。从载体形式来看，课程资源有文本、图形、图像、音视频、样品等类型，这些类型的课程资源使用或传播的方式有线上和实地两个场景。为了支持和保证课程建设工作的持续性和稳定性，课程组长期坚持在课程资源的收集、整理和研发的方面大力投入，追求资源类型和数量的不断增长。目前课程构建的知识系统密切联系学术前沿，并参与一些前沿的学术活动和讨论；教学资源除了常规的资料外，在网络平台上增加了考古报告、短视频（时下热点）等各种与课程密切相关的内容；课程的实验技术系统与师生教研和科研工作有着内在联系，目前也涉及诸如服饰复原研究、蓝夹缬等特色项目，虚拟实验技术的开发目前也已经启动。

3.3　高度融合的专业课思政教育

2015年开始，为了响应和落实有关部门专业教育要"立德树人"的功能要求，课程组结合"学科德育"的理念，将"中华文化认同""温州情怀"为主要线索的德育内容与课程专业知识与技术的部分融合在一起，帮助学生树立"温州一员"和"时尚一族"的身份认同，从而培养并强化其"民族自豪感"和"温州情感"。服装史课程在思政方面的实施得到了广泛认同，对思政教育的整体建设做了大力的实质性的支撑工作。从一部分学生的行动中可以看到，他们已经将"温州情感"上升为"温州责任感"，用扎根温州、服务温州、创业温州的实际行动投入温州时尚都市建设的伟大工程当中。

3.4　创新教学方法

创造性设计了纸模法、项目制、实践+体验式教学，并与反转课堂、BOPPPS等先进教学方法相结合，为教学目标、教学内容和教学形式的组合设计和优化设计提供了内涵丰富而功能成熟的工具箱。成果建设初期开发成功纸模法实践教学技术，在丰富了课程内容的同时，也保证了在物质基础和研究资源有限的条件下实现学生贴近真实的古代服饰感性体验与制作流程的技术体验；再者，针对疫情期间受限条件，课程组快速设计并施行了线上线下混合式教学方案，在非常时期有效地保证了教学目标实现，同时，也极大推进课程组对线上资源价值和作用的认知与价值认同，从而课程线上资源的建设工作获得重大推进，2020 年"中外服装史"课程已经获得校级一流课程立项，包括资助经费 5 万元，2022 年将申报浙江省一流课程立项。

3.5　构建以教学质量为核心，以教学发展为导向的联动工作机制

为了最大化"中外服装史"课程建设的需求，课程组有意识地将部分教师、学生的职务行为组织起来，形成了一个从课程质量、课程目标、课程内容、教学方法（核心）到课程资源、教学研究、科学研究、交流参赛（外围）的层次体系，主要任课教师的部分教师科研、教研工作已经与教学工作连成一体，部分学生听课、实践、创业、参赛、开发、科研等工作也形成了密切联动的关系，这为课程的持续发展提供了稳定的新资料、新经验、新投入与新力量来源。

4　成果的推广应用情况

经过十余年持续不断的创新与实践，"中外服装史"线上线下融合课程积累了丰富的课程资源和经验，析出了一系列的教学成果，包括课程计划产出（作业、作品、学生考核成绩）、直接产出（师生听评课结果、学生课余作品及产品开发、学生专项赛事获奖、学生专题研究立项）和相关产出（教师教学改革立项及结题、师生科研项目立项及结题、学生创新创业活动及获奖、师生研究论文及学术交流、相关教学技术开发及社会培训）等多种类型。

4.1　课程运行质量

从课程计划产出与课程目标的关系来看，学生各项作业、作品及考核成绩能够真实反映其学习水平和学习状态，各项课程目标达成度较高。

从校内教学质量评价的结果来看，学生评教成绩都是优良的水平；从学生座谈会的反馈来看，呈逐年利好的趋势。2017 年学院发来祝贺短信（教学科信息平台发送），"中外服装史"获得了最受学生喜爱的课程评价。"中外服装史"课程也多次承担公开课，教师虚心听取专家意见，课程获得一致好评，2018 年获院督导组通报表扬。在学校的教学检查中，专家给予两次通报表扬。

4.2　紧密联系学生设计实践

以课程为窗口，打造服装专业服装史特色的声誉，为学校社团、学生的参赛、创业等团队提供咨询和技术服务，提升学生创作能力，拓展创意空间；在毕业设计环节，指导学生选题，若干毕设作品获校优和院优称号；在各类竞赛方面，课程也直接支持了部分同学的参赛活动并于 2008 年在中国古代服饰设计大赛中获优秀奖；与温州地方服装企业建立广泛联系，基于温州大学时尚创新研究所及温州大学 TTS 工作室等平台，部分师生也与一些温州品牌女装企业（如迪哈利、棣裤等）和面料供应商共同开发了若干面料设计和成衣设计的生产方案，一些方案均已实际投产。

4.3　形成高水平学生创新创业成果

基于导入研究型教学的阶段性目标，课程鼓励并支持部分兴趣浓、业务好的学生以中国传统服饰文化相关选题的方式投入学生创新创业活动，近年来这一领域的学生科研与创业活动非常活跃，建设层次稳步提高，取得国家级大学生创业项目、省挑战杯三等奖、校挑战杯一等奖等高水平的成果产出。

4.4　课程的社会影响力不断提高

在长期教学实践过程中，课程组认真检验并最终确认了教学产出导向的思想具有跨专业类型的适用性，目前"中外服装史"课程在校内广泛面向服装设计、服装工程和跨专业选修学生。在课程建设过程中，不断扩大社会影响力。在 2011 年南宁召开的中国传统工艺论坛上，项目负责人做了题为"服

饰史研究及教学中的纸模法"的报告，引起了广泛关注；在校校、校企交流中，建立以培训、研讨等文化输出为导向的交流机制，与其他院校和企业如温职院、大象城、上海嘉韩、温州棣祎品牌男装、杭州锦炫、上海鼎天、中山四维等建立了合作关系，也收获了良好的社会反响和宝贵的经验。

4.5 成果完成人产出成果丰富

在教学研究与科学研究一体化的共识基础之上，课程组教师有意识地将个人部分教学研究和科学研究选题与课程教学目标与发展要求结合起来，在提升"中外服装史"教学质量的核心之外，建设了具有一定规模的由相关选题的教学研究项目和科学研究项目及成果组成的外围结构，主要包括以下内容。

4.5.1 相关项目

（1）王业宏，姜岩，黄容海，刘扬，等；服装史体验式教学研究（KG2015370），浙江省高等教育课堂教学改革项目，结题；浙江省教育厅，2017（12）。

（2）王业宏，等；中外服装史，线上线下混合式一流课程，立项；5 万元，温州大学，2020（7）。

（3）王业宏，姜岩，黄容海，等；中国古代服饰结构与制作（13ZD21），浙江省社科普及课题，结题；浙江省社会科学界联合会，2018（6）。

（4）蒋思琪，等；王业宏指导；马王堆曲裾的结构复原及裁剪方法探讨，学生科研重点课题，结题；温州大学，2019（6）。

（5）陈旭艳，等；王业宏，等指导；服装专业的创业实证研究，学生科研课题，结题；温州大学，2010（5）。

（6）王业宏，等；中国古代服饰纸模制作，横向科研课题，结题；中国丝绸博物馆，2014（9）。

（7）王业宏，等；《元世祖出猎图》人物服饰纸模研究与制作（2011-051），横向科研课题，结题；中国丝绸博物馆，2013（9）。

（8）徐慧娟，等；基于 SSPE 的服装市场营销创业人才培养模式研究，教学研究课题，结题；温州大学，2017（9）。

（9）顾任飞，等；鞋靴工艺学，一流课程，立项；浙江省教育厅，2021（5）。

4.5.2 获奖

（1）蒋思琪，等；王业宏，等指导；马王堆曲裾的结构复原及裁制方式探讨，挑战杯三等奖，浙江省大学生创新创业大赛委员会，2019（5）。

（2）蒋思琪，等；王业宏，等指导；马王堆曲裾的结构复原及裁剪方式探讨，挑战杯一等奖，温州大学，2019（4）。

（3）曹振宇，曹秋玲，王业宏，等；中国纺织科技史，优秀教材，中国纺织服装教育学会，2015（12）。

4.5.3 论文

（1）王业宏，姜岩，黄容海，等；"服装史"课程实践教学方法研究纺织服装教育，2013（5）：407-410。

（2）姜岩，王业宏，等；本科层次服装专业人才结构分析——以温州地区为例，纺织服装教育，2011（6）：445-448。

（3）陈旭艳，王业宏，张敏，等；服装专业学生的创业教育，纺织服装教育，2010（5）：35-37。

"艺文交叉、理实结合、产教融合"服装设计史论课程群教学改革与实践

浙江理工大学

完成人及简况

姓名	性别	所在单位	党政职务	专业技术职称
吕昉	女	浙江理工大学	无	副教授
王音洁	女	浙江理工大学	无	副教授
夏帆	男	浙江理工大学	无	副教授
吴京颖	女	浙江理工大学	无	讲师
张夏菁	女	浙江理工大学	无	助理研究员

1 成果简介及主要解决的教学问题

1.1 成果简介

服装教育为浙江理工大学的特色与优势，具有广泛的社会影响，从 20 世纪 80 年代建立服装教育以来，经历了"艺工结合""三个结合"等教育模式的改革，为浙江省乃至长三角的时尚产业输送了大批领军型设计人才。21 世纪以来，时尚产业与零售消费发生了革命性的变化。服装人才的培养定位、教学模式以及素质内涵都需要变革，需要在教学底层进行更新与迭代——要加大与时尚相关的美学、文化、历史等基础理论的教学广度与深度；并从设计、消费、传播的角度，对传统的服装设计史论教学做出根本的改革。

本成果从"艺文交叉、理实结合、产教融合"的理念出发，面向新文科建设跨学科专业融合交叉的趋势，以服装设计专业复合型高质量人才的内涵要求为指导，将艺术、人文、科学素养与设计表达、项目实训、创业实践等相结合，对服装设计史论课程群进行体系、内容及模式改革，以混合式教学、项目驱动、沉浸式学习为途径解决服装教育重"技"轻"道"，教学理念固化，教学方法手段单一的问题。经过近五年的改革实践，服装史论课程群教学效果获学生好评，人才培养成绩斐然，建设了服装设计史论系列校级、省级一流课程和教改项目，对浙江理工大学服装与服饰设计国家一流专业建设做出了贡献，满足"互联网+"时代服装新业态下，原创设计崛起对服装设计复合型高质量人才的要求。

1.2 主要解决的教学问题

（1）服装史论课程设置分散无序，在专业培养方案中存在感低，无法满足复合型高质量人才培养需求。

（2）服装史论课程兼具文科的人文性思想性和服装学科的应用性创新性，"无用之学"与"应用之术"在思维模式、能力要求、课程评价上存在冲突。

（3）原有的史论教学内容和模式无法适应"Z 世代"青年学生的兴趣需求，"满堂灌"教学令学生获得感较差。

2 成果解决教学问题的方法

本成果从以下三个方面对现有的服装设计史论课程群教学进行了探索与改革。

2.1 课程群体系重构及教学内容改革

根据服装与服饰设计专业复合型高质量人才培养的需要，借鉴文艺理论教学的相关体系与模式，从"艺文交叉"的理念出发，对现有的服装设计史论教学内容进行大刀阔斧地改革。改变原有课程设置分散无序的状况，以"史、论、批评"三大内容组织史论课程，并且根据当下时尚设计趋势的变化，侧重东方与西方的交融、古代与现代的对照以及服装与其他设计领域、艺术、人文等领域的交叉影响。以"中外服装史""现代设计史论"作为服装与设计历史教学的主干，体现思政入课堂；以"服装社会心理学""20世纪流行文化"作为理论课程的主干，将当代人文思潮、社会观念以及文化领域的理论引入服装教学，以案例为抓手引导学生对时尚展开较为深入的社会、伦理及哲学思考；以"现代艺术欣赏""时装鉴赏"作为评论课程主干，将美学赏析与历史、理论的分析批评结合起来，使学生能够从专业的角度看待当下的时尚现象，从而形成独立判断、深入思考、输出观点的能力（图1）。

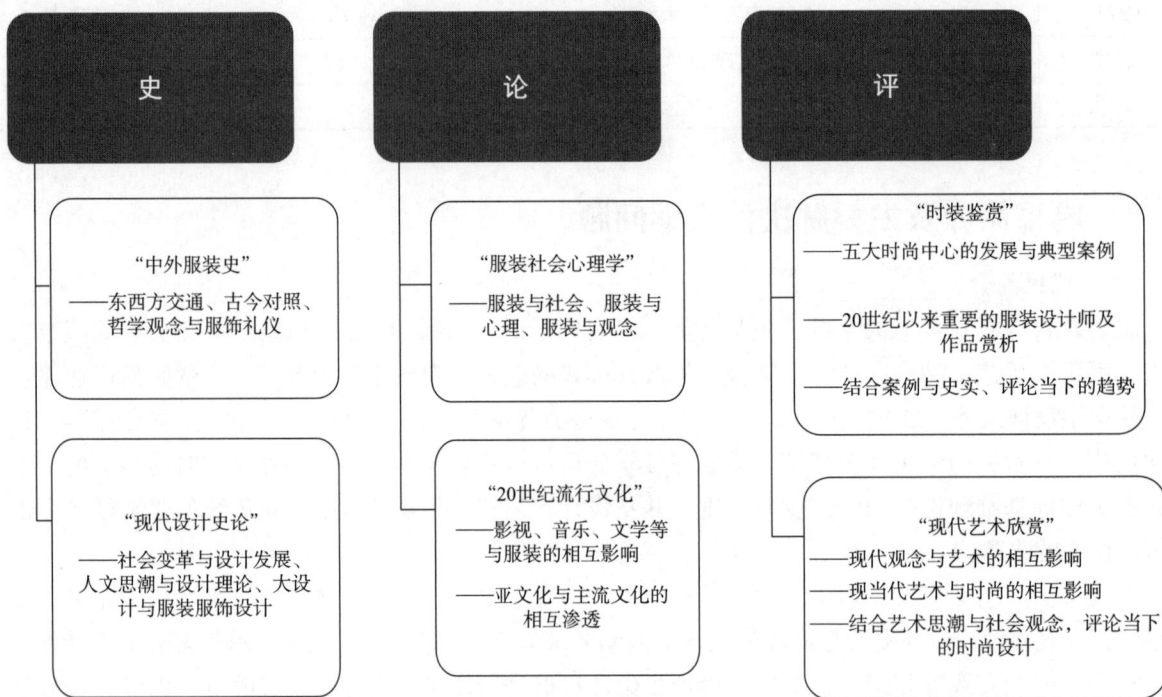

图1 服装史论课程体系

2.2 史论与设计课程融合，理论与实践结合的教学模式改革

由于课程安排、教学内容和师资团队的差异，服装设计史论与设计专业课程原先是泾渭分明的状态。因此，史论课程教学模式改革的重点是加强与专业设计课程的融合，将理论与实践结合，"无用之学"能够启发指导"应用之术"，而设计实践反过来又能使史论知识得以深化、具象化。具体做法是在二年级的"中外服装史""20世纪流行文化"课程中，设计教师进入史论课堂，参与课堂讨论、课程作业指导、参与成绩评定；同时，二年级的"女装设计与制作""材料设计与表达"等课程，史论教师也进入专业课程教学，帮助学生提炼设计主题，指导设计过程、参与成绩评定；在三年级的项目课程中，史论教学可以与不同的项目进行更为深入的结合，共同策划项目内容，参与项目调研，提升研究层次，凝炼项目实践成果。

通过本项目的改革，探索了服装与服饰设计史论教学与设计实践深入融合的教学模式，将设计实践、项目制教学与研究性学习结合起来,使学生具有设计服装作品、传播时尚美学以及构建品牌文化的能力。

2.3　多维立体教学＋沉浸式学习,创新教学手段与方法

基于"互联网＋"的教学手段与方法改革,将史论教学从单一的、固化的、传统的理论教学手段转变为多维的、融合的、创新的教学手段,主要包括任务驱动式混合教学、互动式项目教学、体验式场景化教学等方式。

2.3.1　结合数字教学资源,实施任务驱动式混合教学

教师团队自建的史论课件、微课、电子教材、测试题库,教学过程中师生共建视频资源库、设计案例库(图2)。

图2　师生共建服装史设计案例库

任务驱动教学是以任务为主线,以教师主导,以学生为主体。根据教学方案设计,每一章节确定任务,合理分解任务,学生课前观看数字教学资源,预习教材并标注(图3)。

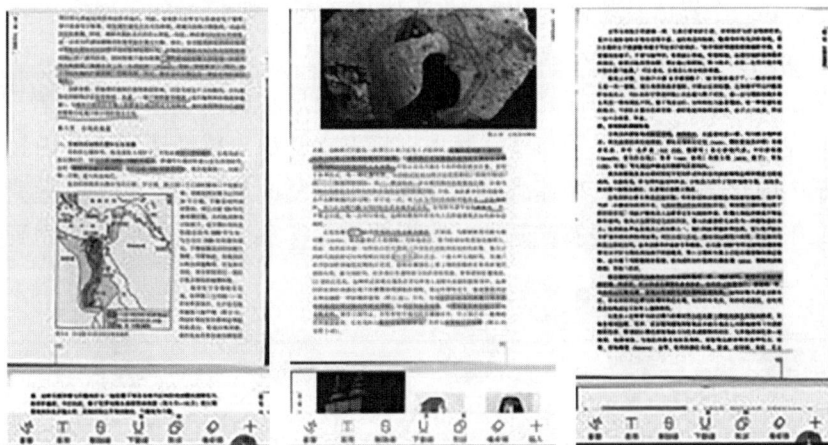

图3　学生自主学习教材情况

授课过程中,老师会布置若干话题让学生在课堂讨论,实现翻转课堂。

课后,老师会在课程社群内设立板块和话题链接,例如某个历史风格的当代设计演绎,学生会找到各种案例,或与该历史风格相关的史实、书籍、影片等拓展资源分享,全班同学都可以评论、点赞和转发,优秀案例可以作为案例库和课程资源的素材,有想法的评论可以作为课堂讨论的内容等,在线社群化学习具有更多的发散性,更利于碎片化学习(图4)。

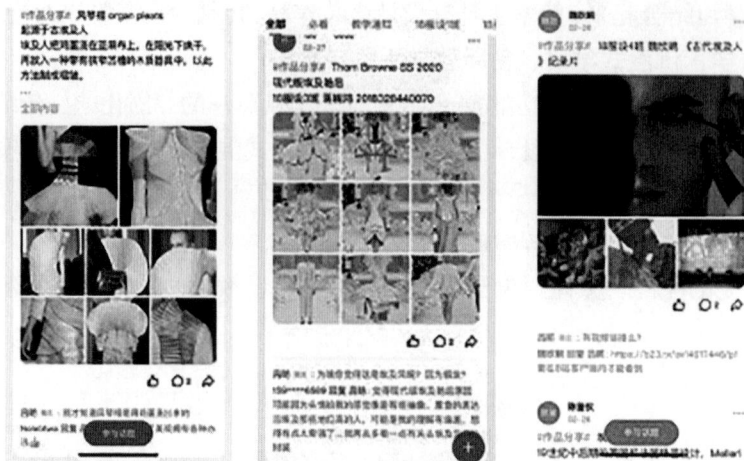

图 4　社群内的互动和评论

任务驱动式混合教学能使学生主动地吸纳、调整、重组自己的知识结构，在这个过程中完成知识的学习和能力的提升。

2.3.2　体现"艺文交叉、理实结合"的互动式项目教学

教师在课程的教学重点难点的基础上，根据艺术、人文、科学与服装设计学科交叉的理念，设置若干课程项目，项目形式体现理论与实践的结合、中西古今的结合。以"中外服装史"为例，课程项目包括以下方面：

（1）服饰现象与同一时期的社会经济、人文艺术之间的关联影响。

（2）历史服饰当代时尚设计转化的方法与路径。

（3）中西方服饰比较。

根据项目主题确定小组，由师生共同研讨、执行一个完整的项目。互动式教学重在知识的巩固应用及融会贯通，培养学生的研究能力、思辨能力与表达能力。为了训练学生具备新媒体环境下的信息传播能力，项目以策划一个媒体专题和视频输出作为作品形式（图 5、图 6）。

2.3.3　产教融合实现体验式场景化教学

通过博物馆考察，历史服饰实物探究，传统服饰复原及展示设计等体验式教学，培养学生对于服饰历史与文化的兴趣；并结合校外导师与实践基地，将书本知识与感性认识、校内教学与校外实践相融合。相应建立了中国丝绸博物馆、净莲满堂文化院（汉服复原与演艺空间）、丝绸文化传承与产品设计数字化技术文旅部重点实验室等实践基地，实施博物馆考察、穿着体验、实物研究等场景化教学方式（图 7、图 8）。

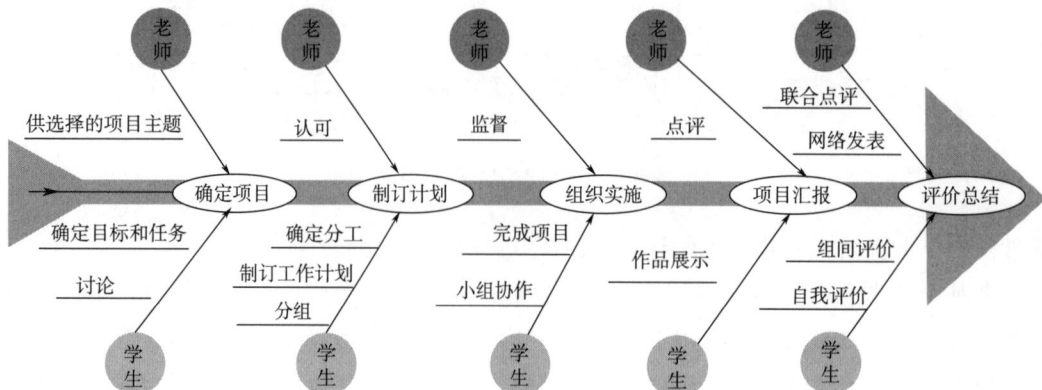

图 5　互动式项目教学流程图

图 6 互动式项目教学之项目作品

图 7 中国丝绸博物馆服装史研修教学

图 8 场景化体验式教学

　　服装设计史论教师团队带领学生积极参与产教融合项目合作，先后与中国丝绸博物馆合作策划了《大国风范——改革开放 40 年时尚回顾展》《云荟——2011 ～ 2020 中国时尚十年展》等展览。通过策展，使服装史论教学能够理论与实践结合，产业与教育结合。

3 成果的创新点

3.1 艺文交叉：课程体系和教学场景的多元立体

　　将单一的知识传授转换为知识、能力、素质综合培养。书本—场景、知识—素养、了解—转化、体验—设计，将书面知识转换为博物馆、文化院等实体场景；将服装史论繁杂内容以多频次、多途径、沉浸式方式熏陶服装设计人才的历史文化素养；将史论教学从单一的素养培养转变为"素养＋能力"的塑造。

　　文化与历史不仅为设计专业学生提供灵感，更成了学生设计作品的资源；通过"史—论—评"的教学内容体系，使学生不仅是时尚产品的设计者，更能够成为专业的时尚文化传播者、时尚美学缔造者。

3.2 理实结合：实现史论知识与青年文化的破圈

教师提供丰富、多元、立体的教学资源，以多种方法引导学生自主学习；学生激发兴趣，深入研究、体验学习，用年轻人的视角和方式传承活化历史服饰，实现以学生为中心，教与学并进，教学相长。将服装史论知识与当下年轻人中流行的汉服文化、洛丽塔文化联系起来，将书本知识结合实践体验，将专业内容转化为可以进行网络传播和知识共享的新媒体内容，适应年轻人网络环境的学习习惯，打造活跃生动的课堂气氛。

3.3 产教融合：基础教学改革促进服装设计人才创新创业能力提升

服装与服饰史论教学不仅是基础知识的教学，更是思维能力的塑造。通过对历史、理论的深入理解，对交叉领域的视域拓展，改变设计类学生的思维方式，深化其思考深度，结合相关产业的项目实践，使学生能够从根本上把握消费文化的趋势，感知人文美学的最新观念，并能够掌握时尚传播的最新媒介，从而助力其创新创业能力的提升。

4 成果的推广应用情况

4.1 人才培养成效显著

本项目自2015年开始，在服装与服饰设计专业开展了近5年的教学改革与实践，覆盖学生约750人，近5年服装设计史论相关课程评教结果均为优秀（A）。

近三年本专业本科就业率近95%（据浙江省教育评估院），毕业生总体满意度接近88%。毕业生就业层次高，拔尖人才层出不穷。中国休闲装领导品牌森马、美特斯邦威、唐狮50%的设计师来自本专业，设计主管和产品开发主管，60%由本专业毕业生担任。女装知名品牌雅莹、江南布衣，童装领导品牌巴拉巴拉，核心的设计管理、产品开发及运营主管由本专业毕业生担任。10位毕业生获得"中国十佳时装设计师"；创立服装品牌上百个。

在校学生获中国服装设计师协会新人奖、中国国际青年服装设计大赛等国内外大奖60余项，其中金奖20人次、银奖22人次、铜奖14人次。获全国、省科技创新项目24项，其中挑战杯国赛银奖1项、省赛奖10项；新苗6项、大学生创新创业项目12项。

两届乌镇世界互联网大会礼仪服装（杭白菊与蓝印花布）皆由在校生朱建龙设计。2015级学生胡若涵的《非遗织艺旗袍的年轻态传播与推广研究》项目获挑战杯省赛一等奖。

4.2 专业建设水平突出

（1）2016年，在武汉大学中国科学评价研究中心（邱均平）排名中，本专业位列全国第三（3/199），5★专业。

（2）2017年，中国高等时装院校专业影响力指数（中国服装设计师协会排名）全国前三。中国大学本科专业排名（邱均平）列全国第三（3/199），等级5★。

（3）2018年，武汉大学（邱均平）排名，位列全国第五（5/209），等级5★。

（4）2019年，服装与服饰设计专业获批建设国家一流专业。

（5）2020年，软科中国最好学科排名，浙江理工大学设计学学科列全国前5%。

4.3 建设了一批优质服装设计史论课程资源（图9）

（1）"20世纪流行文化"获批建设浙江省省级精品在线开放课程（2018年）。

（2）"现代艺术欣赏"获批建设浙江理工大学校级在线开放课程（2019年）。

（3）"基于"产教融合、由技入道"理念的服装与服饰设计史论教学改革探索"获批建设校级教改项目（2019年）。

（4）"服装设计艺术硕士"技道融合、产教融合"人才培养模式的构建与实践"获浙江省研究生教学成果二等奖（2019年）。

（5）"现代设计史论"申报教育部产学研合作协同育人项目入围（2020年）。

（6）"中外服装史"被评为浙江省一流本科课程（2021年）。

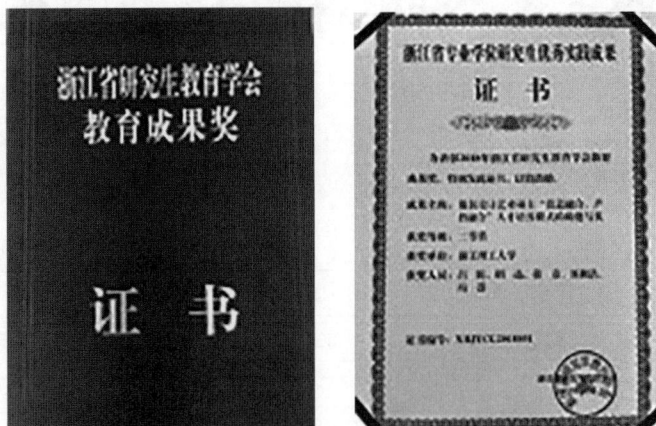

图9 服装史论教学成果获奖

4.4 教学成果辐射效益明显

服装设计史论课程群教学改革成果，以毕业汇演、传统服饰文化推广、策划服饰展等方式，与行业及兄弟院校进行交流。

2014年至今连续6年受邀参加中国国际大学生时装周进行院校专场发布，每年毕业季本专业毕业展演一票难求，行业社会影响力较大，得到CCTV-4、浙江卫视、《中国服饰》、中国服装网等权威媒体报道；2015至今的浙江理工大学校友原创服装品牌发布会，受到行业协会和企业、买手的关注与好评。

2013～2016年连续参加中国丝绸流行趋势发布活动，师生以产学研合作方式，参与了以丝绸文化为主题的创作，行业反响较高。师生团队参加了杭州市政府主办杭州文化旅游系列推广活动——丝绸华服秀，2017～2019年分别在匈牙利布达佩斯、印度新德里和越南河内举行推介会演出活动，在国际舞台推广中国的丝绸服饰及产品文化。

2018～2020年，服装史论教师团队先后与中国丝绸博物馆合作策划了《大国风范——改革开放40年时尚回顾展》《云荟——2011～2020年中国时尚十年展》等展览，社会影响较大。

服装设计史论团队教师先后在中国丝绸博物馆经纶讲堂、北京时尚论坛不拘讲堂、杭州单向空间等进行讲座、沙龙，传播服饰美学和中国传统文化（图10）。

图10 服装史论教师开展服饰文化讲座研讨

研究型教学模式在"纺织材料学"课程教学中的实践

大连工业大学

完成人及简况

姓名	性别	所在单位	党政职务	专业技术职称
吕丽华	女	大连工业大学	系主任、党总支委员、纺织教工党支部书记	教授
钱永芳	女	大连工业大学	系副主任	副教授
魏菊	女	大连工业大学	无	副教授
魏春艳	女	大连工业大学	无	教授
李红	女	大连工业大学	无	副教授
杜冰	女	大连工业大学	实验室主任	高级实验师

1 成果简介及主要解决的教学问题

该教学成果基于2012年大连工业大学教学改革项目（纺织教学与科研融合、培养创新型人才）、2014年大连工业大学教学改革项目（基于创新型人才培养理念下的纺织专业课程教学模式的改革）和2017年中国纺织工业联合会教育教学教改项目（基于创新型人才和产学研联合培养理念下的"纺织材料学"教学模式的改革），结合纺织行业和工程应用实际对人才需求，在"纺织材料学"课程教学中独创了实用、有效、切实可行的研究型教学方法。研究型教学方法内涵包括两个方面，即研究型的"教"和研究型的"学"。研究型的"教"是指教师研究课程知识体系、研究学生学习状态，研究设计知识传授方法。研究型的"学"是指学生在教师设计的模拟研究环节中，完成基础知识的学习，并围绕题目进行文献检索、方案设计、方案实施、数据积累和处理、结果分析、项目总结等一系列活动。研究型教学模式摒弃了传统的"填鸭式"教学，教师通过教学设计，借助主题研讨、角色体验等方法手段，实施研究型理论教学、研究型实验教学及研究型实践教学，引导学生独立自主地发现问题、探究问题、解决问题。"纺织材料学"课程研究型教学模式流程，如图1所示。

主要从四个层次实现该研究性教学模式。

（1）课程理论体系的教学实践方面。

该研究型教学模式通过三步划分模块法，将课程的整个教学内容划分为"重要内容""一般内容"和"自学内容"三个模块，激发学生学习兴趣和主动性，高效利用了课内外时间、空间资源，丰富了学习形式和内容，提高了教学效率。

（2）课程实践体系的教学实践方面。

该研究型教学模式构建"金字塔"形的实践教学内容体系（塔基、塔身和塔尖）；同时，借助超星、智慧树、虚拟仿真实验等平台模拟，实现了"线上线下""虚拟与实做"相结合，强化实践环节，推进了人才培养高质量发展。

（3）课程考核方式的教学实践方面。

该研究型教学模式创建了模块化阶段考核与达标考核相结合的学生评价方式，提出了教师考评的四个是否标准，从学生、教师两个维度驱动课程目标达成。

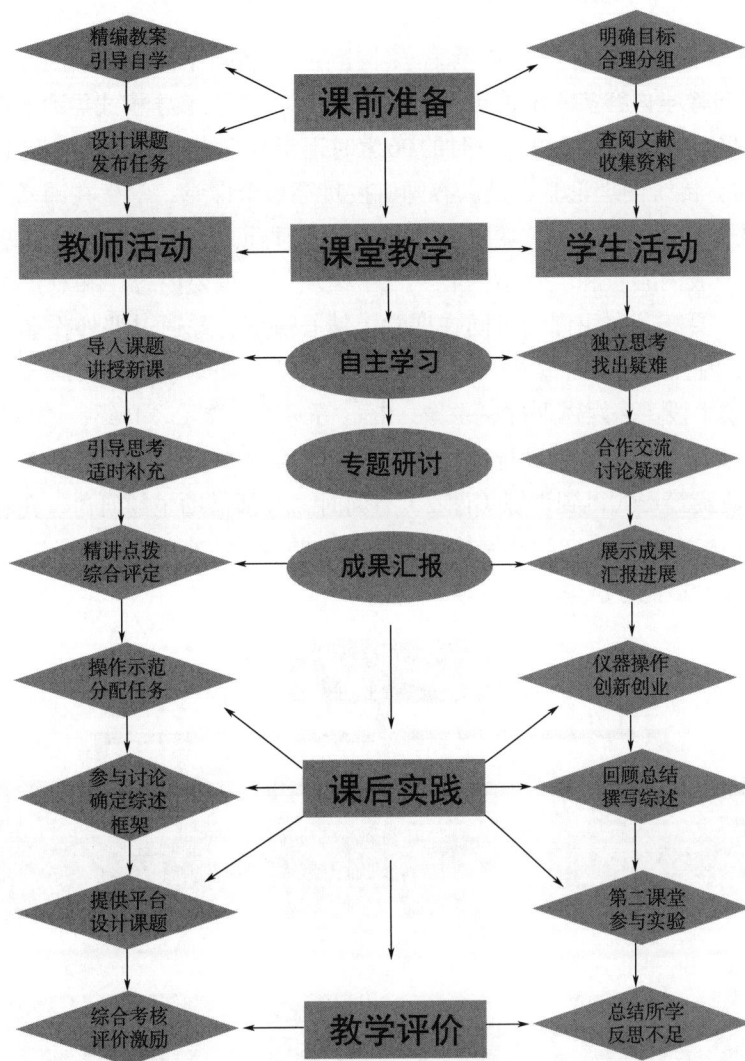

图 1 "纺织材料学"课程研究型教学模式流程图

（4）课程教学和科研相融合的教学实践方面。

该研究型教学模式从课程实施的层面，以科研渗透到教学为切入点，以培养学生的实践能力、创新精神和创新能力为主要目标；同时，结合教学选择科研课，实现教学与科研相融合。提出实现纺织教学和科研相融合研究型教学模式，解决教师教学和科研矛盾问题，实现创新型人才培养的方法。

项目成果符合国家教育方针及创新人才成长培养目标，具有良好的示范推广价值。项目成果获批省级教改 3 项，校级教改 2 项；公开发表教改论文 6 篇；负责人参编"十二五"和"十三五"普通高等教育本科部委级规划教材《纺织材料学》等 3 部；主编大连工业大学校内教材《纺织材料学课程实验指导书》等 2 部；"纺织材料学"荣获"第十五届全国多媒体课件大赛"三等奖；以该课程为依托，获批"大连工业大学——大连神州凤凰纺织有限公司实践教育基地"1 项；在创新创业领域，2017 ~ 2020 年学生参与教师科研项目 70 余人次，其中获得国家级和省部级以上项目和获奖 16 项；参加 2018 年和 2019 年全国"纺织材料学"教学与研究年会，在年会上由吕丽华老师作了"'纺织材料学'教学模式改革的探究与实践"的专题报告和经验分享，教学研究成果能够为国内同类院校在"纺织材料学"教学模式探索上提供参考，为推动中国纺织高等教育教学改革起到积极的作用。

2 成果解决教学问题的方法

该成果切实解决了目前"纺织材料学"课程教学中存在的以下四个突出问题。

2.1 教学课时少与教学内容多的矛盾问题且传统的"填鸭式"教学模式导致的教学效果较差的问题

"纺织材料学"理论课程从2012级开设时的96学时逐步减少为目前（2016级和2020级）的72学时，理论课时减少24学时。传统的理论教学是以教师讲授贯穿整个课堂，学生在课堂上处于被动，不愿思考。该研究型教学模式摒弃了传统的"填鸭式"教学，教师通过教学设计，将课程的整个教学内容划分为"重要内容""一般内容"和"自学内容"三个模块。"重要内容"和难点主要是指"基本理论和难以理解的部分"，要充分利用课内时间在课堂上精心讲解，并通过课外作业等其他环节的训练得到巩固和提高。"一般内容"主要是指"专业领域的一般知识，如专业前沿知识，产品的相关用途等"，则充分利用现代化教学手段（多媒体课件、录像、flash等）进行展示、介绍；"自学内容"主要指"培养学生的专业综合素质和创新能力，进行个性化教育"和容易掌握的部分，主要利用课下时间由学生自学，并通过设问、质疑等形式得到训练（图2）。同时，教师借助主题研讨、角色体验等方法，选出几个课题，引导学生在课内外通过文献拓展检索、分组主题讨论，高效利用了课内外时间、空间资源，丰富了学习形式和内容，提高了教学效率，事半功倍。

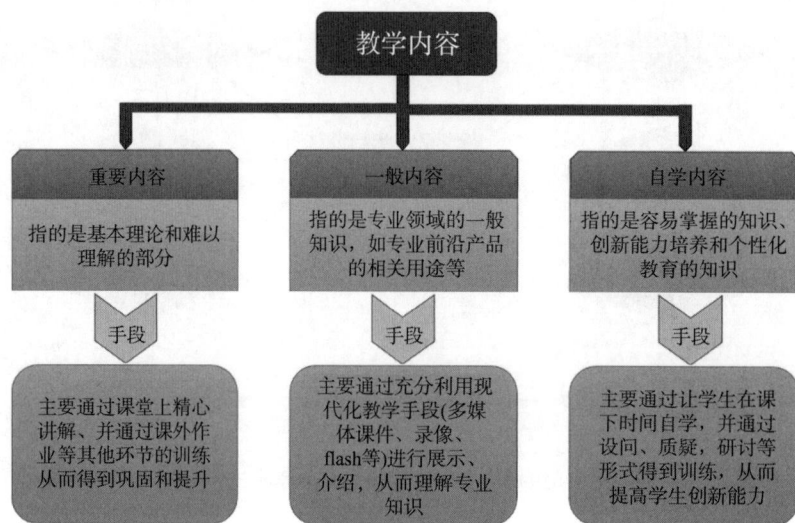

图2 教学内容示意图

2.2 传统课程实验教学中，学生实验时不愿意动手，课后不认真思考，甚至出现逃课、实验报告抄袭等非正常现象的问题

"纺织材料学"是纺织工程专业基础平台课程，以实验为基础，理论密切联系实际。在104总学时中，理论学时72学时，实验学时为32学时。很多学生，实验时不愿意动手，课后不认真思考，甚至出现逃课、实验报告抄袭等非正常现象。该研究型教学模式构建"金字塔"型的实践教学内容体系，采用课内与课外培养、校内与校外相结合的方式，以普通操作性和验证性实验为塔基，打好实践动手能力的基础；以综合性、设计性实验以及本科生科研助理的日常实训为塔身，培养大学生的工程技术素养；以提倡创新性实验、科研助理参加导师课题、参加科技创新大赛等为塔尖，培养创新型人才，如图3所示。同时，借助超星、智慧树、虚拟仿真实验等平台模拟，实现了"线上线下""虚拟与实做"相结合，强化实践环节，推进了人才培养高质量发展。

这一实践教学模式不但可以提高理论和实践能力，又能激发学生的兴趣和创造灵感。同时还能发挥学生个性。实践教学的主要目的由对学生进行理论教学转向培养学生的创新思维能力和科研能力。

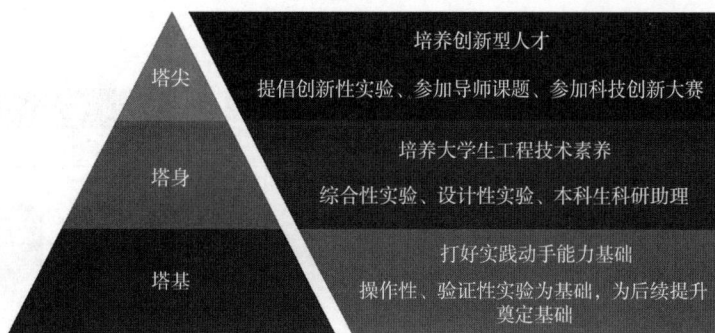

图 3 "金字塔"型的实践教学内容体系

此外，对学生应注重实践教育，主要训练其运用理论知识去进行分析、解决问题的能力，从而适应时代对创新性人才的需要。

2.3 传统的考核注重理论考核而忽视实践能力和整体素质的考核，期末笔试考卷"一考定结论"的考试弊端且考试内容不合理、方式单一等问题

传统的考核注重理论考核而忽视实践能力和整体素质的考核，因此存在期末笔试考卷"一考定结论"的考试弊端，且考试内容不合理、方式单一等问题。该研究型教学模式摒弃学生 "一考定定结论"的考核方式，全力推进模块化阶段考核与达标考核相结合的考核评价方式，即按照工程应用实际将课程内容分解成若干模块，学生每完成一个模块的学习任务就进行一次考核。课程结束前安排一次综合考核。学生最终成绩由模块考核与综合考核成绩加权得出。对教师的考核也不再局限于对其教学基本材料与教学方式的检查，而是以教师的课程载体是否能够满足工程应用要求，是否能够体现"以培养学生学习习惯、学习能力为目标"的设计原则，以及在教学过程中能否不断完善载体与教学方式，能否不断提升学生学习的能力为考核要点，如图 4 所示。

"纺织材料学"课程的全面考核系统分为四个模块：模块 1 笔试（章节考试、期末考试）、模块 2 口试（专题讨论、课堂提问）、模块 3 操作（实验操作、设备操作）、模块 4 写作（专题论文、专题设计），如图 5 所示。以上四个模块的考核，涵盖了课前、课堂、课后的整个过程且融合了理论、实践、技能三个方面。这四个模块，使得考试方法灵活，同时更加注重过程及能力和素质的考核。还打破了"一考定结论"的传统做法，更加注重个人综合能力，有利于培养全方位的人才。

2.4 教师教学和科研矛盾问题

从课程实施的层面，以科研渗透到教学为切入点，以培养学生的实践能力、创新精神和创新能力为主要目标；同时，结合教学选择科研课，实现教学与科研相融合。提出实现纺织教学和科研相融合的研究型教学模式，解决教师教学和科研矛盾问题，实现创新型人才培养的方法。

建立如图 6 所示的教学与科研体系，实现教学与科研的良性循环，科研成果反哺教学。各个因素与科研成果之间相互影响、相互制约、相互促进的关系，形成实际特色，建立闭链良性循环圈的教学和科研研究体系。教学与科研是高校创新型人才培养的两个支柱，教学是立校之本，科研是强校之路，二者必须紧密结合，缺一不可。对教师而言，尤其是专业课教师，通过参与科研，可以追踪学科前沿的最新进展，研究学科前沿的最新命题，从科学知识、科学方法、科学精神等诸多方面促进教学质量的提高，离开了科研，教学内容无法更新，就会失去活力，教学质量的提高也就无从谈起；通过参与教学，教师可以在教学中发现问题，在与学生接触、交流的过程中激发研究的思想火花，离开教学，科研就会失去高校的本质特征和优势。科研成果、科研过程和科研体会，都是重要的教育资源，教师要将这些资源利用好，要主动探索将科学研究转化为教学资源的方式、方法，自觉地将科学研究用于教学工作，实现科研与教学的有机结合，激发学生的学习兴趣，提升人才培养质量。

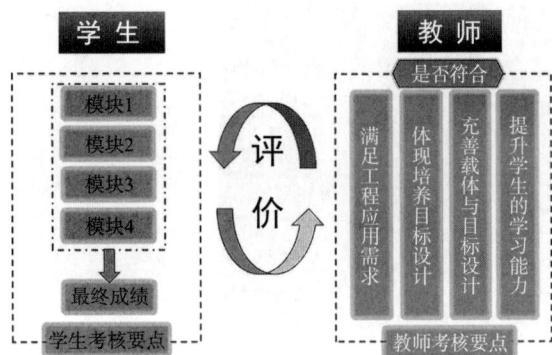

图4　学生和教师双轮考核体系

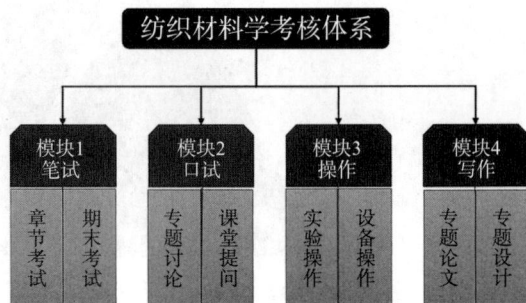

图5　课程考核系统示意图

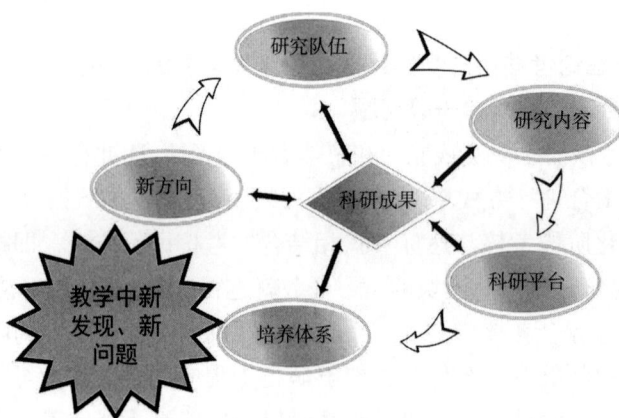

图6　良性循环的教学和科研研究体系

作为专业教师，将科研中的问题和难题提出来，供学生思考并设法解决，给学生寻找科研课题，可以让部分学生参与自己的科研，在实践中培养和锻炼学生的创新能力，解决实际问题的能力，或者尝试将课程设计与毕业设计联合起来进行，使有精力的学生尽早进入课题的研究。可以在新的学期开始就将课设题目和要求发给同学，课设题目内容丰富，形式多样，学生可以自由选择，自由组合。为了给学生提供更多的锻炼机会，该教学模式实行"学生自主联系""学校搭建平台""建立开放式实验室"的三点实验模式。

3　成果的创新点

3.1　课程理论体系的教学实践方面

该研究型教学模式通过三步划分模块法，将课程的整个教学内容划分为"重要内容""一般内容"和"自学内容"三个模块，激发学生学习兴趣和主动性，高效利用了课内外时间、空间资源，丰富了学习形式和内容，提高了教学效率。

3.2　课程实践体系的教学实践方面

该研究型教学模式构建"金字塔"型的实践教学内容体系（塔基、塔身和塔尖）；同时，借助超星、智慧树、虚拟仿真实验等平台模拟，实现了"线上线下""虚拟与实做"相结合，强化实践环节，推进了人才培养高质量发展。

3.3　课程考核方式的教学实践方面

该研究型教学模式创建了模块化阶段考核与达标考核相结合的学生评价方式，提出了教师考评的四个是否标准，从学生和教师两个维度驱动课程目标达成。

3.4 课程教学和科研相融合的教学实践方面

该研究型教学模式从课程实施的层面，以科研渗透教学为切入点，以培养学生的实践能力、创新精神和创新能力为主要目标；同时，结合教学选择科研课，实现教学与科研相融合。提出实现纺织教学和科研相融合的研究型教学模式，解决教师教学和科研的矛盾问题，实现创新型人才培养的方法。

4 成果的推广应用情况

4.1 实施效果及受益范围

"纺织材料学"课程研究型教学模式自2012年开始探索，2016年基本完善，又经过4年多的实践检验，受益学生共8届近900名，并有10余名受益教师。根据探索实践经验，修订完善了课程教学大纲和质量标准，梳理了教学内容，整合了教学方法。该研究型教学模式提升了团队教师专业探究精神，激发了学生设计创造积极性，提升了教学质量。成果实施效果显著，项目成果公开发表教改论文6篇；负责人参编"十二五"和"十三五"普通高等教育本科部委级规划教材《纺织材料学》等3部；主编大连工业大学校内教材《纺织材料学课程实验指导书》等2部；《纺织材料学》荣获"第十五届全国多媒体课件大赛"三等奖；以该课程为依托，获批"大连工业大学——大连神州凤凰纺织有限公司实践教育基地"1项。在创新创业领域，获批省级教改项目"工科院校立体化创业教育模式研究"2项；2017～2020年，学生参与教师科研项目70余人次，其中获得国家级和省部级以上项目和获奖16项。

4.2 构建了适用、有效、切实可行的"纺织材料学"研究型教学模式，在全国"纺织材料学"教学与研究年会经验分享

研究型教学方法内涵包括两个方面，即研究型的"教"和研究型的"学"。研究型的"教"是指教师研究课程知识体系、研究学生学习状态、研究设计知识传授方法。研究型的"学"是指学生在教师设计的模拟研究环节中，完成基础知识的学习，并围绕题目进行文献检索、方案设计、方案实施、数据积累和处理、结果分析、项目总结等一系列活动。研究型教学模式摒弃了传统的"填鸭式"教学，教师通过教学设计，借助主题研讨、角色体验等方法手段，实施研究型理论教学、研究型实验教学及研究型实践教学，引导学生独立自主地发现问题、探究问题、解决问题。项目成果符合国家教育方针及创新人才成长培养目标，具有良好的示范推广价值。团队成员参加2018年和2019年全国"纺织材料学"教学与研究年会，且在年会上由吕丽华老师作了"《纺织材料学》教学模式改革的探究与实践"的专题报告和经验分享。

4.3 社会认可情况

"纺织材料学"课程研究型教学模式的实施及人才培养质量受到毕业生升学高校及用人企业的肯定和好评。部分高校评价该研究型教学模式培养的学生，具备扎实的理论功底、精益求精的研究探索精神和肯于吃苦的实干精神，攻读硕士博士过程中课业成绩突出。部分企业评价"纺织材料学"课程研究型教学经验切实可行，实施效果显著，学生实验动手能力强，学习主动性强，具有良好的推广示范作用，对纺织工程专业其他核心课程教学方法改革具有促进作用。

4.4 教学和科研相融合模式的建立，实现教研相长

教学与科研是高校创新型人才培养的两个支柱，教学是立校之本，科研是强校之路，二者必须紧密结合，缺一不可。团队教师注重科研的教学转化，将科研成果通过各种方式和渠道融入本科生的课堂教学、实验实践、教材编写、创新创业等环节中，形成了"教研相长"的良性局面。2012年以来，项目组取得省部级项目8项、其他项目14项；发表学术论文78篇，获得发明专利授权12项；获省部级科技奖励3项。

基于OBE理念的电子信息专业人才培养模式改革与实践

中原工学院

完成人及简况

姓名	性别	所在单位	党政职务	专业技术职称
刘洲峰	男	中原工学院	副校长	教授
张爱华	女	中原工学院	系主任	教授
杨艳	女	中原工学院	无	讲师
刘萍	女	中原工学院	系主任	副教授
徐庆伟	男	中原工学院	无	讲师
李碧草	男	中原工学院	无	副教授
魏苗苗	女	中原工学院	无	讲师
宁冰	女	中原工学院	无	讲师

1 成果简介及主要解决的教学问题

1.1 成果简介

为了主动应对新一轮科技革命和产业变革，加快培养新兴领域工程科技人才，项目组深入理解教育部新工科建设的纲领方针，综合考虑多学科融合机制，制定了电子信息工程专业层面的预期"学习产出"，构建了以能力为主线、成果为导向的人才培养体系；设计了课程群层面的预期"学习产出"，建立了协作式核心课程体系以及交叉学科模块；建立了阶梯式实践教学体系，构建了学习产出（Outcome-Based Education，OBE)实践教学体系的观测点；实践了以项目为驱动的人才培养方案；构建了培养体系的评价监督方案。

1.2 主要解决的教学问题

第一，从学科导向转向以产业需求为导向。项目组基于"新业态"下产业需求的考虑，以产业和技术发展的最新成果推动工程教育改革，设计了专业新结构和课程新体系。第二，解决膨胀的知识量和压缩学时的矛盾。项目组通过课程之间的融合，构建协作式课程体系，以达到压缩学时后对教学质量的保证。第三，对大学生职业核心能力的深度培养。本项目结合行业需求，并以我校工科大学生为研究对象，深层次实施新工科大学生职业核心能力培养策略。第四，建立多层次新工科创新人才培养质量评价体系。结合地方院校的特点和区域经济的需求建立合理的质量评价体系是衡量教育效果的准绳。

2 成果解决教学问题的方法

2.1 建立以能力为主线、以成果为导向的创新人才培养体系

本项目着重构建研究创新型学术人才、复合创新型行业工程师、科技创新型创业人才等多元创新的新工科人才培养模式，实现从单一技术工程师培养向知识融合、能力集成、具有家国情怀的高水平

工程创新人才的转变。

2.2　构建系统化协作式核心课程体系

课题组建立系统化协作式的课程体系，通过相关课程之间的融合，以达到压缩学时后对教学质量的保证。以电子信息专业十门核心课程为中心、以信号处理课程群和电子系统设计课程群为主线，打破孤立授课的形式，建立协作式课程体系。

2.3　构建基于成果导向的阶梯式实践教学体系

在阶段性"学习产出"以及专业层面能力结构的培养需求下，本项目建立了阶梯式的实践教学体系：基础实验平台、综合设计实验平台和创新与前沿实验平台。该体系融合了专业要求的基本技能、综合设计应用能力和创新实践的工程能力。

2.4　创新设计项目驱动式教学策略

本着科研反哺教学的思想，项目组将团队的最新科研成果及前沿理论知识渗透到教学与实践中，将"学习产出"观测点与课程授课内容的设计贯穿在各层次的实践环节中。有效激发了学生的学习兴趣和探索知识的动力。

2.5　建立学习产出的培养质量监督体系

课题组结合我校和本专业的特点，将学习产出评价分为：课程层面、实践环节层面和专业层面，该学习产出体系的主体是本专业的教师、学生以及我校教务管理者。评价体系构建以教学督导、课题观察、课程评估和学生调查为主。

3　成果的创新点

3.1　成果导向指标体系以及评价监督体系的设计

本项目结合国家教育部、国家电子信息教学指导委员会的愿景，考虑电子信息工程行业国内外发展趋势以及中原工学院的培养定位，建立了课程的产出指标、阶段性指标以及毕业要求的指标体系。结合我校和本专业的特点、参照国际其他工程类高校学习评价体系实践的理论和经验，建立了学习产出的监督体系。

3.2　适应 OBE 培养模式的教学方法

为了有效实施成果导向的新工科人才培养模式，制定了科学有效的考核观测点，逐步达到各环节"学习产出"的预期。本着科研反哺教学的思想，项目组注重教学活动与科技工作有机融合，将团队的最新科研成果渗透到教学与实践中。

3.3　跨学科交叉融合的协同育人

考虑中原工学院的特色专业和团队成员的优势，设置了本专业与人工智能、纺织工程、医学图像的交叉融合，形成人工智能、纺织品图像处理、医学生物信息配准等特色方向。联合企业探索高校教师与行业人才双向交流的机制，建立校企协同育人长效机制。

4　成果的推广应用情况

本项目的研究成果在我校电子信息工程及通信工程专业 2014～2020 级全面实施，将多学科融合的新工科理念渗透到工程教育中，通过构建创新实践教学体系，建立起实验教学和理论课程的紧密衔接，学生通过紧凑的实践安排，提高了学习兴趣，促进了学生对理论课内容的理解。结果证明，学生的学习成绩明显提高，学生的考研率和就业率大幅提升，部分学生考上了电子科技大学、国防科技大学等知名院校。通过项目驱动式教学和科技创新小组的运作，深层次挖掘了优秀本科生的潜力，激发并带动了大部分学生的科技制作兴趣，学生在全国大学生电子大赛等各类竞赛中取得了优异的成绩。随着学生综合能力的提高，就业率和就业质量均得到大幅提升，担任研发工程师岗位的学生人数大幅增长。

　　通过项目驱动式教学和科技创新小组的运作，深层次挖掘了优秀本科生的潜力，激发并带动了大部分学生的科技制作兴趣。以科研项目为驱动的教学实践过程，引领本科生参与科研工作，在项目开展期间，指导本科生公开发表学术论文4篇（中文核心1篇、EI期刊1篇、SCI源刊论文1篇）、获授权发明专利2项。在该项目实施期间，获第三届中国"互联网＋"大学生创新创业大赛河南赛区二等奖1项，获全国大学生电子设计竞赛国家一等奖3项，全国大学生工程训练综合能力竞赛（智能物流机器人竞赛）特等奖2项、河南赛区一等奖2项；在加强工程教育的同时，积极鼓励低年级学生参加各种比赛，提高学生的社会参与能力。

不忘初心　以生为本——创建个性环境与学生发展相结合的"金字塔"式在线学习平台

东华大学

完成人及简况

姓名	性别	所在单位	党政职务	专业技术职称
朱冰洁	女	东华大学	无	实验师
吴文华	男	东华大学	材料科学与工程国家级实验教学示范中心常务副主任	教授级高级实验师
史同娜	女	东华大学	支部书记	实验师
施镇江	男	东华大学	无	实验师
朱娟娟	女	东华大学	无	实验师
郑伟龙	男	东华大学	无	实验师
许佳丽	女	东华大学	无	实验师
朱蕾	女	东华大学	无	实验师
刘津	男	东华大学	无	实验师
杨伟	男	东华大学	无	实验师

1　成果简介及主要解决的教学问题

1.1　成果简介

东华大学材料科学与工程国家级实验教学示范中心，不忘初心、以生为本，构建了个性环境与学生发展相结合的层层递进"金字塔"式实验教学在线学习平台（图1）。

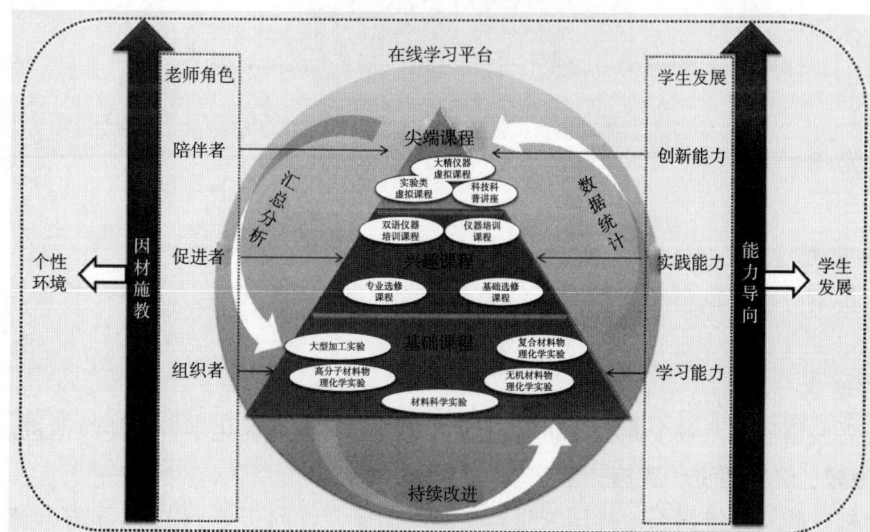

图 1　"金字塔"式在线学习平台

1.2 主要解决的教学问题

（1）传统实验教学个性化程度不足，制约学习能力培养。新时代学生个性强、差异大，传统实验教学内容和方法较为单一，致使学生缺乏学习主动性，参与实验的积极性不高，自主学习能力不强。

（2）传统实验教学资源利用度不高，限制实践能力提升。受实验资源限制，且本科生和研究生资源分散，实验教学缺少拓展性和技术实用性，学生根据自身需要选择相应技术实验的机会偏少，不利于学生发现问题、解决问题能力的培养，尤其是专业技术及实践能力的提升。

（3）传统在线教育平台层次构建不明，阻挡创新能力挖掘。传统在线教育平台中，以多种课程混合呈现为主，没有较为清晰的层级分别，不利于有高需求的学生自主升级学习。尤其针对实验实践类的创新性、高阶性学习内容少，不利于学生创造性思维的形成，继而影响学生的创新能力培养。

（4）传统实验教学人才培养模式单一，阻碍多元化人才培养。传统的实验教学人才培养模式同质化，学生们都是按照统一内容、统一方法、统一标准学习，无法满足当今社会对人才多样化的需求。

2 成果解决教学问题的方法

2.1 以生为本、精准定位，打造个性化学习环境

从学生根本使用需求出发，经历"诊断定位—策略锁定—评价追踪"三阶段精准定位，打造个性化学习环境。

2.1.1 诊断定位

以自主学习能力和专业技术能力为两条主线，研究四象限学生需求，依托平台学生学习情况数据库精准定位，探索建设方向（图2）。

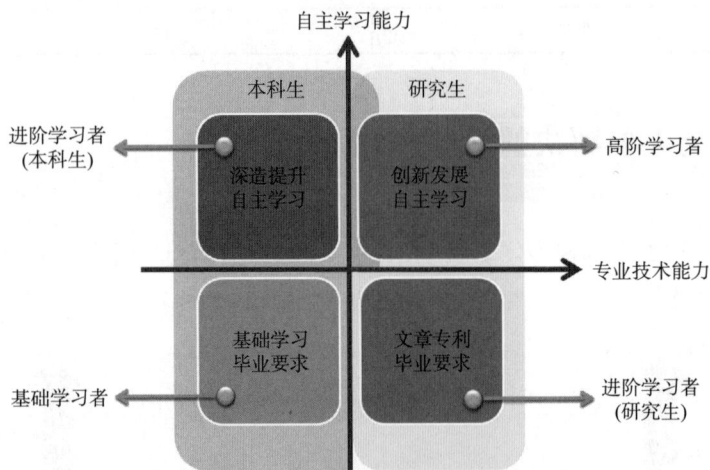

图2 诊断定位划分图

2.1.2 策略锁定

深入剖析，拆解分析不同群体的行为、能力和习惯，根据不同角色去设计平台使用流程，有针对性地开设课程。

2.1.3 评价追踪

对每个学习者使用情况及各个课程质量等进行追踪评价，逐渐优化平台，持续改进。

2.2 因材施教、层次递进，实施"金字塔"式学习内容

中心依托材料学院及纤维材料改性国家重点实验室教学及学科资源，根据不同学生需求，因材施教，设计本研—一体化教学内容，逐步形成从基础到尖端层次递进的"金字塔"式在线学习平台。

（1）针对基础学习者：开设通识普及性的"基础课程"。

（2）针对进阶学习者：递进提升专业技术能力，开设"兴趣课程"。

（3）针对高阶学习者：深入拓展到创新实验实践课程，开设"尖端课程"。

2.3　多元交叉、跨越时空，开展多维度学习方式

依托该平台，运用互联网、虚拟仿真、大数据等信息技术，通过引导式基础课程、探究式进阶课程、启发式高阶课程，实施线上线下一体化学习流程，跨越时空和地域开展多维度学习。

2.4　层次分析、持续改进，构建多元化学习评价

基于不同层次课程设计，构建了与工程认证毕业要求对应的多元化评价体系，有效评价差异化、个性化学生的能力培养质量。

3　成果的创新点

3.1　不忘初心、以生为本，三阶段定位学生需求

以学生的使用需求为根本出发点，通过"诊断定位—策略锁定—评价追踪"三阶段深入剖析各类学生特性，根据需求定位，构建了适合当代差异化、个性化学生的"金字塔"式在线学习平台，形成了多层次、多元化的人才培养体系（图3）。

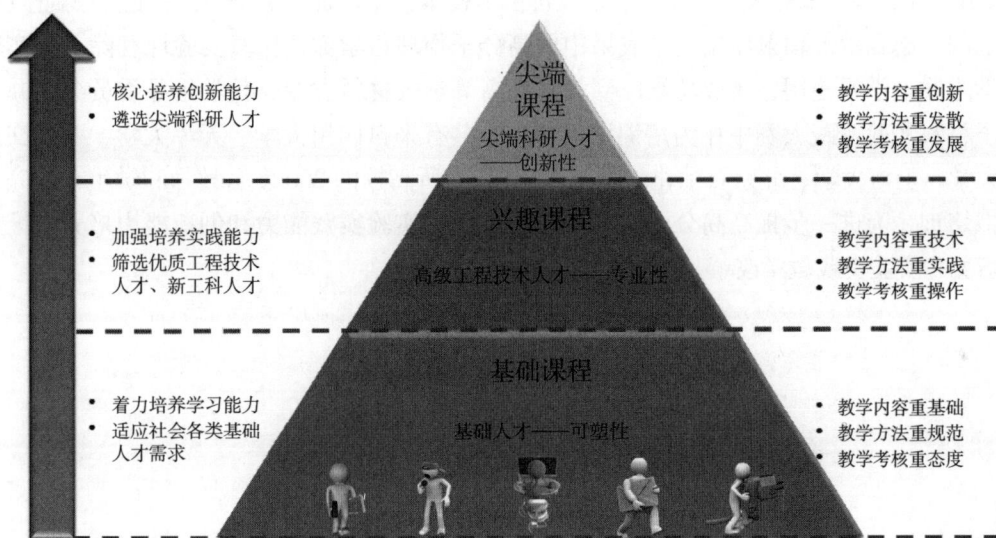

图3　"金字塔"学习内容助力多元化人才培养

3.2　学科优势、资源共享，本研一体化教学内容

将本科生教学与研究生科研资源整合，开设系列课程，不仅满足基本工程认证毕业要求，还能为金字塔各阶段的学习者提供不同的学习选择，让学生能够"想有所学、学有所用"。

3.3　个性环境、自主选择，促进学生多元化发展

将个性环境与学生发展相结合，通过基础课程着力培养学生学习能力，打造具有可塑性的社会需求基础人才；通过兴趣课程加强培养学生实践能力，筛选具有专业性的优质工程技术人才；通过尖端课程培养学生核心创新能力，遴选具有创新性的尖端科研人才。实现了课程特色化、教学层次化、教育多元化，以满足社会对人才多样化的需求。

4　成果的推广应用情况

本成果紧跟时代发展，开拓实验教学改革思路，开展个性化教学模式，在近几年的建设过程中成

效显著。

4.1 教学成效显著

本成果主要由东华大学材料科学与工程国家级实验教学示范中心实施应用。本成果中的"材料科学实验"课程被列为2018年上海市精品课程，"高分子材料物理化学实验"获得2018年上海市虚拟仿真实验教学项目，"大型材料加工实验"获得2020年上海市重点课程；与本成果相关的教学项目获得2018年教育部产学合作协同育人项目，2017年中国纺织工业联合会高等教育教学改革项目，2016年上海高校本科重点教学改革项目等。

4.2 学生能力提升

本成果创建了个性化教学环境，对于不同学生学习能力、实践能力和创新能力均有显著提升。在学习能力方面，学生成为学习的主体，老师只是组织者、引导者，充分调动学生的积极性，让学生学会主动提问、探究问题，逐渐从"会学"过渡到"学会"；在实践能力方面，增加线上学习环节，使学生有更多的线下实践时间，并通过选修课程的开设让有需求的学生来补充进阶专业技术知识，从"想做"到"会做"；在创新能力方面，采用虚实结合模块化教学方式，激发学生对实验的"好奇心和求知欲"，运用真实数据模拟工艺流程，提高学生自主学习和实践创新能力，从"创想"到"创新"。

4.3 示范辐射广泛

本成果中"金字塔"式在线学习平台，不仅可供本校本科生、研究生使用，还能推广到全国高校中，拓展使用范围，起到示范辐射作用。本成果中的高分子物理化学虚拟仿真实验课程除了在实验教学过程中作为学生线上学习使用，还成功推广到教育部高等学校材料类专业教学指导委员会主办的全国大学生高分子材料实验实践大赛中作为培训课件使用，共有来自四川大学、天津大学、西安交通大学、华东理工大学、上海大学、北京石油化工学院等全国34所高校的200多名教师和学生在线完成了规范统一的虚拟培训，为进一步提高高分子材料专业本科生的实验实践能力和创新能力培养，推进高分子专业人才培养和实验实践教学改革，做出贡献。

面向未来的设计师通识基础课程平台系统研究与实践

北京服装学院

完成人及简况

姓名	性别	所在单位	党政职务	专业技术职称
常炜	男	北京服装学院	艺术设计学院院长	教授
郭晓晔	男	北京服装学院	视觉传达系主任	副教授
彭璐	女	北京服装学院	艺术设计学院副院长	副教授
张倩	女	北京服装学院	艺术设计学院党委书记助理	无
李煌	男	北京服装学院	艺术设计学院院长助理	讲师
王宁	女	北京服装学院	无	讲师
肖璐然	女	北京服装学院	无	讲师

1 成果简介及主要解决的教学问题

艺术设计教育面对着由顺应商品经济发展，到更广泛和深入地参与文化创新与社会创新的新需求以及互联网科技、智能科技发展与媒介形态变化的新技术；由"向外"学习到"向内"寻求建立本土的、温暖的新关怀。放眼于思考面对复杂问题的系统设计、服务设计、可持续设计等重要议题，以面向未来的视角思考设计教育路径，以立德树人为根本任务培养学生的设计师责任感。

成果立足于北京市教改项目"面向未来的设计师通识基础课程系统研究""设计·设计学院：设计学类专业面向未来的人才培养模式系统设计开发"，以学校进行大类招生、艺工融合、跨专业协同设计创新机制、推动综合学分制改革，以线上课程研发为契机，面向21世纪设计学，研究梳理设计教育教学思想的观念与主张，构建起设计师通识基础课程平台。在实践中探索在教学大纲之外的课程教学的定义工具方法和质量保障方法；建设以单门课程为单位的教学和教改团队，探索教改成果快速有效推广的教改团队组织模式。

持续打造平台核心课程"设计思维与方法"，先后荣获"基于MOOC的混合式教学优秀案例二等奖""北京高校优质本科课程（重点）""首批国家级线上下次混合式一流课程"，出版课程对应教材1部，发表教学研究论文6篇，其中1篇CSSCI检索、1篇CPCI检索。依托北京市虚拟仿真实验教学项目，将虚拟仿真、人工智能技术融入课程教学，与科大讯飞股份有限公司形成校企合作的跨学科团队，与国家人工智能创新平台对接，正在建设该门课程及授课教师团队的数字虚拟版本。

2 成果解决教学问题的方法

2.1 构建基于设计师责任感培养的通识基础课程平台框架

以立德树人为本，在大类招生的背景下，调研国内外设计院校的课程体系，结合学校自身的办学特色，凝炼出设计师通识基础课程平台。

（1）设计思维与方法类课程：概念（Concept）调研（Research）过程（Process）生产（Production）

在设计师基础课程平台上清晰、有效地实施；摸索团队进行课程设计和集体备课的教研方法；累积发展从 C 到 R、P、P 的教学案例和专业设计案例，提升原创性设计教育的知识含金量。造创造性的设计表达方法的重要教学现场，从绘画及造型的初始阶段就让思维和表现的训练与设计应用保持恰当的关系。

（2）艺术与设计史类课程：理解艺术及设计何以有不同道路，梳理学习学术成果的有效方法，推进 CRPP 方法掌握。

2.2 探索保证教学质量有效性的手段

通过课程实践，已形成从课程设计、教学方法研讨、集体备课、学理研究到案例积累、成绩评定方式优化、学习成效评估、教学反思等全过程的系统性工作机制。从教学设计到集体备课，期间在多个年级本科生班级和研究生班进行了 7 次的工作营与课程设计实验，进行 10 余次教学研讨。

2.3 搭建开放型跨专业融合的课程体系

课程设计体现多元和交叉的特色，确保人才能力培养适合国家、社会、企业需求。探讨非线性教育的创造性，让设计教育产生多样性的解决方案。该平台课程与后续专业课程和跨专业课程回扣成为完整设计的教学系统，逐渐形成更加富有创造性的设计教育发展氛围。

2.4 以信息技术和智慧课堂推动混合式、体验性实践教学

"设计思维与方法" MOOC 于 2019 年正式上线，课程走入大众教育领域。师生持续共建"专业资源包"。"设计思维与方法"荣获基于 MOOC 的混合式教学优秀案例二等奖。在此基础上融合虚拟仿真与人工智能技术建设"设计思维与方法"虚拟教师团队，并使其能够讲授该课程，通过机器学习实现教学互动。通过教学技术的革新将传统课堂教学转变为虚拟空间教学，实现由线下至线上的学习体验转换，提升传统文科教育的趣味性与现代性，同时通过虚拟教师的多语言输出功能拓宽课程本身的国际影响力。

2.5 集体备课，统一课程总体要求，形成可复制的教学和评价方法

面对 380 名学生的 10 余个同时开设的课堂，教学研发团队为保证课程的设置和落地不因人而异，形成课程带头人带领团队集体备课的工作机制，应相对统一课程讲授辅导流程、课程教具以及评价方式，同时不限定单独教员在教学中可发挥的空间，从而形成良好把握课程质量和过程的总体方法。中期和期末集体评图，既是阶段学习成果的分享也是不同班级横向比较的一个方式，同时学院通过搭建任课教师的沟通平台，通过多频次交流，有助于教师在收获更多信息的基础上给出最公平的分数。

2.6 跨专业团队统一共识，成果快速有效扩散

具有国际背景、来自各专业 20 余位青年教师以及外籍教师一起设计课程，共同探讨、调研，形成设计师通识基础课程的全套课程研发文档。课程历经 8 年的反复锤炼，已经打造成为学校广受赞誉的品牌课程。

学院每年都在持续调研学习和学生反馈的基础上进行集体备课，不断自我迭代，已历经 7 个版本的进化。同时吸收和培训有海外留学学术背景的青年教师加入课程团队，不仅给团队以新鲜活力，更重要的是提供了世界一流设计类专业基础课程教学的前沿内容，使课程教学内容持续更新并保证国际先进品质。

由于该课程的持续建设，使不同专业的教师们形成每学期开课前定期培训和集体备课，协同授课的惯例，不仅保证了课程内容清晰、实施有效，还由此建立了开放型的教学研究平台和基层教学团队。

2.7 融合先进技术，形成知识互联；转变教育理念，由知识中心向能力中心转变

以"设计思维与方法"国家级一流课程课作为原型，融合虚拟仿真、人工智能技术，创建虚拟教师团队。在传统的知识传授之外，加入人机交互实时问答的学习方式。通过人工智能与机器学习技术，

虚拟教师团队在经过大数据训练后可融合多个学科知识，满足后疫情时代教学方式向线上线下结合转移的大趋势。加强学生在知识获取过程中的主动性，培养学生的自主学习能力，由此实现由知识传授到能力培养的教育理念变革。此外，通过虚拟教师的多语言功能，将课程内容及教学模式进行推广，形成相关话题的讨论，在数字时尚新赛道上跟跑并参与全球国家间的竞争。

3 成果的创新点

3.1 课程平台的理念创新

根据现代社会创新新需求与未来可持续发展创新人才培养目标，基于国内外机构、院校的相关设计思维方法论模型广泛、认真地研究，从几个层面改善固有设计基础教育的不足：从传统设计教学重形式、轻方法的模式转向强调过程与调研的科学设计方法；从作品结果赏析式的学习转向培养认知与关联的洞察式学习；从定义与标准答案式的教授转向自我建构与发现式学习，本着培养有理想、有路径、有能力的创新人才的责任去设计课程，并将课程纳入与后续专业学习与跨专业协作的完整教学设计系统。

课程设计以体验式、发现式为主要特色，"师生共建资源包""向现实世界采集与发现""主动寻找设计的限定条件"等主要教学内容，对应现代学习资源构建新模式、素养培育与创新科学工作方法，既符合现代创新人才素养构成又潜移默化地培养了积极的设计价值与责任观，通过激发学生的自主学习能力，将预期目标融解在易于操作与理解的训练模块，穿插相关专业知识点，将训练作业过程中学生之间、师生之间的互动与沟通也看作课程最关键的内容。

3.2 平台课程的组织创新

打破了传统课程一名教师贯穿一个课程的二元信息传授的模式，由学院有经验的教授担任课程组长，带领具有国际背景，来自不同设计领域的十多位青年教师、外籍教师协同备课，打通艺术设计学院全部专业，历次课程面向 180～380 名学生进行跨专业混合授课。以"学生、学习"为中心，采取多元、多维的方式使学生认识和体验"像设计师一样思考"的思维框架。

通过教学设计规程化、教具与任务卡片化、教学反馈与改进常态化等形式，打破因人设课的局限，实现真正可持续课程设计。通过本课程的实践，已形成从课程设计、教学方法研讨、集体备课、学理研究到案例积累、成绩评定方式优化、成效评估、教学反思等全过程的系统性工作机制，逐渐形成更加富有创造性的教研形态。

3.3 授课形式的持续创新

平台课程既围绕核心方案路径，又最大限度地发挥每位参与教师的视角与特色，引导学生从多元角度理解和验证设计思维的基本模式。平台核心课程"设计思维与方法"自 2019 年上线 MOOC，利用互联网等新技术与媒介，以沟通和设问的形态为主，结合翻转课堂引导学生自主学习和思考互动，在体验科学有效的流程同时，提升思维活跃度与表达能力。学院团队与科大讯飞有限公司合作，运用虚拟仿真与人工智能技术建设虚拟教师团队。通过教学技术的革新将传统课堂教学转变为虚拟空间教学，实现由线下至线上的学习体验转换，提升传统文科教育的趣味性与现代性，同时通过虚拟教师的多语言输出功能拓宽课程本身的国际影响力。反复的大数据训练与机器学习将使得不断迭代的虚拟教师团队更具跨学科逻辑思考能力与情感计算能力。当虚拟教师团队较为成熟后，将使课程 IP 化与场景化，通过实际应用推广自主学习的教育理念，鼓励学生在学习过程中多发问、多进行主动思考，达到综合能力的提升。

4 成果的推广应用情况

面向未来的设计师通识基础课程平台已搭建并持续实践迭代 8 年，逐渐形成更加富有创造性的设计教育发展氛围。对学生的培养、教师的再学习、学校的教学发展都起到促进作用。作为学校近年来教学改革成果的典型案例之一，通过国内外校际交流不断地完善与发展，已成为北京服装学院艺术设计学院的原创品牌课程群，通过课程设计所达成的良好的授课效果、学生高度的参与性与教研新模式都使其成为学院课程建设的优良影响基因。课程有效地为适应社会发展新需求与未来可持续创新人才培养奠定了坚实的认知与技能基础，同时在课程当中坚持以积极价值观和设计责任的引导，也是在创新教育中落实和提升课程思政认识的积极探索，对设计教育具有普遍的借鉴意义。

（1）在教学和教改团队的组成机制方面，由于教师来自不同专业，每年的课程团队会有部分更新，教改成果和方法会自然融入二、三年级课程并进入不同专业，形成一定影响力。"时尚图形"等课程的教师团队来自不同学院，通过采用集体备课、协同授课的模式开展教学，在学院间形成更广泛的共识。目前，通识设计基础课程的教学内容和方式已推广至学校其他学院。

（2）为实现教学需求和目标，构建了更大范围的教改团队，包含教学管理、助教团队、图文记录团队等多方面，如教学资源的协调保障探索，课程在微信平台的选课介绍等，为学分制选课摸索教学组织经验和学生管理经验。选拔研究生参与助课，对非本校毕业的研究生进行设计思维和方法方面的教学回补，在研究生学习阶段对强化专业基础发挥了一定作用。在课程内容再研发方面，自 2020 年起，面向全校设计类专业研究生开设"设计方法论"平台课程。图文视频记录团队课后对教师视频访谈并对文字进行整理，形成的视频名片为今后的课程品牌化建设和在线课程发展奠定了良好基础。

（3）作为学院和学校的典型教学研究案例写入年度教学质量报告之中，并在全校范围示范推广，通过国内外校际交流地不断推广完善。课程的教学内容和方式在 2019 年 10 月底的"国际设计教育论坛暨文献展"上进行了推广。举办"设计思维与方法"课程展览 3 次；制作了教学案例汇编、作为教学成果内参考文献的教学现场纪录片。课程教材《从认识到发现——基于设计思维的设计基础课程实录》于 2020 年由中国建筑工业出版社正式出版。发表教学研究论文 6 篇，其中 1 篇 CSSCI 检索、1 篇 CPCI 检索。审核评估专家进校考察阶段多次深入了解一年级设计师通识基础平台课程的内容研发和落地实施，并对此给予了高度肯定。

（4）"设计思维与方法"课程是有关设计关键能力与素质培养的核心课程，提出由价值、方法、技术三位一体的完整设计教育架构，对于设计学科的教学具有范式化的指导意义。后续实践项目以这门课作为数字虚拟化的原型，对课程内容进行逻辑性的解剖与图谱化，并赋予虚拟教师团队相应的知识框架，这一过程本身也是对设计学学科本质的一次深入梳理与剖析。

（5）学院的专业基础及实验室为数字虚拟化的开展提供技术与硬件支撑，依托 2019 年获批的北京市级虚拟仿真课程项目"动画前沿：虚拟模特应用"，开展设计师平台基础课程构建虚拟教师，与科大讯飞有限公司合作研发，已启动对两位真实模特的数字虚拟化工作，并完成一位虚拟教师"数字郭老师"的 3D 建模工作。后续将通过机器学习，训练虚拟教师的多语言功能和知识输出功能。

"互联网+"智能技术推动混合式教学金课的建设——以高校艺术设计课程为例

江西服装学院

完成人及简况

姓名	性别	所在单位	党政职务	专业技术职称
胡艳丽	女	江西服装学院	教学督导	副教授
黄春岚	女	江西服装学院	无	教授
黄伟	男	江西服装学院	教学副院长	副教授
张钰	女	江西服装学院	教研室主任	讲师
钟兴	女	江西服装学院	无	讲师
王秀莲	女	江西服装学院	教研室主任、专业负责人	副教授

1 成果简介及主要解决的教学问题

1.1 成果背景及研究目的

现阶段已进入"十四五"时期，以往的线上线下分离式混合教学模式已不能满足当下的需求。通过数字化转型需将线上线下教学模式进行资源整合，才能有效地提高教学效果，改革教学方式，促进高校教学模式的可持续发展，支持技术进步开拓新的局面。本成果主要研究对象是以高校艺术教育混合式教学数字化转型为目标，通过现代智能化数字化技术的帮助，优化课程的教学模式，结合艺术专业课程特色、教师培训与发展、学生学情与成效、系统的分析和研究执行方案，落实教学模式向数字化转型的策略。

1.2 混合教学模式的概念及发展方向演变

1.2.1 混合教学模式的概念

混合教学模式体现为三个阶段，即技术运用阶段、技术整合阶段、"互联网+"阶段（图1）。

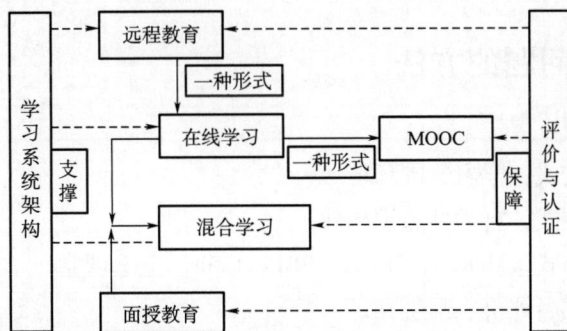

图1 数字化技术助务混合学习系统的架构

1.2.2 混合教学模式的发展过程

（1）技术运用阶段：混合式教学主要被理解为一种新的教学方式，重点突出利用技术运用，面对面教学与在线教学结合，这是初期阶段。

（2）技术整合阶段：不再将混合教学模式作为一种过渡性教学模式来看待，大多数教育者和实施者正在经历这个阶段。

（3）"互联网＋"阶段：数字化技术应用正式纳入混合式教学的概念中，使得学生体会到在混合式教学中并不简单的是技术混合，而是为学生创造了一种真正高度参与性的个性化学习体验，这个阶段的混合式教育概念强调的重点是以学生为中心，是教学与辅导方式的混合，也是本成果发展的方向。

1.3 主要解决的教学问题

1.3.1 智能化信息技术赋能混合式教学模式对高校艺术教育的转型

教学理论的混合包括自主学习，混合式学习，移动学习和在线学习的混合教学模式，以媒体理论等为基础。以教师为中心，以学生为中心，或是以问题为中心，将翻转课堂教学引入混合式教学模式中进行发展。所以在混合式教学模式创新研究中，教师应该合理选择教学媒体，并降低教学过程的成本，以实现教学效果最大化。

1.3.2 实现高校艺术课程教育的数字化技术转型

"MOOC""微课""Moodle"、公共交流平台、"QQ""腾讯会议""SPOC"等。随着"互联网＋"时代的到来，数字媒体技术改变了新型混合教学模式，引发传统教学的变革与创新。具体体现为对专业核心课程来说，课前布置自学任务，掌握基础知识和理论基础课并互动答疑，课后巩固复习。对选修课程来说，学生学习选择权与学校教学资源的限制矛盾越来越明显，采用混合式教学模式，使上述矛盾得到有效缓解，借助思维导图工具，在微课课程资源所涉及的知识点建立有效链接，从而建设在线预习课堂教学，在线复习和提升的混合式教学模式（图 2）。

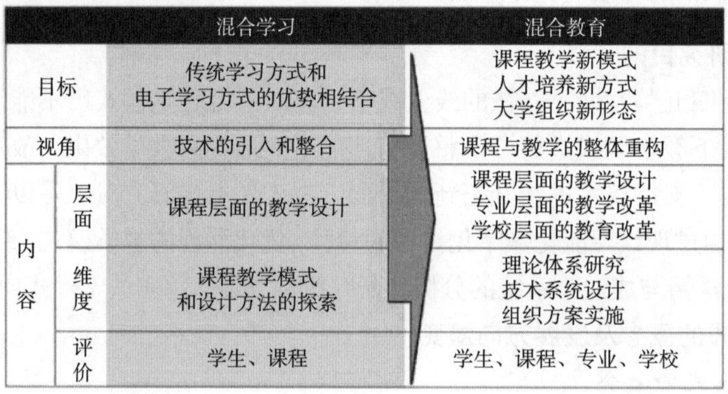

		混合学习	混合教育
目标		传统学习方式和电子学习方式的优势相结合	课程教学新模式 人才培养新方式 大学组织新形态
视角		技术的引入和整合	课程与教学的整体重构
内容	层面	课程层面的教学设计	课程层面的教学设计 专业层面的教学改革 学校层面的教育改革
	维度	课程教学模式和设计方法的探索	理论体系研究 技术系统设计 组织方案实施
	评价	学生、课程	学生、课程、专业、学校

图 2　数字化技术助力混合学习系统的研究框架——传统与信息技术化学习系统的比对

2　成果解决教学问题的方法

2.1　混合式教学模式

（1）线下主导型：讲授式，学习氛围环境。

（2）线上主导型：自主式，自觉性意识构建。

（3）融合型：交互协作式，MOOC、SPOC、PBL、COL、三七课堂。

（4）考核评价机制：匿名评价、师生互评。

（5）作业与考试：客观性，机制灵活。

2.2　混合式教学策略

（1）教学模式：课程建设平台，互联网平台，资源共享。

（2）师资团队：团队建设，建设稳定性、秩序规章。

（3）课程成果：课程研究，实践成果。

（4）监控与督导：监控方式，督导制度，督导反馈。

2.3 数字化转型

（1）发展型应用：构建混合式教学模式开放式、主动性、交叉互动的"互联网+"数字化技术实现学生创新实践。

（2）学科专业特色：建设慕课、核心及精品课程并优化课程的教学模式。

（3）效果与成本：线上资源共享，推进校企合作，实现高校艺术课程教育数字化转型的策略和价值。实施方法如图3所示。

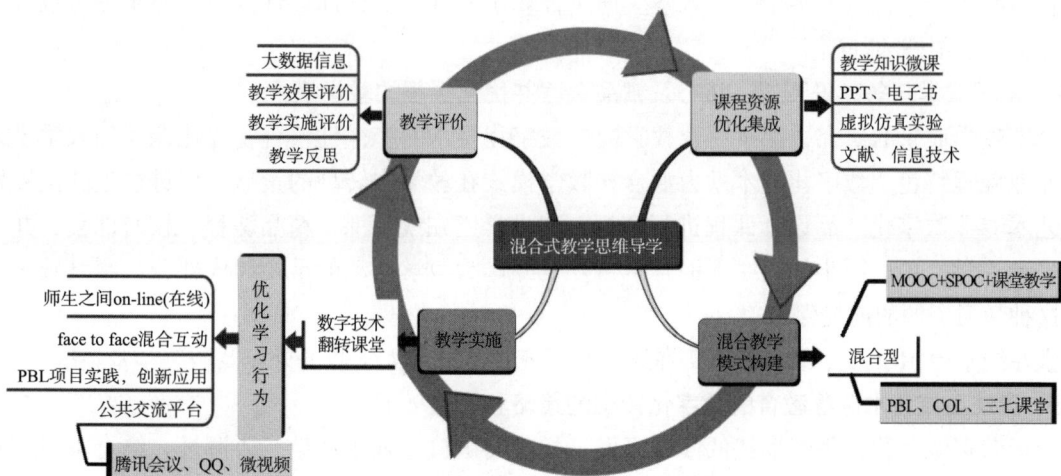

图3 数字信息技术赋能混合式教学模式实践方法的思维导图

3 成果的创新点

对高校艺术类专业课程的特色进行混合式教学的研究与创新，并以混合式教学的数字化转型为契合点，充分发挥数字化在教学模式执行过程中的作用。从高校教学运营资源优化，教学模式的改革出发，找准突破口增强主动性、协调性。

以高校艺术类专业课程特色教学为依托，强化智能信息技术支持，来建立线上线下混合式"互联网+教育"的教学模式，将在未来教育中形成"新常态"的意识（图4），帮助学生获得的创新能力的培养，从而为企业培养了具有核心竞争力的服装专业优秀人才。

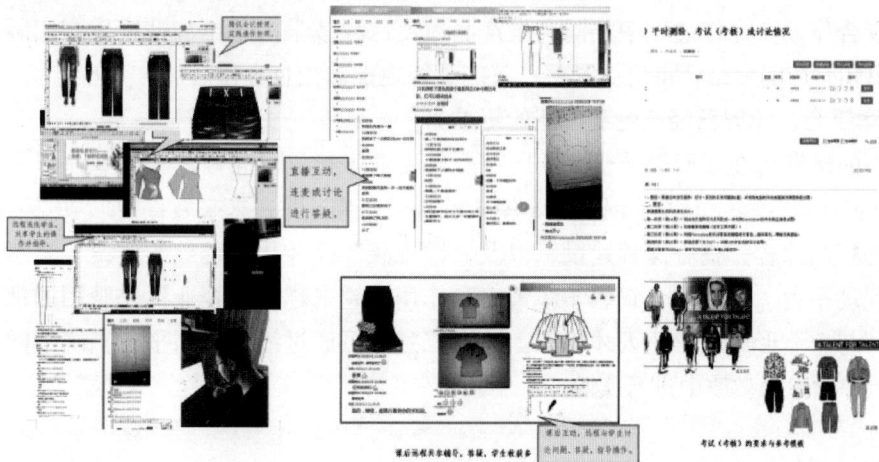

图4 高校艺术类课程"互联网+教育"形成"新常态"的教学模式

4 成果的推广应用情况

4.1 构建混合式教学模式开放式、主动性、交叉互动的"互联网+"数字化技术实现学生创新实践

传统教学模式将教师与学生形成主客对立关系，高校艺术人才必须是复合型，才能应对当今网络快速发展的时代。

在"互联网+"数字技术混合教学模式下高校艺术设计类课程通过在服装专业教学实践中的运用，成效显著，学生的实践能力和创新能力得到了很大提高，学生先后在全国各类专业大赛中摘金夺银，近几年在这些大赛中共获得多个奖项。学生通过计算机软件技术辅助设计的服装效果图可以入围，为参与大赛奠定了很好的基础。

4.2 根据教学任务建设慕课、核心及精品课程并优化课程的教学模式

通过本教学成果的研究，探索混合教学模式数字化技术的多样性整合，优化课程的教学模式，结合艺术专业课程特色，数字化技术助力混合式教学模式在教学中转型的策略，促进学生的全面发展。对高校艺术专业数字化产品设计课程进行分析，建设学堂在线慕课、精品课程、核心课程，并共享在线网络平台。学生可以同步线上线下混合学习。资源作为教学活动的重要组成部分，网络数字媒体恰好实现这种学习资源的前提保障。

学堂在线平台 MOOC 上线，教育部在线教育研究中心清华大学教务处以及服装学堂在线。

4.3 实现高校艺术课程教育的数字化转型的策略和价值

高校运营资源优化，教学模式的改革出发，找准突破口增强主动性、协调性，结合本研究建设适合艺术专业课程的混合式教学新策略和方案，"MOOC""微课""Moodle"、公共交流平台、"QQ""腾讯会议""SPOC"等。随着"互联网+"时代的到来，数字媒体技术不断支持改变新型混合教学模式的发生，引发传统教学的变革与创新。

教师利用媒体平台的各种学习资源提升混合式教学有效性，以方便学生在学习的各个环节使用。同时，教师借助 QQ 或微信建立线上学习的混合式教学交流平台，收集信息，推送优秀资源，共享交流答疑等，方便师生及时高效互动。数字技术对混合教学模式的作用，达到师生不面对面，教学效果仍然达标，甚至还会有更好的学习效果。

4.4 线上资源共享，推进校企合作

资源共享可以为其他兄弟院校提供学习参考，这对高校的课程教学与运营有着巨大的影响。本教学成果已通过慕课、核心课程、精品课程实现这一优势。有部分课程已通过开放网络教学平台运行，让学生可以在不同地方接受专业学习效果。

企业与学校合作，在合作过程中共同开发产品，使课程教学内容更加贴近生产实际，更加实用，课程的理论知识和生产实践结合得也更紧密；就能更好地推动校企合作。

4.5 在教学平台、业界已经产生了广泛的影响力

本教学成果的研究将在江西服装学院的所有服装专业推行，以高校艺术类专业课程特色教学为依托，强化信息数字技术赋能线上线下混合教学模式的提升研究，并在未来教育中形成"新常态"的意识。实现特色课程的精品课程、核心课程建设，以及"微视频"碎片化课程等的建设，与学生建立线上线下无缝衔接的互动平台，达到混合式教学新策略和作用。越来越多的企业优先聘用的都是具有综合能力的数字人才，与企业形成教学化人才输出。建设成熟后可通过线上慕课平台，线下同步教学推荐到兄弟院校的优质课堂建设教改中进行实验。

项目式专业课程教学改革——功能性服装设计课程群及实践体系建设

中华女子学院

完成人及简况

姓名	性别	所在单位	党政职务	专业技术职称
王露	女	中华女子学院	艺术学院院长	教授
范晓虹	女	中华女子学院	专业负责人	副教授
孙超	女	中华女子学院	无	讲师

1 成果简介及主要解决的教学问题

1.1 成果简介

项目式专业课程改革是结合国家新时期面向未来的人才需求，培养兼具全球化视野和"中国创造"使命感的应用型创新设计人才的背景下进行的。

学院 2003 年在国内首先开设了功能性服装设计课程，于 2012 年开始进行课程教学改革，通过近十年的不断琢磨与探索，调整课程的教学内容、方法和手段，创新与改革课程的组织与质量监控形式，建立了立体化的实践教学体系，提升了课程的高阶性、创新型和挑战性。

改革后的课程群共有 208 学时，结合行业与市场需求，组合式、递进式地培养学生的专业能力与职业素养，更好地与行业产品设计开发模式对接。

1.2 主要解决的教学问题

课程的专业知识容量和前沿性不够；专业交叉融合不足；无法满足对新型设计人才的需求。具体体现在以下三个方面：

（1）传统课程的专业知识容量不足，知识难以交叉融合，教学进度和效果较难安排和控制。

（2）单纯的课堂教学与知识的输入难以让学生建立以需求为导向的设计理念，无法体验从设计到实物产出的全过程，缺乏对市场信息与行业动态的了解，设计思路的拓展与实践能力的提升相对困难。

（3）传统课堂知识的前沿性不足，学生普遍缺乏对新技术手段的体验和应用。仅评判设计效果图和某部分实物作业不能有效地显示学生的能力与学习程度。

2 成果解决教学问题的方法

项目课程教学从架构设计、内容调整、方法创新、实践教学支撑等多个角度。通过理论学习不断改革创新，课程内容主线通过"案例分析、实地考察、与调研对象的交流、设计研发以及真人测试评价"等方式让学生掌握功能性服装的设计程序，并通过对设计全过程的参与来强化学生功能性设计能力。运用立体的实践教学系统夯实基础，提高动手能力，通过过程性、综合性考核方式保障教学目标的实施。

第一，强调以结果为导向的教学设计方案。打通五门专业课程的边界，以课程群的形式实现课程互通，教学相长。

第二，强调体验与立体化实践的教学组合模式。课程以体验为起点，然后进入实践性教学环节；将课堂带入专业展会，进入校外实习基地；再次回归教室，确立具体设计目标，学习功能性服装设计方法与流程；最后环节在工艺实验室以实物形式完成个人的设计构想并进行试穿测试评价。

第三，强调实效性与前沿性的信息技术应用。教学过程注重信息技术的应用，核心教学方法采用线上线下结合的方式。学生能够运用小程序设计用户需求问卷，进行数据分析来支撑设计。定期通过公众号进行教学活动、教学成果分享，通过云展厅展示教学成果。

第四，强调过程的考核内容设计，突出实物作品测试环节。课程教学过程始终贯穿教学任务书的指引。结课作业即为功能性服装设计项目综合作业。

3　成果的创新点

3.1　理念创新，一条主线贯穿始终

以课堂讲授、讨论分析和实际操作相结合，以设计为主线将单元训练组合起来，使学生能够从理论学习、设计构思的过程、完成实物作品到产品测试与评价连成一体的教学过程来实现教学目标。

3.2　内容创新，资源整合，优势互补，立体化教学

整合各类资源，贯穿全过程，建构闭环实践教学体系，实现课上课下，校内校外，以功能性服装创新设计人才培养为核心的立体化实践教学模式。建立国家级功能性校外实践教学基地，邀请国内外教授或行业专家参与教学实践；结合课程内容组织学生在基地实训、专业展会参观；组织学生参加学术报告、知识讲座、学生学术沙龙、项目研讨会等。

3.3　考核方式创新，教学任务书指导全过程

课程教学过程始终贯穿教学任务书的指引，帮助学生熟悉课程进度与安排、教学内容、考核形式与标准。课程结束后通过结课作业、方案展示、静动态展演等形式完成教学内容和成果评价。

4　成果的推广应用情况

打造功能性服装设计课程特色品牌、建设功能性服装教学团队、夯实了国家级校外运动装实践基地，在全国高校服装设计专业中具有鲜明的识别度。国内首个功能性服装设计课程，国内首部《运动装设计创新》专著，为课程建设打下坚实基础。课程获得中国纺织出版社"十四五"规划教材立项。

连续五年在中国国际大学生时装周举办了以运动与功能为特色的毕业设计优秀作品发布会。五年来在国际化专业教师团队的指导下，同学们展现了 400 余套优秀毕业作品，这些作品都是在功能性服装设计项目课程学习后，结合不同的毕业设计主题精心构思而成的。

多名同学获得国家级、省部级设计类大奖。毕业生就职于李宁、安踏、哥伦比亚、诺诗兰等国内外知名运动服装品牌公司。

"功能性服装设计项目课程"获北京市 2020 年"优质本科课程"，主讲教师王露教授获 2020 年度北京市高等学校教学名师奖。

创新教学成果通过云展厅、网上直播进行分享。2020 年 7 月 4 日在新浪直播、花椒直播平台展示了以"回到地球、冬奥畅想"为主题的冬季功能性运动装设计发布会，有 124.8 万观众观看直播。功能性服装设计教学团队应国家体育总局邀请，参与第 32 届夏季奥运会中国代表团领奖礼仪装备设计项目。

设计类本科实践教学与社会服务结合的构建与实践

大连工业大学

完成人及简况

姓名	性别	所在单位	党政职务	专业技术职称
刘利剑	男	大连工业大学艺术设计学院	民盟大连工业大学副主委	副教授
郭雅冬	女	大连工业大学艺术设计学院	党支部组织委员	副教授
张渊	男	大连工业大学艺术设计学院	党支部副书记	副教授
刘晖	女	大连工业大学艺术设计学院	无	副教授
邵丹	女	大连工业大学艺术设计学院	无	副教授
毕善华	女	大连工业大学艺术设计学院	党支部副书记	副教授
王明妍	女	大连工业大学艺术设计学院	无	讲师

1 成果简介及主要解决的教学问题

1.1 成果简介

2020 年 12 月，"设计类本科实践教学与社会服务结合的构建与实践"获得辽宁省教学成果三等奖。高校设计类本科实践教学与社会服务紧密结合，构建以供给侧改革为导向的设计学专业实践教学创新机制，有着重要的作用，本成果主要有以下四个方面（图 1）。

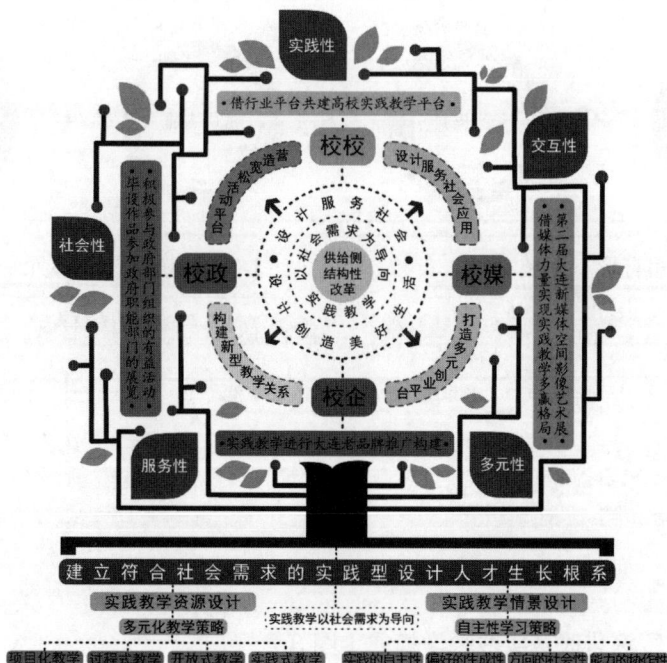

图 1 供给侧结构改革下的设计类本科实践教学与社会服务结合

（1）构建"大连老品牌的重塑与拾取"。实现设计服务社会，学生有锻炼，社会有应用，服务大众，形成影响。

（2）专业团体和大连新闻传媒集团合作开展"设计进校园"活动，教学与传播搭建共生平台。

（3）积极参与政府部门组织的有益学术活动，在"大连有好礼"活动中，替政府发言，为学术发声，引领师生借助社会实践平台实现教学工作。

（4）组织环境设计专业2016级毕业生参加中国建筑学会室内设计分会主办的"室内设计6+"联合毕业设计活动，推动本科毕业设计优秀作品展"线上线下、校内校外"综合展出，走出校园，面向社会，校企结合。

1.2 主要解决的教学问题

高校设计类本科实践教学与社会服务紧密结合，旨在大力推进创新服务性人才培养模式，从构建、探索、实践、开拓的角度解决问题，有以下三个方面的问题。

（1）解决教学方法和手段方面单一问题。

（2）解决教学内容方面偏重理论的形式。

（3）解决改变学生单纯被动接受的现状。

2　成果解决教学问题的方法

设计类本科教学随着社会对人才内在适应性的需求变化，在不断进行着调整和改革。供给侧结构改革下的设计类本科实践教学与社会服务结合研究，从社会实践中提取出来，专业根据社会发展对人才的需求，适时提出与时俱进的教学方案。

2.1 求稳践行，多层次搭建实践教学平台体系（图2）

在逐渐重视实践教学的前提下，不断尝试和突破校园地域的限制，将学生的主动性从实验室、模型室、材料室等校内实践空间，稳步拓展到社会更广大更复杂的校外实践空间中。

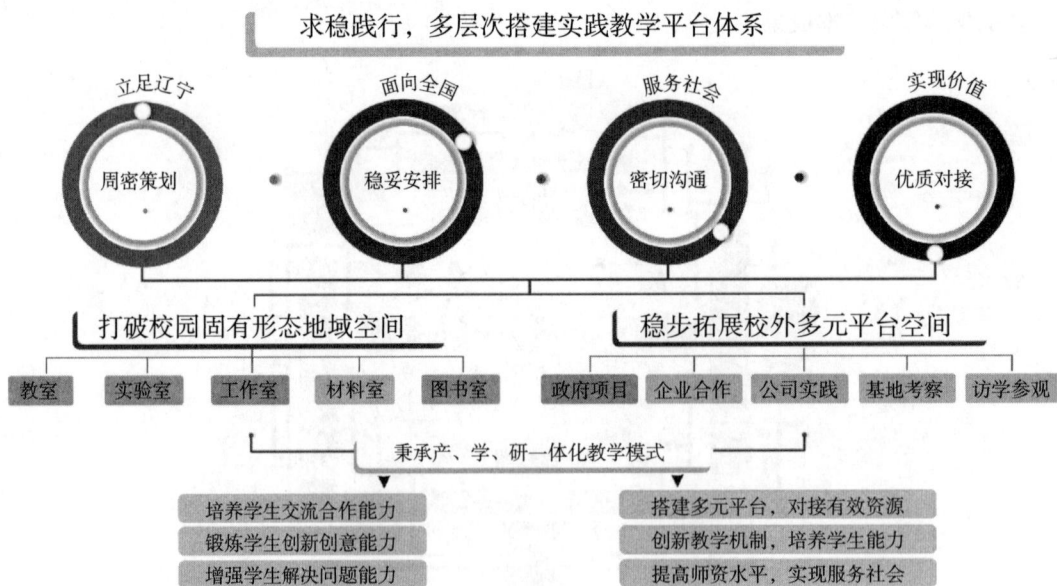

图2　解决教学问题方法一

2.2 求新探索，进行深化改革实践教学模式（图3）

调研、厘清供给侧结构性改革框架下，设计类本科实践教学与社会服务关系，根据社会需求、设计领域行业发展，解决实践教学问题。培养学生交流、合作能力，从而锻炼其创新精神、实践能力、解决问题能力。

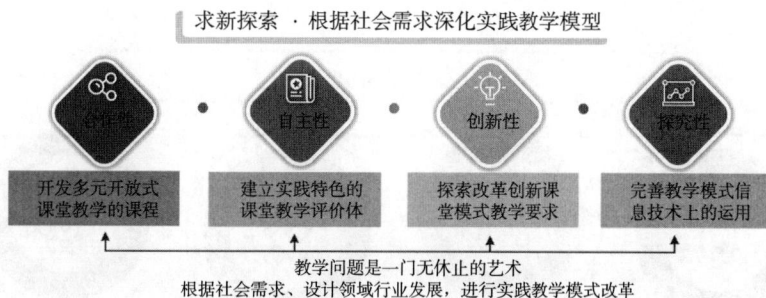

求新探索 · 根据社会需求深化实践教学模型

图3 解决教学问题方法二

2.3 求实筑基，全方位构筑实践教学空间环境（图4）

校园实践教学与社会实践合作，筑建夯实的全方位教学环境与教学方法，构筑设计教学在供给方和需求方之间的衔接关系。促进产学研合作，充分发挥教、学、管、研、产多方积极性，为实践育人提供全面保障。对政府方面，做好咨询和参谋工作，对较复杂的工作内容提供学术咨询和建议；对行业方面，充分利用行业协会的资源，结合学校、企业、社会等多方面的利益需求；对企业用户，实地对接，让学生从最初环节就参与进来；对媒体方面，真正认识和尊重媒体的特殊效应，与媒体积极有效地配合，使得实践教学成果能够广为人知。

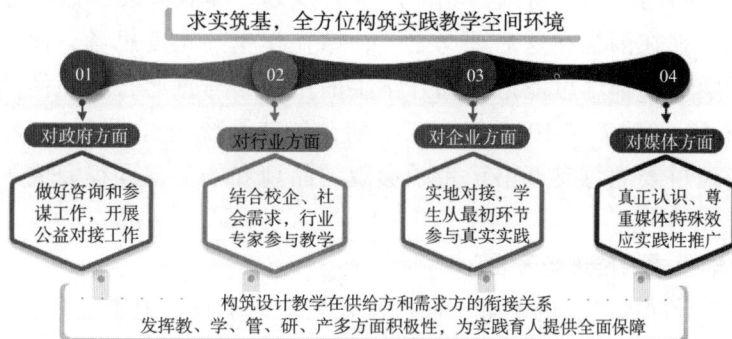

求实筑基，全方位构筑实践教学空间环境

图4 解决教学问题方法三

3 成果的创新点

3.1 建立实践教学平台，实现学校与企业、教师与学生共赢

实践教学多样化，为学生提供了无限创造的空间环境、互为生长的教学关系、服务社会的使用功能，可以借助多元平台来拓展视野（图5）。

3.2 打破以师生为行为主体，实现学生与岗位零距离对接

在实践教学过程中，以双师素质教师和企业技师为主导，以学生为主体，将课题和竞赛作为教学内容，最终使学生在能力上与社会需求接轨，也满足了企业的用人需求。

3.3 创新师资队伍实践教学能力，实现学生学习态度转变

提升师资队伍实践教学能力，教师在充分调动优质社会资源的前提下，让多种社会角色和优秀的人士在不同的教学环节中加入进来，与指导教师协同育人。

3.4 实践教学形式多样化，实现以点带面示范效应

实践教学除参赛、实习等常规动作之外，增加了社会服务、国际交流等内容。使学生在学期间通过实践平台得以深度接触社会，既增强了专业实践能力，又增加了社会历练。

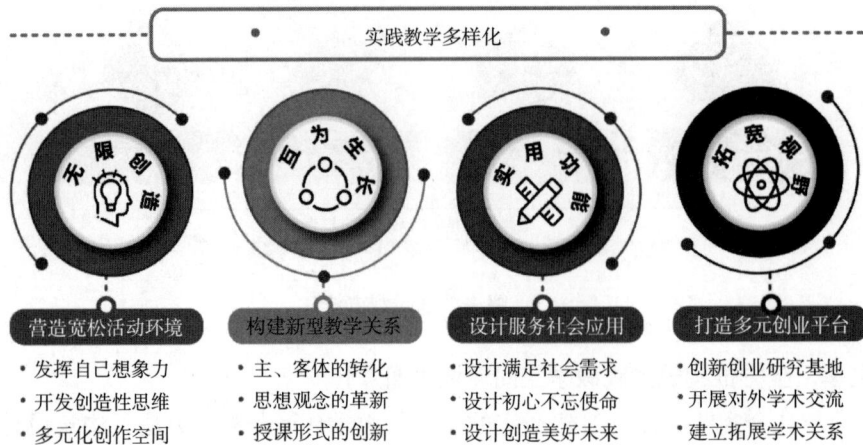

图 5　实践教学多样化

4　成果的推广应用情况

4.1　突出学生创新活动主体性地位

学生是实践教学活动的主体。所以，相应的平台规划、模式开发、制度建立、机制运行、课程运行等多方面的细节都在围绕在这个理念之下，站在学生的角度思考，通过周密细致的组织和引导，使各项实践教学活动都尽可能地调动好学生的主动参与意愿，从而使学生由以往的被动式学习转变为主动式学习。2017～2018 年第二学期，包装系统设计课，32 名学生到金州大魏家村考察农业基地。当地村委党总支部书记带领参观"品魏农场"，课程完成了樱桃及草莓相关农产品设计（图 6）。

4.2　注重多赢教学模式的推进与开发

对多赢教学模式进行深入细致的了解，通过实践教学改革真正地满足多方领域的不同需求。在"大连有好礼""设计进校园""新媒体空间影像艺术展"等活动中，学校培养了更多的优秀师生人才，企业获得了更多优秀员工，政府促进了更多就业与创收，学生尽早熟悉行业需求，实现人生价值。

4.3　实践教学平台引导学生创新创业

创新创业实践是实践教学平台运行的重点目标。在搭建好的实践教学平台上，大力引导学生在创新意识、团结协作方面的能力培养，借助举办"石英石玻璃及岫岩玉综合材料艺术品设计营销大赛"，着力提升学生的综合实践能力，减少毕业以后走向工作岗位的适应期，让他们发掘和发挥自身潜力，激发创新创业实践的自信心。

4.4　实践教学平台得到社会良性反馈

自 2018 年起，大连海纳建材联盟便在环境设计专业设立总额为十万元的励志奖学金，用于表彰学生们在实践学习中的优异表现，使得学生备受鼓舞（图 7）。

4.5　在更广阔的舞台上历练实践能力

积极参与中国建筑学会室内设计分会主办的"室内设计 6+"2020 年（第八届）联合毕业设计活动，使学生们得以和其他高校相同专业的学生在同一平台上比试专业水平，相互促进、共同进步，同时教师也能相互切磋互相学习，在教学理念、实践模式、设计语言等方面进行充分交流与探讨。同时，由于疫情的原因，原定的线下集中开题也改为线上开题，面对新情况，我校两组参赛同学积极应对，单独进行了开题报告分享，给大家留下了深刻的印象（图 8）。

图6 突出学生创新活动主体性地位

图7　海纳建材行业联盟奖学金颁奖典礼

东北地区高校组：大连工业大学、东北大学、沈阳建筑大学、大连理工大学、东北师范大学、吉林大学、内蒙古工业大学指导教师代表。

"与家"城市书房　具体空间设计———一层儿童借阅区

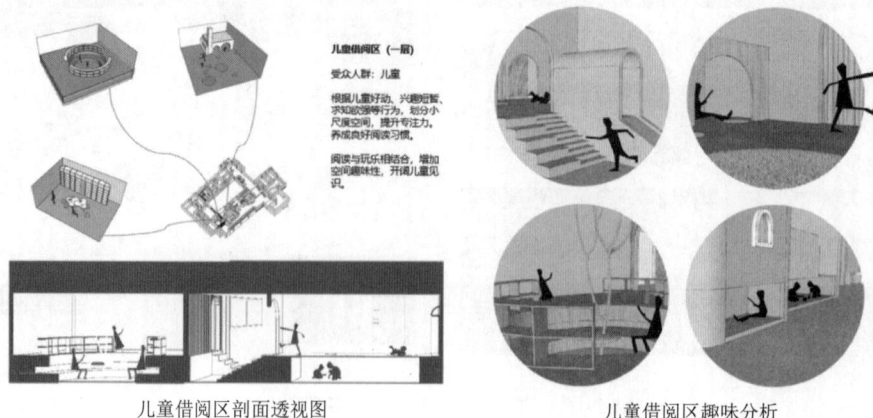

儿童借阅区剖面透视图

儿童借阅区趣味分析

图8　学生在广阔舞历练实践能力

贯通服装专业人才培养全过程的
实践教学体系创新构建与应用

北京服装学院

完成人及简况

姓名	性别	所在单位	党政职务	专业技术职称
王永进	男	北京服装学院	执行院长	教授
衣卫京	男	北京服装学院	副院长	教授
丛小棠	女	北京服装学院	院长助理	讲师
刘卫	男	北京服装学院	无	副教授
李菁菁	女	北京服装学院	团总书记	讲师

1 成果简介及主要解决的教学问题

1.1 成果简介

学院基于对服装学科和产业的深入理解，针对服装专业实践教学体系存在的问题进行改革与实施，以"提升学生就业竞争力和可持续发展"为目标，创新构建了以"层次化、模块化、贯通制"为特色的服装专业实践教学体系与实训平台，开展了以"持续性实习与项目型训练"为内容的教学活动，形成了适应产业发展人才需求的创新培养之路。通过创新体系的构建与实践，取得显著成效：在2015年、2016年BOF（《时尚商业周刊》）国际排名中专业排名国内第一、亚洲第二，实践能力评价与雇佣单位满意指数位列世界前列；学生在国际、国内大赛中获金奖人数名列同类院校第一；毕业生受到行业好评；实践教学创新体系在国内获得推广，并多次与国际同行交流，影响广泛；服装与服饰设计及服装设计与工程专业获批国家一流本科专业建设点。

1.2 主要解决的教学问题

（1）实践教学体系科学规划问题。

（2）实践教学与时俱进问题。

（3）实践教学有效管理评价问题。

2 成果解决教学问题的方法

2.1 一个体系奠定创新人才的培养模式

创新构建了"分层次与进阶式"实践课程体系（图1）：一年级开设工作坊和服饰风采大赛；二年级开设产业认知实习、国际工作营和产品开发训练课程；三年级开设校企合作课程、大赛项目、研究训练计划以及项目制专业实习；四年级开设品牌孵化课程、创业大赛、毕业设计等，培养学生基础、综合及创新实践能力。

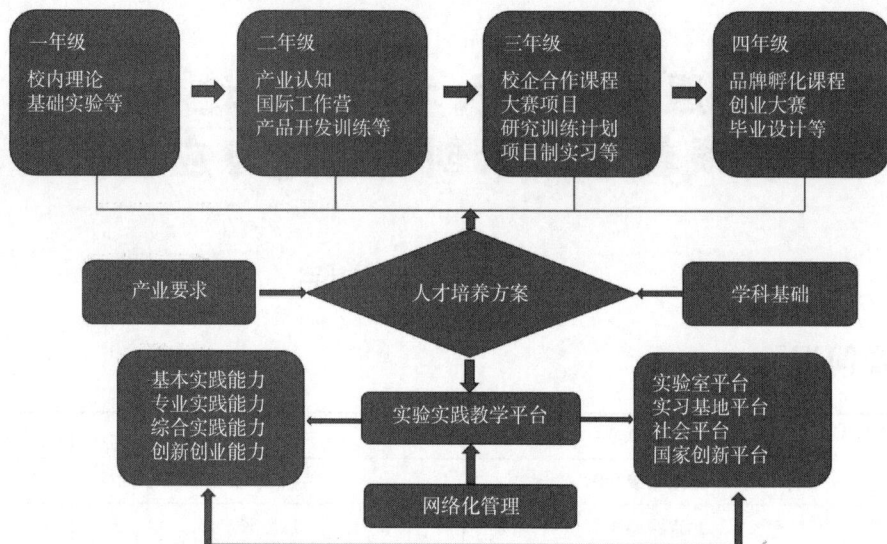

图1 "分层次与进阶式"实践课程体系

2.2 两个平台保障实践教学的创新实施

依托国家级实验教学中心和服装工效及功能创新设计北京市重点实验室，整合校内外资源，形成了由基础和专业实验室、国家级人才培养创新实验区、民族服饰博物馆、中关村时尚创新园、产学合作机构、工作室、市级校外人才培养基地、教研实习基地组成的实践教学双平台。

2.3 三项措施提升创新实践教学成效

（1）激励持续完善。开设10门新课，更新17门课程内容，32门课程实行校外导师授课，举办多次学生课程和教师同行评价活动，针对课程、工作营、实习、大赛以及毕业设计等出台并完善管理文件20项。

（2）支持校企与国际合作。聘请70余位企业专家为校外导师，举办8次规划与建设会议，开设16项工作营，162人次教师参与70次"双导师制"校外实习实践活动，与8个国家与地区的16所院校及学术机构开展20门国际课程合作。

（3）保障经费投入。2012年以来共投入教学活动、实验室建设等经费8000余万元，为创新人才培养提供了强有力的物质保障。

3 成果的创新点

3.1 实践教学模式创新

在满足学生获得各种必需技能、培养不断学习与持续发展能力的目标下，推广校企合作模式，以认知实习等建立产业视野，以专项训练和项目形式模拟企划到营销各环节实操工作，培养学生实际工作技能。

3.2 实践教学平台创新

在贯通平台的建设思路下，以服装服饰实验教学中心为基础，打造三层次（基础、综合与创新技能）和五模块（款式、板型、材料、制造、营销）实践教学平台，如图2所示。

3.3 实践教学管理创新

在以学生为中心与持续改进的原则下，组建课程主任与校外导师为主、课程群负责人与教学院长为辅的管理团队，推行校企联合项目制管理模式，建立校企共同完善管理制度的机制。

3.4 实践教学国际合作创新

挖掘院校、科研机构、行业协会、品牌公司等国际优势资源，构建企业研修、岗位实习等国际课程，举办工作营、邀请赛、成果展演等国际项目，建立国际导师团队及国际实践教学平台。

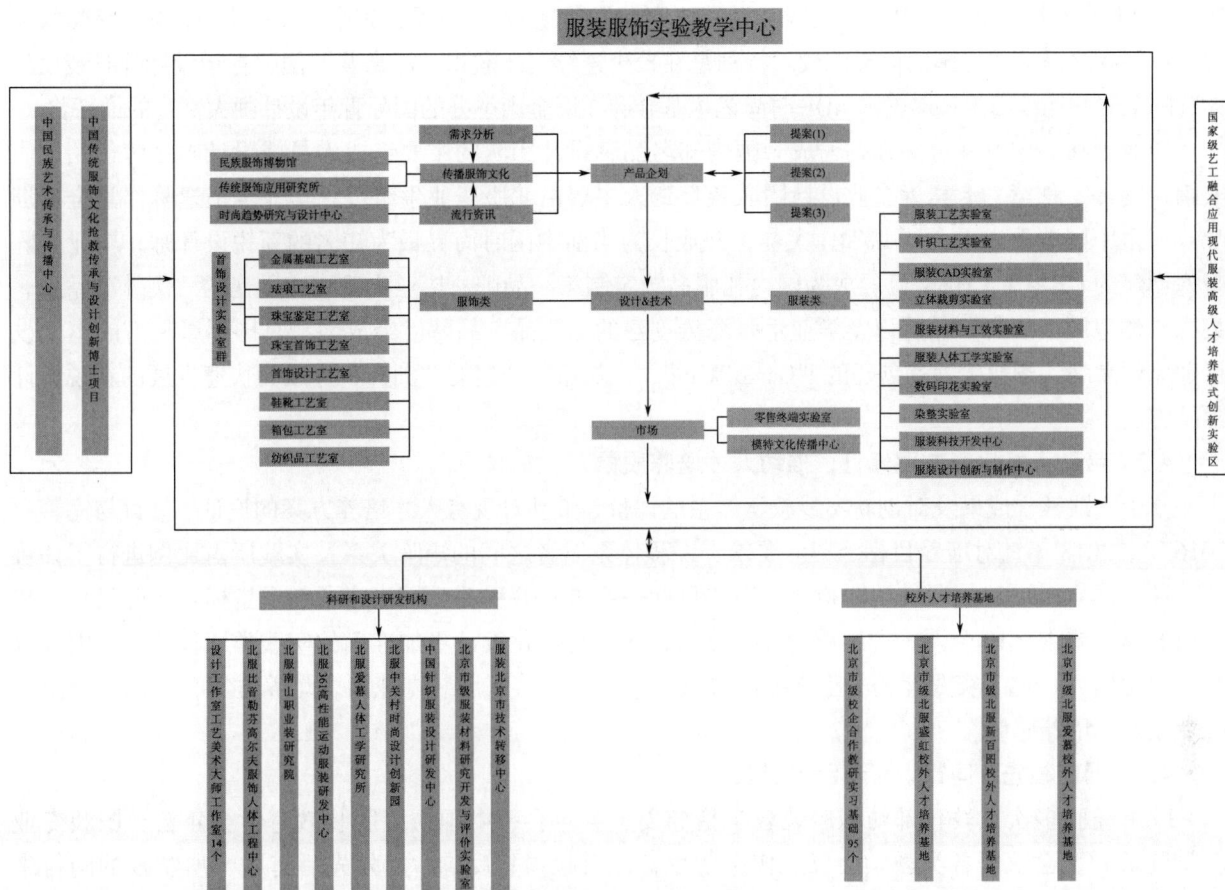

图2 三层次五模块实践教学平台

4 成果的推广应用情况

4.1 硕果累累彰显创新效果

4.1.1 学校层面

作为第一个在中国国际时装周期间举办毕业生优秀作品发布会的学校，至今已经举办 25 届，也是国内第一批参加中国大学生时装周发布会的院校；近 8 年在校内举办北服时装周 8 次，设计类课程秀32 场，课程作业展示 32 次，实践教学成果展 4 次，工作营成果展 20 次；2015 年、2016 年连续两年在BOF（《时尚商业周刊》）国际排名中专业排名国内第一，亚洲第二。2019 年、2020 年服装与服饰设计、服装设计与工程获批国家一流专业，2016 年服装设计与工程专业作为试点第一个通过工程专业认证。成果受到国内外企业关注，并得到媒体青睐，先后在中央电视台、时尚杂志、《中国服饰》、时尚北京、香港卫视等媒体播出报道，获得广泛宣传。

4.1.2 教师层面

近 8 年完成各类教改项目 40 余项；发表教改论文 30 余篇；发表作品 62 幅；完成译著或教材 37 部；"服装设计效果图""服装数字科技" 2 门课程被列为国家级一流课程；出版专业教材 10 本；组建了信息化男装课群等 3 个课程群建设团队；完成服装 CAD 应用、服装产品策划与设计、服装设计元素、服装工艺、服装大数据等网络课程。

4.1.3 学生层面

2016 年、2018 年对学院学生的实践教学满意度调查数据显示，服装专业学生"满意以上"百分比达到 98.9%，对用人单位进行毕业 5 年学生的满意度调查反映，企业"满意"以上比例达到 90.7%。自

2012 年以来学生参加了国内外重大服装设计比赛获得奖项共 70 余项，其中获得金奖 27 项，获奖数量之多和层次之高远领先国内同类院校。特别是在校生连续三年获得"汉帛奖"国际青年设计师时装设计大赛的金奖，连续四年获得美国 AOF 时尚艺术基金会在旧金山举办的国际青年设计师大奖赛的最高奖。

毕业生在业内发展势头强劲，成为国内知名品牌设计团队的主要组成人员或设计师品牌创始人。安踏、爱慕、雅莹、卡宾等企业设计团队及负责人主要由北服毕业生组成；毕业生王逢陈作为全亚洲唯一一位中国选手进入全球 LVMH 大赛，并成长为当前中国时尚界最为知名的新锐设计师；毕业生陈野槐创建的 GRACE CHEN 已经成为国内礼服高级定制第一品牌；毕业生毛继鸿创建的"例外"品牌、吴惠君创建的"唐狮"品牌以及毕业生张海涛创建的"质品"品牌已经成为最具国际影响力的本土设计师原创品牌，毕业生韩磊创建的"Damo Wang"，刘超颖创建的"洲升"等成为快速发展的新锐设计师品牌。

4.2 带动人才培养方案修订，推动人才培养质量

基于实践教学成果及对创新实践教学体系的评价，带动对现有人才培养方案的论证、修订与完善。2016 年、2018 年针对培养目标、毕业要求、课程体系三者之间的矩阵关系及实践所占比例进行了评价和论证，建立了更加具有科学性和合理性的目标—要求—课程关系，构建了 5 个指标点培养目标、12 大项的毕业要求、10 个课程群组成的课程体系，尤其是优化设计更加准确的实践类课程名称、内容以及授课逻辑，强化了实践课程的正确授课方式，进一步完善了服装专业人才培养方案，提高了学院服装专业人才培养质量。

4.3 国内领先、同行认可与示范引领

改革经验多次在教育部纺织服装教学指导委员会年会、中国纺织服装教育学会年会、服装专业教学院长联席会议等各类教学会议上作主题发言，引起强烈反响，此外先后有数十所学校的同行来我校考察交流，典型经验和做法获得东华大学、武汉纺织大学、天津工业大学、苏州大学、浙江理工大学等行业兄弟院校的认可与高度评价，并借鉴和采用。近三年，学院先后获得 2015 年中国服装行业支持大奖、2011 ~ 2015 年中国针织行业人才培育推动奖、2016 年全国纺织服装教育先进集体和 2017 ~ 2019 年中国时装设计育人奖；社会影响力日益提高，服装类专业生源质量逐年提高，本校已成为许多考生首选。

4.4 国际交流影响日益扩大

广泛开展国际交流与合作，推动学院与教学的国际影响力。2011 年加入由 30 多所院校组成的国际时装教育学会（IFFIT），2016 年成功举办 IFFTI 学术年会，全球 122 名院校与机构代表参加了本次盛会，学院代表国内院校发表主题演讲，受到好评；学院还先后与日本文化学园大学、英国曼特斯城市大学、美国肯特州立大学、南非德班理工大学联合举办国际青年设计师发布会、共同参加中国大学生时装周联合发布；自 2012 年起连续举办七届 IYDC 国际青年设计师邀请赛，围绕现代与传统文化的相互融合和创新设计，先后邀请了 20 多个国家与地区的 500 多名国内外知名院校学生参加比赛，搭建了一个国际知名的青年设计师、文化研究以及技术研究学者交流平台；此外，学院先后与英国曼特斯特大学、荷兰阿姆斯特丹博物馆、丹麦 SAGAFURS 世家皮草、意大利高级时装协会、AOF 国际服装基金协会等高校、公司及协会组织签订合作协议，在学院举办国际合作课程及专项工作营，成功地扩展了学生的国际视野；近五年，学院 15 名教师在 8 个国际会议上宣读实践教学相关论文，推动了学院与创新实践教学体系在国际上的影响力。

服装类专业创新创业教学模式改革与创新

常熟理工学院

完成人及简况

姓名	性别	所在单位	党政职务	专业技术职称
吴世刚	男	常熟理工学院	系主任	副教授
陆鑫	男	常熟理工学院	院长	教授
李亚	男	常熟理工学院	办公室主任	助理研究员
何亚男	女	常熟理工学院	系主任	讲师
温兰	女	常熟理工学院	系主任	副教授
孙银银	女	常熟理工学院	系主任	讲师
阚丽红	女	常熟理工学院	无	副教授

1 成果简介及主要解决的教学问题

1.1 成果简介

本项目自 2017 年结题以来，团队对本校服装专业的创新创业教学模式进行了系统的研究与实践，并取得了较好的效果。该项目是在前期的中国纺织工业联合会教学改革项目"基于总部经济背景下的服装设计与工程专业应用型人才培养模式研究"（2014 年 8 月）、省级本科教育教学改革项目"服装设计与工程核心课程教学模式改革与实践"（2017 年 8 月）、"服装与纺织工程校内外实验教学基地建设与产学研结合的运行机制研究与实践"（2015 年 10 月）的研究成果的基础上，进一步做了系统的创新创业理念的融入与强化、创新创业课程体系的设计与实践。

项目以构建和实践高校服装类专业创新创业教育新模式为目标，以响应和深化国家创新创业教育教学改革为契机，将服装行业创新型人才需求与服装专业人才培养相结合，通过一系列系统教学模式改革、探索和实践，逐步构建形成了一整套具有示范性的创新创业服装类教学模式。

1.2 主要解决的教学问题

（1）创新创业课程教学内容在服装行业快速发展的今天相对滞后，学生的创新意识及创业能力与企业需求脱轨。本项目通过引入先进的企业文化、技术和人员到创新创业课程教学中，有效地解决了学生创新创业认知不足的问题。

（2）创新创业课程教学方法相对传统，学生的学习积极性和主动性不高，教学效果不显著的问题。本项目以校企合作共建校内、校外创新创业平台为载体，通过项目、竞赛等活动实现项目驱动、以赛促创，有效提升了学生创新创业的积极性，取得了较好的成效。

（3）创新创业课程教学与实践环境不对应，无法满足行业对学生的创新实践应用能力的要求。本项目通过选择技术先进企业，精准指向创新创业方向课程模块的教学方式，学生融入企业的实际岗位中，通过参与企业产品研发和生产，增强了发现问题和解决问题的创新实践应用能力。

2　成果解决教学问题的方法

本教学成果以实践创新创业服装专业人才培养为导向，以校企共建创新创业实践教学平台为载体，进一步对创新创业教学模式进行改革与创新，完善创新创业课程体系的系统设计，进一步构建创新创业课程内容、教学方法和效果评价的途径，通过项目驱动，以赛促创等活动激发学生创新思维和创业能力，促进服装行业急需的创新创业复合型人才的培养，具体方法如下。

2.1　系统地改革了创新创业教学模式

专业教育融入创新创业教育理念是未来专业综合素质教育的重要内容。创新创业教学涵盖在专业课程教学中，改革传统的教学模式，首先要从教学模式改革目标为切入点，即激发创新创业思维、构建创新创业专业课程体系、创建创新创业实践教学平台的教学模式改革目标。经过近年的深入改革与实践，形成了服装类专业自身特色的创新创业教学模式：全方位立体化的创新创业课程体系；依托校企合作共建的创新创业教学平台；进行企业文化、技术的深度植入；选择先进企业精准指向创新创业课程模块的岗位教学方式的创新创业教学模式。该教学改革项目的研究成果已顺利通过专家组的成果鉴定（图1）。

2.2　全方位构建立体化的创新创业课程体系

创新创业课程体系的设计应该遵循教育的客观规律，本项目依据专业特点和学生培养目标，对比不同区域的服装行业背景和学生特点，设计了符合不同区域学生成长规律，并与创新创业理念相一致的服装类专业课程体系总框架。具有如下特点。

2.2.1　创新创业课程体系的"嵌入式"特点

本校服装类专业在原有专业人才培养课程体系的基础上，将创新创业理念嵌入在全部课程教学过程之中，遵循学生客观认知规律，结合当前大学生在创新创业基础教育知识上薄弱的特点，构建出带有专业特色的"嵌入式"课程体系设计方案：依据企业对创新创业人才的要求，将创新思维融入专业课程体系；将创业训练融入专业课程教学中；将创新方法融入专业实践教学中（图2）。

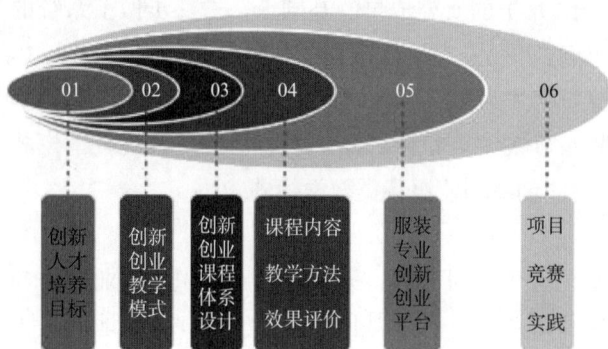

图1　创新创业教学模式构架

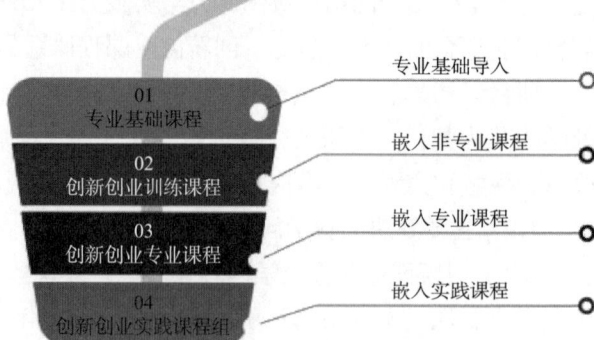

图2　嵌入式分层课程架构

2.2.2　创新创业课程的"分层式"特点

创新创业教育理念是一个从基础引导和训练的系统工程，在尊重学生创新创业客观差异性基础上，将创新创业教育设计成多维度的"分层式"培养模式，即面向全体学生的创新创业通识课程群；面向具有创新创业潜质的专业课程群；面向动手能力强，可以践行创新思维和创业愿望实现的课程群。

（1）"地壳"层创新创业通识课程：主要由基础类课程，如大学生职业发展与创业教育、大学生创业基础与训练、大学生就业指导、创新与技能教育等公共必修、专业必修的系列课程组成。旨在大力培养学生创新创业基础能力。

（2）"地幔"层创新创业专业课程：针对有潜质的学生，开设提高基本知识、技巧、技能的专门系列专业课程，将创新创业能力培养渗透到核心课程与专业方向课程中。

（3）"地核"层创新创业实践课程：开设了以项目、活动为引导，教学与实践相结合的服装结构与工艺实习、服装材料实验、服装CAD综合实训、工业制板综合实训、服装立体裁剪课程设计、校企合作专业实习、毕业设计、毕业实习等相对集中的专业实践模块课程。有针对性地加强学生综合运用知识的能力，培养学生创新创业实际运用能力。

2.2.3 创新创业课程体系的校企合作"分类式"特点

项目研究与实践结合区域经济转型发展和不同服装企业人才发展需要，与地方企业建立了长期人才培养合作协议，为专业人才毕业后为地方服务提供充分的前期准备。因此，常熟理工学院与以安正时尚集团、波司登集团为代表的多家上市服装企业合作，并结合企业人才需要设计了"分类式"专业创新课程体系。

项目研究与实践依据不同区域产业背景和学生的特质，设计了分类课程组：功能服装技术、服装生产管理、针织服装技术、成衣制造技术、纺织品检测5个模块课程组，代表企业分别为：波司登集团、红豆集团、安正时尚集团、海澜之家、盛虹集团（图3、图4）。

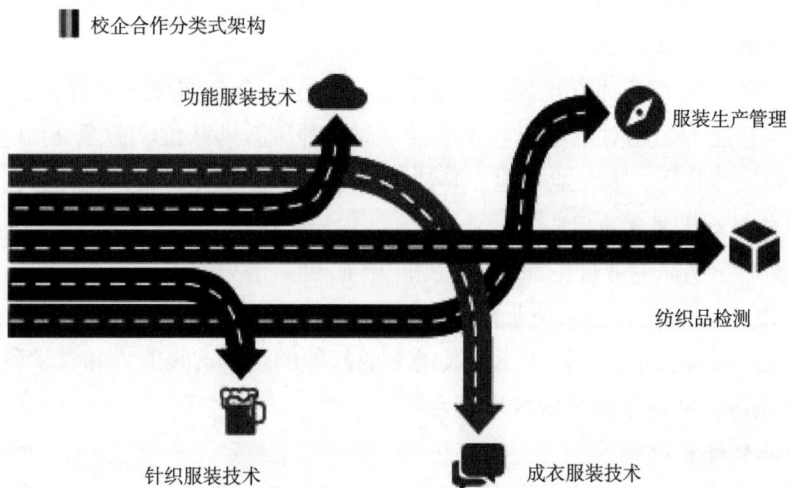

图3 校企合作分类式架构

2.2.4 创新创业课程评价模式"过程化"特点

在教学过程中，实施学生学业成绩评价和学业过程评价相结合的评价方式，建立综合模糊评价系统。除了期末的卷面考试外，评价教学过程中融入思考讨论、协作表现、积极参与、情感态度，形成了体现创新思维的评价方式。客观、科学的评价，不断提高实践创新创业型人才培养质量效果（图5）。

2.3 组建校企联合创新创业教学团队

项目在实践过程中，鼓励专业教师参与创新创业实践，不仅可以在专业创新创业实践中指导和鼓励学生，还可以以自身的创新创业精神感染学生，从而带动学生进行创新项目的建设，积极引入行业专家、企业导师，丰富创新创业导师的经历，增强教学团队的实力。

2.3.1 校内教师走出去

成立校企合作领导小组，坚持走出去、定期将专业教师派到企业、专业培训机构进行中短期创新创业学习和交流。

2.3.2 校外导师请进来

定期聘请企业高级技术人员和校外专家为本专业担任创新创业课程教学、学术交流、创新创业讲

图4　校企联合教学团队

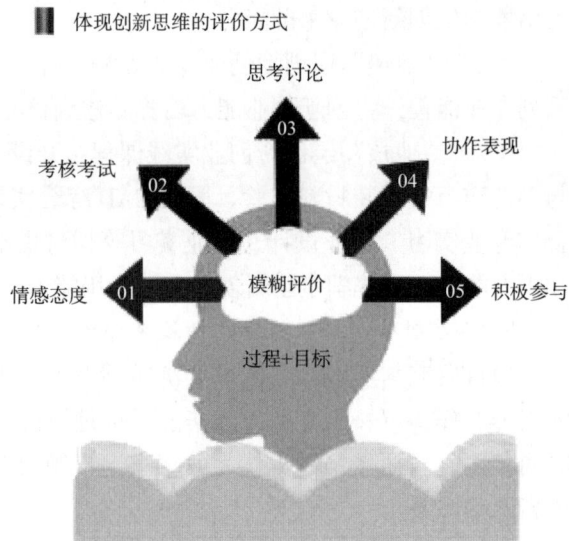

图5　体现创新思维的评价方式

座等教学工作。建立校企双方的创新创业人才资源库，把企业的高级技术人员、学院的专业教师及校企双方的管理人员都纳入资源库中。

服装类专业结合学院中长期师资规划的实际情况，依托校企合作交流平台，已基本构建了具有较高教学水平、较强实践能力、相对稳定的专兼结合"双导师"教师队伍。截至2021年底，已形成一支长期稳定的校外兼职教师队伍，本专业在地方聘请的企业兼职教师人数达50余人次。

2.3.3　组建创新创业实践教学团队

服装类专业创新教学团队专业理论深厚，实践能力强，创新潜力大，有专任教师25人，其中教授4人，副教授6人，博士12人。团队与多家企业开展项目合作进行产品设计、研发与检测，目前部分项目已经进入产品生产阶段。实践教学团队锤炼了服装类专业教师的创新实践能力和教学科研能力。

2.4　引入企业资源，共建创新创业教学平台

2.4.1　创新创业教材资源

服装类专业教材跟随企业先进技术发展而不断更新和创新，近五年，与企业联合设计撰写教材有16部，其中被列入国家级及部委级规划教材的有9部。有18门课程被列入部委级"十四五"规划教材，其中《服装工艺技术（男装篇）》《服装工艺技术（女装篇）》等教材已出版应用。贴近企业的实用教材提高了创新创业的教学效果和学习成效。

2.4.2　创新创业实践平台

常熟理工学院服装专业整合校内外资源，与地方政府，行业权威机构及大型集团公司，共建了多个产学研用创新创业平台，包括中国纺织工程学会服装智能制板科研基地、产学研创新研发基地、中国集训基地、苏州纺织服装文化创意产业研究院、苏州纺织服装产业技术公共服务平台、苏州市中小企业公共服务示范平台、纺织工业（常熟）检测中心、常熟纺织服装行业协同创新公共服务平台、服装造型（板型）技术协同创新中心、常熟理工学院感官认知与设计研究所、纺织工业（常熟）检测中心、常熟服装城纺织服装检测公共服务平台、常熟出口羽绒制品质量安全公共技术检测服务平台等，为创新创业活动提供了广泛的物理空间（图6）。

依托校企共建创新创业教学平台，提升了创新创业项目、创新创业竞赛等活动的高度。自2016年以来，共获批国家、省、校、院级大学生创新创业训练项目300多项，获国家、省、校级竞赛奖励400多人次，学生创新实践能力显著增强。

2.4.3 创新创业实习基地

校外教学实习基地建设是本专业改善办学条件、彰显办学特色、提高教学质量的重点。本专业注重行业代表性强、设施设备先进、企业合作热情高、专业与企业生产经营活动联系性强的单位作为校外实习基地,结合产品生产进行技能训练,创设"教学做"三合一的岗位课堂,目前已经与安正集团、晨风集团、波司登集团等国内30多家企业签订了校企合作实习协议。

2.5 创新创业"全链条化"教学质量管理

为了保障创新创业教学目标和教学效果,满足社会、企业对创新人才培养质量的要求,组建校内、校外教学质量管理团队,设置工作小组、企业导师以及校内教师的三级创新创业教学质量管理,对创新创业专业课程内容、毕业设计选题、企业项目等的全链条化质量管理,形成校内和校外创新创业实践平台的课程教学质量的闭环式管理,构建了较为完善的专业创新创业教学质量保障模式。质量管理的效果显著,2020年服装设计与工程专业获批江苏省一流专业,服装与服饰设计专业获学校特色专业。

通过创新创业实践教学团队的创新创业课程质量控制,校企联合团队的创新实践教学平台的质量提升、教学质量管理团队的过程质量管理,使创新创业人才的培养质量符合企业对创新人才的需求。学院每年召开毕业实习校园招聘会,学生实现了100%通过率和99%就业率(图7)。

图6 创新创业实践平台

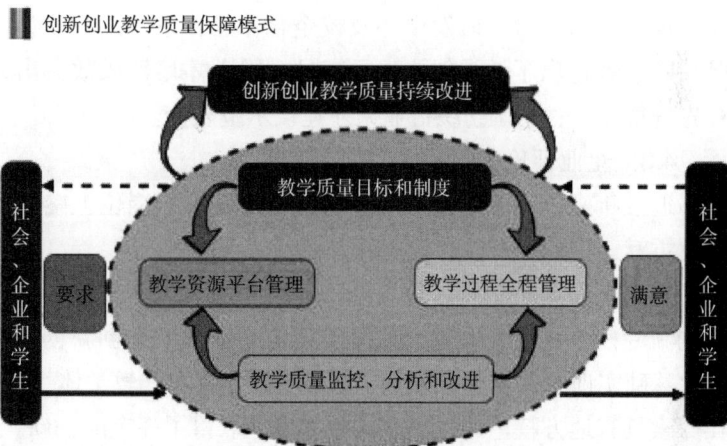

图7 创新创业教学质量保障模式

3 成果的创新点

3.1 共建多元化校企创新创业教学平台

学校与行业、企业深度融合,共同搭建校内、校外的创新创业教学平台,进一步提升创新创业的教学水平,持续为企业输送高质量的创新创业应用型人才,加速推进了常熟地区服装产业的转型升级与发展。

3.2 创新创业教学深度植入企业文化和资源

引企入校,同时将企业文化、技术等深度植入创新人才培养方案的制定、创新创业课程体系的设计,企业参与创新创业课程教学和质量管理当中,使学生尽早地接触企业文化和先进技术,加快创新创业思维的形成。

3.3 选择科技创新企业进行精准分类教学

选择如波司登集团、盛虹集团、安正集团等文化、技术和人才强大的、技术先进的上市企业,精准指向校企合作分类模块课程,使课程、实习和就业一体化,发挥大企业文化资源优势,显著提升学生创新创业的高度和深度。

3.4 企业参与创新创业教学质量"全链条化"

对创新创业专业课程内容、毕业设计选题、企业项目等的全链条化质量管理，形成校内和校外创新创业实践平台的课程教学质量闭环式管理，构建了较为完善的专业创新创业教学质量保障模式。

4 成果的推广应用情况

4.1 教学成果

近四年间，2 项成果获部委级教学成果一等奖；3 项获部委级教学成果二等奖；5 项获省部级教学成果三等奖；出版教材 3 部。项目实践期间，获批国家、省、校、院级大学生创新创业训练项目近 200 多项；参加国家、省、市、校级创新创业大赛获奖 300 多人次，本科学生在学术刊物上公开发表论文 30 余篇；获得职业技能资格证书累计 80 余项，本科学生获批专利 10 余项，专业人才质量大幅提升，毕业生供不应求。其中"柿柿入衣——环保柿染应用先行者"获省第四届"互联网 +"大学生创新创业大赛金奖（教育厅等颁发）；"云裳植物印染工作室"获 2018 年创青春国赛铜奖。

4.2 培养质量

2016 ~ 2021 年，初期就业率均 90% 以上，协议就业率由 2018 年的 60%，2019 年的 85%，逐步提升到 2020 年的 99%，灵活就业比率逐年下降，对口就业率稳步提升。依托校区共建创新创业平台、校内创新实验平台、研发中心及校企合作工作室，以专业为依据建立了 5 个学生创新创业工作室，注册品牌，孵化出了 5 类创业项目产品。因人才培养成效突出，多次获得行业颁发的"全国纺织服装教育先进集体"；中国纺织行业人才建设示范院校。

4.3 企业评价

近五年来，到企业实习和就业的学生在本职岗位上踏实上进，为企业注入了新生力量和大量的创新性贡献，得到了行业和企业的好评。

安正时尚集团生产区总经理曾云榜：服装创新实践课程能结合专业特色，围绕培养高技能、高素质创新专门人才进行改革，取得了一定的成效。在创新创业教学改革上，积极引入项目教学方法，采取"基础实训 + 课程分层 + 企业分类实践"的实践教学体系，创新创业项目设计与就业市场紧密结合，在探索具有地方特色的教学方式和方法上取得了一定的创新。

海澜集团人力资源部长居江：分配于我公司的常熟理工学院的学生，总体素质较高，工作态度认真，虚心好学，能者为师。且在工作中，能将已掌握的服装专业基础知识学以致用，有一定的创新能力及较强的动手能力。这些都折射出该院所设创新创业实践课程，方法得当，具有实效性，无疑为他们将来创业奠定了很好的基础。

纺织工业（常熟）检测中心总经理黄建平：服装面料分析工作在服装专业的基本工作过程中都具有非常重要的作用。常熟理工学院的服装材料功能分析与实践创新创业课程设计合理，做到了理论与实践相结合，注重学生创新思维培养，符合当前企业对复合型创新人才的要求。

4.4 社会声誉

自 2016 年以来，先后有中国纺织工业联合会副会长，江苏省教育厅副厅长、中国服装协会会长等多位政府与行业部门领导深入学院指导工作，对取得的成绩给予了高度评价。接待了英国约翰摩尔大学、韩国湖南大学、韩国湖南大学、东华大学、苏州大学、江南大学、南通大学、大连工业大学、中原工学院等十余所国内外高校领导及二级学院领导 50 多人次参观交流及学习，对本专业的建设成效给予了高度的评价。

"旭日广东服装学院"现代产业学院的建设与实践

惠州学院

完成人及简况

姓名	性别	所在单位	党政职务	专业技术职称
陈学军	男	惠州学院	旭日广东服装学院院长	教授级高级工程师
刘小红	男	惠州学院	无	教授
徐丽丽	女	惠州学院	服装工程系主任	讲师
索理	女	惠州学院	副院长	服装技术副教授
杨雪梅	女	惠州学院	无	服装技术教授
侯开慧	女	惠州学院	无	讲师
刘海金	女	惠州学院	无	助教
朱方龙	男	惠州学院	副院长	教授
李艺	女	惠州学院	副院长	副教授

1 成果简介及主要解决的教学问题

1.1 成果简介

该学院前身"西纺惠州分院"早在 1988 年就开始与旭日集团等知名企业开展校企合作,推进产教融合改革,并取得了一系列成果。为适应广东省服装产业转型升级的需求,2016 年学院更名为"旭日广东服装学院",开始现代产业学院的建设。2019 年,学院入选广东省首批示范性产业学院。学院构建了一套"一六三"校企深度协同服装应用型人才培养模式,"一套"多方共建共管共享共赢的校企合作长效机制。学院首创了"六共同"人才培养体系并付诸实践,包括共同研究与规划专业发展方向、共同制订人才培养方案、共同开发专业课程与教材、共同实施"双进双挂"工程、共同搭建"实验室 + 企业研究中心"多功能实践平台、共同开展学生学业能力评价,全方位强化学生实践创新能力培养。实施了"课程内容 + 职业发展"的模块化教学内容改革,"专业教师 + 企业骨干"的嵌入式教学方法改革,"师生团队 + 企业课题"的项目化实践教学改革等三项教学改革措施,实现了教学内容与产业发展需求的高度契合(图 1)。

1.2 主要解决教学问题

(1)课程设置不能满足产业对复合型人才的需求。

(2)学生对企业岗位需求胜任力和竞争力不足。

(3)课程内容更新跟不上产业发展的速度。

2 成果解决教学问题的方法

2.1 创建一套完善的产教融合、协同育人的合作长效机制

通过建立一套深融合、多层次、多主体、常态化功能齐全的董事会制度,将行业发展需求与合作

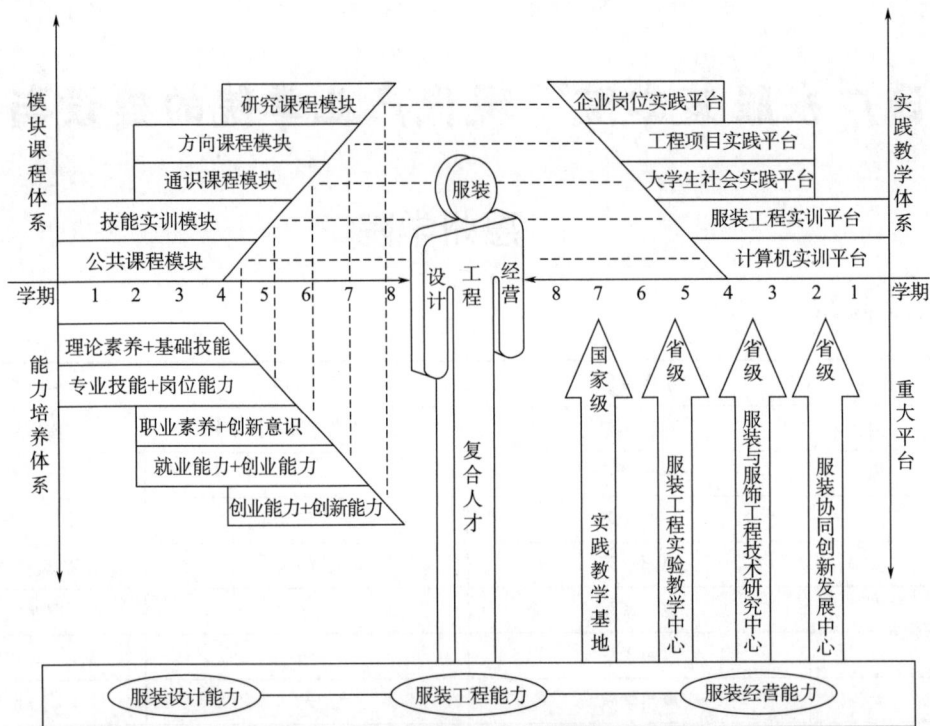

图 1　服装专业复合人才培养体系

企业发展战略和学校发展规划有机结合起来，共同制订人才培养方案、共同规划专业方向。从体制机制上确保学校人才培养供给侧与产业需求侧紧密对接，确保课程设置能够满足产业对复合型人才的需求。

2.2　校企共同参与人才培养、教师发展、实训实习等教学活动

通过校企共同开发课程和教材、共同实施"双进双挂"工程（教师进企业挂职、企业高管进课堂讲课）、共同建设"一实验室、一企业、一团队、双导师"实践平台、共同开展学生学业能力评价等系列活动，使得教学内容与企业岗位能力需求高度契合，确保学生能够胜任企业岗位变化的需求，提升学生的岗位竞争力。

2.3　持续推进教学内容、教学方法和实践教学改革

实施"课程内容＋职业发展"的模块化教学内容改革，使得教学内容能够支撑学生的职业发展路径；实施"专业教师＋企业骨干"的嵌入式教学方法改革，将企业教师的课程嵌入学校教师的相关课程之中，使得学生能更直观地了解企业对相关知识和能力的需求；实施"师生团队＋企业课题"的项目化实践教学改革，让学生直接参与企业项目，并培养团队协作能力。通过三项教学改革措施，实现了学院教学内容与产业发展的高度契合。

3　成果的创新点

3.1　一套高效运作的协同育人机制

董事会制度在不断传承、固化与提升过程中，逐步形成了多层次、常态化的沟通渠道，定期召开各层面工作会议，保证协同育人工作有计划、有落实、有成效。

3.2　创建了"六共同"的人才培养路径

共同规划专业发展方向，实现专业方向与产业链有效对接；共同制订人才培养方案，实现人才培

养规格与企业人才需求有效对接；共同开发专业课程与教材，实现课程与行业发展有效对接；共同实施"双进双挂"，实现教师队伍与应用型人才培养有效对接；共同搭建校企实践平台，实现实践教学与生产过程有效对接；共同开展学生学业能力评价，实现学生实践创新能力评价与学业成绩评价有效对接。

3.3 三项教学改革

模块化教学内容改革，鼓励教师主动走向一线，克服知识孤岛；嵌入式教学方法改革，将企业骨干引入课堂，促进双师队伍建设；项目化实践教学改革，使企业得到了人才、学生得到了实践、教师科研得到了成果，实现三方共赢。

4 成果的推广应用情况

4.1 成果应用效果

4.1.1 建立产学研校企深度融合机制取得明显效果

学院构建校企深度协同的服装应用型人才培养"一六三"模式，加大了校企合作的力度，促进了产学研深度融合，在教学、科研、学生就业等方面均取得了较好的效果。近5年本专业教师与校外企业合作的课题共46项，经费总额约446.3万元，与企业合作申报专利54项。2018年"产教深度融合的服装专业教学综合改革研究与实践"获广东省第八届教育教学成果奖（高等教育）一等奖。

4.1.2 校企协同育人机制在实践中提升了办学和人才培养质量

办学质量不断提高，2020年获得IEET国际工程教育专业认证及省一流专业建设点，2016～2021年获得省级以上大学生创新创业项目45项。近五年年服装学院学生获得国家级、省级以上学科专业竞赛奖264项，其中包括"SDC国际纺织品及服装设计大赛""中国针织时装设计大赛""广东省服装职业设计师技能大赛""全国信息技术应用水平大赛（服装）"等赛事冠军。学生学习积极性明显提高，实践能力明显增强。根据《麦可思毕业生培养质量评价报告》毕业生基本工作能力满足度达91%、核心知识满足度达93%。近三年毕业生就业率保持在90%以上，获得企业好评，涌现出一批担任中高层骨干的优秀校友和自主创业成就卓著的杰出校友。

4.2 成果应用推广

4.2.1 成果应用从服装学院扩大到全校多个学院

"一六三"模式已在学校经管、电子、信息、数学、化工、美术等多个学院推广，校企合作成效显著提高，近万名学生受益，学生学习积极性及实践创新能力显著增强。2020年12月陈学军院长在"惠州学院2020年度本科教育工作会议"作了题为"一六三模式：旭日广东服装学院产业学院建设实践与探索"的主题汇报，向全校推广成果。

4.2.2 提升了教师的教学科研水平和质量

高级职称教师比例已提高到61%；教师学历晋升3人，攻读博士学位7人，获得省劳模1人；教学科研目前已成立15个师生团队，为学生早进实验室、早进团队、早进项目创造了条件；与企业合作开展了45项横向项目，发表论文124篇（教学研究论文33篇、学术论文91篇），获得知识产权（专利）104项，软著9项；出版服装类教材12部，在80多所高校使用并获得好评。

4.2.3 推广应用，专家评价高，学校影响力不断提高

负责人先后在2016年教育部服装专业教学指导委员会会议上对成果进行阐述，校企合作成果显著，成果得到东华大学、青岛大学、五邑大学、香港理工大学等专家的充分肯定，在国内20多所院校推广应用，人才培养质量提升明显。2021年广东省教育厅高等教育处处长姜琳一行调研惠东时尚创意学院、惠东县政府，考查惠东时尚产业学院建设情况，开展产业学院服务地方、产学研融合、人才培养专题调研和座谈。惠东的鞋包皮具产业是广东省人民政府培育发展战略性支柱产业集群和战略性新兴产业

集群中的"战略性支柱产业"。姜琳处长对惠东时尚创意学院成功复制惠州学院旭日广东服装学院人才培养模式，表示了极大肯定。

4.2.4 支撑了服装行业和企业发展

服装学院每年为服装产业输送了 300 多名毕业生，成为华南地区最有影响的服装人才培养基地。参与合作企业全面受益，为企业持续成长提供了保障；通过项目合作，学校服务地方的能力显著增强。

4.2.5 企业给予学生高度的评价

真维斯服饰（中国）有限公司、佛山安东尼针织有限公司、广东富绅服饰有限公司等多家用人单位对我院培养出来的毕业生有较高评价，认为我院毕业生专业能力过硬、基础扎实、动手能力强、责任心强、自我学习能力强、能吃苦耐劳、工作细致认真、善于团队协作、敢于创新，能胜任本职工作。同时充分肯定我院校企合作的办学模式，并表示会与我院在实习基地建设、专业课程建设、人才培养、教师挂职等方面加强合作。

4.2.6 引起政府和媒体广泛关注

2021 年 2 月 2 日广东省教育部在其官微"广东教育"上对惠州学院旭日广东服装学院产业学院作为示范性产业学院的典型经验进行了专题报道。2020 年 9 月 24 日，吉林省教育厅副厅长孙长智带领吉林省十多所高校负责人来我院考查产业学院建设情况、对旭日广东服装学院产业学院教学成果给予高度评价。2018 年以来，中国教育报对旭日广东服装学院的校企深度融合的高素质服装类应用型专业人才培养模式也进行了两次报道。

新工科背景下纺织产品设计人才培养模式构建与实践

武汉纺织大学

完成人及简况

姓名	性别	所在单位	党政职务	专业技术职称
陈益人	男	武汉纺织大学	无	教授
蔡光明	男	武汉纺织大学	教学副院长	教授
肖军	男	武汉纺织大学	无	副教授
曹根阳	男	武汉纺织大学	无	副教授
陶丹	女	武汉纺织大学	无	讲师
刘泠杉	女	武汉纺织大学	无	教师
闫书芹	女	武汉纺织大学	无	副教授
庄燕	女	武汉纺织大学	无	实验师

1 成果简介及主要解决的教学问题

1.1 成果简介

纺织工程专业属于传统工科类型，在构建新工科的背景下，培养出实践能力强、创新能力强的高素质人才是新工科发展的关键。基于此，纺织工程纺织产品设计教学团队，以"教育部卓越工程师教育培养计划"等国家级项目和"纺织品设计人才创新能力培养实践""纺织品设计主干课程建设教学团队"等多项校级课题为支撑，根据新工科对毕业生要求和行业需求，积极围绕培养目标、毕业要求、教学内容、教学方法、创新实践等方面来改进纺织产品设计人才的培养模式。构建以工程思维、实践能力和创新能力为核心的人才培养体系。

本项目将课堂教学、上机实践、课外科技活动、课程设计、学科竞赛等教学活动进行全方位多角度交叉和融合。依托学院"金丝线"大学生创新创业平台，带领学生积极开展课外科技活动，提升学生工程实践能力和团队协作能力。通过成立教学团队建设指导小组、成立"1+X"模式的面料创新人才培养工作室、青年教师进入科研团队及青年教师下企业等方式提升中青年教师教学水平和工程实践能力。

项目实施以来成效明显，显著提升了学生工程实践能力和创新能力，团队教师综合素质快速提升，得到学生们的高度认可。

1.2 主要解决的教学问题

1.2.1 改革培养模式以适应纺织行业发展对人才的要求

传统培养模式教学方式固定，课程体系设置不合理，与行业新技术、新工艺、新产品的发展动态联系不紧密，无法培养学生对专业的热爱，毕业生不能适应行业对人才应具备良好的品德、敏锐的时尚感、创新思维、扎实的专业知识和设计能力的要求。

1.2.2 解决重理论轻实践的问题，综合提升学生工程实践能力和创新能力

传统培养模式重理论轻实践，学生流于死记硬背，创新创意潜力没有被开发；实践教学重视不够，没有提供提升工程实践能力的实施途径；不符合新工科背景下对培养学生工程实践能力和创新能力的要求。

1.2.3 建设一支高水平的教学团队

本团队中中青年教师居多，中青年教师博士毕业后就直接走上了大学讲台，他们存在教学经验不足及缺乏工程实践经验的问题。

2 成果解决教学问题的方法

2.1 优化教学模式

教师为人师表，通过言传身教影响学生。专业知识传授中彰显纺织业在国民经济中的重要地位，让学生热爱所学专业，积极主动投身于学习。采用小班授课、课堂研讨、多媒体展示、线上线下混合式教学等方式，达到让学生主动学习掌握所学知识。教学模式采用课前预习—查阅资料—课堂讲授—实践教学—课堂讨论—课后作业—消化吸收—课外科技活动—学科竞赛等多流程交叉进行，将行业新技术、新工艺、新产品等及时编写进教案中，让理论与实践有机结合。流行趋势、流行面料进课堂，剖析产品的设计思路和产品的生产工艺流程，增加学生对所学知识的感性认识和兴趣。

2.2 建立全过程多元化学业评价体系

积极推行全过程多元化学业评价体系。针对培养目标提出的教学要求，分解每个教学环节对毕业目标达成的权重，结合课后作业、出勤状况、课堂练习、课堂讨论、实践课程等和期末考试成绩对学生课程学习效果进行综合评价；通过课程设计、课外科技活动、学科竞赛等对学生工程实践能力进行综合评价。

2.3 重视工程实践能力培养

通过增加实践教学课时，加强课程设计、课外科技活动、学科竞赛的训练力度，引导学生开展探究性学习和创新性训练。依托学院"金丝线"大学生创新创业平台，带领学生积极参与课外科技活动，提升学生工程实践能力和团队协作能力。成立面料创新人才培养工作室，将工作室的运行与专业实践教育相结合，与工作室导师的科研相结合，以科研促进教学、以教学反哺科研。

2.4 建设高水平教书育人队伍

通过成立教学团队建设指导小组，充分利用QQ课程研讨小组、不定期教研活动、老教授传帮带、中青年教师积极参加教学竞赛等方式，提升中青年教师教学水平；通过青年教师下企业、开展科学研究、学术交流等方式提升中青年教师工程实践能力。

3 成果的创新点

3.1 构建三位一体的纺织品设计人才培养模式

形成以专业理论知识、行业最新技术以及核心价值观引领课堂三位一体的先进教学模式。引导学生树立正确的价值观和人生观，培养学生热爱专业主动学习的良好风尚。

3.2 构建多元化全过程的学业评价体系

针对培养目标，建立以帮助学生提高创新意识和解决工程问题能力为基础的多角度全过程学业评价体系。

3.3 构建全方位多渠道的工程实践能力提升模式

通过增加实践教学课时以及加大课程设计的训练力度，引导学生开展创新性实验。依托学院"金

丝线"大学生创新创业平台，带领学生积极参与创新创业项目。成立"1+X"模式的功能性面料创新人才培养工作室，以此提高教师的教学科研水平以及学生的工程实践能力。

3.4 构建具有国际视野和创新能力的教学团队

通过中青年教师与企业结对子、成立教学团队建设指导小组、利用 QQ 课程研讨小组、不定期教研活动、老教授传帮带、参加教学竞赛、进行国际国内学术交流等方式来提升团队的教学科研水平。

4 成果的推广应用情况

4.1 培养模式改革成效明显，学生工程实践能力和创新能力显著提高

本项目在纺织工程专业实施以来，显著提升了学生工程实践能力和创新能力，受益学生 3000 余人。纺织工程专业于 2018 年获得教育部中国工程教育认证，同年获得英国纺织学会（The Textile Institute）工学学士学位认证，这标志着纺织工程专业学生的教育质量进入全球工程教育的"第一方阵"。每年约 300 名（全年级）学生参加纺织产品设计与开发实践训练；每年约 100 名学生依托学院"金丝线"大学生创新创业平台，参与各类课外科技活动与学科竞赛。用人单位评价毕业生综合素质高、工程实践能力和创新能力较强，对毕业生满意率达 96%。学生在"挑战杯""立达杯""红绿蓝"等学科竞赛中频频获奖；发表纺织产品开发论文多篇；申报专利 9 项，已授权专利 3 项，涉及具体产品 30 余款。

4.2 团队建设成绩显著，整体素质迅速提升

通过成立教学团队建设指导小组和引进青年教师进入科研团队的方式，达到提升中青年教师教学水平的目的；通过青年教师下企业和积极参加行业内交流的方式，达到提升中青年教师的工程实践能力的目的。通过几年的持续建设，团队教师整体综合素质快速提升。近几年，荣获中国纺织工业联合会"纺织之光"优秀教师 1 人；嫦娥五号月面旗帜研发的核心成员 1 人；获得学校青年教师讲课比赛三等奖 2 人；团队成员荣获湖北省技术发明三等奖 1 项、中国纺织工业联合会科技进步三等奖 1 项、中国纺织工业联合会教学成果一等奖 1 项、中国纺织工业联合会教学成果三等奖 1 项；荣获武汉纺织大学教学质量奖 4 项；5 人次荣获全国大赛优秀指导教师；发表教研和科研论文 100 余篇；获得专利授权 10 余项；指导的学生荣获全国大奖 20 余项；指导学生获得省部级以上创新创业项目 8 项，其中国家级项目 3 项，省级项目 5 项；教学团队被评为校级教学团队；"织物组织与结构"和"纺织面料开发"等课程为校级精品课程，其中 2019 年"织物组织与结构"又获批校级双一流"金课"；主编的《机织物组织与结构》与《机织产品设计》两本教材成功获批为中国纺织出版社部委级"十四五"规划教材。团队建设模式极具推广意义。

4.3 具有较高的推广应用价值

本成果通过论文、著作、会议等不同方式进行过多种形式的交流，得到相关兄弟院校及业内专家的充分肯定。在学校教育部合格评估与教育部工程认证中，对项目的培养模式都给予了较高的评价，并建议积极推广到相关纺织院校。项目中部分课程建有超星网课，受众广泛，广受好评。

"立德提趣固本引新"育人法在卓越纺织机械人才培养中的探索与实践

武汉纺织大学

完成人及简况

姓名	性别	所在单位	党政职务	专业技术职称
余联庆	男	武汉纺织大学	院长	教授
胡峰	男	武汉纺织大学	专业负责人	副教授
刘韦	男	武汉纺织大学	学院党委副书记	实习研究员
张弛	男	武汉纺织大学	院长助理、系主任	副教授

1 成果简介及主要解决的教学问题

针对"学生对纺织行业认可度不高，对纺织机械缺乏兴趣，从业意愿低，学习动力不足，学习质量差"等问题，构建了以"立德、提趣、固本、引新"为核心的递进式育人方法，如图 1 所示。通过专业"思政"帮助学生树立正确的人生观和价值观，让学生充分认识到"纺织机械"对国民经济的重要作用，提高学生学习意愿（立德）；利用专业课程和认知实践让学生增加对纺织机械的了解，提高学生对纺织机械的兴趣（提趣）；以学生能力培养为导向，以高质量课程促进学生学习质量提升（固本）；通过"苗圃"实践平台引导学生进行纺织机械创新，体验学习成果对社会发展的价值，实现自我价值和人格升华（引新）。方案中各个教育环节自成体系、边界清晰，但又环环相扣，互为联系，为卓越纺织机械人才培养指明路径。实践证明，"立德提趣固本引新"育人法能较好地实现纺织机械卓越人才的培养目标。

2 成果解决教学问题的方法

2.1 "知""德"融合、显隐合一的专业"思政"方法

"思政"教育把社会主义核心价值观与课内（外）固有知识、技能传授有机融合，实现显性与隐性教育的有机结合，如图 2 所示，增强学生人文素养，促进学生学习意愿的提高。以"数控机床与数控技术"课程思政为例，通过优化加切削用量可降低数控机床能耗，在显性专业知识背后，隐含着节能环保的理念，蕴含着社会主义"文明"与"和谐"的发展观。将价值观从抽象转化为现实，落实到专业教学的细微之处，实现"润物细无声"。

2.2 纺织机械学习兴趣培养四步法

根据意识深度，兴趣可分为感官兴趣、乐趣和志趣三个层次。"纺织文化"课程通过"机杼巧织素纱衣"和"衣被天下源流长"等教学内容给学生展示中国纺织文化，通过感官刺激使学生产生学习兴趣。组建"铁人班"培养毅力，为"感官兴趣"保驾护航。"专业导论"课程介绍"纺织机械"学习目标和结果，让学生对纺织机械产生理论认知，培养学生"乐趣"。工程认知实践让学生对纺织机械产生"志趣"。

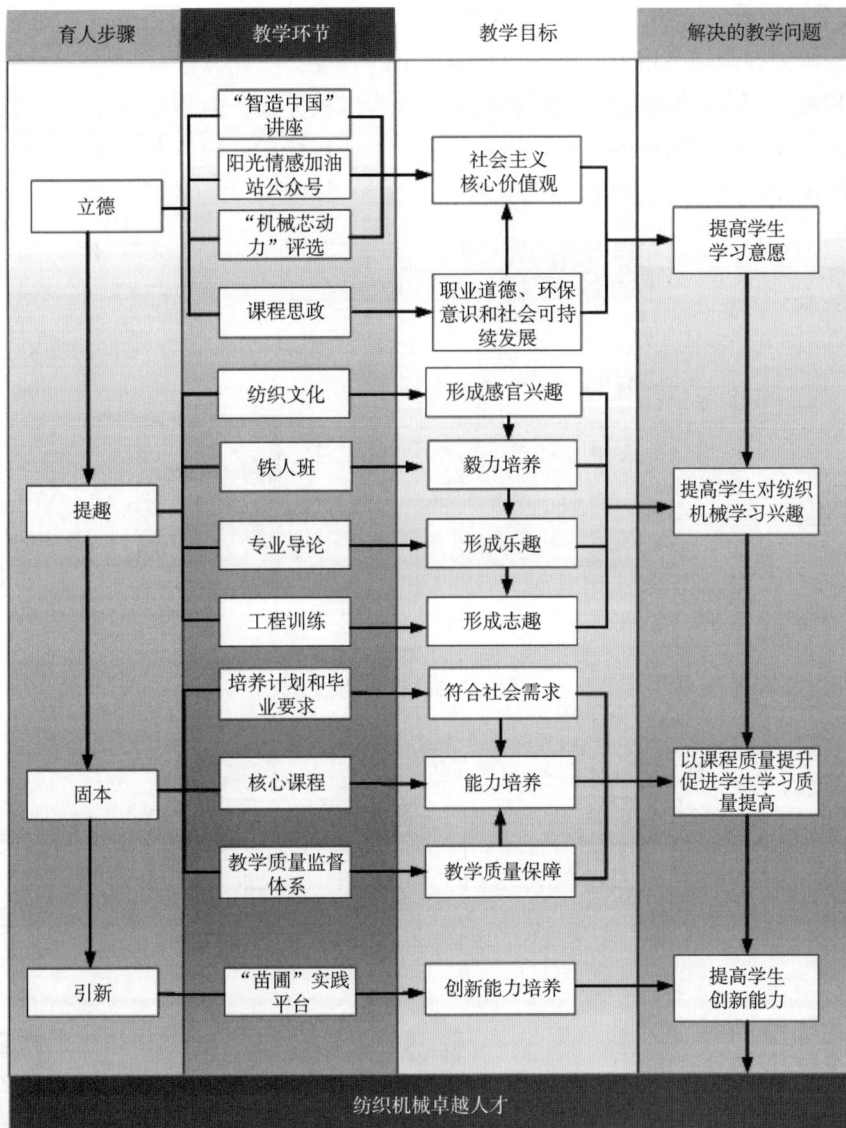

图1 "立德、提趣、固本、引新"育人法在纺织机械卓越人才培养中的实践

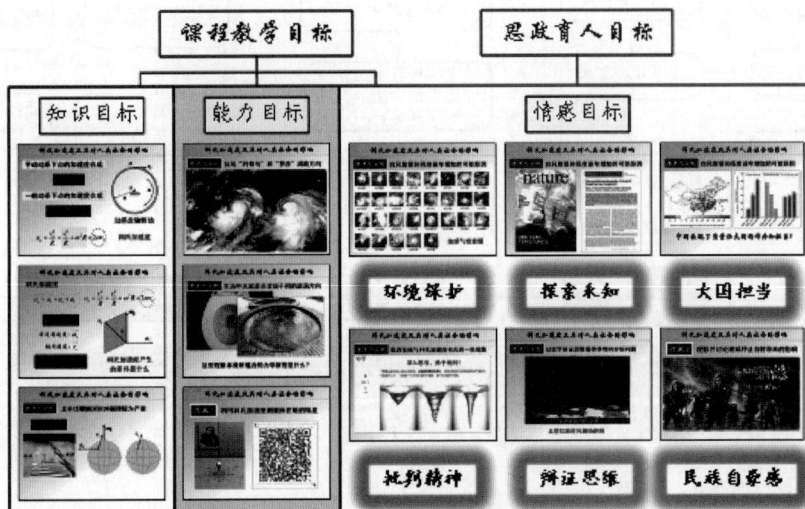

图2 课程教学目标与思政育人目标的关系

2.3 以提高课程质量促进学生学习质量提升

提高课程质量的关键是提高培养目标与市场需求的符合度，明确课程目标与毕业要求指标点的对应关系，课程内容和教学方式能够有效实现课程目标，课程考核方式、内容和评分标准能够针对课程目标设计，考核结果能够证明课程目标的达成。培养目标、毕业目标和课程体系管理流程如图3所示，教学质量保障体系如图4所示。

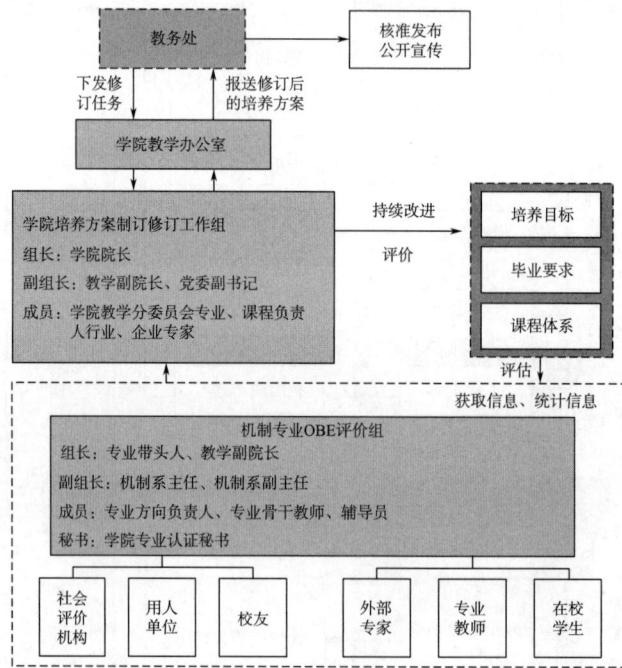

图3 培养目标、毕业目标和课程体系管理流程

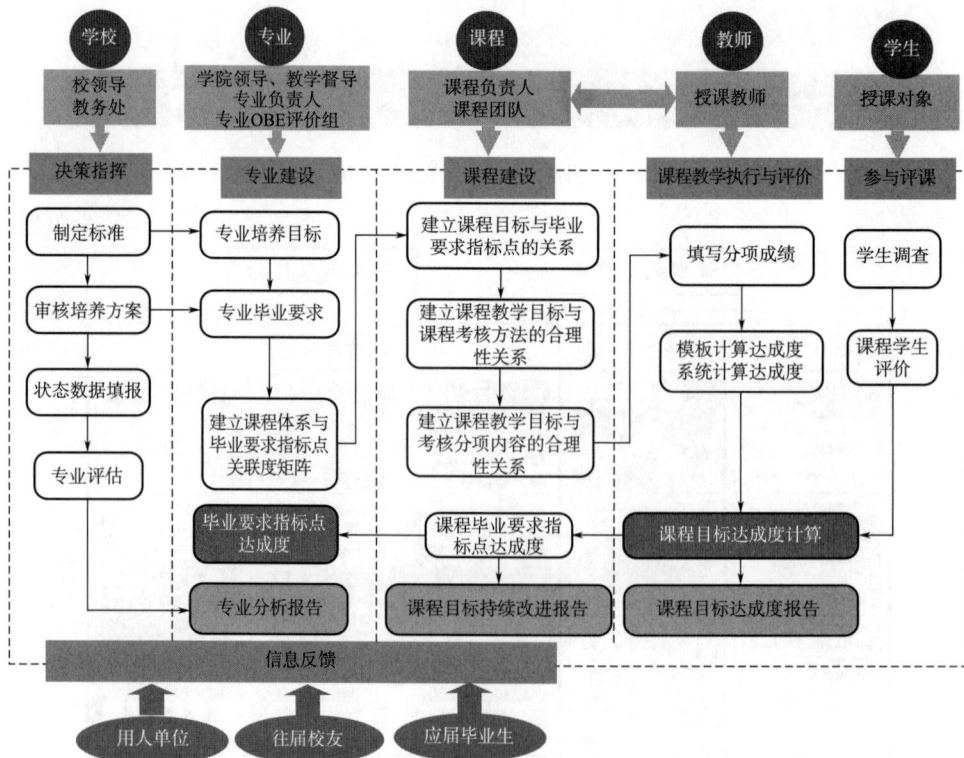

图4 "以学生为中心、产出为导向"的本科教学质量保障体系

2.4 "以赛促学，研教融合"的创新实践能力培养方法

以竞赛为抓手，引导学生从事纺织机械创新设计，实现"以赛促学，研教融合"，提高学生创新意识和能力，让学生感受到自身研究成果对社会的作用，意识到自身的价值。

3 成果的创新点

3.1 纺织机械卓越人才育人方法的创新

从专业教育层面构建以"立德、提趣、固本、引新"为核心的递进式人才培养方法，以"德"明理，以"趣"明志，以"本（基本学业）"强基（基础知识和技能），以"（创）新"促成才，实现人才培养方法的创新。

3.2 实现专业"思政"教育方法的创新

把社会主义核心价值观等思想政治教育与课内（外）固有知识、技能传授有机融合，实现显性与隐性教育的有机结合，填补专业教育在育人环节上的空白，实现专业"思政"教育方法创新。

3.3 专业兴趣培养方法的创新

将非智力因素培养与兴趣培养理论相结合，利用专业课程培养学生对纺织机械的兴趣，采用非智力因素培养为"兴趣持久"保驾护航，实现专业兴趣培养方法的创新。

3.4 学生能力培养方法的创新

对标工程认证毕业要求，以课程质量提升促进学生学习质量提高；创建"苗圃"实践平台，引导学生创新实践，实现学生能力培养方法的创新。

4 成果的推广应用情况

4.1 学生对纺织机械的认可度、学习意愿和学习质量明显增强

由表1和图5可知，2018～2020年转专业的学生人数逐年减少，转入本专业的人数逐年提高，报考本校研究生的人数逐年上升，说明学生对纺织机械的认可度逐年提高。学生学习预警人数逐年下降，上课率逐年上升，说明学生学习意愿逐年增强。考研升学率逐年提高，说明学生学习质量明显增强。

表 1 学生情况一览表

年份	（1）学生人文素质和社会责任感明显增强			（2）对专业的认同感上升			（3）学习成绩，创新能力逐年上升			（4）就业率逐年上升、就业质量逐年上升	
	学生要求入党人数	参军人数	好人好事人数	转专业出去人数	转入人数	报考本校研究生人数	学习预警人数	升学率（%）	大学生竞赛获奖人数	就业率（%）	就业质量
2018 年	67	6	3	9	6	31	119	16	21	92	高
2019 年	93	7	4	8	7	31	97	18	21	93	高
2020 年	102	9	7	6	9	52	70	21	25	87	较高
2021 年	—	—	—	—	—	70	—	22.70	—	—	—

4.2 学生人文素质和社会责任感明显增强

由表1可知，学生申请入党人数由2018年67人上升到2020年102人，参军入伍人数逐年上升，诸如参与抗洪抢险和防疫减灾的好人好事的人数逐年上升，说明学生人文素质和社会责任感明显增强。

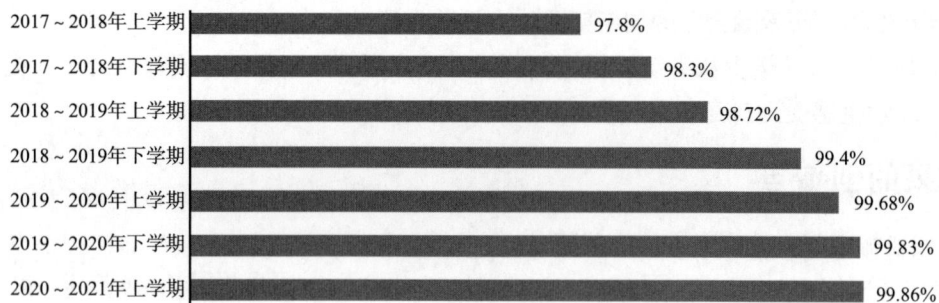

图 5　本科生上课率

4.3　学生创新能力逐年增强

近 3 年，6 名同学获得"纺织之光"奖学金，学生年均获专利 20 余项，参与学科竞赛 260 人次以上，学生覆盖率超 70%，其中与纺织相关课题达 50% 以上，在全国"互联网+""机械创新设计""挑战杯""先进成图"等学科竞赛中获国家级奖项 37 项，省级奖项 50 余项，获奖人数逐年上升。

4.4　用人单位对人才培养质量有较高认可度

2020 年，通过对 53 家毕业生用人单位进行调查，对学生终身学习能力、沟通协作能力、职业道德和社会责任感和专业实践能力都有较高认可度，具体数据如图 6 所示。

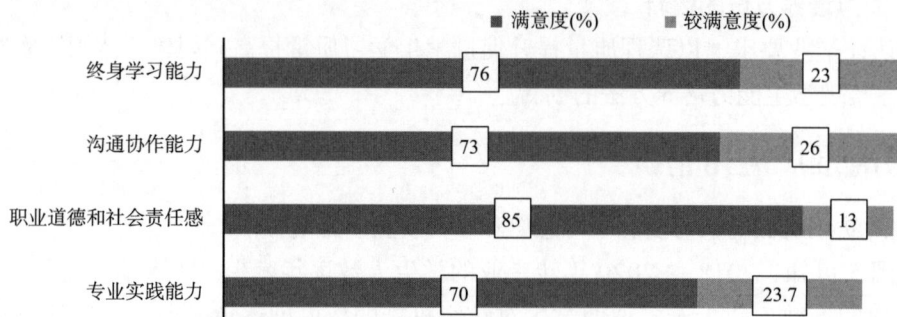

图 6　2020 年毕业生用人单位满意度调查结果

4.5　专业办学水准得到国内同行认可

2019 年，机械设计制造及其自动化系被湖北省教育厅评为湖北省高校优秀基层教学组织。2020 年，机械设计制造及其自动化专业被教育部批准为国家一流专业，工程认证申请被中国工程认证协会受理。这些都说明本院专业办学水准得到国内外同行认可。

4.6　发表多篇学术论文

（1）范良志，江珂，朱海平，等，新工科背景下机器人知识体系与课程内容研究，高等工程教育研究，2021（2）：32-38。

（2）庞爱民，李浩，郭一君，"中国纺织文化"课程的混合式模式探析，服饰导刊，2020，9（5）：100-104。

（3）武玉琴，唐令波，徐自立，等，工程材料课程综合实验教学创新与设计，2017，37（12）：90-93。

（4）汪华芳，王歆，徐雨哲，机械制造专业教学创新共同体模式研究，教育现代化，2017，4（11）。

新工科＋工程教育专业认证背景下纺织工程专业人才培养体系探索与实践

浙江理工大学

完成人及简况

姓名	性别	所在单位	党政职务	专业技术职称
祝成炎	男	浙江理工大学	无	教授
丁新波	男	浙江理工大学	系副主任	副教授
田伟	女	浙江理工大学	系主任	副教授
王金凤	女	浙江理工大学	纺织工程教工党支部组织委员	讲师
杜平凡	男	浙江理工大学	副院长	教授

1　成果简介及主要解决的教学问题

1.1　成果简介

在新技术、新产业、新业态、新模式下，对新工科背景下纺织类专业人才培养体系进行探究，制订特色鲜明的人才培养方案，打造优势特色显著、国内领先、在纺织技术与产品创新领域国际知名的纺织工程优势专业，并通过工程教育专业认证及获批"双万专业"建设，培养适应现代新型纺织工业发展和经济建设需要，基础扎实、创新实践能力强，具有国际视野的纺织工程专业高素质复合型人才，取得了瞩目的专业建设成果。

1.2　主要解决的教学问题

1.2.1　构建符合工程教育专业认证理念的课程体系

将工程教育专业认证的核心理念融入纺织工程新工科建设和人才培养过程中，构建起学科交叉和产教融合的教育教学体系，加入有针对性的方向课程和综合性实验实践环节，从而在教学过程中培养学生解决复杂工程问题的能力，培养出引领未来技术和产业发展的新工科人才。

1.2.2　专业工程教育认证和新工科建设协同发展

在传统纺织基础上延伸出纺织新技术和教育新趋势，如学科与专业一体化、人才与产业一体化、知识与能力一体化、质量与声誉一体化（图1）。

1.2.3　推进"以学生为中心"的教学方式方法变革

继承创新、交叉融合、协调共享，改革现有培养方案，不断创新人才培养模式和体制机制；站在国际高等教育前沿考量人才培养质量，根据学生志趣调整教育教学的方法，着力加强网络信息技术与教学方法深度融合，建设一批纺织相关优质在线开放课程，线上和线下同步推进"以学生为中心"的教学方式方法变革。

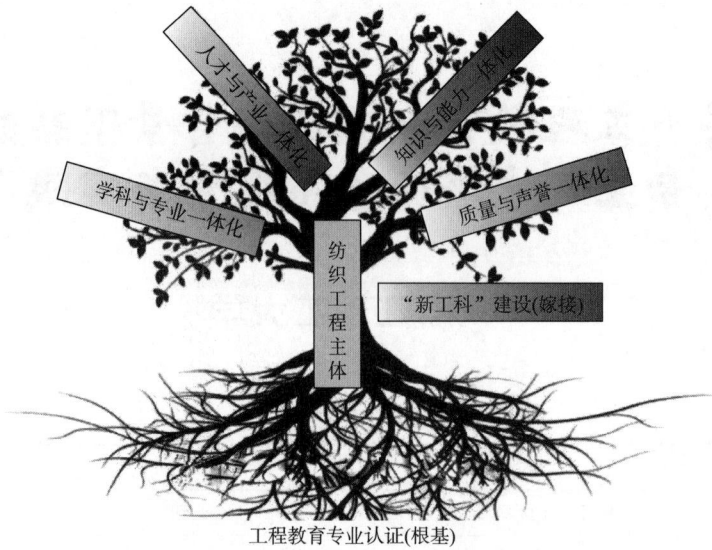

图1　纺织工程专业"工程教育树"

2　成果解决教学问题的方法

2.1　践行 OBE 的教学理念

学生中心、产出导向、持续改进，从纺织新经济、新业态对人才的需求出发，根据培养目标"反向设计"教育活动，通过"学科与专业一体化"建设来优化纺织类专业（方向）布局，保证学生达到预期目标。

2.2　建设纺织类专业"产教融合基地"

校内外教育资源优化配置，建立"人才与产业同步化"的纺织类人才培养动态调节机制，构建起校内专业教育和校外企业实践联动的实践教育课程体系，并组建校企双方的专家团队，共同修订人才培养方案和培养"双师型"师资队伍；依托"产教融合"基地实现校内专业基础教育课程、专业教育课程与校外企业实践教育课程的逐级联动，来培养学生"创意、创新、创业"三创融合的实践动手能力，提升人才培养的教育质量（图2）。

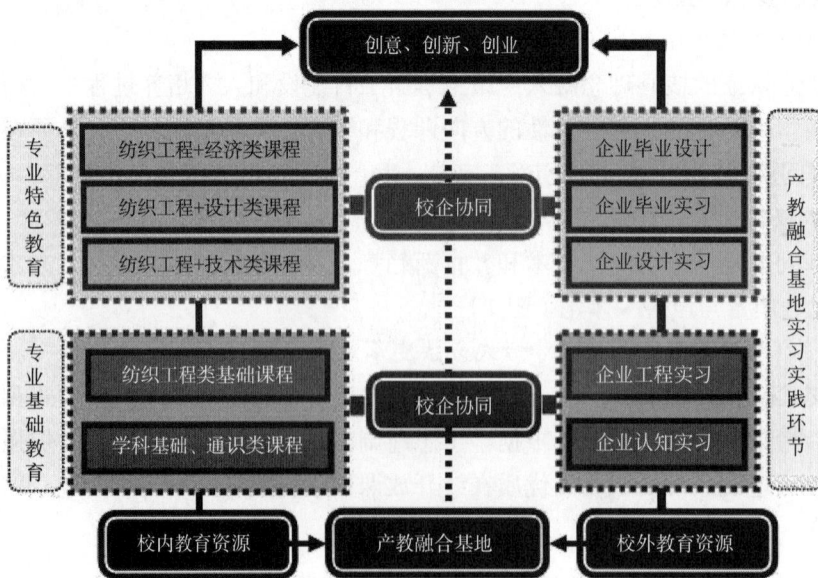

图2　依托"产教融合基地"校企协同培养"三创"人才示意图

2.3 以"纺织工程＋"的"二段进阶型"路径来制订知识体系多元化人才培养方案

以"纺织工程＋"（技术类、设计类、经济类）为思路构建起专业基础教育（纺织工程基础）和专业特色教育（特色培养）结合的"二段进阶型"培养路径和课程体系，分别满足纺织类高端制造及"互联网＋"、纺织品创意创新设计和纺织品商贸营销人才培养的需要（图3）。

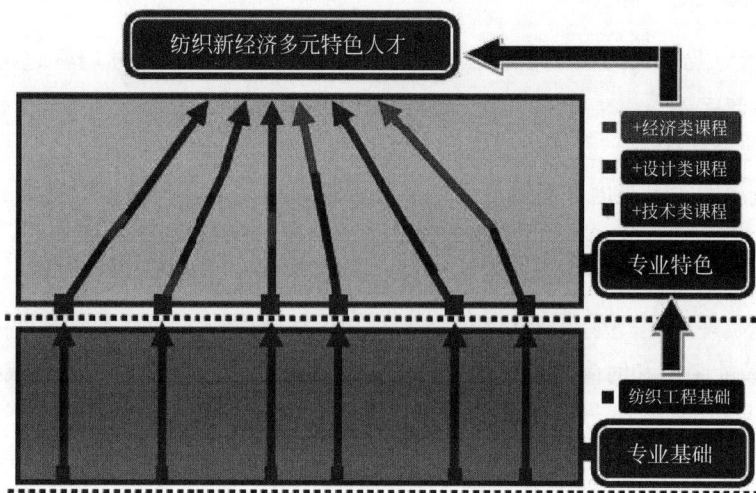

图3 "纺织工程＋"的"二段进阶型"多元人才培养路径示意图

2.4 以"学科交叉"课程群建设来优化纺织类专业人才的知识结构

建设7个特色课程群（工学交叉3个，工艺交叉2个，工商交叉2个），优化人才知识结构，培养能适应纺织新经济、新业态需求的多元特色人才（图4）。

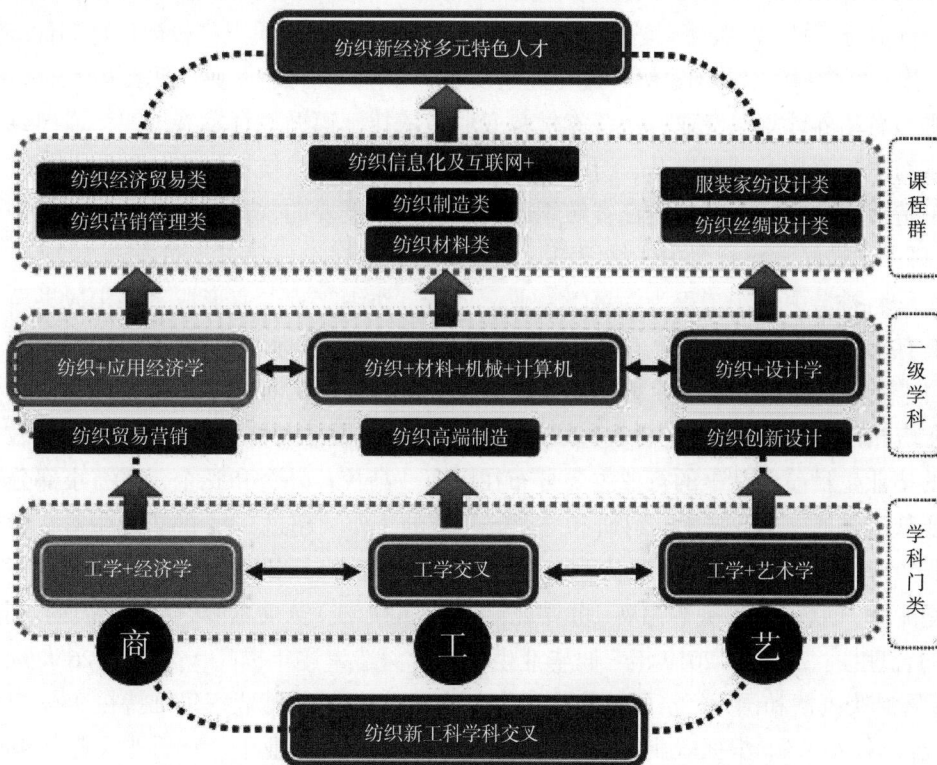

图4 纺织工程专业"学科交叉"课程群建设示意图

2.5 以"丝绸"为纽带强化国际化办学

抓住国家"一带一路"建设机遇，以"丝绸"为纽带强化国际化办学，提升教育质量和国际声誉，搭建国际交流合作平台，进一步拓展纺织类专业国际化教学新途径。

3 成果的创新点

3.1 将工程教育专业认证的核心理念融入纺织工程新工科建设和人才培养过程中，构建起学科交叉和产教融合的教育教学体系

积极探索各类综合性课程、多视角解决问题课程和学科交叉研讨类课程，把内容陈旧、轻松易过的传统课程升级成有深度、有难度、有挑战性的新兴课程，从而为新工科建设提供有力保障。

3.2 充分发挥纺织工程专业工程教育认证和新工科建设的协同作用

将以学生为中心的本位教育和适应纺织新发展的升华教育有机结合，使其发生"1 + 1 ＞ 2"的化学反应，更加有效地实现工程教育专业认证模式下的创新复合型新工科人才培养目标。

3.3 进行纺织智能制造和时尚创新设计工程的高层次应用型创新人才培养模式探索与实践

充分利用新工科这块教学改革试验田，探索纺织工程专业教师与纺织行业专家双向交流机制，紧跟纺织产业变革创新人才培养模式，强化"以学生为中心、创新成果为导向、培养质量持续改进"的工程教育专业认证理念；面向纺织产业"新三板"结构需求，进行纺织智能制造和时尚创新设计工程的高层次应用型创新人才培养模式探索与实践；从根本上实现我国纺织类工程教育由大到强的转变，并最终实现纺织工程新工科的建设目标。

4 成果的推广应用情况

4.1 人才培养效果

以"纺织科学与工程"一级博士学科点和浙江省一流学科A、省重点高校建设计划优势特色学科、浙江省重中之重一级学科，以及国家级一流专业建设点、国家一类特色专业、国家级综合改革试点专业、"卓越工程师教育培养计划"专业、浙江省优势专业为依托，遵循教育发展规律，面向经济建设主战场，着重探索纺织工程技术创新提升、纺织产品创新创意，在纺织技术与产品创新等领域处于国际领先，将专业打造成满足我国尤其是浙江省纺织区域经济发展需要的、具有特色鲜明的优势本科专业。在2020年软科中国最好学科排名中，纺织科学与工程学科排名全国第二；校友会2020年中国大学纺织科学与工程学科排名中纺织工程为六星级专业。目前，纺织工程专业形成了基于成果导向的教育理念以及培养具有创新意识和解决复杂工程问题的能力人才的培养目标。

本专业自准备申请纺织工程专业教育认证至今，一直坚持OBE的理念，一切以提高学生的培育质量为中心，在培养目标、毕业要求、课程达成度的持续改进上做了大量工作，已经取得了较好的效果。毕业5年后的毕业生目前所从事的行业主要分布在国企、高校、外企和私企，也有小部分自主创业的毕业生。主要从事管理、专业技术、科研和外贸等领域的工作。超过93%的毕业生对在学校受到的知识结构、专业知识的深度与广度、实践动手能力、独立工作能力、团队协作能力、处理人际关系能力、分析解决问题能力、创新能力、视界拓展、世界观、人生观的形成、人文素养、人格品质的培养比较满意，体现了教学的合理性。2017～2019年三届毕业生的升学深造率逐年提高，分别为26.98%，33.77%和40%。虽受新冠肺炎疫情和国际经济风波冲击，本专业学生2020年就业率仍维持在95%以上，升学率达33.51%，创业率2.13%。根据就业竞争力数据显示，纺织工程毕业生半年后非失业率98%左右，毕业生对自身各类能力满意程度也很高。为拓展专业内涵，在纺织技术与贸易（现为机织工程与贸易）、针织工程与贸易、纺织品设计三个方向的基础上，于2016年新开设了纺织品检验与贸易（现为纺织材料与检验）方向，不断优化专业结构。

近 5 年本科生获得国家级大学生创新创业训练项目 5 项，浙江省大学生科技创新活动计划 6 项，国家奖学金 5 人，"纺织之光"奖学金 6 人，香港桑麻基金会奖学金 9 人，并在中国纺织服装教育学会主办的全国大学生外贸跟单（纺织）+跨境电商职业能力大赛及中国高校纺织品设计大赛中多次获奖。

专业强化文化育人与实践育人。有 1 个实践团队获得 2020 年全国暑期社会实践优秀团队，2 个实践团队入选省大学生暑期社会实践风采大赛十佳团队；1 名教师获评 2020 年浙江省高校暑期社会实践风采大赛优秀组织工作者。

4.2 专业和教师发展成果

以精品课程为支点，全面提升课程建设水平。团队教师建成了"现代纺织与人类文明"国家精品视频公开课、"纺织品 CAD"国家精品资源共享课等一大批优质课程，形成了国家、省、校三级精品课程建设体系。

教材建设更加注重特色化、系列化和多样化，以及内容的专业性和科学性。目前，已有《现代织造原理与应用》《现代纺织经济与纺织品贸易》《织物组织与结构学》《家用纺织品设计学》《机织物 CAD、CAM》《纺织品设计学》《"艺工商结合"纺织品设计学》《数码纺织技术与新产品开发（第 2 版）》8 本"十三五"部委级规划教材。另外，已经有一部"十四五"普通高等教育本科部委级规划教材《纺织结构复合材料》出版。

建立了 20 个校外实习实践基地和"卓越工程师"建设基地，形成了校内外协同的实践教学和育人体系。

积极承担国家级、省级、地方的科技攻关、自然科学基金、产学研合作项目，开展多层次的科学研究工作，促进科研、教学有机结合，以学科建设带动专业建设，提升办学水平。加强纺织工程专业建设和教学改革研究。近 5 年，专业有 10 余项教改项目立项，完成国家级或省部级专业建设项目 6 项，发表了一批教改论文，获国家级或省部级教学成果 8 项。本专业教师共承担科研项目 200 余项，经费达 5000 余万元。发表论文 200 多篇，获专利 30 余项，省部级科技奖项近 10 项。

4.3 辐射示范效应

4.3.1 对外交流合作

本专业实施开放办学，团队已经与 5 个国家和地区的 8 所院校建立并保持密切的合作关系，开展中外合作办学，联合培养，师生互派，合作研究等多种形式的交流和学习。聘请国外知名专家为学生讲授专业课程，开设全英语教学课程，邀请国（境）外学者专家举办 30 余场专业讲座。

4.3.2 着力提升服务经济建设能力

深入调研分析象山针织行业存在的难题，对企业员工从原料、纱线等多维度知识领域进行培训达 1000 余人次。面临浙江省纺织产业集群地区的难题和挑战，团队充分发挥浙江理工大学相关学科优势，建立了多家研究院，包括上虞工业技术研究院、湖州新型纺织研究院、象山针织研究院有限公司、兰溪纺织研究院，以及义乌、桐乡、瓯海、绍兴、柯桥成果推广中心等平台。

4.3.3 示范辐射与交流

2016 年，成功举办了首届面向"一带一路"丝绸产业创新高研班，共建丝路、共享发展——"现代丝绸产品加工与创新设计技术"国际培训班。2017 年，团队教师结合建校 120 周年的校庆活动成功举办了科技部现代丝绸产品加工与创新设计技术国际培训班，近 4 年共培训进修人员 200 余人，加强丝绸织锦技艺保护传承，推动中华优秀传统文化的创造性转化、创新性发展。

2016 年，对四川进行了对口支援，成立研究生志愿者支教团，通过网络资源的开放，实现了中西部高校实验教学资源共享。祝成炎等教授 2018 年 7 月在贵州签署了浙江理工大学与黔南民族师范学院和黔南民族职业技术学院战略合作协议。教师带队参加 2020 年 7 月"织锦扶贫浙理助力"脱贫攻坚实践团，为贵州发展贡献力量。

2019 年，教师参加了浙江理工大学承办的第九届中国纺织学术年会暨第 15 届亚洲纺织会议、海峡两岸暨港澳智能纺织材料创新青年论坛和第一届新纤大会暨全球纤维科技创新开发者论坛，与国内外科学家分享最新科研成果，共同探讨纺织科技未来发展趋势。2020 年，教师参加了浙江理工大学承办的“2020 丝绸之路周”闭幕式、第一届国际丝绸与丝绸之路学术研讨会，与国内外学者、专业人士加强交流沟通、分享学术成果，共同探讨专业领域未来发展趋势。

本专业制订的 2020 版培养方案获得论证专家组好评，一致认为该方案符合工程教育认证和新工科建设的要求，可以为同类院校相同专业和学校相似专业提供借鉴（图 5）。

4.4 社会影响

近 5 年，团队老师多次获得媒体报道并取得多项成果，举例如下。

4.4.1 2016 年度

中国教育在线等媒体报道首届面向“一带一路”丝绸产业创新高研班成功举行。

4.4.2 2017 年度

《光明日报》整版报道我校百廿办学铸建特色鲜明高水平大学事迹，充分肯定了以丝绸纺织为特色的办学成果。喜迎“十九大”特刊以《千年丝绸 百年学府》为题，整版报道了我校响应习总书记“一带一路”倡议，铸建特色鲜明高水平大学的事迹（图 6）。

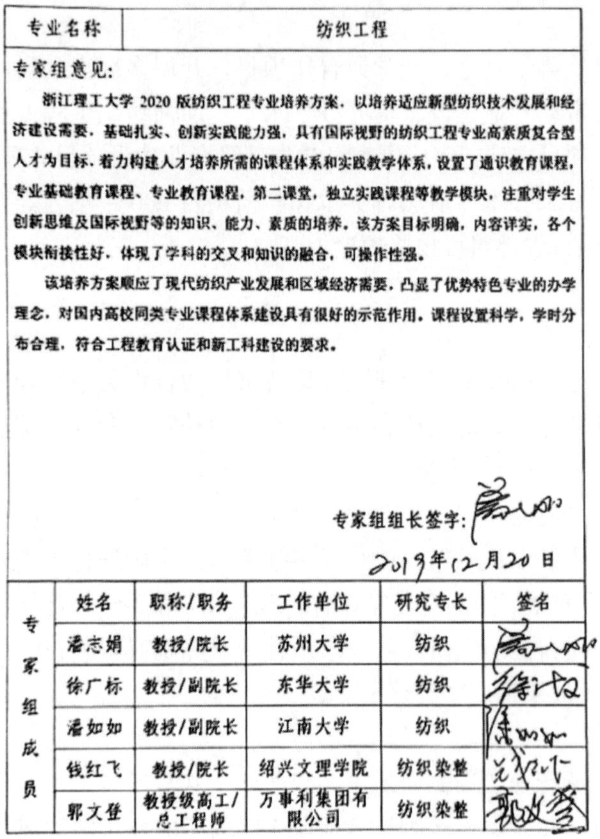

专业名称	纺织工程

专家组意见：

浙江理工大学 2020 版纺织工程专业培养方案，以培养适应新型纺织技术发展和经济建设需要，基础扎实、创新实践能力强，具有国际视野的纺织工程专业高素质复合型人才为目标，着力构建人才培养所需的课程体系和实践教学体系，设置了通识教育课程，专业基础教育课程、专业教育课程，第二课堂，独立实践课程等教学模块，注重对学生创新思维及国际视野等的知识、能力、素质的培养。该方案目标明确，内容详实，各个模块衔接性好，体现了学科的交叉和知识的融合，可操作性强。

该培养方案顺应了现代纺织产业发展和区域经济需要，凸显了优势特色专业的办学理念，对国内高校同类专业课程体系建设具有很好的示范作用。课程设置科学，学时分布合理，符合工程教育认证和新工科建设的要求。

专家组组长签字：

2019年12月20日

	姓名	职称/职务	工作单位	研究专长	签名
专家组成员	潘志娟	教授/院长	苏州大学	纺织	
	徐广标	教授/副院长	东华大学	纺织	
	潘如如	教授/副院长	江南大学	纺织	
	钱红飞	教授/院长	绍兴文理学院	纺织染整	
	郭文登	教授级高工/总工程师	万事利集团有限公司	纺织染整	

图 5　论证专家组一致好评

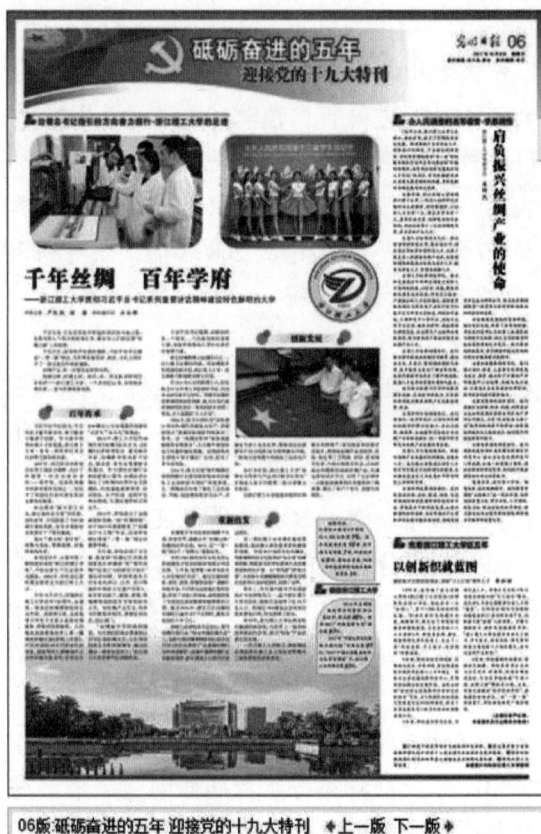

图 6　《光明日报》整版报道

纺织工程专业提出了参加 2018 年纺织工程专业工程教育论证的申请，根据认证申请工作的需要，中心全体师生做了大量的准备工作，提供了基础数据，现在纺织工程专业的工程教育认证申请已经被受理。

教师积极配合学校接受本科教学审核评估，评估期间，评估专家专程走访了中心，对中心的实践教学和建设运行情况进行了考察评估。中心准备了评估期（近 3 年）内的实践教学档案资料，接受了专家的现场检查和指导，促进了中心进一步规范及提高教学管理水平。

全球纺织网等报道了教师参与主办中国工程院"中国纺织产业先端科技"高层论坛。

4.4.3 2018 年度

"现代丝绸产品加工与创新设计技术国际培训班"成功举行，团队教师积极参与筹备各项国际交流活动。

由中国纺织类专业工程教育认证委员会主办的纺织类工程教育专业认证工作研讨会成功在我校举行。

2018 年新成立了象山针织研究院、桐乡研究院、兰溪纺织研究院。围绕化学纤维、纺织服装、皮草皮革、高端装备等特色优势产业，通过共享创新（实验室）平台、研究生实习基地等形式，推动科研成果的快速转化和纺织产业的转型升级。

4.4.4 2019 年度

《杭州日报》刊发祝成炎教授题为"浙江丝绸产业的地位与发展"的理论文章。

纺织工程专业接受全国工程教育专业认证现场考查，专家组对纺织工程专业的培养目标、课程体系、师资队伍、学生发展、管理制度、质量评价、支撑条件等方面进行了全面考查，并给予高度认可（图 7）。

科技部"现代丝绸产品加工与创新设计技术"国际培训班在我专业举办（图 8）。

图 7 专家组现场考查

图 8 "现代丝绸产品加工与创新设计技术"国际培训班举办

祝成炎教授主持的"基于功能性协同生效机理的多功能复合织物关键技术与产业化"获科技进步二等奖。祝成炎教授参与的"依托学科基础、对接产业需求、'政—校—行企'协同、培养创新复合型丝路人才"获高等教育教学成果奖一等奖。

4.4.5 2020 年度

教育部高等教育教学评估中心颁发了《关于公布 2019 年度通过工程教育认证专业名单的通知》（教高评中心函〔2020〕55 号），纺织工程专业顺利通过工程教育认证，有效期为 6 年（有条件），即 2020 年 1 月至 2025 年 12 月。

浙江在线、科技金融时报网报道了纺织科学与工程专业上榜国内顶尖学科，排名全国第二，这也是浙江省省属院校唯一一个上榜的顶尖学科。

纺织工程专业知识积累与能力形成双螺旋教学模式探索

江南大学

完成人及简况

姓名	性别	所在单位	党政职务	专业技术职称
侯秀良	男	江南大学	无	教授
肖学良	男	江南大学	无	副教授
徐荷澜	女	江南大学	院长助理	校聘教授
马博谋	男	东华大学	支部书记	讲师
邱华	男	江南大学	无	教授
黄锋林	男	江南大学	副院长	教授

1 成果简介及主要解决的教学问题

本项目依托 2017 年"纺织之光"中国纺织工业联合会高等教育教学改革项目"纺织工程专业知识积累与能力形成双螺旋教学模式探索"（NO.2017BKJGLX172）和 2019 年江南大学本科教育教学改革研究重点项目"纺织工程一流专业建设与新工科培养方案修订"（NO.JG2019002），针对纺织工程专业教学过程中学生专业知识与能力培养脱节以及单一培养方案不能满足学生综合素质发展的现象，展开了纺织工程专业"知识储备与能力提升相互发展"的人才培养机制研究与实践。本项目以"知识积累、能力提升；导师指导、模式改革；教赛相辅、毕业需求"为指导思想，研究并构建了以"知识"为基础、"能力"为中心、"素质"为目标的三位一体教学新模式，以社会对学生的毕业要求为准绳，优化了纺织工程专业的课程体系，改进了教学方法、健全了评价机制，形成了以"产出导向"为核心的新工科培养体系，具体内容如图 1 所示。

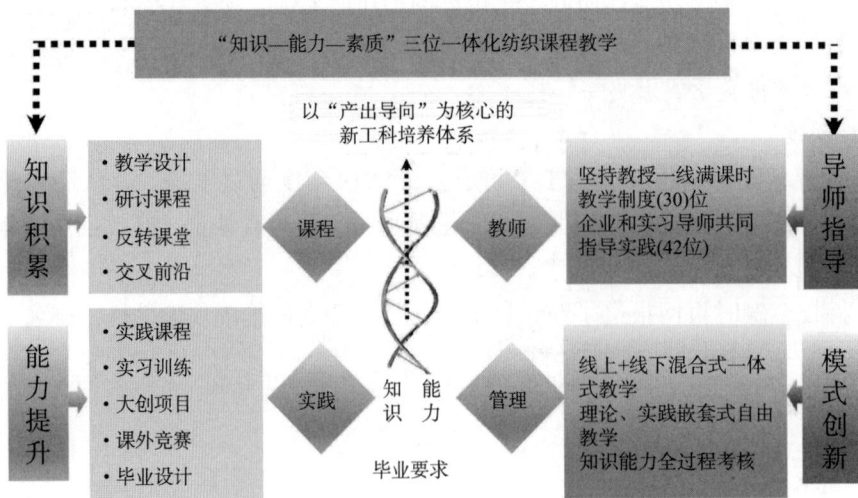

图 1　建立以学生产出为导向的新培养体系

本项目实施中，注重学生知识积累，提升学生推理判断、语言表达、动手操作、发现问题和解决问题的能力，提出了特有的知识和能力发展的双螺旋教学模型。项目实施 4 年来，项目组成员先后发表教改论文 15 篇，参加教学能力培训教师 4 人次，参与相关校级以上教学改革项目 5 项。以大学生团体和教学班级为实施主体，先后培育省级以上大学生创新创业项目 14 项，基于这些项目研究内容先后申请专利 24 项、专著 9 项，发表学术论文 64 篇；参加国家级、省级和校级各类竞赛并获得奖项 50 余次，获得省级、市级和校级集体荣誉 11 次。实习单位与用人单位对学生的素质能力给予了充分认可。教学成果已获得中国纺织工业联合会认可并顺利结题，来自东华大学、苏州大学和江南大学专家一致认为"该成果理念先进、措施得力、特色鲜明、内容丰富、效果显著，在纺织教育教学改革方面取得较大突破，具有一定创新性，并取得重大人才培养效益，达到国内高校领先水平，具有广泛的推广应用价值"。

2　成果解决教学问题的方法

结合纺织学科特点，明确大学生知识和能力构成要素，针对目前教学中普遍存在的问题采取了以下措施和方法：

（1）针对目前本科教学过程中重视理论知识传授而忽略学生能力和综合素质培养的问题，构建了以"知识"为基础、"能力"为中心、"素质"为目标的三位一体教学新模式。教师在教学过程中，注重启发式教学，思维导图训练，虚拟仿真结合的教学模式，同时，构建了科教融合、产教融合、校企合作协同育人机制，推动课堂教书与实践育人为一体的创新素质培养体系。校内教授坚持一线教学，同时采用"导师制"引导学生参加"以兴趣为导向，自主化选择及个性化培养为出发点"的创新训练计划和创业实践项目；企业导师主导的"实践课程、实习训练"突破传统高校课堂教育的单一模式，通过鼓励学生下厂实习并与企业导师积极交流学习；梯度式培养学生学习能力、发现问题能力、解决问题能力、创新思维能力的"四项能力"培育，通过知识积累促进学生四项能力提升，在能力提升的基础上进一步促进学生的知识积累，形成学生知识积累与能力提升的双螺旋发展模式，如图 2 所示。

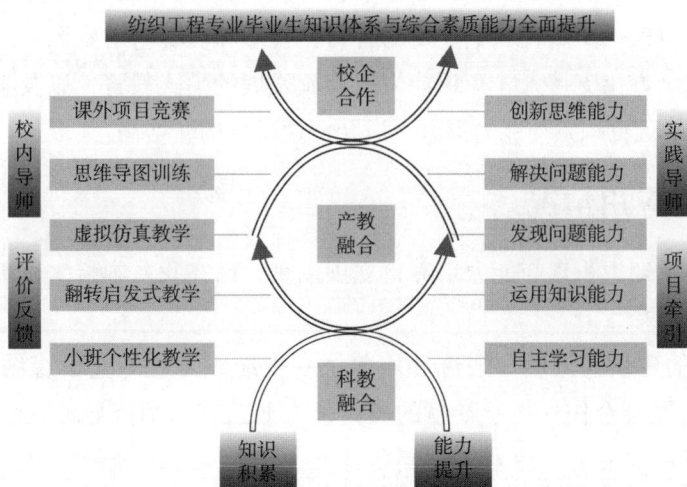

图 2　知识与能力双螺旋提升培养方案

（2）针对"本科生群体的差异性，单一培养方案不能满足学生个性化发展"的问题，在导师制基础上提出个性化、小班化培养方式。在教学过程中，根据班级人数，分成 3 ~ 5 人一组的分组教学。根据课程教学内容，由各组学生选择研讨主题，查阅文献，互相切磋、解决关键问题，并撰写课堂汇报提纲，同时建立反馈制度。通过宽松的课堂环境、学生自由反馈和问卷调查等多种形式，及时了解学生对研讨内容、方法和教学效果的反馈意见，进而及时调整，真正提升学生探索新知识的能力。另外，聘请国外相关院校的教授开展英语精品课程等方式，结合学校特有的至善班、海外游学等项目，全面提升学生的综合素质，促进个性化多样化发展。

（3）针对目前素质教育中普遍存在片面教育等问题，提出大学生德智体美全面发展的培养思路，鼓励学生参与各类形式的志愿活动、体育赛事、文化竞赛、专业路演等活动，教赛结合，提升学生知识储备，完善其学科知识能力、核心竞争能力、组织服务能力，达到最优"知识·能力"组合和社会对人才的要求，实现最优职业发展。在此过程中，以科技、体育、文化等竞赛项目为依托，以校企合作项目和大学生创新创业项目为载体，以产教研创新为动力，以赛促教，实施"以学生兴趣为导向、学生参与为主体、学生自我教育为中心"的教学理念，为学生综合素质发展提供良好的平台。

3 成果的创新点

3.1 贯穿教学过程，体现知识与能力双重培养

构建并实践了贯穿"课堂教学、知识积累、自主学习、结合实践、指导帮扶、能力提升"融为一体的双螺旋教学体系，区别于目前高校课程应试教育的"知识填鸭""考前辅导""考后遗忘"的教育模式，将学生综合能力（特别是毕业能力）的培养通过师资配置、教学模式、实践锻炼、教法与反馈四个方面来实现，具有良好的可操作性。

3.2 注重因材施教，体现个性与班级联合培养

立足于本科生主体，实行小组教学，强调自主性为出发点，推进"一制三化"即导师制、个性化、小组化、国际化的培养方式，建立跨专业、跨学科、跨文化交叉培养知识与能力双螺旋发展的新机制，以教学管理稳固基础、学习成果树立导向，最终目的在于稳步提升本科生的综合素质与毕业后解决复杂问题的能力。

3.3 推进协同育人，体现理论与实践相互培养

通过科教融合、产教融合、教学相长、以老带新等协同育人机制，为学生搭建知识学习和能力提升的"桥梁"，将本学科人员（高校与企业）的智力、技术和资源与学生原有的知识结构和能力紧密对接，查漏补缺，形成全方位支持人才知识能力双螺旋发展的模式教育，以及学生毕业后综合能力完全展现的良好生态，构建理论积累与能力提升，以及深度融合的新格局。

4 成果的推广应用情况

纺织工程专业大学生知识积累与能力培养自立项以来，已在我系本科生班级中进行了具体实践探索，并输出了高质量的成果。

（1）经过本项目的建设与实施，锻炼和培养了一支纺织工程专业学缘结构合理、热爱教育、科教并重、产教结合、团结合作、勇于奉献的校内外专兼互补的师资导师队伍。队伍成员的年龄结构搭配合理、校内校外层次互补、专业知识储备量大、培养人才的经验丰富，对学生学习过程中知识储备和能力培养起到良好的指引和推动作用，可推广应用到其他专业或师资队伍的建设中去，如图3所示。

江南大学纺织工程专业经过几十年的发展，近年来涌现了一大批专业扎实的校内教师。此外，本项目结合纺织工程专业卓越工程师实习培养计划，汇集了江苏省内多家知名纺织企业的产业教授和兼职导师。这些优秀的教师和导师队伍为学生知识积累和能力提升提供了重要保障，如图4所示。

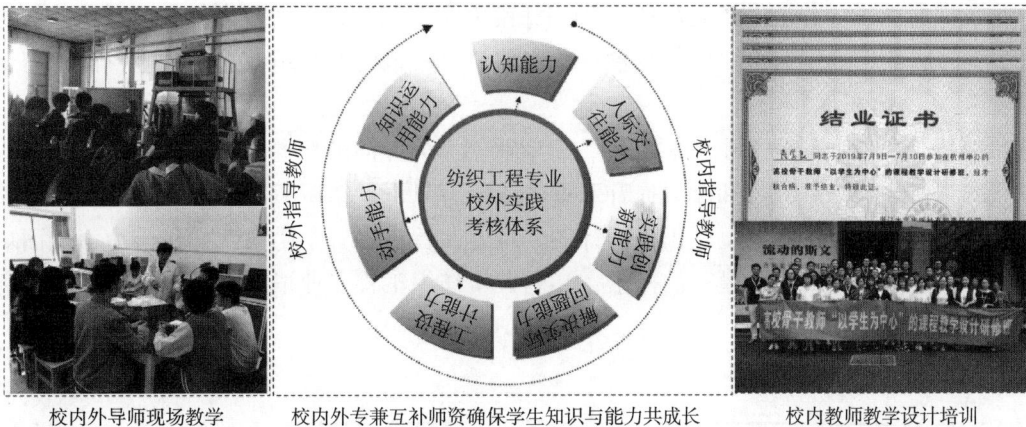

| 校内外导师现场教学 | 校内外专兼互补师资确保学生知识与能力共成长 | 校内教师教学设计培训 |

图 3　纺织工程系教师教学方法和模式培养

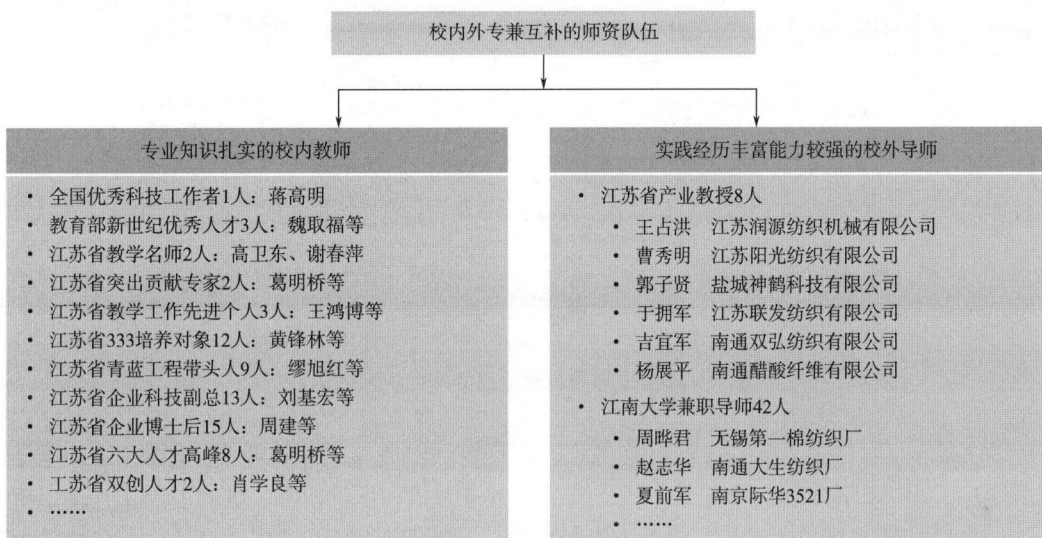

图 4　纺织工程系聚集的优秀教师队伍

（2）依托中国纺织工业联合会和校级教改项目，探索和研究了纺织类专业综合改革试点，坚持"回归工程"理念，提出了学生全面覆盖、校企全程协同为特征的"1-3-4-5"双创型人才培养模式，即"1 个目标、3 条途径、4 项举措、5 个协同"（图 5），全面探索并解决了纺织专业高质量工程人才培养的系列问题。

图 5　双创型综合素质人才培养模式

2017年，工程认证工作顺利通过验收，表明江南大学纺织工程专业顺利加入了《华盛顿协议》，本校纺织专业的毕业生的学历可以获得全世界的专业认可，也说明纺织专业的学生目前急需知识和能力的双重培养。

2020年纺织工程专业教学大纲顺利修订，以毕业能力为导向的培养成为当下纺织专业高等教育刻不容缓的举措。在学生知识积累和能力提升双重需求的背景下，纺织工程专业学生在大二、大三接受专业知识传授，大四阶段接受"卓越工程师计划"培养，旨在提升学生实践操作能力，全面培养学生的综合素质。经过近年来新教学模式的探索，江南大学纺织工程专业毕业生的知识和能力得到了社会的普遍认可，如图6所示。

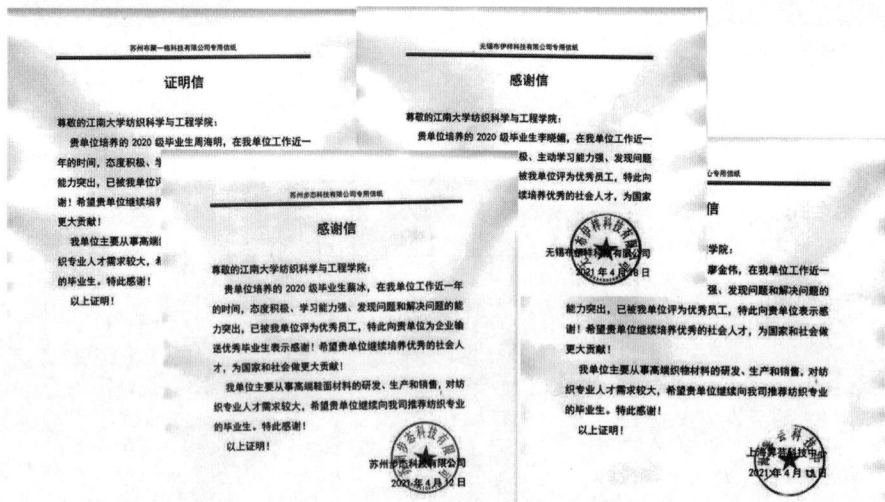

图6 毕业生就业企业给出的能力认可证明

（3）充分发挥"以学生为中心"的教学理念，课程设计中增加了课外训练、课堂讨论、课堂辅导等内容，课后增加了小组讨论、项目学习等方式；改革了考核方式和评价机制，增加了课堂互动、随堂作业、调查报告、期末考试成绩及相关创新实践成果等考核内容，极大地提升了学生学习的动力和热情（图7）。

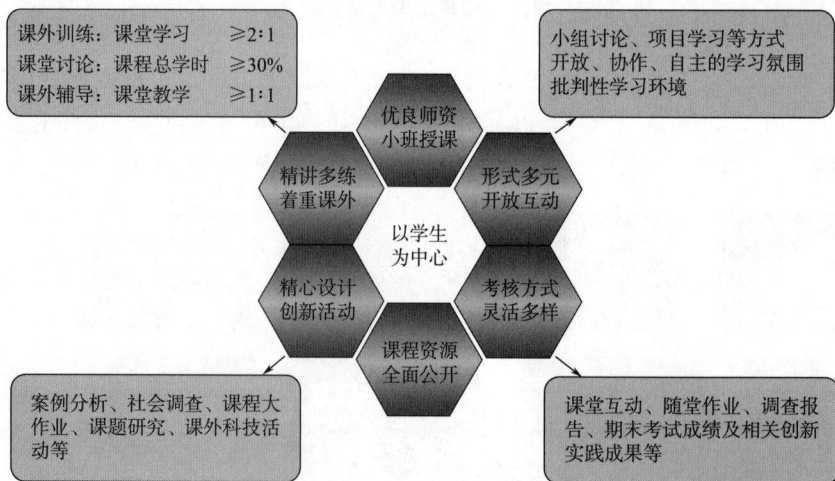

图7 以学生能力提升为中心的课程设计

此外，结合教师的科研项目（包括横向课题、纵向项目）的研究内容，将科研项目设立一系列子课题，与大学生的毕业设计、科技竞赛项目、大学生创新创业项目相结合，服务于学生创新素质能力的培养。

（4）为积极培养学生的综合能力，构建了"理论教学—分组研讨—设计训练—工程实践"循序渐进的课程教学体系，旨在全面培养学生们工程认证所需要的毕业能力。

以机织面料的设计为例，如图8所示，从棉纤维到棉纱线的制备，从织造工艺理论到生产环节的工艺设计和分析，涉及了理论教学的诸多门上下游课程，也涉及了能力训练的"文献查阅、问题凝炼、前沿方向"，从课外实践到工程实习，全方面提升学生的知识储备，并有效提高了学生的认识问题、分析问题和解决问题的能力，为学生们毕业后从事创新创业项目奠定了坚实的基础。项目的实施成果已获得中国纺织工业联合会认可，项目已顺利结题。

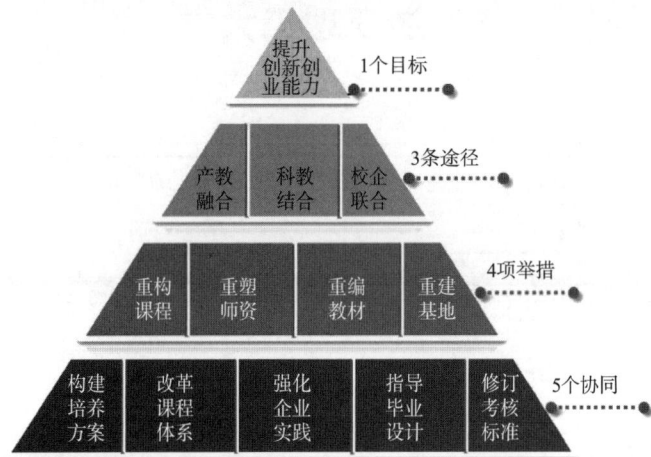

图8 "理论教学—分组研讨—设计训练—工程实践"循序渐进的教学体系

（5）人才培养成效显现。本项目研究成果以团队成员为班主任的班级进行试点，实践班级（纺织工程1704班）连续两年荣获江南大学先进班集体、江南大学先进班集体标兵、无锡市优秀班集体、江苏省先进班集体等集体荣誉；该班学生的个人综合素质发展成效明显，学生们积极参与志愿活动、文体竞赛、专业比赛等，收获了近百份的证明和证书。此外，项目实施以来，以大学生为主体，先后申请到国家、省部级和校级大学生创新创业项目14项；以大学生为主要作者发表学术论文64篇，申请专利24项，软著9项；参加国家级、省级和校级各类竞赛并获得奖项50余次，其中包括江苏省青年会员创新创业大赛一等奖和江苏省大学生创新创业优秀成果展"最具潜力创意奖"等。这些成绩也在低年级大学生中起到了重要的辐射和示范作用，引导学生树立能力培养的兴趣和信心，形成了一种由被动参与到重视分享、主动参与的良性发展模式（图9）。

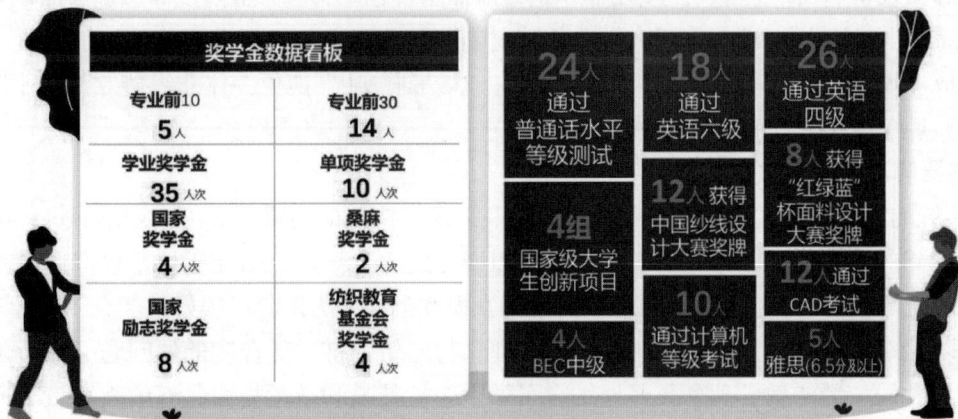

图9 本项目在教学班级实践中2018~2020年取得的成果（纺织工程1704班）

"政—校—企—协"四方联动模式下非织造专业人才培养探索与实践

浙江理工大学

完成人及简况

姓名	性别	所在单位	党政职务	专业技术职称
钱建华	男	浙江理工大学	无	副教授
苏娟娟	女	浙江理工大学	党支部宣传委员	讲师
雷彩虹	女	浙江理工大学	学院教科办主任	讲师
刘国金	男	浙江理工大学	系副主任	特聘副教授
张红霞	女	浙江理工大学	无	教授
郭玉海	男	浙江理工大学	系主任	研究员
于斌	男	浙江理工大学	院长	教授
李祥龙	男	浙江理工大学	无	讲师
杨斌	女	浙江理工大学	无	教授
刘婧	男	浙江理工大学	无	实验师

1 成果简介及主要解决的教学问题

1.1 成果简介

我国是非织造材料生产和消费大国，产量占全球 40% 以上，出口量占全球 20% 以上。随着社会需求的提高，传统非织造材料的产业和人才培养面临转型升级。2013 年我国发现禽流感病毒疫情，2020年全球新冠肺炎疫情暴发，医疗与卫生用非织造产品需求都剧增，对医卫防疫非织造产品设计、生产、测试等人才需求量也激增。浙江理工大学非织造材料与工程专业，发挥政府、学校、企业、协会的协同作用，形成"政—校—企—协"四方联动、"教—学—研—用"四位一体非织造专业人才培养模式，与"新工科"理念高度融合。

1.2 主要解决的教学问题（图 1）

（1）传统的以学校为主的人才培养模式与产业需求不协调的问题。突出人才培养过程中企业、协会参与度。构建的非织造专业人才新的培养模式以职业能力为导向，新课程体系以产业需求为引导，突出对学生的爱国情怀、社会责任、国际视野的高素质和创新能力培养，很好地契合了产业需求。

（2）"以理论知识传授为核心"的教育教学理念与"新工科"契合度低的问题。革新了陈旧的教学模式和教学手段。新的教学理念很好地结合了学生个性特长和教学规律，新的教育教学方式与信息化网络化的社会发展趋势相适应。

（3）原有相对分散的实践教学体系与飞速发展的非织造产业需求不匹配的问题。充分整合校内外优质教学资源、研究训练和实习机会，服务于非织造产业发展和创新需求，为学生跨学科学习、实习和科研训练等提供了保障。

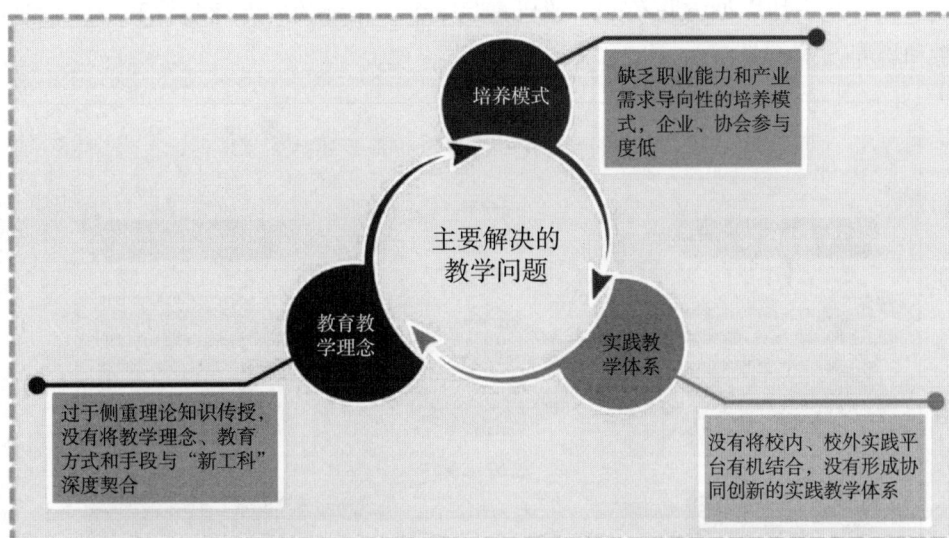

图 1　原有非织造专业育人模式主要存在的教学问题

2　成果解决教学问题的方法

本专业依托"纺织科学与工程"浙江省重中之重一级学科和浙江理工大学与余杭、上虞、天台、桐乡、象山、新昌、兰溪、绍兴、湖州等地方政府共建的 9 所产业研究院，发挥政府、学校、企业、协会的协同作用，改变传统的以学校为主的人才培养模式，突出人才培养过程中企业、协会参与度，搭建和完善具有特色的校内、校外实验实践平台。形成了"政—校—企—协"四方联动、"教—学—研—用"四位一体的非织造材料与工程专业人才培养新模式，整体设计思路如图 2 所示。

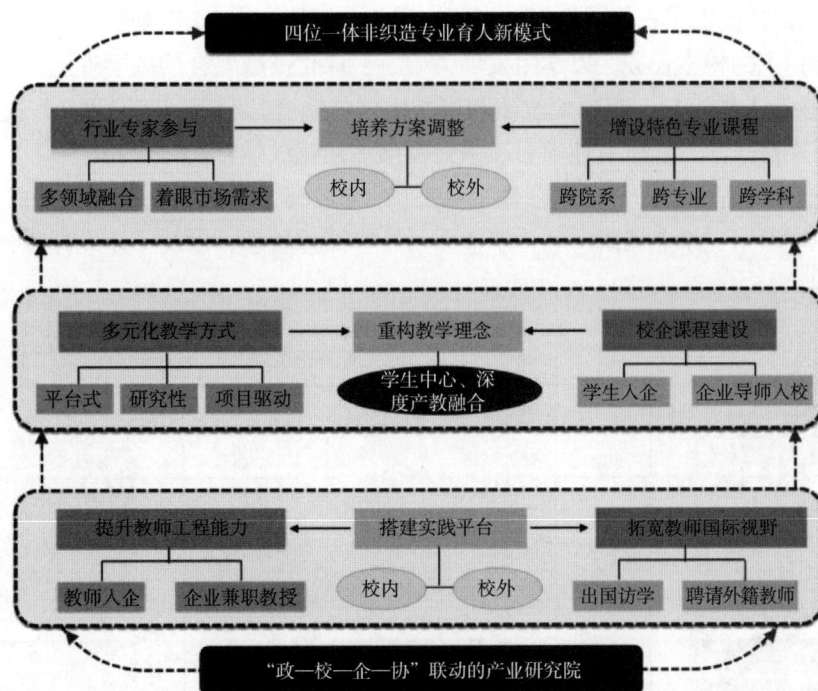

图 2　非织造专业育人新模式整体设计思路

2.1 针对传统的以学校为主的人才培养模式与产业需求不协调的问题

立足"政—校—企—协"四方联动的产业研究院平台，构建校内专业教育和校外企业教育相互关联的课程体系和培养方案（图3）。

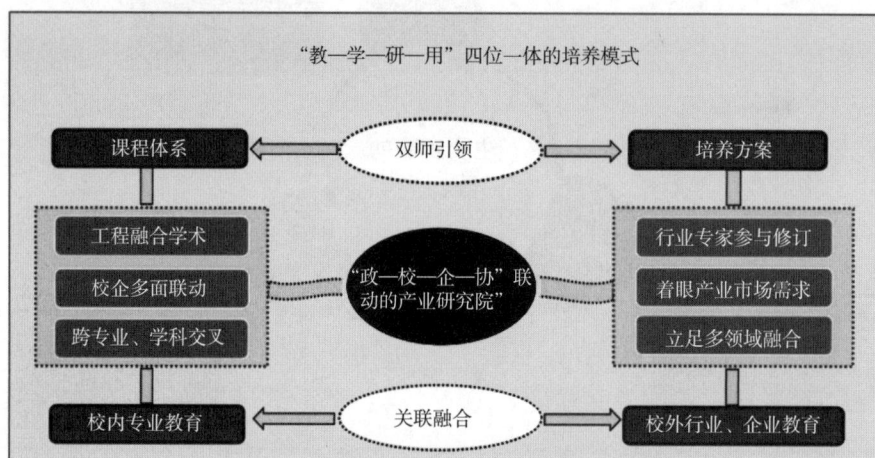

图3 "教—学—研—用"四位一体的人才培养课程体系和培养方案

（1）邀请本行业（协会、学会）专家参与培养方案修订与论证，构建了立足多领域融合和应用、着眼产业市场需求的创新复合型人才培养方案，实现对学生爱国情怀、社会责任、国际视野和创新能力相结合的培养。

（2）增开了工程融合学术、校企联动的特色专业课程，如"企业管理""工程伦理""非织造数据库技术"，构建了跨院系、跨专业、跨学科的交叉课程体系。

2.2 针对"以理论知识传授为核心"的教育教学理念与"新工科"契合度低的问题

重构教学理念，完善、创新教学方式和教学手段（图4）。

（1）从理念上由传统的单一传授知识转变为注重培养素质，在OBE理念引领下，积极融合课程思政，形成了以立德树人为根本任务、以学生发展为中心、深化产教融合的教学理念。

（2）实施了教授工作室制、双师型教学和优秀生培养制度，利用"互联网＋"技术促进教学内容的前沿化，形成了平台式学习、研究性学习、项目驱动多元化教学方式。

（3）共建了校企课程。安排学生到合作企业现场，让企业导师参与"聚合物直接成网大型实验""非织造专业认识实习""毕业调研"和"毕业实习"等课程教学，以及毕业设计联合指导与评价。

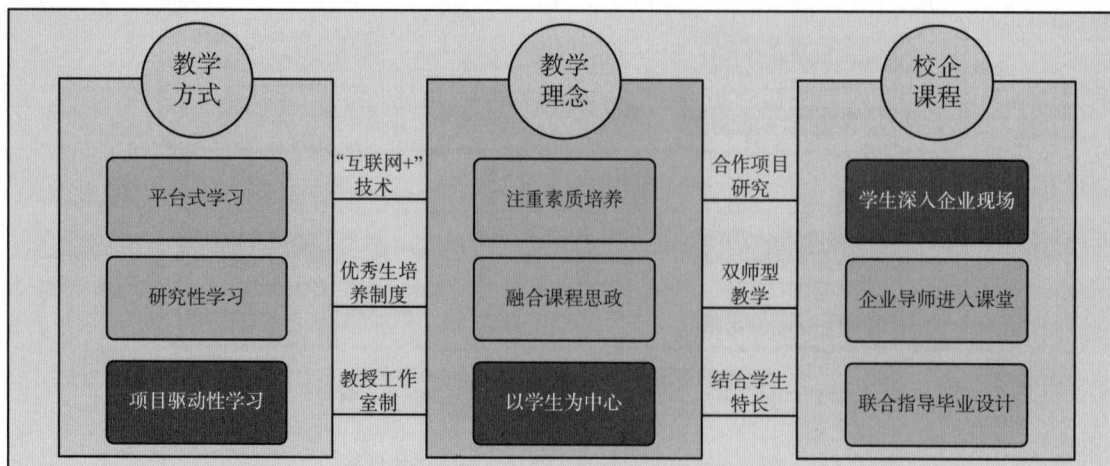

图4 教学理念重构思路

2.3 针对原有相对分散的实践教学体系与飞速发展的非织造产业需求不匹配的问题

搭建和完善具有特色的校内、校外实验实践平台,实施提升教师工程能力和国际视野的措施(图5)。

(1)推进校外9所现代产业研究院实训基地的建设,搭建新型纤维材料、产业用纺织品、非织造后处理、过滤材料等为核心研究方向的校内外实践平台15个。

(2)要求青年教师入职三年内均须到产业研究院开展连续半年以上的研究或培训。聘请相关企业30余名专家为本专业兼职教授,开展校企联合授课、联合指导,打造双师双能型高水平师资队伍。

(3)贯彻"引进来、送出去"相结合的策略,引进外籍专业教师5名,聘请美国北卡州立大学、日本京都工艺纤维大学等国外知名高校教授为本专业客座教授,累计派送10名专业教师到美国、德国、日本等国家进行深造学习。

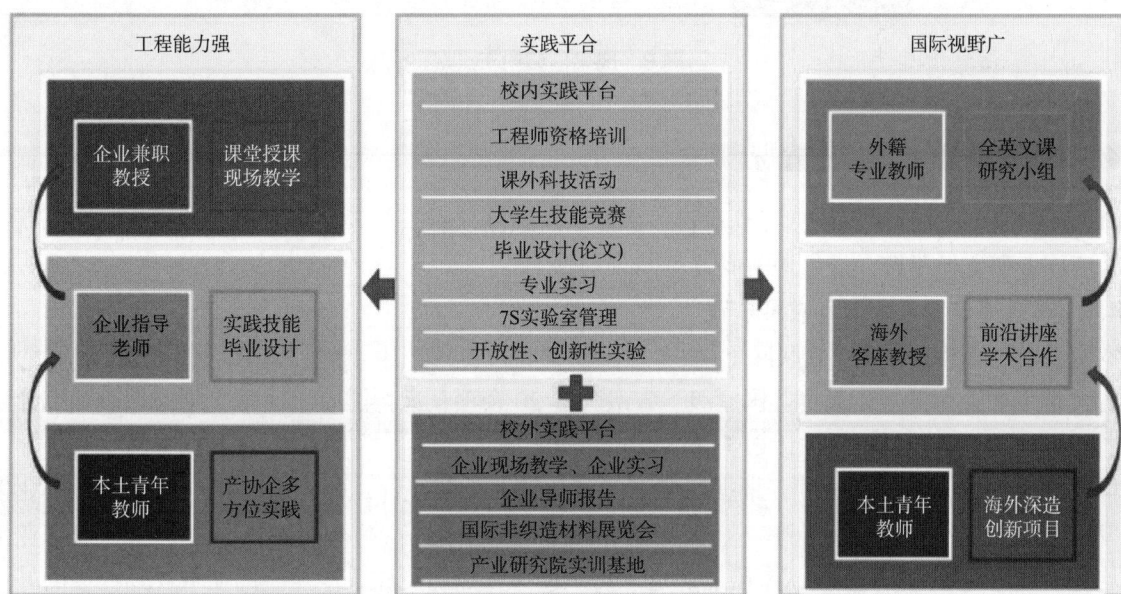

图5 实验实践平台搭建与教师工程能力、国际视野提升措施

3 成果的创新点(图6)

3.1 立足产业研究院,构建了校内和校外协同联动的培养方案及课程体系

发挥政府、学校、企业、协会的协同作用,共建了以新型纤维材料、产业用纺织品、非织造后处理、过滤材料等为核心研究方向的9所产业研究院,改变了传统的以学校为主的人才培养形式,突出企业、协会参与度,形成了以职业能力和产业需求为导向的培养方案和跨院系、跨专业、跨学科课程体系。

3.2 确立了立德树人、以学生为中心、产教融合的教学理念,形成了多元化、立体式教学方式

融合"新工科"、对接"双万计划",建立了"学生主体+产教融合"的教学理念,"引企入教""引教入企",形成了"平台式+研究性+项目驱动"的教学方式。

3.3 构建了"政—校—企—协"有机结合的校内外实践教学体系,提升了学生素质与非织造产业需求的契合度

地方政府牵头,行业协会引导,以研究院为平台,聚焦培养方案和课程体系构建、师资队伍建设,建成集非织造材料与制备技术、非织造材料成型与绿色创制、非织造装备与智能制造三大研究方向、检测中心、中验基地、产业加速器、孵化园区、学术交流等一体的实践平台,实现"政—校—企—协"协同创新。

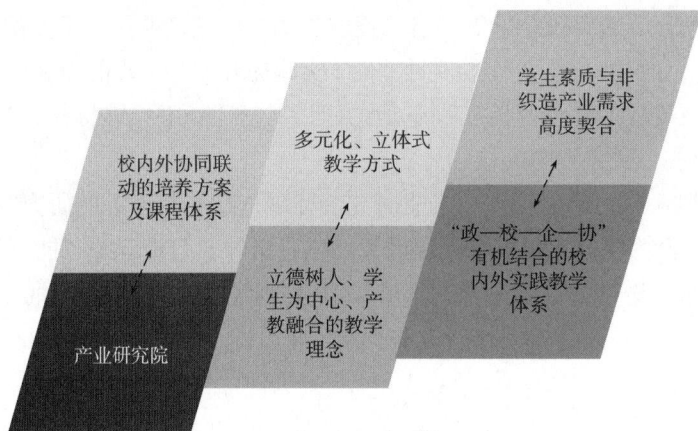

图 6　成果主要创新点

4　成果的推广应用情况

自 2014 年以来，借助以新型纤维材料、产业用纺织品、非织造后处理、过滤材料等为核心研究方向的 9 所产业研究院平台，学生培养成效显著。

4.1　非织造专业人才培养成果丰硕

本专业学生获中国国际"互联网＋"大学生创新创业大赛、全国大学生非织造材料开发与应用大赛、浙江省大学生职业生涯规划大赛等国家级、省级大赛 20 余项；承担国家级大学生创新创业训练计划项目、浙江省大学生科技创新活动计划暨新苗人才计划项目 20 余项；发表学术论文 10 余篇。

毕业生素质强、专业能力优，根据历年浙江省教育评估院统计，非织造材料与工程专业毕业生的就业率一直位于前列，平均就业率一直保持在 98% 以上，特别是 2014 和 2016 届非织造专业毕业生就业率均是 100%。大多数毕业生从事与非织造和纺织相关领域的工作，毕业生的质量受到社会的好评。有数人成为国内外知名非织造公司的技术和管理骨干。毕业生李海娇任美国 First Quality Nonwoven 企业产品研发工程师；2017 年，时任浙江省省长车俊考察我校，本专业学生金王勇现场演示了自主研发的水过滤材料，车省长对本专业人才培养模式给予了充分肯定。2018 年 12 月，创办"浙理时光·新华书店"的本专业 2015 级学生余航，作为优秀创意创业代表向浙江省委常委、常务副省长冯飞汇报其创业经历，受到了冯副省长的赞许和鼓励（图 7）。

2019 届余航（"浙理时光·新华书店"）
作为创业代表，受到冯副省长赞许

图 7　优秀毕业生代表金王勇和余航

世界著名非织造企业德国德沃尔（TWE）、美国致优（First Quality Nonwoven）、杭州诺邦及浙江金三发均给予本专业毕业生"专业能力突出、综合素质优良，在工作上表现出较强的研发能力和开拓创新精神，国际视野开阔，是不可多得的非织造专业人才"的评价（图 8）。

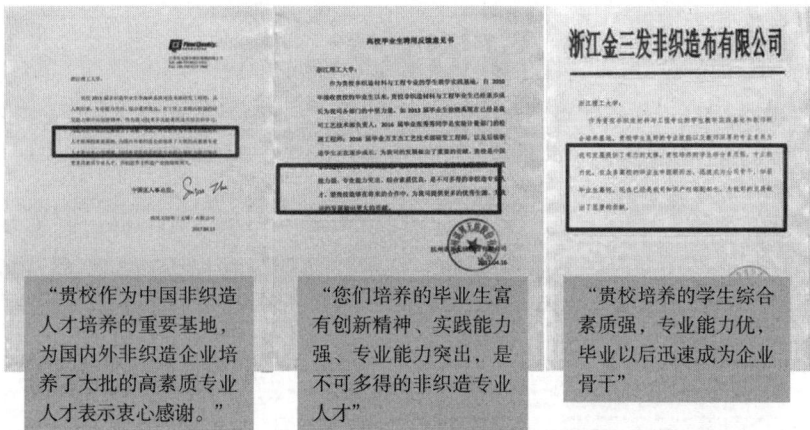

"贵校作为中国非织造人才培养的重要基地，为国内外非织造企业培养了大批的高素质专业人才表示衷心感谢。"

"您们培养的毕业生富有创新精神、实践能力强、专业能力突出，是不可多得的非织造专业人才"

"贵校培养的学生综合素质强，专业能力优，毕业以后迅速成为企业骨干"

图8 国内外企业对本专业毕业生的评价

在抗击新冠肺炎期间，非织造材料与工程专业的同学们积极配合学院防疫工作，针对目前市场上口罩质量良莠不齐、许多师生不了解如何正确佩戴口罩以及合理处置废弃口罩的现状，他们充分发挥专业知识，通过拍摄视频的方式，为大家答疑解惑。

许丹同学从口罩的结构和功能效果出发，介绍了口罩的基础知识。文齐昱同学则将课堂所学灵活运用，向广大师生讲解了如何选用合适的口罩、如何佩戴口罩以及如何处置废弃口罩等步骤。抗击新冠肺炎期间，非织造材料与工程专业的学子们积极行动，发挥专业学科优势和志愿服务精神，体现了当代大学生的良好风貌。他们将理论知识与实践应用紧密地结合起来，为疫情防控献上了自己的力量的同时，也展现了非织造专业教学所取得的丰硕成果（图9）。

图9 非织造17级学生许丹、文齐昱在新冠肺炎疫情期间宣传如何正确佩戴口罩

4.2 产教融合的教学成果突出

本专业组织了10余名青年教师到产业研究院、非织造骨干企业学习、实践，加强与企业的合作、强化实践能力。有10名教师到国外院校学习和研究深造，专业教师积极参加国际学术交流活动。非织造系教师获"长江学者"特聘教授奖励计划，"何梁何利基金科学与技术创新奖""浙江省有突出贡献中青年专家"荣誉称号、浙江省151人才工程重点计划、国家创新人才推进计划各1人，浙江省151人才第一层次1人、浙江省151人才第二层次2人。专业获省级一流课程2门，获各类教学科研成果奖20余项，教学改革研究项目10余项，编写教材2本，发表教育教学改革论文5篇，指导学生以第一作者身份发表学术论文5篇。

依托产业研究院与相关企业进行深入的产学合作，取得了丰富的成果。获得包括国家973专项、863专项和国家自然科学基金在内的国家级项目4项，省部级项目10余项。企业委托横向项目15项。聘请优势非织造企业的技术与管理骨干30人为兼职教授，积极开展"资深工程师、科技型企业家"特色教学活动，通过丰富的工程、技术实践案例进行实践教学，使学生加深了对理论课程的理解、提升了学生的实践能力。

4.3　专业的社会影响力提升

本专业是浙江省内目前唯一培养非织造材料与工程技术人才的专业，2019 年入选浙江省"双万计划"一流本科专业；2020 年入选国家"双万计划"一流本科专业。根据中国科学评价研究中心和武汉大学中国教育质量评价中心 2015 年和 2018 年中国大学学科专业评价报告，本专业连续四年排名全国第二（图 10）。

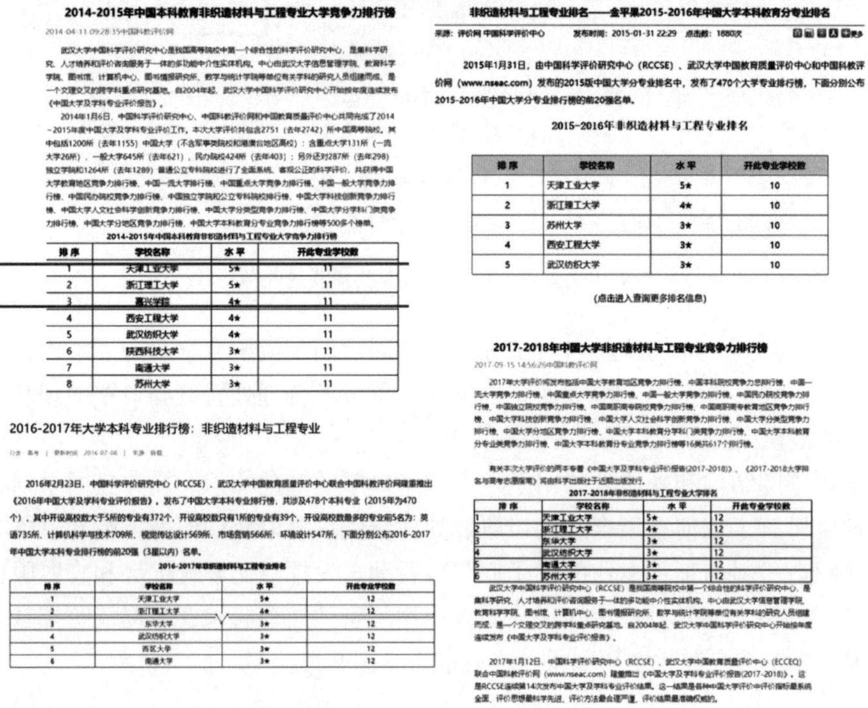
2014-2015年中国本科教育非织造材料与工程专业大学竞争力排行榜

2014-04-11 09:28:35中国科教评价网

2014-2015年中国本科教育非织造材料与工程专业大学竞争力排行榜

排序	学校名称	水平	开此专业学校数
1	天津工业大学	5★	11
2	浙江理工大学	5★	11
3	嘉兴学院	4★	11
4	西安工程大学	4★	11
5	武汉纺织大学	4★	11
6	陕西科技大学	3★	11
7	南通大学	3★	11
8	苏州大学	3★	11

非织造材料与工程专业排名——金平果2015-2016年中国大学本科教育分专业排名

来源：评价网 中国科学评价中心　发布时间：2015-01-31 22:29　点击数：1880次

2015年1月31日，由中国科学评价研究中心（RCCSE）、武汉大学中国教育质量评价中心和中国科教评价网（www.nseac.com）发布的2015版中国大学分专业排名中，发布了470个大学专业排行榜，下面分别公布2015-2016年中国大学分专业排行榜的前20强名单。

2015-2016年非织造材料与工程专业排名

排序	学校名称	水平	开此专业学校数
1	天津工业大学	5★	10
2	浙江理工大学	4★	10
3	苏州大学	3★	10
4	西安工程大学	3★	10
5	武汉纺织大学	3★	10

(点击进入查询更多排名信息)

2016-2017年大学本科专业排行榜：非织造材料与工程专业

2016年2月23日，中国科学评价研究中心（RCCSE）、武汉大学中国教育质量评价中心联合中国科教评价网隆重推出《2016年中国大学及学科专业评价报告》，发布了中国大学本科专业排行榜，共涉及478个本科专业（2015年为470个），其中开设高校数大于5所的专业有372个，开设高校数只有1所的专业有39个，开设高校数最多的专业前5名为：英语735所、计算机科学与技术709所、视觉传达设计569所、市场营销566所、环境设计547所，下面分别公布2016-2017年中国大学本科专业排行榜的前20强（3星以内）名单。

2016-2017年非织造材料与工程专业排名

排序	学校名称	水平	开此专业学校数
1	天津工业大学	5★	12
2	浙江理工大学	4★	12
3	东华大学	3★	12
4	武汉纺织大学	3★	12
5	西安大学	3★	12
6	南通大学	3★	12

2017-2018年中国大学非织造材料与工程专业竞争力排行榜

2017-09-15 14:56:26中国科教评价网

2017-2018年非织造材料与工程专业大学排名

排序	学校名称	水平	开此专业学校数
1	天津工业大学	5★	12
2	浙江理工大学	4★	12
3	东华大学	3★	12
4	武汉纺织大学	3★	12
5	南通大学	3★	12
6	苏州大学	3★	12

图 10　中国科学评价研究中心和武汉大学中国教育质量评价中心

2015 年和 2018 年中国大学非织造材料与工程专业排名

2019 年底，本专业于斌教授撰写的非织造人才培养产教融合案例，受到国家领导的肯定性批示。2020 年，新冠肺炎疫情蔓延全世界，本专业郭玉海研究员和于斌教授团队研发了替代熔喷材料的软支撑纳米纤维膜口罩新材料，此材料克服了熔喷口罩材料生产效率低和贮存期短的不足，可作为应急战备物质储存，得到了中国新闻网、学习强国等媒体的关注。同时，郭玉海研究员和于斌教授还参加了由中国科协、浙江省科协和都市快报等共同开展的科技成果科普发布会，超 40 万网友观看了现场直播（图 11）。

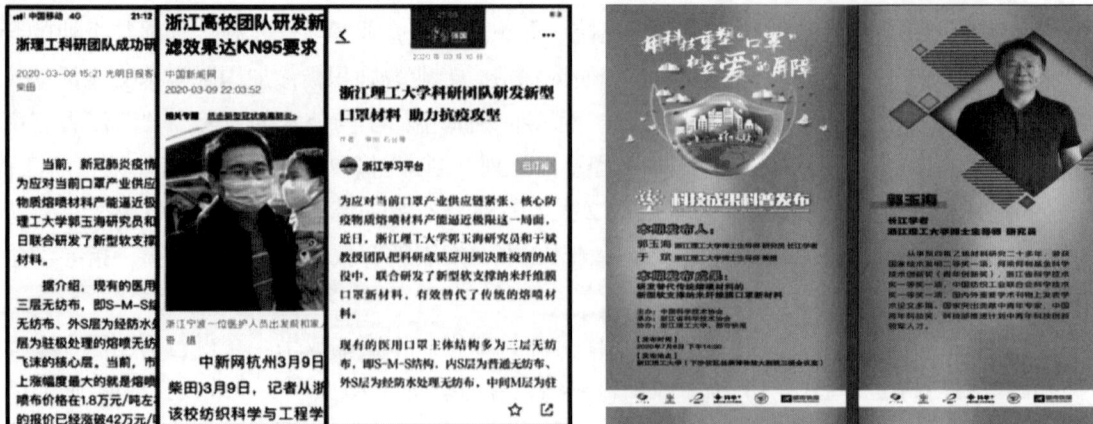

图 11　本专业教师的纳米纤维膜口罩成果引发关注

"全面联动、全程优化、全员参与"非织造专业课程教学模式的创新与实践

苏州大学

完成人及简况

姓名	性别	所在单位	党政职务	专业技术职称
刘宇清	男	苏州大学	无	副教授
杨旭红	女	苏州大学	系主任	教授
王萍	女	苏州大学	院长助理	副教授
丁远蓉	女	苏州大学	无	讲师
朱新生	男	苏州大学	无	教授
程丝	女	苏州大学	无	教授
赵荟菁	女	苏州大学	无	副教授
杨勇	男	苏州大学	无	副教授
刘帅	男	苏州大学	无	副教授
徐玉康	男	苏州大学	无	讲师

1 成果简介及主要解决的教学问题

1.1 成果简介

目前高校传统专业课程教学中普遍存在"学生缺乏兴趣、教师照本宣科、缺乏有效教学互动"的现象，非织造材料与工程专业作为纺织类专业中的特色专业，是纺织学科的重要分支，课程教学内容偏应用、重实践，导致课堂教学难以具象、略显枯燥；而目前非织造行业正处于快速发展、产业优化升级的关键时期，行业对新工科人才培养的数量和质量都提出了更高的要求。针对这种行业发展和人才培养之间的不匹配、不适应，我校非织造材料与工程专业自2014年开始提出了"全面联动、全程优化、全员参与"的三全课程教学改革模式，从教学资源建设、教学模式创新、教学方法改革、学习评价创新等方面对非织造材料与工程专业课程的教学模式进行了优化升级，调动多主体参与课堂教学改革，极大地调动了学生参与第一课堂的积极性和主动性，形成了一系列标志性教学成果，并在专业分流一志愿率、学生评教、优质就业、高质量升学等方面得到了逐年向好的正向反馈，形成了非织造专业课程教学模式创新与实践的成功经验（图1）。

1.2 主要解决的教学问题

（1）专业课程教学、考核形式单一，学生上课没兴趣，考前抱佛脚。

（2）课堂参与度、活跃度低，教师的教学激情消磨殆尽，课堂教学陷入恶性循环。

（3）理论和实践教学环节的脱离导致理论教学听不懂、实践教学不会做，难以做到知行合一。

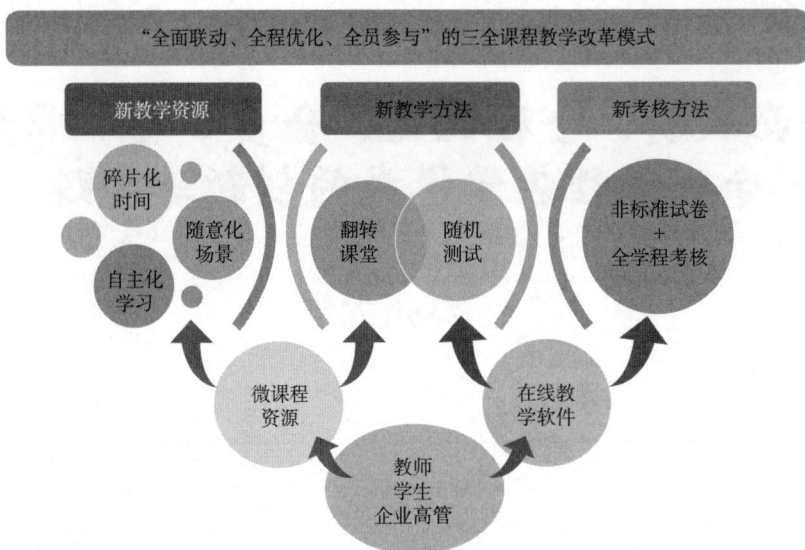

图1 "全面联动、全程优化、全员参与"的三全课程教学改革模式

2 成果解决教学问题的方法

2.1 建设专业核心课程线上教学资源，构建课上课下全时段式的育人模式

自 2014 年起，围绕专业核心课程陆续建设完成了 4 门苏州大学微课程、1 门全英文教学示范课程和 1 门研究性教学标杆课程，如图 2 所示。微课程教学资源的建设有利于学生利用课前、课后的时间对重难点知识进行预习、巩固，形成课上课下相结合的全时段式育人模式；英文示范课程为同学提供双语言的专业课程学习氛围，符合当前时代背景条件下对新工科人才提出的国际化交流需求；研究性教学标杆课程是全面改革课程授课方式，以专业核心知识点为依托，提出研究性、研讨性课题，重构课程知识体系，锻炼专业知识的灵活运用能力和专业逻辑思维能力。

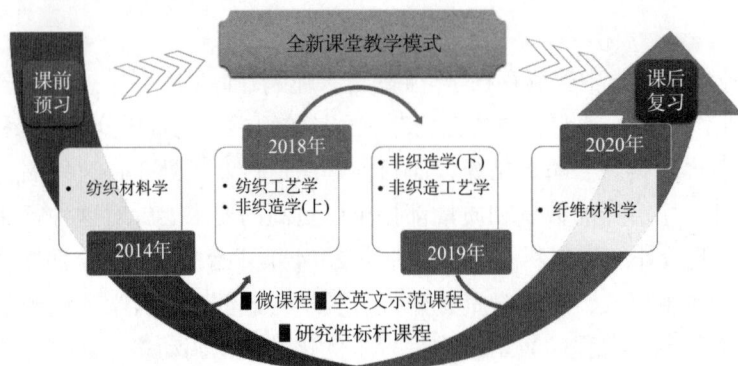

图2 非织造材料与工程专业核心主干课程全时段式育人模式示意图

2.2 运用新型教学手段和教学方法，构建课堂全参与式的教学模式

我系主干课程教师积极采用雨课堂、智慧树等新型教学手段，运用翻转式、项目式、研讨式等教学方法，提高学生的课堂参与，将专业知识以学生们喜欢的方式自然带入，让学生自主参与课堂教学，对知识有思考，对专业有认可，构建全参与式的教学模式。如图3所示为在课堂运用雨课堂进行随机点名、随机分组、随堂测验等环节的教学活动示意图。

2.3 改革学习评价模式，构建"教—学—评"一体的全学程式的学习模式

摆脱传统"一二七"分（平时10%，期中20%，期末70%），将评价活动作为教学活动的重要环

节，构建全新"三结合"学习评价模式：课堂教学活动与卷面成绩相结合；教师评价和学生互评相结合；主观评价和客观评价相结合。同时，卷面考试题目也以问题导向型、综合性、分析性和实战性的非标准化题目为主，进一步督促学生积极、认真参与平时的教学活动，形成全学程式的学习模式。此外，本课程教学团队还积极推动课堂教学质量保障体系，如图4所示，通过评教体系和评学体系，全面反馈和提升课堂教学活动，形成课堂教学活动的良性循环模式。

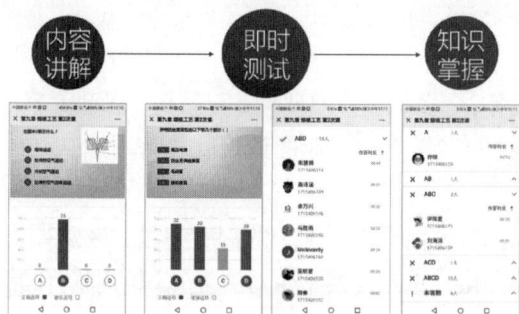

图3　运用雨课堂进行课堂教学和即时测试示意图

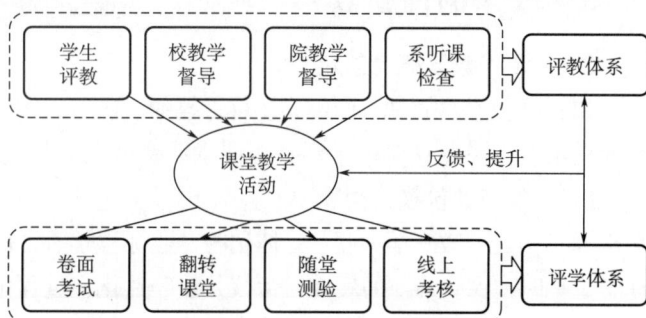

图4　课堂教学活动质量保障体系示意图

2.4　改革专业实践教学模式，主辅教师相结合，构建全联动式的实践教学模式

依托2017年中国纺织工业联合会两项教改项目，积极创新实践教学模式，将理论课教师同时作为对应实践课程的引导者，辅以实验岗教师，形成理论—实践的联动教学，结合虚拟仿真等教学资源和教学手段，构建全联动式的实践教学模式，如图5所示。其主要内涵如下：

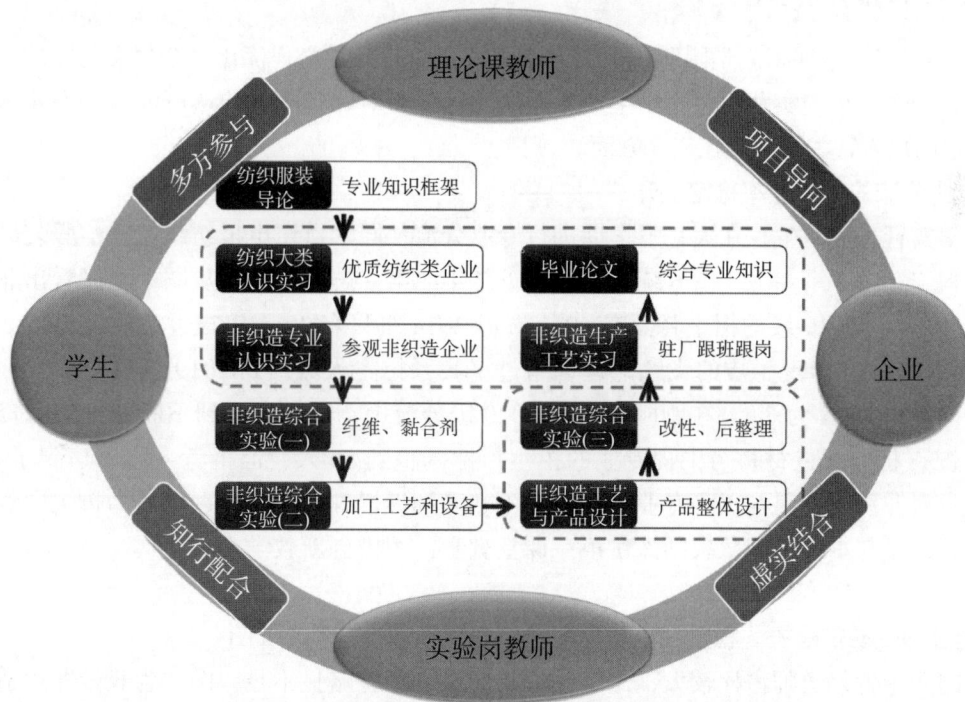

图5　全联动式实践教学模式示意图

（1）多方参与：调动理论课教师、实验课教师和企业高管参与本科生实习、实践、实验课程。

（2）项目导向：以项目或者问题式为导向，引导学生综合运用理论知识设计实验方案，操作专业设备，解决实际问题。

（3）知行配合：摆脱理论和实验课教师相互脱离的情况，理论课教师主导实验教学进度，将课堂理论知识在动手实践的过程中消化吸收，培养知识的灵活运用能力，做到知行合一。

（4）虚实结合：依托我院纺织与服装工程国家级虚拟仿真实验教学示范中心的虚拟仿真实验教学资源，将危险系数高、操作流程过长、实验室尚不具备的实验项目搬到线上开展，做到虚实结合，进一步开阔专业视野。

3 成果的创新点

3.1 课程教学模式创新

依托线上教学资源，调用多主体（教师、学生、企业高工等）、多元素（雨课堂、智慧树、思政元素、行业前沿等）参与课堂教学活动，课堂活跃度和参与度明显提升，学生对专业的认可度显著增加。

3.2 学习评价模式创新

通过构建"教—学—评"一体化的专业课程学习评价模式，有效地促进了学生的深度学习。该模式关注学生平时在课堂参与的反馈，考核分数碎片化、过程化、综合化，重点考察学生对专业知识的理解和灵活运用。

3.3 专业实践教学模式创新

围绕"非织造"纺织人才培育，实践教学模式首先从人才培育方案的顶层设计入手，以"了解"—"运用"—"驻厂实践"为主线，整体布局实践课程；通过人员配合和资源支持，打通理论与实践之间的"鸿沟"。实践、实验课程由理论课老师根据教学内容和教学进度设计实验教学大纲，依托国家虚拟仿真实验教学平台，形成理论—实践一体化的实践模式。

4 成果的推广应用情况

自 2014 年以来，本课程教学团队积极贯彻实施"全面联动、全程优化、全员参与"的三全课程教学改革模式，经过几年的实践检验，学生对专业的认可度、对课堂教学的认可度以及人才培养质量方面取得了一定的成效，主要表现在三个方面。

4.1 专业分流的一志愿率稳定上升

苏州大学实行大类招生，在大一下学期进行专业分流，同学自愿申报纺织工程、服装设计与工程和非织造材料与工程 3 个专业。图 6 统计了我系近 7 年的第一志愿人数，从图中可以看出非织造材料与工程专业 2014～2019 级的招生名额有 40 人，但 2014 级只有 20 人申报，此后逐年呈上升趋势；到 2018 级时报考人数出现了质的飞跃，远远超过了我系招生人数；到 2019 级时愈演愈烈，我系录取的最后一名同学 GPA 为 3.4。在刚刚结束的 2020 级分流中，学院考虑到不断壮大的师资队伍以及学生意愿情况，将非织造材料与工程专业的招生指标调整到 55 人，但报考人数仍达到了 65 人。此数据表明学生对非织造材料与工程专业从原来的不熟悉到慢慢开始了解，逐渐成为拔尖同学竞相报考的专业方向，这是与本教学团队教师深耕第一课堂教学，积极创新教学模式，提高教学质量是密不可分的。

4.2 通过师资队伍建设，稳定提高教学质量，学生评教情况稳中上升

本教学团队中青年教师占比较大，这就导致初期教学经验略显不足。图 7 为我校非织造材料与工程专业核心主干课程教师自 2015 年的评教情况。从图中可以看出，在青年教师开始上课的几个学期，大多数教师的评教情况低于学院平均分，为此积极组织教师参加教学相关培训和课堂教学竞赛，提升师资队伍教学能力。近来年，1 人取得了校课堂教学竞赛一等奖，3 人取得了三等奖；2020 年，王萍老师获得了江苏省高校微课教学比赛三等奖，实现了我院的首次突破，朱新生老师取得了中国纺织工业联合会纺织之光教师奖。此外，我们积极总结教学过程中的经验，发表了近 10 篇教改论文。因此，图

7 中近几学期教学团队的绝大多数教师的评教分数远远高于学院平均分，这表明同学们对新型专业课程教学模式有一定的认可度，能够从专业课程教学中既获得专业知识又提升综合能力。

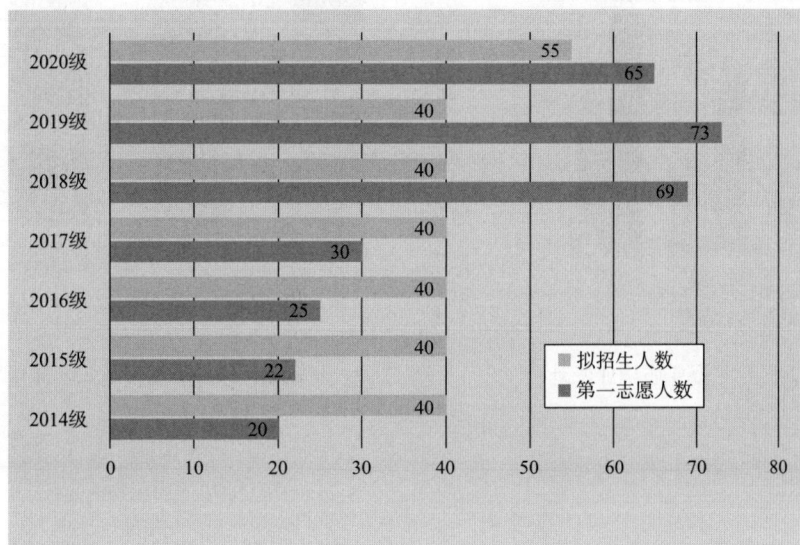

图 6 非织造材料与工程专业近 7 年专业分流第一志愿人数统计表

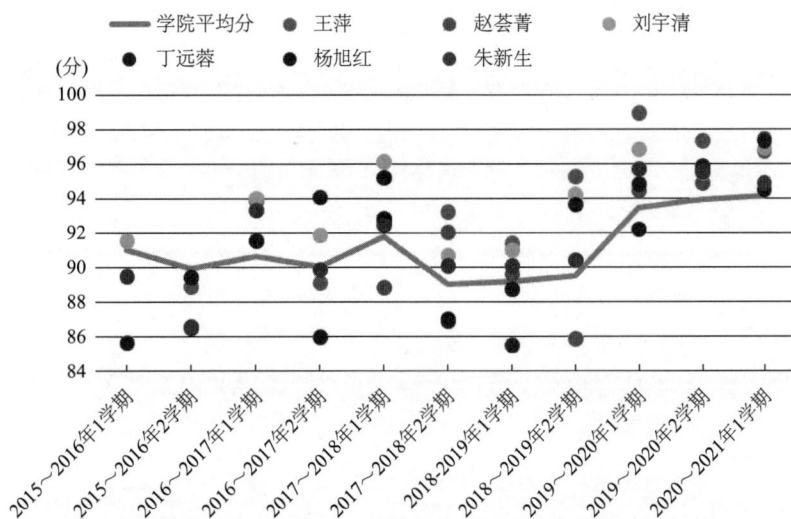

图 7 非织造材料与工程专业近 6 年的评教得分情况

4.3 学生培养质量取得了一定成效，高质量就业人数占比得到提升

随着教学模式的创新，学生参加大学生创新创业项目的积极性不断提高，近几年共计承担国家级大学生大创项目 3 项，省级 5 项，校级 5 项；在科研活动中我系本科生参与发表论文 13 篇，申请专利 12 件；省级以上学科竞赛二等奖 6 项，三等奖 15 项，校级大学生课外学术科技作品竞赛奖项若干；3 篇毕业生论文获得苏州大学优秀毕业论文，2 人次获得江苏省纺织学术论文二等奖，1 人次获得第 21 届陈维稷优秀论文奖。图 8 和图 9 分别为我系近几年毕业生的升学和毕业情况统计数据（2021 届毕业情况暂无），从图中可以看出我系毕业升学人数稳中有升，正常毕业学生占比逐年提高，尤其值得注意是，考入 985 高校的学生人数逐年增加，在一定程度上表明专业人才培育质量有了一定程度的提升。

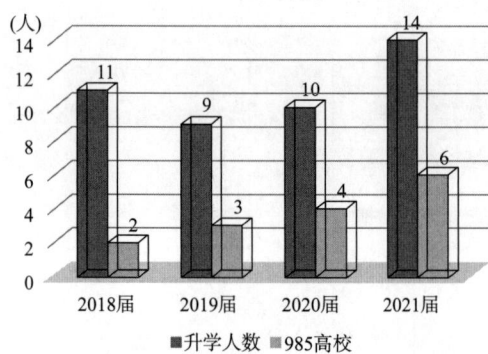

图 8 非织造材料与工程专业近 4 届毕业生升学情况

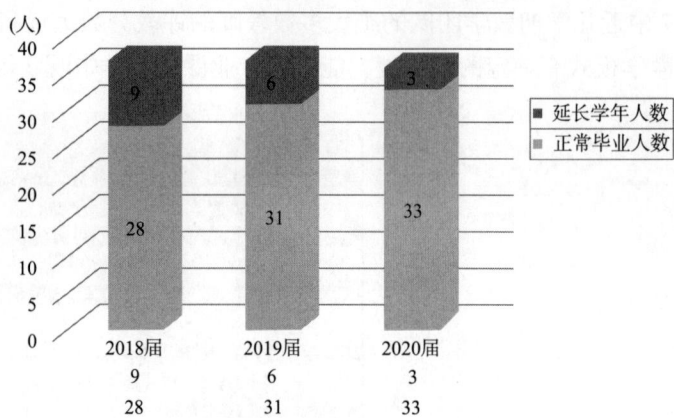

图 9 非织造材料与工程专业近三届毕业生毕业情况

科教融合背景下依托科研平台培养高层次纺织创新人才的实践

东华大学

完成人及简况

姓名	性别	所在单位	党政职务	专业技术职称
王富军	男	东华大学	纺织学院副院长	教授级高级工程师
程隆棣	男	东华大学	纺织面料技术教育部重点实验室副主任	教授
王璐	女	东华大学	纺织面料技术教育部重点实验室主任	教授、博士生导师
邹婷	女	东华大学	无	助理研究员
何瑾馨	男	东华大学	纺织面料技术教育部重点实验室副主任	教授
汪军	男	东华大学	纺织面料技术教育部重点实验室副主任	教授
张瑞云	女	东华大学	纺织学院纺织品设计与产业经济系主任	教授

1 成果简介及主要解决的教学问题

1.1 成果简介

"科学技术是第一生产力，创新是引领发展的第一动力"。"教育兴则国家兴，教育强则国家强"已成为共识，协同发展科教事业是我国强大复兴的必由之路。纺织面料技术教育部重点实验室是是我国纺织领域科技创新体系的重要组成部分，自1997年筹建以来，以我国纺织产业重大战略需求为导向，以纺织产业关键共性技术为抓手，依托"纺织科学与工程"国家一流学科，承担了一系列国家级重大科研任务，汇聚了一支高素质、学术思想活跃的研究队伍，为我国纺织科技的应用基础研究、技术创新和纺织产业国际竞争力的提升作出了突出的贡献。

重点实验室近年来积极采取措施，依托高水平师资队伍、科研条件和开放交流等，培养了大批高层次纺织创新人才。通过及时有效的科教融合推动教学发展，以高水平科学研究支撑高质量人才培养，成为纺织领域研究生创新实践能力锻炼、系统知识培养体系建设以及团队文化建设等的重要载体。

1.2 主要解决的教学问题

（1）科研资源无法及时有效融合转化为教学资源，导致的科教浅层次融合问题。

（2）社会与行业对纺织相关交叉学科复合人才需求增大，应用学科及新型交叉学科人才培养模式的建立无参考实践经验。

（3）资源和信息不对等，科教融合发展不均衡，影响研究生教育体系全方位良性可持续发展。

2 成果解决教学问题的方法

2.1 依托科研平台，建立科研反哺教学机制，科研多层次融入，教研全方位协同，将科研资源及时有效融合转化为教学资源

树立科研育人的理念，强化科研平台育人的功能。借助重点实验室的资源优势，让科学研究的思维和理念贯穿学生的教育全过程（图1）。结合国家重大重点项目，以平台开放课题、各级大学生创新

创业训练计划项目、毕业论文设计、论文写作等作为切入点，构建"本—硕—博"多层次的科研项目参与机制，建立"科教协同—人才培养—反哺教学科研"的机制。

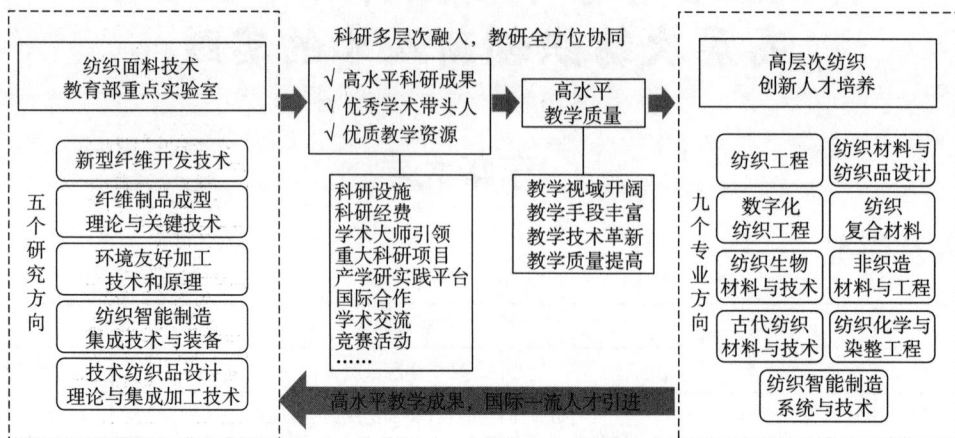

图1 依托重点实验室建立纺织科教融合体系

实施研究性教学，改变传统实验教学模式，完善创新实践教学改革，激发学生科研兴趣和问题导向思维，培养学生自主创新能力和分析解决问题的能力。引入社会机构和产业行业参与科教融合实践，支持研究生教育的发展。

2.2 应对社会及行业需求，结合实验室研究方向，推进应用学科发展，建立新型交叉学科，推进形成高层次交叉学科复合人才培养模式

重点实验室研究方向以国家重大需求为导向、以引领世界纺织科技发展为目标、以汇聚纺织科技高端人才为核心，不断促进纺织科学与工程、材料科学与工程、机械工程、化学工程、生物学、医学等相关学科发展。形成新兴专业，不同学科背景师资的融合，提供了具有多学科对话的平台，促进了相关学科学生的交叉与融合，实现"知识、素质、能力、技能"的全面发展。

2.3 鼓励开放，崇尚共享，打通科教融合体系，探索和构建以育人为导向的科研平台创新型开放合作机制

通过实验室"开放、流动、联合、竞争"的运行机制，积极开展国内外学术交流和合作，打通科教融合体系，全方位培养高层次创新人才。主、承办国内外学术会议；围绕国家重大需求，联合申报和参与国家重大研究项目；依托国际合作人才培养项目和引智基地平台，培养具有国际视野的高端创新人才；凝炼科技创新成果，建立线上线下结合的纺织一流学科展示厅，弘扬科学精神，普及前沿科技，提高专业自信；协同社会组织、企业和政府，共同打造开放的科研方式和教育模式，使资源、信息在更大范围共享。

3 成果的创新点

3.1 着力将科研平台的综合资源优势、政策优势、产业优势转化为人才培养优势

基于科研平台资源创造新知识、新技术，并倡导多元多源知识生产和知识创新模式共存，从而使新知识、新技术互动循环，实现科教融合理念下知识体系的螺旋式上升。

3.2 应对国家和社会需求，从纺织基础学科出发，建立高层次交叉学科复合人才培养模式

与复合材料、功能材料新兴学科交叉，形成如纺织结构复合材料与技术、纺织生物医用材料等新兴专业打破学科壁垒，鼓励学科交叉，跨界跨际知识创新共享，多元多源师生知识创新共生，使全部相关学科参与科教融合过程，激发全体教师、研究生创新积极性。

3.3　以育人为导向的科研平台创新型开放合作机制建立

建立起国内、国外，学校、企业、社会组织、政府的知识生产共存、共享和共生，打造开放的科研方式、开放的教育模式，引入开放源的科技成果，使开放的高层次创新人才流动，打通科教融合体系，使科教融合真正融入研究生教育的方方面面。

4　成果的推广应用情况

4.1　教育教学质量与科研平台科研成果同步提升

实验室根据研究方向和学科发展的需要，注重高层次创新研究队伍建设，积极引进和培养具有国际影响力的优秀带头人和杰出人才，围绕五个方向组建学术团队，师资力量雄厚，现有固定人员 53 名，含中国工程院院士 2 名，国家级重点人才计划和重点青年人才计划 14 人。

以国家需求为导向，开展纺织基础和应用基础研究，近五年承担国家重大和重点研发计划项目 8 项，解决纺织行业系列核心科学技术和工程问题，"苎麻生态高效纺织加工关键技术及产业化""纺织面料颜色数字化关键技术及产业化"等 4 个项目获国家科技进步奖，强力支撑我国纺织工业高质量发展。

将前沿研究成果作为典型案例融入课堂、编入教材；通过参与国家重大科研项目，从国内国际先进成果中汲取灵感，结合所学知识和技术，培养学生解决社会重大技术需求的能力；将研究成果研制成相关仪器设备，激发学生的创新思维和理论实践。近五年共培养硕士 1006 人、博士 185 人和博士后 39 人，收获系列教学创新成果。编写了《生物医用纺织品》《纺织复合材料设计》、*Biotextiles as Medical Implants* 等 35 本教材。承担了国家级、省部级教改项目 22 项，包括专业建设、课程建设、实验室研究、实验设备仪器研发等。2020 年度实验室"纺纱学""生物医用纺织品"和"纺织援疆暑期社会实践"3 门课程入选"双万计划"首批国家级一流本科课程，此外承担了 9 项国家级精品课程的建设任务。

4.2　多学科交叉人才培养体系构建

将纺织学科与复合材料、功能材料新兴学科交叉，形成如纺织结构复合材料与技术、纺织生物医用材料等新兴专业（图 2），其中纺织生物医用材料专业完成了"本硕博"人才培养方案、课程体系、教学计划、任务评估、反馈优化构建，培养出具有扎实的材料科学与工程、生物学和医学等领域的相关知识，能够在生物医学功能材料的合成、制备、改性、加工成型等领域从事基础研究、应用研究、技术开发和生产管理等的综合型高级技术人才。近五年先后培养 50 余名学生在纺织生物医用材料领域科研机构和国际知名及国家创新医疗器械企业从事相关产品研发、市场、临床应用、检测、注册及科研等方面工作，毕业生质量在业界获得好评。

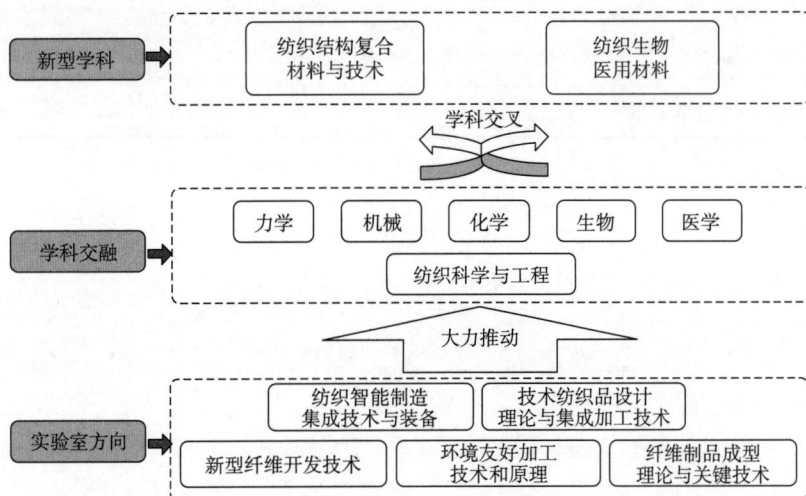

图 2　新型交叉学科体系构建

4.3　创新型开放合作育人机制建立

主办或承办重要国内外学术会议20场，包括"国际纺织教育大会""国际纺织生物医用材料论坛""中非纺织服装国际论坛"等，同时举办多场国内外来访学者的学术报告会，以及多场双边学术交流会，每年主办的"国际纺织"研究生暑期学校，邀请全球知名专家学者授课，国际学术交流活动拓展了研究生学术思路，培养了国际化创新人才。

实验室围绕国家重大需求，联合申报和参与国家重点研发专项等国家重大研究项目。如程隆棣联合鲁泰等申报重点研发计划项目；王璐联合上海交通大学第六人民医院、上海松力、中检院等成功申报重点研发计划项目。研究生通过对国家重大重点项目的参与，创新能力和创新实践水平得到了很好的锻炼。

凝炼纺织学科重大创新成果，创立线上和线下纺织科学与工程一流学科展示厅，弘扬科学精神，普及科学知识。助力纺织专业新生教育，增强专业自信；组建学生讲解团，深入挖掘纺织学科内涵，培育和传承纺织学科精神。截至目前，线下接待包括教育部部长等在内共计2000余人，线上参观量达10万余人次。

面向国家战略的数字化服装创新人才培养模式的探索与实践

西南大学、深圳市格林兄弟科技有限公司、西安工程大学

完成人及简况

姓名	性别	所在单位	党政职务	专业技术职称
张龙琳	男	西南大学	服装系统工程科技创新中心主任，纺织服装产业互联网研究院执行院长	副教授，特聘研究员
周莉	女	西南大学	无	副教授
魏志国	男	深圳市格林兄弟科技有限公司	董事长	工程师
冀艳波	男	西南大学	无	副教授
姜中华	男	太原理工大学	系主任	副教授
胡少营	男	西南大学	无	讲师
邓椿山	男	成都十力教育科技有限公司	董事长	讲师
邱昀梵	女	波司登国际控股有限公司	无	无
张春娥	女	西南大学	无	讲师
黄宏佑	男	西南大学	无	讲师

1 成果简介及主要解决的教学问题

1.1 成果简介

2021 年 4 月 30 日，中共中央政治局召开会议，强调加快产业数字化，是清晰地看到了产业数字化带来的巨大"融合"潜力，将其作为产业优化升级的重要发力点。《中华人民共和国国民经济和社会发展第十四个五年规划和 2035 年远景目标纲要》指出，迎接数字时代，激活数据要素潜能，推进网络强国建设，加快建设数字经济、数字社会、数字政府，以数字化转型整体驱动生产方式、生活方式和治理方式变革。

西南大学联合国内 10 余家院校和知名企业，面向国家战略，积极响应社会需求，把数字化服装创新人才培养和社会服务融为一体，通过广泛的合作与推广，围绕产业的新定位，构建了面向国家战略的数字化服装创新人才培养模式，经过近十年的实践，为我国服装高等教育专业定位、人才培养目标、教学改革与教育资源组织提供了有益的参考与借鉴。主要内容如下。

1.1.1 面向国家战略和服装产业升级的专业定位与知识体系构建

以增强行业自主创新能力和科技强国为导向，针对人工智能、智能制造、"互联网+"等要素的产业发展需求，明确高性能服装与高端装备、智能可穿戴设计、服装基础理论与交叉新技术三个特色方向的专业定位与知识体系。

1.1.2 面向国家重大需求与国际竞争力为核心的专业实践创新能力提升

坚持立德树人，以国家重大需求、脱贫攻坚、乡村振兴、树立文化自信为导向，基于对教学对象

的精准分析，通过研究型和实践型教学模式，建立新时期服装专业师生的国家使命感、行业责任感和服务能力。

1.1.3 基于数字化与智能化赋能教学的方法创新与平台建设

以数字化、网络化、智能化为技术支撑，以平台架构、内容建设和共享体系方式进行课程开发、实验室建设、实践基地建设、产教融合、产业创新创业项目建设，形成以数字化与智能化赋能教学的方法创新。

1.2 主要解决的教学问题

我国新时期服装产业的创新已渗透各个行业领域，但我国高等学校服装专业的学科阈限还较明显，学科交叉和渗透率不高，西南大学服装专业在近十年的人才培养探索和实践中，注重学科交叉和战略新技术、新思维的应用，主要解决了以下教学问题。

1.2.1 加强专业内涵建设，契合国家战略、行业产业的快速发展和社会需求

我国现有服装高等教育专业建设不能充分体现交叉学科要求和特点。通过专业内涵建设，将人才培养的知识体系从传统的服装造型设计，拓展到以数字化思维为基础的数字交互、虚拟体验、仿真服务、数字孪生管理以及社会系统等多个方面，构建面向国家战略和产业升级的系统设计方法与知识体系，契合国家、行业和地方的产业需求，培养面向社会转型、国家战略和产业升级需求的复合型创新人才。

1.2.2 加强教育资源建设，引领专业面向国家重大需求与国际竞争力

我国现有服装高等教育专业建设产教融合模式的力度不足。通过建立"产教融合"制度，加强课程思政建设，推动行业新思想、新技术在对专业定位的引领，紧密跟踪产业创新需求。引领学生深刻理解和挖掘服装产业和社会需求中的复杂问题与知识，改变传统的知识生成方法与技能培养的模式，构建数字化人才培养的知识体系，主动适应社会发展的协同创新能力。

1.2.3 加强教育服务对象创新，基于数字化与智能化赋能教学方法创新与平台建设

我国现有服装高等教育专业教育服务对象阈限较为狭窄。通过课程、项目和数字化创新团队的模式，以数字化、网络化、智能化为技术支撑，引导学生参与传统产业的数字化转型、数字化行业需求和成果推广，形成以数字化与智能化赋能教学的方法。

2 成果解决教学问题的方法

2.1 坚持立德树人根本任务，通过产教融合提高新时期服装专业师生的国家使命、行业责任感

建立"产教融合"制度，加强课程思政建设，推动行业新思想、新技术对专业定位的引领，紧密跟踪产业创新需求，使教学内容与产业发展同步。基于国家对重庆及成渝双城经济圈的定位以及我国服装产业发展质量区域性差异大的特点，联合国内中西部、东北地区院校，与产业发达地区企业（园区）建立产教融合人才培养模式，明确新时期国家战略和行业需求，提高服装专业师生的国家使命和行业责任感。毕业生整体行业就业率保持在80%以上，核心成员毕业生行业就业率100%。已结题各级相关教改项目7项，在研3项；立项国家级虚拟仿真实验项目（培育计划）10项，在国内服装专业首次立项课程思政案例"十四五"部委级规划教材体（2021年8月完稿）。

2.2 坚持面向国家战略方向，通过数字化思维与技术提升服装专业服务加快建设创新型国家、纺织服装行业高质量发展的能力

瞄准国际科技前沿，以数字化赋能专业高质量发展，联合攻关具有我国自主知识产权的"世界三极"等防护装备。服装专业数字化课程四年不断线，增设"数字化服装技术"（2013年）"功能服设计"（2017年）等课程，建立数字化智能应用研究团队，通过本科生（全导师制）和研究生的整合，2019年至今，与国内某服装企业（涉密期）联合研发"世界三极"（南极、北极、珠峰）极地极寒极高海拔运动和防护装备，成果已应用于国家珠峰登山队和南北极科考队。相关公开技术获得第五届中国"互

联网+"大学生创新创业大赛重庆赛区决赛银奖1项、国家级大学生创新创业训练计划项目3项、发表代表性论文24篇、获得专利14项。在乡村振兴（2018年主办"美丽湘西·锦绣土家——土家族织锦展"。湖南、重庆相关院校、研究机构、村镇的近200人参加。同期举办了"首届传统技艺传承创新与乡村振兴学术研讨会"，与湘西土家族苗族自治州惹巴拉村委会结成设计扶贫对子）、"一带一路"［与香港胜达国际科技有限公司越南公司（胡志明市）联合研发基于东盟国家和地区的服装CAD、CAM、ERP系统，产品畅销于东南亚、中亚、南亚和非洲市场］、突发事件应急保障（新冠肺炎疫情初期4家服装企业对防护服进行材料技术要求、生产工艺、检测技术要求等方面测评，对隔离服进行了样品分析，创建防护服三维数字化开发系统）等国家战略方面提供数字化的支撑。

2.3 坚持立足专业核心竞争力，构建数字化人才培养的知识体系，提高学生解决复杂问题、主动适应社会发展的协同创新能力

强化创新能力构建数字化人才培养体系。通过课程、项目和数字化创新团队的模式，引导学生参与传统产业的数字化转型、数字化行业需求和成果推广。2017年主办首届全国服装数字化仿真与三维成形技术学术研讨会（主题为"中国服装数字化技术与产业实践：技术融合与产业创新"）。在服装产业创新驱动的发展需求、工程与产业实践、前沿技术的发展现状与方向进行实践教学（长期服务重庆、杭州、深圳等地服装企业数字化设计与制造系统改造与数字化平台建设），学生参与建成全国数据量最大的未成年人人体数据库，联合开发国内首个服装虚拟仿真数字博物馆，指导国内多所中高职院校专业建设，鼓励毕业生到边疆（百色学院、塔里木大学）就业。2020年，基于新冠肺炎疫情对经济的影响，为服务国家扩大内需战略，与美心门业、猪八戒网等智能制造企业、信息化企业联合推出的"攻坚·振兴"主题毕业设计作品视频集于中国国际大学生时装周进行专场发布。

3 成果的创新点

3.1 专业内涵建设的创新

根据服装专业、服装产业的快速发展和多学科融合趋势，将人才培养的知识体系从传统的服装造型设计，拓展到以数字化思维为基础的数字交互、虚拟体验、仿真服务、数字孪生管理以及社会系统等多个方面，构建了面向国家战略和产业升级的系统设计方法与知识体系，契合国家、行业和地方的产业需求，开放性较强，利于教师和学生的能力提升、国际交往和成果推广。

3.2 教育资源体系的创新

建立了"实验室、工作室—创新创业基地—科研平台"的阶梯式平台。2017年建成西部首个服装虚拟仿真实验室，将理论教学、实践教学和教学提升紧密结合在一起，将学校、行业、企业资源集聚，扩大资源空间，有利于基于行业引领的因材施教和个性化培养，满足了服装专业多元化的特点和学生多元化发展的需求。实现了师生在国内外深造、服务产业、数字化文化传承等方面的良好对接。

3.3 教育服务对象的创新

在设计参与和创新创业模式方面，将服装专业的服务对象转移到"产业服务"和"社会需求"。形成了"机构—行业—政府"竞赛创新模式，以创新人才培养为目标，通过提供"创新平台"，提高学生的"创新意识""创新能力"和"创新视野"，建立了人才培养质量的"校内评价—毕业生跟踪—行业反馈"三位一体评价与反馈机制，通过引入遴选后的各方面优势资源，将学校内的专业建成行业和产业的智库和平台，创新评价体系推进了人才培养方案和培养目标的持续改进。

4 成果的推广应用情况

4.1 教学内容与模式的应用示范

西南大学是西南地区在综合院校招生量最大的服装专业，具有本硕博完整的人才培养体系，是西

部地区唯一在服装专业中开设高性能服装与高端装备、智能可穿戴设计教学和研究方向的院校，作为中国纺织工程学会服装服饰专家委员会副主任单位、中国人类工效学学会生物力学专业委员会委员单位、重庆市纺织服装联合会副会长单位，在国内和所在地区数字化服装方面具有示范和引领作用，通过专题会议、项目合作、毕业生就业等方式，基于面向国家战略的数字化服装人才培养模式与实践方式得到了众多院校的借鉴。与西安工程大学、太原理工大学、东北电力大学、内蒙古师范大学、百色学院、塔里木大学等院校建成了长效的联合示范和推广团队，与深圳市格林兄弟科技有限公司、波司登国际控股有限公司、杭州衣智造供应链有限公司等国内知名的数字化、智能制造企业形成了紧密的产教融合人才培养和需求的合作关系，服装专业通过产教融合，承担或参与了国家的重大产业需求服务。

4.2 学生创新意识增强、竞争力增强，毕业生社会美誉度逐年提升

经过多年建设，该培养模式显著提高了学生学习的主体地位，激发了学生自主学习和主动实践的积极性，成果丰硕，社会各界对人才培养质量高度认可。人民网、新华网、光明网、教育部、中央电视台、重庆日报、重庆卫视、华龙网等官方媒体进行了报道。与美国北卡罗来纳州立大学、纽约时装学院（FIT）、帕森斯设计学院（Parsons）等国际顶级院校建立合作关系，与马来西亚沙捞越大学（UNIMAS）建立了人才培养模式与数字化技术共享的合作关系。

校地联合、产教融合面向地方产业的纺织应用型人才培养体系研究

盐城工学院

完成人及简况

姓名	性别	所在单位	党政职务	专业技术职称
陆振乾	男	盐城工学院纺织服装学院	纺织系主任	副教授
王春霞	女	盐城工学院纺织服装学院	副院长（主持工作）	教授
季萍	女	盐城工学院纺织服装学院	无	副教授
宋孝浜	男	盐城工学院纺织服装学院	学院党总支书记	副教授
崔红	女	盐城工学院纺织服装学院	无	教授
刘国亮	男	盐城工学院纺织服装学院	无	副教授
林洪芹	女	盐城工学院纺织服装学院	实验中心主任	高级实验师
高大伟	男	盐城工学院纺织服装学院	无	讲师

1　成果简介及主要解决的教学问题

江苏盐城的纺织行业具有良好的产业基础，工业除尘滤料为全国三大生产基地之一，建有江苏省滤料小镇，纺织产业为盐城市支柱产业，企业科技创新及产品更新换代急需高水平应用型纺织人才。盐城工学院是一所省市共建的高水平应用型地方高校，纺织工程系为江苏省一流专业建设点，校级重点专业。在长期的纺织工程人才培养过程中发现，人才培养存在两个关键问题：

（1）学生的工程实践能力不足，不能很好地衔接企业生产，满足企业的人才需求。

（2）地方企业急需高水平应用型纺织人才，学生对企业缺乏了解，不愿进入纺织企业。

本成果确立了以培养具有扎实工程实践能力，能解决复杂问题的高水平应用型纺织人才为目标，采用校地联合、产教融合两条途径，按照"将工程实践与应用创新能力培养贯穿到教学全过程"的理念，以实践教学体系建设为抓手，依托学校实践平台、企业实践基地和校地联合科创实践中心三大保障平台，形成了"基础性验证实验、提高性工程实践、检验性综合实践和创造性设计实践"四级实践教学体系，构建了"1234"实践创新应用型人才培养体系（图1），即"1个目标、2条途径、3项保障、4级体系"。

经过5年的建设和实践检验，该培养体系在人才培养、课程与教学改革方面效果显著。学生工程实践和设计能力明显提高，能够较好地解决复杂工程问题。相关的成果屡获佳绩。学生在中国纺织服装教育学会举办的"红绿蓝杯"中国高校纺织品设计大赛、全国纺织品及纱线设计大赛中屡次获奖，学院近年来获得中国纺织工业联合会教学成果奖5项。

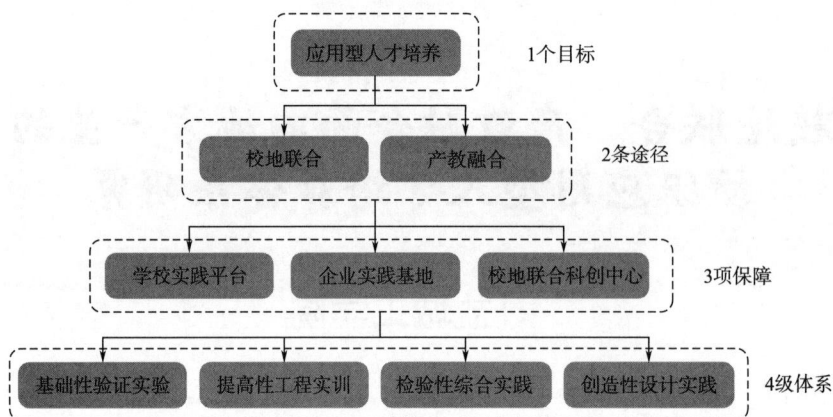

图 1 "1234" 应用型人才培养体系

2 成果解决教学问题的方法

2.1 产教融合，培养工程应用型纺织人才

在培养方案的制订过程中，通过走访企业、校企座谈和优秀校友进校园等多种方式，充分调研地方纺织行业的人才需求和技术需求，邀请多位知名纺织企业及行业专家，全程参与培养方案的制订和修订工作，提出了校地联合、产教融合的互补式人才培养体系。并建立了企业导师制度，指导学生完成企业产品相关的毕业设计论文，培养出能够解决实际问题、愿意扎根企业的应用型纺织人才。

2.2 校地联合，打造实践教学保障平台

充分发挥高校和企业的各自优势，建立校内实践教学中心、企业实践基地和校地联合科创实践中心。学校的工程实践中心为学生完成理论课程的实践工作，模拟企业产品开发提供场景；企业工程实践教育基地为学生提供了真实的实战环境，培养学生实战及解决复杂工程问题的能力，提前熟悉工作岗位；校地联合的科创实践中心为培养学生的创新思维和工程创新研究能力，完成产学研合作项目及创新创业项目提供保障平台（图2）。

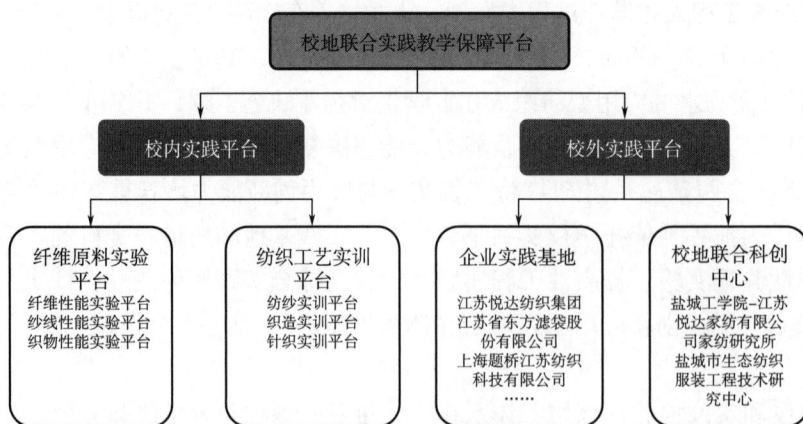

图 2 实践教学保障平台建设

2.3 以实践教学为主线，构建多元化教学

以解决复杂问题的高水平应用型纺织人才为目标，以实践教学为主线，构建了"基础性验证实验→提高性工程实训→检验性综合实践→创造性设计实践"的多元化实践教学体系。基础性的验证实验与主干课程配合，按照标准化、规范化的要求有序开展，打牢学生的基础知识；提高性工程实训在

学校的实践平台上进行纺纱、织造和纺织品设计工艺实训，提高学生的动手能力；检验性综合实践结合企业的实践基地，到企业真实的岗位进行实践，检验学生的实际能力；创造性设计实践依托产学研项目、各种产品设计大赛，培养学生的创新和解决复杂工程实践问题的能力（图3）。

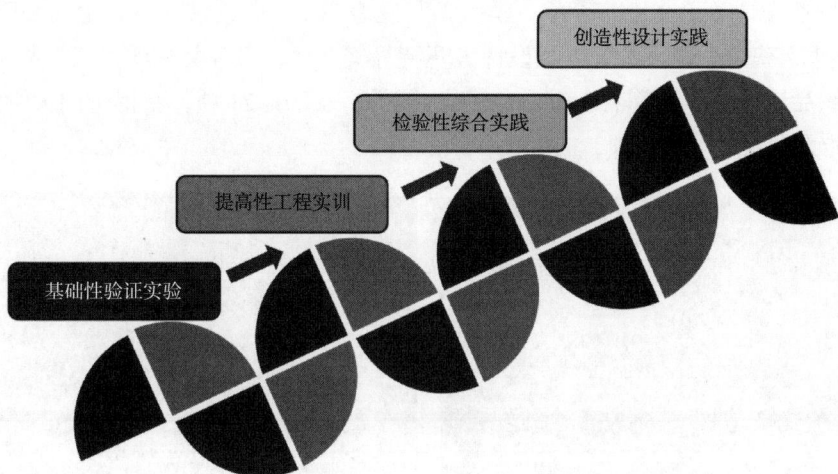

图3　渐进式多元化实践教学

2.4　优化师资队伍，打造实践教学团队

校地联合、产教融合是提升师资工程实践能力的有效抓手。校内老师在与企业合作过程中，帮助企业解决各种生产及科技攻关问题，担任科技副总，承担企业产学研项目。目前，学院共有9人担任科技副总，共主持江苏省产学研合作项目30项（人），极大地提升了教师的工程实践能力，促进了合作企业的产品升级，获益颇丰。同时，聘请知名纺织企业专家作为校外导师，形成互补，提高实践教学团队的师资水平（图4）。

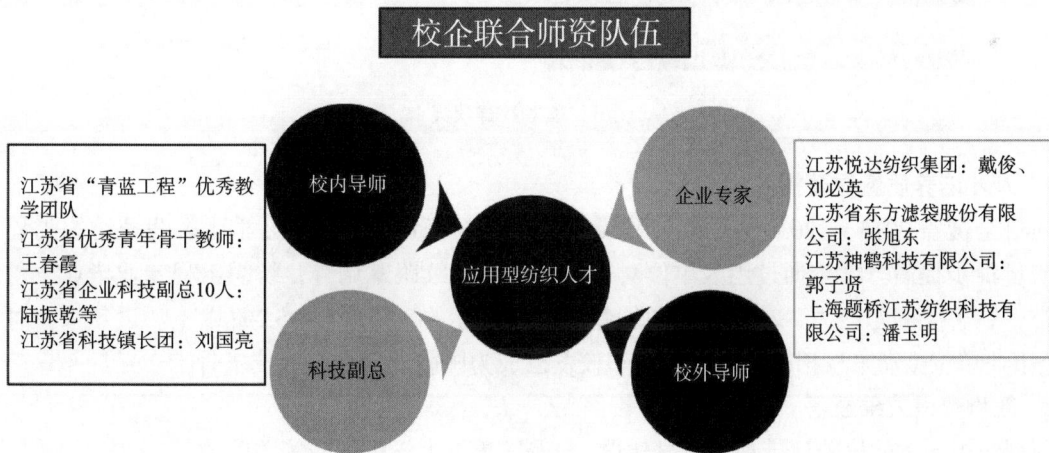

图4　校企联合师资队伍建设

3　成果的推广应用情况

3.1　成果应用受到企业和多校认可

2016年至今，本项目部分成果受到了东华大学、江南大学、南通大学等纺织类高校的认可。培养的毕业生得到了相关纺织企业的一致好评，学生的动手能力、创新能力完全满足企业的需求，普遍反映我校学生踏实肯干、稳定性好。先后发表关于应用型人才培养模式、课程改革、基地建设等方面的

教改论文 10 余篇，成果获得行业高度认可。

3.2 工程能力明显提升

学生的实践能力增强，全院学生获校级优秀毕业设计论文数量逐年提高，多名学生获得江苏省普通高校本科优秀毕业设计（论文）三等奖。学生参与发表 SCI、EI 收录的核心论文 20 篇，授权发明专利 19 件。近三年来，获得全国大学生纱线设计大赛特等奖 2 项，二等奖 9 项，三等奖 16 项；获得"红绿蓝杯"高校纺织品设计大赛一等奖 4 项，二等奖 19 项，三等奖 21 项；获得全国大学生外贸跟单（纺织）+跨境电商能力大赛二等奖 3 项，三等奖 4 项（图 5）。

图 5　学生竞赛获奖

3.3 人才培养质量显著提升

本项目全覆盖 2015 ~ 2020 级纺织工程专业的学生，毕业 5 届 650 名学生。我校纺织工程专业人才培养质量稳步提高。学校通过用人单位对毕业生进行连续跟踪调查，纺织工程专业毕业生得到社会广泛赞誉，在解决问题能力、动手能力和创新意识等指标的满意率达 95.2% 以上。近年来，每年有近 150 家企事业单位主动来校招聘毕业生。众多校友已成为国内外知名企业技术骨干。

3.4 教材建设效果显著

应用型纺织人才的培养还带动了教材建设、学科竞赛、大学生创新等团队建设。已经出版"十三五"普通高等教育本科部委级规划教材 4 部，其中《纺织新材料》为 2018 年江苏省高等学校重点教材，《天然纺织纤维初加工化学》教材为普通高等教育"十二五"部委级规划教材（本科），并评为校级精品教材。团队成员成功指导学科竞赛 15 次，指导大学生创新项目 11 项，其中省级 6 项，国家级 2 项（图 6）。

3.5 产学研成绩显著

以本项目为依托，推动了校企全面产学研合作。通过校地联合科创实践中心、企业实践基地和产学研基地的建设，共建就业实习基地 32 个。教师与企业签订产学研合作协议项目 100 余项，横向到账经费逐年提升，从 2015 年的 135 万元提升到 2020 年的 800 万元。获批江苏省产学研前瞻性项目 20 项，8 名教师获得"科技副总"人才称号（图 7）。

图 6　出版的教材

图 7　获人才引进计划"科技副总"称号

基于"政—校—企"合作平台的服装设计专业学位人才培养模式的构建与实践

江西师范大学

完成人及简况

姓名	性别	所在单位	党政职务	专业技术职称
徐仂	男	江西师范大学	美术学院服装艺术研究中心主任	教授
徐柏青	男	江西昌硕户外休闲用品有限公司	董事长	高级经济师
刘瑾	女	江西师范大学	美术学院服装系主任	教授
魏茜	女	江西师范大学	无	副教授
余静言	女	江西师范大学	无	讲师

1 成果简介及主要解决的教学问题

1.1 成果介绍

本成果为教育部协同育人研究项目"服装与服饰设计专业实践教学改革研究"（课题编号：201802210004）和 2018 年江西省学位与研究生教育教学改革研究项目（课题编号：JXYJG-2018-041）等课题的研究成果。依托省教育厅、万年县人民政府、江西省纺织工业协会等政府机构和行业协会，和江西昌硕户公司等企业与江西师大共建服装设计专业学位人才培养基地。经过近四年的探索与实践，本成果在培养应用型高层次服装设计专业学位硕士人才的实践中取得了显著成果，得到了政府、企业、行业和社会的高度认可。具体成果如下。

1.1.1 "政—校—企"合作搭建人才培养平台

依托江西省服装产业优势，借助以往校企合作的经验，践行"服务地方产业，政校合商联动"的宗旨，建立"江西省行业企业联合培养研究生基地"，政府从政策、财政、税收、社保等方面给予企业一定的支持，激发企业积极性。

1.1.2 创新人才培养模式与方法

以基地为平台，重构联合培养模式和体系，创新合作的信任机制、投入机制和平台长效运行机制等。践行"教学内容项目导向，项目研发学生为主，关键技术教师把关，服务保障企业为主"的培养理念和培养方法，使专业学位人才培养回归应用型人才的属性。

1.1.3 服务当地服装产业发展

依托基地人才培养和服务社会的功能，为当地服装产业发展提供智力和人才的支持。基地和高校联合参与了《江西省"十四五"纺织工业高质量发展规划》制定和历年的《江西省服装产业现在和发展报告》的形成；基地对强化江西本土培养的服装设计人才留在江西服务和江西本土服装产业的知名度提高，产生了较好的虹吸效应。

1.2 主要解决的教学问题

（1）解决了本专业学校人才培养与行业企业对人才需求脱节问题。服装设计专业是应用型专业，高校依托现有师资和设备无法实现培养的人才与行业企业无缝对接，造成高校学生"就业难"，而企业则出现"用工难"的尴尬现状。

（2）解决了传统校企合作过程中企业的积极性的问题。政府的介入，为企业参与校企合作提供了保障并带来了福利，也给企业吸引和留住人才创造了机会。

（3）解决了本专业学校实践型师资和先进设备等资源匮乏的问题。高校有企业经历的实践型师资缺乏，先进的制造设备和实操项目严重不足；企业的介入使这些问题迎刃而解。

2 成果解决教学问题的方法

本成果基于《江西省行业企业与高校研究生联合培养基地管理办法》（赣教字〔2013〕17号），结合江西师大美术学院校企合作办学经验，通过对服装设计专业学位研究人才培养模式的重新构建和培养方法的不断改进所形成。具体的解决方法主要有以下四点。

2.1 "政—校—企"合作，共建"江西省行业企业与高校联合培养研究生基地"

2018年8月，江西省教育厅发布《关于公布江西省行业企业与高校研究生联合培养基地评审结果的通知》（赣教研字〔2018〕8号），我院与相关企业合作的三个基地成功获批，有效搭建了"政—校—企"合作培养专业学位研究生的平台。基地以"服务地方产业，政校合商联动"为宗旨，构建以"教学内容项目导向，项目研发学生为主，关键技术教师把关，服务保障企业为主"的专业学位研究生培养新模式；"政—校—企"通力合作，共同制订人才培养方案，使培养的人才具有行业企业所需要的高端应用型人才的素质、知识和技能，实现高校人才培养和企业人才需要无缝对接。

2.2 充分利用政、校、企的各自优势，创新人才培养方法和手段

按照《江西省行业企业与高校研究生联合培养基地管理办法》（赣教研字〔2013〕17号），政府利用政策层面优势，如专项财政、职称晋升、人才认定、减免税收等；高校发挥人才和智力优势，服务产业和企业发展；企业充分发挥实践、设备和项目等方面优势，服务高校人才培养等。以"项目"为载体，探索"教学内容项目导向，项目研发学生为主，关键技术教师把关，服务保障企业为主"的人才培养方法，实现产学研协同、政校企联动的新的人才培养模式。建立校企双导师的专业学位研究生培养制度，建立围绕企业产品研发展开的教学内容改革和评价指标，建立以研发产品市场前景为核心的学生能力评价体系等手段，培养学生应用型技能。

2.3 利用平台优势，培养学生创新创业能力

利用平台优势，尤其是利用企业在新产品开发和市场营销等方面的绝对优势，以"校企合作项目"为载体，完善学生的学科知识能力、核心通用能力、组织职务能力和企业管理能力等，实现最优职业化发展。利用平台优势，搭建企业"众创空间"，如中纺·万年创客中心，充分发挥企业在创业方面的人才专长，通过路演和答辩等环节，选拔一批具有市场潜力的项目入驻"众创空间"进行孵化，进入相关企业的供应链和销售网络，并给予一定的创业资金支持。培养一批具有创业潜质的学生，促使优秀的学生创新设计项目可以落地，推动创新设计团队的良性循环，从而带动更多的学生创业和更多项目落地，培养学生的创新创业能力。

2.4 利用平台优势，服务当地服装产业发展

地方高校人才培养要服务地方经济的发展。江西是服装产业大省，主要是服装生产和制造，更多的中小企业服装新产品研发能力薄弱，在当前服装外贸出口不景气的背景下，企业影响较大。利用平台在能力和人才方面的优势，为地方政府、产业园区和行业协会出台产业发展政策和服务措施提供智力支持。近期，基地和学校联合参与了《江西省"十四五"纺织工业高质量发展规划》制定和《2020年江西省服装产业现状和发展报告》的撰写；也完成了一些省重大活动相关的服装设计项目；参与省工信厅"省服装技术工程中心""省服装设计中心"和"省纺织服装新产品"评审等工作。利用平台

优势，基地也承载了周边园区中小企业产品研发中心的能力，提升了中小企业的产品研发水平，为地方政府和产业园区吸引和留住中小企业增加了吸引力；为解决培养基地人力、物力、财力和资源匮乏，经费投入保障机制不健全、培养模式难持续的问题提供了解决的方法。

3   成果的创新点

本成果以江西服装产业为依托，结合江西省政府出台的支持江西服装产业高质量发展和转型的相关政策对高层次设计人才的需求；以政府主导的"研究生联合培养基地"为抓手，着力构建"政—校—企"合作人才培养新模式，创新人才培养方法和手段，推进人才培养层次和质量的进一步提升。主要创新之处如下。

3.1   "政—校—企"合作模式的创新

以政府为主导的"政—校—企"合作模式，改变了以往校企合作过程中高校的尴尬地位，也激发了企业的积极性。《江西省行业企业与高校研究生联合培养基地管理办法》（赣教研字〔2013〕17 号）的出台，改变了传统校企合作中企业的被动地位和高校的尴尬位置，激发了企业的主动性和积极性，也为企业的发展提供了源源不断的人才支撑。

3.2   人才培养模式和方法的创新

本成果以践行"服务地方产业，政校合商联动"为人才培养的宗旨，重新构建以"教学内容项目导向，项目研发学生为主，关键技术教师把关，服务保障企业为主"的新的人才培养模式，创新以"企业和社会项目"为驱动，围绕以企业评价为中心的重新建立的"双导师"培养制度、课程评价指标、学生水平评价体系等，创新教学方法和手段。

3.3   人才培养服务对象的创新

地方高校主要功能是服务当地经济社会发展。本成果以江西服装产业为依托，围绕江西服装产业现状和不足，培养江西服装产业发展急需人才。优先服务合作企业、本土中小企业、产业园区里的相关企业，行业协会相关会员企业、地方政府等。经过多年建设，"江西师范大学和江西昌硕户外休闲用品有限公司研究生联合培养基地"和"江西师范大学和中航长江设计师产业园研究生联合培养基地"已经形成了自己的特色，为江西服装产业发展输送了一定数量的高素质服装人才，受到省、市和当地政府肯定，具有很强的示范作用和社会影响。

4   成果的推广应用情况

本成果经过一个完整的服装设计专业学位研究生培养周期的验证，人才培养质量显著提升。学生参加各类专业大赛、创新创业成果、科研论文和学位论文等水平均有较大幅提高；学校师生服务企业和社会的能力显著提高，主要表现在：近年来师生横向课题到账经费大幅提升；学校办学声誉，尤其是服装与服饰设计专业办学声誉显著提升，各级领导先后莅临我校与不同企业建立的"研究生联合培养基地"，表达了充分的肯定，产生了较好的示范效应。

4.1   应用于本校服装设计专业及艺术设计专业其他方向专业学位硕士研究生的人才培养过程

本成果自 2018 年 9 月开始，首先在本校美术学院服装设计专业学位硕士研究生中实施，然后推广到美术学院艺术设计其他专业方向的专业学位硕士研究生的培养过程中。经过三年一个完整的艺术设计专业学位研究生培养周期的实践验证，企业的主动性得到极大提高，企业也乐意在人才培养过程中投入人力、物力和财力；学生学习的主动性和积极性得到了充分的调动，学生对行业的了解加深，对职业的认同感加强；学生的实践能力显著提高，学生创新创业能力显著提高。2021 届服装设计专业学位硕士研究生行业就业率为 87.8%（截至 2021 年 4 月 18 日），用人单位对我校毕业生综合评价为"优秀"。

4.2 师生服务行业、企业和社会能力显著增强，社会效应显著

我校美术学院服装设计专业学位硕士研究生和本科生，在利用专业知识服务江西本土服装产业、企业和社会等方面做了许多工作，产生了较好的社会效应。近年来，先后为政府、学校和企业完成多个项目的服装、服饰产品设计研发，产生了很好的社会效益并为企业带来了较大的经济效益。2018 年6 月，完成江西昌硕的雨伞面料的图案花型设计，产品已经批量生产并为企业带来了较好的经济效益；2019 年 4 月，受共青团江西省委的委托，完成"第十一届中国中部投资博览会"志愿者服装设计，并受到共青团江西省委的书面表扬；2019 年 4 月，完成学校庆祝五四青年节相关活动服装设计和制作；2019 年 1 月，受中航长江建设有限公司委托，完成了"中航长江各工种制服"设计项目，并受到企业各类员工的好评，为企业文化建设添上了一抹亮丽的色彩，增强了企业员工对企业的认同感。

4.3 校企师资联合，科研成果丰硕

近年来，随着校企协同的不断深入和融合，校企双方的师资相互融合、相互影响，学校教师参与企业新产品开发设计和生产过程，企业师资参与学校的日常教学、教研活动、毕业设计的指导和答辩；学校有多位专业教师具有服装设计师资格和企业从业经历，企业有多位设计师和管理者成为学校的特聘教授和兼职硕士生导师。

学校教师和企业设计人员共同主持和参与的多项教学改革项目获立项和企业新产品的开发。先后获批教育部校企协同育人研究项目、中国纺织工业联合会教育教学改革研究项目、江西省学位与研究生教育教学改革研究项目、江西省高校教育教学改革研究项目、江西师范大学创新创业教育项目；企业多个产品荣获江西省新产品及优秀新产品一等奖。校企师资联合发表多篇校企合作育人的教学改革论文，发表在《装饰》《职教论文》《科学与技术》（俄文）《纺织服装教育》《中国服饰》《流行色》等杂志上，产生了较好的社会效应。学校教师和企业设计人员，完成了多个企业的横向项目，横向科研经费近 100 万元。

4.4 "政—校—企"协同，助力江西服装产业高质量发展

本成果项目成员参与完成了《江西省"十四五"纺织工业高质量发展规划》制定；以江西师范大学服装艺术研究中心的名义撰写了《2019 年江西服装产业现状及发展报告》，并通过相关渠道呈送省工信厅相关处室，为政府出台产业政策提供依据；组织召开"服装产业与服装教育发展论坛"，邀请国内外专家为江西服装产业发展出谋划策；为江西相关的服装产业园区企业培训服装设计及服装企业管理人才，帮助企业转型升级；以服装产业园区在高校联合举办"服装人才专场招聘会"，帮助江西本土服装企业留住江西高校培养的人才。

"大服装"视野下服装人才培养改革与实践

闽南理工学院

完成人及简况

姓名	性别	所在单位	党政职务	专业技术职称
郑高杰	男	闽南理工学院	主任、专业负责人	副教授
庄林议	男	闽南理工学院	分党委书记	副教授
李明	男	闽南理工学院	院长	教授
卓为玲	男	闽南理工学院	教务处处长	副教授
周丽娅	女	闽南理工学院	教学副院长	教授
严丽丽	女	闽南理工学院	院长助理	讲师
吕亚持	男	闽南理工学院	主任	讲师
范盈	女	闽南理工学院	专任教师	讲师

1 成果简介及主要解决的教学问题

1.1 成果简介

纺织鞋服产业是泉州17个重点产业转型升级中4个主导性产业之一。该产业已有上万家生产企业，居全国同行业前茅。服务纺织鞋服产业应用技术型人才需求，就是服务区域发展战略。

2010年，闽南理工学院服装专业在产业对人才的迫切呼声中应运而生。2014年，我校服装类本科生规模接近千人，形成学科专业新格局，在实施省级专业综合改革试点基础上，同年申报并获批福建省高校教学改革专项"基于应用技术型人才培养的服装专业人才培养模式研究"；2016年，我校服装专业获批省级现代学徒制项目建设试点和福建省服务产业特色专业建设；依托相关省级项目的研究成果、实施推广、升级延伸，形成了"大服装视野下服装人才培养改革与实践"成果。

"大服装"有三方面含义：一是特指闽南服装产业规模大，是泉州四大主导性产业的主体产业，产值超千亿；二是特指闽南服装产业上下游产业多，产业链长，经济拉动效应大；三是特指闽南现代服装产业体系岗位种类多，形成以服装学科为基础的多学科人才需求，就业数量大。该成果致力于服务大服装产业全方位人才需求、成就学生多元发展。将服装类3个本科专业抱团组群，并精准定位、差异发展；在专业方向和培养方式上进行分类培养；整合校企、校行、校政等开放资源协同育人；形成适应现代化服装产业多元岗位能力需求的多元化人才；服务"大服装"产业多元人才需求。

通过六年的实践检验，形成了服装学科专业人才培养的闽南理工学院特色方案，在高等服装教育领域对应用型人才培养具有示范作用。

1.2 主要解决的教学问题

1.2.1 解决了服装类专业人才培养定位模糊不清、同质化发展的问题

全国开设服装专业的本科高校有100多所，受制于产业环境等因素，不少高校在发展过程中都经历了以上困惑，有的走了出来，有的仍然纠结其中，有的甚至无路可走停办专业。

1.2.2 **解决了培养方式单一，不能满足学生个性化发展的问题**

开设服装专业的院校受制于学科传统、办学历史、专业规模等因素，容易形成培养方式单一的问题。

1.2.3 **解决了分类培养后教育教学资源不足的问题**

分类培养后，学生需要参与到多元化的培养过程中，会对师资团队、实践条件、课程建设、精细化管理、经费投入等教育教学资源有更高的要求。

2 成果解决教学问题的方法

2.1 明确人才培养定位问题，实现差异化发展

我校主要培养"大服装"产业之中小企业设计开发、大型品牌企业技术管理及终端营销等三大类全产业全方位人才，区别于东华大学等名校的定位，在不同类型不同层次的企业中找到本校定位及发展空间，为个性化的特色培养及差异化的专业发展奠定基础。

2.2 推行"产学研赛展演"六种方法手段，实现三全育人

将产、学、研、赛、展、演六种手段融入课内教学及第二课堂，实现全员全程全方位育人。

2.2.1 **融产、学、研、赛、展、演手段于课内教学，并纳入课程评价体系**

结合地域产业优势，形成依托生产活动的课程教学与评价手段；结合教改科研项目等，深化课程内容的学习；结合赛事，以课程作业对接各种赛事，将获奖情况纳入课程评价；结合专业教学，形成优秀作品展等制度；结合企业建议，注重对学生沟通表达能力的培养，加强演讲等训练，纳入课程平时成绩考核。

2.2.2 **融产、学、研、赛、展、演手段于课外环节，对接创新教育评价体系**

将产、学、研、赛、展、演手段融入学生社团活动中，通过社团活动与文化建设，形成社团评价（荣誉表彰）；结合行业赛事等活动，引导学生积极参与，形成行业评价机制（获奖与表彰）；利用区域产业优势，引导学生自主参加课外生产活动；结合专业比赛与研讨交流，提升学生的综合能力，形成创新评价机制。最终，将形式多样的课堂之外社团活动等作为课堂的补充，形成创新教育评价。

2.3 利用工作室（导师）制培养设计创新人才、企业现代学徒制培养技术管理工程师及零售人才

2.3.1 **工作室（导师）制培养创新设计人才**

形成依托工作室或导师制混合培养的两种方式。围绕服装产品开发强化学生的设计、制板、工艺等能力训练，学生在校成为各类专业大赛的获奖主力，毕业能胜任设计师、制板师、工艺师等产品设计与开发类岗位。

2.3.2 **企业现代学徒制培养技术管理工程师及零售人才**

依托大服装产业优势，深化产教融合推行企业现代学徒制培养，先后与利郎、卡宾豪宇、九牧王等大型品牌企业签署联合培养协议。将企业先进的"智慧工厂"作为技术管理类人才培养的课堂，将企业的营销活动实战项目作为人才培养的课堂。学生累计达到1年的企业实践经历，毕业时能够胜任2～3个工作岗位，具有正式员工的工作能力。

2.4 深化协同育人、整合更多的开放资源支持教育教学及人才培养

2.4.1 **校政协同，争取政府资源支持教育教学**

围绕教育教学对接政府主管部门，促进师资团队建设和学科平台建设。争取省市教育、科技等主管部门的项目支持，争取地市人社、组织部门人才及就业政策支持，融入省市政府主办石狮海博会、晋江鞋博会等。

2.4.2 **校行协同，争取行业资源支持人才培养**

融入石狮市服装设计协会、泉州工业设计协会、福建省服装设计师协会、中国纺织服装教育学会等行业组织的专业交流、展览、赛事、培训等。

2.4.3 校企协同，争取企业资源支持人才培养

争取利郎、卡宾、九牧王等企业资源，来支撑实践平台、实习实践教学项目、现代学徒制项目、企业导师等资源建设。

3 成果的创新点

3.1 创新性地提出了"大服装"概念，为人才培养定位提供依据

解读了"大服装"概念，从现代化服装产业岗位种类多、人才需求就业数量大等方面，深入挖掘现代化服装工业体系运作中各部门、各职能、各层级的综合性多学科职业系统，梳理出商品类、电商类、零售类、制造类、供应链类、综合类六大类近百种岗位，实现了对现代化服装工业体系的重新认识，为人才培养定位提供依据。

3.2 创造性的提出了分类培养，为学生个性化发展奠定基础

结合专业规模和产业人才需求，进一步将专业方向分类为服装产品开发、服装技术管理、服装终端运营、男装设计、鞋类设计等，适应了人才培养定位；培养方式分类为"产、学、研、赛、展、演"六位一体的三全育人、工作室（导师）制培养创新设计人才、企业现代学徒制培养技术管理工程师及零售人才，实现了培养方式多样化。分类培养关注到每个学生发展，为学生提供了多元化、个性化的成才路径，所有学生都有机会选择适合自己的培养方式。

3.3 充分利用泉州主导性产业优势协同育人，整合了丰富优质的教育教学资源

纺织鞋服产业是泉州四个主导性产业之一，学校充分利用扎根产业深处办学的优势，整合了校政、校行、校企的优质资源，培养人才、服务产业、成就学生。服装学科充分融入石狮海博会、晋江鞋博会、石狮国际时装周、石狮杯全国高校毕业生服装设计大赛四个专业综合实践交流平台，及相关行业活动开展教育教学；充分融入利郎、卡宾等一批大中型品牌企业，开展现代学徒制人才合作培养（签约6家合作单位），开展专业实习、生产实习、毕业实习等实践环节课程教学；累计有50位以上企业高管及技术人员受聘学院客座教授、产业导师、教学指导委员会委员等，为学生开展讲座、进行实习指导。服装学科签订校级"校企合作、协同育人"类实践教学基地协议企业20多家，协作利郎公司申报并入选2019年福建省首批产教融合试点企业，达到了良好的协同育人效果，仅2020届服装专业毕业生就有151人通过该公司线上分销项目落实了新冠肺炎疫情期间的"毕业实习"实践教学任务。

4 成果的推广应用情况

4.1 学科专业服务产业能力显著提升

4.1.1 师资团队建设

专业获批省级本科应用型教学团队1个，入选福建省高校杰出青年科研人才培养计划1人、教育部高校纺织类教指委服装分委委员2人、《纺织服装教育》期刊编委1人、泉州市高校学科带头人培育对象1人等；担任行业协会学会副会长、副秘书长等职务10人次；获评福建省十佳服装设计师1人；教师获中国服装创意立裁大赛银奖、闽港设计师技能大赛铜奖、服装制板师技师职业资格等10人次；教师进修、培训、交流、挂职锻炼等51人次。开阔了视野，提升了能力，师资团队水平显著提升。

4.1.2 专业平台建设

共建省级工程中心、研发中心专业平台2个、市级名师工作室1个、校级研究中心1个，新建实践教学基地3个，新建及升级实验室3个，专业平台科研教学功能进一步得到发挥。

4.1.3 教学改革成果

近年来，教师指导学生参加全国性服装设计大赛获优秀指导教师奖12人次；教材《女装样板设计与实训》获2017年福建省本科优秀特色教材，《服装构成基础》2020年出版；"服装技术文件编制"

等 4 门课程获校应用型课程立项建设；2018 年获"金狮时尚院校贡献大奖"，2019 年获"金狮休闲产业推动奖"；2018 年学校教学表彰中《校地协同、产教融合、分类培养：基于产业链的服装专业应用型人才培养实践》获特等奖，《联动、驱动、互动——服装设计专业"教师工作室"教学法的构建与应用》获一等奖；2019 年学校教学表彰中《"大服装"视野下服装人才培养改革与实践》获特等奖；2019 年成果《校地协同、产教融合、分类培养：基于产业链的服装专业应用型人才培养实践》获"纺织之光"中国纺织工业联合会高等教育教学成果二等奖；项目升级获批福建省新工科探索与实践项目。

4.2 应用型人才培养质量有效提升

2016 ～ 2020 年，服装类专业累积为行业输送 1600 余名毕业生，学校获得全国纺织服装教育先进单位、全国纺织服装教育先进集体等称号，进一步融入行业。

4.2.1 企业实习实践合作培养得到认可

通过教学改革与实践，学生实习实践环节分别对接了合作企业项目需求，例如，专业实习、生产实习分别对接营销、生产制造相关内容，对接利郎、卡宾等品牌企业。按照员工创造经济价值倍率测算，近四年学生实践教学服务企业为企业创造效益 4500 余万元，约 130 人次受到企业荣誉表彰。通过校企协同育人，人才培养得到企业认可。

4.2.2 学生创新能力进一步提高

学生获得国家级省级大学生创新创业项目 25 项，在服装专业大赛中获奖 20 人次、68 人获取服装制板师职业资格证书等，如林志热、钟岩分别获"石狮杯"全国高校毕业生服装设计大赛女装组金奖、铜奖等。

4.2.3 毕业生成长为企业骨干

服装类专业毕业生集中就业于闽南大服装产业，主要被利郎、卡宾、劲霸、柒牌、七匹狼、特步等企业录用，利郎、卡宾等公司专门对我校毕业生进行了人才培养评价。李云镇、沈琼山、张治明等一大批毕业生成长为企业骨干，服务于闽南大服装产业。

4.3 特色专业建设得到行业及社会认可

我校连续承办"石狮杯"全国高校毕业生设计大赛，来自全国服装院校的师生及行业专家汇聚交流、展演教学成果；近年人民网、光明网、网易、新浪、全球纺织网、聪慧网、ELLE、闽南网等对我校服装专业报道达 3600 多次；近年该专业教研成果论文受到长春工程学院、吉林工程技术师范学院、上海工程技术大学、广州白云学院、武汉设计工程学院、贺州学院等 10 多所高校参考借鉴；专业建设成果及教师建议受到石狮市人民政府网站、石狮市人社局系统网站等地方媒介广泛报道或转载。中国校友会大学专业排行榜连续三年评价我校服装设计与工程专业为四星级专业，办学层次达到中国高水平民办大学专业，2021 年获批福建省省级一流专业建设。

综上可知，我校服装类专业面向闽南服装产业集群，通过福建省服务产业特色专业建设、福建省现代学徒制试点建设、福建省应用型学科建设、福建省向应用型转变示范性专业群建设等，学科专业水平、人才培养质量提高，行业及社会影响力增强，学科专业内涵不断提升，学科专业建设服务区域和支撑产业转型升级、解决实际技术问题的应用型特色得以彰显。围绕"大服装视野下服装专业人才培养改革与实践"，我校服装人才培养成效社会影响力不断扩大，已成为福建省乃至全国重要的服装产业人才培养基地之一。

以"四合一统"推进"三全育人"，探索纺织类本科高校创业人才培养新模式

浙江理工大学

完成人及简况

姓名	性别	所在单位	党政职务	专业技术职称
梅胜军	男	浙江理工大学	工商系党支部书记	副教授
潘旭伟	男	浙江理工大学	经济管理学院院长	教授
彭学兵	男	浙江理工大学	创业学院副院长	教授
朱伟明	男	浙江理工大学	国际时装技术学院、国际教育学院副院长	教授
刘正	男	浙江理工大学	服装学院副院长（主持工作）	副教授
汪小明	女	浙江理工大学	党委学工部副部长	讲师
黄海蓉	女	浙江理工大学	经济管理学院副院长	副教授
陆秋萍	女	浙江理工大学	创业学院副院长	副研究员

1 成果简介及主要解决的教学问题

成果系依托省 21 世纪教学改革、省教育科学规划、省示范性虚拟仿真实验平台、国家和省级精品在线开放课程群、教育部产学合作育人和校级课程思政教学改革等教研基础上所取得的。围绕国家"三全育人"（全员、全过程、全方位育人）要求和我校"三创人才"（创新、创意、创业人才）培养目标，在基于系统观的统合设计思路下，构建了"思政—产业—技术"要素多元融合、"课程—师资—平台"集群多元组合、"政府—产业—院所"载体多元整合、"知识—实训—实战"梯次循环贯合（即"四合一统"）的三全育人体系，旨在破解纺织类高校创业人才培养中突出存在的四个"两张皮"问题：

（1）创业人才培养与思政教育两张皮，即如何在创业人才培养中有机贯入思政育人元素，发挥思政元素在引领学生思想、激发创业能力和促进全面成长方面的塑造作用，实现思创融合。

（2）创业人才培养与产业需求两张皮，即如何紧密贴近国家和区域产业发展现状、趋势和需求，推进产学双向互动支撑和协同提升，实现产创融合。

（3）创业人才培养与学科专业两张皮，即如何充分发挥纺织类高校的学科优势和专业特色，实现科创融合和专创融合。

（4）创业人才培养与实践要求两张皮，即如何将创业理论与创业实践相结合，推进从理论知识到创新创业实际问题解决和实战能力的高效转化，实现知创融合。

改革实施效果显著：

（1）建成 5 个国家级和省部级创新创业实验教学示范中心、平台、实践基地，形成包括 5 门国家级、22 门省级精品课在内的 4 组递进式和 4 组专创型课程群，46 本教材入选国家级规划教材、省部级重点建设教材和省级新形态教材，撰写行业特色案例 50 余个，获省级和厅局级微课教学大赛、多媒体课件比赛、教学设计比赛教学成果奖等 10 余项。

（2）获"挑战杯""互联网+"创业大赛国奖省奖等250余项，居省属高校前列，在校大学生自主创业团队近300个，80%杭派女装品牌由我校学生创立或担任主设计师，涌现了一批如朱建龙、徐琦、陶弘璟、牟朦曦、李逸超、陈伟勤等年产值或估值过亿的"90后"创业典型。

（3）学校先后被评为全国创新创业典型经验高校50强、首批全国高校创新创业实践基地50强，300余所高校来校调研交流教学经验，成果引起中央电视台、《光明日报》、人民网、《中国教育报》等数十家媒体广泛报道。

2　成果解决教学问题的方法

2.1　精心设计融合"思政—产业—技术"要素，探索多元交互型教学模式

（1）针对创业人才培养与思政教育两张皮问题，精心融合课程思政要素：

①以"创业基础"校级课程思政示范建设项目为试点先导，先后修订了创业课程群教学大纲，将"立德树人"作为创业人才培养的重要目标和重点任务。

②系统挖掘梳理了创业课程中的思政要素，形成了创新创业与党的领导、国家发展战略、民族振兴、扶贫攻坚战、乡村振兴、两山理论、社会责任、商业伦理等思政要素体系和话语体系。

③通过生命叙述、案例分析、小组讨论、项目任务等交互型教学方式，将其有机融合到课程教学中，实现思想熏陶、润物无声之效，使创业教学更有温度，思想引领更有力度，立德树人更有效度。

（2）针对创业人才培养与产业需求、实践要求之间两张皮的问题：

①精心融合信息网络教育技术（SPOC、MOOC和智慧课堂管理），建成5门国家级、22门省级精品在线开放创业课程群，将理论知识点录制成精品微课迁移至课前线上预习，为线下课堂教学侧重点转移到贴近产业和实践情景的知识应用训练、内化和提升上创设时空条件，设计了"课前线上预习、课中线下训练、课后自主练习"、理论学习与实践应用融合的线上线下混合型教学体系，打通课前与课后、线上与线下、理论与实践。

②在夯实基础知识体系和应用的同时，采用案例式和创作式教学方法，精心融合产业特征要素，在创业课程教学中运用50余个自主开发的纺织服装、时尚创意、"互联网+"等专业产业特色案例，开展理论研讨、释疑、点拨和总结，通过特色案例教学训练知识应用和批判性思维，强化创业知识依托产业情境的分析应用；同时，课堂上组成了1200余组创新创业小组，推行基于创作式教学法的项目设计、展示、点评和反思。

最终，探索融合形成了"思政—产业—技术"要素多元交互型教学模式。

2.2　精致编排组合"课程—师资—平台"集群，积淀多元一体化教学资源

（1）针对创业人才培养与学科专业两张皮问题：

①在课程集群设置上，结合纺织类院校特色，增设了"创业设计学""时尚与品牌""服装流行分析与预测""当时尚遇见互联网""电商创业"等专创融合类课程，形成了纺织服装、艺术设计、电子商务、国际贸易4组专创融合特色创业课程群，与课程群对应。

②在师资集群建设上，逐步组建了纺织服装、艺术设计、电子商务、国际贸易4个专创融合型教学团队。

③在教学平台集群上，在服装学院、艺术与设计学院、经济管理学院等专业特色明显的学院成立了3个创业致远班，根据专业特点开设专创融合创业课程模块，并开展创业实践。

（2）针对创业人才培养与实践要求两张皮问题：

①在课程集群设置上，优化设置了"企业模拟经营""企业沙盘模拟""创业竞赛"等21个实践类创业课程群，出台创业实践学分认定政策，增强创业实践教育环节。

②在师资集群建设上，构建了400余名校外创业者、企业家等在内的校外师资队伍，把创业者、

专业人士等产业导师请进课堂，现身分享交流创业经历和经验，为创新创业理论知识应用嵌入生动的专业产业实践事例中，实现专业教育、实践教育和创业教育在课堂中的有机融合。

（3）针对创业人才培养与思政教育两张皮问题：

①在师资集群建设上，组建了一支思想政治素质过硬的教学团队，98%教师都是中共党员，50%以上的教师具有5年以上高校学生思想政治工作经验，其余教师均具有10年以上班主任工作经验。

②在教学平台集群上，依托5个重点思政课红色文化实践教学基地集群，开展参观学习、社会考察等活动，把课堂所学理论知识与社会现实联系起来，组织师生撰写反映浙江创新创业发展最新成果的案例，让学生了解国情省情和社情民意，鼓励学生依托红色文化资源创业。

最终，组合积淀了"课程—师资—平台"多元一体化教学资源体系。

2.3 全力开拓整合"政府—产业—院所"载体，构建多元协同型育人平台

针对创业人才培养与产业需求、实践要求和学科专业之间两张皮问题：

①在政府合作载体方面，学校与钱塘新区合作建立了大学生创意集市，持续为零基础大学生提供初期创业实战机会；与新昌、上虞、温州瓯海、三门、绍兴柯桥和滨海等地方政府合作共建了11个校地合作载体，下设众创空间或创业基地；探索建立了科教融合的双创人才培养新模式，组建学生团队进驻校地合作载体，在导师指导下直接从事创新创业实战，使创新创业人才培养过程与产业需求、科技创新、创业实践融为一体。

②在产学合作载体方面，与企业合作建立了200余个创新创业实践基地，共建了12个研发中心，拓展了6家创业园免费入驻平台；利用校友企业资源，成立校友创新创业导师联盟，发起"浙理创客"项目，设立"两创"人才培育基地，建立校友创新创业奖学金以及基金，扶持大学生创新创业，如创业学生牟朦曦在读期间就反哺母校设立创新创业奖学金；与企业合作共建了"聚元众创空间""尚+众创空间""汇梦空间"等创业实践载体。

③在院所育人载体方面，各专业学院依托实验室、工程训练中心等建立院级创客空间，培育优秀专业创业项目；支持对科研成果再创新，快速转化为教学资源，形成"国家级服装实验教学示范中心""文化部重点实验室"2个协同创新平台和"浙江省服装产业科技创新服务平台""杭州丝绸及其制品科技创新服务平台"2个创新服务平台；出台政策免费开放实验室、国家级实验示范中心等实践和实验场所，学生可根据自身创新创业需要，选择创新创业方向，跟着老师进团队、进课题组，提高学生对社会创业项目需求的敏锐性。

最终，开拓整合构建了"政府—产业—院所"多元协同型育人平台体系。

2.4 全程进阶贯合"知识—实训—实战"梯次，完善纵向一体化育人闭环

针对创业人才培养与实践要求之间两张皮问题，纵向设置了从"理论知识"到"体验实训"再转化为"实战能力"的三阶段梯次育人闭环，贯合于人才培养全过程：

①按照学生兴趣驱动和创业实践要求，对创业教学及实践环节进行梳理，创建"课堂学习（理论知识）—体验实训（练习内化）—创业实践（实战能力）"的创业人才培养全过程的优化控制体系，注重知识结构和课程设置的优化匹配，构建了系统性、多层次、立体化的育人体系。

②纵向组合设置了"创业入门""专创融合""模拟实训"和"创业实战"4组28门由浅入深、从理论到实战、依次递进的体系化创业课程群组。

③强化创业实训和实践，核心课程使用计算机辅助教学，推广运用虚拟、仿真等技术手段，开发"纺织服装企业运作管理""虚拟商业社会环境（VBSE）""企业沙盘模拟""丝绸流行趋势分析与策划""企业竞争对抗（经营之道）""创业营销策划"6个模拟实训室，成立虚拟公司，以学生为主体，设立虚拟岗位，构建虚实结合、模拟全真环境的创业演练平台开展创业实训；将红袖、森马、雅莹、伟星、三彩等12个产学研基地深化建设为创新创业实践教学基地，开展"创业品牌汇"路演与答辩选拔，推

选优秀项目免费入驻学校创业园或签约众创园，加速学生从创业和专业知识到体验实训再到创业实践能力的加速转化。

最终，完善贯合了"知识—实训—实战"梯次纵向一体化育人闭环机制。

3 成果的创新点

3.1 教学内容创新

（1）以思创融合为导向，构建了习近平新时代中国特色社会主义思想指引下的创新创业课程思政要素体系、呈现载体和话语体系。

（2）以专创、产创和科创融合为导向，横向创设形成了纺织服装、艺术设计、电子商务、国际贸易等特色创业课程群。

（3）贯合"知识—实训—实战"梯次，纵向创设了"创业入门""专创融合""模拟实训"和"创业实战"四组递进式课程群。

3.2 资源载体创新

（1）开发建成5门国家级、22门省级精品在线开放创业课程群；编写了具有产业特色的创业教学案例库，出版46本国家级和省部级创业教材。

（2）建设了一支政治素质过硬、教学经验丰富的教学团队，构建了400余名企业家产业导师团队，探索专创融合型创业精英班培养模式，校内师资、学生、产业导师三方协同，实现专创、产创融合和实践育人。

（3）构建了"政产学研创"载体体系，共建了11个校地合作载体，拓展共建了50余个众创空间、创业基地，成立了多支创新创业奖学金以及创业基金等。

3.3 方法手段创新

（1）依托SPOC和MOOC现代技术手段的辅助，采用混合式、翻转式教学，实现线上线下、课内课外、校内校外融合。

（2）线下课堂运用"雨课堂"等工具实现智慧管理，综合运用生命叙述法、案例教学法、创作教学法、项目教学法，形成自主式、互动式、启发式的交互式教学模式。

（3）推广运用虚拟、仿真等教育技术手段，依托模拟实训中心和众创空间、创业园、红色文化实践基地等实践育人。

4 成果的推广应用情况

4.1 有力推动教学模式、教学资源、平台载体的一体化协同育人

4.1.1 分别构建了四组专创融合型和四组递进式创业课程

增设了"创业设计学""时尚与品牌""服装流行分析与预测""当时尚遇见互联网""电商创业""网络创业"等专创融合课程，形成了纺织服装、艺术设计、电子商务、国际贸易等专创融合特色创业课程群；建成"创业入门""专创融合""模拟实训"和"创业实战"四组共计28门课程群；《创业管理》（发行量30万册）、《创业学》等46本教材被遴选为"国家十二五规划教材""省高校建设教材""省高校'十三五'新形态教材"，企业模拟经营平台等获得省教育厅专项资助，获评为"经济管理省级实验示范中心"。此外，学校修改教学制度，设置了创新创业学分转换，鼓励学生创新创业实践。

4.1.2 建设了慕课和案例库支撑下的混合教学方案

建设了"电商创业""创业基础""新手创业""时尚与品牌""创业设计学"5门国家级、22门省级精品在线开放课程，撰写专业和行业特色典型创业案例50个。制定《浙江理工大学课堂教学创新行动实施方案》扩大分层分类教学、提高小班教学比例，在此基础上实施基于创作教学法和案例教

学法为依托的翻转课堂教学，形成了线上线下一体化教学模式。

4.1.3 探索创业教学与思政教育、科学研究、专业教育融合新路

推进课程思政建设标准化，建成2门省级课程思政示范课；与新昌、上虞、温州瓯海区、三门等11个地方政府共建载体，建立了科教融合的双创人才培养新模式，使创新创业人才培养过程与为企业解决实际问题和科技创新融为一体。以新昌研究院为例，近3年进入研究院的学生累计达159人，取得明显成效。浙江省人大副主任、副省长等领导多次表扬这种做法，并要求试点后在全省推广。

4.1.4 形成开放协同的创业教育格局，助力创业成长

一是免费开放实验室、国家级实验示范中心等实践和实验场所，学生可根据自身创新创业需要，选择创新创业方向，跟着老师进团队、进课题组，提高学生对社会创业项目需求的敏锐性。二是利用校友资源，成立校友创新创业导师联盟，发起"浙理创客"项目，设立"两创"人才培育基地和校友创新创业奖学金以及基金，扶持大学生创新创业。三是对接社会，构建创业实训平台。为有创业意愿的学生提供校内自由贸易市场，进行创业初体验；与开发区管委会合作建立大学生创意集市，为零基础的大学生提供初期创业尝试机会。

4.1.5 建成中青结合、校内外互补的强有力师资团队

形成以名师挂帅（省教学名师1名、师德先进及三育人1名）、青年教师担当（20余名老师获创业管理博士及KAB、SYB、SIYB、创业咨询师等各类认证）、400余名校外产业师资协同的强有力教学团队，课程群任课师资在翻转课堂、混合式教学方面曾获得省创新创业微课教学比赛一等奖、首届全国高校创业指导课程教学大赛二等奖、全国多媒体课件比赛微课及首届全国高校微课教学比赛二等奖、省教学成果二等奖、省教学设计竞赛一等奖等荣誉。

4.2 学生受益面广，创业能力得到显著提升，育人成果丰硕

（1）学校每年参加创业课程学习的学生有5000余人次，涵盖所有专业本科学生；组建创业设计团队的学生约有1200组，创业实训学生有650余人，且逐年递增。

（2）近三年在校大学生自主创业团队近300个。杭派女装众多品牌中由我校毕业生创立或担任主设计师的近80%；在校生朱建龙开设的服装设计工作室为两届世界互联网大会设计志愿者服装，为G20峰会设计礼仪服装，受到了时任浙江省委书记车俊、省长袁家军的接见。李逸超大三时创立街头潮流服饰品牌——隐蔽者，大四时销售额已达1000万元，涌现了一批如徐琦、陶弘璟、牟朦曦、陈伟勤等年产值或估值过亿的90后创业典型。

（3）学生连续获得新人奖等国内外服装设计大奖，学校连续获得中国服装设计师协会最高育人奖；学生参加教育部、团中央、省教育厅主办的学科竞赛，获国家级、省级831个奖项。获"挑战杯"创业计划竞赛国家级、省级奖167项（学校曾获得挑战杯全国并列第14名），"互联网+"大学生创新创业大赛国家级、省级奖85项，还获全国沙盘模拟企业经营大赛、省经济管理案例竞赛等国家或省级竞赛奖励155项。

4.3 成果在省内外具有较强影响力，具有一定的示范作用

学校先后被教育部评为"首批全国高校创新创业实践基地50强""全国创新创业典型经验高校50强"，创业教育特色引起了中央电视台、《光明日报》、人民网、《中国教育报》等数十家媒体报道。校长陈文兴院士出席中国高等教育学会主办的全球创新创业名校高峰对话暨中外大学校长论坛，分享我校创新创业教育典型做法；成果在省内外具有较大影响力，学校成为浙江省创业导师培育工程教学点，任课教师赴山东大学、中国美院、齐鲁工业大学、杭州医学院、华南师范大学、浙江财经大学等高校示范教学，吸引了300多所高校的相关专家和老师来我校参观交流。

基于国家精品在线开放课程"纺纱工程"的课程思政教学体系研究与实践

江南大学

完成人及简况

姓名	性别	所在单位	党政职务	专业技术职称
杨瑞华	女	江南大学	无	副教授
张菁	女	江南大学	纺织科学与工程学院党委书记	讲师
苏旭中	男	江南大学	无	副研究员
傅佳佳	女	江南大学	无	教授
刘新金	男	江南大学	无	副教授

1　成果简介及主要解决的教学问题

本项目依托江南大学本科教改研究重点项目"以国家精品在线开放课程为基础的'纺纱工程'课程思政研究"（NO.JG2019021），针对本科教学过程中学生对纺纱行业的社会经济地位认识不清，缺乏专业热情和行业社会责任感等现象，以国家精品在线开放课程"纺纱工程"课程为平台，展开了课程思政培养机制的研究与实践，立德树人，为民族复兴提供人才支撑。本项目以课程思政为指引方向，以创新教学模式，提高教学质量，塑造特色品牌为目标，通过思政教学体系植入方法、思政案例建立、线上线下教学设计和思政评价机制完善等方面的研究，构建了新工科体系内的课程思政教学模式，实现了包含哲学、爱国、爱专业、做人和做事的"纺纱工程"思政教学体系建设（图1），完成思政教育教学大纲和案例库建设，实践了社会主义新时代人才的培养。

本项目在实施中获得江南大学教学成果奖特等奖1项，完成教学研究论文4篇。以大学生为主体，完成国家大学生创新创业训练计划2项；获得国家级、省部级等各类竞赛奖项18项，其中中国大学生创新创业年会三等奖1项，中国大学生纱线大赛特等奖、一等奖各1项，中国高校纺织品设计大赛一等奖2项；发表学术论文8篇，参与实用新型授权1项。该课程思政教学成果理念先进、措施得力、特色鲜明、内容丰富、效果显著，具有系统性、创新性、实践性、示范性，具有广泛的推广应用价值。

2　成果解决教学问题的方法

本项目以建设有国家精品课程、国家精品资

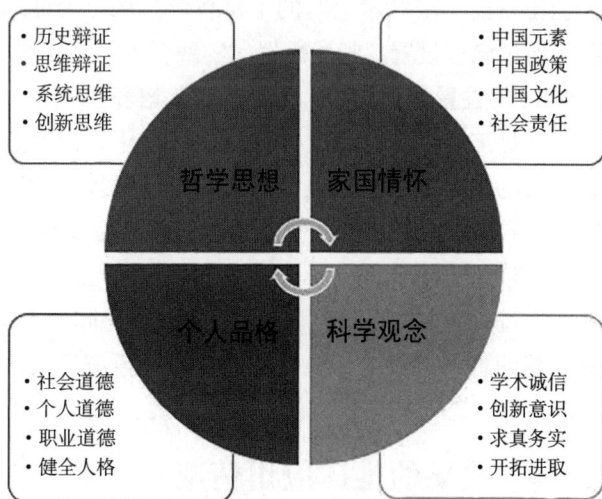

图1　"纺纱工程"课程思政体系

源共享课、国家精品在线开放课程的"纺纱工程"课程为依托，提炼出以科学发展观为指引，以哲学思想为主线，以培养学生的家国情怀、个人品格、坚毅勤奋为目标的课程思政体系，将思政内容正确且自然地融入教学过程的9个章节，通过解决4个主要问题，使学生在学习专业知识的同时接受正能量，坚持把立德树人作为中心环节，把思想政治工作贯穿教育教学全过程，实现全程育人、全方位育人，培养社会主义新时代"卓越工程师"。

2.1 培养学生爱国敬业的家国情怀

针对学生对纺织专业缺乏信心和热情的现象，通过行业发展案例（我国新提出的国内五大优势产业之一的纺织产业），提出辩证主义发展观，指引学生高瞻远瞩，看到行业发展全局；针对"纺织是朝阳产业还是夕阳产业"组织学生开展辩论，培养学生爱国敬业的家国情怀；结合"一带一路"倡议与"传承丝路精神"等相关重大决策，通过调研典型案例，提升学生对专业的自信，对祖国的热爱。

2.2 培养学生社会责任感和处理突发事件的能力

针对纺织专业学生对行业发展中社会责任的认识模糊等问题，通过重大事故典型案例，增强原料仓库和清钢工序防火防爆安全意识和责任，培养处理突发事件的能力；通过配棉大作业，增强行业绿色环保、可持续发展的社会责任感；通过国际国内标准对比，分析我国纺织绿色发展问题，提升学生发展纺织强国的责任感和使命感。

2.3 培养学生的个人品格

针对纺织专业学生对职业认识模糊、定位不清等问题，通过"人机法料环"的管理方针，货真价实的产品鉴别，培养学生的职业道德；通过纺织服装行业杰出校友、"一带一路"典型人物等，体会"工匠精神"，培育健全人格；通过纺织服装文化和中国传统服饰（汉服和旗袍等）分享，培养学生职业素养和文化素养，践行社会主义核心价值观。

2.4 用方法论培养学生批判性思维、求真务实、勤奋钻研的学习科学观

针对学生思路不开阔、创新动力不足等问题，结合当前企业一线生产的热点和难点问题，提出解决办法，培训学生创新意识和批判性思维；通过工艺流程和装备选型设计典型方案，培养学生求真务实的科学观念；通过新技术、新工艺、新装备的探索，培养学生开拓进取的创新意识。

3 成果的创新点

3.1 贯穿教学过程，体现全面性培养

构建并实践蕴含"历史辩证、思维辩证、系统思维和创新思维"融为一体的课程思政教育体系，区别于目前"唯技术论"的工科教育，将"为谁培养人？培养什么样的人？怎么样培养人？"等培养目标通过课程设置、师资配置、实践育人、教法与管理四个方面来实现，具有良好的可操作性。

3.2 注重因材施教，体现个性化培养

立足工科类本科生主体，以潜移默化为出发点，凝炼思政元素，推进案例式、调研采访式、问卷导向式的培养方式，建立专业教学与思想教育相统一的教学新机制，以教学管理稳固基础、以学习效果树立导向，稳步提升本科生的思想政治综合素质。

3.3 推进协同育人，体现综合化培养

通过科教融合、产教融合、校企合作协同育人机制，为学生构架思想政治教育深度升华的"指针"，将学院的智力、技术和项目资源与产业经济、人才市场和社会政治紧密对接，形成全方位支持思政教育的良好生态，构建思政教育全面开展、深度融合的新格局。

4 成果的推广应用情况

通过纺织行业的发展历程对社会主义核心价值观的传承与实践案例归纳与总结，将专业课成绩和

思想政治表现结合，将学生平时的思政研讨纳入成绩中，制订了思政体系下全新教学培养方案。自"纺纱工程"课程思政教育培养方案提出以来，已在纺织工程专业本科生中进行了具体实施，并达到了本科生全面覆盖。本成果进行推广应用后，取得了显著的效果。

4.1　形成了思政教师团队，修改了教学大纲

将课程思政列入课程培养目标；发掘思政元素，构建包含哲学、爱国、爱专业、做人和做事的"纺纱工程"思政教学体系，完成教改论文4篇。

4.2　建立了纺纱工程课程思政系列案例，形成案例库

建立了包含我国新提出国内五大优势产业之一的纺织产业的历史发展（每10年一个阶段）、纺织是"朝阳"产业还是"夕阳"产业的辩论、丝绸之路与"一带一路"的来源与发展现状、纺织企业重大事故典型案例的讨论、配棉中环保原棉的行业标准与依据、纺织原料与产品的国际国内标准调研、"人机法料环"的管理方针调研与学习、行业杰出校友、"一带一路"典型人物的采访、纺织服装文化（汉服和旗袍等）的分享、企业一线生产的热点和难点问题探讨、纺纱全流程典型方案设计与设备选型、纺纱行业新技术、新工艺、新装备的探索10个案例的教案库，指引学生深入了解世情国情，厚植课程思政、文化涵养的情怀，提升价值引导、责任担当的能力。

4.3　构建了课程思政具体考核量化方法

课程考核由原简单考试加考勤变革为对学生多元化、注重学习过程评价（作业、讨论、专题研讨、网上互评）的综合考核。专题讨论占35%（思政占30%）、平时表现占5%（思政占50%）、期末考试占60%。

4.4　从四个方面激发了大学生对行业的热情和爱国情怀

（1）根据课程的教学内容，结合纺织厂的失火爆燃案例、清洁生产标准、绿色纺织国际准则以及与教学内容关联度较高的时事新闻，用生动的教学案例，师生共同讨论感受和感悟，提高了学生安全与防护知识，培养了学生的社会责任感与处理突发事件的能力。

（2）采取以自愿原则参与的学生主笔、教师进行方向性指引的方式，制作了关于纺织是"夕阳"还是"朝阳"的问卷，通过对"流言"的剖析、比较、思考和探究，提高了学生辨识能力和批判性思维，增强了他们的社会责任意识和科学发展观念，培养了学生爱国爱专业的家国情怀。

（3）组织学生对体现行业社会责任感和荣誉感的丝绸之路与"一带一路"政策实施现状进行调研，对纺织行业优秀劳模和近年优秀毕业生进行采访，通过观察、想象、思考、判断、推理，指引学生形成求真务实、开拓进取的科学发展观，培养了学生的做人准则。

（4）将每组5～6人学生组成学习小组，共同完成纺织服装文化分享、企业调研、产品设计和名人采访汇报，开展讨论，提高了学生团结协作、友善互助的精神，培养了学生资料获取和积累的敏锐性、及时性和客观性。

本成果进行推广应用以来，获得江南大学教学成果特等奖1项，完成教学研究论文4篇，激发了大学生对行业的热情和爱国情怀，以大学生为主体，完成国家大学生创新创业训练计划2项，获得国家级、省部级等各类竞赛奖项18项。

基于"专德创融合"理念的纺织类专业"12345"课程思政教学体系建设与实践

青岛大学

完成人及简况

姓名	性别	所在单位	党政职务	专业技术职称
张春明	男	青岛大学	院长助理	副教授
高育红	女	青岛大学	院党委书记	副教授
许长海	男	青岛大学	院长	教授
邢明杰	男	青岛大学	副院长	教授
田明伟	男	青岛大学	副院长	教授
吕佳	女	青岛大学	系主任	副教授
王厉冰	男	青岛大学	无	教授
于淼	女	青岛大学	系副主任	助理教授

1 成果简介及主要解决的教学问题

1.1 成果简介

青岛大学纺织类专业始建于 1950 年，七十年来为山东省"万亿级"民生产业，同时也为我国重要经济支柱之一的纺织产业提供了有力的人才支撑和保障。为满足工程教育专业认证和纺织工业的绿色转型升级对人才培养提出的新要求，专业构建了基于"专德创融合"理念的"12345"课程思政教学体系。成果将专业教育、思想政治教育及创新创业教育相结合，融入课堂教学、实践教学、创新创业训练等教学全过程，以三全育人为目标，以"学习产出导向"和"以学为中心"为两翼，围绕课程内容中蕴含的课程思政内涵，将制度建设、教师队伍建设等方面作为工作着力点，从课堂教学、创新实践、学科竞赛等环节全面开展课程思政。该教学体系为我校纺织类专业的专业建设、课程改革、教师队伍建设、教学资源建设等提供了有力支撑，并辐射带动相近专业，成果于 2018 年起在省内外同类院校中进行推广应用，成效显著。

1.2 主要解决的教学问题

1.2.1 "痛点"问题：思想政治教育与专业教育相互隔绝

纺织工程、服装设计与工程专业的课程体系规划在全面推进课程思政建设方面存在不足，教师队伍作为"主力军"的育人理念和能力有待提升，传播思想、传播真理的意识还不够强；课程建设作为"主战场"在推动课程思政全程融入教研教改方面的路径尚不明确；课堂教学作为"主渠道"寓价值观引导于专业教学过程的思路仍不清晰。

1.2.2 "堵点"问题：课程思政的教学组织形式过于单一

专业教师往往通过挖掘专业知识中蕴含的思想政治教育元素，寻找合适的结合点，采用案例法、互动学习法和视频多媒体教学法开展课程思政，因此往往依赖于信息化教学手段相对丰富的理论课教学，而忽视了实验教学、实习实训、社会实践、学科竞赛等教学组织形式，这不仅偏离了全程、全方位育人的理念，也无法在解决实际生产问题和动手操作过程中培养学生的专业伦理与科学素养，推动课程思政融入创新创业教育的目标难以实现。

1.2.3 "难点"问题：思政育人效果的考核评价办法不够完善

虽然各高校都已进行了不同程度的课程思政改革与探索，但更多的是关于教学内容和方法的设计和研究，而没有将思政元素融入并体现到对学生的考核中。现有的纺织类专业的课程思政考核方式仍存在着如直接套用专业课评价体系、评价主体较为单一、评价周期短等共性问题，课程思政的内容很难在考核过程中得到体现，不利于培养学生独立思考能力、创新能力和思辨能力，这直接导致了课程思政考评效度偏低，评价结果与课程质量提升脱节等实际问题。

2 成果解决教学问题的方法

2.1 科学设计课程思政改革路线，建成完善的课程思政教学体系

根据全国教育大会精神和《高等学校课程思政建设指导纲要》，明确课程思政建设重点。制定以点带面、连线成片的"（示范课 – 课程群 – 教学体系 Course-Group-Program，C-G-P）"课程思政改革路线（图1），加强制度保障培育各级课程思政示范课，开展课程建设、优秀教学案例评选、教学创新比赛等活动，发挥示范引领作用，在纺织工程、服装设计与工程专业形成课程思政专业课程群，继而推动建立完善的纺织类专业课程思政教学体系。

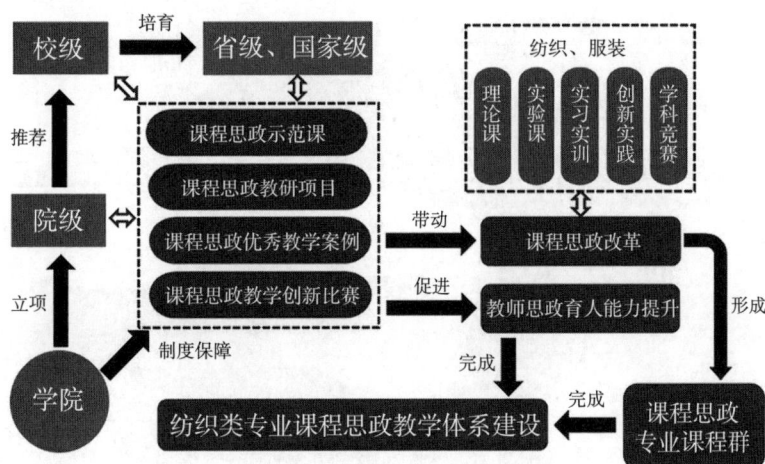

图1 纺织类专业"C-G-P"课程思政改革路线

纺织类专业"12345"课程思政教学体系（图2）以实现三全育人为目标，以"学习产出导向"和"以学为中心"为两翼，围绕课程内容中蕴含的家国情怀、个人品格、科学观3个内涵层面，将制度建设、教师队伍建设等4个方面作为工作着力点，从课堂教学、实习实训等5个环节全面开展课程思政。

2.2 创新拓展课程思政教学形式，切实提高教学活动全方位育人成效

以国家级一流本科专业建设和专业认证持续改进为契机，以"专德创融合"教学理念为引领，修订各专业课程教学大纲，将课程思政融入包括理论课、实验课、实习实训、大创项目、社会实践、学科竞赛等在内的教学全过程（图3），根据学生毕业时应达到的能力与水平进行反向教学设计，通过理论教学与实践教学相结合、班级授课与个别教学相结合、线下教学与线上辅导相结合等教学组织形式，系统进行社会主义核心价值观、法治、道德、心理健康等教育以及创新精神和创新能力的培养，切实提升立德树人的成效，相关成果在中国纺织服装教育学会会刊《纺织服装教育》发

表（图4）。

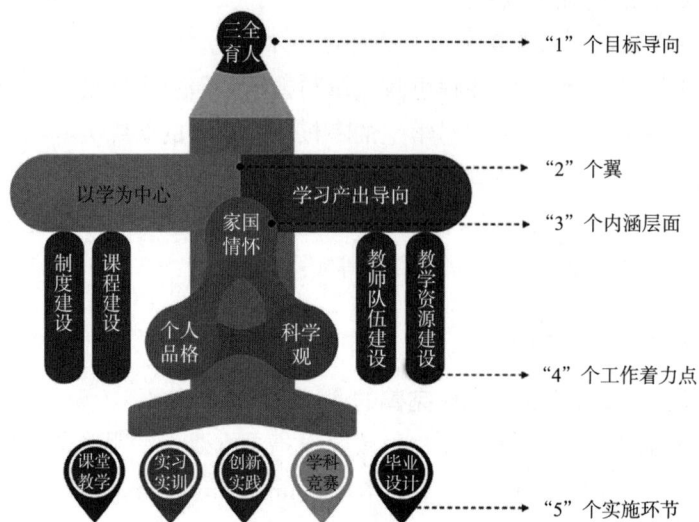

图2 纺织类专业"12345"课程思政教学体系

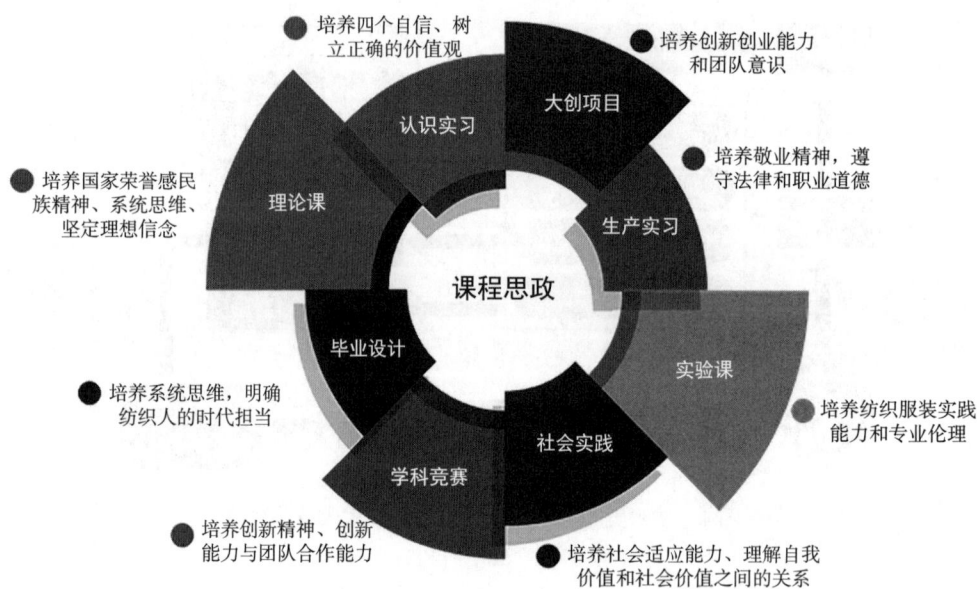

图3 基于"专德创融合"理念的纺织类专业课程思政教学组织架构

2.3 合理构建课程思政考评体系，不断加强专业课程价值引领作用

针对课程思政育人效果考核难以量化问题，构建基于课程思政的纺织类专业"3+N"课程考核评价指标体系（表1），考试成绩按照课程思政内涵分解为3个一级指标，分别对应纺织服装理论知识与国家发展背景、纺织行业人才职业素养、个人综合能力与创新素养，分别为30%、40%及30%的权重。每个一级指标又细分为2～3个对应育德育人要素的二级指标和若干个对应具体考评切入点的三级指标，每个指标均设定相应的权重，通过在专业课考核中契合课程思政的践行理念，实现立德树人的教育目标。

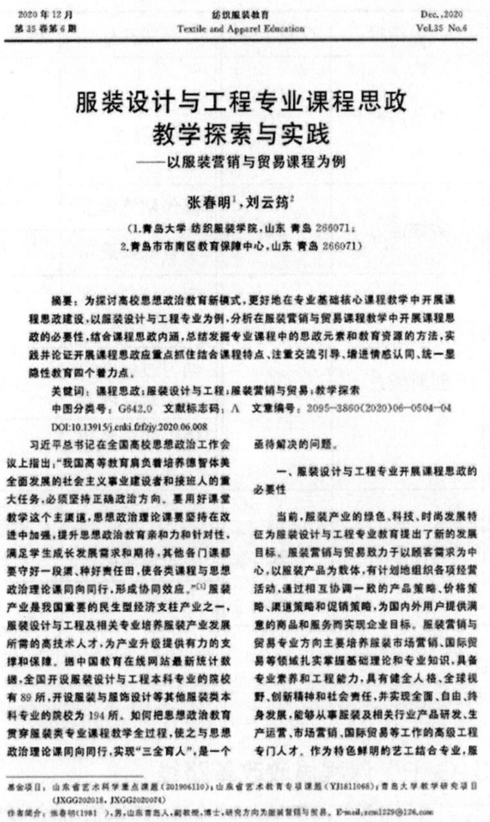

2020 年 12 月　　　纺织服装教育　　　Dec., 2020
第 35 卷第 6 期　　Textile and Apparel Education　　Vol.35 No.6

服装设计与工程专业课程思政教学探索与实践
——以服装营销与贸易课程为例

张春明[1]，刘云筠[2]

（1.青岛大学 纺织服装学院，山东 青岛 266071；
2.青岛市市南区教育保障中心，山东 青岛 266071）

摘要：为探讨高校思想政治教育新模式，更好地在专业基础核心课程教学中开展课程思政建设，以服装设计与工程专业为例，分析在服装营销与贸易课程教学中开展课程思政的必要性，结合课程思政内涵，总结发掘专业课程中的思政元素和教育资源的方法，实践并论证开展课程思政应重点抓住结合课程特点、注重交流引导、增进情感认同、统一显隐性教育四个着力点。

关键词：课程思政；服装设计与工程；服装营销与贸易；教学探索
中图分类号：G642.0　文献标志码：A　文章编号：2095-3860(2020)06-0504-04
DOI:10.13915/j.cnki.fzfzjy.2020.06.008

习近平总书记在全国高校思想政治工作会议上指出，"我国高等教育肩负着培养德智体美全面发展的社会主义事业建设者和接班人的重大任务，必须坚持正确政治方向。要用好课堂教学这个主渠道，思想政治理论课要坚持在改进中加强，提升思想政治教育亲和力和针对性，满足学生成长发展需求和期待，其他各门课程要守好一段渠、种好责任田，使各类课程与思想政治理论课同向同行，形成协同效应。"[1]服装产业是我国重要的民生型经济支柱产业之一，服装设计与工程及相关专业培养服装产业发展所需的高技术人才，为产业升级提供有力的支撑和保障。据中国教育在线网站最新统计数据，全国开设服装设计与工程本科专业的院校有 89 所，开设服装与服饰设计等其他服装类本科专业的院校为 194 所。如何把思想政治教育贯穿服装类专业课程教学全过程，使之与思想政治理论课同向同行，实现"三全育人"，是一个亟待解决的问题。

一、服装设计与工程专业开展课程思政的必要性

当前，服装产业的绿色、科技、时尚发展特征为服装设计与工程专业教育提出了新的发展目标。服装营销与贸易致力于以顾客需求为中心，以服装产品为载体，有计划地组织各项经营活动，通过相互协调一致的产品策略、价格策略、渠道策略和促销策略，为国内外用户提供满意的商品和服务两实现企业目标。服装营销与贸易专业方向主要培养服装市场营销、国际贸易等领域扎实掌握基础理论和专业知识，具备专业素养和工程能力，具有健全人格，全球视野、创新精神和社会责任，并实现全面、自由、持身发展，能够从事服装及相关行业产品研发、生产运营、市场营销、国际贸易等工作的高级工程专门人才。作为特色鲜明的艺工结合专业，服

基金项目：山东省艺术科学重点课题(201906110)；山东省艺术教育专项课题(YJ1811068)；青岛大学教学研究项目(JXGG202018, JXGG202004)
作者简介：张春明(1981－)，女，山东青岛人，副教授，博士，研究方向为服装管理与贸易。E-mail:zcm1229@126.com

图 4　课程思政教改成果发表于《纺织服装教育》2020 年第 6 期

表 1　基于课程思政的"3+N"考核评价体系

一级指标	权重（%）	二级指标	权重（%）	三级指标	权重（%）	思政考核要点
家国情怀（民族精神、政治认同、国家荣誉感、社会主义核心价值观、四个自信等）	30	纺织、服装专业知识和理论	40	小组展示成果	30	把握纺织服装行业发展形势，培养广见博闻关注纺织服装产品、技术等问题的能力，具有民族情怀和责任担当
				平时作业	40	
				线上线下讨论	30	
		纺织服装知识的灵活运用	60	阶段性测试	30	运用纺织服装专业理论分析实际问题，并能从国家民族的角度考虑问题
				纺织服装行业调研	40	
				案例研究成果	30	
个人品格（道德情操、健全人格、职业道德、法制意识、智力能力等）	40	敬业精神	40	课堂出勤率	25	塑造诚实守信、谦逊自省、乐观宽容的健全人格
				任务完成率	30	
				讨论参与度	25	
				反思与改进	20	
		职业道德	30	遵守学校纪律	30	树立遵纪守法、维护正义、诚实守信的道德情操
				考试无作弊	30	
				作业无抄袭	20	
				互评公正性	20	
		社会适应能力	20	对新环境的适应能力	50	树立坚定的理想信念，处理好自我价值和社会价值的关系

续表

一级指标	权重（%）	二级指标	权重（%）	三级指标	权重（%）	思政考核要点
个人品格 （道德情操、健全人格、职业道德、法制意识、智力能力等）	40	社会适应能力	20	对新知识的接受程度	50	树立坚定的理想信念，处理好自我价值和社会价值的关系
科学观 （科技伦理、创新精神、社会责任、价值观念等）	30	实践能力	50	操作熟练程度	40	培养学生遵守人与人，人与物之间的行为准则与专业伦理
				项目成果展示	60	
		创新能力	30	课堂提问的创新思维	30	培养学生的创新意识，创新能力与创新精神
				学习过程中的创新成果	50	
				接受新思想的开放意识	20	
		写作能力	20	讨论贡献率	30	培养团队意认与大局意识、贯彻发展理念
				小组合作配合	30	
				小组展示成果	40	

3 成果的创新点

3.1 思路创新：制定了"C-G-P"课程思政改革路线

"C-G-P"课程思政改革路线针对高等教育存在已久的思想政治教育与专业教育相互隔绝的"痛点"问题，以青岛大学纺织类专业为例，明确了学院、教师两级课程思政责任主体的工作任务，梳理了推进课程思政建设的重要抓手，突出了课程思政示范课的引领作用，厘清了形成课程思政专业课程群的工作程序，为加快建立健全课程思政教学体系提供了工作思路。

3.2 理念创新：提出了"专德创融合"的教学组织架构模式

"专德创融合"教学组织架构理念强调以创新创业教育为抓手，明确了将课程思政融入理论课、实验课、实习实训、大创项目、社会实践、学科竞赛等专业教学全过程的实施要点，阐明了通过理论教学与实践教学相结合、班级授课与个别教学相结合、线下教学与线上辅导相结合等拓展教学组织形式的途径，为把思想价值引领贯穿教育教学全过程和各环节提供了理念支撑。

3.3 理论创新：建立了"12345"课程思政教学体系模型

纺织类专业"12345"立体化课程思政教学体系以中共中央、国务院《关于加强和改进新形势下高校思想政治工作的意见》提出的坚持全员全过程全方位育人为总体目标，体现了"以学生为中心"的原则和工程教育专业认证理念，揭示了纺织类专业知识点中蕴含的课程思政深刻内涵，归纳了课程思政建设的重要着力点，总结了课程思政的具体实施环节，为全面深化课程思政教育创新改革提供了理论基础。

3.4 方法创新：创建了基于课程思政的"3+N"考核评价体系

"3+N"考核评价体系由3个评价项目（一级指标）、8个评价要素（二级指标）和若干评价观测点（三级指标）组成，实现了对专业课程立德树人成效的分层级、分权重的立体式量化评价。评价体系将课程思政内涵层面作为一级考核指标并明确权重，在二级指标进一步细化了思政内涵元素及其对应的专业教学内容，三级指标对应的若干评价观测点覆盖课程学习全过程，能够客观反映"专德创融合"教学成效，有利于调动学生的积极性。

4　成果的推广应用情况

4.1　改革成果有力推动了专业建设与改革

在基于"专德创融合"的纺织类专业"12345"课程思政教学体系的保障下，纺织工程专业2018年顺利通过工程教育专业认证，2019年获批国家级一流本科专业建设点，服装设计与工程专业2021年获得工程教育专业认证申请受理，纺织科学与工程获批山东省"高峰学科"建设学科，先后与美国北卡州立大学等4所国外知名纺织学府建立了人才联合培养体系，整体上专业建设成效突出，在省属高校中处于前列。

4.2　实质性提高了纺织类专业人才培养的质量

本成果保障了学院创新务实的人才培养，保证了培养目标较高的达成度，特别是学生创新实践能力和品德素养得到提高，毕业生质量受到社会高度赞誉。学生在各级各类竞赛中屡获全国大奖，2017～2020年连续荣获全国大学生纱线设计大赛特等奖和一等奖，2018～2020年连续荣获全国大学生外贸跟单大赛一等奖和团体奖，2020年荣获第八届全国高校数字艺术设计大赛一等奖、第二届军服文化创意设计大赛全国银奖、第十届全国大学生电子商务"创新、创意及创业"挑战赛山东省特等奖等，我校毕业生的理论功底、实践能力和综合素养等受到用人单位和社会的高度评价。

4.3　加快推进了本单位的课程、教材、师资队伍建设

本成果的全面应用推广有力带动了学院的课程建设与改革。2017年至今，共有52门课程获得省部级、校级教研教改立项，12门在线开放课程上线运行，共出版国家级、部委级规划教材11部，建成了"专德创"融合的示范课程群架构，进一步深化和巩固了教学改革成果，引起社会各界和媒体的广泛关注。在本成果的保障下，学院近5年共有12名教师完成在职学历提升，23名骨干教师完成境外访学，同时引进优秀青年教师46人，顺利实现教师队伍换代接班，师德师风和师能建设均取得显著成效，1人获评山东省教学名师，3人获评"纺织之光"中国纺织工业联合会教师奖，另有17人获评青岛大学教学十佳、师德标兵、最美教师等荣誉称号。

4.4　改革成果对省内外高校产生良好的示范和辐射作用

基于"专德创融合"的纺织类专业"12345"课程思政教学体系不仅辐射带动了院内其他专业的教学改革，也对省内外兄弟院校产生了良好的示范作用。改革成果和成功经验先后在山东服装职业学院、临沂大学、闽江学院等高校推广应用，对相关高校深化课程思政改革、完善质量保障起到了积极的推动作用。

"一中心双线五融合"纺织高校化工创新型
人才培养模式的改革与实践

西安工程大学

完成人及简况

姓名	性别	所在单位	党政职务	专业技术职称
赵亚梅	女	西安工程大学	无	副教授
常薇	女	西安工程大学	副院长	教授
刘永红	男	西安工程大学	无	教授
刘斌	男	西安工程大学	化学工程系主任	副教授
王雪燕	女	西安工程大学	无	教授
李庆	男	西安工程大学	实验中心主任	副教授
穆瑞花	女	西安工程大学	无	讲师
贾天昱	男	西安工程大学	无	助教

1 成果简介及主要解决的教学问题

1.1 成果简介

人才创新能力是决定化工行业国际竞争力的核心所在。随着国家战略部署与实施，化工行业在迎来产业转型与升级发展机遇的同时，也面临着自主创新能力薄弱、技术结构层次低下等严峻挑战。2011～2018年，结合我校"纺织服装"办学特色和陕西能源经济发展需求，课题组聚焦化工创新型人才培养，先后承担了课程体系构建、实践教学改革、教学方法创新、新工科建设等多项教学改革项目。基于化工与纺织、能源等学科专业交叉，构建了一种"一中心双线五融合"的纺织高校化工创新型人才培养模式。其特征为：以学生为中心，以课程引领的群体成长和实践育人的个性拓展进行双线育人，通过教育技术、科研反哺、竞赛推动、专创融合、校企协同5条途径对接双线融合贯通。

成果主要内容包括双线模式构建、逐级课程群建设及教学范式创新、实践平台层次化、"团队育人"指导模式创新等方面。2019～2021年对教学成果进行推广应用，对专业改造升级、学生承担项目、竞赛获奖，毕业生竞争力提升明显，校内外推广与用人单位评价，其育人效果良好。

1.2 主要解决的教学问题

（1）化工学生创新能力的有效提升途径相对较少。

（2）学科交叉和化工前沿知识缺乏，课程教学范式相对滞后。

（3）实践平台搭建与化工学生创新能力形成之间脱节明显。

（4）"统一集中定时"团队育人常用指导模式，灵活及个性化不够，指导效率偏低。

2　成果解决教学问题的方法

2.1　多途径融通群体成长与个性拓展，双线提升化工学生创新能力

基于"融通群体成长与个性拓展，培养化工创新人才"育人理念，以纺织化工、能源化工为学科方向，以课程引领的群体成长和实践育人的个性拓展为双线，将导师制贯穿育人全过程，通过教育技术、科研反哺、竞赛推动、专创融合、校企协同5条途径对接双线的融合贯通，双线引领与推动，双重作用育人效果明显（图1）。

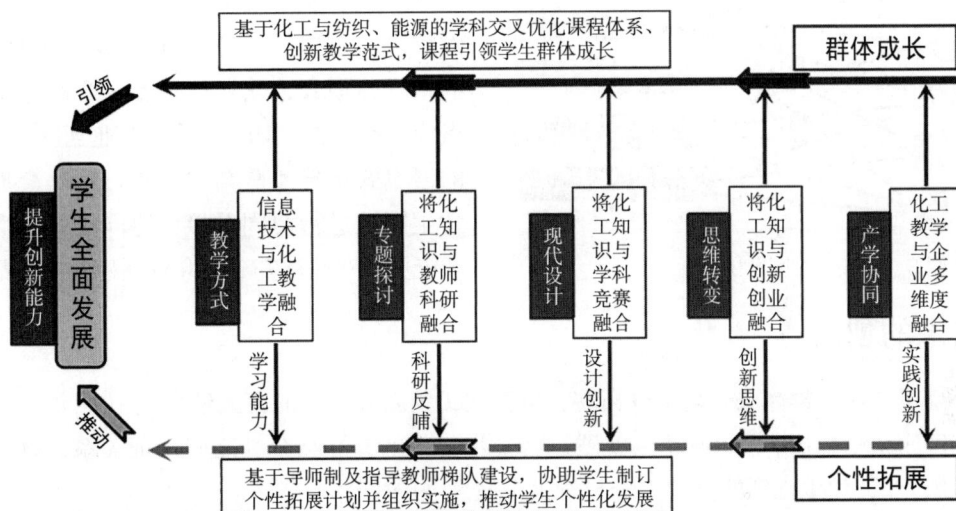

图1　培养新模式

2.2　紧扣学科交叉与化工前沿，优化课程体系与改革教学范式

借鉴纺织、能源等学科专业特色优势，邀请纺织教学名师、化工专家等参与培养方案论证，构建"核心素养—学科根基—专业根基—学科交叉—选修拓展"的逐级式课程群。采用企业进课堂、项目式教学、课程小论文等多种新范式，强化启发式讲授、互动式交流与探究式讨论，教学效果良好（图2）。

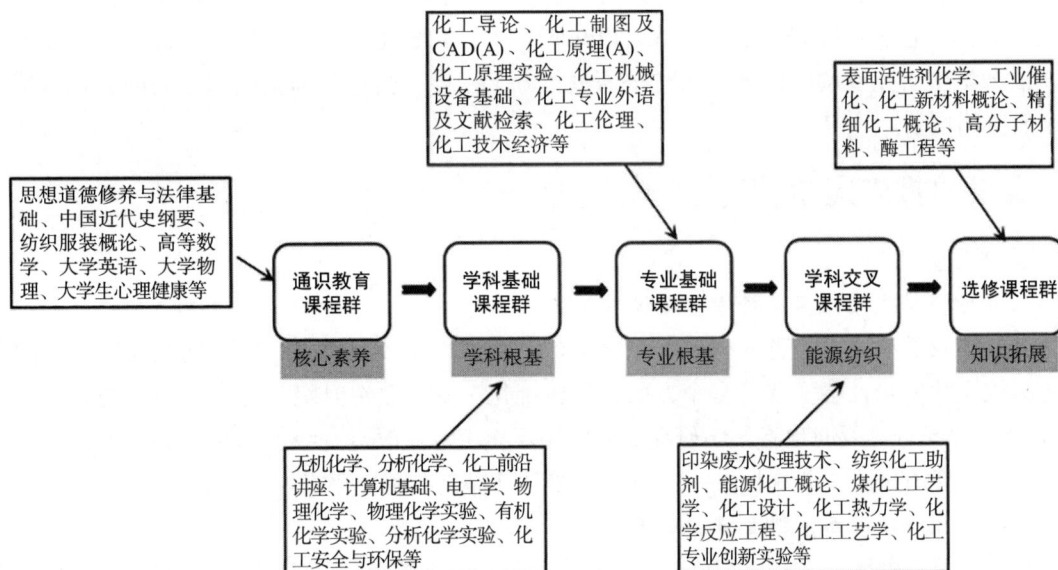

图2　逐级课程体系

2.3 搭建双层次实践平台，强化个性拓展和实践创新能力训练

第一平台，通过基础实验教学和集中实践教学进行单项能力、能力集成训练。第二平台，注重学科交叉平台搭建，以纺织化工助剂实验室、协同创新中心、化工竞赛、实习实训基地、产学研合作等8个拓展平台，推动学生在纺织化工、煤化工、创新创业等方面的个性化发展。

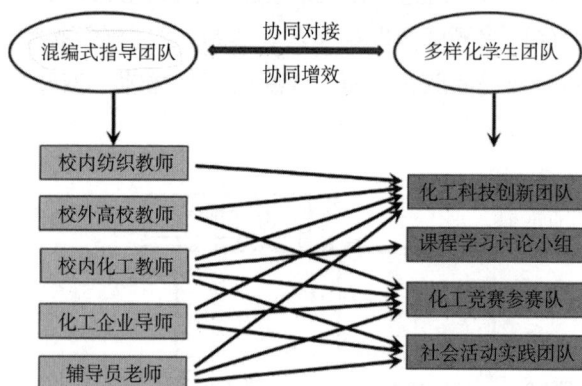

图3　对接师生团队协同增效

2.4 创新"团队育人"指导模式，探究化工复杂工程及其社会问题

针对"统一集中定时"常用指导模式效率低的弊端，重构了"分工分散按需"灵活、个性化的指导新模式，从科技创新、学科竞赛、社会热点痛点等多位点切入，将"专业互补、分工指导"的混编式指导团队与"年级传帮、交流创新"的学生团队进行协同对接、协同增效，培养学生创新能力、专业认知、社会责任感与使命感（图3）。

3　成果的创新点

3.1　凝炼了"融通群体成长与个性拓展，培养化工创新人才"的育人理念

经过七年创新人才培养教学改革与实践，将学生成长的共性与个性之间辩证关系，融入化工创新人才培养内涵，兼顾学生创新能力的提升与学生全面发展的推动。

3.2　提出了"一中心双线五融合"纺织高校化工创新人才培养模式

（1）一中心：以学生发展为中心。

（2）双线：以课程引领的群体成长和实践育人的个性拓展为育人双线。

（3）五融合：通过教育技术、科研反哺、竞赛推动、专创融合、校企协同5条途径对接双线融合贯通。

基于化工与纺织、能源等学科专业交叉，以课程引领的群体成长和实践育人的个性拓展为双线，通过五条途径对接双线融合贯通，全过程贯穿导师制，保护学生创新原动力。

3.3　重构了"分工分散按需"指导模式，打通教师团队与学生团队之间壁垒

新指导模式解决了原有"统一集中定时"指导模式中存在的持续时间长、效率低下等弊端，组建"化工—纺织—高校—企业"混编式指导团队，以纺织化工、能源化工、竞赛任务、社会热点痛点等多位点切入，根据学生研究或调研情况，及时按需进行分工指导，实现了师生团队之间的有效对接，实现团队育人的协同增效。

4　成果的推广应用情况

4.1　人才培养

4.1.1　教学成果促进化工本科专业建设的效果明显

教学成果涉及学科交叉、育人模式、创新平台等多项教学改革项目，对接纺织化工、能源化工、学科竞赛、校企协同、社会实践等多个方面，为传统化工专业改造升级提供一定借鉴与参考。化工专业自2010年开办至今，及时地将教学研究成果应用于化工专业改造升级，2020年该专业成为中国工程教育认证申请受理的我校5个专业之一，2021年3月已提交专业自评报告。

4.1.2　本科生多次参加学科竞赛，成果丰硕

学生参赛人数及次数显著上升，2019、2020年达到专业全覆盖。基于"化工—纺织—高校—企业"的混编式指导团队，"分工分散按需"进行指导，学生参加全国大学生化工设计竞赛、全国大学生化工

实验大赛、"互联网＋纺织"创新大赛、中国大学生 Chem-E-Car 竞赛等获奖 30 余项，其中国家级奖 14 项，西北赛区 18 项，赛区特等奖 1 项、一等奖 3 项，"互联网＋"大学生创新创业校级银奖 2 项（图 4）。

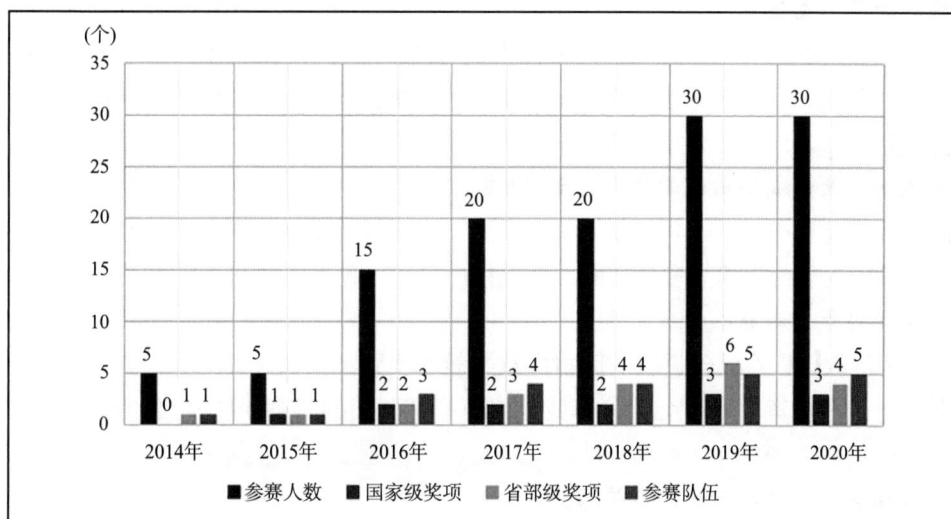

图 4 参赛及获奖情况

4.1.3 本科生科技成果逐年提升，师生团队协同育人促进学生全面发展

学生承担大学生创新创业类项目共 24 项，获批数量及人数逐年上升，其中国家级 14 项，省级 4 项，校级 5 项；发表学术论文 22 篇，且部分被 SCI、EI 收录；学生通过参加大学生科技创新团队、暑期社会实践团等定期活动的开展，培养学生创新意识、创新能力、团队精神、专业认知、社会责任感等综合素养。

4.1.4 本科毕业生就业竞争力增强，用人单位评价良好

毕业生就业情况和用人单位反馈良好。2015～2020 年化工毕业生就业率和考研率呈现逐年上升趋势，部分学生在化工与纺织、能源的交叉行业就业（图 5）。

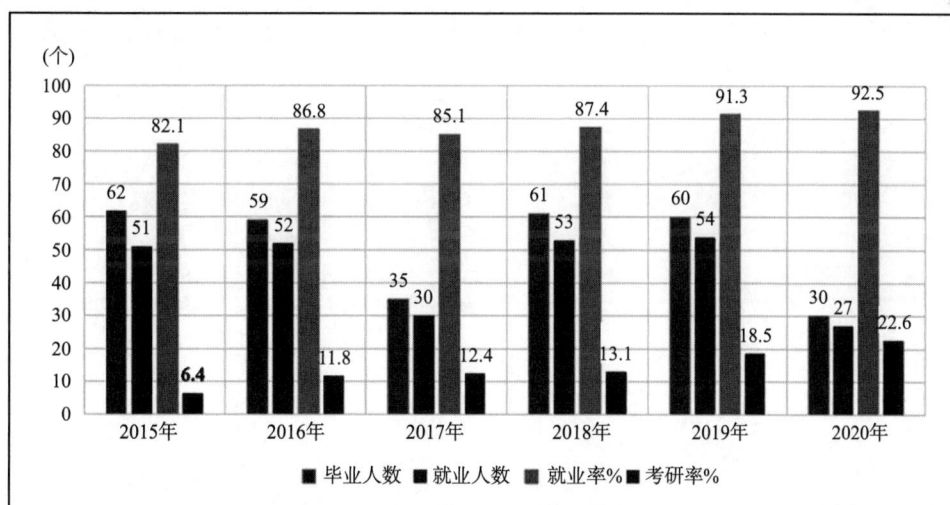

图 5 毕业生就业情况

对山东淄博矿业集团有限责任公司、陕西兴洲纺织科技有限公司、陕西环保固体废物处置利用有限责任公司、北方特种能源集团西安庆华公司、陕西黄河集团有限公司、陕西有色天宏瑞科硅材料有限责任公司、康龙化成（北京）新药技术股份有限公司、上海宝临电气集团有限公司，经过毕业生跟

踪调查与用人单位评价反馈，毕业生化工专业知识扎实、实践创新能力良好，其满意度达 97% 以上。

4.2 示范与辐射作用

4.2.1 国际示范与交流

课题组多次参加关于提升化工类大学生工程实践与创新能力的国际交流，2018 年、2013 年，分别与日本东洋大学、美国明尼苏达大学、美国恩波利亚大学就课堂教学创新、学科交叉育人及实践育人改革等方面进行交流。

4.2.2 发表相关教学成果的教学研究论文 22 篇

从高校化工育人途径分析、学科交叉专业建设、专业课程教学模式创新、化工学科竞赛育人、课程体系优化、创新创业平台搭建等多个方面，交流推广了化工创新人才培养的教学成果。

4.2.3 化工学科竞赛的育人经验交流

基于如何以赛促教、以赛促学进行"因材施教"教学实践，2014 ~ 2020 年参加全国大学生化工设计竞赛研究会、化工实验竞赛研讨会，分享我校组织竞赛、指导教师团队建设、化工教学及创新人才培养等经验。

4.2.4 个性拓展实践育人的校外示范推广

在宁夏大学、西安建筑科技大学、陕西科技大学、西安文理学院、西京学院等高校中进行教学成果的交流与示范，得到同行专家肯定。

4.2.5 教学模式创新的校内推广与交流

采用企业进课堂、项目式、课题小论文等教学新范式，将工程实例、化工厂设计、专业特色专题等与课程教学进行有效融合，学生的学习效率高。其成果在环境工程、生物工程、应用化学等相关专业中进行推广，效果良好。

具有纺织特色及层次化实践教学体系的机械设计系列课程改革与建设

天津工业大学

完成人及简况

姓名	性别	所在单位	党政职务	专业技术职称
赵镇宏	女	天津工业大学	教研室主任	副教授
温淑鸿	女	天津工业大学	教学质量监控与评估中心主任	教授
高淑英	女	天津工业大学	无	讲师
杨建成	男	天津工业大学	系主任	教授
畅博彦	男	天津工业大学	党支部书记	讲师
莫帅	男	天津工业大学	无	副教授
朱凌云	女	天津工业大学	无	副教授
袁汝旺	男	天津工业大学	无	讲师
冯志友	男	天津工业大学	数字化图书馆研究中心主任、国家级实验教学示范中心主任	教授
刘文吉	男	天津工业大学	无	高级实验师
洪英	男	天津工业大学	机械基础实验中心副主任	高级工程师

1　成果简介及主要解决的教学问题

1.1　成果简介

机械设计系列课程是介绍通用机械的性能及设计原理和方法的技术基础课程，机械设计系列课程由学科基础课、专业基础课、前沿技术课和实验实践课四种类型课程组成，包括机械设计基础、机械设计、机械原理、纺织机械设计等8门理论课程及对应的课程设计等9门实践课程，按"突出工程背景，融合讲授讨论，结合线上线下，实行小班授课，培养设计思维，落实立德树人"的教学设计思路，依据纺织背景及不同专业，形成了以纺织机械为骨架、融合前沿科技的模块式、有专业特色内容的机械设计类课程体系；构建"3能力+4层次+3类别"实验实践教学体系，进行层次化实践教学，提高学生综合能力；打造了一支基础教师与专业教师协作、以提高人才培养质量为核心的协作、创新、团结奋进的市级教学团队，并将"机械设计"建成了市级一流课程，"机械设计基础"建成市级课程思政示范课程，服务全校。

1.2　解决的教学问题

（1）教学目标：实现知识、能力、人格、价值多维度的培养。

（2）教学内容：加强课程内容与工程实际的紧密性。

（3）教学策略：实现学生自主学习和探究能力的培养。

（4）教书育人：探索课程思政方式方法，努力高标准完成好"立德树人"根本任务，增强工科学生价值感与使命感。

2 成果解决教学问题的方法

依据学校纺织背景，按照"突出工程背景，融合讲授讨论，结合线上线下，实行小班授课，培养设计思维，落实立德树人"的教学设计思路，从教学目标、教学内容、教学策略和团队建设及课程思政几个方面对教学中的问题进行解决。

2.1 围绕纺织行业特色，遵循 OBE 教学理念构建课程体系

机械设计系列课程是介绍通用机械的性能及设计原理和方法的技术基础课程，为使课程与专业结合，依托国家级、省部级优质教育资源，以机械设计系列课程（图 1）为建设平台，面向社会需求，根据不同专业培养目标，将纺织工艺流程应用的典型的相关机械设备（图 2）作为案例，拆分其中的通用机械作为载体，并将科研成果及前沿的纺织机械技术融入学科基础课、专业基础课，实现科研反哺，进行机械设计系列课程的教学内容改革，形成了以纺织机械为骨架、融合前沿科技的机械设计类课程体系。

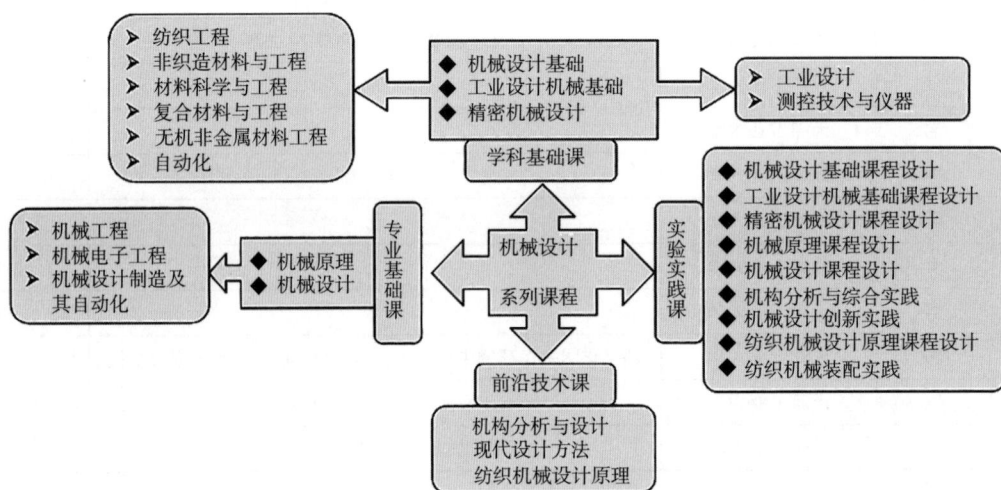

图 1　机械设计系列课程及服务专业

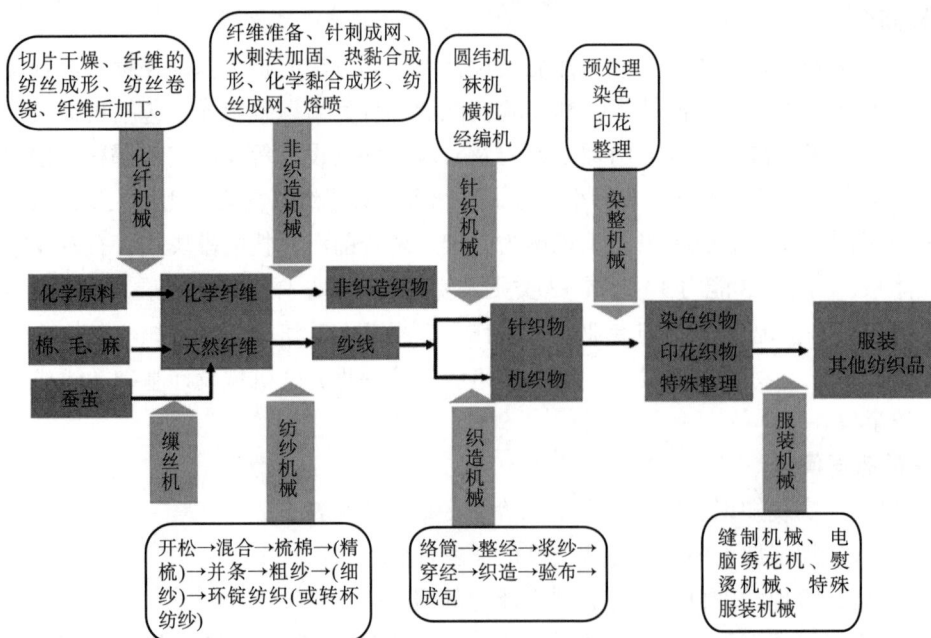

图 2　专业与纺织机械关系图

2.2 进行层次化实践教学，提高学生综合能力，提高人才培养质量

为提高学生综合能力，在实验实践环节，将课内和课外实践、校内和校外实践、虚拟和现实实践相结合，构建"3能力+4层次+3类别"的实验实践教学体系。实验教学体系实验由验证性实验、综合性实验、设计性实验和创新性实验组成，完成零件、机构和系统三个类别的实验，为增加学生对课程的认识和学习兴趣，理论教学与实践教学相互促进，通过不断提高综合型、设计型实验比重，形成具有基础层次、综合层次、设计层次和创新层次的四层次利于学科交叉与融合的实验教学体系（图3），提高学生创新、创业和综合实践能力，解决了理论和实践脱节及学生动手能力和创新实践能力差的问题。

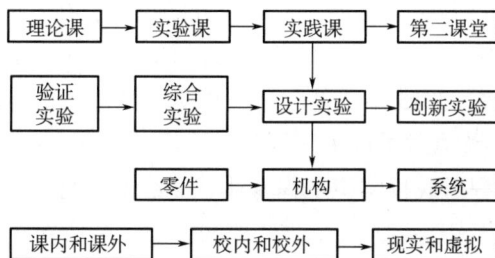

图3 分层次的实验实践教学体系

2.3 结合线上线下混合式教学开展讨论

学生们所进行的线上线下探究、沟通、创新和协作等行为，使学生们的综合素质得以全方位地提升。

2.4 建立以提高人才培养质量为核心的协作、创新、团结奋进的教学团队

将教师科研方向与对应的专业相结合，发挥研究方向优势，学生提早接触到专业前沿技术，激发学生热爱所学专业，将工程实际融入课程学习中，切实提高学生的工程技术素养、工程技术能力和创新能力。教师在教学过程中通过对所教专业的机械及前沿技术的研究，开阔思路与视野，提升了师资队伍素质，实现互相促进，通过产、学、研结合，促进教师的教学水平，打造一支基础教师与专业教师协作、创新的高水平教学团队，服务于全校。

2.5 专业和思政结合教学

按照价值引领、能力达成、知识传授的总体要求，提炼课程中蕴含的思政元素，通过机械发展史、能工巧匠、科技进步与差距、工程事故等载体将思想价值引领贯穿于主要教学环节，发挥专业课的育人作用，使学生成长为心系社会并有时代担当的技术性人才。

3 成果的创新点

（1）依据纺织背景及不同专业特色，建立模块式、有特色课程内容的课程体系。围绕纺织专业特色，将先进的设计理念、现代纺织机械科技的最新发展成果及时融入教学与教材，更新和丰富教学内容。

（2）通过产、学、研结合，将教师科研方向与对应的专业相结合，实现互相促进，提升师资队伍素质。

（3）建立利于学科交叉与融合的层次化实验教学体系，自主研发建立虚拟机械设计教学平台，在实验实践教学环节突显工程性和创新性。学生以设计者的身份，进行模拟训练，开展创新体验式机械设计教学模式；理论与实践相结合，师生合作将科研成果转化成实验教学仪器；线上线下混合式教学，培养学生探究、沟通、创新和协作能力。推进第二课堂教育，建立课程—科技竞赛—创新项目个性化人才培养模式，提高学生创新、创业和综合实践能力。

（4）凝炼课程中思政元素，增强文化自信和民族自豪感及紧迫感；培养严谨的工作态度，增强职业道德与社会责任感。

4 成果的推广应用情况

本教学改革模式不但应用于机械工程专业，机械设计系列课程服务于全校 11 个工程类专业，每年约 40 个班，1200 名学生。

（1）根据新机械设计内容体系编写的教材《机械设计》（上册）和《机械设计》（下册）已在天津工业大学、天津科技大学等院校使用 7 届，使用效果良好。

（2）根据在 2007 年提出的"理论教学和实践教学并重"新教学理念，创新了设计与制造相结合的机械设计课程设计模式，在 6 个教学班实施。

（3）根据 "应加强学生机械设计思维能力"的研究结论，已在 6 届机械原理和机械设计课程中通过增加教学内容和案例分析，加强对学生设计思维能力的培养，并在全国机械设计教学研讨会作大会发言，介绍了团队的理念和做法。2015 年《基于提高纺机设计能力的机械原理和机械设计课程改革研究与实践》获中国纺织工业协会优秀教学成果三等奖。

（4）"机械设计基础"课程是我校纺织工程专业、非织造、材料工程、自动化等专业的核心技术基础课程，将机械设计基础建设成连接纺织专业课程的桥梁，具有纺织特色的机械设计基础课程的教学改革已连续实施 3 届，共计 36 个班，学生人数约 1000 人，加强了学生对纺织机械的认知和掌握。2019 年，《构建具有纺织特色的机械设计基础课程的教学改革和实践》获中国纺织工业协会优秀教学成果三等奖。

（5）积极进行"产学研"合作，紧跟市场经济的发展，建立校企合作，卓越工程师班"3+1"（3 年完成系统理论知识的学习，1 年进行工程实践和创新能力培养）模式联合培养纺织机械应用性人才。与大、中型企业合作，利用卓越工程师班"3+1"最后 1 年的实习实践，完成"纺织机械拆装实践""纺织机械设计原理课程设计""纺织机械传动与控制生产实习""毕业实习""毕业设计"等课程，学生工程实践及创新能力显著提高，教学与企业需求更紧密地结合起来，受到用人单位和学生的欢迎。

（6）机械基础实验中心是天津市普通高等学校实验教学示范中心，实验室硬件水平较高，构建了相对独立的实践教学体系，形成了课内实验、课外实验、课程设计和课外科技活动等多种实践方式。建设机械设计及纺织装备设计虚拟仿真实验教学平台，强化学生工程实践与创新能力培养。建立智能机器人实验室，结合教育部产学研项目进行实践教学和比赛，学生的创新意识和实践能力得到显著提高，学生曾获天津市大学生机械创新设计大赛和全国大学生机械大赛慧鱼组等多项国家级和省市级奖励。

近三年，机械工程专业学生参加科研、社会实践、出版专著、发表论文、项目参赛等方面均取得很大成绩，人才培养质量得以明显提升。

行业背景下综合类高校研究生公共英语立体化课程体系研究与实践

武汉纺织大学

完成人及简况

姓名	性别	所在单位	党政职务	专业技术职称
周丹	女	武汉纺织大学	无	副教授
柯群胜	男	武汉纺织大学	副院长	教授
何畏	男	武汉纺织大学	教务处处长	教授
谭燕保	女	武汉纺织大学	外国语学院院长	教授
华敏	女	武汉纺织大学	无	副教授
余演	女	武汉纺织大学	无	讲师

1　成果简介及主要解决的教学问题

1.1　成果简介

本成果区别于以往本科英语教学类成果奖，具有更强的学科性，旨在为切实提高综合类高校研究生国际学术交流能力，培养大批既具有行业背景知识、学科专业知识又具有家国情怀、国际视野的国际化人才。自 2007 年始，武汉纺织大学研究生公共外语以"面向全面语用能力发展的研究生公共英语英语教学改革研究与实践"（2007D021）"基于 MOODLE 平台的研究生英语多元互动教学模式研究"（2016322）"基于需求分析的全日制艺术专业硕士研究生英语认知能力培养模式研究"（2016317）"基于 MOODLE 平台的英语词汇教学多维研究"（2015Q099）"基于网络的口语任务型教学模式研究"（2009B271）"多模态纺织外贸英语教学体系设计和实效性研究"（13G289）等多个省级项目为支撑，以校级重大教育教学改革项目"研究生公共外语学术英语创新教育体系构建""基于通用学术（EGAP）的研究生公共外语学术英语课程体系构建""一带一路背景下国际化人才培养模式的研究与实践""融入 CBI 英语教学的大学生社会主义核心价值观培育研究与实践"等多个校级子课题为基础，深入探寻研究生公共英语学科教育规律及行业需求，聚焦研究生立足中国，放眼世界的国际学术交流能力培养，创新性提出研究生人才培养的家国情怀与国际视野、通识性与学科性的"通德通识"课程核心理念，以嵌入中国优秀传统文化与国际学术话语规则，针对学习水平和学科差异设置特色"学科群"课程模块，构建了以"EOP ＋ EAP""学业导师＋学科导师""通识＋专业＋创新""形成性评学＋规范性评教"的行业背景下综合类高校研究生公共英语立体化课程体系。成果通过评估和分析行业背景下综合类院校研究生公共英语课程教学的主要问题和研究生国际学术交流能力发展的主要瓶颈，创新性地提出家国情怀与国际视野、通识性与学科性的"通德通识"课程核心理念；在注重学术性与通识性的同时，基于特色学科群发展，针对性拓展口语技能专项强化训练、模拟国际会议和国际学术论文写作工作坊，以寻求特色学科群补位发展，落实人才培养的分段卓越与分类卓越。

成果通过 2007 ~ 2012 年的前期调研，2012 ~ 2018 年的研究和实践，2018 ~ 2021 年的应用和推广形成了具有影响力的"234"研究生公共英语立体化课程体系。

1.2 主要解决的教学问题

为适应研究生国际化人才要求，成果主要解决了三个教学问题。

（1）针对研究生人才培养的家国情怀缺失问题，成果重点从三个维度进行了突破：一是学生在进行国际学术交流时的民族身份及批判性思维的养成；二是解决学生在进行国际学术交流时的文化冲突和缺失问题；三是引导学生在进行国际学术交流时增强文化自觉、坚定文化自信。

（2）针对研究生公共英语课程体系同质化问题，成果嵌入以"学科群"为特色，针对性拓展口语技能专项强化训练和国际学术论文写作工作坊，以改革和完善人才培养模式为核心，实现跨学院教学团队的组建、跨学科平台的搭建共享，进行分级分类特色模块教学。

（3）针对行业需求与学科教学的脱节问题，成果采用"EOP＋EAP""学业导师＋学科导师"双导师制，依照分类卓越、分级卓越课程教学。

2 成果解决教学问题的方法

2.1 家国情怀培养

本成果通过建立"通识＋专业＋创新"的课程内容框架，创新性地提出家国情怀与国际视野、通识性与学科性的"通德通识"人才培养理念，分析家国情怀养成过程中的中外文化对比、语言知识、思辨能力，将问题一分为三：学生中国身份自觉性"不强"、学生中国文化"失语"，学生中国文化自信"不足"，对此三个问题进行针对性解决（图1）。

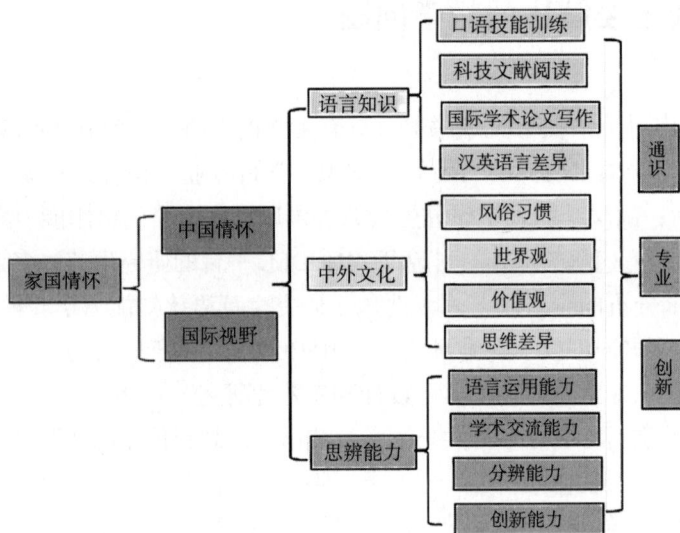

图1 家国情怀培养路径

2.2 特色"学科群"课程模块建构

为满足行业经济发展和综合类院校国际化人才培养需要，培养复合型、应用型、具有创新思维的国际化人才，本成果在夯实英语基础能力培养的同时，注入相关专业知识，做好以"化学纺织""机电计算机""艺术""经管"的四个特色"学科群"课程模块构建；在中国情怀与国际视野基础上，落实以"学科群"为特色的国际化人才培养。

基于家国情怀及校本特色"学科群"建构培养理念，在课程体系设计上遵循通德通识、分类卓越原则。有利于中国情怀的培养、国际视野开拓的课程模块（通德通识）："中教＋外教"口语技能专项训练、中英语言文化对比、中国经典英译等。有利于国际学术交流能力培养的"学科群"实践模块（分类卓越）：国际贸易（双语）、科技英语、服装艺术英语、化学与化工英语、模拟国际会议、国际学术论文写作工作坊、研究生口语竞赛、全国大学生英语竞赛等。通过"中教＋外教"的配合，跨学院教学团队的组建，跨学科平台的搭建共享、有效保证了家国情怀与国际视野、通识性与学科性的"通德通识"课程体系特色。

2.3 "以学生为中心" 分级分类课程体系

针对行业需求、特色"学科群"、学生不同诉求的多元化需求，共同构建"学、研、评"一体化的网络资源共享平台，创新线上线下、课内课外相结合的课程教学模式，实施"234"研究生英语立体化课程体系（图2）。

"2"是指基于研究生分类培养的理念，对于学术硕士和专业硕士研究生的课程教学各有侧重。专业硕士研究生的课堂教学以职业英语课程（EOP课程）为组织框架，与学术硕士研究生课程相比学时较少，突显实践型、应用型特点。学术硕士研究生的课堂教学是教学重心，以学术英语课程（EAP课程）为组织框架，占用较多学时，体现理论型特点。

"3"是指建立"课堂（课内）＋实践（课外）＋网络"的多元化英语应用能力实践体系。"课堂""实践""网络"三个环节相互关联，共同构成研究生英语必修学时的教学框架，改变了传统教学仅限于"课堂"环节的单一性。

"4" 是指基于《研究生英语课程要求》和特色"学科群"的课程模块，开设四个课程模块："化学纺织""机电计算机""艺术""经管"。

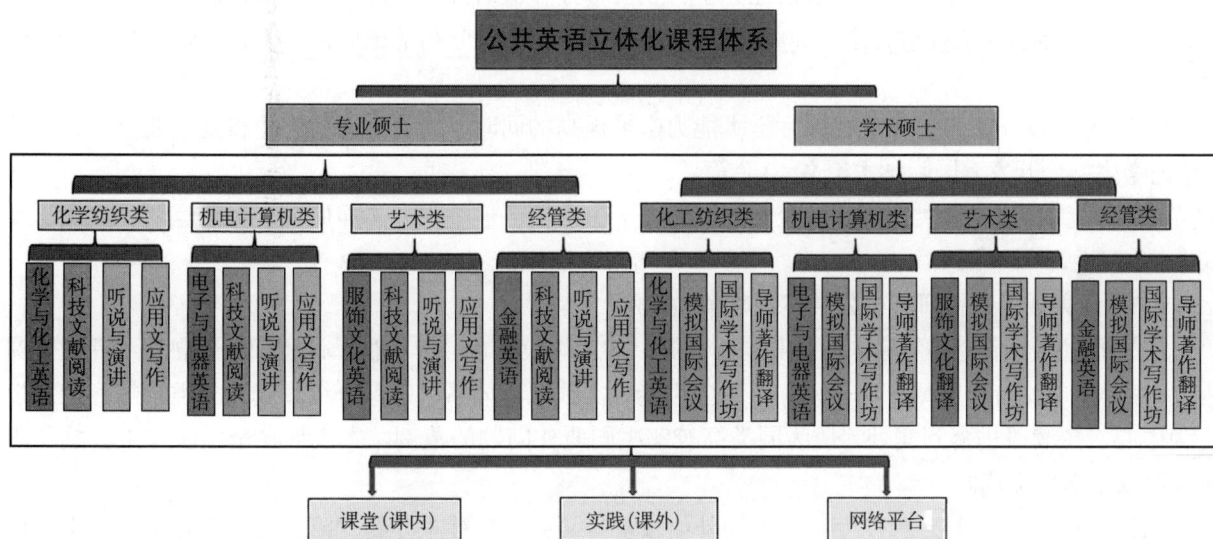

图2 研究生公共英语"234"立体化课程体系

3 成果的创新点

3.1 教学理念创新

通过回溯综合类院校的研究生国际学术交流能力这一中心，分析其学科性、通识性特征，提出国际学术交流能力的家国情怀和国际视野的"通德通识"理念。嵌入中国传统文化特色内容，更聚焦提高其英语表达中国文化的能力，以此为基构建课程体系，建立起家国情怀和国家认同。

3.2 教学模式创新

以英语为底色、以校本"学科群"为特色，构建"化学纺织""机电计算机""艺术""经管"四个特色英语课程模块。"学科群"教学模式的成效在于其方法上的守正创新，效果上的错位发展。以英语为底色，嵌入化学纺织、机电计算机、艺术、经管学科及中国文化内容，有效确立了研究生英语公共英语的课程教学模式优势，以学生为中心，分段卓越、分类卓越全方位育人。

3.3 评价考核创新

创建了以多元化需求为导向的多维评价体系，编制了多种有效量表。在教学绩效评估上，针对各个级别、各个模块课程制定了能力测试量表，增补学生参与老师著作或作品翻译，有效地提升学生的英语运用能力。

4 成果的推广应用情况

4.1 研究成果全面推进学校教学改革

成果立项并完成了6个省级教育教学改革项目、10多个校级教学研究项目，获得多项省级及纺织协会教学成果奖，发表10余篇相关学术论文，出版过研究生口语强化训练课程教材《研究生英语综合能力提升课程》（2011年）、中国情怀专著《我眼中的中国》（2017年）、*Proceedings of 2015 International Symposium——College Foreign Languages Education Reform and Innovation*（2015年）、《课程思政研究论文集》（2020年），即将出版《研究生学术英语听说教程》（2021年）、《研究生学术英语读写教程》（2021年）等多部文集。相关成果不仅有效推动了研究生公共英语课程改革，成果还辐射到国际学院、伯明翰学院的课程体系实践中。其中，立足中国放眼世界的"家国情怀""学科群"特色课程模块建构等由学院层面走向学校示范，形成了全校推广态势。

4.2 研究生国际学术交流能力培养成效显著

（1）模拟国际学术会议。我校已经分学科成功举办3次研究生国际学术会议，邀请来自不同学科的各院校知名学者交流探讨，全校2000余人次研究生参与相关学科的国际前沿知识讨论，分享自己的学术论文。

（2）项目实施以来，学生在国际学术能力水平提高的同时，专业创新能力也得到了明显提升，近5年内学生共公开发表国际学术论文40余篇。

（3）研究生参与各类竞赛累计获奖500余人次。本校已连续举办7届研究生英语竞赛，获奖学生100余人。

4.3 成果成为高校研究生公共英语改革的范例

成果通过培养研究生的家国情怀和国际视野，构建本校特色"学科群"课程模块，融通"课堂（课内）+实践（课外）+网络"的多元化英语应用能力实践课程体系，确保分级卓越和分类卓越，使以学生为中心、持续改进落到实处，成为同类高校解决同质化问题的范例。本成果在全国研究生公共英语专业会议上多次交流。

周丹、华敏等教师于2017年5月参加外语教学与研究出版社主办的"第三届北京外国语大学写作开放课堂暨教学研讨会""首届'创新外语教育在中国'国际论坛""第二届国际生态语言学研讨会""研究生学科分类建设与改革"等学术研讨会，与会教师就我校研究生公共英语课从因材施教、分类培养的教学改革与发展实践进行了推介与交流，获得了与会专家的广泛认同。课程体系及改革措施具备可复制性，已被多所学校借鉴应用。

"新工科"理念下服装设计与工程专业特色建设的创新与实践

天津工业大学

完成人及简况

姓名	性别	所在单位	党政职务	专业技术职称
王晓云	女	天津工业大学	服装设计与工程系主任	教授
何釜	女	天津工业大学	无	副教授
马大力	男	天津工业大学	无	教授
刘利	女	天津工业大学	无	副教授
杨秀丽	女	天津工业大学	服工党支部宣传委员	讲师
蒋蕾	女	天津工业大学	无	讲师
景晓宁	女	天津工业大学	无	讲师
李晓志	女	天津工业大学	无	讲师

1　成果简介及主要解决的教学问题

1.1　成果简介

专业建设是提高本科教育质量，培养一流人才的"四梁八柱"。本成果依托学校"服装设计与工程专业综合改革研究"重点项目研究，以新工科和 OBE 为教育理念，进行服装设计与工程专业建设创新与实践，取得了系列成果。

1.1.1　确立人才培养新定位

确立"以优势培育特色，以特色凝炼优势"的专业建设特色，设计理论体现"服装智能+艺术时尚"，工艺实践体现"智能制造+创新创意"，培养具有多学科交叉知识、创新精神、创意设计和国际视野的服装工程领域高端人才。

1.1.2　创建多层次课程体系

构建"3D 纸样系统、服装生产线虚拟仿真、虚拟展示、服装电商、网络营销"数字化课程体系；完善"服装智能制造—非遗文化传承—时尚创意设计"学科交叉的教学内容；将智能可穿戴装置和服装工艺创新成果引入教学实践；实现多层次、立体化人才培养新体系。

1.1.3　建立人才培养新模式

以立德树人为目标，以提升学生工程能力为核心，对标行业、区域经济发展，构建"课程思政引领—课程模块构建—艺工结合训练—智能制造创新—设计成果评价"系统化的培养新模式。

1.2　主要解决的教学问题

（1）解决了课程体系、培养模式与行业经济发展要求存在差距的问题。

（2）解决了实践教学中新型智能制造实训条件不足的难题。

2 成果解决教学问题的方法

2.1 依据目标定位，优化培养方案

开展服装行业经济发展需求调研分析和专家论证，对标国际工程教育新特点，对接国家新战略，构建服装结构设计与 CAD 应用、服装材料应用与开发研究、服装工艺与生产管理、功能性与智能服装、服装商贸与时尚传播、服装外语应用与双语授课六个课程模块，重塑知识、能力和素质目标，推动优势特色专业建设。

2.2 依据建设规划，明确实施路径

以"课题式"教学实现内容的针对性和合理化，以"开放式"教学实现对新问题、新领域的探究和发现，以"网络化"教学实现对教学资源的充分利用和对学生主动性的激发，以"融合式"落实课程思政教学目标。深化产教融合，优化育人资源，落实"行业指导、校企合作、分类实施、形式多样"的专业指导思想，充分达成课程的目标性、可行性和有效性。

2.3 强化科教融合，解决教学难题

以立德树人为根本，以强化工程能力、实践能力和创新能力为核心。结合"智能可穿戴"装置研究与开发应用、传统服装工艺研究与创新应用、服装"非遗"教学研究与实践课题研究，推进创新创业实践、专业竞赛、毕业设计实题化"三位一体"应用型教学体系建设。通过建设国家级工程实践教育中心、校外实践教学基地、服装智能制造虚拟仿真实验室等解决实践教学中新型智能制造实训条件不足的难题。

2.4 整合多方资源，落实育人目标

全方位整合校企资源，优化知识结构。通过横向科研、联合建课、开发实践基地，拓宽师生视野，实现双向交流和资源共享；创新学术成果转化机制，推动师生科研和学生创新创业成果转化，提高人才培养质量。

3 成果的创新点

3.1 突出专业特色

拓展专业内涵，丰富教学资源，明确对标行业，凸显艺工交叉、学创融合的专业特色优势和个性化人才培养的建设思路；确立项目化、实操化、创新化的建设路径；突出特色人才培养，建立多层次、立体化人才培养体系，推动教学质量、效率双提升。

3.2 创新培养模式

改变了重成果轻应用的积习，立足于工作的创新与实践，在不断地推广、应用和提高、凝练中检验成果，形成成果，创新成果，进而在新的应用中取得进展和收获；将 OBE 理念融入服装、面料时尚创意设计人才培养过程，形成以提升学生能力为核心的"服装智能制造—非遗文化传承—时尚创意设计"教学新模式，体现具有现代工程教育特点、专业知识能力与时尚创意实践相结合的复合型人才培养特色。

3.3 创新教学方法

利用线上线下课程融合、虚拟实验室建设、网络课程创新形成教学方法数字化转型，树立专业互通资源共享的新思维、新做法，将现代化的新技术、新工艺、新观念引入专业建设中，实现优势互补，创新提高。

4 成果的推广应用情况

成果应用本着以培养复合型创新服装人才为目标，所建立的实训课程网络教学平台已经从 2015 年的实验班（20 人）开始试用，推广应用到整个服装专业。建立从工作室—实验班—服装企业（校外生产实习基地）的多层次实践教学平台，为学生提供更多的与现代服装智能生产技术同步的技能训练内容，

扩充教学资源并提升社会化的开放教育功能。利用网络教学平台，积极使课堂向企业延伸，调动学生学习的主观能动性，使之适应产业需要，学以致用，提高教学质量，培养学生的研究创新能力、工程实践能力等，学生的综合素质得到兄弟院校及相关企业的好评。

4.1 人才培养成效显著

4.1.1 学生就业显著趋向服装领军企业

本专业 2020 届毕业生（87 人）有半数以上就业于海澜集团有限公司、波司登集团、浙江森马服饰有限公司、杉杉集团、红豆集团等服装行业领军企业，从事服装产品设计开发、生产工艺设计、跟单及相关企业管理、品牌管理等工作。考研率从 7.5% 提升至 16.1%，近三年平均就业率达到 96.7%。

4.1.2 学生设计实践能力明显提高

五年来学生参加各类学科竞赛，如"红绿蓝杯"全国高校纺织品设计、中国国际创意面料设计、"互联网 +"大学生创新创业大赛、中国纺织类高校大学生创意创新创业大赛、"WTTDC 智汇纺织设计大赛""唯尔佳"优秀新产品设计大赛、织品创意设计大赛、全国大学生"纺织类非物质文化遗产"创意创新作品大赛、全国应用型人才综合技能大赛"匠心·青春梦"服装设计创新创意大赛等。百余人次获得行业大赛奖项，多名教师获得最佳指导教师奖，在参赛院校中成绩显著。

4.1.3 学生科学研究能力显著提升

五年来学生参加各类大学生创新发明及科学研究项目，如"服装个性化网络定制生产制造模式研究"获得中国服装协会授予的科学进步贡献奖，"智能乳腺健康监测内衣关键技术的研究"等国家级大学生创新创业训练计划项目、天津市大学生创业大赛、"纺织之光"中国纺织工业联合会学生奖、中国纺织类高校大学生创意创新创业大赛等，有 30 余人次获得奖项。本科学生发表研究论文 20 余篇。

4.1.4 学生工程实践能力显著提升

近年来，学生主动在节假日期间参加各类实习实训、工程实践活动大幅增加，由于学生工程实践能力的不断提升，本专业大三、大四的学生参加工程实践的兴趣和积极性明显提高，学生的服装工程实践能力、解决复杂的工程问题的能力得到了天津应大服饰有限公司、饭岛服饰（天津）有限公司等的一致好评。学生参加国家级大学生创新创业项目，如"基于精准量体的服装全供应链智能链开发""智能呼吸背心的关键技术研发""互联网 +"大学生创新创业大赛、"全国应用型人才综合技能大赛"等取得了优异的成绩。

4.2 成果示范效应显著

4.2.1 在线课程推广与应用

从实验班取得的教学经验和实践成果已经在普通班教学中得到推广，并发挥了积极作用，课程质量和教学效果都得到了提升。教师将研究成果应用于教改课题、指导毕业设计及大创课题、教材编写和课件编制等工作中，使工作质量和教学水平得到了显著提高。《服装概论》教材已有多家兄弟院校使用，并联合德州学院制作成了在线课程，有 200 余名学生选课。基于"互联网 +"创新创业教育的"服装导论"课程教学创新与实践项目获得了纺织工业联合会教学成果二等奖。

4.2.2 专业建设和人才培养持续改进

人才培养方案及全部课程教学大纲已经在本专业及服工全英文授课专业应用，收到良好教学效果。修订 2019 级培养方案被河北科技大学、内蒙古工业大学、德州学院等院校借鉴。有关研究成果在社会服务方面产生了良好效果，为企业提供的方案、分析报告等均受到了好评，也为实训基地的建设奠定了基础。

4.2.3 教材及课件推广使用效果良好

教材及课件推广至兄弟院校服装设计与工程专业使用，受到一致好评，有 2 部教材获得部委级优秀教材奖，另有 2 部教材已经第 4 版印刷。其中双语课件也分别在巴基斯坦教师培训班和印度生产管理人员培训班中推广应用。

"新工科"背景下"针织学"一流课程的改革与实践

天津工业大学

完成人及简况

姓名	性别	所在单位	党政职务	专业技术职称
李津	女	天津工业大学	无	教授
杨昆	男	天津工业大学	针织系主任	副教授
刘丽妍	女	天津工业大学	无	副教授
陈莉	女	天津工业大学	无	副教授
李娜娜	女	天津工业大学	无	教授
齐业雄	男	天津工业大学	无	讲师
吴利伟	男	天津工业大学	无	副教授
匡丽赟	女	天津工业大学	无	讲师

1 成果简介及主要解决的教学问题

1.1 成果简介

"新工科"是我国工程教育主动适应新一轮科技革命和产业变革，培养创新型卓越工程人才的重要途径，是高校内涵建设的重要举措。课程是落实人才培养的核心要素，是体现教育理念、实现培养目标、提高培养质量的"最后一公里"。打造"一流课程"无疑是新工科建设和提高人才培养质量的关键所在。

"针织学"是我国纺织工程专业核心课程，为我国纺织行业特别是针织行业人才培养发挥了重要作用。团队以"针织学"国家级精品资源共享课为基础，依托《面向新经济"现代纺织工程+"领军人才培养的研究与实践》等教育部及天津市新工科教改项目，面向纺织产业发展和人才需求，围绕课程建设的重点难点，以"重塑课程目标、重构课程内容、重整课程资源、重建教学模式"开展课程改革与实践，取得显著成效。

1.1.1 重塑课程目标

坚持立德树人，体现 OBE 理念和新工科人才需要，将针织领域的知识学习、能力培养、创新实践和素质养成相结合，形成了涵盖课程多重价值，体现"两性一度"内涵的课程新目标。

1.1.2 重构课程内容

跟踪行业发展，对接新工科人才培养需要，将针织行业新发展、产业新技术、专业新知识、实践新能力系统融入教学内容，注重"工、艺"结合，思政融入，构建了以针织原理为基础、针织产品设计与工艺实现为主线，横向覆盖针织产业链、纵向覆盖针织产品链，融价值引领为一体的课程新内容。

1.1.3 重整课程资源

根据行业科技发展和教学改革的要求不断完善教学资源，主编出版规划教材，完善课程网站，优化实践平台，整合形成支撑课程目标达成与教学模式创新的课程新资源。

1.1.4 重建教学模式

结合"线上、线下相结合，延伸教学时间和空间；课内、课外相衔接，提升学习效果"的课程特点，形成了"目标定学、线下导学、线上自学、资源扩学、互动促学"的教学新方法；形成了对接课程目标、全过程多维度课程评价及持续改进的课程评价新体系。

2020年"针织学"课程被认定为国家级一流本科课程，有力支撑了纺织工程的国家一流专业建设和纺织学科"双一流"建设。

1.2 主要解决的教学问题

（1）重塑课程目标、重构课程内容，解决人才培养与需求对接的问题。

（2）重整课程资源、重建课程模式，解决持续提高课程教学效果教学效率及强化学生工程能力和创新能力培养的问题。

（3）落实对学生爱岗敬业、协作创新、工匠精神、担当意识的培养，解决课程价值引领、思政融入的问题。

2 成果解决教学问题的方法

2.1 研究先导、做好建设规划

自2017年起，团队依托教育部首批新工科研究与实践项目和2项天津市新工科教改项目，深刻理解"新工科"内涵，更新教学理念，围绕人才需求，分析针织学课程建设现状和存在的问题，明确了"重塑目标、重构内容、重整资源、重建模式"的课程持续建设和改革思路，按照一流课程标准，"两性一度"要求，围绕课程建设的"理念—目标—内容—资源—实施—考核—成效—改进"做好课程建设规划。

2.2 多元融合、重塑课程目标

一流课程要在课程目标上体现一流特性，要有丰富内涵。据此，将针织学课程定位为知识学习、能力培养、创新实践和价值引领相结合的专业核心课，结合新工科教学改革与实践，跟踪行业发展及对人才的需求，结合办学定位、学生特点及未来职业发展，支撑毕业要求，确定了课程目标。

2.3 对接目标、重构课程内容

一流课程的内容要体现科学性、系统性、先进性。在体系上，将原注重针织原理及工艺的教学内容向针织产品设计与数字化织造方向拓展和延伸，注重"工、艺"结合；在内容上，不断将针织产品设计的新知识、三维立体编织的新结构、全成形产品的新工艺、数字化设备的新技术，系统及时地融入教学内容。依托学校"针织学"课程思政教改项目，挖掘和融入思政元素，坚持知识传授、能力培养与价值引领相结合，实现课程内容的重构。

2.4 拓展完善、重整课程资源

课程资源是支撑教学内容实施和课程目标达成的重要载体。在《针织学》教材基础上，根据行业科技发展和教学改革需要，主编出版国家级规划教材《针织物组织与产品设计》，支撑了教学内容的拓展和延伸；主编出版部委级规划教材《针织学（双语）》，支撑了学生专业国际交流能力的提升。对课程网站持续建设和完善，网站不仅有教学课件、教学录像、演示文稿、习题、试卷等资源，还有在线测试、在线答疑、织物图库、专业词汇库等功能，有效支撑了课内外教学有机结合和拓展。以实际工程为背景，以自主开发结合引进构建了小型化、数字化实践平台，实现了针织产品设计从原料到产品的能力训练，为学生工程实践能力和创新能力培养提供了重要支撑。

2.5 提升效果、重建教学模式

教学方法和课程质量评价是教学模式建设的重要内容。结合课程需要，以"线上线下结合，课内课外衔接"，开展混合式教学。线下采用启发式、问题式等教学方法，线上以"教师导学、学生自学、互动促学"等方式，并利用"学习通"等工具强化互动，引导学生主动思辨、创新；实践教学中，织物性能评价、结构分析、工艺设计等基础实验独立完成，产品设计等综合性实验团队合作完成，课外创新实践采用项目制与赛事结合等，新的教学方法提高了教学效果和教学效率。依据 OBE 理念，将线上线下互动情况、课内外学习成果、素质测评及能力评价等融入考核内容，过程性评价与终结性评价有机结合，基于产出对课程目标及相关毕业要求的达成度进行评价，并通过反思和持续改进不断提高教学质量。

3 成果的创新点

3.1 课程内容

跟踪行业发展，对接新工科人才需求，将原教学内容向产品设计与数字化织造方向拓展和延伸；将针织产品设计的新知识、三维立体编织的新结构、全成形产品的新工艺、数字化设备的新技术，系统及时地融入教学内容；重视"工、艺"融合、思政融入。构建了以针织原理为基础、针织产品设计与工艺实现为主线，横向覆盖针织产业链，纵向覆盖针织产品链，融知识学习、能力培养、创新实践和价值引领为一体的课程内容体系。

3.2 教学资源

根据教学改革需要持续建设，形成了"精品教材 + 课程教学"的网站，支撑教学内容拓展及学生线上线下学习的教学资源；以实践工程为背景，构建优化了以小型化、数字化、工程化为特色的，实现从纺织原料选用到产品的全过程工程训练实践教学平台。拓展形成支撑课程目标达成与教学模式创新的课程新资源。

3.3 教学模式

结合课程特点，以提高教学效果为目标，更新教学方法。采用启发式、问题式等教学方式，鼓励学生课上"思辨、分析、创新"，课下"自学、反思、综合"；在实践教学中，课内采取同步实践教学模式，课外与创新赛事结合，采用项目制教学。形成了"目标定学、线上自学、线下导学、资源扩学、互动促学"为特点的、线上线下相结合，课内课外相衔接的课程教学新模式。

4 成果的推广应用情况

4.1 人才培养质量显著提高

重新构建的"针织学"课程已在本校连续应用 3 届，优化的教学内容和丰富的教学资源为学生奠定了扎实的专业基础，多样化的教学模式激发了学生学习兴趣，学生解决复杂工程问题能力、实践与创新能力以及责任担当意识显著提升。近年学生完成国家级和省部级大创项目 8 项，在省部级及以上学科竞赛中获奖 60 余项，部分获奖作品被企业借鉴或采纳。毕业生得到用人单位的一致好评。

4.2 课程建设水平明显提升

重新构建的"针织学"课程对接了行业发展对人才培养需要，体现了新工科的内涵和一流课程"两性一度"的要求，课程建设质量和水平得到师生、专家的广泛赞誉，2020 年被认定为首批国家级一流课程。成果对学校纺织工程国家级"一流专业"和纺织学科"双一流"建设起到了重要的支撑作用。

4.3 教学资源实现共享

经过多年持续的更新和完善，实现了课程教学课件、教学录像、演示文稿、习题、试卷、在线测试、在线答疑、织物图库、专业词汇库的全部上网，资源不仅为本校师生的教与学提供了支撑，同时也为相关院校如南通大学、内蒙古工业大学相关专业师生的教与学以及相关企业的培训起到了重要的作用。围绕纺织工程专业人才培养，更新教学内容，将新知识、新技术融入专业教学，并体现在教材中。近年主编出版的多部针织系列教材和参考书，在纺织类相关院校和企业被广泛使用，并受到好评，教学资源作为教学的载体，在实现人才培养目标，指导教学，支撑企业培训等方面发挥了重要作用。

4.4　示范推广作用突显

"针织学"课程建设思路、实现路径、教学模式已被校内外相关课程借鉴，成果为一流课程的建设提供了范例；构建的"小型化、数字化、工程化、系列化"支撑实践与创新的实验平台和实验教学体系，以及"虚实结合、以虚辅实"纺织实践体系建设的理念，得到相关院校的认同和赞许。承担的国家级和省部级新工科教学改革项目不仅在结题时获评优秀，作为优秀案例，其成果和实施经验多次在全国新工科建设相关交流会、天津市高校及中国纺织服装教育学会等经验交流会上作典型发言，得到与会学者专家和老师的一致认可与好评。

服装类虚拟仿真实验教学"五度三型"
保障体系建设的探索与实践

大连工业大学

完成人及简况

姓名	性别	所在单位	党政职务	专业技术职称
肖剑	女	大连工业大学	副院长	副教授
潘力	女	大连工业大学	国家实验示范中心主任	教授
王军	女	大连工业大学	副院长	副教授
苗术君	女	大连工业大学	国家实验示范中心副主任	讲师
李茉茹	女	大连工业大学	无	工程师
穆芸	女	大连工业大学	系主任	副教授
刘艳国	男	大连工业大学	无	讲师

1 成果简介及主要解决的教学问题

本成果以服装类虚拟仿真实验教学时运行需求为导向，依托大连工业大学服装设计与工程国家级实验教学示范中心、辽宁省虚拟仿真实验教学中心，国家级虚拟仿真一流金课，深入开展虚拟仿真实验教学保障体系建设，推进现代信息管理技术与实验教学项目深度融合，拓展实验教学内容的广度和深度，延伸实验教学时间和空间，提升教学质量和水平。

保障体系以学生为中心，树立具备"创新度、协调度、持续度、开放度、共享度"的虚拟仿真实验教学发展新理念；以培养目标为主线，坚持"虚实结合，能实不虚，互为补充，多方协同"的虚拟仿真实验教学项目建设原则；以培养学生解决复杂问题的综合能力和高级思维为出发点，以加强知识能力素质的有机融合为前提；为提高教学内容前沿性和时代性，增强教学形式先进性和互动性，构建起虚拟仿真实验与实操性实验相融合，线上实验和线下实验相融合，校内实践和校外实践相融合的"五度三型"虚拟仿真实验教学保障体系。

通过该体系，可有效保障服装类虚拟仿真教学项目的全方位顺利开展，基于5G时代的信息快速传递，通过先进的智能管理、立体的联动机制，使虚拟仿真、实操实践、线上线下形成自身可持续发展的绿色生态有机教学链，从而提高学生综合能力，最终实现人才培养目标（图1）。

2 成果解决教学问题的方法

2.1 提出先进理念，集成课程模块，保障虚拟实验教学创新度

顶层统筹规划，自主设计与引进相结合，现已拥有9项虚拟仿真实验自主知识产权，内容涵盖30多门课程，可进行80多项实验；其中"智能化西装定制虚拟仿真教学实验"获评2020年度国家级一流本科课程、"服装终端卖场陈列设计虚拟仿真实验"获评2020年度辽宁省一流本科课程。同时拓展校外孵化平台，确保各类型创新项目的开展与实践。

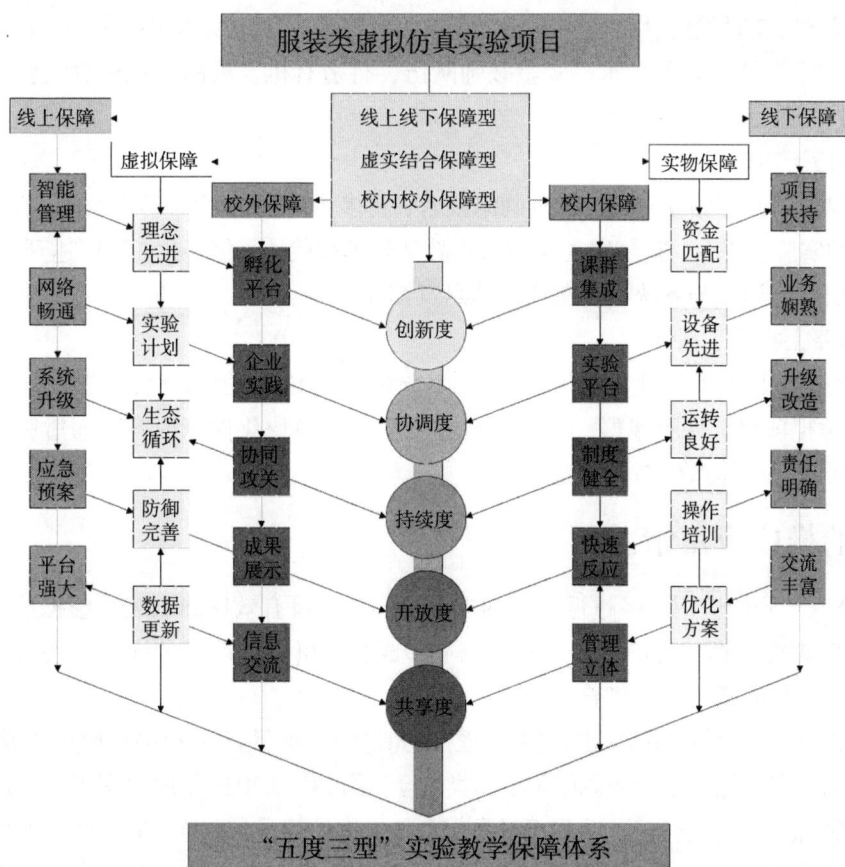

图 1 "五度三型"实验教学保障体系

2.2 梳理教学方法,协同校内校外,保障虚拟实验教学协调度

学生首先通过线上学习知识点,完成虚拟仿真实验;随后进入校内实验室完成部分实操环节;最后进入校外现代化企业,通过项目实习参与实践,加深理解。教师通过线上学习讨论、线下交流实践,完成线上到线下、虚拟到现实、校内到校外的闭环式实验教学全过程。

2.3 健全运行机制,校企协同攻关,保障虚拟实验教学持续度

加强与现代化企业进行深度合作,通过企业先进设计手段和研发服务能力,对项目及时进行优化升级;组建培养业务能力强的实验团队,实现垂直管理,健全制度,校、院、中心、基地、平台五级联动,逐步促使虚拟实验形成自身可持续发展的绿色生态有机教学链。

2.4 拓宽成果展示,完善防御体系,保障虚拟实验教学开放度

利用先进信息技术,拓宽成果展示方式,平台设计创意新颖,充分运用学科交叉的方法,遵从国际标准及工业标准,系统具有高度的开放性与兼容性。重视网络安全问题,设置应急预案,增强防御措施,监督信息发布;实验室加强安全检查,责任明确。

2.5 加强互动交流,优化组合方案,保障虚拟实验教学共享度

虚实结合的共享方式,提高数据更新频率,兼顾信息"请进来、走出去",加强院校、行业互访互动,通过信息优化组合,健全评价机制。提高教学成果的示范型、引领性、服务性。

3 成果的创新点

3.1 建设理念上实现了创新

遵循教育部"创新、协调、绿色、开放、共享"新发展理念,不再局限于传统的实验室管理方法,

而将保障体系建立在 5G 时代信息高速传递的新环境，依托于国家级实验示范中心等优质平台，借助润尼尔等公司先进技术支持，培养高水平实验教师队伍，打造有机发展的虚拟仿真实验教学项目生态保障体系。

3.2　管理手段上实现了创新

充分利用云计算、云存储等先进计算机网络技术，将多个虚拟仿真实验项目通过服务器互联互通，构建开放、互动的实验云平台，充分实现虚拟仿真教学管理智能化、信息化，真正达到资源优化与共享，极大提高了教学资源利用率与系统执行速率，信息反馈及时。

3.3　发展思路上实现了创新

保障体系研究紧密围绕为"教学内容多元化、实验过程自主化、能力评价科学化、教学辅助智能化"的服务展开，从虚拟项目、课程集群、实验平台等维度构建模块化保障内容，通过服务信息数据的搜集与分析，最终形成保障体系生态化发展。

4　成果的推广应用情况

本成果自 2016 年开始应用，经过近 5 年的建设与实践，可有效保障服装类虚拟仿真教学项目的全方位顺利开展，使虚拟仿真、实操实践、线上线下形成自身可持续发展的绿色生态有机教学链，从而提高学生综合能力，最终实现人才培养目标。

项目负责人肖剑的"服装终端卖场陈列设计虚拟仿真实验"项目获评 2020 年度辽宁省一流本科课程。项目组成员潘力的"智能化西装定制虚拟仿真教学实验"项目获得 2020 年度国家级一流课程。截至目前，"智能化西装定制虚拟仿真教学实验"项目已达到 19000 人次访问量，2500 人完成线上实验，并通过考试。"五度三型"虚拟实验保障体系充分满足了服装专业教学与服装产业链、企业实际相对接的需求，优化服装专业实践教学体系建设，极大地提高了学生参与实践教学的兴趣，确保了实践教学的质量和效果。

成果的推广与深入实施将进一步优化服装专业虚拟仿真实践教学模式与实践教学体系构建，提高服装专业应用型人才培养质量与内涵，必将为服装行业的转型升级提供更加优秀的高规格应用型专业人才，进一步实现高等教育对区域经济社会发展的服务、支撑与引领作用。

"新工科"背景下体验沉浸式商科创新实践体系的构建与实施

天津工业大学

完成人及简况

姓名	性别	所在单位	党政职务	专业技术职称
孙永利	男	天津工业大学	实验中心执行主任	实验师
齐庆祝	男	天津工业大学	示范中心主任、党委书记	教授
李娅	女	天津工业大学	无	讲师
沈小秀	女	天津工业大学	无	讲师
王文涛	女	天津工业大学	工程教学实习训练中心副主任	副教授
王浩程	女	天津工业大学	无	教授
刘荣娟	女	天津工业大学	教务处实践教学管理科科长	讲师
李琳	男	天津工业大学	无	工程师

1 成果简介及主要解决的教学问题

1.1 成果简介

"新工科"教育改革背景下,高校需培养更多具有动手能力、实践能力的创新型人才,适应科技、社会进步对人才的新需要,也对高校商科创新型人才培养的教学理念、教学模式、课堂组织、教学内容等都提出跨学科跨专业交叉融合的新要求。

2006年开始,本成果申报团队提出探索工科院校中商科创新型人才问题。依托现代教育理论和教育技术,经过15年不断实践,本成果在不断深刻理解"新工科"教学变革的基础上,坚持以学生成长为中心,整合多学科资源,以商科类专业教学计划为统领,学生课外学科竞赛实践为辅助,设计搭建创新实验室,组建仿照公司制并运营 MECLUB 实践俱乐部,遴选系列竞赛项目,应用行动学习教学法,实现教师和学生角色的双转变,创出"赛中学,学中做,做中研,研中悟"的教学模式,最终形成新工科背景下体验沉浸式商科创新实践体系,该体系现已成为我校商科专业教学和创新创业教育体系中重要组成部分(图1)。

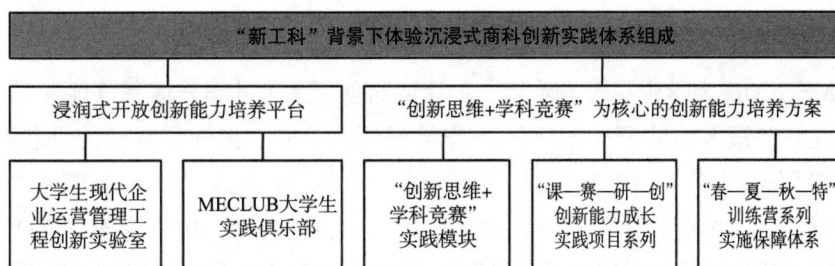

图1 "新工科"背景下体验沉浸式商科创新实践体系组成

2020年，在该成果基础上，我校开设工商管理专业（商业思维与创新方向）微专业。本成果探索了天工大"新工科"背景下商科创新型人才培养新模式，引起国内院校同行的关注，产生了引领和示范作用。

1.2 主要解决的教学问题

（1）解决以学生为中心，商科专业大学生的专业实践能力、创新实践能力的培养问题，满足适应社会和企业人才的新需求。

（2）解决学科竞赛与商科专业教学的有机融合问题，满足包括工科专业学生的个性化学习和创新实践能力提升的需要。

（3）解决传统学科竞赛以获奖名次为目标的问题，使学生的创新能力和综合素质得到全面提升。

（4）解决了通过"教学相长"，组建跨部门、跨专业教学团队的问题，经过历时15年真抓实干，吸引许多资深教授和年轻博士教师主动加入项目团队，现已形成由12名一线教学骨干教师组成的、稳定的教学团队。

经过15年辛勤探索和埋头实干，天津工业大学的商科创新人才培养实现了两个转变，教师的教学从重"知识传授"向"引导赋能、互动探究"转变，学生的学习从"片面追求获奖功利"向"发现自我、学习增效"转变，在学生中培养"动眼观察、动耳倾听、动手记录、动口交流、动心领悟"的创新能力自我发展习惯，已有包括工科专业在内6500余名（其中校内6100余名，校外400余名）学生从中受益。

2 成果解决教学问题的方法

2.1 创建面向全校各专业学生开放的"大学生现代企业运营管理工程创新实验室"

2007年3月，本成果申报人团队经过讨论论证，开始创建面向全校大学生开放的创新实验室，组织学生参加各类企业经营决策模拟类竞赛，通过组织"春训营""夏令营""秋训营"和"特训营"，实现学生的"赛中学"，借助复杂多变的竞赛模拟环境，教师引导学生自主学习更多的专业理论知识，培养学生创新思维和实践能力，该创新实验室已成为我校新工科背景下商科创新型人才培养的重要平台之一（图2）。

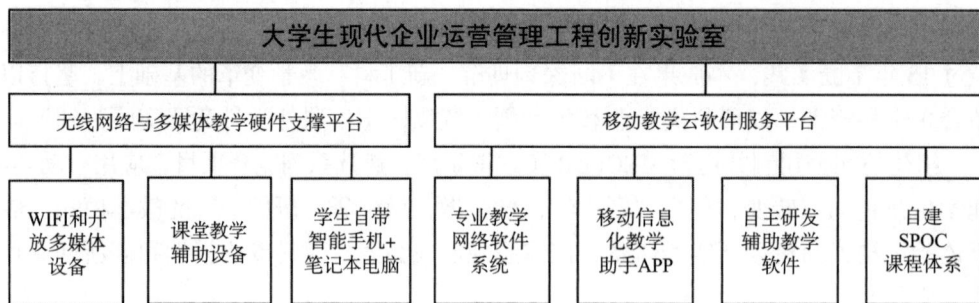

图2 大学生现代企业运营管理工程创新实验室

2.2 组建"MECLUB大学生实践俱乐部"，让商科创新型人才培养体系落地

2008年，本成果申报人团队开始组建仿照公司制并运营的"大学生自己的创新型学习组织——MECLUB大学生实践俱乐部"。MECLUB面向全校学生开放，下设有"沙盘模拟""企模决策""尖烽时刻""财务决策"和"创新发展"5个事业部，由学生自主管理，所有管理角色全部由学生担任，学生通过参与MECLUB的运营，实现"学中做"。在MECLUB中，学生们不仅参与学科竞赛，还将运用所学创新思维和商科专业知识，解决MECLUB俱乐部面临的管理和发展问题。通过十余年学生之间

朋辈传承和积累，MECLUB 俱乐部形成"责任、坚持、创新、敬畏、感恩"的俱乐部文化，MECLUB 俱乐部让"大学生现代企业运营管理工程创新实验室"拥有了灵魂，除教室、图书馆外，MECLUB 成为大学生喜爱的创新之家（图 3）。

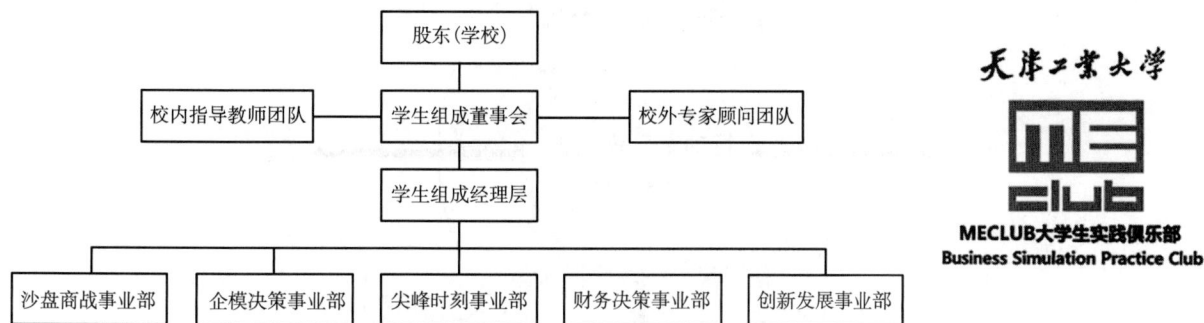

图 3　天津工业大学 MECLUB 大学生实践俱乐部组织结构图和 Logo

2.3　融合多专业主要教学内容，设计"创新思维＋学科竞赛"实践模块系列，形成我校商科专业"分层次模块化"实践教学体系组成部分

以商科类专业学生实践能力培养为核心，以新工科背景下企业管理业务情境为主线，遴选出国内外"沙盘模拟、企业竞争、尖峰时刻、财务决策、创业决策、互联网＋创新创业"6 项重大学科竞赛项目，将工科与商科专业融合，整合工商管理、会计学、财务管理、人力资源管理等专业主要课程内容，设计覆盖大一到大四学生的基于"创新思维＋学科竞赛"的创新创业实践模块系列（图 4），并按教学规范设计"课—赛—研—创"内容衔接的沉浸体验式创新能力成长实践项目系列（图 5），通过"秋训营"入门、"春训营"提升、"特训营"专训、"夏令营"真题实做实施落地（图 6），参与实践并考核合格的学生可获得学校教务处认可的实践学分。学生通过参与"创新思维＋学科竞赛"实践模块系列活动实现了"做中研，研中悟"。以商科类专业教学计划实施为统领，结合基于移动信息化教学方法和手段的应用，基于"创新思维＋学科竞赛"的实践模块系列已成为我校商科"分层次模块化"实验教学体系的重要组成部分（图 7），有效支持了我校"新工科"背景下商科类专业人才培养目标的达成。

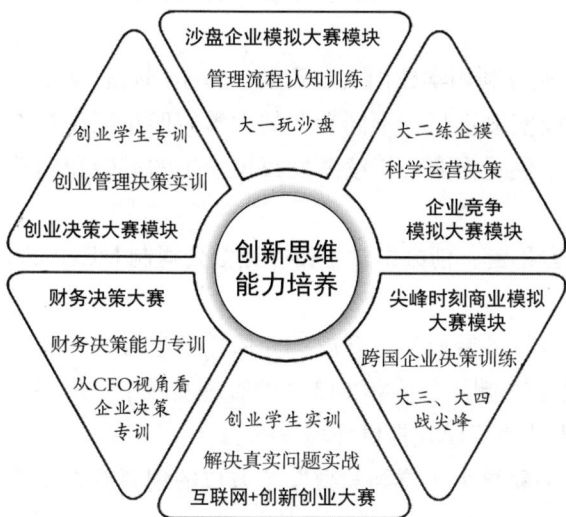

图 4　"创新思维＋学科竞赛"实践项目模块组成

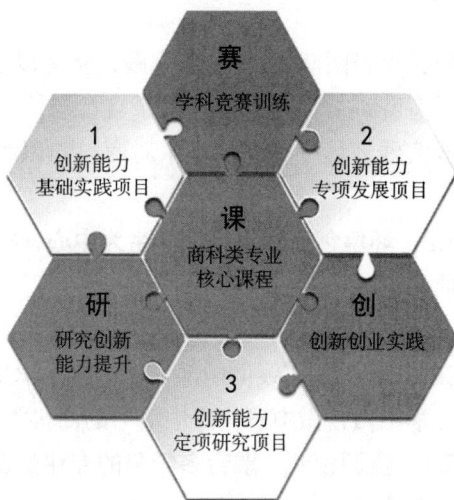

图 5　"课—赛—研—创"创新能力成长实践项目系列

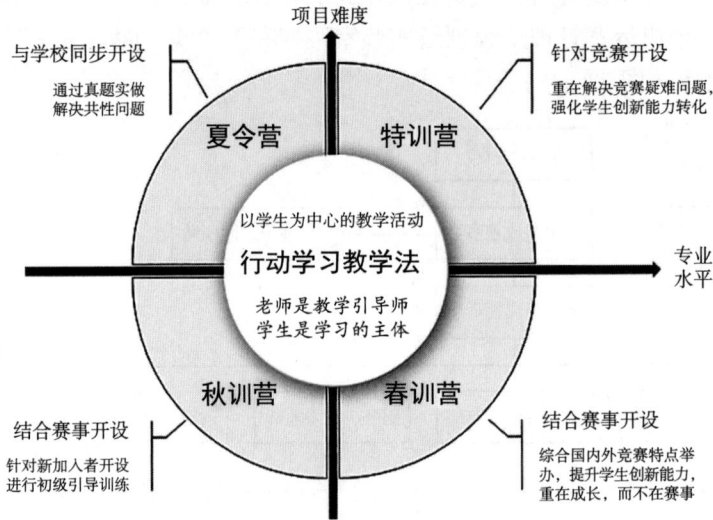

图6 "春、夏、秋、特"训练营系列实施体系

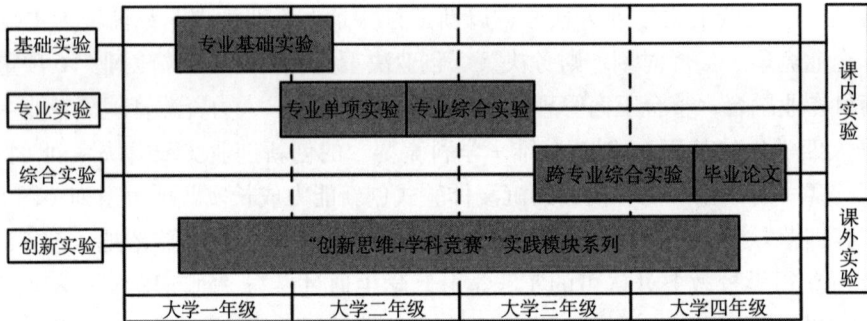

图7 我校商科类专业"分层次模块化"实验教学体系

3 成果的创新点

3.1 理念创新：创造性地提出 "赛中学，学中做，做中研，研中悟" 体验沉浸式创新人才培养理念

项目申报团队经过15年实践，坚持以学生为中心，充分利用学校内实践资源，基于创新思维培养和学科竞赛训练，开设出学生亲自参与体验的多层次创新实践项目，不同专业的大学生四年沉浸在校园商业实践环境中，满足学生对商科知识和能力学习的个性化需要，持续激发每位学生的潜能和创新能力。

3.2 环境创新：坚持以学生为中心，构建创新实验室平台，创办由学生自主运营公司制 MECLUB 实践俱乐部

"大学生现代企业运营管理工程创新实验室"面向全校各专业学生开放，并依托学生自主管理的"MECLUB 大学生实践俱乐部"而运行，学生将所学知识和技能应用到 MECLUB 的管理实践中，为"赛中学，学中做，做中研，研中悟"的商科类专业创新型人才培养模式提供环境支撑。

3.3 资源创新：融合多学科的专业资源，构建以"创新思维 + 学科竞赛"全方位的创新能力培养学习资源体系

根据大学生"好奇心强""好胜心强"的特点，整合工科和商科多学科专业知识，设计了由"基础训练""专项发展"和"定项研究"三个层次构成的"课—赛—研—创"内容衔接的沉浸体验式创

新思维＋学科竞赛实践模块系列，设计"秋训营"入门、"春训营"提升、"特训营"专训、"夏令营"真题实做四级实践教学体系，实现学生专业理论提升与创新能力发展的紧密结合。

3.4 机制创新：综合运用现代教学技术，教师与学生实现"引导赋能，发现增效"的角色双转变

运用现代脑科学研究成果和行动学习教学理论，凝炼形成适用于商科类专业教学的头脑风暴、团队共享、ORID、世界咖啡、复盘与萃取等构成的行动学习教学法。在教学过程中，教师与学生之间，形成互动探究的教与学机制，有效激发学生自主探究新知和解决复杂问题的能力。

4 成果的推广应用情况

4.1 相关竞赛项目获奖级别、数量及人次居天津高校首位，学生专业和创新能力显著增强

15年来，MECLUB俱乐部成员有610余人次获得国家级或省部级奖200余项，校内受益学生6100余人，校外受益学生400余人。截至2021年3月，MECLUB俱乐部成员连续9年蝉联天津沙盘大赛本科组第一名，并4次包揽本科组的两项一等奖，我校学生创造了天津高校在该项赛事的最高纪录；全国企业决策模拟赛中，MECLUB俱乐部成员连续6年打入全国总决赛并获得全国一等奖；在985和211院校高手云集的尖锋时刻全国商业模拟大赛中，MECLUB俱乐部的成员连续10年进入全国总决赛（1次获得一等奖，9次获得二等奖），在该赛事中，我校学生在天津各高校中，入围国赛及获奖数量均居天津之首；2017年，有2个MECLUB俱乐部学生团队，在教育部"互联网＋"创新创业大赛中分获天津市二等奖1项、三等奖2项。近年来，天工大学生获奖数量在天津市高校中保持绝对领先，学生们亲切称团队中孙永利老师为"超级奶爸"，他还被国内同行们称为"沙盘教父"。

4.2 毕业生的理想岗位就业、考研或创业成功率均高于一般学生

我校学生在入学后，可根据个人兴趣与特长，通过四年不间断参与沉浸式的开放实践，深感其专业理论知识和实践能力持续提升的重要性，"读书与研究"就成为其必然选择，课堂、图书馆和创新实验室（MECLUB）成为学生最喜欢的地方，知识和实践技能转变了学生的人生。十余年来，MECLUB俱乐部成员毕业后，无论是考研、就业还是创业都表现突出，还有许多"学困"学生因为参与本项目而顺利毕业。每年都有多名MECLUB俱乐部成员考研或保研成功，累计有50余名学生进入理想高校或专业继续深造；累计有80余名学习困难的学生，因为参加本活动，摆脱"学困"顺利毕业，毕业后在工作岗位中取得显著成绩；软件学院学生李强毕业后创办易知简能信息技术有限公司，为企业提供精细化管理服务，我校纺织学院学生邱洪波毕业后创办守敬技术研究院，从技术和管理两个角度来服务企业，帮助企业斩获了中国国际绿色环保奖地板行业唯一的"绿色生产奖"。

4.3 体验沉浸式创新人才培养体系获得同行认可，并辐射国内多所院校

我校"新工科"背景下商科类专业创新人才培养创新教学成果，让商科类专业的教与学发生了变化，引起国内院校老师关注，获得学生的认可，为国内高校商科创新型人才培养、高校第二课堂的建设、创新教育和专业教育融合实践育人模式的改革提供了参考模板。

4.3.1 院校交流与媒体报道

自2010年3月起，团队成员先后29次在各种全国性教学研讨会议中，专题介绍了天津工业大学的创新型人才培养体系。其中，孙永利老师12次受邀在全国高校经管类专业实验室建设暨经济管理教学示范中心建设研讨会等专题会议上介绍教学改革经验，孙永利老师先后受邀为全国教师作教学创新培训11场。有天津、北京、重庆、广东、山东、安徽、河南、贵州等省市的20余所院校教师团队到天津工业大学参观考察，还有10余所国内院校的学生，通过网络远程参与到天津工业大学的创新实践中来。

2016年《中国科学报》"师者"栏目报道孙永利老师的教学创新事迹（图8）。

图8 《中国科学报》师者栏目的报道

4.3.2 教学研究与教学成果获奖（以时间为序）

15年来，本项目团队教师的角色发生了较大变化，不仅要做好创新教学的设计者和引导者，而且要做好教学研究者，积极开展本成果相关教学研究实践，围绕新工科背景下创新人才培养问题，积极开展相关教学研究与探索，得到同行的关注和认可。

2007年，本项目团队所在实验中心被天津市教委评为"天津市优秀教学实验室"。

2008年，项目团队成员王浩程老师主编，孙永利老师参编的普通高等教育"十二五"规划教材《机械工程实践教程》，由清华大学出版社出版。

2017年，本项目团队所在实验中心被天津市教委评为"天津市级实验教学示范中心"。

2018年，项目团队成员李娅老师发表《班杜拉社会学习理论在工商管理教学中的应用研究》教改论文。

2019年5月，本项目团队以"体验沉浸式的经管创新实践能力培养方案"项目，参加第四届西浦全国大学教学创新大赛（该赛事为中国高教学会全国教师教学竞赛统计目录中赛事），从来自复旦大学、哈尔滨工业大学、吉林大学等院校的364组教师参赛者中胜出，与来自大连理工大学、西安交通大学等院校的20名教师（团队）一起进入现场决赛，以总成绩排名第三的名次获得大赛一等奖，并获得奖金5万元。

2019年10月，项目团队成员王浩承老师主持的全国教育科学规划教育部重点项目"中国制造2025背景下应用型高校工程人才培养的创新机制和路径研究"通过结题。

2020年，项目团队成员李娅老师发表《基于行动学习理论的经管专业创新实践能力教学研究》教改论文。

2020年10月，项目团队成员齐庆祝老师主持的天津市教育科学规划重点课题"基于智慧技术的大学生课业过程化考试评模式建构"（HE1002），通过结题并被鉴定为优秀。

2020年11月，本项目团队王浩程教授的"创新思维及方法"课程被教育部认定为国家级一流线上本科课程（我校10门课程入选首批国家级一流本科课程）。

4.3.3 国内院校引进项目主要情况

截至目前，有广东财经大学、天津师范大学、天津南开大学滨海学院、青岛黄海学院、聊城大学农学院等十余所院校借鉴本成果和经验，其中主要有：2013年，天津南开滨海学院引入我校MECLUB模式，组建了南开滨海MECLUB大学生实践俱乐部；2015年，广东财经大学国家级经管实验教学示范中心也借鉴我校经验，组建了BESTCLUB俱乐部；2020年，安徽财经大学、安徽工商职业学院联合引用本项目全部方案，成立 MECLUB 大学生实验俱乐部（图 9）。

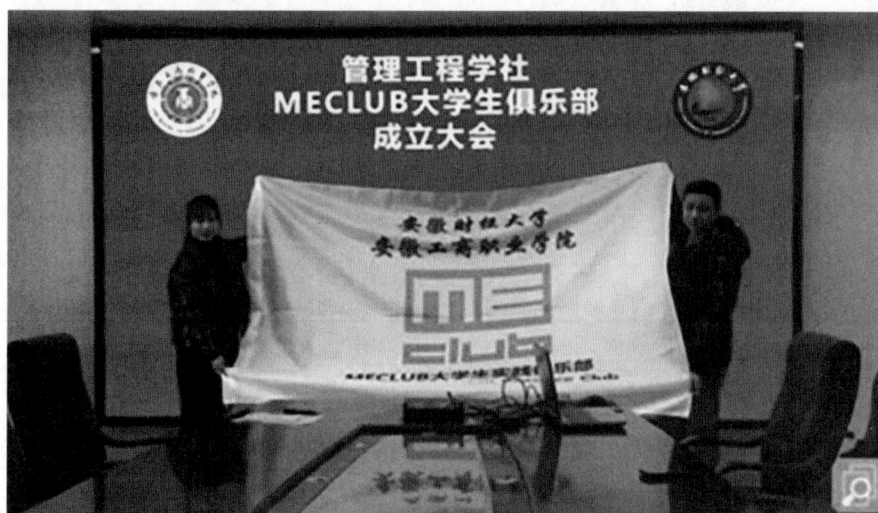

图 9　国内兄弟院校成立 MECLUB 俱乐部

基于双融合数字化创意设计的服装设计专业课程群构建

浙江理工大学

完成人及简况

姓名	性别	所在单位	党政职务	专业技术职称
林剑	男	浙江理工大学国际教育学院、国际时装技术学院	无	讲师
金莹	女	浙江理工大学国际教育学院、国际时装技术学院	服装设计系副主任	副教授
胡蕾	女	浙江理工大学国际教育学院、国际时装技术学院	服装设计系主任	副教授
李萍	女	浙江理工大学国际教育学院、国际时装技术学院	无	助理研究员
杨允出	男	浙江理工大学国际教育学院、国际时装技术学院	无	教授
童基均	男	浙江理工大学国际教育学院、国际时装技术学院	信息学院副院长	教授
张康夫	男	浙江理工大学国际教育学院、国际时装技术学院	无	教授
王羽佳	女	浙江理工大学国际教育学院、国际时装技术学院	无	讲师

1 成果简介及主要解决的教学问题

1.1 成果简介

本成果经过 10 年的建设，在国家和教育部有关政策指引下，为加快教育数字化转型发展，以信息化引领教育现代化，积极贯彻和深化"艺科融合，产学研融合"的双融合，坚持培养"以设计创意为核心"的数字化服装专业复合型人才。

围绕核心思想，教学团队跨学科、跨学院整合教学资源，开展了授课方式数字化建设、课程资源数字化交流建设、数字化企业设计项目实战、数字化前沿科技产品创新设计、数字化设计创新创意比赛指导平台等的多维教学改革实践。取得以下成果。

1.1.1 建设了一批教育教学研究项目，跨学院、跨专业构建了双融合数字化创意时装设计课程群

以人才培养目标和企业发展需求为切入点，教学团队的课程设计根据社会需求不断深入调整教学内容和要求，围绕一批专业特色课程展开，基础课程由传统手绘设计转向全面数字化设计，数字技术课程评价则融入创意部分评分，后继的专业课程则融入产学研项目检验前两个阶段的教学质量（图 1）。

（1）基于可持续能力培养的"计算机时装设计导论"混合式教学研究，浙江理工大学课堂教学改革重点项目，厅局级重点，2018 年 9 月～2020 年 9 月。

（2）设计师平面结构图绘画，线上线下混合式课程建设项目，2020 年。

（3）国际化办学背景下"时装色彩"探究型办学模式研究，"纺织之光"中国纺织工业联合会高等教育教学改革项目，省部级，2019 年。

（4）纺织科学与工程浙江省重中之重一级学科教学改革研究项目"FIT 合作项目背景下的服装人才培养模式研究"，2015 年。

（5）产业与教育交互下的服装人才培养创新研究，浙江省教育厅，2014 年。

（6）面向服装材料学课程的虚拟仿真实验开发与应用，浙江理工大学教改项目，2014 年。

（7）基于产业全过程的 KPI/KPA 项目驱动性《服装计算机辅助设计》系列课程教学改革研究与实践，浙江省教育厅。

（8）基于产教融合和"三创"卓越服装人才培养模式探索和实践，2018 ~ 2021 年。

（9）"展示设计基础原理"全英文授课教学改革，厅局级重点，2018 年。

（10）基于案例式和讨论式教学的"展示设计基础原理"课堂教学改革，厅局级重点，2016 年。

（11）"服饰品牌流行与文化"全英文授课课程群教学改革，厅局级重点，2017 年。

（12）服饰设计新专业中《服饰品绘画》课程的研究，浙江理工大学，2013 年 7 月 ~ 2015 年 9 月。

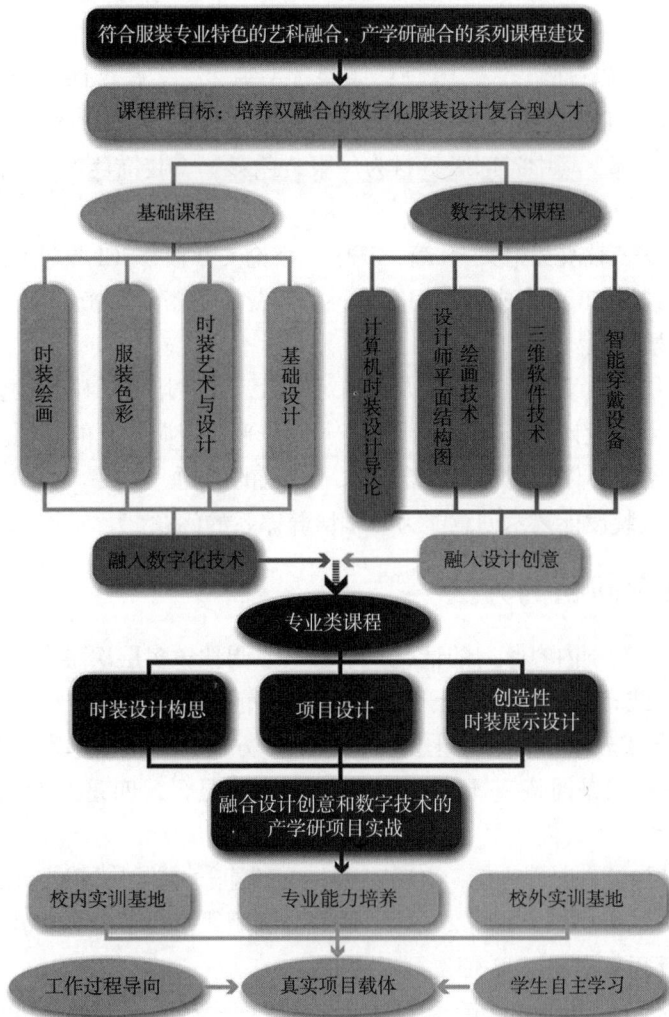

图 1　双融合数字化创意设计服装专业课程群构建

1.1.2　建立校企联合导师团队共同指导学生参赛，获得了一批学生成果，包括各类国家级、省级项目、获奖、论文、专利

指导学生获得专业竞赛项目情况如下：

（1）锦鲤——基于中国传统文化"IP"的国潮系列设计，2020 国家级大学生创新创业计划训练项目，国家级，2020 年。

（2）基于数字化媒体技术的"山海经"文旅产品开发设计，2020 国家级大学生创新创业项目，省部级，2020 年。

（3）数字化中国文化服饰图案创新运用，浙江省大学生科技创新人才计划项目，省部级，2021年。

（4）时尚丝绸产业调研与品牌文化创意产品研发，大学生创新创业项目，省部级，2017年。

（5）宁波金银彩绣——传统技艺的传承产品时尚化研究，第十一届大学生职业生涯规划大赛创新创意类优胜奖，浙江理工大学，2019年。

（6）"卓尚锦鲤系列国潮设计"，获浙江理工大学"互联网+"比赛校二等奖，2019年。

另外，教学团队指导学生获得专利5项、外观专利18项，发表论文23篇（其中SCI 9篇、EI 1篇）。

1.1.3 形成了一支优秀的教学团队，取得了一批学术成果

双融合数字化创意时装设计课程组跨学科、跨学院组建了以教授、博士为主的团队，并形成了老中青不同年龄段的教学梯队。其中教授3人、副教授2人、博士3人，平均教龄19年。团队在项目实施期间取得以下成果：

（1）各类教学相关成果省部级获奖10项；微课省一等奖，多媒体课件全国优秀奖、省一等奖，省级线上线下混合精品课程1门，建设完成在线课程4门。

（2）公开出版教材3部，其中省部级教材为《服装色彩》《装饰色彩》《时装工业导论》；省部级专著为《色彩文化学》。

（3）核心期刊公开发表教改类论文58篇，其中一级论文9篇，SCI收录9篇，EI收录2篇。

（4）团队相关科研课题58项，成果期间完成科研经费（到账）2000余万。

1.2 主要解决的教学问题

（1）解决了数字化技术教学过程中教学方法相对落后，人才培养学校与社会脱节的问题。

（2）解决了学生数字化设计实践能力有待提高，实践平台资源匮乏的问题。

（3）解决了之前产学研一体化的链接和合作水平较低的问题。

（4）解决了数字化服装设计艺术创意能力教学培养体系的问题。

2 成果解决教学问题的方法

（1）针对艺科脱节、教学内容落后的情况，本成果强调教学多层次融合，课堂教学、网络教学和项目设计的混合式教学模式，强调3D技术、可穿戴设计等前沿性技术。

本课程的多层次混合式教学设计思路主要体现在四个方面，一是艺术审美与数字化技术的混合，二是线上与线下的混合，三是时尚基本原理与实际案例的混合，四是产业现状与未来发展趋势的混合。

以"计算机时装设计导论"课程为例，将课程线上线下混合式学习过程设计成"课前、课中、课后"三部分，并在每个章节中进行实施，如图2所示。既充分利用线上线下混合式教学的优势，又符合"理论—实践指导—辅导—反思"学习者心理发展循环圈。

在课后阶段，教师还可以基于网课后端的课堂统计数据，科学、有效地进行学习流程管理，通过教学反应对教学设计作出调整和提升。另外，建立网络设计资源库，分享优秀设计资源，包括国际上优秀在线视频以及设计网站。

（2）针对学生实战能力不足的情况，成果组建设了一批产学研项目，通过让学生参与后继的项目实施，强化可持续学习发展的数字化设计能力。

通过本课程群学习，鼓励优秀的学生优先进入企业实际设计项目，建立导师和学生设计小组。课程结束以后，为优秀的学生增加设计项目进行设计实践。这期间需要以数字化软件进行款式设计、图案设计和面料设计，结合对服装结构、工艺、色彩等要素的综合表达。通过对这一系列流程的运行，让学生了解企业需求、艺术设计以及计算机软件之间的关系，实现最终效果或解决设计问题的最终目标。有了这种全面的认识，学生对于今后的设计工作便有了更大的灵活性和自主性。

产学研融合，根据企业实际需求，导师指导学生可持续学习和解决新的问题。通过这样的项目实践检验，发现教学过程中的不足，从而在下一次教学中，制订新的教学目标和教学方法（图3）。

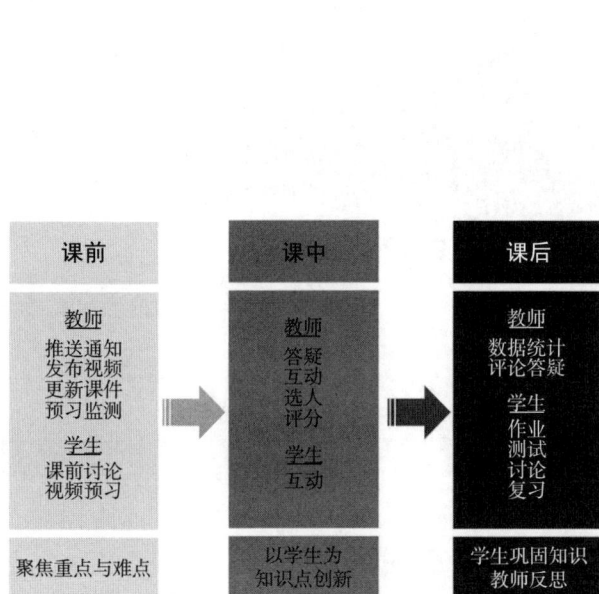

图2 "计算机时装设计导论"课程实施三阶段践行教学法

图3 环形可持续发展模式双融合教学改革思路

3 成果的创新点

3.1 构建并完善了可持续培养能力的数字化时装设计课程体系

（1）完善课程结构内容安排，形成"点—线—面"结合教学效果。点，即设计软件知识点；线，即具体设计案例教学；面，即后继跟进项目课题产品开发。这种结合有效地提高学生的学习效率，并形成一系列教学流程，累积经验和不断启发。

（2）突破课时限制，强化网络教学资源优势，形成"线上—线下"混合式教学模式。重视各种有效数字平台资源的利用，教师线上资源、图书馆数字资源及专业相关的网络资源，都会成为学生探索知识找寻解决方案的有效途径。

3.2 建立了多层次教学方式和多维度教学评价考核体系

通过建设层次化、立体化的实践培养网络，为培养高素质的服装设计应用创新人才提供物质和技术保障。通过实地、实际训练等学习环节培养学生专业理解能力和专业实践能力、发现问题和分析解决问题的能力、动手操作能力以及非学术性的技能如社会交往能力等，将实践与学生的学业目标和职业目标联系在一起。

制定每门课程的考核标准、考核方法，成立教师考核、学生互评、企业参评体系，随时检查和反馈教学情况。学生的最终成绩由学生上课出勤及学习态度、平时团队项目成绩、企业参评成绩和期末独立项目成绩四部分组成。强调过程学习，强化了对学生平时学习成绩的监测，保证了教学质量，提升了教学效果（图4）。

3.3 以产、学、研创新为导向，组建校企联合多元化教学团队

从"培养目标、专业设置、培养氛围、教学管理、培养过程"等方面充分体现"联合培养"的特色。团队教学，融合校内校外资源，设置校内、企业或社会等实验、实习课程；根据课程特点和需要，制订有针对性的考核标准。推行体验式、课题式、产学研一体化、开放式研究等多样化实践形式（图5）。

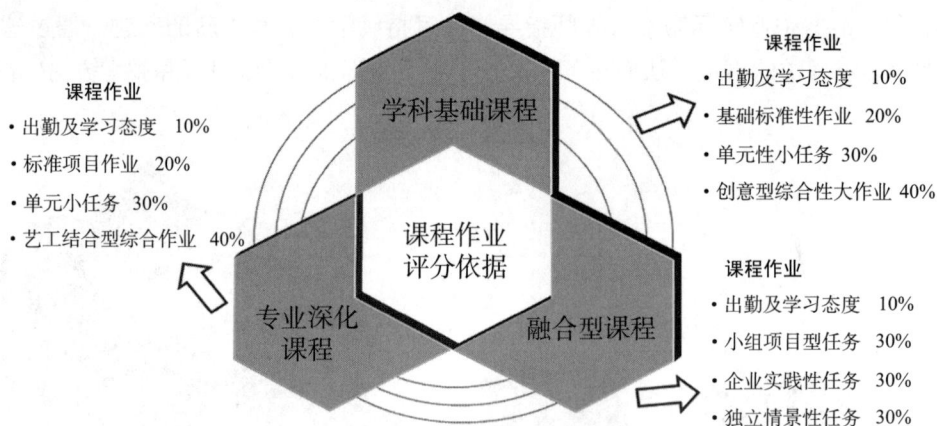

图4 课程作业与考核

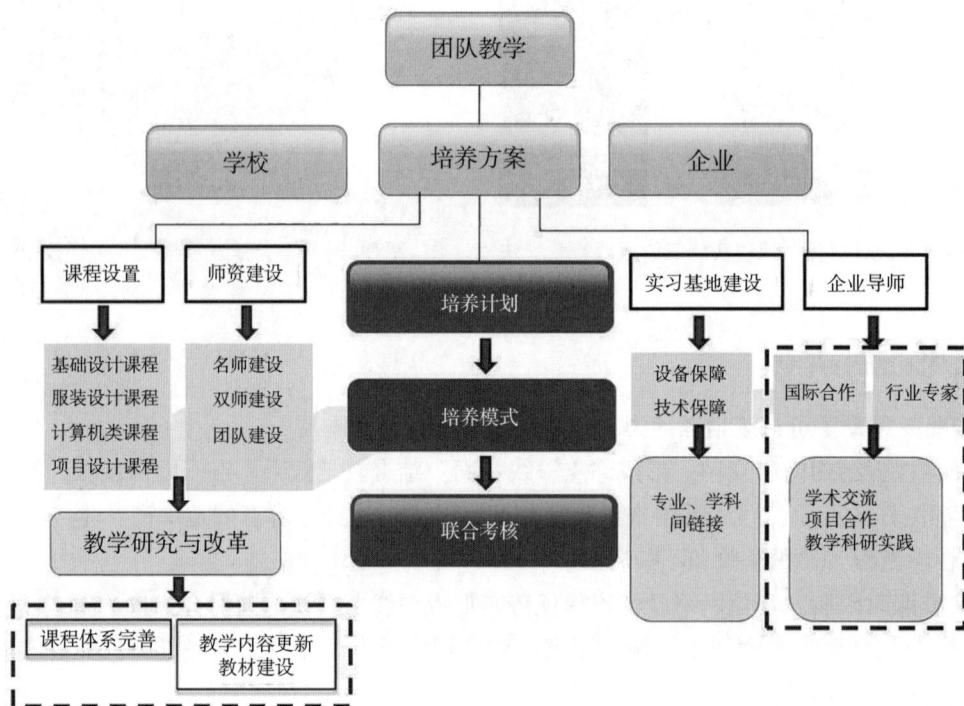

图5 校企多元化教学团队教学实践

3.4 团队创建并完善了"卓尚班"、摩凡实业等创新平台、实习基地建设

创办了浙江理工大学"卓尚班"，依托杭州卓尚服饰有限公司，构建卓尚中高级人才蓄水池，到账资金300余万，采用校企联合培养模式，融"教、学、研"于一体。

以"卓尚班"创新平台为核心，经过近12年的教学改革实践，从专业教育的高度，与服装产业产生良性互动。依据服装产业链各个环节的特点，调整数字化服装设计课程设置与教学过程的安排，把产学研深度融合的教学理念与数字化服装设计课程体系改革结合，突出"知识、能力、素质并重""重实践、强创新、高适应性"的教学优势（图6）。

3.5 国际化特色合作办学，凝炼一支具有中外导师的实战型师资队伍

本课程群体系具有国际化的教学特色，依托于纽约时装技术学院—浙江理工大学合作办学、马兰戈尼时尚设计学院—浙江理工大学合作办学、部分课程由外方老师直接授课，比如课程群里的"时装艺术与设计""设计师平面结构图技术""时装设计构思""创作性时装展示"等。

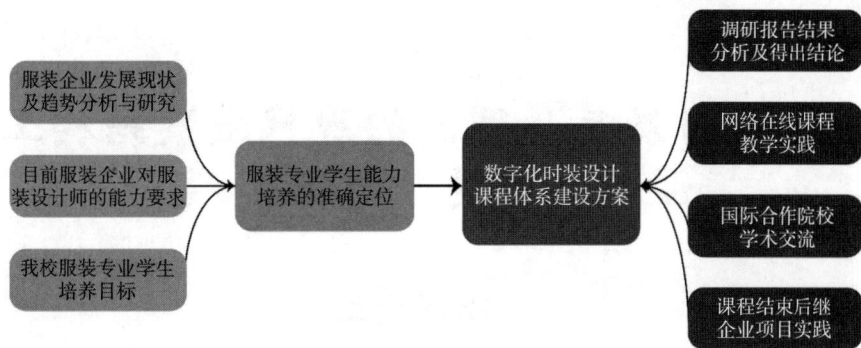

图6　企业创新平台和课程体系建设的联动

4　成果的推广应用情况

4.1　学生整体素质提高，就业率稳步增长，企业整体满意度较高

经过近10年的实践推广，受益学生超3000人次。近两年服装类毕业生的就业率达到99%以上，99%以上符合培养目标的定位，工作在服装公司或企业的生产第一线，学生的服装设计能力得到了企业和专家的一致肯定。成果在杭州卓尚服饰有限公司教学实践中已进行了定点实验。构建了卓尚中高级人才蓄水池，实现学校教学与企业实践教育互动、理论与实践、创新创业教育相结合。近5年，为卓尚企业输送服装设计类毕业生近百人。卓尚企业对毕业生普遍评价是：热爱本职工作，知识结构全面，视野开阔，具有较强的市场意识，创新和动手能力较强，适应工作能力较强，有培养前途。

4.2　专业影响力与成果辐射，孵化学生创新创业与竞赛项目

本教学成果在创新实践应用知识建构和能力培养方面衔接比较紧密，因此使学生服装设计的整体开发和设计能力明显提高，帮助学生在全国各类专业服装类设计大赛中屡创佳绩。其中，指导学生参加省部级以上创新创业或竞赛项目6项，指导学生获得实用新型专利5项、外观专利18项，发表论文23篇，毕业生注册创新创业公司6个。

4.3　教师教学水平显著提高，课程和教材建设成果丰硕

截至目前，"时装色彩"被列入浙江省精品课程，入选国家级资源共享课，"童装店的陈列技巧"获浙江省高校微课比赛本科视频组一等奖。公开出版教材3部。

4.4　教师学术水平提高，论文和获奖成果颇丰

核心期刊公开发表教改类论文58篇，其中一级论文9篇，SCI收录9篇，EI收录2篇。团队成员获得省部级以上获奖12项。

4.5　教师科研能力提高，校企合作成果突出

教学成果项目组获得立项的各类科研项目70项，其中国家级3项，省部级以上12项，项目到账经费达2000余万元，仅卓尚项目2018～2021年到账经费就达300余万元。通过为企业研发产品，师生到服装企业实践实习，使师生与一线设计师，企业管理人员有了交流和互动的机会，参与企业一线课题研究，体验产品开发和转化的全过程，也帮助企业管理人员提高管理水平，取得了很好的社会效益与经济效益，实现了双赢的效果。

4.6　成果推广应用显著，辐射行业和兄弟院校

双融合数字化创意设计的服装设计课程群，整合资源，面向行业，为其他企业提供理论支撑和实践参照，也为其他专业数字化创意设计教育的开展进行教学改革提供参照，本成果得到了企业和兄弟院校的肯定，其建设经验也被兄弟院校借鉴。

基于"传承与发展"理念的现代服装结构工艺类
课程体系的改革与实践

南通大学

完成人及简况

姓名	性别	所在单位	党政职务	专业技术职称
李晓燕	女	南通大学纺织服装学院	无	副教授
沈岳	男	南通大学纺织服装学院	院长助理	副教授
孙晔	女	南通大学纺织服装学院	无	副教授
杨佑国	男	南通大学纺织服装学院	无	副教授
陈雯	女	南通大学纺织服装学院	无	助理研究员
徐懿然	女	南通大学纺织服装学院	无	讲师

1 成果简介及主要解决的教学问题

1.1 成果简介

服装结构工艺类课程是服装设计与工程专业必修的专业核心课，在服装专业人才培养中扮演着重要角色。本成果基于 2013 年教研项目——《成衣纸样与工艺》教学思想的转变和教学模式的改革实践研究和省级在线开放课程"女装结构设计"开展。项目开展以来，本院一直致力于服装结构工艺类课程体系的优化改革和与时俱进。

本成果契合了国家实施中华优秀传统文化传承发展意见和教育部提出的全面深化课程改革的相关要求，对服装结构工艺类课程体系进行改革，确立了课程培养目标——培养具有家国情怀、拥有创新意识并有独立分析和解决复杂服装工程问题能力的高级技术人才，重构了"经典案例 + 历史脉络 + 前沿技术"的"1+1+1"课程内容体系，搭建了"1+N"多维课堂，建立了"课堂教学考评、线上课程考评和实践教学考评"3 项考评机制。

本成果通过 4 年的教学实践，成效显著，完成省级在线开放课程建设 1 门、校级精品在线开放课程建设 1 门，编著相关教材 5 本，发表教学论文 5 篇，完成教改项目 11 项，获省级以上教学奖励 8 项，获省级以上大学生学科竞赛奖 18 项，完成省级以上大学生创新训练项目 12 项。教学研究调查报告获中国民间文艺家协会、江苏省文化和旅游厅批示，开展的教学实践活动被人民日报、新华日报和中国科学报等 30 余家媒体报道。教学研究成果被南通市和扬州市非物质文化遗产保护中心，以及如东县文化馆、海安县文化馆等 8 家文化馆采纳。

1.2 主要解决的教学问题

对比新时代课程建设的新要求，原有服装结构工艺类课程存在课程教学目标重技能轻素养、教学内容滞后、教学形式单一、教学考评机制不完善的局限性，本成果着重解决以下四个方面的问题：

（1）原有课程培养目标长期聚焦于理论知识讲解和实践技能传授，忽视对学生文化素养的培养和家国情怀的熏陶。

（2）原有课程内容固守在基本款式、基础工艺，缺乏对中国传统服装结构工艺的继承和关联介绍，同时适应市场日新月异快速变化的回应也不足，课程内容对传统精髓的继承性和当下课程的前沿性和时代性均体现不够。

（3）原有教学方法得当，但是教学活动主要局限于校内课堂教学，教学形式单一，学生的知识运用能力和创新能力薄弱。

（4）原有课程考评主要围绕课后作业和卷面考试进行测评，课程考核的挑战度、全面性和公平性体现不够。

2 成果解决教学问题的方法

针对上述问题，进行了深入分析，并有针对性地设计了解决方案（图1），成果显著，方案具体措施如下：

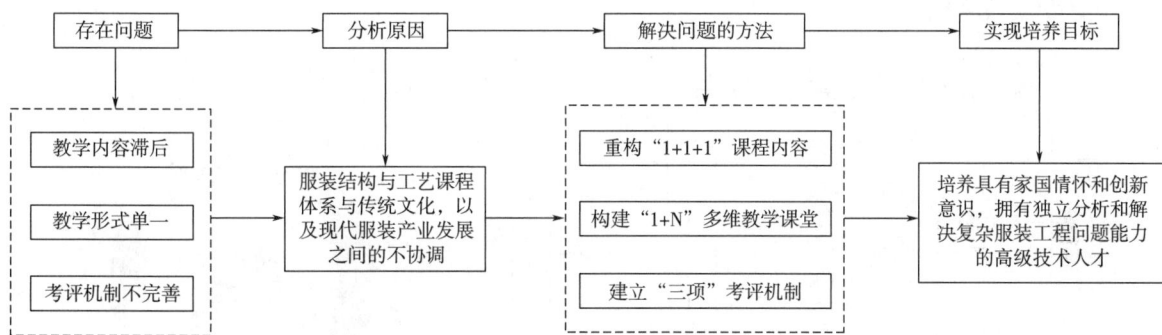

图 1 存在问题的解决思路

2.1 确立课程培养目标

经过走访调研、访谈交流和改革研讨等举措，修订完善了服装结构工艺类课程培养目标。多次、多方面的调研和访谈为课程目标制定和改革方案提供依据。调研主要包含四个方面：一是调研东华大学、苏州大学、西安工程大学等高校的服装结构工艺类课程体系建设和改革现状，为本校课程体系的改革提供借鉴；二是调研江苏国泰华盛实业公司、江苏苏美达轻纺国际贸易有限公司等国内知名服装企业，掌握企业服装技术类人才的工作现状和企业人才需求状况，为修订课程培养目标和教学内容改革提供参考；三是访谈中国文化部非遗司原副司长等传统文化方面的相关专家，为传统文化融入课程提供指导。四是拜访全国服装行业服装制板操作能手、江苏苏美达轻纺国际贸易有限公司首席板师程冠军等行业能手（图2），了解高校教学和实际应用的衔接情况，沟通课程前沿技术。教学团队经过多次研讨，最终确立了课程培养目标——培养具有家国情怀、拥有创新意识并有独立分析和解决复杂服装工程问题能力的高级技术人才。

2.2 重构"1+1+1"课程内容体系

充分挖掘立领、连身袖、盘扣等中国传统服饰结构与工艺中的思政内涵，采用"1+1+1"模式进行课程内容重构，即"经典案例＋历史脉络＋前沿技术"。分部件、按类别以"经典案例"入手，古今串联、中西对比，客观地分析其历史发展脉络，使课程内容不仅有深度而且有温度、热度，与此同时，融入前沿技术，使得课程内容与时俱进。

引导学生关注和梳理服装传统精髓，并能进行款式

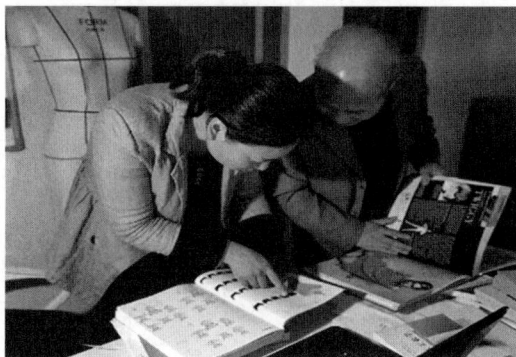

图 2 拜访全国服装行业服装制板操作能手程冠军

的拓展，帮助学生体会传统优秀服饰文化在现代社会中的情感价值、实用意义和生活趣味。通过传统结构教学内容和现代商业制板方法的对比，择优而用，改善纸上谈兵现象，提升制板的实战能力，同时"新设备和新工艺"等前沿技术的融入，实现制作上更便捷，操作方法上更实用。课程内容的改革，帮助学生学习了服装技术领域的工匠精神，培养了学生的家国情怀和创新意识，提升了学生分析和解决复杂服装工程问题的能力，课程内容框架如图3所示。

2.3 建立"1+N"多维教学课堂

以1个校内课堂为中心，将知识传授、实操训练和传统文化熏陶的场所从校内课堂拓宽到"线上""课外""校外"等教学辅助课堂，建立"1+N"多维教学课堂，实现"课内课外结合、线上线下互补、校内校外共建"（图4）。先后成立了"冰之韵"服饰创作工作室和"衣脉相承"非遗舞蹈服饰研究中心、"中国纺织工程学会科普教育基地""中国纺织服装人才培养基地"。"女装结构设计"在爱课程MOOC平台运行四期，受众1万余人；联合南通三荣实业有限公司、南通鑫来丝绸制衣有限公司等6家服装企业成立教学实践基地。

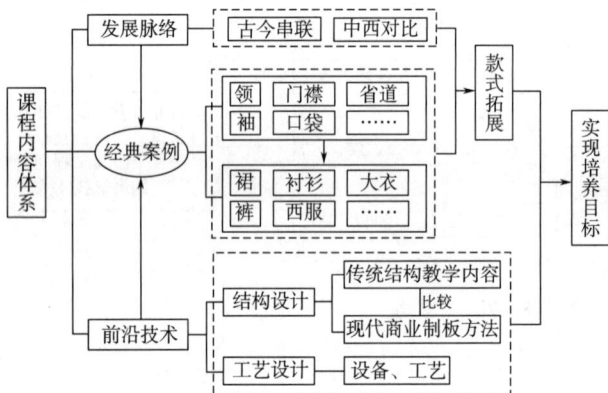

图3 课程内容体系框架

图4 "1+N"多维课堂架构

学生在这些教学辅助课堂中，一是利用课程所学知识在工作室、研究中心对传统服饰进行创造性继承和创新性发展，传承传播中国优秀传统服饰文化；二是基于科普教育基地开展非遗服饰科普活动，讲解传统服饰的结构美和工艺美，展示中国传统文化的源远流长和博大精深；三是深入实践基地和相关服装企业进行教学实践，提升实践能力；四是组建学科竞赛和相关科研项目组，激发学生的潜在能力，加强知识转化和创新创业能力。五是运用爱课程MOOC平台和校内SPOC开展在线教学，扩大课程容量、突破时空界限，有效分层教学，增强互动，提高学习质量。

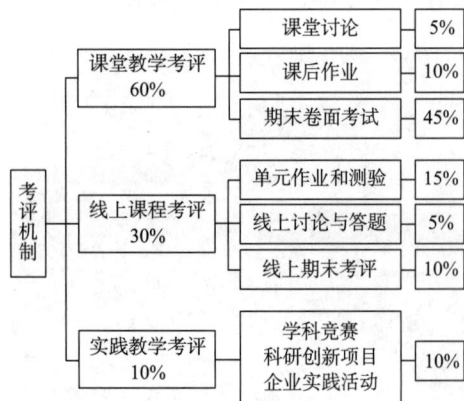

图5 课程考评机制

2.4 搭建"三项"考评机制

为了提升课程挑战度，促进考评公平化，提高教学成效，围绕"课堂教学、线上课程、实践活动"三个方面搭建考评机制，设立评分细则，完善课程考评机制（图5）。其中"课堂教学考评"占比60%，主要包括课堂讨论、课后作业和期末卷面考试；"线上课程考评"占比30%，主要包括单元作业和测试、讨论和线上期末考试；"实践课堂考评"占比10%，主要包括学科竞赛、科研创新项目和企业实践活动。多方面考察学生对基本知识掌握情况、知识应用创新能力情况，以"评"测学，借"评"促学，从"理论知识＋实践技能＋探索研究＋转化成效"多个维度进行考评，加强过程管理，保障课程体系改革举措有效。

3　成果的创新点

3.1　突破思维定式，创新课程体系改革理念

经过 7 年的课程体系改革探索与实践，确立了"传承与发展"的理念：传承中华传统服饰文化，引用服装产业前沿技术，对现代服装结构、工艺进行创造性转化和创新性发展。该理念符合了当代人才培养要求，落实了立德树人根本任务。

3.2　深挖课程思政元素，创新优化了课程内容供给

提出并落实了将优秀传统文化融入课程，从优秀传统服饰文化和现代服装产业前沿技术中挖掘课程思政元素，相较于原有课程内容，构建的"1+1+1"课程内容体系，使得课程内容更饱满、更生动、更前沿。中华优秀传统服饰文化的梳理融入，技术领域匠人的初心、匠心和恒心的感染以及中国制造崛起的感悟，增强了学生的民族自豪感和认同感。

3.3　突出应用能力培养，创新了课堂教学形式

将原有单一的校内教学课堂延展为"1+N"多维课堂，借助多场合多渠道多形式的教学，提升教学内涵，提高知识运用和转化能力，力争为实现服装产业由"中国制造"转型为"中国创造"贡献一些力量。

4　成果的推广应用情况

本成果在服装设计与工程专业、服装与服饰设计专业进行应用，教学建设和学生培养质量成效显著，教学成果的社会反响好。

4.1　教学建设成效

（1）在线开放课程：省级在线开放课程 1 门，校级精品在线开放课程 1 门，校级在线开放课程 1 门。

（2）教材：出版相关教材 5 本。

（3）教学教改项目：承担相关教学改革项目 10 项。

（4）教学论文：发表相关教学论文 6 篇。

（5）教学获奖：教学成果获奖 4 项，教材和出版物获奖 2 项，指导毕业设计（论文）获奖 5 项，撰写教育论文获奖 1 项，教学技能大赛获奖 1 项，获评优秀教育工作者 2 次，获评学科竞赛优秀指导老师 4 次。

（6）技能证书：国家二级技师 1 人，三级技师 1 人。

4.2　学生培养质量成效

（1）学科竞赛：省级以上获奖 18 项，其中获全国"挑战杯"大学生课外学术作品竞赛三等奖 1 项，省级特等奖 1 项；江苏省"创青春"大学生创业大赛银奖 1 项，江苏省"互联网+"大学生创新创业大赛三等奖 1 项，中国纺织类高校创新创业创意大赛二等奖 2 项、三等奖 1 项（图 6）。

图 6　学科竞赛部分获奖证书

（2）创新训练项目：融合传统文化与服装结构工艺开展大学生创新训练项目12项，其中国家级2项，省级6项，校级4项。

（3）论文发表：本科生作为第一作者发表相关专业论文7篇。

（4）毕业生就业：毕业生一次性就业率均在100%以上。

（5）服饰创作：利用辅助教学课堂，参与解读还原了38支非遗舞蹈服饰，并为163支舞蹈设计演出服饰（图7）。

图7　设计的部分舞蹈服饰

（6）用人单位评价反馈：用人单位评价我们的学生"技术扎实""有民族情怀""做事靠谱"。

4.3　社会反响成效

（1）批示和评价：教学研究调查报告得到了中国民间文艺家协会、江苏省文化和旅游厅和时任南通市副市长朱晋先生的肯定和批示（图8）。

（2）媒体报道：教学实践活动被《人民日报》《新华日报》《中青在线》和《中国科学报》等30余家媒体报道（图9）。

（3）成果采纳：教学研究成果得到了南通市和扬州市非物质文化遗产保护中心以及海安市文化馆、如皋市文化馆和如东县文化馆等8家非遗保护单位的认可和采纳（图10）。

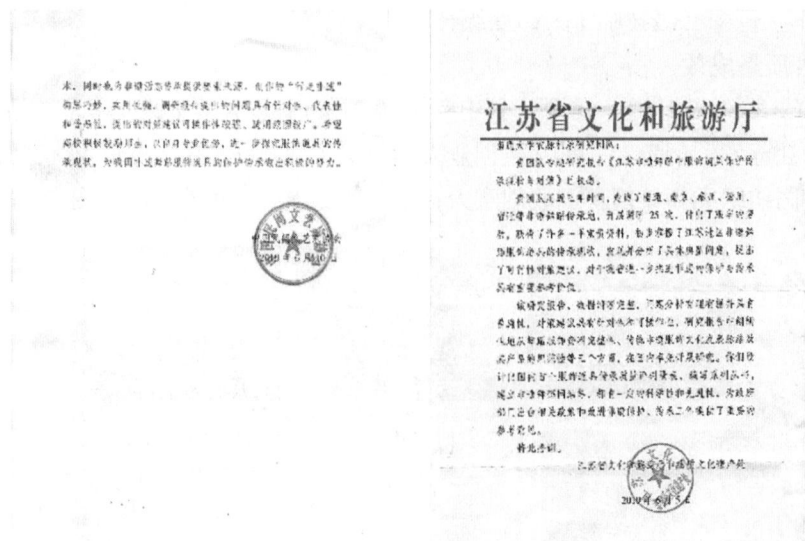

图8　相关批示

图9　媒体报道

图10　成果采纳证明

"四维一体"的服装设计创新人才培养体系构建与实施

西安工程大学

完成人及简况

姓名	性别	所在单位	党政职务	专业技术职称
田宝华	男	西安工程大学	副院长	教授
王欢	女	西安工程大学	无	副教授
邱春婷	女	西安工程大学	西安工程大学服装与艺术设计学院副教授	副教授
周捷	女	西安工程大学	内衣工程系主任	教授
吕钊	男	西安工程大学	西安工程大学服装与艺术学院院长	教授
袁燕	女	西安工程大学	副院长	副教授
戴鸿	男	西安工程大学	西安工程大学副校长	教 授
刘江南	男	西安工程大学	原党委书记	教授
陈俊俊	女	西安工程大学	无	讲师
马雷雷	女	西安工程大学	无	工程师

1 成果简介及主要解决的教学问题

1.1 成果简介

西安工程大学一直致力于创办以"做强纺织、做大服装"为特色的教学研究型大学，我校充分利用高等教育发展以及纺织行业转型等机遇，以"艺术特色显著、产业联系紧密、文化传承厚重、技术线路新颖"为新标准，把原先广受认可的"艺工结合"教学理念提升到"艺工文技相结合"的新高度。

因此，以田宝华副院长为首的西安工程大学服装与艺术设计学院研究生教育教学团队以新理念为基石，提出"四维一体"的服装设计创新人才培养新模式，以此作为全新战略目标进行了一系列教学改革与尝试，研究生教育教学团队最新科研成果质、量均有较大提升，所培养的高层次人才受到相关行业领域的认可与好评。

四维一体：艺，艺术特色显著；工，工程实践与产业联系紧密；文，文化传承厚重；技，实践应用的技术路线新颖。"四维一体"以深度融合、全方位、全覆盖、内生性为特点，注重学科交叉，强调科研渗透，弥补了文化与技能在专业领域中的不足。

1.2 主要解决的教学问题

通过在人才课程体系、指导体系、实践体系、考核体系等方面的全方位改革，有效解决了四个突出的教学问题。

1.2.1 传统人才培养模式指导体系造成研究生创新实践与成果转化的平台建设不足

随着研究生培养规模的增长，生源结构跨专业现象显著，学生相对缺乏理论知识积淀和专业训练，不能满足多元化更高水平创新人才培养的需要；研究生相关成果的转化也制约了学术及实践的良性融合与内生发展。教育教学与实践转化在研究生教育中一直以来都有着强烈的内生关系，创新实践与成果转化一直是研究生教育教学的重要但薄弱环节，"四维一体"的服装设计创新人才培养体系着力于打造强大的科研平台以更好地解决研究生的教育教学问题。

1.2.2 传统课程体系缺乏多维的深度拓宽

因行业内高校相互借鉴交流的原因，传统课程门类划分单一，导致研究生不能涉猎更多更广的专业以外的知识领域，国际视野欠缺，职业精神、人文素养、科学精神等往往有所缺失，课程上进行知识及能力的拓展培养形成"四维一体"的多维课程体系是教学改革的核心。

1.2.3 传统实践环节阻碍了改革的有效性和团队协同发展

因学科特点与行业特色的需要，研究生入校后导师带徒弟的传统模式依旧是现下的主要模式，由于导师个体差异和项目的局限性，在协同发展与学术交叉创新的大环境下已不适用于当前高层次专业人才培养的现状，影响了改革的有效性和持续性，也不利于团队整体的协同发展。

1.2.4 滞后的考核体系满足不了现代高层次创新型人才的考核需求

传统考核体系一直以来是以学分为主要标准，只要完成学分就可以完成教学任务，学分目前主要反映的是学了什么，而非学好了什么，所以在研究生的考核方面，全面性和个性化就会有所缺失，只有在质与量上都有所考虑才能更合理地评价教学效果。

2 成果解决教学问题的方法

（1）打造新型人才培养指导体系，以团队及科研为依托，促进实践与成果的转化，增强教育教学的内在驱动力。

近年来，田宝华副教授领衔，形成了艺、工、文、技四维一体专业课程群及骨干教师团队。以一平台（时尚文化创意产业园）、三院（洁丽雅纺织研究院、汇洁西安工程大学内衣研究院、石狮研究院）、五中心（陕西省艺术教育示范中心、陕西省艺术设计专业教学示范中心、陕西省服装工程研究中心、如意服装与艺术设计研究中心、大唐世界袜业中心）为基础，形成全面、综合、体验式的实践教学平台，培养高水平、强素质、多元化的拔尖高层次人才，实现了教研的大融合、大发展、大创新，研究生对纵向课题参与率从2012年的不到10%上升到近20%；横向参与率从2012年的80%上升到近100%。

另外，坚决贯彻学生在大学一年级"进导师工作室"、二年级"完成大学生创新计划"、三年级"实施创新学分制"的课外学习与研究制度，要求研究生与专业导师、校外导师、导师团队深入参与、联合研究、创新实践，学生受益比例超过76%。

（2）突破传统课程体系，艺工文技"四维一体"实现贯通，打造专业模块课程亮点，形成可定制的主导学习模式。

我院从2012年起对研究生培养方案和课程大纲进行了多次且全面的修订，充分保证了艺工文技"四维一体"理念在新大纲中的体现，学生自主选课学习，为专业的拓展提供更多可能（图1）。

设计学学术硕士及专业硕士新大纲开设了民俗艺术符号研究、服装研究前沿、专业论文写作等47门新课程重新对标艺、工、文、技四个方面（图2），以期在艺工结合的基础上，从文、技两个方面通过新大纲进行补充和修订。

如图3所示，课程设置是"四维一体"的核心内容，也是服装设计创新人才培养体系的保障，通过全面的课程改革，实现研究生在研一阶段的综合能力的渗透培育，再通过研二"一平台、三院、五中心"的实践平台培养，通过校内与校外的多重实践互动实现成果的最大化，从而验证与支撑指导体系、实践体系与考核体系的正确性，最终支持整体教学体系。

为了深化学术拓展，争取更优质的文化资源，我们在文化传承与技术创新上做出了很大的努力。建成了西部唯一的国家级众创空间、省级众创空间、时尚文化创意产业园；建立了陕西省艺术设计专

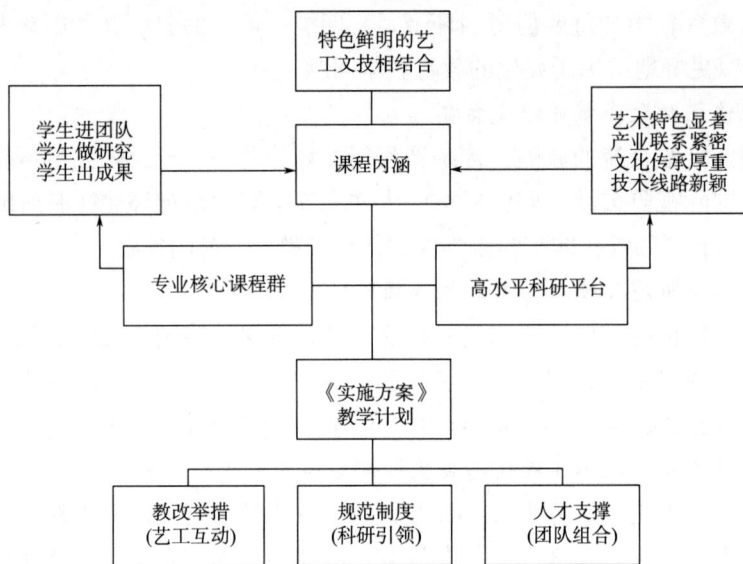

图 1　新大纲方案

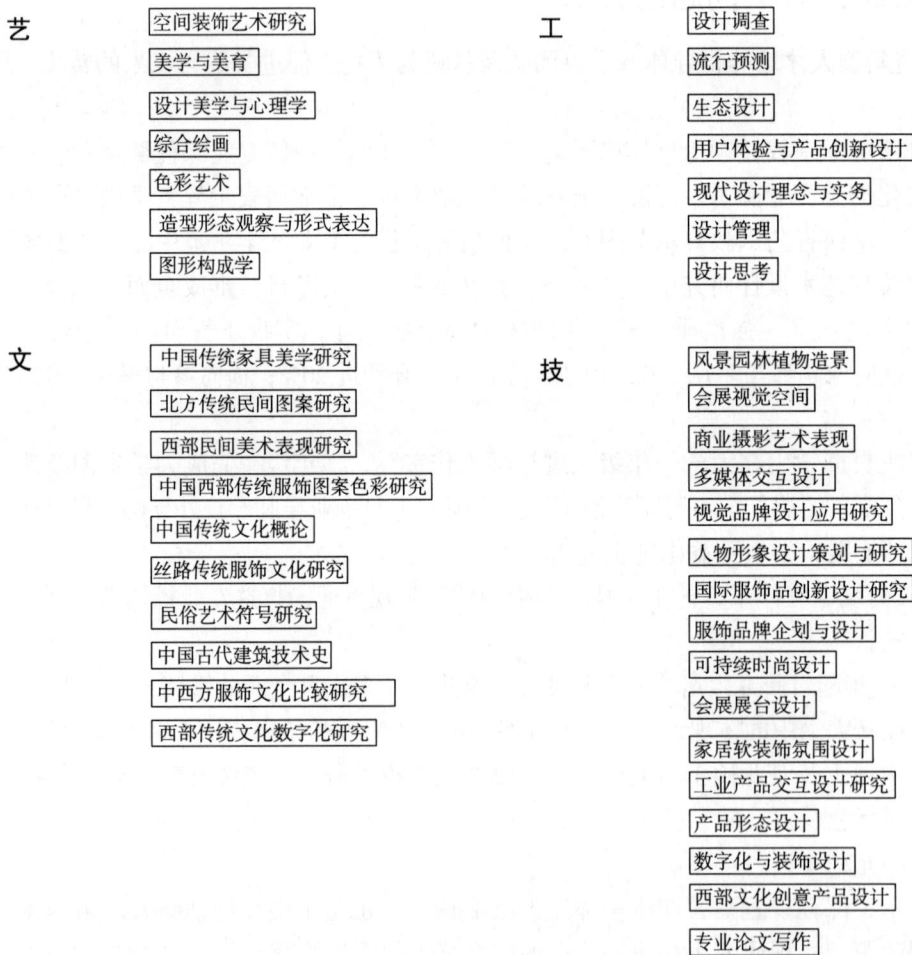

图 2　艺术学学位四维一体课程设置

业教学示范中心；成立了中国唯一 20 所艺术高校设计联盟的"世界袜业设计中心"；建设了西部唯一的陕西省服装工程研究中心。另外，对接了 5+X 产学研创新工程，现已建成研究生校外实践培养基地

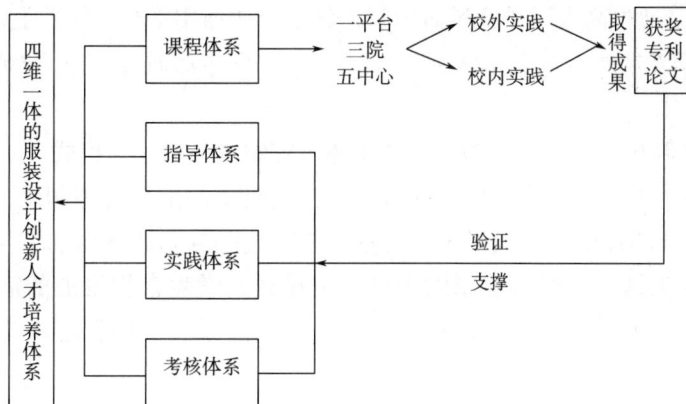

图3 "四维一体"整体教学体系思路图

7个：山东如意、广东溢达、浙江洁丽雅、陕西伟志、山东南山、广东维珍妮、广东汇洁。设立了"全国袜业设计大赛""溢达创意设计大赛"及"维珍妮内衣设计大赛"等全国性、高规格比赛项目，成立了"汇洁内衣创新奖"，2012～2017年连续六年召开西安工程大学服装与艺术设计学院研究生学术论坛，2016～2017年连续两年召开思路、时尚、文化周论坛，邀请国内外著名设计师、知名企业家进行专题讲座，先后选派了18位研究生到美国、德国等知名大学进行短期留学访问，鼓励学生参与高水平及全球性大赛，并在资金与师资上全面支持。

（3）实践与考核体系的建立是通过项目与比赛促进团队协同发展的同时，支持个性化实施定制学习，全面支持以科研为依托的学术拓展第二课堂，建立以科研突破来构筑研究生教育教学科研通用平台，形成高效、协同、个性的培养模式。

首先，整合导师单一资源，成立高水平导师科研团队，设置教学科研通用平台，在体制机制上以项目及比赛支撑团队可持续发展，增加奖励力度，完善考评机制。

其次，教研通用平台对标艺工文技"四维一体"课程模块，形成了以科研提升教学内涵的课程群，制度上支持开放面向全体服装与服饰设计、服装设计与工程等方向研究生的可定制主导学习模式，学生在此自主交流、申报项目、完成教学拓展、参加专业竞赛、参与以项目为基础的国内外校际交流、发表论文、申请专利等一系列教研活动。

最后，强化顶层设计，完善政策保障，推行弹性学制、跨院系选课、缓修、缓考等适应个性化需求的配套管理制度。增加科研参与的得分配比，增强导师团队对研究生的管理灵活度，为高效、协同、个性的培养模式构建高效通道。

3 成果的创新点

3.1 指导体系依托于育人模式的平台创新——"一平台、三院、五中心"

通过一平台、三院、五中心，强化科研与产业化在高水平创新人才培养中不可替代的作用，通过省级教学团队、导师团队的纵向和横向科研项目，拓展高水平教研资源，形成科研带动教学，教学促进科研双向融合创新的内在驱动力。

3.2 课程体系创新——四维一体

以提升专业技能、创新精神和职业素质为培育目标，重新打造专业课程与实践课程亮点，增加企业命题设计、设计文化实践等课程，采用艺（艺术课程模块）、工（工程实践模块）、文（文化美学模块）、技（实践应用设计模块）四个方向模块，根据科研平台和科研项目的运行情况，自主灵活地制定课程内容及教学日历，解放课堂教学，用多层次、多元化、多阶段的专业培训，全面提高研究生的专业素养和实践能力。通过高水平导师科研团队＋教学科研通用平台，使学生在科研项目参与方面、国际国内交流方面、科学竞赛等方面真正做到"学生进团队、学生做研究、学生出成果"的专业实践训练，扩大了行业及社会影响力。

3.3 实践与考核体制机制创新——创新管理支撑可定制的主导学习模式

推行弹性学制、跨系选课、缓修、缓考等适应个性化需求的配套管理制度，增加科研与各类实践参与的得分配比，在综合测评中突出成果加分的重要性，增强导师团队对研究生的管理灵活度，消除对学生自主发展的制度束缚，支持可定制的主导学习模式，学生自主发展的需求将对教学及管理提出更高要求，形成自下而上的内生动力，从而推动教师、院系和学校管理部门不断深化和拓展改革领域。

4 成果的推广应用情况

4.1 校内成果的推广应用

4.1.1 促进了学生高水平、个性化发展

毕业生2012～2018年就业形势良好，签订劳动合同占毕业学生总人数的89.46%。研究生毕业去向主要在科研机构、高等学校、事业单位、国有企业等，主要从事教育教学、设计研发、行政管理等工作，用人单位反馈良好，符合高水平、创新性人才培养的输出要求。自2012年以来，涌现出新型创业实践平台6个，创业电商项目20余个，相关产业园及其他创业实体20余个，平台孵化受益100余人。

4.1.2 服务于学校科研通用平台的建设，课程教学质量持续加强，促使科研水平持续提高

服装与艺术设计学院实行严格的100%校外盲审制度，论文质量持续保持了较高水准。形成了全面、综合、体验式的实践教学平台，培养高水平、强素质、多元化的拔尖高层次人才，实现了教研的大融合、大发展、大创新，进一步促进了科技成果转化、实现了校企合作新产品的开发；推动了地区产业升级，促进了区域经济发展；积极开展健康服饰产业发展，引领了服装设计领域新的经济增长点；将脱贫攻坚与学术研究相结合，主动承担社会责任。通过我校"5+X"特色学科群对接产业集群，承担了多项榆林地域毛纺织服装及防寒服设计项目，并在国际冬季博览会上展示；设立了"西安工程大学·三八妇乐健康服饰研究中心"，推广健康服饰制造创业项目；承担社会公共服务职责，主持并完成陕西省多项脱贫攻坚项目，并获得九三学社的高度评价；还参与制定了羊毛防寒服行业标准等工作，为相关部门和企业提供咨询建议并已获得采纳。

4.1.3 参赛获奖质量跨越式增长与深度交流促使专业影响力快速辐射

团队指导研究生参加国内外大赛，获得高水平奖项30余项，多项奖项实现了新的突破，这些都是深度学术拓展的成果，专业获奖率显著提高，行业知名度与美誉度持续扩大，社会效益更加显著。

4.2 校外成果的推广应用

4.2.1 行业及高教界广泛积极评价，邀请交流经验，改革理念形成有效辐射

近几年，十多余所国内外同行高校来访交流教学经验。团队主持人在2018年中国纺织学术年会担任服装分会场主持；推广国际学术交流讲座30余场；2018年荣获碑林区创意创新创业领军人才称号。

4.2.2 引发社会大众更加关注创新人才培养

由于行业及学术的拓展辐射持续增大，科研带动学校、专业、个人创新发展的"四位一体"理念深入人心，在教师队伍及学生中都得到了广泛的关注，口头与书面讨论形式多样；艺、工、文、技"四维一体"在社会广为流传，引发了大众对高层次创新人才培养模式的讨论与关注。

服装专业数字化课程建设与创新人才培养

四川大学

完成人及简况

姓名	性别	所在单位	党政职务	专业技术职称
冯洁	女	四川大学轻工科学与工程学院	教研室主任	工程师
赵武	男	四川大学轻工科学与工程学院	副系主任	副教授
徐波	男	四川大学轻工科学与工程学院	无	讲师
周晋	男	四川大学轻工科学与工程学院	无	副教授
申鸿	女	四川大学轻工科学与工程学院	无	副教授
李晓蓉	女	四川大学轻工科学与工程学院	无	副教授
姚云鹤	男	四川大学轻工科学与工程学院	无	讲师
刘望微	女	四川大学轻工科学与工程学院	无	讲师

1 成果简介及主要解决的教学问题

1.1 成果简介

《服装专业数字化课程建设与创新人才培养》成果，着眼于培养适应 21 世纪数字化发展趋势的复合型服装创新设计人才的培养，数字化教学手段与创新创业实践相结合，使数字化建设与科研项目、与企业、与社会实践相结合，以其明确的科研成果目标与社会化生产实践，使数字化课程建设更有实践适应性，使学生获得多方位的能力提升。以可持续性与优秀的民族民间非物质文化遗产兼容的设计眼光与设计理念，培养具有现代数字科技视野与理论能力，同时，使学生有很好的设计创新能力、创新实践能力和工艺经验。

培养适应 21 世纪数字化时代的服装专业设计与创新实践人才，其教学理念、教学内容与教学方法，与以往传统的独立无关联的课程建设、只重理论不关心实践、不重视课程的数字化的课程不同，教学中以项目为导向，重视课程间的关联与教育共享，不仅面向本专业课程间的数据库共享，同时借鉴全国范围内的优秀教学资源，提升课程学习的深度与广度，基于"科研 + 大学生创新创业 + 专业竞赛 + '互联网 +'"的实践，提升专业的数字化与虚拟仿真设计与实践教学，从可持续角度传承中华服饰文化与非物质文化遗产，提升学生的审美与实践创作力，进行多角度多方位的创新实践的教学模式。

1.2 成果主要解决的教学问题

（1）专业课程之间相对独立，与其他主干课程无有机的联系，课程之间缺少贯穿连接的纽带。学生在学习专业知识与技能的过程中，会有割裂分散感，往往要等到毕业设计时才有机会完整地做一个毕业设计项目。课程间各位老师的教学交流较少，不利于专业资源的整合。

（2）数字化时代，在线课程、人工智能与数字化的需求体现在社会生产与生活的各层面，服装专业课程的数字化程度有待提升。

（3）单一人才培养问题，如何顺应"互联网 +"的全方位人才培养的需求；如何建立可持续发展、多元化的知识与能力兼备的思政人才培养体系。课程资源与数字化、与优化"方向—人才—平台—项目—成果"创新链的联结不紧密，课程教学方式、教学手段与教学内容的与时俱进的需求。

2 成果解决教学问题的方法

（1）采取以项目制为导向的课程建设方法，通过项目主题，建立课程之间的协调与关联，完成课题训练。

方法与措施：在课程教学中置入与项目相关的主题内容，在课程间建立桥梁，连通了教学内容，从设计与创作到成果联结一致。以"东方服饰设计创作"项目，将项目主题与时装人物画课程联结，在课堂教学中引导学生学习中国工笔人物画赏析与创作，并创作中国古风式具有东方审美的服饰人物画；项目主题为东方服饰，具体到国内服装以汉服旗袍为主，通过服装结构设计与制作工艺课、服装CAD—结构与设计课程间的结合，指导学生完成民国时期服饰的设计创作，并在项目方举办的展览中展出作品。同时服装结构设计课程以项目制为导向，以不同的主题方式，定期开会讨论。在项目实施完成过程中，课题组教师通过项目主题，结合课程教学，建立课程之间的协调与关联，完成课题训练。

（2）课程教学方式、教学手段与教学内容与时俱进，建立多方位的数字化课程体系。

方法与措施：建立数字化课程档案，通过课程主干内容灵感来源、资料优秀作品的数据库建设以及数字化课程群的建设，使服装专业整体的数字化应用与数据获得能力得到提升；新增数字化虚拟仿真课程"虚拟仿真在线服饰配件设计""革制品结构设计虚拟仿真实验课程"，进一步构建出专业的数字化课程群，对服装专业的数字化课程建设从师资到教学力量与课程内容建设起到了重要作用。自2020年以来，共开设4门线上线下混合式SPOC课程，调整与改变授课方式，适应网上教学，熟悉网络资源，有效利用现有的网上课程，降低课程资料容量，为学生毕业后可持续学习打下基础，适应新形势与5G时代来临对新教育模式的挑战与社会需求。

（3）与外部的优秀科研项目及教育资源对接与交流，学习先进经验，完善可持续发展的创新人才培养体系。

方法与措施：通过举办专业讲座及教学交流活动，拓宽视野、提升专业素养与教学水平。通过引进国家级精品在线开放课程建设打造线上线下混合式一流课程，将在线教育、教育共享资源引入教学实践中。运用数字化研究方面的优势，推荐各大服装类课程平台；推动专业课程与网络优秀慕课资源的对接，分析各大平台的优势与课程，通过心得与体会介绍，演示线上共享屏幕的教学方式，推动服装专业线上课程教学的建设。着眼于可持续发展的创新人才培养，传承中华服饰文化与非物质文化遗产，邀请敦煌研究院榆林窟文物保护研究所邢耀龙，作题为《敦煌衣裳：衣带渐宽终不悔》的讲座，传承中华优秀文化艺术。通过联合举办《源尚——设计师与本土文化的时尚对话》等活动与行业协会、国内外服装院校的设计师和专家进行交流与对话，建立完善可持续发展的创新人才培养体系。

3 成果的创新点

3.1 教学理念与方式的创新

21世纪的服装设计人才与数字化密切关联，创新教学理论与方式将数字化运用到教学各环节。建设线上线下混合式课程，成功开设了服装CAD—结构、皮革制品及品牌赏析等SPOC课程，开发了"服饰品云版房设计"与"革制品贯通式在线3D数字化虚拟设计"软件，为学生提供在线学习的平台与软件。通过手机在线学习平台互动，结合QQ及时信息，保持在课后随时及时在线答疑、定制时间接收作业；提供线上共享资源，学生可不限次观看教学视频，教师针对学生课下学生中反馈的问题及时答疑解惑录制小视频在线发布。

3.2　教学内容的创新

教学中引入虚拟仿真教学，开设了数字化的虚拟仿真设计与实验课程；教学内容在传统图文解读的基础上，升级到动态的数字化在线可视教学资源。建立数字化课程群：在原有数字化课程服装CAD—设计、服装CAD—结构、参数化服装CAD等课程基础上，增加虚拟仿真在线服饰配件设计、革制品结构设计虚拟仿真实验、皮革制品三维效果图设计等课程，构建数字化课程群。出版了数字化应用方面的教材《鞋类数字化设计原理及应用》，在教学中运用数字化的设计原理。

3.3　以项目为导向的数字化课程教学与创新人才培养相结合

以项目为导向在教学课程间寻求关联，给予知识体系以应用与实践支持，在项目与课程连接的基础上叠加教改项目的关键词数字化，以课题组教师承接的科研项目及大学生创新创业实践等项目为单元，进行数字化设计创作与实践，使数字化建设与科研项目、社会实践相结合，并通过创新实践转化为实物成果，以项目促进教学。

4　成果的推广应用情况

4.1　实施效果好

基于"科研+大学生创新创业+'互联网+'"实践的创新实践人才培养模式，培养了学生的综合能力，学生通过项目实践将专业基础、创意与实践相结合完成项目要求，锻炼了综合运用所学的实践能力，同时也带动和影响了学生的学风，挖掘学生自身潜力与能动性主动探索研究课题，综合素质得到了显著的提升。这样的毕业生受到用人单位青睐，学生实践创新能力培养效果显著。

4.2　数字化课程建设路径清晰，为 5G 时代学科建设教育共享打下坚实基础

通过建立数字化课程档案、师生优秀作品数据库等多路径数字化课程建设，以及在此基础上的数字化课程群建设、完善与壮大，适应新形势与5G时代来临对新教育模式的挑战与社会需求。

4.3　以项目为导向的数字化课程教学与创新人才培养相结合

与项目制相结合的数字化课程群建设，其中的项目可以是教师的科研项目、研究课题，将项目与学科课程内容相结合，通过项目的完成与实践过程，提升学生综合运用专业的学科基础与专业核心知识，结合实践教育成果，在学生创新创业实践环节，包括大创项目、"互联网+"、学科竞赛和毕业论文与设计中取得好成绩，获得进一步的综合素质提升。

"教研相长"——基于"基础—理论—创新—实践"四位一体培养体系的智能纺织品课程模块与构建

青岛大学

完成人及简况

姓名	性别	所在单位	党政职务	专业技术职称
田明伟	男	青岛大学	副院长	教授
王航	男	青岛大学	党支部副书记	讲师
刘红	女	青岛大学	无	讲师
朱士凤	女	青岛大学	系主任	副教授
苗锦雷	男	青岛大学	无	讲师
王雪芳	男	青岛大学	无	讲师
陈富星	女	青岛大学	无	讲师

1 成果简介及主要解决的教学问题

1.1 成果简介

纺织品智能化是纺织产业寻求转型升级及提升产品附加值的主要突破方向之一，而当前纺织院校还未系统地开展相关课程模块建设。以柔性纺织智能发展需求为契机，本成果聚焦于智能纺织品课程模块体系建设，夯实以纺织材料学、针织学、纺纱学等纺织基础教学，打造以纺织、材料、化学、计算机等多学科交叉的理论课程，结合以课堂—实验室的创新机制，将教学与科研深化融合，以创新激发兴趣，以兴趣引领实践，弥补了纺织专业培养中智能纺织品相关关键课程的空白，建成了基于"基础—理论—创新—实践"四位一体培养体系的智能纺织品课程模块，如图 1 所示，为综合型的纺织类人才培养提供了坚实的课程基础保障。

1.2 主要解决的教学问题

经过多年建设，该课程模块体系实现了智能纺织品课程的培养理念、培养模式及其体系的建设与创新。主要解决的教学问题有：

1.2.1 智能纺织课程师资队伍组建

建立一支具有智能纺织背景的师资队伍，以学科发展和科研实践促进教学为手段，提升队伍理论与教学能力，全面提高基础理论知识的教学质量。

1.2.2 课程设置与行业发展的联系机制构建

依托行业发展需求，建立密切联系的生产或生活实际的课程体系；改革课程模式，通过"纺织＋"教学与理论结合及通识与多专业教育融合等方式，提升本科生的纺织专业基础能力和多学科融合理论能力。

1.2.3 践行科教融合，搭建学生实践平台

通过教学与科研的结合，建成不同类型的智能纺织课程的产学研基地（纺织品加工实习基地、纺

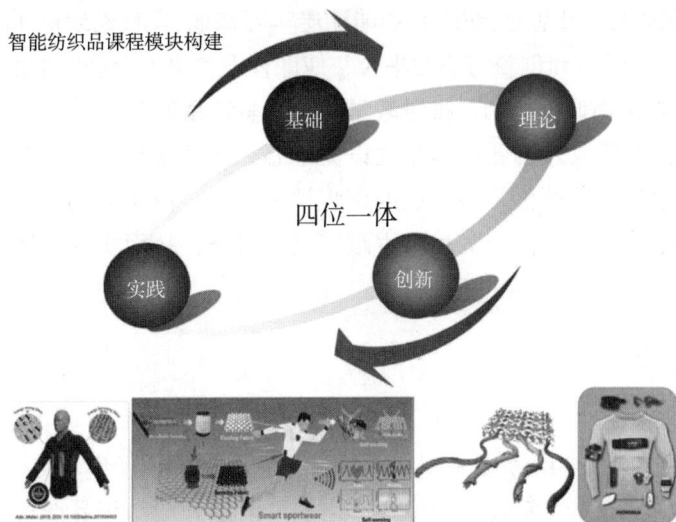

图 1 基于"基础—理论—创新—实践"四位一体培养体系的智能纺织品课程模块

织品功能涂层实习基地、柔性纺织电子器件组装实习基地等），为人才培养提供基础与理论学习和创新与实践平台。

1.2.4 课程评价与反馈调控机制改革

引入目标模式评价与终结性评价技术，建立"社会发展需要—实践理论完善—学生能力提升评价"的课程培养实时反馈机制，形成新的课程评价—反馈—调控的闭环机制。

2 成果解决教学问题的方法

2.1 组建了一支具有智能纺织研究背景的师资队伍，全面提高教学的专业水准

专业的师资队伍是课程质量的重要保证。在课程体系的建设与发展过程中，始终以"智能纺织"为核心，从纺织科学、服装科学、材料学、电子电路等多学科融合着手，组建了一支专业理论丰富、实践能力强、学科知识涵盖面广的 7 人优秀教师团队。团队教师均是在智能纺织研究一线的专任教师，始终鼓励任课教师积极参与智能纺织前沿科学研究和多学科理论学习，提升教师科研创新能力，促进高水平科研向教学渗透；鼓励参与各级各类教学比赛，强化教师的教学实践能力。此外，还积极聘请校外智能纺织相关企业研发或工程人员作为实践课教师，通过科研与教学、思政与教学的密切结合，形成了一支专业理论丰富、实践能力强的优秀教师团队。

2.2 教学联系实际，贯彻课程设置与行业需要的同轨制教学

结合智能纺织行业特点，开展了从材料结构到智能纺织品，再到智能服装与时尚的全产业链理论课程体系，并辅以柔性电路设计、智能传感组装等实践课程，实现课程与行业生产的无缝对接。进一步完善和丰富了多元课程模式，在课程设置中增加了文献检索、科技论文与写作、科技前沿、创新成果展示等研究性课程，提升学生的创新思维与创新能力；并组织学生参观学校智能可穿戴研究中心、智能纺织企业生产过程等形式多样的学习活动方式，提升了学生对纺织专业基础和多学科融合理论等知识的认知。

2.3 整合与搭建教研协同创新平台，建立科教创新标准体系

在继续传承"重基础、重实践、重素质"传统教育教学的基础上，努力把创新能力培养纳入其中，构建"基础、理论、创新、实践"的四位一体人才培养课程体系。以研促教、教研结合，把科技创新和实践操作引入课堂教学中，用最新科研成果及实践教学丰富教学内容，提升学生的创新思维与创新能力。立足教研并重型大学定位，建设了丰富的教研协同创新平台、纺织技术科普中心及智能纺织课

程的产学研基地（纺织品加工实习基地、纺织品功能涂层实习基地、柔性纺织电子器件组装实习基地等），为人才培养提供基础与理论学习和创新与实践平台，使课程设置更符合新时期的人才培养模式。

2.4 推动课程评价与反馈调控机制，推进教学质量"多维建设"

以培养具有优秀综合素质人才的课程体系建设为中心，构建了具有一线企业技术评价、多学科实践理论完善评价、学生教学环节评价等多层次的课程评价体系。由单纯的学生"一维评教"转变为全方位的"多维评价"，建立课程评价档案和学生跟踪反馈机制，从而实现了课程的动态实时优化，保证了课程建设的质量。

3 成果的创新点

3.1 思路与理念创新

面对当今智能化发展浪潮，为培养具有基础扎实和理论丰富的创新型、实践型、复合型纺织人才，创建了基于"基础、理论、创新、实践"四位一体培养体系的智能纺织品课程模块。梳理了推进课程教育质量建设的两方面重要抓手——师资基础与纺织理论基础，重视基础教学团队建设及课程纺织基础教育。突出了智能纺织在未来纺织技术发展中的引领作用，厘清了智能纺织品课程体系架构，为加快建立健全相关课程建设提供了指导思路。

3.2 培养方法与模式创新

依托山东省万亿级纺织产业大背景和青岛大学智能可穿戴研究平台，着力把握"以研促教，教研结合"的培养思想，把科技创新和实践操作引入课堂教学中，培育科教实践联合培养模式。进一步通过师资队伍建设、培养平台整合、课程体系完善和创新实践培养，深入教学与科研深化融合、育人与育才持续融合，形成了"基础、理论、创新、实践"四位一体培养新模式，不断提升学生的理想信念、创新实践能力和综合素养。

3.3 教学评价与管理技术创新

结合"夯实基础、激励探索、培养创新、面向社会"的课程理念，以培养具有优秀综合素质人才的课程体系建设为中心，建立教学质量全方位评价、跟踪调控和反馈机制，将质量反馈与调控贯穿教学的输入、输出和实施过程，从而实现了课程的动态实时优化，保证了课程建设的质量。

4 成果的推广应用情况

4.1 推广应用情况

全面建立了智能纺织品相关课程模块，包括课程设置、课堂教学环节、创新训练、实践实习等环节的本科教学的课程建设和质量标准体系。相关课程成果已在青岛大学纺织服装学院的纺织工程专业、"科技与时尚创新班"及服装设计与工程专业中实施，学院内每届受益学生人数平均为 300 名左右。在已开展的必修课基础上，该成果中部分课程也开展了校内任选课，可供青岛大学校内其他专业学生选修，推广教学过程中也得到了广大学生的一致好评；下一步，计划通过中国纺织服装教育学会主办的纺织服装教育大会向国内纺织高校推广。

4.2 实际效果

4.2.1 师资力量和培养平台不断完善

建立了一支年龄结构合理并具有纺织学、服装学、材料学、电子电路等多学科背景的师资团队，并聘请了中国纺织机械协会侯曦会长、中国产业用纺织品协会李冠志博士、山东省纺织服装行业协会刘汉庆、潍坊佳诚数码材料有限公司泰山学者王冰心董事长、歌尔集团赵成主管等一批富有智能纺织新产品开发经验的企业老总高工等担任课程校外导师。近三年来，共有 5000 余人次的学生参加了 40 余场企业老总和工程师的报告会，收获了行业前沿信息、研发和创业经验。

4.2.2 学生专业基础及创新能力全面发展

获国家级和省级等各级大学生创新创业项目 258 项，学生参与率 95% 以上。获国家级和省级等各级优秀社会实践团队及个人荣誉 38 项，122 人获省优秀学生和优秀毕业生，52 人荣获青岛大学"十佳学生党员"等荣誉称号。在院学生以"专业基础扎实、创新能力优异、实践动手能力强"等优势深受用人单位和社会好评，近三年继续深造率平均达 40%，就业率近几年持续接近 100%。

4.2.3 学生运用知识的能力和竞技水平大幅提高

近年来，我院学生在一系列纺织学科知识与技能竞赛中获奖，表现出较强的学科知识运用能力和较高的学术竞技水平。2018 年至今，在全国大学生纱线设计大赛、全国大学生非织造产品设计及应用大赛、"互联网 +"大学生创新创业大赛等科技竞赛中，我院学生均取得优异成绩，共获特等奖、一等奖 10 余项，其他各类奖项 105 项。

面向工程教育认证的纺织卓越工程师培养目标落实与实践教学改革的研究

江南大学

完成人及简况

姓名	性别	所在单位	党政职务	专业技术职称
黄锋林	男	江南大学	副院长	教授
王清清	女	江南大学	无	副教授
魏取福	男	江南大学	重点实验室主任	教授
徐阳	男	江南大学	无	教授
李蔚	女	江南大学	无	副教授

1 成果简介及主要解决的教学问题

1.1 成果简介

本项目依托中国纺织工业联合会教育教改项目"面向工程教育认证的纺织卓越工程师培养目标落实与实践教学改革的研究"（NO.2017BKJGLX170）、教育部"卓越工程师教育培训计划"和江南大学本科教改研究项目"纺织工程专业创新创业型人才培养模式的研究、实践及其评价机制"（NO. JG2017059），针对"面向工程教育认证的纺织工程专业卓越工程师"培养过程中出现的关键难点，展开了"培养目标落实与实践教学过程改革"的研究。本项目紧密围绕"以学生为中心、目标导向教育、质量持续改进"三大工程认证核心理念，解决了卓越工程师培养过程中出现的校外实践教学评价标准不明确、校内课程教学质量评价方法单一以及卓越工程师用人单位的评价意见如何系统反馈这三大问题，推动了我校纺织工程专业卓越工程师培养计划的深入试点，并在校内外形成了工程类卓越工程师培养的示范和推广作用。

具体成果可概括为：制订了培养合格的纺织高级工程技术人才的具体方案；形成了完善的纺织"卓越工程师"教学质量与培养效果的评价体系，从而确保培养目标的落实；根据效果评价持续改进卓越工程培养模式和具体的教学计划，如图1所示。本项目实施获得江南大学教学成果奖特等奖1项；江南大学教学成果奖一等奖1项；发表教学研究论文3篇，本教学成果对应"纺织之光"中国纺织工业联合会高等教育教学改革项目已通过结题验收。

1.2 成果解决的教学问题

"卓工计划"旨在克服我国工程教育理科化现象，但纺织高校在实施过程中存在诸多问题急需解决：

（1）如何改革培养模式使"卓工计划"培养的人才符合"卓工计划培养通用标准"。

（2）如何重构课程、改编教材、建设基地，改革教学方法，以支撑"卓工计划"的人才培养需求。

（3）如何提升教师工程能力，满足"卓工计划"中教师工程背景要求。

（4）如何调动企业的积极性，真正实现人才培养的全程协同。

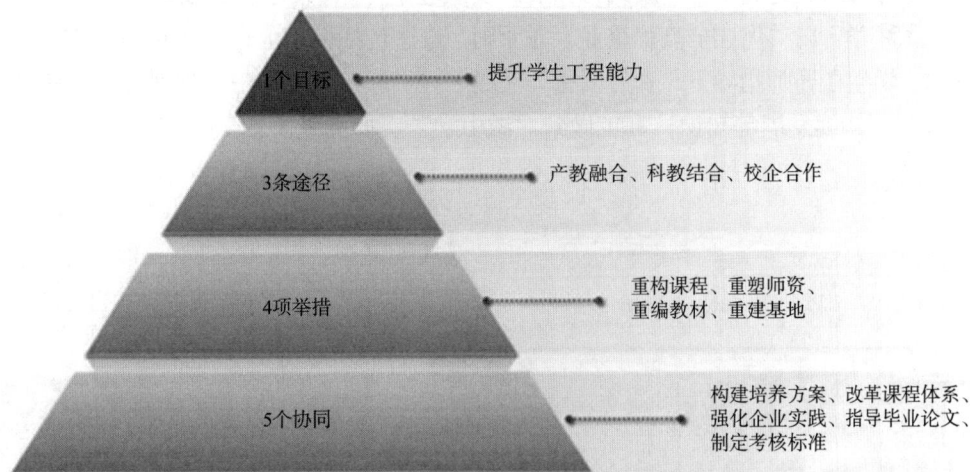

图1　"1-3-4-5"卓工计划人才培养理念

2　成果解决教学问题的方法

依托"教育部卓工计划""国家专业综合改革"和"江苏省品牌专业"等质量工程项目，从四个方面探索并解决"卓工计划"人才培养过程中的系列问题。

2.1　校企协同，构建以"回归工程"为宗旨的"卓工计划"培养模式与机制

充分调研行业人才需求，邀请企业及行业专家，全程参与修订培养方案，提出了基于校企协同理论的互补递进式人才培养模式。建立"专业教师、企业导师、思政教师"三方联动机制，通过走访企业、卓工简报、校企座谈，掌握师生在"卓工计划"实施中的动态，及时处理怕苦畏难情绪；设立毕业生到实习企业就业奖励基金，调动企业承担"卓工计划"的积极性，保障了"卓工计划"的持续推进，如图2所示。

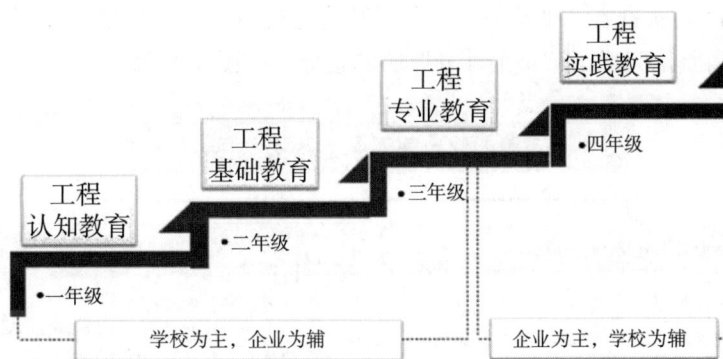

图2　基于校企协同理论的互补递进式人才培养模式

2.2　加强产教融合，重构以"回归工程"为核心的教学方法和课程体系

以"纺纱工程""机织工程""针织工程"等校级核心课程为基础，建成四门国家级课程。强调以学生主体、教师主导的研讨式教学方法；构建"大一新生研讨课、大二学科前沿课、大三专业卓越课、大四卓越实践课"体系，实现从"知识输入"向"知识输出"的转变，有效提升了学生工程实践能力。为适应"卓工计划"培养需求，主编了首套行业专家参与的"卓工计划"系列教材，教材注重理论与实践相融合，增加了品种开发、质量控制等内容，突出工程素质培养，强化工程实践能力。

2.3　推进科教结合，创新以"回归工程"为理念的实践教学模式：校内仿真实践，学中做

模拟纺织企业的实际状况，提高学生解决复杂工程问题能力。通过分层次设计实践环节，仿真"企

业实践"实际环境,形成"4类15种"开放式可拓展的实践教学体系,使学生在校就能"纺出纱,织成布"。

企业实战实训,做中学:以"优选全流程企业"为原则,遴选包括多家上市企业在内的37家企业为"卓工计划"的基地。学生在导师指导下"真刀真枪"开展工程实践,在实践中得到锻炼,并获得生产管理、工程伦理、环境与可持续发展等知识,真正做到"做中学",如图3所示。

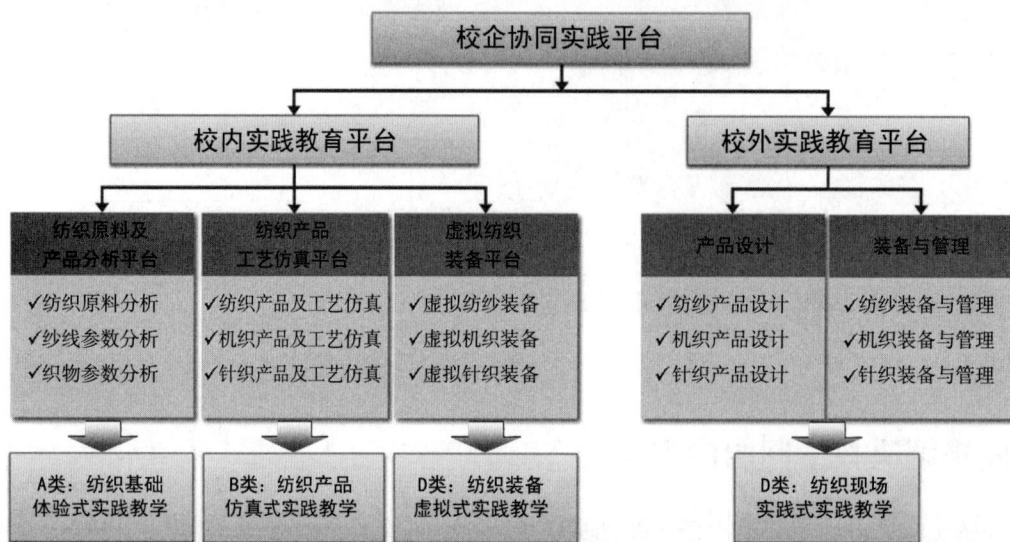

图3 专业实践教学模式

2.4 优化师资队伍,打造以"回归工程"为前提的"卓工计划"教学团队

产教结合、科教融合是提升"卓工计划"师资工程能力的有效抓手。校内导师承担企业项目、担任科技副总、主持省产学研等项目达102项（人）,在企业累计工作时间一年以上的教师56人,在使企业获益的同时,也提升了教师的工程化能力;校外导师承担校企合作项目、参与学校学术活动,理论水平得到提高,有7人获批省产业教授、7人晋升研究员级高工,42人受聘"卓工计划"导师,校企协同、知识互补,高质量完成了"卓工计划"协同指导,如图4所示。

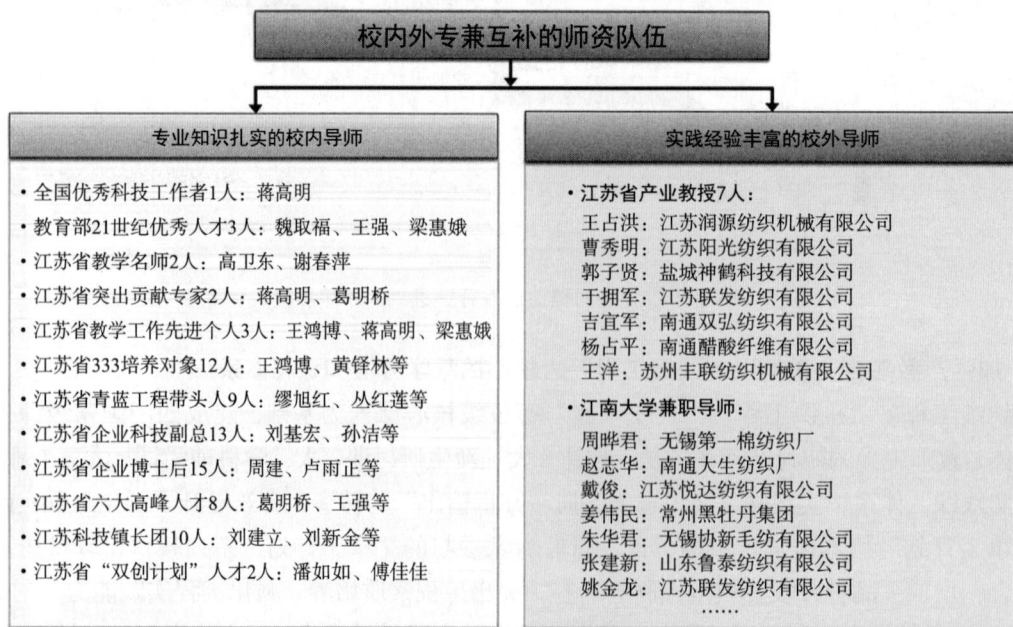

图4 "卓工计划"教学团队

3　成果的创新点

（1）首次提出了高校、企业和用人单位三方对纺织"卓越工程师"教学质量与培养效果进行协同评价，并以培养质量评价反向指导纺织工程专业培养方案的修订和教学计划的执行。

（2）针对不同的实践教学环节，制定相应的考核标准，高校联合企业共同建立系统的实践教学评价体系，在培养标准统一的基础上共同落实工程教育联合培养方案，为纺织卓越工程师在专业知识基础与实践创新能力两个方面的培养质量提供可靠保障和评价标准。

（3）对前3届纺织工程专业毕业生进行质量调查，提出了毕业质量监控的关键环节以及质量评估基本方法，从而建立系统的质量评价和反馈系统，以最终的用户评价衡量人才培养效果，促进纺织工程卓越工程师培养质量的提高。

4　成果的推广应用情况

2017年至今，多批次本科高校来我校调研，部分成果已在东华大学、武汉纺织大学、南通大学、安徽工程大学等纺织类高校进行了推广应用。受教育部指派，先后有2名骨干教师赴新疆大学任教，实施了江南大学卓工计划培养方案，覆盖3届毕业生，为新疆地区的纺织人才培养作出了贡献。后期将进一步通过教学培养方案交流、新疆高校支教等形式在同类纺织高校推广本项目的应用。此外，鉴于实践培养方案的融通式发展趋势，通过跨专业教学教改交流将本项目的研究成果在项目实施单位的其他专业进行适应性推广。

OBE 理念的"服装工艺设计"课程建设与实践

常熟理工学院

完成人及简况

姓名	性别	所在单位	党政职务	专业技术职称
穆红	女	常熟理工学院	无	教授
陆鑫	女	常熟理工学院	二级学院院长	教授
何亚男	女	常熟理工学院	系主任	讲师
吴世刚	男	常熟理工学院	系副主任	副教授
张英姿	女	常熟理工学院	无	讲师

1 成果简介及主要解决的教学问题

1.1 成果简介

"服装工艺设计"课程是服装专业的核心课程之一，课程内容实践性强，教学实践中存在学生对行业实务知识了解薄弱，产生理解的偏差导致学习兴趣不足。服装生产及制作工序知识薄弱，工程实践能力不足。对服饰文化的了解不深入，创新能力不足。本项目深入贯彻"注重通识，融入业界"人才培养理念，以基于学习成果为导向的 OBE 理念，从提高学生学习主动性、培养学习能力的思路出发，与服装企业合作，扩大优质教学资源的有效利用，课程依托"云班课"平台，为学生提供线上、线下学习资源，课程建设成果应用于实践教学。课程建设实现了从初建期到特色期发展（图1）。

图 1 "服装工艺设计"课程建设发展阶段

1.2　主要解决的教学问题

1.2.1　推进校企联动、协同育人，解决学生学习兴趣不足的问题

依托常熟纺织服装行业协同创新公共服务平台、五合一产教融合基地，开展深入融合的项目化教学，学生通过对行业、企业的了解，增强使命感与责任感。

1.2.2　开展线上线下互动式教学，解决工程实践能力不足问题

以微课、动画、企业生产视频等电子信息资源等为网络资源素材，开展线上、线下学习，实现课程内容口袋化，教学即时化，激发学生的学习热情并提高教学质量。

1.2.3　弘扬中国传统服饰文化，解决学生创新能力不足的问题

以非遗传承、服务地方产业为项目引领，教师科研反哺教学，更新教学内容，改革教学方式，开发教学资源。教师团队通过科研项目与课程建设结合，带领学生参加各类比赛、撰写论文、申请专利，取得了一系列教学成果。

2　成果解决教学问题的方法

2.1　优化课程教学内容

紧扣学科发展与行业应用的前沿，建立课程内容及时更新机制，聘请更多企业专业技术人员参与课程实践教学指导、实习指导与管理、课程评价、课程建设方面的工作，将学术研究新进展、实践发展新经验、社会需求新变化纳入课程教学中，突出内容的先进性、应用性。充分挖掘和运用课程所蕴含的思想政治教育元素，注重培养学生批判性思维、团队协作能力和创新创业能力以及解决复杂应用问题能力。基于OBE理念的"服装工艺设计"课程建设组织与实施教学目标确定思维导图（图2）。

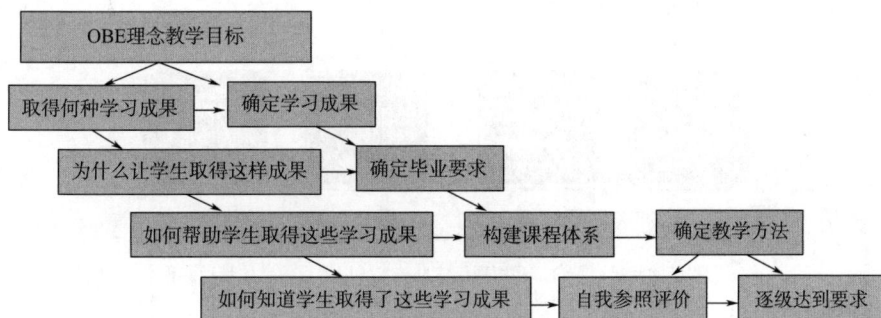

图 2　OBE 理念教学目标思维导图

2.2　完善课程教学资源

对课程标准、项目设计、教案、课件等教学资源进一步凝炼和完善（图3），开发课程的项目式教材《服装缝制工艺》，拍摄与制作授课录像，形成特色教材、教案，通过实践项目的训练，开阔设计思维，增强动手实践能力，从而为学生解决未来工作中的复杂问题奠定基础。课程教学模式得到行业（企业）专家和高校同行专家认可。

2.3　开展混合式教学

以云班课为平台，完善网络课程建设，实现课程的线上辅助、学生自主学习及师生互动。以课程信息化带动教学现代化，通过课程录像、CAD演示、微课、服装制作视频等多样化的资源，使学生可以通过手机或电脑登陆课程网站，把网络课程随时带在身边。

2.4　提升专业教师能力

以服装产业对人才的需求为依据，深入分析服装行业各岗位的共性与差异性，围绕专业核心岗位

的工作领域，结合服装产业链的人才需求，积极与行业企业合作，教师以科研反哺教学，逐步形成一支以课程负责人为带头人的高素质师资队伍，培养一批受学生欢迎、专业知识扎实、教学水平高、业务精湛的教师队伍。

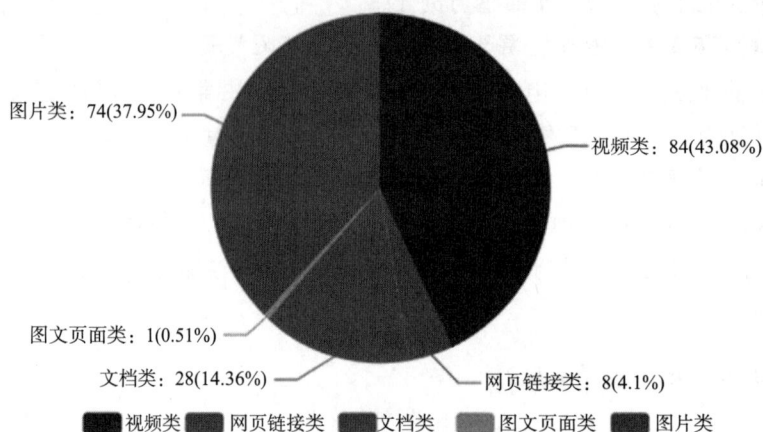

图3 课程资源类型占比

3 成果的创新点

3.1 教学内容创新：校企合作、双能协同，实现课程内容实战化

通过不同方式呈现教学内容（图4），模拟服装企业生产与实践的真实案例，近距离地了解行业与企业的用人需求，培养学生团队合作意识和良好的职业习惯，提高学生的职业素养和职业技能，从而确定学习目标。

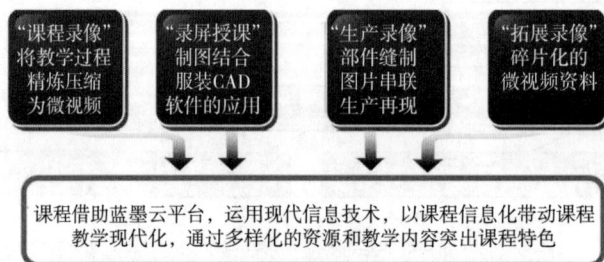

图4 课程建设内容及呈现方式

3.2 教学方法创新：开展混合式互动教学，实现教学方法多元化

基于学习成果导向的OBE理念，改革教学方法（图5），通过云班课、腾讯课堂、企业微信、在线开放课等平台，课堂教学得以翻转，教师课堂教学体现以提高学生获取知识的能力学习为中心，开展案例法、演示法、互助法、小组汇报法等多元化教学方法的改革与探索，调动学生学习的积极性。

3.3 教学理念创新：以研助学、双创协同，实现教学科研同步化

结合江南地区服饰文化特色及服装产业特点，在课程教学中增加苏绣、常熟花边等非物质文化遗产知识的学习。科研项目融入大学生创新创业课题，以此提升学生的创新创业能力。

4 成果的推广应用情况

4.1 整合校企合作资源，编写配套的课程教材与讲义

教学内容认真贯彻以"学生发展为中心、以学生学习为中心、以学习效果为中心"这一指导思想，

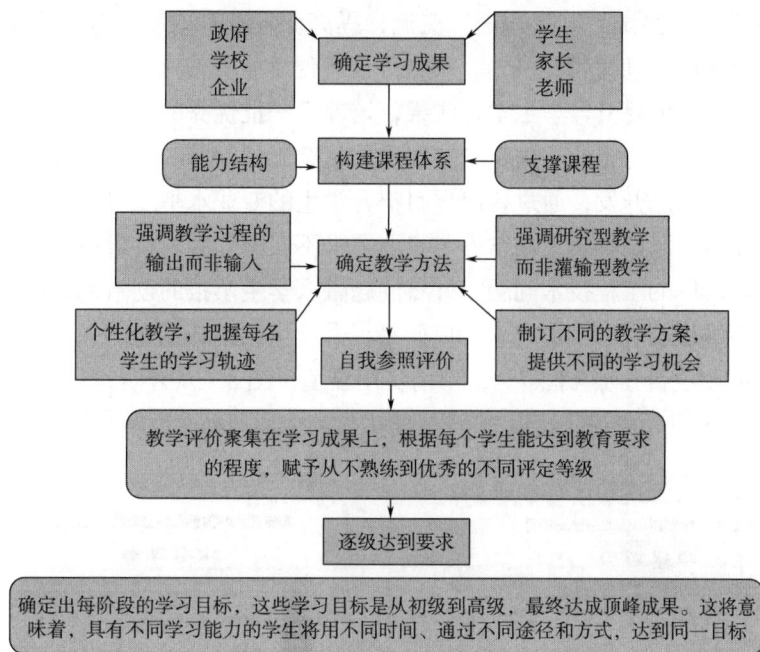

图 5 OBE 理念教学方法改革

充分调动学生的积极性、主动性和创造性，加强师生互动。2019 年课程组教师出版《服装缝制工艺》纺织服装高等教育"十三五"部委级规划教材，教材深入浅出地阐释服装工艺设计的基本概念和基本方法，并由实例分析贯穿始终。2019 年暑假，聘请专家人员，花费 2 个月时间进行视频拍摄、剪辑，在 2019 年年底完成了大多数实践教学的视频录制与编辑，目前自主录制的视频约 500 分钟，自主完成课程视频 48 个（图 6），企业行业案例视频 36 项。课程资源的可视化，可以满足具有不同学习能力的学生用不同时间、通过不同途径和方式，达到同一目标。

图 6 教学团队录制的部分课程视频资源一览

4.2 通过线上线下混合式一流课程建立，实现网络课程随身带

本课程 2019 年立项为校应用型课程，建设周期 1 年，2020 年立项为线上线下混合式一流课程建立，并在蓝墨云平台建设了"服装工艺设计"网络课程（班课号：1432962）。

按照数字化课程建设要求，建立完善了与课程相关的课程标准、项目设计方案、课程授课计划、教师上课教案、试题库、实践指导书、多媒体教学课件等教学资源，通过网上资源，让学生及时了解课程信息，进行自主学习和测试，与教师进行交流，提高课程教学效率和教学质量。学生也可以通过蓝墨云班课平台，把网络课程随时带在身边，最大限度方便学生的使用。

4.3 "成果导向"科研项目引导学生学习成果，培养了一批优秀的学生

科研项目丰富课程实践，为企业解决生产实践中的复杂工程问题。利用教师横向课题研究，学生以企业项目真题真做，参与产品开发，通过科研项目提升学生的专业水平及对市场需求的分析能力，课程对接岗位、实训立足能力，以此解决人才培养与企业需求不匹配问题。科研项目融入大创课题，将科研项目的部分内容分解出具体的工程技术问题，并将问题融入学生申报的创新创业项目中，学生通过课题研究，了解产品开发的过程及生产实践要求，以此来提升学生的创新创业能力。近3年课程组教师指导学生完成江苏省创新创业项目6项（图7），申请实用新型（图8）及外观设计专利16项，公开发表论文10余篇，参加各类服装设计大赛获奖近20项。学生参与企业产品开发与实践获得良好评价。

图7　大学生创新创业项目部分结题证书

图8　学生参与科研项目部分专利证书

基于"1234"教学思想的"服装材料学"课程教学创新改革与实践

德州学院

完成人及简况

姓名	性别	所在单位	党政职务	专业技术职称
姜晓巍	女	德州学院纺织服装学院	系主任	副教授
杨楠	女	德州学院纺织服装学院	无	讲师
王秀芝	女	德州学院纺织服装学院	副院长	教授
王秀燕	女	德州学院纺织服装学院	无	副教授
徐静	女	德州学院纺织服装学院	副校长	教授
王碧峤	女	德州学院纺织服装学院	无	讲师
马洪才	女	德州学院纺织服装学院	院长	副教授

1 成果简介及主要解决的教学问题

1.1 成果简介

本成果依托本校服装设计与工程国家一流本科专业，以服装行业创新驱动、转型发展的人才需求为导向，结合学校人才培养定位和专业人才培养目标，针对课程教学中存在的问题及课程特点，探索形成了围绕立德树人育人目标，以学生为中心、产出导向、持续改进理念指导下的"1234"课程教学思想，并按照"1234"课程教学思想对"服装材料学"课程实施教学创新改革（图1）。

即秉持一个原则——以学生的服装材料鉴别及在服装上的创新应用能力培养为中心的原则，在课程目标的确定、教学内容的重构中遵循两个结合（德知行合一＋学思用结合），在教学模式、教学设计过程中强调时间维度、空间维度、认知维度三个维度的变化，在课程考评方面突出评价的形成性、评价形式的多样性、评价主体的多元性与评价的高阶性四个特性，在课程目标重设、教学内容体系构建、教学模式改革、课程考评等方面进行对"服装材料学"课程改革与创新实践。课程教学团队依托本课程的教学创新改革参加了2021年山东省普通高校教师教学创新大赛，获得二等奖，相关成果的受益面广，辐射服装设计与工程专业学生约200人/年，对于其他工科专业课程教学也具有很好的借鉴参考价值。

1.2 成果主要解决的教学问题

（1）课程目标定位与职业岗位对服装专业人才材料应用能力需求融合不够。特别是面临服装行业创新驱动、转型发展需求，这个问题更加突显。

（2）教学内容与服装材料应用的关联不够，教学内容主要是按照知识的逻辑关系进行组织，与能力培养的对应关系不明确，不能帮助学生更为有效地建立基本概念与实际应用之间的思维连接。

（3）教学过程中教与学的互动、学与用的连接不够，主要是教学模式、教学过程体现以学生为中心不突出。

（4）学习评价中对学生应用能力的评价体现不够，使得学生主动参与应用能力训练的动机不强。

2 成果解决教学问题的方法

（1）精准定位，遵循德、知、行合一原则，重设课程目标，立足服装行业企业、社会需求和学校人才培养定位，按照专业人才培养方案培养目标与毕业要求，倒推本课程支撑毕业目标达成的关键点，同时改变重理论、轻能力培养，轻价值观塑造的问题，遵循德、知、行合一的原则，重设课程目标（图2）。

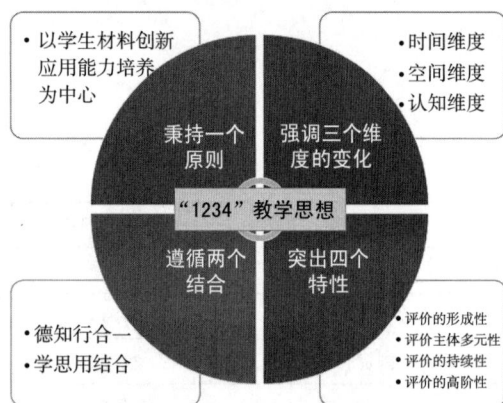

图1 "1234"课程教学思想

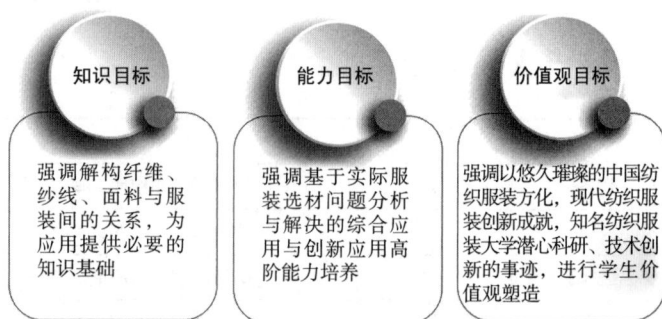

图2 课程目标重设

（2）遵循学、思、用结合原则，构建以解决实际问题的需要为导向，以能力培养为中心渐进式教学内容体系。

①教学内容体系构建：将教学内容分解为五个学习任务模块，每个模块整合重组了相关的知识单元，对应解决不同的实际问题，对应培养学生相关的专业能力，各个学习任务模块贯彻了能力培养为中心的主线，由低阶到高阶，从简单应用能力培养到综合应用能力培养再到创新应用能力培养，构建起以解决实际问题的需要为导向，以能力培养为中心，依托若干学习任务模块的渐进式教学内容体系（图3）。

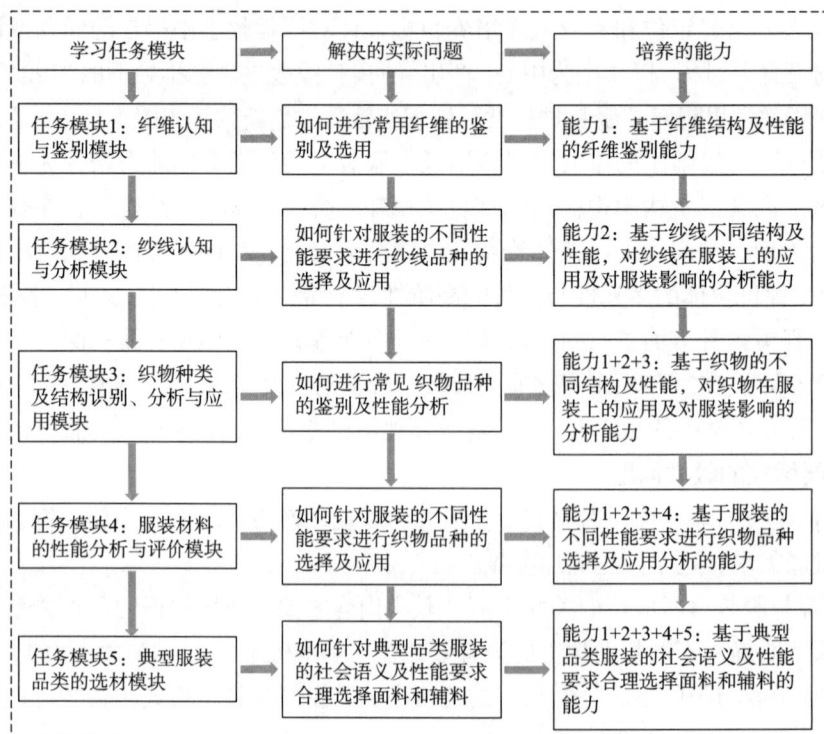

图3 教学内容体系构建

②教学内容与思政元素的融合：在各个模块教学过程中，在专业能力培养的同时，挖掘课程的思政元素，与教学内容有机融合，提升学生的思想政治觉悟，使他们成为具有家国情怀、使命担当的社会主义建设者和接班人，助力学生价值观塑造（表1）。

表1　教学内容与思政元素的融合

模块	思政元素融入点	价值观塑造
模块一　纤维认知与鉴别模块	1. 丝纤维的应用历史，特别是丝绸在历史上发挥的重要作用 2. 著名化学家酆云鹤，在国难当头之际发明化学脱胶处理麻纤维的方法，有效缓解棉纤维不足的情况	1. 家国情怀；刻苦钻研精神 2. 文化自信
模块二　纱线认知与分析模块	1. 追溯纺纱历史 2. 纺织工业由盛转衰，近年再次复兴的发展历程 3. 当今纺纱流程全系统智能化控制	1. 中国传统文化；培养爱国情怀 2. 增强危机意识，增强历史使命感 3. 提升民族自豪感和专业责任感
模块三　织物种类及结构识别、分析与应用模块	1. 丝织物的历史，特别是其文采辉煌的美丽外观优良的穿着性能离不开一代代的织匠的努力 2. 古代纺织专家黄道婆的故事	1. 工匠精神 2. 勇于探索、敬业奉献
模块四　服装材料的性能分析与评价模块	1. 的确良的发展，服用舒适性能很差，现在出现了舒适性高的涤棉混纺织物、甚至是纯涤纶织物 2. 服装功能性的发展	1. 不忘初心、努力奋斗的精神 2. 开拓创新、专业责任感
模块五　典型服装品类的选材模块	1. 服装选材的变化，天然纤维到化学纤维 2. 传统材料换新颜，例如夏季T恤用拉细羊毛、化纤仿丝绸让高档丝绸放下身段	1. 科技发展、时代进步、开拓进取 2. 专业自豪感，激发学生对专业热爱

③教学内容延伸：在教学内容重构时，结合纤维、纱线、面料的最新研究以及高科技运动面料、智能服装面料等需求热点内容对应补充到相应的模块中，为学生深度学习、持续发展提供条件（图4）。

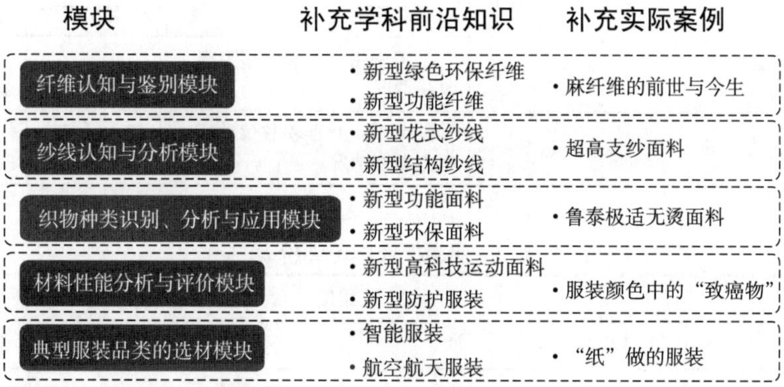

图4　教学内容延伸

（3）以强调三个维度的变化为途径，创新课程教学模式。借鉴布鲁姆"掌握学习"理论，按照反向课程设计的思路，进行教学模式构建。第一步定义学习成果：课前，先明确所期望达到的成果，给出具体的、可执行、可验证的目标；第二步确定实现学习成果的依据：根据学生课前测试结果进行诊断性评价及学情分析，确定教学重、难点及教学设计方法，先学后教、以学定教。第三步实现学习成果：课中，根据教学内容以及学生的学情，采用激活—构建—巩固的教学策略，引导学生以解决实际问题为目标，以学会应用为主线，进行进阶式学习，并构建解决相似实际问题的思维模型。第四步评价学习成果：在课中学习后通过课中测试评价学生学习成果，包括每次课后的自我评价以及每个学习任务模块完成后进行阶段性总结评价、小组互评。

逆向课程教学设计

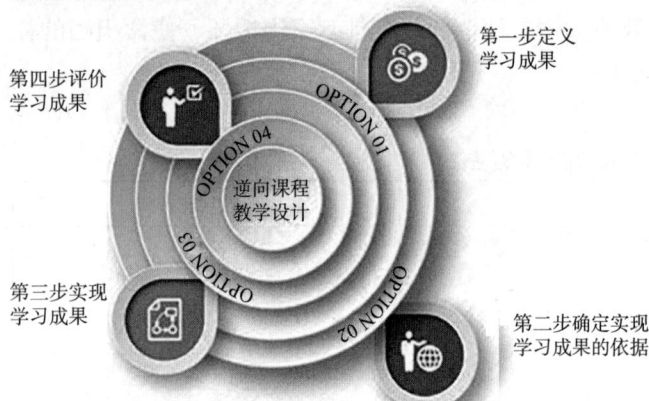

图5 四步法逆向教学设计

这种教学模式强调了时间、空间、认知三个维度的变化，突出教学过程中教与学的互动、学与用的衔接（图5）。

（4）突出形成性、多元性、多样性、高阶性，构建课程考评体系根据课程特点，结合课程教学模式创新，在课程考评时突出了形成性评价，同时采用学生自评、互评、教师评价结合的多主体模式，评价的形式不仅有利用雨课堂平台进行的课前课中知识测试，还包括专题探究讨论环节表现考评以及各模块能力测试环节，对高阶性课程目标进行合理评价（表2~表6）。

表2 "服装材料学"课程考评体系构成

评价类型	评价形式	权重（%）	评价主体	评价目的	评价时间	评价方式及标准
过程性评价	课前、课中基本知识测试（30%）	60	教师	1. 课前测试，测评学生对基本知识的预习及理解情况，为以学定教提供依据 2. 课中测试，测评学生对本节课所学知识的掌握情况，为教师进行教学反思，教学目标达成分析提供依据	课前、本节课课中	教师制订测试题目时给出题目分值；雨课堂平台直接给出学生测试得分
	问题探究学习评价（30%）		组内、组间	测评学生在问题探究学习过程中的表现	进行专题探究讨论时	依据问题探究学习评价标准进行
	各学习模块应用能力测试（30%）		教师、组长	测评学生基本应用能力及高阶能力表现	各学习模块学习结束时	依据各学习模块应用能力测试评价标准进行
	学生每次课自我评价（10%）		学生本人	了解学生学习满意度及学习收获情况	每次课后	依据学生自我评价标准进行
期末评价	期末考核	40	教师	测评学生对课程整体知识、能力掌握情况	期末，课程结束后	依据期末考核标准进行

表3 问题探究学习评价表

项目	维度									
	组间合作探究						组内合作探究			
评价对象	各学习小组						各小组成员			
评价等级	I	II	III	IV	V	VI	优秀	良好	一般	待提高
	30	29	28	27	26	25				
评价内容	（1）问题解决方案 （2）解决方案展示人表现 （3）小组成员协作精神						（1）过程参与 （2）信息收集 （3）观点贡献 （4）团队精神			
评价结果	小组等级（得分）：						成员等级：			
	学生最终成绩（得分）：									

表4　问题探究学习评价得分对照表

组间合作探究	组内合作探究			
	优秀	良好	一般	待提高
I	30	29	28	27
II	29	28	27	26
III	28	27	26	25
IV	27	26	25	24
V	26	25	24	23
VI	25	24	23	22

表5　学习模块应用能力测试评价表

学习模块	测试形式	评价内容	A（90～100分）	B（80～90分）	C（70～80分）	D（60～70分）	E（60分以下）
纤维认知与鉴别模块	分组对给定的纤维样品实物鉴别	（1）鉴别方法选用合理性	鉴别方法选用合理	鉴别方法选用较合理	鉴别方法选用不够合理	鉴别方法选用存在少量错误	鉴别方法选用存在大量错误
		（2）鉴别用时	鉴别完成快速	鉴别用时较快	鉴别速度一般	鉴别用时较长	鉴别用时长
		（3）鉴别结果的准确性	鉴别结果准确	鉴别结果较准确	鉴别结果不够准确	鉴别结果存在大量错误	鉴别结果存在少量错误
纱线认知与分析模块	开展新型结构、功能纱线市场调研	（1）调研方法的合理性	调研方法选用合理，多样	调研方法选用较合理	调研方法不够准确	调研方法比较单一	不能根据选题选择合适的调研方法
		（2）调研分析的完整性	调研分析完整，条理好	调研分析比较完整，条理性一般	能进行调研分析，条理不清晰	调研分析内容少，观点不明确	调研分析不完整
		（3）调研结论的准确性	调研结论准确、合理	调研结论较准确	能描述调研结合，条理性一般	能描述调研论，条理性不清晰	不能完整描述调研结论
织物种类识别、分析与应用模块	分组对给定的面料样品实物鉴别	（1）鉴别方法选用合理性	鉴别方法选用合理	鉴别方法选用较合理	鉴别方法选用不够合理	鉴别方法选用存在少量错误	鉴别方法选用存在大量错误
		（2）鉴别用时	鉴别完成快速	鉴别用时较快	鉴别速度一般	鉴别用时较长	鉴别用时长
		（3）鉴别结果的准确性	鉴别结果准确	鉴别结果较准确	鉴别结果不够准确	鉴别结果存在大量错误	鉴别结果存在少量错误
材料性能分析与评价模块	开展新型服装材料市场调研	（1）调研方法的合理性	调研方法选用合理多样	调研方法选用较合理	调研方法不够合理	调研方法比较单一	不能根据选题选择合适的调研方法
		（2）调研分析的完整性	调研分析完整，条理好	调研分析比较完整，条理性一般	能进行调研分析，条理不清晰	调研分析内容少，观点不明确	调研分析不完整
		（3）调研结论的准确性	调研结论准确、合理	调研结论较准确	能描述调研结论，条理性一般	能描述调研论，条理不清晰	不能完整描述调研结论
典型服装品类的选材模块	分组对给定的服装品类进行选材	（1）选材依据的合理性	选材依据合理	能基本描述选材的依据，较合理	选材依据不够合理	不能完整描述选材的依据，存在少量错误	不能描述选材的依据，存在错误
		（2）结论的准确性	选材结论准确	选材结论较准确	选材结论不够准确	选材结论存在少量错误	选材结论存在大量错误
		（3）解决方案的完整性	解决方案完整	解决方案较完整	解决方案不够完整	解决方案核心内容缺失	解决方案基本内容缺失

表6　学生课后自我评价表

学生课后自我评价表					
学生自我评价项目	（1）我学到了哪些知识 （2）我有哪些知识还不能理解 （3）我还希望学到什么 （4）本节课的学习目标达到了吗				
评价对象	学生				
评价等级（分值）	I	II	III	IV	V
	10	9	8	7	6
评价内容	（1）提交评价的及时性 （2）评价的完整性				

3　成果的创新点

针对课程存在的问题，结合课程特点，探索形成了"1234"课程教学思想，即一个原则，两个结合，三个维度、四个突出的教学思想，在课程目标重设、教学内容体系构建、教学模式改革、课程考评等方面实施课程建设与创新教学改革。

（1）课程目标重设：在课程教学目标的确定上遵循德知行合原则，将学生的价值观塑造综合素质培养与知识传授、能力培养三位一体。

（2）教学内容创新：遵循学思用结合，构建以解决实际问题的需要为导向，以能力培养为中心，依托若干学习任务模块的渐进式教学内容体系。

（3）教学模式创新：强调三个维度的变化。在时间维度上，把教学向前、向后延伸，打通课前、课中和课后，实施先学后教、以学定教、教学互促的双向模式；在空间维度上，采用线上 + 线下的混合方式；在认知维度上，为了满足能力培养的需要，强调形成由激活—构建—巩固的思维逻辑。

（4）教学过程设计创新：按照四步法逆向课程设计思路进行教学组织。第一步定义学习成果：课前，给出具体的、可执行、可验证的学习目标；第二步确定实现学习成果的依据：课前学生进行围绕成果的基础知识自学与测试；第三步实现学习成果：课中学生带着问题进入教室，教师讲解突破重点和难点，引导学生小组讨论、合作探究；第四步评价学习成果。

（5）课程考评创新：突出形成性、多元性、多样性、高阶性，构建课程考评体系。在课程考评时突出了过程性、形成性评价，评价主体学生自评、互评、教师评价结合的多主体模式，评价的形式不仅有利用雨课堂平台进行的课前课中知识测试，还包括专题探究讨论环节表现考评以及各模块能力测试环节，对高阶性课程目标进行合理评价。

4　成果的推广应用情况

基于"1234"教学思想的课程教学创新实践，增强了课程教学效果，提升了人才培养质量。

4.1　课程教学效果得到提升，学生对课程的满意度提高

通过对学生的问卷调查以及学生课后自我评价、学习体会总结，91% 的学生表示，基于学习任务的学习模式以及先学后教的方式使得学生在课堂教学开始前就能够明确自己的学习目标，同时通过课前的学习，带着问题和思考进入线下的学习，学习的针对性更高，93% 的学生认为自己课程学习收获比较大，更多的学生表现出较高的学习热情和学习兴趣（图6、图7）。

4.2　学生各项能力得到提升

学生扎实的课程知识基础以及较好地材料的应用能力使学生在面料类大学生科技创新竞赛、硕士

2020-2021第一学期《服装材料学》课程调查问卷

*1通过一学期的学习，你觉得达到《服装材料学》的课程目标了吗？

○ 达到

○ 一般

○ 没有达到

*2你对《服装材料学》的满意度是怎样的？

○ 满意

○ 一般

○ 不太满意

图6 课程满意度调查

服装设计与工程专业大学生科技文化竞赛部分获奖

序号	竞赛名称	项目名称	等级	学生姓名
1	"红绿蓝杯"第十一届中国高校纺织品设计大赛	赫雷罗	一等奖	王锡雯
2	"红绿蓝杯"第十一届中国高校纺织品设计大赛	时迁	一等奖	王超
3	"红绿蓝杯"第十一届中国高校纺织品设计大赛	忧患者	一等奖	郭保君
4	"红绿蓝杯"第十一届中国高校纺织品设计大赛	涂鸦TOUCANS	一等奖	崔晏宁
5	"红绿蓝杯"第十一届中国高校纺织品设计大赛	朦胧视界	一等奖	别焱焱
6	"红绿蓝杯"第十一届中国高校纺织品设计大赛	布拘一格	一等奖	李烟云
7	"红绿蓝杯"第十一届中国高校纺织品设计大赛	浮华烟云	一等奖	韦梦寒
8	"红绿蓝杯"第十一届中国高校纺织品设计大赛	伪装者	一等奖	赵文萱
9	"红绿蓝杯"第十一届中国高校纺织品设计大赛	纯天然莫代尔纤维生命的呼唤	一等奖	艾一帆
10	"鲁泰杯"第十届全国大学生纱线设计大赛	超细木代尔/超细干法腈纶/丝光羊毛 50/40/10	一等奖	赵文潇
11	"鲁泰杯"第十届全国大学生纱线设计大赛	18.5tex天茶纤维/原液着色黏胶多色彩嵌入式	一等奖	韩瑞娟
12	"鲁泰杯"第十届全国大学生纱线设计大赛	基于涡流纺技术的原液着色莫代尔/蛋白石花式	一等奖	张亭亭

图7 学生参加科技文化竞赛部分获奖

研究生考试中屡获佳绩。近年来，学生在全国纺织品设计大赛、全国大学生纱线设计大赛（纤维艺术设计与材料再造组别）中获得一等奖、二等奖50余项。学生在以"服装材料学"为初试课程的硕士研究生考试中成绩提升，多名学生考入北京服装学院、浙江理工大学、上海工程技术大学、青岛大学等知名纺织服装高校。

4.3 用人单位对服装设计与工程专业毕业生整体满意度高

通过对用人单位的调研，用人单位对我校服装设计与工程专业毕业生整体满意度高，认为学生的材料学专业知识比较扎实，具有较好的材料应用能力（图8）。

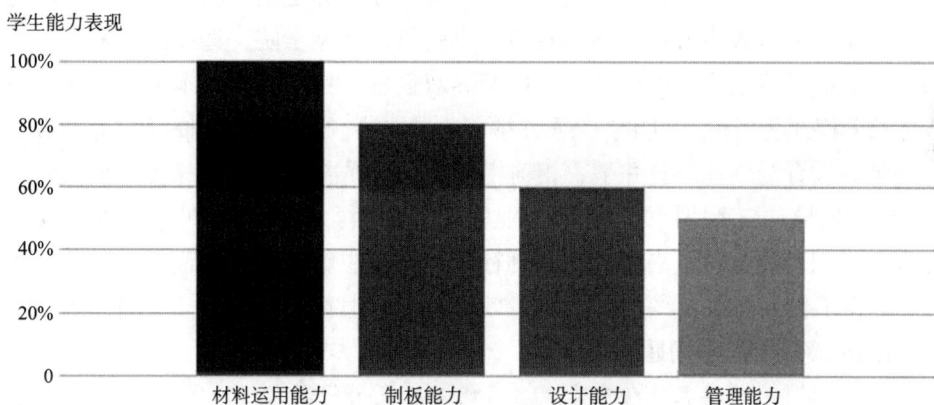

学生能力表现

图8 用人单位学生能力表现调查

课程教学创新成果在本校"服装材料学"课程中实施，受益学生约200人/年；然后推广至学院其他专业课程中，受益学生约300人/年；对于其他工科专业课程教学也具有很好的借鉴参考价值，为学校增强育人效果提供帮助，为社会提供更多育人人才。

纺织服装高校经贸类双创人才"二元并举、三导协同、四轮驱动"培养模式探索与实践

武汉纺织大学

完成人及简况

姓名	性别	所在单位	党政职务	专业技术职称
李正旺	男	武汉纺织大学经济学院	经济学院教学副院长、党委委员	教授
孙杰	男	武汉纺织大学经济学院	校团委副书记、党支部书记	教授
赵君	女	武汉纺织大学经济学院	无	讲师
周靖	男	武汉纺织大学经济学院	经济研究中心主任	副教授
李为波	男	武汉纺织大学经济学院	实习实训中心主任	副教授
黄俊鹏	男	武汉纺织大学经济学院	学院党委副书记	讲师

1 成果简介及主要解决的教学问题

1.1 成果简介

新文科建设是当前高等教育的重中之重，本科双创人才培养是高等教育界的热点问题。近年来，不仅重点大学，一批省属院校也开辟了各具特色的卓越班或新型学院，选拔最好的学生、配备最好的教师、提供最好的科研条件、设立教改特区，以培养双创本科精英学生。本项目以研究纺织服装高校经贸类双创人才培养模式为目标，构建"二元并举、三导协同、四轮驱动"的人才培养模式，所谓"二元并举"指的是创新教育与创业教育并举，相辅相成、互为促进；所谓"三导协同"，指的是高校创业导师、企业导师和辅导员三者协同开展创新创业教育，全员育人；所谓"四轮驱动"，是指前主轮"双创学习"、左翼轮"双创竞赛"、右翼轮"双创社团"、后主轮"双创实践"。本项目团队通过五年的探索和实践，取得了良好的效果，并在兄弟院校交流中得到肯定，具有一定的推广意义（图 1）。

1.2 本项目主要解决的教学问题

1.2.1 解决"双创"人才培养过程中学生应用能力不足的问题

轻应用、轻技术、轻实践的传统教育思想在人们的思想观念中已根深蒂固。在"双创"人才培养过程中，人们普遍重视培养精英型人才，而轻视应用型人才的培养；重视学生理论知识的学习，而轻视学生实践能力的提升。对学生学习效果的评价，通常以书面考试成绩作为主要的评判标准，缺乏对学生应用能力的考核，从而对学生的评价不够全面。

1.2.2 解决"双创"实践应用过程中学生思维能力不强的问题

在"双创"实践应用过程中，互动式教学和翻转课堂越来越受到重视。从教学效果而言，确实提高了学生的学习积极性，增强了"双创"经验的获得，有效巩固了学习成果。但在课堂活动之后会出现总结不足甚至草草收场的情况，学生课后的反馈没有明白活动代表了什么意义、有什么具体目的，这就是轻总结的表现。因此，应当指导学生对整个活动内容展开深入的思考总结，有效提升教学效果。

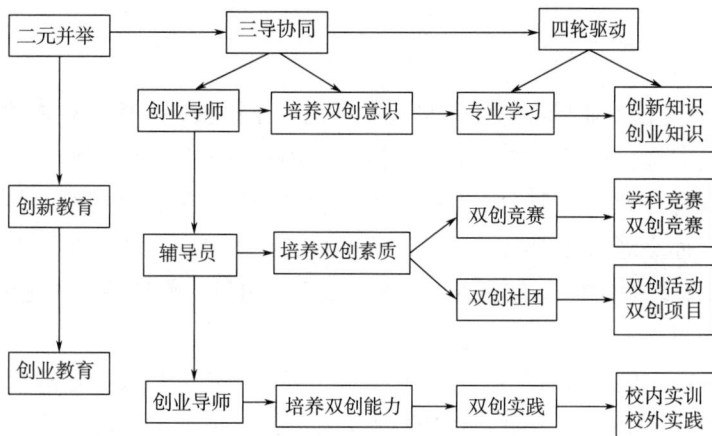

图 1 "二元并举、三导协同、四轮驱动"人才培养思路图

1.2.3 解决"双创"体系构建过程中学生培养层次不高的问题

传统的双创教育仅仅在于实践层面的探索，仅仅只是头痛医头、脚痛医脚，一方面注重部分而忽略整体，另一方面考虑微观而缺乏宏次，从整体上看，研究层次需要进一步提升。"二元并举、三导协同、四轮驱动"人才培养模式立意高远、高屋建瓴，站在宏观层面构建纺织类高校双创人才培养体系，一方面可以为同类院校提供借鉴，另一方面也为经贸类专业培养提供参考。

2 成果解决教学问题的方法

2.1 通过"二元并举"树意识

所谓"二元并举"，指的是学校积极响应国家"大众创业，万众创新"的号召，将创新教育与创业教育相结合，鼓励大学生在校期间创新创业，形成"万众创新""人人创新"的新势态。

2.1.1 创新教育方面

学校加大经贸类人才的创新精神、意识和思维培养，引进和更新了 12 个实习实训教学软件，加大创新培养的教学条件建设，学生专业实习实训参与率达 90%。积极鼓励学生参加各类创新活动，包括调查研究、数据分析、撰写论文、学科竞赛等方面，近年来学生公开发表论文的数量逐年上升，近 5 年本科和研究生共计发表论文 216 篇，其中被 SCI、EI、CPCI 三大检索 28 篇，北大、南大核心论文 19 篇。1019 人次的学生参加了美国大学生数学建模大赛、全国康腾大学生商业案例分析大赛、全国金融与证券投资模拟实训大赛、"东方财富杯"全国大学生金融精英挑战赛、湖北大学生文化创意作品大赛、大学生金融知识节、学术论坛、国际会议、国内外校际学术交流等活动。

2.1.2 创业教育方面

学校经贸类专业与纺织服装产业相结合，开设了"纺织商品学""纺织品贸易""跨境电商创业"等课程，近 5 年有 700 余名学生参加了"互联网 +""挑战杯""创青春""中国创翼"等各类创新创业大赛，有效提升经贸类大学生的创业能力、创业素质，学院成立了创新创业中心，由学院院长担任中心主任，还搭建了学生实践创业的基地和平台，设立有专门的创业团队孵化室（110m²）、创业沙盘教学实验室（120m²）、创业辅导站（20m²）、创业门诊（20m²），用于开展创新创业教学及活动，总面积达 2000m² 以上，使创业教育深入普通学生中间，锻炼学生组织领导、诚实守信、开拓创新和抗挫折等创业能力，使学生的综合创业素质得到有效提升。

2.2 通过"三导协同"强素质

所谓三导协同，指高校创业导师、企业导师和辅导员三者协同开展创新创业教育，有力整合政府、高校、企业教育资源，构建一体化创新创业教育长效机制，协同发挥一（教学）、二（活动）、三（实践）课堂的平台阵地作用。

2.2.1 创业导师协同

学校聘请了60余名高校创业导师担任双创类教学课程主讲教师，为学生能力提高、知识学习、创新思维、创造意识的培养提供指导帮助，引导学生树立正确的人生价值取向。其中倪武帆老师入围全国首批万名创新创业导师库成员，李正旺老师、孙杰老师任湖北省创业研究会副秘书长、理事，李正旺老师、倪武帆老师、孙杰老师分别担任武汉市大学生文创大赛、武汉市创业天使团、国家级孵化器创业导师及创业大赛评委，面向社会进行创业宣传、教育、引导，得到各方人士的普遍赞誉。

2.2.2 企业导师协同

学校与青山区高新技术创业服务中心（2016年），武汉华创源科技企业孵化器（2017年）、武汉安环院科技企业孵化器（2018年）、武汉UVO创客星企业孵化器（2019年）、武汉光电谷科技企业孵化器（2019年）、乐创互联（武汉）科技企业孵化器（2020年）等10余个孵化器签订了导师联合培养协议。聘请了80余名校外企业导师指导学生开展技能实训，培养良好的职业道德、创业意识和团队精神，包括湖北省"天使导师团"成员、武汉"10佳创业导师"等。

2.2.3 辅导员协同

辅导员在双创活动中担任组织者和管理者的角色，将党、团支部组织建立在创新创业教育的班级和团队中，将党、团活动融入创新创业活动中，加强理论学习和组织建设，加强课程思政的育人效果，落实立德树人根本任务，逐步构建创新创业人才培养的新机制，实现以社会主义核心价值观引领创新创业教育改革方向，实现人才道德素质和创业才能的双提升。

2.3 通过"四轮驱动"提能力

2.3.1 前主轮"双创学习"

通过不断探索，构建了适合经贸类人才不同层次的双创类课程体系。一是面向财政学、金融学、投资学、国际经济与贸易等相关专业的大一学生开设了"大学生KAB创业基础"通识选修课；二是面向大二学生开设了"创业管理""创业经济学""跨境电商创业""创业投资实训"专业基础课；三是面向参加双创类比赛的学生开设了"'挑战杯'与大学生创新创业""'互联网+'大学生创新创业教育"等专业选修课程，通过多年的累积，逐步形成了全方位、立体式创业培训体系。

2.3.2 左翼轮"双创竞赛"

"以赛促学"，指导学生参加创新创业类竞赛，获得全面丰收，近5年学生获得省级以上奖励200余项，其中在国际赛事方面，获得美国大学生数学建模竞赛奖励32项；国内赛事方面，在创青春、挑战杯、"互联网+"三大赛中获得国家金奖1项、银奖3项、铜奖6项，省级奖项40余项；在行业赛事方面，获得了全国外贸跟单大赛、金融知识挑战赛、纺织类高校创新创业大赛、新零售买手创业实战大赛特等奖1项、一等奖5项、二等奖10项、三等奖23项。

2.3.3 右翼轮"双创社团"

学校成立了大学生KAB创业俱乐部，并挂靠经济学院，本着"普及创业知识，提高创业技能，挖掘创业人才，提供创业平台"的宗旨，积极为大学生创新创业服务，引领大学生创业实践、营造创新创业氛围、培养学生创业意识、发掘学生创业潜能。近三年来，承办了"全国大学生外贸跟单（纺织）大赛""全国纺织类高校创新创业大赛""中国服务外包大赛""全国新零售创新创业大赛""全国'郑商所杯'大学生期货投资大赛"等比赛的校赛，全年举办"青铜会""创业访谈""创业沙龙"等活动30余场，开展创新创业项目路演120余次，服务双创大学生800人次。除此之外还有ISE创新创业工作室、ME创新工作室等10余个双创社团。

2.3.4 后主轮"双创实践"

近5年来，学生注册公司21家，主要集中在经贸、电商、科技、教育、文化传播等领域，其中在国家级孵化器注册 4 家、省级孵化器 5 家，孵化创业团队 10 个，2 家企业获得高新技术企业认定，1 家企业在区域性四版上市，6 家企业年营收达 500 万以上。发挥与行业企业合作密切的优势，积极利用校外导师所在的企业资源，建设了包括 1 个省级研究生工作站、12 个专业实践基地的校外专业实践平台。除此之外，每年暑期向红安、麻城、蕲春、英山、上海、烟台等地派出实习实训学生近 200 人，分布在政府部门、商业银行、金融证券机构和企业等岗位。每年暑期选派 30 余名优秀学生参加上海高顿财经举办的"暑期投行训练营"。

3 成果的创新点

3.1 形成双创人才"二元并举、三导协同、四轮驱动"培养模式

通过八年的双创教育探索与实践，并在实践中不断地发现问题、解决问题，不断地总结、提升和完善，逐步形成了双创人才"二元并举、三导协同、四轮驱动"培养模式，这是本成果的创新点之一。

3.2 构建双创人才全面应用培养体系

结合武汉纺织大学地方型、应用型高校的办学定位，结合应用经济学专业的办学特色，强化以应用型人才培养为核心，以素质教育为特色，通过实习、实训、实践，构建双创人全面应用的培养体系，这是本教学成果的创新点之二。

3.3 突出双创人才宏观思维培养层次

以课堂为根本，以竞赛为抓手，以社会为导向，在注重实践的同时，也强调学生思维层次，尤其是宏观思维层次的提升，这是本教学成果的创新点之三。

4 成果的推广应用情况

4.1 服务教学改革

经过教学改革的实践与研究，建立了经贸类双创人才"二元并举、三导协同、四轮驱动"培养模式，在教学成果、课题研究和人才培养等方面取得了较大的成果。

4.1.1 获得国家教学案例大赛一等奖、中纺联教学成果二等奖、省教学成果奖一等奖

近 5 年，承担国家级、省级等教学改革与质量工程项目 13 项，获全国金融专业学位教学指导委员会案例大赛一等奖，获湖北省教学成果奖一等奖、获中国纺织工业联合会教学成果奖二等奖 1 项，三等奖 3 项。项目参与人在核心期刊上发表大学生创新创业相关研究成果 10 余篇。

4.1.2 获批省级以上教学研究课题 10 项，发表教研论文 19 篇

近 5 年，获批教育部产学合作协同育人项目立项 4 项，获批中国纺织服装教育学会教学研究课题立项，获批湖北省教育厅高校实践育人特色项目立项，获批湖北省高校实践育人特色项目立项，结项优秀；同时，在《教学与研究》《中国商论》《商展经济》等期刊上公开发表创新创业类教研论文 19 篇。

4.1.3 开展卓越人才培养试点班，建设校企合作培养基地 25 个

与上海高顿财经教育合作开办特许金融分析师（CFA）方向班，在此基础上，充分利用企业的实践教学资源，合作建设了校企合作培养基地 25 个，联合开展本硕层次应用经济学人才培养。通过多年的建设，2014 年获批硕士专业学位授权，2018 年获批应用经济学一级学科硕士点。2021 年金融学获批国家一流专业、财政学获批省级一流专业。

4.2 服务学生

4.2.1 毕业生就业质量显著提升，一次性就业率保持在 90% 以上

近 5 年来，经贸类专业本科毕业生供不应求，每年就业率均在 90% 以上，考研率持续上升，出国深造人数不断增加，一大批毕业生成为政府部门、金融机构、企事业单位等各行业的骨干人才，人才培养效果显著、社会声誉好，为专业建设水平的持续提升和人才培养质量的不断提高奠定了良好基础。

4.2.2 学生创新创业水平不断提升，在重要赛事上取得突破

学生在创新创业赛事上取得突破，包括全国大学生跨境电子商务创新创业大赛总决赛特等奖（2020年）、"东方财富杯"全国大学生金融精英挑战赛国赛一等奖（2020年）、全国大学生外贸跟单（纺织）大赛团体一等奖（2019年）、全国纺织类高校大学生创新创业大赛特等奖（2019年）。全国志愿服务项目大赛金奖（2018年）。2020年，本项目成员指导学生申报的《智履匣》作品荣获第六届中国国际"互联网+"大学生创新创业大赛全国铜奖，取得学校参加该项赛事以来的最好成绩。

4.2.3 学生创新创业成效突显，注册公司21家，6家企业年销售额达500万以上

近年来，应用经济学专业学生注册公司21家，主要集中在经贸、电商、科技、教育、文化传播等领域，毕业生曾令炎创办的武汉纸路环保科技有限公司、罗成创立的南京品逸电子商务有限公司等6家企业年销售额突破500万元。毕业生栾盛元创办湖北省大秦公益慈善基金会，出资扶助了数10名品学兼优、家庭贫困的学生。

4.3 服务社会

4.3.1 服务乡村，关注"三农"，致力精准扶贫

结合应用经济学专业特色，组建了"青春护农"社会实践队，五年来足迹所至安徽、浙江、甘肃、青海、新疆等地，积极搜集和学习国家针对西部农村地区的"精准扶贫"政策，自2012年开始连续多年获评国家级"三下乡"团队，受到团中央表彰，成果被多家中央及地方媒体推广报道。

4.3.2 服务行业，校企合作，实现产教融合

先后与长江成长资本投资有限公司、中国农业银行、湖北中州投资担保有限公司等25家企业建立了人才联合培养（或实践）基地，与武汉大学、中南财经政法大学等多家重点高校，与湖北省证监局、湖北省银行行业协会等多家行业管理部门构建了良好的协作关系，围绕人才培养目标定位、人才培养方案制订、课程体系优化、课程内容与教学方法改革、学生实践创新等专业建设内容进行深入合作，为应用经济学专业双创人才培养体系的持续优化奠定了良好的基础。

4.3.3 服务企业，共建"创业之家"，促进创新创业

近5年来，武汉纺织大学经济学院开展大学生创新创业训练计划项目，与武汉市中小企业发展促进中心共建"武汉纺织大学创业之家"，举办活动25场，其中，讲座10场、沙龙5场、门诊8场、路演2场，服务创业者500人次，聘请了校内外创新创业导师15名，帮扶多家企业和项目落地，使得"双创"服务从精英走向大众，形成了良好的生态环境。

产教融合复合材料与工程专业创新人才培养体系的构建与实践

东华大学

完成人及简况

姓名	性别	所在单位	党政职务	专业技术职称
游正伟	男	东华大学	复合材料系主任	教授
韩克清	女	东华大学	复合材料系副主任	副研究员
金俊弘	男	东华大学	复合材料系副主任	副研究员
刘勇	男	东华大学	无	副研究员
陈惠芳	女	东华大学	无	研究员
吴文华	男	东华大学	材料科学与工程国家级实验教学示范中心常务副主任、党支部书记	高级工程师
滕翠青	女	东华大学	无	教授
杨丽丽	女	东华大学	无	副教授
杨胜林	男	东华大学	无	副研究员
朱姝	女	东华大学	无	副研究员

1 成果简介及主要解决的教学问题

1.1 成果简介

着眼于培养符合国家战略和新产业发展需求的复合材料与工程专业高水平复合型人才，从"复合材料 +X"产教融合交叉人才培养模式、多方协同的实践和创新能力培养平台等多方位入手，构建全过程的人才培养新体系。学生综合能力显著提升，深造率连年攀升，2020 年达到 80%；2019 年入选复合材料与工程专业全国第一个国家级一流本科专业建设点。本项目实践为相关新工科专业人才培养体系的构建提供了有益的参考。

1.2 主要解决的教学问题

当前国家推动创新驱动发展，实施"中国制造 2025"等重大战略，其中先进制造 10 大优先领域中 8 大领域迫切需要轻量化碳纤维复合材料。从区域发展需求看，《上海市制造业转型升级"十三五"规划》提出加快发展智能制造装备和航空航天等战略性新兴产业，涉及新材料的产值达 2500 亿元，复合材料是其中重要一员。因此，无论从国家战略、产业发展还是地方经济建设角度，都急需培养专业知识扎实、工程实践和创新能力强的复合材料与工程专业人才。而当前的本科教学尚存在如下问题，严重制约发展。

1.2.1 人才培养体系与新产业发展不协调

原有培养体系注重校内知识传授，对学生综合能力培养不足，和产业融合度低；教学集中在复合材料专业本身，而复合材料正渗透到各行业中，其人才培养需要与终端应用如航空航天、轨道交通、医疗等新兴战略产业深度融合。

1.2.2 学生工程实践能力与新工科要求不相符

本专业实践性很强，原有课程体系中理论课多，实践课程少，且演示性多，学生动手少，工程实践能力培养力度不够；师资队伍中基础研究型偏多，工程实践背景缺乏，无法满足实践教学需求。

1.2.3 学生创新能力难以满足新形势要求

复合材料产业发展迅猛，而原有教材体系、课程内容陈旧，学科和产业前沿涉及较少；教学和科研相对分离，业务能力强的教授对本科一线教学投入不足；个性化创新能力培养缺乏有效载体，资源不足。

2 成果解决教学问题的方法

2.1 需求牵引，面向国家战略和产业发展，构建新工科课程体系

以国家级卓越工程师及新工科建设项目为契机，以国家战略、新经济、新产业对复合材料人才的需求为导向，邀请企业行业专家对课程体系进行改革优化。建立"复合材料+X"产教融合交叉人才培养模式，"X"为航空航天、汽车、轨道交通、能源、医疗等新兴战略产业。联合研究机构中相关教师，开设了"航空航天复合材料及实践"课程；在校内实践课程中，引入汽车部件缩比件设计和制备等内容；在校外实践课程中，与上海晋飞碳纤科技股份有限公司、上海艾郎风电科技发展有限公司等16家新兴行业龙头企业建立"工程实践教育中心"；将复合材料知识讲授和相关领域应用深度融合。

2.2 教研融合，课内课外协同，切实提升创新能力

以课为本，推出创新课程，充分利用我校在纤维及其增强复合材料领域的科研优势，将国家科技进步一等奖等众多科研成果凝炼后融入教学，全体教师包括973首席科学家余木火、国家杰出青年科学基金获得者刘天西等教授均为本科生授课，让学生零距离接触学科及产业前沿，感受一线科学家的风范。课外为全体本科生配备科研导师，开展"准研究生制"的创新人才培养模式，科研仪器设备和实验室向本科生开放，教师联合优秀研究生引导本科生开展研究性学习，激发学生科学精神，全面提升创新能力。

2.3 产出导向，构建多层次、多维度工程实践能力培养体系

以工程认证为抓手，在全系教师中牢固树立以学生为中心、基于产出导向的教育理念。组织全系对培养方案、课程体系进行了广泛的研讨和修订，建立了多层次、多角度的实践能力培养体系。包括以"工程训练"和"材料科学实验"等为载体的基础实践能力培养，以"复合材料综合实验""认识实习"等为载体的专业实践能力培养，以"生产实习""生产实践"等为载体的综合工程实践能力培养。开始了设计性实践课程，以羽毛球拍、钓鱼竿等生活元素为主题，全程由学生自行设计、制备，寓教于乐，教学效果显著，获校级教改项目。

3 成果的创新点

3.1 教育理念新

深入研判复合材料产业与学科发展趋势，提出"复合材料+X"人才培养理念，从课程体系改革、课程内容革新入手，将和复合材料相关的航空航天、汽车、轨道交通、能源、医疗等相关战略性新兴产业知识和复合材料专业教育深度融合。以超前意识，面向国家战略、新兴产业，面向未来，培养学科交叉和产教融合高水平复合型人才。

3.2 教学模式新

以学生为中心，基于产出导向的理念，革新教学模式，开设了理论与实践融合课程、设计性实践课程，全方位开展课外科创、校外实践拓展，极大地提升了学生对专业学习的兴趣，也切实提高了学生的工程实践和创新能力，培养掌握"设计—材料—成型—制品"全流程的一体化复合人才。为实践性强、

多学科交叉的新工科人才的培养提供了新思路。

3.3 育人主体新

构建多维度育人体系。本专业教师、相关专业教师、科研人员、企业家和优秀研究生等多主体参与本科生人才培养中，从而能够从职业规划、学业推进、情操培养、身心健康等多个维度对学生开展全方位教育。同时也能充分利用各个主体拥有的资源，有效补充常规教育资源的不足，为学生的全面成才提供有力的支撑。

4 成果的推广应用情况

4.1 专业建设特色鲜明、成果丰硕

本专业学生全部进入"卓越工程师教育培养计划"，建立了与之相适应的培养方案和课程体系。该计划已顺利培养了三届毕业生。本专业近三年获国家级和省部级教学成果奖 5 项，教改项目 6 项，发表教改论文 6 篇，出版教材及专著 6 部。2018 年获批教育部"新工科"研究与实践项目；2019 年入选国家教育部首批双万计划，为复合材料与工程专业领域第一个国家级一流本科专业建设点；2020 年通过工程认证自评报告的审查，准备迎接专家进校，教学育人工作进入新阶段。

4.2 学生工程实践和创新能力显著增强

全体教授在教学一线给本科生授课，20 余项国家级和省部级科研项目及获奖成果引入了本科课程；通过引育并举，74% 以上的教师具有了工程背景，全部参与实践教学。本专业学生全部参与研究性课题，进行科研训练。学生创新意识和能力显著提高，成果显著。近三年，本专业学生参加了 72 项大学生科创项目，发表论文 13 篇，获得各种竞赛奖项 25 项。学生培养质量得到社会广泛认可，2017 ~ 2019 年连续 3 年就业率达 100%。继续深造率持续走高，近 4 年分别为 50.9%、63.5%、66.7%、80.0%。

4.3 专业的社会影响力持续提升

本专业陈惠芳和余木火教授做客第一财经频道，解读国产高性能碳纤维及复合材料的研发，引起广泛社会反响；游正伟教授应邀在"中国教育在线"解读复合材料与工程专业，在第四届亚洲材料教育会议上作邀请报告。

4.4 教书育人和党建工作齐头并进

将教书育人和党建工作紧密结合，建立系行政班子和党支部的长效协同工作机制。在以本为本的教学实践中，以党建引领，全系教师中党员占比达 73% 以上，他们潜心教学，率先开展课程思政，并发表相关教改论文，充分发挥了党员的先锋模范作用。复合材料系在 2019 年获上海市教卫党委党建"对标争先"计划首批"双带头人"教师党支部书记工作室；作为主体之一，助力学院党委荣获上海市教卫工作党委优秀基层党支部荣誉称号，获批建设上海市基层党建标杆院系，助力学院 2019 年荣获全国工人先锋号（上海唯一高校单位）。

"生态聚能·融合创新" 时尚类高校双创教育的改革与创新

北京服装学院

完成人及简况

姓名	性别	所在单位	党政职务	专业技术职称
席阳	男	北京服装学院	商学院院长	教授
李成钢	男	北京服装学院	商学院副院长	教授
刘荣	女	北京服装学院	党支部书记	副教授
张宏娜	女	北京服装学院	党委学生工作部部长	副教授
李敏	女	北京服装学院	学生处副处长	副教授
闫燕	女	北京服装学院	北京北服资产管理有限公司副董事长（主持工作）	助理研究员
马宏艳	女	北京服装学院	无	助理研究员

1 成果简介及主要解决的教学问题

截至目前，北京服装学院的创新创业教育体系的建设经历了两个阶段。

第一阶段，创新创业教育体系构建阶段。在这一阶段，构建了"四位一体、三创融合"的创新创业教育生态体系，解决了创新创业教育工作的思路、方向、步骤和措施问题，实施了教育、实践、孵化和保障四项工程建设。

第二阶段，生态融合、聚能创新的成熟与提升阶段。在这一阶段，核心要解决的问题是在已有体系构建的基础上，如何保障各个模块之间的有机协调、协同创新，发挥生态系统聚集能量的作用，从人才培养的内生动力处入手，深层次地激发创新创业的动能，切实提高人才培养的质量。

本次申报的教育教学成果"生态聚能·融合创新"时尚类高校双创教育的改革与创新，就是北服创新创业工作持续深入开展下，第二阶段所取得的阶段性成果。

该成果以系统论方法进行思维构建，以提高创新创业教育质量为出发点，以持续健康和良性发展为目标，结合学校的纺织时尚高校特色和创新创业教育工作的发展实际，在整个系统中重新定位创新创业教育中的理论教学、实践教学以及成果转化的功能和彼此之间的关系，以融合创新来推动创新创业教育工作的深入开展，打造和完善行业特色鲜明、知行合一、实践育人的时尚类高校创新创业教育平台。

2 成果解决教学问题的方法

2.1 系统论的思想方法

把所研究的对象当作一个系统，分析系统的结构和功能，研究系统、要素、环境三者的相互关系和变动的规律性。本成果——"生态聚能·融合创新"的双创教育生态系统，把北服创新创业教育作为一个系统，提升原有创新创业教育体系的四项工程，实施五方面的融合建设。即系统化、多层次、递阶式的创新创业课程教育体系；双向驱动、多平台、开放性的创新创业实践体系；分层培育、协同配合、"项目＋企业"的创新创业孵化体系；机构、政策、人员、经费、场地"五位一体"的创新创业保障体系。把提升创新创业教育质量作为根本目标，重新界定该体系内教学、实践、孵化和保障在系统内的作用和功能，在系统内保障各个模块之间的有机协调、协同创新，发挥生态系统聚集能量的作用。

2.2 以问题为导向的萃取思考（TRIZ）方法

TRIZ 为创造性地发现问题和创造性地解决问题提供工具和方法。根据 TRIZ 的三大核心思想：系统具有客观的进化规律和模式；问题的解决是推动进化过程的动力；系统的理想状态是用尽量少的资源实现尽量多的功能。本项申报的成果：准确地把握我校创新创业体系基本构建完成后，面临着系统整合创新的关键问题，在进行融合创新的改革之后，不断提升系统的生态化和协同化，进行系统功能的优化和融合创新，整合后的各个板块在推进创新创业工作的基础上，也协同地推进了我校的整体教学、科研、社会服务和文化传承与创新的功能。

3 成果的创新点

3.1 以系统的视角，透视创新创业工作在不同阶段需要解决的新问题

本成果在我校创新创业教育体系已经构建完成的时间节点，运用系统论的视角，充分认识到创新创业课程体系、实践体系，以及孵化体系等方面亟需整合创新，否则将妨碍创新创业教育的持续开展，进而系统性地针对各个模块进行有机协调、协同创新，发挥生态系统聚集能量的作用，从人才培养的内生动力处入手，深层次地激发创新创业的动能，切实提高人才培养的质量。

3.2 以生态赋能，融合创新的方式推进创新创业教育体系的完善和提升

通过"专创融合、产教融合、实创融合、思创融合、组织融合"等"五融合"的方式开展生态系统的完善，即实践专业教育与双创教育的"专创融合"，内外双驱与双创教育的"产教融合"，实践教学与双创教育的"实创融合"，课程思政与双创教育的"思创融合"，部门协同与双创教育的"组织融合"来提升和完善创新创业教育体系。

4 成果的推广应用情况

4.1 创新创业学生参与的程度深、范围广、成效显著

全校学生参与创新创业教育活动的覆盖率达 100%，连续五年毕业生创业率达 7%，在北京市乃至全国的高校中位居前列。学生在各类创新创业大赛中获得较好成绩。24 支毕业生创业团队获得"北京地区高校大学生创业优秀团队"；部分学生获得"全国高校毕业生就业创业之星"称号。多支创业团队获得"互联网＋"大赛北京赛区的一、二等奖。两次获得过"学创杯"大学生创业模拟大赛国赛二等奖、市赛特等奖。

2020 届本科毕业生城市移动作品展"设计激活城市"在北京地铁上线。展览作品呈现在地铁芍药居站、知春路站与国贸站三个较具有代表性的站点的灯箱橱窗，同时，作品展宣传短片在北京地铁 1 号、2 号、5 号、10 号线王府井、大望路等 24 个站点的 70 个屏幕进行为期一周的联播。

4.2 获得国家级、部委级、北京市级等多项创新创业荣誉称号

北京服装学院创新创业工作的成就被国家、教育部以及北京市授予了多项荣誉称号，如"全国创新创业 50 强高校""全国深化创新创业教育改革示范高校"、北京市首批创新创业示范高校、全国第二批创新创业教育改革示范高校、全国创新创业典型经验高校、全国高校实践育人创新创业基地等。作为北京市首批"高校参与小学美育体育工作"院校之一，工作得到 6 所小学高度认可和北京市教委高度评价。北服创新园先后被评为国家级众创空间、北京市创业孵化示范基地、北京市创业培训定点

机构、北京高校大学生创新创业示范基地等。

另外，"BIFT WORKS 北京服装学院大学生创新创业实践基地"被北京市和市团委分别授予"北京高校大学生创新创业示范基地"和"青年就业创业见习基地"称号。北服创新园被认定为"国家级众创空间""北京市创业孵化示范基地""北京市众创空间"及中关村国家自主创新示范区"创新型孵化器"。

4.3　发挥创新创业对外辐射示范效应

学校创新创业工作获得社会各界认可，我校多次在北京市高校会议上介绍创新创业工作经验，近三年每年接待兄弟院校、政府机关、协会等创新创业工作调研 20 余次。

作为"全国深化创新创业教育改革示范高校"，现已成功举办两届"北京创新创业师资培训交流会"。

4.4　积极服务国家重大项目且深受好评

学校充分发挥学科优势，积极承担多项国家重大设计制作项目，彰显服务国家和社会功能。先后承担北京奥运会、残奥会服装设计制作，深圳大运会、南京青奥会、设计制作的 APEC 会议领导人系列服装，得到党和国家领导人及社会各界的充分肯定。为里约奥运会的服装设计制作，2019 年庆祝中华人民共和国成立 70 周年群众游行方阵服装设计，神舟七号、九号、十号、十一号系列航天服饰及舱内用鞋设计制作，南北极科考队手表的设计研发等重要设计创新工作。为备战 2022 年冬奥会，助推冰雪运动，国家体育总局与北京服装学院共建国家冬季运动服装装备研发中心，成果得到一致好评。

材料科学与工程专业本科生"全优"培养模式的构建与实践

浙江理工大学

完成人及简况

姓名	性别	所在单位	党政职务	专业技术职称
傅雅琴	女	浙江理工大学	材料科学与工程学院党委书记兼材料专业负责人	教授
张明	男	浙江理工大学	系主任	副教授
张先明	男	浙江理工大学	院长	教授
董余兵	男	浙江理工大学	系副主任	副教授
戴宏波	男	浙江理工大学	无	特聘副教授
司银松	男	浙江理工大学	无	特聘副教授
钱晨	男	浙江理工大学	无	讲师

1 成果简介及主要解决的教学问题

1.1 成果介绍

浙江省新世纪教改项目"整合知识结构，强化专业特色，构建材料科学工程整体化专业课程体系"是本成果的重要组成部分。成果围绕立德树人，实现"全优"培养，取得较好效果。专家认为：本成果具有创新性，教学理念先进，处于国内领先水平。

"不让一个学生掉队"是本成果最初的愿望。在2008年1月，成果申报人提出了本科生"全优"培养的理念，即把100%的学生作为优秀生培养，并得到了全系老师的认同，开始制订方案。

为此，成果为满足浙江省纺织行业对纤维材料专业人才的巨大需求，以立德树人为根本，以努力让学生满意，让家长、让用人单位满意为育人宗旨，通过师资队伍建设、培养方案修订，课程体系建设、校外实践平台建设，构建"全优"培养模式。探索出一条适合地方特色高校材料专业人才培养的有效路径，为解决工科类专业人才培养中共性问题提供参考。

通过近10年"全优"培养育人模式的践行，取得了令人满意的效果。本专业成为浙江省优势特色专业，通过了中国工程教育认证，成为国家一流专业。学生在学科竞赛和科研创新方面成绩喜人：连续三届（2015年、2017年、2019年）获得国家挑战杯二等奖；2020年获得"互联网+"省级金奖、国家级铜奖；近三年本科生以第一作者发表SCI论文41篇，篇均影响因子大于5.0；本科生升学率连续多年在45%以上，其中2021年本科生升学率大于50%；第三方评价的学生满意度和用人单位满意度均大幅提升，连续几年在90%以上。

1.2 主要解决的教学问题

对于地方高校而言，无论什么样的高校、什么样的专业，总有一定比例的学生，被老师、家长或同学认定为"差生"，虽然比例不高，但这些"差生"是否能适应当今社会，是否能成为社会有用之才，对家庭、对学生本人而言，都会存在一定的困扰和影响。因此，本成果要解决的主要问题是：

（1）如何做到"把每个学生作为优秀生培养，使每个学生更优秀，尽量不让一个学生掉队"。

（2）如何预防"出现掉队的学生"的问题。

2　成果解决教学问题的方法

成果以立德树人为根本，围绕"把每位学生作为优秀生培养，使每位学生更优秀，尽量不让一个学生掉队"的理念，通过分析专业特色和不同类别的学生特点，提出并实施解决教学问题的方法。

2.1　构建了本科生"全优"培养模式，并对"全优"培养模式进行实践

（1）建设适合"全优"培养的师资队伍，为每位学生配备合适的导师，学生可以根据自己的特点，比较自由地选择导师。为此，专业在2008～2012年，引进了满足不同类别学生需求的教师。引进清华大学、东华大学、浙江大学等名校的博士，作为有科研潜质、向往进一步深造学生的导师；从化纤企业、纺织企业、材料企业引进了多名教师，作为毕业后志愿去企业一线工作的学生的导师；引进了有国外教学、工作经历的老师，作为有留学意向的学生的导师。目前，有企业经历的导师比例高达25%，有国外学习、工作经历的教师比例达到30%以上。

（2）修订了适合"全优"培养的专业培养方案，并在后续进行了不断的完善。

（3）构建了适合"全优"培养的课程体系。完成了浙江省新世纪教改项目：整合知识结构，强化专业特色，构建材料科学工程整体化专业课程体系。

（4）确立了"全优"培养的一系列制度，包括每位导师必须制订适合不同学生的个性化培养方案，每学期需要对所指导学生的学习、实践等情况进行总结；每位教师每年最多只能带3名学生；学院设立国际交流指导委员会等，针对转入专业的学生，制订相应的方案；设立有优秀生指导成效显著的奖励制度。

2.2　对"出现掉队"现象的学生，提出应对措施

（1）扩大了学业预警制度。一是从原来的到大三时由教务处开出的预警制度，改成了由班主任和选课导师每学期对每位学生进行摸排，一旦发现问题，及时处理；二是对有趋势性的学生也进行了预警，尽可能将"掉队"现象消灭在萌芽状态。

（2）设立了三困生帮扶制度，对学业困难、心理困难、生活困难的学生进行帮扶。针对本专业学生，由企业捐款，设立了尚德奖学金、困难生资助基金等3个基金；由教师捐款设立困难生爱心基金，由党员带头，设有学习帮扶小组等。

（3）落实100%学生能就业的举措。与中策橡胶、荣盛化纤、桐昆集团等合作，对就业困难学生实现对口就业，即由培养导师推荐，企业接收的就业方案，只要学生愿意，就可以去相应的企业就业。

3　成果的创新点

本成果的"全优"培养模式是基于对每个学生负责，让每个更学生优秀，不让一个学生掉队的理念，形成全员全过程的创新创业教育和个性化培养。成果的主要创新点如下：

3.1　教学模式创新

关注每位学生，构建了本科生"全优"培养模式。赋予每位学生优秀的标识，将每位学生作为优秀生培养，使学生更优秀；设立"本科生导师"制，提供学生以个性化的指导，由导师全员参与培养并覆盖学生全员，呵护本科生的成长全过程，全方位关注学生的生活和学习情况，注重提高学生学习兴趣与实践能力，全面提升人才培养成效。

3.2　教学制度创新

构建"全员全程全方位"的育人机制。对学生而言，在导师的引导下，学生能够在低年级阶段对科学研究启蒙，关注和了解社会的实际需求，尽早对将来的职业生涯进行规划；在高年级阶段，学生

能够在导师的指导下参与研究项目，了解并熟悉科学研究工作，锻炼自己的实践能力。

3.3 教学理念与教学效果创新

落实"不让一个学生掉队"的培养理念，实现了100%学生都能就业的局面。在个人成长过程中，通过与导师的交流，学生能够减少思想情绪与个人生活的波动，更好地适应大学阶段的学习和生活。启动了"全优培养，党员在行动"等三困生培养机制，落实对学习困难、心理困难和经济困难"学生的帮扶机制。

4 成果的推广应用情况

围绕"给每个本科生以优秀生培养的机会，让每个学生更优秀，不让一个学生掉队"的理念，制定了适合"全优"培养的本科生培养方案，构建了富有专业特色的整体化课程体系，完成了"全优"培养模式的构建。省新世纪教改项目的结题，完成了"全优"培养课程体系的构建；2012年9月1日，新版培养方案的启用，标志着"全优"培养模式开始践行。

截至目前，成果已经过了近10年的实践应用。在这10年中，针对不同学生的特点，为每位学生配备导师，制订个性化优秀生培养方案，用科研、实践孵化人才培养，形成全员全过程的创新创业教育和个性化培养。通过科教融合、学术育人，以高水平的科学研究支持高质量的本科教学；通过产教融合、协同育人，对接新技术和新业态的发展动向，以产业需求侧推动现代工程技术人才的培养；开设产业前沿课程，每年组织学术界、产业界专家进行专题讲座，新增10所实践教学基地。通过理实融合、实践育人，专业教师全员参与本科生导师制，落实对"每位学生负责，让每位学生更优秀，不让一个学生掉队"的理念，开创了以个性化指导全程规划创新实践人才培养新路径。起到了良好的示范效果，取得了令人满意的效果。

4.1 学生的培养质量不断提升

创造了学生想就业就能100%就业的局面，基本实现了"使学生更优秀，一个不掉队"的目标。近3年学生的升学率稳定在45%左右，2021年在50%以上，通过与大型企业联合，实施由导师推荐、企业接收的方案，解决了个别学生就业困难问题，学生就业率稳定在98%左右（不就业的学生主要是不想就业，要进行二次考研）。本科生连续三届获"挑战杯"全国大学生课外学术科技作品竞赛二等奖4项、累进创新银奖1项、累进创新铜奖1项，获得包括浙江省"挑战杯"大学生课外学术科技作品竞赛特等奖、"互联网+"省赛金奖等多项奖项。以本科生为第一作者发表高水平论文40多篇，平均影响因子为5.0以上。

4.2 专业建设卓有成效

（1）材料科学与工程专业为浙江省"十二五"和"十三五"省优势专业，2019年，通过了中国工程教育认证，在2021年成为了国家一流专业建设点。

（2）材料科学与工程专业建设是教育部新工科项目"面向纺织新经济的纺织类工科专业改造升级路径探索与实践"的重要组成部分，该项目结题为优秀。

（3）专业承担有国家级教改项目3项、省级教改项目10余项，建有浙江省材料工程实验教学示范中心，获批浙江省"十三五"高校虚拟仿真实验教学项目"高黏聚酯合成及纺丝虚拟仿真实验"和"3D玻璃纤维工厂虚拟现实"2个，国家级实践基地1个，为提升学生的实践能力打下了良好的基础。

（4）课程建设内涵不断丰富，教师教学水平不断提高。由学科建设经费资助，进行了课程思政建设，做到了专业课程的课程思政全覆盖。张明老师主讲的"化工原理"的课程思政微课获得浙江省教学创新大赛"课程思政微课"专项三等奖，刘向东老师编写的《高分子化学》双语版教材，受到了省内外多所高校的欢迎，陈文兴、傅雅琴2013年主编的教材《蚕丝加工工程》，获2017年浙江省优秀教材奖。

4.3 学生满意度和用人单位满意度不断提高

（1）毕业生质量跟踪调查结果显示，毕业生从事本专业技术支持和管理的人员达到75%以上。经过 5 年的社会锻炼，多数毕业生的职业发展路径为在材料及相关行业从事工作并升任为企业技术骨干，或完成学业深造后再从事材料行业相关工作。部分毕业生个人能力突出，已成为企业管理人员，或实现了跨行业、多领域发展。

（2）用人单位满意度调查结果显示，用人单位对毕业生多方面满意度均超过 90%（图 1）。用人单位普遍认为本专业毕业生基础知识扎实、分析和解决实际问题的能力强，具有良好的职业道德，自学能力强，思想活跃、有良好的团队合作精神。

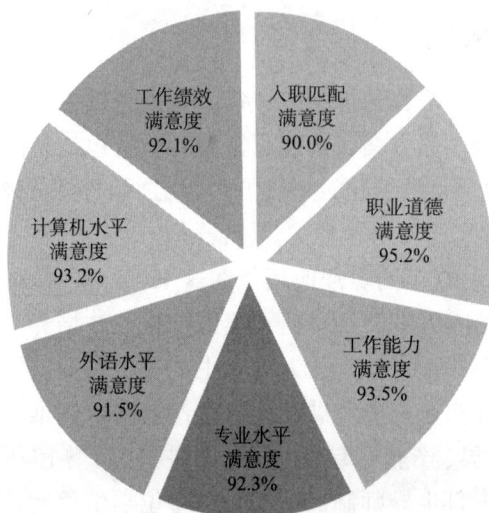

图 1　2018 年用人单位满意度调查结果

（3）在学生满意度方面，浙江省教育评估院第三方评价最近一次调查结果如图 2 所示，本专业 2018 届毕业生升学率达到 45.45%，远高于全省和全校平均水平（分别为 12.71% 和 20.97%）。学生对就业满意度、职业发展状况总体满意度、专业教学效果和教学水平满意度均高于全校和全省平均水平。

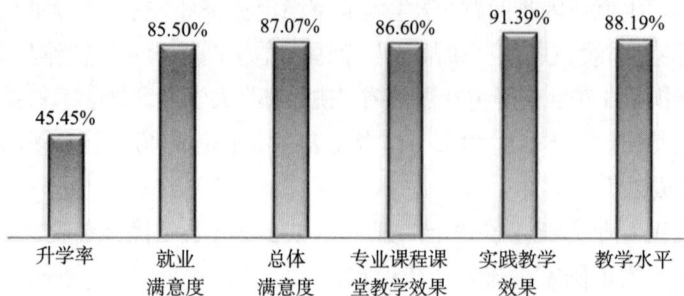

图 2　2018 届毕业生职业发展状况及人才培养质量调查数据

4.4　媒体报道与影响力

《浙江教育报》《浙江在线》《浙江日报》等多家媒体对成果进行了报道。最近的报道为 2021 年 4 月，《科技日报》、中国科学网报道了本专业教师将课堂搬到了"三星堆"现场。2018 年，本专业工程教育认证专家进校考察时，对本专业的"全优"培养模式给与了高度的肯定，专家认为：全优培养模式是个创新，有利于本科人才培养，值得推广。

本专业的"全优"培养模式，在校内外起到了良好的示范作用，本校多个专业，如轻化专业、纺织工程专业、生物制药专业等受本成果影响，实施"全优"培养模式。校外的宁波大学材料科学与工程专业也受本成果的影响，实施本科生"全优"培养。

智能平台下纺织特色高校国际化微专业"双向协同"培养模式创新与实践

天津工业大学

完成人及简况

姓名	性别	所在单位	党政职务	专业技术职称
王熙	男	天津工业大学	国际教育学院副院长	教授
布和	男	天津工业大学	国际教育学院教学办主任	讲师（2013～2020年）、助理研究员（2020年至今）
姜亚明	男	天津工业大学	国际教育学院院长、国际交流与合作处处长、国际教育学院直属党支部书记	教授
王春红	女	天津工业大学	教务处处长	教授
买巍	男	天津工业大学	国际教育学院副院长	助理研究员
兰娜	女	天津工业大学	国际教育学院直属党支部副书记	讲师
薛梅	女	天津工业大学	国际教育学院综合管理办公室副主任	研究实习员
叶英杰	男	天津工业大学	无	无

1　成果简介及主要解决的教学问题

1.1　成果简介

本成果以国际化高层次人才培养为导向，依托新一代智能教育技术，提出"智能技术推动建设，国内国外双向互动，线上线下混合教学"理念，以"国内双一流课程国际化"和"国际高水平课程本土化"双向平台建设及运行机制为目标，提出智能建设、智能教学、智能管理、智能评估的方法，以《智能平台下"双向互动"国际化微专业教学模式的研究与实践》（教育部产学合作项目）《京津冀协同战略下创新人才培养模式研究》（天津市教育科学十三五重点课题）《后疫情时代国际化"微专业云平台"构建及共享机制研究与实践"》（天津市教改项目）《"互联网＋教育"新形势下构建国际教育"微专业"课程体系创新研究》（天津市高等教育学会重点教改项目）等研究成果为载体，坚持"问题导向"和"战略考量"相结合，通过智能传播技术、教育信息化技术、大数据分析技术等路径，通过两年实践，取得了课程平台及资源、管理评估机制、国际化课程建设育人环境内涵提升等一系列成果（图1）。

（1）落实教育现代化改革，调整专业结构，构建了国际化微专业智能平台和课程模块体系，制定了《国际化"微专业"课程资源建设与共享机制建设方案》，科学合理地设置人才培养目标，从教学内容、教法案例、在线教材以及考核题库方面进行智能化改革，优化课程设置，交叉和融合打通纺织特色学科和其他学科的壁垒，有力地彰显了"新工科"建设的资源优势。

（2）构建"双向协同"课程管理评估机制，制定了《国际化"微专业"课程建设管理运行与评估体系建设方案》，总结了《国际化微专业智能平台运行报告》，从国际化微专业平台的整体运行、在线课程的管理、课堂教学形态、教学质量监控、考核题库的管理等方面建立常态化检测和定期评估，提高教学效果和管理效能，保障课程高质量运行。

（3）国际化微专业智能平台建设过程，提升了在线课程质量，提高了师资团队的国际化教学水平。与此同时，微专业核心课程的基础上增设中华优秀传统文化类课程，提升了教学过程中的文化内涵，创新了国际化课程建设的育人环境。

微专业是指提炼某一岗位群的核心技能，向学习者提供 5 ~ 10 门的核心课程，通过一个或两个学期的时间的快速、集中培养方式，学习者完成所有课程并通过测验后能够获得微专业认证，快速达到某一领域的工作技能的要求，使学习者快速就业，解决大学专业设置与企业用人需求之间匹配问题。

微专业智能平台是指使用现代化智能信息技术，在建设、使用、管理、评估等方面简化操作微专业教学平台。它准确地解决在线教学课前、课中、课后的各种教学相关的问题。

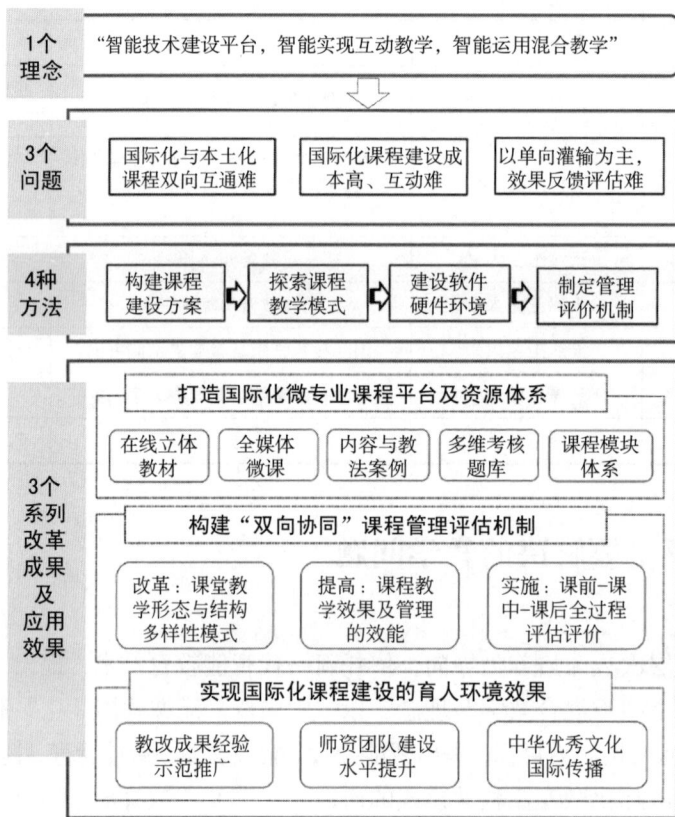

图 1　智能平台下国际化微专业"双向协同"培养模型图

1.2　主要解决的教学问题

1.2.1　"国际学习者"与"本土学习者"资源建设使用难于双向互通问题

其一是国际优秀课程资源为国内"双一流"建设服务，其二是国内一流学科相关课程如何走出去，被国外高校和学习者接受问题。当前高校的专业课程设置大多采用的是封闭的学科知识架构，课程的选择和模块组合没有进行适应时代需求的更科学、更合理的设置。建设国际化一流智能微专业及课程平台，提供共享服务，为国内学习者提供优质课程资源。与此同时，通过境外办学项目、友好院校交流项目等诸多合作交流项目将智能微专业推向国外学习者，为更多国内"出不去"、国外"进不来"的学习者提供教学服务，解决了国内外教学双向互通问题。

1.2.2　微专业的在线、混合课程建设成本较高且互动不畅问题

利用智能云端技术，建设了课程资源共享机制、运行模式、评估管理机制，使学习者只购买一部

智能手机便可参与到课程学习中。建设微专业智能平台使国内外诸多学习者受益，节省了微专业在线课程、线上线下混合课程建设的成本。微专业平台中智能技术的开发，使教师和学习者沟通交流更加畅通，监督管理更加便利有效。整合优质资源，对相关知识进行模块化管理，通过微专业云平台，提供共享服务，实现了高校课程建设国际化双向互动，从而提升高校引入国际化教学资源的时效性、课程建设的国际化深度，在线课程运用的效果，探索国际化"微专业"课程建设与课堂教学的完整模式。

1.2.3 国际化课程效果流于单向灌输，效果难于评估监测问题

形成由教学形态、教学管理效能和效果评估机制三个环节构成的教学管理体系。在教学方面，随着课程和讨论的进行，学习者角色在发生着转变，学习效果较为突出的学习者可以成为知识的传播者，形成社群热点，继续辐射知识的流动与传播。微专业的实施流程明晰，宏观上的培养目标是以方向性和体系化的引导为主，开课前，需要有完善的教学提纲和指引，教学目标需要明确。让学生感受到输出，参与式讨论，建构起知识体系。主要评价体系是依靠在线教育平台对人才进行技能认证，同时引入企业评价与社会化评价，使得人才的评价方式更广。

2 成果解决教学问题的方法（图2）

2.1 基于成果导出（OBE）理论，构建适用于国际化"微专业"建设的课程建设方案

充分利用个性化学习、智能学习反馈、机器人远程支教等人工智能的教育方式，打破专业与院系隔阂。通过直播、录播以及线上线下混合式教学的实践，智慧平台建设线上立体教材、在线课程、教法案例、考核题库以及课程体系，建成以纺织特色学科专业为主，其他学科参与的微专业。

2.2 基于"翻转课程"理念，探索适用于国际化"微专业"建设的课程教学模式

人工智能技术可以使教师们投入更多精力在对教学理念与方法的研究上，人机交互技术可以协助教师为学生做在线的答疑解惑。通过制定微专业课程数量、教学语言要求、课程内容、考核标准、在线课程建设标准、师资团队的建设标准，探索建设满足于国内外学习者的学习要求的微专业，并通过智能平台保障微专业优质课程建设畅通无阻，保证整体教学正常运行，管理快速便捷、常态化评估教学质量。

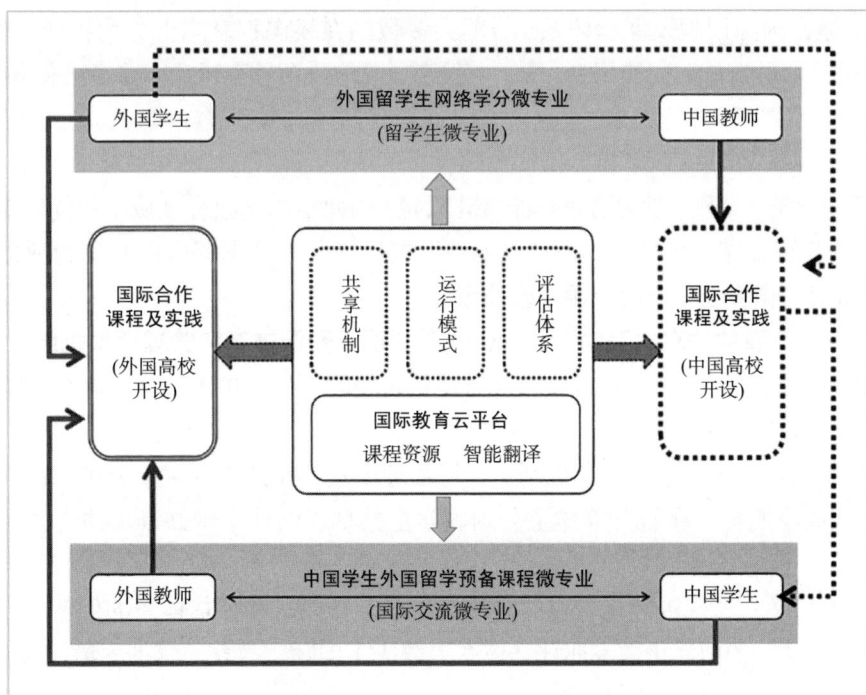

图2 国际化"微专业云平台"及共享机制建设的创新与实践模型图

2.3 基于智能教学平台，建设适用于国际化"微专业"建设的软件硬件环境

利用"外研讯飞"提供的智慧课堂解决方案、软硬件设备及大数据平台等，开启"双向互动国际化"微专业课堂教学模式的创建与实践。从国外引进和我校教师建设的优质课程，组成"纺织＋"微专业，将提升国际化微专业软件环境建设标准。与此同时，建设多功能智慧教室，对平台课程的建设提供优质的硬件环境。

2.4 基于学习者为中心原则，制定适用于国际化"微专业"建设的管理评价机制

学习者通过该项目的全部课程和评测，在获得认证证书的同时还可以提前完成国外高校相关专业硕士课程的学习并实现学分转换。制定《国际化"微专业"课程资源建设与共享机制建设方案》《国际化"微专业"课程建设管理运行与评估体系建设方案》等一系列制度文件，指定国际化在线课程管理及运行负责专属部门，对微专业课程建设标准进行严格把控，教学运行期间及时答疑，设定课时、考核比例和线上线下课程教学评估，主管部门对教学单位，教学单位对教师、学生实施整个教学（学生入学、参与教学活动、学习结束）的管理和监控，不定时检查、评估奖惩等，对基础信息的管理和考核题库进行严格保密。

3 成果的创新点

3.1 提出了"智能技术推动建设，国内国外双向互动，线上线下混合教学"理念

（1）智能：运用现代化人工智能技术，实现国际化教育的技术创新。

（2）双向：在平台使用中，使用者或学习者运用现代化智能技术建设、使用、管理和评估，为教学整体过程和考核评估，提供技术支持。

（3）混合：对整个课程教学内容包括课前、课中、课后，通过个性化的处理，线上教学和线下教学的选择性效果处理。

3.2 创建"国际化微专业智能云平台"，实现了高质量、低成本、个性化运行范式

（1）高质量引进、推广课程模块：拓展合作交流项目，引进国外合作院校和国内其他纺织类特色高校的优质课程，根据课程特性，建立课程模块，实现微专业更好地服务于国内外学生者。

（2）低成本建设国际课程及课程体系：目前大多数的在线课程基本上分为视频、PPT 语音、PPT 视频、课件录屏的这四种形式。而使用 PC 端、小程序、微信公众号互通，能够轻松获取微信生态流量，并且支持课程分销、优惠码等营销功能，可以快速玩转课程分销，实现客户裂变。这种方式制作成本低、接受快捷便利。

（3）针对不同国家、高校、学习者进行个性化设定：构建国际化教育领域中的优质课程分配体系，建立天津市优质课程资源库，建立天津市"微专业"资源库，完善课程资源共享管理办法，改进资源共享技术模块，提升"微专业"课程资源平台质量。

3.3 制定了科学完整的"双向互动"国际化微专业课程资源体系和管理评价机制

（1）资源体系系统：打通国内外高校课程与课程之间的壁垒，扩大了交叉融合资源范围和共享范围，建立了线上线下课程资源系统。

（2）管理机制完备：建立平台共享机制、运行管理模式，在共享层次上分国家级共享服务、省部级共享服务和校级共享服务；在服务群体上分国内学生共享、国外学生共享、国内教师共享、国外教师共享四个群体。

（3）评价机制科学：实现国际化教育的共享机制、运行模式和评估体系的创新。通过共享机制创新，建设了"双向互动"的国际化微专业评估体系，解决了国际化教育面临的困境。

4 成果的推广应用情况

4.1 国际化微专业及课程资源体系建设成果丰硕

4.1.1 交叉和融合优质学科，建成了微专业智能平台1个，纺织一流学科建立微专业4个

我校已建成"天工国际"在线课程云平台1个智能平台，目前可共享110门优质的在线课程。其中，整合纺织学科与其他学科建立了4个课程模块和微专业（"纺织工程与中国文化""纺织与服装""纺织与贸易""计算机科学与技术"）。该平台支持线上教学和线上线下混合式教学，为学生提供课程资源，为国际化"微专业"建设提供服务，为本项目的研究提供平台支持和课程资源支持。围绕着微专业拥有较强大的教学科研团队，这些专业和课程为本项目的课程资源开发和平台建设提供了强有力的课程基础和带动作用。

4.1.2 微专业智能平台服务于国内外学习者，取得了良好的社会效应

通过本项目建成了优质国际化微专业智能共享平台，进一步提高了教学信息化水平，扩大了受益群体。微专业平台推广至国内学生和教师，吸引国内学习者达3500人次；打开国际市场，将微专业平台推广，吸引外国学习者达2800人次；联合国外友好院校合作，已经开展了合作培养本科生项目、交流互认学分项目以及短期培训项目4个，包括德国"5+3年"交换生项目、波兰交换生项目、突尼斯来华项目、多国短期培训项目。

4.2 国际化微专业"双向协同"管理评估效果良好并得以推广

4.2.1 建立微专业共享机制和运行模式

通过创新机制和体系建设，改进了微专业课程资源共享机制，进一步改革了教学运行模式。建设2份制度相关文件、成功申报4个天津市教委教改项目，提高了共享机制的国际化服务质量和运行模式的国际化程度。

4.2.2 建立微专业课程建设标准和智能管理和评估机制

建立微专业课程资源平台建设及共享评估体系。制定了《国际化"微专业"课程资源建设与共享机制建设方案》等4份微专业课程建设及管理相关方案和报告文件，提升了国际化微专业教学管理和评估体系的科学规范管理。

4.3 国际化课程建设的育人环境的应用情况

4.3.1 建成一批教学改革的成果

通过本项目进一步完善平台的智能技术（翻译）和管理机制。发表论文21篇，相关科研项目4个，结项研究报告3个。

4.3.2 师资国际化教学水平全面提升

全英文授课专业和课程大力建设，迅速提高整个师资队伍的国际化水平，目前我校纺织学科青年教师有国外学习背景的比例达到90%以上。其中包括国家级全英文授课课程及省部级全英文授课课程，在天津市乃至全国名列前茅，有着创新和引领作用。建立微专业高水平在线课程教学团队5支，通过完成研究报告及发表论文，提高了科研成果。

4.3.3 中华文化的国际化传播快速提升

通过建设"中华传统文化国际传播中心"和"'一带一路'纺织人才国际教育实习实践基地"，建设文化相关课程，并适当融合进微专业中，向学习者传播好优秀的中华传统文化，展示好中华文化独特魅力，增进学习者对中华传统文化的进一步了解和认同。参与学习的中外学习者每年达5600人次。

学生中心，育人为本，构建新时代融合贯通的教育教学新基建

东华大学

完成人及简况

姓名	性别	所在单位	党政职务	专业技术职称
丁可	男	东华大学	教务处副处长	副教授
姚远	女	东华大学	教务处学籍管理科科长	助理研究员
王潇	女	东华大学	无	助理研究员
寇春海	男	东华大学	理学院数学教研中心主任、中国数学会理事、上海非线性科学研究会会员	教授、博士生导师
张大林	男	东华大学	无	助理研究员
姬广凯	男	东华大学	无	副研究员
张海生	男	东华大学	教学技术中心副主任（主持工作）	副研究员
杨唐峰	男	东华大学	外语学院副院长	副教授
陆毅华	女	东华大学	信访办主任	副研究员
李博	女	东华大学	理学院院长助理	讲师

1 成果简介及主要解决的教学问题

1.1 成果简介

目前，中国教育正在发生格局性变化，高等教育进入全面提质创新的新时代，专业、课程、技术等成为新时代高校教育教学的"新基建"。东华大学把握教育发展新阶段，在遵循"以学生的全面发展与成才为中心"的办学理念基础上，坚持立德树人，贯彻"以学生为中心，育人为根本"的发展理念，聚焦学生的实际需求，持续深化教育教学改革，构建以本为本、融合贯通的教育教学新模式。

通过构建分流培养、分层教学的课程模式，打造"预—本—硕—博"贯通培养；并以学生"学习成效"为目的，优化课程考核方式；注重教育过程，建立预警帮扶联动机制，课下开展有针对性、有成效的学业引导，促使"人人成才"培养目标得以实现。

通过放宽专业选择限制，优化高考招生模式，实行大类招生制度；优化二次选专业制度，将"转专业"改为"选专业"，明确了本科生转专业应以兴趣取向和专长取向，而非传统的成绩取向，为学生提供选择专业的条件，赋予学生更多学习主动权。

通过深化完全学分制改革，进一步推进弹性学年，建立灵活多样的学习制度，满足各类学生的个性化发展和多样选择，为其投身祖国建设、国防事业和进行创新创业实践活动创造必要的保障。

通过借助"智能+"手段，推动信息技术与教育教学深度融合，提升教师信息技术应用能力。从"学生—教师—管理人员"三层次助力教学管理。改变"教"和"学"，使教师有更多精力投身教学实践，增进教学效果；改变"管"，提高管理人员工作效率和服务质量，为人才培养提供支撑服务，改变"形

态"，以学生需求为导向，提高精准满足学生成长成才需要的供给能力，不断提高育人质量。

1.2 主要解决的教学问题

（1）解决高校如何从专业、课程层面以学生为中心，聚焦学生实际需求，实现因材施教的问题。

（2）解决高校如何从管理层面构建"协同育人"的教育管理联动模式，实现三全育人的问题。

（3）解决高等教育普及化大背景下，高校如何从技术层面提升精细化服务育人能力的问题。

2 成果解决教学问题的方法

在过去十几年中，学校坚持立德树人，把高等教育新发展理念贯穿教育教学全过程和各领域，夯实人才培养新基建，就学生的教育、管理和服务进行了脚踏实地的改革和卓有成效的实践（图1），始终立足学生本位，力求最大化保护学生的权益。

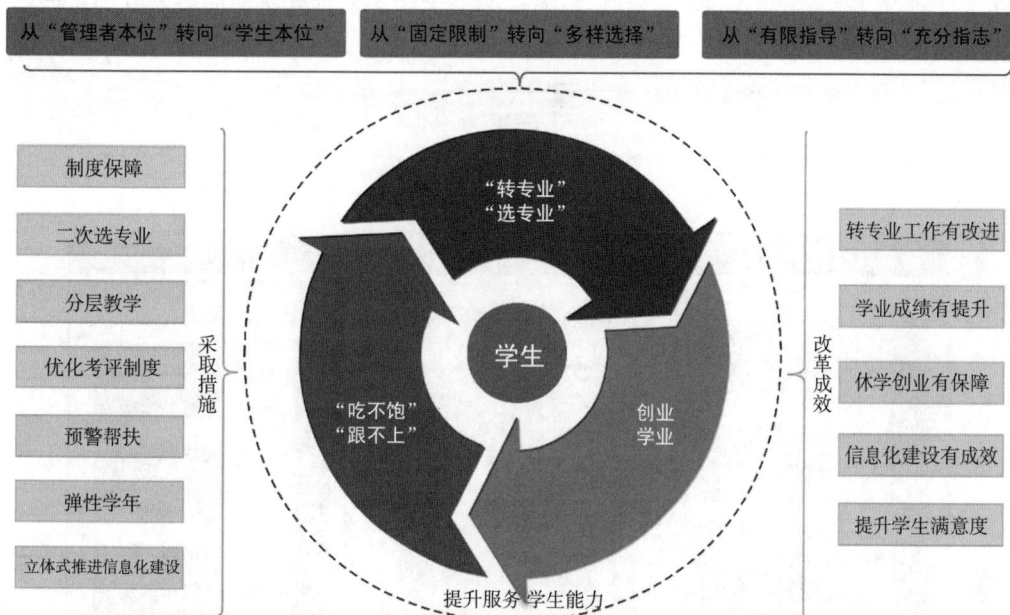

图1 以学生为中心的教育教学管理模式

2.1 以生为本，多措并举，形成"人人成才"的良好局面

课程是人才培养的核心要素，是落实"立德树人成效"根本标准的具体化、操作化，也是体现"以学生发展为中心"理念的"最后一公里"。通过"预—本—硕—博"贯通、分层教学等方式重构专业教学课程体系，满足学生个性化需求，同时改革学业评价与考核方式，综合运用随堂测试、课堂讨论等方法，加强对学生学习全过程的考核。

2.1.1 深化分层次教学改革，建立因材施教的教学模式

实行覆盖化、精细化人才培养方案，预本教育协调发展。在预科教育中以"预"为主，"预补"结合，与本科教育"无缝对接"，建立与学分制改革和弹性学习相适应的管理制度，加强学分互认与转化实践；在本科教育中，对基础课进行分层次人才培养教学改革，数学类、物理类课程开设按照培养提高学生分析研究能力为主，或提高学生解决实际工程应用问题能力为主的不同需要设计不同的课程系列，学生可以根据自身水平以及未来发展方向，选择不同类型的课程。公共英语类课程改革遵循"加强听说、注重应用、分层次培养、预—本—硕—博一体"的原则，摒弃身份差异，面向实际应用，开设拓展类课程，允许达到一定水平的学生免修部分初级课程，对学有余力"吃不够"的学生，支持其跨"阶"选课，提升学习动力。

2.1.2 以学生"学习成效"为目的，注重过程考核，改革学业评价方式

积极构建学生综合评价机制，逐步建立课上教学和课下全过程的监测方式，优化考试评价制度，拓展学生成长成才空间。在数学类课程引进月考制度，形成"每月一测验、每月一总结"的阶段性测试模式，将"过程性评价"和"结果性评价"相结合，引导学生把功夫用在平时，增强学生学习成效。既能及时地反映学生学习中的情况，促使学生对学习过程进行积极反思和总结，又能阶段性地评价学生学习表现，对学业成绩进行更加全面的评价。同时教师也能及时把握学生对课程内容的掌握情况，进行针对性更强的教学。

2.2 深化完全学分制改革，构建二次选专业体系

专业是人才培养的基本单元，不仅直接关系到高校的人才培养质量，还关系到高等教育服务经济社会发展水平和是否能成为推动国家创新发展的引领力量。通过大类招生、选专业、建立实验班等方式，建立健全本科专业动态调整机制，以经济社会发展和学生职业生涯发展需求为导向，构建自主性、灵活性与规范性、稳定性相统一的二次选专业体系（图2）。

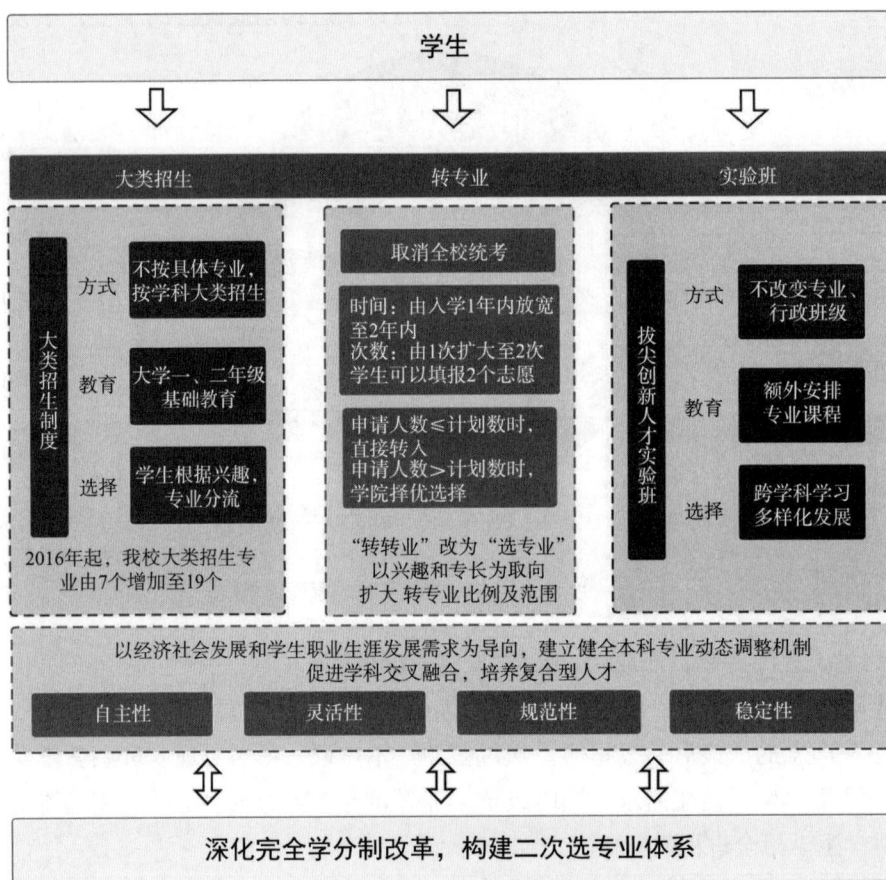

图 2　二次选专业体系

（1）优化高考招生模式，实行大类招生制度，按学科大类招生，不按具体专业招生，通过一、二年级的基础教育，待学生对专业有了充分了解之后，再由学生根据自己兴趣进行专业分流，从而给学生提供理性思考的空间和第二次选择专业的机会，充分激发学生主体性，释放高校办学活力。从2016年开始，我校实行大类招生的专业由原来的 7 个达到 19 个。

（2）东华大学从 2003 年起实行转专业制度，初期名额少，限制多。从 2014 年起学校对转专业制度进行了改革，取消了实行多年的转专业全校统考。2017 年起，学校将"转专业"改为"选专业"，进一步明确了本科生转专业应以兴趣取向和专长取向，满足基本条件的学生均可在规定时间内提出申

请。进一步扩大转专业比例及范围：时间上由原来的入学 1 年内放宽至入学 2 年内，转专业次数由原来的 1 次增加至 2 次，学生每次可以填报 2 个志愿。当专业申请人数小于等于计划数时，直接转入；专业申请人数大于计划数时，学院可根据专业特点，采取一定方式选择适合该专业培养的学生。对于基础差、无法适应原专业学习的学"困"生，转入学院以"该生能否从该专业毕业"为判断进行录取。对于休学创业或退役后复学的学生，因自身情况需要调整专业，学校给予优先考虑。

（3）打破专业、院系壁垒，在不改变学生原本专业、不调整行政班级的前提下，选拔组成"民用航空复合材料""人工智能"等 6 个拔尖创新人才实验班，为学生提供跨学科学习、多样化发展的机会，促进学科交叉融合，培养复合型人才。

2.3 进一步推进弹性学年，提供多种选择，增强学生社会竞争力

学校 2003 年开始实行完全学分制，实施 3 ~ 6 年弹性学习年限，从 2017 年起对休学创业最长学习年限延长至 8 年，扩大学生学习自主权、选择权，从而提高学生学习的积极性和主动性。

（1）学校积极响应国家号召的大学生参军以及创新创业政策，进一步放宽学习年限，服兵役和休学创业时间不计入学习年限。对于具有创业兴趣和能力，又遇到创业机会的学生，学校提供休学制度保障，2017 年 9 月起规定"经学校认定的须休学创业的在校学生，可以办理休学，休学创业时间最长 2 年，且休学创业时间不计入学习年限"，同时学校也给予这些学生充分的创业指导和扶持，给乐于成长的学生以腾飞的翅膀；对入伍服兵役的学生可以保留入学资格或者保留学籍至退伍后 2 年，鼓励和支持大学生携笔从戎保家卫国。

（2）针对学有余力的学生，学校鼓励其合理安排学业计划，提供提前毕业机会，给学生提前投身祖国建设，创造必要的保障。对因个人或身体原因需要休学的学生，为其提供最长 2 年休学时间进行探索和调整，给学生更多自主选择权。

2.4 构建"协同育人"的教育管理联动机制，为提高人才培养质量保驾护航

（1）健全教育管理制度体系，为培养人才提供制度保障，在学生培养过程中，涉及学生权益的改革措施会充分听取学生建议和意见，从而使各项措施能"改"到实处，切实有效地助力学生成长成才。相继修订《东华大学学分制管理规定》《东华大学学籍管理规定》《东华大学学籍管理细则》等管理文件，将教育管理政策写入制度中，确保改革措施落实成效。定期召开教学管理工作会议，加深管理人员对制度的理解和把握，规范管理，提升管理育人成效。

（2）本着"服务学生""讲究实效"的原则，通过"学生学业预警帮扶系统"及时筛选出学业状态不佳的学生，并采取针对性的防范措施：学院配备专人协调这些学生的学业帮扶工作，积极做好学生、家长的联系沟通工作，为学生提供个性化的帮扶方案和有效指导；各任课教师认真执行对课堂中预警学生的上课点名制度，重点关心他们的学习效果，加强辅导答疑工作；学生辅导员悉心关心学生的生活，主动联系学校心理咨询中心的老师为他们进行个别咨询和辅导。通过各方协同联动，共同帮助学生克服困难，顺利完成学业。

2.5 充分依托"智慧+"手段，推动信息技术与教育教学深度融合，提升精细化教学和管理服务能力

技术水平是学习革命的关键突破，也是教育新的生产力。利用"智能+"推动信息技术与教育教学深度融合，提升教师信息技术应用能力，已然成为世界高等教育发展的重要方向。

2.5.1 改变"管理"，着手环境建设

在充分调研师生需求后，于 2017 年建设新教务管理系统（图 3），将原本分散的多个教学管理平台集中于同一个平台上，学校各部门可通过信息办读取教务数据，同时同步教师端、管理员端以及学生端的信息显示，扫除信息"盲区"，实现平台集成，数据互通。优化学生管理、学籍异动、学分抵充、毕业审核等教务系统管理模块。学生除查看各类信息以外，还可以在线退选课；教师实现"无纸化"办公；教学管理人员也可以从重复性工作中抽离出来，由"管理"向"研究、指导、服务"转变，为学生提

供精细化管理服务。

2.5.2 改变"形态"，实现数字化应用

建设以学生为主体的一站式自助打印机（图4），提供在读证明、成绩单、中英文成绩单等证明的打印，并不断增加打印证明种类，让学生少跑路，让信息多跑路，为学生提供方便快捷的服务，满足学生就业、升学、落户等多样化需求。同时提供线上证书补办、证书代领等简化服务，实现"一网通办"，让学生最多"跑一次"的人性化服务。

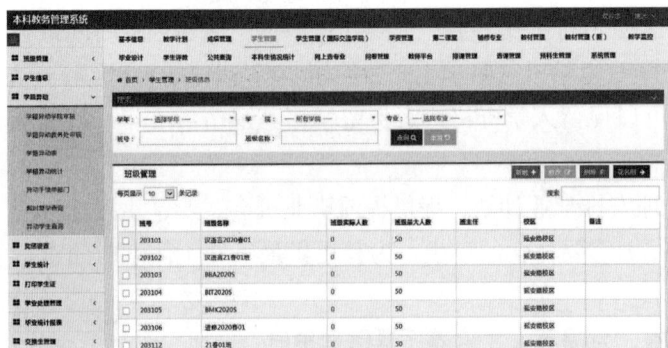

图3 新教务管理系统

图4 一站式自助打印机

2.5.3 改变"教""学"，注重能力建设

研发网上电子阅卷系统（图5、图6），利用图像处理技术以及网络手段，让老师们有网络就可以阅卷，同步完成试卷电子归档，阅卷后的成绩报表自动统计功能，降低了大批量阅卷的评分误差，使教师有更多时间投入教学实践中，强化过程性教学，增强教学效果，实现信息化教育教学新常态。

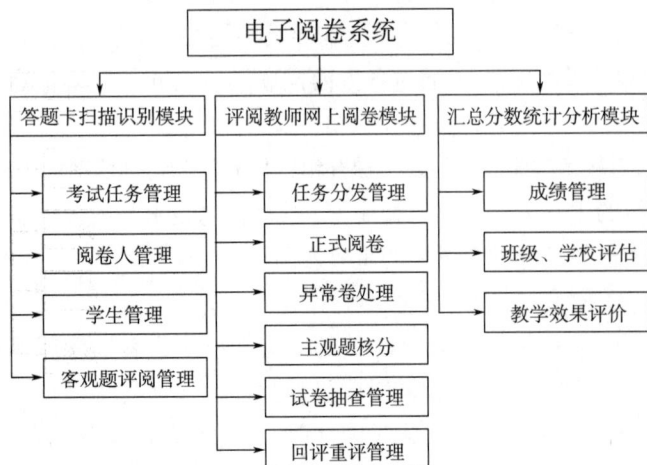

图5 电子阅卷系统组成

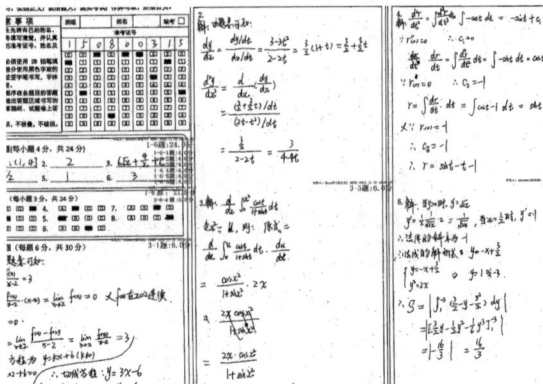

图6 评阅后试卷标记

3 成果的创新点

3.1 教育管理理念上从"管理者本位"转向"学生本位"

（1）进一步推进弹性学年，让学生可以根据个人需求、未来发展和学习节奏来安排大学生活，把学生从大学课程的接受者变为决策者。

（2）深化转专业制度的改革，转变"传统成绩取向"的观念，明确了本科生转专业应以兴趣取向和专长取向为导向，使每位学生学有所爱、学有所长。

3.2 培养方式上从"固定限制"转向"多样选择"

（1）通过施行分类教学、分层培养、打通"预—本—硕—博"一体化选课，因材施教，对不同类型的学生采取不同培养方法，给学生更多学习自主权，提高学习积极性。

（2）改革课程考核方式，将"过程性评价"和"结果性评价"相结合，引导学生把功夫下在平时。

（3）二次选专业制度也促进各学院不断深化教学改革，加强专业建设，提高教学质量，改善教学环境，使专业设置更适合现代社会的发展需求，提高培养学生的质量。

3.3 服务保障上从"有限指导"转向"充分指导"

（1）多方面、多层次地正确引导学生，将管理文件制定成《学生手册》和《教务处工作服务手册》，在新生入校时发放给学生，通过入学教育，利用教务处官网、易班、微信公众号等渠道广为宣传及讲解，强化学生对学生管理规定的认识，保障学生合法权益，帮助和引导有想法的学生选择适合自身发展的道路。

（2）建立预警帮扶联动机制，通过学生学业预警帮扶系统，开展有针对性、富有成效的学业引导，使每个学生"学有所成"。

（3）借助"智慧+"手段，从"学生—教师—管理人员"三层次助力教学管理服务，促进教育教学环境信息化、智能化发展。自助打印机满足学生多样化个性化要求；电子阅卷系统减轻教师工作负担，提高教师工作效率，使教师可以更好地投身课程教学中，增进教学效果；教务管理系统简化教学管理流程，提高管理人员工作效率，让管理人员从繁冗的事务性工作中抽离出来，有更多精力提供精细化管理服务，提高管理育人成效。

4 成果的推广应用情况

4.1 成果示范作用与辐射作用明显

本成果的实践效果在社会上产生了积极的影响，取得丰硕的教研教改成果，承担上海市重点教改项目2项，发表教改论文10篇。学籍学历管理工作获2018年上海高校学生工作会议表彰，2020年受邀在上海市本科院校学籍管理培训交流会上作专题报告：《坚持立德树人、立足学籍管理，为学生成长成才保驾护航》，介绍东华大学教学管理先进经验，获得了市教委领导和兄弟院校的好评。

4.2 人才培养成效显著

（1）转专业规模逐步扩大，学生反馈好。随着二次选专业制度的不断改进和完善，我校转专业人数也逐年增多，图7为不同制度阶段转专业情况一览表，可以看出从2014年前每年转专业人数不到93人，到2020年的250多人，转专业人数增长了将近3倍。

整体来看，学生对于"校内二次选专业体系"的满意程度较高。兴趣是最好的老师，2016级的孙某，高考志愿是家长帮填的，来大学学习后才知道喜欢物理专业，申请转专业后，绩点从原来的2.5（排名27/40）升至现在的3.76（排名7/40），于2019年分别获得中国大学生物理学术竞赛华东赛区二等奖和第六届上海市大学生物理学术竞赛二等奖、最佳评论方的竞赛成绩。对参与转专业学生随机调研，学生表示："通过转专业成功转到自己喜欢的服装设计与工程专业，学习起来更有动力了！""我高中学的是文科，现在的专业对数理化要求很高，读起来很吃力。学校放宽转专业限制，我成功被人文学

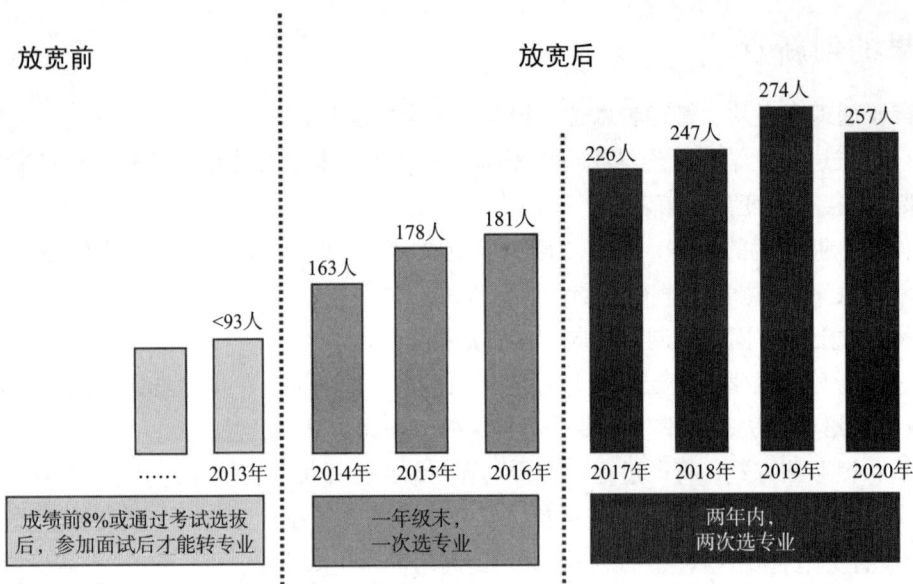

图7　各阶段转专业情况一览表

院录取了，以后成绩会越来越好的！""我是大一学生，今年报了转专业，但没有转到自己喜欢的专业，听说还有一次机会，明年我会继续努力的。"可以看到学生学习和兴趣融合后，学习动力增强，学习目标更加清晰，学习氛围更为浓厚。

（2）休学创业有保障。正如一位休学创业学生在申请中写的"学校推出的休学创业政策，仿佛瞌睡的人找到了枕头"。该制度很好地解决了学生想进行创业实践但又担心没时间完成学业的后顾之忧。从2017年实行休学创业政策以来，目前已有6位学生申请。管理学院2012级李某作为第一批休学创业的获益人，在休学期间与他人合伙创办多家互联网公司，在业内形成一定规模，获上海市大学生科技创业基金支持，并且该名同学创办的公司发展良好，为社会提供百余就业岗位，形成较为广泛且正面的社会影响。该生因办理休学创业，最长学习年限延长至8年，于2020年7月顺利毕业获得学位。我校休学创业制度案例也入选为2018年上海高校学生学籍学历管理工作优秀案例。

（3）全校数学、物理等公共基础课平均成绩和优秀率有所上升，不及格率大幅下降。

（4）学校英语学习氛围得以增强，学生的英语应用能力大幅提升，每学期有近2000名达到一定水平的学生跳级免修英语低级别课程；"预—本—硕—博"一体化选课后，每学期有20名左右的预科生提前修读本科课程，有200余名本科生提前修读硕士课程，有100余名硕士生提前修读博士课程。

（5）学校整体学风情况有所好转，预警人数有所下降，毕业率提高。我校2019～2020年学业警告率较2018～2019年整体下浮3.03%。2020届首批应届生毕业率比2019届同比提高了近3%。

4.3　教学信息化建设成效初显

（1）新教务系统上线后，学生、教师使用流畅，目前学生处、财务处、档案馆、保卫处等部门，均已实现数据对接。日均访问量达7718次。

（2）从2015年实行"一站式"自助打印平台以来，累计打印各类证明52000余次（图8）。

（3）电子阅卷系统的使用，不仅实现了纸质图片数据电子化，同时有效监控了阅卷过程，解决了各类考试中考务的试卷管理分装、阅卷人员的协调组织等问题。阅卷后的成绩报表自动统计功能（图9），也降低了大批量阅卷的评分误差，得到了老师们较好的评价，学生成绩也通过多次考试有所提高，目前适用范围已扩大到物理、英语等课程。

序号	应用名称	打印人	打印时间	设备名称	操作
1	[PRT_ZWCJD]中文成绩单		2020-12-03	jw_0902	撤销
2	[PRT_ZWCJD]中文成绩单		2020-12-03	jw_0902	撤销
3	[PRT_ZWCJD]中文成绩单		2020-12-03	jw_0902	撤销
4	[PRT_XSZDZM]在读证明		2020-12-03	jw_0902	撤销
5	[PRT_ZWCJD]中文成绩单		2020-12-03	jw_0902	撤销
6	[PRT_XSZDZM]在读证明		2020-12-03	jw_0902	撤销
7	[PRT_ZWCJD]中文成绩单		2020-12-03	jw_0902	撤销
8	[PRT_ZWCJD]中文成绩单		2020-12-03	jw_0902	撤销
9	[PRT_ZWCJD]中文成绩单		2020-12-03	jw_0902	撤销
10	[PRT_ZWCJD]中文成绩单		2020-12-05	jw_0902	撤销

每页 20 条，共2635页52690条，当前第**2635页** 首页 前页 下页 尾页 跳转到 1 页 go

图 8 学生自助打印记录

学科	人数	满分值	平均分	最高分	最低分	标准差	得分率%	难度	区分度	信度
数学	1205	100.0	72.79	100.0	4.0	17.98	72.79	0.73	0.42	0.74

难度	比例(%)
0.30	5.0
0.50	7.0
0.60	20.0
0.70	23.0
0.80	17.0
0.90	19.0
1.00	9.0

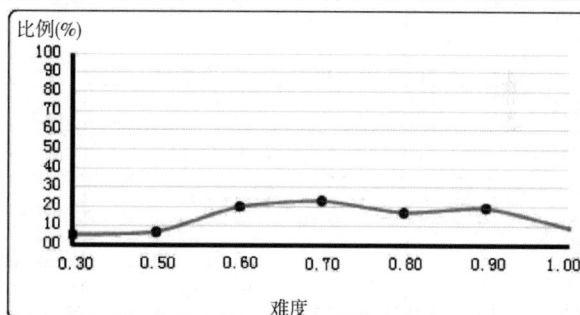

图 9 单次考试统计分析图

"衣被天下"——纺织专业课程思政群建设的研究与实践

东华大学

完成人及简况

姓名	性别	所在单位	党政职务	专业技术职称
王新厚	男	东华大学	2013～2020 年任校党委书记	教授
许福军	男	东华大学	副院长	副教授
郭珊珊	女	东华大学	学院办公室党支部宣传委员	助理研究员
郁崇文	男	东华大学	无	教授
郭建生	男	东华大学	无	教授
孙晓霞	女	东华大学	无	讲师
刘雯玮	女	东华大学	纺织学院党委副书记	副教授
孙宝忠	男	东华大学	党支部书记、系主任	教授
张瑞云	女	东华大学	系主任	教授
黄晨	男	东华大学	无	副教授

1 成果简介及主要解决的教学问题

1.1 成果简介

教育部在《关于加快建设高水平本科教育全面提高人才培养能力的意见》中明确提出："要把思想政治教育贯穿高水平本科教育全过程"。"课程思政"是当前高校育人理念和育人模式创新与改革的重中之重，是"三全育人"关注的理论和实践问题。如何充分发挥好专业课教师"主力军"、专业课教学"主战场"、专业课课堂"主渠道"的作用，推动课程思政建设不断取得新进展、新成效，是目前高校课程思政建设的重点和难点。在中国实现"两个一百年"奋斗目标的征程中，纺织行业承担着实现人民丰衣足食以及"美衣美居"美丽中国梦的历史使命，而纺织类专业教育肩负着使学生认清自己的使命与担当、并为人民美好生活乃至"中国梦"的实现作贡献的责任。

本成果提出了以纺织人的"衣被天下"精神为主线，即每门纺织专业课的课程思政主要目标都是培养学生继承和发扬一代又一代纺织人的衣被天下精神，以天下为己任，将小我融入大我、树立为国为民的远大理想；以"四个融合"——历史融合、人物融合、原理融合、时政融合为方法的纺织专业课程思政建设思路。基于不同课程内容，深入挖掘纺织专业课程蕴含的思政元素，将知识教育与思政教育有机融合，按"1+X"的设计理念设计了纺织类课程思政教学大纲。在理论培训和研究基础上，通过"双实践"——纺织企业专业实践和援疆、脱贫攻坚、抗疫等社会实践，全面提高教师的课程思政能力。涵盖纺织专业核心课、学科基础课、职业生涯导航课和社会实践课，构建了纺织类专业课程思政群，2019 年入选"上海高校课程思政领航计划"，2019 年纺织工程专业、2020 年非织造材料与工程专业入选"国家一流本科专业建设点"，2020 年"纺纱学"课程入选上海高校课程思政教学设计案例并录制说课推广视频。通过本成果的建设，形成了纺织专业"三全育人"新格局，2019年入选上海市"三全育人"综合改革市级示范点。学生的使命感、责任感进一步提升，参军、到西部地区就业、赴非洲孔子学院担任志愿者的热情进一步增强，为纺织服装行业贡献的热情持续高涨，纺织行业相关企事业单位就业升学率超过80%。近三年用人单位对纺织工程专业毕业生评价优秀率均超过97%，其中对毕业生的道德品质和创新实践能力评价最高。

1.2 主要解决的教学问题

（1）纺织专业课程和思政元素如何有机融合的问题。

（2）纺织类专业课程思政教学大纲的设计与实施问题。

（3）如何提高专业课教师课程思政意识和能力的问题。

2 成果解决教学问题的方法

2.1 纺织专业课程和思政元素如何有机融合的问题

以纺织人的"衣被天下"精神为主线，即每门纺织专业课的课程思政主要目标都是培养学生继承和发扬一代又一代纺织人的"衣被天下"精神，以天下为己任，将小我融入大我、树立为国为民的远大理想；以"四个融合"——历史融合、人物融合、原理融合、时政融合为方法，将纺织专业知识和思政元素有机融合。

（1）历史融合：将纺织科技史、纺织发展史与课程相关内容进行融合。比如，纺纱技术的历史从盛到衰再到盛的过程，在课堂上可以引导学生结合中国发展道路选择的历史，思考这一波动过程产生的根本原因，从而坚定学生对中国特色社会主义制度和道路的自信。

（2）人物融合：将纺织行业、科技与教育领域中的典型人物的事迹或者贡献，融入课程内容中，可以为学生树立榜样，有助于他们做好人生和事业规划。例如，在课堂上结合张謇实业报国的故事引导学生学习张謇的爱国主义精神，增强社会责任感，将个人梦融入中国梦，奋发图强，将来好报效祖国。

（3）原理融合：分析纺织加工工艺原理，找出与之可类比的思政元素。比如，精梳工序是在粗梳基础上的一道精益求精的工艺，而工匠精神也是一种精益求精、追求完美、勇于创新的精神，因此可以类比和引申到工匠精神，使学生尊崇和弘扬工匠精神。

（4）时政融合：将与专业课程相关度高的时事政治及时融入课程教学中，增加课程的时代感和亲切感。例如，新冠肺炎疫情期间，大家对熔喷非织造布制备的口罩非常关注，在讲授非织造课程时，可以将熔喷原理与抗疫精神结合；针对近期发生的新疆棉热点问题，可以在讲授纺织材料学、纺纱学课程时，将棉纤维、棉纺知识与新疆棉纺织产业发展现状相结合。让纺织专业的学生感受到纺织在国民经济中的重要地位和关键作用，可极大激发学生的专业自豪感，增强专业认同感。

2.2 课程教学大纲的设计与实施问题

在设计纺织专业课程思政大纲时，应充分考虑本专业学生的知识结构和应用能力。按照"1+X"的课程思政大纲设计理念，其中"1"是指一条主线，即纺织人的"衣被天下"精神，即每门纺织专业课的课程思政主要目标都是培养学生继承和发扬一代又一代纺织人的"衣被天下"精神；"X"为基于"四个融合"基础的拓展项，也就是各个专业课程至少有四个融合的内容，但还可以根据课程自身特点，再增加可融合的其他思政元素。所以这个大纲是一个开放式的，将专业知识与思想政治教育相结合，增强学生的"四个自信"和社会责任感以及爱国主义情怀。课程大纲包含了四个部分，即知识单元、知识传授与能力培养要点、在教授过程中需要融入相应的思政知识点、思政教学方法。这样的课程大纲非常有利于推广，即使第一次上此课程的教师也可以照此大纲进行实施。

2.3 专业课教师课程思政意识和能力的提高

（1）制度保障。在2019年和2020年分别出台了《纺织学院关于推进"三全育人"综合改革实施意见》

《关于进一步加强和改进纺织学院教师思想政治工作的实施意见》，其中专门提出了课程思政的实施具体要求。

（2）加强培训和研究。组织召开纺织类高校课程思政研讨会，邀请校外专家作《课程思政金课建设的实践与思考》《专业课程思政工作的实现途径》等高水平报告；成立经纬课程思政 R&D 工作室，邀请马克思主义学院教授担任首席专家，带领专业教师进行"工学类课程思政的开展理路"等研究，提高教师的思想政治水平和思政意识。

（3）推行"双实践"活动。通过到纺织企业进行专业实践和参加援疆、脱贫攻坚、抗疫等社会实践的"双实践"活动，进一步提高专业教师的课程思政能力。

（4）建设专业教师思政系列微课，打造思政培养"行走课堂"，把思政教育延伸到课堂之外，引导学生不忘"衣被天下"初心、永葆爱国为民的家国情怀。

3 成果的创新点

3.1 提出历史融合、人物融合、原理融合、时政融合的纺织专业"四融合"课程思政方法

目前思政与专业的结合大多为"掺入式"，比较生硬，教师感到不自然，学生的认同度也不高。通过"四融合"课程思政方法，将爱国主义精神、工匠精神、创新精神、传统文化、职业素养、纺织美育熏陶等育人要素有机融入教学，以润物无声的方式将正确的价值观传导给学生，使课堂教学成为引导学生"铸就理想信念、掌握丰富知识、锤炼高尚品格，打下成长成才的基础"的主渠道，实现育人效果最大化。这样一种把社会主义核心价值观等思政内容自然融入纺织专业教学的方法，可将知识传授、能力培养与价值塑造有机结合，最终实现由"纯专业课"向"专业课程思政"全面立体化转型的目标。

3.2 提出了开放式的"1+X"课程思政大纲设计理念，建立了以"衣被天下"为主线的纺织专业课程思政体系

"1"就是指"衣被天下"的思想主线，即培养学生继承和发扬一代又一代纺织人的衣被天下精神，以天下为己任，将小我融入大我、树立为国为民的远大理想，它贯穿整个纺织专业课程思政群中的所有课程，每门课的课程思政大纲设计都沿着这样一条主线，从而使纺织课程思政群成为一个有机整体，而不是课程的简单堆砌。"X"则是指每门课的课程大纲可在"四个融合"的基础上进行进一步扩展，即 X≥4，这样每门课在"四个融合"的基础上，都可以根据自身的特点进行拓展，从而形成一个兼具共性与个性的开放式课程体系。

3.3 探索了针对任课教师的专业能力和思政能力"双实践"模式，进一步提升教师的课程思政意识和能力

目前课程思政存在的一个很大问题就是，专业教师对它的重要性和必要性认识不足，还有的教师虽然想做课程思政，但不知道该如何做。为了提升教师的课程思政意识和能力，我们在补足思想政治理论的基础上，设计了"双实践"环节，使得专业教师通过企业实践进一步提高专业实践能力和对纺织行业的亲身感受，通过社会实践进一步了解和理解中国道路和中国模式的理论逻辑、历史逻辑和现实逻辑。做到教育者先受教育，这样才能真正做到守好一段渠、种好责任田，实现育人全担当。

4 成果的推广应用情况

4.1 专业思政课程群持续扩展

2017年王新厚教授主讲的本科生平台课程"纺纱学"、郭建生教授主讲的本科生平台课程"纺织品整理学"入选东华大学首批"课程思政"重点建设项目；2018年纺织学院又建设了"纺织品设计学""针织学""纺织材料学""非织造学"等14门课程思政课，课程思政理念进一步拓展和深化；2019年纺织专业思政课程群（共16门课程）入选"上海高校课程思政领航计划"，涵盖纺织专业核心课、学科基础课、

职业生涯导航课和社会实践课；2021年纺织专业思政课程群拓展到25门课程，共覆盖了近2600名学生，广大教师的课程思政意识和能力不断提高，广大学生对专业课程思政的认可度也不断提升。

4.2　成果析出丰富

完成课程思政教学大纲25个；"纺纱学""纺织暑期援疆社会实践""生物医用纺织品"入选首批国家级一流本科课程；2019年纺织工程专业、2020年非织造材料与工程专业入选"国家一流本科专业建设点"；发表相关教改论文16篇；"纺纱学"入选上海高校课程思政教学设计案例；成立经纬课程思政R&D工作室；建立了纺织课程思政多媒体题材库；建立了"援疆团"易班名师工作室。纺织专业"三全育人"新格局逐步形成，2019年入选"三全育人"综合改革市级示范点。学生的使命感，责任感进一步提升，参军、到西部地区就业、赴非洲孔子学院担任志愿者的热情进一步增强，纺织专业毕业生中有5%的学生选择到中西部地区干事创业，平均每年有4~5名学生成功参军入伍；每年有超过两百名学生参加无偿献血。近三年用人单位对纺织工程专业毕业生评价优秀率均超过97%。

4.3　引领推动纺织类高校课程思政建设

2020年组织召开首届纺织类高校课程思政研讨会，天津工业大学、浙江理工大学、苏州大学、江南大学、西安工程大学、青岛大学、江苏悦达纺织集团等全国31家单位的110余位纺织教育领域专家学者参会，引领推动纺织类院校开展课程思政。学院的课程思政建设模式和实践经验得到国内纺织类高校的广泛认可，苏州大学、武汉纺织大学、青岛大学，上海工程技术大学等高校都专程前来交流，为其他高校的课程思政建设提供了可借鉴、可复制的经验。王新厚、孙宝忠等教授讲授的"让党旗在'科技战疫'一线高高飘扬"示范微党课在新华网、光明网、央视频等媒体上播放。"纺纱学"作为东华大学唯一入选上海高校课程思政教学设计案例的课程，参加了上海市教委课程思政说课视频的录制，介绍"纺纱学"课程思政的教学设计，于2021年5月通过网络向全国推广。在构建以"衣被天下"精神为主线，以"四个融合"为方法，以开放式"1+X"为实施路径的纺织专业课程思政体系基础上，目前正在组织编写《纺织学科课程思政教学指南》，以进一步推动全国纺织类院校纺织专业课程思政的建设。

以创新创业教育为导向，探索创新思维及方法与工程文化融合的国家一流课程内涵建设路径

天津工业大学

完成人及简况

姓名	性别	所在单位	党政职务	专业技术职称
赵地	男	天津工业大学	无	讲师
王浩程	男	天津工业大学	无	教授
王文涛	女	天津工业大学	工程教学实习训练中心副主任	副教授
徐国伟	男	天津工业大学	工程教学实习训练中心副主任	副教授
杜玉红	女	天津工业大学	副院长（教学）	教授
王晓敏	女	天津工业大学	科长	助理研究员
刘健	男	天津工业大学	机械基础实训教学部副主任	高级实验师
淮旭国	男	天津工业大学	科研管理办公室主任	高级实验师
姚建军	女	天津工业大学	无	副教授

1 成果简介及主要解决的教学问题

全国教育科学"十三五"规划教育部重点课题"'中国制造 2025'背景下应用型高校工程人才培养的创新机制和路径研究"（批准号：DIA170372）于 2017 年 7 月立项，经过两年多的努力，于 2019 年 10 月完成了课题预期的研究任务，课题结项。在课题研究过程及结项后的实践应用过程中，围绕课题的研究内容和目标，取得了以下获奖成果：

（1）2020 年 12 月针对本科学生开设的"创新思维及方法"在线课程获批为国家级本科一流线上课程，2021 年本课程配套教材《创新思维及方法概论》获得首批天津市课程思政优秀教材。

（2）2019 年 12 月"凸显纺织特色的工程创新教育探索与实践"获得中国纺织工业联合会"纺织之光"教学成果三等奖。2018 年 4 月"基于行业特色的地方高校工程训练教育体系的构建与实施"获天津市教学成果二等奖。

（3）2018 年 8 月指导学生获"创青春"全国大学生创业大赛银奖、全国大学生机械创新设计大赛一等奖，全国大学生创新方法大赛一等奖。

（4）2018 年、2019 年获批教育部大学生创新创业训练计划 4 个国家级项目，已结题。

成果有效地促进了"创新思维及方法"国家本科一流课程建设和工程训练国家级实验教学示范中心的建设，在校内外产生了良好的示范效应。

《创新思维及方法概论》作为国家一流本科课程的配套教材，在教学过程中对教学效果起到了明显的促进作用。在近三年的"创新思维及方法"课程建设中，天津工业大学参加课程学习的学生数在每学期选课人数限制的情况下为 1800 人左右。学生对课程评价良好，对创新有了积极的认识，认为通

过课程学习有效激发了学习兴趣，掌握了学习方法，锻炼了学习能力。截至目前，全国共有161所高校、43400名学生选课，全国师生下载使用《创新思维及方法概论》电子教材6万余次。本科院校中，不乏中央民族大学、华东政法大学、西南财经大学、河北大学、东北电力大学等较有影响力的院校。从地域分布上看范围也是比较广的，这些都说明成果影响的成效是比较显著的。

《工程文化——基于实体建构的工程创新路径》作为学术理论导向，从思想、政治、思维、哲学、艺术等方面对于强化国家级实验教学示范中心的内涵建设发挥了良好的促进作用。在学术指导委员会学术会议上校外专家对围绕创新教育所做的工作特别是通过课程建设、实验室建设、创新基地建设形成的教学特色、取得的建设成效给予了充分肯定。在教育部高等学校审核性评估中，进校专家对也对创新课程建设、创新基地建设、创新教育工作所取得的成效给予了高度赞扬。在成果应用实践中，天津市领导、学校领导多次莅临天津工业大学工程教学实训中心参观指导工作，对中心基于创新型、实践型人才培养的创新教育工作表现出极大兴趣，对各方面取得的工作实绩给予了高度评价。

2 成果解决教学问题的方法

以提高工程人才培养质量为最终研究目标。在研究过程中，通过以下三个方法实现（图1）：

（1）依托国家一流课程将创新思维、教育理论和方法恰当合理地引入工程教学活动中。注意在研究过程中必须始终把握机制和路径问题，及时对教学过程做出有效评估。

（2）依托国家级实验教学示范中心结合工程产品确定并开展创业项目训练。利用经济学原理对创业项目产品做商业策划，全面锻炼学生的技术研发和成本核算、市场经营能力。

（3）依托工程文化背景进行工程技术人才培养的效应分析。通过创新创业教育规划课题，努力提高创新创业训练项目以及比赛对工程技术人才培养的契合度，在应试教育形成的思维束缚严重的现实情况中，探索高校创新创业教育实践。

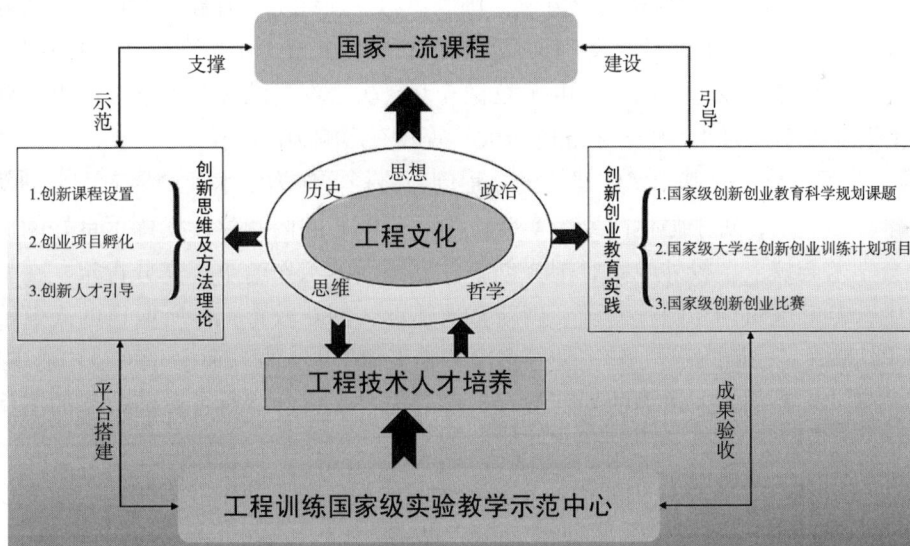

图1 课题研究的方法路线

3 成果的创新点

依托国家一流课程以及国家级实验教学示范中心为软硬件平台，探索"工程文化"和"创新思维及方法"的关联和交融。成果强调"实体建构"和"工程创新"，这对于高质量发展的形势下和市场经济的环境中创新创业教育实践以及工程人才的培养极具现实意义。成果的主要创新点包括以下四个方面：

（1）成果突显了在高质量发展的形势下、在市场经济的环境中，工程文化对于校园踏实稳重、积极向上风气的塑造所具有的价值。通过对工程文化深刻内涵的发掘，改革工程教育人才培养模式，将会对工程人才培养质量起到显著的促进作用。

（2）在当今校园文化缺失严重的现状下，把工程文化建设作为具有普遍意义的人才培养的有效机制和路径，在教学过程中融入实体建构的理念和方法，将为工程教育中提升人才培养质量，适应高质量发展对高质量人才的需求提供一个新的切入点。

（3）创新教育理论和方法的有机融入，对于打破应试教育的思维僵化，树立创新意识，通过创新创业训练项目以及比赛提高工程能力培养，适应产业转型升级具有重要意义。

（4）综合来看，对基于实体建构的工程文化内涵的深刻理解和深入挖掘以及在创新创业教育过程中强化创新思维和方法的运用是工程教育提高人才培养质量的关键所在。

4 成果的推广应用情况

梳理成果中涉及"工程文化""实体建构""工程创新"的学术发展史，无论是从社会层面对文明促进的角度，还是聚焦于校园重塑人才培养中务实的精神风尚，相关的研究内容和成果并不多见。本成果在近几年工程教学的理论和实践应用中体现的人才培养实效，充分显示了成果的学术影响和社会效益。

4.1 成果的学术影响

成果中工程文化涉及的历史、现实、思维、哲学、艺术等内容，都包涵着工程实体内涵和人文思想内涵，创新思维方法中的创新内涵十分深刻。通过对这些内涵在人才培养教学实践中的挖掘，使成果形成了广泛的学术影响，其表现主要有以下五个方面：

（1）成果有力地促进了"创新思维及方法"国家本科一流线上课程建设和国家级实验教学示范中心的建设，在校内外产生了良好的社会反响。截至目前，全国共有161所高校、43400名学生选课，全国师生下载使用《创新思维及方法概论》电子教材6万余次。本科院校中，不乏中央民族大学、华东政法大学、西南财经大学、河北大学、东北电力大学等较有影响力的院校。

（2）成果《工程文化——基于实体建构的工程创新路径》作为学术理论导向，《创新思维及方法概论》作为教学实践应用，对于强化国家级实验教学示范中心的内涵建设发挥了良好的促进作用。在学术指导委员会学术会议上，校外专家对围绕创新教育所做的工作给予了充分肯定。在教育部高等学校审核性评估中，专家也对创新课程建设、创新基地建设、创新教育工作所取得的成效给予了高度赞扬。在成果应用实践中，天津市领导、学校领导多次莅临天津工业大学工程教学实训中心参观指导工作，对中心基于创新型、实践型人才培养的创新教育工作显出极大兴趣，对各方面取得的工作实绩给予了高度评价。

（3）成果显著地推动了大学生创新创业实践基地的建设，对天津工业大学在大学生创新创业教育实践方面取得的成效和突出的社会声誉起到了重要的支撑作用。近三年教学团队组织指导学生在各类科技竞赛中获得国家级一等奖3项，二等奖9项，省部级一等奖24项，二等奖41项，三等奖32项。

（4）成果对教学改革工作起到明显的促进作用。在实践教学中营造突出实践性、综合性、设计性、研究性、创新性的工程实践和创新教育环境，构建符合人才培养规律的工程实践教学体系，改革实践教学内容、方法、手段，建立科学合理的实践教学考核体系。

（5）成果扩大了工程训练国家级实验教学示范中心的国际影响。在注重开发纺织特色教学型自制设备，建设完成纺织特色智能制造实践平台过程中，突显了学校世界一流纺织学科优势。2018年与纺织学院、艺术学院等联合申报的"一带一路"纺织人才国际教育实习实践基地被评为天津市留学生实习实践基地。

4.2　成果的社会效益

（1）成果在人才培养中社会效益显著。一方面将成果中的文化、创新等内容充实到教学内容中，利用线下线上混合等多种方式改革传统实践教学，大幅提高了教学的实效性；另一方面，通过创新方法竞赛、创新大讲堂、创新夏令营等多种形式的创新教育活动，启发了学生的创新思维，锻炼了学生的创新能力，使成果的社会效益在创新实践中得到突显。

（2）课题研究和成果运用过程中一些学生及他们的团队取得的学业成绩是成果产生社会效益的鲜活实证。这些学生积极参加课题组成员指导的学科竞赛和大创项目，为作品的功能实现和创新特征倾注了大量心血，在创新实践中，学生自身的能力和素养得到了很大提升。凭借创新实践活动取得了优异成绩，近三年有 12 名学生获得研究生推免资格，分别被浙江大学、湖南大学、大连理工大学、天津大学、东南大学、中国科学院大学等知名高校录取。在成果公报会上，两名学生代表作了发言，表达了对参加创新实践活动促进自身成长的感触。

（3）成果的社会效益还体现在国家级实验教学示范中心在建设过程中影响力和示范性不断增强，校内外声誉不断提升方面。通过接待留学生参加工程实践实习，促进了天津市留学生实践教育基地的建设发展，增强了示范中心的国际影响力。在工程训练国际学术会议和华北金工学术会议上，成果涉及的创新实践内容引起了专家学者和教师的广泛共鸣。在成果应用过程中，学生走出校园，成功创业的案例也极具代表性，突出体现了成果产生的社会效益。

基于现代信息技术的"非织造学"教学模式创新与实践

南通大学

完成人及简况

姓名	性别	所在单位	党政职务	专业技术职称
张广宇	男	南通大学	系副主任	副教授
张瑜	男	南通大学	院长	教授
臧传锋	男	南通大学	实验室主任	副教授
张伟	男	南通大学	副院长	教授
李素英	女	南通大学	无	教授
任煜	女	南通大学	系主任	教授
付译鋆	女	南通大学	无	副教授
刘蓉	女	南通大学	无	副教授
王海楼	男	南通大学	无	无

1 成果简介及主要解决的教学问题

1.1 成果简介

本成果基于江苏省教育科学研究院"基于现代信息技术的非织造学教学模式创新研究"、南通大学教学研究课题"面向非织造材料与工程专业的课程改革探索"立项研究项目形成的教学成果。

在新冠肺炎疫情影响下，2020年各校充分利用网络、直播软件、微视频等各种资源，扎实有效地开展线上教学，面向学生搭建在线学习平台，借助网络和现代科技创新教育手段为教师和学生建立教学和辅导的双向交流渠道，有效解决学生因新冠肺炎疫情无法正常到学校上课的问题。本成果深入分析非织造行业对人才的需求特点，聚焦非织造行业最新发展前沿，以非织造专业实践创新型人才培养为导向，依托现代信息技术对"非织造学"教育的深远影响，在深入推进教学改革的过程中，注重发挥现代科技信息技术对专业教学的优势作用，探索将二者充分融合的有效方法，从而改变落后单一的教学模式，在非织造专业人才的培养上已取得显著成效。

1.2 主要解决的教学问题

（1）传统的非织造学教学模式陈旧，学生的学习积极性和主动性不高，教学效果往往不尽如人意的问题。

（2）解决非织造学课程内容相对滞后问题，通过现代信息技术获取网络信息、扩大课堂信息量。

（3）实验教学环境的变革，闪蒸非织造虚拟实验室的建立，给实验教学环境带来了革命性的变化，避免了有害的溶液和高压反应带来的危险性。

2 成果解决教学问题的方法

从教学内容、教学方式及手段、非织造学实验教学的创新等方面运用现代信息技术进行革新，从而优化了教学模式，提高了教学内容的生动性及教学质量。研究内容如下：

2.1 构建非织造数字化学科教学资源

非织造科技的各个研究方向是相对平行且独立的，因此授课方式可以分模块进行，每个模块围绕非织造科技的一个热点展开。在"非织造学"专业课程教学中依据现代信息技术，采用自主研发模式构建非织造学科教学资源（图1）。

信息化教学资源建设模式如图2所示，将自主开发和多元引进方式相结合，通过不断整合优化已有资源、自主开发建设优质教学资源、多元化引进和完善各种优质资源，最终形成本学科信息教学资源库，为网络交互式教学活动打下坚实的基础。

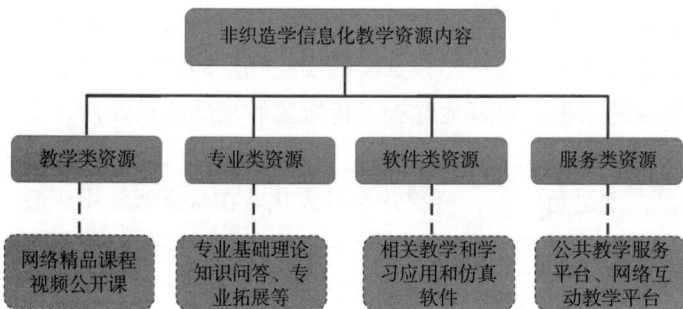

图1 非织造信息化教学资源的主要类型

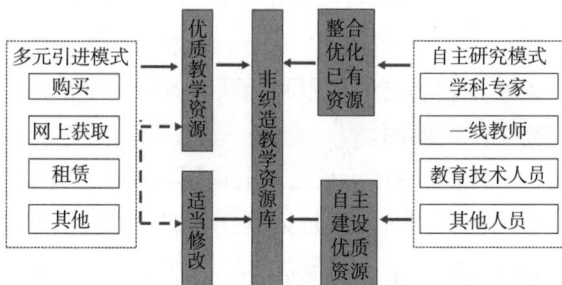

图2 自主开发与多元引进相结合方式建设非织造信息化教学资源

2.2 基于"新工科"工程思维非织造学的在线教学设计

为保障"线上"取得良好的教学效果，"线下"必须以培养工程思维和工程素养为核心，精心做好课程教学设计，这是实现高效教学的关键。明确课程知识目标、能力目标和育人目标，优化、整合教学内容，在教学设计过程中注重将思政元素融入课堂教学，培养高素质工程技术人才。构建完整、科学的课程体系，在保证学生的专采用信息化教学手段的教学过程中，应采用合理的教学方法、教学设计、提高学生学习的主动性和积极性，通过信息技术的应用引导学生积极主动地参与到教学活动中来。在教与学的过程中，教师要通过合理的教学设计和学生建立咨询、讨论、互动的教学关系，最终解决实际问题。教师通过现代信息技术设计的教学活动应该合理、有趣味性、符合学生的认知规律。具体教学设计流程如图3所示。

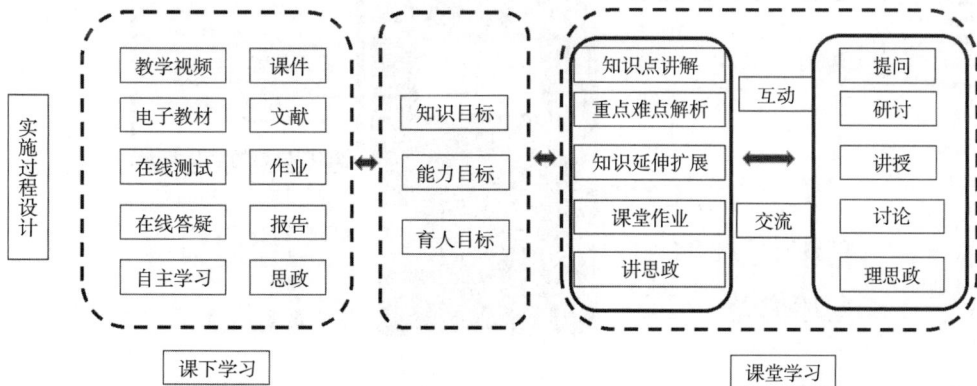

图3 教学设计流程

2.3 虚拟仿真技术的实践学习构建

为了解决非织造加工生产设备复杂庞大，购置和实际生产相类似的设备需要投入的资金多以及保证学生在实践中的安全等问题，开发了闪蒸法虚拟仿真实验。在设备的虚拟平台上建立在线纺熔螺杆挤出机、喷丝板等关键部件的实际动画、结构剖面图和影像。采用分组的形式，课前学生可以利用计算机技术建立设备动态图，模拟操作，在操作过程中遇到困难，也能反复试验寻找解决办法。网络建立设备进行演练的方式不仅有利于加深学生对实验的理解，提高实验成功率，而且对激发学生的主动性和强化学生的实验能力起到积极作用。

3 成果的创新点

（1）信息技术采用多媒体语音设备将微课、虚拟仿真、投影、教学资源数据库以及多种教学媒体集于一体，学生可以灵活机动地运用相关的媒体进行教学实践活动。真实的实验场景的构建，配以动画模型及丰富的色彩和活跃的音乐，更能激发学生的兴趣，很好地弥补了传统实验教学的枯燥性，提高了学习效率。

（2）现代信息技术的使用可以使学生更为自主地进行学习，资源共享最大化。在日常教学中。教学团队教师可以通过远程登录的方式将随时对最新的知识进行更新，学生在任何地方、任何时间都可以通过网络，了解最新的教学内容、非织造专业的行业动态，实现资源共享的最大化。

（3）采用多种形式的教学方法，激发学生的学习兴趣，提高教学质量。采用启发式教学、角色转换式教学、课堂研讨式教学、问题引入式教学、文献阅读研讨教学法等多种新型教学法，提高教学质量，培养学生发现问题能力、思维能力和创新能力。

4 成果的推广应用情况

4.1 课程建设情况

本课题的研究成果，已经过二轮的教学实践检验。学生的参与度和互动性大幅增强，学生的学习积极性明显提高，并建立起了浓厚的学习兴趣，教学效果显著提高。团队教师修订了"非织造学"教学大纲，整合数字教学资源，建立了微课、习题、虚拟仿真、多媒体课件、报告等教学资源，构建与非织造专业核心课程体系"无缝对接"的理论教学模块；从教学内容、教学方式及手段、非织造学实验教学的创新等方面运用现代信息技术进行革新，从而优化了教学模式，提高了教学内容的生动性及教学质量（图4）。

图4　课程建设情况

4.2 人才培养情况

教学团队主要成员指导学生获2015～2020年全国大学生非织造产品设计及应用大奖赛特等奖1项，

一等奖1项，二等奖3项；获2017～2020年全国大学生非织造论文创新创意大赛特等奖2项，一等奖2项，2等奖3项。指导学生获国家级大学生创新训练项目8项，校级项目10余项。学生参与教学团队主持的国家重点研发计划1项（含子课题2项）、国家自然科学基金3项、江苏省自然科学基金1项，获发明专利5项，公开发表论文20多篇。学生考研率达30%以上，其中多人进入国内外知名院校，如2015届张朋生推免进入天津大学材料学院，2016届徐丹考入厦门大学材料学院，2018届别新宇、王倩雨和张艺进入日本信州大学深造（图5）。

图5 人才培养情况

4.3 师资队伍建设

构建了以非织造专业为核心，纺织工程、高分子材料、纤维材料等多学科交叉融合的专业教师队伍。相关老师当选教育部纺织类专业教学指导委员会委员、教育部高等学校纺织类教学指导委员会纺织工程分会、非织造材料与工程分会副主任、中国产业用纺织品行业协会理事、长三角非织造材料工业协会理事、副主任、中国纺织服装教育学会常务理事、省产业用纺织品专业委员会的主任、省产业用纺织品协会常务副理事长、南通市纺织工程学会产业用纺织品委员会主任、南通市非织造材料技术工程中心主任（图6）。

图6 师资队伍建设

4.4 社会认可情况

依托非织造学课程建立的"闪蒸法非织造虚拟仿真实验"已经在兄弟院校使用，并获得相关高校和用人单位一致好评。我校非织造材料与工程专业的人才培养质量受到相关高校及用人单位肯定和好评。来自宏祥新材料股份有限公司、浙江金三发集团、江苏丽洋新材料股份有限公司、南通威尔非织造新材料有限公司等企业对毕业生的工作情况反馈信息表明：由于我校非织造材料与工程专业的学生对当前非织造材料的新工艺、新技术、新材料等有很好的了解，具有开阔的视野和前瞻性思维，在新工艺、新技术、产品开发等方面的适应能力很好，毕业参加工作的同学工作半年就能独立进行新产品开发和新工艺设计等方面的工作，受到各企业的热烈欢迎。

提升思政课亲和力的"有感式"教学方法研究与实践

武汉纺织大学

完成人及简况

姓名	性别	所在单位	党政职务	专业技术职称
鄢娟	女	武汉纺织大学马克思主义学院	无	教授
刘清明	女	武汉纺织大学马克思主义学院	无	副教授
刘园美	男	武汉纺织大学马克思主义学院	学院党委副书记	讲师
王菊英	女	武汉纺织大学马克思主义学院	无	副教授
张万里	男	武汉纺织大学大学生心理健康教育中心	无	讲师
陈慧	女	武汉纺织大学马克思主义学院	无	讲师

1 成果简介及主要解决的教学问题

1.1 成果简介

基于《"家风"融入思修课程教学体系的研究》《清正家风对大学生理想信念教育的影响研究》《后疫情时代大学生志愿服务育人研究》等项目，针对高校思政课教学存在着教学形式单一化、教学内容脱离实际、缺乏感染力等问题，研究影响思政课"亲和力"的因素，发表了《高校学生思想政治教育的创新与获得感提升》《以课程思政为抓手，提升环境工程专业个性化人才培养质量》《立德树人视阈下榜样教育的德育价值及应用实践》等论文，在学校近三届1万多名学生中开展"有感式"教学改革，取得良好的效果。

本成果通过结合专业特点、充分挖掘学生自身体验的教学方法以及由此产生多层面的感情交流和内在互动，使学生的心灵受到激励和触动，将"无感式"教学变成"有感式"教学。

1.2 本成果解决的主要问题

1.2.1 提升了思政课的"亲和力"

在教学内容方面，融入优秀中华传统文化，淡化理论说教；联系学生的专业实际，结合"课程思政"做好"思政课程"的教学。教师素质方面，在加强专业深度和广度上下功夫，让学生愿意"亲其师，信其道"。

1.2.2 增强了思政课的实效性

在传统灌输式教学中，增加新闻分享、小组汇报、教师集体授课等环节，丰富师生的教学体验。充分利用网络资源及自媒体时代的信息传播优势，增强网上体验环节。

2 成果解决教学问题的方法

2.1 调查研究法

2.1.1 调研新时代大学生的心理特点

充分把握教学对象的群体特征和思想期待是提高思政课教学针对性和实效性的有效途径，也是提升思政课"亲和力"的必要条件。

2.1.2　了解教师的专业素质和能力

提升思政课亲和力，教师是关键；"亲其师才能信其道，信其道才愿受其教"。思政课教师要有以下几个方面的素质：要不断提高专业素养；要加强政治理论学习；要拓展人文社会科学知识；要用好个人社交媒体平台。让自身人格魅力得到立体化、全方位呈现，并以人格魅力感染、鼓励、引领学生。

2.2　重构教学模式

2.2.1　"中华优秀传统文化"及"课程思政"内容融入思政课

"中华优秀传统文化"蕴含的宝贵精神价值以及结合学生专业的"课程思政"等为思政教学提供丰厚的文化滋养，将其融入思政课教学之中，可以让教学真正"活"起来，提升课程亲和力。

2.2.2　结合专业特点布置课外实践活动

除思政课的课堂理论教学外，还要重视实践环节。要根据专业特点指导学生做好课外调研报告，完成一些跟专业相关的"三下乡"、志愿者等实践活动。

2.2.3　教学模式从"亲和力"上下功夫

切实改变以机械灌输为主的填鸭式课堂教学，针对不同基础、不同学习能力的学生制定不同的指导方案，努力做到因材施教。采用开课前 5 分钟新闻分享；选取一些章节让学生参与讲课；教师团队授课模式等几种方式教学。

2.3　建立虚拟仿真的思政教育平台

利用地方优秀文化资源，建立虚拟仿真的思政教育平台。例如，收集大学所在地的红色教育基地、名胜古迹、博物馆等"地方优秀文化"视频资料，穿插在课程中，让学生不必去实地也能从网上体验到地方传统文化的魅力。

3　成果的创新点

3.1　把握教师素质特点，研究提升"亲和力"的方法和路径

教师的专业能力确保对学科理论的深入理解，为传授学生扎实的理论打好基础；加强政治理论学习。及时准确地掌握党的路线方针政策与国家发展规划，铸就坚定的政治立场，树立崇高的理性信念，建立紧跟时代步伐的知识体系；拓展人文社会科学知识。教好学生需要教师把"一碗水"变成"一潭水"，要注重学科间的交叉渗透，扩展思想政治理论课教学内容的广度；用好个人社交媒体平台。让自身人格魅力得到立体化、全方位呈现，并以人格魅力感染、鼓励、引领学生。

3.2　重构教学模式，增强学生体验感，提高思政课实效性

注重学生主体地位和体验。让学生更多地参与思政课教学中。每次上课前 5 分钟的新闻热点分享和组队完成某些章节的 PPT 演讲，给学生了解社会、体验人生及团结协作的机会，激起学习的兴趣。思政课堂度佳节，分享地方历史文化等形式，搭建学生个人经历与思想政治教育学习的桥梁，增加认同感和共鸣。

4　成果的推广应用情况

"有感式"教学改革，从 2018 年 6 月至今，在我校近三届万名学生中推行，10 多位教师参与，取得良好效果。

4.1　教师科研能力和创新能力提高

通过本成果的实践应用，多名教师申请湖北省、中纺联、学校等的相关研究课题，获得各级教学成果奖，发表论文、出版专著等，提高了教师的科研能力。

4.2　本科生道德实践获国家奖励

结合专业的课程调研，学生课外实践获得国家级奖励。如环境学院的"三下乡"获得团中央全国

先进个人、全国优秀团队；教育部"小我融入大我，青春献给祖国"庆祝建国70周年优秀成果展；团中央知行计划"榜样100"全国最佳大学生社团；学校"大学生讲思政课"三等奖；武汉纺织大学第一届青年志愿公益项目大赛金奖；张燚获评"洪山好人"等。

4.3 教师学生得到媒体关注

中国教育报、长江云等多家媒体报道了我校加强学生思政引领，突显理想信念教育，主动服务国家需求等。

纺织工程专业纺织品设计类数字化课程建设与实践

武汉纺织大学

完成人及简况

姓名	性别	所在单位	党政职务	专业技术职称
肖军	女	武汉纺织大学	无	副教授
陈益人	女	武汉纺织大学	无	教授
武继松	男	武汉纺织大学	无	教授
曹根阳	男	武汉纺织大学	无	副教授
陶丹	女	武汉纺织大学	纺织教工支部书记	讲师

1 成果简介及主要解决的教学问题

1.1 成果简介

"纺织工程专业纺织品设计类数字化课程建设与实践"成果是以"纺织工程专业纺织品设计类数字化课程建设与实践"（武纺大 2020JY047）"纺织品设计人才创新能力培养实践"（武纺大 2014JY005）"高等纺织院校纺织品设计人才综合能力的培养与实践"（中纺联函〔2014〕121 号）和数字化立项课程——"织物组织与结构"（武纺大 2014SZKC008）"装饰织物设计"（武纺大 2014SZKC007）"纺织面料开发"（武纺大 2014SZKC003）"产业用纺织品"（武纺大 2013szk010）等项目形成的教学研究成果。其直接成果如下：

（1）培养了一支高素质纺织品设计人才教学团队。

（2）建设了内容丰富的纺织品设计数字化课程网站。

（3）开发了具有自主知识产权的多种功能的纺织品设计软件和织物组织结构以及装饰织物设计等 Flash 动画演示软件，提升了纺织品设计类课程教学水平。

（4）探索并实践了纺织品设计类课程"四结合"课堂交互式教学方法，发挥了学生学习的主观能动性，提高了学生学习兴趣，活跃了课堂气氛，开发了学生的创新思维能力，取得了良好的课堂教学效果。

（5）改善了纺织品创新设计人才培养所需要的实践性教学环境。

（6）近 5 年课题组教师指导学生获批大学生创新创业训练计划国家级项目 1 项、省级项目 5 项、校级项目 6 项，获得中国纺织品设计大赛奖 21 项，其中一等奖 2 项、二等奖 9 项、三等奖 10 项。大学生通过创新创业训练计划项目和高校纺织品设计大赛，创新设计技能明显提升。

1.2 主要解决的教学问题

（1）加强开发网络学习课程，建立开放灵活的教育资源公共服务平台，促进优质教育资源普及共享问题。

（2）提高高等纺织院校纺织品设计课程教学质量，强化培养学生的纺织品设计工程能力和创新能力。

2 成果解决教学问题的方法

"纺织工程专业纺织品设计类数字化课程建设与实践"成果是基于1个中纺联教育教学改革项目、2个校级教学研究项目和4个校级数字化立项课程建设项目取得的成果，特别是通过纺织工程专业教学改革探索，采用了如下解决教学问题的方法。

2.1 建设内容丰富的纺织品设计数字化课程网站

课程组教师积极收集"织物组织与结构""纺织面料开发""装饰织物设计""产业用纺织品""纺织品CAD"等课程相关的教学资料，认真制作教学PPT课件。为激发学生学习纺织品设计类课程兴趣和空间想象力，课程组设计开发多种功能的纺织品设计软件和织物组织结构以及装饰织物设计等Flash动画演示软件。利用超星学习通网络教学平台，将制作的教学用PPT课件、视频资料、Flash动画演示软件等构建内容丰富的数字化课程网站，形成优质教育资源普及共享，为纺织工程专业学生课后自主学习提供良好的条件。

2.2 提高教师队伍业务素质

长期以来纺织品设计开发的人才培养团队注重教师自身素质的提高，重视青年教师的培养工作，通过教师的纵向科研、横向合作科研、纺织品设计课程的理论与实践教学、出国访问学习、指导学生申报纺织品设计相关立项研究及纺织品创新设计大赛、编写教材等形式提高教师自身学术水平和实际技能。

2.3 改善纺织品创新设计人才培养所需要的实践性教学环境

经过多年的建设，依托省重点学科、省品牌专业建设、省纺织新材料及其应用重点实验室和国家新型纺织材料绿色加工及其工程化省部共建教育部重点实验室等，现拥有较为完善的纺织品设计和检测设备，建立多个相对稳定的校外教学实习基地，纺织品设计实践性教学环境得到明显改善，有助于培养学生的专业技能和创新精神，加深对课堂教学内容的理解和专业知识的掌握。

2.4 改善教学方法和教学手段

为便于学生对教学内容的理解、掌握和巩固，同时提高学生学习兴趣，活跃课堂气氛，开发学生的创新思维能力，在教学方法上采用教师讲授、师生互动及启发研究等教学方法。经过纺织品主讲教师的多年教学探索与建设，纺织品课程理论教学主要采用课堂讲授板书教学、多媒体课件演示教学和录像教学等多种教学手段，课程教学达到较为理想的教学效果。

2.5 设计创新与务实相结合开展立项研究和参加纺织品设计大赛

（1）指导学生申报国家级、省级、校级大学生创新创业训练计划项目，提升大学生科研创新能力。

（2）指导学生参与各类纺织品设计比赛，提升大学生纺织品设计实战能力。

3 成果的创新点

（1）纺织品设计教学团队成员全过程参与纺织品设计类数字化课程建设，全面提高纺织品设计类课程的整体教学质量。

对纺织品设计教学团队的青年教师进行特色培训，提升青年教师教学水平；纺织品创新设计人才培养实践性教学环境的改善，有助于培养学生的专业技能和创新精神，加深对课堂教学内容的理解和专业知识的掌握；纺织品设计类课程特色教材建设，可以提升教师对教学内容的全面理解，目前课程组主编和参编了国家级、部委级教材《纺织品组织与结构学》《织物组织与设计》《防护用纺织品》《纺织科学入门》《服装面辅料及应用》等；纺织品设计软件和教学软件的开发及教学实践，可以提高教师自身计算机应用水平和纺织品快速设计技能；教师将纵向科研、横向合作科研成果应用于纺织品设计教学，让学生快速获取纺织品设计方面的前沿技术；建设内容丰富的数字化课程网站，为学生课后自主学习提供良好的条件。纺织品设计类数字化课程建设，全面提高了纺织品设计类课程的整体教学质量。

（2）纺织品设计类课程课堂教学采用交互式教学方法，交互式教学方法主要体现在课堂教学的"四结合"：学生预习与教师讲授相结合；学生动手画与教师演示教学软件相结合；学生讲与教师点评相结合；案例教学与翻转课堂相结合。交互式教学方法发挥了学生学习的主观能动性，提高了学生学习兴趣，活跃了课堂气氛，开发了学生的创新思维能力，取得了良好的课堂教学效果。

（3）自主开发的纺织品 CAD/CAI 软件的教学实践应用，大学生创新项目的立项研究，参加各类纺织品设计大赛，提高学生纺织品快速设计能力和创新能力。织物组织 CAD 软件界面如图 1 所示，织物组织与结构多媒体软件界面如图 2 所示。

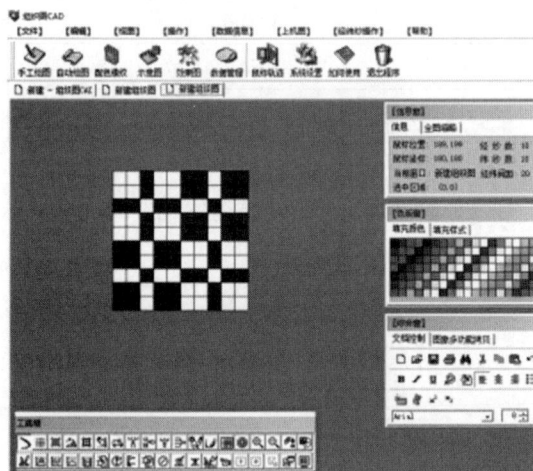

图 1 织物组织 CAD 软件

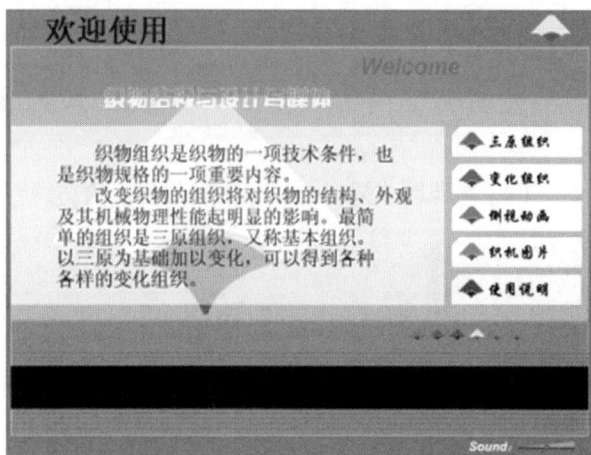

图 2 织物组织与结构多媒体软件

4 成果的推广应用情况

4.1 纺织品设计类课程建设成效

（1）课程："织物组织与结构"获校级金课立项，"织物组织与结构""装饰织物设计""纺织面料开发""产业用纺织品"均建成校级精品课程，在超星学习通平台建成数字化课程并全网开放。

（2）师资队伍：1 人获得"纺织之光"优秀教师奖，1 人获桑麻优秀教师奖，5 人获武汉纺织大学教学质量奖。

（3）教材：主编或参编国家级规划教材 2 部、部委级规划教材 3 部。

4.2 学生培养质量成效

（1）学生的创新能力：近 5 年课程组教师指导学生获批大学生创新创业训练计划国家级项目 1 项、省级项目 5 项、校级项目 6 项，获得中国纺织品设计大赛奖 21 项，其中一等奖 2 项、二等奖 9 项、三等奖 10 项。

（2）毕业生就业：近五年来毕业生的供需比一直保持在 1∶4 以上，毕业生一次就业率达 98% 左右。

（3）毕业生升学：近几年的纺织类毕业生考研录取率为 30% 左右。

4.3 研究成果的推广应用成效

（1）成果通过论文形式进行了广泛的交流，发表教研论文 4 篇。

（2）成果通过教材在全国纺织相关院校相关专业的选用进行广泛的教学交流，在中国纺织出版社和东华大学出版社共出版教材 5 部。

（3）"织物组织与结构""织物组织与结构实验""纺织面料开发""装饰织物设计""产业用纺织品""纺织品 CAD"均建有超星学习通课程网站，网络信息传播便捷，学生受益面广。纺织品设计类课程网站信息见表1。

表1 纺织品设计类课程网站信息

序号	课程名称	点击量
1	织物组织与结构	57015
2	织物组织与结构实验	6707
3	纺织面料开发	15084
4	装饰织物设计	16701
5	产业用纺织品	14398
6	纺织品 CAD	29663
备注	点击量会实时更新，表中点击量为 2021 年 4 月 20 日 12 点的点击量数据	

（4）本课题成果在纺织相关兄弟院校的纺织专业及地域相近专业进行交流，相关专家给予充分肯定。

基于纺织印染前处理过程的自动化专业
虚拟仿真实验教学体系的构建与实践

天津工业大学

完成人及简况

姓名	性别	所在单位	党政职务	专业技术职称
田慧欣	女	天津工业大学	无	教授
张牧	男	天津工业大学	无	教授
熊慧	女	天津工业大学	副院长	教授
陈奕梅	女	天津工业大学	无	副教授
陈云军	男	天津工业大学	无	讲师
纪越	女	天津工业大学	党支部宣传委员	副教授
李金义	女	天津工业大学	无	副教授

1 成果简介及主要解决的教学问题

1.1 成果简介

基于印染前处理过程的自动化专业虚拟仿真实验教学体系（以下简称"教学体系"）突出以学生为中心的工程教育认证与新工科教育理念，利用自主建设的印染前处理过程相关自动化专业虚拟仿真实验教学资源，形成具有纺织生产特色的自动化专业课程案例库，面向全体学生在开展课程实验实践、专业综合训练、学科前沿等教学环节，基于网络实现开放共享，形成"演示认知型实验—分析验证型实验—创新设计型实验"的自动化专业虚拟仿真实验实践教学新模式。本成果是在完成纺织工业联合会教改项目"印染前处理过程自动化虚拟仿真实验平台建设"等项目基础上的延伸与拓展。

1.2 成果主要解决的教学问题

1.2.1 传统实验模式受设备制约、脱离生产实际

自动化专业传统实验平台实验设备存在着设备数量有限、维护成本高、操作受限、元器件结构可视程度低、难以与生产实际相结合、前沿技术实践滞后等不足，使得实验实践教学过程受到了极大的制约。

1.2.2 自动化专业人才能力培养问题、制约新工科建设

自动化专业就业覆盖行业广泛，由于在课程体系中普遍缺乏行业背景及相关的专业应用，与工程实际相结合的实践教学不足，导致有些关键知识点的理论与实践联系紧密度不够，达不到应有的教学效果，存在人才工程实践与创新能力培养的瓶颈，严重制约新工科建设目标的实现。

2 成果解决教学问题的方法

2.1 建设印染前处理过程自动化虚拟仿真实验平台

本项目将在已有实验实践平台的基础上开发虚拟仿真实验平台，针对实体实验中高成本高消耗、不可及或不可逆、危险以及难以展现学科前沿技术的一些教学实验内容，开拓创新，借助现代虚拟仿

真技术将其虚拟化。将自动化专业教学需求与印染前处理生产过程的工程实际相结合（图1），建立体现纺织生产特色的自动化专业课程案例库（图2），面向全体学生在此平台上开展课程实验实践、专业综合训练、学科前沿等教学环节，并能够进行面向生产实际且体现专业先进技术的综合性创新性实验，面向全体学生形成互助式和虚拟化实验社区，实现"人人、处处、时时"实验。

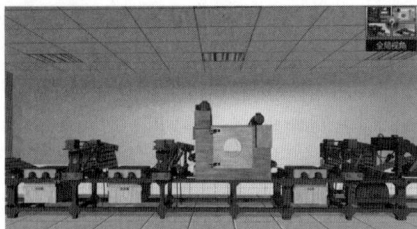

图1　印染前处理生产过程认知实验　　　　图2　印染前处理过程多轴同步跟随控制实验

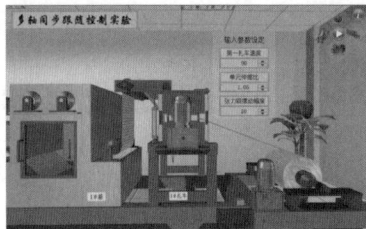

2.2　形成"演示认知型实验—分析验证型实验—创新设计型实验"的自动化专业虚拟仿真实验实践教学新模式

依托纺织印染前处理生产过程，从专业基础实验教学、专业设计与应用实验教学、专业综合训练及前沿技术实验教学三个不同的层次，部署相应的自动化虚拟仿真实验教学资源，形成"演示认知型实验—分析验证型实验—创新设计型实验"的自动化专业虚拟仿真实验实践教学新模式，构建以自动化相关专业的发展为依托，以先进的教育思想理念为先导，以培养具有综合能力、实践能力和创新能力的人才为目标的"三层次"虚拟仿真实验教学体系（图3），有效加强了学生在工业生产自动化及相关领域的实践和创新方面应用能力的培养。

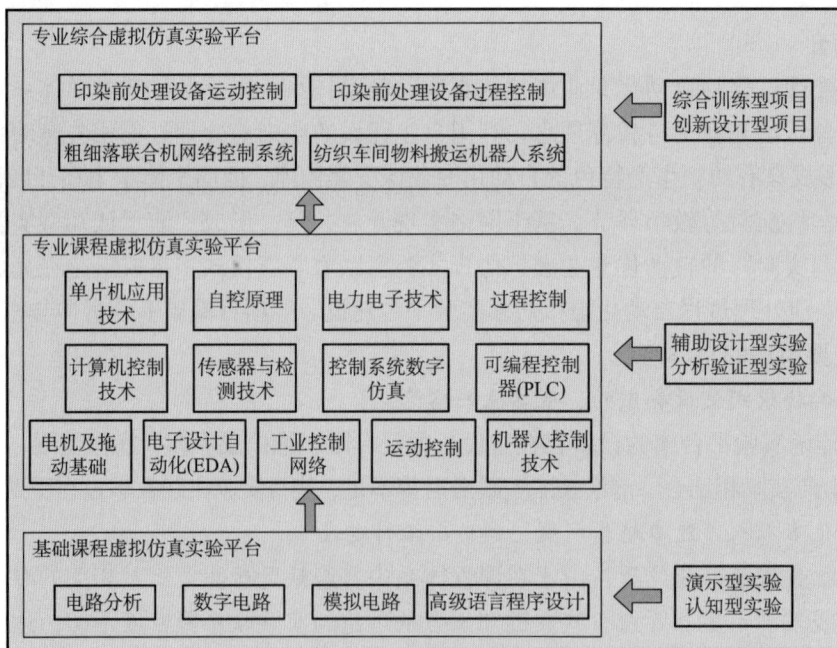

图3　基于纺织印染前处理过程的自动化专业虚拟仿真实验教学体系

3　成果的创新点

3.1　打造以印染前处理为特色的自动化专业综合虚拟仿真实验教学平台

秉承我校现代纺织特色，结合自动化专业教师三十多年来的纺织自动化科研成果，设计并建设基于印染前处理生产过程的自动化虚拟仿真教学平台。将纺织生产过程的生产工艺技术、设备运行技术和生产过程管理技术等进行集成，模拟实际生产流程，并实现对生产过程的检测、控制及优化（图2）。学生在该平台上可完成面向生产实际且体现专业先进技术的综合性创新实验，极大地提升了学生在工业生产控制及相关领域的实践和创新应用能力。

3.2　构建了具有"虚实结合"特色的自动化实验实践教学体系

依照自动化专业课程体系及工程能力培养标准，建设自动化虚拟仿真实验教学资源，内容涵盖认知型、设计型、综合创新型的虚拟仿真实验教学。构建了"虚实结合"的自动化工程实验实践教学体系，实现了"课堂理论授课—开放的虚拟仿真实验—实验室实体实验"融合的高校实验实践教学新模式，促进了学生创新精神和实践能力的培养。

4　成果的推广应用情况

基于印染前处理过程的自动化专业虚拟仿真实验教学体系在教学中应用以来，以新的实验教学模式为学生带来了新的体验，取得了良好的教学效果。解决了传统自动化专业课程实验实践教学难以与生产实际结合的培养难题，学生通过虚拟仿真实验实现了实际生产设备上难以实现的控制系统设计，有效地提高了学生的综合实践能力。平台的应用效果主要体现在以下方面。

4.1　完善了实验实践教学体系，激发学生学习兴趣与主动性

构建的虚拟仿真实验教学体系，更多地增加了综合性、设计性及创新性实验，减少单纯验证性实验，将印染前处理生产线搬进实验室，用逼真的真实场景做支撑，将生产实际与理论教学紧密结合，通过以学生为主的问题导向式、任务驱动式教学方法，加深了对相关知识的认识和理解，创新思维与兴趣得到激发。学生自主完成实验项目完成率达98%，平均反刍比达180%。本成果带动了学生专业实践科研兴趣，2020级毕业生中，有74%的学生拥有参加科研或学科竞赛的经历。近三年来，自动化专业510人次学生获各级学科竞赛奖项145项，学生获奖率达到46%。

4.2　提高了实验教学的效果，支撑工程教育认证与新工科建设

在构建的虚拟仿真教学体系中，学生开展虚拟仿真实验可以不受时间、地点与次数的限制，每个学生都可以拥有独立的实践平台，具有灵活高效的特点，学生通过自主安排实验，并且可以根据自己的掌握程度反复操作，获得了良好的教学效果。课程评价结果显示，近年的综合评价指标呈上升趋势，年增长1.3%。已经成为工程教育认证与新工科建设的有力支撑。

新冠肺炎疫情期间，基于印染前处理过程的自动化专业虚拟仿真实验教学体系在线上教学中发挥了重要作用。自动化专业利用虚拟仿真教学资源开展线上实验教学，让学生在逼真工业场景中对所学知识进行运用，充分弥补了在线教学中实验环节缺失的不足，有效提高了线上教学的教学质量及学生的学习兴趣与效果。

4.3　突破了传统实践环节的限制，助力学生能力培养

成果中"印染前处理设备运动控制虚拟仿真""印染前处理设备过程控制虚拟仿真""纺织综合自动化"等实践投入使用后，为学生的学习搭建了更好的专业实践平台，有效地提高了学生的综合实践能力。人才培养质量显著提高，通过对毕业生和企业的问卷调查统计，毕业生对本专业毕业生的工程实践能力与创新能力指标认可度高。用人单位对毕业生的各项能力评价良好以上占98%以上。本专业的高质量签约率近年来始终保持在学校领先水平。

本成果构建的"教学体系"由于其成功应用，以及便于开发、共享的特点，已经受到了其他相关专业的关注，目前已经在人工智能专业展开扩展应用，同时与学校新工科相关专业如纺织、电气、机械自动化等达成推广应用意向。

基于人工智能与增强现实技术的服装设计类
课程教学改革与实践

西安工程大学，大连工业大学

完成人及简况

姓名	性别	所在单位	党政职务	专业技术职称
刘凯旋	男	西安工程大学	陕西省服装工程中心主任	教授
孙林	男	大连工业大学	无	副教授
朱春	女	西安工程大学	无	助理工程师
邓咏梅	女	西安工程大学	高等教育与质量评估研究中心主任	教授
彭东梅	女	西安工程大学	无	讲师

1 成果简介及主要解决的教学问题

1.1 成果简介

人工智能与增强现实等最新计算机信息技术的革命沿着"科技变革—空间变革—社会变革—教育变革"逻辑路径，给目前我国服装设计类课程教育改革与实践带来了新的机遇和挑战。机遇是：如果能及时将最新的人工智能、人机交互、增强现实等技术应用到服装设计类课程教学和评价中，将重构教学手段和教学质量评价体系，带来全新的服装设计教学和评价模式。挑战是：如果失去了此次机会，服装设计类课程教学手段和评价体系依然沿袭陈旧的方法，逐渐落后于时代发展和社会需求。目前，将人工智能与增强现实技术应用到服装设计类课程教学改革和实践主要存在四个不足之处：

（1）主要集中在某一门课程中的一个小知识点，改革和实践内容零星分散，既不深入，也未成体系。

（2）教学质量合理性评价模型属于机械型、线性模型，对于非线性问题，模型预测准度差。

（3）教学仿真过程中人机交互缺乏智能性。

（4）对仿真教学质量合理性定期评价、反馈与修订缺乏合理、有效的机制。课程教学与教学质量评价是教学活动中不可分割的两部分，二者相互促进。

本成果《基于人工智能与增强现实技术的服装设计类课程教学改革与实践》主要包含以下三个方面：

（1）服装设计类课程智能型虚拟仿真教学体系构建。

（2）服装设计类课程教学质量合理性评价模型构建。

（3）服装设计类课程教学质量合理性定期评价、反馈与修订机制。

三个方面的教改与实践依次递进、环环相扣，最终实现服装设计类课程教学质量稳步螺旋式上升（图1）。

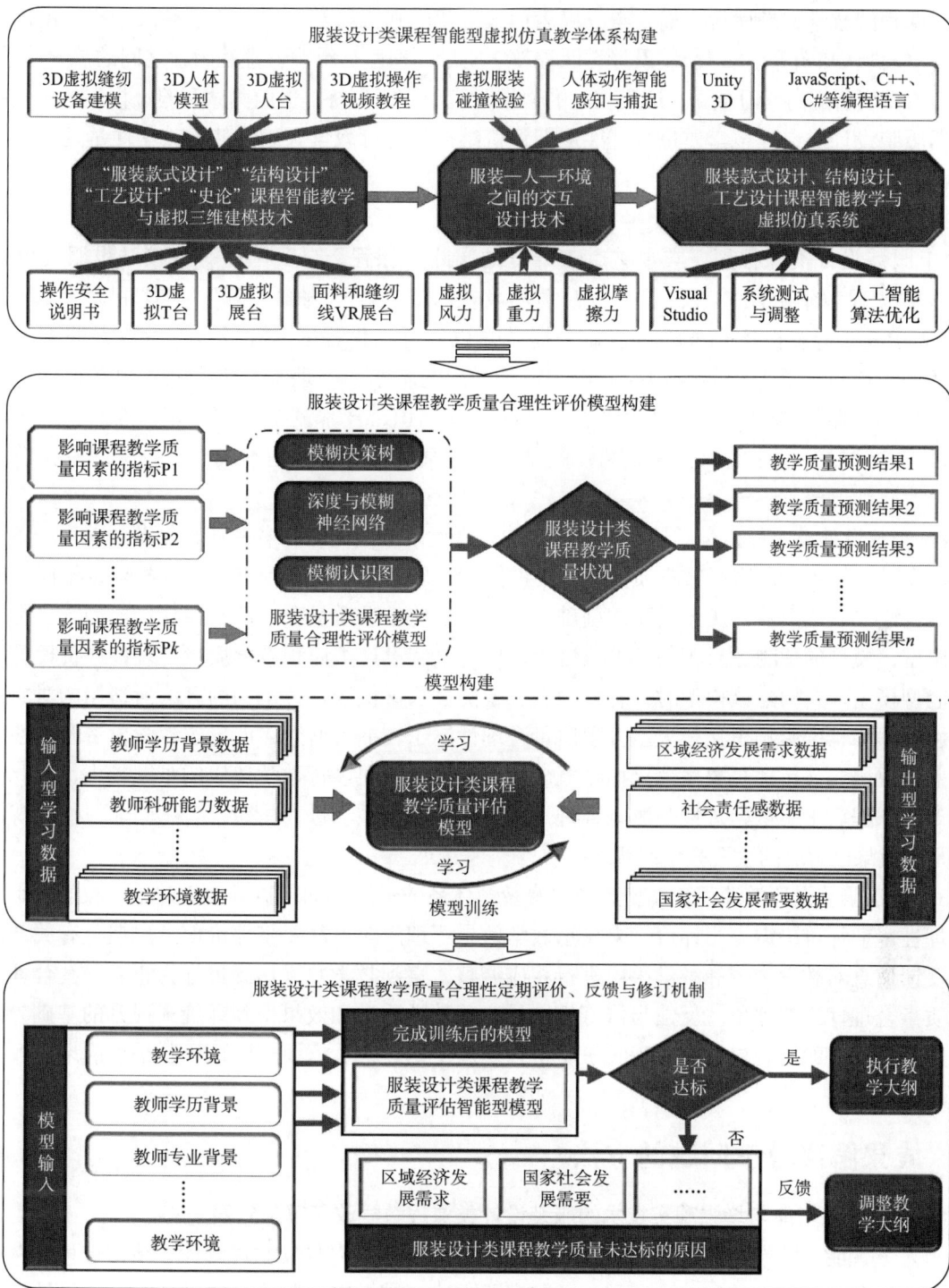

图 1 基于人工智能与增强现实技术的服装设计类课程教学改革与实践成果简介

服装设计类课程主要包含"服装款式设计""结构设计""工艺设计"和"史论"四门课程。在"服装款式设计""结构设计"课程方面,本成果运用人机交互、3D 技术重构课程教学与实践方法,探究如何构建"3D 交互式服装设计"课程教学体系,进而整合"服装款式设计"与"结构设计"课程,最终实现"服装款式设计""结构设计"课程教学的自动化与智能化;在"服装工艺设计"和"史论"方面,本成果运用人工智能和虚拟仿真技术重构课程体系,探究"服装工艺设计"与"史论"课程教学虚拟仿真方法,最终实现课程的虚拟仿真教学,师生可以通过沉浸式的教学方法传授相关知识;在四门主干课程的教学成果评价方面，本成果运用人工智能和机器学习算法（模糊决策树、模糊与深度神经网络、模糊认知图等）构建服装设计类课程教学质量合理性与影响合理性因素之间的数学关系模型，实验采集该模型所需的学习数据，运用收集的数据对模型进行训练，进而测试和验证模型的预测精度，最后依据服装设计类课程教学质量合理性定期评价结果，修订教学大纲，使得教学质量逐渐呈现螺旋式上升趋势。

1.2 成果主要解决的教学问题

（1）服装设计类课程属于典型艺、工结合的实践型课程，自我国高等院校开设服装设计专业以来，该类课程教学手段一直较单一、教学环境较简陋、教学内容较陈旧，实现服装设计类课程3D智能交互设计与虚拟仿真教学可以显著提升知识的可视化程度，降低教、学双方的难度和成本投入。然而，该过程需要综合运用控制论、设计学、艺术学、心理学、历史学、服装科学、色彩科学、认知科学、系统科学、信息科学等多门学科交叉知识，技术复杂、难度大。因此，运用多学科交叉手段，构建服装设计类课程完整的智能型虚拟仿真教学体系，是本成果已解决的主要教学问题之一。

（2）服装设计类课程教学质量合理性与影响合理性因素之间存在着密切且复杂的关系。教学质量合理性概念较为抽象，而影响教学质量合理性的因素也较多，且每个因素所占的权重也不同，厘清这种关系是构建二者之间数学关系模型的基础。此外，目前教学质量合理性定期评价模型大多是线性、机械型模型，模型的预测效果较差。本项目所提出的服装设计类课程教学质量合理性评价模型属于非线性智能型模型。在构建该模型时，有多种人工智能算法可供选择，不同的算法所适用的对象不同，对合理性的预测精度影响也比较大。教学质量合理性属于较抽象概念，而影响教学质量合理性的因素则既涵盖抽象概念又包括具象概念。抽象概念与具象概念之间进行数学建模的难度较大。因此，厘清服装设计类课程教学质量合理性与影响合理性因素之间的关系，进而构建二者之间非线性、智能型数学模型是本成果已解决的主要教学问题之一。

（3）构建服装设计类课程智能型虚拟仿真教学体系的最终目的是提升教学效果。教学效果由教学质量合理性定期评价决定。当评价结果显示教学效果不理想时，需要将评价信息反馈至有关部门，然后根据反馈信息对教学内容和教学手段进行相应调整，直到教学效果达到目标为止。一套合理、有效的教学质量合理性定期评价、反馈与修订机制是实现教学质量和效果得到螺旋式提升的基础。因此，如何确立合理有效的服装设计类课程教学质量合理性定期评价、反馈与修订机制是本成果已解决的主要教学问题之一。

2 成果解决教学问题的方法

2.1 基于人工智能与增强现实技术的服装设计类课程教学改革解决方案

运用人工智能、增强现实、人机交互、虚拟仿真等技术重构服装款式设计、结构设计、课程教学与实践方法、服装工艺设计和史论课程教学与实践方法，进而整合服装款式设计与结构设计课程，最终实现服装款式设计、结构设计课程智能化和自动化教学，同时实现服装工艺设计与史论课程全程虚拟仿真教学，师生可以通过沉浸式的教学方法传授相关知识。

基于人工智能与增强现实技术的服装设计类课程教学改革解决方案具体包含以下四个部分（图2）：

（1）服装款式设计课程教学中3D款式静动态设计教学改革和实践内容。

（2）服装结构设计课程教学中3D交互式纸样智能开发教学改革和实践内容。

（3）服装工艺设计课程虚拟仿真教学改革和实践内容。

（4）服装史论课程虚拟仿真教学改革和实践内容。

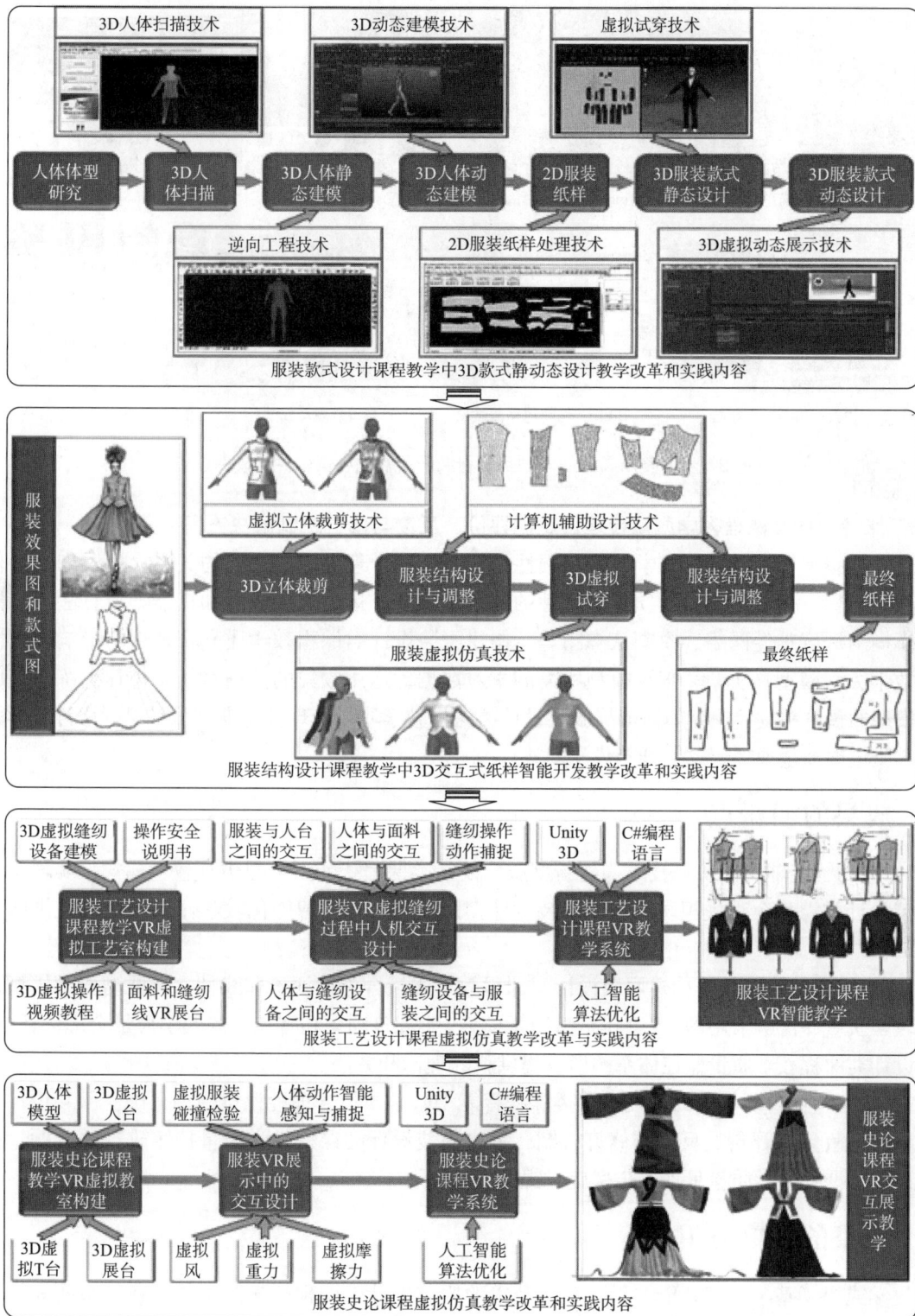

图 2　基于人工智能与增强现实技术的服装设计类课程教学改革解决方案

2.2　基于人工智能与增强现实技术的服装设计类课程教学实践

基于人工智能与增强现实技术的服装设计类课程教学实践环节由三维人体扫描系统、OptiTrack 动作捕捉系统、HTC 虚拟显示系统、360 全景相机、HP 图形与数据工作站、KES 织物风格测试仪、虚拟仿真开发工具包等软件、硬件设备共同完成（图 3）。

| (a) 三维人体扫描系统 | (b) OptiTrack动作捕捉系统 | (c) HTC Vive虚拟显示系统 | (d) 360°全景相机 |

| (e) HP数据与图形工作站 | (f) KES织物风格测试仪 | (g) 眼动仪 | (h) 仿真系统开发工具包 |

图3 实验室所具备的本项目顺利展开所需的各类软件、硬件设备

2.3 服装设计类课程教学质量合理性定期评价、反馈与修订机制解决方案

首先分析服装设计类课程教学质量合理性评价与影响合理性因素之间的关系，探讨如何量化教学质量合理性指标，确立影响教学质量合理性的因素有哪些，运用人工智能和机器学习算法（如模糊决策树、模糊与深度神经网络、模糊认知图等）构建服装设计类课程教学质量合理性与影响合理性因素之间的数学关系模型，实验采集该模型所需的学习数据，运用收集的数据对模型进行训练，最后测试和验证模型的预测精度。探究如何依据服装设计类课程教学质量合理性定期评价结果，修订教学大纲，使得教学质量逐渐呈现螺旋式上升趋势（图4）。

3 成果的创新点

（1）应用智能辅助与仿真技术构建新型服装设计类课程智能型虚拟仿真教学模式，实现交互体验下的服装设计类课程全程虚拟仿真，为服装设计类课程数字化和智能化教学体系的形成提供新的理论和方法。

（2）应用人工智能技术构建服装设计类课程教学质量合理性评价非线性、智能型数学模型，摒弃了传统教学质量评价所采用的线性、机械型数学模型，实现自动化和智能化的教学质量合理性评价手段，为服装设计类课程教学质量监控体系的形成提供新的理论和方法。

（3）依据本项目所提出的服装设计类课程智能型教学质量合理性评价模型，确立服装设计类课程教学质量合理性定期评价、反馈与修订机制，解决服装设计类课程教学质量持续改进的难题，最终实现服装设计类课程教学质量呈现逐步螺旋式提升。

4 成果的推广应用情况

本教学成果《基于人工智能与增强现实技术的服装设计类课程教学改革与实践》由西安工程大学和大连工业大学共同申报，两校的相关教学人员在教学改革、教学成果申报、本科生培养等方面已有近十年的合作基础。该成果在两校服装设计类课程成功应用，许多学生在国内外服装设计大赛中取得了丰硕的成绩。

4.1 成果在西安工程大学应用情况

通过与大连工业大学联合实践和改革教学体系建设，成果分别应用到《女装结构设计与工艺（A）》《纸样设计（Ⅳ）》《服装产品研发实践》《数字化服装技术》《服装纸样设计》《服装研究方法应

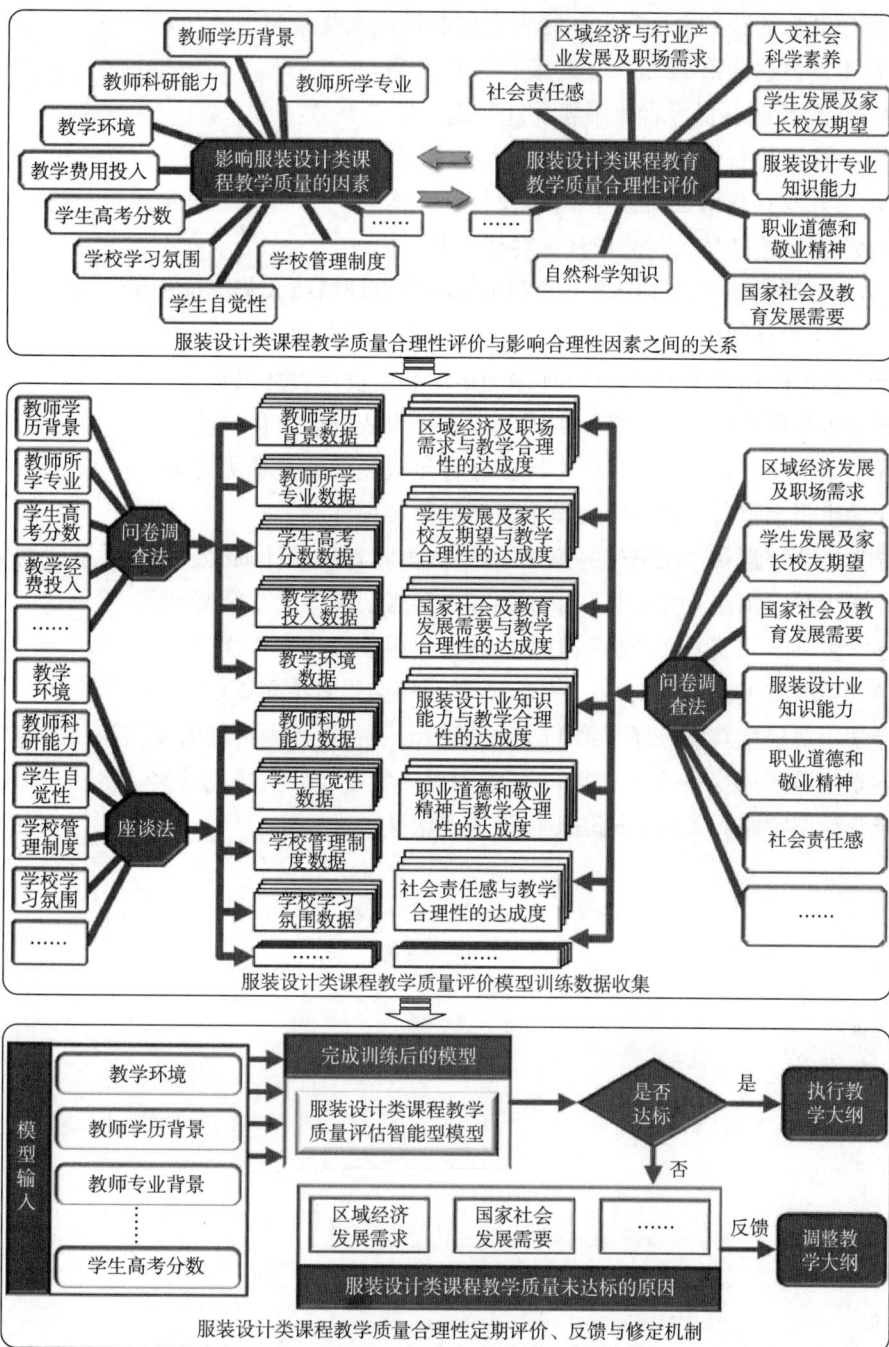

图 4　服装设计类课程教学质量合理性定期评价、反馈与修定机制改革和实践内容

用（双语）》《服装产品研发》等，将课程中的服装设计与产品开发、服装生产与销售、服装纸样设计与开发、服装样衣制作等环节，实现服装智能设计和虚拟仿真教学。

4.2　成果在大连工业大学应用情况

通过与西安工程大学联合实践和改革教学体系建设，大连工业大学"智能化西装定制虚拟仿真教学实验"获国家级虚拟仿真实验教学一流本科课程，近年教学成果应用到"服装设计学""创新概念设计""服装设计管理""男装设计""服装综合设计"等本科课程中，并指导本科生获得 80 余项服装设计大奖，部分获奖介绍如下：

（1）指导学生姜涵瑜获"常熟杯"首届中国男装设计大赛银奖。

（2）指导学生富恒达获"大连杯"国际青年服装设计大赛金奖。

（3）指导学生富恒达获第 24 届中国时装设计新人奖。

（4）指导学生郭英明获世界青年服装设计师邀请赛二等奖。

（5）指导学生徐世超获中国国际女装设计大赛入围奖。

（6）指导学生武亚双获第 22 届中国时装设计新人奖。

（7）指导学生富恒达获华人时装设计大赛优秀奖。

（8）指导学生李佩儒获第九届中国（常熟）休闲装设计精英大奖赛优秀奖。

（9）指导学生于怡获 2017"大浪杯"中国女装设计大赛银奖。

（10）指导学生谭添祎获第 12 届乔丹杯中国运动装备设计大赛银奖。

（11）指导学生孙丹宏获"大连杯"中国国际青年服装设计大赛铜奖。

（12）指导学生李坤洋获"大连杯"中国国际青年服装设计大赛优秀奖。

（13）指导学生栗宇鹏获中国国际大学生时装周男装设计奖。

（14）指导学生栗宇鹏获"汉帛奖"第 25 届中国国际青年设计师时装作品大赛优秀奖。

（15）指导学生栗宇鹏获"大连杯"中国国际青年服装设计大赛金奖。

（16）指导学生韩玉冰获"大连杯"中国国际青年服装设计大赛优秀奖。

（17）指导学生阎皓玉获"富山杯"中国 3D 数码服装设计大赛铜奖。

（18）指导学生贾佳慧获乔丹杯·第 11 届中国运动装备设计大赛优秀奖。

（19）指导学生谭添祎获乔丹杯·第 11 届中国运动装备设计大赛优秀奖。

（20）指导学生栗宇鹏获首届中国华服设计大赛银奖。

基于"双主体协同、三维度融合"的纺织工程专业校外实践教学模式探索与实践

安徽农业大学

完成人及简况

姓名	性别	所在单位	党政职务	专业技术职称
王健	男	安徽农业大学	副院长	副教授
杜兆芳	女	安徽农业大学	院长	教授
许云辉	男	安徽农业大学	实验中心副主任	教授
刘陶	女	安徽农业大学	系主任	副教授
梅毓	女	安徽农业大学	无	讲师
韩晓建	男	安徽农业大学	无	副教授
王浩	女	安徽农业大学	无	副教授

1 成果简介及主要解决的教学问题

1.1 成果简介

本成果以安徽省亮亮纺织有限公司（2015 年授牌的中国纺织服装人才培养基地）、广德天运新技术股份有限公司等企业为校外实践基地，在 2016 年安徽省教育厅质量工程项目"安徽农业大学安徽省亮亮纺织有限公司实践教育基地"等项目基础上的延伸与拓展。经过 6 年的探索和实践，通过学校、企业双主体协同，在制订实践教学大纲与教学计划、组建实践教学指导教师队伍、实施教学环节的管理和质量监控体系三方面进行深度融合并齐抓共管，构建基于"双主体协同、三维度融合"的纺织工程专业校外实践教学模式。以建设"学生实习—员工培训—科技攻关"的多功能校外实践基地为突破口，建成"互惠互利、管理规范、保障得力、运行高效"的校企合作实践教学基地，全面提高了纺织工程专业的实习实训教学质量，促进了纺织工程专业教育改革和创新（图 1）。

1.2 成果主要解决的教学问题

（1）解决纺织工程专业实习教学大纲与行业和市场需求连接不够紧密、针对性不强等问题。面向行业和市场需求，校企共同重构纺织工程专业实习教学大纲。

（2）解决实践教学环节的管理和质量监控体系不健全的问题。通过校企共同制定教学环节的管理与质量监控相关制度与文件并协同管理。改变校外实践教学管理与监控以学校为主的单一模式。

（3）解决校外实践基地运行模式不稳定、保障不完善、企业参与动力不足的问题。校企共同成立企业技术中心，开展行业标准制定、重点研发项目申报、专利申报等科技工作，提高企业参与实践基

地建设与运行的积极性。

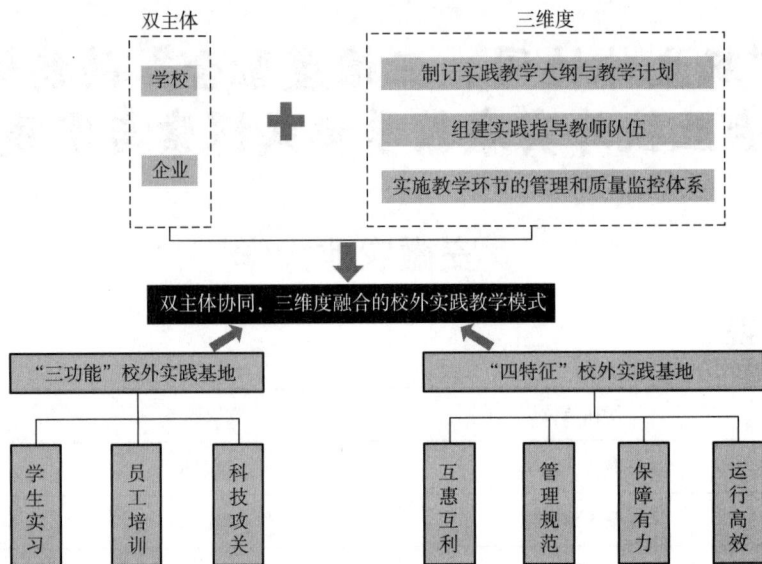

图 1 双主体协同、三维度融合的校外实践教学模式

2 成果解决教学问题的方法

2.1 完善实践教育中心运行机制建设

建立由学院与企业主要领导共同参与的领导和协调机制，保证协议的贯彻落实，及时发现和解决合作中存在的问题。制订和完善校企合作实践教育中心管理制度，通过制度来规范实践活动的开展，不断提高实践教育中心的运行水平。

2.2 完善实习教学大纲及教学计划

校外实习教学大纲及实习计划的制订，主要由校企双方共同完成。实习大纲既要做到符合学生工程实践训练的培养目标，又要结合纺织产业需求，做到了实习教学内容与行业需求协调统一。促进了学生专业应用及创新等综合能力的提升，并适应行业的发展。制订实习教学计划还要考虑企业实践平台的客观条件及技术人员的专业素养及数量。

2.3 加强实践教育中心教学团队建设

选派教师到企业锻炼增强实践能力，使专业课教师从中获得实践经验，培养可持续发展的实践教学队伍。聘请企业的工程技术和管理人员担任兼职指导教师，与学校指导教师共同负责学生的实践教学和实践日常管理工作。

2.4 深化实践教学改革管理和质量监控体系建设

考核指标和内容贯穿于整个实践环节始终。不仅考虑最终完成情况，还重视并汇总学生在实践教育中心进行实践过程的每个环节的成绩。考核内容包括日常考核及实习报告考核两部分组成，其中日常考核部分由带队指导教师与企业导师共同完成。

2.5 调动企业参与实践教学的积极性

学校从企业实际人才需求出发，通过培训等方式提高企业员工素质要求和提高职工岗位适应能力。协助企业获批"省级职业技能等级认定企业"，将职业技能鉴定标准作为技能考核依据。协助企业成立企业技术中心，共同进行科技攻关，解决企业的生产难题。做到校企双方互惠互利，进一步促进校企深层次合作。

3 成果的创新点

3.1 构建基于"双主体协同、三维度融合"的纺织工程专业校外实践教学模式

通过学校、企业双主体协同，在制订实习教学大纲与教学计划、组建实践指导教师队伍、实施教学环节的管理和质量监控体系三方面进行深度融合并齐抓共管，建设了"互惠互利、管理规范、保障得力、运行高效"的校企合作实践教学基地。全面提高了纺织工程专业的实习实训教学质量，促进了纺织工程专业教育改革和创新。

3.2 搭建"学生实习—员工培训—科技攻关"多功能校企合作实践教育基地平台

校外实践教育基地建设项目将产学研融合、协同育人思想引入纺织工程专业实践教育基地建设中，拓展多元化的校企合作模式，建设深化校企合作的实践教育基地体制机制。通过产学研融合的多功能校企合作实践教育教学基地，提高学生实践动手能力及企业员工技能，并增强企业研发水平。

4 成果的推广应用情况

4.1 纺织工程学生展现出较强的工程实践能力，毕业生深受社会欢迎

自 2015 年起，采用基于"双主体协同、三维度融合"的纺织工程专业校外实践教学模式，经过近几年的实施，学生动手实践能力明显增强。近年来，本专业本科生获各类科研及创新实践活动立项 30 余项（其中 10 项国家级项目），培养的纺织工程毕业生平均就业率达 96% 以上（表 1）。

表 1　学生参与各类科研及创新实践活动立项

序号	项目负责人	项目名称	年份	项目来源
1	王彩平	反应性纳米壳聚糖制备及酰胺改性真丝材料研究	2016	国家级大学生创新创业训练计划项目
2	陈琴	Ag^+ 掺杂对静电纺钌配合物 TiO_2 超细纤维荧光感应 Hg^+ 的影响	2016	国家级大学生创新创业训练计划项目
3	方瑛	天然中草药抗菌整理棉织物及其复配抗菌机理的探究	2017	国家级大学生创新创业训练计划项目
4	杨丹	高吸湿微穴聚乳酸聚氨酯、石墨烯纤维的静电纺制备与性能研究	2017	国家级大学生创新创业训练计划项目
5	廖利民	金属媒染剂对茶叶提取物作用真丝织物的媒染机理及功能性整理研究	2017	国家级大学生创新创业训练计划项目
6	刘检	茶渣/醛基纤维素复合膜材料制备及保鲜性能研究	2018	国家级大学生创新创业训练计划项目
7	张有旭	玉米秸秆纤维地膜的制备及田间效应研究（项目编号 201810364072）	2018	国家级大学生创新创业训练计划项目
8	尚亚丽	氧化石墨烯增强海藻酸钠气凝胶的构筑及其吸附性能研究	2019	国家级大学生创新创业训练计划项目
9	汪瑞琪	基于氧化纤维素的纳米银原位生成及其抗菌性能研究	2019	国家级大学生创新创业训练计划项目
10	汪庆	茶渣增强葡萄糖还原稳定纳米银材料的构筑及其性能研究	2020	国家级大学生创新创业训练计划项目

基于"双主体协同、三维度融合"的纺织工程专业校外实践教学模式已率先在学校服装工程、包装工程等专业实践教学基地建设中推广，取得了较好的效果。学生的创新能力和实践能力不断提高。近 2 年来，轻纺工程与艺术学院工科专业学生获得省级以上科技竞赛奖项 50 余项（部分获奖证书如图

2、图 3 所示）。学院教学质量不断提高，社会声誉显著提升。学院纺织工程、包装工程等专业本科生就业率名列全校前列。本专业毕业生用人单位分布广泛，大多涉及纺织相关领域，毕业生的质量受到社会的认可。培养的 6 届毕业生，已有数人成为国内外知名纺织服装企业的技术和管理骨干。

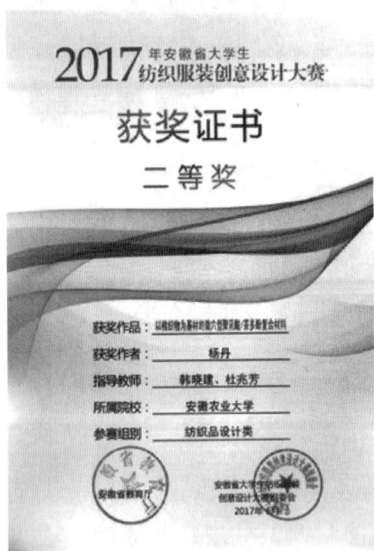

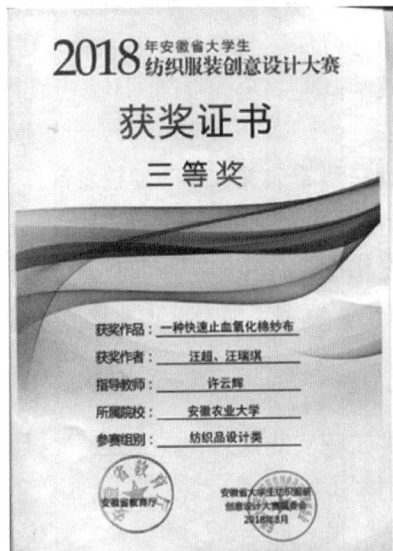

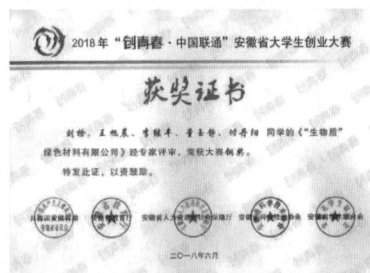

图 2　纺织服装创意设计大赛获奖证书

图 3　挑战杯、创青春获奖证书

4.2　推动了纺织工程专业建设，取得了一系列教学成果，并促进课程、教材等教学资源建设

近年来，获得了省级教学成果一等奖 1 项、中国纺织工业联合会教学成果三等奖 1 项。以校外实习基地为抓手建设了一批优质教学项目与资源及教学成果，其中省教育厅质量工程项目 4 项，省部级以上规划教材 1 本。并获批省级教学团队 1 个，校教学名师 1 名（图 4）。

图 4　教学成果获奖证书

（1）省级一般教学研究项目 2 项：纺织工程专业核心课程质量监控体系的构建（2018）；基于 SAEI 理念的纺织工程专业实践教学体系和质量评价体系的建设（2019）。

（2）依托项目立项省级校企合作实践教育基地项目 1 项：基于校企合作纺织工程专业实践教学模式的创新及其质量监控（2019）。

（3）依托项目立项省级虚拟仿真实验教学项目 1 项：复杂组织织物及织造过程模拟仿真实验

（2020）。

4.3　通过产学研合作，为促进产业技术进步，科技服务安徽纺织产业，作出了较大贡献

承担各级各类项目 20 多项，师生共取得国家专利 6 项，行业标准 3 项（部分项目、专利、标准如图 5 ~ 图 7 所示）。本专业教师先后获得安徽省科学技术奖二等奖 1 项、三等奖 1 项。

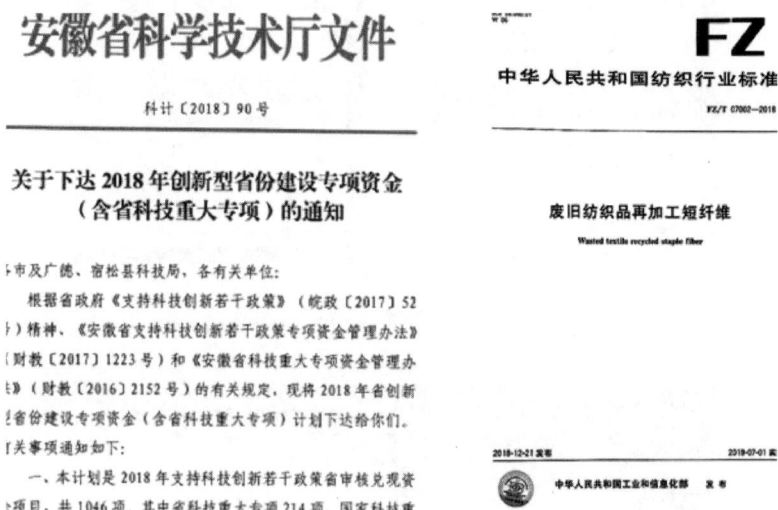

图 5　团队获专项资金及行业标准证明

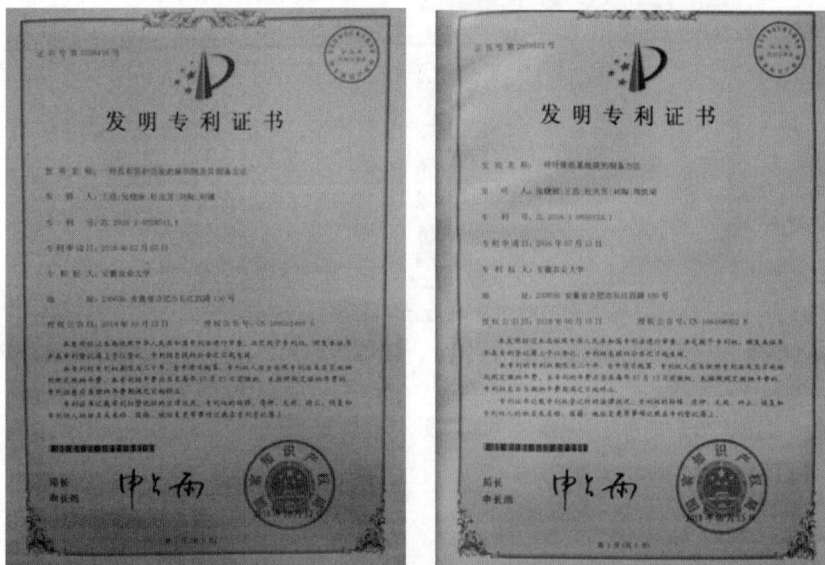

图 6　发明专利证书

4.4　"学生实习—员工培训—科技攻关"一体化模式，使校企互惠互利，既保障了实习教学的软硬件条件，也为企业的发展提供了帮助

通过校外实践教育基地建设，在实践教学、人员培训、科学研发、技术创新方面深度融合，建成了集学生实习、员工培训定级、产品研发等多功能的实践基地。双方利益共享、风险共担，有效提高了实践教学质量。企业利用先进的生产设备、优秀的管理团队、规范的企业制度等为学生提供实践教学，合理安排工程技术人员指导，提供相应实习岗位和良好的生活和学习条件，按照"优势互补、深度融合、创新模式、规范运行"指导思想，使学生能够获得良好的实习效果。在学校协助下，企业实现了管理创新与技术创新，企业成立了市级企业技术中心，并获得职业技能等级认定资格（图 8）。

图7 获安徽省科学技术奖证书

图8 协助企业进行技术培训和技能鉴定

构建学校企业合作的实践教学基地有效解决了纺织工程等专业在实习教学中师资、经费、场地、设备等方面的问题，也解决了企业在员工培训定级、产品开发等方面的问题。校企深度合作的实验教学基地建设模式，保证了实践教学基地的稳定、可持续运行（图9）。

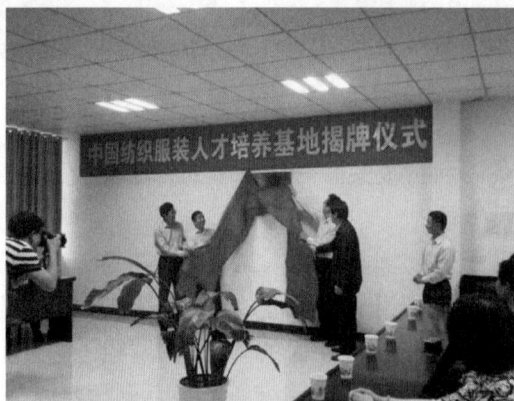

图9 建设校企合作的实践教学基地

高等院校工科专业产学研合作教育人才培养体系研究与实践

中原工学院

完成人及简况

姓名	性别	所在单位	党政职务	专业技术职称
穆云超	男	中原工学院	教务处处长	教授
王志新	男	中原工学院	金刚石高效精密锯切工具技术国家地方联合工程实验室副主任	教授
马明星	男	中原工学院	材料成型及控制工程系副主任	副教授
彭竹琴	女	中原工学院	无	教授
王洁	女	中原工学院	教研科科长	讲师
薛冬梅	女	中原工学院	实践科科长	助理研究员
成晓哲	男	中原工学院	材料科学与工程系副主任	讲师
刘磊	男	中原工学院	无	副教授

1 成果简介及主要解决的教学问题

1.1 成果简介

我国产学研合作普遍存在教育模式单一、实习实训师资数量不足、预算增长缓慢、"走马观花"式实习、企业兴趣偏低、现场实习时间短、教学方式与手段落后、教学思维与观念陈旧等问题，难以满足新工科建设、工程教育认证、OBE 理念和一流本科教育等战略对人才培养的要求。项目成果主要包括：产学研合作教育实施现状的调研分析，指出目前存在的主要问题与困难，并给出相应的解决方案与建议；产学研合作教育实施目标的探索论证，构建了实施目标达成度反馈与可持续优化机制；产学研合作教育实施方案的研讨与优化，构建新型的培养方案、教学方式方法、手段及全面的多层次多角度评价考核机制；利用"互联网＋教育"手段将课堂教学内容的抽象讲授转变成现场参观、模拟生产等情景再现式的感性认知，实现"所听即所得，所见即所用"的知识构建的案例库建设等。

1.2 主要解决的教学问题

学校内部资源有限，实训力度和内容过少、过窄，无法培养学生综合运用多门课程知识点的能力；实践教学内容脱离实际项目较远，学生很难感受到实际项目的压力，无法培养其面向实际问题的分析问题、处理问题的能力；实践教学过程中，指导教师的作用不能充分发挥；实践教学考核方式单一，很难充分反应教学效果；实践教学指导教师的工程实践能力急需提高，尤其是在解决实际工程技术和多学科交叉方面，需要向企业学习、向社会学习。

2 成果解决教学问题的方法

2.1 通过调查研究法与文献研究法对产学研合作教育实施现状进行讨论与分析

通过企业走访、问卷调查、座谈会、专家讲座等方式对企业参与或开展合作教育的意愿、方式、参与度、建议等多方面开展调研；通过国内外高校开展产学研合作教育的经验与实施情况进行文献研究。

2.2 采用理论研究法和经验总结法对产学研合作教育实施目标进行探讨与论证

结合新工科建设、工程教育认证、OBE理念和一流本科教育等国家战略，积极探索高等学校工程学科产学研合作教育人才培养体系的内部构造和运作方式、原则等规律；通过对毕业生、学生家长、用人单位等进行第三方调研反馈，了解各方期望与满意度，组织已开展合作教育的高校教师、企业、学生、专家等对合作教育情况进行论证，进而构建产学研合作教育实施目标的达成度反馈与可持续优化机制。

2.3 通过规范研究与实证研究相结合的方法对产学研合作教育实施方案进行研讨与优化

对产学研合作教育和人才培养关系进行理论研究，构建理论框架，并在此基础上进行具体的调查研究、分析现状并找出问题；在广泛吸纳先进教学理念和合作教育典型实证的前提下，构建新型的培养方案、教学方式方法、手段及全面的多层次多角度评价考核机制，确保产学研合作教育按预定方案实施。

2.4 采用行动研究法和案例研究法对产学研合作教育实施成效进行加强与推广

利用慕课、翻转课堂、混合式教学等"互联网＋教育"手段将课堂教学内容的抽象讲授转变成现场参观、模拟生产等情景再现式的感性认知，构建理论与实践高效契合的知识体系，实现"理论源于实践，实践检验真理"的"所听即所得，所见即所用"的知识构建；通过建设跨课程、跨专业、跨学校的产学研合作教育典型案例库，通过"互联网＋教育"手段不仅可以使得合作教育成效得到快速推广，同时可以使案例库在广泛使用过程中得到多层次、多渠道、多视野、多学科间的丰富与拓展，真正实现教学相长的良性互动。

3 成果的创新点

3.1 产学研合作教育人才培养模式的构建与实践

通过对合作教育实施现状的广泛讨论与分析、实施目标的多方探讨与论证及实施方案的持续研讨与优化，形成了"以学生为中心，以成果为导向，以持续改进为保障"的人才培养理念，进而构建新型的产学研合作教育人才培养模式，并在实践过程中不断丰富与优化其培养模式。

3.2 产学研合作教育人才评价体系的建设与优化

从培养目标、课程要求、参与情况、学科竞赛、实践创新、实习实训反馈、毕业要求等方面建设多层次、多途径、多角度的全面评价人才培养目标达成度的评价体系，并根据毕业生、家长、用人单位、第三方评价机构、专家论证等的意见对评价体系持续优化和完善。

3.3 建立了产学研合作教育人才培养的可持续改进机制

通过畅通多方沟通机制，在人才培养和人才发展过程中遇到的具体问题能有效及时地掌控和对相应的培养方案、教学大纲和人才评价进行完善和修订，使学生就业和职业发展更具针对性和有效性，降低企业用人和技术研发成本，从而使高校人才培养、学生职业发展、企业技术革新更具竞争力和吸引力，实现高校、学生、企业三方共赢。

4 成果的推广应用情况

本项目成果已在我校材料类专业进行了三年以上的试行，在此过程中材料成型及控制工程专业、材料科学与工程专业、高分子材料科学与工程专业的培养计划按照产学研合作教育的人才培养方案进行了多次修订与完善，积累了大量的经验：

（1）开展广泛的调研活动。组织各专业教师到相关企业、行业进行调研，以往届毕业生就业单位为出发点，进行跟踪调查。设计《中原工学院毕业生跟踪调查问卷》，同时要求各学院和各专业结合专业特点设计专业的调查问卷，了解毕业生相关的理论能力、工程实践能力、职场工作的适应能力等，让用人单位对毕业生的能力进行最直观的综合评价，并为本专业的人才培养提供建议。

（2）召开产学研合作育人专题会议。针对调研反馈意见，围绕如何提高学生工程实践能力，与科研合作企业一起召开联合育人会议。

（3）与企业签署产学研合作协议，组建联合育人的机制，制定相关的规章制度。以项目制进行运行，校方和企业各自组织指导教师队伍，并指定负责人进行实践教学管理。

（4）共同制订实践教学的培养计划，完成相关教学的任务。将实践教学模块化、层次化。明确各实践环节的具体内容、实施过程，校内校外各司其职，又能合作衔接，工程应用能力逐步提高，使培养计划更具系统性和科学性。

在应用成效方面：

（1）与企业签署一批产学研合作育人协议，建立了合作育人的运行机制，实施"双导师制"培养模式，制定了企业实习规章、实习生审批表、实习协议书、实习鉴定、过程性考核评价标准等相关管理政策和文件。

（2）材料类专业人才培养中产学研合作育人机制逐步完善且得到较大成效，如2020届毕业设计环节产学研合作项目占比大幅提升，达到60%左右。

（3）在实施项目研究期间，项目组成员主持各类教研项目达到11项，其中省级以上项目4项；发表教研论文11篇，其中CSSCI核心1篇，SCD核心2篇；获得省级以上教学成果奖4项；三个材料类专业均被评为河南省教学基层组织。

（4）近三年项目组成员指导学生参加国家级、省级大学生学科竞赛，获得河南省金相技能大赛一等奖6项，全国金相技能大赛一等奖3项，"蔡司·金相学会杯"全国大学生金相大赛一等奖2项、二等奖1项，"挑战杯"河南省大学生课外学术科技作品竞赛一等奖2项。

（5）相关应用成果已向河南理工大学、郑州轻工业大学等兄弟院校进行推广，并取得了良好实施成效，证明本成果具有一定的推广价值。

基于工程实践和创新能力培养的土建类专业
虚拟仿真实验教学体系改革与实践

中原工学院

完成人及简况

姓名	性别	所在单位	党政职务	专业技术职称
边亚东	男	中原工学院	建筑工程学院院长	教授
惠存	男	中原工学院	实验中心副主任	副教授
尹松	男	中原工学院	无	副教授
王凯	男	中原工学院	无	讲师
袁振霞	女	中原工学院	无	高级实验师
翟莹莹	女	中原工学院	无	讲师
马豪豪	男	中原工学院	无	讲师
丁鹏初	男	中原工学院	无	讲师

1 成果简介及主要解决的教学问题

1.1 成果简介

鉴于当前土木工程规模大、成本高、环境危险、操作不可逆、实践周期长等特点，传统实践教学难以满足工程实践创新能力培养的需求。建筑工程学院依托河南省力学与工程结构虚拟仿真实验教学中心，坚持"虚实结合，能实不虚"的基本原则，基于虚拟仿真实验教学理念，组建了一支虚拟仿真实验教学和科研团队；自主开发了4项省级和7项校级虚拟仿真实验教学项目，引入虚拟施工、虚拟力学和三维构造空间等虚拟仿真实训系统，建立基础训练虚拟仿真平台，推进线上线下混合式教学，实现了科教融合，提升了学生实践创新能力；校企联合，完成了8项教育部协同育人项目，将虚拟仿真实验教学纳入实践教学体系，构建了"三层次、四阶段"工程实践和创新能力培养模式，实现了学生工程实践创新能力质的提升。

1.2 主要解决的教学问题

土建类专业实践教学难以贴合工程实际，产学研融合程度不够；"大工程观"缺失，实践教学模式固化、理念滞后，缺乏顶层设计，应对复杂多变工程环境的实验设计和工程实践创新的人才培养能力不足；缺乏高质量的"探究型""开放型"虚拟仿真实验教学项目和完善的虚拟仿真实验教学体系，人才培养过程中教学与科研分离。

2 成果解决教学问题的方法

2.1 基于虚拟仿真实验教学新理念，组建虚拟仿真实验教学和科研团队

结合中原经济区地方企业需求，校企联合，组建了以教授为导师、青年博士教师和企业技术人员为骨干的虚拟仿真实验教学和科研团队，依托教育部产学合作协同育人项目，建立虚拟仿真实验基层

教学组织，开展虚拟仿真集体教学研究，针对需要解决的核心问题进行技术攻关，探索实验教学新理念、新模式。

2.2 自主开发虚拟仿真实验教学项目，推进线下线上混合式教学

依托"三区一群"国家战略，结合中原经济产业发展优势和区域特色，提炼学科前沿成果，自主开发多项省级、校级虚拟仿真实验教学项目，将虚拟仿真实验项目融入现有实践教学体系，推进线上线下混合式教学，建立科教融合长效机制。将虚拟仿真教学纳入一流本科人才培养顶层设计和整体规划，建立完善的运行、监督、考核与评估机制，形成常态化工程实践教学机制，保证实践教学新体系的有效实施。

2.3 构建"三层次、四阶段"工程实践和创新能力培养模式，打造实践教学金课

以土木行业发展和中原经济区企业需求为导向，立足新工科人才需求和培养目标，构建了土建类虚拟仿真实验平台，实现基本实验技能、工程实践能力、自主探究能力的"三层次"锻炼，建立贯通本科生和研究生阶段的按学习时间界定的"四阶段"工程实践和创新能力培养模式，全面提升学生创新思维和实践能力。

3 成果的创新点

3.1 以研促教，产教融合，开发"三层次、四阶段"虚拟仿真实验教学系统

自主开发了虚拟仿真实验教学系统，引入虚拟施工、虚拟力学和三维构造空间等虚拟仿真实训系统，实现基本实验技能、工程实践能力、自主创新能力的"三层次"培养体系，形成以工程实践和创新能力培养为主线的"四阶段"培养思路。

3.2 以虚补实，以实促改，构建全方位的工程实践和创新能力培养体系

基于以虚补实和以实促改原则，挖掘现代化工程实践和创新能力的培养需求，利用虚拟仿真技术，打破学科壁垒，推进课程、教材、教学内容的不断融合，构建全方位的工程实践和创新能力培养体系，提升人才培养质量。

3.3 构建混合式实践教学新模式，提升应对复杂环境的工程实践和创新能力

通过开放型、探索型和综合型的虚拟仿真实验教学项目，构建虚实互补、虚实共进的线上线下混合式实践教学新模式，培养学生自主探索专业理论知识和交叉学科知识的能力，有效应对复杂多变的工程环境。

4 成果的推广应用情况

近年来，基于工程实践和创新能力培养的土建类专业虚拟仿真实验教学体系已充分体现在我院各专业的人才培养方案中，落实于人才培养的各个环节。

（1）项目研究成果已列入对应课程教学大纲，且已在校内相关专业实现共享，覆盖学生两万余人次，在校内共享的基础上，计划将虚拟仿真实验教学项目在省内以及全国建筑类院校进行开放共享，扩大受益面，教学效果和学生反馈结果良好。结合工程技术发展，持续挖掘并优化虚拟仿真实验项目和教学方案，拓展实验深度，落实实验效果，有效提升工程实践和创新能力。

（2）通过本项目的实施，与相关企业进行资源共享，构建产学研协同育人长效合作机制，在建设思路、新技术应用和仪器设备、软件开发等多方面进行交叉合作，建立了校企合作基地4个，实习基地2个，不断完善管理体制和运行机制，已初步形成地方示范效应。完成教育部产学合作协同育人项目8项和校级教学改革项目18项，获批校级教学成果奖3项，公开发表教改论文17篇。

（3）基于虚拟仿真实验教学系统，已举办校级建筑施工虚拟仿真应用技术竞赛3届，指导学生学科竞赛获国家级一等奖16项，二等奖6项，三等奖6项，省级奖励40余人次。学生培养质量明显提高，

学生就业率始终保持在93%以上，大部分毕业生工作稳定性较好，对用人单位进行的毕业生质量跟踪调查结果表明，我校毕业生适应新环境快、实践能力强，心理素质稳定，富有责任心，深得用人单位赞誉。

（4）2013年获批河南省虚拟仿真实验教学中心，2017年建筑与土木工程专业学位（工程领域）硕士点获批"河南省特色品牌硕士专业学位授权点"，2018年至今，先后获批省级虚拟仿真实验教学项目4项，校级虚拟仿真实验教学项目7项，软件著作权6项。2019年我院土木工程专业入选河南省一流本科专业，获批省级优秀基层教学组织1项。2020年先后获评省级优秀专家1名、省级教学名师1名，河南省一流本科课程1项。

（5）虚拟仿真实验教学成果在郑州大学、郑州航空工业管理学院、河南工业大学、河南城建学院等多所省内外高校推广应用，效果良好，具有较高的推广应用价值。

基于OBE理念艺术工学能力逻辑"一纲三层四目"服装工程人才培养新模式

江西服装学院

完成人及简况

姓名	性别	所在单位	党政职务	专业技术职称
陈娟芬	女	江西服装学院	服装设计与工程学院院长	教授
董春燕	女	江西服装学院	教务处处长	副教授
廖师琴	女	江西服装学院	省工程中心副主任	讲师
花俊苹	女	江西服装学院	服装设计与工程学院教学副院长	副教授
章华霞	女	江西服装学院	教研室主任	副教授
赵永刚	男	江西服装学院	服装设计与工程学院副院长	讲师
王利娅	女	江西服装学院	教研室主任	副教授
王鸿霖	男	江西服装学院	服装设计与工程学院副院长	副教授
朱芳	女	江西服装学院	教研室副主任	讲师
胡力主	男	江西服装学院	讲师	讲师

1 成果简介及主要解决的教学问题

1.1 成果简介

按照学校"注重学理、强化实践、贴近行业、全面发展"的人才培养思路，构建了基于OBE理念艺术工学能力逻辑"一纲、三层、四目"服装设计与工程专业应用型人才培养新模式。

本成果构建基于OBE理念应用型人才培养模式研究与实践，即在"学生中心，产出导向，持续改进"理念引领下，结合国家纺织服装行业转型升级需要的能力和高等教育人才培养的要求进行人才培养，"一纲"是指"能力导向"为人才培养纲领，不断探索工程专业认证国家标准、国家教学质量标准和行业企业职业技能标准有机融入人才培养方案的方法，在能力培养上做到社会需求与学生发展并重、知识教育与技术训练并重、学校教育与企业培养并重；"四目"是指四个新的本科教学"质量支持体系"，以OBE理念＋专业新工科理念为引领，融合"新课程、新师资、新方法和新评价"，为人才培养提供有力支撑；"三层"是指三个层次的递进能力培养，即突出基础能力、突出专业能力和突出创新能力的三层次培养的教学链，实现三项能力的统筹、递进和协同培养，创新人才培养模式，保障人才培养与时俱进满足社会需求。

1.2 主要解决的教学问题

（1）解决在人才培养中新工科理念和"以学生为中心、成果导向和持续改进"教学理念缺失的问题。

（2）解决行业、社会需求与专业人才培养中学生能力培养之间脱节问题。

（3）解决教学过程中"以教师为中心"向"以学生为中心"转变的关键难点。

（4）解决师资队伍中专业技术能力与行业转型发展需要能力不匹配问题。

（5）解决人才培养过程中教学质量评价与持续改进不全面和不彻底的问题。

2 成果解决教学问题的方法

2.1 基于 OBE 理念构建艺工特色能力逻辑引领的"一纲、三层、四目"人才培养新模式

以 OBE 理念为指导，以探索应用型"服装技术和服装艺术"双核能力工程技术人才为培养目标，建构能力逻辑体系引领、能力本位产教融合机制支撑的"产出导向、学生中心和持续改进"服装艺术工学特色的全过程产教协同育人的培养模式，如图 1 所示，达到从以高校定位为主导向以市场需求为主导，从以学校教师为主导向学生为主体、教师为主导的转变，以课堂讲授为中心向以学习实践为中心的教学观转变的目标，重构专业教学体系，培养符合社会需求、服装行业需要的工程技术人才。

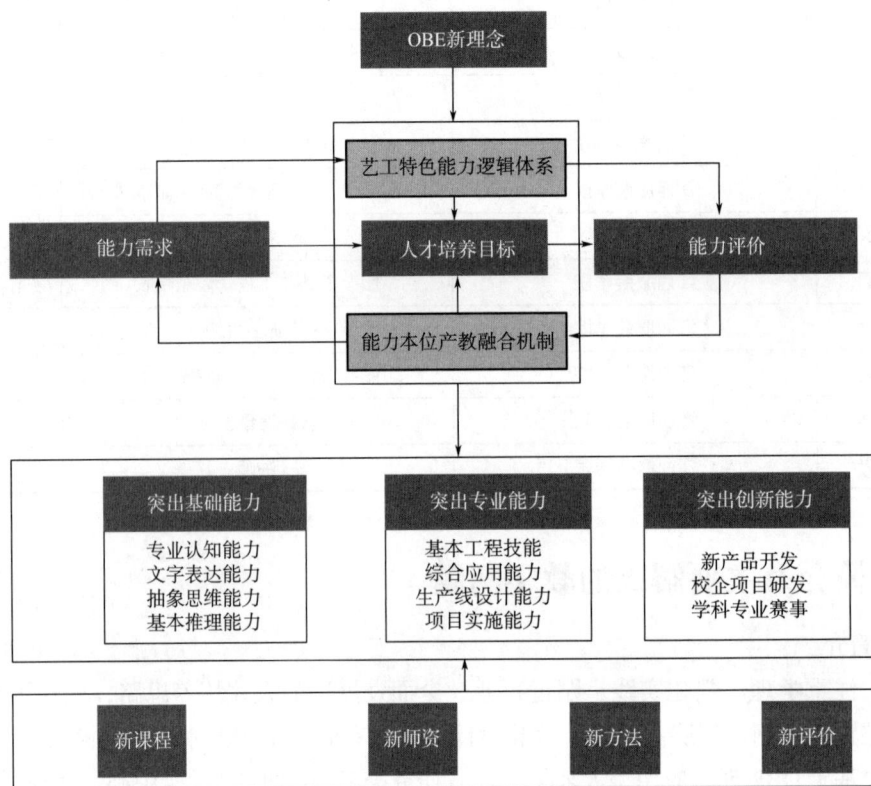

图 1　服装艺术工学特色的全过程产教协同育人培养模式

2.2 构建基于产教融合机制"1+4+N"新课程体系

遵循 OBE 教育理念"自顶向下，反向设计"的原则，基于艺术工学特色能力逻辑体系，配套以工程项目为主线产教融合机制，构建由"知识传授"向"能力培养"转变课程体系建构。通识教育与学科专业教育相结合，创新创业教育、思想政治教育全过程融入，理论教学与实践教学（第二课堂·创新创业）全面融合的"1+4+N"（一条主线、四个平台、N 个模块）的应用型课程体系（图 2）。依托一流专业平台和省级工程实践教育中心及校府、校企合作基地等，推进技术工程训练、企业实习实训、科研项目训练、社团活动、创新创业竞赛、毕业设计（论文）等多途径的实践教学，培养学生的适应性和个性化，发挥学生的创造性，为学生提供知识、能力、素质协调统一的课程体系，以达成"基础能力—专业能力—创新能力"的有效提升。

2.3 推进"学生为中心"新教学方法

新课程体系决定教学内容、教学方式和教学资源，只有创新教学方法才能最终实现育人目标，开

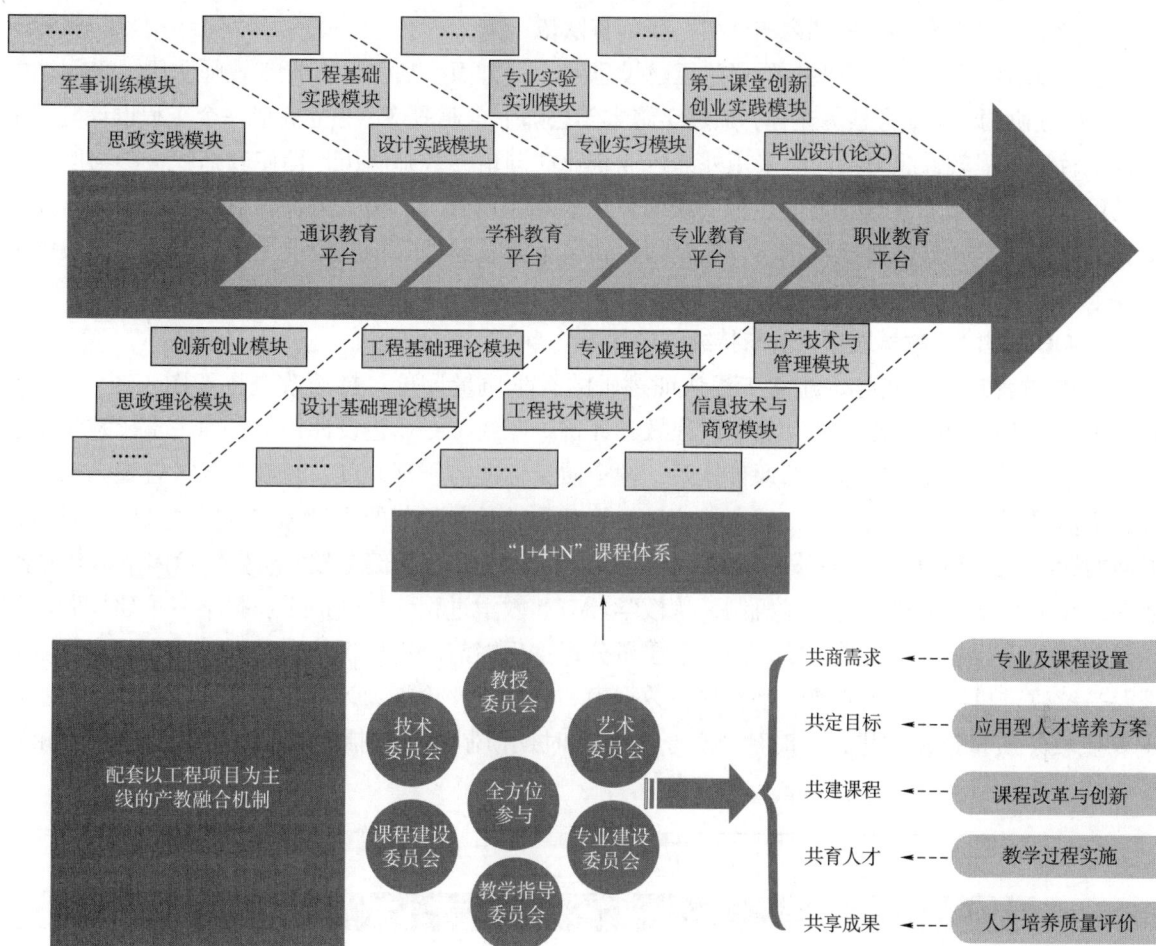

图 2　应用型课程体系

展以学生为中心的 OBE 教学，以企业、行业专家参与的教师为主导，以信息化技术为支撑，通过教学 + 互联网技术，通过线上线下混合式教学，实施探究式、自主式、讨论式和翻转课堂等多种师生互动学习模式（图 3），培养学生自主学习能力和创新意识。探索了基于"信息化技术教育教学 + 互联网工程技术教育"课程教学改革，真正做到从注重知识点传授的"以教为中心""灌输式"向产出为导向的"以学为中心"教学模式的转变，提高学生工程应用、科学研究能力和解决实际问题的能力。

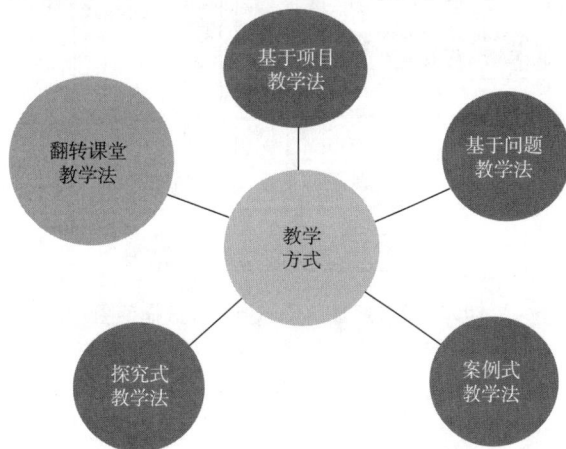

图 3　"学生为中心"的新教学方法

2.4 建设强化工程能力的"内培外引"新师资队伍

通过"专兼结合、引培并重"师资队伍建设思路，一方面，加强培养青年教师队伍，采用老中青传帮带、科教协调、培训考核等途径，通过实施青年教师下企业锻炼、独立完成一个工程设计等措施，提高青年教师工程教育能力；同时采用外部行业企业共同培养教师队伍、促使教师积极参与服装行业企业工程建设，25位青年教师参与企业一线研发生产和生产管理。另一方面，对外不断引入行业企业专家，学院形成了一支由教授团队、骨干教师、知名企业总经理等行业企业专家、全国十佳板师、知名服装企业技术总监和供应链管理人员等企业技术人员相互融合新师资队伍。

2.5 OBE 理念下教学质量评价与持续改进体系

以 OBE 教育理念为指导，建立工程认证逻辑的教学质量评价与持续改进框架图（图 4），建立了新评价指导下持续改进需要的"点（课程教学评价）—线（专业建设评估）—面（学校教学状态评估）"三结合的本科教学质量内部评价体系，健全质量标准与管理制度，在教育部《普通高校本科专业类教学质量国际标准》指导下，健全学校教学管理、教学各环节的质量标准、实践教学质量与评价等方面的标准，创新管理教学各环节，保障专业教学质量稳定；建立健全教学质量保障体系，构建学院、教研室二级的教学质量建设与保障机制，从教学环节、教学过程、教学成果、教学专项建设和教学要素质量五方面进行全过程质量监控，为教学质量分析、反馈与改进提供信息数据；建立健全教学质量反馈及持续改进机制，将专业教学基本状态数据库和以课程评价等为评价点的人才质量评价数据库，用于专业教学质量持续改进；及时建立教学质量实时反馈制度，包括"学业预警"及毕业生跟踪反馈等。

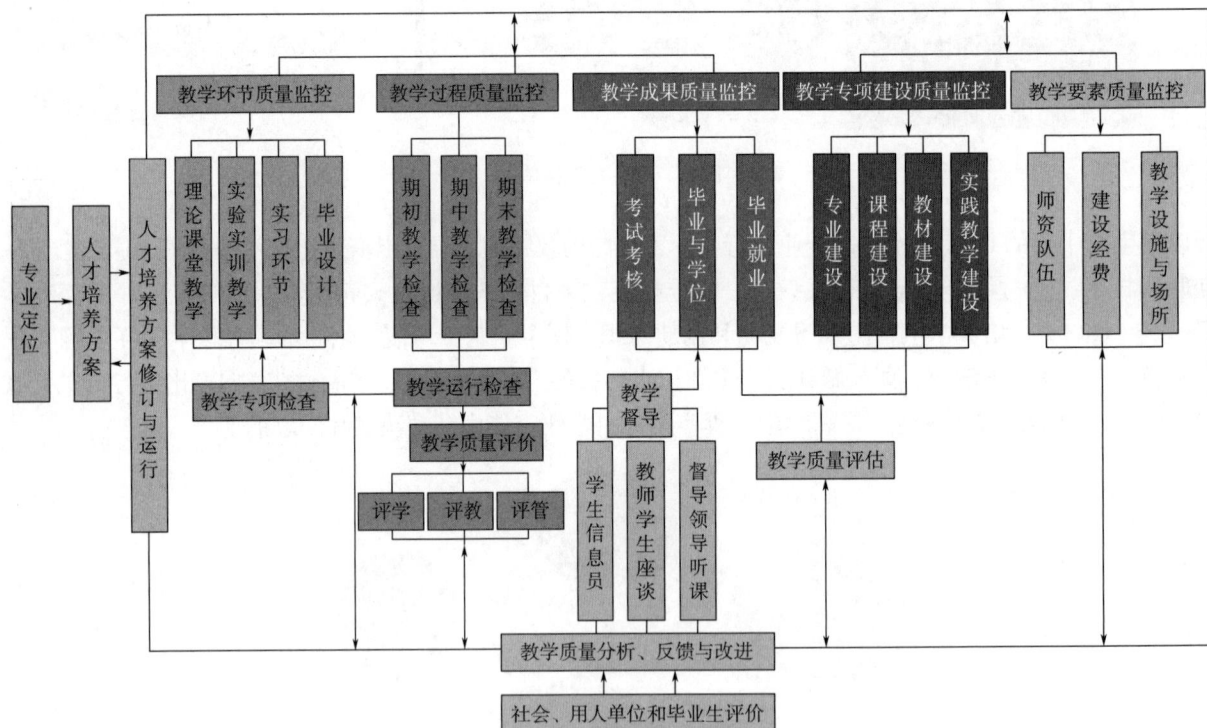

图 4 教学质量评价与持续改进框架图

3 成果的创新点

3.1 创立"一核、四新、四融合"应用型工程技术人才培养新理论

本成果结合服装行业数字化、网络化和智能化的现状，根据服装行业应用型工程人才培养与成长

规律，在"以学生为中心、成果导向和持续改进"OBE理念引领下，形成了"一核、四新、四融合"的本科人才培养新理论。

该理论基本内涵是指在OBE理念引领下，以服装应用型工程人才艺术工学特色能力为人才培养核心，构建以"新课程、新方法、新师资、新评价"为基础的四新质量支持体系，实现"四融合"，即应用型工程技术人才培养与一流学科专业建设的深度融合，"教与学"新方法的促进融合，学生"基础能力、专业能力和创新能力"逐步提升的递进融合，学生"知识、能力与素质"发展的协调融合，以切实推动服装专业应用型工程技术人才的培养。

3.2　构建艺术工学特色能力逻辑"一纲、三层、四目"应用型工程技术人才培养新模式

在"一核、四新、四融合"人才培养新理论指导下，为满足服装行业要求，构建了基于OBE理念艺术工学特色能力为核心的应用型工程人才培养目标，创建了能力统领服装艺术工学特色人才培养全过程的产教协同育人体系；将专业认证国际标准融入人才培养方案，将国家教学质量标准接入课程体系，将行业企业职业技能标准纳入实训内容，通过创新产教融合机制和建立"新课程、新师资、新方法和新评价"质量支撑体系，真正做到社会需求与学生发展并重、知识教育与技术训练并重、学校教育与企业培养并重，构建突出基础能力、突出专业能力和突出创新能力的三层次培养的教学链，创新了人才培养模式，保障人才培养满足社会需求。

3.3　创建"教研室—学院—学校"三级联动的本科教学质量评价与持续改进新机制

以OBE教育理念为指导，建立了结果导向和持续改进需要的"教研室（课程教学评价）—学院（专业建设评估）—学校（教学状态评估）"三级联动的本科教学质量内部评价体系，实现本科教学评价与监控全覆盖，同时结合"日常教学检查、专项教学督导、网络辅助教学评价"多主体评价，实现本科教学质量评价与持续改进的常态化。

4　成果的推广应用情况

4.1　校内应用前景

4.1.1　本成果提升人才培养的质量，促进服装设计与工程专业建设

本成果在我校2014级服装设计与工程专业实验试用，并得到初步效果，后拓展到2015～2019级，涉及学生共计1700人，本专业毕业生390人就业能力明显增强，从2015年起，连续三年我院毕业生就业在全省高校中名列第一，在招聘现场答辩，学生专业知识扎实、具有较强的专业实践能力，受到用人单位的欢迎；同时在专业团队建设上取得了好成绩，2021年3月，服装设计与工程专业入选国家一流专业建设点，2020年10月，"服装材料学""服装人因工程学"入选国家首批本科一流课程，2021年4月，服装设计与工程艺术工学特色教学团队入选江西省2020年高水平省级本科教学团队，2019年12月，服装设计与工程专业获批江西省一流专业建设点，2019年4月"服装材料学""服装人因工程学"入选省级精品在线开放课程，期间有1人获全国"五一"劳动奖章，全国十佳制板师6人，专业教师中"双师双能"教师已达50%以上。

4.1.2　人才培养模式成效显著，满足不同层次学生的需求

本成果人才培养模式基于工程项目产教融合机制艺工能力逻辑人才培养模式，实践内容由企业制定，按技术岗位群设计课程包选择，可满足不同层次的学生和不同企业的需求，学生在不同类型赛事上取得了好成绩，就业率不断提升。

2016年以来，在行业高规格专业赛事中，学院学生在大学生时装周、中国高校纺织品设计大赛、中国高校毕业生服装设计大赛上获得好成绩，共92人次获得奖项，特别是在具有行业标杆性质的年度中国国际大学生时装周上，学生郑建文、秦泰和张龙连续三次获得"新人奖"（表1）。

表1　设计类大赛学生获奖情况

序号	学生姓名	竞赛名称	获奖等级
1	郑建文	2016年中国国际大学生时装周第20届中国时装设计新人奖	新人奖
2	秦泰	2017年中国国际大学生时装周第22届中国时装设计新人奖	新人奖
3	张龙	2018年中国国际大学生时装周第23届中国时装设计新人奖	新人奖
4	秦泰	第五届"石狮杯"全国高校毕业生服装设计大赛	金奖
5	张龙	中华杯、太酷大学生毕业季服装设计大赛	金奖
6	唐文政	2018年第七届石狮杯全国高校毕业生服装设计大赛	金奖
7	周梦飞	第二届全国高校大学生服装立体造型创意大赛	二等奖
8	许火平	第三届龙星杯全国大学生针织服装设计大赛	三等奖
9	杨中齐	第二届全国皮革制板大赛	一等奖
10	况雅情	第二届全国皮革制板大赛	二等奖
11	刘俊杰	第二届全国皮革制板大赛	二等奖
12	许火平	2016年第八届中国高校纺织品设计大赛	一等奖
13	肖祥云	2016年第八届中国高校纺织品设计大赛	一等奖
14	杨亚娇	2016年第八届中国高校纺织品设计大赛	二等奖
15	唐文政	2017年中国未来之星新锐童装设计师大赛	金奖
16	杨宏国	NAFA杯第十三届中国国际青年裘皮服装设计大赛	银奖
17	许火平	第六届"石狮杯"全国高校毕业生服装设计大赛	银奖

获创新创业训练计划省级以上创新创业奖7项，获得省创新创业训练计划国家级立项项目2项（表2）。

表2　创新创业类竞赛获奖情况

班级	姓名	获奖名称	等级	年份
2015级本科实验班	张君娜	第十五届挑战杯全国大学生课外学术科技作品竞赛江西赛区比赛	三等奖	2017
2013级纺织本科1班	黄亚莉	第十五届挑战杯全国大学生课外学术科技作品竞赛江西赛区比赛	三等奖	2017
2015级本科实验班	张君娜	挑战杯江西省赛区	三等奖	2017
2016级服设本2班	赖文蕾	社会人文类论文	一等奖	2018
2015级纺织本1班	阮润女	自然科学类学术论文	一等奖	2018
2015级纺织本1班	阮润女	第十六届挑战杯全国大学生课外学术科技作品竞赛江西赛区比赛	三等奖	2019
2016级服设本2班	赖文蕾	第十六届挑战杯全国大学生课外学术科技作品竞赛江西赛区比赛	三等奖	2019

学生以独立或第一发明人（设计人）身份获批授权专利23件（表3）。

本科毕业生初次就业率达到91.4%，高于江西省平均就业率87.1%，毕业生实现了"高收入、高层次、高体面"就业。

表3 学生获批授权专利

序号	姓名	专利名称	授权时间	序号	姓名	专利名称	授权时间
1	姜庆	女士上衣	2018.07	13	王舒婷	哺乳衣	2018.09
2	况雅情	女式风衣	2018.07	14	吴诗颖	女士套装	2018.07
3	刘嘉	女士外套	2017.07	15	张发平	提包	2018.07
4	马基雄	女士上衣	2017.07	16	张凯丽	连衣裙	2018.07
5	马小媛	毛衣	2017.07	17	周思平	风衣（麂皮印花）	2018.07
6	彭青	风衣	2017.07	18	邹启荣	外套	2018.09
7	赛迎利	女士礼服	2017.07	19	晏艳红	多功能服装测量尺	2018.07
8	阮润女	桌布	2017.11	20	晏艳红	服装测量卷尺	2018.09
9	宋丹青	连衣裙	2018.07	21	晏艳红	挂烫机	2018.09
10	覃韦萍	女士外套	2018.07	22	晏艳红	熨斗	2018.09
11	王皓	裙子	2018.07	23	任育萍	连衣裙	2018.07
12	王恒良	T恤	2018.07				

4.2 校外推广性

　　通过国家级一流专业建设点和国家级本科一流课程经验交流，国家级、省级优质教学资源、规划教材、发表论文的辐射作用，兄弟院校之间的学习交流可增强成果的推广性。通过论文发表和校校交流，将促使其成为有效的现代工程技术人才培养模式而推广到更多工程类甚至是更为广阔的专业和领域。学院教学成果被江西师范大学科技学院和江西工业职业技术学院所采用，得到师生一致好评。

产业驱动下纺织品艺术设计专业复合型人才培养模式改革与实践

浙江理工大学

完成人及简况

姓名	性别	所在单位	党政职务	专业技术职称
林竟路	男	浙江理工大学	系主任	教授
岑科军	男	浙江理工大学	无	讲师
娄琳	女	浙江理工大学	无	副教授
李建亮	男	浙江理工大学	系副主任	讲师
王建芳	女	浙江理工大学	无	副教授

1 成果简介及主要解决的教学问题

1.1 成果简介

依托国家一流专业产品设计、浙江省重点学科设计艺术学、学校优势特色纺织学科等建设项目、浙江省丝绸与时尚文化研究中心以及国家级重点实验室丝绸文化传承与产品设计数字化技术文化部重点实验室，根据浙江省政府重点打造"八大万亿"时尚产业规划，针对进一步推动区域时尚、纺织特色产业的过程中复合型人才紧缺现状，结合办学特色优势，明晰纺织品艺术设计专业教学研究、改革与实践工作的落脚点和发力方向，实施"宽口径、广视野、精于工艺、长于创意"的培养模式，推动教育主体从"以教为主"向"以学为主"的转变，建立校企深入融合的协同育人体系，构建了以纺织时尚产业发展为导向的创意设计人才培养模式。经过近四年的改革与实践，专业获批国家级一流专业，省级一流专业建设点，编写出版两部浙江省"十三五"规划教材，通过产教紧密结合方式激发学生创意创造潜能，培养出大批符合时代发展和产业发展需要的优秀学子，实践育人成果具有一定的辐射和示范效应。

1.2 本成果解决的主要教学问题（图 1）

（1）破解学生知识结构、实践方式与行业发展、行业人才能力需求之间相脱节、不适应的难题，强化学生创新意识，提升学生创业技能。

（2）改变以往强调分析翻样能力，缺乏自主创意设计能力，培养学生独立思考能力和分析解决问题能力，在实践过程中形成具有自身特色的思维探索方法。

（3）解决单一强调技法的艺术类专业教学扁平化问题，大力度构建细分模块的"科技＋艺术＋商业＋文化"的四位一体课程体系，探索"政产学研用"相结合的教学模式，全面提高学生综合素质。

（4）调整过去"集体式"专业培养模式，推进分层分类的多元模块课程体系建设，根据每位学生的专长、兴趣点量身规划其未来职业方向，利用不同方向的模块课引导学生完成相关领域专业实践与理论能力的深入积累。

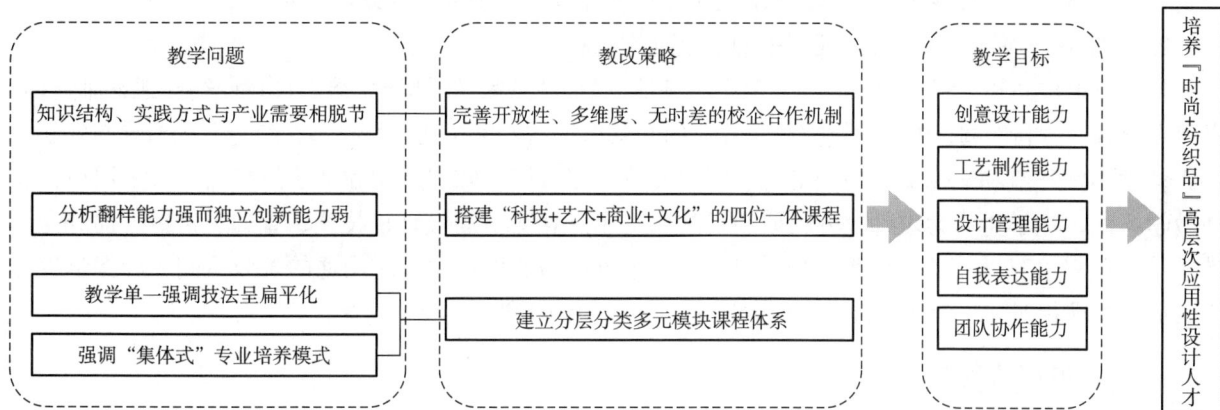

图 1　成果主要解决的教学问题

2　成果解决教学问题的方法

在原有教学模式基础上，坚持服务浙江"八大万亿"纺织时尚产业稳步发展的理念，围绕培养"宽口径、广视野、精于工艺、长于创意"复合型设计人才，实现行业产业间对接的目标，提出如下新举措。

2.1　实施"宽口径、广视野、精于工艺、长于创意"人才培养新模式

以提升学生创新创业能力为导向，依托国家级重点实验室丝绸文化传承与产品设计数字化技术文化部重点实验室等平台，改革服务浙江"八大万亿"纺织时尚产业的人才培养模式。以纺织品艺术设计和时尚产业理论与实践的结合为教学切入点，结合本专业与学校历史优势专业的资源积淀，推广由时尚纺织品与产品营销、纺织品流行趋势分析与策划、文创产品设计、传统工艺与创新设计四门课组成的时尚纺织品设计创新创业模块课程。建立导师制、工作室制，配合"项目化"教育模式，使用小班化讨论模式，针对性培养学生设计思维以及综合设计能力；通过校内外合作，聘任校外专家学者、企业家、民间手工艺传承人作为本专业兼职教师；鼓励系科教师到国内外时尚学院与机构访问、进修，参加创业导师训练营，提升教师指导学生创意创新创业的业务水平。

2.2　搭建"科技＋艺术＋商业＋文化"四位一体课程体系

突破强调纺织品艺术设计技法的教学理念，保持前阶段将美学、艺术理论、文学、科学综合素质作为创作和技艺的文化保证的基础下，新设"时尚科技前沿""时尚热点传播与社会思潮""商品策划展示"等具有时效性的实践课程与"20世纪时装流行与文化""创意指导与市场分析"等研究型课程相结合，以适应时尚产业前端动向与发展需求，与"提花织物设计""时尚服饰产品设计""纤维艺术设计""手工刺绣艺术""丝绸手绘设计""文创产品设计""材料探索与创新"等纺织品主干创作应用课程相结合，两相补充，保证学生对纺织产业的认知宽度，对时尚产业链有更深入且全面的认识，培养具有大时尚领域与纺织品产业跨界整合的能力，能够从事时尚产品设计开发、时尚策划与营销、时尚产业手工传承等工作的"时尚＋纺织品"高层次应用型设计人才。

通过以"计算机图形设计""数字化设计基础""面料设计与织造工艺""纺织品染整工艺学"等科技类课程为载体，让学生了解新材料、掌握新技术、探索新可能，打开时尚纺织品设计的新思路，充分发掘设计创作的新内涵。

开创创新创业课程，本科导师制教师根据学生自身兴趣与发展意愿辅导其完成细分方向的选择及后期深入学习，通过开设服饰纺织品设计模块及室内纺织品设计模块相关课程，并结合校企产研融合

的项目化教育教学模式，提高学生的市场流行趋势灵敏度，培养贴近大市场、服务产业链，与社会产业发展紧密结合，多学科交叉融合、适应区域特色产业发展需求的艺术设计人才。

2.3 完善开放性、多维度、无时差的校企合作机制

与多家单位共建工程实验中心与企业实习基地，邀请罗莱家纺、博洋家纺、万事利丝绸、凯喜雅丝绸、喜得宝丝绸、达利丝绸、中国丝绸博物馆等业内知名单位的专家担任校外导师，参与课程指导与教学，并为教学实践环节和学生实习提供场地、资源支持。注重综合知识应用和动手技能培养，采用项目驱动教学方法，让学生成为教师校外科研项目的参与者，融会贯通设计、技艺、管理、营销。促进专业教学与行业需求互动，搭建行业、企业与专业间市场供需比例变化反应沟通的长效机制，确保学生与用人单位需求相匹配，为纺织时尚行业输送全面发展的创新创意专业人才。

3 成果的创新点

3.1 实施了以多元课程教授形成专业方向、多维知识融合形成专业素养、综合能力培养形成创新素养的应用性人才培养新模式

充分利用丝绸文化传承与产品设计数字化技术文化部重点实验室、服装实验教学示范中心等国家级教学平台资源，依托浙江理工大学作为浙江时尚产业联合会会长单位优势，密切联系专家学者、业内企业、产教融合型导师（高水平设计师）、相关兄弟院校等，不间断开展讲座、论坛等时尚前沿信息分享交流，接轨时代和时尚产业发展，着力于学生的创新创业能力培养，培育适应产业的时尚纺织品设计人才，创新性与适应性强。

3.2 搭建了聚焦于独立创新能力和实践应用能力培养的纺织品艺术设计专业课程模块

在课程教学中，组织教师以团队形式集体备课，共享全系教师最新集体智慧。立足于艺术基础课程、纺织品基础课程、学科交叉课程，发轫于时尚纺织品创意课程，着眼于创新创业课程和研究型课程，突破艺术类学生绘制技法强、文化学术弱的瓶颈；改善纺织品学生注重设计艺术性而轻视产品时尚性与市场认可度的弱项。课程（表1）有效支撑了基础素养、专业知识与创新能力并重的"时尚＋纺织品"高层次应用性人才培养目标的实现，可借鉴性强。

表1 聚焦于独立创新能力和实践应用能力培养的课程模块

序号	课程模块及代表课程名称		培养能力
1	美学基础课程模块	中外染织纹样	学习艺术与设计理论基础
2		中国工艺美术史	
3		20世纪时装流行与文化	
4	专业基础课程模块	创意思维	全面掌握设计基础能力
5		设计素描	
6		设计色彩	
7		色彩形式语言	
8	行业前沿课程模块	时尚热点传播与社会思潮	学习并分析时尚行业最新动态及流行趋势
9		新媒体时代消费与市场	
10		时尚科技前沿	
11	案例贯穿课程模块	创意指导与市场分析	掌握市场调研与案例分析方法，获得类比发散能力
12		设计构思与市场分析	
13		商业策划展示	

序号	课程模块及代表课程名称		培养能力
14	项目驱动课程模块	针织物设计	在项目制学习实践中不断更新综合设计能力，培养学生独立创新能力
15		印花设计	
16		刺绣设计	
17		织花设计	
18	交叉学科课程模块	数字化设计基础	了解最前沿科技，掌握基础工科知识，学习艺术与科技结合的范式
19		数字化设计与制作	
20		纺织材料与科技	
21	研究型课程模块	跨文化视野下的图形研究	掌握理论研究方法
22		中国艺术精神与视觉文化	
23	全英文课程模块	纺织品营销案例分析（双语）	拓宽学生学术视野
24		近现代纺织品文化史（双语）	

3.3　建成了人才能力持续培养和产教供需实时对接的多维度、无时差的校企合作机制

通过在企业实习基地参加实践和实习机制，参与教师科研项目的模式，实时跟踪调整学生专业学习与行业需求的吻合程度，使培养出的人才全面发展，具有创意思维、人格魅力及较强的时尚敏锐度，具备设计、技艺、管理、营销多方面才干，示范性强。

4　成果的推广应用情况

通过在人才培养模式、课程体系、实践机制等方面一系列的改革，学生的创新能力和综合素养得到显著提升，创业就业竞争力提高，受到业内专家、行业企业与社会各方的赞誉。

4.1　人才培养成绩斐然

服务浙江"八大万亿"纺织时尚产业稳步发展的模式，经过改革，学生创新能力不断增强，学生学习成果以学科竞赛获奖、荣获各项专利、入选行业发布会等形式涌现。近四年来，在教师的精心指导下，学生已获得了33项外观发明专利和3项实用新型专利，绝大部分作品来自在企业参加毕业实践之后的综合设计，作品形式也拓展到了以时尚纺织为核心的面料、服装服饰、首饰、包袋、围巾、家居用品、其他工艺品等近十种。同时本专业学生在专业教师竭力指导下，积极参加各类全国性纺织时尚大赛并奖金奖、银奖与专项奖，专业教师多次获优秀指导老师称号及优秀组织奖。学科竞赛方面，课题《非遗织艺旗袍的年轻态传播与推广研究》《跨界黑科技——丝绸时尚女包创新设计》分获浙江省第十六届挑战杯课外学术科技作品竞赛一、二等奖，当中包括专业学生作为技术骨干获第十二届"挑战杯"中国大学生创业计划竞赛全国金奖；纺织品艺术设计专业学生在第三、第四届浙江省大学生服装服饰创意设计大赛中获一等奖1项，二等奖5项，三等奖7项。学生纷纷在各级各类时尚设计及学科竞赛中获优异成绩，证明近四年教学改革模式行之有效。

4.2　课程教学资源丰富、教学团队不断补充

针对艺术类学生文化通识功底偏弱，以往学习过程中偏重技法轻视文论的实际，着重通过"染织纹样史""中外经典图案研习"等课程的学习，使得学生在美学、文学以及艺术史论方面的文化素养得到普遍提升。经过"纺织品营销案例分析（双语）"等双语课程的学习，拓宽学生的学术视野，使学生不仅对整个行业链，也对国外国内行业有了整体认知。通过开设"时尚科技前沿""新媒体时代消费与市场""时尚热点传播与社会思潮"等教学内容一季一新的时尚前沿课程，培养学生知识快速

迭代与补充的能力。开设"数字化设计基础"与"数字化设计与制作"等跨学科课程，依托理工大学理工科的强项，邀请相关领域教授进行学术分享与专业基础指导，在学生意识中埋下学科交叉融合是行业未来发展趋势之种子，时刻鞭策学生突破自身专业舒适圈去接触理工类专业知识，完成艺术与科技的结合创新。包括"研究型课程"的开设，如"跨文化视野下的图形研究"等课程激发了学生的专业学习主观能动性，帮助学生掌握基础理论研究的方法与能力，使学生成长为知识面横贯古今的全面发展的设计人才。上述多维课程既拓宽了学生的就业渠道，又铺平了学生的创业道路。

与此同时，近四年遴选引进海内外一流高校设计学、美术学及纺织工程专业博硕士4人，其中博士3人，带来了纺织时尚领域的最新理论与实践信息，极大地补充完善了现有教学团队的力量。

4.3 成果辐射及影响力

4.3.1 交流学习

力邀全国高校相关专业较高学术地位与较丰成果的专家学者来校开展讲座，如邀请中央美术学院设计学院院长宋协伟教授开展名为《设计的时代命题：社会巨变、生态危机与新文科建设》的主题讲座、人文学院院长李军教授开展名为《蒙娜丽莎的神秘微笑》主题讲座，邀请融设计图书馆创始人张雷先生开展名为《传统的未来》的主题演讲。组织纺织品艺术设计专业本科生及研究生积极参加学科论坛，如2015年开始举办的"时尚·科技·人才"论坛，了解时尚领域的前沿科技动态，掌握飞速变迁的行业需要的能力与素养，深刻体会跨学科创新能力的重要性。

4.3.2 经验交流

邀请广州美术学院纺织品艺术设计系系主任霍康教授、苏州大学艺术设计学院原院长李超德教授及中国美术学院郑巨欣教授来我系，就纺织时尚人才培养的议题开展座谈会（表2），双方分享交流了学科时尚化改革的经验与实例，为本专业时尚化建设提供了行之有效的参考范式。

表2 面向国内高校及专业推广人才培养模式建设工作（2017～2020年）

时间（年）	内容	高校院系名称
2017	时尚纺织品设计专业培养模式调研	中国美术学院染服设计系
2017	专业教学改革工作调研	清华大学美术学院染服艺术设计系
2018	专业教学改革工作研讨及专业建设推广	苏州大学艺术设计系
2018	纺织品艺术设计专业实践教学体系调研	广州美术学院染织设计系
2018	专业教学改革工作开展情况交流	台湾辅仁大学织品服装设计系
2019	"时尚＋纺织品"高层次应用型设计人才实施工作调研	山东工艺美术学院服装与染织设计系
2019	校企协同共建专业课程研讨	鲁迅美术学院染织服装设计系
2020	"时尚＋纺织品"高层次应用型设计人才实施工作交流	南京艺术学院染织服装系
2020	校外实践建设成果推广	江南大学染织服装设计系

4.3.3 媒体报道

由林竞路教授团队担纲完成的2012～2017年中国丝绸流行趋势发布会；其作为杭州丝绸博览会重大项目，获得杭州电视台时尚频道全程报道，由本专业学生设计创作的时尚丝绸服装获得社会广泛关注，累计参观人数达50万。一方面扩大了专业的知名度与影响力，另一方面增强了学生时尚调研及时尚设计转化的能力；2019届毕业生设计展于杭州城西银泰，获得浙江卫视中国蓝频道跟踪报道，三天观展人数突破30万，并通过淘宝直播与云卖货等新零售方式，学生设计作品以现货交易与订单预售形式累计营业额超十万元。

4.4 实践提升创业就业力

在完成校内课程中一定比例的实践环节基础上，借助学校与协会企业、文博机构的产研合作平台，以项目驱动的形式进一步完成实践学习。广泛动员学生参加"罗莱杯"家纺设计大赛、"经纶堂杯"浙江文博丝绸创意产品设计大奖赛等，通过比赛来验证自身创意构想、实物转化与市场实际之间的契合度，破除纸上谈兵的艺术创作型设计思维模式，使学生尽早锤炼出时尚敏锐度与适应市场实际需求的设计应用能力。

利用学校与企业共建实践教育中心合作平台（表3），开展企业认知实践、产品设计与展示实践、商品企划行销实践、毕业设计实践等多层次、系统化实践。让学生先有系统理解，后加实践积累，最终自觉形成经验。期间，学生以个人承担任务和团队协作的形式，参与如罗莱家纺、万事利等企业组织管理、产品开发、产品展布、产品营销等方面的工作。整个实践环节中，学生以设计师为圆心，辐射带动了管理者、陈列师、销售者等岗位能力的锻炼，这正是纺织时尚行业发展对本专业人才所急需的职业能力。

表3 通过校企深度融合构建实践教学体系的情况（2017～2020年）

时间（年）	内容	企业名称
2017	校企协同人才培养模式研讨与实践基地建设	浙江凯喜雅国际股份集团
2017	"时尚＋纺织品"高层次应用型设计人才计划实施	万事利集团有限公司
2018	校企协同产学研合作人才培养模式探讨	达利国际集团有限公司
2018	"时尚丝绸纹样与风格研发"校企联合实践基地	杭州喜得宝集团有限公司
2018	纺织品创意设计实训联合基地	上海罗莱生活科技有限公司
2019	校企产学研联合教育实践基地建设	杭州禾亭文化创意有限公司
2019	"时尚服饰纹样创意研发"校企联合实践基地	杭州奥罗拉实业有限公司
2019	校企产学研联合教育实践基地建设	南通浩韵纺织设计有限公司
2019	新型针织技术联合实验室	杭州华丝夏莎纺织科技有限公司
2020	"时尚纺织品研究与实践"基地建设	杭州杰伦纺织品有限公司
2020	"时尚家纺产品创意研发"校企联合人才培训中心	浙江缦丝阁纺织品有限公司
2020	"丝绸设计技艺传承"校企联合人才培训中心	杭州画缋美术馆

近几年来，在学生就业分配日益严峻的形势下，学校仍以优质教学和专业化平台以及良好的校企合作关系，推动建设产教融合创新创业教育实践基地、专兼职创新创业师资队伍，推动以"敢闯会创"为核心的人才培养范式改革，促进学生创新创业能力和综合素养提升。为纺织品艺术设计专业学生提供良好的发展环境。近四年，该专业本科生的一次就业率均在95%以上，学生的继续深造率达到了15.5%，创业率保持在3%以上，位居学校前列。在业界工作的毕业生工作表现突出，赢得了同行的认可，创业者也已取得相当不错的成绩。例如，校企共建工程中心成员单位南通浩韵纺织设计有限公司总经理郭胜就是年轻的杰出校友，他作为成功的创业榜样回校担任大学生创业导师。杭州禾亭文化创意有限公司创始人兼设计总监黄鹏，其主持设计的产品多次参加省文博会，在杭州家居行业已有较高知名度。传统天然染色技艺手艺人胡志飞校友2017年创立"三觅"品牌，作品《远山黛》获浙江省非遗优秀奖，并进驻杭州运河手工活态展示馆。谢林勇现任博洋家纺有限公司总经理、王小春现任上海罗莱生活科技有限公司设计总监。2019届毕业生田文斯佳自主创立设计师原创服饰品牌三年，目前淘宝店铺已获两皇冠，拥有16万粉丝。侯乾东、陈子浩等都是服装服饰品牌创业道路上已小有成就的近年该专业毕业生。

4.5 校内外联动

利用国际教学合作交流平台，将其与学生实践课程模块相结合，构成多维度教学实践模式。例如，2018 年暑假，组织学生参加日本佐渡国际艺术学院暑期设计工作坊国际教育合作项目，感受日本传统染织技艺的同时，学习其将外来文化与本民族文化及传统工艺相结合的方法论，提高学生将传统文化创造性转化并创意应用于纺织时尚设计的能力。

积极开展文化采风课程，如组织学生实地参观融设计图书馆，学生在观摩前者创造转化设计项目实例中，学习并掌握传统手工艺与材料在当代文化创意设计转化语境下应当具备的设计方法论。且有多名毕业生与其签约，在项目实操中深入锻炼设计思维、设计管理、共情转化、设计研究等能力，学习在传统文化与现代时尚产业与审美间搭建桥梁的能力。组织学生拜访中国非物质文化遗产"丝绸画缋"第四代传人、杭州市"五一劳动奖章"获得者叶建明大师，深入了解中国传统丝绸美术设色加工艺术传统及染、绣、绘、描、泥金等 70 多道丝绸加工技艺，包括参观中国工艺美术大师陈水琴、杭绣工艺美术大师金家虹及浙江土布非遗传承人郑芬兰的工作室，引导学生探寻传统手工艺借现代产品时尚化的发展路径。

4.6 师生受益相互促进

学生的进步予以教师莫大的鼓励，同时也是更大的驱动力。激发教师们努力投身科学研究、积极申报教学改革项目，发表论文、出版教材、参与国内外合作交流，进入了教学相长的良性循环。近四年，本专业与企业签署实习基地两项，本专业教师参与国家一流学科建设 1 项，浙江省一流学科建设 1 项；获批国家级实践项目 1 项，省部级教改项目 15 项，教育部产学研协同育人项目 6 项，中国纺织工业协会教改项目 4 项，已发表教改论文 5 篇；主持或参与横向合作项目共 39 项，科研经费合计 1422.75 万元；主持纵向课题 17 项，科研经费 91.36 万元，其中"产教融合下时尚设计数字化技术研究"等时尚产业产教融合教改课题已展现良好的教学实践成果；发表学术论文 52 篇，其中 SCI、EI、CSSCI 论文 10 篇，参与出版著作一部，编写教材四部，其中"十三五"国家级规划教材两部。先后有教师到美国纽约时装学院、日本佐渡国际艺术学院等机构访问。与台湾辅仁大学学术关系良好，除特殊情况外，每年都进行互访，并在对方院校开设学生设计作品展，以增进了解，取长补短，成效显著。

"三纵三横"多维联动体育育人体系构建与实践

东华大学

完成人及简况

姓名	性别	所在单位	党政职务	专业技术职称
杨旭东	男	东华大学	教务处副处长（主持工作）、本科招生办公室主任	教授
朱江华	男	东华大学	体育部主任	副教授
刘瑾彦	女	东华大学	体育部副主任	副教授
刘成	男	东华大学	体育部副主任	教授
姬广凯	男	东华大学	无	副研究员
王永林	男	东华大学	发展规划处党支部副书记	副研究员
刘冰	女	东华大学	科长	助研
温鑫菲	女	东华大学	无	副教授
潘怡雯	女	东华大学	无	助教

1 成果简介及主要解决的教学问题

1.1 成果简介

东华大学坚持健康第一的指导思想，以立德树人为根本任务，以"指导师生科学健身，促进师生身心健康，繁荣校园体育文化，提升学校综合体育实力"为出发点，通过顶层设计体育育人工作机制，打造"三纵三横"多维体育人体系，探索"个性化"大学公共体育特色教学，构建"课内教会、社团勤练与课余常赛三结合"全员全方位育人过程。在纺织同类高校中率先发布新时代学校体育工作办法——《东华大学关于进一步加强新时代学校体育工作的实施办法》，带动同类高校体育工作开展。丰富公共体育教育资源，全面保障体育育人，组织实施等多措并举，形成了面向人人的体育育人体系，推动学生学习和体育锻炼协调发展，帮助学生在体育锻炼中享受乐趣、增强体质、健全人格、锤炼意志。

"以体育人"全覆盖，实践成效显著。每年授课学生人数达 15000 左右，开课班级达 500 个左右，开课门类 50 余门，学生评教优良率 100%。近五年来，我校本科生体质健康达标率基本稳定在 93% 左右。目前，我校共发起成立 65 个学生体育社团，每年举办校级学生群体活动 100 多场，组织将近 200 多场活动，直接参与学生人数达 5000 余人/年。

发挥足球等传统项目优势，形成国内高校领先的体育项目集群。共组建了 40 支校级大学生运动队，形成以足球为传统项目、撑杆跳高为标志性项目、女子手球和射击为高水平项目的格局，发挥"足球""攀岩""排舞"等上海市精品课程共享示范作用，在此基础上发展以攀岩为特色项目、体育舞蹈和啦啦操为时尚项目的一批国内高校竞技水平领先的体育项目群。

积极承办国内外大赛，学生在各类竞赛中屡获殊荣。近年来积极承办第一届世界大学生攀岩锦标赛、中法大学生体育文艺周，参加中德校园足球交流，2020 年新冠肺炎疫情期间，承办教育部首个恢复线下比赛的第 22 届 CUBA 中国大学生篮球二级联赛总决赛。2016～2020 年，共获得亚洲亚军 2 个，全国冠军 62 个、亚军 67 个、季军 62 个，上海市冠军 127 个、亚军 136 个、季军 130 个。培养了著名足球运动员郜林、撑杆跳高运动员姚捷等一批体育竞赛苗子。

体育美誉度和国际影响力得以彰显。在人民网、人民体育共同推出的 2019 年"中国高校体育竞赛榜"上，我校位列全国第 19 名。截至 2020 年 10 月，先后有教育部公共体育教学指导委员会、中国大学生体育协会、教育部直属综合性大学体育协会、教育部直属工科大学体育协会、上海市大学生体育协会、南开大学、中国人民大学、西北大学、西南大学、同济大学等数十家单位来校交流体育工作。教育部官网、全国高校思政网等分别就"东华大学扎实推进体育工作"进行了报道。足球、攀岩等项目充当了国际文化交流的使者，提升了中国体育的国际影响力。育人成效得到各方充分认可。

1.2 主要解决的教学问题

高校体育工作担负着"以体育智、以体育心"的独特功能，承担着"强健其体魄、文明其精神"的重要使命。当前高校体育教学普遍存在如下问题：

1.2.1 传统的公共体育课程体系与高素质体育健康人才的培养要求不匹配

随着时代发展，高校公共体育人才培养中原有的部分教学内容已陈旧过时，体育教学过于强调对专项体育技能的掌握，忽视学生自主锻炼意识、体育综合素养和实践能力素养提升的现象在高校较为普遍，高校公共体育课程体系建设明显滞后。

1.2.2 体育项目及硬件设施与学生对优质体育资源的需求不协调

当今大学生对体育运动需求，正呈现出对优质体育资源的需求日益增长，多元化、个性化需求更加突显的特征。当前高校体育课评价体系多按竞技体育标准制定，学生上完体育课后很少会再愉快地练习课堂上学过的体育项目，而诸如攀岩、体育舞蹈、轮滑、旱地冰球等受学生欢迎度高的项目大多尚未纳入传统体育课程体系，此外，场馆、器材、设施等硬件短板也制约着学生参与体育活动的热情。

1.2.3 传统校园体育教育与面向人人的体育发展趋势不适应

当前本科学生参与体育活动的面较狭窄且时间较少，本科四个学期共计 144 学时的体育必修课难以满足学生每天参与 1 小时体育活动的要求，也难以适应人人参与体育，人人掌握健康知识、基本和专项的运动技能，养成终身体育锻炼习惯的大趋势。

1.2.4 高校所承担高层次体育人才培养功能与社会期盼不匹配

许多高校的体育教学仅满足于上好基本的公共课，依靠和积极参与专业的体育竞赛平台、挖掘培育高水平学生运动队和体育竞技人才的意识和力度不强，优秀体育人才培养的高校沃土尚未形成，这与国家和社会对高校体育水平的殷切期盼存在较大差距。

2 成果解决教学问题的方法

2.1 顶层设计，构建多方协同的体育育人机制

遵循"以学生的全面发展与成才为中心"的办学理念，将"为了每一个学生的健康全面发展"作为以体育人的工作目标，构建了学校党政牵头指导、体育部为主建设、相关职能部门齐抓共管、全校师生积极参与的以体育人多方协同育人机制。学校颁布了《东华大学关于进一步加强新时代学校体育工作的实施办法》，全面加强以体育人工作顶层设计，细化落实各项具体建设任务，协同校内外优质资源，加大投入，促进公共体育教育资源的整合利用。每年投入巨额体育专项经费，用于支持公共体育教学、校园体育竞赛、师生群体活动、校级运动代表队等。成立了东华大学体育发展基金，积极发挥校园体育的交流载体作用，通过校园体育与校友、企业等联结，吸收社会捐赠，先后成立了东华大学铁人健身中心、骋楷水上运动中心、求盛女子足球队等，为体育教育活动创造了完备的硬件条件。同时，主动对接中小学一条龙、地方青训、专业俱乐部、公益型体育场馆、社会优良企业等办学资源，

实现高校优质体育教育资源对外的浸润，提升本校师生参与高水平赛事和活动的水平。

2.2　理念先行，打造"三横三纵"多维联动体育育人体系

坚持"以体育人"的理念，"以学生为中心"，构建"三横三纵"多维联动体育育人体系。纵向以教师课程教授全面培养学生，学生社团勤练激发感兴趣学生，教练竞赛指导赛出优秀学生；横向实现教师、学生和教练主体多元化，课程、社团和竞赛场景多样化，全面、兴趣和个性人才培养层次化，实现对健康知识普及和体育技能传授的全面化，对运动项目学习和从事锻炼的兴趣化，对在项目竞赛和活动中角色扮演和实现价值的个性化（图 1）。

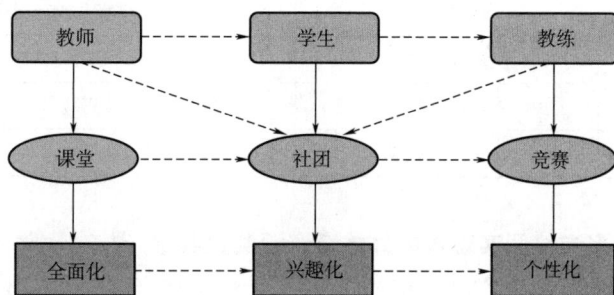

图 1　"三纵三横三结合"矩阵式、多维度的体育育人体系模型图

2.3　兴趣驱动，探索"个性化"公共体育育人特色

以课内教学体育项目激发学生对体育的兴趣，以课外学生体育竞赛和活动为纲，以本校特色体育项目为领，以学生为主体，以课外体育文化活动为主要内容，以校园为主要空间，开展"世界冠军进校园""校运会暨体育节""院、系、班、宿舍联赛"等校园体育活动，发挥体育育人的功能。推行以兴趣为主导的体验式教学、以培养基本素养的专项教学、以强化专项技能的提高教学、以提升比赛能力的综合素养教学为主要内容的"四阶段"课程教学体系。

2.4　强化参与，构建"课堂—社团—竞赛"三位一体育人过程

以课程、社团和竞赛为教学场景，强化参与，实现全员全方位全过程体育育人。首先，紧紧抓住第一课堂，以体育课程教学为主要育人阵地，根据学生兴趣开好体育课、上好体育课。其次，积极开拓第二课堂，以课外体育运动为体育课主渠道育人的有益补充，通过设立体育社团、组织体育协会等多种形式，积极将公共体育课由课内向课外延伸。再次，以学生运动队为抓手，以专业的体育竞赛为载体，加大高水平大学生竞技人才的培养，为国家积极输送高水平大学生运动员。

3　成果的创新点

3.1　育人理念创新，形成"三横三纵"的多维联动体育育人体系

坚持"以体育人"的发展理念，形成了"三横三纵"的多维度体育育人体系，围绕体育教学的三要素、三场景、三目标，将每一片操场、每一处体育场馆、每一次高水平体育赛事观摩都作为体育育人的立体阵地，将学生参与的每一次体育教学课、每一次课外体育活动、每一场体育竞赛都作为体育育人大课堂。

3.2　课程体系创新，实施四阶段渐进式的体育课程教学

遵循体育教学规律，充分考虑学生兴趣与个性，大一上学期实施兴趣主导的分类体验式教学，让学生参与本校开设的三大类试点体育课程，了解各项体育运动及自身身体素质的特点，根据自己的兴趣爱好和体能特征选定今后继续学习的专项课程。大一下学期开展培养专项基本素养的基本专项教学，教授学生自主选择课程的专项基本技能和专项素质。大二其中一学期实施提高专项技能的专项提高教学，学生可根据自己学业课程的工作量，自主选择大二其中一学期上课，主要教授学生技巧战术、裁

判规则、体育文化等。大三其中一学期实行提高比赛能力的综合素养教学，采取周周赛，以赛带练等课程形式，帮助学生形成规范娴熟的专项技能，能够自觉开展运动训练、组办比赛，具有较高的体育文化素养。以上"四阶段"课程体系的设置，兼顾了学校特色、学生运动兴趣、学生体质特点和运动技能掌握与应用等因素，体现了学生为主的教学理念，具有创新性（表 1）。

表 1   东华大学循序渐进的四阶段公共体育课程体系

学期	课程设置	教授内容
大一上学期	体验式教学	了解体育运动和自身身体素质
大一下学期	基本专项教学	专项基本技能和专项素质
大二其中一学期	专项提高教学	学生技巧战术、裁判规则、体育文化
大三其中一学期	综合素养教学	以比赛和活动代学、代练

3.3   组织模式创新，多方协同实现校内外体育资源共建共享

充分利用校内外体育资源，我校 1984 级校友黄承斌于 2017 年 10 月捐赠东华大学一批健身器材，成立东华大学铁人健身中心，为广大师生改善室内健身环境；上海齐荟体育文化发展有限公司向东华大学教育发展基金会捐资设立"东华大学齐荟女足基金"，支持东华大学发展校园高水平女子足球队；2018 年上海骋楷体育文化传播有限公司捐赠水上体育器材，夯实水上运动群众基础；2020 年上海求盛足球俱乐部有限公司出资与东华大学共建高水平女子足球队，助力东华大学与松江地区足球影响力的提升。同时，整合利用校外公益体育场馆、体育专业俱乐部师资共享、校友资助、优质企业冠名、地方青训合作共建、大中小体育一条龙人才培养、新兴体育项目导入（如：开设攀岩、旱地冰球、冰壶等课程），不断加强冰雪运动人才的培养力度，通过整合校内外资源，实现多方联动丰富育人资源，提升体育育人效果显著、价值突显，也为高校体育办学开拓了思路。

4   成果的推广应用情况

4.1   体育教学覆盖面广，成效显著

每年面向全校一、二、三级学生开设体育基础必修课和各项俱乐部选修课，平均每年授课的学生人数达 15000 左右，开课班级达 500 个左右，开课门类 50 余门，学生评教优良率 100%。目前，我校共成立发展了 63 个学生体育社团，依托各个学生体育社团平均每年举办学生群体活动 100 多个，将近 200 多场次活动，参与学生的人次数达 5000 余人 / 年；我校共组建了 40 支校级大学生运动队，其中教育部批准建设的高水平运动队 5 支，大学生运动队积极参加国内外各类大型体育赛事，涌现了一批优秀的大学生运动员（队），为祖国和学校争得了荣誉。

近五年来，我校本科生的体质健康达标率基本稳定在 93% 左右（表 2），成为为数不多超过教育部基本要求的高校。

表 2   2016 ~ 2020 年期间学生体质测试达标率统计

学年	测试人数	东华大学体质测试达标率（%）
2019 ~ 2020 年	8695	93.89
2018 ~ 2019 年	9845	90.80
2017 ~ 2018 年	10174	93.61
2016 ~ 2017 年	9656	95.32

4.2 形成了一批特色鲜明、实力较强的体育运动项目，体育竞赛水平提升显著

形成以足球为传统项目、撑杆跳高为标志性项目、女子手球和射击为高水平项目的格局，并在此基础上发展以攀岩为特色项目、体育舞蹈和啦啦操为时尚项目的我校优势体育项目发展群，着力打造一批国内、国际有影响的大学生高水平运动队。在2019年7月，在人民网和人民体育共同推出的"中国高校体育竞赛榜"上，我校位列全国第19名。

我校运动队在国际、全国和上海市各级各类体育赛事中取得了优异战绩。其中撑杆跳运动员姚捷代表中国参加里约奥运会撑杆跳高决赛，获世界田径钻石联赛男子撑杆跳高比赛第二名，在雅加达亚运会撑杆跳高比赛获银牌；射击队与清华大学、复旦大学联合组队获2018年世界大学生射击锦标赛团队亚军；女子手球队与攀岩队获得多个全国冠军。2016～2020年共获得亚洲亚军2个，全国冠军63个、亚军67个、季军62个，上海市冠军127个、亚军136个、季军130个。

4.3 承办大赛能力显著增强，体育服务社会能力不断提升

立足学校体育发展，开拓国际视野，在教育部和市教委的领导下，参与了国际大学生体育联合会、亚洲大学生体育联合会，中美、中德、中英、中法等多项国际高校体育交流活动。近年来积极承办第一届世界大学生攀岩锦标赛；新冠肺炎疫情期间承办教育部首个恢复线下比赛的第22届CUBA中国大学生篮球二级联赛总决赛；中法大学生体育文艺周——女子足球赛；建立了东华大学高水平运动队海宁教学训练基地。此外，东华大学第42届体育节学生龙舟比赛在松江区骋楷水上运动中心成功举办，第五届2020高校百英里决赛也在东华大学松江校区开幕，我校积极为上海、为地方开展因地制宜的体育服务。通过举办重大体育赛事活动，并依托"周周讲"论坛，开展世界冠军进校园活动，分享射击奥运冠军陶璐娜、原国家男足教练金志扬、中国女排前队长李国君等的成长经历，弘扬体育精神、丰富校园体育文化，促进学校体育设施的完善，提升学校体育工作发展的综合竞争力，推动学校体育工作的全面发展。

4.4 学校体育事业的美誉度与国际影响力得以彰显提升

截至2020年10月，先后有教育部公共体育教学指导委员会、中国大学生体育协会、教育部直属综合性大学体育协会、教育部直属工科大学体育协会、上海市大学生体育协会、南开大学、中国人民大学、长春大学、西北大学、西南大学、同济大学等来校调研、指导、交流学校体育，不断扩大东华大学体育在国内外的知名度和影响力。

教育部官网、全国高校思政网、市教委官网分别报道"东华大学扎实推进体育工作"。足球、攀岩等项目充当了国际文化交流的使者，提升了中国体育的国际影响力。

4.5 学校体育育人成效得到各方充分认可

经过多年的发展历程，学校不仅形成了良好的体育教育传统，也取得了一系列卓有成效的建设成绩，使校园体育成为落实全员、全程、全方位育人的重要载体。

跨界整合、人文固本、科艺融合——高校服装设计专业课程体系的重构与实践创新

苏州大学

完成人及简况

姓名	性别	所在单位	党政职务	专业技术职称
张蓓蓓	女	苏州大学	无	教授
许星	女	苏州大学	九三学社	教授
赵智峰	男	苏州大学	院长助理、系主任	副教授
李正	男	苏州大学	无	教授
李琼舟	女	苏州大学	无	副教授

1 成果简介及主要解决的教学问题

1.1 成果简介

本成果以"跨界创新设计"为服装设计专业学生学习产出目标，从"跨专业、跨层次、跨文化"等方面多层次、多类别地架构"文理兼容、通专结合、跨界融通"的动态开放型服装设计专业课程体系（图1）。即以综合性地方高校现有理工学科根基为支撑，以广博的人文学科基础为基石，搭建以跨专业设计为导向的大类基础课程平台；在微专业模块课程平台中注重以跨界协同设计训练实践的方式，弱化和模糊服装设计专业课程间的壁垒，培养出既具有人文素养、人文情怀和创新思维习惯、又具有国际视野和跨界创新设计能力，能够引领中国服装走向世界的全方位、复合型高端服装设计人才。

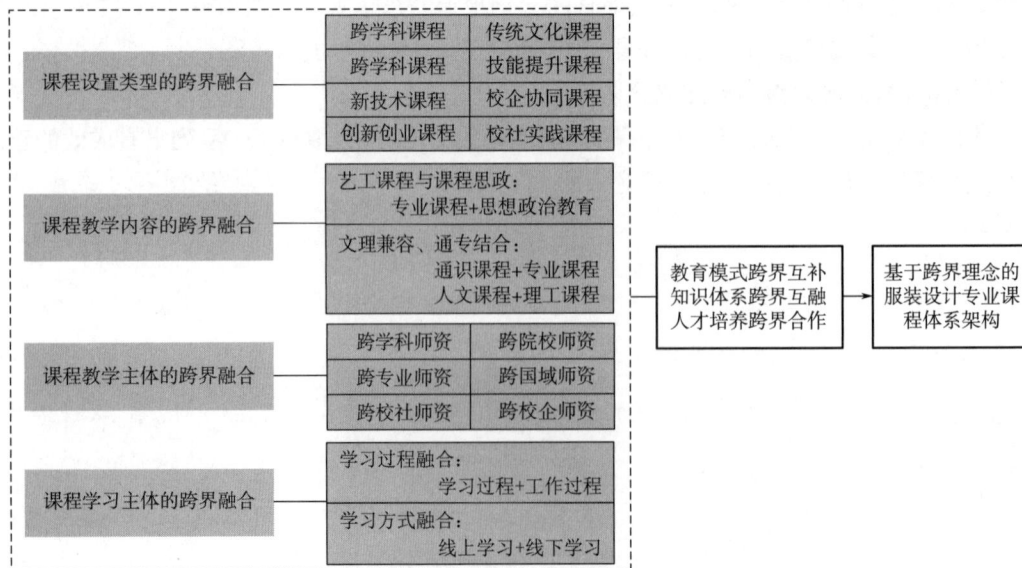

图 1 "分层次、多类别跨界融合"的服装设计专业课程体系

本成果通过苏州大学艺术学院的多年探索与实践，取得了令人瞩目的成效："服装与服饰设计专业"于2015年被确定为江苏省"十二五"高等学校重点专业，2019年获国家一流本科专业建设点、省一流本科专业建设点；"服装与服饰设计教学团队"获苏州大学一流本科教学团队立项建设项目，"中国古代服饰的数字孪生研究团队"入选苏州大学人文社科青年跨学科研究团队。连续多年来，鼓励跨界融合的毕业设计在中国大学生时装周中屡获殊荣；在校本科生和教师在传统文化、服装创意设计、数字艺术和信息技术等跨界设计大赛中获奖百余项。

1.2 主要解决的教学问题

（1）课程体系在柔性和开放性方面有待进一步提升，课程设置和教学内容略滞后于服装行业技术的发展。

（2）课程教学偏重单维度知识和技能的培养，在整合跨学科资源及多学科协同教学方面略显不足。

2 成果解决教学问题的方法

（1）构建以学生跨专业设计为导向的"大类基础课程平台"和"微专业模块课程平台"的服装设计专业"1+N"柔性课程体系（图2）。

基于服装设计专业学生的学习产出目标，设置"1——大类基础课程平台"，强调公共基础课程的全面性、交叉性、兼容性，改变传统服装设计专业思维定势，使学生具有扎实人文修养和一定的信息技术根基，培养学生跨文化视野和创新思维习惯。在"N——微专业模块课程平台"的设置是根据专业特色、社会需求和职业发展，柔性地设置和调节"菜单式"专业核心课程和专业拓展课程模块库，服装设计专业学生第二学年时在导师指导下自主选择模块课程，制订学习计划，使学生和教育资源能够得以合理匹配、柔性调节和实时更新，从而有别于传统课程体系，是适用于本专业所有学生的"一刀切"模式。

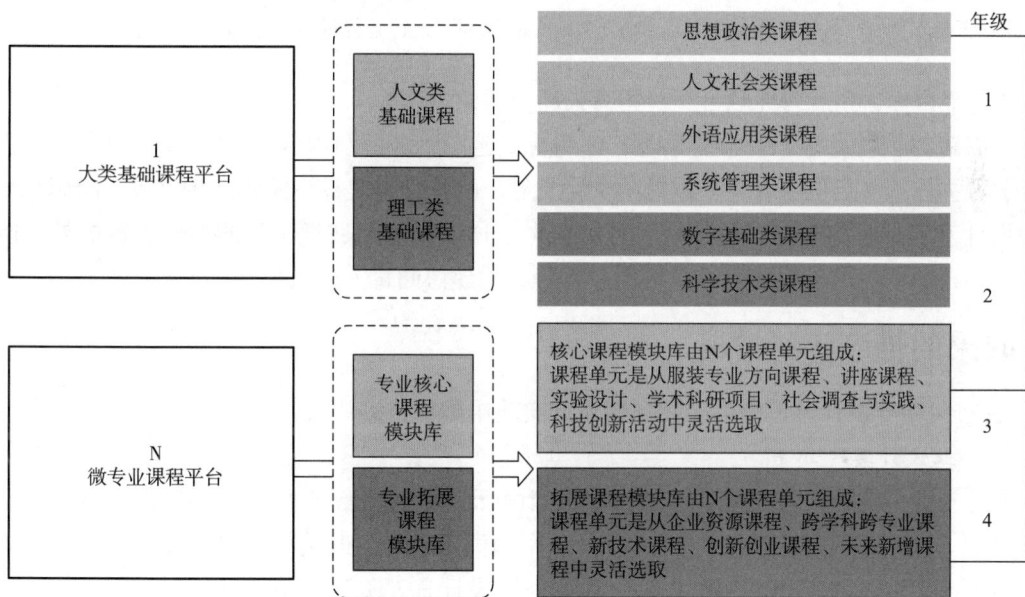

图2 服装设计专业"1+N"柔性课程体系的具体结构

（2）着眼于厚植潜能、集聚动能、多维释能，搭建开放式优质教学资源平台，跨界整合与配置教学师资，采用多维协同教学模式，实现渐进且立体的课程教学体系。

将分散于各专业、各院系的教育资源集合起来，构建"专业跨界、学科跨界、科艺融合"的开放式课程资源库，通过学分、选课等形式鼓励和引导学生在多科融合、文理兼修的交叉式学习中形成知识体系、创新思维和设计理念的跨界融合；灵活引入校内外、国内外优秀师资，开设开放性、外延性的工作坊课程，采用以项目驱动的多学科协同教学形式，坚持本土文化传承与科技前沿的融合，注重教学内容与产业需求间的链合与协同，强调"服装设计＋多维度设计＋数字技术＋X（策划、管理等）"融会贯通。

3 成果的创新点

3.1 "以设计为中心、跨学科交叉学习、创新设计实践、自主学习与选择"服装设计专业课程体系特色化重构

"以学生为中心的设计体验"分层贯穿于专业及学科交叉课程中。第一层面，侧重设置基础理论和研究方法类的课程，培养学生多维视野；第二层面，通过跨学科平台，鼓励学生合理有效地利用研究工具表达创意和设计想法的能力。第三层面，在跨学科创意实践课程学习中培养学生多维思考与交叉设计能力；第四层面，通过跨学期、跨学年、跨学科的大规模沉浸式项目体验，提升学生在顶级项目中的跨界创新设计能力（图3）。

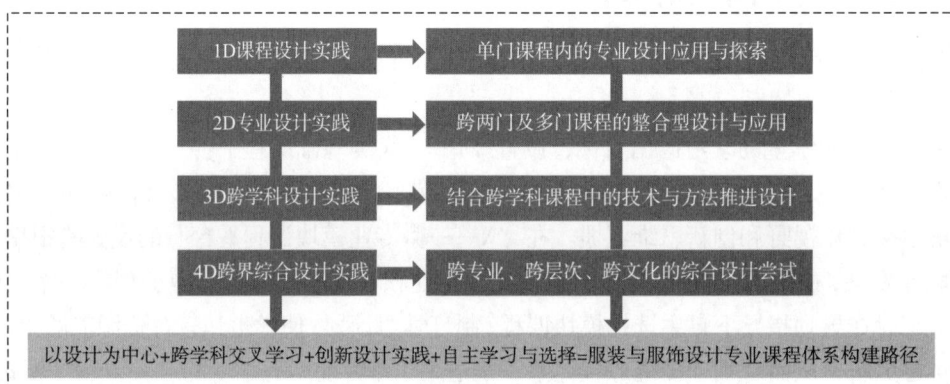

图3　基于 4-Dimensional Big-Design 的服装设计专业课程体系特色化构建

3.2 "一个目标、多点跨界融合"协同育人新模式的创建

坚持"以跨界创新设计"为学生学习产出目标，通过课程设置类型、课程教学内容、课程教学主体、课程学习主体等多点位融合，多维跨越文化之界、跨越学科之界、跨越技术之界、跨越思维之界，实现服装设计专业课程教学与思想道德教育的交融、通专课程与文理课程的混合、校内外与国内外教学师资的并举，数字技术与服装边缘学科的融入等，构建协同育人的大格局。

4 成果的推广应用情况

4.1 在校生跨界设计意识增强，在创新设计实践中屡获佳绩

4.1.1 毕业设计实践方面

服装设计专业的毕业设计展演连续多年在中国国际大学生时装周中屡获殊荣：2013 年度荣获"艺术风格奖"和"人才培养成果奖"、2014 年荣获中国国际大学生时装周"最佳发布奖"及"人才培育奖"；2015 年荣获"人才培养成果奖"和"中国时装设计育人奖"；2017 年同时摘得"人才培养成果奖"等 7 项大奖；2018 年获得"中国时装设计育人奖""国际知名高校服装作品展十佳视觉设计奖""时装周服装工艺奖"等多项大奖，服装毕业生设计作品曾分别荣获过 5 次中国时装设计新人奖。

4.1.2 设计竞赛方面

服装设计专业在校本科学生荣获各级学科竞赛奖项 350 项，其中荣获民族文化类、文创类服装设计大赛奖项近 300 项；仅 2019 年，在校生就在一系列国际、国内重大服装和其他学科跨界设计的赛事中收获颇丰：洪树鸿荣获上海国际设计周"未来之星中国设计奖"、苏州国际设计周最佳非遗创新设计；赖兰芳荣获全国高校艺术与设计作品展评一等奖；在"未来时尚"2019 中国国际服装设计创新大赛、

第四届"汇创青春"上海大学生创意大赛（服装设计类）、"传承匠心·第二届中国华服设计大赛、"濮院杯"PH Value 中国针织设计师大赛、"VGRASS·东华杯"第十三届中国大学生服装立体裁剪设计大赛均屡获佳绩。学生在南京禄口国际皮草嘉年华皮草服装设计大赛获得银奖；江苏省大学生刺绣设计大赛荣获银奖、铜奖；学生与传承人合作研发的作品连续多年参展 2019 苏州文创博览会。特别值得一提的是陈丁丁同学的"华夏印象"服饰设计作品入选第十三届全国美术作品展览。

4.1.3 创就业竞赛和项目方面

多名在校生成功申报并主持有 10 多项主持国家级、省级大学生创新创业计划重点和一般项目。

4.2 专业平台建设与教育教学改革成果显著、成绩斐然

4.2.1 在服装设计专业建设方面

专业获省部级以上教学成果奖 15 项，"服装与服饰设计专业"2015 年被确定为江苏省"十二五"高等学校重点专业，2018 年获批苏州大学一流本科专业建设培育点，并在其后的"十三五"省品牌培育项目结项验收为"良好"；"服装设计课程群教学团队"获苏州大学一流本科教学团队立项建设项目；2019 年"服装与服饰设计专业"获批国家一流本科专业建设点、省一流本科专业建设点，由专业牵头组建的跨学科研究团队"中国古代服饰的数字孪生研究团队"入选苏州大学人文社科青年跨学科研究团队。"服装结构与制作工艺"获得苏州大学研究性教学标杆课程项目立项，在建设的两年之内，在苏州大学美术馆分别举办了"云岭之尚"和"西风·东风"为主题的课程作品展。

4.2.2 指导以跨界为主题的学科竞赛与创新项目方面

先后 30 余次在省级以上服装设计竞赛中获得优秀指导教师奖；多名教师指导校级以上高等学校大学生实践创新训练计划立项项目 10 多项。

4.2.3 在教师参加综合设计竞赛方面

2 名教师的服装设计实践作品入选第十一届、十二届全国美术作品展并获奖提名，1 名教师时装画作品入展中国美协举办的时装画大展，1 名教师设计 APEC 领导人服装并进行样衣制作，获优秀证书；1 名教师的作品获得全国高校艺术与设计作品展评一等奖；1 名教师荣获十大最具创新设计人物；1 名教师入选文化部文化产业创业创意人才库；1 名教师在全国优秀青年创意评选活动中获"中国优秀青年设计师"称号等。

4.2.4 在教师教改成果方面

专业教学团队共出版国家级和省部级规划实践教材和专著近 50 部，其中《服装结构设计》《服装工业制板（第 2 版）》被中国纺织服装教育学会评为"十二五"部委级优秀教材；《服装工业制板（第 3 版）》被评为江苏省本科优秀培育教材等；公开发表教改论文 30 多篇；4 名教师分获中国纺织工业联合会颁发的"纺织之光"教师奖。

4.3 成果的辐射效应和社会反响良好

4.3.1 在服装行业企业对毕业生的评价方面

本成果始终秉承用现代设计语言解读文化特质，用现代教育媒介传达民族文化意识，用现代技术体现服装设计的个性与差异，注重文理交叉、艺工融合，注重科学教育与人文教育融合、通识教育与专业教育贯通。服装专业的毕业生综合实践能力、专业素养与企业岗位无缝对接，广受企业一致好评。

4.3.2 在社会媒体的评价方面

本成果建构思路是基于国际化视野和当代设计理念的深层研究与把握，顺应当下服装设计的特性与未来发展趋势，倡导在复合领域中的创新设计，解决现当代服装产业与行业的多种需求。教学理念立足于服装设计的整合性、多维性和创造性，教学思想注重开放性、系统性与跨界综合性。本成果精准聚焦、聚合优势、跨界融合与创意设计的服装专业课程体系的重构与实践，推动教学链、产业链、科研链及相互间的链合与协同发展。新浪网、新华报业集团等多家媒体争相进行了报道。

电商创业慕课建设的探索与实践

浙江理工大学

完成人及简况

姓名	性别	所在单位	党政职务	专业技术职称
胡剑锋	男	浙江理工大学	院长	教授（二级）
梅胜军	男	浙江理工大学	无	副教授
彭学兵	男	浙江理工大学	副院长	教授
薛宪方	男	浙江理工大学	无	副教授
陈雪颂	男	浙江理工大学	系副主任	副教授

1 成果简介及主要解决的教学问题

1.1 成果简介

本成果是教育部全国高等学校学生信息咨询与就业指导中心立项的"电商创业慕课建设研究"课题的最终成果。经过四年多的调查研究、课程建设和教学应用，本成果已得到了工商管理、电子商务和创新创业三个专业领域专家的充分肯定和高度认可。其中，"电商创业"慕课在"爱课程"上线后立即引起广泛轰动，四次开课学习人数达43500人，先后获得了电子商务类国家级精品课程（2019年）和首批国家级一流本科课程（2020年）；课程辅助教材《创业管理：理论、流程与实践（第2版）》，入选本科国家级规划教材，并已申报"全国教材建设奖"。

1.2 主要解决的教学问题

（1）教什么。因全国高校尚未开设这门课程，如何构建一个科学的内容体系，是课程建设面临的首要问题。

（2）如何教。创业是一门实务性较强的课程，但本科教学又要有一定的理论性。如何权衡理论与实践，是课程建设必须面对的问题。

（3）谁来教。电商创业有别于其他创业，有着自身的特点与规律。但电商发展太快，处于不断更新迭代之中。作为高校教师，要讲清个中缘由，似乎是一件难以完成的任务。此外，还涉及在线课程与课堂教学的差异问题。在线课程能突破时空局限，学生规模普遍较大且结构复杂。如何满足千差万别的个性化需求，是课程设计和授课过程中必须妥善解决的问题。

2 成果解决教学问题的方法

2.1 集思广益，构建课程内容体系

课题立项后，本研究团队首先走访和考察了十几个电商创业企业，并初步搭建一个课程内容体系。接着，广泛征求创业管理研究专家、电子商务课程主讲教师和电商创业者意见，最后形成一个简洁明了的内容体系。

2.2 优势互补，探索课程授课方式

课程采用了"创业三人谈"的方式，课程负责人主持整个谈话过程，每讲邀请两位嘉宾参与相关主题讨论。让创业者来讲述自己的创业历程、体会和经验，由教师结合课程内容和创业者故事作出归纳、总结和提炼。

2.3 循序渐进，推进课程教材建设

课程先以本教学团队编写的国家级本科规划教材《创业管理：理论、流程与实践》作为参考教材。随后，对该教材进行全面修订，增加了较多电商创业的内容。该教材再版后，又开始编写《电商创业》教材。

2.4 紧跟前沿，引导学生关注热点

为了弥补慕课不能随时更新的不足，课程负责人在慕课平台的"课堂讨论区"不断提出开放式话题，让学生就有关热点问题展开讨论，进一步激发了学生的学习兴趣。

2.5 借助微信，加强师生互动交流

每次开课，课程负责人都会建了一个"电商创业"学习交流群。每个学生都可以就自身感兴趣的问题，直接向电商创业大咖和高校教师提问，大幅提高了学习效果。

2.6 利用抖音，加大课程宣传力度

课程负责人申请了一个抖音号，把课程中的精彩片段制作成一个个作品，得到社会各界的广泛关注和好评，收获了大量粉丝和点赞。现已发布 81 个作品，一个作品最多浏览量超过了 1.2 万人次。

3 成果的创新点

3.1 课程内容体系的创建

这是国内构建的第一个"电商创业"课程内容体系。专家组鉴定意见认为：该课程体系完整、问题精准、内容丰富、深入浅出，既适合初学者学习，对实践人员也具有较强的启发性和指导性。

3.2 课程授课方式的创新

课程采用"创业三人谈"方式进行授课，在"爱课程"中属于首次出现。鉴定专家认为：这种方式很有创意，由电商创业的实务人员和理论工作者，共同来讨论电商创业中的一些关键问题，使理论知识与实践经验很好地融合在一起，非常符合创业类课程的特点和要求。

3.3 课程辅助教材的编写

有关教材分别被高教出版社列入"高等教育管理类专业前沿课程教材"和"高等教育管理类专业互联网+新实践系列教材"以及"浙江省新形态教材"。

3.4 信息技术工具的运用

教学中充分利用微信群、抖音等，对促进学员之间、学员与授课教师之间的交流互动效果明显，对扩大课程社会影响力起到了积极作用。

4 成果的推广应用情况

4.1 慕课开课情况

2018 年 12 月 31 日，"电商创业"课程首次在"爱课程"（中国大学 MOOC）上开课，随即就引起了广泛轰动。第一次开课 60 天，学习人数高达 25701 人，成为了创新创业类和电子商务类慕课中最火爆的课程，甚至超越了同期经管类绝大多数课程的学习人数。此后，课程经过修改完善，又在"爱课程"上开了三次课，学习总人数达到 43500 人。

根据"爱课程"（中国大学 MOOC）平台提供的前两次开课数据，参加"电商创业"课程学习的学生遍布全国近 400 所高校，如江苏大学、厦门大学、四川大学、华中科技大学、吉林大学、郑州轻

工业大学等；也有来自国（境）外10多所世界著名高校的学生，如英国帝国理工大学、美国加州大学洛杉矶分校、德国法兰克福大学、爱尔兰国立都柏林大学等。除在校生外，参加学习的还有大量社会工作人员，有的已有十多年的电商工作经历，也有的是高校讲授相关课程的教师。与此同时，也有许多高校将本课程引入其校内教育网站。如上海交通大学教育网、南京大学教育网、复旦大学教育网、中国教育科研网北京节点、教育信息网等。

在"课程评价"区，学生对本课程给予了充分的肯定。学员们评价："三人访谈式的教学设计形式很是新颖，时间控制也非常好，看着看着就能学到知识""这样的讲课形式新颖又实用""没有理论的枯燥，没有单一的说教，案例驱动模式既生动又实用""内容组织非常符合实战，形式也很好""对电商创业者启发很大，以对话的方式讲解知识经验很生动很有吸引力""尤其是电商创业大咖们的经验分享，更是让大家开拓眼界，提供思路，少走歪路""有种醍醐灌顶的感觉""像追剧一样追着这门课程"……

4.2 教材使用情况

《创业管理：理论、流程与实践（第2版）》于2019年7月在高等教育出版社出版。该教材自第一版以来累计印刷7次，累计印刷并销售15000余册。先后获得浙江省高校重点教材、教育部本科国家级规划教材，以及高等教育出版社的高等学校管理类专业前沿课程教材和高等学校管理类专业"互联网+新实践"系列教材，并已申报"全国教材建设奖"。

据不完全统计，该教材被武汉纺织大学、浙江理工大学、北京理工大学、北京师范大学、北京联合大学、北京科技大学、暨南大学、福州大学、华侨大学、重庆工商大学、东北电力大学、河北工程大学、广西科技大学、齐鲁工业大学、辽宁科技大学、黑龙江八一农垦大学、安徽师范大学、浙江财经大学等数十所高校选用。

服装时尚类课程开放式教学生态构建与应用

浙江理工大学

完成人及简况

姓名	性别	所在单位	党政职务	专业技术职称
孙虹	女	浙江理工大学	无	教授
徐宇清	女	浙江理工大学	教学科研办公室主任	助理研究员
朱旭光	男	浙江理工大学	院长	教授
张瑾	女	浙江理工大学	系主任	讲师
胡迅	女	浙江理工大学	无	教授
蒋彦	女	浙江理工大学	无	教授
张咏絮	女	浙江理工大学	无	讲师
陆希	女	浙江理工大学	无	讲师

1　成果简介及主要解决的教学问题

1.1　成果简介

面对浙江省乃至全国时尚产业的发展，服装时尚类专业课程建设、在线教育遇到了新的机遇、新的挑战和新的要求。成果在几轮开放式教学的基础上，突出"高阶性""创新性"和"挑战度"等"两性一度"，进行迭代升级，构建了以"时尚产业与品牌创新"课程为代表的开放式教学学习生态，并在实践中广泛应用、推广和交流，成效显著，形成系列教学成果。"创作设计"和"成衣工艺学"获国家级一流本科课程、"探索时装的奥秘"在网易公开课上观看人数达 28.4 万人次，"企业文化"被评为浙江省一流课程并获浙江省 2019 年本科院校"互联网＋教学"优秀案例二等奖，"时尚产业与品牌创新"是第三批浙江省精品在线开放课程并获浙江省 2020 年本科院校"互联网＋教学"优秀案例特等奖，该课程在智慧树和中国大学 MOOC 上线两期，人数达到 1.5 万人次，惠及全国 60 多所高校，被评为特色高校精品课程。

成果的主要内容为构建形成了"五大转变""四轮驱动""三界联通""自主、探究、合作"三位一体的建构性学习生态，如图 1 所示。

1.1.1　实现"五大转变"，落实学生学习的主体地位

以注入式知识教学为主向激发内驱力借助信息技术环境资源进行探究性学习转变，以学生个体学习为主向个体学习和小组协同学习相结合转变，以权威—依从的师生关系为主向教师是引导者、组织者和协同者转变，以讲坛教师专用为主向学生学习成果展示和交流平台转变和以学生学业考试评价为主向以学生发展为中心过程性评价转变，从而确立了教学过程中教师主导、学生主体教学关系的合理性。

1.1.2　实行"四轮驱动"，激励学生学习的内在动力

将人文教育素材渗透在课堂中，进行"励志教育"策略，培养学生积极的人生态度。通过问题导入、任务驱动和课题性学习导向，进行"研究性教育"策略，激发学生主体地位的感受，主动性、积极性

和创造性的发挥，培养学生的问题意识、自我效能感和合作精神，达到开发每一个学生的潜能，促进学生的个性化发展。安排学生成果展示和交流，进行"成就感教育"策略。通过发展性多元评价机制，进行"鼓励性教育"策略。

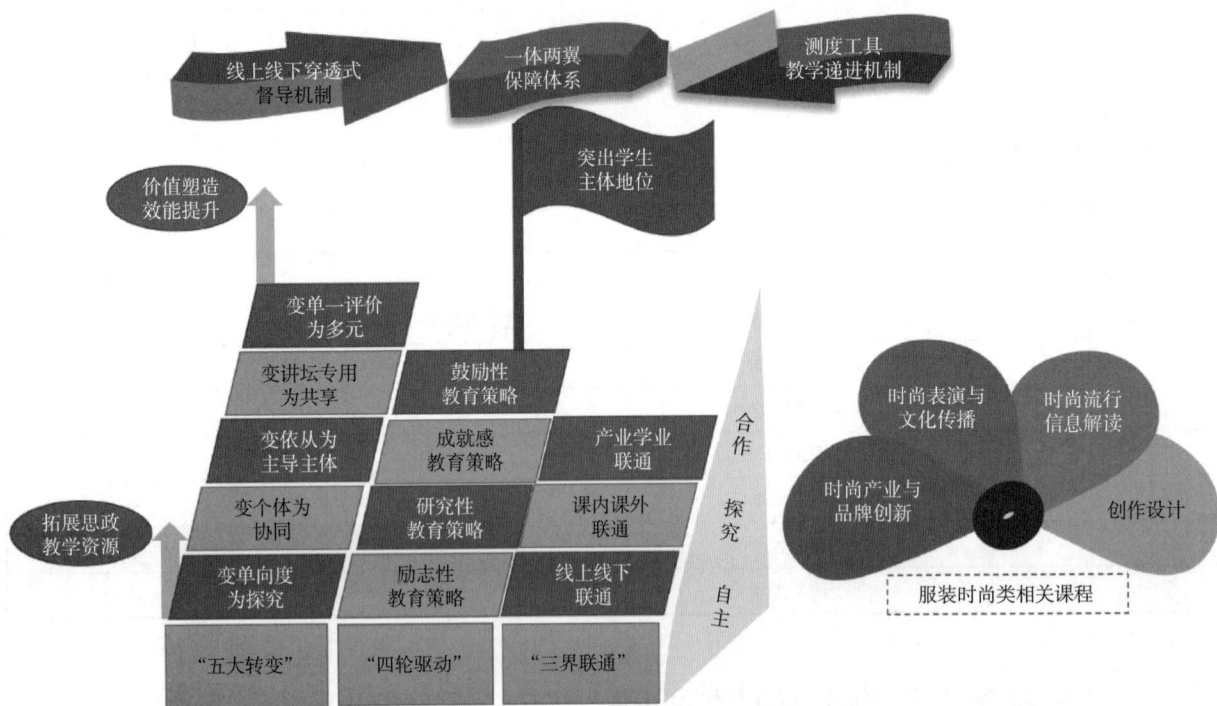

图1 "自主、探究、合作"三位一体学习生态模型

1.1.3 实施"三界联通"，打开学习空间，拓展学习资源

线上线下跨界联通，线上资源移动学习，学习反馈线上指导，教学信息双向流动，形成穿透式的信息链；课内课外跨界联通，在任务驱动下，学习小组自主合作探究，利用课内课外时间，从多种学习对象（包括本门课程的教师、同学以及社会上的有关专家）和多种教学资源（如各种网站、资源库、光盘以及图书馆、资料室、实地调研等）获取学习资讯，整合学习资源，学习成果以多媒体和报告形式展示、交流，自评、互评和教师点评总结，形成实现任务教学资源拓展链；产业学业跨界联通，利用产教融合校企合作平台和创业创新实践基地，请进来、走出去，加大实践场景的体验和思考，形成知行链。

1.2 主要解决的教学问题

（1）如何解决教师知识、能力和资源的有限性和学生学习无限性的矛盾，有效落实学生学习的主体地位的问题。

（2）如何克服考核一刀切，注重学生个性发展的问题。

（3）如何保证线上线下教学效果和持续改进的问题。

2 成果解决教学问题的方法

2.1 针对如何解决教师知识、能力和资源的有限性和学生学习无限性的矛盾，有效落实学生学习的主体地位问题，主要根据新建构主义理论，构建了开放性的生态环境

这是成果总体性要解决的核心问题，这个问题是传统教学中没有解决好的"通病"。系统设计线上线下相结合的开放式的学习环境，正确处理教师主导、学生主体的教学关系，落实学生学习的主体

地位，通过多策驱动、多面互动、课内外联动及多元评价等多维协同体系，形成学生学习上的自主性、探究性、合作性、开放性及实践性的"建构性学习"场景。

2.2 针对如何克服考核一刀切，注重学生个性发展问题，主要运用多元评价机制

改变以试卷评价为主的单一形式，将综合能力和人格养成作为评价的重要内容，以学生发展为主线建立多元化评价机制，注重学生的知识、能力、素质协调发展。考核设置主要关注 6 个维度：学习平台交互、学习小组参与、小组成果展示交流、小组成果成绩、个体历史参照和个体成果成绩。考核机制侧重过程性、形成性，辅之以终极性考核，旨在引导学生积极有效地参与整个教学结构运行过程，在师生互动中、课内外联动中、团队合作中进行建构性学习，内化知识、形成能力和素质，并达到协调性、整体性发展。

2.3 针对如何保证线上线下教学效果和持续改进问题，主要运用了两大机制，形成一体两翼保障体系

一是线上线下信息互动，在任务驱使下，构建了穿透式循环督导机制，保障学习的真实性、持续性和覆盖面。二是课程团队对课程的教学质量建立了自我检测的递进机制。具体做法是将"两性一度"细分为若干的价值属性，以学生"感知价值"为主要观察值，转化成几十个问题的词条，形成检测量表，通过问卷调查取得的数据进行"两性一度"价值因子分析，得出效能值总分和结构分，以此对照进行教学反思和持续改进教学。

3 成果的创新点

3.1 以生态理念为指导，系统形成建构性学习环境，增进"两性一度"

（1）确立了教学过程中教师主导、学生主体教学关系的合理性。

（2）体现了教学理念与教学策略的内在一致性，"五策驱动"激励学生学习的内在动力。

（3）问题导向，小组调研，课内外联动，打开学习空间，拓展学习资源。

（4）创设自主、探究、合作学习场景，增加建构性学习强度，达成学习有效性、有用性和高级化。

（5）线上线下信息互动，在任务驱使下，构建循环督导机制，保障学习的真实性、持续性和覆盖面。

3.2 以产教融合为媒介，架起通向创业创新的"桥梁"

利用校友资源、产教融合校企合作平台，创业创新实践基地，构造实践教育空间，锻炼实践意识、精神、态度、经验和能力及其整合思维，突破从知识到行动的屏障，走出知识丛林，迈向创业创新。

3.3 以"两性一度"为尺度，建立测度工具，形成持续改进教学的机制

将"两性一度"细分的价值属性，以学生"感知价值"为主要观察值，通过专家访谈和学生焦点小组访谈转化为一定量的问题词条，进行反复试测和效度分析，提高信度，最后建立了能有效检测"两性一度"效能值的"李克特"式正式量表，可以推广用于教学实践的检测，并改进教学。

4 成果的推广应用情况

4.1 服务产业，铸造人才培养品牌

教学团队围绕浙江省打造万亿级时尚产业人才需求，学生多次在"挑战杯"中国大学生创业计划竞赛、浙江省大学生服装服饰创意设计大赛中获奖；培养了影响力强、认可度高的世界级名模，其中 2 人跻身全球 TOP 10，代言普拉达、香奈儿等国际一线品牌，参加国际高级定制时装发布会；国际名模 30 余人、演艺明星 6 人、时尚文化传播创始人 3 人，获中国十佳职业模特 7 人次，活跃在国际国内时尚舞台；也培养出就职于阿里巴巴、新浪、网易等知名企业，从事时尚传播、形象创意等工作的优秀人才。学生获中国服装设计师协会新人奖、中国国际青年服装设计大赛（汉帛奖）等国内外服装设计大奖 60 余项，其中金奖 20 人次、银奖 22 人次、铜奖 14 人次。先后有 10 位毕业生获得了中国服装设计师协

会颁发的"中国十佳时装设计师"称号；毕业生创立服装品牌上百个，近 60% ~ 70% 的杭派女装品牌是由本专业毕业生创办或担任首席设计师。

4.2 开放服务，辐射效果明显

4.2.1 成果推广

"创作设计"和"成衣工艺学"获国家级一流本科课程、"探索时装的奥秘"在网易公开课上观看人数达 28.4 万人次、省级一流课程"企业文化"已开展了 8 期线上线下教学、"时尚产业与品牌创新"课程两期选课人数达 1.5 万人次，累计互动 13.50 万次，在三大平台（中国大学 MOOC、智慧树、浙江省在线开放课程平台）全国应用的高校超过了 60 所，得到了广泛响应和积极的评价。"时尚产业与品牌创新"课程获得浙江省高校 2020 年"互联网 + 教学"优秀案例特等奖，2021 年 3 月 27 日在浙江省本科院校"互联网 + 教学"与一流课程建设研讨会上与兄弟院校的老师分享了开放式学习生态构建的经验和体会，受到老师们的一致好评，起到了示范引领作用。

4.2.2 企业服务

课程内容和教学方式还通过社会服务的形式走向实践创新，在 2018 年海上丝绸之路创新设计温州峰会、2019 年首届中国羽绒服原创设计论坛上为企业家们作了"传统制造业凤凰涅槃的破局之策"等专题讲座，同时为余杭区家纺企业协会、杭州、温州、宁波、台州和重庆知名企业开办了十多期的培训与讲座，企业收获颇丰，反响很好。

4.2.3 反哺科研

通过教学改革，成果负责人教学和科研能力水平有了很大提高，先后获 2021 年浙江省教育科学规划重点课题（排名第一）、2020 年"互联网 + 教学"优秀案例特等奖（排名第一）等；在《决策咨询》（2018 年 12 月）上发表"对标全球五大时装之都加快纺织服装业转型升级"，在《浙江科技要报》（2020.07）上发表"加快打造全球纺织服装智能制造基地的若干对策"，均获省主要领导的肯定性批示，系列研究促进了省政府出台《浙江省打造时尚之都促进时尚产业改革发展行动方案（2020—2022 年）》，并下发文件落实执行（图 2）。

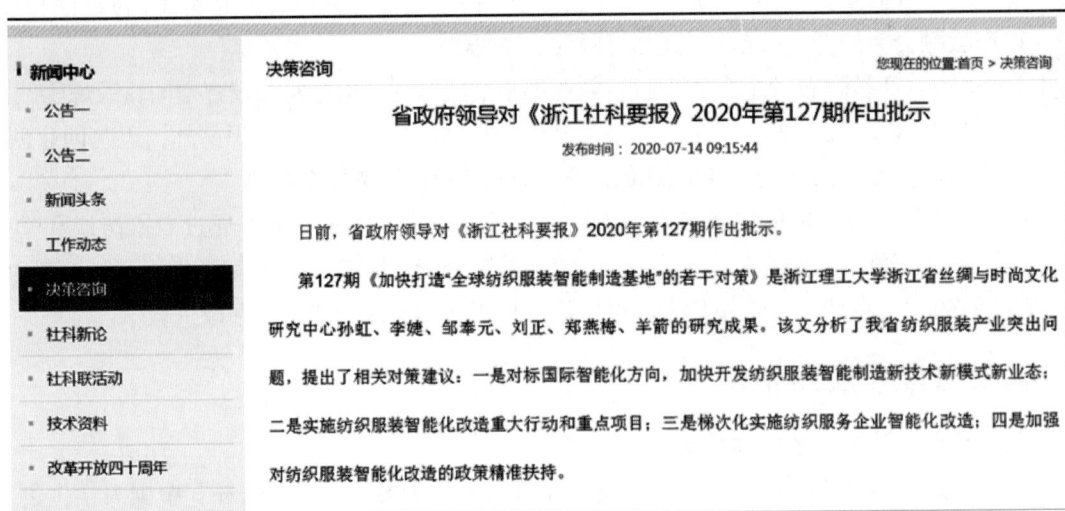

图 2　省主要领导批示证明

4.2.4 传帮带作用

带动年轻教师参加各类比赛，使她们的教研能力得到锻炼，张咏絮和陆希老师（2019 年、2020 年进校）分别获得 2020 年浙江省高校教师教育技术成果一等奖、指导学生获得 2020 年 IMC 上海国际模特大赛总决赛亚军和 TOP15，并获得优秀指导教师一等奖和 2021 年第四届服表专业教师教学及教研水平竞赛现场教学比赛组一等奖和二等奖。

4.3 教学评价，对比效果突出

4.3.1 效果分析

通过教学改革，解决"重点问题"，与传统课堂相比，取得了明显的效果。课题组对本校五个教学班的 400 多名学生进行了课程的调研分析，对授课学生设计了 36 个条目的一项调查问卷，进行 SPSS 软件分析产生 8 个因子，混合式教学与传统线下教学比较赞同的均值如图 3 所示。图中可见，总体上倾向线上线下混合教学，尤其在"促进学生自主学习思考能力""增强学生终身学习能力"和"提高学生分享与交流能力"等条目上结合式教学得了高分。

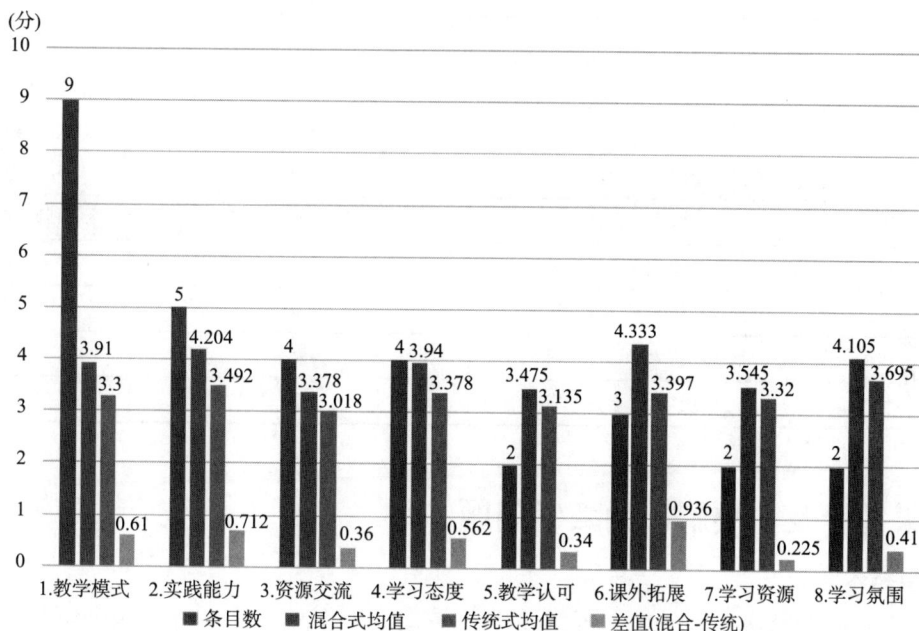

图 3　混合式教学与传统线下教学均值比较

这些课程已多次面向教师开展示范教学，获师生普遍认可，学评教成绩连续多年名列前列，且近十年教学业绩考核优秀，课程深受学生的喜爱和好评。2020 ~ 2021 年第一学期公选课学生学评教达 4.9205 分（满分是 5 分）。

4.3.2 校外学生线上评价满意度高

"时尚产业与品牌创新"在智慧树平台运营 4 期，选课人数 8130 人，互动 13.50 万次，学生满意度为 94.4%，被评为"特色高校精品课程。"企业文化"在智慧树平台运营 2 期，选课人数 1140 人，互动 5.03 万次，学生满意度为 97.7%，如图 4 所示。

图 4　"企业文化"校外学生教学评价满意度

突显"两性一度"审计金课的构建与实践

武汉纺织大学

完成人及简况

姓名	性别	所在单位	党政职务	专业技术职称
刘书兰	女	武汉纺织大学会计学院	无	教授、注册会计师
周萍	女	武汉纺织大学会计学院	会计系副主任	副教授
徐雪霞	女	武汉纺织大学会计学院	无	副教授
杨金键	男	武汉纺织大学会计学院	ACCA 中心主任	讲师、ACCA 证书
张家胜	男	武汉纺织大学会计学院	无	教授
陈蕾	女	武汉纺织大学会计学院	无	副教授
蔡艳芳	女	武汉纺织大学会计学院	无	副教授
陈怡松	男	武汉纺织大学会计学院	无	副教授

1 成果简介及主要解决的教学问题

1.1 成果简介

本成果依托校级精品资源共享课"审计学"（JZ2015GXKC009）、校级一流课程"审计学"及校级审计教学团队（2016JXTD02）等多项教改项目，经过不断探索研究、总结提炼，构建了"课程内容高阶性、教学方法创新性、成绩考核挑战性"的审计金课。主要有以下四个方面的成果：

（1）明确审计课程目标（提高职业审计人才的综合素质）。

（2）梳理重构教学内容（选统考教材，加注动态前沿，注重新文科交叉；学历与执业教学内容双轨同步，赋能进阶；思政内容与专业内容同向同行，德业合一；知识与技能并举教学，授人以渔）。

（3）翻转迁徙课堂阵地（室内理论授课与翻转课堂到室外第二课堂、校内实训到校外实操、线下互动讨论到线上自学前测，拓展丰富创新课堂）。

（4）角色转换教考创新（教员变成导演、团队协作行为教学、思维导图案例分析、过程化多样化个性化成绩评定）。

本成果强调社会主义核心价值观贯穿全过程，突显"两性一度"，切实解决"培养怎样的审计人、怎样培养审计人和为谁培养审计人"根本问题，是我院"立德树人成效"的具体化体现（图1）。

1.2 主要解决重点教学问题

"审计学"既是会计审计专业核心课程，更是职业会计师（CPA、ACCA）必备专业知识与技能，集"政策理论实务"于一体，对于初学者而言难学难懂。本成果主要解决三个重点教学问题。

1.2.1 解决"怨教"与"厌学"矛盾

作为核心课程，采用注册会计师统考教材，提升了学业的挑战度，"教与学"矛盾更加突出。"厌学"源自"怨教"，是高校会计专业教学中的"拦路虎"。引入"行为教学法"，激发学生的参与积极性；以"思维导图"为手段，强化逻辑思维和终身学习能力的培养，实现"乐教"和"乐学"良性互动，有效地解决"怨教"与"厌学"的矛盾（图2）。

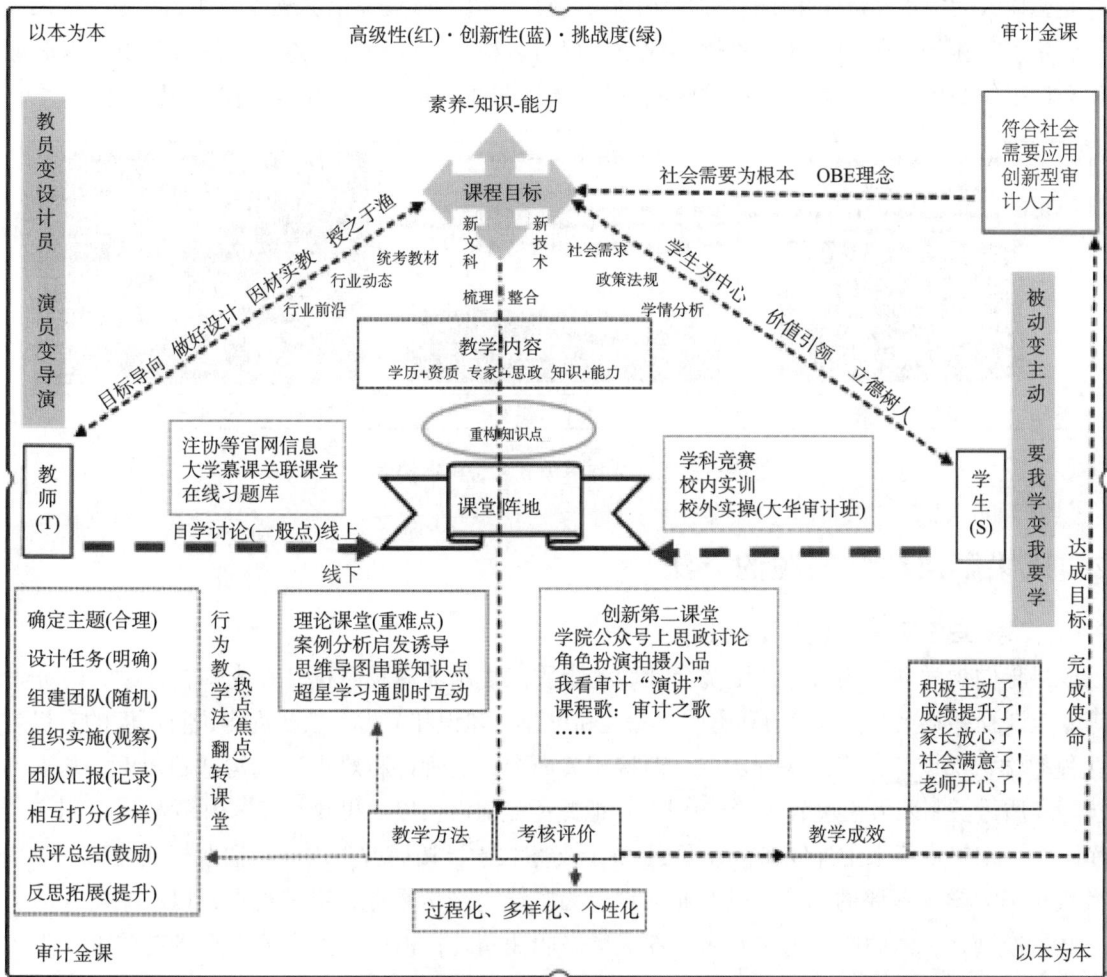

图1　审计金课的体系构建

| 创新课堂 | 角色扮演小品赛 | 案例讨论 |

图2　引入"行为教学法"

1.2.2　化解"知识学习"与"知识运用"的冲突

智能化、大数据快速发展加剧了复合型人才培养的难度。审计课以职业发展需求为导向，将课堂由室内拓展到室外、由校内延伸到校外，与会计师事务所合建审计实操班，实现课堂教学实操化、实操教学课程化，帮助学生书本知识学习和动手能力提升同步进化，逐步完成学生向职业会计师的转变，化解"知识学习"与"知识运用"的冲突，缓解"实习难"和"就业难"压力。

1.2.3 突破"结果评价"与"效果评价"的困境

以立德树人为根本，以学生个性发展为中心，改变"以考试成绩论英雄"做法，突破"结果评价"和"一锤定音"困境，倡导人才评价过程的效用化与多样化，全面客观地评价综合素质，以锻炼其适应实际会计工作的环境心理承受能力、关键岗位关键人员担当能力和危机与风险意识（图3）。

| 大华审计班开班 | 校企合作 | 一页纸考场 |

图3 改革人才培养模式和考核评价方式

2 成果解决教学问题的方法

2.1 倡导 OBE 理念，做好顶层设计

以成果导向教学理念为根基，围绕会计职业资质能力培养课程目标，在先修会计学、财务管理和税法等专业课程基础上，将"学历和资质、专业和思政、知识和能力"教学内容进行深度的有机融合，做好课程教学顶层设计，明确课程定位，衔接相关内容；梳理课程难点，重构基础知识、基本方法、专业技能和质量控制四大模块的48个知识点；把握行业前沿，以"思政教育"引领教学，引入"在线习题库"并汇编二十年来中外经典审计案例30个支撑教学，拓展教学内涵；选取权威性高、时代性强的统考教材为教学、考评的基点。以专业知识点为主线，剖析重点，突破难点；以"诚实守信、操守为重、坚持准则，不做假账"为主旋律，养成良好职业精神；以典型上市公司财务造假审计失败案例分析为切入点，培养学生发现、分析和解决问题能力（图4）。

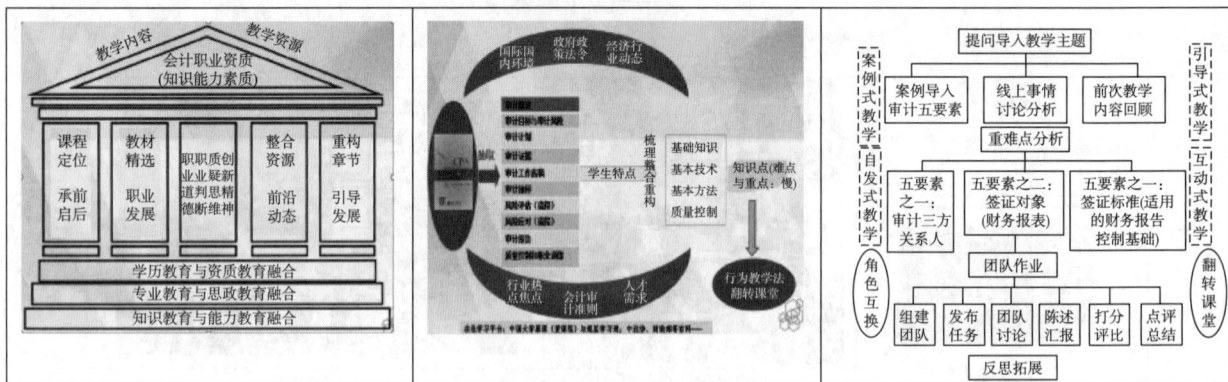

图4 倡导 OBE 理念，做好顶层设计

2.2 引入行为教学法，以学为先翻转课堂

以审计课程的难点为内核，以学生小组活动为载体，以教师引导评述为基准，翻转审计课堂，激发学生"做中学、错中学"的积极性、主动性和参与度。融"中国大学慕课"、注册会计师协会等官网、"超星学习通"系统和审计课堂为一体，串联线上与线下、学与教和理论学习与实务操作。通过主题筛选、问题设计、小组活动、互相评分、导师评述和总结反思，实现线下课堂的有效翻转。改变教学环境（教室座椅布置、讲台布置、教学工具设置等），改进提问细节（礼貌性、技巧性、针对性），

实现课堂动态管理（课堂氛围、参与程度和互动细节），审视回答者情绪（体现和蔼、谦逊和鼓励），控制进度与时间（合理、准确与适度），恰当点评答疑（正面、积极、表扬和简短）和精彩全面总结（扬长避短、引导深入、发人深省，切忌指责批评训斥），有效利用每一节课的每一分钟。

2.3 惯用思维导图，开发逻辑能力

"授人以鱼，不如授之以渔"。审计课堂教学中，不断诱导学生明白大学学习要义，培养学生"学会""学习"能力，树立终身学习观念。用注册会计师全国统考试教材上的目录分析知识结构，用一张"思维导图"将重难点串联起来。一个个知识点、一张张"思维导图"持续不断引导、开发学生潜能，培养其逻辑思维，掌握学习方法与技巧，增强其后续学习与发展能力。

2.4 迁移课堂阵地，拓展育人空间

课堂教学实践化，实践教学课程化。培养人才的主阵地课堂进行转移、迁移、翻转，由室内拓展到室外、由校内延伸到校外、由线下扩展到线上，构建人才培养立体多维"金色课堂"。审计充分利用传统课堂主阵地，传授核心专业知识，又开展案例讨论、学科竞赛、小品比赛、文体活动、会计文化节等丰富多彩的第二课堂，融入职业道德及职业情操的培养与熏陶。依托互联网，开展线上自学线下翻转课堂，将课堂由线下延伸到线上，逐步实现混合式教学模式。以"我看审计""职业风采"演讲，"职业道德"小品拍摄、学院微信公众号上"注册会计师职业道德之我见"讨论等唱响"审计之歌"（项目负责人作词）（图5）。

| 师生同唱我们的歌 | CPA教学研讨 | 思维导图 |

图5 迁移课堂阵地，拓展育人空间

2.5 研讨人才标准，创新考评方式

课程团队定期研讨课程知识点及评价标准，遵循"平时成绩50%+期末成绩50%"基本考核原则。平时成绩分线上（10%）和线下（90%）：课堂表现10%（线上线下各5%）、作业30%（线上5%线下25%）、小论文10%、团队活动30%、特色活动15%和课后反思5%。特色活动根据具体情况而定，穿插小品表演或演讲比赛等。期末笔试或开或闭、半开半闭。学生自拍"注册会计师职业道德"短视频，考试前猜题押题写在一张白纸上，考试时带进考场"一页纸"，培养职业判断和质疑思维方式（图6）。

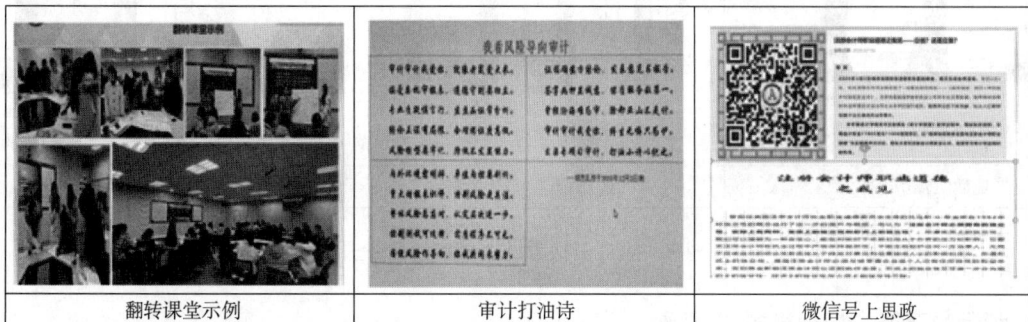

| 翻转课堂示例 | 审计打油诗 | 微信号上思政 |

图6 研讨人才标准，创新考评方式

3 成果的创新点

以"立德树人"为理念，以学生发展为中心，依据会计职业资质能力培养目标，从教学内容"三融合"来丰富、从课堂"三移动"去拓展、从"教师角色、学生学习行为、教学方法和考评方式"四转变来完成教学全过程，逐步构建与实践了"突显两性一度"审计金课，在国内属于首创，特色鲜明。其主要创新点有三个方面。

3.1 教学内容创新，体现课程高阶性，打造高能课堂

选取统考教材，重构教学知识点，针对社会热点，以典型财务造假、审计失败为教学案例，强化职业道德教育，从深度到广度打造高能"学历资质、思政专业、知识能力"融合的课堂。

3.2 教学方法创新，强化课程创新性，共筑趣味课堂

引"行为教学法"，用"思维导图"，以案例分析、团队协作等教学手段，引导学生思考与探索，充分发挥主体作用。互动鼓励大胆提问，激发兴趣，翻转课堂，着重培养发现问题、分析问题、解决问题等创新能力，师生共筑趣味课堂。

3.3 考核方式创新，增加课程挑战度，共享魅力课堂

倡导过程评价，取缔平时不努力考前"坐等老师划重点、私下藏小抄"等不良现象；采用"一页纸""学生自拍小品""团队抽题面答""我看审计"演讲比赛等多种评价方式优化组合，多侧面、多角度、多层次评价课程学习成果，对师生均提出挑战，教学相长，共享魅力课堂。

4 成果的推广应用情况

4.1 提高学习成绩，增加资质能力

别样的审计课堂，激发学生参与积极性，考评方式创新张扬了学生个性，学生学习更加认真，成绩明显提高。实习单位好找、毕业好就业。抽样分析表明近三届"审计学"平均成绩及优秀率均有提高（图7）。毕业后，持续学习能力增加，执业资格考试过关率明显提升（图8）。

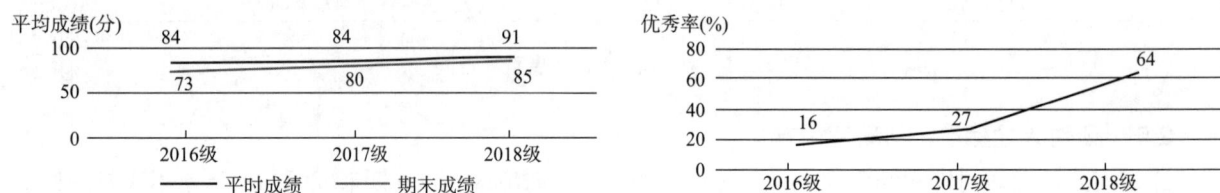

图7 "审计学"成绩提升

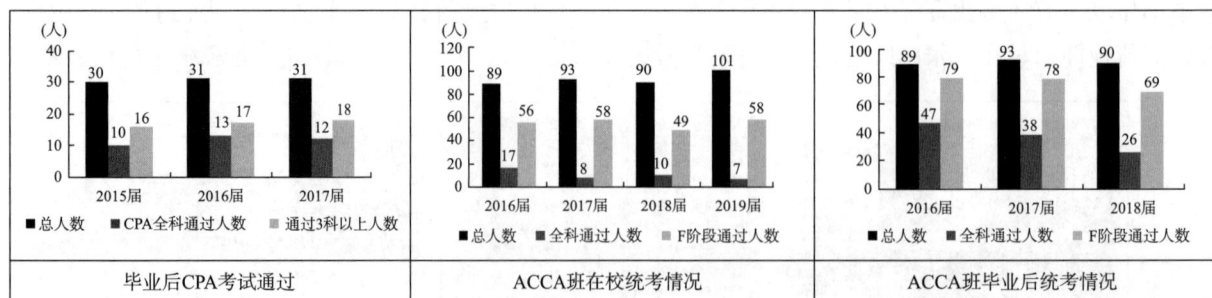

图8 执业资格考试过关率明显提升

4.2 创新教育能力，获得学生好评

教学评价均达优秀，科研水平提高，取得较显著成绩。会计学专业获得国家一流专业。刘书兰老

师 2018 年获香港桑麻基金会教金奖，2020 年获得校教学优质课奖。陈蕾老师 2018 年获得校教学优质课奖、2016 年全国高校商业精英挑战赛"科云杯"财会职业能力竞赛（教师组）一等奖。徐雪霞老师 2019 年获得校教学优质课奖、2020 年获得"中华会计网校杯"全国总决赛优秀指导老师奖。杨金键老师 2017 年获得 ACCA 能力大比拼竞赛优秀指导老师奖（图 9）。

图 9 教师获多项奖项

4.3 培养职业人才，受到社会肯定

2012 级学生刘聪在 ACCA 专业课 F4、F7 全球统考获中国大陆区双单科第一名，F6 考试全校第一。2014 级学生董栗宏组织并参与环中赛志愿者活动、江夏敬老院献爱心活动、植树节志愿活动、携手智障儿童志愿活动等多项活动。2020 年 18 级学生徐文胜、陈顺超和吕航等团队获得"第六届'东方财富杯'全国大学生金融挑战赛"一等奖。据统计，近五年财会专业毕业生初次就业率均达 92% 左右，就业质量明显提升。2012 级卓越 CPA 班班长刘哲良就职于"八大"会计师事务所，2012 级 CPA 班胡静就职于天健事务所，取得了注册会计师证书、注册税务师证书、中级会计职称等，2013 级学生果戌诚在上市公司华大基金担任财务主管，2015 级学生杜雅琴任职世界 500 强公司。

4.4 校内推广应用，形成良好氛围

项目负责人借助本科教学管理职责，致力推动课堂教学革命，让"行为教学法"翻转课堂，推广运用到会计学院、外语学院和经济管理学院专业课程教学中，均起到较好的教学效果，形成良好的教改氛围。徐雪霞开展"税务会计"和"中级财务会计"开放探究式教学，彭侠和周丹开展"商务英语"角色扮演教学，周俊开展"营销管理"和"商务谈判"情景教学法，彭荣开展"商务礼仪"模拟场景展示等。

4.5 提高培养质量，得到他校赞扬

湖北工业大学教务处处长王德发教授说：这样课堂，值得称赞！永拓会计师事务所李进所长说：教学内容三融合，有利培养合格审计人才。项目成果除获得专家较好的评价之外，还具有很好的辐射和示范作用。中南民族大学、武汉科技大学、湖北工业大学、东莞理工学院等相关兄弟高校到我院交流学习，并对审计课堂及会计专业人才培养体系给予了充分肯定。

基于一流纺织学科群的可穿戴智能医疗实践创新平台

天津工业大学

完成人及简况

姓名	性别	所在单位	党政职务	专业技术职称
王敏	女	天津工业大学	无	副教授
王金海	男	天津工业大学	生命科学学院党支部书记、院长	教授
韦然	男	天津工业大学	无	讲师
王慧泉	男	天津工业大学	副院长	副教授
缪竞宏	男	天津工业大学	副院长	副教授
王春红	女	天津工业大学	教务处处长	教授
张芳	女	天津工业大学	无	教授
郑羽	男	天津工业大学	无	教授

1 成果简介及主要解决的教学问题

1.1 成果简介

1.1.1 建立了以产业发展、社会需求与行业目标为核心的实践创新平台

通过改革课程教学模式，实现从单一教师授课逐步向师生研讨、企业专家讲座、行业专题学习、工程实践和临床实践等多样性教学模式转变。已与医院、研究所和企业建立了10余所联合实验室、产学研实验实习基地。

1.1.2 建立了"产学研用"协同育人培养模式

在新工科背景下，积极争取人才培养体系建设过程中的优质资源。学校纺织、生命科学、电信等学院专业与医院共同制订了人才培养方案和培养质量评价标准，实现学科发展与行业前沿技术的同步。

1.1.3 探索了交叉学科专业人才培养体系建设新范式。

根据行业变革和创业升级对行业人才的需求，积极调研了经济发展需求和医疗机构技术创新要求，在此基础上构建了具有一流学科特色的教育培养体系。为建设基于学科群的智能产业和未来技术学院打下了模式和方法论的基础。

1.2 主要解决的教学问题

（1）解决了目前产学研用合作动力不足、结合不紧密的问题。优化纺织、生命科学、电子合作项目，深度融合各方教育教学资源，找准契合点，提升合作动力。

（2）解决了传统培养模式无法满足医用智能纺织等新兴行业人才需求的问题。使人才培养在知识结构、工程实践能力与创新能力方面得以优化和提升。

（3）解决了教育链、人才链、知识链、产业链的深度融合问题。

2 成果解决教学问题的方法

2.1 深度融合了行业多方资源，集医、工、理多专业建设了"产学研用"协同育人可穿戴智能医疗实践创新平台

健全了"教学平台—校企医实践平台—科研平台"的立体化建设，科研反哺教学，教学推进科研。通过加强多方导师队伍的建设，保障了学生培养的顺利实施。以学生发展为中心，以高校教师为主体，以医院导师和企业导师为两翼的"一体两翼"，探索了创新医工结合教育新模式。建立并完善了"产学研用"协同育人实践创新平台。通过充分共享企业、医院和学校的实验资源，结合教学需求，设计并完成了协同育人创新实践平台实体建设。

2.2 通过强化具有行业特色的课程体系建设，建立了多学科融合的协同育人培养模式

构建了"基础技能—工程思维—综合能力"逐级培养的课程体系。根据未来医疗发展趋势，将实验、实践、教学系统串联，形成了具有可穿戴医疗和智能纺织行业特色的人才培养模式。汇聚了科研院所、企业等各方面教育资源，探索了纺织、生物医学工程、智能医学工程等专业在企业和医院开展综合实践的长效机制，学生在"现代智能服装"领域的实践创新能力得到了大幅提升。

2.3 以重大合作项目为依托，促进了产学研科技成果转化，构建了应用复合型多学科交叉体系

建立了多学科融合应用型专业集群。以专业培养带动学科建设，促进了生物医学工程、纺织工程、电子信息工程等专业的工程教育认证。实现了科研反哺教学，教学推进科研。以"产学研用"实践创新平台推进本科教学，辐射研究生培养和学科建设，为国产医疗装备开发培养了创新人才。

3 成果的创新点

3.1 构建了"平台建设—人才培养—科研合作"三步走协同育人新模式

针对创新培养模式、建设培养体系、打造培养基地的需求，以校企医实践平台为基础，以适合行业需求的"三全育人"专业人才培养体系，构建了三步走的协同育人模式。

3.2 面向多专业、多层次人才培养的需求，建设了"产学研用"协同育人可穿戴智能医疗实践创新平台

在校内建设了设备齐全的工程实践教育平台，在校外与10余家医院、企业建立了实习实践基地，医院、企业有固定人员进行课程的对接，校内外导师联合指导，保证联合培养方案的实施，学生实践创新能力显著提高。

3.3 充分发挥综合性大学学科群优势，建立了跨学院多学科交叉融合人才培养新体系

依托纺织"双一流"学科建设，面向未来技术和产业发展对人才的新要求，实现了纺织学科与生命科学、人工智能等学科的有机融合，建立了跨学院多学科交叉融合人才培养新体系，从而促进了多学科培养目标、教师队伍、资源共享和管理机制的协同并进和相与有成。

4 成果的推广应用情况

4.1 创新平台在学校、医院和企业发挥了积极作用，在本科生人才培养过程中得到很好地落实和推广

已与医院、科研机构和企业建立多个合作基地，并根据合作单位特色建立不同合作模式，典型代表有高校共建合作、产教深度融合、医教协同育人等。创新平台在校企医的人才培养和师资培养和技术培训上起到积极的作用。我院分别从2013年和2020年开始在生物医学工程专业和智能医学工程中探索将可穿戴智能医疗创新平台融入本科生实践教学中，以行业需求为导向，进行实习实践的内容设置，已连续应用7届。教学效果得到了相关院校、医院和业内企业的肯定，学生就业率达95%以上。教学模式已被纺织工程、材料工程、电子信息工程等相关专业借鉴，示范作用突显。

4.2 产学研用育人方式和创新平台建设取得了突出成效

充分利用学校双一流建设经费、医院资源、企业资源以及投资公司资源和自筹经费，加大校内实践教育平台硬件建设的同时，创建了10余个联合实验室、产业研实习实践基地。探索了多种产学研合作模式，其中包括校企合作模式如天津工业大学和中国李宁合作；学校与医院合作模式如天津工业大学与南开医院合作；学校与研究所合作如天津工业大学与卫勤所合作；以及校医企三方合作模式如天津工业大学与南京法迈特及南京第二附属医院合作模式。每种模式都取得了一定进展和成效，并已经在业内进行推广。在合作模式的探索过程中，形成了一支多学科、知识面广的教师队伍，采用医院导师、企业导师和学校导师联合培养的模式，学生培养成效初显。截至2020年，医院、企业每年均有实践教学经费的投入和实践教学仪器的捐赠。参与创新平台课题的生物医学工程和智能医学工程专业本科生已达200多人。2016～2020年每年至少获批教育部高等教育司产学合作协同育人项目2项，2020年我院获批第二批新工科协同育人国家级教改项目1项。

4.3 学生工程实践能力、创新能力显著提高

依托创新实践平台的建设，与医院、企业建立了长期稳定的实习基地，坚持应用创新型人才培养理念，特别是通过在医院、企业系统完整地学习和实践，培养了学生的学科兴趣、创新能力，提升了学生的心理素质、团队协作精神以及承担艰苦工作的优秀品质。在全国大学生电子设计竞赛、"互联网+"创新创业大赛、全国物联网设计大赛等赛事中，多次获得全国特等奖、一等奖和二等奖。截至2021年4月，指导学生获批国家级大创计划项目6项；60余名学生在各类国家级和省部级电子设计竞赛中获奖。

4.4 提升了师资队伍建设的水平

通过选派教师参与医院、企业实习和专业培训，使得专业教师的教学和科研能力得到大幅提升。截至2020年，获得国家级和省部级自然科学基金项目资助的教师占比为80%以上；主持横向课题经费达1000多万；6名教师作为科技特派员入驻企业。另外我院选聘了30余名实践经验丰富的主治医师、高级工程师担任企业导师，形成了专兼职结合的教师队伍。

4.5 获得了丰富的科研成果

在优质师资团队、校企医创新实践教学平台的基础上，我校在纺织学科及可穿戴智能医疗方面获得了丰硕的科研成果。承担和参与了国家重点研发计划、估计支撑项目、973、863、国家自然基金等项目20余项。与企业合作攻关项目100余项。每年发表SCI、EI检索论文100余篇，获国家科技奖励10余项，省部级科研成果奖励50余项，申请和授权专利100余项。

4.6 成果示范作用明显，现已成功推广到20余所大专院校

在多学科交叉的优质师资团队的带领下，在校企医合作的创新实践教学平台的强有力支撑下，师生共同研制了多个以智能医疗、远程医疗为主题的实验实训套件，获得高校自制仪器竞赛二等奖1项，2020年又有3个实验套件参加国家级自制仪器大赛。团队主编教材6部，参编教材10余部。自制可穿戴心电监护系统、织物电极、呼吸、心电监测智能服装等实验实训平台多套，已经在全国超过20所普通高校和高职院校中应用。

4.7 取得了良好的社会效益

在2020年年初，新型冠状病毒肺炎疫情初发期间，创新平台师生利用专业特长，基于已有"天津工业大学—胸科医院深呼吸联合实验室"研究基础，与胸科医院、怡和嘉业等医院和医疗器械企业共同研发了体温监测系统，用于发热门诊患者体温监测控制。作为"健康中国"背景下新工科产学研用协同发展的结果，在抗疫工作初期就提供了一定的帮助。

适应生物医用纺织专业的"纺织结构成型学"精准教学改革及实践

东华大学

完成人及简况

姓名	性别	所在单位	党政职务	专业技术职称
胡吉永	男	东华大学	无	教授
孙宝忠	男	东华大学	党支部书记、系主任	教授
高晶	女	东华大学	副主任	教授
杨旭东	男	东华大学	教务处副处长	教授
雷开强	男	东华大学	无	中级工程师
郭腊梅	女	东华大学	无	教授

1 成果简介及主要解决的教学问题

1.1 成果简介

以新兴交叉学科生物医用纺织专业核心课程——"纺织结构成型学"为载体,解决交叉学科专业基础课在新形势下教学中的主要问题,建立适应新工科要求和专业特色的精准教学方法,突破在讲授纺织结构成型内容中沿用目前纺织工程专业课程设置的"模块化、碎片化"理论教学,建立织物成型加工的全链条"控型、控性"基础理论,形成系统性、高阶性、交叉性纺织结构成形工艺理论及实践教学知识体系,以及知识传授与价值引领相结合的铸魂育人教学理念。

1.2 主要解决的教学问题

原有课程教学内容及教学方法在以下四个方面已不适应生物医用纺织交叉专业及新工科学生培养要求。

(1)课程理论体系、"模块化、碎片化",理论教学中知识体系的系统性、高阶性、交叉性不足,理论脱离技术发展趋势和学科专业方向,相对孤立,不连贯。

(2)实践实验项目:"重认识、轻创新",实践及实验项目的创新性和挑战度不足,均是认识性和验证性实验。

(3)课程内容前沿性:"科研和教学"两张皮,引入前沿织物成型设备及工艺技术较少,没有前沿生物医用织物成型案例,学生创新意识和专业归属感不强。

(4)课程思政引领性:"专业课教学和铸魂育人"两课堂,没有把知识传授与价值引领无缝结合。

2 成果解决教学问题的方法

2.1 建立织物成型加工的全链条"控形控性"基础理论体系

厘清机织、针织、非织各个模块的内在理论体系和知识之间的内在连贯性,建立织物成型加工的全链条"控形控性"基础理论体系,即全流程加工过程中纤维(纱线)、结构形态控制的张力理论、接触摩擦理论和织物结构、工艺参数与性能之间关系的演变规律。

2.2 强化学生综合创新实践能力，以认识为主、创新为辅，设计实践实验项目

强化基础知识理论的应用，以专业目标为导向，开设典型医用织物成型综合设计实验，如"单层血管织物的试织"，实践全链条的织物结构设计、加工、评价，提升理论学习趣味性和工程设计能力。

2.3 引入前沿学术成果和科研范例，提升课程内容前沿性

伴随交叉学科的技术进步和工程需要，纺织结构的"控型、控性"技术始终在更新换代道路上。把最新前沿学术成果和科研范例引入章节讨论和案例讲解，例如体征监测传感织物设计加工、微纳米织物3D打印成型技术的科研项目案例，学习典型科研项目的创新思路和实施策略。

2.4 采用"基因式"融入，将思政教育溶于课程教学全过程

用好课堂教学这个主渠道，使专业课程教学与思想政治理论课同向同行，形成铸魂育人协同效应。例如介绍我国人工纺织血管成型装备、主动健康防御体征监测织物传感器等国家重点项目案例，充分讨论，认识纺织成型技术对其他学科发展的推动作用等，以润物细无声的方式培养学生的工匠精神、家国情怀、创新意识和技术自信等。

3 成果的创新点

（1）提出"技术原理认知＋理论体系学习＋科研案例分析＋综合实践创新"的新工科培养模式，形成基于专业导向的精准教学。

（2）建立生物医用织物加工全流程"控型、控性"基础理论体系，提升学生的知识水平和创新应用思维能力。

（3）建立"科研案例＋综合实验"的高阶性、前沿性织物实践设计，培养学生解决复杂工程问题的科研能力、动手能力和自主创新能力，提升学生的学术素养。

（4）建立"学术会议＋科研案例研讨"的教学方法，培养学生多学科交叉对话交流能力。

（5）建立"盐溶于水"的课程思政教学过程，以纺织结构成型设备及工艺技术发展中的人、物、事，让铸魂育人贯穿全教学过程。

4 成果的推广应用情况

4.1 教材建设及推广

在2016年出版了第一版部委级规划教材，并在兄弟院校泉州师范学院纺织服装学院推广使用，获得用后好评。在第一版基础上，结合5年来的教学实践总结和新工科发展要求，引入课程思政元素，按照建立的"控型、控性"知识体系修订完善教材结构。同时，编写出版了2本教学辅助专业书。

4.2 研制了医用织物小样成型实验实践设备

在探索实践纺织结构成型学的教学理念及方法过程中，开发了血管织机、异形截面管道织物织机、2.5D立体异形织物织机、立体纺织结构件编织成型机，应用于培养学生研究人工管道织物的成型加工技术、康复及整形器件复合材料预制件等生物医用特种织物加工技术，形成了具有专业特色的学生实验实践创新中心。

4.3 学生实践创新成果丰硕

学生创新能力得到大幅提升，设计和研制了多种产品。近3年来，累计10名本科生在全国大学生挑战杯等竞赛中获得奖项，5名学生在专业学术会议及论坛上展示创新研究成果。成果出版著作及发表论文如下：

4.3.1 教材著作

（1）俞建勇，胡吉永，李毓陵；高性能纤维制品成型技术；国防工业出版社，2017年7月，发行

约 30.2 万。

（2）胡吉永；纺织结构成型学 2：多维成形，东华大学出版社，2016.3，55.6 万，纺织服装高等教育"十三五"部委级规划教材。

（3）胡吉永，张天芸，杨旭东，郎晨宏；纺织敏感材料与传感器；中国纺织出版社，2019 年 11 月，48.2 万，"十三五"普通高等教育本科部委级规划教材。

4.3.2 教改论文

（1）胡吉永，章倩，杨旭东，孙宝忠；"生物医用纺织材料与技术"学科交叉专业基础课《纺织结构成型学》教学浅谈；教育进展，2020，10（3）：262-266。

（2）林婧，管晓宁，王富军，关国平，高晶，王璐；生物医用纺织材料"共创式"实践教学体系的研究；实验室研究与探索，2018，37（9）。

（3）林婧，管晓宁，王富军，关国平，高晶，王璐；"新工科"需求下生物医用纺织品实验室智能化管理平台的构建及实践课程团队式研究型教学方法的拓展；2018 世界纺织服装教育大会论文集，2018：69-72。

行业学院模式下服装史论类课程教学改革与实践

常熟理工学院

完成人及简况

姓名	性别	所在单位	党政职务	专业技术职称
徐子淇	女	常熟理工学院	无	教授
温兰	女	常熟理工学院	服装与服饰设计系主任	副教授
何亚男	女	常熟理工学院	服装设计与工程系主任	讲师
任丽红	女	常熟理工学院	无	副教授
黄永利	男	常熟理工学院	无	副教授
卫保卫	男	常熟理工学院	无	讲师
濮琳姿	女	常熟理工学院	无	讲师
曹小华	女	常熟理工学院	无	高级制版师
随逍笑	女	常熟理工学院	无	讲师
唐红玉	女	常熟理工学院	无	讲师

1 成果简介及主要解决的教学问题

1.1 成果简介

1.1.1 背景与理念

面对经济全球化的发展趋势与产业结构调整，打造国际化民族品牌能够增强一个国家产业竞争力，也是一个国家综合实力的表现。同时，国际化民族品牌在承担构筑民族自信心与自尊心、提升民族文化软实力增长方面具有重要作用。然而，面对转型升级调整，纺织服装行业对具有一定民族传统文化理论基础的高质量、应用型创新人才供不应求。尤其是对于拥有着万亿级纺织服装产业的江苏省来说，人才需求更加迫切。

本成果所在的常熟理工学院围绕"地方性、应用型、开放式"的办学定位，近些年重点落实"注重通识、融入业界"的人才培养理念，在全国率先探索基于"行业学院"的应用型人才培养模式改革。"行业学院"正是从产业行业市场需求与我国改革发展实践中提出的新观点，构建的新理论。目的是创新人才培养模式，整合校内重点学科资源，促进教育链、人才链与产业链、创新链有机衔接，落实"校地互动"发展战略和"注重通识、融入业界"人才培养理念，进一步提高应用型人才培养质量。

而落实提高应用型人才培养质量的重要抓手就是课程建设。而服装类史论课程教育教学目前虽有线上线下混合式教学方式出现，但"讲是讲，做是做""老师讲学生听""平时闲听课，期末忙考试"的教学模式与考核方式仍然普遍存在，教学思维模式缺乏丰富性，实践应用性体现不明显，缺乏有效的科学化、过程化、考核管理等。

本成果正是基于此，在行业学院的创新人才培养模式下，在"学生中心、产出导向和持续改进"三大理念下，在前期相关研究成果及经验的基础上，对服装类史论课程教学进行以提升民族传统文化自信与自觉为核心的、以培养应用型创新人才为目的的教学改革与实践，具有一定的理论意义和现实意义。

1.1.2 主要方法

在行业学院人才培养模式指导下，在"学生中心、产出导向和持续改进"三大理念下，在线上线下混合式教学基础上，跟踪服装行业发展前沿成果，打破学科专业壁垒，将校企合作设计项目、案例及相关赛事等任务全程融入服装史论类课程教学中，开展研讨式、互动式教学，多通道与学生双向交流。课程考核采用"N+1"过程化管理方案，实施形成性评价与终结性评价相结合的"N（学分）+1"项（次）考核模式。以学生中心，以学习产出为导向，驱动教与学过程不断进行反思和改进。

1.2 主要解决的教学问题

（1）解决了服装史论类课程教学与服装设计创作脱节、与市场应用实践脱节的问题，形成了"以学生中心，以学习产出为导向"的理论与实践互嵌融合的教学模式。

（2）解决了服装史论类课程运用单一学科视角分析问题的不足，使学生形成了多维度、多视角、立体的思维模式。

（3）解决了服装史论类课程考核集中于期末的问题，将形成性评价与终结性评价相结合，将学习负担与学习成果均匀贯穿于整个课程学习过程之中。

2 成果解决教学问题的方法

2.1 构建理论与实践互嵌融合教学模式，解决了课程教学与设计创作之间脱节、与市场应用实践之间脱节的问题

本成果研究是将每个历史朝代或传统民族服饰中的典型元素与现代时尚相结合进行创新设计，作为课程"N+1"过程化考核中平时作业、期中作业、期末大作业的核心任务要求，同时将课堂设计任务植入校企合作项目设计中，植入横向课题设计中，植入行业需求中，并与相关赛事相结合。这样，学生在该门课程不同教学阶段的学习中，都要实时思考如何对接市场、如何对接行业、如何对接赛事等社会实际需求。

通过这种教学模式改革与实践，做到了理论能够真正落地应用于实践，再通过实践反哺、丰富于理论。从而解决了服装史论类课程教学与设计创作之间脱节、与市场应用实践之间脱节的问题，进而形成"以学生中心，以学习产出为导向"的理论与实践互嵌融合的教学模式。

2.2 贯穿学科交叉融合法，解决了课程教学中单一学科视角分析问题的不足

"用好学科交叉融合的'催化剂'，打破学科专业壁垒。"由于传统服装服饰的产生、发展与变化过程不是孤立存在的，是与其所在的地域、民族的历史、经济、政治、审美观念、风俗习惯及民众日常生活等息息相关的。因此，在服装史论类课程教学过程中，有必要结合人类学、社会学、美学、哲学、纺织学等学科的研究视角、研究方法和研究成果，与艺术学视角下的服装服饰研究方法和研究成果相互比照、融汇整合，培养学生形成多视角、多维度、立体的研究思维模式，从而使学生能够更好地了解与把握传统服饰文化的精髓，并能够将其更好地融入现代时尚设计中，融入市场、行业的实际需求中。

2.3 通过"N+1"过程化考核法，解决了课程学习负担集中于期末的问题

通过"N+1"过程化课程考核，将形成性评价与终结性评价相结合。在服装史论类课程"N+1"过程化考核中，"N"即形成性评价，是指在课程进程中开展的包括且不限于平时设计作业、随堂设计练习、田野调研报告、期中考试、期末设计大作业等形式，考核材料要求可举证。"N"项（次）考核与学分挂钩，是课程教学容量的自然体现，是课程跟踪性考核、以考促学、以考促教、持续改进的需要。"1"为终结性评价，即期末考试。

通过"N+1"过程化课程考核，将学习负担均匀贯穿于整个学习过程。以本成果中实施的"中国服装史"课程为例，学生总成绩由平时成绩、实践成绩、大作业和期末考试成绩四部分组成，其中平时成绩占总成绩的30%，实践成绩占总成绩的10%、大作业成绩占总成绩的30%，期末考试成绩占总成绩的30%。其中，平时成绩由上课考勤（占10%）、课堂表现（占20%）、平时作业（占70%）综合评定。这样，就解决了学习负担集中于期末的问题，进而形成了多维度、多元化跟踪考核形式的方法。

3 成果的创新点

3.1 打破学科专业壁垒，运用多学科交叉融合的授课方法

由于传统服装服饰的产生、发展与变化过程不是孤立存在的，与其所在的地域、民族的历史、经济、政治、审美观念、风俗习惯及民众日常生活等息息相关，因此，在服装史论类课程授课过程中，有必要结合人类学、社会学、美学、哲学、纺织学等学科的研究视角、研究方法和研究成果，与艺术学视角下的服装服饰研究方法和研究成果相互比照、融汇整合，从而培养学生的多视角、多维度、立体的研究思维模式，使学生能够更好地了解并把握传统服饰文化的精髓，将其更好地融入现代时尚设计中，融入市场、行业需求中。使课程教学更好地服务于市场、服务于行业、服务于国家的发展需求。

3.2 构建了理论与实践互嵌融合的教学模式

本成果立足中华民族伟大复兴战略全局，通过将中国特色社会主义核心价值观、做人做事的基本道理、爱国主义与理想信念、国情与社会时政热点融入服装类史论课堂教学过程中，贯穿于每个历史时期的服装与服饰的发展、演变、传承与创新过程。

本成果基于线上线下混合式教学模式，通过电化教育器材和教材等现代化教学手段，教学方法主要采用"教师中心法＋相互作用法＋个体化方法＋实践法"，即将讲授、提问、小组讨论、独立设计、实践调研、田野考察等方法相融合，进而提升学生对知识的理解能力，增加学生学习兴趣。

本成果研究是将每个历史朝代或传统民族服饰中的典型元素与现代时尚相结合进行创新设计，作为课程"N+1"过程化考核中平时作业、期中作业、期末大作业的核心任务要求，同时将课堂设计任务植入校企合作项目设计中，植入横向课题设计中，植入行业需求中，并与相关赛事相结合，这样，学生在该门课程不同阶段的学习中，都要实时思考如何对接市场、对接行业、对接赛事等社会实际需求。

通过这种教学模式改革与实践，做到了理论真正落地式应用于实践，再通过实践反哺、丰富了理论。从而解决了服装史论类课程教学与设计创作脱节、与市场应用实践脱节的问题，进而形成了"以学生中心，以学习产出为导向"的理论与实践互嵌融合的教学模式（图1）。

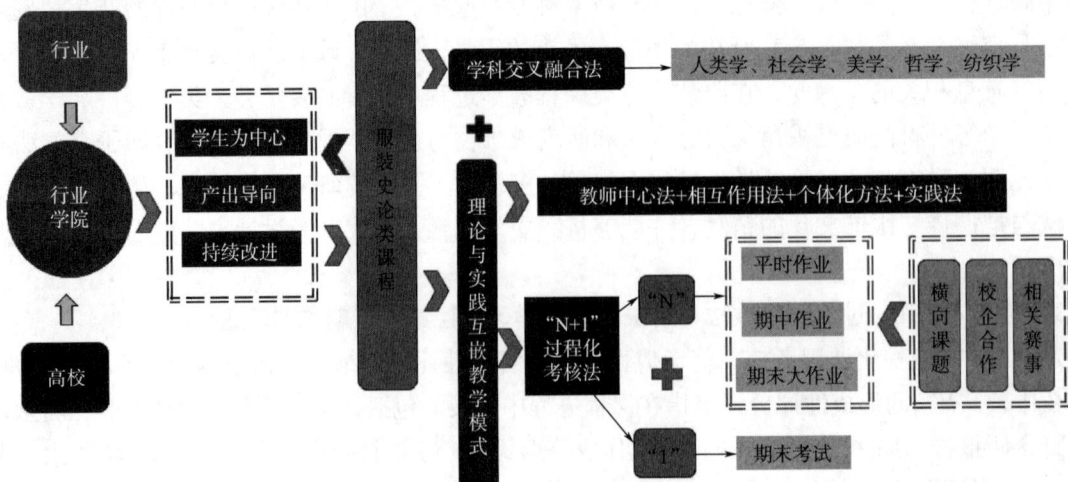

图1　服装史论类课程体系

4　成果的推广应用情况

4.1　区域内企事业单位对本成果认可度高，积极签订横向项目合同

2021年4月，与苏州墨言武文化传播有限公司签订《传统民族服饰创新设计与研发》技术服务合同，横向经费5万，学生的设计项目得到企业好评（图2）。

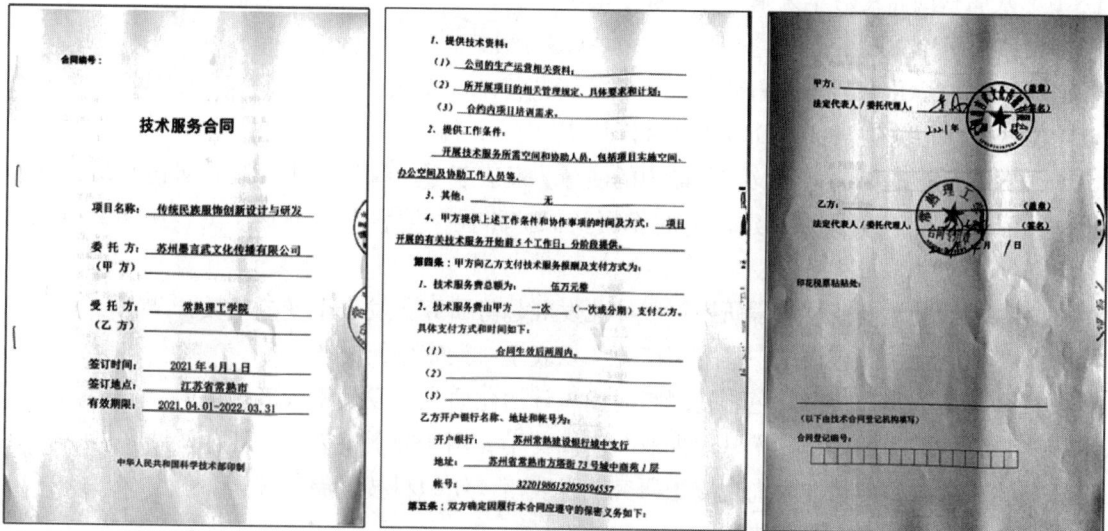

图2　技术服务合同1

2019年12月与常熟康艺建设有限公司签订了《民俗文化视域下园林规则线性围合空间生态造景设计》技术服务合同，横向经费20万元，学生的相关设计项目得到企业好评（图3）。

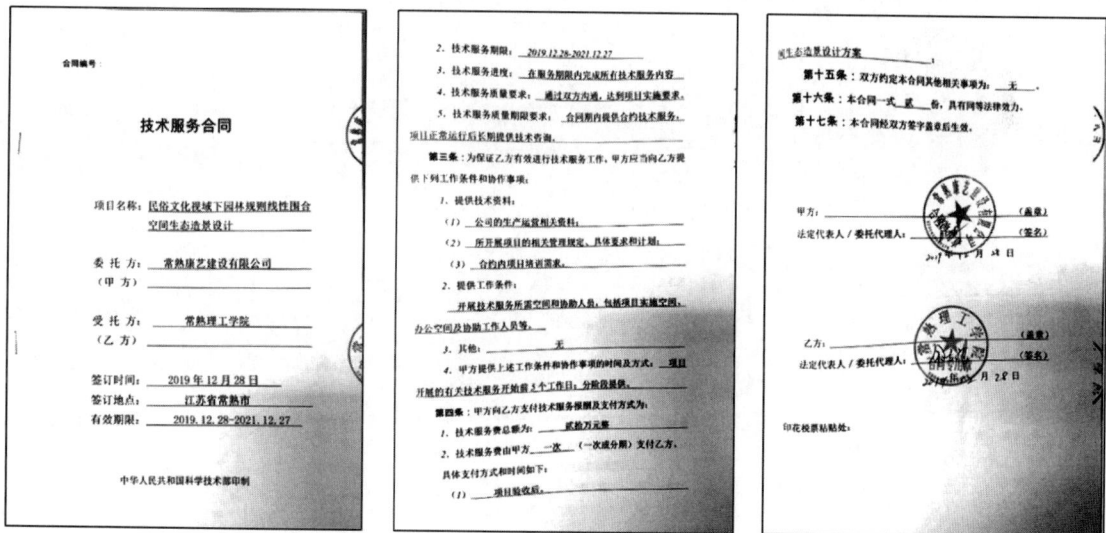

图3　技术服务合同2

根据前期充分的调研及良好的设计方案，地方医院将于2021年6月就融入传统服饰元素的孕妇住院服设计研发签订校企合作横向合同。

4.2　学生培养质量较高，创新性、应用性较强

（1）2020年度省级大学生创新创业项目（省级校企合作基金项目）《基于"常熟—思南对接精准产业扶贫"下的贵州蓝染技艺时尚产品开发》，经费20000元，已结项。

（2）2018年度省级大学生创新创业项目《传统服饰纹样活态保护与时尚应用》，经费6000元，已结项。

（3）2017年度省级大创项目《镂空网眼织物在时装中的创意设计与产品开发》，经费6000元，已结项。

（4）第四届"国青杯"全国高校艺术设计作品大赛一等奖、二等奖和三等奖多项。

（5）第八届全国高校数字艺术设计大赛二等奖。

4.3 相关科研论文质量较高

（1）《新型城镇化背景下蒙古族传统袍服的工艺传承》发表于《中央民族大学学报（哲学社会科学版）》（CSSCI南大核心期刊、北大核心期刊）。

（2）《论鹤元素的审美哲学及在服饰中的演绎》发表于《丝绸》（北大核心期刊）。

（3）《荷包文化在美丽乡村建设中的作用及保护路径》发表于《黑龙江民族丛刊》（北大核心期刊）。

（4）《高校服装类专业"产学研用"一体化发展趋势研究》发表于《艺术教育杂志》。

（5）《苏绣在现代女包设计中的应用研究》发表于《辽宁丝绸》。

（6）《传统织绣服饰纹样的色彩基因与时尚设计活化研究》发表于《流行色》。

（7）《江南丝织品的传统艺术基因提取与时尚美学应用研究》发表于《江苏丝绸》。

（8）《苗族纹样的传承与时尚化应用研究》发表于《纺织科技进展》。

4.4 相关教改科研成果级别较高

（1）获准国家社科基金艺术学项目立项。

（2）省教育厅教学成果二等奖。

（3）中国纺织工业联合会高等教育教学改革项目结项。

（4）省教育厅高等教育本科教学改革研究项目结项。

"双一流"视域下高校实践教育基地共创服装人才培养模式研究

大连工业大学

完成人及简况

姓名	性别	所在单位	党政职务	专业技术职称
穆芸	女	浙江理工大学	无	副教授
潘力	女	浙江理工大学	无	教授
肖剑	男	浙江理工大学	副院长	副教授
孙林	男	浙江理工大学	无	副教授
王军	女	浙江理工大学	副院长	副教授
陈晓玫	女	浙江理工大学	无	教授
唐金萍	女	浙江理工大学	无	副教授

1 成果简介及主要解决的教学问题

1.1 成果简介

本成果是辽宁省教改项目"基于服装与服饰设计创新实践应用型人才培养的'三实一体'实践教学模式研究"后的深耕课题——"'双一流'视域下高校实践教育基地共创服装人才培养模式研究"的教学成果。是以服装实践教育基地、纺织服装产业联盟企业为载体,通过创新观念、创新平台、创新内容、创新机制等系列举措,强化实践教学环节,改观问题推动人才培养模式改革,从而提升服装人才的创新精神、实践能力、社会责任感和就业创业竞争力,对推进"双一流"建设进程中艺术类高校学科建设具有重大意义和参考应用价值。

当前的"互联网+"时代下,人们的消费模式和消费观念发生变化导致需求也随之变化,纺织服装行业服装制造业在不断的转型中应对这种快速的变化。因此对于高校服装专业人才培养的要求更加需要跟上时代找到定位。本成果针对服装人才创新实践创业能力培养,在高校"双一流"建设视域下,依托辽宁大连等时尚城市的地缘优势、纺织服装产业背景和政府支持,以人为本、因材施教,更新实践教学理念,深耕打造纺织服装行业企业共建共享的协同育人实践基地,从建设国家级、省级一流本科课程再到国家一流专业建设,探索出一套完整、系统、具有鲜明特色的服装实践教育基地人才培养创新模式,本成果内容如图1所示。

1.2 成果主要解决的教学问题

本成果重点解决了实践教育基地平台下的实践教学环节设定、实践教学模式构架问题;解决了推动实践教育基地可持续建设和发展的机制问题;建设了国家一流、省一流本科课程在人才培养上形成资源共享、交叉融合的教学问题。

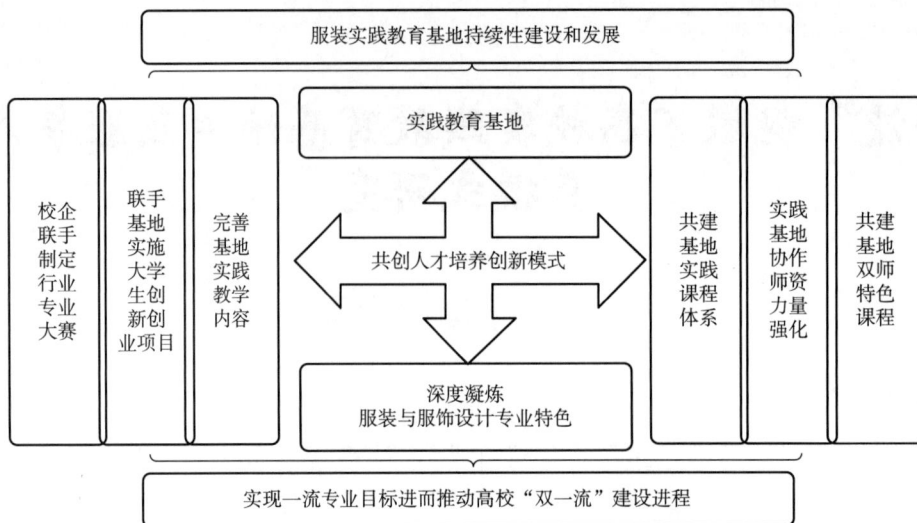

图1 项目建设成果

2 成果解决教学问题的方法

本成果从金课建设入手通过实践教育基地联手打造国家、省级一流课程、一流专业，推进产学研项目，联动人才培养和推动学生就业四个方面取得了一定的教学成果，提升了服装人才的创新精神、实践能力、社会责任感和就业创业竞争力。成果解决问题所采用的方法如下。

2.1 优化一流实践教育基地，凝炼打造一流课程修订新培养方案

本项目通过对校企合作模式的不断探索，逐步实现人才培养与企业需求的精准对接，形成有特色有内涵的人才培养模式。本成果针对服装人才的培养，重点签署了一批有责任有担当的省内服装行业中的品牌翘楚企业，包括大杨集团、辽宁成大国际贸易有限公司、兴城市泳装产业集群、中国西柳北派服饰设计交易中心等30余家省内以服饰品经营为主的实践实习基地。还有大连本土的一生一纱信息技术（大连）有限公司、大连百斯德绿天地（BEST PARK）、大连恒隆广场等多家校企实践教育基地，针对服装人才的培养方向，进行了实践课程内容梳理、论证课程方案。同时，根据实践教育基地企业生产的服装品牌、服装商品的不同，对接服装专业不同方向的课程介入，由指导老师和企业对接共同引导学生完成课题作业，取得了很好的效果。取得了2020年国家级一流课程1门、2021年省级一流本科课程4门的成果。根据实践需求改进实践教学内容，制订了2020年服装专业培养方案。

2.2 发挥一流服装专业优势，推进产学项目共研共创协同发展

结合"国家一流专业、一流学科"定位，团队成员结合课程体系教学内容，联系科研项目共创创新实践教学模式。在教育部产学研教学改革项目中共有五项落地，结合教学改革内容和企业联手打造社会合作实习教学，不仅采用探讨式、互动式、案例式和项目式教学将科研项目引入教学环节，更是充分发挥了学生参与课程提升就业意识。学院与纺织服装联盟内企业共研共创研究项目，通过课题负责人团队教师将项目带入教学。与校企实践基地联手制定行业标准，举办专业大赛，学生参与积极性强踊跃性高。通过赛事活动进行实践教育、实践教学评价检验教学水平，对实践教育基地企业形成业内培训赛事，对行业形成提升业务水平素质推动力。2020年获首批国家级一流本科专业建设；2018年、2019年服装与服饰设计专业获批辽宁省一流本科专业，同时，社会产学研平台也培养了优秀师资力量，促进了青年教师在企业的经验历练，并携手企业进行创新研发，促教平台的优势得到了充分的发挥。

2.3 打造产业联盟，整合优势实践基地资源联动人才培养

依托学院国家实验教学示范中心、省级实验教学示范中心、省级虚拟仿真实验教学中心、省级重

点实验室、省社科联创新基地等自身优质教学资源，服装与服饰设计专业积极拓展引入行业企业实践基地产学研资源，产教融合打造校企协同教学模式，牵头建设纺织轻工校企联盟、辽宁时尚文化创意产业联盟，与兴城泳装产业集群、大杨集团等服装产业集群、杭派女装集群企业联合建设实践基地，为实践教学提供优质资源保障。凝炼课程结课系列活动，如发布展演，将原先校内活动与产业联盟进行整合共同发布资源，不仅能将教学活动服务辽宁地方经济项目，还能发挥辽宁时尚文化产业联盟的示范作用，为实践基地企业进行人才培养、孵化人才，通过教学资源掌握第一手流行资讯与创新方面专业优势引领诸如西柳低端终端企业转型，提升企业品牌创新力。

2.4 校企联手助力提高师资能力，有效提升专业学科建设推动学生就业

在校企联手共创服装人才培养模式下，师资水平和综合能力也得到了非常好的锻炼和提升。通过与大连服装设计师协会联合知名企业知名设计师展开培训以及展演等各项实践项目，在2019年、2020年9月大连国际服装博览会上，教师发布作品展演，以大连城市形象为概念主题，表现大连形象的时尚服饰，在世界服装舞台上展现大连服装魅力。服装与服饰专业学生也在专业教师、企业导师的指导下，积极参与国内外各类专业大赛，成绩斐然；学生先后获得261项专业赛事奖项，包括服装行业"新人奖""大连杯"国际青年服装设计大赛等。学生专业能力强，学习能力保持较高水平，道德品质持续养成，学业成绩及综合表现不断提升，全面发展的态势良好。实践基地各类实践资源多元整合高效启用，产教融合与企业互动共赢，专业人才培养成效显著，应届学生毕业率及学位授予率持续保持高位；毕业生素质好、能力强，受到用人单位格外青睐，社会评价高。

3 成果的创新点

在国家统筹推进世界一流大学和一流学科建设的重大决策战略部署下，本成果的改革实施历经三年半，成果创新点如下。

（1）突出学科特色和服装专业优势对经济社会发展的促进作用的创新人才培养意识创新，提出"双一流"建设需要产学研协同共创人才培养目标，明确创新创业人才培养是各级各类高校的重要任务，构建具有地方区域产业集群特色的共创服装人才培养模式。

（2）推动实践教育基地可持续建设和发展的育人机制创新，共创服装人才培养模式，在与行业企业共建共享的协同育人实践基地中形成资源共享、交叉融合的育人体系，推动实践教育基地的可持续建设，发展育人机制，突出学科特色和服装专业优势，对经济社会发展带来促进作用作出重大贡献。

4 成果的推广应用情况

4.1 精准定位服装行业需求凝炼校企课程，修订2020年人才培养方案

服装与服饰设计专业女装方向"创意女装设计"课程在完成校内理论部分课程学习之后，学生自愿报名到联盟公司实践学习，经企业选拔在指导教师带领下到企业进行为期两个月的学习实践。企业为学生的实践安排8次授课，为成绩突出的学生设立奖金并颁发聘书。学生不仅要完成企业的实践任务，而且要在企业提供面料的基础上，自己设计、自己制作，三人一组以团队合作的形式完成指定的服装款式设计制作。学生作品得到企业的一致认可，带队实习老师经过一年的企业实习和企业一起赴美国参加订货会。

服装与服饰设计专业陈列设计方向毕业设计作品展，以商业场景为主题分别在百斯德绿天地、大连恒隆广场精彩亮相。不仅吸引了众多商家、市民、校友及业内人士前来观展，尤其是实践基地相关企业对毕业生作品中的创意给予了充分的肯定。与企业共同运行实践教育基地不仅加深了校企合作的核心实质和内涵，更为企业输送了一流的服装专业人才，为进入企业工作打下坚实的专业基础。这样的实践项目教改方法加强了学生实践能力和实际动手能力，在共创服装人才培养方面取得了很好的成

效。结合项目实践期内的人才培养开展过程和实效成果，在新培养方案的课程优化设计中，加大了实践教育基地联合培养服装人才的举措，凝炼了"女装综合设计""创新概念设计 3""化妆造型设计 3"三门课程，进入 2020 年服装与服饰设计专业培养方案。

4.2 实践教育基地共创人才培养模式输出创新服装人才

校企教育基地实训体验教学，把企业对人才的实际需求和学校培养人才的目标相结合、把学校的教学实践环节和企业对学生的考核环节有机结合，为学生提供更多实践场地和实践机会。以大学生创新创业项目教育为实践课程教学的延伸阶段，将服装与服饰设计专业各方向的特色与"创新创业训练项目""创新展具设计"大赛等课外学生实践项目相结合，选择合适的切入点开展创新创业教育，实现"从小到大，由点到面"的创新创业之路。

4.3 产业联盟助力人才培养

凝聚实践教育基地资源为一流专业，为一流学科的发展保驾护航，联动服装纺织集群建设纺织轻工校企联盟、辽宁时尚文化创意产业联盟，创新应用型服装专业人才培养与区域创意产业转型发展紧密融合。由中华人民共和国商务部、中国市场学会、辽宁省商务厅、鞍山市人民政府主办的 2019 中国西柳市场进出口商品交易会暨第二届中国西柳国际棉服采购节上，我专业师生的实践课程 "西柳市场地产品牌服饰流行趋势发布会"和"西柳市场新锐设计师品牌服饰发布会"成功举行，成为本届交易会吸引来自国外的 500 余名采购商和众多国内经销商眼球的重头戏。产业联盟助力人才培养目标明确、特色鲜明，人才培养质量、资源建设卓有成效，服务地方产业能力显著提升，对省内、校内相关专业起到了良好的带动与引领作用，特别是对于辽宁省纺织服装、设计创意及服务产业转型、结构升级发展具有重要意义。

4.4 共创人才培养模式推动一流专业建设带动一流学科发展

服装与服饰设计专业作为国家一流本科专业建设点，注重学生的专业知识与技能、知识更新能力与创新能力、团队意识与合作精神，和各实践教育基地、产业联盟就人才培养达成了重要的共识。两年多来服装与服饰设计专业各方向学生先后参加国内外大奖赛入围率达 100%，三百余人获得不同赛事奖项。教学改革成果实施的四年中，分别于 2018 年、2019 年、2020 年获得时装教育业内最高奖项"中国时装设计育人奖""人才培养成果奖""新人奖""优秀指导教师奖"。为我校带来良好口碑与社会效益，为地区经济人才培养作出了贡献。

专创融合、产学协同——服装专业"三创"实践教学新模式的探索与实施

浙江理工大学

完成人及简况

姓名	性别	所在单位	党政职务	专业技术职称
陈敏之	女	浙江理工大学	国际教育学院、国际时装技术学院副院长	副教授
季晓芬	女	浙江理工大学	国际教育学院、国际时装技术学院院长	教授
吴跃峰	女	浙江理工大学	国际教育学院、国际时装技术学院党总支书记	副教授
朱伟明	男	浙江理工大学	国际教育学院、国际时装技术学院副院长	教授
蔡建梅	男	浙江理工大学	无	副教授
顾小燕	女	浙江理工大学	无	实验师
金莹	女	浙江理工大学	服装设计系副主任	副教授
沈嘉维	男	浙江理工大学	无	研究实习员

1 成果简介及主要解决的教学问题

1.1 成果简介

本项目认真贯彻国务院办公厅《关于深化产教融合的若干意见》（国办发〔2017〕95号）精神，围绕浙江省委省政府创新驱动战略，积极探索推进服装专业人才培养与浙江时尚产业融合的建设思路和实施途径。面向服装专业，深层次解读了"创新、创意、创业""三创"人才培养内在含义。针对服装专业实践教育，汇集和配置各种校企资源，通过"专创融合、产学协同"，打造"三创"卓越服装人才时尚实验室（Fashion Lab），具体表现为：采用了"432"递进式服装人才培养实践教学体系（四个课程群、三个训练环节、两个实战阶段），运用了协同创新育人"新三把式"——"研讨式学习、项目式运作、竞技式创新"，实现课内外教学结合、产教结合、学赛结合，打造高质量服装人才培养实践教育新模式。

1.2 主要解决的教学问题

成果有效破解了服装人才培养中三大教学难题：①如何改变产教割裂的现状，引入企业资源到人才培养各环节中，打通专业课程课内学习与课外拓展之间联系？②如何在实践培养方案中综合应用校企资源，有针对性地培养学生创新、创意、创业的"三创"能力？③如何面向产业化应用，提高学生竞赛成效，强化学生在服装专业领域的创新研究和创业项目孵化？

本成果是项目组成员多年来服装教学、研究和管理经验的累积，经浙江省"十三五"规划教学改革项目的凝炼，开创服装专业"三创"实践教学的新模式，通过近三年的实践证明，本成果可行、可持续，有效提高了服装专业学生"三创"综合能力，得到行业和教育界同行的一致肯定。

2 成果解决教学问题的方法

本成果核心是通过"专创融合、产学协同"，采用"432"递进式服装人才培养实践教学体系（四个课程群、三个训练环节、两个实战阶段），有针对性地打造"三创"卓越服装人才时尚实验室。

（1）面向服装产业急需人才的需求，引入企业资源、打通课内课外，确立了"Fashion Lab"项目重点试点的"流行预测消费行为""款式设计产品开发""视觉传达橱窗设计""数字媒体品牌推广"4 大课程群，组建学习团队，由校内外导师联合指导，加强服装专业课程学习与产业创新应用的融合。

（2）面向服装专业高素质人才培养，深入解读"三创"人才内涵，将"三创"——"创新、创意、创业"落实到服装人才培养方案中，确立了"服装人才时尚实验室"项目的课程专业研讨、科创项目实战、创新创业指导 3 个训练环节，构成了协同创新育人"新三把式"——"研讨式学习、项目式运作、竞技式创新"，充分运用产业资源来实现卓越服装人才"三创"能力的培养。

（3）面向符合产业发展方向的项目成果孵化，深入探讨学科前沿研究和产业应用的可能，确立了"服装人才时尚实验室"项目 2 个实战阶段。第一阶段，项目化仿真实践学习，引导学生"发现问题、分析问题、解决问题"，在实践中完成知识的整合与能力的复合。第二阶段，以赛促学，强化学赛结合。将第一阶段形成的创新、创意、创业规划形成行之有效的产业应用计划，通过项目的推演、校内外导师的指导，校外企业在众创空间、供应链、产能等多方面提供的支持，帮助学生创新项目真正地落地生根。

服装人才时尚实验室为学生搭建了尽情发挥"创新、创意、创业"精神的平台。"432"递进式服装人才培养实践教学体系环环相扣、步步深入，有效联通课内课外、校内校外，平衡企业短期项目成效和长期人才需求之间的关系，将产业资源与服装专业教育紧密融合，关注服装人才培养全过程（图 1）。

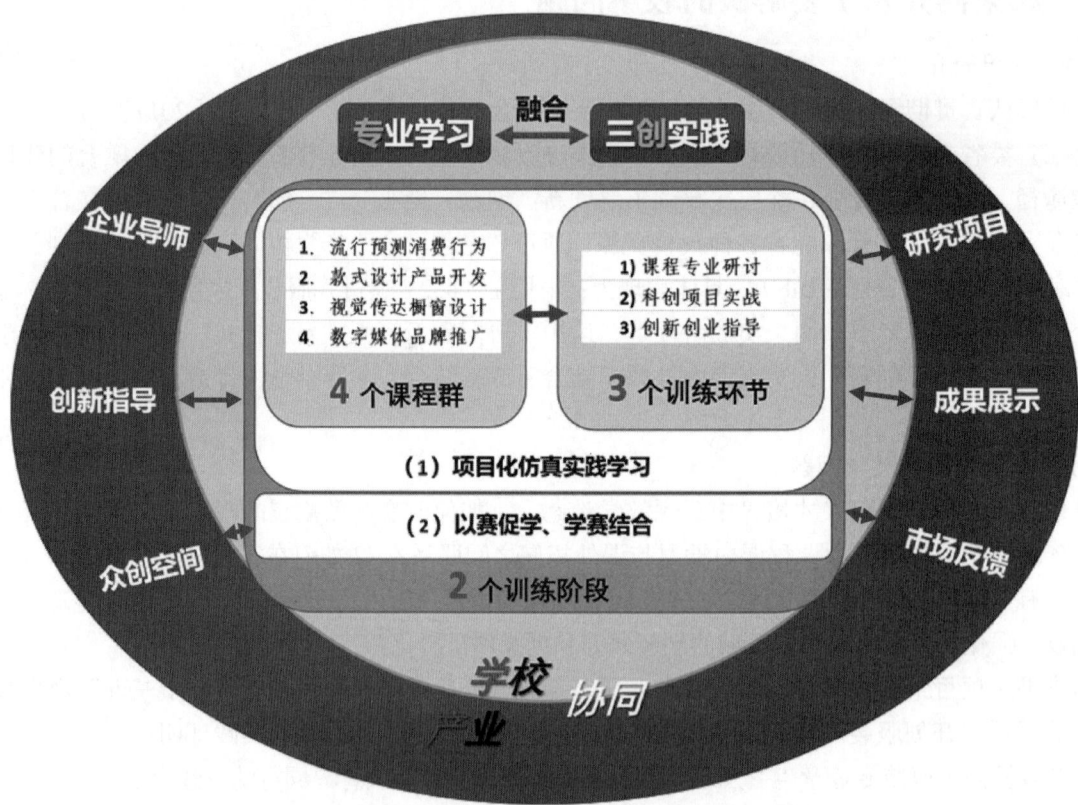

图 1　改革和建设思路图

3　成果的创新点

3.1　理念创新

打破了原有"服装企业作为用人单位，实行人才拿来主义"、产教割裂的旧观念，提出让服装企业成为服装人才培养的参与者、推动者和受益者，强调专创融合、产教协同。将优秀企业中的行业专家、专业设备、生产供应链、营销渠道、众创空间等产业资源导入学生专业知识学习、项目实操、创业实战等服装人才培养全过程中，同时让企业在过程中收获学生的创新创意创业成果，储备优质人才。实现双赢，保证专创融合的有效性和产教协同的可持续性。

3.2　形式创新

打破了以往实践教学"要么规定动作，要么分散自主"的模式，搭建了融合各方资源优势、引导学生创造性实践的平台——"三创"卓越服装人才时尚实验室。以时尚实验室作为实践平台，实现由企业根据实际需求来"出题"，联合导师运用研究经验来"指导"，学生运用"三创"思维来"答题"，行业用市场反馈来"评分"。允许学生在不断试错中成长、领悟，强化专业能力，并发扬创造思维。

3.3　方法创新

打破了以往"学生自主参与学科竞赛时，专业理论和产业基础弱"的困境，通过建立"432"递进式服装人才培养体系，运用了协同创新育人"新三把式"，学赛结合，帮助学生夯实专业基础，面向产业化需求开展前沿研究和应用。

构建了基于专创融合、产教协同的"432"递进式服装人才培养体系，落实培养方案，运用"项目式运作、研讨式实践、竞技式创新"的协同创新育人"新三把式"，聚力"培养链、产业链和创新链"三链融合，实现学赛结合，让学生在实践中真正了解产业需求、锻炼专业能力、开展创新研究、形成科研团队、凝炼创业项目。

4　成果的推广应用情况

4.1　应用实践

课题主导的"三创"卓越服装人才时尚实验室从 2017 年开始筹备，与相关企业签订合作协议，从 2018 年正式开始实践环节，已完成两期，每期 50～60 人，总共有近百人次学生（含十余名外国留学生）参与其中（图 2）。

课题得到了诸如卓尚服饰、万事利集团、杭州下城区跨贸小镇、杭州大创小镇等知名企业、政府机构的大力支持，为服装人才时尚实验室中学生理论学习提供师资和教学，为项目化实践提供产业化问题和应用场景，为项目孵化提供产能和供应链。特别是卓尚服饰更是每年投入 100 万元支持本项目的实施。

图 2　服装人才时尚实验室第二期项目宣讲会

本课题组采用"432"递进式服装人才培养实践教学体系（四个课程群、三个训练环节、两个实战阶段），构建了《基于专创融合、产学协同的"三创"卓越服装人才培养方案》，设定了培养形式、实施范围、培养流程和要求等一系列工作方案。通过应用实践，切实开展"三创"卓越服装人才时尚实验室活动，对学生创新、创意、创业三种能力进行培训。

4.1.1　第一阶段：项目化仿真实践学习

所有师生纵向分成"流行预测消费行为""款式设计产品开发""视觉传达橱窗设计""数

字媒体品牌推广"等四大课程组，分别由校内外专家指导，以共同的项目循环运作为工作目标，横向形成项目化工作团队，采用队长负责制度，定期活动，不定期总结，期末作品评讲、展出等。

（1）第一期：FASHION LAB 项目化实践围绕"新零售"——新创意、新设计、新形式来开展。运用了国潮、智造等产品设计和推广理念（图3）。

图3　第一期各课程项目化实践部分成果展

（2）第二期：FASHION LAB 项目实践围绕"新媒体"——新媒介、新技术、新展示开展。运用了可持续发展、重构、锦鲤等产品设计和推广主题。针对合作企业的项目目标需求，根据新媒体项目特征，四个课程组分别对应搭配策划、场景后期、造型拍摄、网媒宣传四个内容的研讨和实践（图4）。

服饰搭配　　　　场景设计　　　　　　直播拍摄　　　　网络文案

图4　第二期各课程组项目化实践成果展示

在第一个阶段中，学校与企业密切合作、精准对接基于产业发展需求为学生提供项目选题，监督和评价各团队的实施情况，并为学生提供原材料、卖场展厅、网络渠道等资源。并通过成果展，展出校企协同育人项目的学生成果（图5、图6）。

图 5 FASHION LAB 第一期成果展

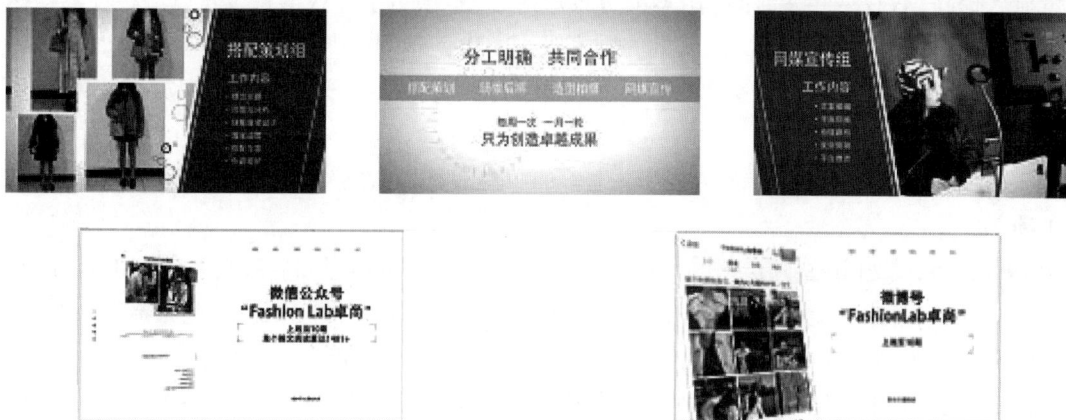

图 6 FASHION LAB 第二期成果展示微视频

4.1.2 第二阶段：以赛促学

课题组通过产教协同，充分利用企业在资金、生产开发能力、销售渠道、业务培训、项目孵化等方面的优势，为学生提供无限接近实战的创造性实验机会。特别围绕服装智能制造、国潮服饰设计、可持续服装产品研发、新媒体跨境服饰推广开展深度的创新研究、创意开发和创业实践。

（1）举办首届大学生创业导师聘任仪式暨大学生创新创业论坛，9 位优秀校友被聘为大学生创新创业导师，师生围绕"创新创业"主题开展讨论，激发了学生创业热情。

（2）设立"学习面对面"工作室，每月邀请 1 位创业人员和学生进行面对面交流，传授创业经验，分享创业案例，助推学生成长。

（3）举办了十几场专家讲座，邀请服装行业主管或专家教授来给学生进行创新创业创意培训，拓宽了学生视野。

（4）凝炼学习成果，形成创新项目，组建专业学生团队，开展创新创业方案规划、实践和创业项目孵化。课题组与合作单位（如卓尚、伊芙丽、跨贸小镇、大创小镇）共同设立了产教融合大学生创新创业实践基地，提供机会给学生参加基地的创业政策学习，并提供众创空间、供应链、产能等支持（图 7）。

（5）支持优秀的学生创新创业项目申报国际创新创业项目、参加大学生挑战杯、"互联网 +"创新创业项目。以赛促学，通过不断的路演，打磨项目的可行性，推动项目的真正落地。

图7 卓尚服饰、跨贸小镇提供的众创空间、创新基地等资源

4.2 应用成效

（1）本成果的应用，大幅激发了本学院服装专业师生参与科研创新的积极性，学生参与科创项目获奖数量显著提高。仅仅两年多时间，由本项目教师指导、本项目学生获得省级及以上科创奖项达21项。

① 2019年项目组教师所带的团队获批的国家级大学生创新创业训练项目达到4项，2020年为2项。

② 2019年指导学生获得国家级项目，Lutra Jump 原创设计，第三届中国纺织类高校大学生创意创新创业大赛一等奖。

③ 2019年以来，课题组教师指导中外学生参加"挑战杯"大学生竞赛省赛获奖3项（一、二、三等奖各1项）。

④ 2019年以来，课题组教师指导中外学生获得"互联网+"创新创业项目省级奖项6项（1金、1银、4铜）。

⑤ 2019年以来，课题组教师指导学生获得浙江省大学生职业生涯规划与创业大赛省级奖项2项。

⑥ 指导学生成功立项2项浙江省大学生科技创新活动计划（新苗人才计划）。

⑦ 2019年至今，学生获得外观专利8项、发表论文3篇。2019年以来，课题组教师带领学生团队获得发明专利1项。

（2）学生通过面向产业需求的项目化实践，"三创"能力得到充分的锻炼，实操能力、创新意识得到进一步加强，就业率、创业率稳步提升。通过本项目一方面为企业输送了学生项目化运行的创新成果，也为企业的长期发展输送了卓越人才。

① 项目所在国际时装技术学院2019届服装专业毕业生整体就业率保持在98%以上，创业率达到5%，名列全校第一，用人单位满意度达到95.42%。

② 课题组与合作企业积极推动学生创业项目落地，2019届、2020届毕业学生创业项目注册公司达到15家。以杭州亦壳服饰有限公司为例，学生项目均直接从 FASHION LAB 项目中孵化而成（图8）。

图8 杭州亦壳服饰有限公司

4.3 成果推广

本课题从 2017 年开始筹备，浙江省"十三五"规划教学改革项目正式立项，2018 年 9 月开始实践检验，至今历经数年，在各合作企业、政府的大力支持下，得到了顺利开展，硕果累累。2020 年经专家组评审，以优秀结题（图 9）。

项目成果不仅为国际教育学院学生提供服装专业课外拓展的机会，也为合作企业带去了创意设计产品、创新产品展示模式。项目成果通过论文发表、成果展示、会议论坛等多种渠道对外推广。

图 9 省"十三五"规划教学改革项目结题专家意见

（1）在实践中开展产教融合、"三创"人才培养教育理论研究，项目组教师从不同侧面总结、提炼、发表 4 篇教学论文。

① 国际化视角下时尚类专业人才"四结合"培养模式探究，教育现代化，2020.10。

② 艺术与设计专业"图钉型"人才培养模式研究，教育现代化，2020.12。

③ 基于可持续发展理念的服装设计研究，艺术教育，2020.8。

④ 红色文化融入艺术类大学生思想政治教育的价值与路径，教育现代化，2019.12。

（2）课题组分别于 2018 年 12 月、2020 年 1 月、2020 年 10 月举办大型成果展和教育论坛。总结汇报课题项目进展情况和成果，得到包括兄弟院校、行业协会、服装企业、政府机构等社会各界一致好评。

（3）基于"可持续绿色服饰"设计研究的学生创新创业成果展——"焕然衣新"衣物再生创艺工坊，入选全国第六届大学生艺术展演活动，得到了浙江省副省长、浙江省教育厅厅长等领导的关注和好评（图 10）。

图 10 "可持续绿色服饰"创新设计研究成果展入选全国第六届大学生艺术展演

（4）我校立足行业区域，着力培养高素质创新创意创业"三创"卓越人才的鲜明特色和显著成效得到了《中国教育报》等媒体的报道。

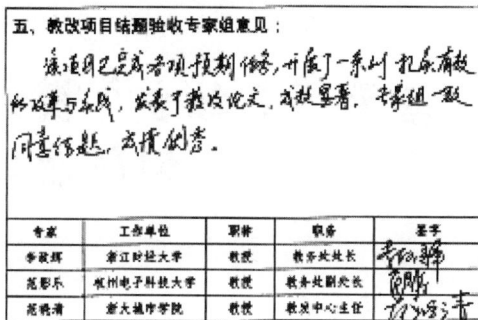

基于"三融合"模式的纺织类高校管理类研究生创新能力培养改革与实践

浙江理工大学

完成人及简况

姓名	性别	所在单位	党政职务	专业技术职称
奉小斌	男	浙江理工大学	副院长	教授
潘旭伟	男	浙江理工大学	院长	教授
程华	女	浙江理工大学	院长	教授

1 成果简介及主要解决的教学问题

1.1 成果简介

浙江理工大学属于地方纺织类高校，管理类研究生在生源质量、第一志愿报考等方面存在较多问题，尤其硕士生普遍缺乏学术创新能力和解决实践问题的能力。围绕研究生创新能力培养，经济管理学院邀请专家进行反复诊断找到"问题意识""探索精神"和"实践思维"三个突破点，通过课程融合、科教融合和产教融合"三融合"开展人才培养模式改革，并提出了改革的保障体系。经过近五年的改革，学院管理学科先后获得国家一流课程和国家级规划教材等一批标志性成果，形成阶梯式的研究生教学团队，并取得国家级和省级教学成果奖励；研究生在国内外权威期刊发表论文100余篇，毕业论文质量稳居全校前列，五年平均就业率98%以上，用人单位满意度平均90%，毕业生涌现出国家社科重大项目主持人、霍英东教育基金会青年教师奖获得者等一批优秀人才；《中国教育报》等权威媒体的宣传报道，使本成果在全国产生了较大影响。

1.2 成果主要解决的研究生教育实践问题

1.2.1 强化研究生的问题意识

作为纺织类高校，管理类研究生生源以调剂为主且多来自地方普通院校，深受传统应试教育及填鸭式教学的桎梏，学生普遍缺乏观察问题的敏锐性和研究性思维，集中表现为发现科学问题的意识不强。

1.2.2 强化研究生的探索精神

部分任课教师的课堂授课方式单一且在内容和深度上与本科授课相差无几，教学过程中尚未体现教师科研与教学的有机融合，不仅课程内容缺乏系统性和严谨性，还忽视了对研究生批判性思维和科学探索精神的培养。

1.2.3 强化研究生的实践思维

以往管理类研究生教育中存在重课堂、重论文和重文献等远离社会实践的倾向，由此导致两个方面的问题：一是学生不懂中国企业的社会情境和管理实践，无法透彻理解理论知识和从最新实践中发现有价值的研究课题，导致其理论研究和论文成果无法实现"顶天立地"；二是部分学生由于脱离纺织等行业的企业情境，走向工作岗位的适应性差，无法快速将所学知识应用于解决管理问题。

2　成果解决教学问题的方法

研究生的"创新能力"是指研究生发现、提出和解决科学问题的能力。经济管理学院从课程融合、科教融合、产教融合三个方面开展了管理类研究生创新能力培养模式改革，以培养研究生的问题意识、探索精神和实践思维三个问题为改革的突破口。

2.1　以四个方面的课程融合为基础，强化研究生的问题意识

一是设置了"管理研究方法"和"管理统计"课程强化研究方法训练，任课教师通过介绍实验、实证和案例等研究方法，实现管理理论课与方法课融合；二是设置"时尚产品消费行为""创新与创新思维"等双语课，通过引入英文教材、文献阅读和国外教授讲座等方式拓展最新理论前沿，辅以学生自主探究和小组研讨方法，实现前沿课与探究课融合；三是设置"企业经营模拟"课程，要求学生根据管理专题在经营沙盘模拟、企业实训等软件平台实操，实现专题课与实训课融合；四是以"时尚品牌与流行传播"等国家级线上精品课和"创业管理"国家级规划教材为依托，培养学生质疑权威、大胆选题、勇于竞赛的创新精神，实现线上课与线下课融合。

2.2　以四个方面的科教融合为手段，强化研究生的探索精神

一是坚持纵向课题全过程参与原则，导师指导研究生浸入特定的科研环境中学习文献查找、项目申请、论文撰写等内容，并潜移默化地引导有科研潜力的硕士生考取"985"高校博士生；二是专业课授课考察标准以学术论文为依据，如"管理研究方法"课程要求学生沿着"论文选题、文献综述、研究设计、数据搜集和论文写作"的全过程完成论文撰写，最后实现成果发表；三是为了强化研究生的科研能力训练，在实践环节增加了管理学术研讨和学术报告环节，学术研讨要求每位研究生每学期参加不少于5次的学术研讨或会议活动，学术报告则要求每位研究生至少在学术论坛主讲一次学术报告；四是在培养计划中增加学科竞赛，研究生通过申报优秀学位论文培育计划、省级新苗人才计划、大学生创业计划竞赛等各类学生课外科技项目，提升独立的科研探索能力。

2.3　以四个方面的产教融合为载体，强化研究生的实践思维

一是，通过与达利丝绸等纺织服装企业合作建立产教融合基地，开展"学校＋企业"双导师协同育人实践；二是通过合作建立新昌研究院，部分研究生在完成理论学习之后入驻纺织机械企业，在校内外导师共同指导下开展管理问题研究，形成"企业出题、学生解题、政府助题"的研究生培养"浙理新昌模式"；三是围绕浙江纺织服装时尚化转型等领域，导师联盟组织研究生参与浙江各个纺织服装集聚县市区的工业强县等规划，并为森马服饰、申洲国际等纺织服装类企业提供咨询服务；四是与万事利等200余家企业共建"浙理HR"职业共同体，为研究生实习实践、职业规划和就业择业提供指导。

3　成果的创新点

3.1　以"三融合"理念改革人才培养

理念创新是改革创新的前提，本成果的理念创新主要体现在两个方面：一是提出以"三融合"为基础的管理类研究生创新能力培养新定位，将研究生培养中的创新能力实现路径进行科学规划；二是从"问题意识""探索精神"和"实践思维"三个维度切入，拓展管理类研究生的人才培养新思路。

3.2　以创新管理学术研究拓展课程内容

本成果的内容创新主要体现在两个方面：一是在创新管理研究领域，取得了创新政策、科技投入、创新评价、产学研等方面的研究成果；二是推行了研究生课程体系和教学内容的改革，通过开设创新思维、创新管理、创新实训课等内容，丰富管理类研究生创新能力培养的课程内容体系。

3.3　以系统性方法培养学生的创新能力

一是创新授课方式推进创新能力培养，理论与实训结合、讲授与探究结合、线下与线上结合；二

是科教融合提升学生的学术创新能力，坚持纵向课题学生全程参与、科研环境浸润、专业课考察成果导向、学术研讨和报告、学术科研竞赛等；三是产学研深度融合提升学生的"顶天立地"意识，利用产教融合教育基地、地方产业研究院、专业校友会和横向课题等渠道，培养学生的实践思维和创新意识。

4 成果的推广应用情况

4.1 "三融合"模式促进研究生课程体系优化

4.1.1 "创新创业"课程群建设成果突出

"创业管理"入选国家一流课程，"企业战略管理"和"现代企业管理"入选省级精品课程；《创业案例研究与分析》和《财务管理》入选"省高校重点建设教材"，《创业学》《文化创意与创业》入选省"十三五"新形态教材，《创业管理》入选"国家级规划教材"，在全国工商管理学科引起重要反响。

4.1.2 "研究方法"课程群获得项目资助

依托企业管理省重点学科成功建设"研究方法"课程群，获省新世纪教改、省高教课堂教改、省产学研协同育人项目、中央财政专项资金项目等 10 项，企业虚拟经营平台获得省教育厅首批专项资助，用于企业案例模拟和虚拟仿真的教学实验室被评为"省级实验示范中心"。

4.1.3 形成阶梯式的研究生教学团队

形成以名师挂帅（省教学名师 1 名、师德先进及三育人 2 名、国内外知名院校兼职教授 21 名）、青年教师担当（8 人系省大学生创业导师）、企业导师参与（70 名）的教学团队，团队曾获得浙江省教学成果二等奖（3 次）、首届全国高校微课教学比赛二等奖、省教学设计竞赛一等奖、省"互联网 + 教学"优秀案例一等奖、中国纺织工业联合会教学成果二等奖和三等奖等 10 多项荣誉。

4.2 "三融合"模式提升研究生创新能力

4.2.1 学术创新能力逐年增强

研究生主持国家级大学生创新创业训练、浙江省大学生科技创新活动计划等项目 40 余项，人均参与国家级和省部级课题 2 项，在英文 SSCI 一区、中文权威等期刊发表学术论文 100 余篇，20 余位研究生受邀在 IACMR 等国际权威会议宣读论文，实现"挑战杯"全国大学生课外学术科技作品竞赛一等奖、全国"挑战杯"创业计划竞赛金奖等新突破，并获得"互联网 +"省赛金奖、银奖学科竞赛奖项 30 余项。

4.2.2 学位论文质量稳中攀升

近五年管理类学科硕士研究生抽检成绩均达到良好以上（曾被省教育厅抽查名列全省第一）、盲审平均成绩为 82.622、通过率 91.712%、优秀率为 21.442%，9 篇研究生论文获得省优或校优（校优秀论文比率居全校各专业前列）。

4.2.3 就业创业能力提升显著

毕业研究生连续 5 年考取中国人民大学、南京大学、南开大学等名校博士研究生，8.3% 的毕业生创业，毕业生大多进入世界 500 强、中国 500 强等知名企业或纺织龙头企业就业，先后涌现廖中举（国家社科重大项目主持人、霍英东教育基金会青年教师奖）等一批优秀校友，朱文征、陈璐露等一批创业成功的研究生。

4.2.4 学生德智体美全面发展

研究生获得"最美浙江人"等荣誉、最有深度的微型党课比赛一等奖、全省大中专院校微团课比赛决赛一等奖以及全国大学生跆拳道锦标赛、浙江省职业生涯规划二等奖和三等奖等奖励，全国文化建设成果二等奖、全国文化育人精品项目等奖，担任第六届世界互联网大会志愿者等。

4.3 "三融合"模式成果辐射范围广，示范作用强

4.3.1 成果丰硕获得媒体关注

在推广应用过程中，研究生作为课题组成员协助导师获得了国家社科基金（含重大项目 1 项）、

国家自然科学基金（含国际交流重点项目 1 项）、教育部人文社科基金、浙江省自然科学基金等课题 50 多项；发表 SSCI、一级论文 100 余篇，阶段性成果获得校教学成果奖一等奖 3 次、浙江省高等教育教学成果奖二等奖 3 次、中国纺织工业联合会教学成果奖二等奖和三等奖 2 次。《中国教育报》等权威媒体的宣传报道，使本成果在全国产生较大影响，对其他高校具有一定的辐射示范作用。

4.3.2　教学改革务实育人成效

学生已成功组织八届毕业生校园招聘会，每年为全校学生提供就业和实习岗位 500 余个，引起人民网、中国日报网等媒体广泛报道，充分肯定"我校管理类学生将理论知识转化实践的新举措"；浙江交投实业集团、亿田智能、天能集团、宏达集团等大型国企和上市民企纷纷在我校设立专项奖学金鼓励研究生创新。近五年研究生招生规模稳定，一志愿报录比大幅提升，分别为 1.82、1.26、2.78、4.11、5.59；一志愿录取率稳步提升，分别为 35%、39%、57%、63%、100%。近五年，学科研究生获得国家奖学金 10 余次，校级奖学金一等奖和二等奖 80 余人次。

4.3.3　教学模式受到各界好评

浙江农林大学、中国计量大学、天津工业大学、英国伦敦大学、美国纽约州立大学、加拿大莱斯布里奇大学、德国新乌尔姆应用科技大学、韩国庆熙大学、日本福井大学等 30 余所高校先后来校调研交流研究生培养模式改革经验，我校与美国纽约州立大学、缅因大学等境外高校联合制定研究生培养计划；教学团队先后在中国管理学年会、中国人力资源协会年会、全国教师创业教育师资培训会、浙江省高教学会等重要会议交流 40 多次，成果受到市场营销学前辈吴健安教授、美国管理协会前主席陈明哲教授等专家肯定。

现代产业学院模式下材料类专业的构建与实践

天津工业大学

完成人及简况

姓名	性别	所在单位	党政职务	专业技术职称
刘晓辉	男	天津工业大学	副院长	教授
纪秀杰	女	天津工业大学	复合材料与工程系主任	副教授
齐琳	女	天津工业大学	教学办主任	讲师
赵莉芝	女	天津工业大学	高分子材料与工程专业主任	教授
张青松	男	天津工业大学	材料科学与工程系主任	教授
时志强	男	天津工业大学	无机非金属材料工程系主任	教授
刘冬青	女	天津工业大学	支部书记	副教授
雷中祥	男	天津工业大学	支部书记	助教

1 成果简介及主要解决的教学问题

1.1 成果简介

面向天津工业大学作为国家"双一流"世界一流学科建设高校，深化材料类专业"新工科"改革，突出功能纤维材料、分离膜、新能源材料、高性能复合材料等专业特色方向，围绕材料类专业共性问题，基于现代产业学院人才培养新模式，构建了大学教育系统和产业实践系统相融合的"双系统"产教融合培养体系，制定了多学科交叉人才培养课程体系、多层次贯穿创新创业实践体系、多平台融合工程教育实践体系以及多方位协作现代产业学院运行保障体系"四体系"，提高了材料类专业高层次人次才培养质量，为纺织类院校材料类专业本科生培养提供了新的模式和示范性经验。

1.2 成果解决的教学问题

（1）紧贴国家《现代产业学院建设指南》建设目标、建设原则、建设任务等要求，构建新工科"双系统四体系"产教融合现代产业学院人才培养模式，解决了材料类专业人才培养和行业结合及需求脱节，应用性和实践性能力不突出的问题。

（2）围绕材料特色产业，打造特色专业群以及创新现代产业学院人才培养新模式，开辟了新的人才培养及实践体系，解决了材料类专业创新型人才培养的普遍问题。

（3）围绕促进材料类专业及产业之间的产教融合，提升专业建设质量，加强创新型、复合型、应用型等多层次工程专业人才培养过程管理，解决了材料类专业如何实现人才培养管理的制度化及规范化问题。

2 成果解决教学问题的方法

2.1 构建了材料类专业本科生"双系统四体系"现代产业学院人才培养体系

"双系统"即大学教育系统和产业实践系统；"四体系"即多学科交叉人才培养课程体系、多层次贯穿创新创业实践体系、多平台融合工程教育实践体系以及多方位协作现代产业学院运行保障体系。

"双系统"相互融合，"四体系"相互独立又相互交叉，构成了一套完整、完善的高校应用型新材料类专业"双系统四体系"产教融合的现代产业学院建设架构（图1）。

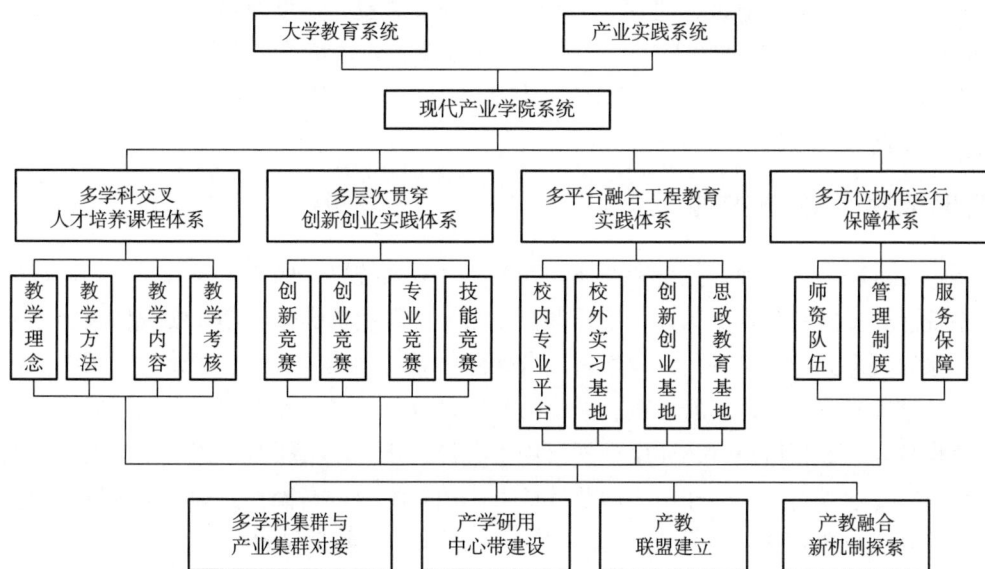

图 1 新材料类专业"双系统四体系"产教融合现代产业学院架构

2.2 制定了多学科交叉人才课堂培养课程体系

新材料类专业紧紧围绕现代产业学院组织治理特征、办学定位、人才培养模式等特点，整合材料科学与工程专业、高分子材料与工程专业、复合材料与工程、无机非金属材料工程等材料类专业，从教学思想理念、教学方法和手段、教学内容以及教学考核等方面进行改革，制定多材料学科交叉人才的课堂培养体系，形成了现代产业学院新材料类专业人才培养新模式。

2.3 完善了多层次贯穿新材料类专业创新创业实践体系

新材料类专业现代产业学院建设，将大学教育和产业实践相结合，采用科技竞赛、创新竞赛、创业竞赛、专业竞赛及技能竞赛等方式，完善形成"校级—市级—国家级—国际级"多层次贯穿的新材料类专业创新创业实践体系，以其为抓手，提升各材料类专业本科生的创新能力、动手能力和实践能力，推进产教融合，并将其引入人才培养方案中，构建新材料类专业的现代产业学院人才培养新方案。

2.4 创建新材料类专业多平台融合工程教育实践体系

整合各材料类专业教学实验平台与校外平台，促进校内专业平台、校外实习基地、创新创业基地以及思政教育基地等在人才综合培养方面的相互融合，构建现代产业学院材料类专业高层次人才工程教育实践新平台。

2.5 探索多方位协作材料类专业现代产业学院运行保障机制

整合各材料类专业校内校外师资优势，完善由校内不同专业的学术导师、企业不同行业工程实践导师和社会不同领域思政导师组成的多方向专业教师指导体系，构建现代产业学院材料类专业人才培养师资队伍；制定和完善校企合作、校内外联合人才培养等管理制度，为产教融合人才培养顺利运行提供保障；从学生工作管理、教学管理、后勤服务管理等方面改革和完善人才培养过程管理，为产教融合人才培养做好服务保障。

3 成果的创新点

（1）构建新材料类专业"双系统四体系"产教融合现代产业学院，探索产教融合人才培养新模式，提升未来材料类专业建设质量和高层次人才培养质量。

（2）围绕产教融合，实现化学纤维、生物材料、功能膜材料、复合材料、功能陶瓷、新能源材料等多材料学科集群与产业集群对接，建设产学研用中心带，建立产教联盟以及探索产教融合新机制。

（3）创新了教学理念、人才培养模式、人才培养方案、人才培养平台等方面的研究与实践，形成了从现代产业学院构建、课程体系、实践体系、培养平台、运行保障体系等多层次、多维度的新材料类专业现代产业学院建设架构。

4 成果的推广应用情况

本成果围绕深度融合大学教育系统和产业实践系统"双系统"，构建了新材料类专业现代产业学院新系统。新系统涵盖多材料学科交叉人才培养课程体系、多层次贯穿创新创业实践体系、多平台融合工程教育实践体系以及多方位协作现代产业学院运行保障体系等"四体系"。围绕"双系统四体系"，在教学理念、人才培养模式、人才培养方案、人才培养平台以及人才培养机制等方面开展研究与实践，实现多材料学科集群与产业集群对接、建设产学研用中心带、建立产教联盟并探索出产教融合新机制，为纺织类院校材料类专业本科生培养作出了示范性探索作用，为地方高校一流学科本科生培养探索了新思路。该成果自2016年实施以来，取得了显著的成效，材料类专业各学科的本科生人才培养质量不断提高，本科生的个人素质、知识和实验、实践能力得以进一步提升，培养质量和就业率不断提高，培养管理和运行机制日趋完善，形成了基础型和应用型人才并重发展的格局，材料各专业建设也取得快速的进步。

4.1 材料类专业培养架构趋于合理、双创培养不断提高、培养模式进一步完善

本成果构建了"双系统四体系"材料类专业本科生人才培养架构。将贯穿于新材料类专业人才培养全过程的课程体系完善、双创体系、实践体系及运行保障体系等互联互通、相互结合。"双系统四体系"现代产业学院人才培养架构对于材料科学与工程专业、高分子材料与工程专业、复合材料与工程、无机非金属材料工程等材料类专业高质量人才培养具有通用性和借鉴意义。

基于"双系统四体系"，研究和实施了现代产业学院架构的整体规划和顶层设计，整合了大学教育系统和校外产业实践系统资源，实现多材料学科（专业）交叉、产学研用结合，构建了"双系统四体系"产教融合现代产业学院架构，探索了现代产业学院人才培养新模式，推动了产教融合，创新了材料类专业人才培养机制改革，注重体现学生基础和创新及实践能力的培养和锻炼。

在材料各专业国家级、市级与特色应用型专业及方向"卓越工程师计划""拔尖创新人才实验班"和"新工科"建设的基础上，结合学校产学研合作和牵头成立的材料行业龙头企业战略联盟，从大学教育系统和产业实践系统相结合出发，围绕实现材料多学科集群与产业群对接、建设产学研研发中心带、建立产学研联盟以及探索产教融合新机制等，搭建了应用型人才培养新平台、创新应用型人才培养新模式、推广应用型人才培养新形式、理顺应用型人才培养新机制。同时，围绕整体规划和顶层设计，为材料现代专业学院的研究和实践提供了理论指导。

推动学院各材料类专业及方向的深化改革，探索并建立了现代产业学院的组织架构模式和人才培养模式；构建现代产业学院的实施方案，以材料科学与工程专业、高分子材料与工程专业、复合材料与工程、无机非金属材料工程为试点推广实施。

4.2 多材料类专业（学科）交叉的产业型人才培养新模式逐渐形成

本成果构建了培养产学研结合的复合型人才的课程体系和教学方法，并将其用于现代产业学院建设实践，为学生获取前沿交叉知识、服务产业需求提供了思维分析方法和知识基础。

建立了现代产业学院课程体系、改进了教学方法。围绕现代产业学院组织治理特征、办学定位、人才培养模式特点等，整合材料科学与工程专业、高分子材料与工程专业、复合材料与工程、无机非金属材料工程等工科专业，构建多材料学科交叉产学研用结合课程体系和培养方案。实行"引企入教"，构建了适

应现代产业学院集科学性、创新性、实践性于一体的课程体系。持续强化培养学生职业胜任能力和持续发展能力，完善了课程体系和先进教学内容。通过开办微专业、开设交叉课程等方式，将具有普适性和渗透性的教学内容，扩展到具有交叉特点的材料类专业。将教学中心从教师转变为学生，坚持成果导向，改变基于案例的教学方法，开创了以企业需求、项目牵引的教学方式，灵活采用启发式、探究式、课堂翻转、小班讨论式等课堂教学方法，从继承式学习转变为探究发现式学习。每学年广泛引入企业人员参与了授课、生产实习、毕业设计等学生培养环节，实现了各专业内与企业内资源共享、校企达成了紧密融合，建立了人才适应性强的产业型人才培养新模式，扩展了材料类专业人才培养的产业适应范围，并使其发挥了重要作用。

4.3 依托优势材料类专业与校企合作基地，构建多层次贯穿课外创新创业体系

多层次贯穿课外创新创业体系是现代产业学院建设的重要支撑和补充，对培养学生的创新思维、实践能力和科研素养等起到重要的载体作用。本成果依托于材料科学与工程专业、高分子材料与工程专业、复合材料与工程、无机非金属材料工程等优势材料类工科专业与校企合作实践基地，全方位开展了各种课外科技竞赛、创新竞赛等创新活动，提升了学生的科研创新与思维能力；依托校外产业化基地、创业孵化器等开展创业竞赛，锻炼了学生的实践能力和全方位处理问题的综合能力；依托现代产业学院，采用专业竞赛、技能竞赛等，夯实学生的专业基础，提升了材料类专业的创新思维、工程实践能力和科研素养。因此，逐步形成了多层次贯穿的课外创新创业体系。

开展了多种普及性的课外科技活动、设置科技创新基金、创建本科生学术导师制、构筑形成"校级—市级—国家级—国际级"四级竞赛体系等方式，建立实施了多层次课外创新竞赛体系。采用自主命题、固定主题、专业命题、趣味选题等方式，引导学生灵活选择课外竞赛课题。完善了学生创新素质评价体系，建立起课外科技竞赛可持续长效机制，形成了"以赛促教、以赛促学、以赛促创"新教学模式。促进大学教育与产业实践深度融合，创建了现代产业学院人才培养新方案。推进新材料工科专业教育与产业实践相融合，建立了多层次课外创新竞赛体系及现代产业学院人才培养方案；学生参加多级别专业竞赛，并获得优异名次，同时极大地提高了学生创新实践能力，提升人才培养质量。

4.4 多平台融合工程教育实践体系的构建

通过整合新材料类专业"双一流"实验平台及实习基地、企业创新创业基地和思政教育基地，为产业联盟构建了多平台工程教育实践体系。

在校内人才培养平台建设基础上，联合校外实习基地、创新创业基地以及大学生思政教育基地，从立德树人出发，构建多平台融合的工程实践教育平台体系。突出"学生为主体，教师为主导"的人才培养教育理念，利用虚实结合的实践手段，结合线上讨论和线下交流的教学方法，形成"虚实互补""资源共享"的实践教学方法；在校外材料类专业实践基地建设基础上，突出"材料与思政育人"结合的实践模式，同时将学校实践教学手段与企业的实践培养体系进行系统融合；并在学生的关键教学实践点引入企业专家讲座、企业参观和企业实习实践，并在实践过程中突出思政教育基地建设，最终构建学校—学院—企业多平台融合的工程教育实践体系模式，提升材料类专业现代产业学院学术影响力和社会声誉。

4.5 多方位协同现代产业学院运行保障体系的构建与实践

为做好产业学院的建设，从学院层面开展研究，转变观念，整合资源，出台了促进产业学院发展的系列保障和激励措施，对本项目的研究与实践的顺利开展提供了有益支持和保障。深入研究了产业学院发展面临的制度阻碍，主动与政、企、研发机构等合作，找准各方利益交汇点，按照专业设置与产业需求对接、课程内容与职业标准对接、教学过程与生产过程对接、创新创业与企业项目对接等要求，通过制度创新，形成共建实验实践平台、双师资队伍等举措，创新师资队伍管理和教学管理制度，协同育人，推进产教深度融合，形成多方共建、共治、共享和共同发展，推进产业学院建设。通过本项目的实施，形成并推进了材料类现代产业学院建设发展的系列制度措施。对于其他高校材料类现代产业学院建设的制度保证起到一定的示范作用与参考意义。

"方法论引导、课内外联动、全覆盖实践"
——纺织专业学生创新能力培养实践

东华大学

完成人及简况

姓名	性别	所在单位	党政职务	专业技术职称
许福军	男	东华大学	副院长	教授
郭珊珊	女	东华大学	学院办公室党支部宣传委员	助理研究员
刘雯玮	女	东华大学	服装学院党委副书记	副教授
陈志刚	男	东华大学	纺织学院党委副书记	讲师
覃小红	女	东华大学	教授	教授
严军	女	东华大学	学生就业服务中心主任	副教授
邵楠	女	东华大学	校团委副书记	讲师
徐广标	男	东华大学	无	教授
韩亚男	女	东华大学	无	专职辅导员
关颖	女	东华大学	无	助理研究员

1 成果简介及主要解决的教学问题

1.1 成果简介

当前纺织行业作为传统支柱产业和重要民生产业，正处于转型升级的关键时期，亟需纺织类创新人才。然而，专业创新教学过程中，还存在创新理论与专业知识融合差、课内外创新教学过程衔接弱、创新实践活动覆盖面小等问题，严重制约了创新人才培养。

本成果通过剖析当下高校人才培养存在创新能力培养体系不完善、学生创新意识与能力不足的弊端，构建了纺织类创新人才教育教学体系，对专创融合背景下创新人才培养的教学内容、教学方法、教学手段、创新教育等进行了探索实践，建立基于"方法论引导、课内外联动、全覆盖实践"的纺织专业学生创新能力培养模式。通过第一课堂注重创新方法论和专业知识的有机融合；第二课堂强化创新项目实践和创新竞赛训练，使第一与第二课堂在创新内容上有机结合，形式上有效互补，难度上逐渐进阶；通过校内外创新实践教学平台相结合，实现创新实践资源全覆盖；将创新课程实践与课外学术竞赛相结合，强化学生创新能力；从知识、能力、素质三方面构建以学生创新成果为导向的协同育人机制（图1）。

经过四年的实践，在20门专业创新课程群，200个课外创新项目团队（其中获国家级立项47项、上海市级立项80项）

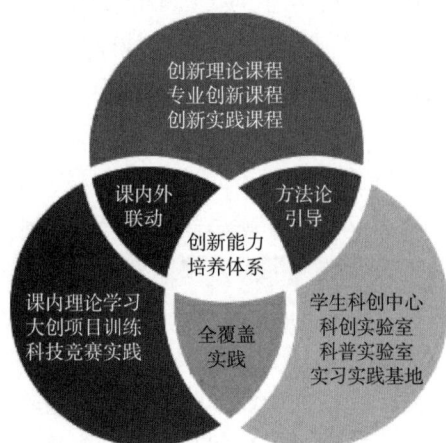

图 1　创新能力培养体系

和 100 余次创新竞赛的立体化、进阶式训练下，学生创新实践能力显著提升，获得挑战杯科技竞赛"全国二等奖"等课外科技竞赛和社会实践等国家级奖项 40 余项，上海市市级奖项 20 余项；深造率从 33.7%（2017 年）递增到 50% 以上（2021 年）；用人单位整体评价优秀率超过 96%。2020 年东华大学"高技术纺织材料创新创业青年团队"荣获"上海市五四青年奖章集体"。

1.2 主要解决的教学问题

（1）如何实现纺织专业课程体系与创新人才培养目标的有机结合。

（2）如何实现第二课堂与第一课堂的有效联动，强化学生创新能力。

（3）如何构建纺织专业创新实践教学体系，实现创新教学资源全覆盖。

2 成果解决教学问题的方法

2.1 开设创新理论与专业知识深度契合的创新课程群，构建纺织专业"专创融合"教学体系

开设由纺织专业长江学者领衔的创新理论课程，将创新方法论与纺织专业创新实践案例有机融合，避免创新理论课程内容与专业知识脱节问题。优化"提花织物设计""纺织品设计""可穿戴技术与智能纺织品""针织产品开发案例"等专业课程，将创新思维与案例有效融入专业内容，建设了 20 余门专业创新课程；重构创新能力导向的"社会实习""生产实习""毕业实习""综合训练"等实践类课程。出台创新实践学分认定细则，强化学生创新知识、能力、素质的综合性培养，让创新教育"立"起来，构建纺织专业"专创融合"教学体系。

2.2 建立第一课堂与第二课堂深度融合、精准对接的创新能力协同培养机制

在纺织专业创新课程群的基础上，组建课外科技创新团队，鼓励学生以科研项目为载体开展创新实践训练，实现第一课堂与第二课堂深度融合、精准对接。以"互联网 +""挑战杯""创青春"三大杯赛和纺织专业科技竞赛为导向，开展进阶式创新实践。"以教辅赛，以赛促教"，让创新教育"建"起来，形成专业技能与创新能力有机结合的创新能力协同培养机制。

2.3 搭建校内外创新实践教学平台，实现创新教学资源全覆盖

建立"智汇经纬"纺织学院大学生科创中心实践教学平台，设立"科创实验室"和"科普实验室"，组建"国家级教学名师"领衔的 20 余位专业教师组成的创新课题导师团队。通过"科学实验班""复材大飞机班""卓越工程师计划"鼓励学生以实践项目为载体创新实践训练，促进了学生知识、能力和素质全面协调发展。拓展校外优质资源，与 13 家企业签订了暑期实习生项目，36 家企业签订实习基地。在企业兼职导师的指导下，开展符合企业生产实际的创新实践活动。通过校内外创新实践教学平台相结合，让创新教育"实"起来，实现创新教学资源全覆盖。

3 成果的创新点

3.1 构建创新理论与专业知识深度契合的创新课程体系

对创新理论课程、专业创新课程和实践课程等各类课程进行了系统性整合，构建了适合纺织专业学生的创新课程体系。将创新课程与翻转课堂、在线慕课等新教学形式相结合，对创新课程的教学内容、教学方法和教学手段等进行优化与更新，实现创新方法与纺织专业内容有机融合。在创新理论、专业知识和实践训练系统教学基础上，实现方法论引导、专业课增效、创新能力强化组合式创新能力培养课程体系。

3.2 打造课内外联动的进阶式创新能力培养机制

将第一课堂的创新知识传授与第二课堂的创新实践训练紧密结合，充分发挥第二课堂创新实践活动主战场的重要作用。组建大学生课外创新团队，拓展第一课堂的专业创新能力，通过课程教学、创新项目训练和科技竞赛实践等实现进阶式的创新能力培养体系，打造以学生创新能力为核心的课内外

联动的创新能力培养机制。

3.3 搭建教学资源全覆盖的校内外创新实践教学平台

秉承"学生中心、能力导向、持续改进"的教育理念，依托"智汇经纬"大学生科创中心和校内外实践基地等创新实践教学平台，将创新能力培养贯穿大学学习的全过程，实现创新教学资源的全覆盖。完善由导师团队指导、辅导员教师管理、纺织科技协会社团辅助的创新平台管理机制，打造"有创意、善创新、能创造"的创新实践教学平台。

4 成果的推广应用情况

4.1 纺织专业创新人才培养成效显著

创新人才培养实践使在校生和毕业生广泛受益，每年参加创新创业课程学习的学生200余人次，组建课外科技创新团队80个（约200人），涵盖所有专业方向的本科生。近年来，获批国家级、上海市级创新创业项目80余项。经过创新课程学习和创新项目训练，在"挑战杯""互联网+""创青春"等科技类竞赛中，荣获国家级奖项40余项、省部级奖项20余项（图2）。

图2 获奖证书

4.2 创新教学水平持续提升

在创新教学体系的实践和促进下，纺织专业的教学水平持续提升，形成了高水平的教学团队、课程体系、系列教材和实践基地。教师队伍先后出版专业教材40多本，获得全国优秀教师、上海市教书育人楷模、上海市五一劳动奖章、"纺织之光"特等奖等多项奖励。获国家级教改项目3项，国家级一流课程3门，国家级精品资源共享课程和国家精品在线开放课程2门；获市级各类优质课程7门，省部级教学改革项目11项。纺织学院获批"上海市思政领航学院"，纺织工程专业获批"国家一流专业建设点"和"上海高等学校一流本科建设引领计划"。

4.3 成果示范与辐射作用明显

创新人才培养模式与实践举措得到国内纺织类高校的广泛认可，每年来院交流的团队达到20余批（100余人次），为其他高校的创新人才培养提供了可借鉴、可复制的经验。"创青春""互联网+"等科技竞赛成果先后被新华网、中国纺织导报、纺织经济信息网等数十家媒体报道。基于课外创新项目，自主研制系列小型实验设备为本校和其他17所院校实验教学服务，受益学生达4000多人。社会实践

第二课堂以"援疆团"为例，学生利用纺织专业知识和创新能力在新疆350家纺织服装企业开展了创新实践和培训活动，先后被人民网、《解放日报》等百余家媒体和网站宣传报道（图3）。

图3　电热膜的开发与利用团队代表接受新华网"我要去创业"栏目专访

新时代中华优秀传统文化创造性转化服装设计人才培养体系构建

江南大学

完成人及简况

姓名	性别	所在单位	党政职务	专业技术职称
崔荣荣	男	江南大学	江南大学学科建设处副处长、民盟无锡市委副主委、无锡市政协常委	教授
张毅	男	江南大学	无	教授
牛犁	女	江南大学	无	副教授
吴欣	女	江南大学	无	副教授
徐亚平	女	江南大学	无	副教授
胡霄睿	女	江南大学	无	校聘副教授

1 成果简介及主要解决的教学问题

1.1 成果简介

在新的历史时期，如何进一步推进作为文化标识的传统服饰文化的传承、传播和创新，如何增加中国时尚产业的国际话语权，是目前教育界逐渐关注的议题。无疑，发掘和传承民族服饰以及蕴含的文化内涵使其创新性发展和创造性转化是有效途径之一，推出一批具有文化传承与创新能力的人才，是当下时尚设计领域的一大发展趋势。

本成果以培养高素质、复合型服装创新创业人才为宗旨，以服务美丽中国、创新驱动发展等国家发展战略需求为导向，以文化传承和艺术创新作为聚焦点始终贯穿整个教学与人才培养建设中，基于"科研反哺教育"理念，深化课程建设的五个维度，以服装设计为主体、文化传承与市场导向为两翼的"一体两翼"式教学架构，促进传统文化遗产传承与服装产业发展在服装设计教学中的融入，构建"艺术特色显著、产业联系紧密、文化传承厚重、技术线路新颖"的本科育人格局。

1.2 主要解决的教学问题

1.2.1 传统文化教育及融入不足的问题

面对国家的文化战略及目前市场的高要求，高校服装设计专业教学存在重专业知识教育而忽视人文素质培养的问题。传统文化教育缺乏系统化、经常化、制度化的指导；传统文化教育的主渠道是课堂，其他渠道的信息则良莠不齐。

1.2.2 技术变革和产业革命对艺术教育的挑战

当前社会经济基础和科学技术等的物质结构形态发生了巨大的变化，在以消费、信息、高科技等为社会导向的新时代生活中，消费态度、习惯及审美等发生了显著的变化，对传统的服装设计人才教育形成了巨大挑战。

1.2.3　创新理念与思维模式转变的问题

现代时尚潮流下，服装设计教学与社会及产业之间衔接方面存在问题显著。理论与实践之间难以接轨，课内与课外之间无法相互促进；缺乏各层次的交流与实践，造成学生视野不开阔、动手能力弱、沟通能力差、团队合作意识不强等问题。

2　成果解决教学问题的方法

2.1　构建"四维空间"教学模式，培养国际化时尚设计人才

践行"产、教、研融合育人"的理念，以提升服装设计精神文化和设计艺术哲学理念为核心，融通"教学空间、文化空间和市场空间"致力于培养学生形成具有历史文化价值观的时尚设计"认知空间"；整合产学研实践资源，强化教学与市场需求、企业发展之间的联系，建立多种形式的社会实践、实习、创业基地，支撑"四维空间"教学实施。

团队在"四维空间"模式下开展协同育人，调研并剖析当代中国风服装设计的典型案例，总结优秀经验，凝炼代表性应用元素和文化符号，结合当下我国服装行业的发展、品牌消费与国际化道路，通过对国际活动、流行趋势发布展演、服饰设计与文化学术的国际交流与传播等活动的推动，形成系列化服饰品牌、服饰文化、服饰设计等"中国方案"融入教学。组织教材建设、课程建设、讲程比赛等，将企业实践项目、科研项目融入教学过程，以市场化的教学项目和引领学生设计思维发展和能力提升，坚持"学生为本、理实一体、学术引领、能力提升"的教学链条，将"教研融合，科研反哺教学"理念落到实处。秉承"紧扣时代脉搏，把握时尚科技前沿"的宗旨，开设"服装进展（双语）""服装设计与技术"等双语及全英文课程，培养学生的国际化视野和科技创新意识（图1）。

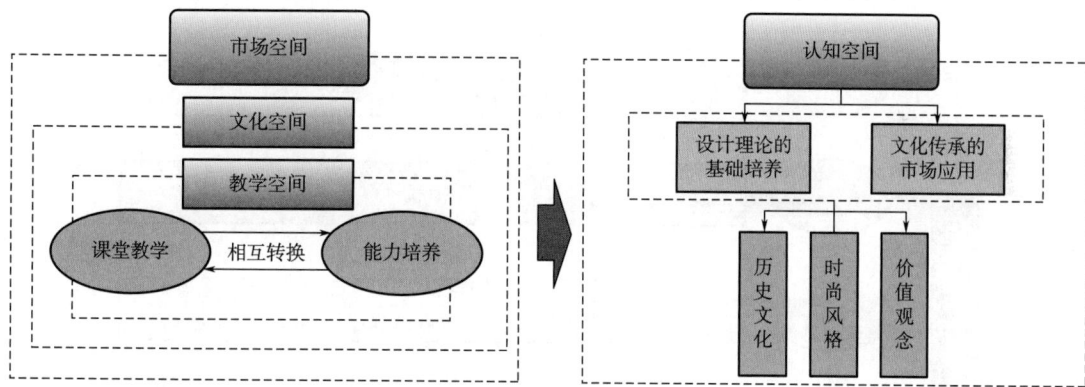

图1　"四维空间"教学模式

2.2　夯实传统服饰文化基础，构建服饰文化遗产传承的育人平台

借助教育部中华传统文化传承基地、江苏省非物质文化遗产研究基地、江南大学民间服饰传习馆、江南织造府研究所等独特的高品质文化平台，挖掘传统文化的教育与教化作用。通过开设工作室、实验室、实习基地、研发中心等，为学生提供大量的实践机会，并通过采风、田野考察、参观学习等形式带领学生"走出去"，开拓视野，形成体系化的素质拓展平台。积极开展服饰文化的传播和交流工作，构建校际间、学校与国际间服饰文化交流的平台，将创新创业教育融入课程、课堂、实验、实习实训等教学各个环节，融入人才培养全过程。学院统筹引入校际合作项目、校企项目、大赛、展览，以"项目型课程"带动专业教学和毕业创作，增强专业教学的开放性、互动性和实效性，既促进教育成果为社会服务，又为学生搭建了文创实践平台，提升了课堂质量，一举多得。同时创办《服装学报》杂志为相关学科提供专业化的科研成果交流平台（图2）。

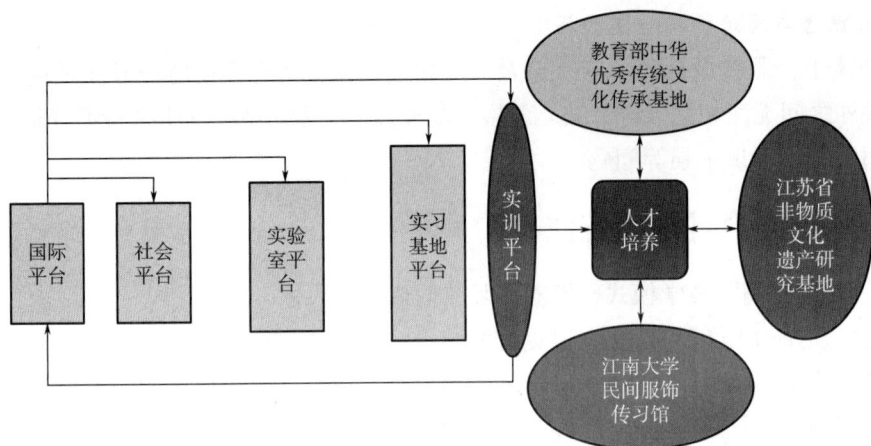

图 2　服饰文化遗产传承的育人平台

2.3　构建模块化精品课程，探索"文创与科创并重"的服装设计人才培养模式

深入研究中国传统服饰设计艺术与新时代时尚文化之间继承与创新的共生紧密关系，详细阐释传统与现代、民族与时尚的滋养与启迪交互，探寻服饰设计哲学与现代生活方式，找到适合我国新时代服装文化发展的角度，将设计学科最新发展成果充实到专业教学中，从设计学、文化学、美学、工程科学、心理学等角度设置教学大纲，分为服装设计类、服装结构与工艺类、技法基础类、理论素质类及学科拓展类五大课程模块，注重培养学生文化创新能力，鼓励本科生参与科研项目，实现大学生创新创业训练项目在专业内全覆盖，构建"具有深厚文化底蕴和科技创新能力的新型服装专业高素质人才"培养体系，在行业内形成了公认的以传统服饰文化为特色的服装设计人才培养基地（图3）。

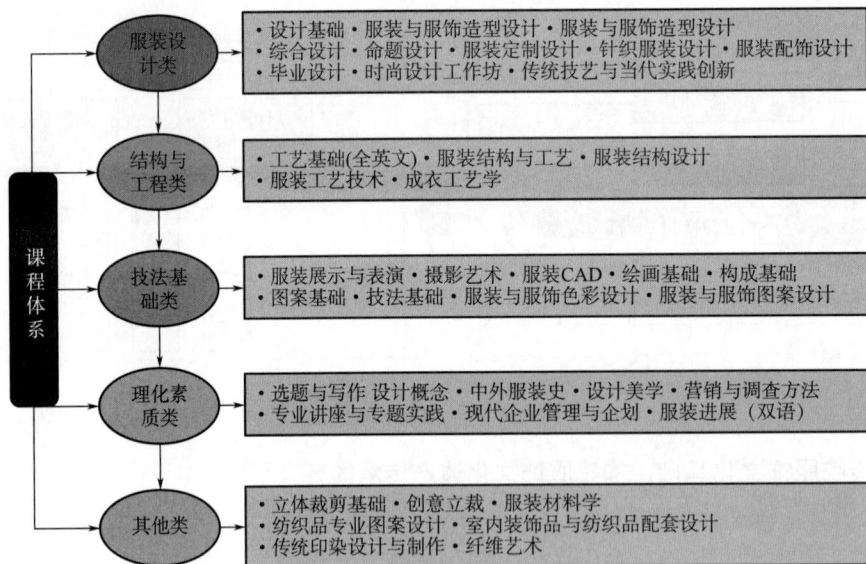

图 3　课程体系建设

3　成果的创新点

3.1　对标国家战略，提出并践行了具有专业特色的创新创业人才培养新理念

在遵循一般性艺术教育规律的基础上，制定适合自身发展的学科发展脉络，引导学生认识和了解新时代中国哲学社会科学的未来发展趋势，掌握传统服饰文化传承创新精髓，提高文化自觉、文化自信，

助力服装设计专业学生的学术素养养成长，形成时尚创新能力。

3.2　遵循艺术教育规律，以育人平台建设为抓手，形成了独具特色的培养机制

充分发挥团队所在的平台优势及江南大学地域优势和学科优势，加强传统服饰文化的研究和创新，深度挖掘其文化基因内涵，探讨新时代我国优秀传统文化在当下更好的传承方式，全面构建艺术与文化、理科、工科融合的理论体系，构建当代时尚艺术的话语权。

3.3　以经济发展与学科交叉为引领，探索优秀传统文化融入本科教育的新方法

依托长三角地域及产业优势，以现代生活方式为立足点，通过"设计力量＋学科交叉"的运作模式，创新开发系列产品，提升服饰遗产的经济效用价值，为区域经济及民族纺织及时尚产业、行业发展赋能。

4　成果的推广应用情况

4.1　服务区域内高端企业能力持续增强

形成省、市、校各级大学生创新项目百余项，培养了学生良好的实践能力；近3年共毕业学生近300人，一次就业率95%以上，专业对口率80%以上，《麦可思毕业生调研报告》《中国高等教育评估》《纺织服装教育》《高教论坛》等对我专业毕业生培养质量评价较高，毕业生在就业单位知名度、就业单位评价、月收入、就业现状满意度等重要指标方面超出了全国同类本科院校平均水平，在就业、创业、升学方面表现较好。统计数据显示，毕业生服务企业的类型正由原来的中小型服装企业为主向大型、品牌化、国际化服装企业、集团升迁。

4.2　赛教融合、以赛促教，学生创新能力在大赛中彰显

发挥学生的主体作用，以项目和问题、案例引导学习，创新工作坊、工作室制、企业大赛进课堂、联合授课制、项目进课堂等授课方式，实现艺术设计的设计实践与企业实践的无缝对接。近3年来，在ET Fashion等顶级专业赛事中，获奖近百项，充分展示了专业教学、改革、持续建设的成果。

4.3　教学水平逐年提升，形成了以传统服饰文化为特色的服装设计教学体系

完成"服装设计"国家级特色专业建设，"服装CAD"课程入选首批国家级一流本科课程，完成国家精品视频课程建设1门、江苏省在线开放课程1门、国家级或省部级教学成果奖6项，在行业内形成了公认的以传统服饰文化为特色的服装设计人才培养基地。

面向中小企业创新升级的跨域融合纺织自动化类人才培养探索与实践

南通大学

完成人及简况

姓名	性别	所在单位	党政职务	专业技术职称
顾菊平	女	南通大学	副校长	教授
华亮	男	南通大学	院长	教授
徐一鸣	男	南通大学	副院长	副教授
杨奕	女	南通大学	自动化系主任	教授
杨慧	女	南通大学	无	实验师

1 成果简介及主要解决的教学问题

1.1 成果简介

早在 20 世纪初，在爱国企业家张謇创办的南通纺织染传习所的引领下，南通成为全国有名的纺织工业之乡，由张謇创办的南通纺织专门学校成为中国最早独立设置的纺织高等学府，中华人民共和国成立后历经南通纺织工学院、南通工学院，于 2004 年组建南通大学。一百多年来，南通大学为纺织电气、纺织自动化培养了大批人才，有力支撑了南通纺织产业的发展。随着科技发展，自动化、智能化技术在纺织行业得到广泛应用，纺织企业，尤其是中小企业，渴求既掌握纺织技术又熟悉自动化技术，且能够涉猎多个行业领域，在企业转型升级中发挥骨干作用的科技人才。

本教学成果以新工科人才培养为根本、以迎合企业人才需求为抓手，以深化协同育人为手段，着力构建校企合作的基地群、提升学生面向中小企业的适应度，探索和实践培养跨域融合人才的新机制，取得了显著的成效。

1.2 主要解决的教学问题

（1）学校致力于解决工科专业理论教学的系统性，对工程能力的培养缺乏行之有效的系统性培育方法、手段和实践基地，学生往往单项实践能力得到了比较充分的训练，但是，需要综合不同学科、不同领域、不同层次的知识、能力，应对中小企业创新升级需求的跨域融合能力、工程研发能力薄弱。

（2）在建立实践基地的过程中，学校没有充分发挥自己技术引领、人才宝库的作用，企业往往采取一事一议的短期行为，校企之间没有能够建立起互信、互利、互融，长期合作的主观志愿和产教共赢的协作机制；同时学校缺乏顶层设计，较少从工程的角度，思考为了培育学生的适应企业需求的跨域融合能力，实践基地应该整合哪些企业资源，构建具有产业特色的实践基地链。

（3）面对纺织自动化、智能化需求的不断提升，系统性的、前沿性的教学资源和手段支撑比较匮乏，加之青年专任教师自身工程能力特别是跨域融合能力的薄弱，也直接影响到跨域融合的人才培养的效果。

本教学成果直面上述问题，强化顶层设计，一是从课程设置到课程内容，重构课程体系、实践环节结构，尤其对工程能力的培养，强调系统性、过程性、进阶性；二是构建了以信任机制为基石的产教融合多种机制，与相关企业几十年的合作，夯实了相互信任的基础，并通过产教资源的共享机制、人才培养的互动机制等多种机制，实现了互利双赢，为学生跨域融合能力培养提供了动力支撑；遵循在纺织产业的纺、织、染、造的产业流程中自动化、智能化技术应用的特点，分别与威尔电机、无锡信捷、江苏大生集团等10多家企业合作基地的建设，使学生适应企业需求的跨域融合的技能训练成为可能；三是打造了包含多种技能及专长的校企互补的师资架构，从企业招才引智，学院教师深入基地开展工程研发技术改造，实行聘培并举，为学生的跨域融合能力培养提供了师资保证；四是开展了以人才培养方案为蓝本的多种教育教学活动，在人才培养方案制定、理论与实践教学、学科竞赛活动等各环节中始终贯穿校企合作培养跨域融合人才的主线，有效提升了学生的跨域融合能力，为实现与企业人才需求无缝对接提供了保证。

本成果以产教深度融合为基石，构建了校企协同的育人机制，形成一批理论成果；在培养适应中小企业急需的大批跨域融合人才方面取得成效，第三方数据显示，超过60%的专业毕业生服务中小型企业，其中超过80%的学生成为企业技术与管理骨干。受到社会各方面的关注和赞誉。

2 成果解决教学问题的方法

坚持育人为本，注重专业能力培养与家国情怀塑造为一体，秉承先校长张謇"学必期于用、用必适于地"的教育理念，践行张謇"负责任，知实践，务合群，练能力"工程教育思想，坚守立德树人初心，将张謇实业救国理念延伸拓展到当前产业变革升级的时代背景之中。

2.1 呼应中小企业创新升级需求，校企共同制定适应中小型企业创新升级发展需求的新工科人才培养方案，重构面向跨域融合能力达成的课程与实践教学体系

坚持以培养纺织自动化复合型人才为导向，在对企业进行深入调研的基础上，依据工程教育专业认证标准及企业用人标准和行业规范，由行业专家组成的专业建设指导委员会成员共同确定专业人才培养目标和毕业要求，提炼专业核心能力，依据产出导向原则反向设计人才培养方案。设置了纺织工程、电气工程、控制科学与工程等多学科交叉融合的课程体系。强化了纺织装备智能控制等知识领域在课程体系中的地位，拓展先进制造、新能源、人工智能新兴产业课程；创设跨专业共享的创新教育、前沿技术、经济管理、社会伦理、法律伦理、工程师职业道德等课程，构建人才综合素养培育多元课程群。尤其在工程能力培养方面，采用"项目库"的方式，将企业工程项目融入课程教学内容，将产业教授授课固化于课程教学大纲。充分实现企业案例和技术"嵌入式"教学，在理论学习的同时，注重专业能力和技能培养。

架构专业跨域能力达成链路的实践教学网络体系，依据"项目库"等校企资源，建立了包含"知识、操作、应用、创新"能力训练节点的进阶式能力达成链路，模拟企业项目流程，改革综合设计环节，多举措确保工程创新能力持续进阶，使学生可以根据兴趣自由选择能力训练节点，实现了对学生不同层面实践能力的全方位覆盖。

2.2 推进"平台+课程"迭代升级，整合产教优势，实现教学资源校企融合

瞄准与地方经济社会发展的结合点，突破传统路径依赖，探索产业链、创新链、教育链有效衔接机制。建立了新型信息、人才、技术与物质资源共享机制，完善了产教融合协同育人机制。

依托先进制造、新能源、人工智能产业学院集群，建成教研一体的4个国家级平台、10个省部级平台、2个国际合作平台。与企业共建产业路径与技能培养协同进阶的特色基地链，对接课程与实践体系，为学生提供了多层次的实践技能持续进阶平台。

建成国家一流线上线下混合式课程1门、省在线开放课程9门；开发机器人、智能制造、新能源装备、电力系统4类虚拟仿真实验项目群。共建信捷网上学院，电气控制虚拟仿真实验培训辐射全国。

无锡信捷、通富微电子、大生集团等企业课程、应用项目、工程案例纳入 12 门课程，校企合作研发构筑"校中厂"，与浙江中控、无锡信捷、Altera、Silvaco 等企业共建工程创新中心和联合实验中心，开展纺织自动化领域的工程实践。

2.3 直面复杂工程问题，强化竞赛引领、项目驱动的教学手段

以学科竞赛项目为引领，力求基础知识与专业理论的融会贯通；以赛前训练为抓手，力求理论素养和实践能力的相得益彰；以竞赛参与为动力，力求理论继承和实践创新的互相支撑；以竞赛成果为激励，力求科学素养与人文素养的并行不悖。通过举办校级集成电路设计大赛、电子设计竞赛、半导体收音机挑战赛，院级单片机大赛、PLC 大赛、智能车竞速比赛、嵌入式系统大赛，学生 100% 参与竞赛训练。近三年获得包括挑战杯一等奖、"互联网 +"银奖在内的省级以上竞赛奖励 300 多人次，实现以面聚点、以点带面、点面结合、以赛促创、以创推赛、以老带新、以新促老的融合发展。

创设"1+N"导师制引导下的项目驱动的教学方法。建立多学科融合的动态项目库，项目源于产业实际需求，学校导师与企业导师协同指导，师生围绕模块设计、系统集成、工程实现开展原型设计、仿真验证、修改定型，掌握集成创新思维与实践方法。学生团队依托项目，实现了从理论到实践的能力提升，强化了学科交叉、团队协作等能力。

2.4 注重聘培并举，优化校企跨域互补的师资结构

实施校企人才双向流动机制，设置产业教师特设岗位计划，完善产业教师引进、认证与使用机制。设立产业教授岗，聘任产业教授，注重专业教师结构多元化。产业教授承担本科教学授课、实践案例专题讲座、指导毕业设计等教学工作并参与教学改革。校企合作推进大学生创新创业训练计划项目，联合指导学生参加各级各类创新创业学科竞赛活动。

加强教师培训，共建一批教师企业实践岗位，开展师资交流、研讨、培训等业务，建设"双师双能型"教师培养培训基地。青年教师 100% 赴企业参加专项工程能力培训，近三年入选省"双创计划"科技副总青年教师 7 人，着力打造"双师型"教师团队。

完善"双向聘任"、双主体教师培养管理制度，形成了成体系、有特色的校企互补的教师聘任、培训、管理、绩效考核制度。制定配套的产业教师教学能力培训等制度，定期开展教学研讨、理论培训、技能实践等。促进专任教师和产业教师共同进步，打造了一支高素质、理论知识扎实、实践技能完备的电气类人才培养教师团队。

3 成果的创新点

形成了以"德能兼修、跨域融合"为途径，着力打造复合型纺织自动化类人才培养理念，在人才培养过程中，注重家国情怀、服务地方、扎根制造业意识的培养，通过跨专业、跨学科知识融合，课内课外、校内校外培养手段融合，使学生在获取扎实理论基础的前提下，全面提升工程能力、实践能力，适应中小企业创新发展的人才需求。在《中国高教研究》《高等工程教育研究》等发表《面向中小企业的电类专业人才培养的理念拓展》《新工科视域下综合性大学电气类创新型人才培养的路径选择》《工科高等教育的产教融合互信机制研究》等论文。

3.1 突破传统路径依赖，构建人才培养新方案

依据适应区域中小企业创新发展知识架构的需求，构建从课程设置到课程内容的跨域整合，重构人才培养方案。充分发挥综合性大学的优势，设置跨专业选修课；在课程教学中，突破传统课程内容体系，求实求新，一课多专，融合其他专业课程内容、工程项目内容、最新科研成果，在课程教学中实现专业的跨界融合。

3.2 完善实践教学网络体系，打造多维跨域能力培养新链路

以能力培养为目标导向，规划跨专业、多层次、进阶式多种能力培养链。建立了包含"知识、操

作、应用、创新"能力训练节点，依循链路各节点的训练即可培养达成某种能力的实践教学网络体系。通过课程实践、项目库训练、学科竞赛培训，多条能力达成链路培育跨域融合能力，学生可以随着兴趣的改变，在不同链路之间跃迁，达成多种进阶能力，实现了对学生不同层面实践能力的全方位覆盖，并通过机制保证学生能够根据兴趣选择不同的能力达成链路。

3.3 吸纳企业优秀人才，优化师资队伍新架构

建立"互动—互补—互利，共享—共建—共赢"校企深度互信机制，实施校企人才双向流动。学校制定配套的产业教师教学能力培训、管理、考核制度，定期开展教学研讨、理论培训、技能实践，以提升产业教师授课能力，产业教师参与理论授课、实习实践、毕业设计等人才培养全过程；校企共建教师企业实践岗位，专业教师参与设备改造、产品迭代升级等企业研发，着力提升专业教师工程能力，实现师资队伍深度交融。

4 成果的推广应用情况

4.1 质量工程

纺织自动化相关的自动化、电气工程及其自动化 2 个专业通过全国工程教育专业认证，并分别于 2020 年、2021 年获批国家一流专业建设点。

近三年，获得"地方综合性大学电气类集成创新人才培养的探索与实践"等江苏省高等教育教学成果奖 7 项，获得教育部新工科研究与实践项目 2 项，教育部协同育人项目 14 项，省级以上教改项目 10 项。建成"模拟电子技术"等 9 门省级在线开放课程，"建筑电气控制技术"等 3 部省重点教材。

近六年，获挑战杯课外科技作品大赛全国一等奖、"互联网+"大学生创新创业大赛全国银奖在内省级以上奖项 441 项，其中国家级奖项 241 项。

学生的职业道德和社会责任感不断提升。作为全国精神文明建设典型"莫文隋"精神发源地，产业学院学生"莫文隋"志愿者注册率达 100%，志愿活动得到社会高度认可，新华日报、凤凰网等主流媒体关注报道。专业学生自创就业公益服务平台获得江苏省大学生创业大赛铜奖。学院被授为"省科普教育基地"。

学院优秀学生层出不穷，3 名学生在校期间连续 3 年获得"江苏省十佳青年"表彰，并有学生获得"南通市新长征突击手标兵""南通市十大青春榜样"等荣誉称号，毕业生跨域彰显杰出成就，例如海安市委副书记代市长谭真、上海南麟副总吴春达、江苏起航开创软件有限公司总经理马玉龙、如皋团市委书记崔金等。

产教融合协同育人成效显著。与合作企业无锡信捷电气股份有限公司合作设立信捷虚拟班，与江苏神马电力股份有限公司合作设立神马班，为企业持续输送优质工程技术人员。学院诸多毕业生成为企业技术中坚和管理骨干，经用人单位、地方校友会调查反馈，相关专业学生"招之能用、集成创新能力强"，在助力区域企业转型发展中得到彰显。企业反馈，近五年毕业生获得省质量管理协会、江苏省总工会、江苏省科协颁发"优秀 QC 小组成果"一等奖等众多奖励。

4.2 应用辐射

承办国际国内会议 20 余次，200 余所高校参会，多名教师作主题报告，成果为众多高校借鉴。

发起成立"江苏省电气工程及其自动化品牌专业联盟"，担任理事长单位。承办联盟第一、二次会议，上海交通大学、浙江工业大学等 26 所高校参会，成果推向全国。牵头组建市高校电气类专业实践联合体，平台向区域高校开放。

学科竞赛品牌吸引全国高校交流学习，多次应邀与其他高校联合组队参赛。学生社团长期以技术服务企业，机器人培训基地辐射扬州等地区，被《新华日报》等媒体报道，被授为"省科普教育基地"。

本科生参与校企合作研制风光互补、MPS 实训系统等实验装置 279 台套，被十余所高校使用。如

电力电子实验箱已被溧阳华星教仪厂推广到东南大学、常州工学院等8所高校，广受好评。省在线课程纳入国家平台，社会学习人数逐年提升。省虚拟仿真实验项目接入省在线平台，与多所高校共享。自编教材被重庆大学等30余所高校使用。

在《中国高教研究》《中国大学教学》《高等工程教育研究》等期刊发表多篇代表性教研论文。

4.3　社会评价

中央电视台、《新华日报》《光明日报》《中国交通报》等媒体多次报道学院专业改革和人才培养情况。教育部召开视频会议，推广南通大学等高校创新创业教育经验，《中国教育报》头版以"南通大学构建全方位链条式创新创业教育体系——'双创'基因融入大学生血液"进行报道，《光明日报》刊登"用'新工科'对接新技术企业"，《江苏教育报》头条刊登"以教改沃土，育创新幼苗"的深度报道，聚焦专业新工科人才培养模式改革。

跨域融合人才培养模式改革受到广泛好评。得到工程教育专业认证专家组"专业注重工程素质、实践能力、创新意识培养，成效突出"的评价。基于校企深度融合的协同育人模式得到南京大学、东南大学等高校专家高度认可，一致认为面向中小企业创新发展的人才培养成效显著，具有良好的示范推广价值。

80%以上毕业生成为企业技术中坚和管理骨干，用人单位、地方校友会调查反馈显示，毕业生"集成创新"在助力区域企业创新发展中得到彰显。

重能力导向，强全链培养——机械电子工程专业学生创新能力培养模式的探索与实践

天津工业大学

完成人及简况

姓名	性别	所在单位	党政职务	专业技术职称
刘国华	男	天津工业大学	副主任	教授
杜宇	男	天津工业大学	无	实验师
杨涛	男	天津工业大学	副院长	教授
刘荣娟	女	天津工业大学	科长	讲师
王天琪	男	天津工业大学	无	讲师
刘欣	女	天津工业大学	无	副教授

1 成果简介及主要解决的教学问题

1.1 成果简介

本成果秉承"教研相长、学能并进"的办学理念，以培养高素质的工程创新人才为目标，坚持以学生为中心、以学生兴趣为导向、以机械电子工程专业学生的创新能力和工程素养为主要目标的人才培养理念，创建"全链式"人才培养新模式，学生创新意识、创新精神、创新技能三要素并重。以实践平台和科技竞赛为载体，拓展第二课堂内容和育人空间，打造良好的创新创业育人生态环境，为学生的个性化发展提供有效的教育供给。创建"渐进式"人才培养路径，通过丰富载体、搭建平台、营造环境，引导学生变被动性学习为主动性探究，启迪学生的发散性思维，推进我校机械电子工程专业创新型人才的培养。

本成果在培养"基础扎实、知识面宽、能力强、素质高、具有创新精神的应用型人才"方面形成了特色，解决了学生培养中缺乏创新的问题，取得了丰硕的成果，对提高学生的创新能力和工程素养具有重要意义，成果体现的改革思路如图1所示。

本成果创新人才培养模式，立足创新能力中的创新意识、创新精神、创新技能三个关键要素，解决学生创新能力培养的问题。本成果突破"以教为中心"的人才培养模式，创建了创新能力培养的"全链"模式，形成纵向逐层递进，横向互联支撑，实现了"以学生为中心"的实质性转变，学生从"让我学"到"我要学"，最后提升到"我爱学"。

1.2 成果主要解决的教学问题

（1）原有体系与机械电子工程专业创新型人才培养目标符合度不高的问题。

（2）理论与实际相脱节。学生学习的课本知识感觉比较零碎，连贯不起来，课程与本专业关系模糊等问题。

（3）教与学相脱节。教师的主导作用与学生的主体作用脱节严重，学生的主体意识、参与意识在一定程度上缺失的问题。

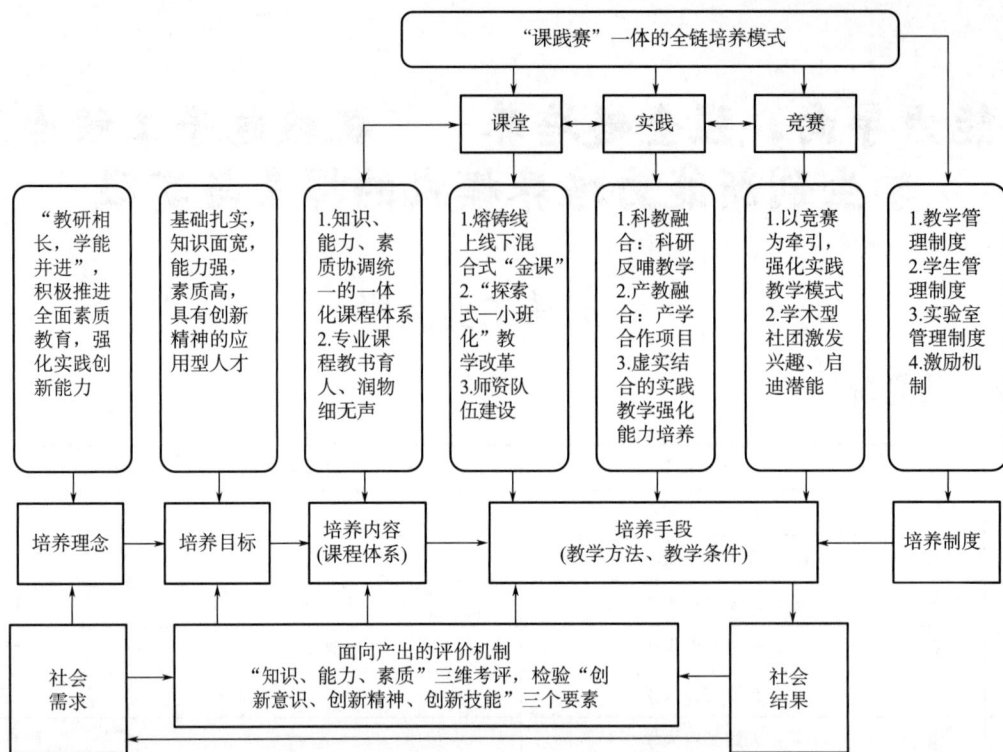

图1 课践赛一体的"全链式"人才培养模式

（4）学生创新能力弱。在人才培养过程中，以教师、课堂为中心，重结论轻过程、重理论轻实践、重经验少创新的问题。

2 成果解决教学问题的方法

本成果在人才培养中注重基础扎实、知识面宽、能力强、素质高四个突出特点，以"注重综合素质、强化能力培养、完善知识结构"为指导，坚持"双创"教育贯穿人才培养全过程全课程，立足创新能力中的创新意识、创新精神、创新技能这三个关键要素，从培养模式、创新生态、创新能力培养的教学组织形式和方法等方面开展教育教学研究与实践，提升学生创新能力的培养思路。具体方法如下。

2.1 创建"全链"培养新模式，学生创新意识、创新精神、创新技能三要素并重

通过第一、第二课堂有机融合、知识学习和能力培养并重、学习与研究共进等具体方式，将创新意识的养成、创新精神的塑造以及创新技能的提升，不断深入和落实在各项教学活动中。通过这些教学形式，使学生创新能力的培养在时间上贯通大学始终，内容上融入学业全过程，形式上植入学习生活各方面，形成纵向逐层递进，横向互联支撑，构成了创新能力培养的"全链"模式。

2.2 优化创新教育"微生态"，重塑专业培养体系

为了实现"全链"的培养过程，集聚和优化创新教育资源，团队对课程内容、教育教学方法、创新实践平台、师资队伍等教育教学环节进行设计与完善，营造了良好的专业创新教育"微生态"。

2.3 创建"渐进式"培养路径，探索应用型创新人才培养方法

创建基本能力培养、应用能力培养、创新创业能力培养的"渐进式"人才培养路径，以及与此对应的"课程教育＋实践操作""课程教育＋实践操作＋融合应用""课程教育＋实践操作＋融合应用＋创新提升"三个培养步骤。

2.4 课赛融合、以赛促创，强化实践教学模式

提升学生双创竞争力，变被动的实践为主动参与，让学生在完成"项目＋竞赛"中掌握知识、技

能与方法，带动学生创新能力发展。

2.5 建立长效机制

为了加强和促进教学改革，建立了"机电专业开放实验室""大学生智能制造创新俱乐部"和"机器人协会"，以服务大学生，引导和帮助大学生学习实践为宗旨，提高大学生的创新能力和动手实践能力。

3 成果的创新点

3.1 教育理念创新

在机械电子工程专业人才培养中过程中，坚持创新创业教育贯穿人才培养全过程、全课程，以学生发展为中心、以学生学习为中心、以学生学习效果为中心，提升学生创新能力的培养。

3.2 培养模式创新

创建"全链"培养新模式，从创新生态、培养过程、创新能力培养的教学组织形式和方法等方面开展教育教学研究与实践，探寻提升学生创新能力的培养思路。

3.3 培养路径创新

创建基本能力培养、应用能力培养、创新创业能力培养的"渐进式"人才培养路径，以及由"课程教育＋实践操作＋融合应用＋创新提升"四要素组成的三个培养步骤。

3.4 教学协同创新

以大学生科技创新活动为载体，促进大学生科技创新活动与专业培养的渗透与融合，促进课堂的理论教学、实验实践教学与科技创新活动之间多维、深度的融合，将创新创业教育贯穿人才培养全过程、全课程。

3.5 供给侧创新

为学生个性化发展提供有效、精准的教育供给。包括：

（1）升级教学内容：依据学科前沿动态与社会发展需求动态更新知识体系。

（2）创新教学手段：不再局限于传统的"讲授"，以"工程项目"驱动模式对学生进行训练与指导。

（3）扩展教学时空：从教室延伸到各种竞赛场地、开放实验室，引入"项目制""竞赛制"，充分发挥学生的主体作用和教师的主导作用。

4 成果的推广应用情况

项目团队自2017年开始，从多种渠道对机械电子工程专业应用型创新人才培养模式进行了研究与实践，在实践方面进行了大量的探索，经过多年建设，本成果已经取得了明显的成效，学生创新能力显著提升。

4.1 机械电子工程专业"全链"培养

创建的机械电子工程专业"全链"培养新模式已在我校机械电子工程专业人才培养过程中连续应用四届，学生人数约400人，并辐射到其他机械类专业，同时为其他高校相关专业的人才培养提供了借鉴意义。

近年来，机械电子工程专业新增新生研讨、学科前沿讲座、机器视觉技术等近8门课程，改造和完善了机械控制工程、液压与气压传动等5门专业核心课程，新增和改进综合实验10余项，开展科研训练近50项。通过这些教学形式，使学生创新能力的培养在时间上贯通大学始终，内容上融入学业全过程，形式上植入学习生活各方面，形成纵向逐层递进，横向互联支撑，构成了创新能力培养的"全链"模式。

4.1.1 课堂教学改革

在"全链"培养新模式下，首先通过课堂教学改革撬动全方位人才培养改革，以课堂教学改革为突破口，向课堂教学要质量、育人才，具体包括以下几个方面：

（1）优化课程体系，熔铸线上线下混合式"金课"。使用"MOOC+SPOC"的形式，教学设计注重线上线下的衔接，保证一体化的教学设计与实施，提升课堂教学质量，激发学生的创造力。

（2）基于智慧教室的"探究式—小班化"教学改革。结合实施"混合式教学"模式，教学模式向启发式、探究式和师生深度交流与互动转变，提升课堂教学质量，激发学生的创造力。

（3）专业课程教书育人，润物无声。以"思政情怀"探索专业课程建设，将思政元素融入课题、德育元素贯穿教学，从教学内容的组织上，挖掘和专业课相关的传统文化、古人智慧，并将这些"中国元素"引入专业课程教学案例的建设。其中"机器视觉技术"课程的教材获批首批天津市课程思政优秀教材。

4.1.2 实践平台建设

（1）团队通过科研成果转化、自制教学设备等举措，集聚高水准硬件资源，构建了高层次创新实践的平台。近年来，由专业教师科研成果直接转化的教学实验装置5套，很多学生直接参与了设备的研制。2021年，团队自制的"恒张力控制实验台装置"入围全国高等学校自制实验仪器大赛总决赛。

（2）虚实结合的创新实验平台强化能力培养。团队教师完成国家级虚拟仿真实验项目"高速非织造梳理气流成网装备虚拟仿真实验系统"，申报并获批天津市虚拟仿真一流课程，通过开设虚拟仿真实验，以虚实结合的方式，强化学生能力的培养。

4.1.3 以"项目+竞赛"为引导的实践教学改革和创新

（1）依托实践创新平台，通过系统的"项目+竞赛"为引导的实践教学改革和创新，改变了传统实践教学中的师传生受，变被动的实践为主动参与，极大地激发了学生的学习热情和实践兴趣，参与学科竞赛的机械类各专业的学生人数每年以20%的速度增长，通过竞赛培养了学生的交流与表达能力、团队精神，学生的创新意识和实际应用能力得到极大地加强。

以全国大学生"西门子杯"工业自动化挑战赛为例，2013年之前报名参赛的人数仅2人，2019年报名参赛的就有50多人，2019年获得全国总决赛一等奖2项、二等奖2项、三等奖1项，省部级特等奖3项、一等奖6项、二等奖1项。通过构建主动实践的平台，学生参加科技竞赛活动的气氛更浓、意识更强、内容更多。学生主动学习的积极性明显提高，改变了过去"被动接受"和"注重理论"的学习定位，使实践教学变得生动、活泼。

（2）依托"双创"平台，拓展创意空间，积极进行成果孵化。

（3）学术型社团激发兴趣、启迪潜能，是创新创业实践教育的重要载体，通过大学生智能制造创新俱乐部等学术性社团，营造学术氛围，鼓励科技创造，培养创新意识，为学生搭建动手实践的科技平台，锻炼学生实践动手能力。

4.2 机械电子工程专业"全链"培养新模式实施效果

4.2.1 课堂改革成效

通过课堂教学改革和"赛课结合"的实践教学创新，学生的综合素质和能力得到了显著的提高，极大地改善了教学效果。学生变得勤思考、重创新，独立思考能力和批评精神全面提升，课堂的前排就座率和抬头率明显提高。从教师的角度而言，乐教善教，蔚然成风。

4.2.2 创新能力和技能构建新平台，激活学生内生创新动力

团队以学生为中心，构建了释放学生内在活力的创新平台。学生成立跨专业跨年级的科技俱乐部，组建了"机器人""智能制造""单片机"等多个主题创新工作室，在时间、空间、形式上满足学生的创意创新需求，助力学生"无限创意""无限创新"。

在成果实践过程中，积极引导机械类大学生参加科技活动，提高他们主动实践的意识和能力。①积极争取大学生的科研立项，2017～2021年，获得校级科研立项10余项；②依托"机电专业优培计划"，

实行科研导师制，鼓励大学生参加导师的项目研究，效果明显，2017～2021年获得大学生创新创业计划项目立项 10 项，其中国家级立项 5 项；学生作为申请者申请软件著作权登记 10 项；学生申请专利 4 项；有 10 余人参加"广数杯"本科毕业设计大赛，获得一、二等奖。

近四年，机械电子工程专业学生的各类专业课程和主要教学实践环节的考核成绩合格率达 95% 以上；整个专业学生整体素质明显提高，以 2016 级学生为例，到 2018 年（大三阶段），获得国家励志奖学金、单项奖学金以及校长奖学金等 42 人次，荣获三好学生、优秀干部等称号 36 人次；获得校级先进集体 1 个，优秀团支部 2 个；机电 2016 级学生到大三阶段，英语四级通过率超过 90%，参与学科竞赛的比例达到 89%。

4.3 依托机械电子工程专业"全链"培养新模式，团队教师开展了系列教学改革，取得了多项相关教学成果

机械电子工程专业入选 2020 年度国家级一流本科专业建设点；团队教师主编规划教材 6 部，主编实验教材 2 部；以团队教师作为负责人的《机械控制工程》获评天津工业大学一流本科课程和天津工业大学"课程思政"精品课；团队教师获得天津工业大学教学成果奖一等奖一项，天津工业大学教学质量奖一等奖、二等奖各一项；团队教师获评天津工业大学第七届教学名师奖；依托本成果的实践教学平台，团队教师获得天津工业大学优秀设计性、综合性实验项目二等奖 2 项；依托本成果，团队教师积极申报教改项目，获批省部级教改项目 4 项、校级教改项目 20 项；团队教师积极总结教学改革研究成果，撰写教改论文 18 篇，分别发表在《教育教学论坛》等核心期刊上。

实践表明，机械电子工程专业的"全链"培养新模式，在培养学生创新意识、创新精神、创新技能方面，作用明显，并已经辐射到机械类其他专业方向。通过科研训练、创新项目、科技竞赛等方式有效地培养了学生的创新能力。后期，将进一步完善培养模式，加大培养方案的覆盖面，在完善的管理制度和文件的基础上，推广应用到全校。

以学生为中心提升材料类专业教育教学质量的探索与实践

东华大学

完成人及简况

姓名	性别	所在单位	党政职务	专业技术职称
马敬红	女	东华大学材料学院	副院长	教授
马禹	男	东华大学材料学院	院长助理	副教授
王燕萍	女	东华大学材料学院	高分子材料系主任	副研究员
游正伟	男	东华大学材料学院	复合材料系主任	教授
张青红	男	东华大学材料学院	无机非金属材料系主任	研究员
韩克清	女	东华大学材料学院	高材系副系主任	副研究员
孙俊芬	女	东华大学材料学院	研究员	研究员
金俊弘	男	东华大学材料学院	复材系副主任	副研究员
王海风	女	东华大学材料学院	无	副研究员
刘奇	男	东华大学材料学院	无	助理研究员

1 成果简介及主要解决的教学问题

1.1 成果简介

以紧密对接产业需求、提高材料类专业教育教学质量为目标，从突出特色建专业、知识能力素质并重建课程、现代信息手段建课堂、学生中心建制度、交叉复合探路径等方面进行探索与实践，层层压实提高教学质量的措施，通过多样化教学组织形式解决能力培养和评价困难的问题。成果为解决材料类专业人才培养中的共性问题提供了宝贵的经验。

1.2 主要解决的教学问题

坚持走以提高质量为核心的内涵式发展道路是高等教育面临的重要任务。提高人才培养质量，一方面要保证培养的人才更好地服务于社会经济发展和产业需求，另一方面需要建立科学完善的教学质量监督机制。材料产业是"中国制造2025"的关键领域，既有需要解决"卡脖子"问题的航空航天复合材料、信息材料等新兴产业，又有在国民经济中占据重要地位但亟需技术创新升级的传统产业。以化纤产业为例，2020年我国化纤产量突破了6000万吨，但依然存在同质化竞争严重、高技术及高附加值产品比重低等瓶颈问题，亟需产业升级与技术创新，尤其需要与大数据、人工智能等新一代信息技术的融合，以推动由生产制造向智能制造的转变，实现跨越式发展。然而，材料类人才培养中长期存在一些亟待解决的问题，制约着人才培养的质量。

（1）人才培养供给侧和社会经济发展的需求侧不协调。专业人才培养定位与社会需求的契合度较差，课程体系落后于产业发展，教学理念重视知识的掌握，对学生能力和创新意识的培养缺少有效手段。

（2）评教为主的教学质量监督机制与学生为中心的育人要求不匹配。目前高校教学质量评价主要关注教师教得如何，不利于对学生知识、能力和素质的全面客观评价。亟需建立以学生为中心、产出为导向的教学质量监督体系。

（3）专业分割的培养模式与高新技术的深度融合不适应。新技术的突破依赖于学科交叉带来的原始创新，传统教学体系缺少多学科交叉的育人机制，无法满足社会亟需交叉复合型人才引领产业创新发展的要求。

2 成果解决教学问题的方法

2.1 突出特色建专业，紧密对接社会经济发展和行业需求

专业与中国化纤行业协会及行业龙头企业等密切合作，定期进行人才培养方案调研，科学研判社会对人才的需求，结合学科优势凝炼专业特色，与时俱进完善课程体系。高材专业将化学纤维的传统优势拓展至智慧纤维与智能制造；复材专业紧密对接长三角区域产业链，以高性能纤维及航空航天复合材料为特色，与其他高校形成错位竞争。注重教研相长，将科研成果凝炼后"进课堂、进实验、进教材、进论文"；深化产教融合，与上海石化、上海商飞等知名企业建立校企协同育人机制，打造实景、实操、实地教学的平台，切实提升学生工程实践能力。

2.2 知识能力素质并重建课程，完善多样化的教学组织形式

以工程认证为抓手，推进课程教学的全面改革。针对能力培养和评价困难的问题，细化课程知识能力目标，设计多样化的教学组织形式。增加理论联系实际的教学内容，引入生动案例引导学生分析复杂工程问题；引入启发性、探究性教学方式，通过课堂讨论、汇报等训练学生审辩式思维能力；将项目型大作业、微信公众号推文等引入考核体系，兼顾对学生知识和能力的合理评价。

2.3 现代信息手段建课堂，助力视野拓展及能力提升

建立线上线下有机融合的教学模式，利用互联网平台等引入优质教学资源拓展视野，助力教学组织形式的创新。2017年"高分子物理"率先推出微信公众号，学生撰写与课程相关又反映学科前沿及创新技术的推文，目前已累计推送超2000篇，并在专业课程中推广。在实习环节，学生将理论知识与生产实践结合，制作"互联网＋实习导航系统"，虚实结合提升学习兴趣。

2.4 学生中心产出导向建机制，确保人才培养质量

基于OBE理念结合材料类专业的特点，建立了覆盖人才培养全过程的本科教学质量管理及监督体系，编制了20余项教学制度文件，规范教学过程，保证专业建设始终以学生为中心。建立持续改进机制，形成培养方案、课程体系及毕业生知识能力水平的内外部评价—反馈—改进的闭环（内循环、外循环）；建立关注学生学习效果的课程质量评价微循环，帮助课程完善教学内容和方法，不断提高教学质量（图1）。

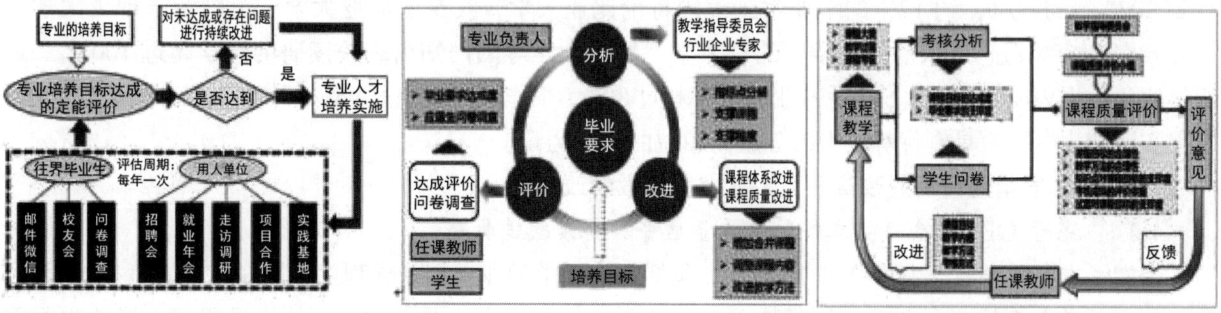

图1 产出导向的持续改进机制示意图

2.5 学科交叉建体系，探索复合型拔尖人才的培养途径

集合材料、计算机及环境等多学科优势，设立"材料智能制造拔尖创新班"，首创"材料模拟计算""高分子和复杂流体多尺度建模"等融多学科前沿技术于一体崭新课程，多学科教师组建教学团队，以计算机辅助材料设计、材料智能制造与绿色生产及材料领域大数据分析等为牵引，以问题为导向、项目为驱动，探索多学科交叉复合型人才的育人体系。

3 成果的创新点

3.1 教学质量监督机制创新

秉承 OBE 核心理念，制订了 20 余项制度形成了多层次全过程的人才质量保障体系，保证了以学生全面发展和成才为中心，持续改进人才培养机制的落实为专业建设及课程改革提供重要依据。

3.2 专业内涵建设能力创新

基于内外部评价反馈结合学科优势凝炼专业特色，与时俱进调整课程体系，人才培养对接区域经济和产业需求能力增强。科研成果"进课堂、进实验、进教材、进论文"，校企协同打造实景、实操、实地教学的平台，人才培养质量不断提高。

3.3 课程教学理念及组织形式创新

秉持知识、能力及素质并重的教学理念，完善多样化的教学组织形式。以案例教学、启发教学引导学生学会分析复杂工程问题，将项目型大作业、微信公众号推文等引入考核体系，全面衡量学生知识的掌握和能力的提高。

3.4 多学科交叉育人路径创新

以"材料智能制造拔尖创新班"为载体，以计算机辅助材料设计及材料大数据分析等项目为驱动，探索跨学科育人新模式。

4 成果的推广应用情况

4.1 教研相长、产教融合，人才培养质量明显提高

发挥学科优势，教学与科研深度融合，100% 重大科研成果凝炼后引入理论及实验教学，100% 本科生进课题组进行科创训练，100% 科研仪器设备向本科生开放；深化校企协同育人，100% 本科生进入校外实习实践基地进行工程训练，100% 学生配备企业家导师。实践育人形成示范效应，与上海商飞、上海石化等五家企业联合成立"新材料产业学院"，已获得上海市立项，并通过国家级产业学院立项答辩。

本科生在专业知识、能力和综合素质方面不断提升，发表学术论文、申请国家发明专利及学科竞赛获奖的数量明显增加。近三年，本科毕业生的就业率达 98% 以上，继续深造率由 2018 年的 47.8% 上升到 2020 年的 60%，约 12% 的毕业生到美国哥伦比亚大学、宾夕法尼亚大学、英国帝国理工大学等海外知名高校深造，进入清华大学、北京大学、复旦大学等国内知名高校读研的同学超过 100 名。近两年调研数据表明，毕业生 5 年后专业对口率超过 80%，工作胜任率超过 95%。毕业生在分析问题能力、工程实践能力等方面具有优势，大部分成为单位的骨干力量。

4.2 教学质量监督机制改革助力人才培养和教学改革

4.2.1 基于 OBE 理念建立本科教学质量监督和持续改进机制

编制了本科教育教学制度文件 20 余项，包括新生入学学业规划指导程序、培养计划修订指导程序、青年教师培养与激励指导程序、课程体系合理性评价指导程序、课程质量评价指导程序、毕业生跟踪反馈指导程序等，以学生为主体、以学生知识掌握、能力素质提升为重点，更科学地对教学质量进行监督。

4.2.2 建立了毕业生和用人单位的跟踪反馈机制

专业定期对毕业生、用人单位和行业企业进行培养质量调研，交流企业对毕业生能力、知识结构

等方面的需求，并进行培养目标合理性和达成度分析。目前累计完成调研问卷千余份，形成分析报告20余项，为专业培养方案的修订和课程体系改革提供重要依据。

4.2.3 建立了关注学习成效的课程质量评价机制

专业成立课程质量评价小组，对每门课程的目标达成进行分析，结合学生的抽样问卷调查，对课程质量进行评价并形成反馈意见，帮助课程完善教学内容和方法，不断提高教学质量。目前已在学院所有的专业必修课和部分选修课推广实施。

4.3 专业建设取得丰硕成果

专业对接国家战略和行业需求不断凝炼特色，积极进行教育教学改革。三年来获得国家及省部级教学改革项目12项、国家及省部级教学成果奖10项，发表教改论文5篇。其中"材料类专业新工科人才培养体系的构建与实践"2018年入选教育部首批"新工科"研究与实践项目，学院三个专业全部入选国家一流本科专业建设，高分子材料与工程专业2018年通过工程教育专业认证。

4.4 线上线下有机融合的教学模式得到推广

微信公众号在"高分子物理""高分子材料成型原理""材料科学与工程基础""高分子光电材料"等课程中推广，累计发送推文数千篇；20余门课程采用线上线下混合式教学，线上平台设置题库，随堂测验及时了解学生知识掌握情况；发布课外拓展材料和讨论话题，鼓励学生自主学习。"互联网＋实习导航系统"在专业实习课程中得到推广，目前已经完成了十余个企业或生产工艺的制作。"高分子物理"获批上海市一流本科课程，"高分子材料成型原理""无机材料物理化学"等获批上海市重点建设课程，"材料科学实验"获批上海市精品课程。

4.5 多学科交叉育人探索初见成效

"材料智能制造拔尖创新班"已运行2年，在材料、计算机、信息、纺织、环境、机械等专业招收学生60名，开设交叉课程6门，开发融合数据技术、材料多尺度建模和材料模拟预测技术、3D打印加工技术等设计项目10余项，成为先行先试的复合型创新人才培养的试验田。

对标学生"自驱型综合设计能力"的数字时装设计教学模式创新与实践

上海工程技术大学

完成人及简况

姓名	性别	所在单位	党政职务	专业技术职称
李春晓	女	上海工程技术大学	系主任	副教授
诸侃麒	男	上海工程技术大学	无	讲师
周志鹏	男	上海工程技术大学	艺术系执行主任	讲师
胡强	男	上海工程技术大学	系副主任、党支部组织委员	讲师、高级工艺美术师
郭家琳	女	上海工程技术大学	系副主任	讲师
马琴	女	上海工程技术大学	无	讲师
汤婕妤	女	上海工程技术大学	无	讲师

1 成果简介及主要解决的教学问题

1.1 成果简介

"数字时装"课程作为学科基础必修课，主要指导服装与服饰设计专业学生运用数字化工具和方法来"传达设计构思""表达设计方案"和"预展设计效果"。该课程确立"以学生可持续发展为中心"的教学理念；通过"多终端复合结构式"的教学模式，培养学生"自驱型综合能力"。

1.2 主要解决的教学问题

成果解决艺术设计数字化软件教学过程面临的几个核心问题：①设计软件不断迭代，传统教材等教学资源更新太慢；②传统教学目标不能结合专业特性，与后续设计课程及就业需求割裂；③学生不具备完成个性化、开放性、流动性设计任务的自主学习技术和能力。

经过系统的教学改革和课程实践，在教学资源、教学方法、教学团队和学生培养方面取得明显成果。教学团队 2017 年获上海市教学成果二等奖，2018 年上海市研究生教育学会学位作品指导优秀奖，2019 年中国国际大学生时装周人才培养成果奖，米兰设计周中国高校设计学科师生优秀作品展二等奖，上海市重点课程验收，北京 2022 年冬奥会和冬残奥会制服装备外观设计银奖。该教学模式将课程从技术操作层面上升到创意设计层面，注重增强学生的文化自信、专业自信和技术自信；提升学生的审美和人文素养，树立正确的设计价值观，学生获得各类专业赛事奖项共 27 项（图 1）。

2 成果解决教学问题的方法（图 2）

2.1 采用立体式数字化教学资源库解决传统教材不能满足设计软件迭代的问题

为支持学生的自主学习和协作式探索，课程为学习者提供配套出版教材、实时更新讲义、学生交流笔记以及超星学习通、中国大学慕课和微信公众号等线上平台的活页数字教材；提供全套课程视频、优秀作品库和习题作业库等数字资源；链接翻转设计资源，形成立体教学资源池。

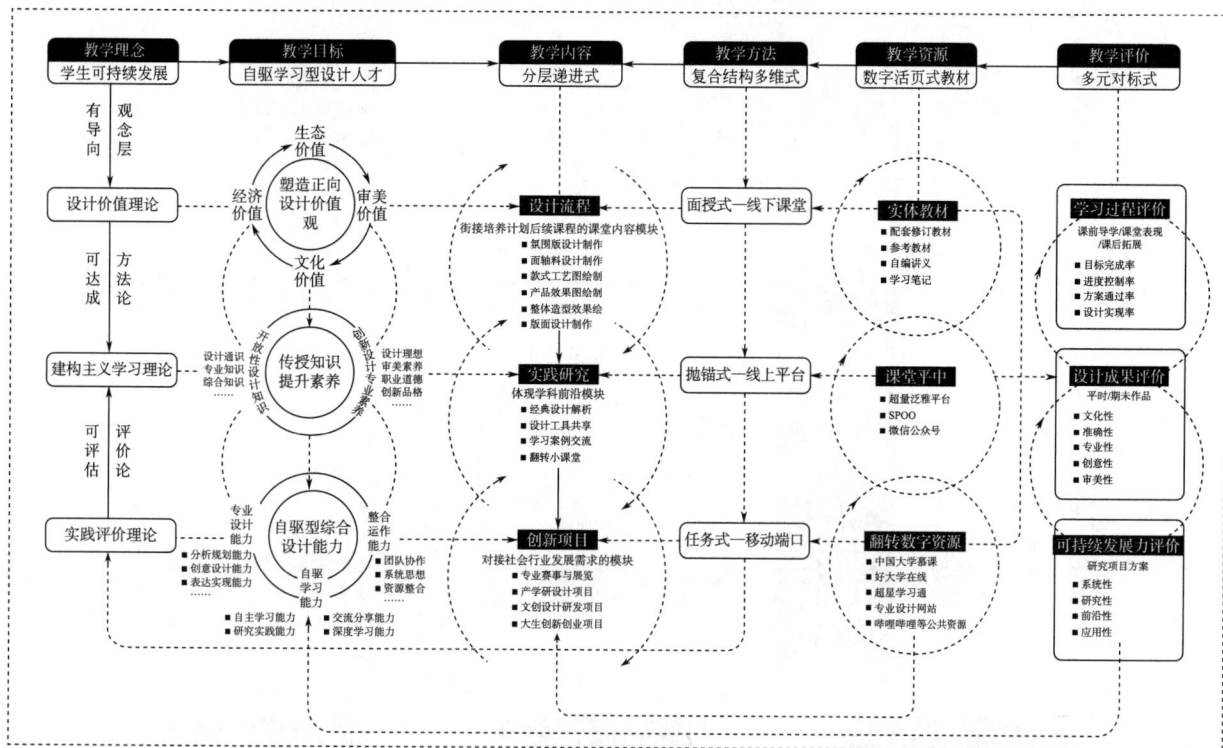

图1 本项目人才培养模式

2.2 设置"递进层级式"的教学内容，解决与后续设计课程及就业需求割裂的问题

设置"递进层级式"的教学内容，引导学生将学习目标从"掌握方法"提升到"创新设计"并扩充到"应用情境"。其中"设计流程"模块衔接培养计划后续服装和服饰设计等课程，以设计流程为框架设置线下课堂任务面对面教授。"实践研究"模块借助线上平台"抛出设计问题"供师生互动、学生研究交流、学习分享，并即时跟踪、实时增补与实际设计任务相关内容。"创新项目"模块以完整设计实践任务为核心，借助移动端口支持学生和从业人员满足真实设计需求。

2.3 采用线上线下多终端混合式教学方法，解决学生不具备自主学习能力的问题

鉴于艺术设计的创新性、具体设计任务的唯一性和多变性；本课程将"面授式""抛锚式"和"任务式"的教学方法分别嵌入"传统课堂""网络课堂"以及"移动平台"进行多终端混合式教学；课程设计增加研究性、创新性、综合性内容，让学生在设计任务实践中发现问题，自主形成对软件操作的需求并主动整合资源寻求解决方案的自驱型学习模式。

3 成果的创新点

3.1 以"学生可持续发展"为中心的教学理念

基于"设计价值"视角构建观念导向，运用"建构主义学习理论"为教学方法论，结合约翰·杜威（John Dewey）的实践评价理论，形成了以"学生的德、智、能、绩可持续发展"为中心的教学理念。并由此确立了培养"文化自信、专业自信、自驱学习型"设计人才的教学目标。

3.2 构建"多终端复合结构式"的教学模式

由设计流程、实践研究和创新项目构成教学内容，分层递进式衔接培养计划后续课程，体现学科前沿并对接社会行业发展需求；将"面授式""抛锚式"和"任务式"的教学方法分别嵌入"传统课堂""网络课堂"以及"移动平台"进行多终端整合，结合图文教材、课程平台和翻转数字资源，构建多维度的教学模式（图3）。

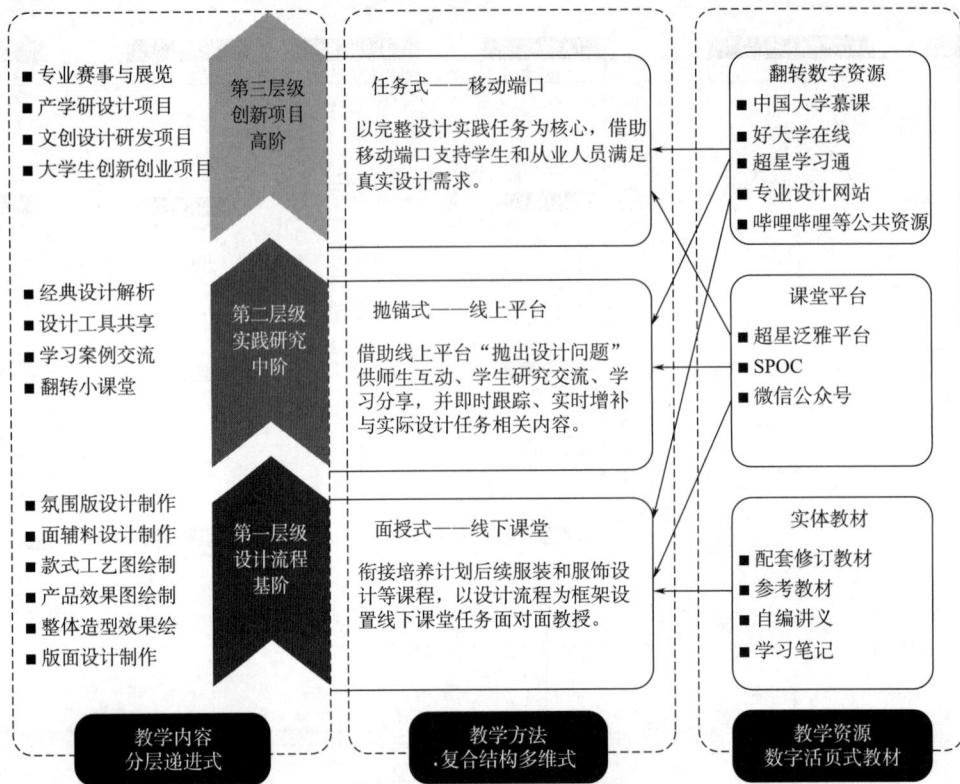

教学内容 分层递进式

- ■ 专业赛事与展览
- ■ 产学研设计项目
- ■ 文创设计研发项目
- ■ 大学生创新创业项目

第三层级 创新项目 高阶

任务式——移动端口

以完整设计实践任务为核心，借助移动端口支持学生和从业人员满足真实设计需求。

- ■ 经典设计解析
- ■ 设计工具共享
- ■ 学习案例交流
- ■ 翻转小课堂

第二层级 实践研究 中阶

抛锚式——线上平台

借助线上平台"抛出设计问题"供师生互动、学生研究交流、学习分享，并即时跟踪、实时增补与实际设计任务相关内容。

- ■ 氛围版设计制作
- ■ 面辅料设计制作
- ■ 款式工艺图绘制
- ■ 产品效果图绘制
- ■ 整体造型效果绘
- ■ 版面设计制作

第一层级 设计流程 基阶

面授式——线下课堂

衔接培养计划后续服装和服饰设计等课程，以设计流程为框架设置线下课堂任务面对面教授。

翻转数字资源
- ■ 中国大学慕课
- ■ 好大学在线
- ■ 超星学习通
- ■ 专业设计网站
- ■ 哔哩哔哩等公共资源

课堂平台
- ■ 超星泛雅平台
- ■ SPOC
- ■ 微信公众号

实体教材
- ■ 配套修订教材
- ■ 参考教材
- ■ 自编讲义
- ■ 学习笔记

教学内容 分层递进式

教学方法 .复合结构多维式

教学资源 数字活页式教材

图2　成果解决教学问题的方法

3.3　综合"学习过程、学习成果、持续发展力"的多元对标式评价体系

学习过程评价主要从目标完成率、进度控制率、方案通过率、设计实现率考查学生的"自驱学习能力"；设计成果评价通过对平时和期末设计作品的"文化性、准确性、专业性、创意性、审美性"评价来考查学生的"专业设计能力"；可持续发展力评价则从创新研究项目中获知学生在"系统性、研究性、前沿性、应用性"方面的整体运作能力。

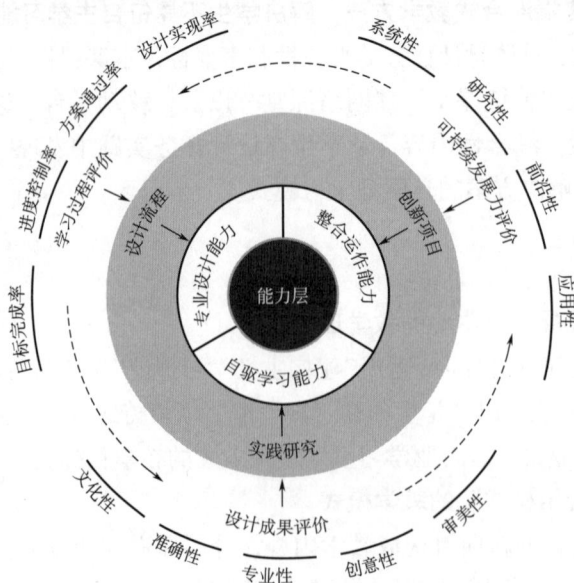

图3　"多终端复合结构式"的教学模式

4 成果的推广应用情况

4.1 课程评价

"多终端复合结构式"的教学模式经过不断建设和优化，达到学生、专业教师、同类院校专家以及用人单位相关人员的认可。学生对该课程评教优秀，连续四年在95分以上。其中2016级、2017级为95分，2018级为98分。学习通平台学习者评价为满分5分，认为该课程实用性强、课件内容丰富，是课堂教学的衍生和补充。

后续"中国传统服装创意设计""舞台服装设计""皮草设计""毕业设计"等设计课程的专业教师认为学习过该课程的学生能够自主运用设计软件完成设计任务，具备设计构思和表达的专业能力。北京服装学院、中国美术学院、东华大学、武汉纺织大学等高等院校的本专业教授专家在使用该平台资源后认为，该课程教学方法和模式较有实效；可以为服装与服饰设计专业学生普遍使用。用人单位和就业学生认为学习过"数字时装"课程后能够熟练完成各项设计工作，流程高效、表达精准，设计软件应用水平较高，而任务型教学方式更有利于解决实际需要（图4）。

4.2 成果推广情况

目前该课程面向学院服装与服饰设计专业、服装设计与工程专业本科生以及时尚艺术设计专业硕士生开放线上平台。线上平台运行4年，包括本校学生以及中国美术学院、东华大学等其他高等院校学生和服装企业设计人员；截至2020年9月课程浏览量为89946人次。出版的配套教材《Illustrator&Photoshop服装与服饰品设计》已印刷5次并获好评；根据设计趋势发展、企业人才需求升级和软件版本迭代而新撰写教材已完成并试用2学期。

通过校内SPOC和学习通运行，在设计课程中作为配套环节提供相关教学内容共享，提升课程浏览量，并协助相关设计课程的设计效果表达；为大学生创新创业项目和毕业设计环节提供支撑。通过超星泛雅、中国大学慕课的线上课程平台，与北京服装学院、中国美术学院、东华大学、武汉纺织大学等高等院校实现教学资源共享。产学研合作企业通过超星学习通链接，利用该课程线上平台教学资源和公众号为本企业的设计师进行培训，该课程有效提升了设计人员的数字信息化素养。

图4 "数字时装"课程界面

4.3 预期应用前景

目前全国近百所设置服装与服饰设计专业的院校均可使用该课程平台作为翻转课堂；目前教学内容和资源中加大中国文化创意方面内容，能够指导学生"以中国文化为本"形成文化自信，并将其创新设计到时尚产品中去；潜移默化地达到"学科育人"的目的。同时通过中国大学慕课、课程公众号等开放性学习平台推广本课程，课程内容将更加简便易学且可碎片化学习；由此为服装与服饰设计相关从业者提供学习资源，提升其创意表达能力和学习能力。

基于"课程思政"的纺织工程专业教育教学改革探索与实践

河北科技大学

完成人及简况

姓名	性别	所在单位	党政职务	专业技术职称
阎若思	女	河北科技大学	校团委副书记、纺织专业党支部书记	副教授
张维	女	河北科技大学	党支部书记	副教授
魏赛男	女	河北科技大学	无	教授
张威	男	河北科技大学	学院党委副书记、院长	教授
姚继明	男	河北科技大学	无	教授
李向红	女	河北科技大学	纺织工程系主任	教授

1 成果简介及主要解决的教学问题

1.1 成果简介

"课程思政"教学改革是实现思想政治教育目标的有效手段，是培养担当民族复兴大任工程创新人才的根本要求。工程教育是提升工程创新人才培养水平的主要途径，也是新形势下决定我国工业发展与变革及世界产业新格局的重要环节。基于以上背景，"课程思政"教学改革在纺织工程专业教育中的关注度逐渐提升。本教学成果建立了纺织工程专业"课程思政"教学体系，创新了基于"课程思政"的纺织工程课程建设、师资队伍建设、教学方法、元素挖掘和实践路径，探索互通式多角度"浸润式"教育教学模式，有效提升了"课程思政"教学效果。本成果经历 3 年研究探索和 2 年实践检验，发表教学研究论文 8 篇，建设教改课程 8 门，立项教改项目 5 项，创新实践教学案例 10 项，指导学生参加各类学科竞赛累计获得国家级、省级奖励 70 余项，其中包括全国大学生节能减排社会实践与科技竞赛一等奖、全国纺织类高校创意创新创业比赛一等奖，实践过程及教学成果获得学习强国、《中国青年报》《河北日报》等官方媒体报道。

1.2 主要解决的教学问题

1.2.1 "课程思政"体系构建机制不清晰，思想重视程度不足

"课程思政"体系构建缺乏顶层系统设计和鲜明定位，部门和基层学院的职责目标和信息传递不一致，导致纺织专业教师教学精力分散、教改热情不足；无法实现工程创新人才传道授业解惑与思想政治教育的有机融合，专业教学在"课程思政"中承担的责任认知被弱化。

1.2.2 "课程思政"内涵认识尚浅，理论与实践教学设计匮乏

"课程思政"专业课程建设任务多见于单门理论课程和个别教师身上，造成教师教学改革方向不清晰、"课程思政"融入方法不科学、理论教学与实践教学脱节、教学改革成果与纺织专业定位和发展不协调等政策与落实的"两张皮"现象。"课程思政"的教学任务和工程创新人才培养目标需要统筹协调专业建设目标、课题体系、教师团队、教学设计等问题，进而构建全员、全方位、全过程育人

格局，促进"课程思政"概念贯穿理论与实践教学全部环节。

1.2.3 "课程思政"实施方法牵强，潜隐式融入效果不明显

纺织专业教师对课程教学内容、思政元素挖掘及传统课堂教学现存问题反思不深入，出现"课程思政"元素融入纺织专业教学路径不清晰、思政内容单一的问题。在课程建设中，直接将思政案例加入专业知识教学中，未考虑思想政治教育与专业教学的隐性融合，致使改革成效甚微，"课程思政"元素融入专业教学的方式有待加强。

1.2.4 考评体系尚不健全，育人成效缺乏评价机制

"课程思政"建设属于长期、持续过程，无法在短期内对育人成效进行量化和彰显，纺织专业课程的思想政治教育成效缺乏有效的评价机制。"课程思政"课程育人评价体系不合理、不专业和不健全，直接影响"课程思政"建设的实际推进和导向，影响专业教师实施改革的动力和积极性，影响育人效果的最终成效。

2 成果解决教学问题的方法

2.1 基于"三全育人"推进通力合作，协同培养纺织专业人才

基于"三全育人"理念，本成果从全员、全过程、全方位三个维度系统建设了"三联合，三过程，三方位"培养模式，构建了互通式多角度"课程思政"培养体系（图1），打通了人才培养的理论通道。

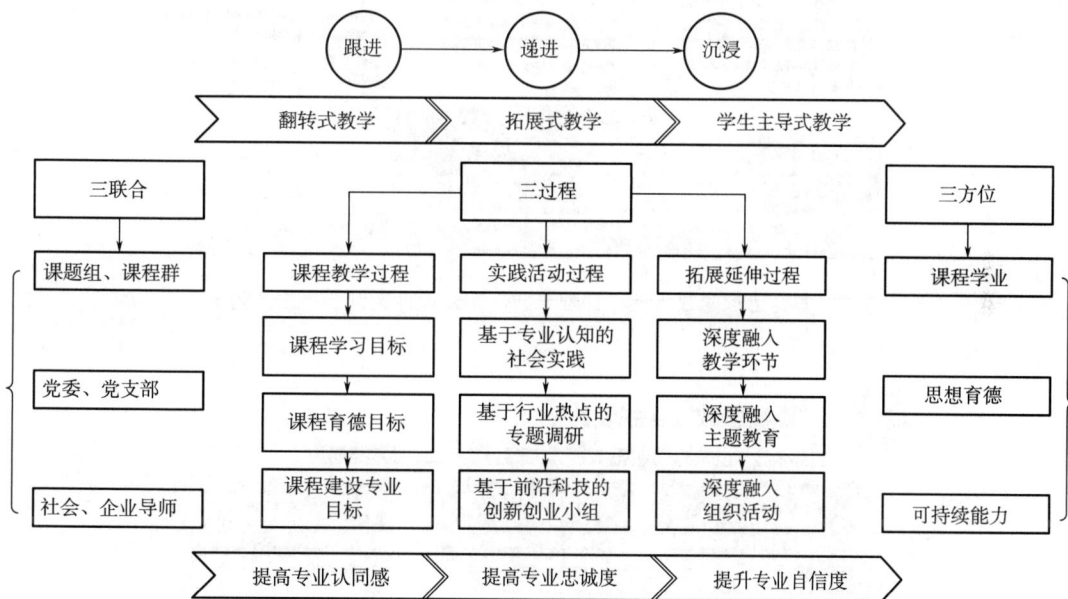

图 1 "三联合、三过程、三方位"纺织工程专业"课程思政"体系构建示意图

（1）"三联合"是指突出党建引领"课程思政"建设，"课程思政"的体系建设包括专业课题组和课程群、纺织学院党委及教工党支部、社会团体及高新技术企业导师通力合作，协同培养纺织专业人才。

（2）"三过程"是指"课程思政"贯穿专业课堂教学、课程实践和社会实践环节，组织拓展延伸活 动，打破各环节壁垒，开展翻转式、拓展式、学生主导式等多种教学活动形式。

（3）"三方位"是指对学生进行包括课程学业、思想育德和终身学习意识多方位培养。通过贯穿全学习过程的"跟进—递进—沉浸"式培养，提升学生专业认同感、忠诚度和专业自信度。

2.2 "育德、育智、课程建设"三项目标，精准改进教学设计

本成果制定了基于"课程思政"的课程学习目标、课程育德目标、课程建设目标三向并进的教学设计精准化改进方案，已实现纺织工程专业课程全覆盖。纺织工程24门主干课程均建立了"课程思政"元素共享资料库，明确思政融入点，编写基于"课程思政"的专业课教学大纲与教案，建立基于前沿科技小组作业的"课程思政"考核体系，确定"课程思政"实践路径。所有课程从案例导入、学习目标、前测、参与式学习、后测、总结等环节融入工程、生态和创新教育，使学生深度参与课堂教学，提高学习有效性。

2.3 贯穿全教学过程的"课程思政"实践设计

本成果根据学生不同阶段对纺织专业的认知能力和专业课程进度，阶段性规划"课程思政"实践教学内容。针对一、二年级学生的开展基于专业认知的社会实践；针对学生的一至三年级开展基于行业热点的专题调研；针对二至四年级学生的开展基于前沿科技的创新创业实践。贯穿全教学过程的"课程思政"实践设计案例（图2、图3），确保实践活动具有深度参与性和完整逻辑思路，避免单项活动"有始无终"无结论现象。引导学生循序渐深了解纺织行业发展和高新科技现状，并亲身参与国家重大战略项目执行中，提升专业认可度和自信度，提升"课程思政"育人效果。

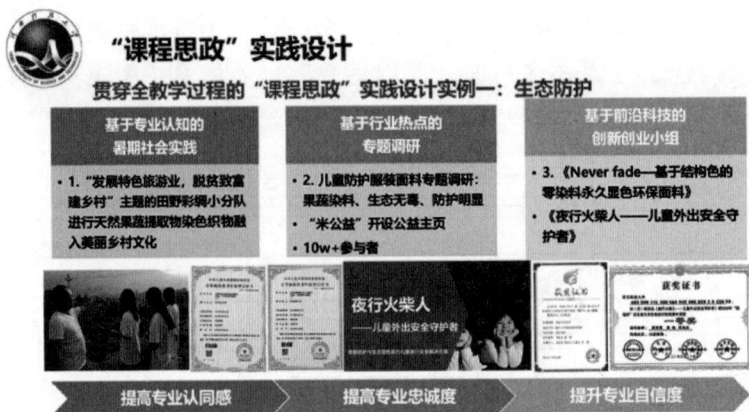

图2　贯穿全教学过程的"课程思政"实践设计实例一：生态防护

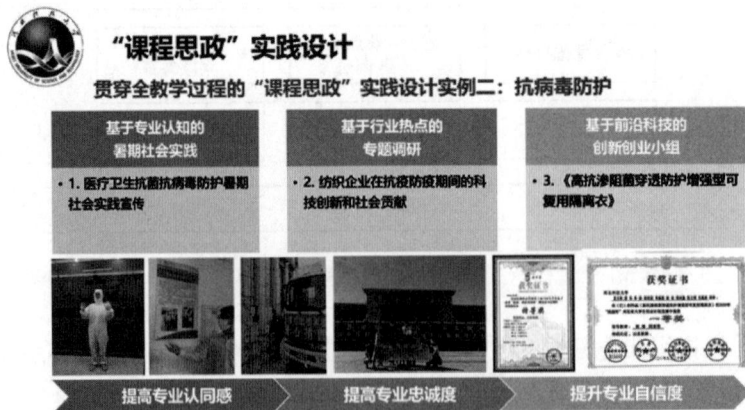

图3　贯穿全教学过程的"课程思政"实践设计实例二：抗病毒防护

2.4 深度融入的全方位"课程思政"拓展设计

本成果实现纺织工程专业"课程思政"三个深度融入：深度融入教学环节、深度融入主题教育、深度融入组织活动。

2.4.1　深度融入教学环节

学生深入参与教学内容和教学案例组建，纺织专业教师与学生师生共建"课程思政"案例库和"织物语工作室"微信公众号，完全由学生团队自主维护。目前已推送纺织科学文章27篇，浏览量超2万次。学生编辑案例可直接应用到相关课程教学中，并获得"课程思政"教学的过程性评价考核分数。

2.4.2　深度融入主题教育

发挥党建引领作用，开展"课程思政"系列品牌教育活动。成立"双带头人"工作室4年以来，纺织工程专业每学期举办"课程思政"研讨会，实现"课程思政"建设常态化。组织"沉浸式"主题活动带领学生骨干前往多地考察调研，将专业和自身发展与国家战略、世界范围科技引领联系起来，获得学生热情反馈。"课程思政""沉浸式"主题教育活动案例如图4、图5所示。

图4　"课程思政""沉浸式"主题教育活动案例一："守初心，传薪火"

图5　"课程思政""沉浸式"主题教育活动案例二："砥砺奋斗、期冀未来"

2.4.3　深度融入组织活动

基于本学院获批中国纺织工程学会科普教育基地和河北省纺织科普基地，纺织科普微信和网站由学生完全承建和维护，并组织15场科普进社区活动，举办"我为纺织代言"纺织科普大赛，收到来自全校10个学院的80份作品，组织形式与效果获得中国纺织工程学会认可与宣传。师生自建"课程思政"案例库，包含200个专业、行业案例，12个案例专题，三大主板，两大宣传平台。

推进全过程培养，构建"第一课堂＋第二课堂"渗透体系。以教师讲授、案例分析、学生讨论等形式将思政元素融入第一课堂；以工程实践、沉浸式参观体验、社会实践、社会服务、科技竞赛等形式将思政元素融入第二课堂。建立基于工程专业实践主题的调研活动20余次，组建科普宣传社会实践活动15次，参加高水平国际学术会议和科技展会志愿服务4场，用专业知识为服务乡村传统纺织工业探寻推广路径、探寻节能减排的生态环保新工艺8项，让学生将专业知识深度融入生活和实践，解决社会实际问题。构建"第一课堂＋第二课堂"渗透体系，提升全员深层次工程创新人才培养意识，促进"课程思政"育人效果。

3　成果的创新点

（1）基于"三全育人"理念，从全员、全过程、全方位三个维度系统建设了"三联合，三过程，三方位"培养模式，构建了互通式多角度"课程思政"培养体系，打通了人才培养的理论通道。

（2）"育德、育智、课程建设"三向目标，精准改进"课程思政"教学设计。制定了基于"课程思政"的课程学习目标、课程育德目标、课程建设目标三向并进的教学设计精准化改进方案，实现纺织工程专业课程全覆盖。

（3）贯穿全教学过程的阶段性规划"课程思政"实践设计，开展基于专业认知的社会实践、基于行业热点的专题调研和基于前沿科技的创新创业实践，学生参与国家重大战略项目实施，提升专业认可度和自信度。

（4）深度融入的全方位"课程思政"拓展设计，实现"课程思政"三个深度融入：深度融入教学环节、深度融入主题教育、深度融入组织活动。构建"第一课堂＋第二课堂"渗透体系，提升全员深层次工程创新人才培养意识，促进"课程思政"育人效果。

4　成果的推广应用情况

4.1　纺织工程专业"课程思政"培养体系建设逐步完善，课程建设成效显著

形成"三联合，三过程，三方位"完善人才培养体系，实现三提升、三推进、三全育人。"课程思政"课程建设已实现24门纺织专业主干课程全覆盖，目前已有2门课程入选"课程思政"示范课程，3门课程入选线上教学优秀课程，4部教学材料获得河北省教育信息化大奖赛二、三等奖，发表教学研究论文8篇。《基于"课程思政"的纺织工程创新人才培养体系构建与实践路径研究》《基于"课程思政"的工程创新人才培养体系构建与实践路径研究》等5个项目分别获批河北省教改项目、河北省社科发展研究项目等。

4.2　学生参与专业社会实践和科技创新活动积极性提高，学科竞赛高水平奖励数量增加，专业及学校影响力提升

贯穿全教学过程的阶段性规划"课程思政"实践设计成果显著，本专业学生深入脱贫帮扶村和疫情期间纺织行业运营情况调研成果入选共青团中央专项立项，连年获得校级暑期社会实践优秀团队和个人。学生参与科研项目积极性高涨，参加学科竞赛获得国家级、省级奖励70余项，包括全国大学生节能减排社会实践与科技竞赛一等奖、全国纺织类高校创意创新创业比赛一等奖、"红绿蓝杯"中国高校纺织品设计大赛一等奖等高水平奖励，有效提升本专业及学校影响力。

4.3　形成系列具有特色鲜明的"课程思政"沉浸式主题及教育活动，并向校内外推广应用

贯穿全学年不间断进行"课程思政"沉浸式主题教育、考研精准帮扶活动、深度融合的科普活动，使学生充分融入"跟进—递进—沉浸"模式"课程思政"品牌活动已经获得校内外高度认可，并设立企业奖学金。"课程思政"教学案例及教学模式获得学习强国、《中国青年网》《河北日报》等多家媒体报道。2020年，纺织工程专业学生积极参与学习强国主题征文，将专业学习与国家战略性产业发展、

疫情期间责任担当、脱贫攻坚结合起来，已有 3 篇发表在学习强国平台，1 篇获得主题征文比赛国家级三等奖，获奖率仅为 4‰。

4.4 形成协同互融的"第一课堂＋第二课堂"渗透体系，落实全过程培养，社会服务水平及专业影响力显著提升

建立基于工程专业实践主题的调研活动 20 余次，组建科普宣传社会实践活动 15 次，参加高水平国际学术会议和科技展会志愿服务 4 场，为服务乡村传统纺织业探寻推广路径、探寻节能减排的生态环保新工艺 18 项，学生深度参与国家战略，解决社会实际问题，为科技强国、乡村振兴、生态环保、城市治理提供切实可行解决方案，实现社会价值。

对标新工科培养要求的"花式纱线"双语课程教学改革与实践

天津工业大学

完成人及简况

姓名	性别	所在单位	党政职务	专业技术职称
赵立环	女	天津工业大学	纺织系党支部组织委员	讲师
周宝明	男	天津工业大学	国家级实验教学示范中心党支部书记	实验师
王建坤	女	天津工业大学	无	教授
胡艳丽	女	天津工业大学	纺织学院副院长、国家级实验教学示范中心常务副主任	教授级高工
李翠玉	女	天津工业大学	无	副教授
张美玲	女	天津工业大学	纺织系党支部宣传委员	副教授

1 成果简介及主要解决的教学问题

1.1 成果简介

"花式纱线"双语课程是纺织工程专业课程，是纺纱系列课程的重要组成部分，对培养具有国际视野的创新型纺织工程技术人才具有重要作用。教学团队立足纺织产业转型升级、向价值链中高端发展的需求，将产业和技术的最新发展、行业对人才培养的最新要求引入教学过程，对课程教学模式、考核方式、课程体系进行了改革与实践，取得如下成果：

（1）建成了问题导向、生生（留学生和国内学生）互动、学生为中心、教师为主导的线上线下混合式教学模式。

（2）实施了"线上 + 线下""教师主评 + 生生互评""课前 + 课中 + 课后"的全过程、多角度、全方位的课程考核方式。

（3）构建了"课堂教学 + 实验实践 + 学科竞赛"的分层次、递进式、相互衔接、突出培养学生实验实践和创新设计能力的课程体系。

1.2 成果解决的教学问题

（1）解决了学生学习主动性差、国际视野窄的问题。

（2）解决了课程考核方式单一、不全面的问题。

（3）解决了纺纱系列课程中缺少实验实践和纱线创新设计环节的问题。

2 成果解决教学问题的方法

2.1 创新教学模式

以培养学习主动性强、具有国际视野的创新型纺织工程技术人才为着力点，聚焦纺织产业和技术的最新发展以及纺织行业对人才培养的最新要求，设置花式纱线设计项目；留学生与国内学生组队研究项目，讨论项目要求，以问题为导向，查阅资料、观看线上"花式纱线"全英文授课视频，讨论项目设计思路和方案，并准备汇报课件；线下课上，各组汇报项目的设计目标、思路、方案等，教师分别采用中英文两种语言进行点评、答疑、讲解重难点并组织学生充分沟通交流，确保每位学生都有发言机会并掌握主要花式纱线的特点和设计要点；课后，学生整理、完善项目资料并提交作业。以问题为导向、国内学生与留学生协作交流，以学生为中心、教师为主导的线上线下混合式双语教学模式的实施，有效激发了学生学习主动性，锻炼了学生外语交流能力，拓宽了学生国际视野。

2.2 丰富课程考核方式

适当降低期末考试成绩占比（占总成绩60%），增加课前线上学习成绩（占总成绩15%）、线下课堂学生表现成绩（占总成绩15%）和课后作业成绩（占总成绩10%）。学生汇报项目时采用教师主评、学生互评的评分方式。实现了全过程、多角度、全方位的课程考核。

2.3 调整教学计划、更新教学内容

调整教学计划，增设"花式纱线设计实验"课程和"新型纱线设计与试纺——暨全国大学生纱线设计大赛培训与准备"夏令营，增加了纱线实验和创新设计环节，有效提高了学生的实验实践和综合创新能力。参考原版英文教材，结合花式纱线发展现状，编写了 *Fancy Yarns* 和《花式纱线纺纱实验》讲义，更新了教学内容。

3 成果的创新点

（1）建成的以问题为导向、国内与国际学生交互融通，以学生为中心、教师为主导的线上线下混合式教学模式，突出培养了学生的学习主动性和英语交流能力，拓宽了学生国际视野，提升了教学效果。

（2）实施的课程考核方式，体现了学生线上和线下的学习效果，考虑了同学间的评价，兼顾了课前、课中和课后学习表现，实现了全过程、多角度、全方位的课程考核。

（3）构建的"课堂教学＋实验实践＋学科竞赛"的课程体系，对学生实施了"理论基础—综合应用—研究创新"分层次、递进式的培养，在夯实学生专业理论知识的基础上，着重培养了学生的实验实践和创新设计能力。

4 成果的推广应用情况

4.1 本校应用情况

"花式纱线"双语课程教学改革教学模式已在我校纺织工程专业现代纺织技术方向连续实施8届，共计16个班，学生人数约500人。

Fancy Yarns 和《花式纱线纺纱实验》讲义已连续使用8届以上。讲义内容丰富，紧跟纺织行业发展前沿，具有很好的实践指导作用，受到学生肯定，特别是在拓宽学生国际视野、花式纱线实验实践和纱线创新设计方面起重要作用。

"花式纱线"双语课程加深了学生对纱线创新设计及其应用的理解，拓宽了学生国际视野，提升了学生毕业后投身纺织行业的信心和积极性，申请到海外知名纺织院校（英国曼彻斯特大学、澳大利亚迪肯大学、美国北卡罗来纳州立大学等）深造的学生人数逐年攀升。

学生通过学习"花式纱线"双语课程并参加与课程紧密结合的学科竞赛，极大地提高了专业实践动手能力、团队意识和协作精神。赛事活动增强了学生的自信心，也开阔了其视野、增长了其见识。学生在比赛中展现出来的扎实的纺织专业基本功、创新意识、优秀的综合素质及团队协作精神给评委、企业和行业专家留下了深刻印象，获得了企业提供的实习和就业邀请。竞赛获奖经历也成为学生推免硕士研究生、申请海外留学和就业的加分项目，如参赛队员中有多名学生被推免到北京大学、哈尔滨工业大学、天津大学、东华大学等知名高校并被录取为硕士研究生。

"花式纱线"双语课程教学改革与实践，使我校纺织工程专业学生的纺纱理论水平得到提升、实

践动手能力得以强化、创新能力实现飞跃。在教学改革之前，我校纺织工程专业学生在全国大学生纱线设计大赛中的获奖相对较少，自实施教学改革后，我校学生的获奖数量和级别连续多年取得突破：2014年，获一等奖1项，二等奖1项，三等奖1项，其他奖项3项；2015年，获一等奖2项，二等奖2项，三等奖7项，其他奖项11项；2016年，获一等奖1项，二等奖4项，三等奖4项，其他奖项9项；2017年，获一等奖3项，二等奖5项，三等奖5项，其他奖项13项；2018年，获一等奖4项，二等奖4项，三等奖8项，其他奖项16项；2019年，获特等奖1项，一等奖5项，二等奖1项，三等奖5项，其他奖项12项；2020年，获特等奖1项，二等奖3项，三等奖5项。在全国大学生纱线设计大赛中获奖的部分作品已申请发明专利。

4.2 推广、示范与交流情况

连续多年，我校获奖学生受邀在全国大学生纱线设计大赛颁奖典礼上分享参赛心得体会。《全国大学生纱线设计大赛十届（2009～2019）回顾》一书编入了我校王瑞环、熊新月、徐沈阳等学生的参赛体会，并分享了"立足行业以赛促学——创建学赛融合的天工大模式"。

2017年5月，我校就纺纱系列课程教学改革与实践相关内容在纺纱学教学研讨会上进行了交流，得到与会院校的肯定与借鉴。

桑麻基金会对我校纺纱系列课程群的教学改革做了独家采访与报道；《中国纺织工业联合会纺织教育教学成果奖汇编》刊登了我校"纺织工程专业纺纱系列课程群教学改革与实践""纺织工程专业纺纱类实践教学的改革与创新"等教学成果。

基于线上线下混合式教学的"液压与气压传动"课程建设

天津工业大学，天津超星数图信息技术有限公司

完成人及简况

姓名	性别	所在单位	党政职务	专业技术职称
苏文	女	天津工业大学	无	讲师
杜玉红	女	天津工业大学	副院长（教学）	教授
杜宇	男	天津工业大学	无	实验师
周超	男	天津工业大学	教学办主任	实验师
耿冬寒	女	天津工业大学	无	副教授
崔立春	女	天津超星数图信息技术有限公司	无	初级
姚福林	男	天津工业大学	无	讲师

1 成果简介及主要解决的教学问题

1.1 成果简介

我校为纺织一流学科高校，机械学院纺织机械方向是首批国家级卓越培养计划改革试点专业。按照社会和行业要求、结合我校创新精神应用型高级专门人才的办学定位，"液压与气压传动"课程以学生发展为中心，以"巩固流体理论、突出纺机特色、加强仿真实践、提升创新能力"为教学理念，进行了线上线下混合式教学改革，旨在更好地培养知识、能力、素质融合的综合性人才，服务于纺织一流学科建设和一流专业建设。课程已被评为国家级线上线下混合式教学一流建设课程以及天津市虚拟仿真实验教学一流课程。

1.2 主要解决的教学问题

（1）课程以超星学习通为平台，采用线上线下混合式教学模式，解决了课程内容多、课时少、理论深、实践性高、过程性评价不足等问题。

（2）课程以传动技术知识为导向，以纺织机械为案例，进行课程内容和章节重置，解决了章节之间缺少关联性的问题。

（3）课程推进教师讲授和学生自主学习相结合的"翻转法＋项目驱动法"教学方法，解决了学生普遍课程参与度低、自学能力弱的问题。

（4）课程建立教学与科研、课内与课外、一课堂和二课堂相结合的学生能力培养平台，解决了提高学生工程实践能力，培养复合型工科人才的问题。

2 成果解决教学问题的方法

按照课程目标要求，在教学改革中从教学内容、教学方法等方面整体布局，课程逐渐形成了"三

经三纬"交织的课程体系，相互制约，相互促进，效果显著。

（1）课程以液压与气压系统设计流程为第一条经线，形成理论—元件—回路—系统递进式的课程模块。每个理论模块后紧跟实验模块，将理论和实践紧密结合，促进学生知识、能力和素质高度融合。同时依托天津市实验教学示范中心的流体综合实验台、液压透明元件和虚拟仿真项目，开展虚实结合课程实验。购置了 8 套 FESTO 气压传动试验台；获批天津市虚拟仿真项目 1 项和 2 项校级优秀综合性设计性实验。

（2）课程以纺织机械实例和前沿智能制造知识为第二条经线，根据我校纺织特色，结合纺织行业常用气动的特点，形成我校气动为主、液压为辅的特色课程，按照基本概念—工作原理—结构控制—工程应用优化章节具体内容，2020 级将"液压与气压传动"课程，修改为"液压与气压传动控制"课程。

（3）课程以课程思政为第三条经线，打造"新工科"背景下课程思政新模式，围绕教学目标和内容融入德育要素，润物无声地实现"立德树人"的根本目标，获得校级课程思政项目。

（4）课程以混合式教学为第一条纬线。课程自 2017 年开始使用泛雅平台建设 SOPC 课程并持续建设，逐步完善课件、教案、视频、小动画等资料，并将主要知识点全部录制为教学视频上传到平台中，方便学生随时回放学习使用。同时，教师也为学生提供测验、作业、考试、答疑、讨论等在线指导，并建立了"过程性 + 终结性"的多元化考核评价体系。目前课程已获得泛雅平台的示范教学课。

（5）课程以翻转课堂、项目驱动、双语为第二条纬线，建立以学生为中心的启发式的课堂教学组织新模式。按照 OBE（学习成果导向）理念对内容、学习过程管理进行重构，建立教师为辅、学生自主学习为主的课堂教学组织新模式。

（6）为培养工科学生的创新能力和综合素养，形成了教学与科研、课内与课外、第一课堂和第二课堂相结合的第三条纬线，培养复合型工科人才。建立课程—社团—科技竞赛—创新创业项目—科研项目分层次渐进式人才培养模式，结合师生合作、科研招募等方式，为学有余力的学生搭建创新实践平台，进行个性化高阶性培养，有效地提高了学生的创新能力和工程实践能力，在各类科技竞赛中多次获奖。

3 成果的创新点

（1）在教学内容上，以液压与气压系统设计为经线、以机械（特别是纺织机械）知识为纬线，构建了经纬交织的教学体系，为我校一流学科建设提供保障。

（2）在教学模式上，开展理论和实践两条线上线下混合式教学模式。理论中的基本概念和原理线上学习，重点难点线下教学；课程每个理论模块后紧跟实践教学，通过虚拟仿真的 FESTO 和 fluent 软件，开设液压虚拟仿真回路实验，实现实验课程的混合式教学。

（3）在教学方法上，建立教师为辅，学生自主学习为主的讲授法 + 翻转法 + 项目驱动法相融合的教学方法。

（4）在教学组织上，通过师生合作、科研招募、学生竞赛等方式，搭建教学与科研、课内与课外、一课堂和二课堂相结合的学生能力培养平台，培养复合型工科人才。

（5）在教学评价上，采用"过程评价 + 终结性评价"的方式，解决了学生课程参与度低、创新能力差、自学能力弱、过程考核不足等问题。

4 成果的推广应用情况

4.1 课程应用面广泛

课程目前已经在泛雅平台和学习通 APP 上进行了在线课程授课，机械电子专业开设有 30 学时的"液压与气压传动"课程、两周课程设计，还有部分学生开展相关毕业设计。其他专业开设 30 学时"液压与气压传动"课程。授课专业有机电、机自、机械、测控等专业，本校每届学生人数约 340 人，今后如能应用到其他院校，将使更多学生受益。

4.2 教学相长，教与学质量提高

课程创新了课堂教学模式，有效提高了学生解决复杂工程问题能力、实践创新能力以及责任担当意识，也激发了教师的教学热情。课程组获得省级、校级各类教学成果奖和教改项目 14 项；学生近五年获得国家级和省部级学生竞赛奖 30 余项，指导学生发表论文和专利多项。

4.3 线上教学资源丰富

课程资源多年来在泛雅平台不断完善和更新，课程线上和线下的教学课件、教学视频、习题等内容基本完备，在资源共享和实现人才培养目标方面发挥了重要作用。

4.4 对同类课程具有推广借鉴价值

课程符合"两性一度"的要求，经多年来持续建设，2020 年已被评为首批国家级一流本科建设课程。该成果不仅对纺织工程国家一流专业建设起到支撑作用，对其他同类课程的建设也具有一定的推广借鉴价值。

纺织材料复合创新人才政产教协同培养体系的探索与实践

浙江理工大学

完成人及简况

姓名	性别	所在单位	党政职务	专业技术职称
余厚咏	男	浙江理工大学	国际交流合作处副处长	特聘教授
李营战	男	浙江理工大学	无	讲师
周颖	女	浙江理工大学	无	高级实验师
刘国金	男	浙江理工大学	系副主任	讲师
郭玉海	男	浙江理工大学	系主任	研究员
陈祥	男	浙江理工大学	无	讲师
苏淼	女	浙江理工大学	学院副院长	副教授
金肖克	男	浙江理工大学	无	讲师
陈俊俊	女	浙江理工大学	无	讲师
马雷雷	男	浙江理工大学	无	工程师

1 成果简介及主要解决的教学问题

1.1 成果简介

成果立足现代纺织产业高质量发展对纺织专业人才培养新模式的需求大背景，通过对纺织类专业现有人才培养模式的研究和分析，构建了新型"政校平台＋挂榜出题＋竞赛实训＋科研实践"的"政校企合作教育"纺织创新人才培养体系，通过创新成果转化及平台建设，实现人才精准化培养，在实验思维建立、科技创新训练、产教学研融合以及科研成果转化基础上，推进纺织工程类、材料工程类、轻化工程类以及非织造工程类学生的交叉融合，培养既强调知识的综合性、实用性，又更具工程实践能力、学科交叉与深度融合能力以及创新创造能力的纺织专门人才，使本校纺织人才培养能力在国内外同类高校中逐渐从跟跑、并跑，跃升为领跑水平，完成纺织材料复合创新人才梯队建设，为复合创新设计人才团队输出及企业双赢赋能，具体改革思路如图1所示。

1.1.1 创新平台建设及成果转化

依据创新平台建设及成果转化驱动，构建纺织材料复合创新人才培养模式。依托我校纺织工程专业（国家特色专业、浙江省优势专业，国家级纺织工程实验教学示范中心、"纺织纤维材料与加工技术"国家地方联合工程实验室、"先进纺织材料与制备技术"教育部重点实验室、国家精品资源共享课、浙江省一流学科），以建设"双一流"为驱动力，面向国家"一带一路"战略和浙江省纺织产业发展需求，通过与企业共融共建、创新设计项目成果路演导学等方式，根据学生素质特点，科学构建"创新平台、产教融合"，以创新平台为载体，以成果转化为抓手，培养学生综合素质和实践动手能力。

培养目标 → 纺织材料复合创新人才

存在问题
- 学生培养手段单一、内容单调
- 梯队人才培养青黄不接
- 人才综合创新能力与产业发展不协调

改革思路
- 创新成果转化及平台建设
- 人才精准化培养
- 纺织创新人才梯队建设

纺织行业跟跑 ⟹ 纺织行业并跑 ⟹ 纺织行业领跑

创新培养

实验思维 ——— 科技创新 ——— 产教学研 ——— 成果转化

实践课程体系	科技创新活动	企业实践	政校搭台
PDCA循环	专业教师团队	企业导师团队	共建联合基地
实验技能提升	项目课题设计	"量身"造才	科研团队导入
理论实践交融	创新创业竞赛	成果联合开发	企业难题问诊

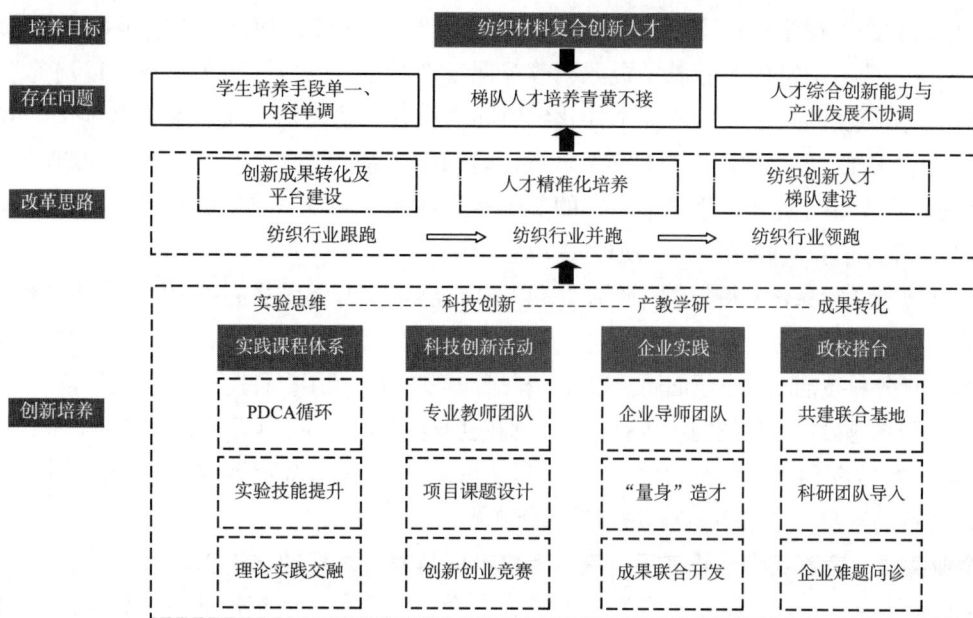

图 1 政产教协同纺织材料复合创新人才培养体系思路图

1.1.2 人才精准化培养

通过对培养目标的精准定位、培养体系的精心设计、实践教学体系的日益完善以及培养质量保障的精细强化，有效确保培养成效，逐步探索形成校企精准对接，强化产教融合的人才模式。组建专业教师团队，聘请校外导师，实行校企双导，开展产学研合作开发，精准对接学生科研团队，以面向企业实际的科研项目为载体，通过项目课题设计、科技创新活动训练、创新创业竞赛，共同挖掘创新力量，推动创意创业，充分发挥校企双方的资源和优势，为企业"量身"造才。

1.1.3 纺织创新人才梯队建设

政府搭台，整合企业及社会资源，多方共建联合中心、地方研究院及协同创新中心，聘请企业导师参与人才培养工作，合作开办课程，确定研究课题，形成科研团队主导、学生主体实施、科研项目承载、创新平台支撑、龙头企业助推的政产教驱动协同育人机制，发挥政产教共融共建优势，建立人才梯队培养的长效机制，实现纺织材料复合创新人才团队培养的可持续发展。

1.2 主要解决的教学问题

传统纺织人才培养难以满足现代纺织产业高速、高质量发展对纺织材料复合创新人才的新需求，随着《建设纺织强国纲要（2011-2020）》（2012 年）目标的实施，迭代升级后的纺织制造业急需大批科技创新型、工程技术型、自主创业型、创意设计型等专业化拔尖人才和团队，纺织人才培养迎来了新的机遇与挑战。高校人才输出要实现从"跟跑纺织行业""与纺织行业并跑"到"引跑纺织行业"的跃迁，加强与国际国内市场及产业的接轨，必须着力解决以下问题：

（1）解决高校人才培养手段单一、内容单调的共性问题。

（2）解决企业人才荒、梯队人才培养青黄不接问题。

（3）解决人才创新能力与产业发展不协调问题。

2 成果解决教学问题的方法

2.1 实践课程创新、科研课题双牵引，协同解决创新人才综合能力培养问题

在实验课程教学中，引入全面质量管理（TQM，total quality management）体系的基本方法——PDCA［Plan（计划）—Do（实施）—Check（检查）—Action（处理）］循环，对纺织专业系列实验课程教

学进行总体规划和改革探索：以国家级实验教学中心为平台，按照 PDCA 工作循环管理实验教学，依托校园网络环境，建立丰富的实验教学资源，改革课程教学模式，以学生为主体、以培养学生实践创新能力为目标，实行实验自主化、培养个性化、时间自由化、管理信息化、能力多维化、方法多样化的开放模式，建立多维、多层次的纺织材料学实验混合教学体系。通过对纺织专业系列实验教学系统化、全方位、全过程的改革与实施，建立了完整的实验教学体系，建设了丰富的教学资源，促进了学生实践创新能力的培养，培养实验思维，实现理实交融。

利用较好的实验平台条件支持学生科研活动，以国家级实验教学示范中心等为依托，将教育、科研资源的优势充分运用于创新人才的培养，组建专业教师团队，大力开展大学生创新实践活动，通过实验课程教学—毕业设计实践—课外科技活动三个层面层层递进的科研训练环节，利用多种途径和手段倡导科学研究精神，学生通过参加项目课题设计、科技创新活动训练、创新创业竞赛等活动，满足个性化发展需求，培养应用能力和立体思维能力，为后续专业课程的学习以及今后从事科研和生产奠定必要的理论基础，使学生自觉关注科技前沿和本专业的发展，增强科技创新敏锐性和创造性。

2.2 企业实践、竞赛实训双管齐下，满足万亿产业链对人才精准化培养需求

结合纺织学科特点，对接我省重点发展的十大产业链之一——纺织产业行业资源、渠道和科技服务创新平台，安排教师前往参观、学习甚至挂职锻炼，使教师直接面对浙江省纺织行业转型升级的科技需求，通过各种形式的科技合作活动，实现企业和学校的优势互补，提升教师的工程实践能力，从而进一步提升其育人水平。

聘请企业或行业导师，实行校企双导，开展产学研合作开发，精准对接学生科研团队，以面向企业实际的科研项目为载体，充分利用校企双方的资源和优势，通过科研合作、成果联合开发等，共同挖掘创新力量，推动创意创新创业，为企业"量身"造才。

2.3 政校搭台、团队导入，构建"校企合作教育 Co-op"纺织材料复合创新人才培养模式

政府牵线搭台，整合企业及社会资源，多方共建联合基地、地方研究院，发挥政产教共融共建优势。企业主动接纳科研人员和学生为青年科学家、联合培养生以解决企业实际问题为目标，校企双师指导，学生创新团队实施，借鉴加拿大 Co-op 培养机制，形成自主特色的"企业挂榜出题、高校揭榜解题、学生带薪实习、政府资源助题"的"校企合作教育 Co-op"纺织材料复合创新人才培养模式，从而建立人才培养的长效机制，解决当下人才适应力和可持续发展力的协调问题，实现纺织材料复合创新人才团队的可持续发展。

3 成果的创新点

（1）通过构建新型"政校平台＋挂榜出题＋竞赛实训＋科研实践"的"政校企合作教育"纺织创新人才培养体系，实现人才精准化培养，在实验思维建立、科技创新训练、产教学研融合以及科研成果转化基础上，培养更具工程实践能力、学科交叉与深度融合能力以及创新创造能力的纺织专门人才，使本校纺织人才培养能力在国内外同类高校中逐渐从跟跑、并跑跃升为领跑水平，完成纺织材料复合创新人才梯队建设，为复合创新设计人才团队输出及企业双赢赋能，如图2所示。

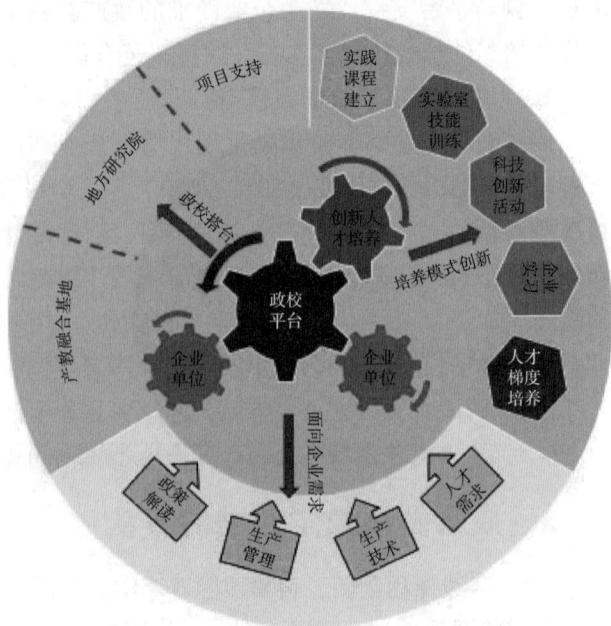

图2 "政校平台＋挂榜出题＋竞赛实训＋科研实践"的"政校企合作教育"纺织材料创新人才培养体系

（2）政校搭台、政产教协同校企合作教育，企业直接参与共融共建，使整个纺织材料复合创新人才孵化系统的构建可以准确把握当下纺织行业发展的新趋势，体现了纺织行业对人才的多元要求，并且兼顾了产业当下需求和未来发展，也为学生适应变化的行业和今后自主创业提供了条件。

4 成果的推广应用情况

经过多年的教学建设与实践，校企合作平台日益增多，政产教协同育人机制日臻完善，学生科研创新能力大大加强，纺织人才培养效果显著，纺织类毕业生深受社会好评。

4.1 培养面广，学生受益面大，产业提升效果明显

新的人才培养体系，体现了纺织行业的变化，符合行业未来发展趋势，教学成果颇丰。浙江理工大学每年培养纺织类专业本科生及研究生 300 余人，学生的知识、能力和素质目标得到显著的提高。如姚菊明、余厚咏生物高分子团队的孙斌同学，参与万事利丝绸科技有限公司研发的抗菌防霉丝绸壁纸项目，该产品在 G20 峰会大放光彩，并给万事利集团带来每年 2000 余万的产值（图 3）；郭玉海教授指导团队王峰等研究生参与的项目"工业排放烟气用聚四氟乙烯基过滤材料关键技术及产业化"获 2017 年国家科技进步二等奖（图 4）；疫情期间，郭玉海教授和刘国金博士团队还研发了替代熔喷材料的软支撑纳米纤维膜口罩新材料，所得材料克服了熔喷口罩材料生产效率低和贮存期短的不足的问题，可作为应急战备物质储存，引起了中国新闻网、学习强国等媒体的关注。还有一部分同学积极参与到创业浪潮中，如金王勇同学现任东大环境工程有限公司副总经理，章翔同学现任德国盛德无纺布集团（Sandler AG）中国区总经理，纺织高素质人才的创新创业为现代纺织产业的高质量发展注入了"源动力"。

图 3 G20 峰会上的抗菌防霉丝绸巨幅壁纸

4.2 形成开放协同的实践创新教学格局，学生综合实践能力大幅提高

学生参加科研活动，获教育部国家大学生创新创业项目 42 项、浙江省新苗人才项目立项 50 项，参加挑战杯等各类学科竞赛获奖 129 项（国家级奖 95 项，其中获全国"挑战杯"学术科技作品二等奖 4 次，浙江省一等奖 7 次；全国"挑战杯"创业作品大赛银奖 1 次，浙江省一等奖 1 次、二等奖 6 次；在"互联网＋"创新创业大赛、中国高校纺织品设计大赛等赛事中屡屡获奖），发表科研论文 110 篇，授权专利 84 项，学生的科研创新能力明显增强。2016 级本科生李宇文以第一作者参与发表 SCI 论文 3 篇，共参与发表 SCI 论文 10 篇；带领团队获浙江省大学生挑战杯竞赛一等奖，主持参与国家级科研项目 2 项、省级科研项目 1 项、校级重点科研项目 2 项，被推免至浙江大学直接攻读博士学位，师从"长江学者特聘教授"钱国栋；2017 级本科生陈栋梁以第一作者在国际权威期刊 *Small*（SCI 一区，IF：11.459，

图4 聚四氟乙烯纤维及其耐高温过滤材料生产及获奖证书

TOP期刊）和 *Journal of Materials Chemistry A*（SCI一区，IF：11.301，TOP期刊）上各发表论文一篇；李成才、陈星羽、林毅和薛洁瑜等在刘国金等老师指导下获2020年第六届中国国际"互联网+"创新创业大赛国家级铜奖和2020年浙江省第六届国际"互联网+"创新创业大赛省级银奖（部分获奖证书见图5）。通过科研创新实践训练，以赛促学，增强了学生的专业自信、学科自信、产业自信和发展自信，从而大大促进学生的成长成才和学院特色发展。

4.3 各类人才多维知识架构与梯队完善，满足万亿纺织产业需求

（1）构建本—硕—博一体化研究梯队，打造本研一体化，博士带硕士和硕士带本科学士的良好氛围，对创新人才培养模式和促进本研学生优势互补作了有益的探索和实践。

通过培养学生实践动手能力、促进科研素养的提高，本科生考研复试及就业面试成功率随之上升，纺织工程专业一次就业率和考研录取率大幅提高。一批同学继续深造，取得了优异的考研（考博）成绩，如余厚咏团队所带刘闪闪获中科大硕博连读、王怡博赴英国曼彻斯特大学攻读博士学位、叶守暖同学赴浙江大学攻读硕士学位，刘国金团队所带杨莉莉赴美国北卡罗来纳州立（NCSU）大学攻读硕士学位、周玲玲赴日本京都工艺纤维大学攻读硕士学位、徐淮中赴日本京都工艺纤维大学（KIT）攻读博士学位、张小双赴东华大学攻读硕士学位。图6（a）、（b）为近年来纺织学科学生考研录取率情况对比，可以看出，考研录取率呈现稳步上升的趋势，而且录取院校也不再限于本校，"985""211"高校及国外知名高校的升学率从2014年至今已翻番。良好的就业率、继续深造率及学生就业、升学后的去向反过来吸引国内外更多学生选择报考本校纺织学科，近年来纺织学科新招博士研究生143人、硕士研究生700多人，毕业博士研究生56人、硕士研究生600多人，培养国外留学研究生46人，研究生毕业论文盲审一次通过率均在98%以上，优秀率在10%左右。

新的培养模式符合纺织行业对创新人才的需求，教学模式和培养的毕业生得到企业的广泛认可，相关单位对本专业学生评价较高。毕业生调研结果表明，该专业毕业生不仅理论知识扎实，而且动手能力强，能在较短时间内适应学习和工作要求，在纺织新技术、新产品开发中富有创新精神。部分学生较快走上领导岗位，成为企业的技术及管理中坚力量。更多企业负责人和技术总监成为校外导师，企业项目引入课程内容，吸引更多企业积极参与人才培养模式改革，从而形成人才培养的良性循环。

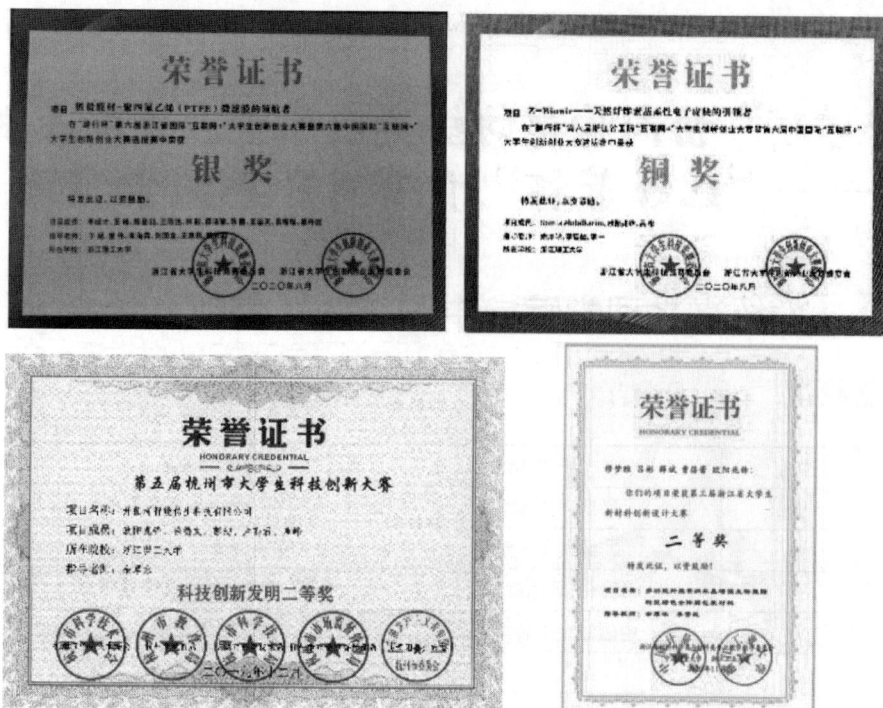

图 5 学生部分获奖证书

（2）通过政产学研合作，构建了高层次的青年教师队伍。

教师通过到企业博士后流动站、省级重点企业研究院（研发中心工作）、职能部门挂职，贴近地方经济建设和行业发展一线，在服务产业中求发展，一大批青年教师得以迅速成长，工程化实践能力大幅提高，成为提升本科、研究生不同培养阶段学生创新性应用实践能力的中坚力量。图 6（c）为成果团队成员获省部级以上奖项情况，其中郭玉海老师入选 2018 年度教育部"长江学者奖励计划"、获 2017 年国家技术进步二等奖（排名第 1）、2017 年中国纺织工业联合会纺织高等教育教学成果一等奖、2019 年中国纺织工业联合会纺织高等教育教学成果一等奖、2020 年中国纺织工业联合会科技进步一等奖等；余厚咏老师入选 2020 年首批"浙江省高校领军人才培养计划"、2019 年浙江省"院士结对英才计划"（结对纤维素领域院士张俐娜教授）、2017 年浙江省高等学校中青年学科带头人、第四届 2018 ~ 2020 年度中国科协青年托举人才项目、2018 年湖州"南太湖精英人才"创新领军人才等，直接指导学生获批省级"新苗计划"项目 7 项，教育部国创项目 5 项，指导本科生发表 SCI 论文 20 余篇，协助企业申报国家重点新产品 3 项，省级新产品十余项，扶助浙江纺织企业创建品牌、提高品质、增加品种，以"三品战略"引领万亿纺织产业加快实现转型升级。

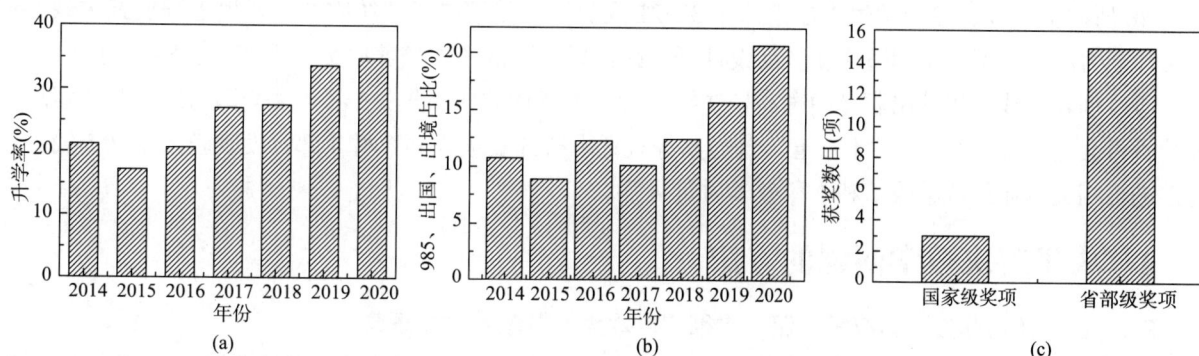

图 6 学生考研录取率情况及团队成员获省部级以上奖项情况

"政产学研"协同构建纺织类应用型人才培养新机制
——"红绿蓝杯"竞赛12年探索实践

绍兴文理学院、中国纺织服装教育学会

完成人及简况

姓名	性别	所在单位	党政职务	专业技术职称
段亚峰	男	绍兴文理学院	原纺织服装学院副院长	教授
钱红飞	女	绍兴文理学院	纺织服装学院院长	教授
陈伟鸿	男	绍兴文理学院教务处	处长	教授
纪晓峰	男	中国纺织服装教育学会	副会长兼秘书长	高级工程师
李旭明	男	绍兴文理学院	教务处副处长	教授
邹专勇	男	绍兴文理学院	纺织服装学院副院长	教授
洪剑寒	男	绍兴文理学院	无	副教授
朱昊	男	绍兴文理学院	无	副教授
孟旭	男	绍兴文理学院	纺织服装学院副院长	副教授
陆浩杰	男	绍兴文理学院	无	实验员
徐彩娣	女	绍兴文理学院	无	实验员

1 成果简介及主要解决的教学问题

本成果基于2010年、2014年和2018年共三版本科《纺织工程专业人才培养方案》的修订，深入贯彻"以本为本"高等教育理念，以产业急需的"人才产出"为导向、本科生科技创新项目为驱动、"政产学研用"全面合作的深度"产教融合"为路径，通过课程体系建设和教学大纲修订、"红绿蓝杯"中国高校纺织品设计大赛平台建设等，采用"以赛励学、比效对标、提质赋能"策略，充分利用当地产业资源优势，深入探索构建并实施了"政产学研"协同互动的纺织创意设计应用型人才培养新模式；尤其是开展了长达12年的协同打造"红绿蓝杯"中国高校纺织品设计大赛平台，创新实践了一种"政产学研用"五方协同联动、滚动发展、梯度完善的深度"产教融合"应用型人才培养新机制，已覆盖全国48所同类高校、参与学生人数累计达32322人次，有效解决了"纺织类本科生工程实践欠缺、创新设计能力薄弱、不能快速适应新产品设计开发岗位要求"的人才培养质量和现实教学实训问题。

通过创新实践，累计出版《中国高校纺织品设计大赛优秀作品集》3部、《全国纺织品与创意设计教学研讨会论文集》2部、"十三五"普通高等教育本科部委级规划教材4部，发表教改论文5篇，有力推进了相关专业的教学改革和本科教学质量提升。

2 成果解决教学问题的方法

2.1 以人才培养方案为统领，深入贯彻"以本为本"教育教学理念

系统梳理总结"政、产、学、研"合作条件、经验与发展思路，结合教育部成都高等教育工作会议精神，在前期2010版基础上，进一步组织完成了纺织工程等本科专业2014版和2018版"本科人才培养方案"

和课程教学大纲等的制订和修订，开展了“纺织工程”等本科专业群课程体系建设与实验教学平台建设，形成了具有一定示范作用的“纺织品创意设计应用型人才”培养新机制（图 1、图 2）。

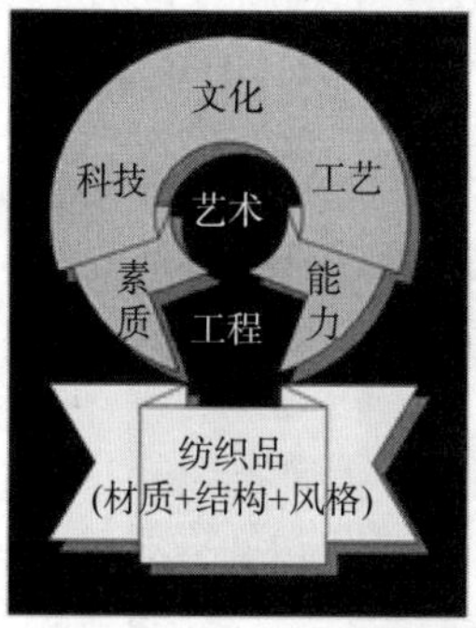

●纺织品创意设计人才知识素质能力结构模型

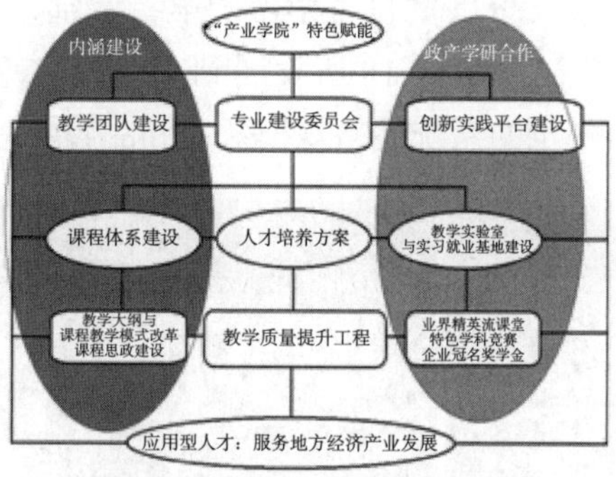

● 项目建设内容规划图

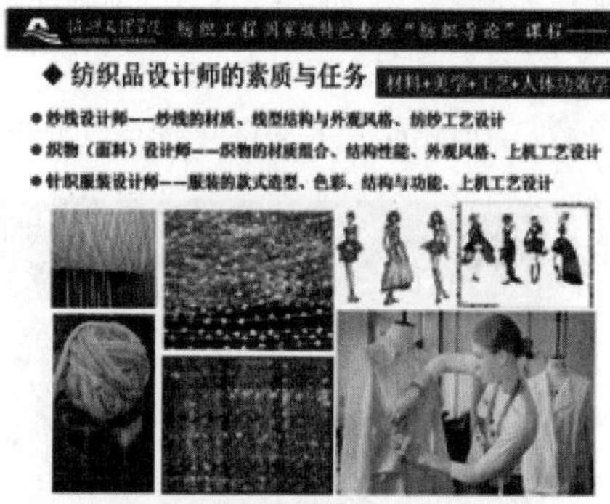

● 相关课程人才培养职业取向设计与引导

图 1　项目实施的“纺织品创意设计应用型人才”系统设计

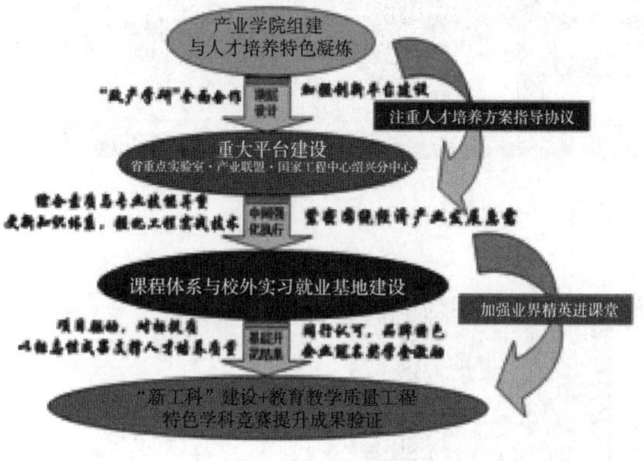

● 项目实施路径图

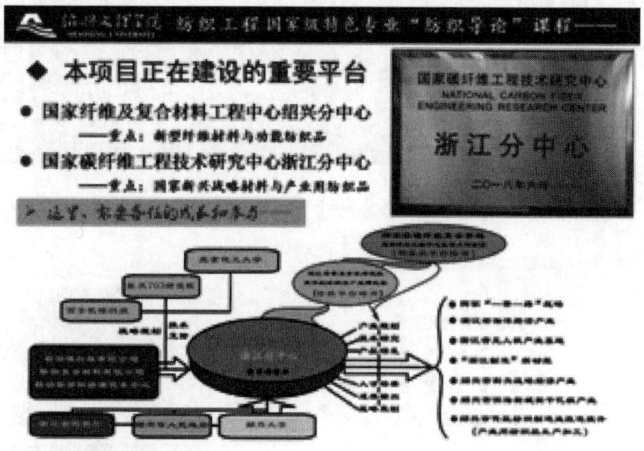

● 国家纤维工程技术研究中心“浙江分中心”功能构建模型图

图 2　成果实施过程及其部分平台支撑

2.2　通过竞赛平台内涵特色建设，为人才培养加装质量爬坡驱动轮

以特色学科竞赛平台构建为抓手，引入竞技交流互动机制，整合“政产学研用”合作资源要素，策划实施“红绿蓝杯”中国高校纺织品设计大赛，通过每年一届学科竞赛，展示、交流、研讨和提升教学方法与成果水平；通过参与中国纺织出版社举办的出版大赛优秀作品集、召开教学研讨会和大赛颁奖典礼暨“中国・柯桥，纺织工业设计高层论坛”活动，加强校际交流与产业互动，助推“卓越纺织工程师”培养，形成了独具特色的“红绿蓝杯”现象（图 3）。

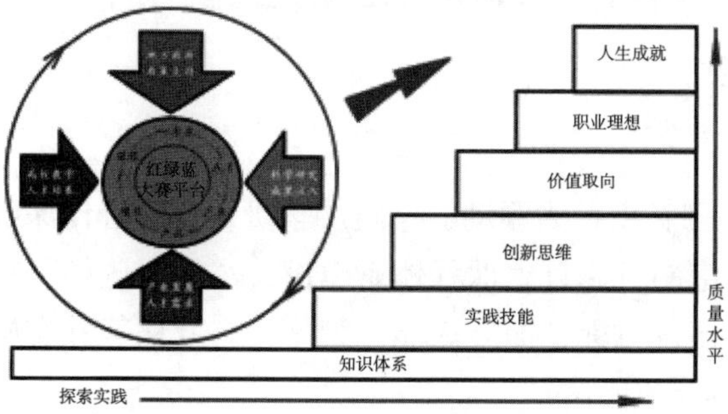

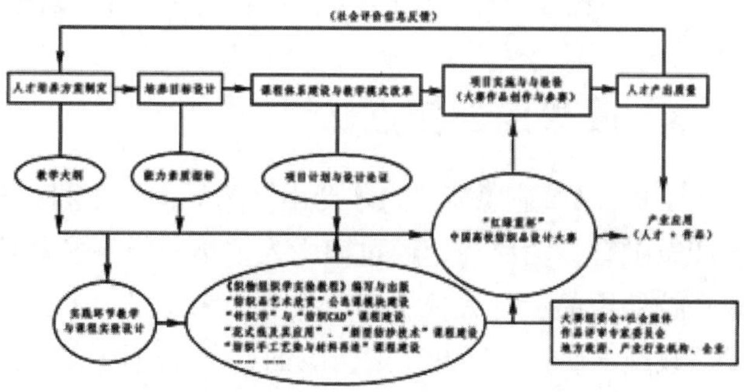

图 3　“红绿蓝杯”学科竞赛平台功能模型与实施路径图

2.3 通过竞赛作品创作，推动教学内容模式更新、实验装备条件改善

导入企业冠名大赛的引领激励机制，以组织参赛为手段路径，系统设计课程教学内容，改善教学模式与实验条件；加强本科生创新项目建设，开辟"自主学习"第二课堂，激发学生创新主动性。经过12年探索实践，每届"红绿蓝杯"参赛高校数由18所发展到48所、参赛作品数从191件发展到1919件，作品质量水平逐年提升，形成了一定的系统性、规模效应和品牌特色（图4、图5）。

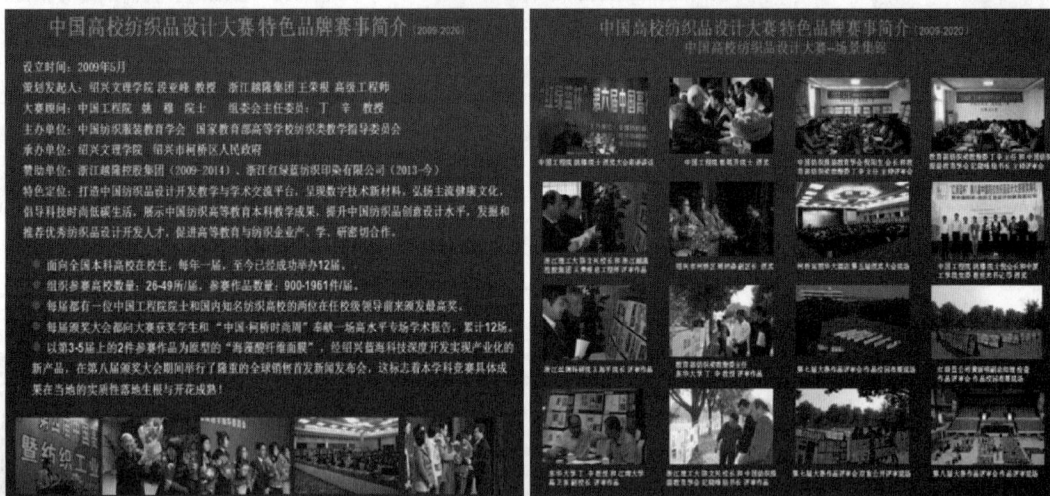

图4 个性化特色学科竞赛平台——"红绿蓝杯"中国高校纺织品设计大赛

图5 个性化特色学科竞赛平台——"红绿蓝杯"中国高校纺织品设计大赛的主要成果与反响

3 成果的创新点

（1）以产业急需"人才产出"为导向、本科生科技创新项目为驱动、"政产学研"全面合作深度"产教融合"为路径，通过三版人才培养方案和教学大纲制订修订、课程体系建设、"红绿蓝杯"中国高校纺织品设计大赛平台建设等，采用"以赛励学、比效对标、提质赋能"策略，有效构建并实施了"政产学研"协同互动的纺织创意设计应用型人才培养新机制。

（2）基于人才培养目标与能力素质要求，创新实践了一种"产业需求—人才培养目标—人才培养方案—课程教学模式改革—创新实践项目设计—新产品开发能力提升—产业应用与效果评价"的项目

"正向逐级驱动＋反向连环支撑"闭环运行模式与"政产学研用"五方合作联动、滚动发展、梯度完善的纺织创意设计应用型人才培养新路径。

（3）通过 12 年努力，"红绿蓝杯"竞赛已覆盖全国 48 所同类高校、累计参与学生人数达 32322 人次、每届由院士亲自颁奖，形成了独具深度的"产教融合"和时尚风采的特色学科竞赛品牌效应及广泛行业影响力。

4　成果的推广应用情况

在组织实施相关专业及其课程群建设、教学模式改革、构建起纺织创意设计应用型人才培养新机制的同时，累计举办"红绿蓝杯"学科竞赛 12 届，教学理念与人才培养机制在同类院校广泛应用，效果显著。

（1）被绍兴市柯桥区政府列为实施"纺织时尚创意产业培育发展"战略助推器，长期给予了一定政策、场地和经费支持；每届邀请一位中国工程院资深院士颁奖，姚穆院士为大赛作品集作序，还欣然为第 10 届大赛题词鼓励。

（2）受到众多媒体跟踪报道，其中浙江省学习强国热点搜索，以"时尚联手科技，推动跨界创新"和"赋能人才培养，助力产教融合"为标题报道（2019.11.27），对项目成果予以充分肯定。

（3）率先在纺织行业开展，并一直坚守不断改进完善，成为业内个性化学科竞赛平台构建模板被参考复制，形成中国纺织服装教育学会旗下众多"行业个性化"特色学科竞赛群。

（4）经网络问卷调查反响强烈，获得 5 所院校的成果应用证明和国家纺织类专业教指委专家鉴定会的高度评价。

基于工程教育认证理念的纺织特色材料类专业
人才培养模式的探索与实践

武汉纺织大学

完成人及简况

姓名	性别	所在单位	党政职务	专业技术职称
顾绍金	男	武汉纺织大学	材料科学与工程系主任	教授
左丹英	女	武汉纺织大学	高分子材料系主任	教授
刘晓洪	男	武汉纺织大学	无	教授
黄乐平	男	武汉纺织大学	材料学院副院长	副教授
孙九霄	男	武汉纺织大学	复合材料系主任	副教授
彭家顺	男	武汉纺织大学	材料学院实验室主任	高级工程师
张宏伟	男	武汉纺织大学	无	副教授

1 成果简介及主要解决的教学问题

1.1 成果简介

本成果基于纺织产业转型升级以及新材料发展对应用型创新人才需求的分析，在 2014 年以来不断研究的基础上，以教育部高教司教研项目"基于专业特色的卓越班人才培养模式的构建及实践研究"（教高司函〔2018〕18 号）和湖北省教研项目"新工科背景下省属高校高分子材料与工程专业人才培养的改革与探索"（编号：2018351），"学分制下地方高校材料类专业实验教学改革研究与实践"（鄂教高函〔2016〕1 号）等项目为支撑，基于工程教育认证理念，系统分析专业传统人才培养模式的不足，重构课程体系，深化教育教学改革，培养引领和促进产业发展的卓越工程人才。最终，形成了"基于工程教育认证理念的纺织特色材料类专业人才培养模式的探索与实践"成果。

（1）立足于学校"现代纺织、大纺织、超纺织"办学特色，重构了基于工程教育认证理念的具有纺织特色的材料类专业培养方案的顶层设计。

（2）坚持立德树人，进行了面向产出的课程体系改革与建设。集知识传授、能力培养、人格养成"三位一体"的培养模式，以产出导向为牵引，以优良实验实践教学条件为支撑，以科研训练和创新创业平台为特色，以教学过程质量监控机制、毕业要求达成评价机制等为保障，按照思政和通识教育课程、学科基础和专业核心课程、专业课程、实践教学"3+1"方式的指导思想重构课程体系，围绕课程目标开展课程建设。

（3）深化了本科导师制，落实了"全员育人"机制。

1.2 主要解决的教学问题

（1）解决了材料类专业卓越工程人才培养的定位问题：基于工程教育认证理念，通过广泛深入的调研，提出了适应材料产业发展需要和服务区域经济社会发展需求的具有纺织特色的材料类专业卓越人才培养目标。

（2）解决了材料类专业卓越工程人才培养模式问题：基于工程教育认证理念，分析了我国材料产业转型升级对人才需求的特点与我校的办学特色优势，结合中南地区经济社会发展需求，构建了基于"现代纺织、大纺织、超纺织"办学理念的材料类专业卓越工程人才培养模式。

（3）解决了课程建设问题：围绕课程目标重构教学内容、更新教学方式、改革课程考核、实施课程评价，确保课程质量不断提高。

（4）构建应用型创新人才培养的实践育人体系，解决学生实践能力不足，创新能力弱，难以适应新材料领域发展需要的问题。

成果的实践应用，使我校材料类专业的综合实力显著提高，支撑高分子材料与工程获批国家一流专业建设点，高分子材料与工程和复合材料与工程专业成为湖北省一流专业建设点，高分子材料与工程专业通过教育部工程教育专业认证，复合材料与工程专业获得工程教育专业认证受理申请；发表相关教学研究论文25篇，获"桑麻奖教金""纺织之光教师奖"等各类教学奖20项。学生获得专利6项，学生共获得省级以上科技竞赛奖项35项。该教学研究成果对于地方高校本科生人才培养质量的提高及纺织特色材料专业应用型创新人才培养具有积极的借鉴作用和推广价值。

2 成果解决教学问题的方法

2.1 调研分析论证，明确人才培养目标

调研行业企业对人才需求，调研校友对专业学习需求，明确学校对人才培养目标的要求，针对该类人才"基础性、应用性、多样性、复合性、实践性、创新性"等特征，提出了符合行业背景高校办学定位的"知识、能力、品格"协调发展的培养目标。

2.2 重构培养方案和课程体系，突出学生能力培养

在"现代纺织、大纺织、超纺织"办学特色下，基于课程体系支撑产出导向的理念，按照思政和通识教育课程要有"价值和素养引领性"、学科基础和专业核心课程要有"基础性和应用性"、专业课程要有"综合性"、实践教学要有"实践性和创新性"的要求，构建了培养方案和课程体系，突出了面向产出的能力培养。

2.3 构建四年不断线、要求层层提高的"四阶段、四层次一体化"实践教学体系

修订与新的实践教学体系相适应的专业人才培养方案，将课程实验、创新实践、校内实训、专业见习、学科竞赛、社会实践、毕业实习、毕业设计等实践模块，按照不同类型、层次的实践环节和内容，在实践教学中采用"基础实践教学阶段、提高实践教学阶段、创新创业实践阶段和工程应用实践阶段"四层次实践教学内容体系（图1），将实践教学由低级到高级贯穿大学四年全过程。以实践技能和创新能力培养为着眼点和落脚点，充分兼顾人才培养的点和面，突出强化学生的专业技能和创新能力培养。

2.4 规范人才培养各环节，建立面向产出的达成评价机制

建立了面向产出的教学过程质量监控机制、毕业要求达成评价机制、培养目标达成评价机制等三大面向产出的评价机制，并且定期开展评价，将评价结果用于专业的持续改进，确保课程目标、毕业要求以及培养目标的达成，提高人才培养质量。

2.5 深化本科生导师制，不断提高人才培养与社会需求的契合度

通过深化本科生导师制，建立了由学生辅导员、班主任、专业教师、本科生导师组成的"四位一体"的"全员育人"机制，四类教师分别负责学生的思政教育与管理、日常管理、专业学习、科研训练，"全员育人"机制很好地保证了对学生的全面教育和服务，提高人才培养与社会需求的契合度。

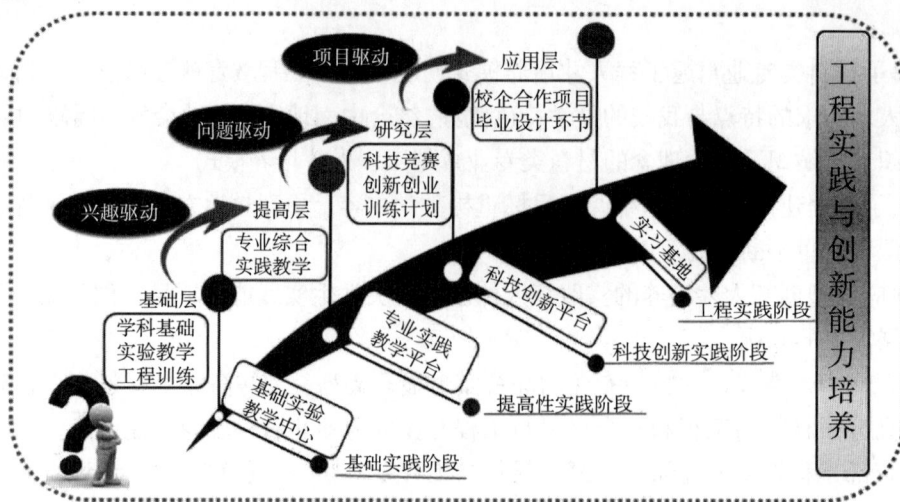

图1　"四阶段、四层次一体化"的实践教学体系

3　成果的创新点

3.1　立足于学校"现代纺织、大纺织、超纺织"办学特色，在材料产业转型升级背景下，根据人才需求的特点，提炼了"重品格、牢基础、强实践、能创新"人才培养特色

"重品格"：培养学生具有吃苦耐劳、团队合作、诚实自信的特质，体现心灵阳光、宽容担当、追求卓越的经纬气质。"牢基础"：夯实在校大学教育的基础，学生掌握人生发展历程中必需的科学和人文基础知识。"强实践"：让学生能体会到生产实践的内涵和精髓，具备扎入一线解决现场问题的工作经验与独立动手能力。"能创新"：培养学生创新意识，在怀疑和批判的思考之后能够实现自我的创新之梦。

3.2　坚持立德树人，提出了面向产出的卓越工程人才培养方案

围绕立德树人根本任务，将"思政课程"与"课程思政"有机结合，实现全员全程全方位育人，按照思政和通识教育课程要有"价值和素养引领性"、学科基础和专业核心课程要有"基础性和应用性"、专业课程要有"综合性"、实践教学环节要培养"实践能力与创新能力"的"3+1"方式的指导思想重构课程体系，突出知识、能力、品格的协调发展。深化本科生导师制，将价值引领和专业传授融合、创新培养和实践教育融合、知识拓展和能力提升融合，深入推进课程体系建设和课程思政建设，注重学生技术能力和非技术能力的全面培养。

3.3　建立了面向产出的课程质量评价机制

课程能够实现其在课程体系中的作用，课程大纲中明确建立了课程目标与相关毕业要求指标点的对应关系，学科基础和专业核心课程加强了识别、表达和分析复杂工程问题能力的培养，专业课程加强了分析、设计、研究能力的培养，综合性实践课应体现综合运用知识解决实际问题的能力培养，课程内容与教学方式能够有效实现课程目标，课程考核的方式、内容和评分标准能够针对课程目标设计，课程评价能够证明课程目标的达成情况。

4　成果的推广应用情况

4.1　教学质量成效显著

成果历经6年实践检验，覆盖了3个专业1200余名学生，就业率达98.9%，考研录取率高于50%，支撑高分子材料与工程获批国家一流专业建设点，高分子材料与工程和复合材料与工程专业成为

湖北省一流专业建设点，高分子材料与工程专业通过教育部工程教育专业认证，复合材料与工程专业通过工程教育专业认证受理申请。

4.2 学生创新能力大幅提升

学生完成大学生创新创业项目 71 项（国家级 20 项，省级 20 项，校级重点 31 项），发表论文 50 篇（SCI、EI 28 篇），获得专利 8 项；科技竞赛省级以上获奖 35 项，在"挑战杯"中国大学生创业计划竞赛全国决赛获得铜奖 1 项，湖北省"挑战杯"大学生课外科技作品竞赛获得二等奖 1 项、三等奖 4 项，湖北省"挑战杯"创业计划大赛中金奖 1 项、银奖 1 项、铜奖 1 项，湖北省大学生优秀科研成果奖一等奖 1 项、二等奖 2 项，湖北省大学生化工学术成果报告会二等奖 3 项。

4.3 教师参与教学改革人数稳步提升

完成教改项目 10 项（国家级 1 项），获得 2018 年教育部第一批产学合作协同育人项目立项，获得纺织之光和桑麻奖教金等各类教学奖 20 项，教学成果奖 6 项（省部级教学成果奖 4 项）。

4.4 成果交流范围逐渐扩大

成果通过论文和全国会议形式进行了广泛地交流和传播，发表或宣读教研论文 25 篇，并在 2019 年"第八届全国高校教学督导质量评价与质量保障体系建设学术年会"上进行交流，此外在武汉工程大学、湖北科技学院等兄弟院校的材料类专业及相近专业中推广应用，效果良好。

新工科背景下地方纺织院校自动化专业
人才培养模式的研究与实践

武汉纺织大学

完成人及简况

姓名	性别	所在单位	党政职务	专业技术职称
罗维平	女	武汉纺织大学	无	教授
马双宝	男	武汉纺织大学	副院长	副教授
吴玉蓉	女	武汉纺织大学	无	副教授
薛勇	男	武汉纺织大学	自动化系主任	副教授
江维	男	武汉纺织大学	无	讲师

1 成果简介及主要解决的教学问题

1.1 成果简介

本成果源于三个省部级和两个校级教育教学研究项目，即"面向纺织服装产业链的自动化专业创新人才培养体系的构建与实施"（中国纺织工业联合会教学研究项目）、"地方纺织院校自动化专业应用型创新人才培养模式的研究与实践"（湖北省教学研究项目）和"新工科模式下多学科交叉融合的自动化专业课程体系构建与探索"以及"基于OBE理念的机器视觉与图像处理课程实践教学改革"（教育部产学合作协同育人项目）等。

成果基于新工科理念以培养自动化类专业的创新型人才为目标，以保证人才培养与社会需求的协调发展为出发点，旨在全面深入改革自动化类专业的人才培养模式，优化课程体系，构建以行政主管为管理主体的包括学校、企业等"三位一体"的共享协同育人平台，全面提高学生的工程实践与知识应用能力。

1.2 主要解决的教学问题

（1）原有模式中存在制约创新型人才培养的不利因素，人才培养方案制订是自顶向下，而基于新工科理念的"问产业需求建专业"属于从下至上，从学生主体出发评价学习效果，显然两者的制订路线存在冲突。在传统教育模式下人才培养方案的制订过程多从宏观处着手，从学校人才培养定位和学科发展需求出发制订人才培养目标，设计课程体系，实施课程教学，关注课程体系的自我完善和知识覆盖面，相对来说比较笼统，缺少可操作性。

（2）传统教育侧重于课程体系及结构，存在与现在基于新工科理念聚焦学生学习结果、持续改进评价不匹配问题。原来的传统模式主要针对自动化专业的整个课程体系，关注课程理念和课程设置，把握知识构成及形态结构，与新工科模式下的"问技术发展改内容""问学生志趣变方法"、以学习者为中心、学习结果为导向的教育哲学思想有差异，导致教学主体错位。"重专业、轻基础，重理论、轻实践，重管理、轻工程"的倾向比较严重，不能适应自动控制领域产业结构调整的变化。

（3）原来的传统教育模式和评价是单向自闭的或者开环的，存在教学课程目标与学生毕业要求之间脱节的问题。传统教育模式下，专业教学的要素或环节是单一指向、相对封闭的，要素与要素、环节与环节之间缺少联系和支持，难以形成合力。自动化专业教学没有将各个要素和环节编织在以学生为中心的同一个关系网络中，不能共同支撑教学整体，不容易发现问题。推陈出新机制有待建立，先进的教学技术、方法和手段需要加强，学生通过教学获得知识的效率偏低，难以适应社会经济发展的变化。

（4）原有模式下教学质量是单向线性推进的，未能形成循环改进、合理评价、可持续发展。传统教育模式下教学质量提升的过程是单向度、线性推进的过程，不符合新工科模式要求体现发展主义质量观、全面质量观的特点，不满足以学生发展和学生的学习结果为导向，自然没有形成一套循环往复的评价改进机制，来确保自动化专业教学质量的持续提高。

2 成果解决教学问题的方法

社会需要大量的创新型人才，而这种人才的培养需要建立工程的观点，通过符合新工科理念的教学方法培养自动化专业的创新型人才。按照社会和产业对人才的需求，分析我校自动化专业人才培养的现状、发展趋势及原有模式中制约创新型人才培养的因素，结合教育教学项目，以培养自动化创新型人才为出发点，构建人才培养的新模式。针对上述存在的教学问题，分别提出以下解决方法：

（1）成果基于新工科理念聚焦于清晰定义的自动化专业学生的学习结果框架，重构自动化专业的教育教学体系，拓展新工科的内涵。以学习者为中心、学习结果为导向的教育哲学思想，紧抓国家一流专业建设的机遇，紧跟专业工程认证风向标，提升自动化专业人才培养质量。

（2）形成掌握现代自动化领域工程知识和应用方法、聚焦学生工程实践能力、符合专业工程认证要求的人才培养计划。在新工科模式下的自动化专业的人才培养方案注重根据学校发展定位和产业需求确定人才培养目标，形成以学生能力为核心的毕业要求，根据毕业要求确定课程体系、课程教学和考核评价体系，即"问技术发展改内容"。

（3）深入研究毕业要求及培养目标之间的支撑关系，掌握关系矩阵的合理性，了解要素与要素、环节与环节之间的联系和支持。在新工科模式下的自动化专业教学将各个要素和环节编织在以学生为中心的同一个关系网络中，彼此相互支撑、说明、阐释、证明，各要素或环节就变成了系统的链条，共同支撑教学整体，也更容易发现问题。

（4）分析原来单向线性推进的弊端，优化为现在的循环改进、合理评价、可持续发展，形成闭环的良性发展模式和评价机制。新工科模式下的人才培养实现了从线性推进到循环改进的转变，注重教学的全过程的持续改进，体现发展主义质量观、全面质量观的特点，强调"评价—反馈—改进"反复循环的持续改进机制，以学生发展和学生的学习结果为导向，根据社会需求和学习成果要求，反向设计课程、匹配教学资源，通过支撑体系、评价体系，持续改进质量保障系统达成培养目标和学习结果要求。新工科模式下通过周期性评价形成循环往复的评价改进机制，确保教学质量水平的不断提高（图1）。

3 成果的创新点

通过开展中国纺织工业联合会教学研究项目和教育部产学研协同育人计划项目研究，为传统工科专业建设引入了新技术、提供了新途径，促进了自动化传统工科专业向新工科专业方向转化。

（1）基于新工科理念跨学科、跨专业整合人才培养方案和课程体系，使自动化学生的基础知识扎实、工程应用能力广博，满足了各细分行业对自动化人才的需求，符合我校本科实现宽口径应用型人才培养的定位。随着自动化技术的广泛应用，面向工业生产过程自动控制及各行业、各部门的自动化对人才的需求越来越大。为了满足社会对人才的需求，成果跨智能制造和太阳能光伏发电及应用2个

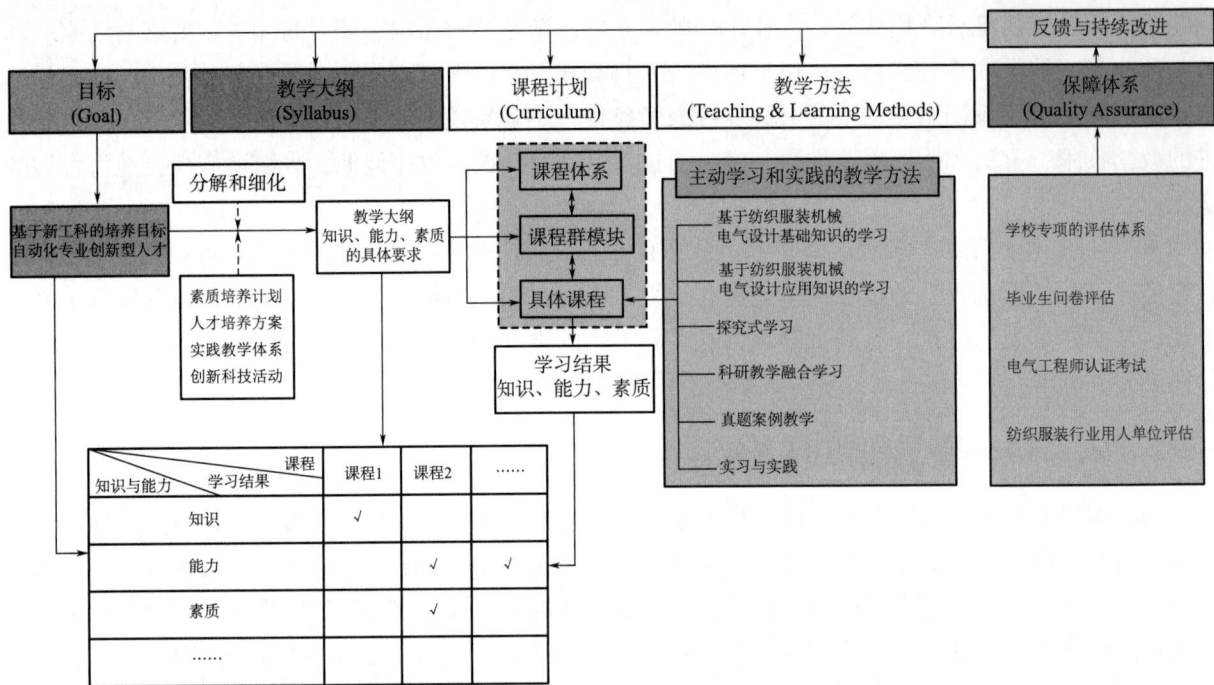

图 1　闭环的良性发展模式和评价机制

学科方向，跨自动化、电气工程及其自动化、电子信息工程、机械设计制造及其自动化 4 个专业，整合优化自动化专业课程体系，构建"公共基础课、学科基础课、专业基础课、专业课"的"四模块"课程教学体系，实施"理论与实践、实物操作与虚拟仿真、总体安排和分段实施、校内基地与校外基地"的"四结合"教学新模式。

（2）采用"模块化""分阶段"的应用型工程实践教学新模式，涵盖了自动化专业教学思路及框架规划。改革传统实践教学模式，增强实训实践活动，强化学生动手操作能力和工程应用能力，整合优化实践教学环节，拓展新工科工程实践内涵，构建"课程实验与独立实验、生产实习与毕业实习、课程设计与毕业设计"相结合的"模块化"实践教学体系，形成"验证性—综合性—设计研究性"层层递进的"分阶段"的实践教学模式，加速应用型人才培养进程，提升自动化人才培养质量。

（3）有效整合校内实践环节，对接校外实践教学基地，构建自动化专业"多维实践"协同育人平台，促进学生"从做中学"，提升创新应用实践能力。2017 年年底，国务院办公厅明确提出《深化产教融合的若干意见》，要求高等教育大力推进产教深度融合。为了贯彻落实上级指示精神，自动化积极促进校企深度合作以及产学研合作平台的建设，会同多家行业企业共同打造实习实训基地、重点实验室、重点学科等教学科研协同育人平台，推进校内外教学资源共享。

4　成果的推广应用情况

通过研究与探索，并经过多年的持续改进与不断实践，自动化专业在人才培养目标、教学模式、课程体系、实践平台等方面都取得了长足进步，人才培养质量不断提升，取得了预期效果，专业实力和品牌力不断进步，2021 年自动化专业已经成为省级一流专业，获批建设"双万计划"。毕业生不仅具有工程基础和专业知识、能够应用自动化工程的基本原理和技术手段，而且是能设计针对现代自动化工程领域复杂工程问题解决方案的自动化工程技术和应用型人才，学院人才培养目标与毕业要求达成度显著提高。

基于新工科理念，自动化专业学生得以全面发展，应用能力及综合素质普遍提升，学生"四率"

逐年提高：英语四级通过率由原来的 37.8% 提高到 66.3%；学位授予率由 89.6% 提高到 100%；研究生录取率由 6% 提高到 15%；一次性就业率由 94% 提高到 98%。毕业生基础扎实，应用能力强，满足毕业要求，培养目标达成度高，满足了社会和行业对应用型人才的需求，培养质量得到用人企业高度认可，受到社会普遍欢迎。通过设计调查问卷，对毕业生用人单位满意度进行了统计（图 2）。

毕业生用人单位满意度调查统计情况

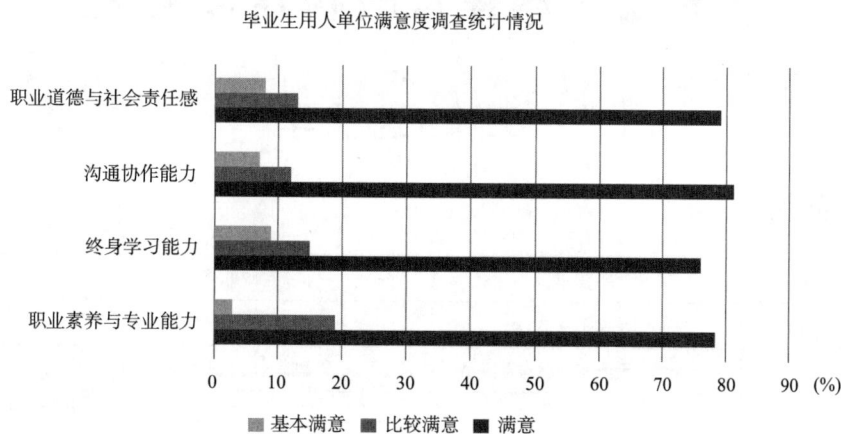

图 2　毕业生用人单位满意度调查统计

自动化专业作为人才培养的示范区、教学改革的试验田，起到了积极的示范和辐射作用，为我校乃至全国的自动化类教育教学的改革提供了宝贵经验和借鉴。该成果从 2016 年 10 月开始在自动化专业全面实践，共有近 5000 名学生受益；多年以来，该成果的研究思路、改革举措、管理制度和一批物化成果向全校推广，辐射电气工程及其自动化等其他相关专业，使 8000 多名学生受益，成果的受益面逐步扩大。通过参加学术会议、发表论文、出版教材等多种形式传播，促进成果的推广辐射作用。

（1）加强与纺织行业高校在学生工程实践与应用能力方面的交流与学习，广泛开展课外科技活动与竞赛，一大批优秀学生脱颖而出，极大地提升了学生的动手能力和实践应用能力，提高了就业竞争力。

（2）积极参加自动化专业的教育教学大会及中国自动化教育学术年会，通过教育教学改革经验交流，助力成果的推广应用与辐射。多次在大会上介绍自动化专业的人才培养方案、课程体系、协同平台等创新内容，交流改革经验，研究成果引起强烈反响，获得高度评价。

（3）在《中国自动化教育学术年会论文集》《实验室研究与探索》和《武汉纺织大学学报》等相关刊物上发表《探索创新人才培养思路，加速我院自动化专业创新人才培养》等 20 多篇教学研究论文，通过平面媒体形式扩大了成果的影响力。

（4）通过前期建设与实践，自动化专业在人才培养目标、教学模式、课程体系、实践平台等方面都取得了长足的进步，人才培养质量不断提升，应用推广效果显著。

（5）该成果已引起湖北工业大学、武汉工程大学等兄弟院校的关注与重视，在省内外产生较好影响，经验和成果在相关院校得到推广和应用，起到了良好的示范和辐射作用。兄弟院校通过将人才培养模式和实践培训体系等成果经验引入自己的教学中，取得了较好的人才培养收益，彰显了该项目良好的示范和引领作用。

拔尖创新人才五位一体培养模式下
多模态培养体系的构建与实践

天津工业大学

完成人及简况

姓名	性别	所在单位	党政职务	专业技术职称
张青松	男	天津工业大学	系主任	教授
林立刚	男	天津工业大学	副院长、副主任	研究员
耿宏章	男	天津工业大学	无	教授
解勤兴	男	天津工业大学	无	教授
齐琳	女	天津工业大学	无	讲师
魏文云	女	天津工业大学	无	助教、政工师
李春易	男	天津工业大学	无	助教

1　成果简介及主要解决的教学问题

基于国家和社会发展需要对于拔尖创新人才培养和创新实践提出的引领性规划纲要，针对纺织类院校材料科学与工程专业拔尖创新人才在培养模式构建、特色性发展、协同人才培养、多模态培养体系、培养质量等方面存在的共性问题，立足材料科学与工程专业化学纤维材料特色平台，围绕立德树人、学生遴选、培养方案、能力培育、成效评价等五个方面建立起全链条培养模式，建立起多模态的人才培养体系，在培养改革与实践中形成了新的培养格局，开拓了纺织院校材料专业拔尖创新人才培养的新模式，为地方高校特色专业拔尖创新人才培养提供了示范。

（1）针对材料专业培养目标要求和专业特点，在突出化纤特色基础上，搭建了拔尖创新人才"立—选—培—育—评"五位一体的全链条培养模式，落实立德树人的根本任务，实现了人才选拔动态化和精细化、培养方案个性化、育人平台协同化、成效评价多元化。

（2）建立起多模态、多层次、多类型、多元化的具有专业特色的人才培养体系，实施了"333211"拔尖创新人才培养方案，保证了拔尖创新人才全链条培养模式的落实和培养体系的实施。

（3）实践全链条培养模式和多模态培养体系，材料专业拔尖创新人才培养质量显著提高，已推广至材料专业生物材料和化学纤维方向，得到东华大学等高校的广泛认可，并已被多个市属高校观摩和吸收。

2　成果解决教学问题的方法

2.1　搭建了拔尖创新人才"立—选—培—育—评"五位一体的全链条培养模式

"五位一体"即落实立德树人的根本任务，形成精细化和动态化的人才选拔方案，制定个性化的人才培养方案，建立符合学生发展需求的育人环境，凝聚多方协同育人合力，形成多元化综合性的发展性评价体系，最终搭建起五位一体的全链条培养模式，如图1所示。

2.2 建立起多模态的具有纤维特色方向的人才培养体系，实施了"333211"拔尖创新人才培养方案

"三个3"，即三重、三全、三结合，重基础知识、重科研创新、重个性发展；全员育人、全程育人、全方位育人；突出重点和特色发展相结合，学术性和实践性相结合，技术性和非技术性相结合。"一个2"，即学校颁发的毕业证书和学位证书，学校和学院联合颁发的材料专业拔尖创新班结业证书。"两个1"，即以立德树人为中心，推进国际化。建立了多层次协同的创新养成体系，探索与实施了多类型的拔尖创新人才培养模式，形成了特色鲜明的全方位多元化的人才培养体系。

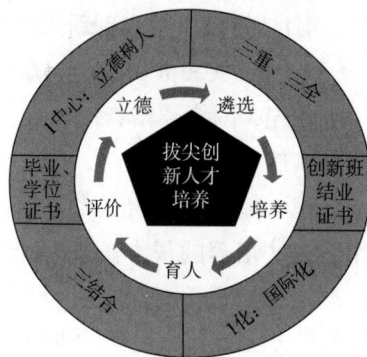

图1 五位一体的全链条培养模式

2.3 完善了全链条培养模式和多模态人才培养体系改革实施的运行机制

围绕全链条培养模式和多模态人才培养体系，完善了材料专业拔尖创新班学生"333211"培养模式改革实施的运行机制，建立了独特的激励—考评—保障—竞争机制，创造了一个协同创新、成效显著的人才培养环境，形成了拔尖创新人才多模态培养体系，显著提升了拔尖创新人才培养质量，引导了其他类型人才的快速成长。

3 成果的创新点

（1）搭建了拔尖创新人才"立—选—培—育—评"五位一体的全链条培养模式，以立德树人为根本任务，形成精细化和动态化的人才选拔方案，制订个性化的人才培养方案，建立符合学生发展需求的育人环境，凝聚多方协同育人合力和育人平台，形成多元化综合性的发展性评价体系，通过全过程链条式培养模式培养了一批多学科背景、高素质的科教融合拔尖创新人才，探索了一条适合材料专业拔尖创新人才的培养道路。

（2）建立起多模态、多层次、多类型、多元化的具有专业特色的人才培养体系，实施了"333211"拔尖创新人才培养方案，显著提高了学生的实践水平和科技创新能力，为同类高校材料专业拔尖创新人才培养改革起到引领和示范作用，对促进新工科双一流学科背景下拔尖创新人才的培养具有重要的意义。

4 成果的推广应用情况

本成果基于国家和社会发展需要对于拔尖创新人才培养和创新实践提出的引领性规划纲要，针对纺织类院校材料科学与工程专业拔尖创新人才在培养模式构建、特色性发展、协同人才培养、多模态培养体系、培养质量等方面存在的共性问题，立足材料科学与工程专业化学纤维材料特色平台，围绕立德树人、学生遴选、培养方案、能力培育、成效评价五个方面建立起全链条培养模式，建立起多模态的人才培养体系，在培养改革与实践中形成了新的培养格局，开拓了纺织院校材料专业拔尖创新人才培养的新模式，为地方高校特色专业拔尖创新人才培养提供了可行性的借鉴思路。

该成果的应用实施十多年，取得了显著的成效，材料专业拔尖创新人才培养规模稳步提升，迄今已有289人，学生个人综合素质、知识和技能结构得到显著提高，培养质量显著增强，综合学分成绩高于80分，大学英语六级通过率达到80%，保研年均3~4人，继续深造比例高于70%，年均发表期刊论文2~4篇，运行机制不断完善，建立了独特的激励—考评—保障—竞争机制，创造了一个协同创新、成效显著的人才培养环境，材料专业建设取得长足发展，应用成果如下。

4.1 搭建了拔尖创新人才"立—选—培—育—评"五位一体的全链条培养模式

4.1.1 突出目标引领，落实立德树人根本任务

首先，围绕"培养什么人、怎样培养人、为谁培养人"的共性问题，按照"整体规划、科学布局、分步实施"的基本思路，进一步强化目标意识，在角色定位、价值目标及目标体系上狠下功夫，立足于知识、能力和价值三个方面，将拔尖创新人才培养真正落实到"人"的培养上，并将"立德树人"作为人才培养的根本任务，让学生在奉献社会中实现自己的人生价值。其次，加强材料专业教育与思政教育、通识教育深入融合，不断强化使命驱动，以多学科优势涵养人文素养。目前已有5门专业课和专业基础课获得校级"课程思政"教育教学改革专项课题资助，如表1所示。

表 1 拔尖创新班专业（基础）课程获批的课程思政项目

项目名称	项目负责人
"高分子化学"课程的思政教育融入探索	刘冬青
"材料物理性能"课程思政探索实践	刘海辉
"高分子物理"课程思政建设	赵莉芝
"材料科学基础"课程思政探索与实践	梁小平

4.1.2 形成精细化和动态化的人才选拔方案

发现拔尖创新人才并因材施教，是古今中外教育领域公认的一个极具挑战的难题，是各国创新人才培养的制高点。基于专业特色，聚焦学生的个性特征和成长规律，结合拔尖创新人才的培养目标、培养内容，围绕学生所学专业、家庭背景、择校原因、兴趣吸引等方面建立拔尖创新人才的选拔方案。坚持"德才兼备"和"优中选优"的选拔原则，把品德、能力、态度作为选拔重点指标，探索多方式多渠道的科学化拔尖创新人才遴选途径，从源头上对人才质量进行把控，并进行动态化管理。将人才选拔作为后续拔尖创新人才培养的出发点和落脚点，以"满足学生需求，促进学生发展"为逻辑起点，真正回归高等教育的本质属性（图2）。

图 2 拔尖创新班综合面试

需要指出的是，世界高等教育经验表明，拔尖人才都是在激烈的竞争中脱颖而出的。因此材料专业拔尖创新班采取动态、差异化的进出机制，对学生学业水平实施动态评估，难以胜任或兴趣转移的学生，可在每学期末申请转至普通专业班级。就培养成效来看，这种多元选拔、适度分流、择优吸纳的人才选拔和动态进出机制，既能真正选拔出学有兴趣、志向相合、能力相符的拔尖创新人才，又能在一定程度上形成竞争机制，促使学生充分发挥主观能动性、自主学习和钻研，成长为拔尖创新人才。

4.1.3　制订个性化的人才培养方案

基于天津工业大学推行的"分层次、个性化、重基础、强能力、开放式"的人才培养模式，融入"以学生为中心、产出为导向、质量持续改进（OBE）"的认证思想，制定《拔尖创新人才培养方案》，确定了 6 个子目标，12 个毕业要求，36 个指标点。在课程体系上，增加专业课和专业基础课学时，通过多层次实习实践环节实现专业理论知识和实践能力的有机融合。培养目标为：本专业立足天津，辐射全国，面向区域经济和行业的发展需求，培养具有良好职业道德，德智体美劳全面发展，具备扎实的自然科学基础知识和工程技术基本知识，坚实的材料科学与工程专业基础理论知识，能够在功能纤维材料、生物材料、橡塑材料和新能源材料等材料领域进行深入研究和实践，具有工程素质、创新精神、国际视野和社会责任感，能在材料、纺织、生物、能源、化工、环境、制药等领域从事科学研究、工程设计、技术开发、技术管理及商务贸易等方面工作的应用型高级专门人才。

4.1.4　建立符合学生发展需求的育人环境，凝聚多方协同育人合力

建立符合学生发展需求的育人环境，在第二课堂和校外实践等方面为学生建立立体化实践空间，并以促进交叉与深化合作为两大主线，集聚资源、多方联动、形成合力，实现优质托底，形成拔尖创新人才培养"大协同"的育人格局。一方面充分发挥天津工业大学化纤优势和特色，搭建跨学科育人平台、在创新项目、学科竞赛、科研训练、毕业论文（设计）等培养环节中鼓励跨学科组建项目团队、选择指导老师、设立交叉学科研究课题，为拔尖创新学生创造跨学科学习和研究的条件，引导学生建构"底宽顶尖"的金字塔型知识结构。另一方面，推动校内外协同，坚持"请进来"和"走出去"，积极搭建与国内外顶尖高校和科研院所的交流合作平台，建立双向互动、合作共赢的拔尖人才培养长效机制，让"大师请进来，学生走出去"制度化、常态化和普遍化，最大限度拓宽拔尖人才发展空间。

4.1.5　形成多元化综合性的发展性评价体系

将拔尖创新班学生的"综合学业水平、道德品质发展、综合潜能提升"等方面纳入学业评价，建立多元化的三级学业评价体系，从测试成绩、学业水平、道德认知、道德行为、创新潜能、心理健康等方面关注学生成长。该评价体系主要包括评价目标、评价方式、评价内容、评价中的过程激励。评价目标指注重学生创新精神、科研能力、道德修养、综合素质的综合性评价。评价方式指注重学生的总结性评价和过程性评价，采用个人自评、导师主评、同学互评相结合的评价方式。评价内容指注重学生阶段成绩、科研项目、实践参与、过程创新等综合能力的考评；建立包括学生选拔、过程培养、结果输出在内的评价量表；采用显性指标与隐性指标相结合的指标体系，在评价时注重对学生情感价值观的评价。

4.2　建立起多模态的具有纤维特色方向的人才培养体系，实施了"333211"拔尖创新人才培养方案

4.2.1　"两个 1"之以立德树人为中心，推进国际化

拔尖创新人才培养的根本任务是坚持落实立德树人，而立德树人根本任务的遵循、坚守和落实，这既是天津工业大学"双一流"纺织学科群建设中拔尖创新人才培养方向的价值旨归，也是其拔尖创新人才培养内涵式发展的根本前提保障。国际化培养可显著提高学生跨文化交流能力。构建中外合作办学、交流访学项目、暑期学校等国际校际交流，拓展优质国际师资引进渠道，通过海外青年论坛引进优秀的国际师资资源，聘请国外客座教授，进一步充实教师队伍，有效利用国外优质教学资源，多种途径提升学生的跨文化交流能力和全球胜任力，如图 3 所示。

2019 年 1 月，材料专业创新班 10 位同学赴韩国成均馆大学（SKKU）参加 WISE 冬令营活动，如图 4 所示。在为期两周的交流学习中，同学们收获颇丰，对成均馆大学也有了更全面的认识，开阔了科学视野，明确了人生方向和目标，有些同学表示以后会考虑来韩国高校读研深造。

Prof. Ranil Wickramasinghe
Ross E Martin Chair
University of Arkansas

Prof. Huu Hao Ngo
Deputy director
University of Technology Sydney

Prof. Bhekie Brilliance MAMBA
Dean of engineering school
University of South Africa
South Africa

图 3　拔尖创新班国际化培养

图 4　拔尖创新班学生赴韩国成均馆大学参加 WISE 冬令营活动

4.2.2　"一个 2"之双证

学生完成所有的学分之后，需要进行毕业答辩，答辩通过并满足如下两项要求后，学生将会同时拥有学校颁发的毕业证书和学位证书，学校和学院联合颁发的材料专业拔尖创新班结业证书，如图 5 所示。

（1）基本要求：学生在大学二年级结束时全国大学英语四级考试成绩≥425 分。

（2）较高要求：创新班学生在四年级末全国大学英语六级考试成绩≥425 分或雅思考试成绩≥5.5 分；如英语未通过大学英语六级考试可以用发表英文 SCI 或 EI 收录的科技论文或申请发明专利或获得挑战杯等省部级以上奖励替代，其中论文署名学生排名前三，申请发明专利发明人排名前三、国家（省部级）竞赛排名第一；掌握 2 个及以上科研软件的应用，如 Origin、Rhino、3D Max、Chemoffice 等。

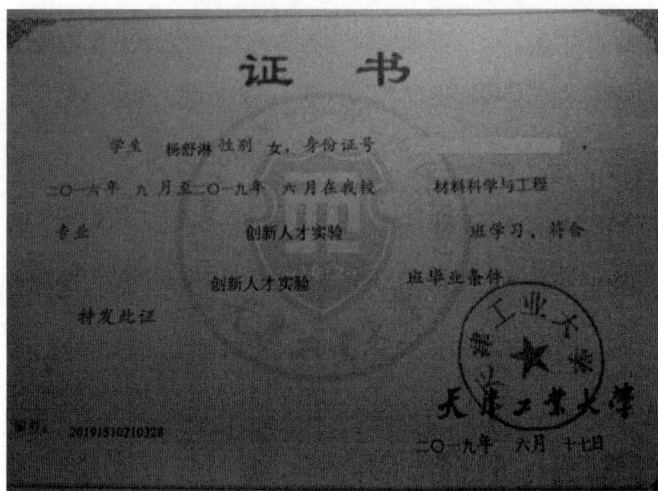

图 5 拔尖创新班证书

4.2.3 "三个3"之三重、三全、三结合

（1）三重视：重基础知识、重科研创新、重个性发展。

首先，学院贯彻"加强通识基础，拓宽学科基础，凝炼专业主干，灵活专业适应"的原则，培养方案中通识基础覆盖人文艺术、社科经管、自然科学等；学科基础按照大电类、大土木类、交通类、人文类、经管类、医学类等大类设置共同的学科基础课程，构建由10门课程作为材料专业基础平台课程。特别是双语课"高分子化学"和"高分子物理"教学课程学时分别为60学时和75学时，另有1周的高分子化学和物理实验。基础课程严把教学质量关，坚持高标准、严要求，长期坚持教学研讨、集体备课、相互听课和每周答疑，严格实行教考分离，统一出题，流水批改。

其次，全力支持拔尖创新班学生科研创新，分离膜与膜过程国家重点实验室、天津市改性与功能纤维重点实验室和材料科学与工程国家级实验教学示范中心等高水平科研平台面向所有拔尖创新班学生开放。

最后，注重培养学生的探究意识和创新能力，依据学科特色，开展多样化、多层次的科研训练。如从大一开始接受学术导师指导，完成文献检索与综述；大二进入实验室，掌握通用仪器操作，深入了解各研究方向；大三选择科研导师，参加具体项目训练，申报、主持大学生创新基金，持续科研探索直至毕业。材料学院依托国家级国际联合研究中心已与加拿大滑铁卢大学、美国阿肯色大学、新加坡国立大学等12所世界知名学府或科研院所建立了合作关系，如图6所示，为学生提供更高效、便捷、可靠的培养平台，帮助学生在语言、思维、文化、能力、素养等方面快速提升。

图 6 国家级国际联合研究中心

（2）三全育人：全员育人、全程育人、全方位育人，三者是相互促进、有机统一的整体。

尊重教育规律、教学规律和人才成长规律，把立德树人作为拔尖创新人才培养的根本任务，把思想政治教育贯穿人才培养全过程和各环节。"材料科学基础""高分子化学""高分子物理"等拔尖创新班的专业课和专业基础课教师充分发挥积极性、主动性、创造性，加强课程之间的协同作用，并实现专业知识传授与价值引领同频共振，把教书与育人、言传与身教结合起来，在潜移默化中给学生以智慧启迪和精神力量。大二至大四是拔尖创新班学生专业知识的储备期，也是世界观、人生观、价值观塑造的关键阶段。材料学院强化使命担当作为重点，教育学生正确认识世界、全面了解国情、把握时代大势，提高分析问题、明辨是非和价值判断能力，引导学生矢志不渝听党话、跟党走，把个人理想与国家发展、民族命运结合起来，争做社会主义合格建设者和可靠接班人。

如材料学院梁小平老师在讲授"材料科学基础"过程中，充分发掘该课程蕴含的育人元素，善于用润物细无声的方法体现价值引领，引导学生用正确的观点方法看待事物、分析问题、认识社会。将社会主义核心价值观融入教学中，让学生在掌握每一个知识点的"来龙去脉"的同时，体会到在这个知识点上"我能做什么"和"我如何做"。运用马克思主义哲学观揭示"材料科学基础"中的理论本质，站在哲学的高度，引导学生树立正确的世界观。

（3）三结合：突出重点和特色发展相结合，学术性和实践性相结合，技术性和非技术性相结合。

对接产业需求和国家战略，结合天津工业大学材料学院功能纤维材料的教研优势，充分发挥学科和科研平台优势，制订培养方案，选拔完毕后即建立一对一本科生导师制，如表2所示，引导本科生加入教师科研团队。

表2　拔尖创新班一对一学术导师名单

2010 级		2011 级		2012 级		2013 级	
学生	导师	学生	导师	学生	导师	学生	导师
蒋敏	徐乃库	孙辉	林立刚	孟令哲	张兴祥	康志远	何声太
丁文斌	冯霞	李安妮	叶卉	高源	张宇峰	林强	王薇
陈松超	丁长坤	张跃聪	赵莉芝	朱祝华	张玉忠	汪晓虎	李振环
闫荟芸	吕晓龙	李玲艳	丁晓莉	徐晨	赵永男	邵卫	韩娜
孟洁云	张兴祥	陈龙	叶卉	王秀	史景利	胡明源	李建新
王中阳	张宇峰	王凤志	杨宁	王晟林	吕晓龙	董学	康建立

学生每周和导师见面，导师询问课程中的疑难点、学生提出学习中遇到的困难；师生间进行平等开放的讨论。在导师制的实践中，导师对学生学业的指导、个性化的辅导、监督并随时解决学生遇到的问题，从而培养学生良好的科研能力，提高科研水平。

此外，以分离膜与膜过程国家重点实验室、天津市改性与功能纤维重点实验室和天津市膜分离技术协同创新中心、材料科学与工程国家级实验教学示范中心为创新创业实践载体，以竞赛和科研项目为抓手，根据不同阶段学生的特点，构建多阶段分层次人才培养体系。

如大二学生参加本科生科研项目招募、课外知识作品竞赛和大学生创新训练计划；大三学生参加暑期夏令营、大学生节能减排竞赛、挑战杯全国大学生课外学术科技作品、大学生非织造产品设计及应用竞赛；大四学生参加大型设计性综合性实验、毕业论文和大学生小平科技创新团队等。

通过构建多层次创新实践体系，打造创新和实践协同提高、教学和科研相得益彰的拔尖创新人才培养平台，有效增强学生的目的性和方向性，着力培养学生学习兴趣、创新精神和实践能力，提升对科学问题的见解和分析深度。

最后，基于工程教育专业认证以"学生中心、产出导向、持续改进"的核心理念，拔尖创新班培养方案中涉及的 12 条毕业要求中有 7 条是人文、社会、经济、法律、管理等非技术性指标。拔尖创新班成立时就打破专业壁垒，指导教师不仅来自材料专业，还有无机非金属、高分子材料、复合材料等专业教师，多层次创新实践上更有来自管理、经济、文法、计算机等专业教师，共同开展各类项目和竞赛的撰写和申报，由此凝聚多方协同育人合力，实现技术性和非技术性的协调发展。

4.3 应用成效

自 2011~2021 年，天津工业大学材料学院"拔尖创新班"毕业学生 8 届共 229 人，深造率 50%，其中 18 名学生被美国南卡罗纳大学、日本北海道大学、韩国成林馆大学等国际名校录取，其余学生均赴中国科学技术大学、北京大学等国内名校或研究院所攻读硕博士学位。参加工作的学生多在京东方、维信诺、金发科技等高新技术企业工作，受到企业负责人的交口称赞。

通过毕业生追踪机制发现，"拔尖创新班"毕业生在 *Nature* 子刊、*Journal of Membrane Science*、*Journal of Materials Chemistry A* 等期刊发表科研论文 60 余篇。许多毕业生师从世界顶级名师，不断收获各种荣誉，同时带动了本科人才培养观念和传统教学模式的全方位转变，在材料学院培养的 1500 余名毕业生中，70% 选择继续深造，学生们普遍表现出既有远大理想又脚踏实地的精神风貌，批判性思维能力、知识整合能力、团队协作能力突出，基于本成果诞生出一批典型案例，如天津工业大学材料科学与工程专业 C2010 拔尖创新班、C1701 拔尖创新班、材料专业 2019 级生物材料方向等。

彩虹引领工程：面向纺织产业的经管类多元协同精细化人才培养模式探索与实践

浙江理工大学

完成人及简况

姓名	性别	所在单位	党政职务	专业技术职称
王尧骏	男	浙江理工大学	教务处处长	研究员
朱敏	女	浙江理工大学	机械与自动控制学院学生工作办公室主任兼团委书记	讲师
吴霁乐	女	浙江理工大学	经济管理学院学生工作办公室主任兼团委书记	讲师
李孝明	男	浙江理工大学	建筑工程学院党委副书记	讲师
黄海蓉	女	浙江理工大学	经济管理学院副院长	副教授
王茜	女	浙江理工大学	经管学院辅导员	讲师
曾伟	男	浙江理工大学	公管处科员	讲师
齐佳婷	女	浙江理工大学	纺织学院辅导员	讲师
朱何璇	女	浙江理工大学	党校办科长	讲师

1 成果简介及主要解决的教学问题

推进教育治理体系和治理能力现代化是我国高等教育发展的重大命题，如何把握国家发展脉搏依托高校特色培养高质量综合性人才亟待解题。经济管理学院面向国家"一带一路"建设纺织类管理人才培养的重大需求，依托校内纺织科学与工程学科浙江省唯一的国家一类特色专业、省一流学科 A 类——纺织工程专业，从 2013 年开始围绕新生始业教育和一年级德育工程进行系统性探索与创新，形成了一套适应纺织产业人才需求的经济管理类专业多元要素整合培养的"彩虹引领工程"。彩虹引领工程按照学校"一年级德育工程"总体要求，在传统始业教育基础上，形成贯穿大学本科四年的育人体系，以"唤醒"—"启明"—"探路"—"寻标"—"试水"—"寻梦"为基本路径，从自我认知、朋辈榜样、导师辅导和贤达领航 4 个维度，实施橱窗计划、北斗计划、教练计划等 6 个计划，启蒙学生、引领学生，提升学生综合实践能力，培养适配于纺织行业的优秀经济管理类专业毕业生，确立了学院人才培养的基本方案并在全校推广。

近十年来，彩虹引领工程为提高学生科研能力、提升学生综合素质、明确学生就业导向、服务纺织产业管理提供了重要保障，成效显著。

（1）协同育人体系基本形成，学生自我规划更加科学。从"怀德·寻梦"为主题的新生第一课，到"彩虹引领工程"六个计划的全过程培育，大学新生明确生涯发展目标，嵌入纺织行业优势，科学进行职业生涯规划。

（2）创新创业能力明显提升，学生学科竞赛连创佳绩。获得全国"挑战杯"课外学术科技作品竞赛、全国"挑战杯"大学生创业计划大赛、大学生国家创新项目、全国大学生外贸跟单（纺织）职业能力大赛等国家级、省部级奖励 200 余项。

（3）校企合作共建机制完善，就业率和满意率稳步攀升。学院近年来就业率高达 97%，纺织行业就业渠道深度扩展，连续多年获得"就业创业先进单位"，就业满意度位居全省前列。

2 成果解决教学问题的方法

"彩虹引领工程"由六个阶段、六项计划、十个步骤组成，从唤醒生涯意识、启明生涯方向、探求发展路径、寻找职业目标、尝试生涯实践、追逐生涯梦想六个阶段开展自我认知、环境分析和决策规划，而六个阶段又由六个计划实现，每个计划由 1 ~ 2 个步骤完成，如图 1 所示。

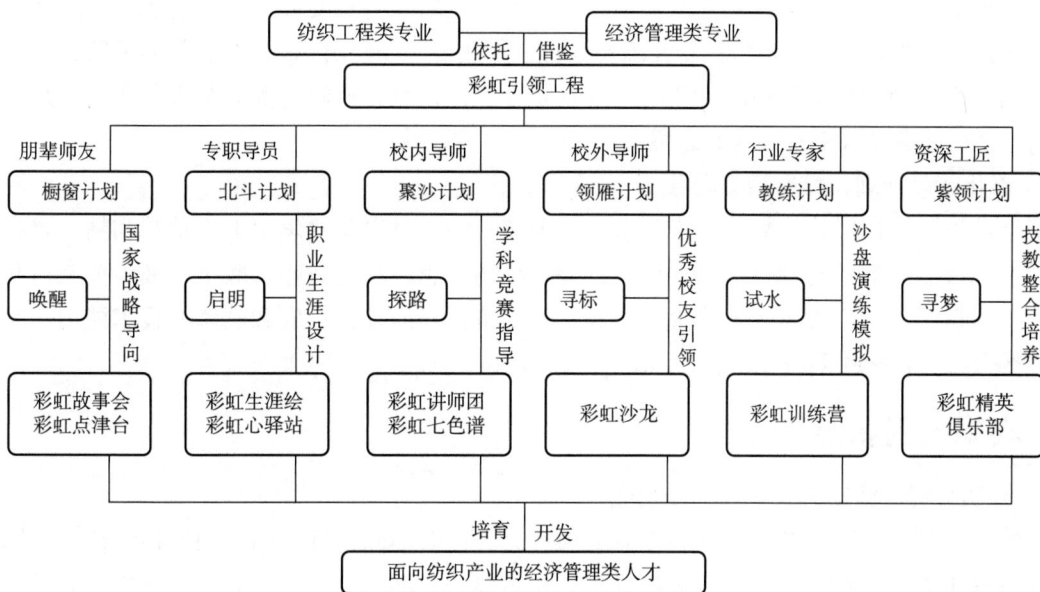

图 1 "彩虹引领工程"体系

2.1 依托橱窗计划，做好引领工程

"橱窗计划"依托彩虹故事汇，将高年级优秀学生典型，以学生喜闻乐见的微电影等形式向新生展示经生风采，基于国家"一带一路"倡议中纺织产业的人才需求，为大学生树立服务国家战略的志向引领和价值导向。同时，借助彩虹点津台的榜样优势，让优秀教师、优秀学长与大一新生分享个人成长经历，针对纺织产业内的管理成长路径给予指导，以此让每一位大一学生积极探索自我，发掘个人优势，明确人生目标，为大学生活的有序进行奠定基础。

2.2 立足北斗计划，优化生涯方案

"北斗计划"以彩虹心驿站为主阵地，利用辅导员、班主任等资源，引入纺织工程专业的通识类课程，形成"纺织工程 + 经济管理"的综合性培养课程来源的演绎路径，依托系统性时间序列指导，做好落实到每一名学生的个体发展性咨询，注重学生的个性发展与培养，指导学生制定生涯规划方案，汇集以职业目标作为分类标准的生涯规划组，最终形成代表就业方向的彩虹生涯绘。

2.3 实施聚沙计划，推行分类指导

以专业教育为基础，以学科竞赛为载体，以就业目标为宗旨，形成不同专业、不同职业领域的彩虹讲师团，讲师团成员涵盖经济管理、纺织工程、创业管理等专业的专职教师，依托学校丝绸博物馆的现实场景和"丝路"国际化人才培养的虚拟场域，指导学生开展专业理论学习、引导优秀生提前进行毕业设计、带领学生团队参加"挑战杯"、电子商务大赛等，从而形成一套较为完善的传帮带机制。

2.4 落实领雁计划，实现领航教育

"彩虹引领工程"邀请优秀校友返校，搭建彩虹沙龙、幸福下午茶等平台，让各个专业领域的优秀校友与学生进行面对面的交流，同期借鉴纺织工程专业国际化人才培养的空间架构路径，将领航交流的具体方式厚植线下、拓展线上，特别是在新冠肺炎疫情期间持续开展，稳定学生就业方向并提升学生就业积极性，立足专业特色形成全面而具体的职业目标交流，并以此为依托，聘请优秀校友为相应专业班级的成长导师，形成长效的领航教育机制。

2.5 完善教练计划，提升实战能力

"彩虹引领工程"分成金融、电子商务、营销三大行业，依托浙江省数字经济优势，紧抓纺织产业数字化转型的关键节点，将数字化嵌入学生培养和就业指导的重要环节。聘请经济管理和纺织工程领域的行业精英为"大学生职业教练"，教练均具备跨专业的工作经历，每位教练每期带领3～5名学员，通过职场实习，帮助学员了解相应行业的发展现状、工作特点、入职门槛等全方位职场信息，搭建校园与职场、学生与职场人士有效沟通的桥梁。

2.6 深化紫领计划，打造精英团队

"紫领计划"的目标是寻梦，在培养学生知识储备的同时也关注学生工匠精神和精益求精习惯的养成，旨在选拔出一批具有理想信念、精神饱满、昂扬斗志、精力旺盛、敢于挑战、突破自我的高素质人才，打造精英团队，成为业界紫领。毕业生均具备扎实的理论功底和熟练的技术能力，是本科教育与技能教育融合教学的创新体现。

3 成果的创新点

3.1 分层分类，推动人才培养"精细化"

"精细化"管理，源自发达国家的企业管理理念。面对不同地域、相异的性格特征、不同的发展取向的高校学生群体，在给予普遍性的指导外，还需要分专业、分特长、分种类地实施有针对性的资源匹配，依托纺织工程的技术性特色和经济管理的管理类优势对学生实施精细培养。"彩虹引领工程"中，"赤橙黄绿青蓝紫"七种颜色代表学生在纺织行业内七类发展方向，学院将针对不同发展方向的学生进行"精细化"培养。

3.2 瞄准定位，推动人才培养"精准化"

学生通过"橱窗计划"等对自己有一个准确的认知，通过"教练计划"等对纺织产业内的经济管理职业有一定的体验，通过"北斗计划"等初步制订了自己的职业生涯规划，并能够精准定位自己的职业目标。

3.3 知行践履，推动人才培养"实践化"

学生在学校学到的知识和企业所需要的知识中间是有差距的，理论只有经过实践的检验才能有说服力与生命力。具备经济管理思维的纺织产业管理者需要实战来实践其理论与实操结合的成果。"彩虹引领工程"中有大量的实战项目，学生通过"彩虹训练营""彩虹workshop"等项目得到在企业中"真刀实枪"的训练。学生在企业中进行实习实践，学习在生产、技术和管理一线解决实际问题的能力和素质等。

3.4 协同参与，推动人才培养"全员化"

"彩虹引领工程"中，专业课教师和辅导员利用自己的优势，对学生进行专业指导和生涯规划指导，纺织管理行业内的朋辈榜样将对学生产生深刻影响，萌发学生的管理思维和纺织工程运用的期望，还邀请社会上各领域中的优秀校友参与人才培养，搭建起了高校与社会全员培养人才的格局。

3.5 整合要素，推动人才培养"多元化"

从"橱窗计划"中对自我认知的唤醒到"紫领计划"中在实践中对于兼具动手能力和创新意识的

纺织与管理跨专业融合的精英培养，"彩虹引领工程"贯穿学生的整个大学生涯。在这个过程中，不仅对学生进行专业指导，也将思想政治教育、生涯规划教育、心理健康教育等内容融入人才培养之中，对学生进行多维度、全方位地培养。

4　成果的推广应用情况

通过"彩虹引领工程"人才培养模式的研究和实践，以培养具有扎实的专业理论基础、开阔的知识视野、较强的科研创新能力、卓越的实践能力和良好的人文素养的高素质人才为目标，提升学生实战能力，最终实现精英式培养，为社会输送全面发展的优秀人才。"彩虹引领工程"自实施以来，开展了一系列活动。

4.1　注重德育教育，探索思政育人新模式

经济管理学院每年的新生第一课，均以"怀德·寻梦"为主题，将"彩虹引领工程"贯彻其中，从优秀的中华传统文化中挖掘为人、为学、处世的基本道理，引入"一带一路"国家战略意义引导，唤醒学生怀德、感恩、自省、自知的原始意识，扎根于浙江理工大学纺织专业优势突出的优势，激发学生在纺织行业内成长、成人、成才的内心渴望。

4.2　强化协同育人，建立校友班级导师制

举行"北斗计划"校友成长导师聘任仪式，聘任纺织行业内的优秀管理者校友担任新生班级成长导师，做好大一新生的个体发展性咨询，指导学生明确职业目标，绘制生涯宏图。组成彩虹讲师团，举办百余场"彩虹故事汇"，覆盖每届新生千余人，将高年级优秀学生典型，以学生喜闻乐见的微电影和视频等新型载体形式向一年级新生展示风采。

4.3　加强校企合作，培养专业实践型人才

开展"教练计划"的教练聘任和学员选拔工作，邀请纺织行业内的优秀校友担任职业教练，学院通过各系选拔品学兼优的高年级学生分别进入纺织行业管理岗位实习，帮助学员提前了解职场信息。

4.4　搭建就业平台，促进毕业生顺利就业

多年来，共计举办彩虹系列经管相关专业招聘会百余场。以"赤橙黄绿青蓝紫"七种颜色代表纺织行业内七类职业，定期开展纺织行业领域的专业化就业指导和招聘会，为学生提供实习就业的机会。

经济管理学院多年来所取得的纺织工程与经济管理跨专业育人成果充分说明了学生德育工作的开展是完全有模式可循的，不是偶然的成功，这是具有学院特色但是普遍适用的模式，可以为其他高校或同类学院所借鉴。"彩虹引领工程"育人体系在助推学生适应大学生活、科学开展生涯规划和职业选择发展等方面都具有较强的实践意义，其具有经管特色的模式经过适当地改善和调整，可以普遍适用具备较强的推广价值。针对其不完善之处，学院将继续重点安排计划，创造实施条件，加快解决步伐，使该体系的各个环节都能得到有效的支持，一方面提供丰富、详尽、及时的人才培养路径，另一方面为学生与企业铺路搭桥，实现人才与岗位的有效匹配，为构建完善的大学育人体系提供可行的思路。

国家战略下东华大学文创生态系统的构建与实践

东华大学

完成人及简况

姓名	性别	所在单位	党政职务	专业技术职称
张科静	女	东华大学	人文学院院长	教授
姬广凯	男	东华大学	教学实践科主持工作	副研究员
陈彬	男	东华大学	文化和旅游部传统工艺工作站站长	教授
陆嵘	女	东华大学	教师教学发展中心副主任、教务处副处长	副研究员
杨桃莲	女	东华大学	人文学院传播学专业主任	教授
姚远	女	东华大学	学籍管理科科长	助理研究员
余继宏	男	东华大学	服装与艺术设计学院产品设计系主任	副教授
陶康乐	男	东华大学	东华大学科技园管理委员会办公室主任	助理研究员
朱毅萌	女	东华大学	科员	助理研究员
张璐	女	东华大学	教学研究与质量科科长	助理研究员

1 成果简介及主要解决的教学问题

1.1 成果简介

学校全面贯彻落实国家对创新创业人才培养的重要部署，结合《东华大学一流本科教育建设方案》，把双创教育融入人才培养全过程，形成了"课程建设—实践平台—创新赋能—竞赛驱动—创意丛林—创业孵化"多维全链条创新创意人才培养体系，本成果重点介绍学校在工管文艺协同，在文化创意改革方面的实践（图1）。

1.2 主要解决的教学问题

1.2.1 学科、专业条块分割的传统育人模式与新时代高新技术深度融合的创新人才培养要求不适应

传统的单一学科、单一专业已无法解决产业、科技发展产生的新问题。人才培养要打破传统的学科、专业、学院边界，要从传统的"单兵作战"向"多兵种协同作战"发展，这要求我们需要跨学科、跨专业、跨学院，谋划拔尖创新人才培养。

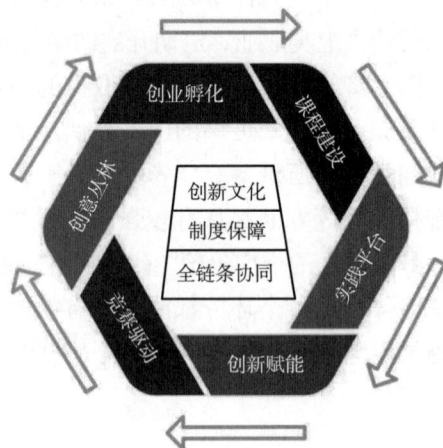

图 1 东华大学全链条文创生态系统模型图

1.2.2 传统的人才培养的"条条框框"束缚了文化创新创意人才培养，制度保障不能完全跟上人才改革的步伐

面对世界科技革命和产业革命的新趋势及国家综合国力的激烈竞争，要实现中华民族伟大复兴的中国梦，突破"卡脖子"的科技核心技术，就必须在制度建设方面为人才培养提供良好的"土壤"，

就必须打破制约创新人才培养的陈旧规定，需要加强顶层设计，建章立制。

1.2.3　传统的人才培养的目标站位不足以满足国家创新战略对人才培养的迫切需求

在国家创新战略驱动下，高等教育的人才培养定位不应该仅谋一时谋一隅，而应该谋长远谋大局，要建立人才培养动态机制，政产教研学协同，更好服务国家战略和区域发展。

2　成果解决教学问题的方法

学校加强制度顶层设计，通过了创新创业教育深化改革方案，把双创教育融入人才培养全过程，形成了多维全链条的文化创意创新创业人才培养体系，制度保障有力，形成了"敢于创新、乐于创造、敢闯会创"的校园创新文化。

2.1　加强顶层设计，深化产教融合，打破学院、专业、部门边界，构建协同育人机制

各学院、教务处、就业办、团委、产业科技园、科研院等多部门通力合作，共同服务双创育人实践。学校成立了校级创新创业教育领导小组，统筹创新创业教育资源，校长任组长，分管教学、学生工作、科研和产业的校领导任副组长，教务处负责人担任领导小组秘书长，就业办负责人担任领导小组副秘书长。教务处、就业办、团委、产业集团、科研院组成协作组，分别负责创新计划、创业训练、创业实践、创业竞赛、项目孵化、成果转化等工作，定期研究推进相关工作。

2.2　双创教育融入人才培养全过程，形成了全链条文化创新创意人才培养和保障体系

发扬"产学研用"办学传统，实行完全学分制，立足人人成才、鼓励拔尖创新理念，推崇兴趣驱动、探究性学习，倡导因材施教和多元化培养模式。推进完全学分制教育教学改革、全面修订培养方案、允许学生两次转专业，实行数学物理类课程、大学英语类课程分层次教学改革，推进核心专业课程群、暑期大师公开课、新生研讨课建设，推进创意创业课程群建设，打造创意丛林，夯实校园创新文化，全面培养、提升学生的创新创业创意意识和实践能力。形成了"课程建设—实践平台—创新赋能—竞赛驱动—创意丛林—创业孵化"多维全链条创新创意人才培养体系。

2.3　聚焦国家战略，依托学校特色和专业优势，构建了长三角区域高校育人共同体

针对长三角一体化国家战略，以及十九届五中全会赋予上海国际科技创新中心、国际消费中心城市的定位及对拔尖创新创意人才培养的迫切需求，东华大学依托承办的国际时尚论坛、"汇创青春"文化创意作品展示季、东华时尚周等活动，构建了高校"横向联动、纵向衔接、定期会商、运转高效、协作共享、互利共赢"的协同合作育人共同体运行管理机制，共享优秀教育教学资源、孵化创新创业成果、促进产教融合、服务育人实践，提升文化创新创意人才培养质量。

3　成果的创新点

3.1　打破边界，实现跨部门、跨学科、跨专业，协同培养文化创意人才

由单个部门、单个学院"独立作战"，到走向跨部门、跨学院、跨产业"协同作战"，构建协同育人共同体。深化双创教育系统改革，完善人才培养顶层设计，形成了完善的"课程建设—实践平台—创新赋能—竞赛驱动—创意丛林—创业孵化"多维全链条创新创意人才培养体系。

3.2　建章立制，双创制度保障有力，重视创新文化生态建设

学校实行完全学分制、弹性学制，分层次教学，休学创业不计入学习年限，为创新创业保驾护航。学生可以通过"修读课程""参加课题""参加竞赛""发表论文""申请专利"等九种方式之一，获得创新创业教育2个必修学分。学校注重创意丛林隐性创新文化资源建设，显性课程和隐性课程有机结合服务人才培养实践，为文化创新创业创意成长提供了微生态系统。

3.3　聚焦国家战略，推进国家长三角区域高质量一体化，服务区域发展

着眼党的十九届五中全会赋予上海的国际科技创新中心、国家消费中心城市的全新历史定位，将

高素质的文创人才培养与国家战略、区域发展定位相结合，依托汇创青春育服装设计类项目，打造跨省市的交流展示平台。立足区位优势，参展中国工业博览会、长三角国际文化博览会，与长宁区政府签订战略合作协议，积极向社会推介东华科研教学成果，促进科研、学生创新创意作品转化，服务国家 G60 科创长廊，助力上海科技时尚之都建设。

4 成果的推广应用情况

4.1 双创教育成效突出，涌现出一批批获奖作品和创新型创业代表

学生获红点奖、IDEA 设计奖、德国 IF 设计奖；获世界可穿着艺术大赛奖 29 项，其中冠军 12 项，2012 年更是囊括了所有冠亚军奖项。学校获评全国高校实践育人创新创业基地、全国创新创业典型经验高校、全国高等学校毕业生就业工作先进集体等。

4.2 搭建了汇创青春育人平台，17 所高校参与，孵化创新创意成果

2016 年来，东华大学承办上海市"汇创青春"服装设计类活动，已成功举办了 6 届，参与高校达 17 所，涵盖了东华大学、上海工程技术大学、上海视觉艺术学院、上海戏剧学院、台湾实践大学、新疆大学、华东师范大学、中国美术学院、苏州大学、嘉兴学院等高校，通过高校、行业、企业专家对服装类作品动静态集中展示进行评价和评审的形式，构建了长三角服装类高校协同合作"命运共同体"运行管理机制。学生作品质量稳步提升。涵盖服装类九大专业，共 617 个系列 1943 套学生设计的服装参与评选展示。大学生创新创意成果，经企业或自主创业，转化为产品和商品，进入消费市场，受到消费者青睐。并积极参加"产品设计、'互联网+'、工艺美术、舞蹈喜剧类"等其他 8 大类的汇创青春展示活动。

4.3 创业成效显著。打造"课程—设想—设计—作品—产品—商品"全流程文创作品孵化体系

2016 年至今，尚创汇累计孵化的企业 198 家和项目 181 个，目前在孵的企业 41 家和项目 7 个。2020 年，尚创汇孵化企业上海谋乐网络科技有限公司创始人罗清篮入选 2019 年上海领军人才，其捐资 50 万设立创新创业基金，以创带创，发挥引领示范作用。2021 年上海乘蜂破浪生物科技创始人钱卫新获全国退役军人创业创新大赛行业赛二等奖，芳妮时光（上海）文化创意发展公司创始人陈翔飞获 2020 年度中国国际儿童时尚周——中国十佳童装设计师。

4.4 专家评价和成果交流情况

（1）构建了多部门协同管理服务，覆盖全体学生的"创意、创造、创新、创业"四创一体的全链条双创人才培养体系。丰富了双创教育的传统内涵。2016 年获得教育部本科教学评估中心专家组高度评价，认为东华大学的双创教育："重视学生发展和成才，创新创业教育扎实有效。学校给学生提供的环境保障、设施保障比较有力，受到了学生肯定。学校重视创新创业教育，把它跟学校人才培养理念、教育教学改革的探索有机结合，令专家组印象特别深刻。创新创业教育起步比较早，各部门齐抓共管，扎实有序，与专业和地区发展紧密结合。不仅体现出应用型大学的目标定位，而且成果丰硕。不仅在上海市领先，在全国也是突出的。"

（2）邱高副校长受邀参加"中国高等教育学会创新创业教育分会 2017 年工作年会暨第八届全国高校创新创业教育高峰论坛"，作了《国家创新战略下的东华大学双创教育》主旨报告，系统介绍双创经验：东华大学实行完全学分制，立足人人成才、鼓励拔尖创新之理念，推崇兴趣驱动、探究性学习，倡导因材施教和多元化培养模式。推进完全学分制教育教学改革、全面修订培养方案、允许学生二次转专业，实行数学物理类课程、大学英语类课程分层次教学改革，推进核心专业课程群、暑期大师公开课、新生研讨课建设，夯实校园创新文化，全面培养提升学生的创新创业意识、实践能力。

（3）2021 年 5 月，教务处杨旭东处长，受邀参加上海市第六届"汇创青春"启动仪式暨全国创新创业研讨会，介绍学校在文创方面的经验：依托东华大学纺织科学与工程"双一流"建设学科优势，

发挥服装设计与工程、服装与服饰设计、环境设计等国家级一流专业示范作用，开设创新创意课程群。加强顶层设计，深化产教融合、共享优质资源，校际合作协同育人，构建高校互利共享共赢机制。凝聚资源，服务学生成才与发展的育人实践，依托汇创青春育服装设计类项目，打造跨省市的交流展示平台。利用创新创意丛林，持续推动学校创新创业文化的育人功能。立足区位优势，参展中国工业博览会、长三角国际文化博览会，积极向社会推介东华科研教学成果，促进科研、学生创新创意作品转化，服务 G60 科创长廊，助力上海科技时尚之都建设。

"双一流" 纺织高校基础化学创新
实验教学平台的建设与实践

天津工业大学

完成人及简况

姓名	性别	所在单位	党政职务	专业技术职称
臧洪俊	女	天津工业大学	化学部系主任	教授
王兵	男	天津工业大学	无	教授
严峰	男	天津工业大学	教务处副处长	教授
齐东来	男	天津工业大学	化学部副系主任	副教授
吕义	男	天津工业大学	无	实验员

1 成果简介及主要解决的教学问题

1.1 成果简介

本成果依托"双一流"学科建设和天津市化学实验教学示范中心建设，围绕"立德树人"根本任务，通过全面提升实验教学体系，为学生个性化培养"量身定制"，建设和扩展以培养学生创新能力为目的基础化学创新实验平台，服务于纺织、材料、化工及环境等一流学科建设和一流专业人才培养。

1.1.1 建立"课内课外、三层次"相结合的实验教学体系，实现教学相长和教研相长

为了在更高层次上培养学生的"创新思想""创新意识"以及"批判性思维"能力，针对各专业对基础化学实验的具体要求，课内实验包括验证性、综合性和设计性实验项目和课外开放性实验项目相融合，将科研成果转化为综合性实验和创新性实验 20 个，设立 28 项课外开放性实验项目，成立以学生为本的基础—综合—创新—科研训练等多层次交错的一体化实验、实践教学体系，真正实现教学相长和教研相长。

1.1.2 建设了丰富的实验教学资源库，实行一体化教学

建设了化学实验教学示范中心网站，网站拥有丰富的网络视频资源，"无机化学实验资源""有机化学实验资源""分析化学实验资源""物理化学实验资源"和"综合化学实验资源"以及"市级精品课资源"，此外还开发了有机化学实验手机 APP，录制了实验的微视频，提高了教学的便利性，有助于提高教学质量和效率。

1.1.3 创建了天津市大学生化学竞赛，承办了天津工业大学节能减排大赛

自 2015 年起，连续 6 年承办天津市大学生化学竞赛。天津市大学生化学竞赛包括理论知识个人赛、综合技能团队赛实验技能此赛。自 2016 年起，连续 5 年承办天津工业大学节能减排大赛，为全国大学生节能减排社会实践与科技竞赛推选作品。

1.1.4 创建了天津工业大学大学生化学化工与环境综合创新实验室

依托创新实验室，积极开展创新实验室训练项目建设，培育国家级创新训练计划项目，已获批国家级大学生创新创业训练计划项目累计 20 项。

1.2 主要解决的教学问题

（1）加强了综合实验、创新实验层次化实验教学，满足不同层次学生的需求。

（2）构建移动教学资源库、方便快捷，弥补和解决了学生理解不透、掌握不到位的难题，可随时进行预习和实验时参考及实验后的复习巩固等。

（3）依托天津市大学生化学竞赛、节能减排大赛，以达到多渠道、全方位提高学生实验兴趣的目的，调动学生的学习积极性。

（4）依托创新实验室，通过科研成果转化和创业项目培育，为学生营造创业氛围，训练创业意识。

2 成果解决教学问题的方法

2.1 细化实验教学内容

以制备、分离和结构表征为主线，形成从低到高，从基础到前沿，从训练基本技能到培养综合能力，层次分明有特色的研究创新型实验。同时注重各层次实验之间的联系与衔接。通过采取由易到难、由简单到综合的实验教学模式，满足了学生基本技能的训练和综合能力的培养。移植教师科研成果于实验教学中，为学生开设可自由选择的 28 项开放性实验项目，培养学生创新能力。

2.2 教学资源库建设

积极推广化学实验教学示范中心教学平台，将实验课内容（课件、微视频、动画、讲义、单元操作等）移植到平台上，同时开发有机化学实验手机 APP，学生利用网络就可以随时随地地访问实验教学资源，提高了教学的便利性，方便学生在课前预习、课堂学习和课后复习中使用，有助于提高实验教学的质量和效率。

2.3 加大实验室开放力度

各实验室根据自身教学情况，分时段对全校学生开放，为学生在实验室进行大学生创新实验、毕业论文实验及学生科研项目提供平台。中心为学生配置实验设备，采用高效的管理措施，全面、全天向学生开放，让学生利用中心的设备和技术，自主完成综合性、设计性、创新性实验，为学生营造了良好的学习环境，从而激发了学生从事科研的积极性、主动性，促进学生的发展，提高学生的实验能力和综合素质，培养了学生的创新能力。

2.4 以化学竞赛，调动学生的学习积极性

通过化学竞赛培养方式，可激发学生学习动力，变被动学习为主动学习，通过与教师交流、讨论相关问题，学生在创新及知识综合应用方面也受益匪浅，此外也极大地提高了学生的科研热情，从而提高学习效率。

2.5 学生安全环保意识

应用互联网和信息管理技术，实施安全及环保文化建设，全面提高了实验室的安全水平、学生的安全意识和环境保护意识。

3 成果的创新点

3.1 构建了"课内课外、三层次"实验教学体系，满足各层次学生的需求

实验教学模式按"课内课外、三层次"进行。"课内课外"是指规定的课内实验和开放的实验项目相结合；"三层次"是指按基础性、综合性和研究设计性三个层次来设置实验项目，同时注重各层次实验之间的联系与衔接。通过采取由易到难、由简单到综合的实验教学模式，满足了学生基本技能训练和综合能力培养的需要。

3.2 构建了移动教学资源库、方便快捷，满足学生个性化学习需求

中心网站具有丰富的网络视频资源；有机化学习题 APP 和有机化学实验 APP，所包含知识内容非

常丰富，每个资源都有一个二维码，学生可以通过扫描二维码浏览这些资源，利用智能手机作为教学辅助平台，可以弥补计算机多媒体网络的不足，解决多年来计算机网络资源在辅助教学中存在不便的问题。使学生可以随时随地地学习，可以充分利用琐碎的时间学习，满足了个性化的学习需求，对提高教学的质量具有积极的促进作用。

3.3 创建"大学生化学化工与环境综合创新实验室"

鼓励学生参与课外科研学术活动，实行实验室多形式、多层次、开放实验教学，以学生兴趣为导向自由选择科研实验项目，让本科生随时可以参与任何一个他们喜欢的科研课题，进行创新性实验研究，为实验室开放和学生开展自主创新实验创建了新的平台。

3.4 建立了突出以学生为中心的智慧教学模式

以"问题"为导向，采取互动式进行教学，让学生参与到课堂中，教师从原来的"教"堂，变为现在的"学"堂，让课堂紧紧吸引学生的注意力。以手机和投影仪联网的方式，进行智慧化教学，实验课上教师通过手机照相功能及时对不规范的操作进行投屏讲解、演示，保证学生们高效地完成实验。

4 成果的推广应用情况

4.1 全面推广深化实验教学改革成果

（1）以制备、分离和结构表征为主线，按照从低到高，从基础到前沿，从训练基本技能到培养综合能力，形成层次分明的验证性、综合性、设计性课内实验教学模式。依托化学实验教学平台，改革教学方法。加强对学生基本实验技能的训练，培养他们的科学兴趣，使他们掌握科学实验能力和实验方法。

（2）通过实行实验室多形式、多层次、开放实验教学，吸纳学生结合自身专业和兴趣爱好参与开放性实验。实行教师科研实验室开放，鼓励学生参与课外科研学术活动，以学生兴趣为导向自由选择科研实验项目，形成开放性、研究性、创新性课外实验教学模式。培养了学生的创新能力及实践能力，使科研促进并激发学生的学习自主性和创造性。

（3）化学实验中心购置了多种大型仪器，搭建了分析测试平台，让本科生在进行创新性实验研究的同时，也学会了多种大型仪器的使用。多年来坚持开设大型综合实验，将教师科研成果引入实验教学课程，推行以问题为核心的实验教学方法，通过"课内课外相结合、三层次"实验教学模式，为不同层次学生提供发展舞台，培养了学生扎实的化学实验操作技能和创新能力，同时将实验教学结果反馈于教师科研，教研相长。教师指导学生在各种化学竞赛中获奖820人次，学生参与发表学术论文165篇，近三年SCI收录论文38篇，教学效果显著。

4.2 数字化网络教学资源应用于基础化学实验课程教学

采用精品课程网、化学实验教学示范中心平台网站、有机化学实验APP，物理化学虚拟仿真实验，四大化学实验微视频、超星泛雅平台、雨课堂等对传统单一教学形式进行补充，学生既可以在网络课堂观看教学视频，也可以扫描各个资源的二维码，进行自主性学习和预习。通过实验教学网络化建设，有利于实现优质教学资源共享和碎片化时间的利用，为本科开放式的实验教学提供便利化，也更贴近现代学生的学习习惯。同时，学生在交互状态下学习知识，可以优化课堂教学，有利于学生学习积极性的提升，享受网络化实验教学的便利性。

实验中心网站及下辖各四大化学及实验网站全年正常运行，总点击量89278次；有机化学实验智能手机APP平台及局域网服务器全年正常运行；有机化学实验网站7900余人访问；有机化学实验APP有近90余个班级、2000多名学生使用。实验中心仪器设备在保障正常本科教学的前提下，对化工学院、环境学院、材料学院及纺织学院研究生和本科生免费开放。

有机化学实验手机APP，包含有应知应会的实验室安全管理制度和安全教育常识，实验操作讲解，实验内容分析和实验微课视频四个部分，学生拿着手机就能非常方便地浏览有机化学实验内容，深受学生们的欢迎，APP 内容如图 1 所示。

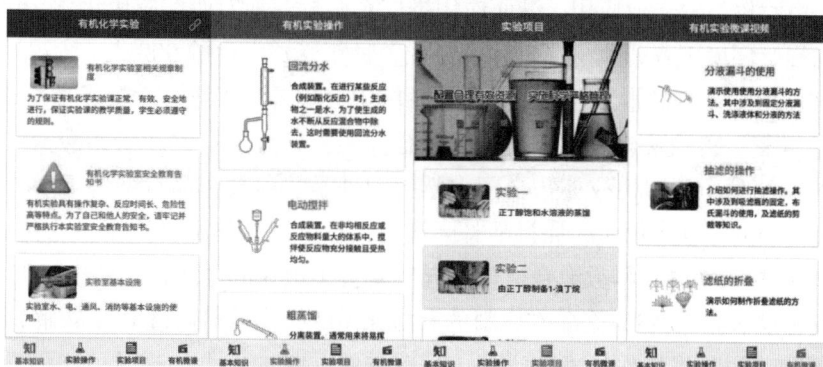

图 1 有机化学实验手机 APP 内容

4.3 实行理论课教学与实验课教学贯通制度

坚持所有的教师（包括教授）既上理论课又带实验的做法，保证了理论教学与实验教学有机结合，有助于保障和提高基础化学课程整体教学质量。

4.4 基于无机及分析化学实验教学，培养学生兴趣和能力

无机化学课程组和分析化学课程组承担低年级基础化学实验教学任务，由于学生入学成绩参差不齐，一部分学生对化学实验产生畏难情绪，对后续化学实验课程影响较大。2012 年"基础化学实验教学培养学生兴趣和能力的研究与实践"获天津工业大学校级教学成果一等奖。2014 年，无机化学课程组完成市级教改课题"基于能力培养的工科基础化学课程的教学改革与建设"。无机化学课程组将该教改成果推广到全部化学相关专业实施，取得良好效果，每年受益学生约 960 人。通过低年级基础化学实验，培养学生的实际动手能力，加深课堂知识的理解，培养学生实际应用研究的兴趣。同时在已有基本知识、基础理论及实验技能的基础上，根据学生的个性差异及兴趣取向、专业培养方向，培养学生自主实验的意识，提升学生创新能力。

4.5 物理化学课程组依托市级教改课题"物理化学教学方法的改革和实践研究——图解物理化学"和"材料类物理化学内容的优化和全程多媒体技术教学的实践研究"，将多媒体技术和图解法相结合，全程使用多媒体技术进行图解法物理化学教学

图解法教学是一种直观、简明、形象、生动的教学方法。对物理化学教学内容的图解过程是一个知识的再创造过程，是一个化难为易、化复杂为简单的过程，努力做到使图解科学、准确地表达内容，让学生易看易懂，一看就懂。应用多媒体技术进行图解法教学，有效地提升、彰显了图解法教学方法的优点，并且很好地将传统教学方法和现代教学技术手段实现了融合。图解法全程多媒体教学方法作为我校市级物理化学精品课的特色教学方法，经过多年的逐步推广应用，得到校内外同行专家和学生的一致认可，物理化学图解法全程多媒体技术教学课件已挂在物理化学教学网站，每年受益学生约 900 余人。

4.6 深化有机化学实验教学，丰富教学资源

有机化学课程期致力于有机化学实验教学改革，将科研成果成功应用于学生实验中。在设计性、综合性实验部分创新地开设了绿色氧化实验——以多氧钼酸盐为催化剂催化过氧化氢由苯甲醇制备苯甲醛设计实验，并被美国 Garden 学院引入实验教学中。

学生设计实验"用过氧化氢催化氧化环己醇制备环己酮"，革除了传统上使用重铬酸盐的方法，引入了绿色环保的概念，很好地解决了污水排放问题，培养了学生的环保意识。为基础性和经典的教学内容赋予了新的内涵，使其具有了先进性和现代的气息，使基础教学和科学研究相结合，不仅避免

了实验室的污水排放，而且把学生的眼界从此引领到科学研究的前沿。该实验已被南开大学化学实验中心采纳，作为综合实验为学生开放，取得了很好的教学效果。

该研究成果先由我校材料专业应用，继而应用推广至全校其他专业即应用化学、化学工程与工艺、制药工程、轻化工程、环境工程、非织造工程等专业，每年受益学生约900人。

"以问题为核心在实验中培养学生的研究和创新能力"获天津工业大学校级教学成果二等奖；"过氧化氢氧化法制苯甲醛"实验获校级优秀设计性综合性实验一等奖；"多氧钼酸盐催化过氧化氢氧化苯甲醇制备苯甲醛"获第十届"挑战杯"全国大学生课外学术科技作品竞赛一等奖，"利用工业副产品多甘醇制备新型增塑剂"获得第十一届挑战杯天津市大学生课外学术科技作品竞赛一等奖。

4.7 将科研成果融入教学，科教融合，使经典实验有了现代的内涵，培养学生的创新能力

开设了使用废矿泉水瓶（PET）聚酯作原料的有机化学综合实验；通过PET胺解、醇解、水解实验，让学生进一步练习和巩固基本操作技术和方法，培养查阅文献的能力，这样可增强学生发现问题、解决问题的能力和信心，激发了学生科研创新意识，促进学生进一步学习的兴趣。同时也让学生们学习绿色化学、环境保护、资源的回收利用等知识，解决生活中的实际问题，拓宽学生的视野。实验开设以来，目前有32个班的同学受益。

物理化学由石墨棒上电镀镍、锌等进行的原电池电动势测定的实验，将动力学和热力学知识相结合，与当前能源化工前沿密切相连，培养了学生追求新知识的兴趣。无机化学把绿色环保的H_2O_2氧化剂引入到制备$CuSO_4 \cdot 5H_2O$晶体的实验中，改变了传统使用浓HNO_3的方法，为经典教学内容赋予了新的内涵。这些实验不但更新了实验教学内容，也增强了学生的环保意识，将学生的眼界引领到科学的前沿。

4.8 实验教学采用"翻转课堂"模式，利用现代技术进行实验教学指导，提高教学效率和质量

课前问题式、课中启发式等灵活多样的互动式实验教学模式，以"问题"为导向，通过师生和生生相互讨论（有时伴随着实验演示），学生不仅是一个被动的接受者，还是一个主动的参与者，其兴趣可能被引发，思想可能被激活，高质量地实施"课堂翻转"模式。

在指导基础化学实验的过程中以手机和投影仪联网的方式，进行智慧化教学，实验课上教师通过手机照相功能及时对不规范的操作进行投屏讲解、演示，保证学生们高效地完成实验，每年有900余名学生受益（图2）。

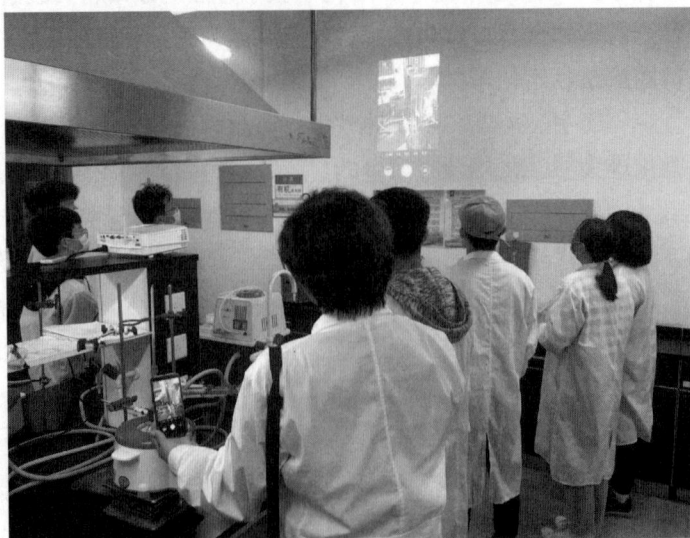

图2 教师手机投屏讲解、演示操作

互联网时代下基于MOOC建设的"纤维化学与物理"教学改革

中原工学院

完成人及简况

姓名	性别	所在单位	党政职务	专业技术职称
黄鑫	男	中原工学院	纺织学院党委委员、轻化工程系主任	副教授
马季玖	女	中原工学院	无	教授
周伟涛	男	中原工学院	无	副教授
王少博	男	中原工学院	无	副教授
张晓莉	女	中原工学院	轻化工程党支部书记	副教授
郑瑾	女	中原工学院	创新学院副院长	副教授
魏朋	男	中原工学院	纺织学院实验中心副主任	副教授
杜姗	女	中原工学院	纺织工程系副主任	讲师

1 成果简介及主要解决的教学问题

1.1 成果简介

针对课程建设过程中高阶性、创新性及挑战度不足等问题，本成果遵从《中国教育现代化2035》《加快推进教育现代化实施方案（2018—2022年）》《教育部关于一流本科课程建设的实施意见》中推进教育信息化的理念，开展基于MOOC建设的专业核心课程"纤维化学与物理"教学改革，打造"一书、二群、三平台"线上线下教学资源，重塑多样的"课前自学—课堂教学—课后巩固"三阶段教学体系，融合学校纺织服装办学特色构建生活或专业场景讨论、角色模拟分析、团队实验及创新实践等教学模块，创立"4+1"考评机制，探索出一系列切实可行的"MOOC资源对接传统课堂"混合式教学模式，助力培养基础扎实、动手能力强、能适应未来轻化工程专业发展的全方位人才。成果取得显著成效：学生学习积极性和驱动力明显改善；近三年课程目标达成情况和及格率明显提高；学生工程能力和创新意识明显加强；成果依托课题通过中国纺织工业联合会教改项目结题验收，并获河南省本科教育线上教学优秀课程二等奖，发表中文核心论文2篇。

1.2 主要解决的教学问题

（1）课程优质教学资源匮乏，现代信息技术嵌入教育教学不足。

（2）课程教学方法与手段单一，培养学生工程意识和创新能力不强。

（3）课程学习方式与评价方法局限，课程考评机制待完善。

2 成果解决教学问题的方法

2.1 推进信息技术深度嵌入学习系统，筑建"一书、二群、三平台"教学资源和三阶段教学体系

从学生需求和能力出发，充分发挥信息化技术，打造"一书二群三平台"线上线下优质课程资源：

线上资源为课程 MOOC 资源平台、调研学习成效的问卷星平台以及课程微信群；线下资源为国家级规划教材、理论教学的智慧教室群以及实验教学的重点实验室平台。基于专业特色性，明晰课程知识点特征，重塑多样的"课前—课堂—课后"三阶段教学体系。重难点知识：线上自学 + 课堂讲授、翻转课堂（讨论）+ 复习；非重点知识：线上自学 + 课堂答疑（图 1）。

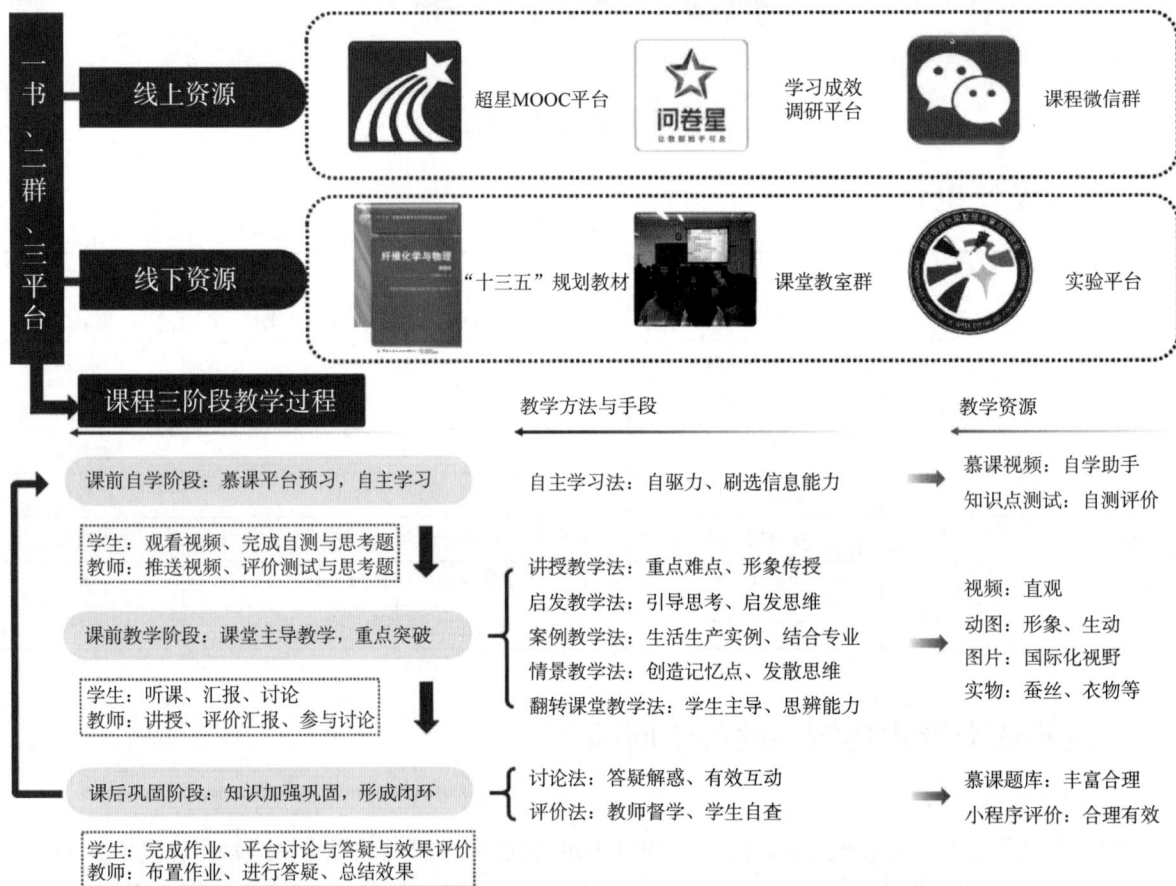

图 1   "一书、二群、三平台"教学资源和三阶段教学体系

2.2   强化学生工程意识和创新能力，打造特色化"理论—实践"混合教学模式

遵从"新工科建设"中"原理应用于工程实际问题"特征，授课方式融合学校纺织服装办学特色，依托流动课堂、绿色染整实验室、大创中心等阵地，设置生活、专业场景讨论、角色模拟分析，以"领悟"代替"灌输"，转变师生角色和知识传授途径；特色的团队实验、创新实践等教学模块，搭建理论应用于实践活动的平台，重在培养学生思辨精神、创新意识及解决复杂工程问题的能力。

2.3   推动课程教学评价模式改革，创立"4 过程、1 终结"考评体系和持续反馈机制

针对 MOOC 建设的教学改革，采用过程性与终结性考核相结合的评价制度，加大过程性考核权重，创立"4 过程、1 终结"考核评价体系，评价观测点细化至每个教学环节。用问卷调查、课程评教、专家评价等多途径反馈教学效果，促进课程建设和教学水平持续改进，形成良性闭环（图 2）。

3   成果的创新点

3.1   理念创新

以学生为中心配置的"一书、二群、三平台"教学资源显著改善教学环境、丰富教学手段，克服时空限制，实现信息化教与学师生全覆盖。三阶段教学过程充分发挥信息化技术作用：制作视频、动

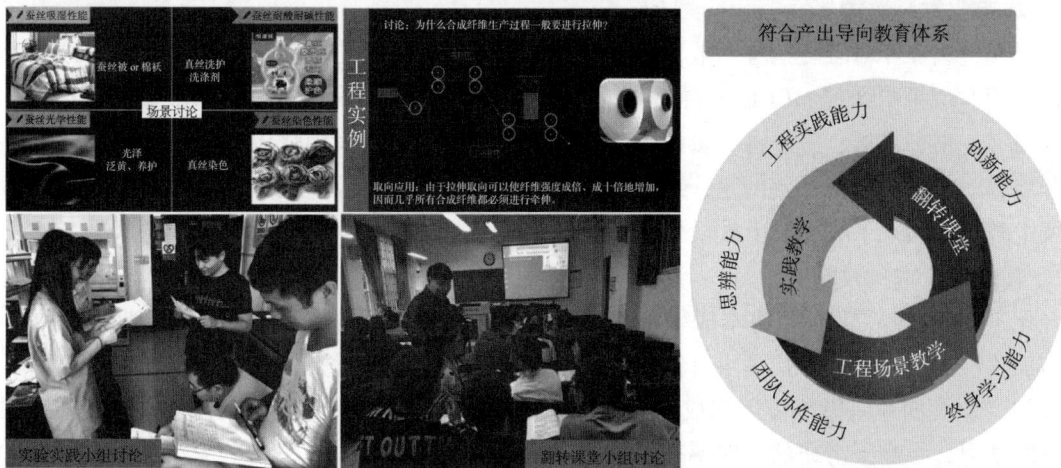

图2 "纤维化学与物理"课程考核方式

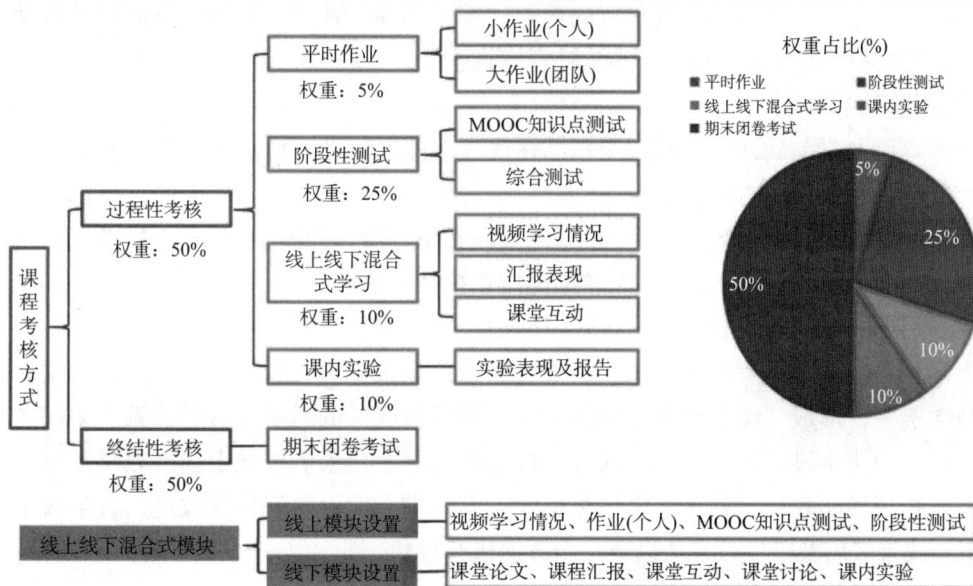

图等可视化资源，有效解决"纤维三级结构复杂，理解困难"等问题；以习题库和讨论平台等激发学生学习兴趣，增加课程高阶性和前沿性。

3.2 途径创新

构建了"理论—实践"混合教学模式，翻转课堂、角色模拟等模块设置多种纤维生产、加工场景，注入课堂活力；实验室、创新创业平台提供学生实践场所，锻炼学生动手能力。以任务驱动转变知识传授途径，培养学生思辨精神、创新意识及解决复杂工程问题能力，提升课程创新性和挑战性。

3.3 机制创新

创立的"4+1"考评体系和动态反馈机制评价过程合理、标准全面、分析结果可信，加强学生学习信心，多维度改善教学效果；问卷星调查、评教等方式收集教学成效数据，运用大数据技术进行分析并反馈于教学环节中，助力课程建设的持续改进。

4 成果的推广应用情况

4.1 本专业本科教学

本成果在过去三年对轻化工程专业 2016 ~ 2018 级学生进行了三次教育教学实践。2017 ~ 2018 年第 2 学期应用本成果中课程 MOOC 平台辅助教学；2018 ~ 2019 年第 2 学期、2019 ~ 2020 年第 2 学期应用本成果"一书、二群、三平台"资源、"理论—实践"混合教学模式以及"4 过程 1 终结"考评体系全面开展教学改革。值得一提的是，2019 ~ 2020 年第 2 学期新冠肺炎疫情期间，成功应用本成果顺利完成线上教学，实现了线上线下教学效果实质等效。

4.2 其他专业本科教学

除轻化工程专业外，我们也将本成果中的课程 MOOC 资源平台推广于纺织工程专业的同源课程"化纤成形与加工"的教学实践，让学生有针对性地自主学习高分子化学、物理及合成纤维的知识。

纺织类专业大四考研学生应用本成果中的课程 MOOC 资源平台，更好地对所考纺织类院校的专业课进行有效学习，提高了考研的录取率。

4.3 研究生教育教学

纺织科学与工程专业硕士研究生"高分子化学""纺织物理"等课程的教学环节也应用本成果的 MOOC 平台资源，研究生利用 MOOC 资源有的放矢、查缺补漏，针对重点知识点问题进行学习，进一步促进了其科学研究能力的提升，获得了学生广泛好评。

4.4 其他资源平台应用

2021 年，"纤维化学与物理"立项省级精品在线开放课程建设项目。2021 年 3 月已在中国大学生 MOOC 网站上线开课，选课人数超过 155 人。

本研究成果在建设过程中形成的一系列实施方案和教学方法，凝聚出教学理念先进、教学设计合理、运用效果显著、受益对象广泛的特点，具有较高的应用推广价值。

4.5 成果应用及推广效果评价

本成果依托自建 MOOC 课程资源平台，将现代教育信息技术嵌入学习系统，配置丰富且具有特色的线上线下教学资源，形成"课前自学—课堂教学—课后巩固"的三阶段教学体系，采用"4 过程 +1 终结"考评体系，构建全过程、全方位的动态考核评价机制，全景监控线上线下教学数据，合理利用网站大数据分析功能和问卷星小程序，评估和反馈教学效果，助力课程持续改进，教学效果和学习成绩均显著提高。成果应用及推广效果从以下三个方面进行评价。

4.5.1 课程目标达成情况评价

课程教学改革的核心是课程目标的达成情况。对比最近三年课程目标达成情况，采用线上线下混合式教学的学期（2017 级、2018 级）比非混合式教学学期（2016 级），课程目标达成情况明显改善；2019 年课程最终成绩合格率为 98.6%，相对于 2018 年、2017 年的 83.7% 和 70%，提升显著。

4.5.2 学生学习成效自查

通过问卷星对本成果进行调查，调查结果发现 96%（2017 级）和 100%（2018 级）的学生对于混合式教学模式表示满意；课程评价统计表明大部分学生认为课程的生动性和启发性大幅提高，教学效果反馈较好。超过 95% 的 2017 级学生对于这种教学平台的使用表示满意；超过 93% 的 2018 级学生对于这种教学平台的使用表示相对满意。从学生在网站上对于慕课课程的评价来看，大部分学生对于这种新型教学模式比较感兴趣，课程的生动性和启发性均有了很大提高，反馈较好。

4.5.3 专家外部同行认可

本成果受到授课学院、同行专家和慕课平台公司一致认可，认为本成果符合现代信息化教育理念，课程教学改革成果显著，教学资源和教学模式具有较高的推广价值；本成果依托的教学改革项目 2020

年通过了中纺联教学改革项目鉴定，2019 年立项校级教学改革项目；发表相关中文核心教改论文 3 篇；2021 年，通过河南省精品在线开放课程建设立项；2019 年，通过校级慕课（MOOC）建设项目验收；2020 年，“纤维化学与物理”课程建设获省级本科教育线上教学优秀课程二等奖，获批校级一流本科课程建设；学习本课程的学生屡获与纤维相关的国家级、省部级学科竞赛奖项（图 3）。

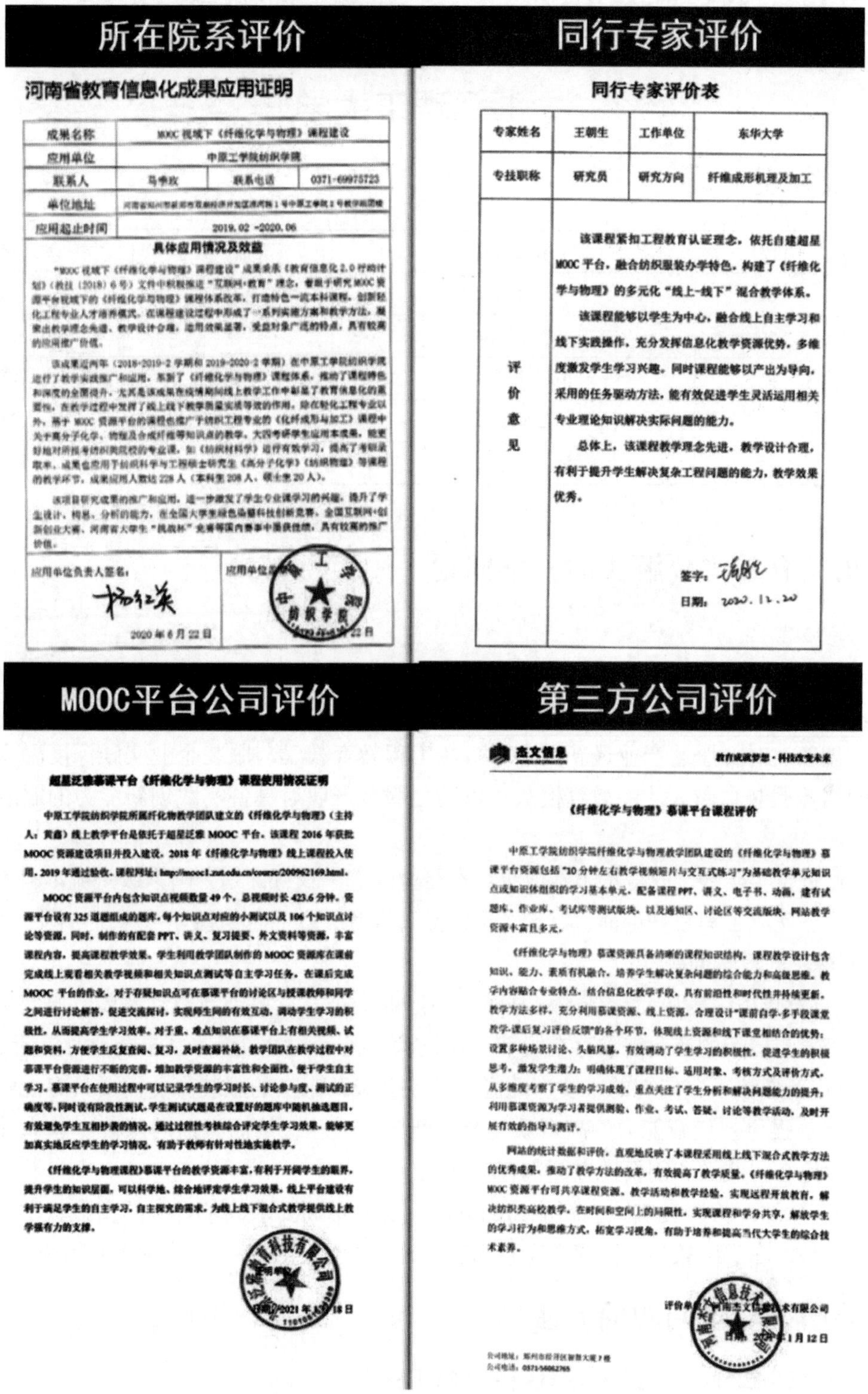

所在院系评价

河南省教育信息化成果应用证明

成果名称	MOOC 视域下《纤维化学与物理》课程建设		
应用单位	中原工学院纺织学院		
联系人	马季玫	联系电话	0371-69975723
单位地址	河南省郑州市新郑市双湖经济开发区淮河路 1 号中原工学院 2 号教学楼		
应用起止时间	2019.02 -2020.06		

具体应用情况及效益

“MOOC 视域下《纤维化学与物理》课程建设”成果秉承《教育信息化 2.0 行动计划》（教技〔2018〕6 号）文件中积极推进“互联网+教育”理念，着眼于研究 MOOC 资源平台视域下的《纤维化学与物理》课程体系改革，打造特色一流本科课程，创新轻化工程专业人才培养模式。在课程建设过程中形成了一系列实施方案和教学方法，展现出教学理念先进、教学设计合理、适用效果显著、受益对象广泛的特点，具有较高的应用推广价值。

该成果近两年（2018-2019-2 学期和 2019-2020-2 学期）在中原工学院纺织学院进行了教学实践推广和应用，革新了《纤维化学与物理》课程体系，推动了课程特色和深度的全面提升，尤其是该成果在疫情期间线上教学工作中彰显了教育信息化的重要性，在教学过程中发挥了线上线下教学质量实质等效的作用。除在轻化工程专业以外，基于 MOOC 资源平台的课程也推广于纺织工程专业的《化纤成形与加工》课程中关于高分子化学、物理及合成纤维等知识点的教学。大四考研学生运用本成果，能更好地对所报考纺织院校的专业课，如《纺织材料学》进行有效学习，提高了考研录取率。成果也应用于纺织科学与工程硕士研究生《高分子化学》《纺织物理》等课程的教学环节。成果应用人数达 228 人（本科生 208 人，硕士生 20 人）。

该项目研究成果的推广和应用，进一步激发了学生专业课学习的兴趣，提升了学生设计、构思、分析的能力，在全国大学生绿色染整科技创新竞赛、全国互联网+创新创业大赛、河南省大学生“挑战杯”竞赛等国内赛事中屡获佳绩，具有较高的推广价值。

应用单位负责人签名：杨红英

2020 年 6 月 22 日

应用单位盖章：

2020 年 6 月 22 日

同行专家评价

同行专家评价表

专家姓名	王朝生	工作单位	东华大学
专技职称	研究员	研究方向	纤维成形机理及加工
评价意见	该课程紧扣工程教育认证理念，依托自建超星 MOOC 平台，融合纺织服装办学特色，构建了《纤维化学与物理》的多元化“线上-线下”混合教学体系。 该课程能够以学生为中心，融合线上自主学习和线下实践操作，充分发挥信息化教学资源优势，多维度激发学生学习兴趣。同时课程能够以产出为导向，采用的任务驱动方法，能有效促进学生灵活运用相关专业理论知识解决实际问题的能力。 总体上，该课程教学理念先进，教学设计合理，有利于提升学生解决复杂工程问题的能力，教学效果优秀。 签字：王朝生 日期：2020.12.20		

MOOC平台公司评价

超星泛雅慕课平台《纤维化学与物理》课程使用情况证明

中原工学院纺织学院所属纤化物教学团队建立的《纤维化学与物理》（主持人：黄鑫）线上教学平台是依托于超星泛雅 MOOC 平台。该课程 2016 年获批 MOOC 资源建设项目并投入建设，2018 年《纤维化学与物理》线上课程投入使用，2019 年通过验收。课程网址：http://mooc1.zut.edu.cn/course/200962169.html。

MOOC 资源平台内包含知识点视频数量 49 个，总视频时长 423.6 分钟。资源平台设有 325 道题组成的题库，每个知识点对应的小测试以及 106 个知识点讨论等资源。同时，制作的有配套 PPT、讲义、复习提要、外文资料等资源，丰富课程内容，提高课程教学效果。学生利用教学团队制作的 MOOC 资源库在课前完成线上观看相关教学视频和相关知识点测试等自主学习任务，在课后完成 MOOC 平台的作业，对于存疑知识点可在慕课平台的讨论区与授课教师和同学之间进行讨论解答，促进交流探讨，实现师生间的有效互动，调动学生学习的积极性，从而提高学生学习效率。对于重、难点知识在慕课平台上有相关视频、试题和资料，方便学生反复查阅、复习，及时查漏补缺。教学团队在教学过程中对慕课平台资源进行不断的完善，增加教学资源的丰富性和全面性，便于学生自主学习。慕课平台在使用过程中可以记录学生的学习时长、讨论参与度、测试的正确度等，同时设有阶段性测试，学生测试试题是在设置好的题库中随机抽选题目，有效避免学生互相抄袭的情况，通过过程性考核综合评定学生学习效果，能够更加真实地反应学生的学习情况，有助于教师有针对性地实施教学。

《纤维化学与物理课程》慕课平台的教学资源丰富，有利于开阔学生的眼界，提升学生的知识层面，可以科学地、综合地评定学生学习效果，线上平台建设有利于满足学生的自主学习，自主探究的需求，为线上线下混合式教学提供线上教学强有力的支撑。

日期：2021 年 1 月 18 日

第三方公司评价

杰文信息　　教育成就梦想·科技改变未来

《纤维化学与物理》慕课平台课程评价

中原工学院纺织学院纤维化学与物理教学团队建设的《纤维化学与物理》慕课平台资源包括“10 分钟左右教学视频短片与交互式练习”为基础教学单元知识点或知识体组织的学习基本单元，配备课程 PPT、讲义、电子书、动画，建有试题库、作业库、考试库等测试版块，以及通知区、讨论区等交流版块，网站教学资源丰富且多元。

《纤维化学与物理》慕课资源具备清晰的课程知识结构，课程教学设计包含知识、能力、素质有机融合，培养学生解决复杂问题的综合能力和高级思维。教学内容贴合专业特点，结合信息化教学手段，具有前沿性和时代性并持续更新。教学方法多样，充分利用慕课资源、线上资源，合理设计“课前自学-多手段课堂教学-课后复习评价反馈”的各个环节，体现线上资源和线下课堂相结合的优势；设置多种场景讨论、头脑风暴，有效调动了学生学习的积极性，促进学生的积极思考，激发学生潜力；明确体现了课程目标、适用对象、考核方式及评价方式，从多维度考察了学生的学习成绩，重点关注了学生分析和解决问题能力的提升；利用慕课资源为学习者提供测验、作业、考试、答疑、讨论等教学活动，及时开展有效的指导与测评。

网站的统计数据和评价，直观地反映了本课程采用线上线下混合式教学方法的优秀成果，推动了教学方法的改革，有效提高了教学质量。《纤维化学与物理》MOOC 资源平台可共享课程资源、教学活动和教学经验，实现远程开放教育，解决纺织类高校教学，在时间和空间上的局限性，实现课程和学分共享，解放学生的学习行为和思维方式，拓宽学习视角，有助于培养和提高当代大学生的综合技术素养。

评价单位：河南杰文信息技术有限公司

日期：2021 年 1 月 12 日

公司地址：郑州市经开区智慧大道 7 楼
公司电话：0371-56062765

图 3　项目成果受各方认可

打造工程教育深度融合新生态，深化服装 "卓越工程师" 专业实践教学改革

浙江理工大学

完成人及简况

姓名	性别	所在单位	党政职务	专业技术职称
丁笑君	女	浙江理工大学	无	实验师
张颖	女	浙江理工大学	无	讲师
邹奉元	男	浙江理工大学	无	教授
夏馨	女	浙江理工大学	无	实验师
王利君	女	浙江理工大学	无	副教授

1 成果简介及主要解决的教学问题

1.1 成果简介

本成果围绕国家 "一带一路" 战略、浙江省万亿级时尚产业发展需求，培养时尚产业所需的综合创新技术人才，以工程教育和创新实践能力培养服装卓越工程师为重要目标，对服装实践教学体系进行深化改革、创新。对标服装产业最新需求，打造工程教育教学与服装企业实践深度融合的新生态，不断创造新的培养服装卓越人才的教育模式，以满足服装产业对具备实践创新能力的服装卓越人才的需求。

该成果经过近十年实践，取得了丰富成果：本专业入选 "双万计划" 国家级一流本科专业建设点、是国家特色专业、完成工程教育论证、有 5 个国家品牌课程、获省部级教学成果奖 3 项。

1.2 主要解决的教学问题

（1）新工科背景下，为应对最新的科技革命与产业变革，支撑创新驱动发展，服装卓越人才培养需要解决人才培养与最新的产业需求存在脱节以及技术发展而人才知识体系未能及时更新的问题。

（2）在时代新形势下，传统的服装产业亟待转型升级，未来的服装产业需要具有能够解决复杂工程问题的强实践、强科技创新能力的高素质复合型新工科人才，然而当前的服装专业人才在解决复杂工程问题上，无论在实践性和创新性方面都存在不足。

（3）缺乏有效的评价服装实践创新能力的方法。面对不断要求改革升级的实践教学，评价体系侧重理论知识的考核，在实践教学方面存在考核内容、评价指标、评价手段单一化的问题。

2 成果解决教学问题的方法

2.1 建立了校企融合、打造工程教育新生态的机制

通过加强校企融合、实现协同 "三创" 人才的培养，坚持 "共同确定培养目标、共同制定培养方案、共同建设教学资源、共同指导实践环节、共同评价培养质量" 联动，建立了与服装企业联合培养人才的新机制，通过 "3+1" 学制，创新工程教育的人才培养模式，培养创新能力强的高质量服装工程技术

人才，注重学生知识、能力、素质的综合性培养，让服装专业学生在实战中领悟、成长，拓实创业基础，强化了产教融合背景下"三创"服装卓越工程师人才的全过程教育管理（图1）。

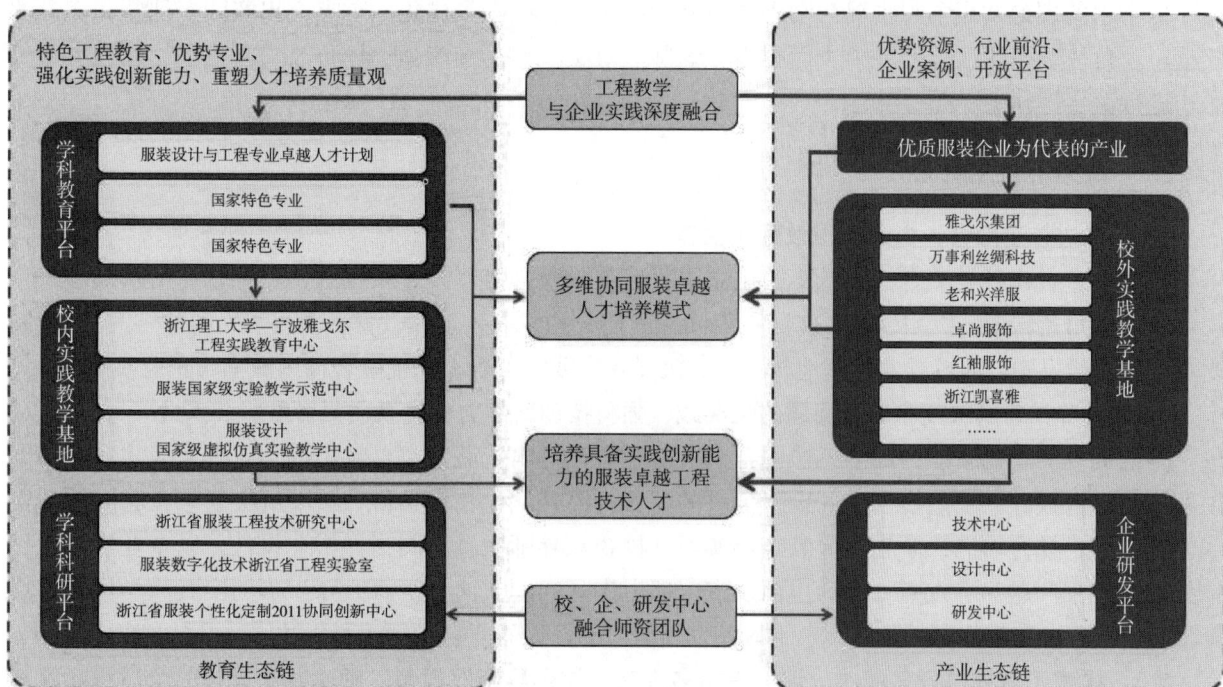

图1 工程教育新生态

2.2 重构了服装卓越工程师实践课程体系，实现学生创新能力层次化递进，培养了学生解决复杂工程问题的能力

围绕服装专业内容重构实践课程体系、动态调整服装专业设置，适时更新教学理念、教学方法和教学内容，研究课程之间递进关系和教育教学环节与实践创新能力培养的映射关系，优化重构了以"通识课—专业基础课—专业核心课—综合实践课"为主线的服装专业实践创新能力培养的课程体系（图2），用于培养学生的知识迁移、创新实践能力以及工程知识、问题分析、团队合作、社会责任意识、职业规范意识、终身学习意识等，以贯彻落实对服装专业学生复杂工程问题综合解决能力的培养。通过构建深化卓越工程师培养目标的校企合作教学课程体系，打造能贴合产业并引领产业的服装卓越人才。

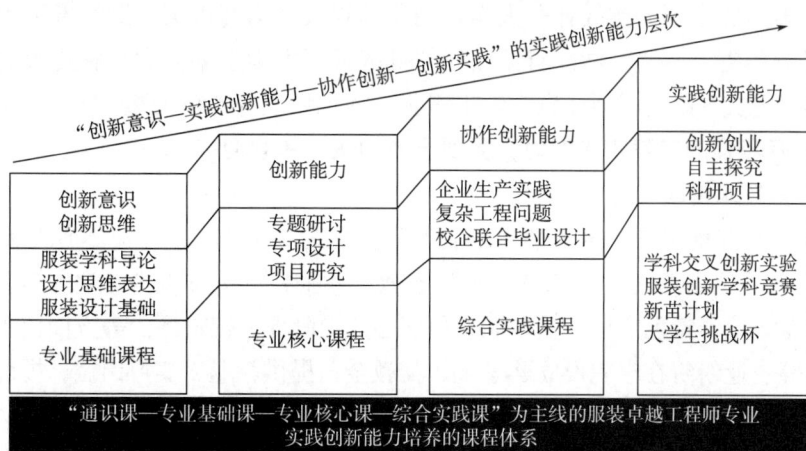

图2 服装卓越工程师人才实践创新能力层次化递进式培养课程体系

2.3 实施了基于团队的师生共同参与、分类别、全过程的实践能力评价机制

针对以往课程考核内容、评价指标单一的问题，通过构建科学的课程评价指标体系，综合、全面地评价学生的理论知识学习情况与动手实践能力，将考核内容多样化，重点突出实践、创新和实习的权重；评价体系采用"企业导师＋课程指导老师"对实践作品（产品）评价、实习汇报、课程展演的形式进行综合打分。

3 成果的创新点

3.1 推进校企融合，打造工程教育新生态

改革校企合作教学"合而不融"，建立了服装企业联合培养人才新机制，实现企业由从属参与到联合主导的角色转变，以服装企业实际工程问题为核心构建人才培养教育教学重点，通过"3+1"学制改革、共建研发中心与校外实习基地相融合、沉浸式实践学习等，深度融合校内教学与企业实践。

3.2 培养具备解决复杂工程问题的强实践、强科技创新能力的高素质复合型服装人才

围绕提升实践创新能力的多元协同育人关键环节，提出了服装"卓越工程师"专业人才多元协同创新能力培养模式。校内协同，开设跨学科的课程，提升学生在多学科背景下解决复杂工程问题的实践创新能力；校企协同，学生到服装企业实习，校企双导师联合协同指导毕业设计，以企业实际所面临的复杂工程问题为出发点，转为由面及点，即由实际问题反向分析研究知识点的实践教学模式，培养具备解决复杂工程问题的强实践、强科技创新能力的高素质复合型新工科人才。

3.3 构建了考核内容多层次、评价指标多维度、校企导师双视角、师生共同参与的全过程实践教学评价机制

改革实践考核单一化，创建了由"实践作品（产品）＋实习汇报＋课程展演"构成的多层次考核内容；评价指标多维度，重点突出实践、创新和实习的权重；评价主体由企业导师＋在校指导老师，根据创新实践项目类别不同建立不同的评价指标体系，并将评价结果用于培养环节和实践教学模式的持续改进。

4 成果的推广应用情况

4.1 卓越计划人才培养成果

在校期间，在本专业教师指导下，服装卓越计划的学生积极申报各级各类科研项目，积极参加各种科研创新计划项目，如浙江理工大学大学生科研创新计划竞赛、浙江理工大学"挑战杯"大学生创业计划竞赛。获得第九届全国"挑战杯"大学生创业计划大赛国赛银奖、浙江省第十四届"挑战杯"课外学术科技作品竞赛省二等奖，浙江省第十届"挑战杯"大学生创业大赛省赛银奖、第四届中国杭州大学生创业大赛三等奖，第七届浙江省大学生职业生涯规划大赛省级决赛、省二等奖等十余项奖项。

4.2 毕业生具有较强的工程实践能力，受到业内的认可和欢迎

4.2.1 毕业生受到业内认可好评

每年用人单位到我校招聘毕业生与学生毕业人数之比为 3∶1，2020 年本专业方向学生的就业率均在 90% 以上、用人单位满意度为 94.25%。浙江省教育厅委托第三方机构对学生毕业半年后在就业竞争力、就业质量、专业培养特色定位、基本能力和核心知识测评、校友评价等方面位于学校专业前列。卓尚、红袖、伟星等企业纷纷在学院设立奖学金、奖教金，提供就业、实习岗位，提前介入培养阶段，吸引优秀学生。如 2020 年 12 月，卓尚服饰（杭州）有限公司董事长丁武杰向学校捐赠人民币 2500 万元，用于浙江理工大学"尚＋"建设，并表示一如既往地为浙江理工大学学子创业提供配套支持。

4.2.2 学生创新创业获奖丰硕

近 5 年，服装专业学生获得国家级大学生创新创业训练计划项目 13 项、浙江省大学生科技创新活

动计划（新苗人才计划）34项；获得"挑战杯"大学生课外学术科技作品竞赛省赛一、二等奖共3项、"挑战杯"大学生创业计划竞赛国赛铜奖、省赛金银、铜奖共6项；"创青春"大学生创业大赛省赛一、二等奖共3项；"互联网+"大学生创新创业大赛国赛银奖、省赛金、银、铜奖共6项；职规赛省赛三等奖共2项；获浙江省大学生服装服饰创意设计大赛（学科竞赛A类）一、二、三等奖共35项；服装专业本科生在国内外核心期刊发表论文29篇；授权外观等专利143项。项目训练过程中，还推动了学生的创新创业能力，培养了一些典型。

4.3 服务服装产业发展，社会影响力广泛

4.3.1 服务服装产业发展

建立浙江省服装产业科技创新服务平台、杭州丝绸及其制品科技创新服务平台，为全省服装企业提供新产品研发、品牌建设、设备共享、技能实训等服务。为此，邹奉元教授领衔获得杭州市"科技创新十佳院（所）"和"杭州市科技创新十大项目"。

4.3.2 服务服装企业创新

与许多著名的公司建立了长期紧密的合作关系，如雅戈尔集团、卓尚服饰、万事利科技有限公司等大型服装公司，建立了26个研发中心，团队教师承担了大量企业资助的横向课题，服务企业开发新产品、改造流程、引进新技术、提高管理水平，效益明显，备受好评。

构建立体开放的纺织材料实验教学体系、培养新时代创新型纺织人才

浙江理工大学

完成人及简况

姓名	性别	所在单位	党政职务	专业技术职称
黄志超	男	工程师	无	工程师
周颖	女	高级实验师	无	高级实验师
徐秀娟	女	高级实验师	无	高级实验师
朱磊	男	讲师	无	讲师
余旭锋	男	讲师	无	讲师
戚栋明	男	教授	科技处处长	教授

1 成果简介及主要解决的教学问题

1.1 成果简介

随着国家创新驱动发展战略的实施和"创新、开放、共享"新发展理念的落实，国家对新时代高等纺织技术人才的知识、技能、素质和视野提出了新的要求。作为专业工程技术人才培养的关键，基础实验教学环节发挥着至关重要的作用。针对传统的实践教学中存在注重灌输式教学、教学手段单调、课堂枯燥乏味、教学资源更新慢、课程评价模式单一、教育技术落后等问题，难以满足新时代下开放共享与创新包容的需求。本成果以省教育技术研究规划课题、国家级纺织工程实验教学示范中心实验教学等项目为依托；以 OBE 工程教育认证理念为指导；以学生为主体、以培养新时代大学生实践创新能力为目标；对纺织材料系列实验课程教学体系进行总体规划和重构（图1），持续改革课程教学模式，实现实验自主化、培养个性化、时间预约化、管理信息化、方法多样化的开放模式，构建了多维、多层次立体纺织材料系列实验教学体系，充分利用校园信息化环境，运用包括自媒体的多种手段，丰富了纺织材料实验教学资源。成果促进了纺织工程专业学生综合素质和创新能力的提升，极大地满足了纺织行业对高素质专业人才的能力需求，在纺织类高等院校具有良好的示范作用。

通过多年持续改革与实践，构建了完整的纺织材料实验教学体系，丰富了实验教学资源。全面修订6门实验教学大纲，特别强调了课堂思政内容；新编了3门实验讲义，持续改编其他实验教材；分别拍摄和制作了模块化的纤维部分、纱线部分和织物部分仪器操作共享高清视频，时长562分钟；更新了最新全部测试标准；实验室的建设也有实质推进，引进5台大型仪器和更新78台常规仪器；师资的职称和学历也有大幅提高，晋升高级职称1人，取得博士学位2人。

五年的教学实践与持续改革，加强了学生实践创新能力的培养，提升了实践教学质量。该系列实验课程教学效果显著，深受学生好评。课程的学评教得分均超过全院实践课平均成绩20%以上，授课专业学生参与学科教师科学研究，在开放实验室开展实验工作，获教育部国家大学生创新创业项目30项、浙江省新苗人才项目立项5项，参加挑战杯等各类学科竞赛获奖75余项，发表SCI论文65篇，授权专利67余项，学生的科研创新能力明显增强；毕业生因此受到用人单位欢迎和好评，2019届纺织工程

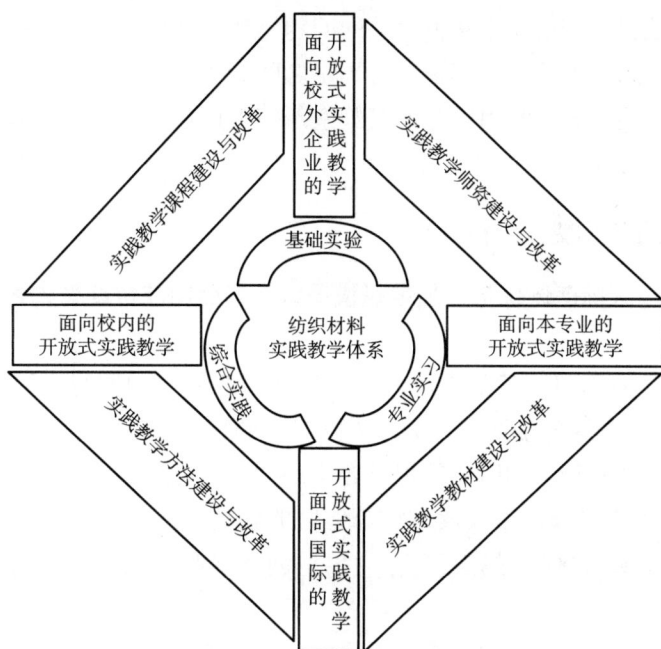

图1 纺织材料实验教学体系总体规划图

专业一次就业率为97.44%，2020届就业率更是达到100%，超过学院其他专业。

1.2 主要解决的教学问题

1.2.1 解决了纺织材料实验教学开放共享性不充分问题

针对原有的纺织材料实验教学中校内、外资源，实习平台与实践基地等横向联通不够，很多宝贵资源不能充分发挥最大效用，特别容易形成各自为政、重复建设、资源配置不合理等问题。譬如大型仪器的使用问题、"第二课堂"的开发等问题就是典型案例。高效利用现代信息技术，整合不同空间和时间的资源，充分利用校内、企业、兄弟院校优质资源，为学生的科研和创新提供强力支撑。

1.2.2 解决了纺织材料开放实验课缺乏整体教学设计、教学模式单一问题

针对原纺织材料开放实验课程教学设计呈现零散式的特点，对实验资源、课程标准、课程体系、教学要求、教学方法和质量管理没有进行整体、系统地研究和规划，没有较好地站在知识网络的高度进行整体思考。成果进行理念创新，以OBE(产出导向型)理念为先导，对实践教学进行前瞻性设计，对内容进行有针对性地、科学合理地重构；解决传统的教学模式主要以教师讲解示范为主、学生被动观看并重复验证的注入式教学模式，忽视了学生作为学习主体的存在，教学手段单一、学生活动少、课堂气氛沉闷，不能启发学生的思维和想象力，极易形成填鸭式教学，已不再适应现代实验教学需要等问题。注重学生个性发展、充分发挥学生主观能动性的要求，强烈呼唤运用多种现代教育手段，鼓励学生对现有的实验进行延伸或衍生设计，充分发挥现有仪器和设备的效能。建立实验自主化、培养个性化、时间预约化、管理信息化、方法多样化的纺织材料实验教学新模式。

1.2.3 解决了纺织材料开放实验课教学资源不足的问题

针对纺织材料教学资源单一、教材编写跟不上行业应用发展且存在日益更新的知识内容和相对偏少的课内实验学时之间的矛盾，进一步开发实验资源、整合实验内容、改编实验讲义，依托校园网络环境，跟踪纺织材料学科当前热点问题，聚焦行业痛点难点问题，与时俱进，优化实验课程建设。

1.2.4 解决了纺织材料专业学生创新意识与实践能力培养不足问题

解决原有实验项目的设置没有按照学科发展特点组织教学内容，实验过程多为具体操作流程的教

学，学生实践操作能力较弱，主动动手能力较差的问题。现代社会的快速发展带来的企业对创新人才的迫切需求与普遍存在的高校人才培养实践能力不足之间的矛盾，强烈呼唤高校应重视实践教育内容的实用性、先进性和创新性，要求利用较好的实验室条件支持学生实践创新和科研活动，注重培养学生的应用能力和立体思维能力，全面提高创新意识。

2 成果解决教学问题的方法

2.1 注重结合地区与国际区域优势，加强纵横向联系，面向院校联盟构建纺织材料开放式实践教学新体系

封闭、单一的校园环境不利于学生职业能力和创新创业能力的取得，因此良好的院校联盟合作不仅能弥补资源不足，还能锻炼学生适应社会和人际交往的能力，培养未来社会所需的创新创业技能。全面强化了学生的创新实践技能。同时还可以结合本地区、本行业特点和区位优势，加强国际交流。选派优秀的师生到著名高校进修学习以及参加跨地区的各类创新创业理论与实践交流活动，打破闭门教学的陈旧模式，广泛吸收区域优势资源，为推动创新创业实践教学活动的立体开放式开展贡献力量。

2.2 以 OBE 理念为先导，引入全面质量管理体系，对纺织材料系列实验课程进行体系重构；丰富实验教学方法，优化评价体系，持续开展实验教学改革

对实验课程教学管理进行过程监督和质量监控，使教师真正懂得并驾驭教学设计全过程，根据教学情境需要和情况变化，特别是根据实验项目特点确定合理的实验教学目标，选择适当的教学策略，注重教学方法创新，开展启发式教学，开展启发式、讨论式、研究式、师生互动、学生动手式等多种形式的教学探索，激发学生的学习积极性和主动性；实施可行的评价方案，重视对学生实验过程各种操作的指导，及时将收集到的教学信息反馈到实验中，通过对实验教学准备、实验教学实施、实验教学效果检查及实验教学信息反馈处理全过程系统化、全方位的计划、实施、检查与总结，周而复始，循环往复，持续改进，实现对实验教学有效的监控与测评，使学生随着实验项目的不断开展，综合能力不断提高，从而有效推动实验教学体系的持续改进和实践教学质量的螺旋上升，对培养创新型工程技术人才起到显著的促进作用。

2.3 依托校园信息化环境，综合运用包括新媒体多种手段，建设全方位、立体化、开放化的纺织材料实验教学资源

整合优化课程内容，加强教材建设，完善实验教学体系；采用现代教育技术，积极探索实验室教学和网络教学有机结合的新途径，开发集"知识性、信息性、实用性、开放性、共享性"为一体的纺织材料实验教学资源库，建设纺织材料实验 4A 网络教学平台，将其作为面授教学的重要补充；拍摄模块化实验操作视频，方便学生课内外学习，提高课堂上实验动手效率，有效解决日益更新的知识内容和相对偏少的课程学时的矛盾，完善课程建设。利用自媒体手段，广泛采集网络视频、纺织大咖公众号资源等作为专业实践教学资源的有益补充。

2.4 注重学生动手能力和科研能力培养，营造开放协同的纺织材料实践教学新格局

实践性教学分为三个层面展开。第一个层面是完成基本实验课程教学，建立"验证型""综合型""设计型""研究创新型"4 个层次的系列实验项目，达到训练能力、提高工程素养的目的；第二个层面是学生在毕业论文环节综合运用所学知识和掌握技能，开展设计型和创造性实验，实现实践性教学的深入和拓展；第三个层面是实验室对所有本科生开放，项目组推荐相关学生参与学科教师科学研究，在开放实验室开展科研工作，以国家级实验教学示范中心为依托，大力开展大学生创新实践活动，例如对全国大学生挑战杯、新苗计划、"互联网 +"大赛等项目提供强力支撑，满足学生个性化发展需求，达到培养创新型纺织材料专业人才的目的。

3 成果的创新点

3.1 实验教学体系创新

在纺织材料系列实验教学中，以 OBE 成果导出理念为宗旨，加强实践教学过程全面质量管理，通过对纺织材料实验教学系统化的计划、实施、检查与总结的程序化管理，对实验课程教学管理进行过程监督和质量监控，有效推动实验教学体系的持续改进和实践教学质量的循环上升。理念思路清晰、逻辑性强，有较大的创新性。

3.2 实验教学模式创新

以学生为主体，教师为主导，教材为辅助，网络为依托，以培养学生实践创新能力为目标，实行传统教学与网络教学、课内与课外、实验室与网络、理论与实践等相结合的一体化的启发式教学，建立了实验自主化、培养个性化、时间自由化、管理信息化、能力多维化、方法多样化的纺织材料实验混合教学模式，注重学生个性发展，充分发挥学生主观能动性。

3.3 实验教学方法创新

注意传授知识的先进性、实用性和发展性，在确保学生掌握基本原理、基本方法的基础上，利用较好的实验室条件支持学生科研活动，将教育、科研资源的优势充分运用于创新人才的培养，通过开放实验课程教学—毕业设计实践—课外科技活动三个层面层层递进的科研训练环节，利用多种途径和手段倡导科学研究精神，注重培养学生的应用能力和立体思维能力，为后续专业课程的学习以及今后从事科研和生产奠定必要的理论基础，使学生自觉关注科技前沿和本专业的发展，增强科技创新敏锐性和创造性。

4 成果的推广应用情况

4.1 系列课程受众面广，对纺织相关专业人才培养提供强力支撑

纺织材料系列实验为浙江理工大学纺织工程专业（含针织、机织、纺材、纺织品设计方向）、丝绸设计与工程专业的学科基础实践必修课，每学期均有开设，此外面向非织造材料与工程、材料科学与工程专业开设的"纤维材料学实验"课程，自 2018 年 9 月至今，共培养本专业学生约 500 人。学院累计有 2/3 左右的学生在本实验室开展相关实验课程教学活动，学生都有不同程度的进步，知识、能力和素质目标进一步达成。

4.2 教学效果评价好，课程深受学生欢迎

新的实践教学体系极大地改变了学生被动学习的弊病，促进了学风的改善，增进了教师和学生之间的交流机会，师生关系变得更为融洽，学生反映收获很大，普遍希望有更多的实验课程采用这种教学模式。教学改革实施 5 年内，"纺织材料学实验""纤维材料学实验""织物结构与性能实验""纺织物理实验""纺织品品质评定实验""纺织品成分及结构分析实验"6 门实验课程的教学评价分均超过全院实践课平均学评教分数 20% 以上，且逐年都在进步，实验总体教学效果持续向好（图 2）。

4.3 课程建设资源丰富，教学改革持续深入

新编了"纤维与纱线性能实验""织物结构与性能实验""纺织品成分及结构分析实验"3 门实验课程讲义；改编了"纺织材料学实验"讲义；优化所有实验教案；建设集"知识性、信息性、实用性、开放性、共享性"为一体的纺织材料系列实验教学网络平台；制作了模块化实验操作视频，优化实验课程资源建设。建立了以学生为主体，教师为主导，教材为辅助，网络为依托，以培养学生实践创新能力为目标，传统教学与网络教学、课内与课外、实验室与网络、理论与实践等一体化、实验自主化、培养个性化、时间预约化、管理信息化、能力多维化、方法多样化的纺织材料学实验混合教学模式，注重学生个性发展，充分发挥学生主观能动性。

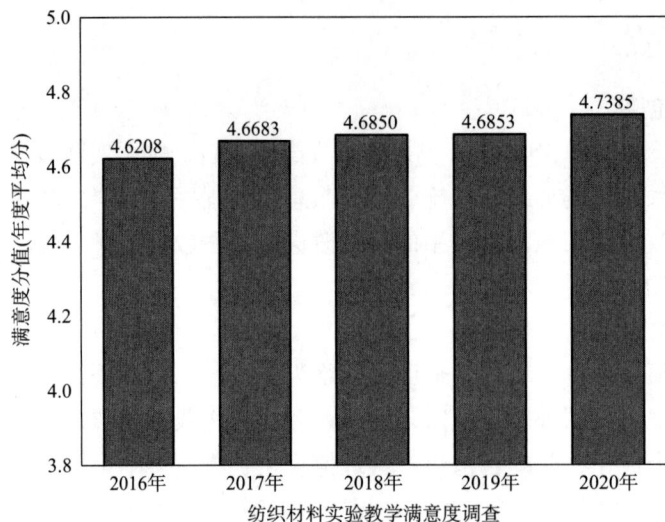

图2 纺织材料实验课程满意度评价

4.4 形成开放协同的实践创新教学格局

学生科研能力大幅提高，从事课外科技活动或毕业设计（论文）环节的同学，由于需要经常性的单个、不定时实验，尤其欢迎实验自主化、时间预约化、管理信息化的开放管理模式。项目组推荐授课专业学生参与学科教师科学研究，在开放实验室开展实验工作，获教育部国家大学生创新创业项目20项、浙江省新苗人才项目立项5项，参加挑战杯等各类学科竞赛获奖70余项，发表SCI论文40篇，授权专利60余项，学生的科研创新能力突显。

4.5 毕业生创新能力、适应能力强，毕业生供不应求

通过培养学生实践动手能力、促进科研素养的提高，学生考研复试及就业面试的录取通过率随之上升，2019届纺织工程专业毕业生一次就业率为97.44%，2020届就业率更是达到100%，超过学院其他专业。我校纺织工程专业毕业生得到社会的广泛认可，相关单位对本专业学生评价较高。毕业生调研结果表明：该专业毕业生不仅理论知识扎实，而且动手能力强，能在较短时间内适应学习和工作要求，在纺织新技术、新产品开发中富有创新精神，部分学生较快走上技术领导岗位，成为企业的中坚力量。

通过多年持续改革与实践，构建了完整的纺织材料实验教学体系，丰富了实验教学资源。全面修订6门实验教学大纲，特别强调了课堂思政内容；新编了3门实验讲义，持续改编其他实验教材；分别拍摄和制作了模块化的纤维部分、纱线部分和织物部分仪器操作共享高清视频，时长562分钟；更新了测试标准；实验室的建设也有实质推进，引进5台大型仪器和更新78台常规仪器；师资的职称和学历也有大幅提高，晋升高级职称1人，取得博士学位2人。

五年的教学实践与持续改革，加强了学生实践创新能力的培养，提升了实践教学质量。该系列实验课程教学效果显著，深受学生好评。课程的学评教得分均超过全院实践课平均成绩20%以上，授课专业学生参与学科教师科学研究，在开放实验室开展实验工作，学生的科研创新能力明显增强，毕业生深受用人单位欢迎和好评。

基于"创造性转化、创新性发展"高校纺织非物质文化遗产教育传承的实践

天津工业大学

完成人及简况

姓名	性别	所在单位	党政职务	专业技术职称
徐军	男	天津工业大学	学院党委委员、副院长	教授
王威	女	天津工业大学	常务副院长	教授
苏浩荣	男	天津工业大学	办公室主任	讲师
刘飞凤	女	天津工业大学	无	讲师
曹明福	男	天津工业大学	无	教授

1 成果简介及主要解决的教学问题

1.1 成果简介

纺织非物质文化遗产(简称纺织非遗)作为中国传统文化的精髓,其保护、传承和发展对深入挖掘优秀传统文化,培养民族自信具有重要意义。针对学校对于中华传统文化的传承主要集中在对在校生的培养,其中高校更多关注通识性教育,中高职学校和培训机构则侧重工匠式传承,而对社会非遗从业人群技艺和创新能力的提升和培养以及将学校智力成果转化为生产力的社会服务严重缺失。天津工业大学作为具有百年纺织高等教育背景、"双一流"建设高校,有责任和义务承担此重任。

天津工业大学以成为首批"非物质文化遗产传承人群研培计划"高校为基础,开展系统性研究与实践,确立了"点—线—面—体"以文化人、以文育人的纺织非遗教育传承新理念,构建了"面向双主体、立足双课堂、打造多元融合教育实践新平台、实现双目标"的纺织非遗教育传承新模式,实现了高校纺织非遗人才培养、科学研究、社会服务、文化传承创新多重使命,深度践行了十九大提出的坚定文化自信,深入挖掘中华优秀传统文化的精神和要求,为弘扬纺织非遗提供人才和智力支撑,取得显著成效。

1.2 主要解决的教学问题

(1)解决了纺织非遗教育传承理念不明晰、资源不足问题。

(2)解决了人才实践能力与培养途径适应性问题。

(3)解决了人才培养和社会服务双目标跨界融合问题。

2 成果解决教学问题的方法

确立了纺、艺、经、管多学科融合,以纺织非遗资源保护和创新为切入点,通过科学研究、人才培养、社会服务等构建系统的教育传承路线,拓展整体育人面,引导在校生和非遗技艺从业人群全方位探究纺织非遗深厚内涵,增强民族认同感和文化传承责任感,并基于自身专业技能对其进行保护传承和创新,实现教育、传承、创新可持续一体化的以文化人、以文育人新理念。

2.1 加强"纺织非遗"理论体系的建设

成立"纺织非遗"研究中心，吸纳具有内涵性、导向性、前沿性的学术思想，创建以严谨的学科体系为标志的"纺织非遗"文化形态，形成由活态"纺织非遗""纺织非遗"文物、"纺织非遗"学科三位一体共同构建的课程系统。

2.2 确立"纺织非遗"教育传承新理念

确立纺、艺、经多学科融合，以纺织非遗资源保护和创新为切入点，通过科学研究、人才培养、社会服务等构建系统的教育传承路线，拓展整体育人面，引导在校生全方位探究纺织非遗深厚内涵，增强民族认同感和文化传承责任感，基于自身专业技能对其进行保护传承和创新，实现教育、传承、创新可持续一体化以文化人、以文育人新理念。

2.3 打造了"多元融合"教育传承实践新平台

依托资源优势，集聚政府、高校、企业和传承人力量打造政校企"多元融合"纺织非遗教育传承实践新平台。以学界、业界、跨界融合的方式，有效培养应用型纺织人才。

3 成果的创新点

3.1 以弘扬纺织非遗为载体，提升培养学生创新能力

把纺织非物质文化遗产思想与技术相融合并提炼升华引入高校、引入课堂，在技艺传承中更加重视和挖掘技艺深处所埋藏着的人类命运共同体的深远道理，学艺先学做人，通过技艺的相传，来感悟先人们所予物于理的深刻内涵，从而用优秀的文化来提升今天学生们积极向上的人生观、世界观和自我价值观，真正做好树人育德的工作。

3.2 开启纺织非遗通识性和专业教育相结合的人才培养新思路

基于行业高校资源优势和传承实践探索，创新性地将纺织非遗教育系统性地纳入人才培养，将教育传承定位于学生和纺织非遗技艺从业人群双主体中，通过教学、研究和基于专业知识和技能的传承创新实践的有机结合，实现了素质教育和传承创新人才精准培养、人才培养和社会服务相融共生的双重目标，使鲜活的非遗教育成为弘扬我国优秀传统文化的主要渠道。

3.3 创建了纺织非遗教育传承新模式

依托资源优势和实践基础，创新性地构建了面向双主体、立足双课堂、打造了"多元融合（政＋校＋企＋传承人）"教育传承实践新平台、实现双目标的纺织非遗教育传承新模式，将非遗传承的人才培养和社会需求紧密结合，传承和弘扬了中国优秀传统文化，提升了在校大学生的文化素养，提高了纺织非遗技艺从业人群的理论水平和创新能力，实现了传统文化向生产力的转变，促进了纺织非遗的保护、传承和创新。

4 成果的推广应用情况

4.1 人才培养质量显著提高

4.1.1 在校学生培养

2013 ~ 2018 年，累计有 5000 余名学生参加纺织类非遗相关课程和二课堂学习实践，学生的实践和创新能力明显提升，获批全国大学生创新创业训练计划项目 3 项；"全国大学生纺织类非物质文化遗产"创意创新作品竞赛获奖 168 项，其中一等奖 45 项，获奖数量居参赛高校第一名；学生发表纺织非遗相关论文 22 篇。

4.1.2 传承人群培养

2015 年，学校成功入选文化和旅游部首批"非物质文化遗产传承人群研培计划"高校，面向京津冀、甘肃、青海、山西等省市已完成 9 期 460 余名传承人群培训，获得国家文化和旅游部非遗司相关领导

和学员们的充分肯定。传承人群研培作品参加了第四届中国非物质文化遗产博览会、第六届中国成都国际非物质文化遗产节和 2018 年欧洲艺术节，得到了业内一致好评。

4.2 教学建设成效显著

（1）"纺织类非物质文化遗产概论"被评为全国"大学素质教育优秀通选课"，是非遗保护领域唯一入选课程，"纺织非遗让世界读懂中国之美"慕课上线；"让世界读懂中国之美"混合课程，获得泰晤士高等教育亚洲大奖。

（2）出版首部纺织非遗类教材《中国纺织类非物质文化遗产概论》，被评为"十三五"普通高等教育本科部委级规划教材。

（3）出版的中、英、日三语教材《中国纺织类非物质文化遗产概述》，受到留学生和国外友人的欢迎和好评。

（4）由中国纺织服装教职委主办，我校承办的全国"纺织类非物质文化遗产"创意创新作品竞赛，共举办 4 届，来自全国纺织类 70 多所高校数千名学生参加，不少作品已成功被企业采用，对纺织类非遗的传承和创新起到了积极的推动作用。

（5）建立的首个高校纺织类非遗学研馆以其主题和设计的创新性入选第十五届中国室内设计大奖赛学会奖，不仅为我校学生提供了学习研究和实践的基地，而且向其他学校及中学生开放，成为弘扬中国优秀传统文化——纺织类非遗的阵地。

（6）团队科研反哺教学效果明显。研究成果融入课程教学内容、融入学生课外实践，并在学生调研基础上出版系列专著《京津冀鞋帽类非物质文化遗产》《河南省纺织类经典非物质文化遗产》，同时有《京津冀绣类非物质文化遗产》《京津冀土纺土织类非物质文化遗产》书稿待出版。

4.3 成果示范效应突显

国家文化和旅游部非物质文化遗产司、天津文广局等相关领导多次到我校进行调研，对我校在纺织类非物质文化遗产传承方面所做的工作给予了高度评价，认为学校有资源、有优势、有特色、有能力办好纺织非遗的教育和培训工作。学校参与了由北京大学等研究机构发起，大陆及港澳台大学参与合作的"中国非遗推进工程中心"工作，将纺织类非遗的教学和研究工作纳入其中。学校通过主办"京津冀纺织类非物质文化遗产传承创新研讨会""中国纺织类非遗传承、保护与创新研讨会""搭建非物质人文平台，贯通京津冀文脉融合"等系列会议，加强了京津冀纺织类非物质文化遗产保护的交流与合作，拓展了教育传承的区域协同渠道。纺织类非遗的教学和研究成果也得到了中国纺织工业联合会、中国非物质文化遗产推广中心、京津冀三地非遗保护相关政府部门、相关高校专家以及纺织非遗项目传承人的一致认可，扩大了影响。天津工业大学纺织类非物质文化遗产教学研究与实践，受到社会的极大关注，《光明日报》《中国教育报》《中国青年报》《科技日报》《中国纺织报》《天津日报》《今晚报》、天津电视台、人民网、新华网等报道百余次。

四阶段递进式测控专业全员人才能力培养
模式改革与实践

浙江理工大学

完成人及简况

姓名	性别	所在单位	党政职务	专业技术职称
张建新	男	浙江理工大学	无	教授
陈本永	男	浙江理工大学	无	教授
郭亮	女	浙江理工大学	测控系党支部书记	教授
徐云	女	浙江理工大学	无	讲师
傅霞萍	女	浙江理工大学	无	副教授
刘燕娜	女	浙江理工大学	无	实验师

1 成果简介及主要解决的教学问题

1.1 成果简介

纺织工业中各种参数（张力、速度、温湿度等）的检测是实现纺织工业自动化生产的基础。对于现代纺织工业来说，亟需掌握传感检测知识，具备解决纺织参数检测与仪器开发领域复杂工程问题能力的测控技术与仪器专业人才。在测控技术与仪器专业的本科教学中，提出"四阶段递进式能力培养架构、三层次项目驱动式能力实践体系、闭环式过程化能力评价与持续改进机制"的教育理念，致力于解决传统培养模式下学生解决复杂工程问题的能力偏低问题，构建从培养架构、育人机制、训练体系到评价机制较为系统化的人才能力培养模式，培养兼备专业知识与人文素质、具备解决领域内复杂工程问题能力的高级工程人才。经过六年左右的改革与实践，专业建设取得了丰硕成果，人才培养质量取得了显著提高，示范性和辐射效应明显。

1.2 主要解决的教学问题

（1）现行教学体系多注重局部能力训练而忽略系统性能力训练的教学问题：当前能力训练体系多偏重某门课程或者某项知识的局部能力训练，对解决专业领域复杂工程问题的系统性能力以及非技术因素能力训练不足。

（2）现行能力培养的教学载体相对不足，覆盖面偏窄等问题：现有的教学体系以及教学基础设施，如师资队伍和教学空间等，不足以支撑面向全体学生的能力培养要求。

（3）现行教学手段注重知识传授，与学生实际工程能力培养之间衔接不足的教学问题：现行教学模式下，主要采取通过课堂理论和实验教学手段对已有知识的传授和验证的教学方式，学生实际工程能力获得有限。

（4）学生实际能力获得效果的评价反馈问题：现行教学体系下，对学生解决复杂工程问题的评价和考核手段不足，对评价结果利用不足，无法保证持续改进效果。

2　成果解决教学问题的方法

以推进特色专业、专业认证以及一流专业建设为契机，基于 OBE 教育理念，建立了"以学生为中心""结果导向"的面向解决复杂工程问题能力的人才培养体系。引入"CDIO"工程教育模式，构建集"理论教学、项目驱动、工程训练、评价反馈"四位一体的递进式人才能力训练体系，对解决复杂工程问题能力所需要的技术能力和非技术能力同时培养（图 1）。

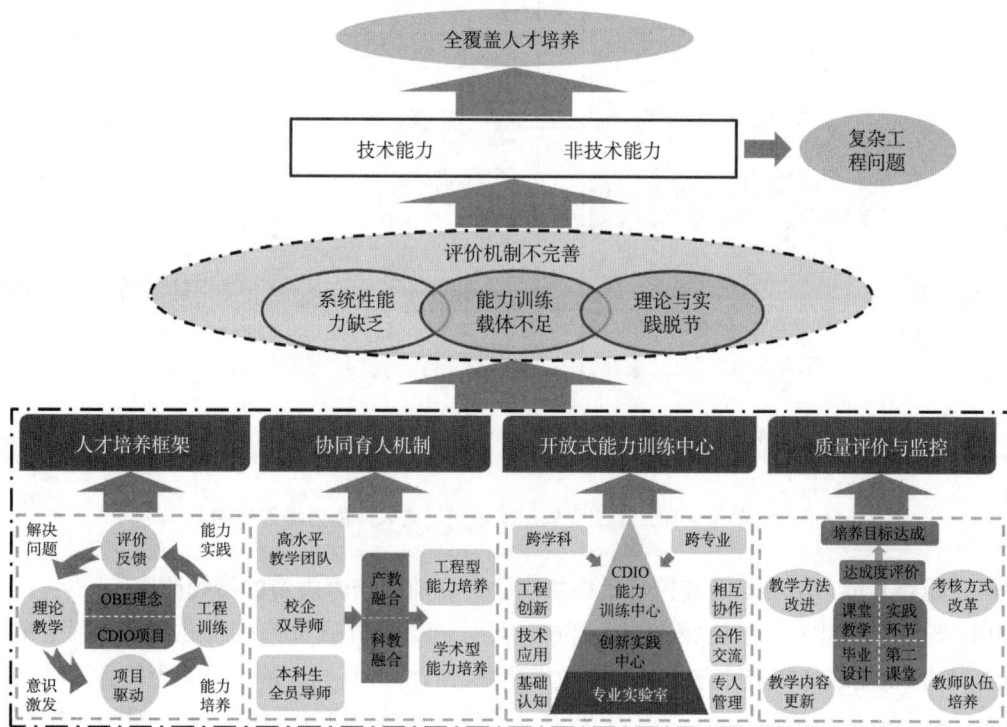

图 1　全覆盖人才培养体系

2.1　构建基于 OBE、CDIO 的四阶段递进式人才能力培养架构

基于专业培养目标，系统性规划专业的培养方案和课程体系，形成了从基础能力、单项能力、综合能力到系统性能力四阶段递进式能力培养架构：第 1~2 学期以理论教学为主，主要培养工程基础知识；第 3 学期开始，通过实施层次化 CDIO 项目，以项目任务为驱动，引领学生将课程所传授的理论知识用于解决项目所涉及的工程实践问题，围绕工程实际问题完成项目分析、方案选择、仿真及实物制作、实验验证、结果分析和项目汇报等一体化工程项目训练，递进式培养学生从单课程知识运用能力、多课程知识综合运用的技术能力到团队合作、语言表达、项目管理等非技术因素能力，最终使学生获得解决专业复杂工程问题的综合能力（图 2）。

2.2　形成产教和科教深度融合的协同育人机制，实现学生的能力培养全员化和个性化

依托学科优势，与知名企业联合培育新兴产业方向的产学研合作基地，建设特色方向的高水平教学团队；形成以长江学者、知名教授、省青年科学家和企业高工等名师引领的校企双导师制度；实行本科生全员导师制度，针对学生不同发展需求，配备工程型和学术型指导团队，对学生进行个性化能力培养。

2.3　构建层次化能力实践平台，建设开放式实践中心，为学生能力的提升提供载体保障

构建基础认知、技术应用和工程创新三层次能力实践体系，建设对应的实验实训平台；依托国家级和省级教学示范中心、大学生创新实践中心和专业实验室，设立开放式 CDIO 能力训练中心，设置多种类型实践训练项目，面向全体学生全天候开放；完善中心规章制度，由专人负责管理，为人才培养提供支撑。

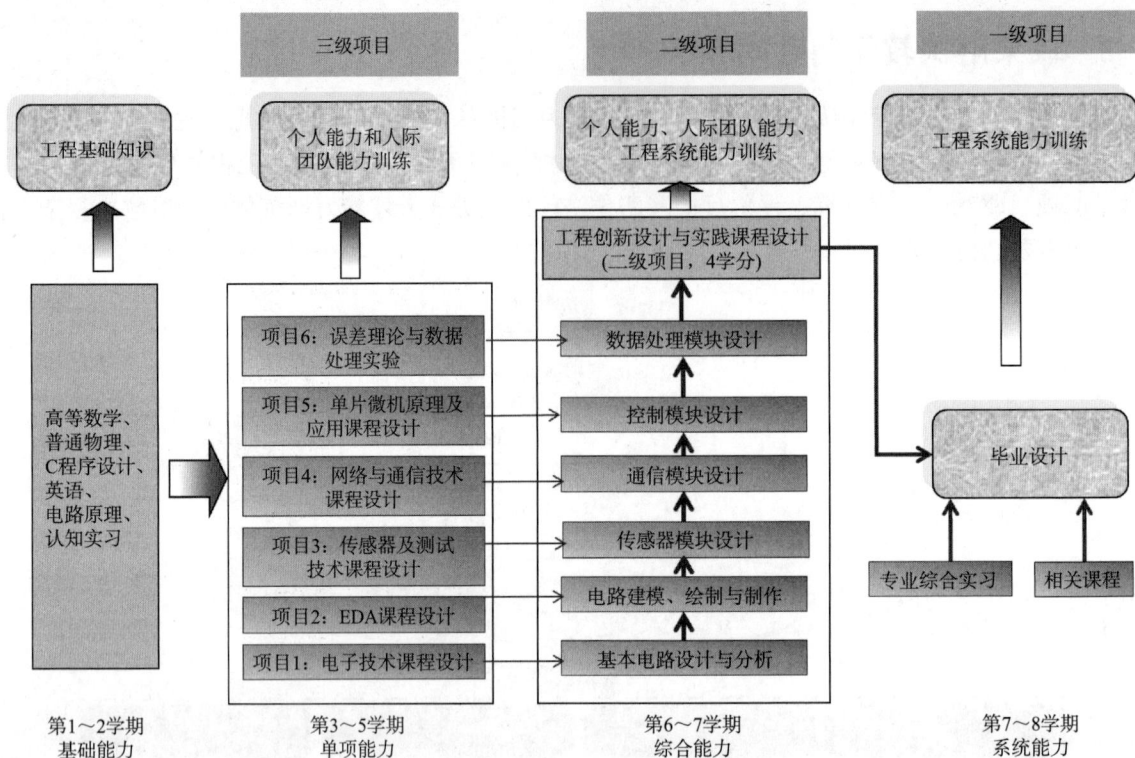

图 2　基于 OBE、CDIO 的四阶段递进式人才能力培养架构

2.4　形成闭环式能力培养质量监控与反馈机制，保证能力培养质量的持续改进

基于 OBE 理念，构建基于校内校外双循环的闭环式能力培养质量持续改进机制。制定多级协同的能力培养过程监控机制，采用多种方式对教师教学质量进行综合评判；基于与学生能力表现相关数据，开展多节点、多元能力达成度评价；基于校外能力期望以及校内能力评价结果，对能力培养环节进行持续改进，实现能力培养质量的稳步提升（图 3）。

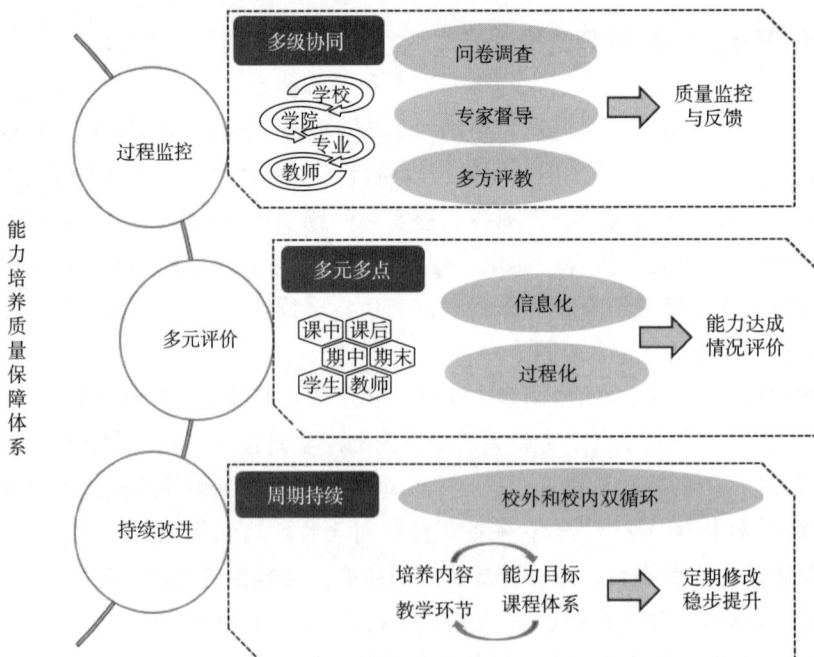

图 3　能力培养质量保障体系

3 成果的创新点

3.1 提出"四阶段递进式能力培养"的教育理念，实施全员递进式能力培养

将 OBE 教育理念与 CDIO 工程教育模式相结合，面向全体学生构建从"理论教学、项目驱动、工程训练、评价反馈"四位一体的能力培养体系；从基础能力、单项能力、综合能力到系统性能力进行递进式培养，实现育人目标从重知识传授向重解决复杂工程问题的综合能力培养的转变；将专业技能训练和团队合作、社会责任感等非技术因素能力训练进行结合，实现学生综合能力培养。

3.2 构建"三层次项目驱动式"能力实践体系，为培养学生解决专业复杂工程问题能力提供实践支撑

构建层次化能力实践体系，将验证性实验、单课程设计性实验以及项目驱动式综合性实验进行有机结合；采用项目任务驱动式教学方式，将学生科研项目、学科竞赛项目和课程实践项目进行有机统一，全方位培养学生解决专业复杂工程问题的能力。

3.3 依托以知名教授和企业工程师为导师的教学团队，实施个性化学生能力培养

组建以长江学者和企业工程师引领的产教和科教融合教学团队，实施全员导师制，引导每位学生参与能力教学活动，实现个性化能力培养。

3.4 建立闭环式能力培养质量监控体系，为能力培养目标和质量的稳步提升提供机制保障

建立多级协同的能力培养过程监控机制，提出强化过程考核的多元多点能力考核方法，形成基于校内校外双循环的能力培养质量反馈机制。通过"监控—评价—改进"于一体，实现教学质量的持续提升，以全过程、全方位确保本科人才"认知—实践—能力"培养目标的达成。

4 成果的推广应用情况

在本成果研究及实施过程中，通过专业教师的不断努力和实践，在人才培养质量、专业建设、学生科研和学科竞赛、社会声誉等方面取得较为显著的效果，成果应用与辐射不仅使本专业学生直接受益，而且对其他工科专业学生也产生了较大影响，具有示范性作用。近年来反映学生能力培养效果的主要成效如下。

4.1 人才培养质量稳步提升，拔尖人才层出不穷，就业率长期稳定在 95% 以上

经过实施改革，专业涌现出拔尖式优秀人才：2016 届毕业生屠德展当选为中国大学生 2018 年度人物，并获得美国 UCLA 全额博士奖学金；2016 届毕业生潘晓曼、2019 届毕业生张力获浙江理工大学校长特别奖，实现了专业优秀人才培养质的飞跃。专业毕业生就业率长期稳定在 95% 以上，个别年份达到 100%，位居学校前列；专业每年有学生被保送至浙江大学、天津大学等国内知名高校。

4.2 学生学科竞赛成绩突出，学生科研活动参与面广，荣获"小平科技创新团队"称号

（1）专业学生获美国数学建模比赛特等奖 1 项；获挑战杯课外科技作品大赛国奖一等奖 1 项（我校工科组首次获奖）、二等奖 1 项、三等奖 1 项，省特等奖 1 项，一等奖 2 项；电子设计大赛全国二等奖 2 项，省赛奖项 21 项。

（2）专业学生获批小平创新科技团队 1 个，专业学生发表论文 5 篇（1 篇被 SCI 检索）；获得授权专利 12 项，其中发明专利 1 项，申请发明专利 3 项；获得国家大学生创新创业训练计划项目 7 项，浙江省新苗人才计划项目 7 项。

4.3 专业建设效果突出，顺利通过工程教育专业认证，获批省级一流本科专业

专业教师全员参与，取得较为显著的效果：

（1）专业先后入选浙江省"十二五"新兴特色专业、"十三五"特色专业和浙江省"双万计划"一流本科专业建设计划；专业于 2018 年通过工程教育专业认证。

（2）专业围绕 CDIO 教学模式进行教学改革，获批教育部产学研项目 5 项，省级教改项目 1 项，省一流课程建设项目 1 门，课改课堂教学改革项目 1 门，在线开放课程 2 门，教育部仪器教指委新工科建设项目 2 项，校级教学改革项目 10 余门。

（3）专业教师积极参与 CDIO 教学研究，在二级以上教学核心期刊发表相关教改论文 7 篇，出版新形态教材 1 部。

专业人才培养成果得到了用人单位和毕业学生的多重肯定。用人单位对毕业生满意度调查反馈结果良好，其中对工作胜任度满意度评分达 92%，人文素养、职业道德以及服务社会意识满意度 88%，组织管理和团队合作能力满意度 84%，拓展知识和适应社会能力满意度 84%；学生对专业的教学质量高度认可。根据浙江省教育评估院每年一度毕业生调查数据表明，近 3 年本专业毕业生总体满意度平均值达 88%；专业分流学生的学习质量分平均绩点稳步提升。通过成果实施，专业对学生的吸引力逐年增加，在每年一度的电气大类分流中，测控技术与仪器专业的分流学生质量逐年好转，2019 级生源平均分比 2018 级提升了约 17%。

专业团队通过参加仪器教指委教学研讨会、仪器学科院长论坛以及与兄弟院校交流访问等方式介绍成果，扩大成果的辐射效应。专业负责人和系主任被邀请到合肥工业大学、中国计量大学等高校介绍项目改革经验，上海电机学院、中国计量大学等高校也先后来本专业调研改革经验。改革成果辐射到长三角地区，得到行业兄弟院校认可。

"新工科"背景下纺织特色高校机械工程创新人才培养模式构建与实践

东华大学

完成人及简况

姓名	性别	所在单位	党政职务	专业技术职称
张洁	女	东华大学	常务副院长	教授
周其洪	男	东华大学	副院长	教授
郑小虎	男	东华大学	无	副教授
陈革	男	东华大学	副校长	教授
骆祎岚	女	东华大学	党委教师工作部副部长兼人事处副处长	高级实验师
吕佑龙	男	东华大学	无	副教授
汪俊亮	男	东华大学	无	副研究员
李宁蔚	男	东华大学	党委副书记	副研究员

1 成果简介及主要解决的教学问题

1.1 成果简介

随着大数据、人工智能和工业互联网技术与产业深度融合发展，数字化转型升级已成为纺织行业创新变革的当务之急。然而，目前既掌握传统纺织机械专业技术又能够应用人工智能、大数据、工业互联网等新技术的复合型纺织智能制造专业人才十分稀缺，难以为纺织行业转型升级提供持续动力。本成果瞄准纺织行业转型升级重大人才需求，对接"新技术、新产业、新业态、新模式"为特征的新经济对新时期纺织机械专门人才培养的要求，通过项目研究和实践，探索新工科背景下适应产业升级的纺织特色高校创新型高层次智能制造特色人才培养模式。

1.2 主要解决的教学问题

（1）纺织特色大学的行业资源和影响力是其学科发展的宝贵资源，如何保证纺织特色传承与机械主流课程协同，是当前纺织特色高校新工科建设过程中的难点。

（2）传统的纺织机械教学内容和培养方式已经不能完全适应当前的产业需求。如何使学生具备多学科交叉融合的知识结构是决定新一代纺织智能制造人才培养成败的关键。

（3）纺织行业转型升级迫切需要大量既有扎实理论基础，又具有一定工程实践经验的人才。充分利用纺织高校行业资源，打造先进的信息化创新实践教学工具和平台，是提升纺织特色工程实践教育的基础。

2 成果解决教学问题的方法

2.1 深化课程思政，传承行业使命，坚持纺织特色与机械工程主流协同发展

2.1.1 聚焦第一课堂，树立家国情怀、行业使命

学院作为东华大课程思政领航学院，已有 15 门课程开展学校精品改革领航课程建设，并有多位教

授走上东华大学"锦绣中国"大讲堂，在普及行业最新技术进展的同时引导学生传承纺织行业使命、树立远大奋斗理想。

2.1.2 紧跟产业发展和国家战略需求，不断充实纺织特色和机械专业教材库

目前已出版《纺织机械设计基础》《纺织机械概论（第二版）》等纺织机械专业教材，新编《智能车间的大数据应用》《大数据驱动的智能车间运行分析与决策方法》等智能制造领域专业教材，同时坚持将纺织机械设计、制造的案例融入如"机械原理""机械设计""机械工程材料""机械制造技术基础"等相关通用机械类课程中，实现"保特色"和"入主流"协同发展。

2.2 基于科教及产教融合，构建通专融合的多学科交叉特色课程群

2.2.1 基于"科教融合"构建多学科交叉课程群

一方面将人工智能、机器人、大数据等新技术融入纺织装备概论、纺织机械（生产线）设计、纺织装备机电一体化等课程之中，全面更新知识体系，同时新开设智能制造系统等新课程，打造通专融合的多学科交叉特色课程。

2.2.2 基于"产教融合"构建面向产业应用的课程实践场景

依托东华大学在研的纺织机器人、纺织智能制造等国家级科研项目，建设融合数字孪生、智能机器人、工业大数据等新技术的专业特色课程案例集，揭示专业知识如何应用于工程实践场景，有效拓展学生知识体系结构，将通专融合落到实处。

2.3 虚实融合，打造具有纺织特色的项目式创新实践平台

2.3.1 基于虚拟仿真、数字孪生等新技术，开发纺织特色的虚实融合实践教学工具

面向纺纱、化纤、织造等生产场景，开发环锭纺纱自动生产线虚拟仿真实验教学系统、细纱机数字孪生实验教学系统、面料疵点检测实验教学系统等实践工具，形成融合纺织生产流程与设备运行原理，数据采集、分析与可视化方法等知识的虚实融合集成教学系统，将纺织特色与新技术的学习有机融合。

2.3.2 建设项目式创新创业实践平台，实现优势资源集成与共享

依托各级科研平台和企业实践基地，积极推动学校与学术团体、社会经济团体、大型企业的协同创新，通过建设"幻想未来"机器人科技社、"飞灵"三维设计科技社等学院四大科技社团，设立智能制造与机器人拔尖创新班，发展领雁科创导师计划等手段形成创新实践团队，持续开展项目驱动的教学与实践，建成了政产学研多方协同的开放式育人集合体。

3 成果的创新点

3.1 "新工科""新三板"驱动的纺织智能制造应用型创新人才培养方式创新

本成果瞄准纺织行业转型升级重大人才需求，顺应以纺织科技产业、服装家纺时尚产业以及贯穿全产业链的制造产业等板块为核心的"新三板"产业架构的行业发展趋势，把新工科人才培养理念融入本科生培养体系中，增强从创新设计到智能控制、智能制造等领域的创新实践能力。通过将传统的纺织工艺与装备的基础理论和技术与纺织新材料、纺织智能制造等技术融入课堂教学和实践环节，基于大数据、数字孪生等新技术开发具有纺织特色的虚实融合实践教学工具，积极利用行业协会、学会、科研平台资源，使学生具备适应纺织智能制造发展需求的通专融合知识结构，适应产业升级发展需求。

3.2 提出"传承—融合—创新—实践"相结合的四维度教学改革理念，实现了"纺织特色与机械课程"融合发展与优势集成

本成果提出了以"传承—融合—创新—实践"四个维度构建通专融合的高层次应用型创新卓越人才的培养模式。通过实施融合课程思政、融合最新技术、融合行业案例的三"融合"教学模式，积极建设项目式创新创业实践平台，开展特色学科竞赛比赛，并积极进行国际大师课、海外访学计划等国际交流活动实现课程体系、培养手段与模式"三创新"；通过构建具有纺织行业特色的机械工程本研

衔接型人才实践基地，提高人才培养与纺织产业发展需求的吻合度。

4 成果的推广应用情况

本成果通过构建符合纺织特色高校的"传承—融合—创新—实践"的四维度人才培养体系，全面实现了纺织特色高校创新型高层次智能制造专业人才的培养目标。

4.1 聚焦第一课堂，融入课程思政，树立家国情怀、担当意识

机械学院为东华大课程思政领航学院，15门课程申请建设学校精品改革领航课程。通过融入课程思政，立德树人，引导学生树立家国情怀、培养社会责任感，学院多位同学在各领域获得认可。徐少东同学获得2018年上海市学生年度人物，入围全国学生年度人物。"超级献血哥"，陈宗杰同学4年献血23次，获上海市无偿献血白玉兰奖。近三年来，每年都有应届毕业生参军入伍，入选西藏专招计划、研究生支教团等。

4.2 依托第二课堂，培养学生创新精神、团队协作精神和解决复杂工程问题能力

通过建设"幻想未来"机器人科技社、"飞灵"三维设计科技社、"步阅"汽车科技协会、工业设计协会等学院四大科技社团，发展领雁科创导师计划并聘请22名学校导师，积极参与各项课外科技活动。近三年荣获国家级、省市级学科竞赛奖项共近300项，其中包括"机械创新设计大赛"一等奖，2019年"挑战杯"大赛上海赛区特等奖、全国赛区二等奖等突出成绩。领雁计划科创导师初见成效，多位学生在本科阶段进课题组参与纺织相关重点研发计划、工信部智能制造专项等科研工作，并顺利升学，继续在学院完成研究生学业。建立智能制造及机器人拔尖创新人才实验班，面向全校各专业学生招生，首届录取了来自4个学院的22名本科生。该班级以案例教学为主，课题教学为辅，将能制造系统基础知识、机械、计算机、信息、纺织等专业基础课程基本知识融合，通过安排智能工厂仿真建模、机器人控制等实践项目，组队参加各类科技竞赛等方式，强化了学生创新精神、团队协作精神和解决复杂工程问题的能力。

4.3 紧跟行业发展趋势，面向教学改革现实需求，丰富纺织特色教学资源

紧跟行业发展趋势，编写《纺织机械设计基础》《纺织机械概论（第2版）》等纺织机械专业教材，《智能车间的大数据应用》《大数据驱动的智能车间运行分析与决策方法》等智能制造领域专业教学参考书，为纺织特色的机械工程专业人才培养奠定基础。项目组于2018年获批上海市首批虚拟仿真实验教学项目，在项目的支持下基于数字孪生、虚拟仿真等技术，开发了面向本科生实践教学的虚拟仿真教学系统，其中包括环锭纺纱自动生产线虚拟仿真实验教学系统、细纱机数字孪生实验教学系统、面料疵点检测实验教学系统等。坚持将纺织机械设计、制造的案例融入如"机械原理""机械设计""机械工程材料""机械制造技术基础"等相关通用机械类课程中，将智能制造、工业大数据等作为新设课程，构建了通专融合的课程群。目前相关教学实践环节已经在本科生创新实践中展开应用。

4.4 积极引入行业资源，形成产学研用结合的创新人才实践教学体系

通过引入纺织、智能制造等领域企业专家作为兼职导师并给本科生授课、作讲座，将企业技术需求转化为本科毕业设计课题，依托学会平台在东华大学连续举办两届"大数据驱动的智能制造学术论坛"学术会议并将该学术会议与东华大学机械工程学院研究生夏令营、智能制造与机器人拔尖班教学结合，使本科生也能接触到院士、知名专家的精彩报告，充分利用行业协会企业资源、学会学术资源和科研平台研究资源，形成产学研用结合的创新人才实践教学体系。

4.5 通过产学研协同深化纺织智能制造特色人才培养改革，为行业企业输送了急需的高层次人才

本成果依托纺织机械行业的龙头企业、纺织装备教育部工程研究中心、纺织行业智能制造及机器人重点实验室和纺织生产大数据科研基地，与中国恒天集团、北京中丽制机工程技术有限公司、中服科创研究院等十余家企业建立教学实践基地，建立本研衔接的学分认定机制，已经初步建成具有纺织

机械特色的开放性工程实践人才培养体系。本成果主要来自教育部新工科研究与实践项目"面向纺织产业"新三板"架构需求，在纺织智能制造和时尚创新设计工程的高层次应用型创新人才培养模式探索与实践"的建设过程中，该项目于2020年顺利通过教育部验收，验收结果为通过。

学院在2019年获批机械工程专业学位博士点，在2020年获批国家机械工程一流本科专业建设点，智能制造工程新专业同时获批。2021年工业设计专业也获批国家一流本科建设专业。机械工程专业还于2019年成功通过全国工程教育认证，从而形成了本科、专业学位硕士、专业学位博士的全方位人才培养体系。通过培养适合区域经济发展和行业发展的智能制造、高端纺织装备、创新设计等领域人才，使之成为能够充分满足国家经济和社会发展需要的高层次应用型人才。

近五年，毕业生就业率平均稳定在99.6%以上，用人单位对毕业生认可度较高。用人单位对培养的学生普遍有着"基础扎实、有专业特色，踏实肯吃苦、实践能力强、有想法、稳定性好"等评价。为中国纺织机械协会、上海航天技术研究院、纺织装备企业、纺织生产企业输送大量人才，为区域经济发展、行业转型升级提供持续动力。

基于专业思政理念的服装类专业人才培养体系构建与实践

苏州大学

完成人及简况

姓名	性别	所在单位	党政职务	专业技术职称
傅菊芬	女	苏州大学应用技术学院	院长	教授
尹雪峰	女	苏州大学应用技术学院	服装系主任	高级实验师
王巧	女	苏州大学应用技术学院	文化创意中心主任	讲师
陈研	女	苏州大学应用技术学院	无	讲师
任婧媛	女	苏州大学应用技术学院	无	讲师
施捷	女	苏州大学应用技术学院	系主任、党支部书记	正高级讲师
陈钰宝	男	苏州大学应用技术学院	无	高级技师

1 成果简介及主要解决的教学问题

1.1 成果简介

在新时代背景下，传统服饰文化流失、相关制作工艺断层等困境的出现，对服装类专业人才培养提出了严峻挑战。仅注重设计和工艺制作，缺乏传统服饰文化意识、技艺熏陶的人才培养体系已不能满足新时代的需求。

我校地处江苏，拥有宋锦、云锦、缂丝、苏绣、旗袍、水乡服饰等多项优秀的非物质文化遗产。依托学校20多年来形成的在服装与服饰文化、传统服饰技艺等方面的研究特长，以2013年服装专业生源由高考生转变为中职转段（3年+4年）生源为契机，立足于强化未来服装设计师、技术人员的文化自觉意识和职业素养、创新精神与能力，重构人才培养方案。通过三年多的研究探索、四年多的实践检验，构建了"专业+思政"双轮驱动下"一核三翼"的服装类专业人才培养体系。成果使学生广泛受益，引发了国内各界广泛关注，并获得学校教学成果一等奖；本专业也于2019年被评为江苏省特色专业（图1）。

"一核"是指以新时代背景下的服装设计、服装技术职业能力训练为核心。

"三翼"是指以在人才培养体系实践过程中注重职业素养的养成（职业信念、职业行为习惯、工匠精神等）、中国传统服饰文化和技艺的传承（传统服饰、丝绸、苏绣、传统手工艺等）、创新精神和创新能力的培养与专业知识技能教育有机融合。

1.2 主要解决的教学问题

（1）国内服装专业教学内容普遍以时装为载体，不能在专业课程体系中系统、有效地融入中国传统服饰文化、传统工艺，不利于传统文化的传承和创新，不利于培养学生的文化自觉意识、文化自信的问题。

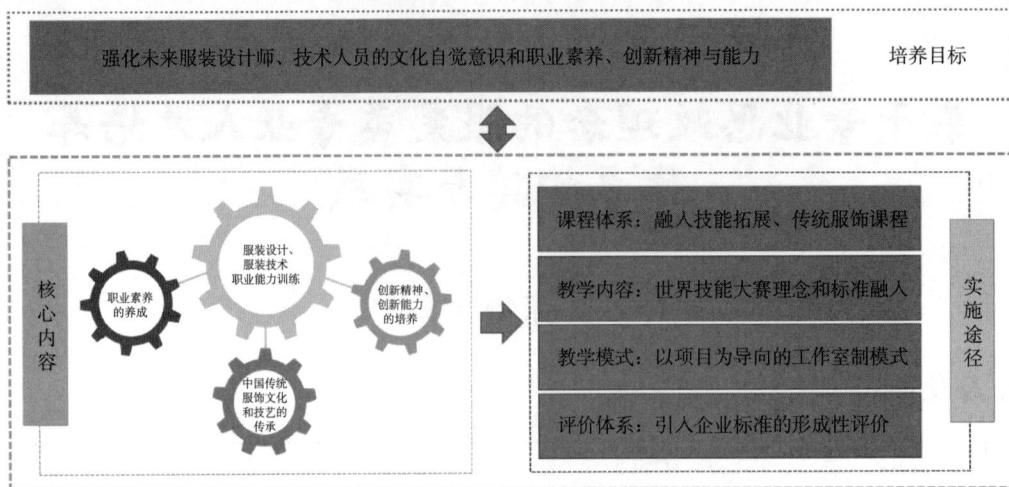

图1 本成果的核心内容

（2）在传统"重理论讲体系"的教学模式下，专业思政教育中职业素养、学生创新意识与能力的培养无法很好地落地的问题。

（3）传统单一的考试评价方式，不利于激发学生过程学习积极性、主动性以及学生职业素养无法有效评价的问题。

2 成果解决教学问题的方法

2.1 改革课程体系

整体性设计融入技能拓展、传统服饰课程的"横向贯通、纵向递进"七年一贯制课程体系，解决国内服装专业教学内容普遍以时装为载体所带来的问题。

针对中职转段生源学生的文化基础和学习能力较弱、专业技能和动手能力有一定基础的特点，以"因材施教、去重复、设梯度、求拓展"为指导思想，与中职院校、企业共同设计七年一贯制课程体系。将部分课程前移，保证在本科段整体性设计融入技能拓展、传统服饰课程，引导学生在传承传统服饰工艺的基础上，将传统与现代结合，实现创新发展（图2）。

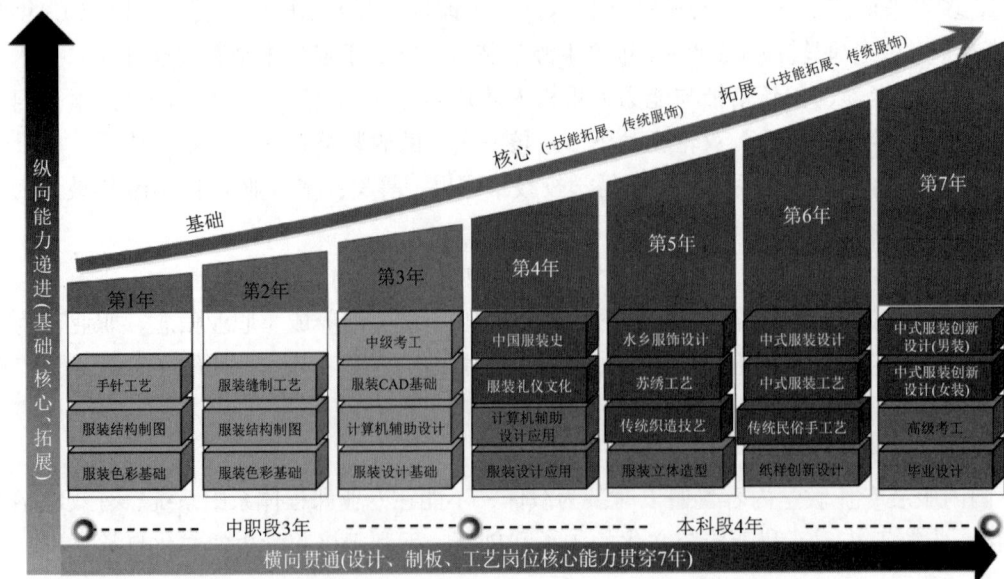

图2 融入技能拓展、传统服饰课程的七年一贯制核心课程体系

2.2　更新教学内容、创新教学模式

将世界技能大赛理念和标准融入教学过程,创设第二课堂,构建以项目为导向的工作室制教学模式,解决职业素养、学生创新意识与能力的培养无法有效落地的问题。

以学生为中心,将"来源生产实际、工作严谨规范、产品精益求精"的世界技能大赛理念和标准贯穿教学过程,使教学内容与职业标准要求对接;并创设第二课课堂,围绕教师工作室、校内实验室、学生工作坊构成的教学链开展项目制教学,在专业知识、专业技能学习的同时切实培养学习的职业素养、创新意识和创新能力,达到职业岗位胜任力、学业能力与职业能力三力合一的目标(图3)。

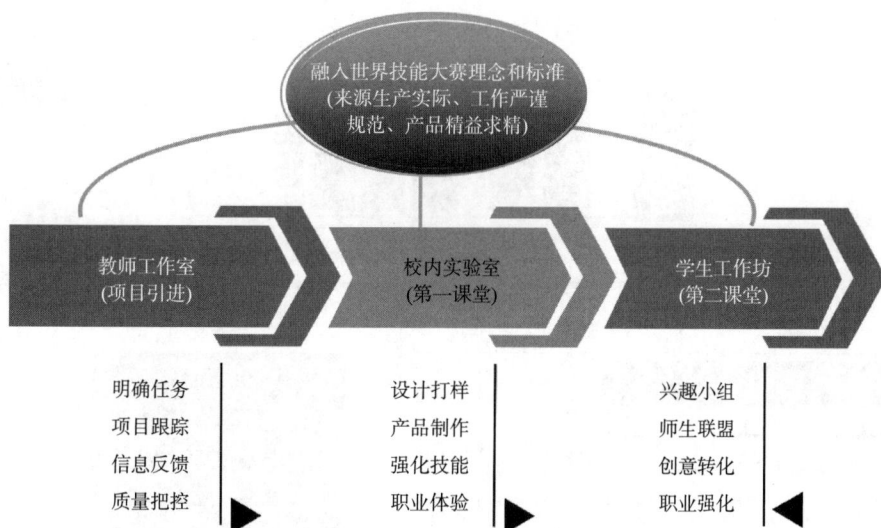

图3　项目导向的工作室制教学模式

2.3　革新评价体系

引入企业标准,建立"形成性评价"体系,解决单一以考试代替评价,不利于激发学生学习过程的积极性、主动性以及学生职业素养无法有效评价的问题。

重视过程考核和动态反馈,将评价与教学过程相互交融。根据知识学习和项目实施过程的阶段性表现,采用学生自评、互评以及老师和企业专家主评等方式,对学生学习的全过程进行监督评价,有利于提高学生学习的积极性和主动性;除知识学习采用传统的考试方式外,项目实施过程的评价内容和评价标准紧密对接企业的岗位要求和世界技能大赛的标准,以有效评价学生的职业素养(图4)。

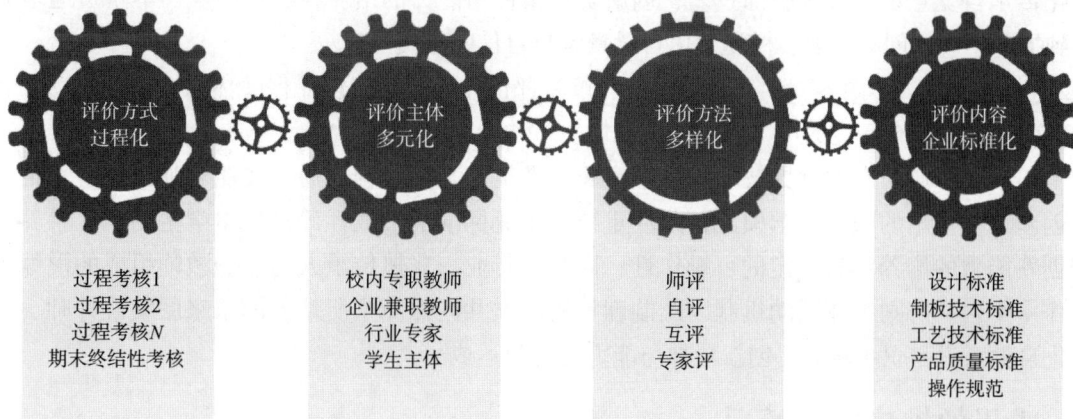

图4　形成性评价体系

2.4 构建保障体系

引进非遗传承人、行业专家，构建混编师资团队，建立行业学院、名师工作室等文化支撑平台，构建协同工作联动机制，建立课程思政、教学质量监管等制度，为人才培养目标的达成提供全方位保障。

建立行业专家、非遗传承人与学校专职教师的互聘制度，以名师、非遗传承人引领构建"雁阵校企混编教学团队"；与企业、行业共建企业学院（江苏旗袍学院），建设名师工作室（现代服装技能、文创产品设计、醒目知色）、苏绣服饰设计等平台；构建合作学校与企业三方协同工作联动机制；建立课程思政、教学质量监管（内部与外部协同）等制度，共同为人才培养目标的达成提供教学条件、质量等方面全方位保障（图5）。

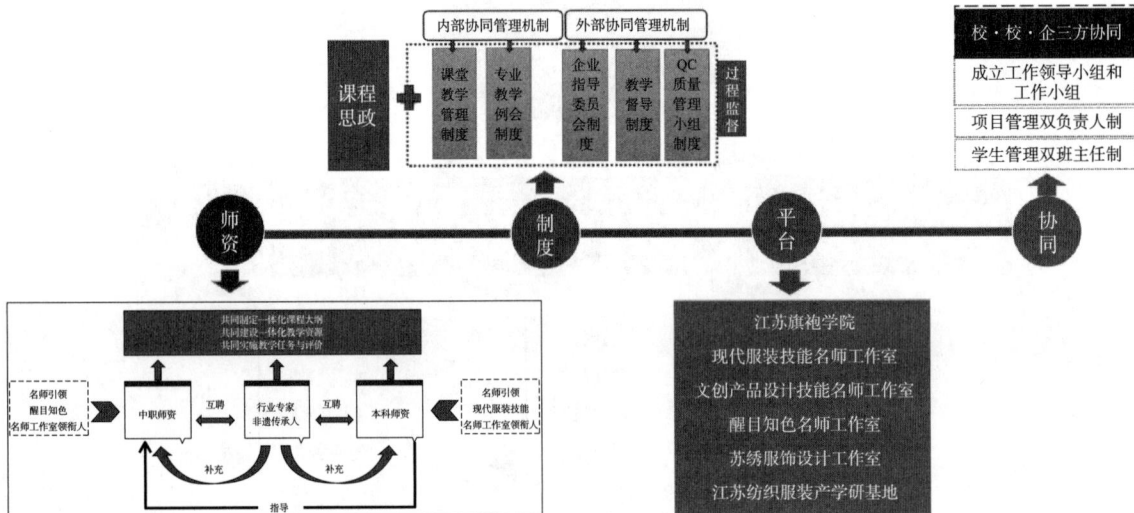

图5 人才培养体系保障机制

3 成果的创新点

（1）在专业与思政的双轮驱动下，创建"一核三翼"的服装类专业人才培养体系，实现中—本科贯通培养从夯实基础到提升拓展、创新发展、树立文化自觉意识与自信的全覆盖。

以新时代背景下的服装设计、服装技术职业素养训练为核心，在课程体系上融入传统服饰、传统手工艺、地方特色服饰、非物质文化遗产工艺等核心课程；并在具体课程内容、教学方法的设计等方面，注重文化传承自觉意识、传统服饰技艺、创新实践精神与能力的培养，实现中职—本科贯通培养从夯实基础到提升拓展、创新发展、树立文化自觉意识与自信的全覆盖。

（2）通过更新教学内容、创新教学模式、革新评价体系、构建多元保障体系，共同驱动人才培养目标的有效达成，具有一定的可操作性和系统性。

将密切结合行业动态的世界技能大赛理念和标准贯穿教学过程，通过技能名师工作室、企业学院等平台创新工作室制的项目教学模式，并注重结合企业标准的形成性评价使得学生的职业素养、创新意识和创新能力的培养具有一定的可操作性；同时，行业、非遗传承人与专职教师组成的混编师资、名师工作室平台、协同工作联动机制以及制度等的建立共同保障了所培养的未来服装设计师、技术人员的文化自觉意识和职业素养、创新精神与能力的有效达成。

4 成果的推广应用情况

4.1 学生创新实践能力明显提升，传统服饰、文化方面的作品获奖显著

学生参加专业竞赛、省大创项目成绩显著。近三年来学生共获得省级奖项83项、参与省大创项目

13 项。学生以地方元素"昆曲脸谱"设计的针织服装作品被企业采纳;"追根'溯'源"作品获中国苏州(甪直)水乡妇女服饰创意设计大赛"文化传承奖";以传统文化元素、地域元素设计的纺织品获中国高校纺织品设计大赛十余项;直接参与企业的旗袍设计项目,共有 34 件旗袍被恒舞丝绸、鸿成丝绸等地方企业录用。

4.2 以名师为引领的教学团队建设成效显著

教学团队共获得江苏省教学成果奖二等奖 1 项、中国纺织工业联合会教学成果一等奖 1 项、二等奖 3 项,市厅级教育教学成果特等奖 1 项、一等奖 1 项、二等奖 3 项,校级教学成果一等奖 2 项;围绕中国服装史所设计的微课获得省微课(课程思政)教学比赛二等奖;参加省高校教师教学创新大赛(本科)获得二等奖。

4.3 社会服务与影响

4.3.1 社会服务

面向社会开展 3 期"旗袍传统工艺培训"、1 期"旗袍礼仪培训",受训学员 34 名,为企业开展时尚旗袍设计、二十四节气旗袍设计、丝绸丝巾设计共计 3 项横向项目。

4.3.2 社会影响

成果负责人连续多年被聘为省职业院校技能大赛中职和高职组的专家和裁判、2020 年被聘为高职组的裁判长、第 45、46 届世界技能大赛江苏选拔赛裁判、首届中国技能大赛时装技术项目技术专家、大赛裁判长、苏州市服装业商会顾问、江苏省旗袍会顾问、苏州市旗袍分会副会长。在全校专业负责人培训会上作了"应用型本科专业负责人的工作要求"的交流报告,在全国应用型本科年会作了"服务于地方经济发展的专业群建设"的分享。成果完成单位被省人社厅选为世界技能大赛中国邀请赛的技术支持单位,并且是长三角旗袍联盟三家发起单位之一。团队老师被省旗袍会推荐为苏派旗袍推广大使,应邀在"丝绸苏州 2020"博览会上作题为"传统旗袍的传承和发展"的专题报告。

4.4 媒体报道

新华在线访谈发表"发扬工匠精神,促进旗袍美誉的国际性传播"的报道,被扬子晚报等全国 12 家媒体报道;第二课堂的学生社团(大学生旗袍模特礼仪队)参与的苏州国际博览会旗袍秀活动被苏州地方媒体报道;资深媒体人陈凤玲撰写的"走访江苏旗袍学院,感受独特旗袍魅力"被新华访谈在线、今日头条、搜狐新闻、美丽江苏等媒体报道、转载。

4.5 在同类高校的影响力初步彰显

先后有盐城技师学院、常州艺术职业学校、常州纺院、东华大学等 6 所高校前来交流服装专业课程思政的人才培养;应用技术大学联盟秘书长、中国纺织服装教育学会会长、苏州市服装业商会前来指导交流,对服装专业的建设思路和成果给予充分肯定。

原江苏省教育厅职教处刘克勇处长在"3+4"课程体系建设研讨会上表示:"苏州大学应用技术学院对现代职教体系建设的认识比较到位,课程体系设计理念好,真正实现了中职与本科的衔接与融合,在应用型本科人才培养方面做出了示范"。

目前成果已在本校所有"3+4"专业中得到了推广应用,该成果所涉及的人才培养体系可操作性强,同样适用于其他学科的人才培养。

以学生为中心的材料类专业应用型创新人才培养体系改革与实践

西安工程大学

完成人及简况

姓名	性别	所在单位	党政职务	专业技术职称
付翀	男	西安工程大学	副院长	教授
贺辛亥	男	西安工程大学	执行院长	教授
王俊勃	男	西安工程大学	无	教授
梁苗苗	女	西安工程大学	无	讲师
张晓哲	男	西安工程大学	无	讲师
徐洁	女	西安工程大学	材料成型及控制工程系主任	副教授
马建华	男	西安工程大学	高分子材料与工程系主任	副教授
王彦龙	男	西安工程大学	材料科学与工程系主任	副教授

1 成果简介及主要解决的教学问题

1.1 成果简介

面对当代高校大学生不断突显的知识诉求多元化和成长发展多样化的趋势，如何平衡新材料产业发展所急需应用型创新人才的共性培养与满足学生多元发展的个性培养之间的矛盾问题，是目前材料类专业人才培养体系改革过程中一个重要课题。

本成果依托多项省部级、校级教学研究项目，以学生为中心，以个性化教育理念为指导，与新材料行业发展需求紧密对接，聚焦材料类专业人才创新能力的培养，从人才培养体系架构、创新实践培养模式和方法、体制机制等方面进行了不断的改革和实践，历经10余年的探索逐步形成了以学生为中心的材料类专业应用型创新人才培养体系改革与实践的改革成果，并取得了良好的育人效果。成果的整体思路如图1所示。

与此同时专业建设、课程建设、师资队伍也得到了不断地提升。近年来获批省级教学团队、省级精品课程、省级线上线下混合式一流本科课程各1项，国家级一流本科专业建设点1个。

1.2 主要解决的教学问题

（1）材料类专业人才培养理念滞后，学生共性发展与个性发展不能深度融合。

（2）传统材料类专业育人模式与创新型人才培养之间无法匹配，限制了学生个人兴趣专长的发展和创新能力的提高。

（3）缺乏材料类专业应用型人才创新能力培养的量化评价体系以及反馈改进机制。

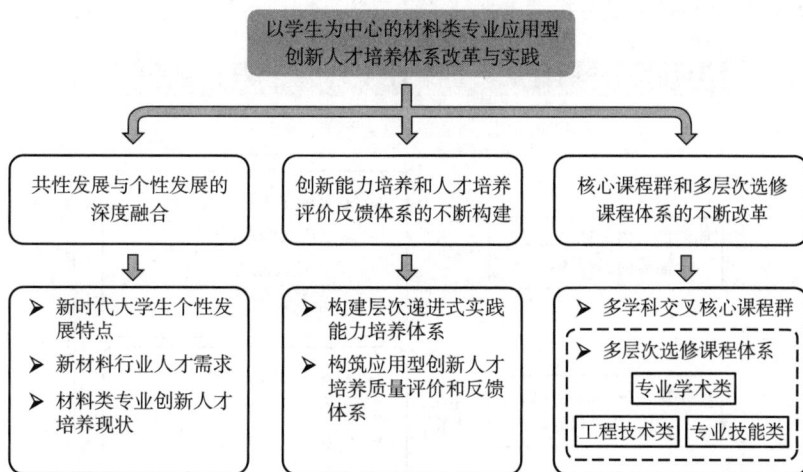

图 1 成果的整体思路

2 成果解决教学问题的方法

2.1 强化材料类专业个性化人才培养理念

将创新能力、责任意识、综合素养、团队精神、多元发展的人才培养理念内化于人才培养方案当中，贯穿于人才培养的各个阶段。探寻了个性化教育与创新培养有机融合的驱动要素、制约因素、推动策略，平衡了共性培养和个性发展之间的矛盾，总体理念如图 2 所示。

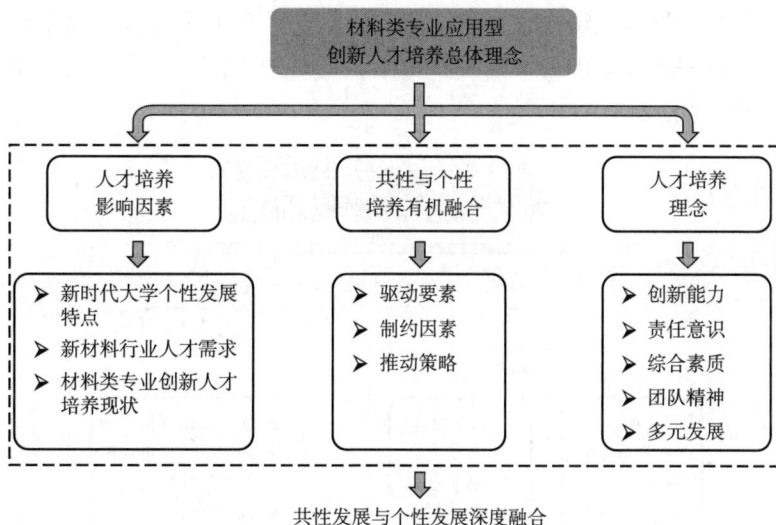

图 2 人才培养的总体理念

2.2 构建以学生为中心的材料类专业应用型创新人才培养体系

在新体系框架下（图 3），一是构筑基于毕业能力要求的多学科交叉核心课程群，并在此基础上构建"专业学术类、工程技术类、专业技能类"多层次选修课程体系；二是持续课堂教学改革，坚持把新技术、新产业、新业态中相关内容融入课程教学中，改进教学的形式和方法，倡导案例教学、项目教学、小组教学等教学方式，引入过程考核评价体系；三是强化创新实践能力的培养，将科研项目、大创项目和学科竞赛等纳入创新型实践教学环节，系统规划各实践教学环节，推进创新能力训练的项目化、课程化和具体化，构建层次递进式创新实践能力培养体系。

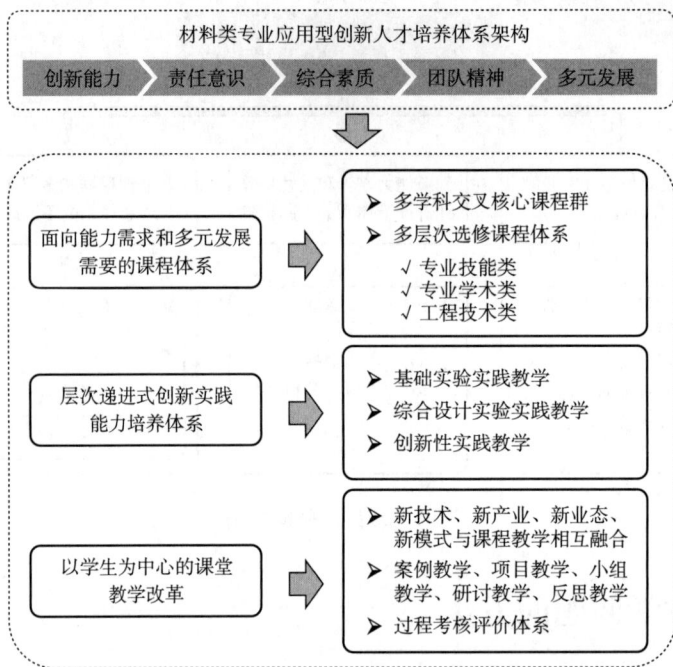

图3　材料类专业应用型创新人才培养体系架构

2.3　制定材料类专业应用型创新人才培养质量的评价及反馈体系

从创新思维、创新能力和综合素养三个维度，教学理念、教学过程、教学管理和教学效果四个方面，建立分项评价机制，对教学质量做出全面评判。建立具有时效性的多方位反馈整改机制，对整改情况进行再评价，形成"评价—整改—评价"的提升方案，构筑全方位、立体化的应用型创新人才培养质量评价及反馈体系，如图4所示。

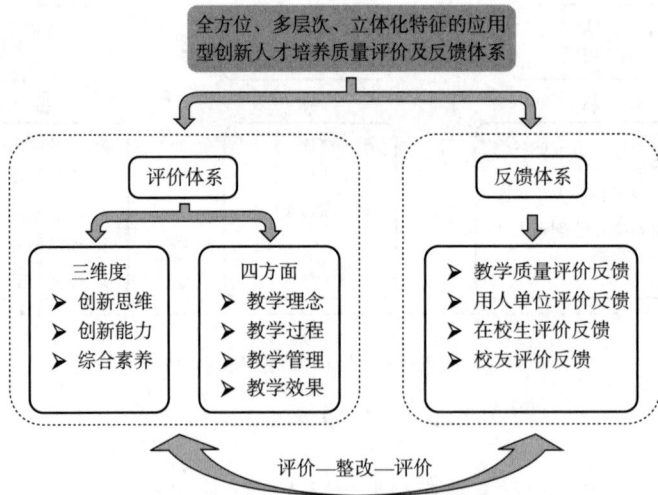

图4　人才培养质量评价及反馈体系

3　成果的创新点

3.1　培养理念创新

构建了"以学生为中心，以个性化教育为理念"的材料类专业应用型创新人才培养新体系，提出了学生共性培养、创新能力培养和个性化发展相互融合的新理念、新思路。

3.2 育人模式创新

建立了以"学生中心—能力导向—方向引导—分类成才—多元培养"为主线的人才培养组织运作模式。优化了多学科交叉核心课程群，并建立了多层次选修课程体系，促进学生的多元化发展。探索新型教学模式，将能力培养与科研、双创训练、学科竞赛相结合，创设了以项目式训练为主线的教学流程，构建了层次递进式的创新实践能力培养体系，使得理论教学与实践综合训练融合发展，全方位培养了学生综合素质和能力。

3.3 评价体系创新

构筑了全方位、多层次、立体化的人才培养质量评价指标及反馈体系，从评价制度、评价措施、评价方法和反馈途径等方面对人才培养质量作出全面、立体的评判，形成"评价—整改—评价"的提升方案，并以此作为人才培养质量持续改进的依据。

4 成果的推广应用情况

4.1 成果的推广应用促进了专业教学体系的进一步完善，保障了人才培养质量的稳步提升

项目自开展以来，以持续改进的理念多次修订了专业人才培养方案，确保了各教学环节的工作落到实处。从 2008 级学生开始，持续开展了综合实训类、综合设计类的实践教学；从 2013 级学生开始，将科研项目、大创项目和学科竞赛等纳入创新性实践教学环节，并逐步将创新能力培养与科研、双创训练、学科竞赛相结合。从 2017 级学生开始，全面深化了课程体系改革，优化了多学科交叉核心课程群，建立了多层次选修课程体系，以促进学生的多元化发展，并以小班化进行教学改革试点，推动教学研究向教学成果转化，提升了本项目研究成果的社会推广应用价值与实践意义。

4.2 成果的推广应用突显了以学生为中心的教育教学理念，激发了学生的学习兴趣，提升了学生的创新能力

以个性化教育为引导，在教学过程突显了"以学生中心"的理念，激发了学生的学习兴趣，培养了学生的创新能力、责任意识、综合素养、团队精神，促进了学生的多元发展。近年来，共计有 90 余人参加全国大学生金相技能大赛、全国大学生工程素质综合训练大赛、"高教杯"全国大学生先进成图技术与产品信息建模创新大赛、陕西省大学生金相技能大赛、SAMPE 超轻复合材料桥梁、机翼学生竞赛，获得省级以上学科竞赛奖 20 余项。平均每年有 30 余人参与校级、省级和国家级大学生创新创业训练项目以及教师科研课题。

4.3 成果的推广应用强化了人才的能力需求导向，毕业生综合能力素质得到社会认可和好评

学生大多就业于纺织行业企业、机械制造企业、大专院校及科研机构等单位，并获得用人单位的认可和好评。

4.4 成果的推广应用促进了专业教师综合素质的提高，提升了师资队伍整体水平

随着包括本成果在内的多项教学改革工作，我校材料各专业师资队伍也得到长足发展，教学科研能力水平不断提升。目前，拥有省级教学名师 2 人，校级教学名师 1 人，获批校青年教学骨干支持计划 1 人、校青年学术骨干支持计划 2 人。专业教师积极参加实践锻炼和国外进修交流，先后有 20 余名青年教师参加企业实践锻炼，10 名教师赴美国、加拿大、德国、日本访问进修、参加学术交流和教学管理交流，2011 年工程材料及机械制造基础教学团队获批省级教学团队。近年来，完成 11 项教学改革或课程建设项目，发表 12 篇教学研究论文，获得 8 项教学成果奖，共编写 5 部教材。

4.5 成果的推广应用成就了专业的建设发展，扩大了专业的社会影响力

近年来，专业建设获得丰硕成果，专业综合实力得到显著提高，与 7 个大型企业建成校外教学实习基地，工程材料及机械制造基础课程 2011 年获批省级精品课程，2020 年获批省级线上线下混合式一流本科课程，材料成型及控制工程专业 2020 年获批国家级一流本科专业建设点。

染织非遗项目与纺织类课程融合创新实践

河北科技大学

完成人及简况

姓名	性别	所在单位	党政职务	专业技术职称
阴建华	女	河北科技大学纺织服装学院	无	教授
魏晓君	女	河北科技大学纺织服装学院	无	讲师
李向红	女	河北科技大学纺织服装学院	系主任	教授
刘立军	男	河北科技大学纺织服装学院	无	副教授
李晓英	女	河北科技大学纺织服装学院	系主任	副教授
任红霞	女	河北科技大学纺织服装学院	无	讲师
陈振宏	女	河北科技大学纺织服装学院	无	实验师

1　成果简介及主要解决的教学问题

将传统染织加工技艺列入纺织类相关课程建设，建立了从工程观点、基本技能培养逐渐提升为整体素质和创新能力提高的教学新理念，完善了培养方案、修订了教学大纲。在纺织品设计专业"纺织品设计实习"环节，增设了传统纺织加工技艺的相关内容，增开了"纺织品创新设计"教学实践环节。借助高校专业研究优势，将传统染织加工技艺进行专业化、学术化提升，为传统技艺开展规模化、层次化的教育传承和人才培养提供理论支持，为创新设计提供理论参考，实践指导作用强，教育辐射效应好。

建立了传统纺织加工技艺实训实验室——"七彩经纬古纺技艺工作室"和"扎染工作室"，面积约100平方米；完成传统纺织加工小样设备的复原、研制和改进，实现了理论教学与实践相结合的教学链条配置。整理完善了工艺视频播放资料和工艺操作手册，使学生能够借助现代教学手段，全方位立体化地学习传统染织加工技艺并将其运用于创新实践环节。

期间完成相关论文8篇，省级课题5项，获奖13项，相关优秀毕业论文2项，完成开放实验项目3项。与"河北威县老纺车粗布制品有限公司"等多家企业签订了技术开发合同书，引进课题经费40余万元。所总结的传统纺织织造技艺被部分兄弟学院实践课程借鉴，实践指导效果反馈良好。

2　成果解决教学问题的方法

充分利用高校教学资源优势，从"教育传承"理念出发，构建完整的传统纺织加工技艺理论教学体系，形成以理论教学为主线，理论—实践—创新相衔接的创新实践教学体系，站在可持续化发展战略的高度，使传统技艺在传承中得以创新、在创新中得以传承，突显教育传承的科学化、专业化、普及化及延续性特征。

研究方法上采取了理论挂帅—实践保障—创新引领三步法。

（1）理论挂帅：转变传统技艺传承观念，运用先进的教育理念、教育手段，借助"教育传承"将传统技艺的精髓融入课堂教学，实现传统技艺的理论化、专业化、学术化提升。

（2）实践保障：完善实践教学，建立传统纺织加工技艺实训实验室，自主完成传统纺织加工设备的复原及小样设备的研制和改进，创建良好的实践教学环境，切实落实实践环节，满足工艺训练及创新设计的实践需求。

（3）创新引领：以面向社会，提高经济效益建设的市场观念推动"教育传承"模式的研究与探索。在秉承传统的基础上，将现代文化、现代科技融入其中，走融合、创新、发展之路。建立高年级与低年级之间"帮、传、带"梯队模式，鼓励学生积极参与科技活动和社会实践，关注市场动向，重视市场调研，有针对性地进行产品创新设计，实现"设计—产品—市场"的创新设计模式。

3 成果的创新点

3.1 研究角度新

将染织类非遗项目与纺织学科相结合，将传统染织技艺融入现代纺织服装专业授课环节，丰富了授课内容，激发了学生的创新设计潜能。通过理论与实践教学体系的完善，充分发挥了教育传承科学化、专业化、普及化及延续性的优势特征，从根本上解决了传统纺织加工技艺传承难、保护难的共性问题，同时可以培养学生的民族认同感和自豪感。

3.2 研究方法新

采用艺工融合的研究模式，将科学、艺术、技艺、文化兼容并蓄展开研究，建立了以加工技艺教学为主线，艺工结合的创新实践教学体系，理论与实践、技能与创新并重，实现了传统纺织加工技艺在教育中得以传承，在传承中进行创新的教育传承特色。

3.3 创作理念新

在挖掘地域文化元素的同时，将治愈心理学、慢生活理念融入创新设计，从多维度实现传统文化与现代生活的融合。

4 成果的推广应用情况

从目前染织类非遗技艺保护工作的总体来看，理论研究跟不上，受文化水平的限制，大部分传承主体很难将主体经验进行专业化、理论化提炼，保护传承方式多集中在历史渊源、实物图片汇集、技艺展演等方面，而技艺文字方面的收集、提炼、分析较少，系统的理论研究更是寥寥无几。本成果以染织类非遗传统技艺项目为切入点展开研究，将重心放在专业性、实用性、应用性教材的编写、学术层面上的研究及教育传承方面，借助高校专业研究优势，将其进行专业化、学术化提升，为传统技艺开展规模化、层次化的教育传承和人才培养提供理论支持，为创新设计提供理论参考，实践指导作用强，教育辐射效应好。目前主要推广应用情况如下：

（1）与河北定坤文化传播有限公司签订了《挑花织造与缂丝工艺研究及衍生产品开发》技术开发合同书，对企业进行挑花技术及产品开发培训，目前到校经费8万元。

（2）与威县老纺车粗布制品有限公司签订了《威县老土布创新设计及文创产品开发》技术开发合同书，对企业进行土布织造技术及产品开发培训，目前到校经费12万元。

（3）与大麓古纺布艺有限公司合作，进行古纺织机研发与推广，引进经费20万元。

（4）所总结的"挑花织造技艺及纱罗织造技艺"被引入兄弟院校的纺织工程专业开设的"纺织品创新设计"实践课程，实践指导效果反馈良好。

（5）七彩经纬工作室利用周四下午时间多次举办传统技艺沙龙活动，组织师生进行传统技艺的学习和实践。

纺织高校基于新一代信息技术的信计专业人才培养模式的创新与实践

天津工业大学

完成人及简况

姓名	性别	所在单位	党政职务	专业技术职称
张霞	女	天津工业大学	信科系主任	教授
裴永珍	女	天津工业大学	常务副院长	教授
刘明	男	天津工业大学	教研室主任	副教授
梁西银	男	天津工业大学	无	副教授
张立震	男	天津工业大学	无	讲师
曹天庆	无	天津工业大学	无	讲师

1 成果简介及主要解决的教学问题

1.1 成果简介

本项目围绕中国纺织产业转型和天津市战略新兴产业对人工智能、大数据、云计算等新一代信息技术的重大需求,以天工云为平台,以培养在算法开发与设计方面具有国际化视野的创新应用型人才为契机,构建了信计专业"名师 + 工程师 + 学生 + 天工云平台 + 企业实践"的校企协同育人新模式(图1)。

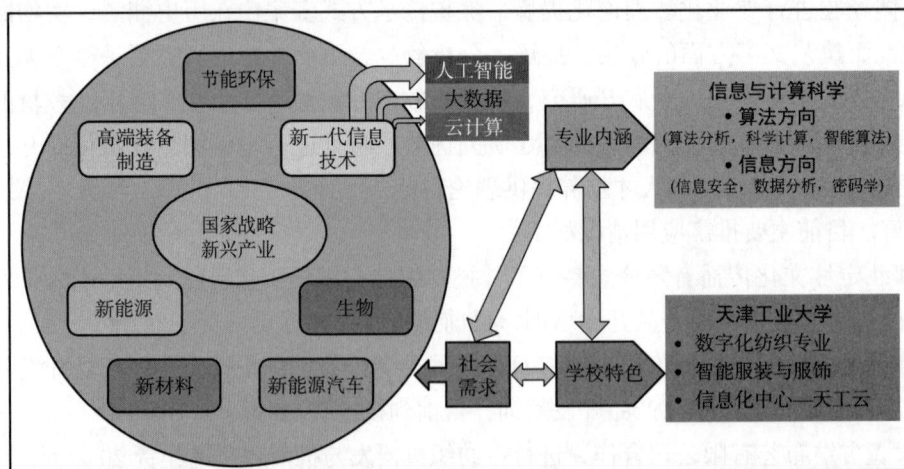

图 1 校企协同育人新模式

1.2 主要解决的教学问题

(1)人才培养模式过于陈旧,信息化改革力度不够,缺乏与新一代信息技术和专业背景相结合的企业行业案例教学。

（2）教材建设与新一代技术背景下的专业人才培养目标和课程建设目标匹配度不高，没有突出"应用性"，缺乏相应的资源库。

（3）实践教学环节脱离新一代信息技术需求，缺乏信息化云平台架构、校企师资流动机制和算法专业实验室。

（4）在前期的校企合作模式中，教学管理和信息化管理出现问题，导致授课效果未达到预期目标。

本项目与中国纺织产业和天津市战略新兴产业紧密结合，示范性强，成果可以以点驱面，为信计专业校企协同育人人才培养模式提供核心支撑。本课题的成果可辐射到数学类其他专业、全校本科和研究生的数学类公共课。应该指出的是，本成果中将新一代信息技术嵌入信计专业课程建设和培养方案中，尤其是信计特色信息化案例资源库的构建，为同类院校的信计专业的教学改革和创新人才培养模式提供新的思路，将对一般高等院校信计专业建设具有借鉴意义。

2　成果解决教学问题的方法

（1）科学选择信计专业与企业行业的结合点——人工智能、大数据、云计算等新一代信息技术，构建"名师＋工程师＋学生＋天工云平台＋企业实践"的校企协同育人新模式。

研究方法：通过加强校企合作，落实以企业项目为载体的一流应用型人才培养模式改革；通过强化实践工作能力，借助名师，加强"双师"结构和"双师"素质专业教学团队的建设；通过与企业紧密合作，借助天工云平台和企业实践平台，加强校内外实训基地建设，逐步构建"名师＋工程师＋学生＋天工云平台＋企业实践"的校企协同育人新模式。主要方法是借助企业资源，将人工智能、大数据、云计算等新一代信息技术嵌入数学类专业建设，构建校企协同育人新模式。

（2）以校企协同育人新模式为理念，全面改革信计专业数学类课程的教学内容和教学方法，建立信计专业特色案例库。

研究方法：为了实现一流应用型人才培养的目标，着力构建校企协同育人新模式下的课程体系，对教学内容和教学方法进行全面改革，设计出能够体现新一代信息技术的案例和实验项目，建设了两类案例库：数学课程信息化案例库和企业实践项目案例库。主要创新点是通过案例库的建设并贯穿于整个教学过程，重点培养学生的数学思维，这也是本专业学生与软件工程等专业学生的本质区别。

（3）架构校企合作云平台，建立校企师资互相流动机制，构建功能集约、资源共享、开放充分、运作高效的专业类实验教学平台，形成校企协同育人新模式下的教学实践体系。

研究方法：项目组建立校企师资互相流动机制，既能充分发挥专业教师的理论优势又发挥企业的技术优势，是一种双赢机制。项目组还积极筹建企业项目开发实践链，通过企业搭桥，在本学院筹建算法分析专业实验室和校外企业实践基地，构建功能集约、资源共享、开放充分、运作高效的专业类实验教学平台，形成校企协同育人新模式下的教学实践体系。

（4）合理有效地制订校企合作"三位一体"的质量保障体系与监控机制。

研究方法：依据校企协同育人的人才培养新模式，和企业紧密合作制订专业和课程标准体系、质量监控体系和质量保障体系，重点加强理论教学和实践教学环节的过程管理，形成校企合作"三位一体"的课程模块化标准体系。

3　成果的创新点

本成果在过去三年内不仅充分发挥了天津工业大学坐落天津市第三高校区、毗邻天津大学软件学院和华苑高新产业园区的地理优势，还构建了与新一代信息技术国家建设战略相连接，实现校企密切合作、校企资源共享、校企联合培养的信计专业校企合作育人培养模式，构建完善的创新与实践平台体系。创新点如下：

（1）把新一代信息技术背景融入整个课程体系的教学中，创新优化校企合作的新模式，形成稳定的校内、校外实训基地，实现信计专业人才培养与新一代信息技术国家建设战略相连接。

（2）将数学专业知识与企业的项目开发有机融合，提炼适合学生能力培养和企业需求的实践案例，以"科学计算"为主导，形成分层次、重交叉、重应用的信计专业特色案例库，建立科技创新平台建设的协同机制。

（3）对信计专业课程进行实验和项目设计，尤其突出科学计算，精心安排实验环节，形成较为完善、系统的适用应用型人才培养要求的新一代信息技术实践实验教学体系。

4 成果的推广应用情况

本项目已在天津工业大学信息与计算科学专业、数学与应用数学专业、应用统计学专业、光电信息科学与技术等理科专业中实施，在以下五个方面取得显著成效。

4.1 信计专业毕业生就业率和就业质量大幅提高，人才培养效果突出

本项目的实施集毕业实习、毕业设计、学生就业和企业岗前培训于一体，毕业设计和学生就业冲突迎刃而解，大幅提高了信计专业毕业生就业率和就业质量。本项目实施以来，毕业生大部分进入阿里巴巴、百度、京东金融等大型企业，本专业同时也是中科院、北京师范大学、吉林大学等研究生重要生源地，就业指标名列同类院校专业前茅。麦可思公司统计，信计专业2016届毕业生毕业一年后月收入在我校60个专业中排名第一。

4.2 全方位提升了信计专业教师和学生的创新和实践能力

本项目的实施促进了信计专业与其他学科的交叉融合，全方位提升了教师和学生的创新和实践能力。目前信息与计算科学校企协同育人团队共16人，高校教师12人，企业研发人员4人，是双师型教学科研团队。专职教师中博士比率达100%，有6名教师曾在国内外重点高校做过博士后研究工作；有1名教师获得海外博士学位。86%以上的老师都具有企业从业经历。本项目组所取得的成绩有：承担省部级教改项目5项，获市级以上教学奖励3项，主持及承担省部级以上科研项目76项，发表信计专业教改论文32篇，在核心刊物发表科研论文167篇（其中SCI检索140篇，EI检索27篇），出版教材3部。学生获省部级以上竞赛奖励156人次。

其中，2017~2020年，信计专业的学生在全国大创项目、物联网竞赛、数据挖掘竞赛等科技活动取得突出成绩，如在全国大学生创新创业计划活动中，信计专业的学生获批国家大创项目3项，天津市级项目6项；全国物联网大赛已获华北赛区三等奖1项；全国数据挖掘竞赛获二等奖2项、三等奖1项，在数学建模竞赛中获国家级奖项22项，含全国一等奖1项、全国二等奖2项，美国一等奖5项、美国二等奖14项。

4.3 校内外教学实践基地的建设成果丰硕

信计专业先后与"安博"教育集团、华苑高新产业园区管委会、天津市大学软件学院、国家软件出口基地、IBM-EPT、浙大网新、长虹立川、中公教育等企业签订了学生联合培养协议，并建立相应的实践基地，校企双方联合对高年级本科生进行新一代信息技术尤其是算法和科学计算方面项目开发实践教学及技能培训，为本专业的学生提供企业实践基地，推荐就业单位，搭建了学校与企业之间就业桥梁，为信计专业本科生的就业提供了可靠保障。横向对比，近两年我校信计专业的就业情况在天津市处于领先地位。

4.4 为天津工业大学各专业尤其是纺织类专业创新人才培养提供了有力支撑

本项目的实施，一方面为数学建模提供了很多算法设计案例，另一方面本专业教师的应用水平也得到相应的提高，本项目组的刘明、张立震、曹天庆等教师作为数学科学学院数学建模教学团队的核心力量，为全校数学建模的发展做了重要工作。他们在全校高等数学、数学建模、数值分析等基

础课的教学中，引入本项目提供的案例，极大地激发了该专业学生的数学建模兴趣，刘明老师还专门用项目组提供的案例为天津工业大学数学建模协会做讲座，推动我校数学建模事业的发展，为我校各专业创新人才培养奠定了很好的数学基础。张霞老师近三年一直在教纺织专业学生的高等数学，她不间断地将本项目的算法和科学计算案例融入数字纺织教学中去，为纺织类专业创新人才培养提供了有力支撑。

4.5　社会反响及成果转化所产生的经济社会效益情况

在本项目中，以人工智能和大数据等新工科及全面深入的新一代信息技术为背景，构建了"名师＋工程师＋学生＋天工云平台＋企业实践"的校企协同育人新模式。先后与国家软件出口基地、华为、惠普公司等品牌企业合作办学，其办学模式和理念在同类院校专业中彰显示范引领作用。

张霞教授主持的"纺织之光"中国纺织工业联合会教育教学改革项目顺利结题；裴永珍教授主持的天津市重点教改项目"依托战略信息产业，立足应用能力培养的信计专业课程改革与实践体系构建"在天津市结题验收中被评为"优秀"。信计专业的毕业生受到企业的好评，天津九安医疗电子股份有限公司在招进 2017 级应届毕业生郝帅后，专门联系本专业，要求招聘下届毕业生作为实习生。信计专业的就业率、就业质量等指标在学校有一定的知名度，为数学科学学院的就业工作作出了突出贡献，也为其他高校信计专业的改革提供了参考经验，广州工业大学、河北工业大学、天津农学院等兄弟院校就本专业的改革和建设情况，专门派教师来交流访问。

文化传承与创新视域下服装表演专业"多环联动"应用型人才培养模式

北京服装学院

完成人及简况

姓名	性别	所在单位	党政职务	专业技术职称
向冰	女	北京服装学院	服装表演系主任、服装表演系教师党支部书记	副教授
林九儒	女	北京服装学院	服装表演系副主任	讲师
李玮琦	女	北京服装学院	时尚传播学院副院长	教授
黄洪源	男	北京服装学院	无	副教授

1 成果简介及主要解决的教学问题

1.1 成果简介

本项目立足纺织服装与时尚产业，密切结合国家战略及北京城市定位，以学校办学目标为总纲，致力时尚文化传播和时尚商业推广，推动中华文化和民族品牌的国际传播与推广。以职业化、国际化和多元化为人才培养定位，使学生达到深度与广度拓展、传承与创新同步、技能与规范并重。

中华五千年的文明史中，服饰是人类生活的要素，也是一种文化载体。它承载着厚重的传统文化内涵，体现国人的审美意识和思想内涵，通过服饰更可以了解时代演进的轨迹。在21世纪信息社会的交流与合作中，我们要充分认识到"世界文明"地图显示出来的文化沟通趋势。本项目在"推动中华优秀传统文化创造性转化、创新性发展"这个议题上，充分发挥了表演专业的学科特色，体现中华服饰的文化特色。此举更能提升服装表演艺术发展，引领文化繁荣，实现百花齐放的美好愿景。

项目重在实践中实现艺与技的融合表达，以项目制下的表演及编导活动为专业教学提供可供借鉴的参考案例。在吸取新信息、新技术的同时，对中华传统服饰的表演进行更深入的挖掘与研究，为中华服饰文化传承提供创新性的教学支持。此外，在符合"教育优先"原则下，拓展中华服饰表演与编创人才培养体系的广度与包容度，培养热爱传统服饰、民族文化、有创新思维和表演能力的高素质复合应用型人才，同时推动专业培养能够围绕表演、借用身体媒介进行创作，能够利用现代技术，有机体现中国传统美学高度，能够具有一定创作理念及体系，具有转译能力的表演和编创人才，为中华服饰文化活态传承提供人才保障，履行服务国家、社会和行业的责任。

项目成果围绕国家文化振兴战略平台，通过对表演专业应用型人才培养模式的探索，充分发挥专业在时尚文化传播、大众美育普及上的优势与特色，研究与呈现中华礼仪服饰立体的活态传播，实行一个由内而外的连通，传承和弘扬中华民族文化价值观及复兴华夏文明的"中国梦"。从而充分展现服务北京发展、弘扬中华服饰文化、助推民族自信等职能，推动专业内涵发展和人才培养质量的全面提升。更是优秀传统文化在新时代的有益尝试，也将对北京作为全国文化中心的建设起到促进作用。

1.1.1 持续巩固专业优势，强化时尚文化传播特色和大众美育功能

以一流专业建设为契机，坚持以本为本、特色发展。围绕国家文化振兴战略，依托学校"中华服

饰文化研究"国家社科基金重大项目、服务奥运会的奥运服饰文化研究中心、服务"一带一路"的敦煌服饰文化研究暨创新设计中心等重大平台，充分发挥专业在时尚文化传播、大众美育普及上的优势与特色，充分展现服务北京发展、弘扬中华服饰文化、助推民族自信等职能，推动专业内涵发展和人才培养质量的全面提升。

1.1.2 持续深化专业改革，面向未来拓展人才培养的高度、广度和深度

围绕学校高水平特色大学和国际一流时尚高校的办学定位与目标，面对新一轮科技革命和时尚产业变革趋势，结合北京市重点发展产业，立足纺织服装和时尚，积极探索运用高新传播技术创新表演形态与内容，拓展专业在影视、戏剧、网络、动漫、游戏等文创产业的实践应用，推动实施人才培养多元化和可持续发展的新理念、新方法、新模式。

1.1.3 持续更新教育教学理念，进一步构建开放融合的人才培养和课程体系

紧密追踪全球学科教育发展的前沿理念，结合时尚文创行业前沿人才需求和专业发展实际，以系统化思维建构多学科交叉融合的人才培养体系。强化专业核心课程，通过时尚传播、影像视觉、艺术设计、广告营销等跨学科课程，学年工作营、实践项目、毕业设计等创作实践课程，打通艺、文、商、理、工跨学科学习与实践。试点"学分制"教学改革，塑造自我管理、自主学习、自我发展的未来型专业人才。

1.1.4 加强国际合作，整合社会资源，持续构建内外协同的多层级育人机制

对标国际一流职业人才，与国际一流时尚高校、模特机构、时尚媒体深度合作，引入国际一流师资及先进理念、方法和技术，加大双语教学，加快师资国际化建设。全面推进与行业企业的深度融合，充分利用企业和地区资源优势开展合作办学，加大实习实训基地和实践教学平台建设。申报服装表演学硕士点，强化科研引领作用，助推专业良性发展。

1.1.5 形成以人才培养为中心的质量文化，坚持学生中心、产出导向、持续改进的理念

将学校"七位一体"教学质量保障体系贯穿教学管理各环节和人才培养全过程，建立健全多维度的专业教学质量保障机制。通过校院两级督导、同行评价、学生评教、学生座谈及第三方和用人单位评价，对教学实施全过程、全方位督导并及时整改，提升人才培养的目标达成度和社会满意度。依据国家和北京发展战略及行业需求，定期修订人才培养方案。培养方案坚持OBE成果导向教育理念，创新跨学科与专业实践相结合的培养体系，推进学生可持续发展和个性化培养。

1.2 主要解决的教学问题

1.2.1 解决服装表演人才传统教育模式与不断深化改革的高等教育之间的矛盾

近年来，传统的服装表演人才教育模式难以满足高等教育不断深化改革的需要，这对表演的文化传播产生了一定阻碍。因而本项目的成果对于服装表演专业人才的教育具有重要的现实意义。并且，在人才培养研究过程中，建立以传承与创作思维为引导的人才培养体系，构建全新表演新形态，根据文化内涵的展演模式的创新及专业人才培养的完善等探索，为中华服饰文化传承提供人才保障。

1.2.2 解决传统服装表演人才教育中单一维度与学科日益发展之间的矛盾

以传播学、服装史、服装表演学、舞蹈学、美学、表演理论与批评等多个学科内容为依据，以舞台造型语言、传统礼仪、表演技巧融合为思路，在对学生进行表演基础和创新力培养上，用科技、艺术、创新、时尚点亮最具中国特色的表演文化，体现中华服饰表演本体的传承价值。并对兼具时代性、艺术性、创新性的表演观进行具有理论深度的挖掘，以完善教学设计、整合研究成果，丰富针对中国服饰展演方向的研究成果。

1.2.3 解决服装表演专业人才培养与文化"传承创新"衔接间的矛盾

服装表演是舶来品，专业成立之初，正是中华人民共和国服装产业蓬勃发展之始。21世纪以来，中华优秀传统文化的传承在文化自信的建立中越来越突显其不可替代的作用，中华传统服饰作为文化的载体，其展演形式与规范更应该被服装表演专业教育所重视并纳入人才培养体系，使中华优秀传统

文化体现出时代的风尚。

2 成果解决教学问题的方法

2.1 理念先行，以文化育人为靶向

（1）转变教育思想观念，"以学为中心"，教学过程注重专业性与复合型的结合、共性与个性的结合，为纺织、时尚、传播产业培养一专多能、学习型、复合型应用人才。

（2）以文化为根、以传承为本、以创新为魂，在育人过程中传承中华优秀传统文化，讲好中国故事，完成立德树人的育人根本任务，为国家培养品行兼优的综合型高素质本科艺术类人才。

2.2 环环联通，构建多维文化育人闭环

（1）以科研文化项目为引领，联动编导、服装表演与广告传播三个专业育人模块，建立"编导—表演""服装表演—戏剧表演"育人闭环。

（2）以服务国家、地方重大项目为带动，联动理论教学和实践教学、专业教学与思政教学，建立"思政—专业""理论—实践"育人闭环。

（3）以专业赛事、专业实践为导向，积极参与大学生研究训练（URTP）、实培计划，真题真做，联动学校与产业，建立"产—学—研"育人闭环。

（4）以跨学科课程为途径，联动专业内三个方向、本专业与他专业，建立"文—艺"结合的"新艺科"育人闭环。

2.3 优化内容，深耕文化创新育人内涵

（1）以问题意识为指引，以育人目标为导向，对人才培养方案进行修改调整。通过在大一增设专业认知课程，加深学生对本专业的立体、正确认知；通过必修课互为选修课的形式打通专业内三个方向的课程壁垒；通过增设视觉传达、策展、文化创意、时尚传播等类别课程，丰富学生课程选择，以实现人才知识结构立体化和个性化、人才能力多元化的远景。

（2）充分利用网络平台的资源优势，将线上线下、课内课外、教师教授与学生拓展相结合，扩充学生知识储备、开阔视野、掌握信息获取方法、提高知识甄别力、艺术鉴赏力、审美判断力。

2.4 方法迭代，促成实现文化创新育人目标

（1）深化教学团队建设，打造产学结合双导师制。加强教学组织建设，形成专业负责人领军、系主任管理、中青年教师为骨干、青年教师为"新血"、教辅协力的梯队架构。坚持引进与培养方针，打造新老互补结构：在新理念、新方法、新技术上"以新激老"，促进专业与时俱进；在专业积淀、教学经验上"以老带新"，保证教学稳中求进。依托学校青年教师发展计划，多平台支持教师教学科研能力提升。加强师德师风建设，打造"四有"好老师。聘请学术专家、行业权威指导授课，打造"专任教师＋外聘导师"的双师结构。

（2）从教师始终陪伴、逐年减少指导的管理中建立学生在学籍、教务教学、生活等方面自主管理模式，提升学生遵规守矩的意识，建立独立、自主的人格，确保人才成长的方向性，提升人才成长的主动性与积极性。

（3）从大学二年级进行的专业方向二次选择，实现"服装表演"与"时尚编导"的分流，从而实现人尽其才、因材施教的育人目标。

（4）以创作为目的的课程目标打破课上课下的时空局限，这种"类项目式"工作方式变传统被动学习为主动学习，集中了学习注意力、调动了学习热情、提高了研学效果。

（5）以"反转课堂"的教学方法满足学生学习的个性需求，激发学生内在潜力与内生动力，提升了学生的责任感、分析表达力、组织等能力。

（6）以"课后问卷""毕业追踪"的形式，及时了解教学及育人成效、行业与产业的用人需求，

为育人目标的动态调整获取第一资讯。

（7）以"1个主题、2台戏、3个方向、4个年级"的互助式毕业展演模式，使低年级学生在助演过程中不仅增加了专业实践机会，同时也预先体验专业育人最高要求，实现了育人主题的代际传承、育人目标的滚动推进，促成育人目标的实现。

3 成果的创新点

3.1 多学科交叉的学术思想观

基于表演专业特色人才培养，以"新文科"的视角，通过"艺、工、文"各学科交叉融合，优化专业知识结构与深度，添补表演融合文化的传播新形式与新内容，深化服装表演的学理性，在文化传承与创新的视角之下，以多种艺术综合形态，挖掘表演及编导实践的艺术基因及关联性，确立创作的相关理论依据与风格特征，实现服装表演在"新艺科"领域的突破。

3.2 多维度融合的实践思想观：

（1）在宏观上，课题结合国家文化建设战略相关研究，实现对中华服饰展演形式与内容的创新。探索在服装表演艺术本体基础之上的以剧为载体，将服装表演、舞蹈片段及形体表演等多种艺术形式有机结合，开创区别于传统服装表演的创演模式，以整体的角度研究舞台活态化形象的文化传播，深化服装表演的新内涵。通过戏剧结构的支撑和舞蹈等元素的情绪烘托，产生情境的浸润，营造带有角色感和诗意的音舞诗画服装表演氛围，尽显中华传统服饰文化的气韵。

（2）在时代性上，本课题引入国际前沿的高新技术，将编创、表演研究与不断变化发展的时代紧密联系，以中华传统服饰展演为切入点，充分发挥表演专业特色，在项目中带动强化学生的自主创作能力，最大程度地体现服装表演艺术形式的完整性及审美价值。

（3）在文化性上，本课题积极开展将表演融合服饰、生活方式、传统节日、民俗等文化元素，力求服装表演不再只是时尚的炫酷，也不是高新的炫技，而是达到真正作为文化载体的呈现，实现培训、编创、展演和传播为一体的教学初心。

3.3 多元发展的教学思想观

课题将拓展完善适应文化创意领域需求的教学体系，使之既满足专业自身发展的需求，又满足社会及行业对服装表演与编导、文化传播等专业人才的需求。在增强服装表演专业与中国纺织服装领域的研讨与交流过程中，推动中国文化创意产业的共同发展与进步。

4 成果的推广应用情况

4.1 成果丰硕、人才辈出——每年取得国内外权威专业赛事冠亚季军等各大奖项，已为中国时尚领域培养了上千名职业模特和行业精英

本成果以北京服装学院表演专业为主体，针对服装表演、时尚编导、广告传播三个方向，分别在服装表演、时尚展演的设计制作、戏剧影视表演、平面广告模特等方面设有完整的课程体系，多年来培养出一大批品学兼优、德艺双馨的表演、编创类人才。坚持特色办学，始终贯穿注重学生专业精神与工作能力的实战理念，不断提升学生全球视野，积极组织学生参加国内外权威赛事，表演专业学生化身"中国美"的使者，向世界传播民族美。本专业学生荣获中国国际时装周年度首席模特4人次、年度十佳职业时装模特68人次、国家级冠军84人次、亚军58人次、季军54人次、十佳及单项奖225人次。培养出CCTV电视模特大赛冠军、新丝路世界模特大赛冠军、ELITE精英模特大赛中国区冠军、中国超级模特大赛冠军、中国模特之星大赛总决赛冠军、世界小姐、中国十佳职业时装模特、国际名模等百余人。

积极组织学生参与2020年央视春晚《山水霓裳》节目、中华人民共和国成立70周年阅兵和群众

游行方阵及民兵方阵、"锦绣中华"中国非物质文化遗产服饰秀系列活动、西藏"雪顿节"大型服装展演、"北京大学生人物造型大赛"CCTV国家宝藏古代服饰艺术再现表演、伟大的变革——庆祝改革开放40周年大型服装展等国家级、北京市级重大活动及综艺演出以及国内外时装周等，社会影响力大、社会传播力广。这也为本研究课题提供丰富的实践平台与社会资源。

4.2 深耕学理、构建框架——加强教材建设，全面构建服装表演知识体系，为推动学科建设和相关产业的发展作出应有的贡献

本项目实施过程中，项目组成员发表论文十余篇。并于2019年出版了3本"十三五"普通高等教育本科部委级规划系列教材，包括《模特形体训练》《模特心理学》《服装表演学》。此外，正在编写《服装表演》《舞蹈基础训练》《音乐基础》《时尚编导概论》。从理论到实务，广泛探讨、深入剖析与前沿探索，对服装表演本体发展规律和艺术形式本质进行研究。将实践进行总结和梳理后形成理论，又将理论进行探索和研究用以指导实践，形成系统全面的理论与实践相结合的完整内容。旨在明晰该学科的本源、提炼服装表演专业人才培养方法，提出教育与产业相融合的构想，明确学术研究范围，系统提升专业学科体系。

4.3 多元发展、达成目标——立足"时尚+文化"领域多元深入发展，学生培养目标达成度高

依托专业发展口碑及学校创新创业平台支持，学生就业和职业发展越来越好，专业相关度和自身发展满意度均达到80%以上。近五年就业情况统计，除5%~8%的学生选择继续深造，专业平均就业率接近100%。就业范围集中于北京地区时尚领域，从事职业模特工作24.34%，签约艺人6%，时尚营销12%，时尚编导、文化经纪人管理16%、高校及专业培训机构表演教育11%，时尚传播、公关、广告、影视娱乐公司16%，自主创业或其他职业13%。

此外，通过问卷调查、毕业生座谈、第三方机构调研等方式，定期跟踪毕业生培养质量。结果表明，本专业毕业生在时尚行业具有较强的竞争优势，用人单位对毕业生的整体评价较高，普遍反映学生具有良好的敬业精神，专业基础扎实、业务能力和时尚度高，职业适应力、抗压能力、团队合作意识、人际沟通能力较强。具有持续学习的主动意识和创新能力，良好的社会公德和职业道德，艺术修养、审美能力、表达能力等综合素养较为出色，能够适应时尚行业发展。数据表明表演专业的学生培养目标达成度很高。

4.4 产教融合、内涵发展——真题真做的"项目制"实践形式，实现学校与行业联动的"零距离"

引入行业竞争机制，集聚优质教育资源，助推学生专业实践和职业发展；倡导社会服务，参与国家重大活动，探索民族服饰展演新形态。在专业创作团队方面，作为创作的主体，本项目课题组的老师们均注重理论结合实践教学，不断规范并及时更新教学内容、搭建教学框架，形成稳定的实践教学体系，为课题的可持续发展提供了有力的人力和技术保障。同时，项目组要求国内外一线专家、学者、设计师参与人才培养项目，将课堂、实训场所和企业环境相结合，能够充分发挥企业资源的优势，以实际项目为单位，与行业充分接轨，为课题实践提供了真实的资源，为学生提供了最新最全的专业学习条件。

4.5 跨科联动、面向未来——学年工作营的人才内涵扩容模式，为复合型专业人才提供了成长的平台

在时尚传播新兴体系下拓展人才培养路径，与服装服饰、摄影、传播、广告、营销、新媒体等跨专业联合教学，融合高新传播技术，培养一专多能、可持续发展的时尚前沿人才。

4.6 树立形象、打造品牌——借助与中国时尚行业同步办学历史的优势，以精品意识、精益求精打造专业教育新高度

随着时代的发展，本专业获得教育领域、时尚行业、用人单位的广泛好评与信任，现为"教指委""职模委"双主任委员单位。在行业与高校教育领域具有重要的引导作用，为服装表演专业教育的进一步发展贡献自己应有的力量。

学科竞赛驱动、虚仿技术支撑，规模化大学生创业素质培养模式的创新与实践

东华大学

完成人及简况

姓名	性别	所在单位	党政职务	专业技术职称
董平军	男	东华大学	党支部委员	副教授
张科静	女	东华大学	学院院长	教授
宋福根	男	东华大学	无	教授
黄基诞	男	东华大学	无	实验员
王扶东	女	东华大学	党支部书记	副教授

1 成果简介及主要解决的教学问题

近年来，包括纺织类高校在内的我国大学生创新创业教育如火如荼，成效显著。然而，随着我国经济形势的快速发展和创新创业教育的不断深入，创新创业人才培养不足逐步显现，主要存在以下几个问题：

（1）教育内容仍以创业概念介绍、过程描述、名词解释等为主，未能突出创业经营的核心就是决策的现代理念，理念层次不高、理论体系不够完整，缺乏学生综合能力提高的理论基础。

（2）实践活动大多采用了商业计划书撰写、PPT制作参赛汇报、项目路演等形式，难以身临其境，置身于市场竞争环境中开展创业经营实践尝试，缺乏培养学生实践能力提高的实训条件。

（3）教学过程基本沿用了传统的课堂教学模式，仍以教师讲授为主，难以激发学生的创新意识、无法提供学生进行创新创业的反复试错容错尝试，缺乏培养学生创新能力提高的动态场景。

（4）由于创新创业的理论教学与实践教学多在有限的场地中进行，受制于师资和空间的不足，缺乏规模化的实施平台，难以实现优质教学资源共享，无法满足社会快速发展的需要。

针对存在的问题，本成果研发了创业决策竞赛系统及平台，以上海市级学科竞赛为驱动，以虚拟仿真技术为支撑，突出了创业经营的核心是决策，提高了创业人才培养的理念层次，完善了创新创业理论体系，奠定了学生创新创业综合能力培养的理论基础；基于虚拟仿真技术，引入了市场竞争机制，研发了可有数千支参赛队、数万名学生同时参加的创业决策竞赛系统，可使学生在很短时间内进行创新创业实践尝试，相互之间展开竞争，犹如身临其境，创造了学生创新创业实践能力培养的实训条件；构建了动态变化的市场经济形势，辅之以决策方案预算功能模块，学生可根据不同的市场形势变化，通过反复试错容错，不断激发创新意识，形成了学生创业经营创新能力培养的动态场景；集创新创业理论体系及竞赛系统于互联网运行的平台上，融入了"翻转课堂""碎片化"等现代教学理念，学生可不受时间地域限制，只要登录平台，即可自主开展学习，参与创业决策竞赛。

经过 2014 ~ 2020 年连续七届的上海市级"大学生创业决策仿真大赛"引领迭代实践，广大学生踊跃参与，实现了优质教学资源的广泛共享，"以赛促学，以赛促教"规模化培养大学生创业素质效

果显著。

2 成果解决教学问题的方法

针对大学生创新创业素质培养教育中存在的问题，本成果主要采取了以下解决问题的方法。

2.1 学科竞赛驱动，提升理念层次，完善理论体系，提高了学生的创新创业综合能力

本成果立足开展高水平学科竞赛驱动的需要，突出了创业经营的核心是经营、经营的重点在于决策的理念，融入管理决策最新科学研究成果，提升了成果的理念层次；贯通了市场需求分析、营销决策、生产决策、采购决策、研发决策与财务决策等的内在联系，完善了成果的理论体系；将其融入"十二五"国家级规划教材《现代企业决策与仿真》再版，形成了创业决策竞赛系统研发的理论基础。本理论体系极大地激发了学生的学习热情，提高了学生的创新创业综合能力。

2.2 虚仿技术支撑，研发竞赛系统，构造实践环节，提高了学生的创新创业实践能力

本成果依据开展高水平学科竞赛实施的需要，以完善的理论体系为基础，以虚拟仿真技术为支撑，结合现代信息技术，引入了市场竞争机制，贯通了市场需求分析、营销决策、生产决策、采购决策、研发决策及财务决策等现代企业创业经营活动全过程，学生只要登录平台，即可以创业者的身份，进行创新创业实践，相互之间展开竞争，寓教于乐，趣味性强，提高了学生的创新创业实践能力。

2.3 构建动态场景，容许反复试错，不断尝试创新，提高了学生的创业经营创新能力

本成果构建了多个连续的、变动着的经营周期和市场经济形势，形成竞争条件下现代企业创业决策所面临的动态场景，提供了竞赛决策方案的预算功能模块，出版了《创业实验——企业经营决策仿真》指导教材。学生可根据指导教材阐述的决策方法，依据不同的周期市场形势变化，自主就竞争条件下的创业方案作出决策，进而运用预算功能模块，对所拟决策方案结果进行测算，通过反复试错容错，不断尝试竞赛决策方案创新，提高了学生的创业经营创新能力。

2.4 运用智能技术，构建竞赛平台，创建公平环境，实现了规模化创业人才培养模式

本成果秉承"以赛促教，以赛促学，广泛参与"的理念，运用智能技术，构建了智能型的竞赛平台，制定了公开的评分、淘汰规则。竞赛过程中的报名、试做、初赛、复赛和决策的时间节点控制，竞赛方案的计算、评价、评分、名次排列，初赛、复赛、决赛、获奖及不同赛程的晋级遴选，全部由系统根据事先设定的评价指标及其权重自动完成。各参赛队决策方案竞争计算结果实时查看，整个竞赛过程排除了人为的主观因素，切实做到了竞赛过程的公平、公正与透明，创建了公平竞赛环境，吸引了各校学生的广泛参与，实现了规模化的创业人才培养模式。

3 成果的创新点

3.1 以学科竞赛为驱动，突出创业经营的核心是决策，提升了创业人才培养理念层次

本成果以学科竞赛为驱动，竞赛系统引入了市场竞争机制，突出了创业经营的核心是经营，经营重点在于决策的现代管理理念，将其贯穿于市场需求分析、营销、生产、采购、成本核算等创业经营活动全过程，形成营销决策、生产决策、采购决策、研发决策及财务决策等现代管理理念，并使其有机融合，促使参赛学生转变创业理念，提升了创业人才培养理念层次。

3.2 以虚仿技术为支撑，注重学生创新创业能力培养，提高了学生整体创业能力素质

本成果以虚仿技术为支撑，通过虚拟大型决策仿真案例，贯通了分散在市场营销学、生产组织学、管理会计学、运筹学、统计学等不同学科专业中的管理决策内容，完善了创业决策理论体系，奠定了学生创业综合能力培养的基础；结合运用现代信息技术，依据创业决策理论体系，研发了创业决策竞赛系统，创造了学生创业实践能力培养的条件；竞赛系统构建的连续的、变动着的经营周期和市场经济形势，形成的动态场景，提供的预算试错容错功能，提高了学生的创业经营创新能力。本成果的应

用注重对学生能力培养，提高了学生整体创业能力素质。

3.3 融入先进教学理念，激发学生自主学习热情，实现了规模化的创业人才培养模式

本成果坚持了"以赛促教，以赛促学，广泛参与"的教学理念，运用智能技术，集创新创业理论体系及竞赛系统于互联网运行平台上，融入了"翻转课堂""碎片化"等现代教学理念，学生可不受时间地域限制，只要登录平台，即可自主开展学习，参与创业决策竞赛；构建了智能型的竞赛平台，制定了公开的竞赛规则，过程中的时间节点控制、竞赛方案计算评分、名次排列及不同赛程的晋级遴选，全部由系统根据事先设定的评价指标及其权重自动完成，排除了人为的主观因素；各参赛队决策方案竞争计算结果可实时查看，切实做到了竞赛过程的公平、公正与透明，激发学生的自主学习热情，吸引了学生的广泛参与，实现了规模化的创业人才培养模式。

4 成果的推广应用情况

由于本成果理念先进、内容全面，寓教于乐、趣味性强，已经取得了良好的应用效果。达到了"以赛促教，以赛促学，广泛参与"的目标。

（1）本成果的阶段成果于2012年就已被上海市教育委员会遴选为第一批"上海高校创新创业教育实验基地"建设项目，奠定了本成果的建设与应用基础。

（2）成果应用广度：自2014～2020年，连续七年入选上海市教育委员会学科竞赛项目，成功举办了七届"上海市大学生创业决策仿真大赛"，每届参与高校逾60所。吸引了包括全国多所纺织类高校（东华大学、西安工程大学、天津工业大学等）和上海市绝大多数高等院校（如同济大学、复旦大学、华东师范大学、上海开放大学、上海大学、华东理工大学、上海理工大学、上海海洋大学、上海海事大学等），参赛队累计逾5800支，参赛学生累计逾23100人。基于本成果举办的学科竞赛，促进了各校创新创业教育。目前，平台访问人次累计逾394万人次，产生了良好的创业人才培养效应。

（3）成果应用深度：由本成果延伸研发的创业实训系统已应用于本校的管理科学与工程研究生、MBA和信息管理与信息系统本科生教育，并已在全校范围开设了公选课。通过学科竞赛引领，很多参赛高校也开设了不同形式的专门课程，形成了相对稳定的师资。参加过虚拟仿真实训的同学普遍反馈：课程不同于大学里的其他课程，是一种全新的学习模式；实践性很强，能够通过实战将课程知识转化为自己的知识，并且富有趣味性和竞争性，参与感强，能够引起学生很大的兴趣；能在实践操作中发现问题、解决问题，使学习变得主动而深刻，令知识鲜活有意义。

（4）基于本成果而开发成功的在线课程"创业决策"，由于课程的先进性、实用性及可操作性，经专家评审，于2016年获评为上海市"市级优质在线课程"。

（5）基于本成果而开发成功的在线创业决策实训项目，由于项目的实践性和共享性，经专家评审，于2020年10月获评为首批"国家级虚拟仿真实验"金课。

基于人工智能的服装卓越工程人才培养体系创新与实践

武汉纺织大学

完成人及简况

姓名	性别	所在单位	党政职务	专业技术职称
江学为	男	武汉纺织大学	副院长	副教授
张俊	男	武汉纺织大学	系主任	讲师
尹俊华	男	武汉纺织大学	教师	讲师
陶辉	女	武汉纺织大学	院长	教授
钟安华	女	武汉纺织大学	教师	教授

1 成果简介及主要解决的教学问题

1.1 成果简介

随着人工智能的发展，传统服装行业发生了革命性变化。服装企业通过现代信息技术获取了海量的消费者人体数据、服装消费信息，人工智能可以帮助服装企业处理和分析这些数据，预测服装消费趋势，向消费者提供更加个性化的服装，提升服装企业核心竞争力。因此，懂人工智能技术的服装工程人才对服装行业的转型发展有着重要意义。近年来，国内大部分高校的服装设计与工程专业重视对服装结构与工艺等服装工程人才的培养，在人工智能技术方面的培养不够。

教育部为加快建设高水平本科教育，全面提高人才培养能力，明确指出加快建设发展新工科，实施卓越工程师教育培养计划2.0。从2012年起，依托学校理、工、文、艺等多学科协调发展优势，以服装行业对人工智能人才的需求为导向，将传统服装工程与人工智能深度融合，赋予传统服装工程专业新内涵，形成了基于人工智能的服装卓越工程人才培养体系，推进了新工科和卓越工程师计划2.0的实施（图1）。

本成果重视服装产业需求，强调人工智能与服装工程人才培养的交叉融合。通过完善多主体协同育人机制，健全创新创业教育体系，培养具有深厚文化底蕴、创新实践能力和服装数据处理与信息分析能力，能进行基于大数据的服装品牌策划、营销策划及服装研发的应用创新型工程师。

1.2 成果主要解决的教学问题

本成果主要从以下三个方面解决了教学问题。

1.2.1 解决了课程体系与人工智能前沿结合不足的问题

在人工智能时代，只重视服装结构与工艺、服装生产管理的课程体系已经不能适应服装产业转型升级需要。本专业通过积极探索服装工程与人工智能融合的综合性课程建设，重构服装设计与工程专业课程体系，适应服装产业对具有数据与信息分析和处理能力的创新型服装工程人才的需要。

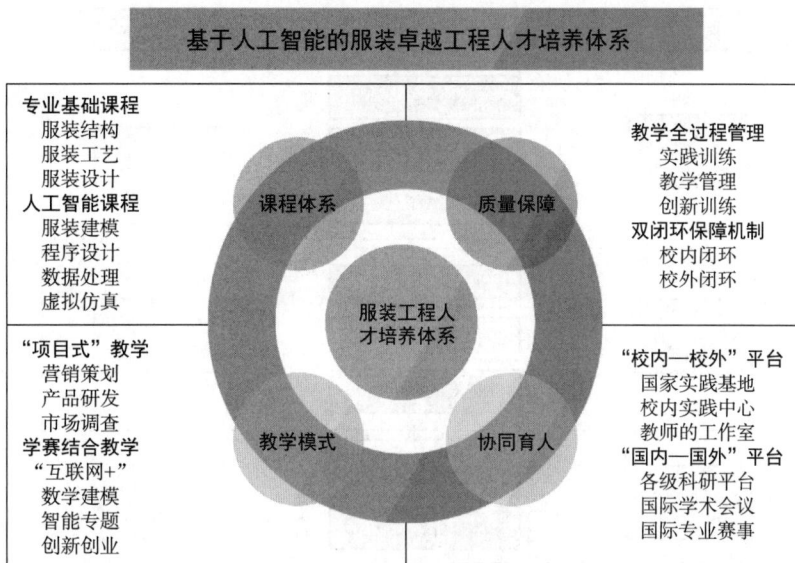

图 1　基于人工智能的服装卓越工程人才培养体系

1.2.2　解决了教学模式不能激发学生学习兴趣的问题

打破传统教学模式，以"互联网＋"、全国数学建模等科技类大赛为载体，通过"以赛促学，以赛促教、学赛结合"教学模式改革，强化人工智能技术在服装营销、产品研发中的应用。以教师科研项目开展启发式与探究式等教学，引导学生利用智能算法进行初步科学研究，提升学业挑战度，激发学生学习兴趣。

1.2.3　解决了学生实践与创新能力不足的问题

通过健全多主体协同育人机制，以服装产业和人工智能技术发展的最新需求推动人才实践教学改革，通过国家级教学实践基地与省部级科研平台搭建实践平台，以创新创业训练和产教融合为途径，提升学生创新实践能力。

2　成果解决教学问题的方法

按照专业嵌入产业链的思路，学院设计了基于人工智能的服装卓越工程人才培养模式；以改革和完善课程体系为核心，以加强师资队伍、协同育人平台、创新教学模式为突破口，保证学生的素质、能力、品格协调发展，渐进式培养学生的数据分析、信息处理能力，在实践中进行创新。采取的主要措施如下。

2.1　重构了跨院系课程体系和师资队伍

根据加快建设发展新工科，实施卓越工程师教育培养计划 2.0 实施意见，结合学校办学特色，本专业重构了以"服装结构""服装工艺"等课程为基础，以"服装数据管理与应用""服装建模与程序设计"及"服装虚拟仿真技术"等为核心的跨院系课程体系（图 2）。通过课程与资源建设，加强了不同院系专业教师的教学与科研探讨，形成了多学科交叉的教学团队。

2.2　构建了"项目式"与"学赛结合"的理实一体教学模式

将专业核心课程与教师纵向、横向项目结合，通过暑期社会实践、市场调查与创新创业实践课程，开展"项目式"教学。通过全国"互联网＋"、数学建模，校企合作的校内大赛，将赛事与服装建模以及程序设计等计算机课程结合，并实现了学生全覆盖。通过健全奖励制度与学分制，保证"以赛促学、以赛促教、学赛结合"教学模式实施，实现了从无到有，从有到优的转变，有效提升了利用现代信息技术分析问题的能力。

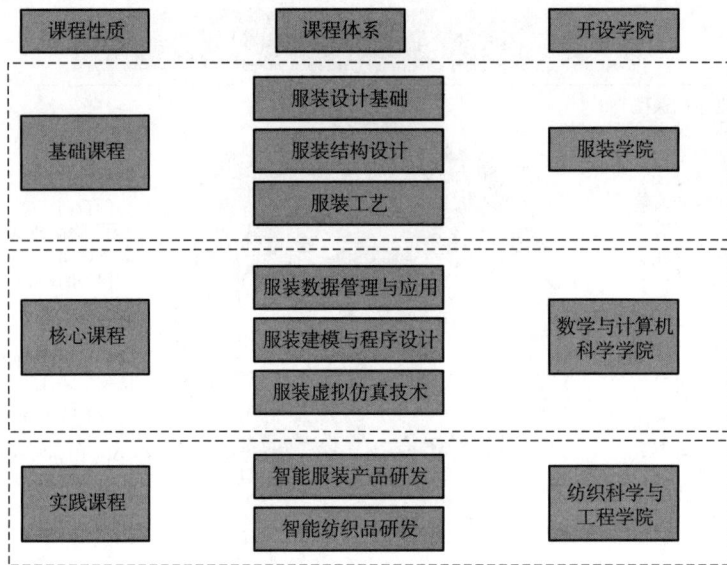

图 2　跨院系课程体系

2.3　构建了多维实践平台与多体协同育人机制

以实践基地与科研平台为依托，构建了"校内—校外—国内—国际"多体协同育人机制。利用学校与服装企业共建的国家实践基地，校内实践实训中心，为学生建搭"校内—校外"实践基地，利用省级科研平台、国际学术会议与国际专业赛事搭建"国内—国际"实践创新平台（图 3）。通过纵横向科研项目开展政府、社会、企业与学校的多维度协同育人，促进学生创新实践能力的提升。

2.4　构建了"教学全过程 + 双闭环"质量保障机制

通过校外闭环持续改进培养目标，通过校内循环持续改进毕业要求。以促进学生发展为中心，产出为导向，构建教学全过程的质量保障双闭环机制，对人才培养进行总体设计，分步实施，总结反馈、持续改进，逐步完善，保障人才培养质量。

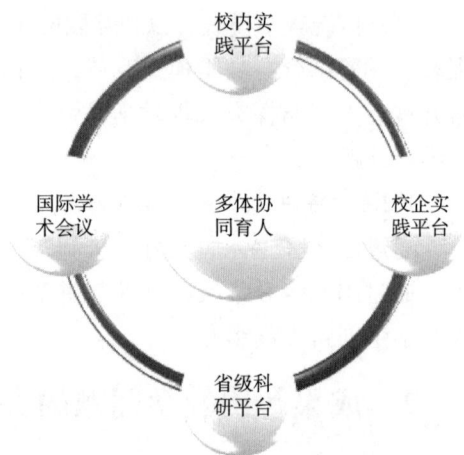

图 3　多体协同育人

通过上述措施，建设一个有行业特色，在国内服装工程领域有较大影响力，能有效服务于行业与地方经济建设的人才培养模式。

3　成果的创新点

3.1　课程体系创新

通过将服装结构与工艺类课程性质由传统专业核心课程设置为专业基础课，将服装建模与程序设计等新开发课程设置为专业核心课程，构建了跨院系、跨学科、跨专业的课程体系，以适应未来 5 ~ 10 年服装行业发展对现代信息处理能力的要求。通过与数学与计算机学院、纺织科学与工程学院共同开发基于人工智能的专业核心课程，促进服装设计、结构、营销及管理与计算机科学及纺织科学深度融合。通过更新教学内容与课程体系，创新发展了新课程建设。

3.2　培养机制创新

不断深化"项目式"教学，将人工智能的最新前沿植入服装工程专业核心课程，不断更新教学内容与教学资源。完善专业基础、专业必修与专业选修学分比例，将专业核心课程与实践课程有机融合，以保证专业基础知识的完备性与跨学科知识实用性。通过实践必修课程与各类赛事结合，促进"学赛结合"教学模式改革，保证了本专业全体学生参赛。组建"双师型"教学团队，健全指导教师与获奖学生的奖励制度，激发师生参赛积极性，共同提升师生工程实践与创新能力。通过多学科交叉和多部门合作，加强了师资队伍、实践基地、课程资源建设，形成了"以赛促学、以赛促教、学赛结合"实践创新能力培养模式，促进了学生信息分析与数据处理能力的培养，有效提升了学生解决服装工程问题的能力。

3.3 培养路径创新

通过产教融合、科教融合及"学赛结合"等多维度协同路径，着力构建"基于人工智能的服装卓越工程人才培养体系"。利用学校与服装企业共建的国家实践基地、行业赛事、校内实践实训中心、省级科研平台、国际学术会议与国际专业赛事，搭建"校内—校外—国内—国际"实践创新平台。通过产教融合、科教协同开展多维度育人，提升服装工程专业学生现代信息技术在服装行业中的应用能力。以"服装结构设计"省级教学团队为代表的教学科研团队，深度参与人才培养。以国家精品课程、视频公开课程、省级一流课程为引领，推进启发式与探究式教学。

4 成果的推广应用情况

4.1 有效促进了学生建模能力提升，学生利用人工智能方法分析服装数据的能力得到显著提升，策划能力与产品研发能力得到有效提升

近年来，本专业学生在参赛积极性上有显著提升，本专业本科生100%参加全国"互联网+"等赛事，50%学生参加全国数学建模大赛。学生在多学科领域有了新的突破，发表国际会议论文，在第二届全国大学生立体裁剪大赛中获得金奖，在"互联网+"大赛中获省银奖和铜奖3项，在数学建模中获得湖北省一等奖。

4.2 提高了教师参与教学改革的积极性，推动了教育教学改革发展

自提出基于"人工智能"的服装卓越工程人才培养体系来，教师参与教学改革项目的积极性得到明显提高。项目实施期间，立项并完成了教育部"卓越工程师"计划、湖北省专业综合试点改革项目、获国家精品课程建设及荆楚协同育人计划项目，多项校级教学研究项目2项。获得8项省部级教学成果奖，在高水平刊物发表相关论文。建立服装结构设计教学团队、立体裁剪教学团队、服装大数据教学团队。2019年以来，获批省级、国家级大学生创新项目资助10余项，获得湖北省基础教学组织奖1项。

4.3 推广价值高，社会影响大

国内外发表多篇研究论文，国内外学术会议多人次参与交流，在国内外同类院校中产生了广泛影响。教学成果得到众多高校的关注，并被广泛应用和借鉴，收到良好效果。本成果与日本文化学园大学等国外高校进行了大量的国际交流与合作，产生了良好的国际影响。

4.4 实施效果好，社会评价高

培养了一批自我学习能力与实践能力强、创新意识强的学生，同时带动和影响了大批学生。毕业生受到用人单位青睐，多家企业在大四上学期就来学校签订用人协议，每年的毕业生就业率达93%以上。毕业学生实践创新能力、自我学习能力培养效果显著，得到国内教育界高度认同，《中国教育报》和多家媒体专业杂志都进行了专题报道。武汉纺织大学服装专业面向全国20多省市招生，在全国具有很好的影响力。

服装设计与工程专业"三协同、五平台、全过程"创新人才培养实践教学体系构建与实践

上海工程技术大学

完成人及简况

姓名	性别	所在单位	党政职务	专业技术职称
曲洪建	男	上海工程技术大学	系主任	教授
谢红	女	上海工程技术大学	院长	教授
李艳梅	女	上海工程技术大学	副院长	教授
田丙强	男	上海工程技术大学	实验室主任	高级实验师
胡红艳	女	上海工程技术大学	教学秘书	讲师
陈李红	女	上海工程技术大学	无	副教授
夏蕾	女	上海工程技术大学	副系主任	讲师
李沛	女	上海工程技术大学	科研秘书	副教授
阮艳雯	女	上海工程技术大学	系主任助理	讲师
孙光武	男	上海工程技术大学	副系主任	副教授

1 成果简介及主要解决的教学问题

1.1 成果简介

服装产业是满足人类衣食住行基本需求的关键要素，中国是世界服装生产和消费大国，服装产业在国民经济发展中占有重要地位。进入21世纪，随着纺织服装技术的飞速发展，服装设计理念的变化、服装生产模式的智能化和数字化、服装市场营销的多样化，服装设计与工程人才需求出现多样性、综合性的特征。然而我国服装设计与工程高等教育滞后于服装产业发展，特别是符合工程认证要求的服装设计与工程人才培养的实践教学体系亟待改革，存在着服装设计与工程人才实践能力与企业实际需求不相适应、不相符合的现象。

上海工程技术大学纺织服装学院坚持依托现代产业办学，以学科群、专业群对接产业链和技术链，形成了鲜明的办学特色和工程应用型人才培养模式，成为应用型高校的示范单位。为了适应服装产业人才发展的需求，为了提高服装设计与工程人才实践教学的质量，上海工程技术大学服装设计与工程专业不断进行改革：2003年启动复合型人才培养改革，在国内率先增设了数字化服装方向和服装营销方向，2011年在国内第一批开展服装设计与工程卓越工程师教育培养计划，与企业共建国家级工程教育实践中心，推行"3+1"整件制企业工程实践教学。在此基础上，2014年于学校全学分制改革之际，引入工程教育认证体系，并于2018年顺利通过教育部工程教育专业认证，2019年获批国家一流专业建设。服装设计与工程专业秉承学校办学定位，以工程教育理念为引领，以满足国家战略的行业市场实践需求为导向，主动服务地区经济发展，以产学研紧密结合为依托，以实践创新能力为目标，构建"三协同（教学和科研协同、学校和企业协同、学校和政府协同）、五平台（实验实习课程、企业实践实习、

科研创新项目、职业能力培训、创新创业比赛）、全过程（全过程培养学生创新实践能力）"创新人才培养的实践教学模式（图1）。

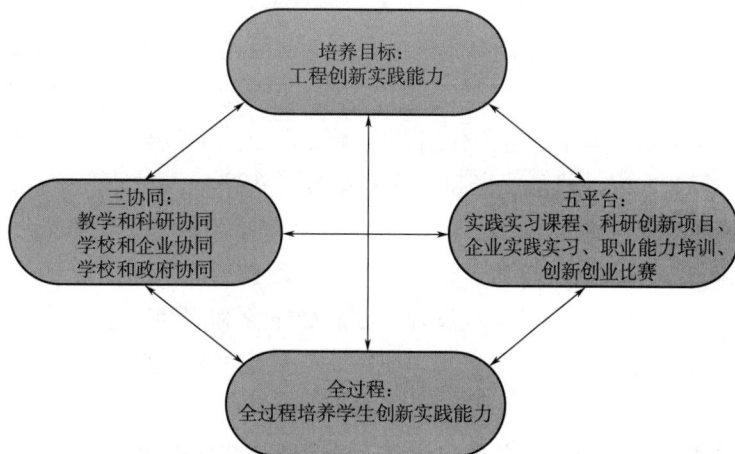

图 1 创新人才培养的实践教学模式

"三协同、五平台、全过程"创新人才培养的实践教学模式从 2014 级服装设计与工程专业学生开始实施，已经实施于 7 届学生，累计受益学生 1500 余人，在培养服装工程实践创新能力方面效果显著：学生获得第 45、46 届世界技能大赛上海赛区、"互联网 +"创新创业大赛、全国大学生电子商务挑战赛、全国数学建模大赛、上海市大学生计算机应用能力大赛、汇创青春服装设计大赛等国家级、省部级奖项 60 余项，并在第 10 届全国大学生创新创业年会上作为典型进行交流；服装设计与工程方向 15 名老师由于培养学生的成效突出获得企业奖教金，4 名获得教学名师称号，获得各类精品课程 3 项，获得各类各级别教学研究项目 20 多项，累计发表教学论文 50 多篇，获得省部级以上教学成果奖 10 多项。

1.2 主要解决的教学问题

当前，服装设计与工程专业在人才实践能力培养过程中遇到的挑战有三个方面：①如何制定具有符合行业和企业需求的服装设计与工程人才实践能力培养体系？②如何满足服装设计与工程人才实践能力培养要求？③如何建立服装设计与工程人才实践能力培养监控与持续改进机制？

为了应对上述挑战，提高服装设计与工程专业人才实践能力培养质量，本专业系统构建了人才实践能力培养体系、推动实践教学模式创新、构建实践教学质量监控机制（图2）。

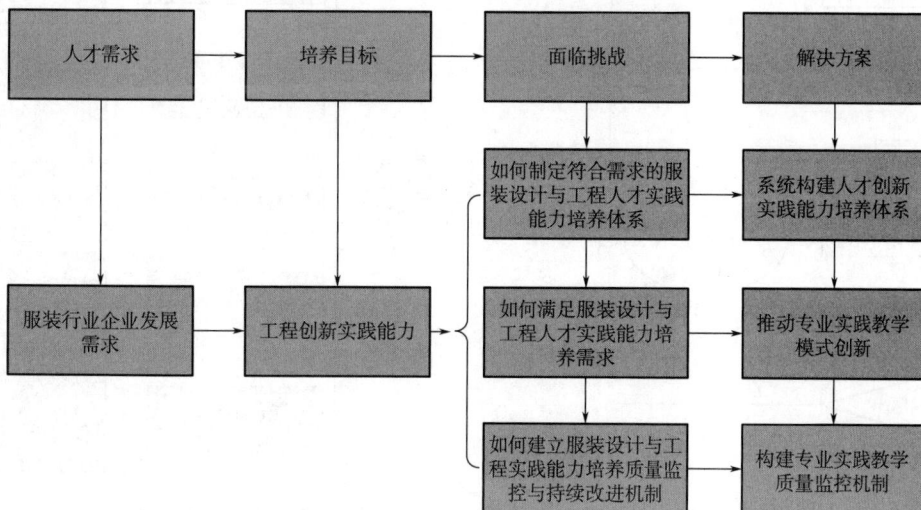

图 2 解决教学问题的方案

2 成果解决教学问题的方法

2.1 主要思路

2.1.1 以工程教育理念为引领，系统构建服装设计与工程人才实践能力培养体系

本专业制定"实践教学培养目标—毕业要求—实践课程体系—实践教学内容—实践教学方法"统一的人才培养体系；设立了培养体系制定工作组，成员包括教学指导委员会、学院领导、专业负责人、任课教师、高校专家、行业专家，成员职责和具体流程如下（图3）。

本专业以工程教育理念为引领，深入了解新工科建设等国家教育战略要求、行业企业发展需求，制订工程实践创新的培养目标；根据培养目标确定学生工程创新能力的毕业要求；结合服装全产业链结构对知识和能力的要求，确定了服装成衣设计、服装数字化和服装市场营销三个模块的实践教学课程体系；根据实践教学课程体系与毕业要求的对应关系，确定实践教学课程的教学目标，由教学目标展开具体的实践教学内容。

2.1.2 以教学资源整合为抓手，推动服装设计与工程专业实践教学模式创新

本专业以教学资源整合为抓手，强化实践教学资源协同（教学和科研协同、学校和企业协同、学校和政府协同），构建五个实践教学平台（实验实习课程、企业实践实习、科研创新项目、职业能力培训、创新创业比赛），加强师资队伍建设（校内教师引进和培养机制、企业兼职教师引进机制、国际兼职教师引进机制），整合实践课程教学资源（实践教材建设、实践课程建设、实践教学方法、实践教学手段），拓展实践实习基地（专业实验室建设、校企联合实验室建设、国际联合实验室建设、校外实习基地建设），确保全过程培养学生创新实践能力，推动专业实践教学模式创新（图4）。

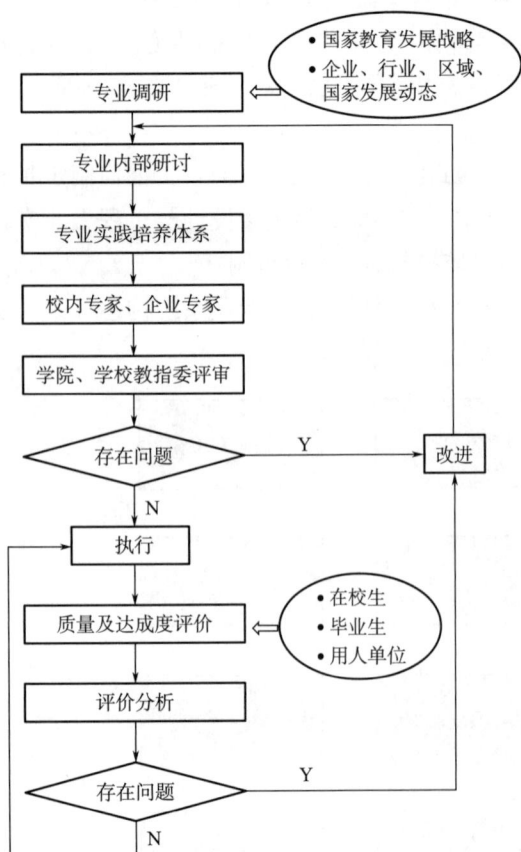

图3　工作组成员职责和具体流程

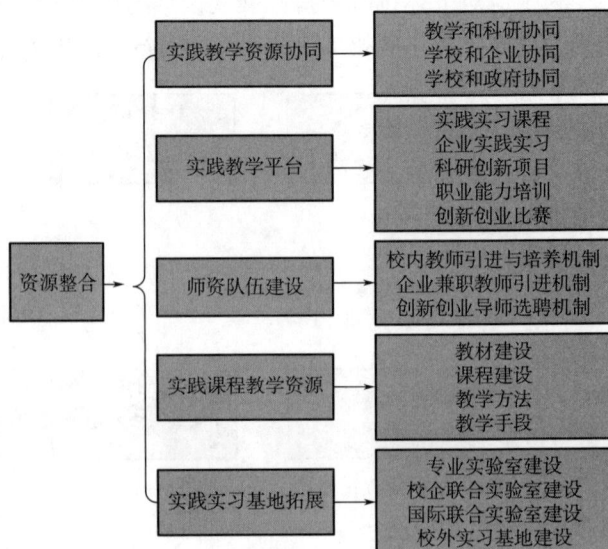

图4　整合多方教育资源

2.1.3　以教学成果导向为目标，构建服装设计与工程专业实践教学质量监控机制

以工程专业认证标准构建本专业实践质量保障体系，强调以产出为导向，明确服装设计与工程人才实践能力培养目标和毕业要求，细化各实践教学课程和环节的质量标准，健全实践教学质量监控与评价机制，建立人才实践能力培养持续改进的闭环。首先，以知识点为单位构建服装成衣设计、服装数字化、服装市场营销模块化课程体系，建立符合人才实践创新能力培养要求的课程质量标准；其次，针对实验实习课程、科研创新项目、企业实践实习、职业能力培训、创新创业比赛等培养环节的目标要求，制订监控细则，强化过程管理，确保实践教学环节的目标达成；再次，强化实践教学全方位综合训练，保障毕业要求达成效果；最后，健全毕业生跟踪反馈和社会评价机制，以持续改进人才实践创新能力培养模式，保障人才培养适应产业变化和市场需求（图5）。

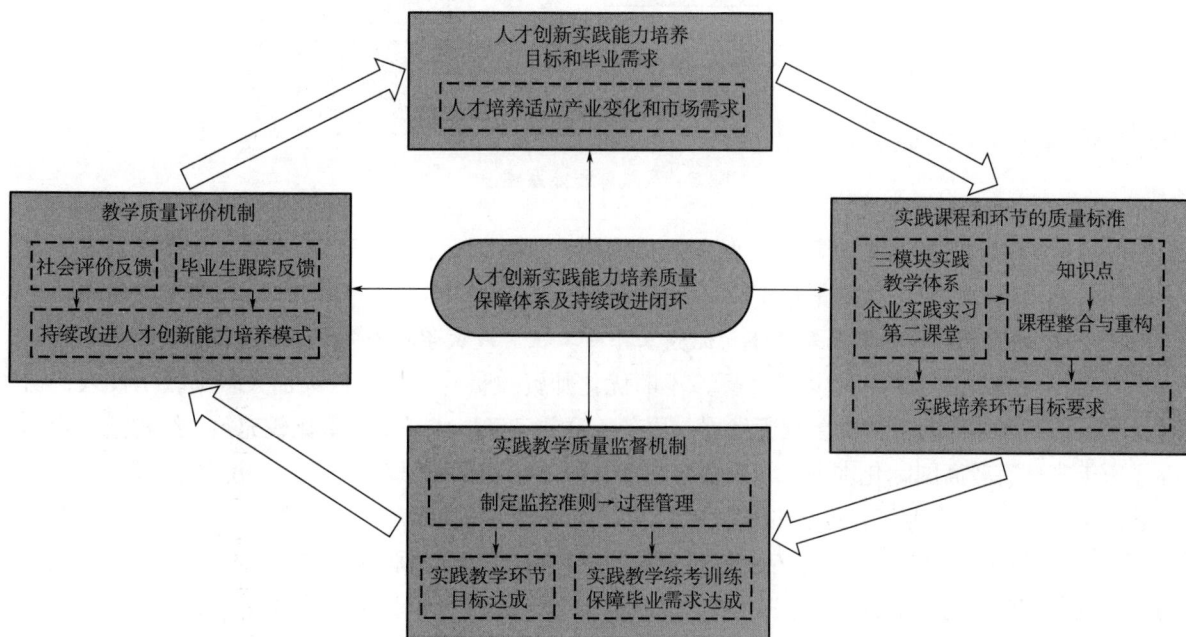

图 5　人才创新实践能力培养质量保障体系及持续改进闭环

2.2　主要做法

2.2.1　构建了符合工程教育认证的服装设计与工程人才实践创新能力培养体系

经过多年实践，本专业确定了递进式工程认证人才实践创新能力培养体系。实践课程体系设置为"实验实习课程 + 企业实践实习 + 第二课堂（科研创新项目、职业能力培训、创新创业比赛）"。在实践课程设置方面充分贯彻"宽口径、厚基础、强实践"的人才培养理念，保证开设的课程及其先修后续关系合理，各课程之间衔接有序，使学生通过实践课程的学习与训练，获得本专业所具备的知识、能力和素质，实现毕业要求和培养目标，适应社会和行业对工程应用人才实践创新能力的需求。为适应目前服装全行业发展对人才的需要，拓宽学生的知识面及就业面，构建服装成衣设计、服装数字化和服装市场营销三个模块实践教学体系，学生可以根据职业规划和将来的发展方向有针对性地选择（图6）。

2.2.2　形成了教学和科研、学校和企业、学校和政府协同的五个实践教学平台

经过多年建设和积累，本专业强化教学和科研协同、学校和企业协同、学校和政府协同：依托教师科研创新项目和大学生创新项目，强化教学和科研资源协同；依托校企联合实验室和实践实习基地，强化学习和企业资源协同；依托政府职业资格培训项目和教育管理部门的创新创业大赛，实现学校和政府资源协同。并以此为基础，按照递进式工程认证人才实践创新能力培养体系要求，构建实验实习

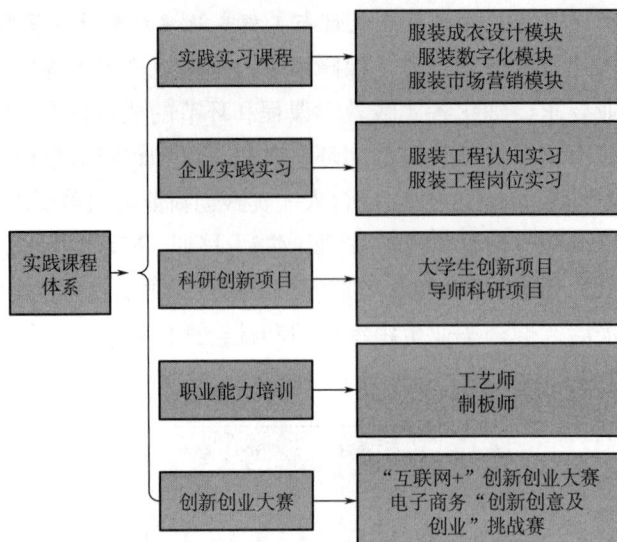

图 6　实践课程体系建设

课程、企业实践实习、科研创新项目、职业能力培训、创新创业比赛等五个实践教学平台，为学生工程实践创新能力培养提供了重要平台支撑（图7）。

2.2.3　打造了一支高质量专兼结合、优势互补的工程实践教学师资队伍

本专业围绕专业定位和人才培养目标，不断优化师资数量与结构，持续加大教师教学投入，切实提高教师实践教学水平，逐步完善教师发展与服务。目前已经形成一支数量比较充足、结构渐趋合理、工程经历丰富、有较高国际化水平、专兼结合的师资队伍。现有在职教师30人，其中正高职称14人，博士学位16人，具有企业工作经历的教师17人，占教师总数的56.7%；具有海外学习或工作背景的教师22人，占教师总数的73.3%。本专业通过多种方式和渠道，积极聘请美国、英国等国家5个知名院校的8名教师和长三角多家知名服装企业的12名技术管理人员，承担部分实践课程的教学任务。近几年共聘请校外兼职教师30人次，承担8门实践课程的教学。聘请的兼职教师在课堂教学中将个人的工程实践经验和行业发展趋势传授给学生，与校内主讲教师在应用型人才培养过程中相辅相成，对于提升应用型人才的实践创新能力起到了正向的推动作用（图8）。

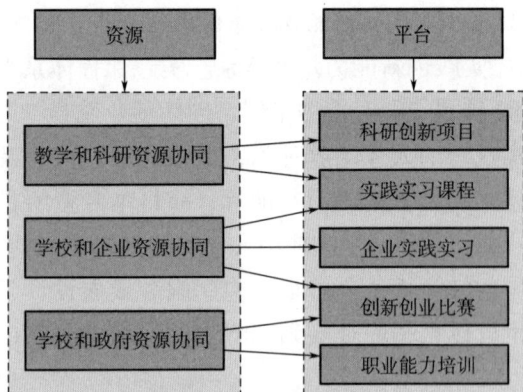

图 7　实践教学平台建设

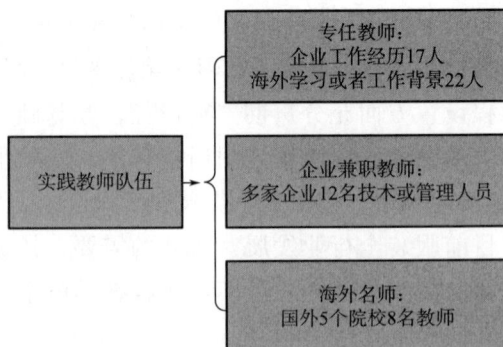

图 8　实践教师队伍建设

2.2.4　建设了一大批校内和校外相结合的工程教育实践实习基地

本专业建立工程实训中心、纺织服装学院实验中心等平台，与上海纺织集团公司联合建设了"国家级工程实践教育中心"，与上海市科委联合建设了"上海服装创意设计与数字化技术公共服务平台""上

海创意产品设计工程技术研究中心"，与英国利物浦约翰摩尔大学共建中英智能运动服联合实验室，为学生提供了优质的校内实践实习平台。为了更好地推进校外实习和毕业设计指导，本专业与企业联合建立学生校外实习基地，本着"长期合作、互惠双赢、共同发展"的原则，目前已与50多家服装企业合作，建立了长期、稳定的校企合作实习和实训基地，为学生服装工程岗位认知实习、服装工程岗位实习、毕业设计指导等提供工程实践平台，有效促进本专业培养目标的达成。校外实习基地均为与服装相关的企事业单位，每个基地均配备有实习指导教师，这些教师作为专业兼职教师参与实习指导与成绩评定。保证了专业学生全面的专业技能训练和工程实践能力培养，确保了专业学生实践能力的系统训练，为培养学生解决复杂工程问题的能力夯实了基础（图9）。

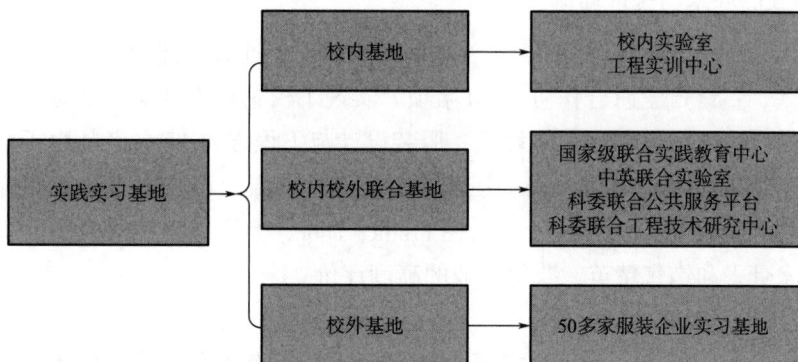

图9 实践实习基地建设

3 成果的创新点

3.1 培养体系创新：制订了符合产业发展要求的服装人才实践创新能力培养体系

在中国服装强国建设的大背景下，顺应知识经济时代服装产业"科技、绿色、时尚"的发展趋势，依据《工程教育认证通用标准》，在广泛调研和论证基础上，组织企业专业、学校专家、国际专家参与。根据现代服装产业对学生知识体系、工程实践创新能力的要求，明确服装设计与工程人才实践创新能力培养的基本要素，制订服装设计与工程人才实践创新能力培养体系，引领了服装设计与工程人才培养的方向。

3.2 培养模式创新：创建了"三协同、五平台、全过程"创新人才培养的实践教学模式

以工程实践创新能力为培养目标，建立了"三协同、五平台、全过程"创新人才培养的实践教学模式。将惠及所有学生、以学生为中心作为出发点和落脚点，增强学生服务国家需求、行业发展的使命感和责任感，通过重构实践教学体系和教学内容，强化现场工程实践创新能力，大大提高了学生的社会适应能力。

3.3 保障体系创新：构建了服装设计与工程人才实践创新能力培养的保障体系

以重塑师资队伍、拓展实习实践基地和重构课程资源作为驱动，通过校内教师企业挂职、校外聘请行业企业专家以及国际专家参与、企业合作科研等多种形式，加强实践教学师资队伍建设；整合实践课程教学资源，拓展实践实习基地，建成由国家级工程实践教学中心引领的20家企业实践基地群；通过实践教材编写、实践课程建设、教学方法改进、教学手段综合等方法重构实践课程资源，提升工程实践教学质量；确保全过程培养学生创新实践能力提升。

3.4 监控机制创新：完善了人才创新实践能力培养的质量监控机制

以工程专业认证标准构建本专业质量保障体系，强调以产出为导向，明确复合型人才培养目标和毕业要求，细化各教学课程和环节的质量标准，健全教学质量监控与评价机制，建立人才培养持续改

进的闭环，促进了服装设计与工程人才实践创新能力培养的高水平实施。

4　成果的推广应用情况

4.1　全面提高了学生工程实践创新能力

近5年，本科生完成国家级、省部级和校级大学生创新项目50多项，参与教师科研创新项目20多项，取得突出科研成果。学生获得第45、46届世界技能大赛上海赛区、"互联网+"创新创业大赛、全国大学生电子商务挑战赛、全国数学建模大赛、上海市大学生计算机应用能力大赛、汇创青春服装设计大赛等国家级、省部级奖项60余项，并在第10届全国大学生创新创业年会上进行典型交流。

4.2　人才培养获服装企业高度评价

以"卓越计划""工程认证"和"国家一流本科"为依托，通过共建校企联合基地、联合实验室、校企联合项目等方式，签订产学研合作协议50余项，实现了校企双方共赢。上海纺织控股集团旗下很多企业在本专业设立学生奖学金和教师奖教金，服装设计与工程方向15名老师由于培养学生的成效获得企业奖教金。吴江盛伟紫晶花有限公司、江苏法诗菲服饰有限公司与本专业长期合作，每年进行本专业毕业设计作品推广与展示。培养的人才已在Prada、Dior、上海纺织控股集团、海澜之家等知名服装企业成为工程技术骨干和销售精英，获得企业的高度评价。

4.3　专业示范作用得到同类高校公认

服装设计与工程专业2018年顺利通过工程教育认证，2019年获批国家一流本科专业，专家对服装人才培养的过程及质量给予了高度肯定。近年来，在《纺织服装教育》《高教研究》等期刊发表关于卓越计划培养模式、课程改革等方面论文30篇，得到同行广泛关注。东华大学、温州大学、河南工程学院、安徽工程学院等高校来校交流，学习纺织卓越计划人才培养经验。实施对新疆喀什大学、塔里木大学的援疆计划，帮助其开展服装专业的建设。招收和培养越南等国家服装设计与工程专业留学生8名，每年接受国内如安徽工程学院、盐城工学院等高校交流学生5~10名。教师获得各类精品课程3项，获得各类级别教学研究项目20多项，累计发表教学论文50多篇，获得省部级以上教学成果奖10多项。专业教学成果获得中国纺织工业联合会二等奖4项、三等奖6项，获得上海市教学成果二等奖2项。

附录

"纺织之光"2021年度中国纺织工业联合会纺织高等教育教学成果奖预评审会议专家名单

序号	工作单位	姓名	职务（职称）
1	北京服装学院	赵洪珊	教务处处长
2	东华大学	杨旭东	教务处副处长
3	天津工业大学	王瑞	教授
4	天津工业大学	王春红	教务处处长
5	武汉纺织大学	何畏	教务处处长
6	西安工程大学	万明	教务处处长
7	西南大学	吴能表	教务处处长

"纺织之光"2021年度中国纺织工业联合会纺织高等教育教学成果奖评审会议专家名单

序号	工作单位	姓名	职务（职称）
1	北京服装学院	詹炳宏	副校长
2	大连工业大学	王秀山	副校长
3	德州学院	高志强	纺织服装学院副院长
4	东华大学	舒慧生	副校长
5	嘉兴学院	易洪雷	材料与纺织工程学院院长
6	江南大学	高卫东	原副校长
7	江西服装学院	马国照	校长助理、教务处处长
8	南通大学	樊小东	副校长
9	四川大学	兰建武	教授
10	天津工业大学	姜勇	副校长
11	武汉纺织大学	李相朋	研究生处处长
12	西安工程大学	刘江南	原党委书记
13	西南大学	赵天福	蚕桑纺织与生物质科学学院副院长
14	浙江理工大学	许慧霞	副校长
15	中原工学院	唐多毅	副校长

"纺织之光" 2021 年度中国纺织工业联合会纺织高等教育教学成果奖网络评审专家名单

院校	姓名	职称	院校	姓名	职称
安徽工程大学	李长龙	教授	北京服装学院	贾清秀	教授
安徽工程大学	徐珍珍	教授	北京服装学院	张秀芹	教授
安徽工程大学	袁惠芬	教授	北京服装学院	李瑞君	教授
安徽工程大学	魏安方	副教授	北京服装学院	彭璐	副教授
安徽工程大学	谢艳霞	高级工程师	北京服装学院	向冰	副教授
安徽工程大学	王宗乾	教授	北京服装学院	李玮琦	教授
安徽工程大学	孙玉芳	副教授	北京服装学院	姚蕾	教授
安徽工程大学	邬红芳	教授	北京服装学院	蒋效宇	副教授
安徽工程大学	李伟	副教授	北京服装学院	郝淑丽	教授
安徽工程大学	邢剑	副教授	北京服装学院	申卉芪	教授
安徽工程大学	张晓伟	副教授	北京服装学院	韩雪岩	副教授
安徽工程大学	邢英梅	副教授	北京服装学院	马天羽	副教授
安徽工程大学	孙莉	副教授	北京服装学院	于莉	教授
安徽工程大学	李敏	副教授	北京服装学院	李久亮	副教授
安徽工程大学	阮芳涛	副教授	北京服装学院	张慧琴	教授
安徽工程大学	徐文正	副教授	北京服装学院	章江华	副教授
安徽工程大学	方寅春	副教授	北京服装学院	王素艳	副研究员
安徽工程大学	刘志	副教授	北京服装学院	张红玲	副教授
安徽农业大学	杜兆芳	教授	常熟理工学院	陆鑫	教授
安徽农业大学	王健	副教授	常熟理工学院	王佩国	教授
安徽农业大学	刘陶	副教授	常熟理工学院	郝瑞闽	教授
安徽农业大学	袁金龙	副教授	常熟理工学院	穆红	教授
安徽农业大学	何银地	副教授	常熟理工学院	徐子淇	教授
北京服装学院	贾荣林	教授	常熟理工学院	张技术	副教授
北京服装学院	廖青	教授	常熟理工学院	鲍伟	副教授
北京服装学院	詹炳宏	教授	常熟理工学院	黄永利	副教授
北京服装学院	王永进	教授	常熟理工学院	任丽红	副教授
北京服装学院	王建明	教授	常熟理工学院	吴世刚	副教授
北京服装学院	赵洪珊	教授	常熟理工学院	郑宝伟	副研究员
北京服装学院	王群山	教授	常熟理工学院	高岩	副教授
北京服装学院	常卫民	副教授	常熟理工学院	刘雷艮	副教授
北京服装学院	赵欲晓	教授	常熟理工学院	汝吉东	副教授
北京服装学院	衣卫京	副教授	常熟理工学院	臧健	副教授
北京服装学院	王耀华	副教授	常熟理工学院	蒋励	副教授
北京服装学院	李雪梅	教授	常熟理工学院	马建梅	副教授

院校	姓名	职称	院校	姓名	职称
常熟理工学院	郭玉良	副教授	大连工业大学	钱堃	教授
常熟理工学院	赵澄	副教授	大连工业大学	谷力群	教授
常熟理工学院	温兰	副教授	大连工业大学	孙军	教授
常熟理工学院	马磊	副教授	大连工业大学	刘爱君	教授
常熟理工学院	徐云开	副教授	大连工业大学	鞠丽	教授
常熟理工学院	赵建雷	副教授	大连工业大学	李丹	教授
常熟理工学院	潘伟	副教授	大连工业大学	焦丽娟	教授
常熟理工学院	杨艳石	副教授	大连工业大学	刘燕	教授
常熟理工学院	赵仕奇	副教授	大连工业大学	毕秀国	副教授
常熟理工学院	周家乐	教授	大连工业大学	阎慧臻	教授
常熟理工学院	张卫伟	副教授	大连工业大学	王雅红	教授
常熟理工学院	刘亚禄	副教授	大连工业大学	梁瑛楠	副教授
大连工业大学	任文东	教授	大连工业大学	于庆峰	教授
大连工业大学	韩颖	教授	大连工业大学	赵琛	教授
大连工业大学	谭凤芝	教授	大连工业大学	于晓强	教授
大连工业大学	吴海涛	教授	大连工业大学	赵秀岩	副教授
大连工业大学	叶淑红	教授	大连工业大学	牟俊	副教授
大连工业大学	吕丽华	教授	大连工业大学	张健东	教授
大连工业大学	王迎	教授	大连工业大学	杨婉	助理研究员
大连工业大学	宫玉梅	教授	大连工业大学	庞桂兵	教授
大连工业大学	刘利剑	副教授	大连工业大学	杨继新	教授
大连工业大学	黄磊昌	教授	大连工业大学	王明伟	教授
大连工业大学	徐微微	副教授	大连工业大学	王慧慧	教授
大连工业大学	郭雅冬	副教授	大连工业大学	陶学恒	教授
大连工业大学	刘晓冬	副教授	大连工业大学	王秀山	教授
大连工业大学	高家骥	副教授	大连工业大学	牟光庆	教授
大连工业大学	曾慧	教授	大连工业大学	平清伟	教授
大连工业大学	王勇	教授	大连工业大学	钱晓农	教授
大连工业大学	陈晓玫	教授	大连工业大学	魏春艳	教授
大连工业大学	肖剑	副教授	大连工业大学	郭静	教授
大连工业大学	穆芸	副教授	大连工业大学	于佐君	教授
大连工业大学	侯玲玲	副教授	大连工业大学	丁玮	教授
大连工业大学	孙林	副教授	大连工业大学	王军	副教授
大连工业大学	杨卫华	教授	大连工业大学	王晓	副教授
大连工业大学	岳琴	教授	大连工业大学	李红	副教授
大连工业大学	张凤海	教授	大连工业大学	潘力	教授
大连工业大学	李晓红	教授	大连工业大学	张鸿	教授
大连工业大学	李秀兰	教授	大连工业大学	耿新英	助理研究员

院校	姓名	职称	院校	姓名	职称
大连艺术学院	张志宇	教授	东华大学	蒋伟忠	研究员
大连艺术学院	曹敬乐	副教授	东华大学	单鸿波	教授
大连艺术学院	郭斐	副教授	东华大学	晏雄	教授
大连艺术学院	郑亚敬	讲师	东华大学	张佩华	教授
大连艺术学院	孙丹	讲师	东华大学	钟跃崎	教授
德州学院	王秀芝	教授	东华大学	覃小红	教授
德州学院	马洪才	副教授	东华大学	王建萍	教授
德州学院	穆慧玲	副教授	东华大学	李敏	教授
德州学院	姜晓巍	副教授	东华大学	王革辉	教授
德州学院	赵萌	副教授	东华大学	李俊	教授
德州学院	宋科新	副教授	东华大学	何瑾馨	教授
德州学院	孟秀丽	副教授	东华大学	陈彬	教授
德州学院	王静	副教授	东华大学	罗艳	教授
德州学院	张会青	副教授	东华大学	孙志宏	教授
德州学院	高志强	副教授	东华大学	刘晓强	教授
德州学院	李学伟	副教授	东华大学	宋晖	教授
德州学院	孔令乾	副教授	东华大学	李锋	教授
德州学院	王秀燕	副教授	东华大学	张科静	教授
东北电力大学	陶瑞峰	教授	东华大学	朱淑珍	教授
东华大学	郁崇文	教授	东华大学	刘晓艳	教授
东华大学	郭建生	教授	东华大学	张洁	教授
东华大学	姚卫新	教授	东华大学	王治东	教授
东华大学	赵涛	教授	东华大学	陈向义	教授
东华大学	卞向阳	教授	河北科技大学	张威	教授
东华大学	冯信群	教授	河北科技大学	秦志刚	教授
东华大学	杨旭东	教授	河北科技大学	侯东昱	教授
东华大学	马敬红	教授	河北科技大学	单巨川	副教授
东华大学	许福军	教授	河北科技大学	李向红	教授
东华大学	王朝晖	教授	河北科技大学	贾立霞	教授
东华大学	黄焰根	教授	河北科技大学	高翼强	教授
东华大学	张光林	教授	河北科技大学	胡玉良	副教授
东华大学	石秀金	副教授	河北科技大学	魏玉娟	教授
东华大学	刘亚男	教授	河北美术学院	李珍	副教授
东华大学	孙宝忠	教授	河北美术学院	阿拉穆斯	讲师
东华大学	武培怡	教授	河北美术学院	冯云玲	讲师
东华大学	王璐	教授	河北美术学院	乔南	教授
东华大学	宋新山	教授	河北美术学院	于树连	教授
东华大学	王直杰	教授	河北美术学院	张佩思	副教授

院校	姓名	职称	院校	姓名	职称
河北美术学院	梁涛	副教授	江南大学	潘如如	教授
河北美术学院	马丽	副教授	江南大学	潘春宇	副教授
河北美术学院	闫永忠	副教授	江南大学	苏军强	副教授
河北美术学院	彭景	讲师	江南大学	唐颖	副教授
河北美术学院	宋晴	讲师	江南大学	牛犁	副教授
湖北理工学院	张红华	教授	江南大学	柯莹	副教授
湖南工程学院	周衡书	教授	江西服装学院	闵悦	教授
湖南工程学院	陈晓玲	副教授	江西服装学院	刘琳	教授
湖南工程学院	何斌	副教授	江西服装学院	徐照兴	教授
黄淮学院	王东云	教授	江西服装学院	甘文	教授
黄淮学院	高有堂	教授	江西服装学院	吴国辉	教授
惠州学院	陈学军	教授级高级工程师	江西服装学院	杨志文	教授
惠州学院	刘东	教授	江西服装学院	梅艺华	教授
惠州学院	刘小红	教授	江西服装学院	董春燕	副教授
惠州学院	索理	副教授	江西服装学院	隋丹婷	副教授
惠州学院	朱方龙	教授	江西服装学院	刘琼	副教授
吉林工程技术师范学院	韩静	教授	江西服装学院	黄伟	副教授
吉林工程技术师范学院	李琳	教授	江西服装学院	贺松兰	副教授
吉林工程技术师范学院	杨晓冰	副研究员	江西服装学院	卢振邦	副教授
吉林工程技术师范学院	李凡	副教授	江西服装学院	何治国	副教授
吉林工程技术师范学院	张育齐	讲师	江西服装学院	罗芳	副教授
吉林工程技术师范学院	邹克瑾	副教授	江西服装学院	赵德福	副教授
吉林工程技术师范学院	宋继霞	讲师	江西服装学院	张学林	副教授
吉林工程技术师范学院	张松鹤	副教授	江西服装学院	付凌云	副教授
嘉兴学院	易洪雷	教授	江西服装学院	李有为	副教授
嘉兴学院	黄立新	教授	江西服装学院	章华霞	副教授
嘉兴学院	兰平	教授	江西服装学院	吴丽娜	副教授
嘉兴学院	敖利民	教授	江西服装学院	李荣发	副教授
嘉兴学院	曹建达	副教授	江西服装学院	马国照	副教授
江南大学	高卫东	教授	江西服装学院	陈家华	副教授
江南大学	王鸿博	教授	江西服装学院	马晓倩	副教授
江南大学	黄锋林	教授	江西服装学院	谢慧敏	副教授
江南大学	魏取福	教授	江西服装学院	陈娟	副教授
江南大学	付少海	教授	江西服装学院	郭莉	副教授
江南大学	徐阳	教授	江西服装学院	董聪	副教授
江南大学	王树根	教授	江西服装学院	万莉	副教授
江南大学	王平	教授	江西服装学院	胡蝶	副教授
江南大学	蒋高明	教授	江西师范大学	刘瑾	教授

续表

院校	姓名	职称	院校	姓名	职称
江西师范大学	徐仂	教授	南通大学	李晓燕	副教授
辽东学院	曹继鹏	教授	南通大学	孙晔	副教授
辽东学院	田宏	副教授	南通大学	於琳	副教授
辽东学院	许兰杰	教授	齐齐哈尔大学	孙颖	教授
辽东学院	宋莹	副教授	青岛大学	许长海	教授
辽东学院	王宝环	副教授	青岛大学	陈韶娟	教授
闽江学院	李永贵	教授	青岛大学	房宽峻	教授
闽南理工学院	李明	教授	青岛大学	邢明杰	教授
闽南理工学院	梁军	教授	青岛大学	田明伟	教授
闽南理工学院	郑高杰	副教授	青岛大学	马建伟	教授
闽南理工学院	林晓芳	高级技师	青岛大学	曲丽君	教授
南昌大学共青学院	傅成	副教授	青岛大学	杨庆斌	教授
南通大学	樊小东	研究员	青岛大学	张敏	副教授
南通大学	张瑜	教授	青岛大学	张春明	副教授
南通大学	张伟	教授	青岛大学	郝龙云	副教授
南通大学	徐山青	教授	青岛大学	毛凛鹤	副教授
南通大学	刘其霞	教授	青岛大学	江亮	副教授
南通大学	任煜	教授	青岛大学	朱士凤	副教授
南通大学	沈岳	副教授	青岛大学	姜伟	副教授
南通大学	臧传锋	副教授	陕西服装工程学院	贺俊莲	副教授
南通大学	毛庆辉	副教授	陕西服装工程学院	靳杜娟	副教授
南通大学	许岩桂	副教授	陕西服装工程学院	刘红	副教授
南通大学	郭滢	副教授	陕西服装工程学院	曹蓓	副教授
南通大学	潘刚伟	副教授	陕西服装工程学院	李亦然	副教授
南通大学	张广宇	副教授	陕西服装工程学院	骞海青	副教授
南通大学	王海峰	副教授	陕西服装工程学院	雷荣洁	副教授
南通大学	葛彦	副教授	上海工程技术大学	谢红	教授
南通大学	王如海	副教授	上海工程技术大学	辛斌杰	教授
南通大学	殷春华	副教授	上海工程技术大学	吴湘济	副教授
南通大学	朱军	教授	上海工程技术大学	李艳梅	教授
南通大学	李学佳	副教授	上海工程技术大学	曲洪建	教授
南通大学	董震	副教授	上海工程技术大学	王黎明	教授
南通大学	严雪峰	副教授	上海工程技术大学	徐丽慧	副教授
南通大学	孙启龙	教授	四川大学	兰建武	教授
南通大学	张瑞萍	教授	四川大学	陈胜	副教授
南通大学	王春梅	教授	四川大学	顾迎春	副教授
南通大学	高晓红	教授	四川大学	施亦东	副教授
南通大学	唐虹	教授	四川大学	阎斌	教授

院校	姓名	职称	院校	姓名	职称
四川大学	郭蓉辉	教授	苏州大学应用技术学院	尹雪峰	高级实验师
四川大学	赵武	副教授	苏州大学应用技术学院	刘和剑	副教授
四川大学	周怡	副教授	天津工业大学	陈莉	教授
四川大学	李晓蓉	副教授	天津工业大学	王春红	教授
四川大学	吴晶	副教授	天津工业大学	马涛	副教授
四川大学	张勇	高级工程师	天津工业大学	严峰	教授
四川大学	谭淋	副教授	天津工业大学	王晓红	教授
苏州大学纺织学院	孙玉钗	教授	天津工业大学	温淑鸿	教授
苏州大学纺织学院	邢铁玲	教授	天津工业大学	艾军	副教授
苏州大学纺织学院	陈廷	教授	天津工业大学	朱春红	教授
苏州大学纺织学院	杨旭红	教授	天津工业大学	王熙	教授
苏州大学纺织学院	关晋平	教授	天津工业大学	齐庆祝	教授
苏州大学纺织学院	眭建华	教授	天津工业大学	姚飞	教授
苏州大学纺织学院	卢业虎	教授	天津工业大学	尹艳冰	教授
苏州大学纺织学院	冯岑	副教授	天津工业大学	吴中元	教授
苏州大学纺织学院	王萍	副教授	天津工业大学	王金海	教授
苏州大学纺织学院	蒋孝锋	副教授	天津工业大学	王捷	教授
苏州大学纺织学院	赵荟菁	副教授	天津工业大学	刘秀军	教授
苏州大学纺织学院	张岩	副教授	天津工业大学	修春波	教授
苏州大学纺织学院	魏凯	副教授	天津工业大学	徐国伟	副教授
苏州大学纺织学院	洪岩	副教授	天津工业大学	王浩程	教授
苏州大学纺织学院	薛哲彬	副教授	天津工业大学	王文涛	副教授
苏州大学纺织学院	许建梅	副教授	天津工业大学	杨素君	教授
苏州大学纺织学院	林红	副教授	天津工业大学	杜玉红	教授
苏州大学纺织学院	李媛媛	副教授	天津工业大学	李春青	教授
苏州大学纺织学院	魏真真	副教授	天津工业大学	李铁	教授
苏州大学纺织学院	何佳臻	副教授	天津工业大学	臧洪俊	教授
苏州大学艺术学院	李超德	教授	天津工业大学	王兵	教授
苏州大学艺术学院	许星	教授	天津工业大学	张海明	教授
苏州大学艺术学院	李正	教授	天津工业大学	王巍	教授
苏州大学艺术学院	黄燕敏	教授	天津工业大学	蔡燕	教授
苏州大学艺术学院	戴岗	教授	天津工业大学	黄东卫	教授
苏州大学艺术学院	张茵	副教授	天津工业大学	冯志友	教授
苏州大学艺术学院	李琼舟	副教授	天津工业大学	张兴祥	教授
苏州大学艺术学院	张晓霞	教授	天津工业大学	崔振宇	教授
苏州大学艺术学院	周慧	副教授	天津工业大学	王瑞	教授
苏州大学艺术学院	李颖	副教授	天津工业大学	李津	教授
苏州大学应用技术学院	傅菊芬	教授	天津工业大学	王建坤	教授

续表

院校	姓名	职称	院校	姓名	职称
天津工业大学	荆妙蕾	副教授	武汉纺织大学	谭燕保	教授
天津工业大学	王晓云	教授	武汉纺织大学	杜国良	教授
天津工业大学	钱晓明	教授	武汉纺织大学	李万军	教授
天津工业大学	马崇启	教授	武汉纺织大学	金艳	教授
温州大学	姜岩	教授	武汉纺织大学	李相朋	教授
温州大学	王业宏	副教授	武汉纺织大学	夏火松	教授
温州大学	徐慧娟	副教授	武汉纺织大学	许明耀	副教授
五邑大学	巫莹柱	副教授	武汉纺织大学	李明	副教授
五邑大学	文珊	高级实验师	武汉纺织大学	吴晓	教授
五邑大学	王晓梅	副教授	武汉纺织大学	潘飞	教授
五邑大学	李峥嵘	高级工程师	武汉纺织大学	汪胜祥	教授
五邑大学	黄钢	副教授	武汉纺织大学	黄乐平	副教授
五邑大学	黄美林	高级实验师	武汉纺织大学	江学为	副教授
五邑大学	于晖	副教授	武汉纺织大学	曹刚	副教授
五邑大学	张增强	教授	武汉纺织大学	李正旺	教授
五邑大学	江汝南	副教授	武汉纺织大学	张飞	副教授
五邑大学	叶永敏	副教授	武汉纺织大学	向荣	副教授
五邑大学	肖劲蓉	副教授	武汉纺织大学	肖丽	副教授
武汉纺织大学	黄运平	教授	武汉纺织大学	魏雄	副教授
武汉纺织大学	何畏	教授	武汉纺织大学	张本龚	教授
武汉纺织大学	张尚勇	教授	西安工程大学	戴鸿	教授
武汉纺织大学	傅欣	教授	西安工程大学	王进富	教授
武汉纺织大学	沈祥胜	教授	西安工程大学	万明	教授
武汉纺织大学	王罗新	教授	西安工程大学	赵小惠	教授
武汉纺织大学	李伟	教授	西安工程大学	邓咏梅	教授
武汉纺织大学	陶辉	教授	西安工程大学	吕钊	教授
武汉纺织大学	段丁强	教授	西安工程大学	孙润军	教授
武汉纺织大学	李德骏	教授	西安工程大学	马冬	教授
武汉纺织大学	胡新荣	教授	西安工程大学	刘呈坤	教授
武汉纺织大学	张成俊	教授	西安工程大学	沈兰萍	教授
武汉纺织大学	蔡光明	教授	西安工程大学	郭嫣	教授
武汉纺织大学	李建强	教授	西安工程大学	袁燕	教授
武汉纺织大学	武继松	教授	西安工程大学	刘静伟	教授
武汉纺织大学	王济平	教授	西安工程大学	王俊勃	教授
武汉纺织大学	张如全	教授	西安工程大学	胡伟华	教授
武汉纺织大学	余联庆	教授	西安工程大学	张洛红	教授
武汉纺织大学	夏东升	教授	西安工程大学	李云红	教授
武汉纺织大学	王栋	教授	西安工程大学	房平	教授

院校	姓名	职称	院校	姓名	职称
西安工程大学	常薇	教授	烟台南山学院	王鸣	教授
西安工程大学	马云	教授	烟台南山学院	金晓	教授
西安工程大学	王保忠	教授	烟台南山学院	张淑梅	副教授
西安工程大学	刘瑞霞	教授	烟台南山学院	王文志	副教授
西安工程大学	王坚	教授	烟台南山学院	梁立立	副教授
西安工程大学	陈亮	教授	烟台南山学院	张媛媛	副教授
西安工程大学	何芳	教授	烟台南山学院	左洪芬	副教授
西安工程大学	付翀	教授	盐城工学院	王春霞	教授
西安工程大学	贺辛亥	教授	盐城工学院	俞俭	教授
西安工程大学	丛红艳	教授	盐城工学院	季萍	副教授
西安工程大学	夏蔡娟	教授	盐城工学院	林洪芹	高级实验师
西安工程大学	张涛	教授	盐城工学院	马志鹏	副教授
西安工程大学	王进美	教授	盐城工学院	何雪梅	副教授
西安工程大学	肖渊	教授	盐城工学院	陆振乾	副教授
西安工程大学	金守峰	教授	盐城工学院	陆平	副教授
西安工程大学	李鹏飞	教授	盐城工学院	崔红	副教授
西安工程大学	景军锋	教授	盐城工学院	柏昕	副教授
西安工程大学	李艳	教授	盐城工学院	周青青	高级实验师
西安工程大学	刘晓喆	教授	盐城工学院	张伟	副教授
西安工程大学	贺兴时	二级教授	盐城工学院	孟灵灵	副教授
西安工程大学	成鹏飞	教授	盐城工学院	黄新民	副教授
新疆大学	张立杰	教授	盐城工学院	刘国亮	副教授
新疆大学	夏鑫	教授	盐城工学院	吕景春	高级实验师
新疆大学	贾丽霞	教授	盐城工学院	高大伟	讲师
新疆大学	陈英	教授	盐城工学院	程冰莹	讲师
新疆大学	夏克尔·赛塔尔	副教授	长春工业大学	葛英颖	教授
新疆大学	孙晓明	高级工程师	长春工业大学	古长生	副教授
新疆大学	刘瑞	副教授	长春工业大学	崔立明	副教授
新疆大学	饶蕾	副教授	浙江理工大学	陈文兴	教授
新疆大学	肖爱民	副教授	浙江理工大学	陈文华	教授
新疆大学	张瑜	副教授	浙江理工大学	许慧霞	教授
新疆大学	信晓瑜	副教授	浙江理工大学	陈建勇	教授
新疆大学	刘金莲	副教授	浙江理工大学	王剑俊	副教授
新疆大学	周惠敏	副教授	浙江理工大学	王尧骏	研究员
新疆大学	陈诚	副教授	浙江理工大学	张伟	教授
烟台南山学院	刘美娜	副教授	浙江理工大学	胡明	教授
烟台南山学院	王晓	副教授	浙江理工大学	祝成炎	教授

院校	姓名	职称	院校	姓名	职称
浙江理工大学	于斌	教授	中原工学院	刘洲峰	教授
浙江理工大学	苏淼	副教授	中原工学院	穆云超	教授
浙江理工大学	周赳	教授	中原工学院	边亚东	教授
浙江理工大学	张华鹏	教授	中原工学院	刘凤华	教授
浙江理工大学	陈慰来	教授	中原工学院	张定才	教授
浙江理工大学	金子敏	教授	中原工学院	张留学	教授
浙江理工大学	胡毅	教授	中原工学院	瞿博阳	教授
浙江理工大学	张先明	教授	中原工学院	尚会超	教授
浙江理工大学	邹奉元	教授	中原工学院	杨红英	教授
浙江理工大学	胡迅	教授	中原工学院	车战斌	教授
浙江理工大学	孙虹	教授	中原工学院	喻红琴	教授
浙江理工大学	刘正	教授	中原工学院	刘让同	教授
浙江理工大学	冯荟	副教授	中原工学院	宋长明	教授
浙江理工大学	须秋洁	副教授	中原工学院	胡洛燕	教授
浙江理工大学	季晓芬	教授	中原工学院	靳珂	教授
浙江理工大学	朱伟明	教授	中原工学院	王肃	教授
浙江理工大学	陈敏之	副教授	天津工业大学	姜勇	教授
浙江理工大学	刘丽娴	副教授	青岛大学	郭肖青	副教授
浙江理工大学	任力	教授	青岛大学	苗大刚	副教授
浙江理工大学	罗戎蕾	教授	青岛大学	李显波	副教授
浙江理工大学	吴巧英	教授	青岛大学	刘正芹	教授
浙江理工大学	李秦川	教授	青岛大学	明津法	副教授
浙江理工大学	潘海鹏	教授	青岛大学	刘逸新	讲师
浙江理工大学	杨金林	高级实验师	青岛大学	周蓉	副教授
浙江理工大学	叶秉良	教授	青岛大学	陈文成	副教授
浙江理工大学	王家俊	教授	青岛大学	刘云	教授
浙江理工大学	程华	教授	青岛大学	周华	教授
浙江理工大学	代琦	教授	青岛大学	张传杰	副教授
浙江理工大学	盛清	教授	青岛大学	张晓萍	讲师
浙江理工大学	肖香龙	教授	青岛大学	杨晓霞	讲师
浙江理工大学	高雪芬	教授	青岛大学	商蕾	讲师
郑州轻工业大学易斯顿美术学院	侯萌萌	副教授	青岛大学	于淼	讲师
郑州轻工业大学易斯顿美术学院	李丹	副教授	南通大学	姚理荣	教授
郑州轻工业大学易斯顿美术学院	孙俊芳	副教授			